区块链知识系列丛书

区块链知识

大众普及版

付少庆 刘青艳 编著

北京理工大学出版社
BEIJING INSTITUTE OF TECHNOLOGY PRESS

图书在版编目（CIP）数据

区块链核心知识讲解：精华套装版 / 付少庆等编著 .
— 北京：北京理工大学出版社，2022.3

ISBN 978-7-5763-1123-5

Ⅰ．①区… Ⅱ．①付… Ⅲ．①区块链技术 Ⅳ．
① TP311.135.9

中国版本图书馆 CIP 数据核字（2022）第 040313 号

出版发行 / 北京理工大学出版社有限责任公司
社　　址 / 北京市海淀区中关村南大街 5 号
邮　　编 / 100081
电　　话 /（010）68914775（总编室）
（010）82562903（教材售后服务热线）
（010）68944723（其他图书服务热线）
网　　址 / http://www.bitpress.com.cn
经　　销 / 全国各地新华书店
印　　刷 / 北京市荣盛彩色印刷有限公司
开　　本 / 710 毫米 ×1000 毫米　1/16
印　　张 / 72
字　　数 / 1530 千字
版　　次 / 2022 年 3 月第 1 版　　2022 年 3 月第 1 次印刷
定　　价 / 299.00 元（全 4 册）

责任编辑 / 张晓蕾
文案编辑 / 张晓蕾
责任校对 / 周瑞红
责任印制 / 李志强

序

从 2008 年比特币的白皮书发布之后，一个具有划时代意义的技术——区块链产生了。刚开始这项技术只有着很小的用途，只在非常小的人群中流行。凡是一个事物有着巨大价值，随着时间的推移和外界条件的成熟，一定会在后期得到蓬勃发展。近几年随着比特币逐渐进入大众的视野，以比特币为主要代表的数字货币也越来越被人们熟悉。在这些数字货币的背后是一种被称作区块链的技术为支撑。本书是为了大多数人能够了解和认识区块链而编写的一本入门普及书籍。

我个人比较早就接触到了比特币的概念，并且看到几个同学在做比特币挖矿、矿机等相关的事情。但我前期并没有对这项新事物进行关注，由于受初期的网络报道和一些打击相关活动的新闻的影响，认为这是一种传销，这是一个炒作。我相信很多人和我有一样的认知过程。尤其是区块链技术中融合着经济模型，数字货币巨大的升值空间也让很多人为之疯狂。学术专家、技术高手、精明商人、传销骗子等都在为区块链技术呐喊和传播，并参与其中。这些好的、坏的，既让人信服，又让人怀疑，各种不同的声音混合在一起，让很多人不知道该认可还是否定这项新技术。政府的监管也在推动这项技术的发展。

真正开始对这项技术进行深入的学习和研究是在 2017 年，当时我自己所做的事情遇到了挑战，要停下来思考一下新的方向和领域。在粗略地看过人工智能、大数据、物联网、健康产业、养老产业、区块链这些流行的概念之后，忽然间对区块链技术有了一种与以往不同的感觉。继而通过深入地了解和学习，我看到了这项技术的威力。尤其是我第一次产生一个数字钱包地址，转入一笔数字货币，我立刻明白了这项技术与以往的不同。我知道这个地址上的数字货币只有我才能控制，只要我不泄露私钥，就没有人能够拿走这些资产。这一切是靠密码学中的非对称加密算法来保证的，不是靠哪个机构来承诺的。与传统的银行和中心化管理的账号系统是一种完全不同的方式。

之后的一段时间我几乎购买了把京东上面所有关于区块链的书籍，开始学习这个领域的知识。我个人认为学习新知识有一个过程，这个过程一般是：陌生 →认识 →熟悉（理解）→总结 & 分析 → 应用（融会贯通）→升华。写培训课件和讲课是掌握一项知识很有效的方法，这也是著名的费曼（诺贝尔物理学奖得主）学习法，其实质就是以教为学、以教促学。为了更好地理解这些知识，我在 2017 年年底开始进行第一期的区块链培训课程。第一期课程是《区块链知识普及课》，共 19 讲。这是一套了解区块链的初级入门课程，比较系统且全面地从各个角度来学习区块链的相关知识。这也是写作本书的基础。通过学习这些内容，会对区块链有较好的入门认知。课程从非技术角度讲解了币圈、矿圈、白皮书、ICO与各种 IXO、数字钱包、区块链金融和偏技术的一些普及知识，如比特币、以太坊、智能合约、区块链存储、共识与分叉、侧链等。同时 2018 年年初我在喜马拉雅 App 上录制了对应课程的语音版。

在 2018 年，我开始制作第二期的区块链培训课程《经典公有链分析》。为了准备这一期 40 多节的课程，我阅读了几十种公有链的白皮书、黄皮书或紫皮书，从技术角度、团队结构、经济模型、应用场景等方面对这些经典公有链做了比较深入的分析。2018 年国庆期间，我在喜马拉雅 App 上面录制了对应课程的语音版。40 多节课程的录制，让我从区块链整体发展观察的角度，对这些区块链的分类和技术等有了更加深入的了解。对区块链领域的典型数字货币、支付公有链、隐私货币、存储公有链、交易所公有链、异构区块链等公有链与支撑技术有了更深入的理解。

在对区块链的学习过程中，我感觉很多举例与描述还不利于掌握和理解这项技术。例如很多人讲到分布式账本，会用《乡村爱情》电视剧中到大脚超市购买东西，不同人来记账与保持账本的方式。在综合研究了这个领域的知识后，我发现这样的例子并不能帮助人们快速且正确地理解区块链技术。所以在本书中尝试用另外一种举例方式来描述区块链这项新技术。

我试图通过自己学习和整理过的资料将区块链的知识总结成一个个小的学习体系。当前我们的计划是整理几本书籍内容。第一本《区块链知识——大众普及版》是适合大众学习理解的；第二本《区块链知识——技术普及版》是适合技术人员理解的；第三本《图灵区块链》是从计算机领域的整体发展，来看待区块链技术与发展的内容；第四本《区块链经济模型》是写区块链中与经济知识的相关内容。区块链的经济模型是区块链技术中一个重要的组成部分,这也是区块链这项技术会产生深刻影响的一个重要原因。但凡与钱相关，与金融相关，都会让人疯狂，需要严格的监管。为了补充经济学领域的知识，2018 年我开始到中国人民大学经济学院系统地学习经济学相关的知识。

为了将这一领域的入门知识梳理通顺,使其更容易理解。《区块链知识——大众普及版》内容带一定的层次结构和概念的先后顺序,争取让大多数人更容易理解区块链相关的知识。因为我自己在技术领域工作了多年，为了将第一本书《区块链知识——大众普及版》写得让大部分人更容易理解，全书的内容由我的同事刘青艳主要把控，她不是技术背景，平时主要担任产品经理相关的职务，书中的大部分章节都是由她来完成。我整理的部分也由她把关，争取不带入晦涩的技术描述。但其中还是会介绍区块链知识的技术基础，我们只是从理论支撑的角度大致介绍一下这项技术为什么值得信任，数学和密码学中哪些知识在为区块链技术提供支撑，同时还介绍一些区块链产生的思想根源。区块链技术是一项革命性的新事物，它将把我们从信息互联网带入价值互联网，值得我们每个人了解和认识这个新事物。

阅读导引

本书主要从外部和普通人的角度（非技术角度）来介绍区块链这个新事物，以及相关的人物与事件。通过学习本书可以了解到区块链的常见知识。

第 1 章介绍了什么是区块链。从区块链的诞生到区块链的特点，以及区块链的三种类型和区块链的经济模型。本章用几个常见的比喻来帮助大家理解区块链。推荐从“虚拟的超级计算”这一角度来理解区块链。

第 2 章介绍了区块链的发展与支撑技术。这一章讲解了区块链的一些基础知识。从起源到比特币的诞生，从谁是发明人中本聪，到普通人对比特币的误解。之后谈到了对区块链的1.0、2.0、3.0的定义和区块链相关的大事记。最后谈到了区块链的技术支撑与思想起源。

第 3 章介绍了区块链的热点概念。这一章讲解了什么是挖矿，介绍了币圈、矿圈、链圈这三大区块链的领域知识以及人物和事件，介绍了区块链领域的各种皮书概念以及 ICO 与各种 IXO 知识。

第 4 章介绍了数字货币和数字钱包。本章的知识很重要，对于参与区块链领域的人员，要明白数字钱包的知识，不理解数字钱包，会造成非常大的损失。这一章的知识价值无限。

第 5 章介绍了数字货币交易所。包括传统交易所的基本知识、数字货币交易所的知识、国内外数字货币交易所的监管、全球主要的数字货币交易所和国人创建的三大数字货币交易所。

第 6 章介绍了区块链的主要应用。区块链不仅可以产生数字货币，而且可以做很多以往不能够或不容易做的事情。参照 Gartner 发布的 2019 年区块链技术成熟度曲线，以及当前已经开始应用区块链的案例来说明区块链能够做什么。

第 7 章介绍了区块链领域的风险与挑战、安全、监管与危害问题。这一章重点介绍了区块链的传销危害，数字货币有适合传销的三大特点，具有非常大的迷惑性，普通人员应该远离数字货币的炒作。

第 8 章介绍了区块链领域的相关政策与鼓励方向。从区块链发展过程中的监管事件来了解区块链发展过程中政策的不断调整过程，了解国家鼓励的区块链未来的发展方向。同时本章也介绍了国内几个主要城市的相关政策，分析了国内在区块链领域的人才需求，对比了国外主要国家对区块链发展的态度。

附录列出了常见区块链名词解释，便于理解常见的区块链领域的名词含义。

这本书是从外部，即非技术角度来了解区块链这个事物，是适合普通人学习和认识区块链的大众普及版。

对于从内部，即区块链的具体技术、构造、原理等技术角度理解区块链的基础知识，在技术普及版中详细介绍。

编者

2022 年 3 月

目录

第1章
区块链简介

1.1 区块链的诞生

每个时代都有每个时代的特色。自古以来，科学技术都是第一生产力，每一项科技成果的发明都足以引领一个时代的潮流。当今时代，区块链技术当之无愧是一种能够引起各个领域产生变革的强大力量。因为区块链里面包含经济模型，所以它也在改变生产关系。无论是热门行业还是冷门行业，都渴望学习区块链这项技术，以此来助力发展。

无论是生产力还是生产关系，其变革都会形成不同的时代潮流。在区块链出现之前，每个时期的潮流趋势都有哪些呢？20世纪八九十年代，在生产关系产生变革的时候，从农村的联产承包责任制，到后来比较流行的摆地摊、个体户、下海潮等，体现出人们对经济越来越感兴趣；到了21世纪，炒股票、房地产、直销热等渐渐出现在人们的视野中，这些方式受到各行各业的追捧。随着科技的发展，2010年之后，新的以移动互联网为主的技术越来越受欢迎。在2015年之前，“互联网+”曾一度掀起热潮，当时无论社会人士还是在校大学生都热衷于创新创业，并以此作为自己的发展道路。

在这之后的几年，区块链从无到有渐渐进入人们的视线。区块链技术在被热议、被怀疑、被打压中，来到了人类的世界，成为当今世界最热门的一项有强大影响力的技术成果，不鸣则已，一鸣惊人。区块链并不是一项全新的技术，它是密码学与信息技术综合发展的成果。虽然区块链的发展遇到各种问题，也受到各种管制的限制，但它依然表现出强大的生命力。如今的世界是网络的世界，是科技的世界，科学技术在生产力的发展中作用更强。

区块链的概念最早可以追溯到2008年末，由一位化名为中本聪的神秘人士首次提出了这个概念。随后在2009年1月3日，“创世区块”出现，它标志着区块链技术的诞生。这样算起来，区块链早在十多年前就已经诞生，但为何在十多年后才被大众所知晓呢？

任何事物都有一个发展的过程，区块链技术也不例外。区块链是伴随着比特币的诞生而诞生的。比特币是区块链技术和原理的第一个实现案例，区块链技术原理是比特币的技术支撑。虽然比特币的发展一波九折，但由于它的价格越来越高，比特币逐渐风靡全球，区块链技术也逐渐走入千家万户。在 2017 年年末，比特币接近 2 万美元一个的疯狂行情让区块链技术为众人所知。到了 2021 年，当比特币超过 6 万美元的时候，大家对它的质疑逐渐消失了。

比特币的诞生和发展借鉴了来自数字货币、密码学、经济学、博弈论、分布式系统、控制论等多个领域的技术成果。正是因为比特币博采众长，集多种技术于一体，才使得它的底层技术——区块链成为一项举世瞩目的创新成果。

区块链技术是一项高端的科技成果，注定了它的诞生与发展道路必然不是一帆风顺的。它同样经历了酝酿期、萌芽期和发展期，直到现在区块链技术依然不是十分成熟，还需要人们投入更多的努力去发展和完善这项技术。就像一个人需要不断学习才能变得睿智一样，区块链技术正值备受关注的青少年时期，需要继续发展才能进入成熟阶段。

1.2 什么是区块链

区块链是什么呢？对于这样一个新事物，不同的群体给出不同的示例与解释说明，力图让人们更容易理解。

举例1

老孙找老李借 100 元，但老李怕他赖账，于是就找来村长做公证，并记下这笔账，这个就叫“中心化”。但如果老李不找村长，直接拿喇叭在村里广播“老李借给了老孙 100 元！请大家记在账本里。”村里的每个人都记录下来，这个就叫“去中心化”。

如果村长德高望重，掌握全村的账本，则大家都把钱存在他这里，这是大家对村长（中心化）的信任。如果大家担心村长会偷偷挪用公账，怎么办呢？此时，每个人都要有一个账本，任意两个之间转账都通过喇叭广播消息。收到消息后，每个人都在自己的账本上记下这笔交易，这个账本就叫“去中心化的分布式账本”。有了分布式账本，即使老张或老李家的账本丢了也没关系，因为老赵、老马等其他家都有账本。

这个例子只体现了区块链去中心化、交易的广播与记账等特点，没有说明怎么激励记账。

举例2

以到《乡村爱情》电视剧中的大脚超市购买东西为例来描述区块链。《乡村爱情》里，人们到大脚超市购买东西采用记账的方式，每个人购买东西后，将自己购买的事情广播给全村，每个人都在自己的账本上记录下来，大家都能看到谁欠谁多少钱，并且公开监督、不能篡改，没有单一记账人的概念，也可以说每一个人都是记账的人，这就是分布式账本的原型。这个比喻也没有将谁拥有账本的交易记录权限和为什么不能篡改表达出来。

举例3

我们尝试用一个新的比喻使大家更容易理解区块链。由于现在接触和使用计算机的机会较多，我们可以很容易地在不同的计算机或人之间传递信息和数据文件。然而，一方面这些信息复制和修改起来非常容易；另一方面，这些计算机领域的基础知识会阻碍我们理解区块链这个事物。

可以把区块链系统想象成一个运行在众多电子设备上的超级计算机系统。

（1）这个超级计算机系统由很多个计算节点组成。

（2）账本上面的信息产生和权限修改是通过由每个节点计算数学难题来进行的。最先解决这个数学难题的节点，不仅会得到奖励，而且会拥有一次新增账本页的记账权利。

（3）只能新增，不能修改和删除以前的账本页。

（4）一个账本页只能记录有限的信息。记账时，以要记录的每条账目的钱的数目（手续费）的顺序排序，选出一个页的信息，把所有等待记录的信息记录到账本上面的信息中，并且标注记录时间，然后广播给各个记录账本的节点。

（5）这种计算节点分布在世界各地，并且有很多个（去中心化的特点）。

（6）所有其他设备上面记录的账本信息只是真实账本的备份，并且这种信息记录格式上有着各种限制，由一页一页的账目组成，这些账目页之间还按顺序连接起来。单纯修改一个账本信息是不能通过的，必须能够把所有账本信息都修改掉，这一点是非常难做到的（不可篡改的特点）。

这样运行的超级计算机系统就是一个区块链系统，如图 1–1 所示。

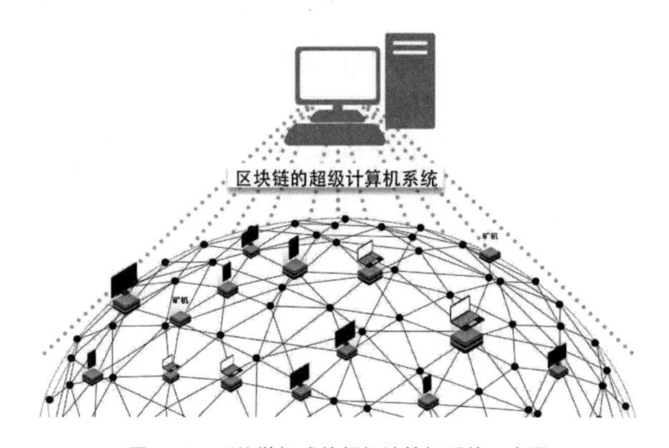

图 1–1　区块链组成的超级计算机系统示意图

以上每种举例方式从不同角度出发，都有一些容易理解的部分或者适合一部分人理解。通过多个比喻，大家会逐渐熟悉区块链这个新事物，就像人们熟悉计算机和智能手机一样。如果大家有一些技术基础，将会更容易理解下面从学术角度介绍的区块链。

区块链（Blockchain）是指通过去中心化和去信任的方式集体维护一个可靠数据库的技术方案。通俗来讲，区块链技术是指一种全民参与记账的方式（“记账＋认账”）。所有系统的背后都有一个数据库，可以把数据库看成一个大账本，那么谁来记账就变得很重要。一般情况下谁的系统谁来记账，如微信的账本腾讯在记，淘宝的账本阿里在记。但在区块链系统中，系统中的每个人都有机会参与记账，即分布式记账（见图1–2）。在一定时间段内如果数据有任何变化，系统中每个人都可以进行记账，系统会评判这段时间内计算某种难题最快、最好的人，让他把大家的交易信息写到账本上，并将这段时间内的账本内容发给系统中其他人进行备份，这样系统中的每个人都有一本完整的账本。在这个系统中会有一种奖励机制，激励大家参与记账。这种方式就被称为区块链技术。

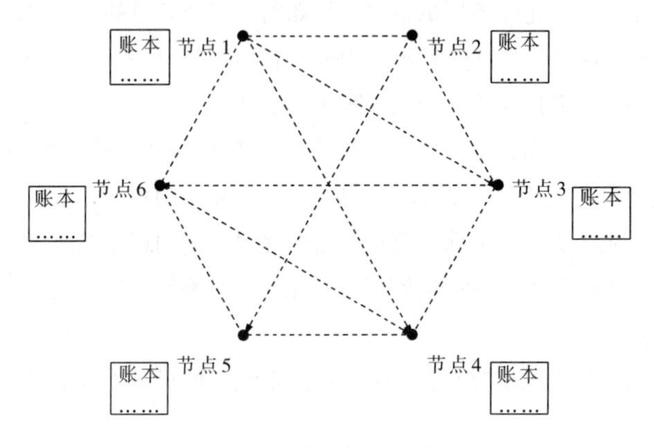

图 1–2　分布式记账网络

区块链是一种分布式数据库，它通过使用对等网络存储使用者的资产登记和交易信息。总体来说，它是一个公开的记录系统，上面记录了谁拥有什么和谁交易过什么。

交易记录是通过密码机制来保护安全的，时间一过，交易记录会被封存在数据库里，然后数据块会进行加密连接并安全封存。这就创建了一个不可改变且不会丢失的记录体系，其中包含了所有网络中的交易记录，这些记录在网络中的每台计算机上都进行了备份。

区块链既不是一个应用程序，也不是一家公司。该如何理解这层含义呢？我们用维基百科来类比。

我们在维基百科（一个用多种语言编写的网络百科全书，是由非营利组织维基媒体基金会负责运营）上能看到各种知识和词条，并且这些知识和词条是不断变化和更新的，这些变化和更新能够被实时跟踪。当然，我们也能创建我们自己的维基。因为它的核心是知识的基础架构。

维基百科是一个开放的平台，存储着文字和图片以及随时间更新的数据。而“区块链”则可以被当作为一个开放的基础设施架构，上面存储着各种各样的资产“履历”，包括资产的管理者、拥有者等各种变动信息。

由于区块链是公开的记录系统，存储着网络上的所有交易记录，而且它可以复制到网络中的每台计算机上，因此它非常安全，几乎无法被篡改（除非发生一些安全攻击事件，如 51% 攻击）。

接下来较为完整、通俗地介绍区块链到底是什么？

区块链中的“区块”就是数据包，我们可以将其想象成一个个封装好的包裹，这些包裹中是记录数据的本子，可以将这些本子想象成会计记账本。

“区块链”就是由一个个区块首尾相连形成的链条。图 1-3 可以看作区块链的三个区块。

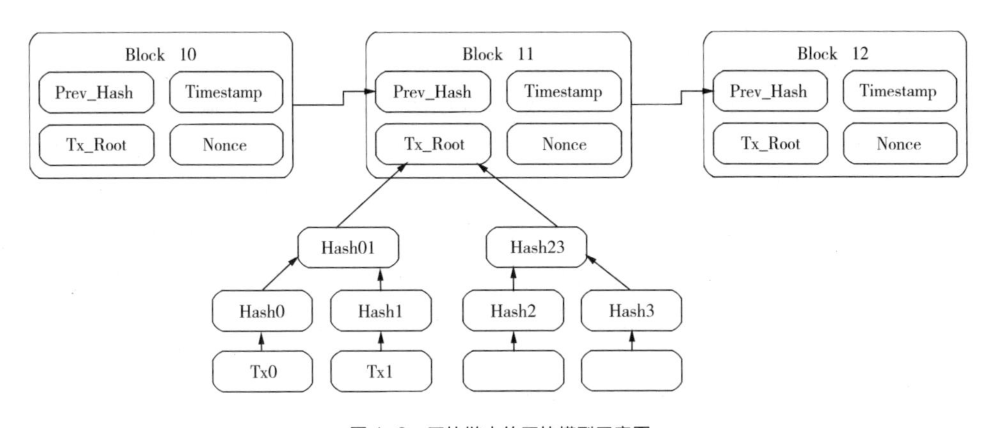

图 1-3 区块链中的区块模型示意图

图 1-4 可以看作区块的模型。

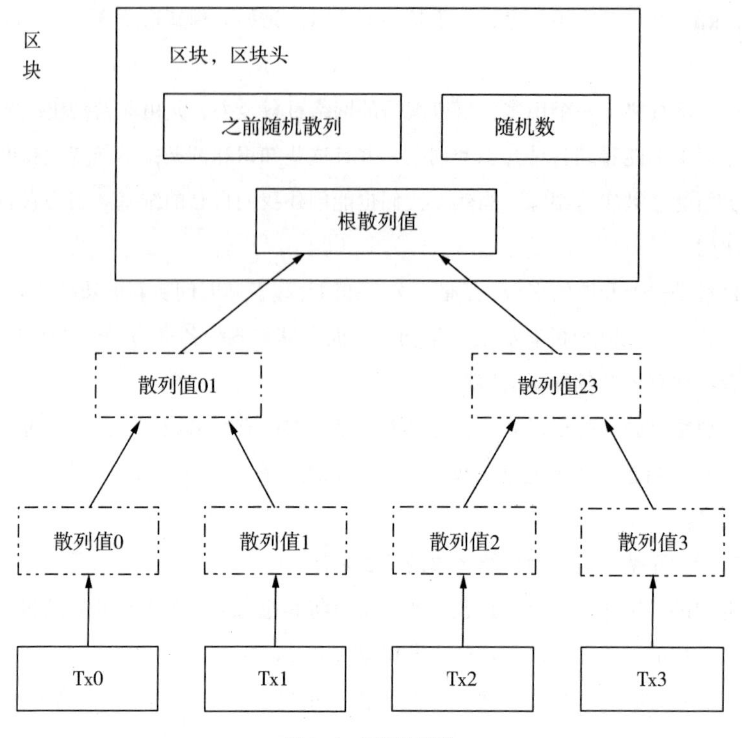

图 1-4　区块的模型

下面用会计使用的复式记账本来类比区块链的概念。

会计使用复式记账本给个人、公司或者其他组织记账，一页一页地记录，形成一本完整的账本。如果有人从中间撕掉一页，或者从一堆账本里烧掉一本，是可以做到毫无痕迹的。但如果换成计算机来记账，在每一页账本的开头就记录一个“页头”，包含了前面所有页的信息，包括页与页之间的顺序，即将前面所有页的信息通过一种加密算法，变成一个可记录的数据。如果前面的页有任何修改，通过相同的加密算法都会得出不一样的结果。记一页，便将这一页排队插入页链最后，每一页账本都延长一节，并把自己排在最后。

这里的“页”就是区块；“页头”就是区块头信息；“页链”就是区块链。

以这种方式形成的区块链，如果有人想伪造，就必须将已经成形的、现有的链全部复制下来，并且要以比现在记账的计算机更快的计算能力产生下一个区块。

页内的每条信息都有每个交易发起者的数字签名，其他人不能伪造，并且所有的交易都用一个指纹树的结构保存起来，使得任何修改都会被及时地发现。

1.3 区块链的特点

基于前面章节的描述，我们可以看到区块链具有以下特点，如图 1-5 所示。

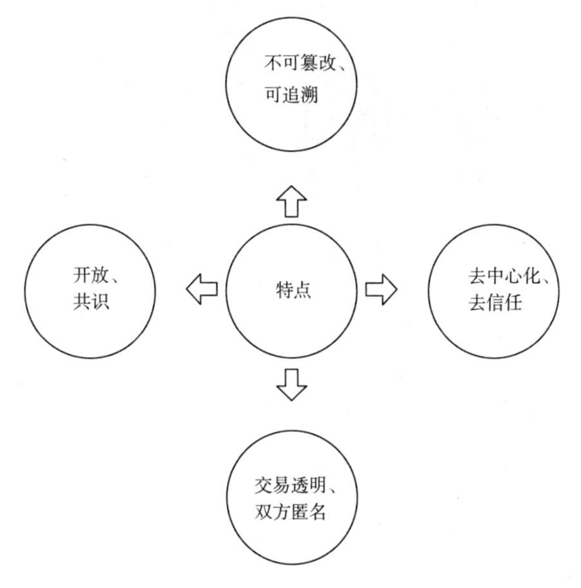

图 1-5　区块链系统的特点

1. 去中心化

区块链的去中心化特征，可以简单理解为没有固定的中心化机构存在（如政府、银行、支付宝等），所有的数据主体都将通过预先设定的程序自动运行。

去中心化的一个特点是由于在区块链系统中分布着许多的节点，这些节点都具有高度自治的特征，而且节点之间可以自由链接，从而形成新的单元。

任何一个节点都可能成为阶段性的中心，但不具备强制性的中心控制功能。节点与节点之间会通过网络形成非线性的因果关系。

去中心化并不意味着不要中心，而是由节点来自由选择中心、自由决定中心。所以在区块链系统中，任何计算机都是一个节点，任何人也都可以成为一个中心，任何中心都不是永久的，而是阶段性的，任何中心对节点都不具有强制性。

去中心化的另一个特点体现在区块链的账号体系，我们常见的银行账号、游戏账号等传统账号都是由中心化机构产生和管理的。但区块链中的账号系统——钱包的地址，不是由机构颁发的，而是由密码学的公私钥机制来保证的。这从原理上确保了只有拥有私钥的人才能控制这个账号。

为了进一步说明去中心化，下面拿熊和蜜蜂来进行比喻，如图 1-6 所示。

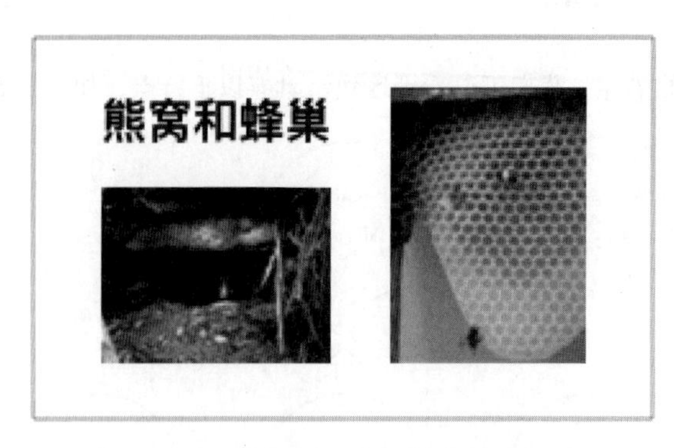

图 1-6　中心智慧和分布式智慧的对照

熊可以理解为一个中心化决策系统，即它自己替自己决策（中心化决策系统，通常意义上只有一个节点在决策）。蜂群是一个去中心化的决策系统，每个蜜蜂执行蜂群的基础协议，比如，它们会自动与旁边的蜜蜂保持一定的距离。

单个的熊相比单个的蜜蜂，智商要高无数倍。但是我们发现，熊窝很简陋，而成千上万的蜜蜂却可以构筑非常精妙的蜂巢。科学家们赞誉蜂巢是耗费资源最少、结构最优化、最符合蜜蜂集群社会应用的生存空间。

所以，蜜蜂集团就是一个典型的去中心化、分布式决策系统，每个蜜蜂都可以被当作系统中的一个“节点”。

2. 不可篡改性

基于去中心化的特征，即使区块链遭受了严重的黑客攻击，只要黑客控制的节点数不超过区块链节点总数的一半，系统就依然能正常运行，数据也不会被篡改。这是由于区块链的数据存储是分布式的，因为没有某一个中心进行集中管理，使得区块链系统中，即便某一个节点受到攻击或篡改，都不会影响整个系统的健康运作。

区块链系统中所有节点的权利和义务都是均等的，而且活动会受到全网的监督。同时，这些节点都各自有能力用计算能力投票，这就保证得到的结果是大多数节点公认的结果。

回到蜜蜂和熊的例子，继续讲解区块链的不可篡改性：

我们可以把“蜂巢”和“熊窝”当作一个事实存在。如果想要改变“蜂巢”这个事实，就必须改变整个蜜蜂集团中半数以上的蜜蜂，仅攻击蜂群中的一个蜜蜂，这个事实是不会受到任何影响的。但是如果想要改变“熊窝”这个事实，只需要改变中心化决策系统中决策的那个节点，即“熊”。

3. 开放性

区块链系统是开放的，它的数据对所有人公开，任何人都可以通过公开的接口查询区块链数据和开发相关应用，因此整个系统的信息高度透明。虽然区块链的匿名性使交易各方的私有信息被加密，但这不影响区块链的开放性，加密只是对开放信息的一种保护。

在开放性的区块链系统中，为了保护一些隐私信息，一些区块链系统使用了隐私保护技术，使得人们虽然可以查看所有信息，但不能查看一些隐私信息。

4. 匿名性

在区块链中，数据交换的双方可以是匿名的，系统中的各个节点无须知道彼此的身份和个人信息即可进行数据交换。区块链的匿名性来源于比特币白皮书中对隐私的描述。白皮书中对比了传统隐私模型与区块链带来的新隐私模型，如图 1-7 所示。

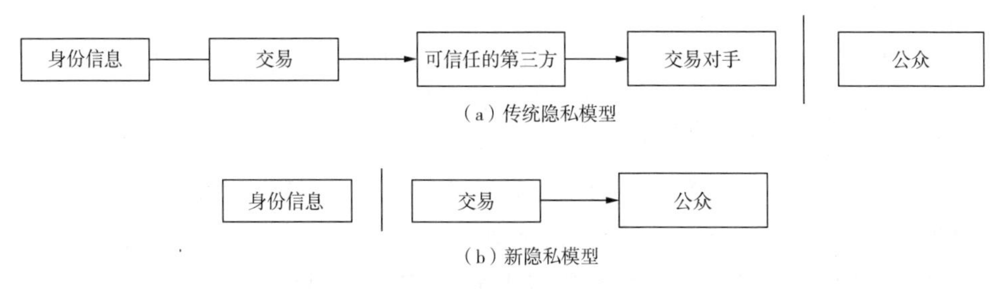

图 1-7　传统隐私模型与区块链的新隐私模型对比

我们谈论的隐私通常是指广义的隐私：**别人不知道你是谁，也不知道你在做什么**。事实上，隐私包含两个概念：狭义的隐私（Privacy）与匿名（Anonymity）。狭义的隐私就是别人知道你是谁，但不知道你在做什么；匿名则是别人知道你在做什么，但不知道你是谁。

虽然区块链上的交易使用化名（Pseudonym），即地址（Address），但由于所有交易和状态都是明文，因此任何人都可以对所有化名进行分析并建构出用户特征（User Profile）。更有研究指出，有些方法可以解析出化名与 IP 的映射关系，一旦 IP 与化名产生关联，则用户的每个行为都如同裸露在阳光下一般。

在比特币和以太坊等密码学货币的系统中，交易并不基于现实身份，而是基于密码学产生的钱包地址。但它们并不是匿名系统，很多文章和书籍里面提到的数字货币的匿名性，准确来说其实是化名。在一般的系统中，我们并不明确区分化名与匿名。但专门讨论隐私问题时，会区分化名与匿名。因为化名产生的信息在区块链系统中是可以查询的，尤其是在公有链中，可以公开查询所有的交易的特性会让化名在大数据的分析下完全不具备匿名性。但真正的匿名性，如达世币、门罗币、Zcash 等隐私货币使用的隐私技术才真正具有匿名性。

匿名和化名是不同的。在计算机科学中，匿名是指具备无关联性（Unlinkability）的化名。所谓无关联性，就是指网络中其他人无法将用户与系统之间的任意两次交互（发送交易、查询等）进行关联。在比特币或以太坊中，由于用户反复使用公钥哈希值作为交易标识，交易之间显然能建立关联。因此比特币或以太坊并不具备匿名性。这些不具备匿名性的数据会造成商业信息的泄露，影响区块链技术的普及使用。

5. 可追溯性

区块链的数据结构中有三个重要的元数据，分别代表过去、现在和未来。

代表过去的是“上一区块的哈希”，它是上一区块内容的直接浓缩，也是到上一区块为止的所有历史数据的间接浓缩。

代表现在的是“本区块所有数据记录的梅克尔树根”，它是本区块内所记录的所有数据的存在和他们之间的顺序关系。

代表未来的是“待定的随机数”，它是被当作工作量证明的那个哈希函数反求的特解，这个随机数延伸到未来（下一区块）时，可以满足哈希函数取值的特定约束。

整个用这种方式连接起来的区块，构成了不可篡改的“历史”，单个的数据记录被有机地“缝合”进历史的长河，牵一发则动全身，要改一处记录就要对历史进行“分叉”，精准修改历史的局部相对于为此付出的代价来说会得不偿失。这是由算法的数学性质保证的。这个时间不可逆的特征构成区块链的最基础的功能，即可以被公开验证的“存证——定序”的功能。

1.4 区块链的类型

下面先从最简单的字面意思上，对以下几个概念有个大致了解，如图 1-8 所示。

- 公有链（Public Blockchain）：公有的区块链，读写权限对所有人开放。
- 私有链（Private Blockchain）：私有的区块链，读写权限对某个节点开放。
- 联盟链（Consortium Blockchain）：联盟区块链，读写权限对加入联盟的节点开放。

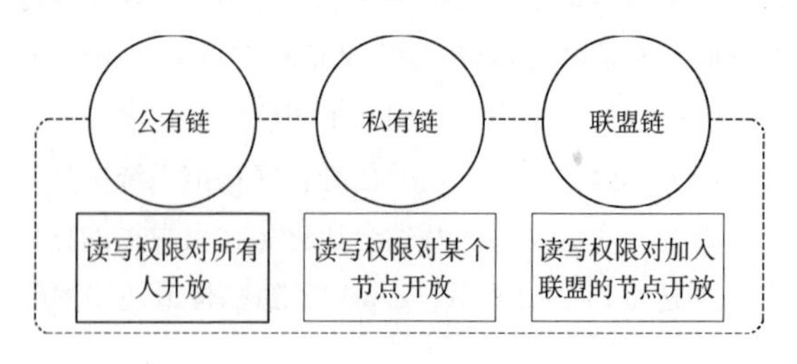

图 1-8　区块链的三种类型

它们的区别在于读写权限以及去中心化的程度。一般情况下，去中心化的程度越高，可信度越高，而交易速度越慢。

1. 公有链

代表：比特币（BTC）、以太坊（ETH）

公有链的验证节点遍布于世界各地，所有节点共同参与记账，共同维护区块链上的所有交易数据。

公有链能够稳定运行得益于特定的共识机制，如比特币块链依赖工作量证明（PoW）、以太坊依赖工作量证明（PoW）和权益证明（PoS）等。其中 Token（当前主要称为“通证”，有时候也称为“代币”）能够激励所有参与节点“愿意主动合作”，共同维护公有链上数据的安全性。因此，公有链的运行离不开通证激励。

公有链的优点如下。

（1）有交易数据公开、透明。

虽然公有链上所有节点是匿名（更确切一点，是“非实名”）加入网络的，但任何节点都可以查看其他节点的账户余额以及交易活动。

（2）无法篡改。

公有链是高度去中心化的分布式账本，篡改交易数据几乎不可能实现，除非篡改者控制了全网 51% 的计算能力，攻击当前著名的公有链的成本几乎会超过数亿元。

公有链的缺点如下。

（1）低吞吐量（TPS）。

高度去中心化和低吞吐量是公有链不得不面对的两难境地。例如，最成熟的公有链——比特币块链——每秒只能处理 7 笔交易信息（按照每笔交易大小为 250 字节），高峰期能处理的交易笔数就更低了。

（2）交易速度缓慢。

低吞吐量必然导致交易速度缓慢。比特币网络极度拥堵，有时一笔交易需要几天才能处理完毕，并且需要缴纳几百元转账费。

2. 私有链

代表：蚂蚁金服。

根据《2017 全球区块链企业专利排行榜》，阿里巴巴以 49 件的专利总量排名第一，而这些专利均出自蚂蚁金服技术实验室。

私有链的读写权限由某个组织或机构管理，由该组织或机构根据自身需求决定区块链的公开程度。私有链适用于数据管理、审计等金融场景。

私有链的优点如下。

（1）更快的交易速度、更低的交易成本。

私有链上只有少量的节点具有很高的信任度，并不需要每个节点都来验证一个交易。因此，相比需要通过大多数节点验证的公有链，私有链的交易速度更快，交易成本也更低。

（2）不容易被恶意攻击。

相比中心化数据库，私有链能够防止内部某个节点数据被篡改。故意隐瞒或篡改数据的情况很容易被发现，发生错误时也能追踪错误来源。

（3）更好地保护组织自身的隐私，交易数据不会对全网公开。

私有链的缺点如下。

区块链是构建社会信任的最佳解决方案，“去中心化”是区块链的核心价值。而由某个组织或机构控制的私有链与“去中心化”理念有所出入。如果过于中心化，那就跟其他中心化数据库没有太大区别。

3. 联盟链

代表：超级账本（Hyperledger）、企业以太坊（EEA）。

超级账本基于透明和去中心化的分布式账本技术，联盟内的成员（如英特尔、埃森哲等）共同合作，通过创建分布式账本的公开标准实现价值交换，十分适合应用于金融、能源、保险以及物联网等行业。超级账本的联盟成员如图 1–9 所示。

图 1–9　超级账本的联盟成员

联盟链由联盟内的成员节点共同维护，节点通过授权后才能加入联盟网络。联盟链是私有链的一种，只是私有程度不同。联盟链的权限设计要求比私有链更复杂，但联盟链比纯粹的私有链更具可信度。

对于可信度、安全性有很高要求，但对交易速度不苛求的落地应用场景，公有链更有发展潜力。对于更加注重隐私保护、交易速度和内部监管等的落地应用场景，私有链或联盟链则更有发展潜力。

区块链在高效率、去中心化和安全三个方面，只能选其二实现，这就是区块链的“不可能三角”悖论。因此，无论是公有链、私有链，还是联盟链，都会存在各种各样的不足之处，或者说它们没有绝对的优劣，应该根据具体的落地应用场景去看待不同的区块链类型。

1.5 区块链中的经济模型

区块链技术源于数字货币，是因比特币的诞生而产生的。在此之前，也是因为对数字货币的研究才为比特币积累了技术条件。既然这一切都和货币相关，那么区块链系统中的货币究竟有什么作用呢？有一种说法是以往的技术只是改变生产力，但区块链具有改变生产关系的能力。

生产关系是指人们在物质资料的生产过程中形成的社会关系，它是生产方式的社会形式，包括生产资料所有制的形式、人们在生产中的地位和相互关系以及产品分配的形式等。其中，生产资料所有制的形式是最基本的、起决定性作用的形式。

我们从经济的层面来分析区块链中的经济模型。对于一个区块链项目，除了要关注技术实现的理论知识与技能，还要关注其中经济模型的设计与理论知识。没有经济模型的区块链系统，如同缺少了一条腿的跑步运动员，综合效果大大降低。虽然私有链和联盟链中可以没有通证（或货币）的相关设计，但其经济方面的影响力是靠外部系统的利益分配来保证的。此外，在真正的使用中，私有链和联盟链的应用场景会是一个受限的范围，而公有链的应用场景会是一个相对较大的范围。

经济学中的经济模型是指用来描述所研究的经济事物的有关经济变量之间相互关系的理论结构。通常是经济理论的数学表述，是一种分析方法。

区块链项目的经济系统模型是指在项目生态的核心业务流程上，各参与方价值的分配方式。通证存在的意义就是更好地用经济手段促进并加强这种链内协作的诞生，激励各方为项目系统做出贡献，限制或惩罚项目中的破坏行为，帮助各方获取利益。区块链中经济模型的主要作用是激励行业内各方参与者加入，共同提高整个生态的价值，并合理分配相关收益。这个系统的运行应该是公开、公平、由社区共同治理的。

区块链项目中的经济模型，除了在设计阶段由项目方提供经济模型的设计方案，在区块链运行阶段一般是通过符合经济学逻辑的规则的，而不是人为干预。在特殊情况下，如以太坊的 DAO 安全事件，通过社区的决议可以改变或修正不期望的经济行为。但对于这种异常情况，如果处理不妥当，则会出现争议、引起分裂等。

区块链中的经济模型在比特币产生的时候，仅仅包含通证的总量、分配方式等内容。随着各种公有链的发展和区块链 2.0 阶段的到来，区块链中的经济模型越来越完善，并且被实践检验和修正了很多不合理的设计。完善的经济学模型应该能够描述整个链内生态中的价值产生、流转，并抽象成通证的需求与供给关系。通证的属性应有明确的定义与使用场景、流转模式、参与角色等内容。在一种通证不能完成相关职能的情况下，可以由多个通证组合起来，完成经济模型与应用场景的匹配与运行，如 Steemit 中的三种通证（SP、STEEM、SBD）的设计，如图 1-10 所示。

图 1-10　Steemit 项目的 Logo

区块链相关领域已经有了 10 多年的发展，其中的经济模型也越来越完善。从最初比特币的简单模型，到以太坊提供发币技术支撑，各种经济模型已经在众多项目中得到了各种事件的不断检验，从而发展得更加完善。

通常区块链经济模型中包含以下主要内容：通证的总量（或初始总量）、项目利益方的构成、各个利益方的分配比例、通证的激励规则、项目资金的募集、项目资金的后期管理，经济模型的调整等内容。

在区块链的项目中，比特币作为第一个区块链实现案例，它的经济模型比较简单，只规定了货币的总量（2100 万枚）和释放速度（实质是通货膨胀率）。比特币没有预留发行额度，这也是早期经济模型考虑不够完善的地方。这种方式造成后期项目维护团队不能直接从项目中得到资金支持。

我们来看一个后来经济模型比较完善的案例——区块链存储项目 Filecoin。它的经济模型描述内容如下。

· 通证名称：FIL。

· 通证总量：20 亿。

·项目的利益方：比特币核心维护团队、基金会、矿工、矿机生产商、数字货币交易所、购买 FIL 的人员、存储消费方……

· 通证的激励与消费规则：通证分配比例，如图 1-11 所示。

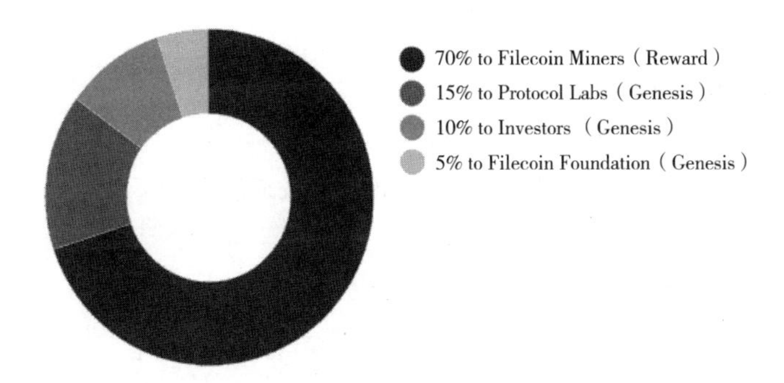

图 1-11　Filecoin 的通证分配

➢ 矿工（Filecoin Miners）70%：像比特币一样根据挖矿的进度逐步分发。

➢ 协议实验室（Protocol Labs）15%：作为研发费用，6 年逐步解禁。

➢ ICO 投资者（Investors）10%（公募 + 私募）：根据挖矿进度，逐步解禁。

➢ Filecoin 基金会（Filecoin Foundation）5%：作为长期社区建设，网络管理等费用，6 年逐步解禁。

· Token 分发：从 Filecoin 网络上线开始计算时间，如 6 个月分发期（Vesting Period），则要在网络上线后 6 个月内发放完毕。

Filecoin 的分发是经过精密的思考和设计的，并不是一个随意的行为，Protocol Labs 为此做了很多分析，确保通证的发放过程平稳，不会出现由于突然间的大量通证解禁而对币价造成波动。

70%Token 分配给矿工也是现在有如此多的矿工关注的原因。矿工部分的 70%Token 设计为 6 年分发大约一半的币（比特币是 4 年），为什么是 6 年？ Protocol Labs 认为 6 年无论是对 Filecoin 网络增长还是对投资者长期回报都是一个恰当的时间周期。总的分发规划为大约 6 年分发总量一半的通证（10 亿枚），其中包括矿工挖矿、投资者解禁（ICO）、Protocol Labs 和 Filecoin 基金会的解禁额度。

Filecoin 的分发采用的是线性释放，即随着每个区块（Block）被矿工开采，逐步分发 Token。如分发期为 2 年的 Token，网络启动后的 6 个月分发 20%，1 年分发 50%，2 年分发 100%。消费规则主网上线后会更加清晰。

· 项目资金的募集。

· 限制参与：美国合格投资者（U.S.Accredited Investors）身份认证（采用与 IPO 相同的流程，以确保合法性），投资门槛较高，如年收入 20 万美元、家庭年收入 30 万美元或家庭净资产（不算自主的房产）超过 100 万美元。Filecoin 更看中项目的长期发展。

➢ ICO 占比：10%（2 亿枚）。

➢ ICO 总金额：2.57 亿美元。

· 私募情况。

➢ 时间：2017.7.21—2017.7.24。

➢ 成本：0.75 美元 /FIL（全部私募价格都一样）。

➢ 分发期和折扣：1 ~ 3 年，折扣额 0% ~ 30%（分发期最低一年）。

➢ 参与人数：150 人左右。

➢ 私募金额：大约 5200 万美元。

· 公募情况。

➢ 时间：2017.8.7—2017.9.7。

➢ 成本区间：1 ~ 5 美元

➢ 分发期和折扣：6 个月（0%）、1 年（7.5%）、2 年（15%）、3 年（20%）。

➢ 公募金额：2.05 亿美元。

➢ 参与人数：2100+（另有很多参与者是通过代投拿到的）。

区块链中包含了经济模型，使得这项技术和以往技术有了非常大的不同，在不断发展的过程中，区块链技术逐渐展现出巨大的威力，开始在信息世界有了产生和传递价值的能力，这是其进入价值互联网的基石。

第2章 区块链的发展与支撑技术

2.1 起源

2008年11月，中本聪发布了创世白皮书《比特币：一种点对点的电子现金系统》，提出了比特币的概念。

白皮书开篇简介他这样写道：互联网上的贸易，几乎都需要借助金融机构作为可资信赖的第三方来处理电子支付信息。虽然这类系统在绝大多数情况下都运作良好，但是这类系统仍然内生性地受制于“基于信用的模式”（trust based model）的弱点。我们无法实现完全不可逆的交易，因为金融机构总是不可避免地会出现协调争端。而金融中介的存在，也会增加交易的成本，并且限制了实际可行的最小交易规模，也限制了日常的小额支付交易。并且潜在的损失还在于，很多商品和服务本身是无法退货的，如果缺乏不可逆的支付手段，互联网的贸易就大大受限。因为有潜在的退款的可能，就需要交易双方拥有信任，而商家也必须提防自己的客户，因此会向客户索取完全不必要的个人信息。而实际的商业行为中，一定比例的欺诈性客户也被认为是不可避免的，相关损失视作销售费用处理。而在使用物理现金的情况下，这些销售费用和支付问题上的不确定性却是可以避免的，因为此时没有第三方信用中介的存在。

所以，我们非常需要这样一种电子支付系统，它基于密码学原理而不基于信用，使得任何达成一致的双方能够直接进行支付，从而不需要第三方的参与。杜绝回滚（reverse）支付交易的可能，这就可以保护特定的卖家免于欺诈。而对于想要保护买家的人来说，在此环境下设立通常的第三方担保机制也可谓轻松愉快。在这篇论文中，我们将提出一种通过点对点分布式的时间戳服务器来生成依照时间前后排列并加以记录的电子交易证明，从而解决双重支付问题。只要诚实的节点所控制的计算能力的总和，大于有合作关系的攻击者的计算能力的总和，该系统就是安全的。

白皮书的问世立刻被密码朋克组织封神。通过加密邮件的简单沟通，他把哈尔·芬尼收至麾下，哈尔·芬尼也成了比特币项目的二号人物。凭借强大的感召力，越来越多的技术大咖加入比特币项目的开发中。比特币在全世界的迅速发展得益于密码朋克，也成就了区块链技术。

传统支付系统与区块链支付系统的区别，如图 2–1 所示。

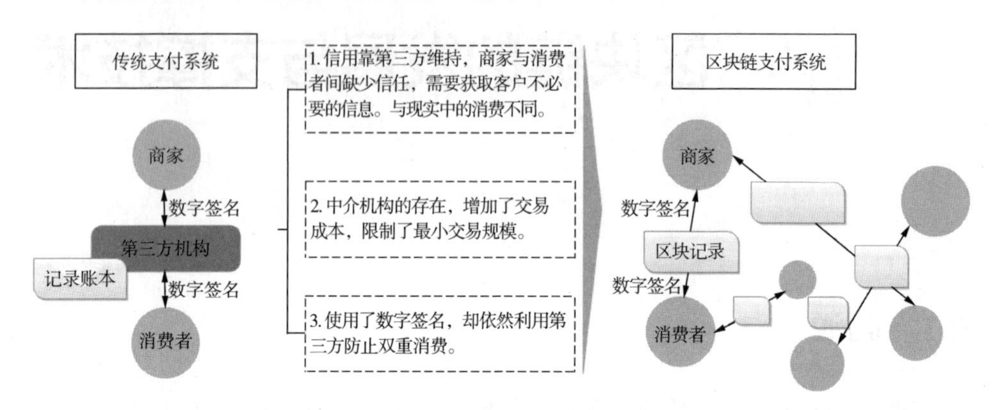

图 2–1　传统支付系统与区块链支付系统

2009 年 1 月 3 日，中本聪制作了比特币世界的第一个区块——创世区块，并挖出了第一批比特币（50 个）。

2010 年 5 月 22 日，佛罗里达程序员 Laszlo Hanyecz 用 1 万比特币购买了两个价值 25 美元的比萨优惠券（共 50 美元），随着这笔交易，比特币第一个公允汇率诞生了。

2010 年 7 月，第一个比特币平台成立，新用户暴增，价格暴涨。

2011 年 2 月，1 个比特币的价格首次达到 1 美元，此后比特币与英镑、巴西币、波兰币的互兑交易平台开张。

2012 年，瑞波（Ripple）发布，其作为数字货币，利用区块链转移各国外汇。

2013 年，比特币暴涨。美国财政部发布了虚拟货币个人管理条例，首次阐明虚拟货币释义。

2014 年，以中国为代表的矿机产业链日益成熟，同年，美国 IT 界认识到了区块链对于数字领域的跨时代创新意义。

2015 年，美国纳斯达克证券交易所推出基于区块链的数字分类账技术 Linq，以此来进行股票的记录交易与发行。

随后，花旗集团、日本三菱日联金融集团、瑞士联合银行和德意志银行等全球大型金融机构也应用了“区块链”技术，打造快捷、便利、成本低廉的交易作业系统。除应用于金融领域之外，区块链技术也开始应用于保护知识产权、律师公证、网络游戏等有信息透明公开并永久记录需求的领域。

2.2　比特币

比特币（Bitcoin，BTC）是一种基于去中心化，采用点对点网络与共识协议，开放源代码，以区块链作为底层技术的加密货币。比特币的概念最初由中本聪（Satoshi Nakamoto）在 2008 年 11 月 1 日发表论文提出，并于 2009 年 1 月 3 日正式开始运行的软件系统 。比特币是一种 P2P 形式的虚拟加密数字货币，而其点对点的传输意味着一个去中心化的支付系统。

任何人都可以参与比特币活动，可以通过称为“挖矿”（计算机运算）的方式来发行。比特币协议数量的上限为 2100 万个，以避免通货膨胀问题。使用比特币是通过私钥作为数字签名，允许个人直接支付给他人，与现金相同，不需经过如银行、清算中心、证券商、电子支付平台等第三方机构，从而避免了高手续费、烦琐流程以及被监管等问题，任何用户只要拥有可连接互联网的数字设备便可以使用。比特币经济使用整个 P2P 网络中众多节点构成的分布式数据库来确认并记录所有的交易行为，使用密码学的设计来确保货币流通各个环节的安全性。P2P 的去中心化特性与算法本身可以确保无法通过大量制造比特币来人为操控币值，基于密码学的设计可以使比特币只能被真实的拥有者转移或支付。这同样确保了货币所有权与流通交易的匿名性。

比特币网络通过“挖矿”来生成新的比特币。“挖矿”实质上是用计算机解决一项复杂的数学问题，以此来保证比特币网络分布式记账系统的一致性。比特币网络会自动调整数学问题的难度，让整个网络约每 10 分钟得到一个合格答案，随后比特币网络会新生成一定量的比特币作为区块奖励，奖励得到合格答案的人。

如图 2-2 所示，比特币不依靠特定的货币机构发行，而这种货币的“权威性”把握在比特币区块链下的每一个参与者（节点）手中。

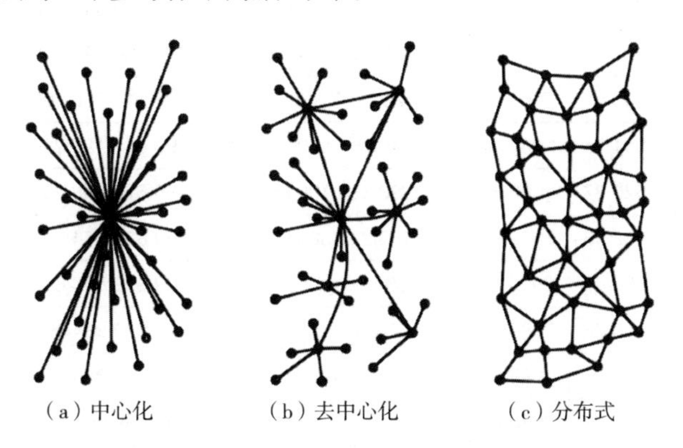

图 2-2　中心化、去中心化、分布式三者的示意图

2009年比特币诞生的时候，区块奖励是50个比特币。创始区块产生后，第一批50个比特币生成了，而此时的货币总量就是50。随后比特币就以约每10分钟50个的速度增长。当总量达到1050万个时（2100万的50%），区块奖励减半为25个。当总量达到1575万个（新产出525万，即1050的50%）时，区块奖励再减半为12.5个。该货币系统曾在4年内只有不超过1050万个，一直到2140年，之后的总数量将被永久限制在约2100万个。

比特币的准确数量是20999999.97690000个，比2100万少一点。减产的时间表如表2-1所示。

表2-1 比特币减产的时间表

起始区块	阶段	比特币 / 区块	年	阶段产量	阶段结束总量	已产占比
0	1	50.000 000 00	2009.007	10 500 000.000 000 00	10 500 000.000 000 00	50.000 000 06%
210 000	2	25.000 000 00	2013.000	5 250 000.000 000 00	15 750 000.000 000 00	75.000 000 08%
420 000	3	12.500 000 00	2016.993	2 625 000.000 000 00	18 375 000.000 000 00	87.500 000 10%
630 000	4	6.250 000 00	2020.986	1 312 500.000 000 00	19 687 500.000 000 00	93.750 000 10%
840 000	5	3.125 000 00	2024.978	656 250.000 000 00	20 343 750.000 000 00	96.875 000 11%
1 050 000	6	1.562 500 00	2028.971	328 125.000 000 00	20 671 875.000 000 00	98.437 500 11%
1 260 000	7	0.781 250 00	2032.964	164 062.500 000 00	20 835 937.500 000 00	99.218 750 11%
1 470 000	8	0.390 625 00	2036.956	82 031.250 000 00	20 917 968.750 000 00	99.609 375 11%
1 680 000	9	0.195 312 50	2040.949	41 015.625 000 00	20 958 984.375 000 00	99.804 687 61%
1 890 000	10	0.097 656 25	2044.942	20 507.812 500 00	20 979 492.187 500 00	99.902 343 86%
2 100 000	11	0.048 828 12	2048.934	10 253.905 200 00	20 989 746.092 700 00	99.951 171 98%
2 310 000	12	0.024 414 06	2052.927	5 126.952 600 00	20 994 873.045 300 00	99.975 586 04%
2 520 000	13	0.012 207 03	2056.920	2 563.476 300 00	20 997 436.521 600 00	99.987 793 07%
2 730 000	14	0.006 103 51	2060.913	1 281.737 100 00	20 998 718.258 700 00	99.993 896 58%
2 940 000	15	0.003 051 75	2064.905	640.867 500 00	20 999 359.126 200 00	99.996 948 33%
3 150 000	16	0.001 525 87	2068.898	320.432 700 00	20 999 679.558 900 00	99.998 474 20%
3 360 000	17	0.000 762 93	2072.891	160.215 300 00	20 999 839.774 200 00	99.999 237 13%
3 570 000	18	0.000 381 46	2076.883	80.106 600 00	20 999 919.880 800 01	99.999 618 59%
3 780 000	19	0.000 190 73	2080.876	40.053 300 00	20 999 959.934 100 01	99.999 809 32%
3 990 000	20	0.000 095 36	2084.869	20.025 600 00	20 999 979.959 700 01	99.999 904 68%
4 200 000	21	0.000 047 68	2088.861	10.012 800 00	20 999 989.972 500 01	99.999 952 36%
4 410 000	22	0.000 023 84	2092.854	5.006 400 00	20 999 994.978 900 01	99.999 976 20%
4 620 000	23	0.000 011 92	2096.847	2.503 200 00	20 999 997.482 100 01	99.999 988 12%

续表

起始区块	阶段	比特币 / 区块	年	阶段产量	阶段结束总量	已产占比
4 830 000	24	0.000 005 96	2100.840	1.251 600 00	20 999 998.733 700 01	99.999 994 08%
5 040 000	25	0.000 002 98	2104.832	0.625 800 00	20 999 999.359 500 01	99.999 997 06%
5 250 000	26	0.000 001 49	2108.825	0.312 900 00	20 999 999.672 400 01	99.999 998 55%
5 460 000	27	0.000 000 74	2112.818	0.155 400 00	20 999 999.827 800 01	99.999 999 29%
5 670 000	28	0.000 000 37	2120.810	0.077 700 00	20 999 999.905 500 01	99.999 999 66%
5 880 000	29	0.000 000 18	2120.803	0.037 800 00	20 999 999.943 300 01	99.999 999 84%
6 090 000	30	0.000 000 09	2124.796	0.018 900 00	20 999 999.962 200 00	99.999 999 93%
6 300 000	31	0.000 000 04	2128.788	0.008 400 00	20 999 999.970 600 01	99.999 999 97%
6 510 000	32	0.000 000 02	2132.781	0.004 200 00	20 999 999.974 800 01	99.999 999 99%
6 720 000	33	0.000 000 01	2136.774	0.002 100 00	20 999 999.976 900 00	100.000 000 00%
6 930 000	34	0.000 000 00	2140.767	0.000 000 00	20 999 999.976 900 00	100.000 000 00%

2.2.1 中本聪是谁

中本聪是比特币的开发者兼创始者，密码朋克邮件组成员之一（密码朋克可以算是一个极客组织，组织的早期成员有非常多的 IT 精英，如维基百科创始人阿桑奇、BT 下载的作者布拉姆科恩、万维网发明者蒂姆·伯纳斯·李、Facebook 创始人之一肖恩·帕克等）。但中本聪本人一直没有出现在公众视野，历史上也出现过很多位“中本聪”，大家经常使用的中本聪照片如图 2-3 所示。

图 2-3　网络中常用的中本聪照片

2012 年 5 月，计算机科学家泰德·尼尔森（Ted Nelson）爆料中本聪就是日本京都大学的数学教授望月新一（Shinichi Mochizuki）（见图 2-4），泰德·尼尔森认为其足够聪明，研究领域包含比特币所使用的数学算法。更重要的是，望月新一不使用常规的学术发表机制，而是习惯独自工作，发表论文后让其他人自己理解。然而也有人提出质疑，认为设计比特币所需的密码学并非望月新一的研究兴趣，望月新一本人也对此爆料予以否认。

图 2-4　望月新一

图 2-5 尼克·萨博

2013 年 12 月，博客作家 Skye Grey 通过对中本论文的计量文体学分析得出结论，认为其真实身份是前乔治华盛顿大学教授尼克·萨博（见图 2-5）。萨博热衷于去中心化货币，还发表过一篇关于比特黄金（Bit Gold）的论文，被认为是比特币的先驱。他也是一个著名的从 20 世纪 90 年代起就喜欢使用化名的人。

在 2011 年 5 月的一篇文章中，萨博谈起比特币创造者时表示：“在我认识的人里面，对这个想法足够感兴趣，并且能付诸实施的，本来只有我自己、戴伟（Wei Dai）、哈尔·芬尼三个人，后来中本出现了（假定中本不是芬尼也不是戴伟）。”

图 2-6 克雷格·史蒂芬·怀特

2014 年黑客进入中本聪使用过的邮箱，然后找到了邮件的主人——多利安·中本，但是中本表示只是偶然发现了邮箱的用户名和密码，并不是中本聪本人。

2016 年 5 月，澳大利亚企业家克雷格·史蒂芬·怀特（见图 2-6）通过媒体宣布，自己就是比特币创始人中本聪，之后怀特宣布放弃证明自己是中本聪。后来人们把他称为“奥本聪”。

2019 年 11 月 12 日凌晨 3 点左右，Grin 开发人员 David Burkett 在 Grin 官方电报群中表示，团队收到一笔 50 枚 BTC 的匿名捐款。随后，莱特币创始人李启威现身电报群称，该神秘人物是中本聪，理由为该捐款地址交易账户是九年前建立的。有新证据显示，比特币创始人中本聪的真实身份可能是加密软件 E4M 和 TrueCrypt 的设计者 Paul Solotshi。

现年 46 岁的 Paul Solotshi 在网上有一个“犯罪大师”的称号，同时也是 E4M 和 TrueCrypt（据猜测，中本聪的 100 万比特币有可能存在 TrueCrypt 软件里）这两个加密软件程序的设计者。Paul Solotshi 曾在网上发表过一份宣言书，与中本聪 2008 年的《比特币白皮书》出奇相似，不仅如此，宣言书的单词拼写和语言风格也像极了白皮书。Paul Solotshi 喜欢赌博，而比特币的初始代码就包含一个扑克牌客户端。此外，Paul Solotshi 从 2012 年起被关进监狱，恰好也解释了为什么中本聪账户里的 100 万比特币一直没人动过。Paul Solotshi 的全名是 Paul Solotshi Calder Le Roux，曾是一位大公司联盟组织的领导人，专门从事毒品和军火走私业务，同时还担任着美国缉毒局的线人，属于天生的编程高手。

到现在，中本聪到底是谁？是坐拥百万枚比特币、获得诺贝尔经济学奖提名、被誉为世界上最神秘的人。还有一些其他个人或团体被认为是中本聪的真身，但无论中本聪是谁，他都为人类的进步作出了卓越的贡献。

2.2.2 比特币的原理和运转机制

比特币实际上可以理解为一个文件，确切地说可以理解为一个账本。这个账本的信息见表 2–2。

表 2–2 比特币账本

from	to	amount
1b874A...	16BZZe8...	1.0
167sdu...	13kjhfg...	15.0
1IKj382S...	1238fhdj...	6.0
1398fda...	1IKj382S...	500.0
1348dd...	1SD48sd...	34.0
1354sd...	13kjhfg...	1.0
148958...	1asdytrr...	0.0001
1598fjk...	154gkeR...	3.0

这个账本中的 from 和 to 代表不同的比特币地址，可以理解为比特币账户，在比特币世界中，是没有账户余额概念的，只有一笔笔从一个账户转到另一个账户的转账信息。每当发起一笔交易时，比特币系统会先通过你的比特币地址查到你之前的所有交易记录，看你是否有足够的钱去支付这笔交易。

这个账本不同于私人账本或银行的账本，它是一个全网都有的账本，不归属于某个人，且全网都一样，每个网络节点人手一份，而且都是相同的。每个账本页内的信息都由密码学保证不会被篡改，被篡改的信息下载到本地的时候，客户端软件会立刻验证出来。

当 A 想要向 B 转账 5 个比特币，A 会在比特币网络中广播这个消息，收到消息的节点一边将账本的副本信息更新，一边将这个消息继续广播，直到全网所有节点都收到。

如何判断 A 向 B 转账 5 个比特币的消息是否正确呢？

针对每一笔交易，除了有转账信息，还会有一个数字签名，这个数字签名是由比特币地址账号唯一的私钥将转账消息的数字摘要加密创建生成的，每个网络节点拿着 A 的公钥对数字签名进行解密验证，就可以判断消息的准确性。

如果把转账信息比作一份合同，那这个数字签名，就可以理解为是类似于合同上一个亲笔签名的东西，以此来确保消息的准确性。

在比特币系统中，每时每刻都会有无数的交易在发生，比特币系统将这些交易信息按组分配，每个组称为一个区块（block），然后将这些区块按照时间顺序用链表一个一个地串起来，称为区块链（the block chain）。区块链中的每个区块会引用前一个区块，因此可以反向追踪至第一个区块中的交易信息。未在区块链中的信息是未交易或者未排序的信息，任何节点都有能力将一组未经确定的交易打包进区块，然后将它打包进区块的事实广播出去。

比特币系统不会让所有节点都参与打包区块。比特币系统会以十分钟为一个周期出一道计算题，这个计算题超级难，让全网的节点参与计算，这道计算题其实就是对当前区块的全部内容作一个特殊计算，得到一个哈希值。全网的所有网络节点通过比拼计算速度，强行匹配出哈希值，最先计算出哈希值的节点将取得打包区块的权利，生成一个新的块 block 并连入现有的区块链，然后广播至其他所有节点，其他节点开始同步更新。最先计算出结果的节点除了拥有"记账"的权利，还可以获得一定量的比特币，这其实就是比特币的发行过程。参与打包区块的过程其实就是"挖矿"，参与"挖矿"的节点就是"矿工"。

哪怕计算题超级难，也有可能有两个网络节点同时计算出结果，假如真有两个节点同时计算出来，该怎么办呢?

系统会同时让两个节点都记账，这样一来，区块链就会产生"分叉"，如何解决分叉呢?等到下一个区块产生后，看下一个区块连接到了哪个"分叉点"，然后系统会选择最长的链条，并把分叉去除，原来打包的区块将消失，区块中的交易信息将会重新回到"未确定的交易"信息池中。具体流程如下：

当前正常的区块链过程如图 2–7 所示。

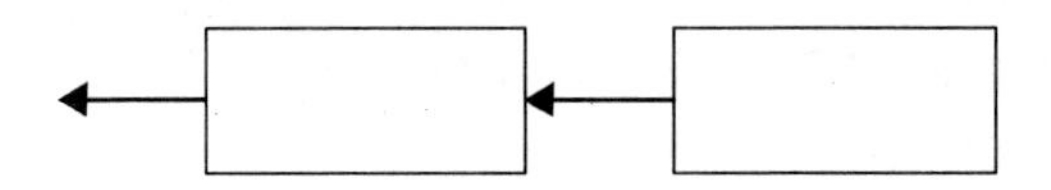

图 2–7　当前正常的区块链过程

过十分钟后，有两个"矿工"同时解决了问题，并同时产生了两个区块，于是区块链分叉了，如图 2–8 所示。

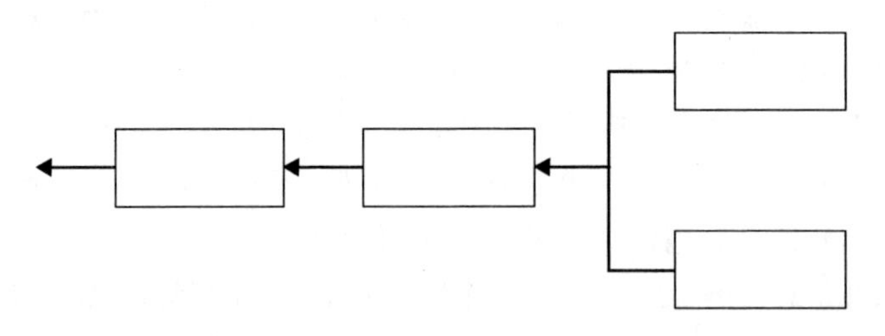

图 2–8　产生分叉的区块链

全网节点同步区块链信息,将分叉的区块链同步到了各自的节点上。接着又过了十分钟,系统又出了一道题,一个矿工解答了。注意,根据系统设计,连续两次节点同时解答出问题的概率很小,但如果出现这种情况就继续进行,最终只保留链路最长的,如图 2-9 所示。

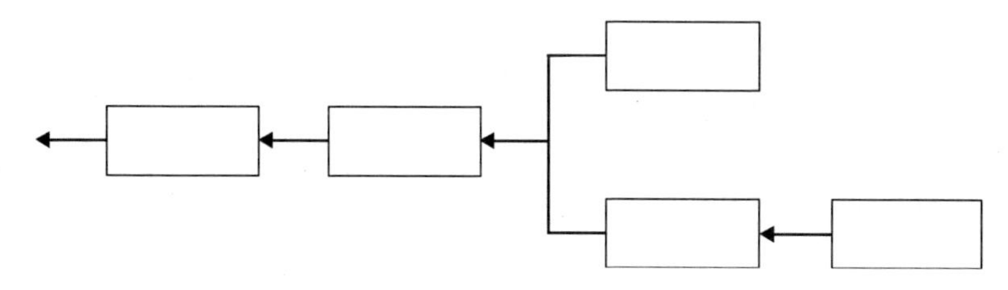

图 2-9　分叉区块链的新区块增长

这时我们将放弃最短的链路,留下最长的链路,如图 2-10 所示。

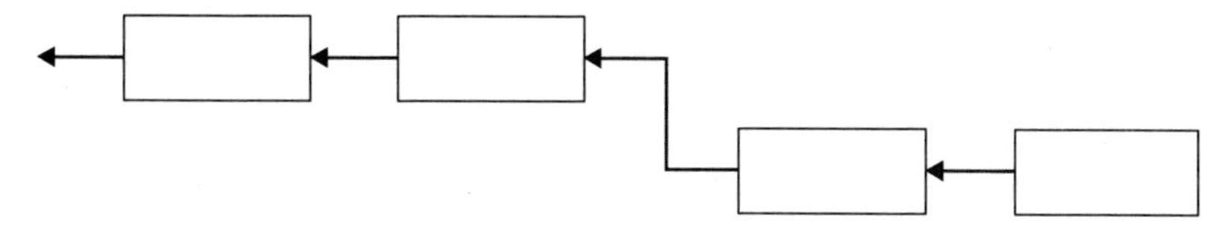

图 2-10　只保留最长分叉的区块链

比特币是如何保持总量恒定的呢?随着越来越多的计算机加入比特币网络,"矿工"的计算能力会越来越强. 为了让矿工恒定每 10 分钟打包 1 个区块并发行 1 次比特币,中本聪设计矿工挖矿的难度每过 2016 个区块动态调整一次,使得调整后的难度保持在每 10 分钟产生 1 个区块。

每个比特币可以细分到小数点后八位,也就是说可以拿着 0.000 000 01 个比特币来交易。

刚开始每打包一个区块发行 50 个比特币,每 21 万个区块后,打包一个区块发行的比特币减半。比特币系统规定每 10 分钟打包 1 个区块,这样打包 21 万个区块需要 4 年,直至 2140 年,比特币将无法细分,比特币发行完毕,发行总量约为 2100 万枚。

我们来简单描述下区块链是如何工作的。假设甲要在乙的网店购买一本书,甲先发起一个请求——我要创建一笔交易,这个时候这笔交易就会被广播通知给网络里所有的区块用户。当所有的用户都验证过这笔交易后,该交易就会记录到新区块中,被添加到主链上。至此这条链上就拥有永久和透明可查的交易记录,也就是我们的时间戳(交易时间),并且每个人都可以查找。注意,这里的广播是通知全网的用户记录该条记录,而不是公开该笔交易。比特币的工作原理如图 2-11 所示。

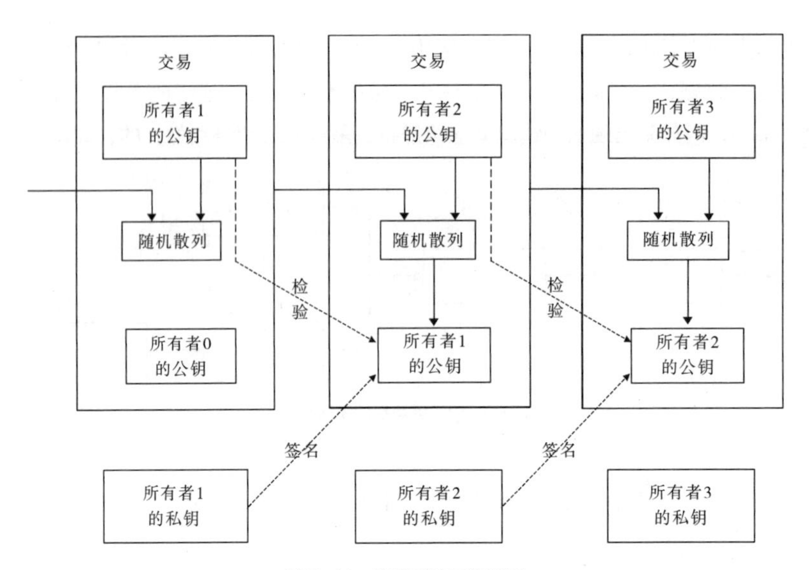

图 2-11　比特币的工作原理

比特币区块链交易的具体流程如图 2-12 所示。

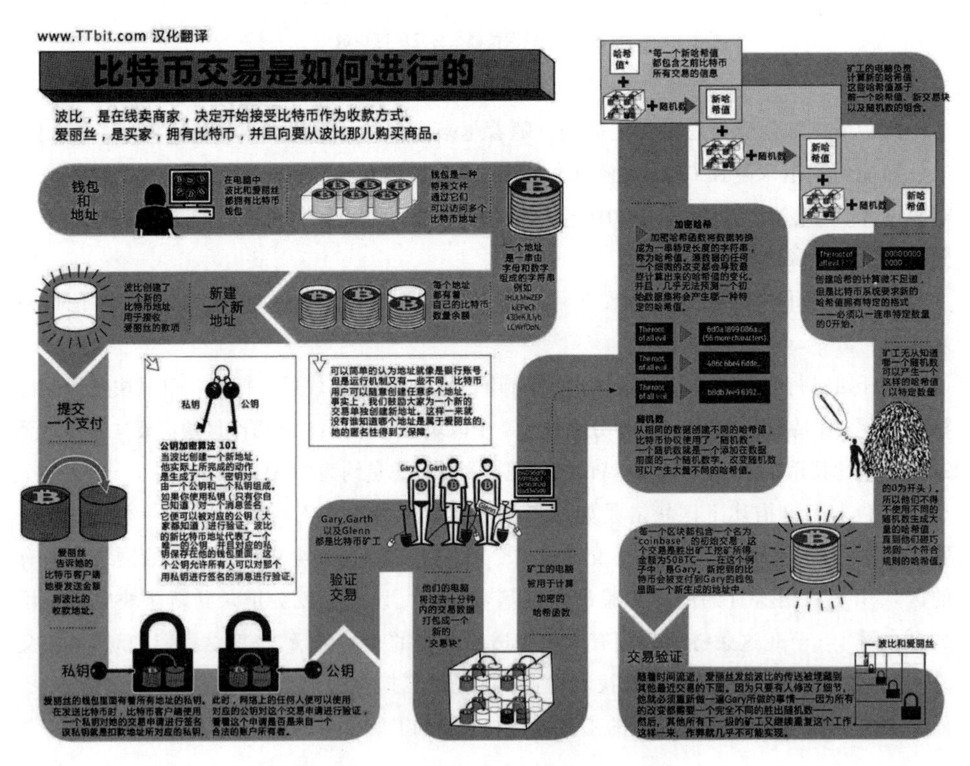

图 2-12　比特币区块链交易的具体流程示意图

十年来，区块链和比特币一直相辅相成，共荣共生，开创了继互联网之后的又一个新技术时代。可以说，区块链造就了比特币，比特币也成就了区块链。

比特币单位换算关系如下：

· 1 比特币（Bitcoins，BTC）。

· 0.01 比特分（Bitcent，cBTC）。

· 0.001 毫比特（Milli–Bitcoins，mBTC）。

· 0.000 001 微比特（Micro–Bitcoins，μBTC 或 uBTC）。

· 0.000 000 01 聪（satoshi）（基本单位）。

1 bitcoin（BTC）= 1000 millibitcoins（mBTC）= 1 million microbitcoins（uBTC）= 100 million Satoshi。

2.2.3 外界对区块链的误解

十多年来，外界对于区块链和加密货币的误解从未间断过。本节我们选出最典型的 7 个认知误区供读者了解。

误区1：区块链=炒比特币

这可以说是大多数人对区块链的第一大误区。

2017 年比特币的爆炸式繁荣让投资者们看到了一片新兴的蓝海，于是投资者们纷纷进场捞金。这也造成了大家对区块链的第一印象：区块链，仅仅是炒币投机。

但是，比特币只是区块链技术的一个应用场景，就像支付宝是互联网金融的一个产物一样。现在在数字货币的市场上交易的不仅有比特币，还有以太坊、瑞波币以及其他数字货币，就跟传统证券市场的股票一样。

除此之外，BATJ 等各种国内外互联网巨头都致力于区块链技术应用的研究，目前已在产品溯源、电子存证、公益等方面落地，也让社会逐渐开始发现区块链所带来的利好。

误区2：区块链上的数据是绝对安全的

这也是一个最常见的误区。很多人包括一些在币圈摸爬滚打多年的币民，都认为区块链中的数据是通过加密方式进行存储的，是“绝对安全的”，所以可以将银行账户、一些重要的密码等存储到区块链上。

但事实却是，“绝对安全”是不存在的。

在公有链中，区块链中存储的数据对每一个节点或者个人都是公开可见的，这意味着，只要在这条链上，任何人都可以查看链上存储的数据。

区块链所说的“数据安全”只是表示“数据是无法被篡改的”，任何人没有修改数据的权利，仅此而已。因此区块链上也并不适合存储个人的敏感信息。

误区3：区块链适合存储大量数据

区块链的分布式特性意味着区块链网络上的每个节点都有区块链的完整副本。如果把区块链用来存储像视频这种大型文件的话，那么节点处理起来将非常困难，从而导致效率低下。比特币的每个区块最多可以保存 1MB 的数据。

因此，遇到这种情况时，一般会将大型的数据文件存储在别的地方，然后再将数据的指纹（哈希值）存储在区块链上。

误区4：智能合约是存储在区块链上的现实合约

实际上，智能合约跟现实世界的合约是完全没有关系的。智能合约是可以存储在区块链上、已经编写完成并可以执行的计算机程序。

智能合约是用编程语言编写的，如以太坊是用 Solidity，通过以太坊虚拟机这个代码运行环境，智能合约能够在以太坊的区块链上运行，实现功能扩展。

而被称为加密货币 1.0 的比特币比较简单，没有智能合约这个概念，自然也没有办法在比特币的链上创建智能合约，也开发不了 DApp 应用。但比特币能够支持简单的脚本语言，可以扩展一些简单的功能。

因此，智能合约是可以依照预设条件自动执行的计算机程序，但只限于在区块链之内，同时预设的条件也必须是区块链技术所能验证的。

误区5：比特币跟硬币的性质是一样的

比特币是第一个基于区块链系统的数字货币。在现实世界中，它并不存在实体；在区块链世界中，它仅仅作为交易记录存在。

简而言之，硬币只有一种效用——作为一种简单的价值储存手段。而 Token 可以存储复杂的值，如属性、效用、收入和可替代性，性质其实并不一样。

如果你想要购买、发送和接收比特币，与比特币区块链产生交互，那么你只需要一个比特币钱包，这个钱包只是一个地址、一个密钥，产生交互的比特币则是一条有效的交易记录，允许节点进行验证。

例如，一个矿工进行算力挖矿，获得了 12.5 个比特币的奖励，这 12.5 个比特币唯一的有效记录是转入了矿工的钱包，并不会有实体呈现。

误区6：比特币成不了主流货币，是因为政府

比特币目前存在的最大问题是其固有的可扩展性问题。

在中本聪的设计里，比特币区块链上出一个块大约需要 10 分钟，并且每个区块的大

小限制在 1MB 以内，这就造成了比特币这条链目前每秒只能处理 7 次交易。这使得比特币非常适合转账汇款这种不需要立即进行交易确认的用途。

而作为加密货币 2.0 的以太坊，目前也只能达到每秒 20 次的 TPS。相比之下，2017 年“双 11”支付宝最高每秒完成 25.6 万笔交易处理，Visa 和 Paypal 的处理速度也远超比特币和以太坊。

因此，比特币目前无法成为主流货币的主因，并不是因为政府、监管和法规的限制，而是其固有的可扩展性问题，让它无法真正在大众之间实现实时、方便的交易和流通。

误区7：区块链可以应用于全行业

有人将区块链技术理解为第四次工业革命，也有人把它看作互联网发展的迭代。无论怎么说，这是技术发展的大进步，凝聚在这项技术上的价值也有待探索。

人类发明了技术，技术也会回馈于人类。有很多人认为，区块链将逐渐成为许多行业都会使用的重要基础设施，远远超出加密货币和金融服务领域。

然而虽然区块链技术是一个新进步，但也不是所有行业都需要区块链。短期来看，区块链技术并不能用于全部的生活领域。现在做一个区块链的项目成本并不低，而这方面的人才又相当稀缺，市场经济下，他们只会往收益更好的项目走。当前区块链技术能够适用的行业非常有限，除了在数字货币领域比较成熟，还没有更多地走进其他行业。

而中国特色的“无币区块链”也会逐渐被 BATJ 这种巨头垄断，小型区块链企业想落地应用将会变得愈加困难。

区块链技术不能解决所有的社会信任问题，是否能够完全“去中心化”也是一个问号，但在不断被误解、认知逐渐被推进中，区块链正在变得越来越强大，也越来越适应这个时代。

2.3 区块链 1.0 、2.0 、3.0

让产业用好技术，让技术赋能产业。区块链作为一种以去中心化为主要特征的技术，正在逐渐改变很多应用场景，产生很多创新。区块链 1.0、2.0、3.0 代表区块链经历的三个阶段，如图 2-13 所示。

图 2-13 区块链的三个发展阶段

2.3.1 区块链 1.0

区块链 1.0 是以比特币为代表的虚拟货币的时代，如图 2–14 所示。区块链 1.0 代表了虚拟货币的应用，包括其支付、流通等虚拟货币的职能。主要具备去中心化的数字货币交易支付功能，目标是实现货币的去中心化与支付手段。

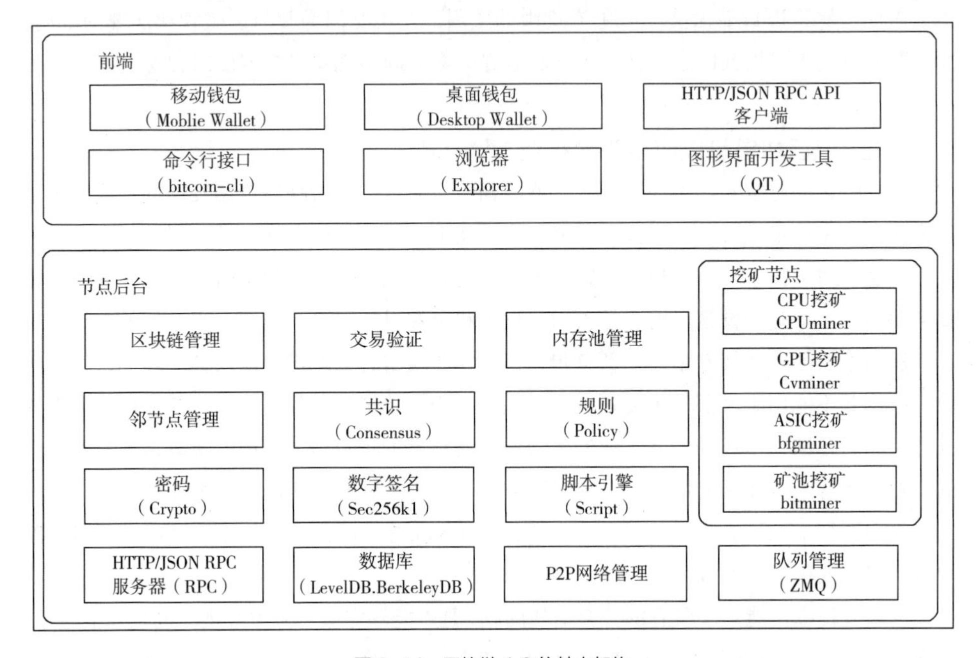

图 2–14　区块链 1.0 的基本架构

区块链 1.0 的发展得到了欧美等国家市场的接受，同时也催生了大量的货币交易平台，实现了货币的部分职能，使货币能够实现货品交易。比特币勾勒了一个宏大的蓝图，未来的货币有可能不再是依赖于各国央行的发布，而是进行全球化的货币统一。

区块链 1.0 只满足了虚拟货币的需要，虽然它的蓝图很宏大，但是无法普及到其他的行业中。区块链 1.0 时代也是虚拟货币的时代，涌现出了大量的山寨币等。

2.3.2 区块链 2.0

区块链 2.0 的代表之一是智能合约，如图 2–15 所示。智能合约与货币相结合，为金融领域提供了更加广泛的应用场景。区块链相对于金融场景有强大的天生优势。简单来说，如果银行进行跨国的转账，可能需要打通各种环境，如货币兑换、转账操作、跨行问题等，而区块链是直接实现点对点的转账，避免了第三方的介入，提高了工作效率。

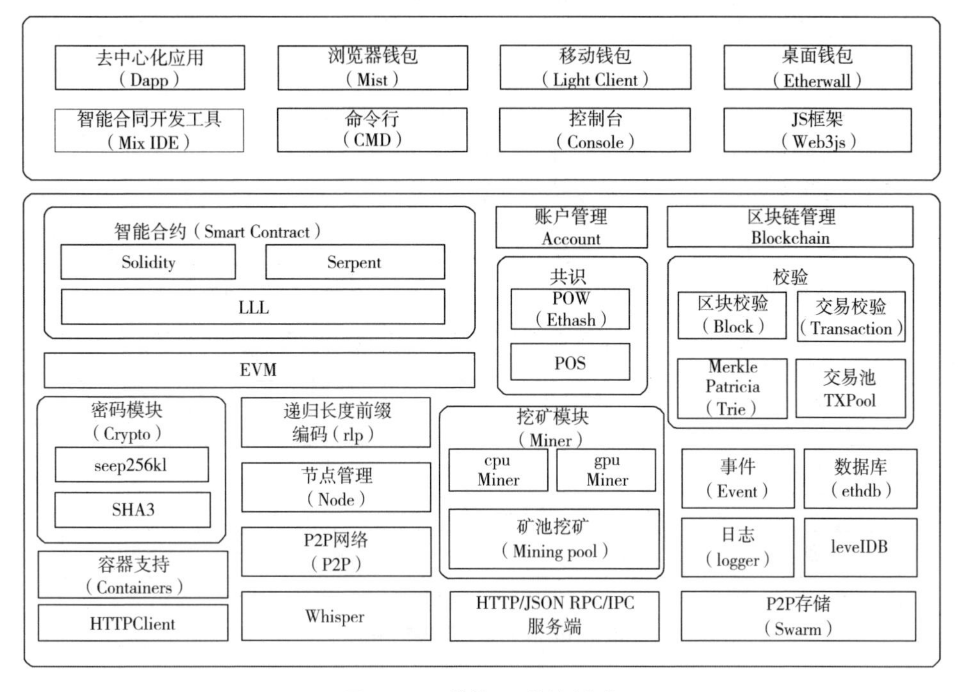

图 2-15　区块链 2.0 的基本架构

智能合约是较早提出的概念，一个智能合约是一套以数字形式定义的承诺（promises），包括合约参与方可以执行这些承诺的协议。

区块链 2.0 的另一个代表是以太坊。以太坊是一个平台，它提供了各种模块让用户便于搭建应用。平台之上的应用，其实也就是合约，这是以太坊技术的核心。以太坊提供了一个强大的合约编程环境，通过智能合约的开发，以太坊实现了各种商业与非商业环境下的复杂逻辑。以太坊的核心与比特币系统是没有本质的区别的。以太坊的优势在于它是智能合约的全面实现，既支持了合约编程，让区块链技术不再只是发币，也提供了更多的商业和非商业的应用场景。也就是说，以太坊 = 区块链 1.0 + 智能合约。

2.3.3　区块链 3.0

区块链 3.0 是指区块链在金融行业之外的各行业的应用场景，能够满足更加复杂的商业逻辑，如图 2-16 所示。区块链 3.0 被称为互联网技术之后的新一代技术创新，足以推动更大的产业改革。

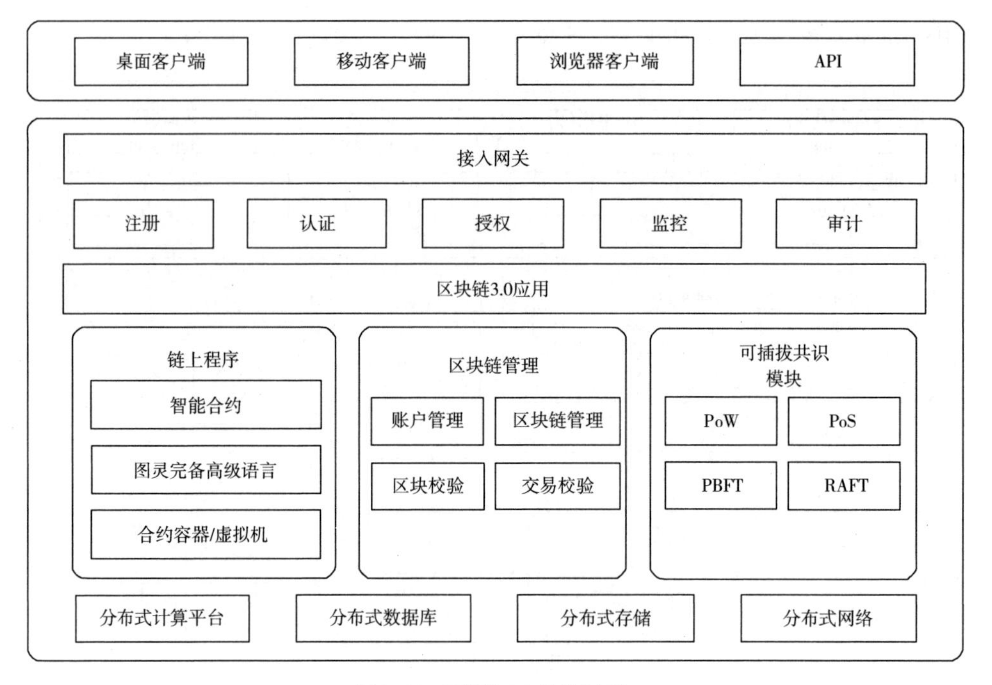

图 2-16　区块链 3.0 的基本架构

区块链 3.0 涉及生活的方方面面，它将更加具有实用性，赋能各行业。区块链 3.0 不再依赖于第三方或机构获取信任与建立信用，能够以实现信任的方式提高整体系统的工作效率。

也可以说，区块链 1.0 是区块链技术的萌芽，区块链 2.0 是区块链在金融和智能合约方向的技术落地，而区块链 3.0 是为了解决各行各业的互信问题与数据传递安全性的技术落地与实现。当前还处在区块链 2.0 的发展中，真正的区块链 3.0 的全貌还需要不断发展才能更加清晰。

2.4　大事记

2.4.1　比特币产生之前 (1970—2008 年)

1970—2008 年是通往比特币的漫长道路。

1976 年，Bailey W. Diffie、Martin E. Hellman 两位密码学的大师发表了论文《密码学

的新方向》，论文覆盖了未来几十年密码学所有的新的进展领域，包括非对称加密、椭圆曲线算法、哈希等，该论文奠定了迄今为止整个密码学的发展方向，也对区块链的技术和比特币的诞生起到决定性作用。

哈耶克出版了他人生中最后一本经济学方面的专著:《货币的非国家化》。对比特币有一定了解的人都知道,《货币的非国家化》提出的非主权货币、竞争发行货币等理念，可以说是去中心化货币的精神指南。

1980 年，Merkle Ralf 提出了 Merkle-Tree 这种数据结构和相应的算法，后来的主要用途之一是分布式网络中数据同步正确性的校验，这也是比特币中引入用来做区块同步校验的重要手段。

1982 年，拜占庭将军问题由莱斯利·兰伯特（Leslie Lamport）等提出，这是一个点对点通信中的基本问题。

1982 年,密码学网络支付系统由戴维·乔姆(David Chaum)提出,该系统注重隐私安全,具有不可追踪的特性。

1990 年，Paxos 算法由莱斯利·兰伯特提出，这是一种基于消息传递的一致性算法。

1991 年，斯图尔特·哈伯（Stuart Haber）与 W. 斯科特·斯托尔内塔（W. Scott Stornetta）于 1991 年提出利用时间戳确保数位文件安全的协议。

1997 年，哈希现金技术由亚当·巴克（Adam Back）发明。哈希现金运用的一种 PoW 演算法，此演算法通过依赖成本函数的不可逆性，从而实现容易被验证但很难被破解的功能，最早应用于拦截垃圾邮件。

1998 年，戴伟（Wei Dai）于 1998 年发表匿名的分散式电子现金系统 b-money，引入 PoW 机制，强调点对点交易和不可篡改特性，每个节点分别记录自己的账本。

2004 年，哈尔·芬尼推出了自己的电子货币，在其中采用了可复用的工作量证明机制（RPoW）。

2.4.2 比特币的诞生与发展（2008—2010 年）

2008—2010 年是比特币的诞生与发展阶段。

2008 年 9 月，以雷曼兄弟的倒闭为开端，金融危机在美国爆发并向全世界蔓延。为应对危机，世界各国政府和中央银行采取了史无前例的财政刺激方案和扩张的货币政策并对金融机构提供紧急援助、这些措施同时引起了广泛的质疑。

2008 年 11 月 1 日，中本聪发布比特币白皮书。(网上公布的是北美东部时间 2008 年 10 月 31 日 14:10:00，中本聪在 metzdowd.com 上发布了比特币白皮书。国内资料以北京时间为准，都认为是 2018 年 11 月 1 日发布。)

2008 年 11 月 16 日，中本聪发布了比特币代码的先行版本。

2009 年 1 月 3 日，中本聪在位于芬兰赫尔辛基的一个小型服务器上挖出了比特币的第一个区块——创世区块（Genesis Block），并获得了首批“挖矿”奖励——50 个比特币。在创世区块中，中本聪写下这样一句话：“The Times 03/Jan/2009 Chancellor on brink of second bailout for banks.” 意思是：2009 年 1 月 3 日，财政大臣正处于实施第二轮银行紧急援助的边缘。这句话是 2009 年 1 月 3 日的泰晤士报首页的一句话，如图 2-17 所示。

THE TIMES

£1.50

Eat Out from £5

More than 900 great restaurants, including four Gordon Ramsay favourites from £15

Israel prepares to send tanks and troops into Gaza

Michael Sheen
Frost, Nixon and me

Working mums
So that's how she does it

Detox in style
The best spas on the planet

Chancellor on brink of second bailout for banks

Billions may be needed as lending squeeze tightens

99p

Salman Rushdie
I won't marry again

Giant killing?
Guide to the FA Cup third round

图 2-17　2009 年 1 月 3 日的泰晤士报首页

新版本的比特币系统将它设定为 0 号区块，而旧版本的比特币系统将它设定为 1 号区块。比特币第一个区块中的内容显示如图 2-18 所示。

```
1  $ hexdump -n 255 -C blk00000.dat
2  00000000  f9 be b4 d9 1d 01 00 00  01 00 00 00 00 00 00 00  |................
3  00000010  00 00 00 00 00 00 00 00  00 00 00 00 00 00 00 00  |................
4  00000020  00 00 00 00 00 00 00 00  00 00 00 00 3b a3 ed fd  |............;...
5  00000030  7a 7b 12 b2 7a c7 2c 3e  67 76 8f 61 7f c8 1b c3  |z{..z.,>gv.a....
6  00000040  88 8a 51 32 3a 9f b8 aa  4b 1e 5e 4a 29 ab 5f 49  |..Q2:...K.^J)._I
7  00000050  ff ff 00 1d 1d ac 2b 7c  01 01 00 00 00 01 00 00  |......+|........
8  00000060  00 00 00 00 00 00 00 00  00 00 00 00 00 00 00 00  |................
9  00000070  00 00 00 00 00 00 00 00  00 00 00 00 00 00 ff ff  |................
10 00000080  ff ff 4d 04 ff ff 00 1d  01 04 45 54 68 65 20 54  |..M.......EThe T
11 00000090  69 6d 65 73 20 30 33 2f  4a 61 6e 2f 32 30 30 39  |imes 03/Jan/2009
12 000000a0  20 43 68 61 6e 63 65 6c  6c 6f 72 20 6f 6e 20 62  | Chancellor on b
13 000000b0  72 69 6e 6b 20 6f 66 20  73 65 63 6f 6e 64 20 62  |rink of second b
14 000000c0  61 69 6c 6f 75 74 20 66  6f 72 20 62 61 6e 6b 73  |ailout for banks
15 000000d0  ff ff ff ff 01 00 f2 05  2a 01 00 00 00 43 41 04  |........*....CA.
16 000000e0  67 8a fd b0 fe 55 48 27  19 67 f1 a6 71 30 b7 10  |g....UH'.g..q0..
17 000000f0  5c d6 a8 28 e0 39 09 a6  79 62 e0 ea 1f 61 de     |\..(.9..yb...a.
```

图 2–18　比特币第一个区块中的内容显示

2009 年 1 月 11 日，比特币客户端 0.1 版发布，这是比特币历史上的第一个客户端，它意味着更多人可以挖掘和使用比特币了。

2009 年 1 月 12 日，第一笔比特币交易，中本聪将 10 枚比特币发送给密码学界活跃的开发者哈尔·芬尼。

2009 年 10 月 5 日，最早的比特币与美元的汇率为 1 美元 =1 309.03 比特币，由一位名为“新自由标准”（New Liberty Standard）的用户发布。一枚比特币的价值计算方法如下：由高 CPU（中央处理器）利用率的计算机运行一年所需要的平均电量 1331.5 千瓦时，乘以上年度美国居民平均用电成本 0.1136 美元，除以 12 个月，再除以过去 30 天里生产的比特币数量，最后除以 1 美元。

2009 年 12 月 30 日，比特币挖矿难度首次增长，为了保持每 10 分钟 1 个区块的恒定开采速度，比特币网络进行了自我调整，挖矿难度变得更大。

2010 年 5 月 22 日，一个程序员用 10000 个比特币购买了两张比萨的优惠券。当时一枚比特币价值仅为 0.005 美分。后来很多的人将 5.22 日称为“比特币比萨日”。

2010 年 7 月 12 日，比特币价格第一次剧烈波动，2010 年 7 月 12 日到 7 月 16 日，比特币汇率经历了为期 5 天的价格剧烈波动时期，从 0.008 美元 / 比特币上涨到 0.08 美元 / 比特币，这是比特币汇率发生的第一次价格剧烈波动。

2010 年 7 月 12 日，GPU 挖矿开始。由于比特币的汇率持续上升，积极的矿工们开始寻找提高计算能力的方法。专用的图形卡比传统的 CPU 具有更多的能量。据称，矿工 ArtForz 是第一个成功实现在矿场上用个人的 OpenCL（开放运算语言）GPU（图形处理器）挖矿的人。

2010年8月6日，比特币网络协议升级。比特币协议中的一个主要漏洞于2010年8月6日被发现：交易信息未经正确验证，就被列入交易记录或区块链。这个漏洞被人恶意利用，生成了1840亿枚比特币，并被发送到两个比特币地址上。这笔非法交易很快就被发现，漏洞在数小时内修复，在交易日志中的非法交易被删除，比特币网络协议也因此升级至更新的版本。

2010年10月16日，出现了第一笔托管交易，比特币论坛会员Diablo-D3和Nanotube于2010年10月16日进行了第一笔有记录的托管交易，托管人为Theymos。

2010年12月5日，比特币第一次与现实的金融社区产生交集。在维基解密泄露美国外交电报事件期间，比特币社区呼吁维基解密接受比特币捐款以打破金融封锁。中本聪表示坚决反对，认为比特币还在摇篮中，经不起冲突和争议。

2010年12月16日，比特币矿池出现，采矿成为一项团队运动，一群矿工于2010年12月16日一起在slush矿池挖出了它的第一个区块。根据其贡献的工作量，每位矿工都获得了相应的报酬。此后的两个月间，slush矿池的算力从1400Mhash/s增长到了60Ghash/s。

2.4.3 对比特币的质疑与关注（2011—2014年）

2011—2014年是对比特币提出质疑以及对区块链技术产生关注的阶段。

2011年6月20日，Mt. Gox出现交易漏洞，世界上最大的比特币交易网站Mt.Gox（国内戏称“门头沟”）于北京时间2011年6月20日午夜挂出了令人震惊的行情，1比特币只卖1美分，而此前的正常价格在15美元左右。Mt.Gox一方面号召用户赶紧修改密码，另一方面宣布这一反常时段内的所有大单交易无效。

2011年6月29日，比特币电子钱包，比特币支付处理商BitPay于2011年6月29日推出了第一个用于智能手机的比特币电子钱包。同年7月6日，一个免费的比特币数字钱包App现身安卓应用商店，这是第一款与比特币相关的智能手机和平板电脑App。该App由布兰登·伊利斯（Brandon Iles）研发。

2011年7月，比特币悬案，当时世界第三大比特币交易所Bitomat宣布，他们丢失了wallet.dat文件的访问权限，也就是说他们丢失了代客户持有的17000枚比特币。

2011年11月10日，比特币POS（销售终端）研制成功，比特币POS与互联网相连，由一个128×64像素的背光单色显示器、收据打印机以及一个24键的键盘组成，此外还包括一个USB（通用串行总线）接口，可以连接QR条码扫描仪。

2012年8月14日，芬兰中央银行承认比特币的合法性。当一名芬兰广播电视台的记者询问一名芬兰中央银行的代表“比特币具有哪些法律地位”时，该代表回复说：“我们并没有做出任何比特币能够兑换官方货币的保证。像比特币这样不受（政府）管理的虚拟货币不存在这样的保证。”记者接着问道：“难道比特币不合法吗？”代表回应道：“根本不是这么一回事,人们可以使用任何他们喜欢的货币进行投资。毕竟芬兰是一个自由的国度。”

2012 年 9 月 27 日，比特币基金会成立。为了实现规范、保护和促进比特币发展的目标，比特币基金会成立了。该基金会对于媒体和企业发起的符合相关法规的查询具有重大的意义。

2012 年 11 月 28 日，区块奖励首次减半。比特币挖矿的奖励从之前的每 10 分钟 50 枚比特币减至每 10 分钟 25 枚比特币，区块 #210000 是首个奖励减半的区块。

2013 年 10 月 25 日，FBI 成为比特币新富豪，海盗罗伯茨的传奇生涯可能要画上句号了。FBI（美国联邦调查局）控制了其账户上的 144 000 枚比特币，并将这些比特币转移到了 FBI 控制的比特币地址上。

2013 年 11 月 29 日，比特币价格首度超过黄金，比特币在 Mt.Gox 上的交易价格达到 1242 美元 / 比特币,同一时间的黄金价格为 1241.98 美元 / 盎司,比特币价格首度超过黄金。

2013 年 12 月 5 日，中国人民银行等五部委发布《关于防范比特币风险的通知》，明确比特币不具有与货币等同的法律地位，不能且不应作为货币在市场上流通使用。通知发出后，当天比特币的单价大跌。

2013 年 12 月 18 日，比特币单价暴跌。中国两大比特币交易平台比特币中国和 OKCoin 发布公告，宣布暂停人民币充值服务。随后，比特币的单价跌到了 2011 元。

2013 年年末，以太坊创始人 Vitalik Buterin 发布了以太坊初版白皮书，启动了项目。

2014 年 7 月 9 日，波兰财政部副部长沃伊切赫・科瓦尔奇克（Wojciech Kowalczyk）发布了一个文件，确认了比特币在波兰现有的金融法规下可作为一种金融工具。

2014 年 7 月 12 日，法国发布比特币新规。法国经济和金融部门表示将在当年年底对比特币和其他数字货币的金融机构和个人使用者实施监管措施，并认为“虽然目前虚拟货币的体量不可能对经济体系产生影响，但这些非官方的货币正在发展，并且存在非法或者欺诈的风险。”

2014 年 7 月 24 日起，以太坊进行了为期 42 天的以太币预售。

2014 年 12 月 11 日，微软接受比特币支付。全球计算机巨头微软于 2014 年 12 月 11 日宣布接受比特币作为一种支付选项，允许消费者用比特币购买其在线平台上的各种数字内容。根据微软官方商店的支付信息页面，美国消费者可以用比特币为他们的微软账户充值。

2.4.4 区块链成为热门话题（2015—2017 年）

2015—2017 年区块链成为热门话题，业界开始进行深入验证与探索区块链在各行业的应用。

2015 年 10 月 22 日，欧盟对比特币免征增值税。欧盟法院于 2015 年 10 月 22 日裁定，对于比特币及其他虚拟货币的交易将免征增值税。这一决定对于比特币交易群体而言，将是一次重大的胜利，因为这意味着他们在接下来的虚拟货币交易中将无须缴税。

2015 年 12 月 16 日，比特币证券发行。美国证券交易委员会批准在线零售商 Overstock 通过比特币区块链发行该公司的股票。据 Overstock 提交给证券交易委员会的 S－3 申请，该公司希望通过区块链发行最高 5 亿美元的新证券，包括普通股、优先股、存托凭证、权证、债券等。

2016 年初，以太坊的技术得到市场认可，价格开始暴涨，吸引了大量开发者以外的人进入以太坊的世界。

2016 年 4 月 5 日，OpenBazaar 上线，去中心化电子商务协议 OpenBazaar 的开发者于 2016 年 4 月 5 日发布其首个正式版本软件。OpenBazaar 能够让点对点的数字商务成为可能，并使用比特币作为一种支付方式，类似于一个去中心化的“淘宝”。

2016 年 5 月 25 日，日本认定比特币为财产。日本参议院于 2016 年 5 月 25 日批准了一项监管国内数字货币交易所的法案，法案将比特币归类为一种资产或财产。

2016 年 6 月，民法总则划定虚拟资产保护范围。第十二届全国人大常委会第二十一次会议于 2016 年 6 月在北京举行，会议首次审议了全国人大常委会委员长提请的《中华人民共和国民法总则（草案）》议案的说明。草案对网络虚拟财产、数据信息等新型民事权利客体作出了规定，这意味着网络虚拟财产、数据信息将正式成为权利客体，比特币等网络虚拟财产将正式受到法律保护。

2016 年 7 月 20 日，比特币奖励二次减半。第 420000 个比特币区块已被开采完毕，区块奖励于 2016 年 7 月 20 日迎来了第二次减半，成功降至每 10 分钟 12.5 枚比特币。由于之前的减半发生在第 210000 个区块，当时的货币通货膨胀率从 12.5% 降至 8.3%，而此次奖励减半发生在第 420000 个区块，将通货膨胀率降至 4.17%，所以接下来的奖励减半将发生在第 630000 个区块，时间约为 4 年之后。

2017 年 2 月，中国央行数字货币 DCEP 试运行。中国央行或将成为全球首个发行数字货币并将其投入真实应用的中央银行。据悉，央行推动的基于区块链的数字票据交易平台已测试成功，由央行发行的法定数字货币已在该平台试运行。

2017 年 2 月 26 日，中国区块链应用研究中心（上海）正式揭牌成立，进一步实现区块链技术法制带来的健全。

2017 年 3 月 24 日，阿里巴巴与普华永道签署了一项跨境食品溯源的互信框架合作，将应用“区块链”等新技术共同打造透明可追溯的跨境食品供应链，搭建更为安全的食品市场。

2017 年 4 月 1 日，比特币正式成为日本合法支付方式。

2017 年 3 月下旬，比特币市值再攀高峰，突破 200 亿美元。

2017 年 5 月 31 日，中国三大比特币交易所之二的火币网及 OKCoin 币行正式上线以太坊。

2.4.5 2017 年 9 月 4 日之后

2017 年 9 月 4 日下午，中国人民银行等七部委联合发布公告：ICO 是未经批准非法融资行为。ICO 在中国被叫停。

2018 年 BTC 暴跌，信仰崩塌。这一年，比特币价格从最高的 19000 美元，下滑到 3000 多美元，跌幅超过 80%，如图 2-19 所示。

图 2-19 七部委联合公告发布后比特币的价格变化

（1）BCH 分叉，硝烟弥漫。北京时间 2018 年 11 月 16 日 1 时 56 分，BCH 最后一个公共区块被挖出后，正式分叉成 BCHABC 和 BCHSV 两条链，这两条链从此分道扬镳。

（2）ICO 狂泻，STO 遇阻。受各国监管影响，曾风靡一时的 ICO 逐渐成为过去式。ICO 退场，STO 趁机上位。STO，全名 Security Token Offering，通过证券化的通证进行融资。2017 年底开始流传，直到 2018 年底才成为焦点。10 月份开始，最先在海外兴起的 STO 引起了国内的关注，被视为救市良方，更是有人将其称为“受监管的 ICO”和“区块链行业的 IPO”。2018 年 10 月底，tZERO 的 STO 项目通过 SEC 审核之后，更是让区块链投资者看到了希望。一时间，STO 培训、STO 项目等如雨后春笋。然而，STO 进入国内之后，迅速被监管部门盯上，并被判处“死刑”。

2018 年 12 月 4 日，北京市互联网金融行业协会发布《关于防范以 STO 名义实施违法犯罪活动的风险提示》，称 STO 涉嫌非法金融活动。

2018 年 12 月 8 日，中国人民银行副行长、国家外汇管理局局长潘功胜公开表示，“STO 本质上仍是一种非法金融活动”。

STO，来也匆匆，去也匆匆。至少在国内，STO 目前已经走到了死胡同。

（3）超级节点，席卷行业。EOS 一度被认为是区块链 3.0 版本，更因超级节点竞选成为行业焦点，众多大佬纷纷加入。贿选、操纵、中心化等质疑声使其归于平静，但仍在业内掀起了一股“超级节点”的旋风。只是 EOS 之后，再无“超级”节点。

2018 年的简单概述：

· USDT 暴跌，稳定币大热。

· 三大矿商，赴港上市。

· 神奇 FCoin，搅动风云。

· 比特币 ETF，一拖再拖。

· 期货合约，冷暖自知。

· 监管新规，还看香港。

“这是一个最坏的时代”。凛冬已至，加密货币市值大幅缩水，暴跌已成常态，底部仍不可见；多款矿机触及关机价，低价抛售尚不得出，生产厂商遭受重挫；分叉不断解构信仰，杀手级应用仍不见影踪。

“这也是一个最好的时代”。投机者不断逃窜，信仰者仍在坚守；币价涨跌成为常态，市场回归技术，资本趋于理性；监管部门不断发声，合规之路逐渐清晰，与现实世界的联系愈加紧密；银行等金融机构、大型企业不断入场，深耕行业，探索真正的场景应用。这一切都在宣告：区块链未来可期。

2018 区块链行业经历泡沫破裂前的盛世繁荣，也在泡沫破裂后的昏暗中踽踽独行。

1. 火热的上半年

2018 年初，Facebook CEO 马克 · 扎克伯格宣布探索加密技术和虚拟加密货币技术，亚马逊、谷歌、IBM 等也相继入场。国内市场方面，国内腾讯、京东、阿里巴巴等互联网巨头也都接连宣布涉足区块链，迅雷更是通过提前布局云计算与区块链实现了企业的转型与业务的快速增长。2018 年 1 月，一张关于徐小平呼吁拥抱区块链的截图广为流传。在他的呼吁下，区块链行业迅速陷入狂热，甚至引发了一波 A 股区块链公司的大涨。

2018 年 1 月 8 日，是区块链行业的高光时刻，整个加密数字货币市值 8139 亿美元，近 6 万亿元。在 10 天之前，12 月 18 日，比特币作为知名度最高的数字货币，到达其诞生以来的最高点，各交易所均价逼近 2 万美元。

2018 年 2 月，币圈三点钟社群爆火。作为创建人，玉红发起后邀请众多区块链大佬进入。

春节七天发出价值高达 100 万元红包，大佬出手阔绰推动三点钟社群迅速走红。区块链借此机会声名鹊起，新韭菜进场，庄家们以新一轮的收割开启牛市。

2018 年 2 月，菜鸟完成对进口商品的物流信息进行全链路跟踪。

2018 年 4 月，人人字幕组宣布为改善客户端的带宽压力和开发支出压力，开始接受三种加密数字货币捐赠，即比特币、以太坊和比特币现金。

2018 年 4 月 9 日下午，雄岸 100 亿元基金成立，中国杭州区块链产业园启动仪式在杭州未来科技城举行，首批 10 家区块链产业企业集中签约入驻。在产业园启动仪式上，杭州暾澜投资董事长姚勇杰宣布成立雄岸全球区块链创新基金，该基金总规模为 100 亿元，徐小平任基金顾问。同时成立包括 **lai、老猫为管理人的雄岸基金管理公司，参与基金管理工作。

2018 年 4 月，百度图腾正式上线，实现原创作品可溯源、可转载、可监控。次月，百度百科上链，利用区块链不可篡改特性保持百科历史版本准确存留。

2018 年 6 月 25 日，蚂蚁金服宣布推出基于区块链技术的电子钱包跨境汇款业务，首次跨境业务开展于香港地区和菲律宾的个人转账业务，实现香港地区向菲律宾汇款能做到 3 秒到账。

2. 噩梦的下半年

2018 年 7 月，人民银行针对相关非法金融活动的新变种与新情况，会同相关部门采取了一系列针对性清理取缔措施，防范化解可能形成的金融风险与道德风险。要果断打击 ICO 冒头及各类变种形态。

2018 年 8 月 21 日，大批区块链媒体微信公众号被封。

2018 年 9 月 4 日，中国人民银行上海总部发文《常抓不懈　持续防范 ICO 和虚拟货币交易风险》表示 ICO 融资主体鱼龙混杂，本质上是一种未经批准非法公开融资的行为。

2018 年 9 月 10 日，又一批区块链及数字货币相关的微信公众号被封。

2018 年 11 月 16 日，BCH 分叉引发算力大战，以吴忌寒为首的 ABC 阵营，希望顺应市场发展，将 BCH 发展成与以太坊类似的基础公有链，现在无须继续扩容；而以澳本聪为首的 SV 阵营则希望 BCH 回归比特币白皮书的路线，并扩容至 128MB，最终以 BCH 硬分叉为 ABC 和 BSV 而告终。自此之后数字货币市场迎来又一轮暴跌，BTC 价格跌破 3500 美元，ETH、EOS 等其他主流货币无一幸免。

3. 2019开启新展望

2019 年 2 月 14 日，情人节当天，美国最大的金融机构摩根大通创立了一种加密货币——“摩根大通币”（JPM Coin），每枚 JPM Coin 可兑换一美元，其价值不具波动性，类似目前稳定币。摩根大通区块链项目负责人称“摩根大通币”早期应用主要体现在大型企业客户的跨境支付、证券交易、通过 JPM Coin 取代美元三个方面。

在此之前摩根大通 CEO 曾三次炮轰比特币，一度表示如果有员工炒币就把他开除。

2019 年 2 月 20 日，据腾讯网消息，当当网创始人李国庆以公开信的方式宣布离开当当。公开信上提及区块链，他表示："区块链的经济制度给企业赋予核武器，创造出全新的激励和赋权。"当前资料显示，目前李国庆加入 CRYSTO 公有链生态，任其旗下 DApp CEO。

2019 年 2 月 20 日，据 SnapEx 合约交易平台行情显示加密数字货币价格周二普遍上涨，其中比特币价格涨近 2%，逼近 4000 美元关口，延续最近以来的上涨走势，并创下了将近六个星期以来的最高水平。在其他主要加密货币中，瑞波币涨逾 3%，EOS 涨近 5%，Stella 大涨 8% 以上。

2.4.6 国内大公司发展情况

2018 年 5 月 25 日，360 首次发布针对区块链领域的安全解决方案。该方案基于 360 的安全大数据，结合 360 安全大脑，涵盖了钱包、交易所、矿池、智能合约四大领域。

2018 年 5 月 29 日，360 公司 Vulcan（伏尔甘）团队称发现了区块链平台 EOS 的一系列高危安全漏洞，并上报 EOS 官方。

腾讯方面的消息显示，"区块链 + 供应链金融"将是 2018 年腾讯区块链发力重点之一。腾讯区块链业务总经理蔡弋戈表示，腾讯区块链基于开放共享的理念，致力于帮助企业将精力聚焦在业务本身和商业模式的运营上，目前已在诸多场景落地。2018 年将重点发力供应链金融解决方案，以核心企业的应收账款为底层资产，通过腾讯区块链技术实现债权凭证的流转，以保证相关信息不可篡改、不可重复融资、可被追溯，帮助相关各方形成供应链金融领域的合作创新。

阿里方面，注重应用场景的广泛性。蚂蚁金服从 2015 年开始布局区块链。蚂蚁区块链技术已经成功应用到食品安全溯源、商品正品保障、房屋租赁房源真实性保障甚至公益中。2017 年 11 月蚂蚁金服用区块链技术来作奶粉正品保障，2018 年愚人节蚂蚁金服发布的 Block 7 区块链喷漆的视频表明将会把区块链应用到汽车交通上。

技术层面，蚂蚁金服目前在攻克两个技术难点，一个是区块链高并发、分布式和实时性计算的要求；另一个是将物理世界与数字世界进行映射，这需要用到 IoT、生物识别和 AI 等周边技术。而这也是区块链行业普遍需要攻克的难点。

2.5 区块链技术支撑

一个重要的技术获得突破，都是由量变到质量的积累过程，一定是前人作了无数的积累，后面的研究者在某个时间点获得突破。区块链技术完全符合这一特点。

从更高的视野来观察，区块链技术的产生是综合条件发展的结果。这些外界条件主要是几个方面：经济学的理论研究、密码学、计算机软硬件、网络、操作系统、应用软件、分布式技术，这些综合技术的发展和成熟，为区块链技术的产生准备了充足的条件。

2.5.1 密码学的发展

史前纪事区块链历史回顾如图 2-20 所示。

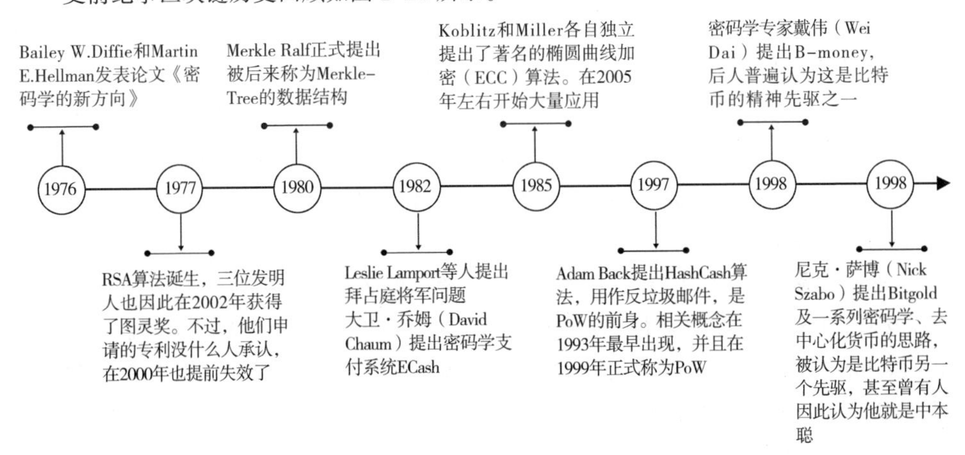
Bailey W.Diffie和Martin E.Hellman发表论文《密码学的新方向》
Merkle Ralf正式提出被后来称为Merkle-Tree的数据结构
Koblitz和Miller各自独立提出了著名的椭圆曲线加密（ECC）算法。在2005年左右开始大量应用
密码学专家戴伟（Wei Dai）提出B-money，后人普遍认为这是比特币的精神先驱之一
1976
1977
1980
1982
1985
1997
1998
1998
RSA算法诞生，三位发明人也因此在2002年获得了图灵奖。不过，他们申请的专利没什么人承认，在2000年也提前失效了
Leslie Lamport等人提出拜占庭将军问题
大卫·乔姆（David Chaum）提出密码学支付系统ECash
Adam Back提出HashCash算法，用作反垃圾邮件，是PoW的前身。相关概念在1993年最早出现，并且在1999年正式称为PoW
尼克·萨博（Nick Szabo）提出Bitgold及一系列密码学、去中心化货币的思路，被认为是比特币另一个先驱，甚至曾有人因此认为他就是中本聪

图 2-20 1976—1998 年重要的密码学事件

1976 年，Bailey W. Diffie、Martin E. Hellman 两位密码学的大师发表了论文《密码学的新方向》，论文覆盖了未来几十年密码学所有的新的进展领域，包括非对称加密、椭圆曲线算法、哈希等一些手段，奠定了迄今为止整个密码学的发展方向，也对区块链的技术和比特币的诞生起到决定性作用。

同年，发生了另外一件看似完全不相关的事情——哈耶克出版了他人生中最后一本经济学方面的专著:《货币的非国家化》。对比特币有一定了解的人都知道,《货币的非国家化》提出的非主权货币、竞争发行货币等理念，可以说是去中心化货币的精神指南。因此，可以把 1976 年当作区块链史前时代的元年,正式开启了整个密码学,包括密码学货币的时代。

紧接着在 1977 年，著名的 RSA 算法诞生了，这应该说是 1976 年《密码学的新方向》的自然延续，并不令人惊讶，三位发明人也因此在 2002 年获得了图灵奖。不过，他们为 RSA 申请的专利，在世界上普遍认同算法不能申请专利的环境下，确实没什么人承认，在 2000 年也提前失效了。

到了 1980 年，Merkle Ralf 提出了 Merkle-Tree 这种数据结构和相应的算法，后来的主要用途之一是分布式网络中数据同步正确性的校验，这也是比特币中引入该算法用于区块同步校验的重要手段。值得指出的是，在 1980 年的时候，真正流行的哈希算法、分布式的网络都还没有出现，我们熟知的 SHA-1、MD5 等算法都是 20 世纪 90 年代诞生的。在那个年代 Merkle 就发布了这样一个数据结构，这对后来对密码学和分布式计算领域起到了重要作用，多少有些令人惊讶。不过，如果大家了解 Merkle 的背景，就知道这事绝非偶然，他就是《密码学新方向》的两位作者之一 Hellman 的博士生（另一位作者 Diffie 是 Hellman 的研究助理），实际上《密码学的新方向》就是 Merkle Ralf 的博士生研究方向。据说 Merkle 实际上是《密码学的新方向》主要作者之一，只是因为当时是博士生，没有收到发表这个论文的学术会议的邀请，才没能在论文上署名，也因此与 40 年之后的图灵奖失之交臂。

1982 年，Lamport 提出拜占廷将军问题，标志着分布式计算的可靠性理论和实践进入实质性阶段。同年，大卫·乔姆提出了密码学支付系统 eCash，可以看出，随着密码学的进展，眼光敏锐的人已经开始尝试将其运用到货币、支付相关的领域了，应该说 eCash 是密码学货币最早的先驱之一。

1985 年，Koblitz 和 Miller 各自独立提出了著名的椭圆曲线加密（ECC）算法。由于此前发明的 RSA 的算法计算量过大很难实用，ECC 的提出才真正使得非对称加密体系产生了实用的可能。因此，可以说到了 1985 年，也就是《密码学的新方向》发表了十年左右，现代密码学的理论和技术基础已经完全确立了。

1985—1997 年这段时期，密码学、分布式网络以及与支付或货币等领域的关系方面，没有什么特别显著的进展。这种现象很容易理解，新的思想、理念、技术的产生之初，总要有相当长的时间让大家去学习、探索、实践，然后才有可能出现突破性的成果。前十年往往是理论的发展，后十年则进入到实践探索阶段，1985—1997 这十年左右，应该是相关领域在实践方面迅速发展的阶段。最终，从 1976 年开始，经过二十年左右，密码学、分布式计算领域终于进入了爆发期。

1997 年，HashCash 方法，也就是第一代 PoW（Proof of Work）算法出现了，当时发明出来主要用作反垃圾邮件。在随后发表的各种论文中，具体的算法设计和实现，已经完全覆盖了后来比特币所使用的 PoW 机制。

到了 1998 年，密码学货币的完整思想终于破茧而出，戴伟（Wei Dai）、尼克·萨博同时提出密码学货币的概念。其中戴伟的 b-money 被称为比特币的精神先驱，而尼克·萨博的 Bitgold 提纲和中本聪的比特币论文里列出的特性非常接近，以至于有人曾经怀疑萨博就是中本聪。这距离后来比特币的诞生又是整整 10 年时间。

在 21 世纪到来之际，区块链相关的领域又有了几次重大进展，如图 2-21 所示。首先是点对点分布式网络，1999—2001 年这三年时间内，Napster、EDonkey 2000 和 BitTorrent 先后出现，奠定了 P2P 网络计算的基础。

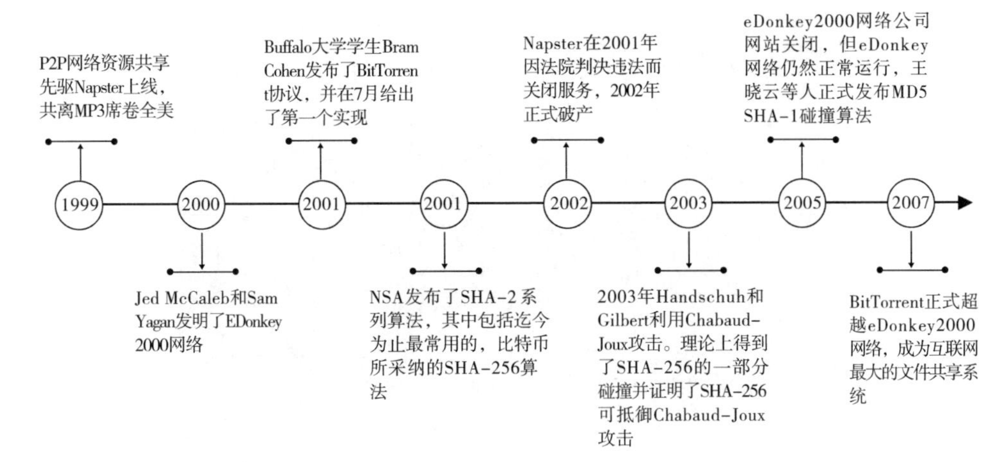

图 2-21　1999—2007 年为区块链产生的技术积累

2001 年另一件重要的事情就是 NSA 发布了 SHA-2 系列算法，其中包括目前应用最广的 SHA-256 算法，这也是比特币最终采用的哈希算法。可以说到了 2001 年，比特币或者区块链技术诞生的所有的技术基础在理论上和实践上都被解决了，比特币呼之欲出。

在人类历史中经常会看到这样的现象，从一个思想或技术被提出来，到它真正发扬光大，差不多需要 30 年左右。不光是技术领域，其他如哲学、自然科学、数学等领域，这种现象也是屡见不鲜，区块链的产生和发展也遵从了这个模式。这个模式也很容易理解，因为一个思想、一种算法或一门技术诞生之后，要被我们消化、摸索、实践，大概要用一代人的时间。

2.5.2　硬件与软件的发展

从更高的视野来观察区块链技术的产生，可以说是综合条件发展的结果。这些外界条件主要包括几个方面：计算机软硬件的发展、网络的发展、操作系统的发展、应用软件的发展、分布式技术的发展，还包括我们前面介绍的密码学技术，这些综合技术的发展和成熟，为区块链技术的产生准备了充足的条件。

1. 计算机的硬件发展

从 1946 年第一台电子计算机产生，在以后 60 多年里，计算机技术以惊人的速度发展，大致分为 4 代。

（1）第一代：电子管数字机（1946—1958 年），如图 2-22 所示。

图 2-22　电子管数字机

硬件方面：逻辑元件采用真空电子管，主存储器采用汞延迟线、阴极射线示波管静电存储器、磁鼓、磁芯；外存储器采用的是磁带。

软件方面：采用机器语言、汇编语言。

应用领域：以军事和科学计算为主。

特点：体积大、功耗高、可靠性差、速度慢（一般为每秒数千次至数万次）、价格昂贵，但为以后的计算机发展奠定了基础。

（2）第二代：晶体管数字机（1958—1964 年），如图 2-23 所示。

图 2-23　晶体管数字机

硬件方面：主机采用晶体管等半导体器件，以磁鼓和磁盘为辅助存储器。

软件方面：出现操作系统、高级语言及其编译程序。

应用领域：以科学计算和事务处理为主，并开始进入工业控制领域。

特点：体积缩小、能耗降低、可靠性提高、运算速度提高（一般为每秒数 10 万次，可高达 300 万次）、性能比第 1 代计算机有很大的提高。

（3）第三代：集成电路数字机（1964—1970 年），如图 2-24 所示。

图 2-24　集成电路数字机

硬件方面：逻辑元件采用中、小规模集成电路（MSI、SSI），主存储器仍采用磁芯。

软件方面：分时操作系统以及结构化、规模化程序设计方法。

特点：速度更快（一般为每秒数百万次至数千万次）、可靠性有了显著提高、价格进一步下降，而且产品走向了通用化、系列化和标准化等。

应用领域：开始进入文字处理和图形图像处理领域。

（4）第四代：大规模集成电路机（1970 年至今），如图 2-25 所示。

图 2-25　大规模集成电路机

硬件方面：逻辑元件采用大规模和超大规模集成电路（LSI 和 VLSI）。

软件方面：出现了数据库管理系统、网络管理系统和面向对象语言等。

应用领域：从科学计算、事务管理、过程控制逐步走向家庭。

1971 年世界上第一台微处理器在美国硅谷诞生，开创了微型计算机的新时代，如图 2-26 所示。

图 2-26 微型计算机

2. 计算机软件的发展

（1）第一代软件（1946—1953 年）：第一代软件是用机器语言编写的，机器语言是内置在计算机电路中的指令，由 0 和 1 组成。

（2）第二代软件（1954—1964 年）：当硬件变得更强大时，就需要更强大的软件工具使计算机得到更有效地使用。汇编语言向正确的方向前进了一大步，但是程序员还是必须记住很多汇编指令。第二代软件开始使用高级程序设计语言（简称高级语言，相应地，机器语言和汇编语言称为低级语言）编写，高级语言的指令形式类似于自然语言和数学语言（例如，计算 2+6 的高级语言指令就是 2+6），不仅容易学习，方便编程，而且提高了程序的可读性。

（3）第三代软件（1965—1970 年）：在这个时期，由于用集成电路取代了晶体管，处理器的运算速度得到了大幅度的提高，处理器在等待运算器准备下一个作业时，无所事事。因此需要编写一种程序，使所有计算机资源处于计算机的控制中，这种程序就是操作系统。如何利用机器越来越强大的能力和速度的问题。解决方法就是分时，即许多用户用各自的终端同时与一台计算机进行通信。控制这一进程的是分时操作系统，它负责组织和安排各个作业。

（4）第四代软件（1971—1989 年）：20 世纪 70 年代出现了结构化程序设计技术，Pascal 语言和 Modula-2 语言都是采用结构化程序设计规则制定的，Basic 这种为第三代计算机设计的语言也被升级为具有结构化的版本，此外，还出现了灵活性强且功能强大的 C 语言。这个时期出现了多用途的应用程序，这些应用程序面向没有任何计算机经验的用户。

（5）第五代软件（1990 年至今）：第五代软件中有三个著名事件，即在计算机软件业具有主导地位的 Microsoft 公司的崛起、面向对象的程序设计方法的出现以及万维网（World Wide Web）的普及。

2.5.3 网络的发展

网络技术的发展经历了四个阶段，如图 2-27 所示。

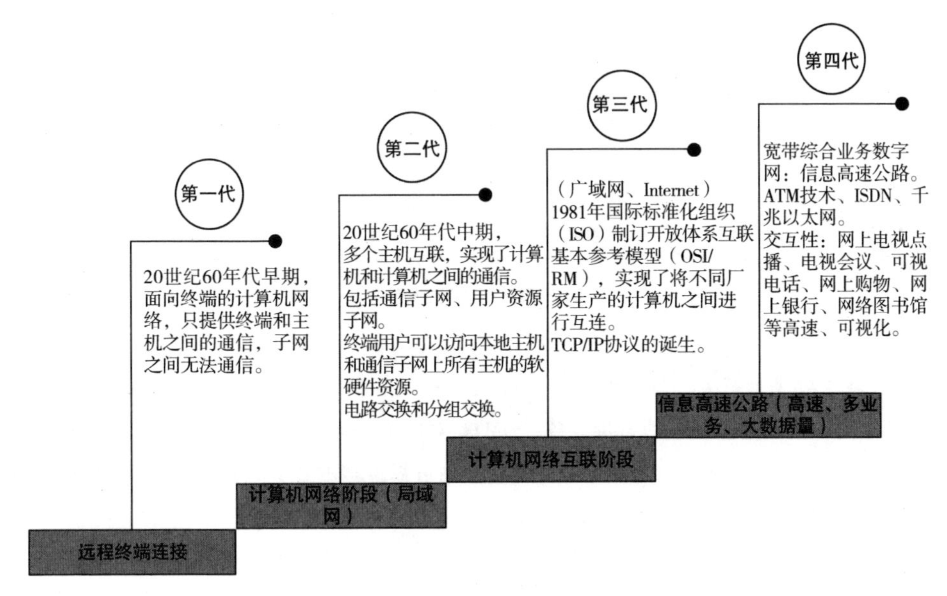

图 2-27　网络技术发展的四个阶段

第一代：远程终端连接

20 世纪 60 年代早期，面向终端的计算机网络，只提供终端和主机之间的通信，子网之间无法通信。

第二代：计算机网络阶段（局域网）

20 世纪 60 年代中期，多个主机互联，实现计算机和计算机之间的通信。第二代网络包括：通信子网、用户资源子网。终端用户可以访问本地主机和通信子网上所有主机的软硬件资源。网络传输的方式基于电路交换和分组交换。

第三代：计算机网络互联阶段（广域网、Internet）

1981 年国际标准化组织（ISO）制订开放体系互联基本参考模型（OSI/RM），实现了不同厂家生产的计算机之间的互连。在这个阶段中，TCP/IP 协议诞生。

第四代：信息高速公路（高速、多业务、大数据量）

第四代网络传输的方式为 ATM 技术、ISDN、千兆以太网。

主要应用于网上电视点播、电视会议、可视电话、网上购物、网上银行、网络图书馆等高速、可视化领域。

下一代网络将是以 5G、6G 为主要代表的网络技术，5G 的三大性能如图 2-28 所示。

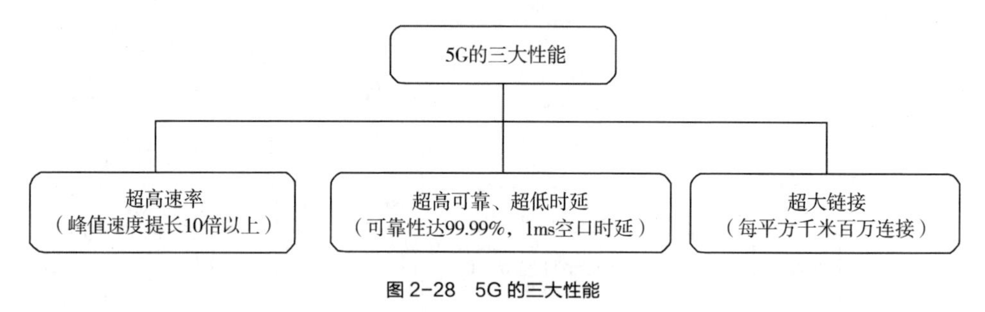

图 2-28　5G 的三大性能

5G 将主要满足三大场景网络需求：eMBB、mMTC 和 URLLC。其中，eMBB 对应的是 3D/ 超高清视频等大流量移动宽带业务；mMTC 对应的是大规模物联网业务；URLLC 对应的是如无人驾驶、工业自动化等需要低时延、高可靠连接的业务，这块业务里面 5G 是各行业发展创新的底层技术，想象空间最大。

2019 年 3 月，全球首届 6G 峰会在芬兰举办。主办方芬兰奥卢大学峰会邀请了 70 位来自各国的顶尖通信专家，召开了一次闭门会议，主要内容就是群策群力、拟定全球首份 6G 白皮书，明确 6G 发展的基本方向。这份名为《6G 无线智能无处不在的关键驱动与研究挑战》的白皮书，初步回答了 6G 怎样改变大众生活、有哪些技术特征、需解决哪些技术难点等问题。

报告展望，到 2030 年，随着 6G 技术的到来，许多当前仍是幻想的场景都将成为现实，人类生活将出现巨大变革。不同于 5G 侧重于人—机—物智能连接与边缘计算，6G 想要构建的是一张实现空、天、地、海一体化无缝对接的通信网络。6G 的理论峰值传输速度达到 100Gbps ~ 1Tbps，室内定位精度 10cm，通信时延 0.1ms，超高可靠性、超高密度，6G 采用太赫兹频段通信，网络容量也能大幅提升，6G 的性能指标如图 2-29 所示。6G 应用场景现在能想到的有 10 个：孪生体域网、超能交通、通感互联网、全息通信、智慧生产、机器间的协同、虚拟助理、情感和触觉应用、多感官混合现实、空间通信。

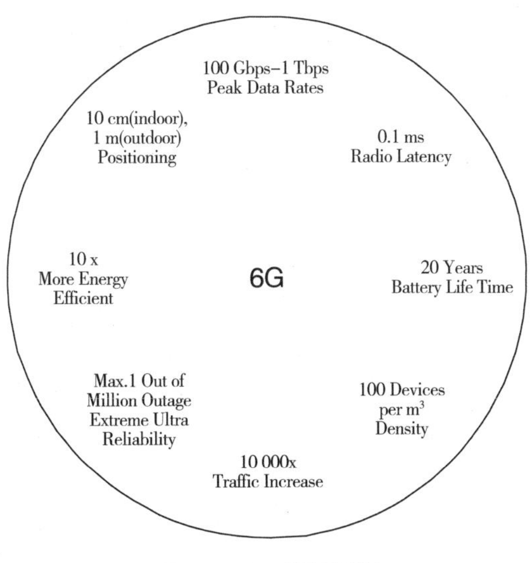

图 2-29　6G 的性能指标

2.5.4　分布式计算与共识协议

1. 分布式系统

分布式系统对区块链的发展有很重要的作用，没有分布式技术的发展，就不会产生区块链技术。分布式系统一般包含分布式计算、分布式存储。在应用时还有其他的细分领域，如国内一些大型互联网公司研发的分布式文件系统、分布式计算系统、分布式数据库系统、分布式流量系统等。针对这些不同的细分领域，实际上还是归属于两大类，即广义的计算与广义的存储，或者是这两种用途的结合。

分布式计算是计算机科学中的一个研究方向，它研究如何把一个需要非常巨大的计算能力才能解决的问题分成许多小的部分，然后把这些部分分配给许多计算机进行处理，最后把这些计算结果综合起来得到最终的结果。

分布式网络存储技术是将数据分散地存储于多台独立的机器设备上。分布式网络存储系统采用可扩展的系统结构，利用多台存储服务器分担存储负荷，利用位置服务器定位存储信息，不但解决了传统集中式存储系统中单存储服务器的瓶颈问题，还提高了系统的可靠性、可用性和扩展性。

分布式系统是由一组通过网络进行通信、为了完成共同的任务而协调工作的计算机节点组成的系统。分布式系统的出现是为了用廉价的、普通的机器完成单个计算机无法完成的计算、存储任务。其目的是利用更多的机器处理更多的任务。

随着移动互联网的发展和智能终端的普及，计算机系统早就从单机独立工作过渡到多机器协作工作。计算机以集群的方式存在，按照分布式理论的指导构建出庞大复杂的应用服务，也已经深入人心。

分布式技术中的节点与网络、时间与顺序、一致性原理、共识算法都是区块链技术的基础知识。

2. 共识算法

分布式技术中一个最重要的难题是系统中的众多计算节点的协调，这称为共识算法。共识算法源于拜占庭将军问题（Byzantine Generals Problem），是由莱斯利·兰波特于1982年在其同名论文 *The Byzantine Generals Problem* 中提出的分布式对等网络通信容错问题，对网络中存在作恶节点的情况进行建模。拜占庭将军问题并不是现实中存在的，而是虚构的。拜占庭是古代东罗马帝国的首都，由于地域宽广，假设其守卫边境的多个将军（系统中的多个节点）需要通过信使来传递消息，达成某些一致决定，由于作恶节点的存在，拜占庭将军问题被认为是容错性问题中最难的问题类型之一。

出现拜占庭将军问题之前，学术界就已经存在两将军问题的讨论（*Some constraints and tradeoffs in the design of network communications*，1975 年）：两个将军要通过信使来达成进攻还是撤退的约定，但信使可能迷路或被敌军阻拦（消息丢失或伪造），如何达成一致？根据 FLP 不可能原理，这个问题无通用解。

共识算法是近年来分布式系统研究的热点，也是区块链技术的核心要素。共识算法主要是解决分布式系统中多个节点之间对某个状态达成一致性结果的问题。分布式系统都是由多个服务节点共同完成对事务的处理，分布式系统中多个副本对外呈现的数据状态需要保持一致性。

但是由于一些原因会破坏这种一致性，具体原因如下：

（1）节点的不可靠性。

（2）节点间通信的不稳定性。

（3）节点作恶伪造信息进行恶意响应。

这些原因会造成节点之间就存在数据状态不一致的问题。

通过共识算法，可以实现将多个不可靠的单独节点组建成一个可靠的分布式系统，实现数据状态的一致性，提高系统的可靠性。

区块链系统本身是一个超大规模的分布式系统，但又与传统的分布式系统存在明显的区别。区块链系统建立在去中心化的点对点网络基础之上，在整个系统中没有中央权威，并由共识算法实现在分散的节点间对交易的处理顺序达成一致，这是共识算法在区块链系统中起到的最主要作用。

常见的共识算法有 PoW、PoS 和 DPoS 等。

PoW（Proof of Work），简单地说就是可以证明你付出了多少工作量的证明。在比特币网络中，要想得到比特币就需要先利用自己服务器的算力抢夺记账权，等记账权抢到手之后，矿工还有个工作就是要把 10 分钟内发生的所有交易记录按照时间的顺序记录在账本上，然后同步给这个网络上的所有用户。矿工付出劳动抢记账权和记录交易，并且这个劳动也在全网得到大家的认可，达成了共识的机制。

PoS（Proof of Stake），权益证明与要求证明人执行一定量的计算工作不同，权益证明要求证明人提供一定数量加密货币的所有权即可。它将 PoW 中的算力改为系统权益，拥有权益越大则成为下一个记账人的概率越大。这种机制的优点是不像 PoW 那么费电。

DPoS（Delegated Proof of Stake），在 PoS 的基础上，将记账人的角色专业化，先通过权益来选出记账人，然后记账人之间再轮流记账。这种方式依然没有解决最终性问题。类似于董事会投票，持币者投出一定数量的节点，代理他们进行验证和记账。

2.5.5 数字货币的前期探索

技术的进步是缓慢的，有时候需要几年、几十年甚至上百年。比特币同样也符合这样的规律，它不是一个突然产生的新事物，而是多年积累之后的产物。

据统计，比特币诞生之前，失败的数字货币或支付系统就多达数十种。同时，也有一些新技术被应用到了数字货币领域。这些探索为比特币的诞生提供了大量可借鉴的经验。

1. 早期数字货币路线

（1）eCash。

大卫·乔姆，美国人，1982 年提出不可追踪的密码学网络支付系统，被称作比特币的老祖宗。他于 1990 年成立 DigCash 公司，1992 年推出 eCash。可惜的是，大卫·乔姆多疑、神经质、不近人情和优柔寡断的性格葬送了 eCash 的未来。1998 年，DigCash 破产。

中本聪对 eCash 不屑一顾，认为它依然是传统的中心化系统，必须依赖中心化的信用。但用一种平和的态度看，eCash 为电子货币的产生做了很多必要的探索。

（2）beenz 和 Flooz。

在互联网刚刚兴起的时候，很多天才就开始打起了电子货币的主意，但无一例外，都失败了，1998 年的 beenz.com 和 1999 年的 Flooz.com 就是其中之二。

（3）B-money 和 BitGold。

1998 年，另一名密码朋克戴伟（Wei Dai）提出了匿名的、分布式的电子加密货币系统——B-money。在比特币的官网上，B-money 被认为是比特币的精神先导。

B-money 的设计在很多关键的技术特质上与比特币非常相似，但不可否认的是，B-money 有些不切实际，其最大的现实困难在于货币的创造环节。

1998 年，尼克·萨博发布的比特金 Bitgold 和戴伟的 B-money 一样，并没有成功。

2. 技术发展路线

（1）公钥密码学。

1976年，Whitfield Diffie 与 Martin Hell 在开创性论文 *New Directions in Cryptography*（密码学的新方向）中，提出公开钥匙密码学的概念。

1978 年，M.I.T 的 Ron Rivest、Adi Shamir 和 Len Adleman 发明另一个公开钥匙系统——RSA。这是非对称的公钥加密技术，既可用于数据加密也可用于签名。RSA 是之后流行的公钥加密算法。

（2）拜占庭将军问题。

1982 年，莱斯利·兰伯特（Leslie Lamport）等提出拜占庭将军问题（Byzantine Generals Problem）。这是区块链、比特币的最重要的核心问题，就是如何解决公开网络上的信任问题。

中本聪最成功的地方就是发明了 PoW 工作量证明的方法，利用新币发行的刺激机制解决了拜占庭将军问题，从而出色地实现了公开网络上的信任机制问题。

（3）加密技术。

1985 年，Neal Koblitz 和 Victor Miller 首次将椭圆曲线应用于密码学，建立以公钥加密的算法。ECC 能够提供比 RSA 更高级别的安全。

中本聪最令人信服的就是选择了一条曲线，而这条曲线并不在美国 NSA 的掌握之下。比特币的加密算法中，可以使用的椭圆曲线有 SECP256r1 和 SECP256k1 曲线等。当时，绝大多数程序设计都是采用前者，而中本聪却在比特币系统的设计中采用了后者，后来在 2013 年，斯诺登爆料说美国国安局（NSA）在部分加密算法中安置了后门，能够让 NSA 通过后门程序轻易破解各种加密数据，其中 SECP256r1 就被安置了后门，而 SECP256k1 却没有，中本聪对比特币系统的设计神奇地躲过了这个陷阱，至今仍让人们感到不可思议。

1991 年，Philip Zimmerman 发布 PGP（Pretty Good Privacy，完美隐私）。PGP 是用来做邮件加密的，它是一个基于 RSA 公钥加密体系的邮件加密系统，能够保证邮件内容不被篡改，同时让邮件接受者信任邮件来自发送者。PGP 是中本聪的最爱，他的邮件都是通过 PGP 发出的。

（4）智能合约。

1994—1995 年，Nick Szabo 提出"智能合约"构想，在被怀疑是中本聪本尊的长名单里，Nick Szabo 长期排名第一。

（5）时间戳。

1997 年，亚当·拜克 Adam Back 发明哈希现金 Hashcash 算法机制，其中用到了工作量证明系统（Proof of Work）。

他的本意是为了实现电子邮件的可信。发送电子邮件之前，需要运算一个数学题，这样发送大量垃圾邮件就需要巨大的成本。

这个思想被哈尔·芬尼借鉴用来作可重复的工作量证明机制，随后，又被中本聪用到比特币中，完美地解决了拜占庭问题。

另外，哈伯和斯托尼塔（Haber and Stornetta）在1997年提出了一个用时间戳的方法保证数字文件安全的协议。

（6）P2P。

相信用过快播、迅雷的人都知道P2P。

1999年，创立Napster的肖恩·范宁（Shawn Fanning）与肖恩·帕克（Shaun Parker）发明了点对点网络技术。

有了P2P协议，才有了后来的比特币，P2P是去中心化系统中网络部分的精髓。

（7）RPoW。

2004年，哈尔·芬尼推出了自己版本的电子货币，在其中采用了可重复使用的工作量证明机制（RPoW），他也是密码朋克里唯一个支持中本聪的人。

以上，就是早期数字货币及其技术的发展历程。

值得注意的是，为什么这些数字货币最后都以失败告终？中本聪认为，失败的原因大多可归结为中心化的组织结构。这些货币由特定组织发行，他们对货币的安全使用与流通进行仲裁、监督和维护，并采用中央服务器记录货币的流通情况。

在缺乏国家信用支撑的情况下，一旦发行和维护组织破产或遭受法律、道德指责，或保管总账的中央服务器被黑客攻破，该货币即面临信用破产与内部崩溃的风险。

中本聪通过一个天才的发明——区块链，扫清了创造加密货币的最后障碍（中心化），首次从实践意义上实现了一套去中心化的数字货币系统。

2.6 区块链的经济学基础与思想起源

除了技术方面的积累，自由思想是区块链技术产生的一个强大的推动力。这主要体现在经济方面，无论是早期的哈耶克与它的《货币的非国家化》，还是B-money的理论的提出者戴伟，还是Bitshare、Steemit和EOS的技术创造者BM，他们都崇尚自由，比特币的创造者中本聪无疑也受这种自由思想的影响。

1. 比特币创始区块中对当前货币体系的嘲讽

2009年1月3日，中本聪挖出了比特币的第一个区块——创世区块（Genesis Block）。在创世区块中，中本聪写下这样一句话："The Times 03/Jan/2009 Chancellor on brink of second bailout for banks.” 意思是“2009 年 1 月 3 日，财政大臣正处于实施第二轮银行紧急援助的边缘。”这句话正是泰晤士报当天的头版标题，如图 2-30 所示。

THE TIMES

£1.50

Eat Out from £5

More than 900 great restaurants including four Gordon Ramsay favourites from £15

Israel prepares to send tanks and troops into Gaza

Michael Sheen Frost, Nixon and me

Working mums So that's how she does it

Detox in style The best spas on the planet

Chancellor on brink of second bailout for banks

Salman Rushdie I won't marry again

Giant killing? Guide to the FA Cup third round

99p

图 2-30　泰晤士报

当时正值 2008 年肆虐全球的金融危机期间。危机发迹于美国次级信贷市场，不良的房地产次级贷款及其衍生物，导致大批投资银行倒闭、员工失业，进而波及全球金融市场，各个国家市场无一幸免。这是中本聪对央行控制的货币体系的一种嘲讽。可以说经济问题是数字货币产生的一个强劲动力。

在全球经济发展中，各国政府经常有恃无恐地大开印钞机，制造通货膨胀，掠夺人们的财富，大家对于出现的各种经济问题使人们财富不断缩水的现象都有强烈的不满，于是很多人都期待没有通货膨胀、不受国家主权控制的货币产生。靠数学支撑起来的比特币系统发展到今天居然建立了一个稳固的信任体系，甚至比很多的国家政权力量都要强大很多，这种力量让我们看到了自由思想，这是非主权货币建立的根基。

2. 经济学诺贝尔奖获得者哈耶克与私人货币

《货币的非国家化》在哈耶克（见图 2-31）获得诺贝尔经济学奖两年后即 1976 年出版，但在当时的经济学界并未引起多少反响。2009 年比特币的诞生使人们突然发现，这种新型的加密货币正在实现哈耶克当年的设想——私人货币。

《货币的非国家化》主要从政府垄断铸币的起源，讲到政府垄断权一直遭到滥用，提出了让私人发行的货币流通起来，让这些不同的货币产生竞争。虽然书中的很多观点用传统经济学的理论衡量起来有非常多的问题，存在难以实现的可能性，但其中的一些观点依然有着重要的价值。哈耶克抨击国家垄断法币，提出“竞争性货币”替代法币垄断的理论，这实际上是数字货币的一个重要理论基础。

图 2-31　哈耶克

3. 密码朋克（Cypherpunk）与自由货币的实践者

在区块链诞生的过程中，密码朋克组织的很多人员都作出了很多重要贡献。密码朋克起源于一次非正式会议。1992年底，三位退休技术大咖——加利福尼亚大学伯克利分校数学家埃里克·休斯(Eric Hughes)、退休的英特尔员工蒂姆·梅（Tim May）以及计算机科学家约翰·吉尔摩（John Gilmore，曾是Sun microsystems第五位员工）邀请了二十位最亲密的朋友参加了一次非正式会议，期间他们讨论了一些看似最令人头疼的程序和密码问题，加密货币的神秘大门也正是在这个时候被他们打开了。这个非正式会议起初只是一个纯私人的聚会，但是后来，却逐渐演变成了在约翰·吉尔摩的公司Cygnus Solutions内举办的月度会议。这个当时并不起眼的组织开始扩张，或许就连他们自己都没有想到未来会在全世界引发一场革命。

密码朋克组织的成立与发展导致了大量主题思想被自由讨论，包括数学、密码学和计算机科学等技术理念，以及政治和哲学辩论等。虽然在很多事情上大家都没有达成完全一致的意见，但作为一个开放的论坛，个人隐私和自由得到了充分保护——这一理念也高于所有讨论主题。

关于隐私，密码朋克的宣言声明："在电子时代的开发社会里，隐私是必要的。隐私不是秘密。私人事务是一个人不想让整个世界知道的事情，但秘密的事情是一个人不想让任何人知道的事情。隐私是有选择性地向世界展示自己的力量。"正是基于上述原则，人们才开始尝试开发数字货币。从亚当·贝克到戴伟，再到中本聪都是密码朋克的实践者。

戴伟（Wei Dai，见图2-32）毕业于美国华盛顿大学的计算机专业，辅修数学，曾在微软的加密研究小组工作，参与了专用应用密码系统的研究、设计与实现工作。

1998年戴伟开始对无政府主义着迷。他写道："蒂莫西·梅的加密学无政府主义令我十分着迷，和其他传统意义上的与无政府主义相关的组织不同，在加密学无政府主义中，政府并不是被用来暂时摧毁，而是被永远禁止，即永远不需要政府。在这个社区中，暴力没有用，而且根本不存在暴力，因为这个社区的成员并不知道彼此的真实姓名或真实地址。"

1998年11月，戴伟提出了匿名的、分布式的电子加密货币系统——B-money。分布式思想是比特币的重要灵感来源，在比特币的官网上，B-money被认为是比特币的精神先导。

图2-32 戴伟

B-money首次引入了PoW机制、分布式账本、签名技术、P2P广播等技术以及去中心化创造加密货币的思想，但并没有给出实现去中心化的具体技术方法。

B-money的设计在很多关键的技术特质上与比特币非常相似，但是不可否认的是B-money有些不切实际，其最大的现实困难在于货币的创造环节，要求所有账号共同决定计算量的成本并就此达成一致意见。每台计算机各自书写交易记录，达成一致很难。戴伟为此设计了复杂的奖惩机制以防止作弊，但并没有从根本上解决问题。

BM（见图 2-33），全名为 ByteMaster（真名为 Daniel Larimer），是一个崇尚自由市场解决方案的天才程序员。在数字货币发展历程中，大神 BM 已经为我们创造了 3 个强大的区块链项目：BitShares（比特股）、Steemit 以及 EOS。他是目前世界上唯一一个连续成功开发了三个基于区块链技术的去中心化系统的人，是 Bitshares、Steemit 和 EOS 的联合创始人。每个项目的关键词都是创新和颠覆。

2003 年 BM 从弗吉尼亚理工学院毕业，并拿到了计算机学士学位。

图 2-33　BM

他一直有一个梦想，那就是找到一个能够保障人们生活、自由和财产安全的自由市场方案。他认为如果有人能够提供这样一个方案，不仅可以挣很多钱，而且可以让这个世界变得更加美好。他发现要想达到这个目的，必须从自由货币开始。

BM（Bytemaster）说过："Our community is open to all who wish to create a free society where our children can be secure in life,liberty,and property."（我们的社区对所有想要创造一个自由社会的人开放，在那里，我们的孩子可以拥有生命、自由和财产安全。）

第3章 区块链的相关热点概念

3.1 什么是挖矿

在信息更迭如此快速的时代中，人们对于一件事物的新鲜感也很短暂，比特币和区块链火了，人们对于比特币和区块链的热情一直十分高涨，为了获得比特币奖励，人们加入挖矿的大军中。

什么是挖矿？在进行挖矿之前，我们首先应该知道什么是矿？我们很容易理解传统的矿，即泛指一切埋藏在地下（或分布于地表的、或岩石风化的、或岩石沉积的）可供人类利用的天然矿物或岩石资源。矿可分为金属、非金属、可燃有机等类别，一般是不可再生资源。

比特币中的矿，是一种虚拟数字，是一种符合算法要求的哈希值。比特币中的挖矿就是寻找(计算)这种哈希值的过程。这个可能不太容易理解,先举个例子,我们在用人民币的时候，可以发现在每一张人民币上都是有编号的，那么谁最先猜出什么数字计算可以得到人民币上的编号，谁就可以获得这张人民币。开始的时候，这种编号计算比较简单，一个人就能计算得出来。后来因为编号的难度加大，如果只靠一个人，是很难猜对的，所以就组织一些人一起计算，在计算出来之后，谁计算的次数最多，就可以按照比例分到奖励，这就是矿池。

在经过一个例子说明之后，我们对于挖矿已经有了简单的了解。比特币是区块链技术的一个应用，区块链是由很多的区块组成的，每一个区块都代表一个账单，将所有的区块连接在一起就是区块链，任何的交易信息、转账记录都记录在区块链里面，如图 3-1 所示。

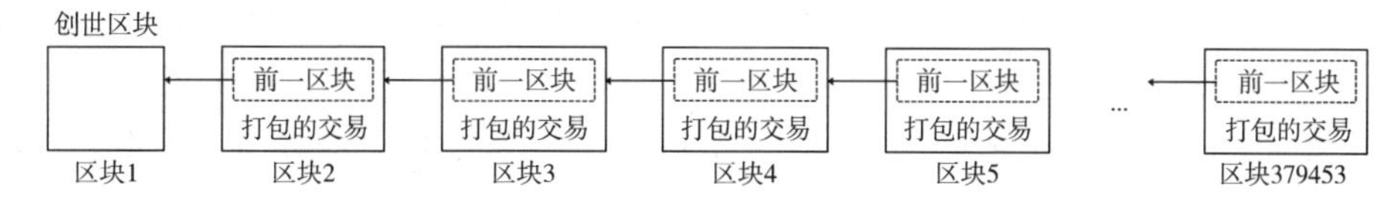

图 3-1 区块链结构示意图

挖矿的难度是不断地更新的，相当于一个寻宝游戏，在一段时间之后，比特币系统将生成计算难度，然后所有的计算机就去寻找（计算）符合要求的那个值，谁最先找到，谁就可以获得比特币奖励，并且可以获得一个区块进行记账，要计算得到这个符合要求的序列号，就需要大量的 CPU 运算。

挖矿是将一段时间内比特币系统中发生的交易进行确认，并记录在区块链上形成新区块的过程，挖矿的人叫作矿工。简单来说，挖矿就是寻找哈希值、记账的过程，矿工是记账员，区块链是账本。怎样激励矿工来挖矿呢？比特币系统的记账权力是去中心化的，即每个矿工都有记账的权利。成功抢到记账权的矿工，会获得系统新生的比特币奖励和记录每笔交易的手续费。因此，挖矿就是生产比特币的过程。中本聪最初设计比特币时规定：每产生 210000 个区块，比特币奖励数量就减半一次，直至比特币奖励数量不能再被细分。因为比特币和黄金一样，总量是有限的。所以比特币被称为数字黄金，比特币中计算符合要求的哈希值的过程也俗称挖矿。

矿工是怎么挖矿的？在区块链兴起之前，矿工专指挖煤矿的工人，群体印象是浑身沾满了煤屑，衣服以外都是黝黑皮肤的男人。

区块链诞生之后，矿工不再只是煤矿工人的简称，有了一种全新的含义，即从事虚拟货币挖矿的人，如图 3-2 所示。

图 3-2　区块链挖矿 VS 传统挖矿

矿工的主要工作是寻找符合要求的新区块、将交易打包写入区块。想成为一名矿工，其实很简单，只要购买一台专用的计算设备，下载挖矿软件，就可以开始挖矿。

挖矿归根到底是算力的竞争，具体挖的过程就是通过运行挖矿软件来计算匹配哈希值的过程。挖矿软件的运行需要消耗算力，最早是用 CPU 来挖矿的，随着加入的人越来越多，挖矿的装备也一直在升级；CPU 之后，开始有人用 GPU 来挖矿，GPU 的流水线专注程度更高，同时数量也更多，并行计算非常占便宜，GPU 比 CPU 效率更高，算力功耗比更低，很快就取代了 CPU；再后来用 FPGA 来挖矿，FPGA 的性能 / 功耗比相对 GPU 来说有了进一步的提高；再最后就是目前市面上的 ASIC 矿机。挖矿需要有矿机 + 挖矿软件，运行的过程除了硬件损耗，最大的消耗是电费，所以算力之争很大程度上在于谁能获得更低的电力成本，谁就拥有了先发优势。

挖的矿去哪儿了？挖矿软件运行的时候，都需要设置一个账户，用对应的挖矿软件在矿机上运行，如果第一个计算出哈希值，并得到全网认证，对应的挖矿奖励会自动发放到挖矿软件的账户里。这个奖励可以提现到其他钱包储存或进行交易。

挖矿机是虚拟的还是实体的？

挖矿所需要的矿机自然是实体的，数字货币的矿场并不是我们传统意义上挖矿的山洞和铁锹，通常都是一个巨大的厂房，有堆积得整整齐齐插着电的矿机在运作，红绿灯会不停地闪，只有少数的工作人员在检查机器是否正常运作，如图 3–3 所示。

图 3–3　大型实体矿场

3.2　币圈简介

币圈是指一批专注于炒加密数字货币（常见数字货币符号见图 3–4），甚至发行自己的数字货币筹资的人群，业界俗称“币圈”。

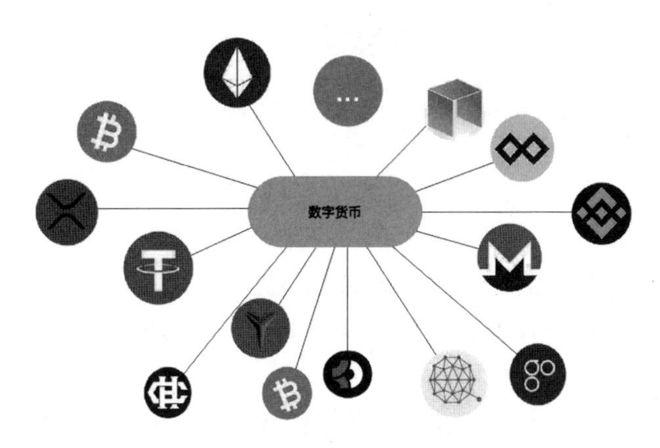

图 3–4　常见的数字货币符号

币圈可大致可以划分为两类：一类是市场上基于区块链技术的主流货币，如比特币、以太坊；另一类是数字货币筹资，也就是发行新币，新币也被业界称为“山寨币”。早期山寨币是指模仿比特币代码与系统产生的数字货币，目前大家理解的山寨币，大部分是指那些劣质的、没有价值基础的数字货币。

在前几年，矿圈和币圈这两个圈子存在着一定的鄙视关系。矿圈自认为是投资，看不上币圈的投机。币圈总体上是为了投机或赚钱，喜欢炒作，希望价格翻倍，希望能够找到新的百倍币、千倍币。前期的币圈中充满着狂热和不理性，也充满着欺骗和混乱。

3.2.1 币圈的数字货币分类

币圈的数字货币分类如图 3-5 所示。

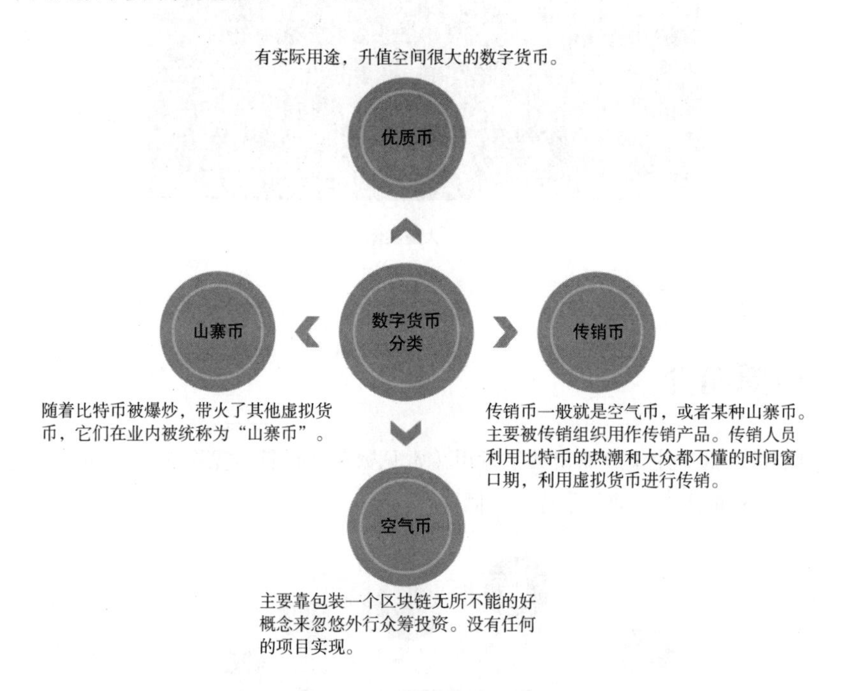

图 3-5 数字货币的几个分类

· 优质币：有实际用途，升值空间很大的数字货币。

· 山寨币：随着比特币被爆炒，带火了其他虚拟货币，模仿比特币代码和系统的货币，它们在业内被统称为“山寨币”。

· 空气币：主要靠包装一个区块链无所不能的好概念忽悠外行众筹投资。没有任何的项目实现，或者项目的实现没有任何价值。

· 传销币：传销币一般就是空气币，或者某种山寨币。主要被传销组织用作传销产品。传销人员利用比特币的热潮和大众都不懂的时间窗口期，利用虚拟货币进行传销。

2016 年之前的区块链世界只有比特币和山寨币（Altcoin）之分。比特币作为区块链世界的基础货币，地位是毫无争议的。这种由先发优势和创世哲学带来的价值极高，而随着区块链的发展，更多基础链（如以太坊、BTS、量子链、AE 以及 EOS）的推出，区块链世界的基础设施不断完善，这类平台早已不再是简简单单一个“币”的概念了。继续把它们称为山寨币是非常不妥的，圈内很多人把它们称为“竞争币”，甚至也是非常不妥的。目前在这个虚拟世界已经存在着无数种数字货币 / 代币，那么该怎么分类呢？

1. 优质币

优质币，也经常称为主流币，是在市场上占主流地位的币种。这些币种的项目都得到了市场上广泛的共识，并且在实际应用上也颇有前景。这些币种都有足够扎实的技术作支撑，并且严格依靠区块链技术，人们信任它们，也会放心地将自己的钱投资进去。

区块链发展前期优质币不多，具有代表性的优质币币种有比特币、以太坊、瑞波币等。发展到了 2020 年，用于各种场景的公有链系统逐渐丰富起来，相应的优质币也就增加了很多。

2. 山寨币

很多初入币圈的人听到山寨币，就会觉得这个币种不靠谱，就像现在市面上一些山寨包、山寨鞋一样，这些币种似乎是靠不住的，其实，山寨币也是有真实的项目团队的，山寨币是在模仿比特币的探索和创新。

一些山寨币币种在上交易所后，交易的价格波动非常大，也就引来了不少投机者，想要通过炒短线来赚钱。当然了，并不是说所有山寨币都很可靠，有些开发者发行了一个山寨币之后，会把一部分据为己有，等价格上涨之后再大量抛售，让投资者防不胜防。如果没有接盘者，山寨币就会快速崩盘。

目前市场上具有代表性的山寨币币种有 BTM、LTC、狗狗币等。发展到了 2019 年，大家不太使用山寨币的概念，山寨币是早期对模仿比特币的数字货币的统称。

3. 空气币

空气币典型的特点就是“金玉其外，败絮其中”。团队成员似乎都是高学历的技术大牛，团队背景看起来也十分高大上，但若仔细去查会发现，团队成员的过去都是一片空白。他们利用区块链的概念，对一个项目夸大其词，然后向人们众筹。实际上，项目本身就是空壳，没有任何技术支撑，也没有任何实质性的操作，更别提将来产品落地应用了。

这些项目方一般都是筹集足够钱之后，就销声匿迹了，他们以圈钱为目的，专门骗那些欲望非常大的人。

市场上具有代表性的空气币币种有 CTR、ART、SPC 等。

4. 传销币

传销币实质上是无技术含量、以圈钱为目的的币种，如果被骗，那就只会落得哭诉无门。

比特币是开放源代码的，而且只发放 2100 万枚，每一枚都是公开透明的，不受任何第三方操作。前期传销币不会开放源代码（或者根本没有代码），想以什么速度产出都靠平台操作，只要他们愿意，可以无限增发。

传销币没有任何技术含量，类似于线下传销模式，传销币也是以拉人数的方式来筹钱，若拉人进场，就会有丰厚的佣金作为回报。不解决任何行业内的困境，上不了任何正规交易平台，甚至承诺只涨不跌。也正是因此，传销币不仅毫无价值，而且会让投资人亏得血本无归。发展到 2019 年，传销币也有了更多的伪装，也有一些模仿的技术实现，尤其后期基于以太坊平台可以很容易地发行 ERC20 标准的代币，这些数字货币在钱包间转账，但这些都没有价值基础，是一种为了模仿得更像、伪装得更好的传销币。

数字货币适合作为传销品的分析在 7.5 节会有详细介绍。

3.2.2 国内币圈相关产业

国内币圈相关产业如图 3-6 所示。

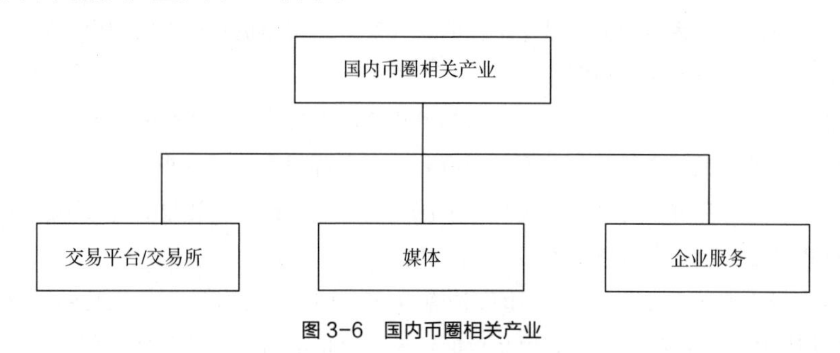

图 3-6 国内币圈相关产业

1. 交易平台/交易所

据创业平台黑马了解，在“上币”与否的巨大差别下，每期 60 个项目中仅有票数排名前十的币种能够成功登陆交易平台（常见的交易平台见图 3-7）。而那些即使前期投入超过千万的区块链项目因后期评估而暂停“上币”计划的并不在少数。

代表企业有 OKCoin、火币网、币安。

图 3-7　常见的交易平台

2. 媒体

（1）综合媒体出品的产品或栏目：代表媒体有区块链探长（腾讯新闻）、区块链价值论（创业黑马）、链得得（钛媒体）、耳朵财经（IT 耳朵）；36 氪上线了区块链栏目、Bianews 开设了“区块链日报”的专栏、蓝鲸 TMT 网上线了区块链专栏等。

（2）垂直媒体有代表媒体有金色财经、未来财经、共享财经、果味财经、每日币读等。

（3）自媒体 / 公众号有代表媒体有区块链研究室、区块链兄弟、区块链铅笔、区块链捕手。

（4）论坛 / 社区 / 社群有代表媒体有巴比特、区块链技术中文社区、B 区、币源社区、3 点钟无眠区块链社群及分支社群等。

常见的一些媒体如图 3-8 所示。

图 3-8　常见的一些媒体

3. 企业服务

以比特大陆（Bitmain）为例，据海外媒体的报道，它成立于 2013 年，但 2017 年的经营利润达到 30 亿至 40 亿美元。同样的业绩，美国半导体巨头英伟达则用了 24 年。

比特大陆的大部分收入来自出售由该公司芯片提供动力的矿机，其余收入则是由采矿本身产生，通过从采矿池收取管理费以及通过云服务出租其采矿场的采矿能力。

在区块链企业服务方面（区块链领域的企业服务公司见图 3-9），除了矿机、矿池、采矿能力等方面的买卖和租赁，还有底层技术的提供、运维等，具体如下。

（1）矿池、矿机、算力租赁。

①比特大陆：成立于 2013 年，旗下产品包括 ANTMINER 蚂蚁矿机（硬件）、HashNest 算力巢（网站，不需要购买，维护矿机就可以挖掘比特币的云算力平台）、BTC.

com（网站，提供矿池、区块浏览器、钱包、行业资讯等数字货币相关服务）。

②莱比特：莱比特 LTC 矿池（LTC1BTC.com）创立于 2014 年 1 月 1 日，之后又建立了 BTC.top、LTC.top 等矿池。

③算力宝：成立于 2015 年年底，由浙江清华长三角研究院杭州分院作为种子企业进行加速孵化，目前以云算力租赁为主营业务。算力宝将 IDC 服务提供商——主板上市企业高升控股（000971）、比特币交易所以及钱包服务商、矿池等资源进行打通和整合，让用户通过网络即可实现远程挖矿。

（2）技术、运维。

①银链科技：总部位于深圳，成立于 2012 年，金融区块链合作联盟（深圳）主席团成员，致力于可快速开发区块链应用的区块链中间件产品“银链中间件”，为金融机构和企事业单位实施“区块链 +”战略提供区块链应用开发解决方案，已获上市集团的天使投资以及南京政府项目资助。

②和数软件：总部位于上海，成立于 2017 年 4 月，是一家致力于区块链技术研发与应用的创新型企业。自 2016 年开始研究区块链底层技术（加密算法、网络安全、分布式、点对点等），并于 2017 年 1 月成立了“区块链技术实验室”，也研发出自己的应用（点对点交易系统和超级账本）。

③云象：云象区块链是国际知名开源区块链项目 Hyperledger 成员，旨在打造全球领先的企业级区块链技术服务平台。

④纸贵科技：创立之初的主要业务是在区块链上帮助原创者免费登记版权。2017 年年底，纸贵科技开始瞄向全行业，基于自主开发的联盟链底层技术提供定制化的企业级区块链解决方案（BaaS）、区块链存证、供应链管理及溯源、精准扶贫设施建设等服务，帮助更多行业使用区块链。

图 3-9　区块链领域的企业服务公司

3.2.3　币圈一些常见名词的意义

本小节主要介绍币圈常见的一些名词，即法币、Token、建仓、梭哈、空投等。

1. 法币

法币是法定货币，是由国家和政府发行的，以政府信用作担保，如人民币、美元等。

2. Token

Token，通常翻译成通证。Token 是区块链中的重要概念之一，它更广为人知的名字是“代币”，但在专业的“链圈”人看来，它更准确的翻译是“通证”，代表区块链上的一种权益证明，而非货币。在《区块链经济模型》书中有对 Token 的详细介绍。

Token 的三个要素如下。

（1）数字权益证明。通证必须是以数字形式存在的权益凭证，代表一种权利、一种固有和内在的价值。

（2）加密。通证的真实性、防篡改性、保护隐私等能力由密码学予以保障。

（3）能够在一个网络中流动，从而随时随地可以验证。

3. 建仓

币圈建仓也叫开仓，是指交易者新买入或新卖出一定数量的数字货币。

4. 梭哈

币圈梭哈就是指把本金全部投入。这个名词来源于一种扑克牌游戏。

5. 空投

空投是目前一种十分流行的加密货币营销方式，是让某种类型的用户免费获得代币。为了让潜在投资者和热衷加密货币的人获得代币相关信息，代币团队会经常性地进行空投。

6. 锁仓

锁仓一般是指投资者在买卖合约后，当市场出现与自己操作相反的走势时，开立与原先持仓相反的新仓，又称对锁、锁单。

7. 糖果

币圈糖果即各种数字货币刚发行，处在 ICO 时免费发放给用户的数字币，是虚拟币项目发行方对项目本身的一种造势和宣传。

8. 破发

破是指跌破，发是指数字货币的发行价格。币圈破发是指某种数字货币跌破了发行的价格。

9. 私募

币圈私募是一种投资加密货币项目的方式，也是加密货币项目创始人为平台运作募集资金的最好方式。

10. K线图

K 线图（Candlestick Charts）又称蜡烛图、日本线、阴阳线、棒线、红黑线等，常用说法是“K 线”。它是以每个分析周期的开盘价、最高价、最低价和收盘价绘制而成。

11. 搬砖

把现金充值到币价更低的 A 平台，然后买入比特币；从 A 平台上提现比特币，收到后马上充值到价格更高的 B 平台；充值到 B 平台后，马上卖掉，收到的现金马上提现，然后重复操作。

12. ICO

ICO 全称 Initial Coin Offering，源自股票市场的首次公开发行（IPO）概念，是区块链项目以自身发行的虚拟货币，换取市场流通常用的虚拟货币的融资行为。

13. 对冲

一般对冲是同时进行两笔行情相关、方向相反、数量相当、盈亏相抵的交易。在期货合约市场买入数量相同、方向不同的头寸，当方向确定后，平仓掉反方向头寸，保留正方向获取盈利。

14. 头寸

头寸是一种市场约定，承诺买卖合约的最初部位，买进合约者是多头，处于盼涨部位；卖出合约是空头，处于盼跌部位。

15. 利好

利好是指币种获得主流媒体关注，或者某项技术应用有突破性进展，有利于刺激价格上涨的消息。

16. 利空

利空是指导致币价下跌的消息，如比特币技术问题、中国人民银行监管等。

17. 成交量

成交量反映成交的数量多少和买卖的人的多少。一般可用成交币数和成交金额来衡量。

18. 反弹

反弹是指币价在下跌趋势中因下跌过快而回升的价格调整现象。回升幅度小于下跌幅度。

19. 盘整

盘整通常是指价格变动幅度较小、比较稳定、最高价与最低价相差不大的行情。

20. 回调

回调是指在多头市场上，币价涨势强劲，但因价格过快上升而出现暂时回跌。下跌幅度小于上涨幅度。

21. 杠杆

杠杆交易，顾名思义，就是利用小额的资金进行数倍于原始金额的投资，以期望获取相对投资标的物波动的数倍收益率，也可能亏损。

3.3 矿圈简介

“矿圈”就是一群专注于“挖矿”的“矿工”，这些矿工大多从事 IT 行业。中本聪总共发行了 2100 万个比特币，最开始挖矿的人并不多，一般的计算机都可以挖矿，但是随着挖矿的人变多，必须要用具有高算力的专业服务器来挖矿。

矿圈的人最踏实，勤勤恳恳、老老实实地赚钱。早期与币圈、链圈人的交集也不是很多。而币圈和链圈的人也看不上矿圈的人，有时以“民工”称呼他们。

3.3.1 矿机的发展

比特币挖矿一共经历了五个阶段，即 CPU 挖矿、GPU 挖矿、FPGA 挖矿、ASIC 挖矿、大规模集群挖矿（矿池），如图 3-10 所示。

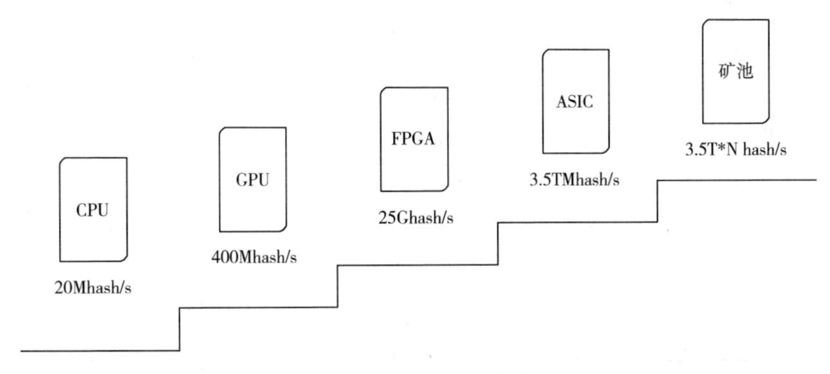

图 3-10 矿机发展的五个阶段

1. CPU挖矿

2009 年 1 月 3 日，中本聪在位于芬兰赫尔辛基的一个小型服务器上挖出了第一批比特币（50 个）。由于计算机太过全能，专一运算的效率不会很高。

2018 年 1 月 16 日，比特币的全球统一计算难度是 2621404453，一个 2.5GHz 的 CPU 需要 2000 多年才能算出一个比特币。

2. GPU挖矿

人们发现显卡的运算能力与挖矿的计算重叠度较高，即挖矿效率会大大提升，显卡相关市场瞬间沸腾。

GPU 挖矿的性能只与两点有关：GPU 整数运算单元的数量、程序在目标体系结构上的利用率。

3. FPGA挖矿

FPGA（Field-Programmable Gate Array），即现场可编程门阵列，它是在 PAL、GAL、CPLD 等可编程器件的基础上进一步发展的产物。

FPGA 芯片是小批量系统提高系统集成度、可靠性的最佳选择之一。

4. ASIC挖矿

ASIC（Application Specific Integrated Circuit），在集成电路界被认为是一种为专门目的而设计的集成电路。在大批量应用时，可显著降低系统成本。

5. 矿池

在全网算力提升到了一定程度后，过低的获取奖励的概率促使 bitcointalk 上的一些极客开发出一种可以将少量算力合并联合运作的方法，使用这种方式建立的网站便被称作“矿池”（Mining Pool）。

CPU、GPU、FPGA、ASIC 的实物图如图 3-11 所示。

为了更好地理解它们之间的区别，我们简单举例如下：

（1）CPU 的挖矿速度是 1。

（2）GPU 的挖矿速度是 10。

（3）FPGA 的挖矿速度是 8，功耗比 GPU 小 40 倍。

（4）ASIC 的挖矿速度是 2000，功耗与 GPU 相当。

矿机挖矿，随着挖矿所需算力的不断上升，GPU 也达到了算力的上限，为了突破这个局限，有人发明了专门挖矿的专业设备。这些设备虽然都是计算机，可是除了挖比特币、运行哈希运算之外，其他什么都干不了，我们叫它“矿机”。比特币的矿机只能进行比特币的算法的计算。莱特币矿机只能进行莱特币算法的计算，不能互相通用。

世界排名前三的数字货币矿机生产商（比特大陆、嘉楠耘智、亿邦科技）都在中国，囊括了全球九成以上的份额（2019 年数据显示）。

在第 3.3.4 节会专门来讲述这三大矿机公司。

图 3-11　CPU、GPU、FPGA、ASIC 实物图

3.3.2　矿场与矿池

1. 矿场

早期的挖矿设备放在家里就可以，如图 3-12 所示。数量少、耗电少、噪声也不大。

图 3-12　放置在家中的矿机

工作室挖矿数量相对较多，对空间的要求大一些，如图 3-13 所示。

图 3-13　工作室中的矿机

简陋矿场矿机很多，对空间的要求、电力的要求、管理的要求都高了不少，如图 3-14 所示。

图 3-14　简陋矿场

专业矿场有四川西部水电站矿场、鄂尔多斯矿场、瑞典的巨无霸矿场、俄罗斯核武器研究所矿场，如图 3-15 和图 3-16 所示。

图 3-15　专业矿场

图 3-16　专业矿场

挖矿的主要资源消耗是电力，这主要是因为目前大多数主流货币的共识算法是PoW。

2017 年挖矿耗电超过 29.05TW，超过全球 159 个国家的年平均用电，是全球特斯拉用电量的 29 倍，1 枚比特币的成本为 3000 ～ 7000 元。（数据来自网络）

2. 矿池

由于比特币全网的运算水准在呈指数级别上涨，单个设备或少量的算力都无法在比特币网络上获取比特币网络提供的区块奖励。在全网算力提升到了一定程度后，过低的获取奖励的概率，促使"矿池"（Mining Pool）的产生。矿池可以把零散的个体算力集中到一起。

截至 2017 年 11 月，全球算力排名前五的比特币矿池有 AntPool、BTC.com、BTC.TOP、ViaBTC、F2Pool，目前全球约 70% 的算力在中国矿工手中。全球排名前 10 的矿池，大概有 7 家是中国的矿池。

值得注意的是，矿池是中国人建立的，不代表接入矿池的矿工都是中国的。俄罗斯也是挖矿的新生力量，韩国最近也对挖矿非常感兴趣。俄罗斯的 BitFury 早期是一家生产矿机的公司，后来转型做矿池，排名前 10。另一家俄罗斯矿池 Russian Miner Coin，计划募资 1 亿美元，与中国的矿池展开了竞争。据说这家矿池是由俄罗斯总统普京的互联网顾问德米特里・马里尼切夫（Dmitry Marinichev）持有。此外，在朝鲜，从 2017 年 5 月份也开始有了比特币网络的节点。

矿池查看网址为 http://qukuai.com/pools 。

目前矿池的分配方式如图 3-17 所示。

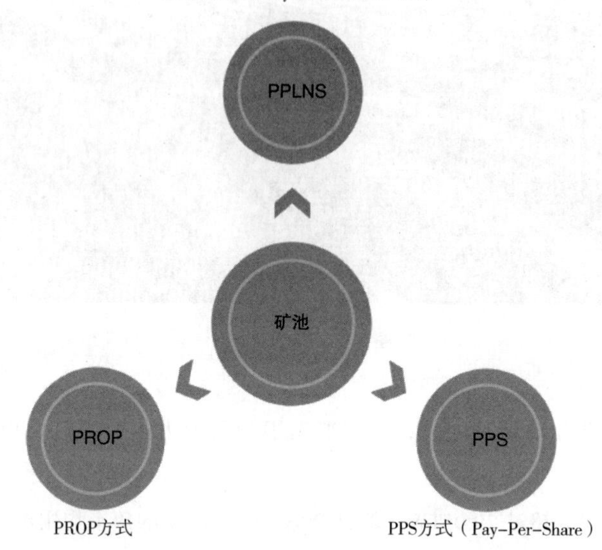

图 3-17　矿池的分配方式

巴比特谈到的 6 种矿池分配方式如图 3-18 所示。

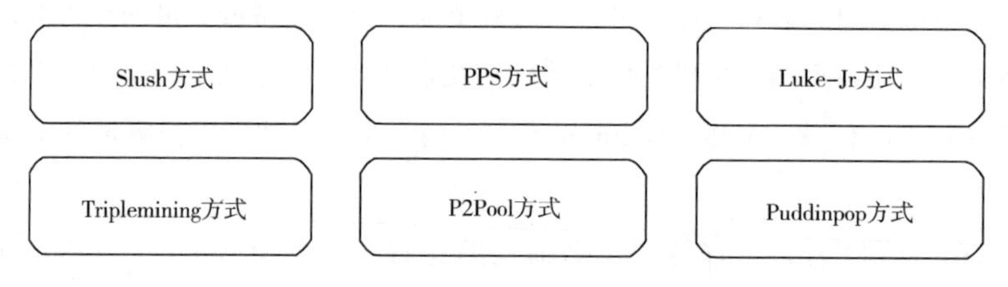

图 3-18　巴比特谈到的 6 种矿池分配方式

目前使用较多的方式是 PPS。但从去中心化的角度来说，推荐 P2Pool，在避免 DoS 攻击的同时，也防止个别矿池拥有超大的计算力而对比特币网络造成威胁。

3. 矿池利弊分析

（1）垄断开采权。

垄断开采权可使掌握剩余 49% 算力的矿池颗粒无收，瞬间退出竞争并破产倒闭，矿池算力超过 50%，如果发动 51% 攻击，将能够轻易占据全网全部有效算力。

（2）垄断记账权。

垄断记账权可通过 51% 攻击进行双重支付等行为，可将 1 笔钱多次使用，这将直接摧毁比特币等的信用体系，使之灰飞烟灭。

（3）垄断分配权。

由于单家矿池（也可能是多家矿池联盟）通过 51% 攻击占据全网算力，可以快速排挤剩下矿池使其倒闭，由于没有竞争，矿池便可以自行进行收益分配，对矿工收取高额手续费等苛捐杂税。

3.3.3 矿圈的人与事

1. 吴忌寒

吴忌寒北大研究生，拥有心理学和经济学双学位，比特大陆创始人，一个低调的实力派大佬，被喻为“算力皇帝”，一代矿霸。

他创建的比特币大陆销售挖矿硬件，拥有 BTC.com、ConnectBTC 和 AntPool 三个矿池，占据全球算力约 30%。他是国内第一个把中本聪的论文翻译成中文的人，他的翻译也是目前流传最广的版本。

2. “南瓜张”张楠赓（geng）

张楠赓，人称“南瓜张”，北京航空航天大学集成电路设计专业。南瓜张被币圈普遍认为是世界上第一台 ASIC 矿机的发明者。

嘉楠耘智的收入得到快速的增长。2017 年公司的收入超过 12 亿元，利润超过 3 亿元。相比 2015 年的 5500 万元营收和 250 万元利润，分别增长 20 多倍和 100 多倍。

3. “烤猫”蒋信予

蒋信予，中国科技大学少年班。2012 年 7 月，蒋信予用昵称 friedcat（即烤猫），在比特币论坛 bitcointalk 上发起众筹，众筹份额被直接划转为烤猫矿机股份，并与比特币进行锚定。

尽管发行的是股份而不是代币，但这一过程依然被很多人视作 ICO（Initial Coin Offering，首次币发行）在中国的第一次尝试。

4. 蝴蝶实验室，是先锋，也被很多人认为“骗子”

2012 年 12 月，第一家 ASIC 矿机厂商蝴蝶诞生。蝴蝶是美国团队的研发产品。蝴蝶出场时并没有实质的产品，而是以期货的形式出现，并宣布在 2013 年 3 月份陆续发货，同时开始接受预订。

在当时推出的产品中，算力参数为 5G、10G、50G 乃至 1500G，价格极具诱惑力，如 5G 售价为 270 美元，在当时的难度下 3 天内即可回本，因此在短期内便吸引了上万个订单的投资，在以后的几个月中，官方数据显示预订总量高达 6 万台。

几个月后蝴蝶并没有兑现承诺，从而导致大规模的退款潮，蝴蝶一度成为骗子的代名词。

蝴蝶在 2013 年 7 月才开始小规模出货，到 9 月份发货规模加大，直到 2014 年 1 月才完成所有订单的发货。但在 2014 年的算力环境下，蝴蝶已经成为废铁，这就是期货矿机引起的第一次不良效应。

5. 2013年，矿机蓬勃发展的一年

2013 年 3 月，全球第一台现货矿机在中国诞生，即西瓜 FPGA 矿机，以 1.6G 的算力、1.5 万元的价格出售，其优势在于功耗只有 90W。

2013 年 5 月，开始有部分成品南瓜矿机在淘宝销售，算力为 380M、功耗为 20W、售价为 2500 元。

2013 年 6 月，烤猫推出了 USB 矿机，算力为 333M、功耗为 2.5W、售价为 1500 元。

2013 年 7 月，烤猫推出了 13G 的刀片矿机，虽然当时并没有强有力的竞争对手，但由于定价过高，销量并不好。

2013 年 11 月，烤猫推出了唯一带机箱的产品，即烤猫 38G BOX 矿机。

2013 年 12 月，数月前一些研发中的矿机商宣布失败，其中有鸽子、小蜜蜂、比特儿等，失败原因主要有两点，一是研发不成功，二是研发成功但为时已晚，失去竞争优势。

6. 2014币圈的大起大落，矿圈的寒冬

2014 年 2 月，当时全球最大的比特币交易中心 Mt.gox 发生了欺诈和盗窃事件，丢失了 85 万个比特币，在三个月内，比特币价格大幅下跌，到了 2014 年底，币价下跌到了 200 美元。所有的矿机芯片公司都迎来了寒冬。美国的 Butterfly（蝴蝶）被 FTC（联邦贸易委员会）起诉，另一家公司 KnCMiner 破产。烤猫走向衰落，2015 年 1 月，蒋信予失踪。

吴忌寒也承认，2014 年底，比特大陆也迎来了“最艰难的时刻”。

7. 寒冬之后生存下来的企业，春天更美丽

2015 年，比特币价格下跌触底，隐藏在其背后的区块链技术开始浮出水面并得到重视。年中币价开始回暖时，矿工们惊讶地发现，在市场上，蚂蚁矿机 S5 已经成了他们唯一的选择。

2015 年 8 月，第四代芯片 BM1385 发布，11 月，蚂蚁矿机 S7 量产。当年年底，詹克团接受彩云比特采访时表示：“短短两个月间，S7 的销售额就达到了 4 亿元。”

2017 年，比特大陆已经拥有全球比特币矿机市场超过 70% 的份额。

8. 矿机企业的业务拓展

2014 年 11 月，比特大陆蚂蚁矿池（Antpool）上线。到了 2015 年初，蚂蚁矿池的算力在全球登顶。2016—2017 年，比特大陆相继推出了 BTC.com 和 ConnectBTC 两个新矿池，并且投资了 ViaBTC。

2014 年 9 月，比特大陆收购雪球云挖矿平台，更名为算力巢（HASHNEST.COM）。它支持“云端挖矿”，无须购买矿机，即可通过交易算力体验挖矿。在 2015 年，更是推出了加速回本云挖矿合约（PACMiC），类似于房地产行业的“房贷理财”产品。

在 2015 年，比特大陆 CEO 詹克团亲自带队，开始了 AI 芯片的研发。2017 年 4 月，比特大陆第一款 AI 芯片“SOPHON BM1680（算丰）”流片。

2018 年 3 月，三星携手台湾地区厂商智原，共同深耕挖矿机商机。

几年前，只要买几台“矿机”，聘用几个程序员民工，就可以开始挖矿的事业了。业内有一句玩笑的说法：“币圈的人风险太大，链圈的人技术壁垒太高，只有矿圈的人是躺赚的节奏。”不过随着参与的人越来越多，“矿机”和电费价格走高，成本变高，挖出矿的概率变小，现在的“矿圈”也不是那么好混了，“躺赚”的时代已经谢幕了。

在区块链产业分布中，矿圈是重要的组成部分之一，而矿圈中最重要的部分是矿机、矿场、矿池，按照这一分类，整理了数字货币挖矿行业最具影响力的一些公司供大家参考。

（1）矿机。

当前矿机行业处于寡头垄断的局面，超过 90% 的市场份额被比特大陆、嘉楠耘智和亿邦科技三家企业占有，如图 3-19 所示。最具影响力的矿机公司见表 3-1。

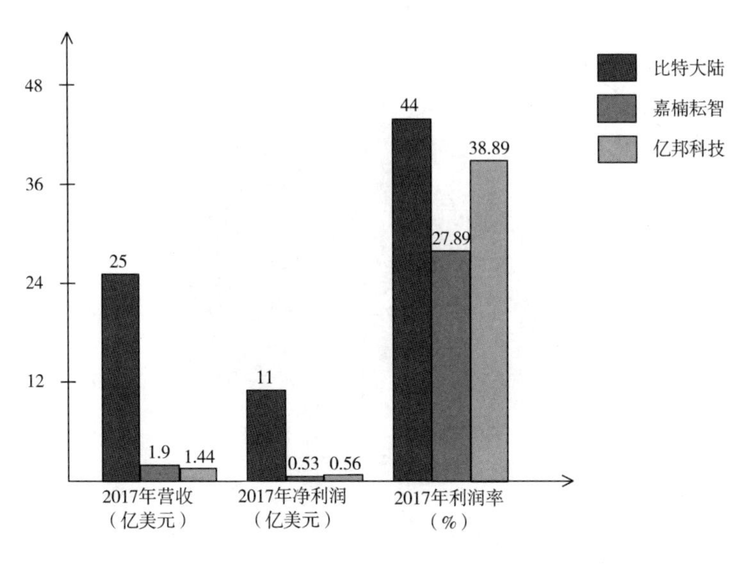

图 3-19　2017 年三大矿机厂商

表 3-1　最具影响力的矿机公司

公司简称	简介
比特大陆	专注于高速、低功耗定制芯片设计研发的科技公司，成功设计并量产了多款 ASIC 定制芯片和集成系统，Pre-A 估值 146 亿美元
GMO Internet	日本虚拟货币挖矿硬件研发商，旗下产品为 12 纳米 FFC 半导体芯片，主要用于加密货币矿机
空天区块链	主营业务包括矿机 10 纳米芯片的设计制造、矿机建设运维、矿池组建、算力租赁、量化交易、区块链落地应用等内容
亿邦国际	力于以数据通信，光纤传输为主导产品，集研发、生产、销售和服务为一体的高新技术企业，代表产品有翼比特矿机
GAW Miners	成立于 2014 年，总部位于美国，曾在一周的时间内卖出了价值数百万美元的 Hashlet 云矿机
Butterfly Labs	成立于 2010 年，总部位于美国堪萨斯州，是一家专门生产基于 ASIC 的比特币挖矿机的公司
嘉楠耘智	专门为集成电路芯片及其衍生设备的研发、设计及销售，并提供相应的系统解决方案及技术服务，主要产品为阿瓦隆矿机
龙矿科技	比特币矿机与理财服务提供商
宙斯科技	ASIC 芯片及挖矿机研发商

（2）矿池。

矿池的垄断程度也较高，以 BTC 为例，排名前十的矿池提供了超过 90% 的全网算力，而其中排名前五的矿池总份额超过了 70%，如图 3-20 所示。最具影响力的矿池见表 3-2。

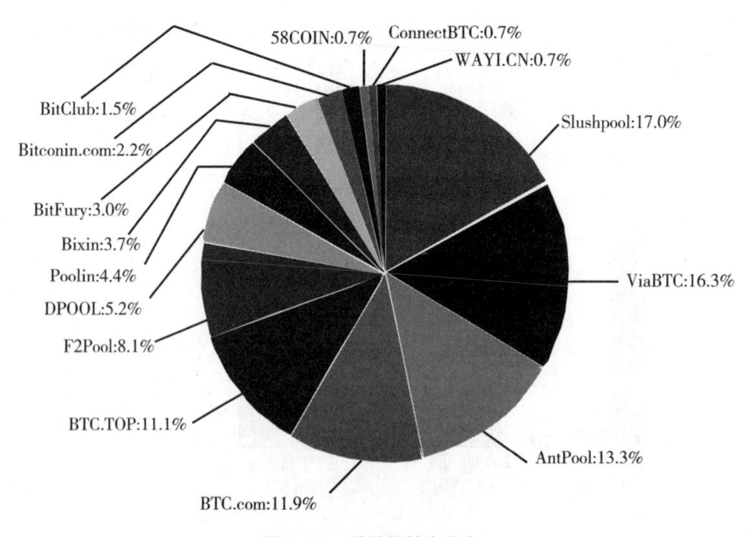

图 3-20　矿池的算力分布

表 3-2　最具影响力矿池

公司简称	简介
币信	资深的挖矿服务商
Dpool（龙池）	中国矿池，提供比特币、以太坊的挖矿服务
BWpool	支持比特币、莱特币、以太坊等币种，提供定活两便的理财服务
F2pool（鱼池）	位于中国的矿池之一，成立于 2013 年，支持比特币、莱特币、零币、以太坊、以太坊经典、云储币等多种数字货币的挖矿
BitClub	位于冰岛雷克雅未克的比特币挖矿企业
火币	提供挖矿、主链投票、资讯、积分理财服务
Pooling	提供比特币、比特币现金、莱特币、达世币、以太坊、门罗币、门罗经典、DCR、大零币、云储币等多币种挖矿服务
ViaBTC	成立于 2016 年 5 月，提供比特币现金、莱特币、以太坊、零币、达世币的挖矿
Slushpool	隶属于位于捷克首都布拉格的 Satoshilab，世界上第一家比特币矿池
WAYI	矿力占比 1.3%，排名 14
BTC.top	成立于 2016 年，实际控制人是江卓尔
BTC.com	比特大陆旗下矿池，成立于 2015 年，比特币数据服务商与矿池，钱包解决方案提供商
Antpool	比特大陆旗下的数字货币矿池，提供比特币、莱特币、以太坊等多种数字货币的挖矿服务
BitFury	2011 年创立于俄罗斯，总部设立于比利时，在冰岛和格鲁吉亚共和国设有数据中心

（3）矿场。

与矿机和矿池不同，矿场的市场份额较为分散，存在大量不知名的中小矿场，但由于挖矿受电力成本影响较大，矿场在地理上分布比较集中，最具影响力的矿场见表 3-3，各国对待矿场的态度见表 3-4。

表 3-3　最具影响力的矿场

公司简称	简介
United Blockchain Corp	主营业务为挖矿运营，其挖矿设备和设施主要服务于加密数字货币挖矿服务器，提供矿机托管服务
Russian Mining Company	使用本土自主研发的芯片，支持挖矿工作，2018 年 8 月投资 1.25 亿美元在挪威开设新矿场
Hive Blockchain	上市比特币挖矿公司，成立于 2013 年 1 月，依托冰岛及瑞典的廉价能源从事数字货币挖矿业务
SDT 控股	提供加密数字货币矿场服务，矿场面积的 10 万平方英尺的仓库，提供 30 兆瓦特的可用电力进行挖矿

续表

公司简称	简介
Genesis Mining	香港地区云挖矿公司，专注于提供大规模多算法的云挖矿服务，矿场位于冰岛
Bitfarns	加拿大数字货币挖矿服务公司，目前在北京有四个不同的矿厂，拥有27.5M 的电力能量和超过 200Ph/s 的哈希算力。主要进行比特币、比特币现金、以太坊、莱特币和达世币挖矿工作
Marathon	比特币挖矿服务商，目前已从挖掘专利信息业务转向挖掘比特币，在北京建有矿场
HyperBlock	2018 年收购北美矿业公司 CryptoGlobal

表 3-4　各国对待矿场的态度

地区	特点	政府态度
中国	内蒙古、新疆、四川等地区因低廉的电价吸引了大量矿工投资建厂，中国矿场算力曾占到全球的 80%	2018 年 1 月 2 日，融风险专项整治工作领导小组办公室向各地下发文件，要求积极引导辖内企业有序退出比特币挖矿业务，并定期报送工作进展
俄罗斯	俄罗斯拥有 20 千兆瓦的电力，电力过剩，电价较低。RACIB 报道，来自中国和欧盟的 40 家公司已申请在俄罗斯建立矿场，以开采比特币	比特币挖矿合法化，但需要接受政府监管
美国	美国西北地区水电站为周边企业提供极低的电价，因此吸引了大量虚拟货币挖矿企业，包括顶级矿场 Giga Watt	总体上允许数字货币挖矿，但在影响到居民生活时会勒令停业
北欧	拥有丰富的地热和潮汐资源，可以提供大量廉价能源，吸引了世界各地的数字货币矿工	挖矿合法，但关于缴税等问题仍存在争议

3.3.4　国内的三大矿机公司

1. 比特大陆

烤猫的早期投资人吴忌寒，成为早期矿机竞赛中最大的获胜者。他与在街头偶遇结识的芯片专家詹克团，在 2013 年共同成立了比特大陆。詹克团在半年时间里研发出了 ASIC 芯片，并在 2013 年 11 月将这款名为 Antminer S1 的矿机推向市场。

比特大陆的崛起，可以说天时地利人和，无一不可或缺。首先是两位创始人的结合，在当时矿机创业圈子内是“黄金搭档”，因为吴忌寒懂比特币，詹克团懂芯片。行业草莽年代，这样的结合显得尤为珍贵。（因为管理的问题，詹克团已经离开比特大陆，并且两人在争夺公司的管理权，斗争非常激烈。同时比特大陆正在进行的上市申请也受阻。2020 年底，两人最终和解，吴忌寒离开比特大陆，詹克团继续运营公司。）

2017 年，算力军备竞赛的胜出者比特大陆，成为比特币世界中毋庸置疑的王者。在全球 ASIC 矿机市场份额中，比特大陆以超过 70% 的比例拥有绝对话语权。

比特大陆旗下蚂蚁矿机 Antminer、蚁池 Antpool、云算力 HashNest 均排名全球市场第一。它们的 Logo 如图 3-21 所示。

图 3-21　比特大陆旗下产品的 Logo

比特大陆矿机类型与价格如图 3-22 所示。

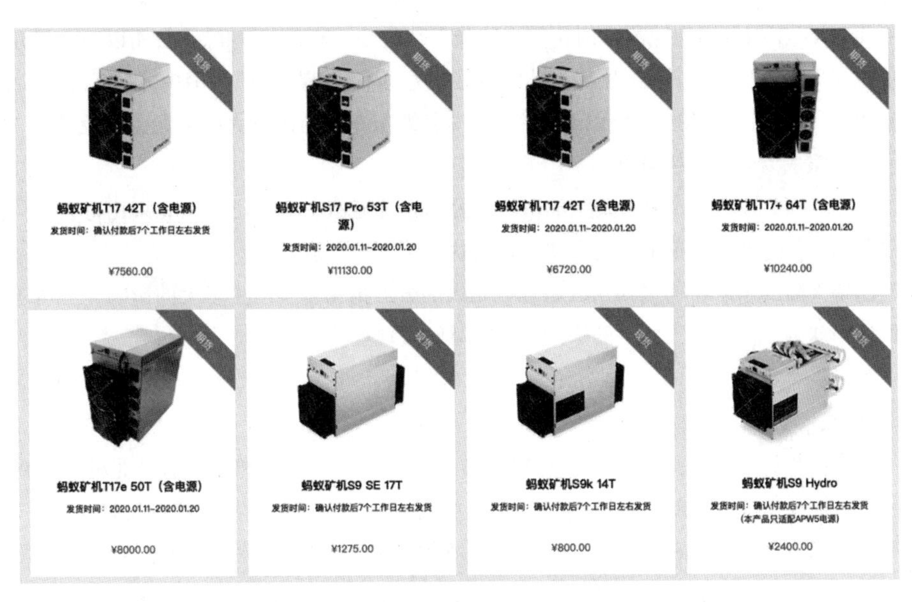

图 3-22　比特大陆矿机类型与价格（2019 年官网截图）

在《2019 胡润全球独角兽榜》中，比特大陆以 800 亿元估值排名第 20 位，成为当之无愧的全球区块链第一独角兽。据其官方资料介绍，比特大陆从事加密货币和人工智能产业，其中包括生产机器人、生产矿机、提供矿池和云端挖矿等服务。目前比特大陆的年均盈利约为 30 亿至 40 亿美元，比特大陆各细分业务占比如图 3-23 所示。

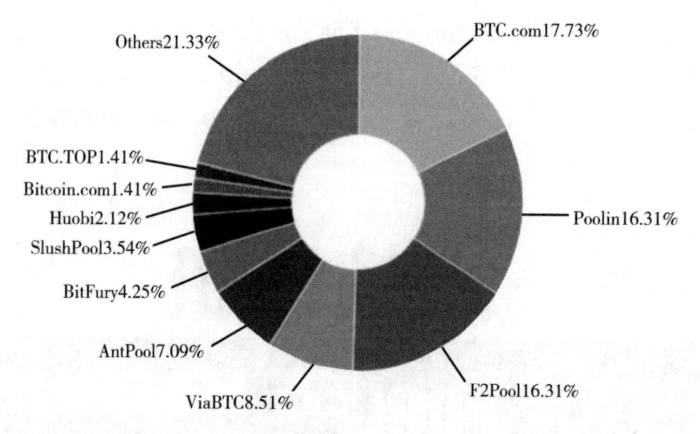

图 3-23　比特大陆各细分业务占比（图源 InfoQ）

2018 年 8 月，比特大陆正式完成 Pre-IPO 轮签约，投资者包括腾讯、软银和中金资本，此轮融资 10 亿美元，投前估值 140 亿美元，投后估值 150 亿美元。

而 2019 年胡润研究院给出的比特大陆最新估值是 800 亿元。除了公司以 800 亿元的估值位居区块链行业之首外，比特大陆的造富能力也不容小觑，在《2019 胡润百富榜》中，比特大陆上榜 5 人，堪比“富豪孵化器”。排名第 100 位的比特大陆创始人詹克团以 300 亿元的身家成为中国区块链首富。

2019 年 11 月 6 日，国家企业信用信息公示系统显示詹克团已退出北京比特大陆科技有限公司，吴忌寒从此前的执行董事变更为执行董事、经理。

比特大陆的未来将何去何从，联合创始人的分道扬镳将会产生多大的影响，公司还能否保住全球第一区块链独角兽的头衔，还需时间去观察。

2. 嘉楠耘智

嘉楠耘智的创始人张楠赓出生于 1983 年。2011 年，专业为电路设计的张楠赓正在北航读研。接触比特币之前，张楠赓表示自己“生活很无聊”“经常用动漫打发时间”。

研制出世界首台 ASIC 矿机的张楠赓，所领导的公司嘉楠耘智，在借壳 A 股公司鲁亿通失败后，提交了挂牌新三板市场的申请，并在新一轮融资中估值达 33 亿元。受益于 2017 年比特币价格的惊人涨幅，2017 年全年，嘉楠耘智营收超过 20 亿元，大部分来自矿机销售。与此数字对应的是仅仅 30 人的研发团队。

嘉楠耘智的主要产品为阿瓦隆矿机，其类型与价格如图 3-24 所示。

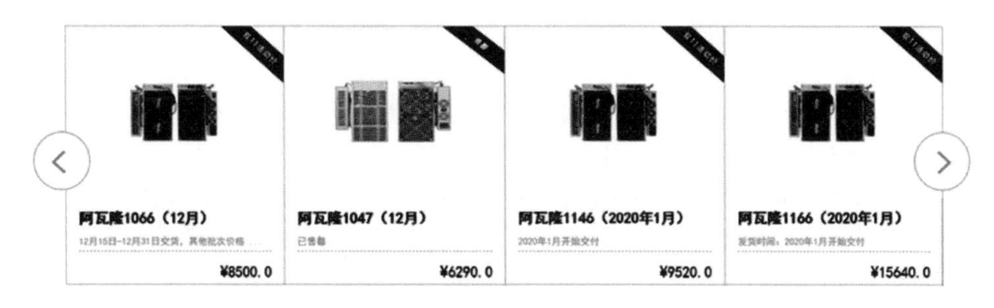

图 3-24　嘉楠耘智阿瓦隆矿机类型与价格（2019 年官网截图）

2019 年 11 月，全球第二大比特币矿机厂商嘉楠耘智更新了美股 IPO 招股说明书，开始冲刺其美股 IPO 的最后阶段。招股说明书显示，嘉楠耘智是一家通过专有的高性能计算 ASIC 芯片提供超级计算解决方案的公司。2013 年 1 月，董事长兼首席执行官张楠赓先生及其团队发明并交付了首批采用 ASIC 技术的加密货币采矿机。据国际权威分析机构 Frost&Sullivan 的数据显示，2019 年上半年，在全球出售的比特币采矿机的总计算能力中，嘉楠耘智占 21.9%。

从收入来看，嘉楠耘智目前 99% 的收入来源于矿机产品。其中，中国用户是矿机的主要客户。不过，嘉楠耘智并不希望被局限为“比特币挖矿巨头”。为了降低比特币风险，公司新增 AI 芯片业务，创始人表示，2021 年其 AI 芯片营收预计是几千万元，并计划用 3 年时间实现矿机和 AI 业务收入比例达到 1:1。

2019 年 11 月 21 日，嘉楠耘智 Canaan 在美国纳斯达克成功上市见图 3-25，股票代码为 CAN。嘉楠发行价为 9 美元，募集资金为 9000 万美元。

图 3-25　嘉楠耘智 Canaan 上市照片

2019 年前 9 个月嘉楠耕智总营收 9.5 亿元。其中，2019 年第三季度总营收相比上半年增长逾 2 倍。

据介绍（2019 年数据），嘉楠耕智未来有五大发展方向及策略，分别如下。

（1）加强和巩固在超级计算解决方案中的地位。

（2）将继续推出高能效 IC 解决方案，通过定制的软件开发和服务为区块链和人工智能应用程序提供更高的性能。此外，对于 AI 产品，将继续提高 AI 芯片的性能和功能，并提供整体 AI 解决方案。

（3）将继续推出新的 AI 产品。目前正在开发第二代 28nm AI 芯片产品，并计划在 2020 年第一季度开始量产第二代芯片。同时，公司计划在 2020 年下半年推出第三代 12nm AI 芯片。

（4）提升 AI 平台商业模式。计划利用 AI 芯片创建一个 AI SaaS 平台，提供 AI 芯片模型、算法、定制软件和用户界面的优化组合，逐步完成开放生态系统。

（5）继续扩大海外业务。目前计划设立海外办事处，并寻求战略性海外投资机会，通过收购以实现扩张目标。

3. 亿邦国际

作为矿机三巨头之一的亿邦国际，相比以上两者来说显得相对低调，亿邦国际创始人胡东更是矿机大佬中的“隐士”。

胡东，1973 年出生，1998 年毕业于浙江工业大学，还当过老师。2001 年，他开始创业，成立了杭州亿邦信息技术有限公司，专门承接通信网络设备接入等业务，而这正是亿邦国际的雏形。

2003 年，亿邦从通信网络运营商转型为设备代工商。至此，亿邦国际还是籍籍无名。转折发生在 2014 年，区块链行业开始兴起，胡东敏锐地察觉到了区块链市场的巨大潜力，于是亿邦利用自身的技术优势开始研发生产区块链处理器的 BPU，也就是“矿机”。此后，亿邦矿机在区块链的风口上开始腾飞。

亿邦的主要产品为翼比特，其类型与价格如图 3-26 所示。

图 3-26　亿邦翼比特类型与价格（2019 年官网截图）

翼比特 E9 矿机是亿邦通信发布的一款大算力比特币挖矿机。其前代产品 E9 在 2016 年 12 月发布，首发并内置了 96 颗自研的比特币挖矿芯片 WD1227（14nm 工艺制程），整机算力为 6.3TH/S，能耗比为 140W/T。

2015 年，亿邦登上了新三板，净利润从 2015 年的 2424 万元一路上涨到 2017 年的 3.85 亿元，足足增长了 15 倍。目前亿邦主要从事研究及开发、生产及销售数据通信设备及区块链计算设备，业务也覆盖区块链应用、人工智能数据处理器及5G技术的区块链解决方案。

和嘉楠耘智相似，亿邦国际也十分执着于 IPO 之路。2018 年 6 月，亿邦向港交所提交申请书，和同时期递交的嘉楠耘智争做区块链第一股，虽然两者最后都未能成功上市，但是让区块链行业看到了上市的希望。此后，亿邦国际于 2018 年 12 月向港交所递交了招股申请，但也没有成功。

与此同时，亿邦仍在低调地快速发展。2019 年 10 月 28 日，麦迪森控股向亿邦收购总金额约为 1 亿美元区块链设备，并设立总规模不少于 5 亿美元的投资基金。双方将重点投入区块链底层技术应用的研发，其中包括 5G 应用、区块链和包括人工智能、大数据、物联网、数据共享、数字政务、各大民生领域、智慧城市、金融等与数据及信息有关的产业融合的相关项目。订约方将合作探索区块链行业的趋势、研究及开发区块链技术及其应用以及培养区块链行业人才。

中国区块链三大独角兽均为矿机巨头不是一种偶然，而是一种必然。因为矿业就是目前区块链生态中核心技术最扎实、商业模式最清晰、盈利模式最强的领域。

区块链的全球竞争，归根结底是核心技术的竞争。自“10・24 讲话”后，中国区块链时代也真正拉开了大幕，当国家和行业的目光逐渐下沉，区块链企业只有更加重视核心技术的研发和应用，深挖长远增长潜力，才能真正攫取这个时代的红利。

3.4 链圈简介

链圈是指那些专注于区块链技术的研发、应用，甚至从区块链底层协议编程开始做起的公司和相关产业，业界俗称“链圈”。在区块链 1.0 时代，因为主要的应用都是数字货币，链圈的概念还不突出。在数字货币和数字货币的相关生态，区块链的技术发展基本满足。到了区块链 2.0 时代，智能合约的技术越来越成熟，基于区块链技术能够做的事情也越来越多，链圈的概念开始突出。在这以时期，即使这些公有链的公司发币也不会被认为是币圈的范畴，因为他们的数字货币通常是为了支持公有链上的应用，是其公有链生态中的价值载体或应用的燃料。对于积极探讨区块链在各行各业应用的“链圈”来说，区块链技术目前还存在不少技术瓶颈，如性能、隐私性、链内外数据等，妨碍了各行各业的“区块链 +”的实现。

在链圈的区块链技术，除了公有链之外，联盟链、私链也有了更多的应用场景，而且通常情况下，联盟链和私链可以开发无币区块链应用。

3.4.1 公有链的几个阶段与代表

公有链伴随着区块链的发展也经历了两个阶段，即区块链 1.0 时代的公有链和区块链 2.0 时代的公有链，我们把链圈也分成了这两个阶段来介绍。

1. 区块链1.0时代的链圈与比特币

受自由主义和密码朋克的影响，链圈在 1.0 时代更多的是由个人或由几个人组成的小团队开发项目。

1.0 时代最具有代表性的公有链是比特币。中本聪创建了比特币网络之后，完善了初期的比特币程序，就将比特币的开发和维护任务全权交给了其他开发者，并指定 Gavin Andresen 为新的开发领袖。这个阶段，区块链项目团队的基本职责相对明确，即维护区块链项目网络的稳定运行。但权利比较模糊，该阶段是在用个人热情、职业道德和社会道德的规范标准来约束团队的权利。

其他一些早期公有链是根据比特币代码进行一些修改后产生的各种数字货币功能，如莱特币。除了在三个方面做了改进（工作量证明机制算法、总量上限、区块生成速度），其他方面都与比特币的特性相同。莱特币工作量证明机制算法采用了 scrypt 算法，使运算能力难以集中，难以形成像比特币那样的大型矿池，挖矿的矿工比比特币更分散，这也就更有利于避免出现 51% 攻击。莱特币总量上限是 8400 万个，比特币是 2100 万个。一些团队的改进范围更大一些，如共识协议，Peercoin（点点币）和 NXT（未来币）尝试使用 PoS 共识协议，比特股尝试使用 DPoS 的共识协议。

1.0 时代的链圈还在进行一些其他功能的探索，如彩色币探索其他金融应用，域名探索非同质资产应用等尝试性工作。一些团队在尝试更复杂的应用程序，如 CovertCoins 和 MasterCoin 这些项目在探索将区块链用于各种其他应用程序，即在比特币之上发行通证，使用户能够使用金融合约等。

因为区块链 1.0 时代的技术局限性，如不是基于账号的系统、非图灵完备的脚本语言以及安全性和扩展性方面的问题，1.0 时代的链圈所作出的工作成果相对有限。但区块链 1.0 时代的链圈为进入区块链 2.0 时代打下了技术、人才和经验基础。

2. 区块链2.0时代的链圈与以太坊

区块链 2.0 是指以智能合约为代表，智能合约与货币相结合，对金融领域提供了更加广泛的应用场景。智能合约的产生推动了区块链技术的发展，使得区块链系统可以基于智能合约开发出更多的“功能”，使得人们可以在区块链系统上构建自己想要的应用。

区块链 2.0 时代的链圈一般能够发展成公司运营模式，一方面是因为项目的功能越来越庞大，需要不同的人员开发不同的模块，共同协作完成；另一方面是项目的利益方更加广泛，如项目团队、投资方、基金会、矿工或其他项目生态伙伴中的参与方、社区等角色。

区块链 2.0 时代得益于具有图灵完备的语言系统，2.0 时代的链圈开始呈现出“百花齐放百家争鸣”的繁荣局面，不仅有了支持 ICO 的通用性平台，产生了如 DAO/DAC 的自治组织，而且产生了去中心化金融 DeFi、去中心化交易所 DEX 等各种各样的去中心化应用。同时链内外的数据交互开始逐渐产生，基于链内外数据交互的预言机技术也在逐渐地完善和成熟。2.0 时代的链圈把区块链技术逐渐推广到更多行业，区块链也开始突破数字货币应用的范围。

区块链 2.0 时代的链圈的主要代表是以太坊。通过打造一个全新的区块链系统，建立了一个基于账号系统的、具备图灵完备的智能合约和去中心化应用平台。相对于比特币的 UTXO、非图灵完备脚本、安全性与扩展性的不足，区块链 2.0 时代作了很大的改进。

为了筹措开发以太坊需要的资金，Vitalik 发起了一次众筹，与一般的众筹不同，这次众筹只接受比特币支付，并会在以太坊正式发布后，使用以太坊中的通用货币以太币作为回报。通过众筹，以太坊项目组筹得 3 万多个比特币，当时价值约 1800 万美元，0.8945BTC 被销毁，1.7898BTC 用于支付比特币交易的矿工手续费。这次众筹是极为成功的，正是这次成功的众筹，为以太坊项目组筹集了足够的启动经费。

以太坊的基金会组织当前有两个：以太坊基金会 EF（见图 3-27）和以太坊社区基金会 ECF（见图 3-28）。

以太坊基金会（Ethereum Foundation，EF）是一个非营利组织，致力于支持以太坊和相关技术。以太坊基金会不是一家公司，甚至不是传统意义上的非营利组织。它们的作用不是控制或领导以太坊，也不是唯一资助与以太坊相关技术的关键开发的组织。EF 是以太坊生态系统的一部分。

图 3-27　以太坊基金会 EF

图 3-28　以太坊社区基金会 ECF

以太坊社区基金（Ethereum Community Fund，ECF）是一个非营利性组织，最初的想法是想要给社区的项目奖金，用来支持孵化早期项目和支持调研。以太坊生态里的明星项目 Cosmos、OmiseGO、Golem、Maker、Global Brain Blockchain Labs 和 Raiden 于新加坡时间 2018 年 2 月 15 日宣布成立“以太坊社区基金”。ECF 是一个独特的和高度网络化的加速器，主要用于加速推动基础设施和去中心化应用程序的开发。ECF 的目标是创造一个良好的环境，在这里，团队能够组建与成长，创意与灵感能够萌发与落地，进而 ECF 也将成为以太坊生态系统的重要组成部分。

随着以太坊的发展，在相关的生态支持方面工作逐渐完善，甚至可以用出色来描述生态发展的支持工作。尤其是生态支持计划ESP（Ecosystem Support Program）的产生，相关的工作变动更加系统化、专业化。ESP（见图3-29）的官网为https://esp.ethereum.foundation/。

图3-29　生态支持计划ESP

生态支持计划的存在是为了使整个以太坊生态系统的项目更容易获得各种资源。目标是将资源部署在影响力最大的地方，特别关注通用工具、基础设施、研究和公共技术。

ESP是以太坊基金会资助计划扩展的结果，该计划主要侧重于资金。ESP的开放式查询流程旨在在开发的任何阶段将个人和团队联系在一起，并提供广泛的支持，无论是拨款、技术反馈、介绍、免费使用工具和平台，还是友好的沟通和正确的方向上一个微小的推动。

3.4.2　联盟链的发展与三个典型代表

联盟链（ConsortiumBlockchain）即联盟区块链，读写权限对加入联盟的节点开放。联盟链由联盟内成员节点共同维护，节点通过授权后才能加入联盟网络。

公有链面对的是一个不可控场景，需要在安全、性能、去中心化之间找到一个平衡点。而在联盟链企业服务场景中，参与方数量相对来说更加可控，联盟链在性能和安全性上更容易有突破。

联盟链与公有链的最大不同之处在于治理方式的不同。对于公有链来说，由于其是开放的系统，所以需要一定的经济激励来协调不同角色间的关系；对于联盟链来说，由于节点是准入机制，所以其治理方式与公有链有非常大的不同，其治理主要包括节点管理、账号权限、数据权限。

联盟链比较像私有链，只是私有程度不同，并且其权限设计要求比私有链更复杂，但联盟链比纯粹的私有链更具可信度。

区块链领域里，一直有公有链和联盟链之争。公有链认为联盟链是阶段性产品，只是在原有生产关系上进行的改良，并不是真正的区块链，认为大公司研究区块链是革自己的命，所以从根源上来说大厂不可能做好区块链。联盟链认为公有链通过算力去实现无限节点之间的共识对运作成本和自然资源的消耗量很大，这在技术层面是一个很难妥善解决的问题。同时对于公有链与通证监管的无力，也使得目前联盟链更适合使用与推广。这些争议虽然有一定的道理，但随着公有链和联盟链的应用，在某些场景下公有链更适合，一些场景下，联盟链更适合，它们都逐渐找到了自己的应用场景。

典型的联盟链有以下三个。

1. 超级账本（Hyperledger）

超级账本是 Linux 基金会协作的开源项目，旨在推进跨行业区块链技术的发展，它是一个全球跨行业领导者的合作项目，已经成为区块链领域全球性的技术联盟，在全球拥有 270 多个会员组织，涵盖众多行业，包括金融、银行、物联网、供应链、制造和技术领域。通过创建企业层级、开源分布式分类框架和代码库，协助组织扩展、建立行业专属的应用程序、平台和硬件系统来支持他们各自的交易业务。超级账本集多项目及多方参与者于一身，其孵化出 10 多个商用区块链和分布式账本技术，包括 Hyperledger Fabric、Hyperledger Burrow、Hyperledger Iroha、Hyperledger Indy、Hyperledger Quilt、Hyperledger Cello 和 Hyperledger Sawtooth 等。

超级账本项目作为 Linux 基金会的重点项目，为开源技术所作出的贡献功不可没，已经成为世界瞩目的项目，吸引了众多国内外企业与组织的关注和加入。超级账本不但注重代码的实现和规范，更注重实际项目的应用落地，造福了许多区块链企业的体系建设。未来，超级账本将继续坚持技术创新与开发，为各领域带来高效优化的开源技术。

2. 企业以太坊联盟（EEA）

2017 年 2 月 28 日，一批代表着石油行业、天然气行业、金融行业和软件开发行业的全球性企业正式推出企业以太坊联盟（Enterprise Ethereum Alliance），致力于将以太坊开发成企业级区块链。这些企业包括英国石油巨头 BP、华尔街投资银行摩根大通、软件开发商微软、印度 IT 咨询公司 Wipro 等 30 多家不同的公司。此联盟符合开源理念，同时也让大型公司和小型初创公司在投资技术的时候有更强的责任感。

该联盟并非以营利为目的，其目标是为以太坊创建一系列关于最佳实践、安全性、隐私权、扩容性和互操作性的标准。

企业以太坊联盟的创建核心有两个主要目标，具体如下。

（1）该联盟旨在创建一个企业级区块链解决方案，使其成员更容易遵守基于其行业的各种监管要求。同时还可以帮助他们更好地利用区块链带来的好处，这种区块链可以实现更快的交易时间和更多的交易数量。

（2）该联盟正在试验新的治理模式，旨在给予受监管企业一定的控制权。具体来说，董事会将有助于创造一种负责任，同时还会考虑其他各种基于区块链的治理模式，以进一步加强智能合约作者和开发独立项目的其他代码开发人员创建的“自组织”网络效应。

联盟轮转董事会的创始成员包括埃森哲、桑坦德银行、BlockApps、BNY 梅隆、芝商所、ConsenSys、英特尔、摩根大通、微软和 Nuco，区块链教育机构 IC3 也是董事会成员之一。

成立至今，企业以太坊联盟发展迅速。截至 2021 年 2 月，其官方的成员已经有数百家，其中包括 Broadridge、DTCC、德勤、Infosys、默克集团、MUFG、加拿大国家银行、荷兰合作银行、三星 SDS、美国道富银行、丰田以及许多以太坊生态系统内最具创新性的创业公司。

EEA 的研发以隐私性、保密性、可扩展性和安全性为重点。EEA 还正在探索能够跨越许可以太坊网络、公共以太坊网络以及行业特定应用层工作组的混合架构。

EEA 将共同制定行业标准，在其成员基础上促进开源合作，并向希望加入 EEA 的任何以太坊社区成员开放。这种协作框架将在深度上和广度上推动技术的大规模应用，这是单个公司无法实现的，并对公共以太坊许可网络可扩展性、隐私性和机密性的未来提供见解。

EEA 主席兼桑坦德区块链研发负责人 Julio Faura 表示："人们对 EEA 有着非同寻常的热情。我们的新成员来自不同行业，如制药、手机、银行、汽车、管理咨询、硬件以及推动创新的创业社区。很高兴看到大家聚集在一起，在以太坊区块链解决方案上打造下一代经济。"

3. R3区块链联盟

R3 区块链联盟基于 Corda 平台，是全球顶级的区块链联盟，由 R3 公司于 2014 年联合巴克莱银行、高盛、J.P 摩根等 9 家机构共同组建，目前由 300 多家金融服务机构、科技企业、监管机构组成。该联盟正与同行积极同步地记录、管理和执行机构的财务协议，创造一个畅通无阻的商业世界。其 Corda 平台已经从金融服务行业扩展到医疗保健、航运、保险等行业。

企业以太坊（Enterprise Ethereum）、超级账本的 Fabic 与 R3 联盟的 Corda 的对比见表 3–5。

表 3–5　三个联盟链对比

对比项目	Enterprise Ethereum	Fabric	Corda
节点许可	基于智能合约的规则，同时每个节点基于文件可重定义的规则	可以在节点、通道、联盟级别配置	可信的网络映射服务由每个节点上基于文件的配置确认。Corda 网络被划分成由单独的证书颁发机构管理的兼容性区域
身份认证	公钥，基于以太坊的链之间的去中心化的和可以互操作的认证方式，同时也支持通过 PKI 的证明	基于具有原生组织身份的 PKI 认证。使用组织身份而不是个人身份进行一致性和许可认证	基于个人身份和组织身份的 PKI 认证
加密算法	secp256k1	可插拔 ECDSAwith secp256r1 和内置的 secp384r1	ed25519secp256r1 secp256k1 RSA（3072bit）PKCS#1 SPHINCS-256（实验的）
事务一致性	Order → Execute/Validate	Execute → Order → Validate	Execute/Validate → Order/Notarize

续表

对比项目	Enterprise Ethereum	Fabric	Corda
应用程序责任	将签名的交易发送到网络中的一个节点	直接与所有其他参与者协调以获得认可，管理对于状态、签名和提交的乐观并发锁定	CorDapps 使用流框架与交易对手进行协调，以协商拟议的更新、获得签名并与公证服务确认
共识算法	权威认证 PoA、Raft、伊斯坦布 BFT、Tendermint	Kafka/Zab、Raft	Raft 、BFT
智能合约引擎	EVM，内置式沙箱	Docker 隔离	确定性的 JVM
智能合约语言	DSL（Solidity、Serpent）、保证确定性	全语言（Go、Node.js、Java），非确定性	Java 和 Kotlin，通过使用推荐库支持确定性
智能合约生命周期	不可变，容易部署，链上存储	部署与变更复杂，链下存储	需要节点管理员进行部署和更新，链下存储。针对不同的存储策略（链上与链下），正在进行的分离共识关键代码与非共识关键代码的工作
智能合约升级	使用编程模式支持扩展 / 迁移代码与数据	通过管理员处理和更新事物来替换链下代码	基于哈希约束的智能合约升级，通过节点管理员处理和协调认证与升级；基于签名约束的智能合约自动允许新版本执行，只要判断签名约束和散列匹配即可
资产通证化	内置很多通证标准，如 ERC20、ERC721、ERC777 等	可以使用自定义解决方案。	可以使用自定义解决方案。Corda 的通证 SDK 使相关工作容易解决
多链	每一条链都是唯一的，需要单独的节点运行环境（最少 3 ~ 4 个，取决于共识）	具有共享对等运行时和共享排序的原生支持(通道)，内置创建侧链和状态隔离的治理机制	没有链的概念（共享分类账），交易总是明确地指定特定的节点。状态的范围是指定公证人，也可以重新定位到不同的公证人
私有交易	公开哈希表示输入	公开哈希表示输入和私有结束状态	所有的交易本质上都是私有的。公证人可以看到整个交易过程
社区贡献者	Go-Ethereum:429 Quorum: 383 Besu: 60 Autonity: 360	Fabric: 185	Corda: 146
社区活跃度（截至 2019.11）	Go-Ethereum: 15 authors，98 PRs Quorum: 9 authors，13 PRs Besu: 23 authors，66 PRs Autonity: 6 authors，6 PRs	Fabric: 31 authors，220 PRs	Corda: 33 authors，91 PRs

这些联盟之间并非只存在竞争关系，它们彼此也会互相合作。例如，Hyperledger 本身是 EEA 成员之一，而 EEA 和 R3 也都加入了 Hyperledger。

3.4.3 国内在区块链领域成就较多的公司

1. 阿里巴巴集团控股

从 2015 年成立区块链小组，到后来落地公益项目、医疗数据共享、食品安全溯源、跨境个人转账等项目，阿里巴巴（见图 3–30）在区块链的布局可谓难逢敌手。阿里巴巴的区块链专利数量连续 2 年全球第一。截至 2018 年 9 月，阿里巴巴在研发区块链技术方面，为区块链技术申请了 90 项专利，专利总量排名全球第一。2018 年 IPRdaily 公布的“2018 年全球区块链专利企业排行榜（TOP100）”显示，截至 2018 年 8 月，中美两国企业几乎各占半壁江山，阿里巴巴作为中国企业的代表一骑绝尘，蝉联榜首。在区块链具体落地应用层面，阿里主要利用了区块链技术的不可篡改、信息透明等特点，将区块链技术应用到食品安全溯源、商品正品保障、房源真实性保障甚至公益中，这些都是生活中实实在在的场景。阿里巴巴旗下的天猫国际与菜鸟物流，已经全面启用区块链技术跟踪、上传、查证跨境进口商品的物流全链路信息。这相当于用区块链技术给每个跨境进口商品都打上“身份证”，供消费者查询验证。

图 3–30 阿里巴巴

2. 布比（北京）网络技术有限公司

布比（北京）网络技术有限公司（见图 3–31）是一家国内领先的区块链金融科技公司，专注于区块链技术和产品的创新，已经拥有数十项核心专利技术，开发了高可扩展、高性能、高可用的区块链基础服务平台，具备快速构建上层应用业务的能力，满足大规模用户的场景。布比区块链已经广泛应用于数字资产、贸易金融、股权债券、供应链溯源、商业积分、联合征信、公示公证、电子发票、票据安全等领域，并正在与交易所、银行等主流金融机构开展应用试验和测试。以多中心化信任为核心，致力于打造新一代价值流通网络，让数字资产都自由流动起来。

图 3-31 布比（北京）网络技术有限公司

3. 万向区块链实验室

万向集团创立于 1969 年，是一个从生产农业机械的小作坊起家的民营企业，是中国第一个为美国通用汽车公司提供零部件的 OEM 厂商，也是最早收购美国公司的中国民营企业之一。在《2015 年胡润百富榜》中，万向创始人鲁冠球家族以 650 亿位列第 10。这家以机械制造起家，后又进入农业且年收入过千亿元的民营企业，竟然也是中国最早开始关注和布局区块链技术的大型企业之一。该企业 2014 年开始关注以比特币为代表的数字货币，随即跟进比特底层技术区块链。

2015 年 9 月，万向控股成立了区块链实验室（见图 3-32），创始人包括以太坊创始人 Vitalik、Bitshares 创始人沈波，Vitalik 担任万向区块链实验室首席科学家。2015 年 10 月，万向区块链实验室在上海举办了首届全球区块链峰会。同年 10 月，又推出“万向区块链实验室丛书”，目前已经出版《区块链社会》等三本著作。2016 年 4 月，万向区块链实验等 11 家国内企业成立了中国分布式总账基础协议联盟（ChinaLedger）。在全球范围内投资了几十家区块链创业公司，尽管每一家的投资额度并不大，从 20 万美元到 100 万美元不等，但这给了万向控股一个很好的连接全球区块链生态的机会。

图 3-32 万向区块链实验室

万向区块链实验室举办的每届峰会对中国乃至世界区块链技术的发展和未来走向提供了干货内容。2015 年，第一届区块链全球峰会的举办，促进了“区块链”这一概念在中国的传播；2016 年，在区块链技术寻求走向应用之际，万向集团宣布投资 2000 亿元，建立以区块链技术为内在驱动力的创新聚能城；同年，万向区块链实验室举办了第二届区块链全球峰会，将中国区块链推向了国际视野；2017 年，举行了第三届区块链全球峰会；

2018 年举行了第四届主题为“新经济技术探索”峰会；2019 年，进行了主题为“区块链新经济：新十年新起点”的第五届区块链全球峰会。

在此仅仅选取了大型互联网公司、创新型公司以及为中国区块链发展做出过重要贡献的三个作为代表。在区块链领域，国内还有很多优秀的公司，“2019 上半年全球区块链企业发明专利排行榜（TOP100）”中，入榜前 100 名的企业主要来自 11 个国家和地区（见图 3–33），其中中国企业占比 67%，美国企业占比 16%，日本企业占比 5%，德国企业占比 4%，韩国企业占比 2%，爱尔兰、芬兰、印度、安提瓜和巴布达、法国和瑞典的企业各占比 1%。从这一点上也能够看到国内区块链领域的蓬勃发展。

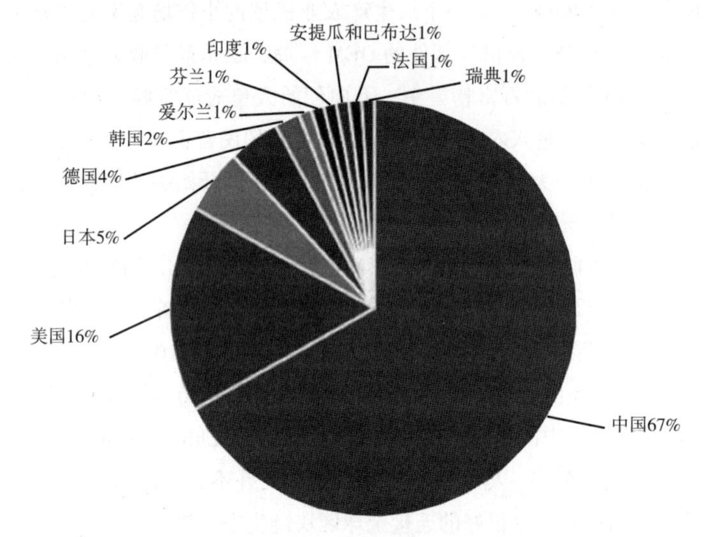

图 3–33　2019 上半年全球区块链企业各国发明专利排行榜（TOP11）

3.5　皮书

3.5.1　皮书简介

“皮书”最早源于政府部门对某个专门问题的特定报告。通常，这种报告在印刷时不作任何装饰，封面也是白纸黑字，所以称为“白皮书”。不过，封面的颜色也可以有多种。一般情况下，有以下几种皮书：

· 白皮书，是由官方制定发布的阐明及执行的规范报告。

· 蓝皮书，是由第三方完成的综合研究报告。

· 绿皮书，是关于乐观前景的研究报告。

· 红皮书，是关于危机警示的研究报告。

各种皮书示意图如图 3-34 所示。

图 3-34　各种皮书示意图

1. 白皮书

（1）白皮书是政府或议会正式发表的以白色封面装帧的重要文件或报告书的别称。作为一种官方文件，白皮书代表政府立场，要求事实清楚、立场明确、行文规范、文字简练、没有文学色彩。

（2）白皮书已经成为国际上公认的正式官方文书。各国文件分别有其惯用的颜色，封面用白色的就是白皮书。

（3）白皮书是政府就某一重要政策或议题而正式发表的官方报告书，源于英、美政府。最早的白皮书是 1922 年的丘吉尔白皮书。

2. 蓝皮书

（1）蓝皮书通常代表学者的观点或研究团队的学术观点。

（2）蓝皮书用于官方文件时，早期主要指英国议会的一种出版物（因封皮是蓝色，所以被称为蓝皮书），发行于 1681 年，但 1836 年才公开出售，其名称为《英国议会文书》，是英国政府提交议会两院的一种外交资料和文件。

（3）有一类外文称为蓝皮书的，并不是官方文件。从内容上看，是包括名人录、指南、手册之类的工具书，甚至包括纪念画册。

（4）还有一种蓝皮书是由第三方完成的综合研究报告。

3. 绿皮书

（1）绿皮书是政府就某一重要政策或议题而正式发表的咨询文件，源于英、美政府。因为报告书的封面是绿色，所以被称为绿皮书。

（2）绿皮书被视为政府对国民征询意见的一种手段。在英联邦国家或曾被英国统治的地方（如香港地区），政府在准备推行重要政策前通常会先发表绿皮书收集市民意见，经过修订后再发表白皮书作出最后公布。

4. 红皮书

（1）使用红皮书的国家主要有西班牙、奥地利、英国、美国、土耳其等。有的用于官方文件，有的用于非官方文件。西班牙于 1965 年和 1968 年分别发表了《关于直布罗陀问题的红皮书》(英文版)。英国早在 13 世纪就有了用于财政方面的红皮书，英国的红皮书还用于官员名册、贵族名录和宫廷指南，并于 1969 年出版一本《红皮书》，副标题是《野生动物濒危》。此外，有的国际组织也使用红皮书，如《国际电信联盟红皮书》。

（2）红皮书，一般是关于危机警示的研究报告。

5. 黄皮书

（1）黄皮书，国际通用的黄皮书是《国际预防接种证书》，是世界卫生组织为了保障出入国（边）境人员的人身健康，防止危害严重的传染病通过出入国（边）境的人员、交通工具、货物和行李等传染和扩散而要求提供的一项预防接种证明，其作用是通过卫生检疫措施而避免传染。

（2）黄皮书，有可能是指封面是黄色的报告或者文件。以太坊黄皮书就是因为使用黄色的页面颜色而得名，以太坊黄皮书是说明其技术实现细节的文档。

3.5.2 区块链白皮书

1. 什么是区块链白皮书

如果你想要发行数字货币，白皮书是必不可少的。市场上的每一种数字货币或者区块链项目一般都需要一份白皮书。

白皮书是一份文档，其中包括项目要解决的问题概述，该问题的解决方案、产品说明、技术架构及其与用户交互的详细说明。白皮书示意图如图 3-35 所示。

图 3-35　白皮书示意图

任何区块链白皮书的内容都应包括以下几点：

· 项目介绍。

· 项目目录。

· 描述市场和问题。

· 产品描述以及如何解决上述问题。

· 代币（发行总量、为什么发行、如何发行、何时发行等）。

· 募集资金将如何使用。

· 团队介绍。

· 开发路线图。

但也不仅仅是这些，有一些白皮书中也包含了专业术语解读和项目具体落地等。

2. 如何撰写白皮书

白皮书的开头是一个重要的部分，用于发布法律声明或免责声明，其中应包含所有重要的限制或通知。这可能是为了避免某些国家的居民因当地法律购买该项目的代币，或者只是让未来的投资者知道投资本身不能保证利润。

编写文档的重要步骤之一是编写引人注目的介绍。一个好的办法是以创始人的一封信的形式介绍未来的代币持有者。

在这一部分，需要概述项目准备解决的问题，解释这个问题的重要性以及可能触及的解决问题的后果。需要吸引读者的注意力，详细解读项目的各个部分。

白皮书主要是技术文档，一般而言，它们的篇幅都比较长，因此，清晰的导航非常重要。一个信息丰富、结构良好的目录肯定会让读者更好地了解它们，更直接和准确地获得自己想要的东西。

如果白皮书中包含需要定义的术语，则可以在同一部分制作词汇表。

（1）项目的解读。尽可能多地利用空间深入讨论项目，并向潜在投资者解释其在当前市场中的确切位置。最重要的是，解释项目是什么以及它包含哪些部分。

没有人真正需要包含在白皮书中的任何数字，除非他们得到研究、事实或分析的支持。

这一部分还应包含项目当前状态的详细说明：原型数据、第一个用户（如果有）、开发策略和总体目标。

大多数认真的投资者只会支持已经展示过的项目，因为拥有生态系统和用户群将增加项目代币在市场上生存的机会。

（2）资金使用计划。这是很重要的一环，投资者需要准确了解他们的资金去向以及项目完成某些重要任务所需的资金。最重要的是，白皮书不应该提及诸如“网络活动”“行业发展”“杂项”等支出项目。白皮书应该清楚地说明获得的所有资金都将用于开发，而不是其他方面。

应该清楚地解释为什么项目需要自己的通证、如何以及何时分配它们、ICO 的通证问题是否有限、何时开始销售等。

（3）团队介绍。团队是项目中不可或缺的重要组成部分。除了极少数例外，与匿名开发者合作的 ICO 不会取得成功，经验丰富的团队往往决定了项目的发展方向和速度。

在投资者眼中，开发团队的照片和简短的传记将是一个很大的优势。团队介绍中不仅要描述项目背后的个人是谁，还要解释为什么他们对这个特定项目如此重要，以及为什么这些人会使它工作。

指出他们以前的经验将以何种方式对此项目有所帮助。如果团队成员有区块链或加密货币相关项目的经验，也需要明确说明。

此外，可以对该项目的顾问进行简要介绍。但是，请避免毫无意义的名称堆砌。

（4）开发路线图。最后，白皮书不仅应包括项目的详细技术说明，还应包括开发路线图。理想情况下，应提供未来 12 ~ 24 个月的深入工作计划，至少包括测试版。

如果路线图中列出的某些任务已经完成，请务必在白皮书中明确说明，因为它将被投资者视为主要优势。

（5）风格、语言和布局。在准备白皮书时，请务必使用正式的、近乎学术风格的写作方式。该文件要求其非常具有描述性和专业性。它的重点应该是专业，团队最好选择一个主题并专注于它。

很多时候，白皮书的作者倾向于讨论潜在的使用案例和未来可能的技术实施，而不是专注于手头的任务。

白皮书的内容应具有真实性，避免使用假设、猜测和未经证实的声明。

此外，检查白皮书是否有语法和拼写错误，整个文档的文本格式必须正确，需具有较强的专业性。

如果要以多种语言呈现白皮书，最好请求专业译者的帮助。

3. ICO白皮书模板

与其他半复杂的业务文档一样，网络上有大量白皮书模板。通常，加密货币社区和投资者都不赞成使用这种模板。如果准备的是一种独特的优质产品，最好不要使用模板，独一无二的版式设计会让项目看起来更加专业。

4. 如何推广和散播白皮书

几年前，在比特币相关论坛上举办了成功的ICO活动，白皮书是该主题的第一个消息。然而，随着ICO热潮逐渐达到顶峰，大多数项目选择在各自的网站上发布白皮书，如GitHub、论坛等。但需要确保，只有一个特定点可以访问白皮书，要避免出现在几个不同的平台上复制和粘贴它，最好在不同的论坛和网站上宣传项目时只发布一个链接。

5. 白皮书的重要性

白皮书是项目的主要卖点，这是团队对产品的独特见解，应该认真对待。雇用一名自由职业者来完成这项工作只会导致结果不理想，甚至会导致不能筹集到所需的资金。所以，应该让专业的人做专业的事情，白皮书的撰写应该由专业的人员来完成。

除了白皮书之外，一般还会有其他颜色的皮书来描述项目。

如以太坊，用白皮书说明了以太坊项目的情况；用黄皮书说明了关于以太坊技术的实现规范；用紫皮书说明了特定的问题，如以太坊的共识协议与效率问题。

3.6 ICO与各种IXO

1. 什么是ICO

ICO全称是Initial Coin Offerings，是数字货币和区块链社区的产物，一般称为原始币发行。这是从数字货币及区块链行业衍生出的众筹项目概念。ICO源自IPO，IPO即首次公开发行，指股份公司首次向社会公众公开招股的发行方式。ICO与IPO非常类似，只不过发行的不是股票而是数字货币，一般称为Token、通证。ICO指某公司以融资为目的发行数字货币，收取的也是通用的数字货币，通常为比特币或以太币。

可能听起来有点复杂，下面举个例子：

假如你今天想基于区块链技术做一个项目，你觉得这个项目在未来大有可为，很厉害。于是你组建团队，但是你没有钱，怎么办？

一般大家创业融资需要经过一个复杂的评估过程，通过各种指标来确认项目的可行性。最后才有少部分项目拿到天使投资、风险投资（VC）等。如果你想到股市上去融资呢，那就更复杂了。但是，在ICO平台上，你的融资简单到让很多专业的金融人士都觉得不可思议。

有一份白皮书，有一个项目团队，有一个项目发展计划，就可以进行ICO融资。没有对利润、对业绩、对市场规模等方面的任何要求，有的甚至连竞争对手、风险提示都没有。

那么这个币该如何发行呢？再举一个例子：

例如，你发行了一种投票币，发行量为一亿枚，一枚投票币怎么定价？一枚比特币换一千枚投票币，有多少可以拿出来卖呢？你可以把一亿枚币作一个分割，中间20%是你这个团队持有的。持有20%，也就是2000万枚，还有30%你们作为矿石，让算力来挖，因为你希望所有的计算机都参与到投票里去，还有50%拿来直接卖掉。

这就叫ICO，把一亿中的20%留给了自己，30%给大家去挖，50%直接拿去卖掉。当然，不一定每个ICO的比例都是这样的。

世界上第一个ICO的项目是万事达币（MSC），它是在Bitcointalk论坛上发起众筹的。万事达币ICO发布于2013年6月，每个人都能通过给Exodus地址发送比特币来购买MSC，共募集了5000多枚比特币。

2013年年底到2014年年初涌现了大量的ICO。大部分ICO都因过度炒作或诈骗而宣告失败。不过，那段时间的确见证了几个成功的ICO，如以太坊。按比特币当时的市场价格来算，以太坊ICO融资额超过1800万美元。

2018年，EOS的ICO融资额超过40亿美元，EOS在巨大争议和诸多中外资本的追捧中，迅速成了当之无愧的明星项目。这是全球历史上，最大规模的一次ICO和区块链融资事件。

据数据统计，2018年上半年，全球新增区块链ICO项目2000多个。其中，金融服务行业项目依然占比最高，达22.6%，其次是商业、物流、IT和互联网。

· 从项目质量来看，逐渐呈现出精细化、专业化趋势，超过4分（优质）的项目达到14.7%。虽然绝大部分项目质量属于中等水平，但在白皮书、社群维护等方面也在不断优化。

· 从项目发布地来看，美国依然是众多项目的首选，2018年上半年有19.45%的项目在美国发布。亚洲的新加坡、欧洲的爱沙尼亚等因政策友好，火热程度也明显上升。

· 从项目募资时间来看，38%的项目募资周期在一个月左右，绝大部分项目募资周期不超过三个月。

· 从项目选择的平台来看，64%的项目选择以太坊为代币平台，其他占比较高的平台还有Waves、Stellar和NEO。

用ICO方法赚钱很容易，很多创业者看到ICO的热潮，想赚一把快钱，随手拿出一个项目就去搞众筹。这些人会把重点放在包装项目上，放在加密Token的推广上。采用先到先得、后到涨价、开盘飞涨的模式，让很多个体投资人参与进来，为自己兜售的项目嫁接割韭菜的渠道。

甚至，还有的项目不是做应用，不是做平台，不是做企业的价值，而是以圈钱为目标进行非法集资。等他们收到钱款后，团队以各种理由拖延项目上线时间或直接跑路。

ICO本质是众筹的一种方式，给创业项目启动和发展资金。客观来看，即使是有靠谱的团队和靠谱的技术，最后项目能不能成功、其模式能不能得到市场的验证，还是个未知数，需要探索。未来有可能有巨大的价值，但也有可能分文不值。

靠谱的ICO当然有，但是也不多。中国在2017年已经全面叫停ICO，但国内有的ICO项目还是通过互联网全球募集资金。ICO是高风险的投资，泡沫很大，风险也很大。

2. IXO的本质

我们在还没来得及搞明白每个缩写的含义，就匆匆经历过了IPO、ICO、IFO、IEO、IAO、IMO、IBO等（这些我们统称为IXO）。

- ICO：Initial Coin Offerings，数字货币首次公开发行。
- IEO：Initial Exchange Offerings，数字货币首次交易所发行。
- IFO：Initial Fork Offerings，数字货币首次分叉发行。
- IBO：Initial Bancor Offering，首次兑换发行。
- IMO：Initial Miner Offerings，数字货币首次矿机发行。

……

这些林林总总的IXO在区块链的发展历程中，都曾经风光过。2019年的IEO火热了一段时间，而从长期来看，整个IXO的阶段，可能都只是行业发展历史上的一朵小小的浪花。

不管如何表达，IXO本质上是一种募集资金的行为，都是在解决资金筹集和数字货币发行的问题。

必须要说明：募集资金是一种中性的行为，不能以善或恶来定义，400年前从阿姆斯特丹开始的股份制尝试，开创了募集资金做事的新经济模式。募集资金这件事，就像一把刀，给对的人，能开山、劈柴，发展经济；给不对的人，能杀人打仗导致生灵涂炭。所以，我们看到了IXO曾经给行业带来的优秀项目和新气象，也看到了IXO鱼龙混杂带来的欺诈和黑暗，更看到了由于IXO引发的金融风险和高压治理。而随着一个个IXO泡沫的破裂，行业也迎来了漫漫寒冬。

3. IXO的初衷

我们回头来看下IXO的初衷，募集资金是外在表现，让人接受IXO并且愿意参与的原因，通常包含以下几条：

（1）区块链项目需要使用代币，IXO 相当于先卖出代币，以此获得未来社区和客户资源，而参与者也相当于以早期优惠价获得未来的消费券。

（2）想做个区块链项目，但这个项目现有的区块链系统不够好，需要重新做个链，所以，先发代币募集资金，后面转换到新链上的代币，愿景是未来这个新的链有更高的价值，相应的代币也会升值，同时在 IXO 的时候，就获取社区资源，这种类型的参与者其实已经是以投资心态来参与了。

（3）另外，就是以发币的方式获得分红权益，IXO 相当于一级市场的股票，这种类型的参与者，完全就是以盈利为目的。

所以，在区块链基础系统不够好却足以轻松发行代币的时候，以发 ERC20 代币的方式来 IXO 几乎是一个必然的过程，这是特定历史时期的特定产物。不过，看似风光无限的 IXO，经过这几年的统计，基本上都是很高的破发率，很多项目最终归零，每种 IXO 都是如此短暂而又绚烂的，像夜空中的焰火一闪而过。

在各种 IXO 产生多种问题，受到限制的时候，STO（SecurityTokenOffering，证券通证发行）开始出现，开始接受监管。。证券是一种财产权的有价凭证，持有者可以将此凭证作为其所有权或债权等的证明文件。美国 SEC 认为满足 Howey 测试的就是证券，即满足 Howey Test：a contract，transaction or scheme where by a person invests his money in a common enterprise and is led to expect profits solely from the efforts of the promoter or a third party。笼统来说，在 SEC 看来，但凡是有“收益预期”的所有投资，都应该被认为是证券。

STO 是现实中的某种金融资产或权益，如公司股权、债权、知识产权，信托份额以及黄金珠宝等实物资产，转变为链上加密数字权益凭证，是现实世界各种资产、权益，服务的数字化。

STO 介于 IPO 与 ICO 之间。一方面，STO 因承认其具有证券性的特征，接受各国证券监管机构的监管。虽然 STO 依然基于底层区块链技术，但能通过技术层面上的更新，实现与监管口径的对接；另一方面，相对于复杂耗时的 IPO 进程，与 ICO 一样，STO 的底层区块链技术同样可以使 STO 更高效、更便捷地发行。

第4章 数字货币和数字钱包

对所有接触数字货币的人来说，本章内容非常重要，尤其是数字钱包部分，因为区块链的去中心化特点，任何对钱包的误操作都有可能让你丢失全部的财产，并且没有人能够帮你找回。这是数字货币的一个特别显著的特点，即没有人能够控制你的资产，同时产生的误操作也没有人或机构能帮你找回。如果对数字钱包不熟悉，不如把数字货币存在信誉好的中心化交易所。但交易所可以控制你的全部数字资产，如果交易所出现安全问题或者倒闭，数字资产也可能会完全丢失（例如，2014年Mt.Gox交易所的倒闭使很多人的数字货币全部丢失）。

特别重要的一点是，备份你的数字钱包。将你的私钥或助记词保存多份，不要通过网络传输或者拍成照片，否则有可能丢失。最好将私钥或助记词手写，或打印保存在保险柜中。**请记住：你的私钥或助记词丢失了，就意味着你的资产丢失，没有人能帮你找回来。**

如果你想拥有或使用数字货币，反复阅读本章，直到你完全理解。同时你可以先用一个小额的数字钱包熟悉常用的操作。

4.1 数字货币

4.1.1 数字货币的定义

数字货币（Digital Currency），早期的数字货币（数字黄金货币）是一种以黄金重量命名的电子货币形式。

现在的数字货币又称密码货币，指不依托任何实物，使用密码算法的数字货币，英文为Cryptocurrency，尤其是指基于区块链技术生成的数字货币，如比特币、莱特币和以太币等依靠校验和密码技术来创建、发行和流通的电子货币，如图4-1所示。

图 4-1　电子货币

（1）从货币属性角度来看，数字货币相比传统法币有以下三个重要的优点。

①有效对抗通货膨胀：比特币一共发行 2100 万枚，2140 年后比特币不再新增，矿机通过收取交易服务费用覆盖算力成本。当主权政府的中央银行采取过于宽松的货币政策或者国内政局不稳定时，会导致较为严重的通货膨胀，造成民众的财富急剧缩水，比特币能够较好地应对通货膨胀。

②私有财产权受到保护：因为采用了区块链作为底层技术和点对点的交易方式，所以交易过程不受到监控、审核，外界也无法干涉私有财产。

③促进全球化：比特币最大的特点就是金融脱媒（“脱媒”一般是指在进行交易时跳过所有中间人而直接在供需双方间进行。“金融脱媒”又称“金融去中介化”，在英语中称为 Financial Disintermediation），使用比特币能让跨境贸易和跨境投资变得更快且更便宜。

（2）从技术属性来看。

当前数字货币仍然建立在电子技术之上，随着量子计算机，加、解密等技术的飞速发展，比特币等数字货币会受到一些挑战，加上一些经济方面的竞争原因，比特币有可能会在未来消失或被其他数字货币替代。

（3）从社会角度来看。

数字货币部分思想根源来自一种自由思想、无政府主义，是西方某些思想的产物。经济学领域的自由思想是区块链技术产生的一个强大的推动力。无论是早期的哈耶克与他的《货币的非国家化》，还是 B-money 的理论的提出者戴伟，以及 Bitshare、Steemit、EOS 的技术创造者 BM，他们都崇尚一种自由，比特币的创造者中本聪无疑也受这种自由思想的影响。对于我们来说，数字货币理解与操作难度大，风险性过高，不需要参与。

数字货币受到政府的强硬监管，比特币背后灰色地带滋生的问题浮上台面。

①在中国造成了资本外流：由于其技术特点，外管局无法监管在境内使用人民币兑换

比特币，而后在境外用比特币兑换外币的汇兑方式。比特币成了洗钱通道之一。

②毒品和枪支买卖的支付方式：比特币成了不法分子购买毒品和枪支的支付手段，促进了非法物品的流通，加深了部分国家、地区人民的苦难。

③非法集资的新型手段：ICO 本质就是发行收益凭证式证券并嫁接在数字货币之上，不需要通过交易所和证监会，躲避法律监管。某些 ICO 发行过程中甚至连商业计划书都没有，却受到资本追捧，造成投资人血本无归。

4.1.2 常见的数字货币

下面只介绍几种常见的、有特殊意义的数字货币分类。每种分类的典型代表一般在全球的排名中比较靠前，我们主要以 CoinMarketCap 上面的排名为参照。常见数字货币的分类如下：

- 纯数字货币。
- 支持应用功能数字货币。
- 解决支付功能的数字货币。
- 隐私货币。
- 解决存储能力的数字货币。
- 其他特殊用途的货币。

CoinMarketCap 上面排名前 10 的数字货币如图 4-2 所示。

Top 100 Cryptocurrencies by Market Capitalization

Cryptocurrencies Exchanges▾ Watchlist USD▾ Next 100→ View All

#	Name	Markot Cap	Price	Volumo(24h)	cireulating supply	Change(24h)	Price Graph(7d)
1	Bitcoin	$131,634,513,563	$7,287,27	$23,875,722,499	18,063,637BTC	2.71%	···
2	Ethereum	$16,493,656,673	$151.79	$9,023,919,965	108,664,004ETH	3.64%	···
3	XRP	$10,098,359,147	$0.233219	$1,597,107,120	43,299,885,509 XRP*	1.15%	···
4	Tether	$4,123,748,003	$1.00	$28,391,327,212	4,108,044,456 USDT*	0.17%	···
5	Bitcoin Cash	$3,831,147,185	$211.33	$2,539,290,400	18,128,725 BCH	3.95%	···
6	Litecoin	$3,049,104,061	$47.84	$2,988,459,524	63,741,721 LTC	3.25%	···
7	EOS	$2,489,753,729	$2.64	$2,304,481,307	914,391,865 EOX*	2.86%	···
8	Binance Coin	$2,469,769,901	$15.88	$232,049,594	155,536,713 BNB*	4.84%	···
9	Bitcoin SV	$1,888,990,409	$104.55	$843,667,228	18,068,415 BSV	12.15%	···
10	Stellar	$1,206,390,974	$0.060155	$262,301,953	20,054,779,554 XLM*	4.77%	···

图 4-2　CoinMarketCap 上面排名前 10 的数字货币（2019 年 12 月数据）

本章不过多解释数字货币，对某种数字货币感兴趣的人员，可以到对应的官方网站了解具体情况。

4.1.3 稳定币

在数字货币市场中，最早是可以直接用法币买卖数字货币的，但由于比特币等数字货币的独特性（全球化、匿名化等）对各国的金融体系、对各类犯罪的掌控（如洗钱等）造成了一定的威胁。所以，各国纷纷出台了监管政策，对数字货币中心化交易所的银行账户进行了封锁和限制，导致部分国家的投资者无法使用法币直接交易数字货币。

在这种情况下，稳定币出现了。人们可以先将手中的法币汇给相关的机构，兑换成“稳定币”，然后再进行其他数字货币的自由交易。稳定币的作用是充当数字货币和法币的一个交换中介。

1. 第一代以USDT为代表的稳定币

按照 USDT 的发行公司 Tether 对外宣称的规定，他们每发行一枚 USDT，都要在自己的官方账户上存入相同数量的美元。具体来讲，只有用户通过国际清算系统把美元汇至 Tether 公司提供的银行账户时，他们才会根据用户汇过来的美元数量给用户发行对应的 USDT 代币。这样，Tether 公司大致确保了 USDT 和美元保持在 1:1 的兑换比例。理论上讲，无论是从资产的使用体验，还是从安全性上，似乎都给予了用户十足的保障。

USDT 的一个很大的风险就是，Tether 是一家中心化的公司，财务状况、美元准备金的状况都没有对外公开，直到现在 Tether 公司还没有拿出足够的证据表明他们有足够的美元保证金来实现 1 ： 1 兑换市场上的 USDT。

与之相伴的是大量的证据表明 Tether 公司增发了大量的 USDT，由于绝大部分主流交易所都支持 USDT，导致整个市场存在一定的系统性风险。

第一代稳定币特征是无监管、不透明，但占据了非常大的市场份额。

2. 第二代以TrueUSD为代表的稳定币

TUSD 是币安力推的稳定币。简单来说，你可以把 TUSD 视为更加公开透明化和合规性的 USDT。它们有着类似的特点，都是由中心化的机构来发行，都按 1 : 1 锚定美元，也都声称在银行中存有相应金额的 USD 作为发行依据。但是它的透明度要比 USDT 好很多，因为 TUSD 宣称使用托管账户作为基金管理中使用最广泛的合法工具，为持有人提供定期审计和强有力的法律保护，即多银行负责托管账户、第三方出具账户余额认证、团队绝不和存入的 USDT 直接打交道等，所以不会出现集裁判员和运动员于一身的情况。

3. 第三代以GUSD和PAX为代表的稳定币

更进一步，直接以美国国家信用为背书。

2018 年 9 月 10 日，纽约金融服务部（NYDFS）同时批准了两种基于以太坊 -ERC20 发行的稳定币，分别是 Gemini 公司发行的稳定币 Gemini Dollar（GUSD）与 Paxos 公司发行的稳定币 PAX。

Standard（PAX），每个稳定币都有 1 美元支撑。

这次发行的两个稳定币除了都是锚定美元外，还有两个非常突出的特点，一个是获得政府部门纽约金融服务部正式批准，成为第一个合规合法、接受监督的稳定币（也就意味着受到法律保护），信用背书大幅提升；另一个是基于以太坊的 ERC20 来发行的，这意味着财务相关数据完全公开透明、不可窜改，而且完全去中心化。那么理论上说，每一笔 GUSD 的增发都会有相应的资金入账，和完全中心化的稳定币对比，对于投资者来说，无疑更加具有可信度。

稳定币的盈利模式一般有以下两种：

（1）获得利息。当稳定币公司收取用户 1 个单位的法币时，相应的，会把 1 个单位的稳定币给到用户，当用户交回 1 个单位的稳定币时，稳定币公司再把 1 个单位的法币还给用户。在用户持有 1 个单位的稳定币期间,1 个单位的法币产生的利息则归稳定币公司所有。稳定币公司通过 1:1 锚定单位的法币的发行规则，把用户持有个单位的法币时间变为自己的时间，从而获得个单位的法币存入银行的利息。这就意味着，稳定币公司发行的个单位的稳定币越多，所获得的利息就越多。

（2）用户提现需支付的手续费，也就是平台服务费。一般情况下，稳定币与发币之间的体现需要手续费，这也是稳定币收入的一种途径。如果稳定币中的设计模式包含转账手续费，也会是一种平台运行带来输入的来源方式。

4.2 数字钱包

4.2.1 什么是数字钱包

区块链中的数字钱包本质上是一个工具，目前绝大多数的钱包都是在网络中建立了属于用户的钱包地址，它是去中心化的，是用加密算法产生的，而不是哪个机构产生的。一般意义上的银行卡是由中心化的银行发放并进行资产管理，当我们丢失密码时，可以通过相关证明让银行帮忙找回，当我们遗失银行卡时，别人拿到银行卡没有密码也取不走我们的资产，我们还可以通过银行冻结个人银行卡账户，重新办理新的银行卡，废除旧的银行卡。数字货币钱包则不然，丢失了打开钱包的钥匙谁也无法帮我们找回钱包，钱包地址上的资产也没有办法再操作，区块链中钱包地址、私钥与区块链的示意图如图 4-3 所示。

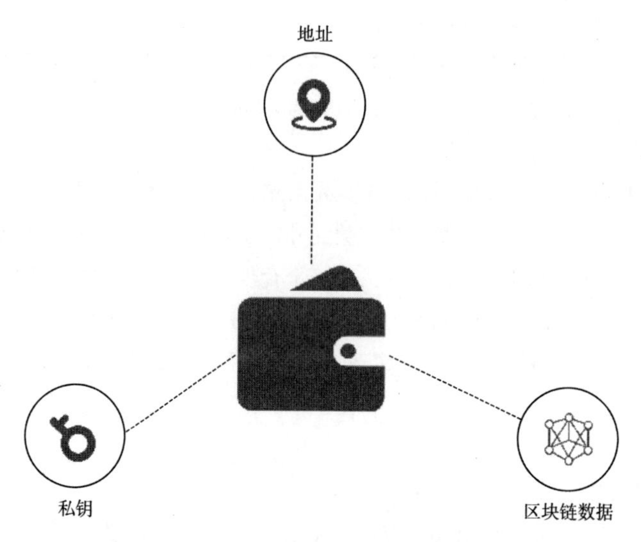

图 4-3　区块链中钱包地址、私钥与区块链的示意图

区块链钱包（Block Chain Wallet）是密钥的管理工具，它只包含密钥而不是确切的某一个数字货币或代币；钱包中包含成对的私钥和公钥，用户用私钥来签名交易，从而证明该用户拥有交易的输出权；输出的交易信息则存储在区块链中；用户在使用钱包时，Keystore、助记词、明文私钥都是钱包。Keystore 是加了“锁”的钱包，而助记词和明文私钥是完全暴露在外的钱包，没有任何安全性可言，所以在使用助记词和明文私钥时，一定要注意保密。

区块链钱包在 2011 年 8 月诞生，此后在代币交易中发挥着巨大的作用。区块链钱包本身就相当于个人银行账户，在银行中我们创建存款账户并且存取现金，那么类似地，在区块链钱包中我们创建区块链账号并且存取比特币或其他数字货币。

钱包一般包含以下内容：公钥、私钥、助记词、Keystore、密码，如图 4-4 所示。本质上，钱包和钥匙是一一对应的，固定的钥匙直接就可以在网络上打开属于自己的钱包，但为了避免在网络传输过程中的泄密，密码学家运用非对称加密技术，发明了公钥和私钥，公钥用于传输，私钥用于解密。简单来说，我们可以认为公钥就是银行卡号，而私钥就是银行密码。

私钥 =Keystore+ 密码，私钥由五六十位包含数字和区分大小写的字母组成。为了方便数字资产交易，用简单的密码加上 Keystore 就能便捷地转移数字资产。助记词是加密了的私钥，可以说就是私钥，它是为了便于记住私钥，便于备份钱包而发明的。

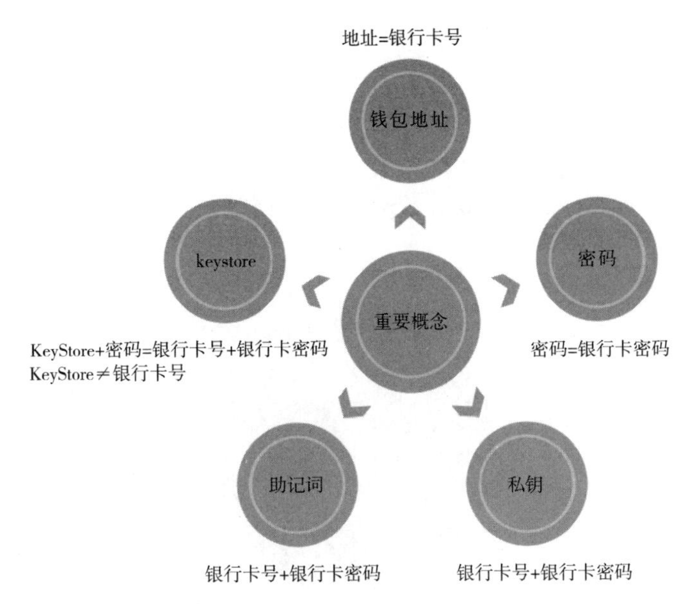

图 4-4 数字钱包中的几个概念与传统银行卡的对比

总结：私钥或助记词是钱包最宝贵的资料，丢失了，就意味着资产丢失，没有人能帮忙找回来。

钱包可以有多种分类方式，如图 4-5 所示。

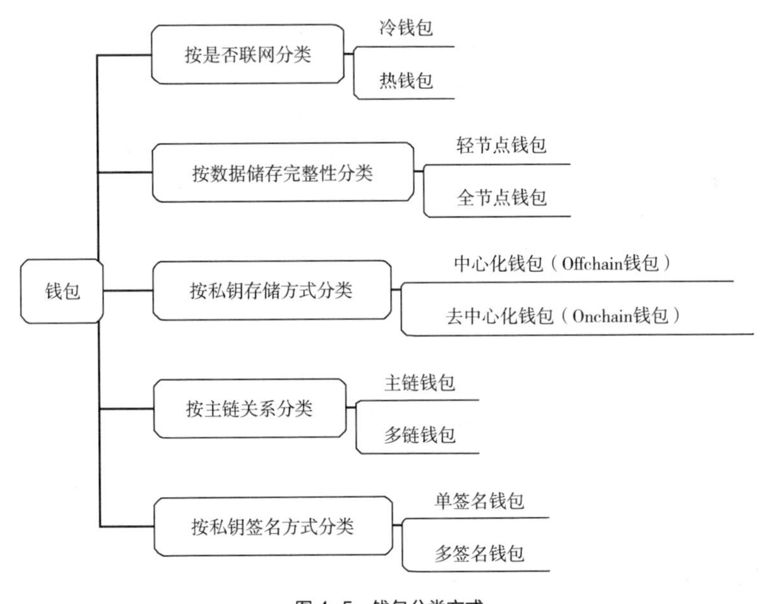

图 4-5 钱包分类方式

1. 冷钱包和热钱包

按是否联网可以分为冷钱包和热钱包。数字资产钱包本质上是存储私钥的工具，私钥的安全性至关重要，为了将安全性做到极致，出现了不联网的冷钱包，因此可以依据钱包是否联网分为冷钱包和热钱包。依据火币区块链研究院调研分析的行业内常见的 31 种数字资产钱包数据，目前冷热钱包的项目数量占比如图 4-6 所示，冷热钱包数量基本符合二八分布定律。

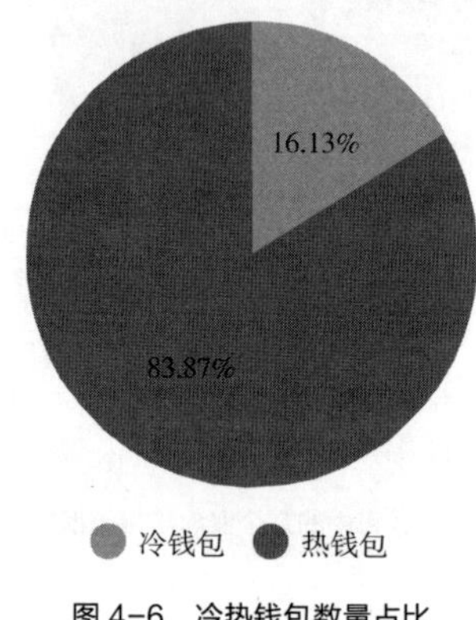

图 4-6　冷热钱包数量占比

（1）热钱包的特点：保持实时联网上线的钱包通常称为热钱包。热钱包相对于冷钱包来说使用起来更方便，既可在 PC 上使用，也可在手机等移动终端使用，还可对钱包内的资产随时进行操作。因此目前 83.87% 的钱包都为热钱包模式。但正由于其联网，也给了黑客攻击的基础条件，钱包安全性会受到威胁。不过通常钱包项目方会对存储的私钥以及通信数据包进行加密处理，一定程度上也能避免黑客的入侵。热钱包的代表产品有 Kcash、imToken。

（2）冷钱包的特点：冷钱包通常指不联网使用的钱包，也称离线钱包。根据实现方式的不同，还可以分为硬件钱包和纸钱包。硬件钱包用来生成密钥和保存密钥，设备本身不会泄露或者输出密钥，只会在我们按下某个按钮或输入设备密码后显示密钥的保管情况。纸钱包，顾名思义，就是把密钥记在纸上，然后把纸锁在保险柜里。

冷钱包将私钥存储在完全离线的设备上，相比于热钱包是更安全的方法，但成本更高易用性更差，比如传统的硬件钱包 Armory，需要一台不联网的计算机专门用于安装离线端。虽然冷钱包相对于热钱包更安全，但是冷钱包也不是绝对安全，可能会遇到硬件损坏，钱包丢失等情况，需要做好备份。冷钱包代表产品有库神（coldlar）、Ledger Nano S。

2. 全节点钱包和轻节点钱包

按数据存储完整性分类，数字资产钱包通常和区块链节点关系紧密，依据钱包存储节点账本数据的完整性可以将其分为全节点钱包和轻钱包，轻钱包也包括 SPV 节点钱包。由于全节点钱包需要下载所有的账本数据，会占用大量的存储空间以及计算资源，不适用于手机等移动终端，也不便于普通用户使用，所以目前市面上约 90% 的钱包都是轻节点钱包，区块链全节点和轻节点钱包数量占比如图 4-7 所示。

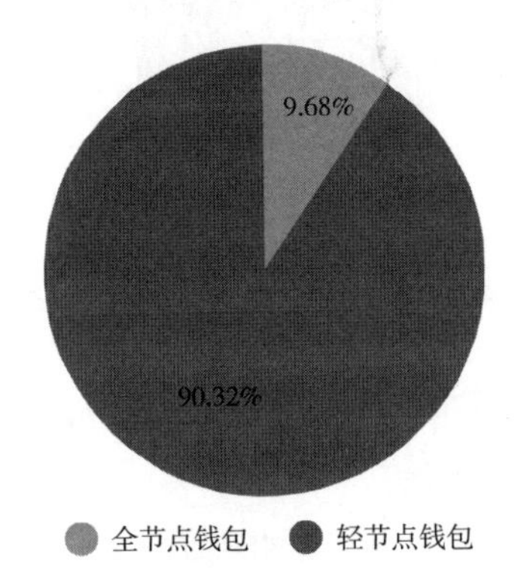

图 4-7　全节点和轻节点钱包的数量占比

（1）全节点钱包的特点：全节点钱包参与到网络的数据维护中，同步了区块链上的所有数据，具有更隐秘、验证更快等特点。但是由于数据量比较大，会导致扩展性低。

由于需要同步链上的信息，很多全节点钱包的币种单一，不能支持多种数字资产，一般为官方钱包。此外，全节点钱包需要占用很大的硬盘空间，并且一直在增长。每次使用前需要先同步区块数据，会导致易用性变差。全节点钱包的代表产品为 BitcoinCore。

（2）轻节点钱包的特点：轻节点钱包是为了解决全节点钱包需要占据很大的硬盘空间而出现的，不需要存储完整的区块数据。虽然轻节点钱包不会下载新区块的所有数据，但是它会对数据进行分析后，仅获取并在本地存储与自身相关的交易数据，运行时依赖比特币网络上的其他全节点，一般在手机端和网页端运行。

SPV 钱包是轻节点钱包的一种，指的是可以进行简单支付验证的钱包。SPV 钱包也同步区块数据内容，但是只是临时使用，它从区块数据中解析出 UTXOs，但是并不保存区块数据。

轻节点钱包可以有更多的扩展性，一方面可以在币种上进行扩展，用来很方便地对多种资产进行管理；另一方面可以运行 DApp，因为它只同步和自己相关的数据，所以很轻便。轻节点钱包根据实现原理可以分为中心化钱包和去中心化钱包，如客户端钱包、浏览器钱包、网页版钱包等。轻节点钱包的代表产品有 imToken、火币钱包。

3. 中心化钱包和去中心化钱包

私钥是数字资产领域安全的核心，而钱包的本质其实是帮助用户方便和安全地管理和使用私钥。因此，私钥的存储方式非常关键，按照私钥是否存储在本地，我们可以将钱包分为中心化钱包和去中心化钱包两种类型。调研数据显示，目前去中心化钱包为主流模式，约占 82.76%，中心化和去中心化钱包的数量占比如图 4-8 所示。

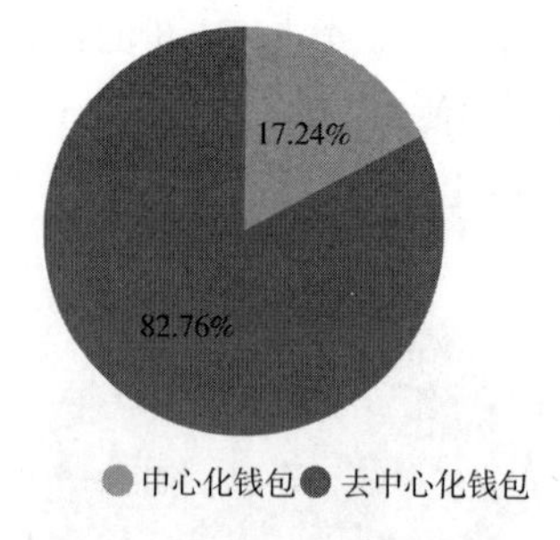

图 4-8 中心化和去中心化钱包的数量占比

（1）中心化钱包的特点：私钥不由用户自持，而是由钱包项目方在链下中心化服务器上保管，通常资金也交由服务方托管。

中心化钱包通常也称 Offchain 钱包，私钥和资产都交由钱包进行中心化管理，此种方式的钱包产品用户不必担心私钥丢失而导致资金损失，通常支持密码找回功能。不过资金风险会更集中在钱包项目方，中心化服务器一旦被黑客攻克，用户将遭受不必要的损失。中心化钱包的代表产品为 cobo。

（2）去中心化钱包的特点：私钥由用户自持，资产存储在区块链上。

去中心化钱包通常也称 Onchain 钱包，私钥的保管都转交给用户，若私钥遗失，钱包将无法帮用户恢复，资金将永久遗失。但去中心化钱包很难遭受黑客的集中攻击，用户也不用担心钱包服务商出现监守自盗的情况。去中心化钱包的代表产品为 tokenpocket。

4. 主链钱包与多链钱包

目前各区块链公有链都是较为独立的平台，平台和平台之间缺乏直接的互通，因此各类钱包出现了两大分化，一种是专门针对某一公有链平台的主链钱包，通常由平台项目方或者社区开发提供；另一种则是同时支持多平台接口的多链钱包，支持的资产类型较为多样。依据火币区块链研究院整理的数据显示（见图 4-9），主链钱包约占 35.48%，支持多链的钱包占绝大多数，随着行业的发展，这一比例可能进一步被拉大。

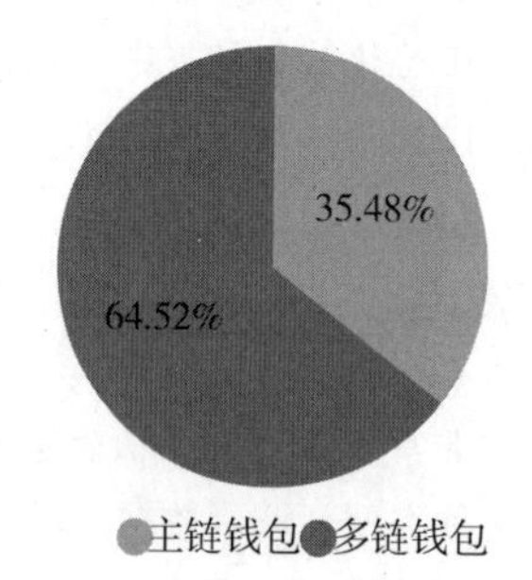

图 4-9 主链钱包和多链钱包的数量占比

（1）主链钱包的特点：对于可以定制化发行通证的公有链，我们定义其为平台类公有链，此类公有链上可以运行多种 DApp，平台专属钱包不仅是为了满足平台类通证正常使用所必备的核心组件，也可以作为一个应用商店，对基于其平台开发的 DApp 进行集中宣发和链接跳转。

对于平台类公有链来说，平台通证通常具备一定的使用功能，平台上的各类角色所开展的活动都是围绕通证来进行，如矿工、平台用户、存储节点或者是计算节点等，因此需要钱包来作为各方进行通证存储和流通的节点。钱包也可以作为平台类项目是否可用的判断标准之一。主链钱包的代表产品为 EOS 钱包。

（2）多链钱包的特点：可支持多种主链平台通证的钱包。

不同的主链通常采用的技术方案各不相同，如果要支持多种主链平台的通证接入钱包，则需要逐一进行接口开发，有一定的开发难度和工作量。此类钱包对于支持内置交易所和跨链互兑业务有着天然的优势。多链钱包的代表产品为 Jaxx。

5. 单签名钱包和多签名钱包

为了加强数字资产的安全性并配合某些应用场景使用，出现了需要多方私钥签名才可以使用钱包的策略，因此可将钱包分为单签名钱包和多签名钱包。依据火币调研的统计数据分析（见图 4-10），支持多签名的钱包仅占 25.81%，单签名模式在市场上更受欢迎。

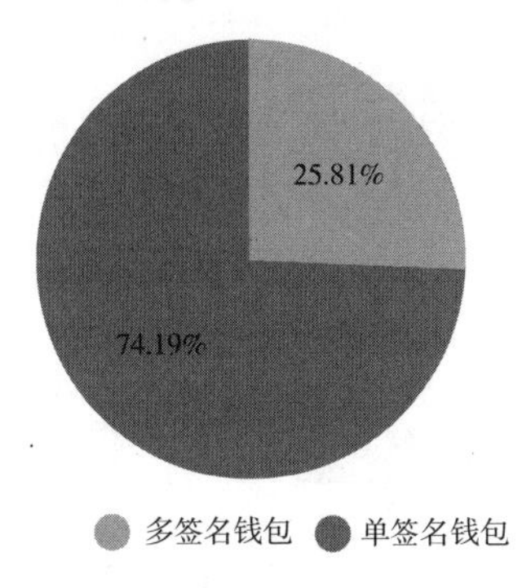

图 4-10　单签名和多签名钱包的数量占比

（1）单签名钱包的特点：只需单个私钥签名即可交易。

单签名模式简单，用户可操作性强，但由于只有一个密钥，风险也更集中，私钥持有账户的单点沦陷——如果丢失或泄漏私钥可能会直接导致账户中所有资产丢失。单签名钱包的代表产品为 Bituniverse（币优）。

（2）多签名钱包的特点：必须有两个（或多个）私钥同时签名才可以交易。

通常一个私钥用户保存，一个交给服务器，如果只有服务器私钥被盗，黑客没有本地私钥，交易时无法签名。也可用于公司或组织内由多方共同管理财产的场景，密钥由多位成员管理，需多数成员完成签名才可动用资产。多重签名机制相较于单签名更安全，但易用性却受到很大的影响，用户需要理解一些技术细节，还需要多方协同，学习和使用成本高了很多。此外，多重签名的机制更复杂，也带来一些安全隐患，如 Parity 钱包的多重签名机制就被黑客利用，导致 15 万多个以太币被盗。多签名钱包的代表产品为 Parity。

6.数字资产钱包安全分析

对区块链行业来说，安全将是永恒的话题，钱包涉及用户资产的核心，其安全性更是不容忽视。近两年来，数字资产钱包安全事件不断，Parity 钱包的两个安全事件则直接导致约 24 万个以太坊的损失，2018 多款冷热钱包也都出现安全问题。数字资产钱包安全事件时间如图 4-11 所示。

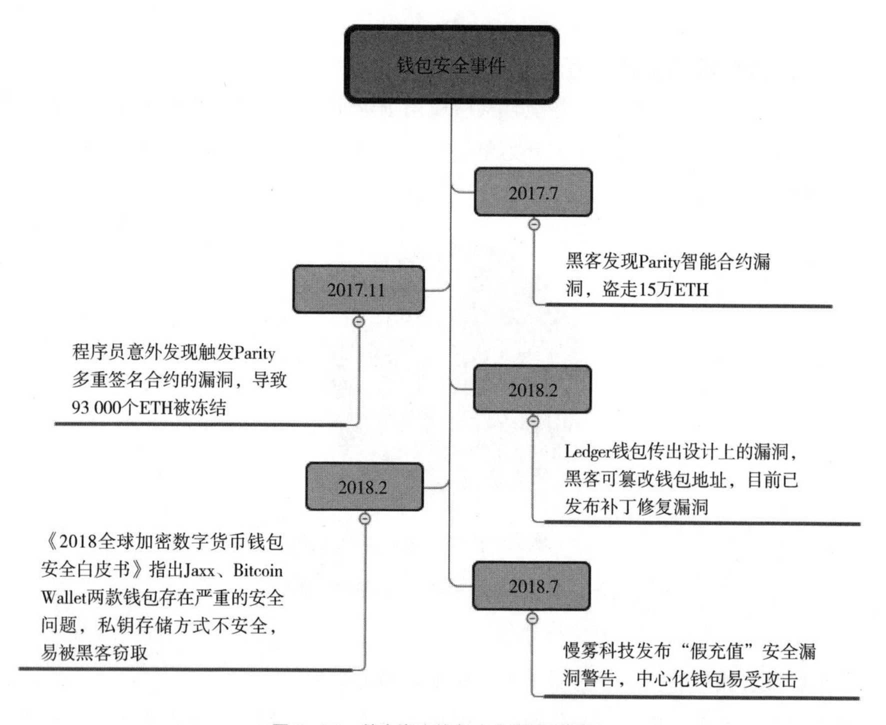

图 4-11　数字资产钱包安全事件时间轴

数字资产钱包的安全性不仅要从底层设计上进行全面考虑，对于大部分去中心化钱包来说，对用户的安全教育也是非常重要的内容。钱包安全策略思维导图如图 4-12 所示。

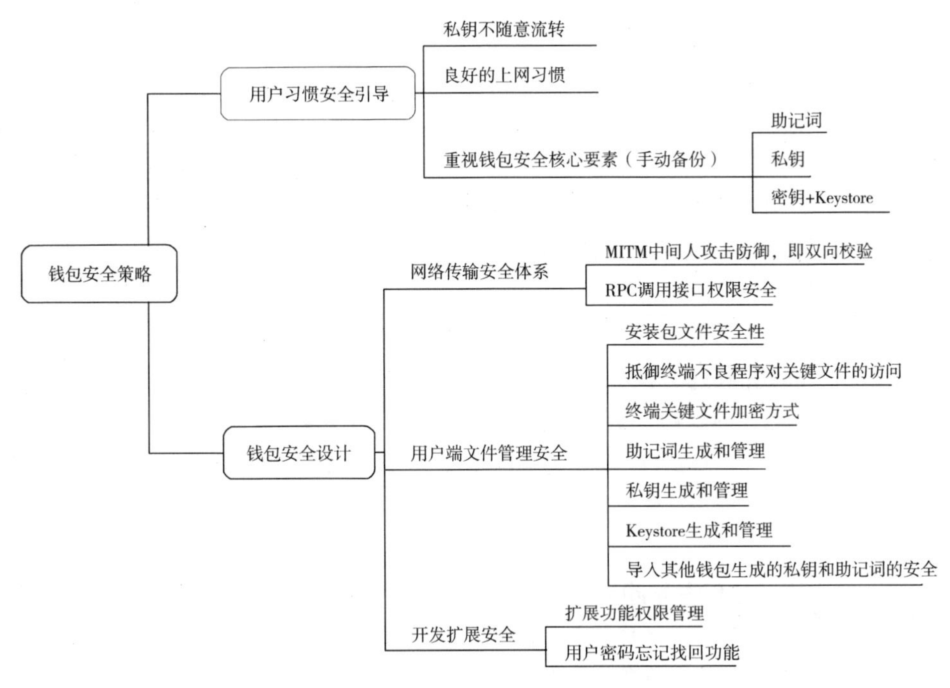

图 4-12　钱包安全策略思维导图

对于去中心化钱包，私钥交由用户保存，如何帮助用户正确地理解和使用密钥、助记词等成为钱包项目方重点关注的内容。目前主流钱包采用图文教程、新手答题考试、视频讲解等方式来帮助用户理解钱包的各种基本概念，提醒用户正确地保管助记词、私钥和本机密码等。建议通过相对原始的方法来手动记录，远离截图、复制等一切计算机操作，养成良好的上网习惯，将风险降到最低。

7.存在的安全问题及产业发展趋势

现有产品存在的安全问题时有发生，由于业务场景的快速迭代及推广需求，无论热钱包还是冷钱包都会有一些安全隐患会被忽视。安全性和使用便捷性之间的冲突短时间无法解决。市面上的数字资产钱包良莠不齐，部分开发团队在以业务优先的原则下，暂时对自身钱包产品的安全性并未做到足够的防护，导致黑客有机可乘，类似 Parity 钱包、Ledger 钱包等漏洞事件时有发生。

8.支持币种少，功能单一

市面上的钱包虽种类繁多，但功能普遍单一，支持的数字资产种类也十分有限。用户在管理数字资产时，通常需要在多种钱包之间来回切换，不仅影响了用户体验，也带来了不少风险。

9.使用门槛较高，易用性不强

目前新进入数字资产市场的用户仍倾向于将资产放在交易所，一方面是由于交易便捷性的需要；另一方面也表明钱包对于普通用户来说仍然有较高的使用门槛，钱包仍需进一步优化业务流程、改进技术、提高使用便捷性，更需要加强用户教育、帮助用户正确、安全地使用钱包。

10.盈利模式仍在探索中

目前大多数钱包的盈利模式仍在探索，变现能力不强，钱包项目的生存压力较大。相较于热钱包，卖设备的冷钱包有更强的变现能力，不过其设计研发的前提投入较大，库存积压的风险也较高，受市场整体行情影响较大。

11.数字资产钱包发展趋势

一方面，钱包是用户与区块链交互的界面，可视为现实世界通往区块链世界的一个重要入口；另一方面，钱包的本质是私钥管理工具，与区块链及数字资产息息相关，资产属性强烈。未来数字资产钱包的发展也将紧紧围绕着这两点特性不断丰富和扩展。随着行业的发展和演进，在某一领域有些钱包将势必进行技术和资源上的深耕，形成行业高壁垒，有的则将朝着全面性和综合性的方向进行业务优化和资源聚合。

12.区块链世界入口功能发展并强化

资产种类增加，一体化管理入口。当数字资产种类越来越多，用户急需统一化的平台帮助用户管理众多类型的资产。而由于目前中心化数字资产交易存在的流动性分割现状，用户需要在不同的交易所注册、登录不同的账户进行查询和交易，过程烦琐，而且未来也很难改善此类现状，因此钱包将成为资产聚合的首选方案。资产一体化管理可将用户在多个钱包和交易所的通证持有情况进行汇总并提供统一的汇总、查询、分析以及交易等服务。未来支持多平台跨链兑换等功能的发展，也将满足用户流动性多样化需求。

DApp 应用入口。互联网时代，如同各类 App 作为用户感受移动互联网的窗口。未来，区块链时代，各类 DApp 也将成为用户直接参与区块链的主要方式。由于用户与 DApp 的交互需要消耗数字资产，而钱包作为协助用户管理各类数字资产的工具，其重要性不言而喻，可能会成为新时代应用商店，成为区块链 3.0 时代真正的超级流量入口。

通证使用权、收益权等功能性入口。未来随着区块链项目的落地以及通证的功能属性越来越强，钱包作为区块链世界的入口将承载着非常关键的角色。用户只有直接掌管私钥，才能行使通证所代表的各种功能和权力，如 EOS 投票权、获得 PoS 挖矿收益等。未来通证经济模式下还将诞生更多的通证实际使用场景，如各类行为挖矿、分红，权力凭证等。钱包提供的直接便捷渠道，将会释放出通证除交易以外的功能潜力，更好地促进通证经济发展。

13.金融属性强化，服务和产品不断丰富

交易属性日渐增强。钱包用户自然拥有交易需求，如果币不用从钱包中提出来就可以实现交易，不但减少了用户提币、转币的操作步骤，减少了犯错的概率，也增强了用户黏性，为钱包项目的后续转型提供了很好的发展方向和资金沉淀。另外，去中心化交易所的发展也会促进去中心化钱包的发展，这对 Onchain 钱包有天然优势。

理财服务不断完善。作为资产沉淀的平台，数字资产钱包不仅仅是工具和流量入口，更是资金入口和金融服务平台。围绕资产开展一系列理财服务将是未来钱包发展重点。目前已有一些数字资产钱包开始布局各类理财和资金托管服务，但是该领域还在非常早期阶段，和传统的资管服务很不一样，风控、盈利模式、资金安全等很多问题还需一一解决，产品设计也需结合区块链资产特点进行重新规划和考虑。

4.2.2 常见名词

钱包中的一些常见名词如图 4-13 所示。

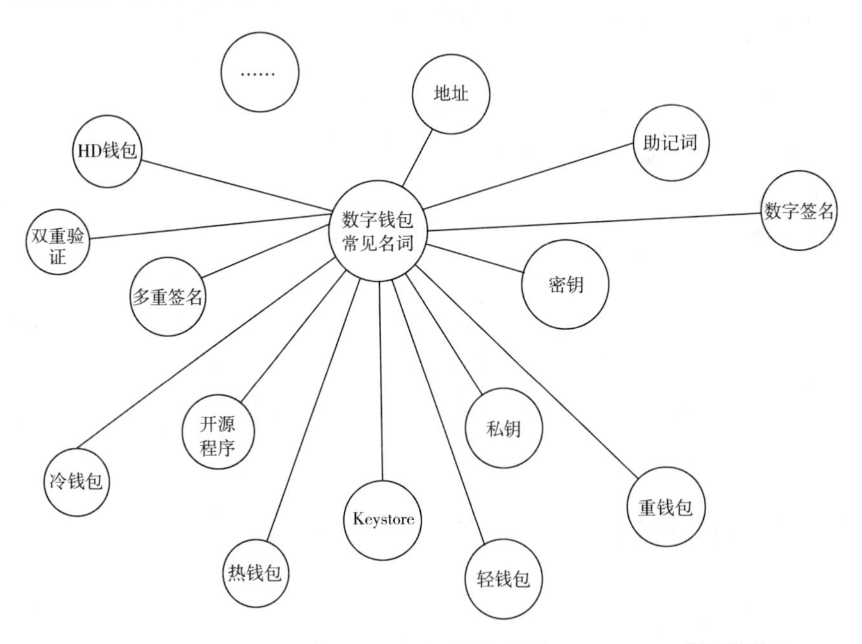

图 4-13 钱包中的常见名词

（1）密钥：是指某个用来完成加密、解密、完整性验证等密码学应用的秘密信息。在对称密码中，加密和解密用的密钥是同一个；而在非对称密码中，加密和解密用的密钥不同，根据是否公开可分为公钥和私钥。

（2）私钥：在非对称密码中，加密和解密用的钥匙不同。公钥和私钥成对生成和使用，其中由用户自己保管、不对外公开的，称为私钥。

（3）公钥：在非对称密码中，可对外公开并传递的密钥称为公钥。

（4）地址：通常由公钥产生。公钥经过多种加密算法、哈希算法等生成用户钱包地址，类似传统金融中的银行卡号。

（5）数字签名：类似写在纸上的普通的物理签名，转移资产的时候需要用户签名才能启动。多重签名，就是多个用户对同一个消息进行数字签名，可以简单地理解为一个数字资产的多个签名。

（6）助记词：将难以记忆的私钥通过加密算法转换成一组常见单词。私钥与助记词之间可以互相转换。

（7）Keystore：通过加密算法加密过后的私钥，通常以文件格式储存。

（8）冷钱包：离线钱包，在没有联网环境下使用的，统称冷钱包。

（9）热钱包：在线钱包，处于连接互联网状态，私钥存储能被网络直接访问的钱包。

（10）硬件钱包：用专业的硬件存储数字资产，将数字资产私钥单独储存在一个芯片中，与互联网隔离，即插即用。

（11）纸钱包：将私钥或助记词以字符串、二维码等形式记录在纸上进行保存和使用的方法。

（12）脑钱包：脑钱包的主要原理是用可预测的算法把口令转换成一对公私钥，用户通过输入自行编写的一串字符串，即可与一个笃定的密钥生成一一对应的映射，是一种密钥生成方式。

（13）重钱包：全节点钱包，保存私钥的同时，需同步所有区块链数。

（14）轻钱包：不保存所有区块的数据，只保存跟自己相关的数据的钱包。

（15）去中心化钱包：用区块链网络上其他全节点，不用保存所有区块数据，需保存和同步与自己相关的数据，无须第三方管理存储私钥，私钥由本人控制。

（16）中心化钱包：用户无私钥，数据均完全依赖运行提供钱包产品的中心化的第三方。

4.2.3 钱包的安全性

1. 钱包安全设计

（1）网络传输安全。MITM（中间人攻击）指攻击者与通信的两端分别创建独立的联系，并交换其所收到的数据，使通信的两端认为他们正在通过一个私密的连接与对方直接对话，但事实上整个会话都被攻击者完全控制，即双向校验。

虽然大部分数字钱包应用都会使用 HTTPS 协议和服务端进行通信，但是中间人可以通过在用户终端中安装一个数字证书的方式拿到 HTTPS 协议里面的内容。

安全的数字钱包需要能够对终端里面全部的数字证书的合法性进行扫描，对网络传输过程中的代理设置进行检查并能够保障基础的网络通信环境的安全性。在数字钱包的开发中，在网络传输层面是否使用双向校验的方式进行通信验证是衡量一个数字钱包应用安全性的重要评判标准。

（2）RPC（RemoteProcedureCall，远程过程调用）调用接口安全策略。RPC 接口调用权限，安全钱包本身只是区块链世界的接口软件，网上介绍的很多都是使用 RPC 调用相应接口，这样的调用过程对数据传输的权限控制是数据通信时的安全之本，对代码和各种场景的设计要非常仔细。

如在钱包节点 Geth 上启用远程过程调用访问时，千万不要允许带有解锁账户功能的远程过程调用的外部访问等。

（3）客户端软件安全性。客户端文件管理安全文件主要考虑安装在用户端的文件是加密并不可被破解的，以及对用户的一些禁止性操作或者增加对某些风险操作的不便性来降低用户造成的风险。

安装包安全性确保软件安装包的安全和不可被反编译、破解植入非法操作等。

抵御终端不良程序对关键文件的访问以及加密数字资产钱包最核心的文件——私钥 / 助记词是存储在终端设备上，无论是 PC 端还是移动端，终端设备如果出现不安全的现象，对于私钥或助记词来说有非常高的安全风险。

一个安全的数字钱包，在设计之初就应该避免因为运行环境而导致的私钥 / 助记词被盗的情况。例如，增加用户操作，增加要访问到核心文件时必须进行人脸识别或短信确认的功能等。

终端关键文件加密方式对终端关键文件采用高安全的加密方式，防止普通程序访问，或者即使关键文件被复制，第三方也不能轻易破解，如 Wallet.dat 加密问题。

终端关键文件备份过程显示方式用户难免对关键文件有备份的需求，在设计钱包时需考虑实际安全操作性采取限制直接导出关键文件的操作，或者允许导出关键文件，但是解密方法以不能进行任何操作的显示方式供用户手动记录。

（4）钱包核心信息的保存。助记词等关键信息生成和管理对于钱包的核心关键信息，如助记词、私钥、Keystore 的生成和管理需充分考虑安全性。这三者的设计原则和思路基本相同。以助记词为例，为确保客户端生成助记词，不能经过任何云端或服务器，这是去中心化钱包的核心，任何访问助记词的过程都需要用户主动确认，如上面提到的人脸识别或短信确认的功能等。

对助记词的显示采用不能进行任何操作的显示方式，供用户手动记录。

（5）导入其他钱包生成的私钥和助记词。安全导入其他钱包生成的私钥和助记词的思路可以从创建新的核心文件的方式来降低非法程序入侵的风险；也可以同时用人脸识别或短信确认的功能等。

开发扩展安全考虑到钱包作为区块链的接口端，对应用扩展需求很高，所以设计上需严格控制开放端口的权限，确保通信只是公钥签名。同时对应用程序要严格审查是否具备抗篡改能力的核心技术能力，以及应用运行过程中的内存安全、反调试能力等。

除此之外，考虑到用户忘记密码的风险，可以考虑采用多签名方式增加各种应用场景，如找回密码功能等。

2. 以通俗的方式理解数字货币的钱包

（1）我们用一种通俗的方式讲解钱包的安全知识，如下所示：

① Keystore，Keystore+ 密码 = 银行卡号 + 银行卡密码，Keystore ≠ 银行卡号。

② 钱包地址，地址 = 银行卡号。

③ 密码，密码 = 银行卡密码。

④ 私钥，银行卡号 + 银行卡密码。

⑤ 助记词，银行卡号 + 银行卡密码。

总结：私钥或助记词是钱包最宝贵的资料，丢失了，就意味资产丢失，没有人能帮忙找回来。虽然目前有些公有链支持钱包恢复的方式，如 EoS 的社交账号恢复的方式；还有的发明专利可以解决钱包丢失的问题，如有个专利描述了一种办法，将钱包地址上面绑定一个智能合约，超过一定的时间自动将钱包内的资产转移到另外一个钱包中。但对于当前的大多数数字货币，还都不具有这些可恢复性，所以切记保存好私钥或者助记词。

（2）忘记相关内容（见图 4–14）的影响如下：

① 地址忘了，可以用私钥、助记词、Keystore 和密码，导入钱包找回。

② 密码忘了，可以用私钥、助记词，导入钱包重置密码。

③ 密码忘了，私钥、助记词又没有备份，就无法重置密码，就不能对代币进行转账，等于失去了对钱包的控制权。

④ 密码忘了，Keystore 就失去了作用。

⑤ 私钥忘了，只要你钱包没有删除，并且密码没忘，可以导出私钥。

⑥ 私钥忘了，还可以用助记词、Keystore 和密码，导入钱包找回。

⑦ 助记词忘了，可以通过私钥、Keystore 和密码，导入钱包重新备份助记词。

⑧ Keystore 忘了，只要钱包没有删除，密码没忘，可以重新备份 Keystore。

⑨ Keystore 忘了，可以通过私钥、助记词，导入钱包重新备份 Keystore。

（3）泄露信息的影响范围如下：

① 地址泄漏了，没有关系，转账就是需要给别人地址的。

② 密码泄漏了，没有关系，不能接触到私钥或 Keystore，只有密码是没用的。

③ 地址和密码泄漏了，只要私钥或 Keystore 不丢，就没有关系。

④ Keystore 泄漏了，密码没有泄漏，没有关系。

⑤ Keystore 和密码泄漏了，别人就能进入钱包，把币转走。

⑥ 私钥泄漏了，别人就能进入钱包，把币转走。

⑦ 助记词泄漏了，别人就能进入钱包，把币转走。

（4）重要信息的备份。既然私钥、助记词、Keystore 和密码如此重要，那么如何进行保存呢？最安全的方法就是：写在纸上。

由于 Keystore 内容较多，手写不方便，保存在计算机上也不安全，因此可以不对 Keystore 进行备份，只手写私钥、助记词就足够了，手写备份要注意以下几点：

① 多写几份，分别放在不同的安全区域，并告诉家人。

② 对手写内容进行验证，导入钱包看能不能成功，防止写错。

③ 备份信息不要在联网设备上进行传播，包括邮箱、QQ、微信等。

④ 教会家人操作钱包。

图 4-14　区块链钱包中的几个重点概念

4.2.4　常见钱包

几种常见的数字货币钱包见表 4-1。

表 4-1　几种常见的数字货币钱包

钱包名称	安全性	易用性	备注
比特派	★★★	★★★	Bitcoin.org 推荐团队开发
imToken	★★★	★★★	
Jaxx	★★★	★★	
Blockchain	★★	★★★	全球用户量最多的数字钱包

续表

钱包名称	安全性	易用性	备注
Coinbase	★★	★★★	具有正规牌照的交易钱包
Bitcoin Core	★★★	★	官方钱包
Ledger Nano S	★★★☆	★★	硬件钱包
TREZOR	★★★☆	★★	硬件钱包
KeepKey	★★★☆	★★	硬件钱包

几种常见的数字货币钱包的安全性对比见表 4–2。

表 4–2　几种常见数字货币钱包安全性对比

钱包名称	是否开源	双重验证	多重签名	HD 钱包	私钥保存
比特派	否	不支持	支持	支持	平台不保存
imToken	否	不支持	支持	支持	平台不保存
Jaxx	否	不支持	不支持	支持	平台不保存
Blockchain	是	支持	支持	支持	平台保存
Coinbase	否	支持	支持	不支持	平台保存
Bitcoin Core	是	不支持	不支持	不支持	平台不保存
Ledger Nano S	否	支持	不支持	支持	平台不保存
TREZOR	是	支持	不支持	支持	平台不保存
KeepKey	是	不支持	不支持	支持	平台不保存

几种常见的数字货币钱包的易用性对比见表 4–3。

表 4–3　几种常见的数字货币钱包的易用性对比

钱包名称	支持中文	支持币种数量	支持平台
比特派	是	10+	IOS/Android
imToken	是	20+	IOS/Android
Jaxx	是	50+	IOS/Android/Windows/Mac/Linux/Chrome 插件
Blockchain	是	3	IOS/Android/ 网页
Coinbase	是	4	IOS/Android/ 网页
Bitcoin Core	是	1	Windows/Mac/Linux
Ledger Nano S	否	20+	Windows/Mac/Linux
TREZOR	否	10+	Windows/Mac/Linux/Android
KeepKey	否	6	Windows/Mac/Linux/Android

1. imToken

imToken 成立于 2016 年 5 月，是一个基于区块链技术打造的资产数字化管理解决方案，为普通用户提供去中心化的资产管理系统。能过将私钥加密存储于本地，并采用多重签名、备份防丢等方式提高资产安全性。2018 年 5 月 31 日，imToken 完成由 IDG 投资的千万美元 A 轮融资。2018 年 10 月 24 日宣布代码开源。imToken 下载界面如图 4-15 所示。

支持 ETH、BTC、EOS、Cosmos 等多链钱包，以及基于智能合约的币币兑换和丰富的 DApp。
注：App Store 下载需要中国大陆地区以外的 Apple ID 账号，公测版则无此限制

图 4-15　imToken 下载界面

imToken 是一款区块链数字钱包，支持多链，如以太坊、比特币、Cosmos 等（见图 4-16），它可以使用户非常简单、安全地管理在区块链上的账户和资产。

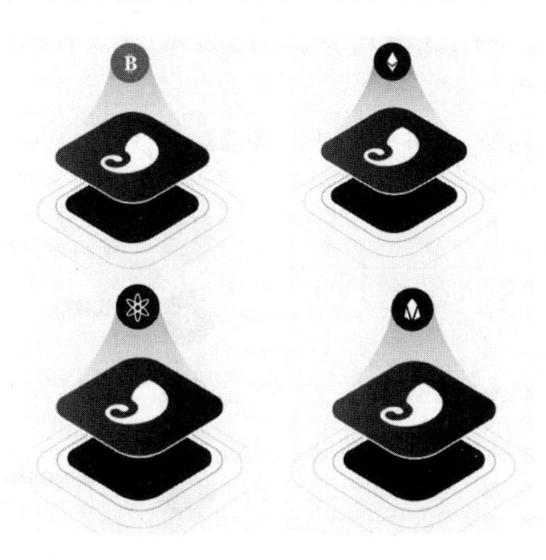

图 4-16　imToken 支持的多种数字货币

2. 多链钱包（见图4-17）

多链钱包中有一组助记词，只要创建多链钱包，就能告别繁复的备份管理。

多链各有差异，支付体验都很流畅。

imToken 1.0 是基于以太坊的多资产管理钱包，支持所有的 ERC-20 代币。imToken 2.0 全新改版，从系统架构开始支持多链资产管理，引入全新身份的概念。

区块链技术赋予用户真正掌握自己数字资产和个人数据的权利，通过借助密码学的公、私钥钱包账户，使用户拥有数字世界的身份。imToken 2.0 通过使用一个身份创建多链钱包，无须多个工具混乱管理用户的多个私钥，即一个身份便可管理不同的链资产以及各种代币。截止 2020 年，已经支持 ETH、ERC-20、ERC-721 代币，比特币 HD 钱包以及隔离见证，EOS 以及 EOS 主网其他代币，COSMOS 区块链的 ATOM，当然不止这么多，imToken 未来会支持更多生态伙伴。

在 imToken2.0 中，什么是数字身份？

imToken 通过一组助记词为用户创建数字世界的身份。一个数字身份关联多链钱包，创建或恢复身份后只需一组助记词就可以同时管理 BTC、ETH、EOS、COSMOS 钱包，告别繁复的备份管理。

在 imToken 中，"数字身份"也可以用来维护用户存储在区块链上的数据，如 imToken 的"地址本"功能，用户可以在底部导航栏中选择"我"选项，单击地址本，便可添加好友地址。这些信息会以分布式存储的方式进行保存，除非拥有这个身份，否则没有人可以动用这个数据，充分确保用户的数据主权不可侵犯。

imToken 的其他功能还有代币管理、代币自动发现（无须手动添加）、支持一键搜索、轻松查看与管理多种代币。

如何使用 imToken 钱包，请参考官方网站说明。

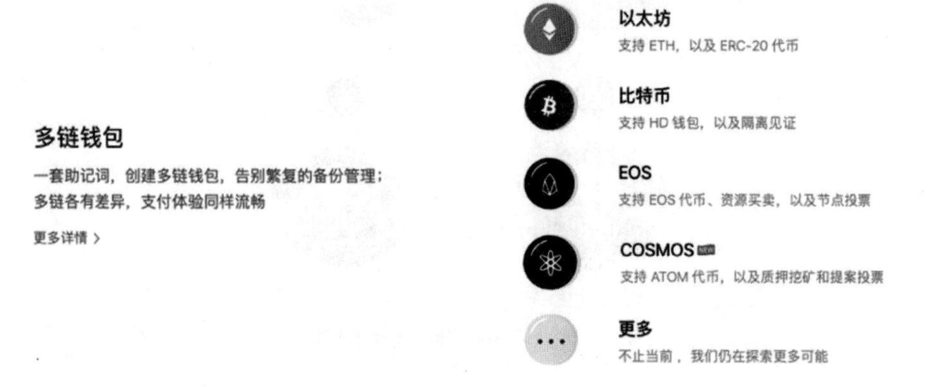

图 4-17　多链钱包

3. 火币钱包（Huobi Wallet）

火币钱包（见图 4-18）是一款专业的多币种轻钱包，依托火币集团在区块链领域的技术积累和安全经验，从多重维度保障全球数字货币用户的资产安全，提供简单便捷、安全可靠的数字资产管理服务。火币钱包的下载界面如图 4-19 所示。

图 4-18　火币钱包

图 4-19　火币钱包的下载界面

火币钱包是一款多币种钱包，目前支持 BTC、BCH、LTC、ETH、ETC、HT、USDT 等币种。用户可以自行搜索和添加资产。

火币钱包默认为用户创建 BTC、BCH、LTC、ETH、ETC 钱包。默认支持 USDT、ERC20 代币，用户可以自行搜索代币并添加至首页显示。

如果用户有其他未支持的 ERC20 代币，也可以自行转账到 ETH 地址，火币钱包支持所有 ERC20 代币的正常显示，但是因为未支持的代币没有经过火币钱包的合约审核，火币钱包不能保证其安全，需要谨慎操作。

火币钱包基础操作指南，请参考官方网站说明。

4. 比特币桌面钱包

· Bitcoin Core

Bitcoin Core 比特币核心是一个实现了全节点的比特币客户端，它组成了整个比特币网络的支架。比特币核心拥有极高的安全性、隐私性、稳定性。但是它有较少的特性且会占用很多的磁盘和内存空间。

· Bitcoin Knots

Bitcoin Knots 比特币的许多节点都是一个完整的比特币客户端，并且建立了比特币网络的主干。客户端提供了高级别的安全、高度隐私和高标准稳定性。客户端要比比特币核心包含更高级的特性，但这些客户端并没有很好地进行测试。客户端会占用大量的磁盘空间和计算机内存。

· Bither

Bither 是一个可以运行在许多平台上的简单又安全的钱包。使用了具体的冷 / 热方法设计，用户可以使用 2 种安全方法并且简单易用。Bither 的 XRANDOM 使用了不同的加密源来生成真随机数字给用户。同时使用 HDM，用户可以拥有 HD 的优势与多重签名的安全性。

· Electrum

Electrum 客户端的侧重点是快速，简单，占用资源少。它使用远程服务器来处理比特币系统中最复杂的部分，你还可以通过一个预设的保密短语用来还原你的钱包。

· mSIGNA

mSIGNA 是一个先进而容易操作的钱包，它具有快捷、简单、企业级别的可扩展性和很高的安全性等特点。它支持 BIP32、多方签字交易、线下储存、多设备同步和加密的电子和纸样备份。

· GreenAddress

GreenAddress 是用户友好的多重签名钱包，可以提升安全性和隐私。你的私匙无论何时都不会在服务器端上，甚至加密的私钥更不会。为了安全起见，你应当总是使用双重验证（2FA）和浏览器扩展功能或 Android 应用程序。

· Armory

Armory 是一款高级比特币客户端，为比特币资深用户做了更多性能扩展。它提供了很多的备份和加密功能，允许安全的线下冷存储方式。

· ArcBit

ArcBit 是为了简单和易用而设计的，同时可以让许多用户完全控制自己的货币。它提供了一个冷藏钱包存储特性的选项，这个特性可以授权离线支付来提高安全性。

5.比特币网页钱包

· BitGo

BitGo 是一种高安全性多签名钱包，它保护着你的比特币不会被偷和丢失。你完全可以由自己维护钱包；BitGo 不可以花费或冻结资金。多个 BitGo 钱包也是容易使用的，并且提供高级安全特性，如消费限制与多用户访问。

· Coin.Space

Coin.Space HD 钱包是一个免费使用的在线形式的比特币钱包，这样您可以在世界范围进行免费支付。Coin.Space HD 这个在线钱包用比特币进行支付是容易使用且又安全的，不管是在你的手机上还是计算机上。

6. 比特币手机钱包

· Bither

Bither 是一个可以运行在许多平台上的简单又安全的钱包。使用了具体的冷 / 热方法设计，用户可以使用两种安全方法并且简单易用。Bither 的 XRANDOM 使用了不同的加密源来生成真随机数字给用户。同时使用 HDM，用户可以拥有 HD 的优势与多重签名的安全性。

· BRD

BRD 是一个对新用户十分友好且非常安全的比特币钱包。BRD 会直接接入比特币网络，并使用你的设备内置的硬件加密来保证比特币安全。

· Edge Mobile Wallet

Edge 是一款与 Segwit 兼容的移动比特币钱包，高度的隐私、安全和分散化对于大众来说非常熟悉和有用。Edge 钱包总是会自动加密、备份，甚至在 Edge 服务器宕机时也能正常工作。

· GreenBits

GreenBits 是一个快速且容易使用的钱包。享受提升的安全性是用一种最小化或零信任方法，可选择支持物理钱包、基于双重验证的多重签名和支出限制功能。

· Mycelium

Mycelium 在 2008 年作为一支 Mesh 网络项目的硬件工程师团队开发。随着比特币的出现，Mycelium 自然地向更有发展的新技术靠近。迄今为止，Mycelium 已经在比特币领域成功的开发和推出了三款产品：电子钱包、熵和齿轮。

· Airbitz

Airbitz 是一个移动端的比特币钱包，它注重高度隐私、安全和非常熟悉的非中心化，并且使用广泛。Airbitz 钱包总是自动加密、备份，甚至在服务器发生故障时还能正常使用。

· ArcBit

ArcBit 是为了简单和易用而设计的，同时给许多用户完全控制自己的货币。它提供了一个选项，冷藏钱包存储特性，这个特性可以授权离线支付来增强安全性。

· Simple Bitcoin Wallet

Simple Bitcoin Wallet 是一个简单、安全且可靠的比特币钱包。

· Bitcoin Wallet

Bitcoin Wallet 性能稳定，易于使用，同时很安全快捷。其愿景是去中心化和零信任，比特币的相关操作不需要中心服务。该应用程序对于非技术人员是一个很好的选择。

7. 比特币硬件钱包

· Digital Bitbox

Digital Bitbox 是一个来自瑞士的，强调安全和隐私的极简主义硬件钱包。它的特性包括完全离线且简化的备份、可否任性（Plausible Deniability）、多重签名支持、原生桌面应用、可用于验证的移动端应用以及双因素认证（2FA）。

· KeepKey

KeepKey 是一个物理钱包，它让比特币的安全性变得容易。当你委托 KeepKey 管理你的货币时，每次比特币交易您都要回顾并通过 OLED 显示屏批准，并且要按“确认”。

· Ledger Nano S

Ledger Nano S 是一个安全的比特币硬件钱包。它通过 USB 来连接计算机并有一个内嵌的 OLED 显示屏来双重验证每一次交易。

· Trezor

TREZOR 是一个硬件钱包，它具有高安全性，但它不会以牺牲方便性作为代价。与冷储存（Cold Storage）不同，TREZOR 在连接到一个在线设备时是可以实现交易的。这意味着即便是在使用不安全的计算机的时候，使用比特币都是十分安全的。

第 **5** 章

数字货币交易所

5.1 传统交易所

传统交易所主要的类型有证券交易所、商品交易所、金融期货交易所、黄金交易所和各个地方省市的产权交易所等。早期的传统交易所如图 5-1 所示。

图 5-1 早期的传统交易所

（1）证券交易所：提供证券交易的场所和设施；制定证券交易所的业务规则；接受上市申请,安排证券上市；组织、监督证券交易；对会员、上市公司进行监管；管理和公布市场信息。

中国只有两家证券交易所：上海证券交易所、深圳证券交易所。

股票是证券的一种，所以股票是在证券交易所交易的。

（2）商品交易所：又称商品期货交易市场，是一种有组织的商品市场。商品交易所是为大宗商品进行现货和期货合约集中竞价交易提供场所、设施及相关服务，不以营利为目的的自律性管理法人，交易标的是大多数经济中非常重要的商品。商品交易所的交易通常只能通过特定的人员在规定的时间和地点进行交易，特定人员主要指交易所的会员。

商品交易所又分为很多种，主要的商品交易所有三家：上海期货交易所、郑州期货交易所和大连商品交易所。

还有很多地方性的现货商品交易所，如上海农产品交易所等。

（3）金融期货交易所：中国金融期货交易，进行金融产品相关的期货产品交易。地址在上海。

（4）黄金交易所：在国内只有“上海黄金交易所”一家。上海黄金交易所是经国务院批准，由中国人民银行组建，在国家工商行政管理局登记注册的，不以营利为目的，实行自律性管理的法人。遵循公开、公平、公正和诚实信用的原则组织黄金、白银、铂等贵金属交易。

交易所实行会员制组织形式，会员由在中华人民共和国境内注册登记，从事黄金业务的金融机构，从事黄金、白银、铂等贵金属及其制品的生产、冶炼、加工、批发、进出口贸易的企业法人并具有良好资信的单位组成。境外有很多贵金属交易所。

（5）各个地方省市的产权交易所：指交换产权的场所、领域和交换关系的总和。它也是经济体制改革和经济发展过程中的围绕产权这一特殊商品的交易行为而形成的特殊的经济关系。产权交易所是中国的特色之一。

5.2 数字货币交易所简介

5.2.1 数字货币交易所的起源

黄金、期货、债券、股票等都有交易所，数字货币自然也有交易所。与传统股票债券等交易所不同，数字货币交易所（见图5-2）完全数字化，已经没有物理意义上的场所。

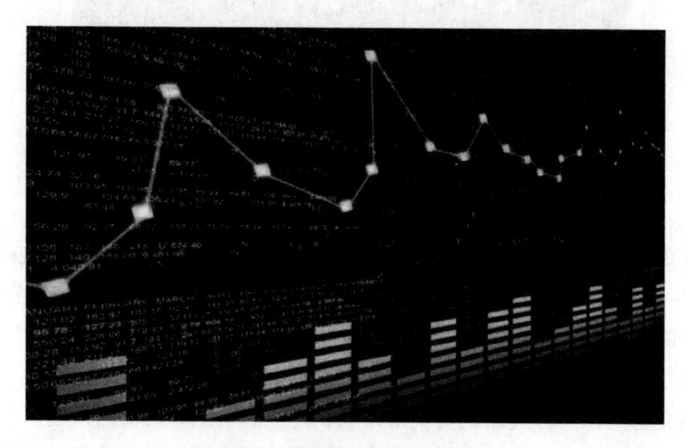

图5-2 数字货币交易所示意图

“数字货币交易所”只是区块链行业内的通称，这一称谓既没有法律依据也不规范。

大体上，数字货币交易所是指进行数字货币间、数字货币与法币间交易撮合的平台，是加密数字货币交易、流通和价格确定的主要场所。

2018 年 9 月 26 日，CoinMarketCap 上面的数据如下。

· 加密货币：1993。

· 交易市场：14190。

· 市值：¥1442818504647。

· 24 小时交易量：¥106553070333。

· 比特币（BTC）主导：52.8%。

数字资产投资主要是在数字资产的交易平台开展。交易平台不像国内的股票交易市场只是面向国内，它面向全球的交易用户。目前因为政策因素，大多数交易平台只支持币币交易，即数字货币与数字货币之间的交易。用户需要通过 OTC 场外交易先把法币兑换成主流的数字货币，然后再用数字货币进行投资。

整个数字货币交易所的发展历程大致分为以下三个阶段：

· 2010—2014 年年中起源发展。

· 2014—2017 年经历低谷。

· 2018 年再次爆发，并逐渐稳定成几个主要的交易所。

一个数字货币交易所的必要组成部分包括交易所介绍、个人账户、行情展示、交易通道。

随着国家管控力度和交易所安全门槛的提升，越来越多的交易所要求进行 KYC（Know-Your-Customer，客户身份验证），其他信息如下。

行情展示的 AM 线、制图表单、深度图等在股票交易行情的基础上越来越丰富。

交易通道的支付方式、限价或市价、手续费说明等也非常完善。

部分交易所也引进了“杠杆交易”，让投资者可以成倍地获利或损失。

壮大的交易所，还会有资讯、社区、矿池、孵化等多种功能加持。

5.2.2 数字交易所简史

2010 年 2 月 6 日诞生了世界上第一个比特币交易所 Bitcoin Market，该交易所于 2010 年 2 月 6 日由 Bitcointalk 的用户 dwdollar 创建。但同年 6 月，由于一些用户的欺诈行为，交易所撤掉了 Paypal 支付选项，随后交易量迅速萎缩，被之后成立的交易所 Mt.Gox 超越。至今该交易所关闭的具体日期仍不得而之。

迎头而上的是 2010 年 7 月成立的 Mt.Gox，国人戏称“门头沟”，一度占据全球比特币交易量的 80%。

Mt.Gox 于 2010 年 7 月 18 日由电驴之父 Jed McCaleb 创建，2011 年 3 月被法国人 Mark Karpeles 接管。在比特币发展的早期，“门头沟”几乎是唯一的交易所，2011 年 7 月，“门头沟”处理了全世界超过 70% 的交易。从 2014 年 2 月开始，该交易所暂停交易，关闭网站，并申请了破产保护，而 85 万个比特币（当时估值约 4.5 亿美元）从用户账户中凭空消失了。Mark Karpeles 被日本警方多次传唤，而消失的资金大部分至今仍下落不明。

我国的第一家数字货币交易所比特币中国（BTCChina）诞生于 2011 年 6 月 9 日，一直都是国内最大的比特币交易所，即便在 2013 年火币、OKCoin 奋起直追，到 2017 年 9 月 30 日比特币中国关停交易业务之前，也最多只算得上平分秋色。

自 2019 年 6 月初 FCoin 兴起以来，以上三足鼎立的局面也被迫瓦解。

以 FCoin 为代表的新兴交易所带来的冲击，究竟是对交易所生态的变革，还是成为激起万丈浑水的茅厕封石，开始并没有人敢下断言。随着后来遇到的严重问题，FCoin 的发展显得岌岌可危。

1. 国内第一家数字资产交易所

2011 年 1 月，Mt.Gox 上一个比特币的价格不到 30 美分。但一个月后，一枚比特币的价格突然涨到了 1 美元，并一度引发了美国知名财经杂志《福布斯》的报道。

中国的比特币先驱们开始意识到，这看不见、摸不着的比特币，潜藏着无限的商机：**lai 以均价 6 美元的价格，入手了 2100 个比特币；吴忌寒将比特币白皮书翻译成中文，并与科幻作家长铗创立比特币资讯网站巴比特；还在北航读研的张楠赓则利用业余时间，设计出一款专门挖比特币的机器 FPGA；而温州商人杨林科则于 2011 年 6 月 9 日——比特币价格飚至 29.55 美元的那天，与程序员朋友创办了国内第一家交易所，取名为“比特币中国”。

“比特币中国”靠撮合用户的比特币与法币交易，并收取手续费获取利润。这也是最初交易所们的主要盈利模式。

据称第一笔交易在网站上线没多久就出现了，十几块钱的充值额都让杨林科感到欣喜。然而随后比特币迎来一轮价格暴跌，直接影响了“比特币中国”的交易量。交易平台成立一年多，平台一天就几十单的交易，每个月也只有几千元的手续费收入，这让杨林科对这个副业产生怀疑。

2013 年，比特币价格一度涨至数千元，在国内掀起了第一个投资小高潮。这一年，“比特币中国”需要融资注册，网站才有了备案。美籍华人李启元加入“比特币中国”，后来成为 CEO。

最辉煌时，“比特币中国”曾经拿下过世界第二的交易量排行，在国内的交易所排名也一度占据着第一的位置。但在财富渐增的世界里，任何主体都不会一直孤独。

2. 国内数字资产交易所的前期

2012 年 11 月 1 日，前豆丁网 CTO 徐明星在北京注册了北京乐酷达网络科技有限公司，网站是 www.okcoin.com。

2013 年 5 月，数字货币交易平台 OKCoin 上线。

同年 9 月，新币种莱特币最先在 OKCoin 平台上线，为其带来了巨大的用户量，使其当月交易记录达到 26 亿元；11 月，OKCoin 交易额冲到 80 亿元；12 月，OKCoin 平台创造了最高一天 40 亿交易额的记录。此后 OKCoin 一度成为全球交易量最大的比特币交易平台。

2013 年 9 月，购物折扣导航网站“人人折”的创始人李林和另外两位创始人创办的火币网正式上线。火币网踩准了比特币价格大涨的时间点，平台上线不久，比特币价格便从 800 元一路飙升至 7900 多元，国内比特币投资者一时激增。2013 年底国内掀起一波炒币热潮。

数据显示，火币网上线的第 9 天，单日交易额达 100 万元；上线第 50 天，单日交易额突破 1000 万元。2014 年 2 月 25 日，火币网单日交易量超过 26 万个比特币，单日交易额达 10 亿元。上线半年，单日交易额突破 15 亿元。

在这期间，云币网、比特币交易网等交易平台也相继出现。顶峰时市场上的交易所超过 40 家，中国成为数字货币交易量第一大国，交易量占全球的 90% 左右。

比特币期货交易所也开始出现。2013 年 6 月，国内第一家数字货币期货交易平台 796 交易所成立，并很快成为国内最大的数字货币期货交易所。

3. 第一次低潮期

在 2014 年之前，全球比特币交易市场上，最大的玩家是 Mt.Gox。最高时该平台占据全球 90% 的比特币交易量，甚至是全球比特币兑换率的风向标。

2011 年，法国商人马克・科尔佩勒斯收购了 Mt.Gox，成为其总裁。也正是这一年，Mt.Gox 平台出现数据库被盗事件，引发全球连锁式用户密码被盗。

2013 年，比特币从 13.5 美元暴涨至 266 美元时，Mt.Gox 的服务器再次宕机，引发了新一轮的恐慌性抛售。

2014 年 2 月 25 日，曾经是全球最大的比特币交易平台 Mt.Gox 突然无法访问，网站变为一片空白，其官方 Twitter 账号也被删除一空。此后传出 Mt.Gox 已经破产的消息，大约 85 万个比特币（当时估值约 4.5 亿美元）付之东流。因为 Mt.Gox 谐音“门头沟”，该平台的破产也被币圈成为“门头沟事件”。

2014 年，受政策、市场等影响，国内的比特币交易所出现第一波倒闭潮。根据媒体报道，2014 年国内至少有 18 家交易所倒闭，但有报告分析，在中国倒闭的交易所要大大超过这个数字。

此后 2015 年、2016 年由于比特币价格在动荡中低迷，国内对数字货币及交易的监管逐步严格，国内的交易所日趋谨慎。而国外的数字货币交易所却呈现繁荣姿态，2014 年，Bitthumb、Coinone 等交易所在韩国建立；Poloniex（P 网）、Bittrex（B 网）则分别于 2014 年、2015 年在美国建立。

4. 政策监管

2013 年 12 月 5 日，中国人民银行等五部委发布了《关于防范比特币风险的通知》，明确比特币不具有与货币等同的法律地位，不能且不应作为货币在市场上流通使用。

通知发出的当天，国内比特币交易价格从 7004 元跌至 4521 元。而此时正在崛起的“比特币中国”受政策影响，直接将网站停掉了一个多月，不能充币也不能交易。更多的交易所则在这一时期被“清理”掉，有的趁机跑路，有的则销声匿迹。

2014 年 3 月，有媒体报道，央行向各分支机构下发了一份名为《关于进一步加强比特币风险防范工作的通知》(简称《通知》) 的文件，该文件表明禁止国内银行和第三方支付机构替比特币交易平台提供开户、充值、支付、提现等服务。《通知》明确银行在 4 月 15 日之前关闭 15 家最大比特币交易平台开立的银行账户，切开金融机构与比特币之间的联系。

消息一出，直接导致火币网比特币交易现价偏离较大的价格区间挂单较少，系统无法以正常价格平仓，直到价格跌到 1 元才完成平仓。此后，各大交易所开始采用代理商的方式，解决交易用户的资金充值问题。

监管部门对数字货币的政策限制使数字货币交易长期处于灰色地带。此外，交易所的期货交易、融资融币等踩黄线的行为也成为交易所头上高悬的监管利剑。随着央行接连推出反洗钱核查、账户实名制、打击加杠杆等政策，国内数字货币交易所逐渐搬往境外。

2017 年 1 月，北京、上海两地监管部门约谈、检查的三家比特币交易平台比特币中国、火币网、OKCoin 后，三家平台的比特币现货融资、融币宣布停止。

然而随着 ICO 等出现，比特币卷土重来，2017 年初价格登上 8000 元历史高点，到当年 7 月最高达到每枚 3 万元，国内数字货币投资者的热情被重新点燃。

2017 年 6 月，全球数字资产交易所已超过 4000 家。

2017 年 9 月 4 日，中国人民银行、网信办等七部委发布联合公告《关于防范代币发行融资风险的公告》，在中国境内叫停包括 ICO 在内的所有代币发行融资活动，清理整顿 ICO 平台并组织清退代币。

9 月 7 日，财新网报道，监管当局决定关闭中国境内虚拟货币的交易所，涉及“币行”“火币网”“比特币中国”等为代表的所有虚拟货币与法币之间的交易所。

9 月 14 日，“比特币中国”网站公告称将于 9 月 30 日停止所有交易业务。

9 月 15 日晚，火币、OKCoin 币行、云币网等平台发布公告，停止所有数字货币交易业务，并逐步进行代币清退。

此后火币、OKCoin 币行等数字货币交易所开始出海，并逐步屏蔽国内用户访问。而“比特币中国”则于 2018 年初被香港地区一家区块链投资基金收购。

5. 交易所纷纷出海

就在国内政策高压来临之际，原 OKCoin 币行 CTO 赵长鹏于 2017 年 7 月在日本创立币安交易所。

2017 年 12 月 16 日至 17 日，数字货币行情网站 CoinMarketCap 的数据显示，币安交易所的日交易量达到 28.6 亿美元。过去排行榜的领袖——美国交易平台 Bittrex 和香港交易平台 Bitfinex 则以 28.2 亿美元的交易量和 25.4 亿美元的交易量分别排名第二和第三。

5 个月后，币安成为交易量排名世界第一的交易所。此后虽有波动，但币安交易所的交易量仍能稳定在全球数字货币交易的头部平台位置。

6. 再次兴起

从 2017 年的 7 月到当年 12 月，比特币价格从 2000 美元一跃升至约 2 万美元。数字资产交易所的数量也在这半年时间由 4000 家增长至 7700 家左右。

2018 年初的“区块链”热让数字货币的投资热情重新被点燃。尽管火币、OKCoin、币安等均称不对国内用户开放，但国内炒币热情不减。

7. 模式创新

由于国内的一些政策，一些交易所靠收取期货合约交易手续费和杠杆借贷利差的盈利模式走不通了。

火币、OKCoin、币安等平台开始发行自己的平台币，并将平台币与上币挂钩，平台币上交易所流通。而这又成为交易所探索出来的一种新的盈利模式。

2018 年 4 月 23 日，中国银保监会发布消息称，密切关注民间贷款利率以打击非法集资，继续防范互联网金融风险，所有 ICO 平台和比特币交易已经安全退出中国市场。但没过多久，国内巨大的市场再次引发数字货币交易平台的竞争。

5 月 21 日，一家名为 FCoin 的数字资产交易平台上线。该交易所由火币前 CTO 张健发起创立。其主打“交易即挖矿”的模式，交易产生的交易费用会变成平台币 FT，并返还给用户，相当于免费交易，并且对项目方也不收“上币费”。平台一时间吸引众多币圈投资者。根据网上公开信息，6 月 13 日 FCoin 交易的第 15 天，其交易量超过了 OKex、币安、火币等 6 家交易所之和，被币圈戏称为“宇宙第一所”。仅用一个多月，FCoin 的注册用户便接近 200 万。

8. 数字加密货币交易所倒闭潮

随着越来越多的人入局交易所行业，头部效应开始显现，头部交易所因为可以垄断市场流量，无论牛市还是熊市都能持续运作，而那些运营不善和缺乏动力的中小交易所，只好灰溜溜地宣布倒闭：

2017 年 12 月 19 日，YouBit 交易所宣布破产清算。

2018 年 01 月 27 日，日本 Coincheck 交易所由于资金被黑客窃取宣布倒闭。

2018 年 03 月，日本 Mr. Exchange 和 Tokyo Gateway 两家交易所宣布倒闭。

2018 年 06 月 14 日，Cattleex 交易所宣布破产。

大量靠传销币起来的交易所，在被查封或资金盘断裂之后悄然倒闭。有一部分交易所是因为上线后收益太低，后期运维成本太高，资金入不敷出或是投资方突然撤资，致使交易所倒闭。

其他交易所倒闭的原因五花八门，有的因为监管问题倒闭。例如，2017 年央行等七部委联合发布《关于防范代币发行融资风险的公告》，使得境内的 ICO 和数字加密货币交易所全部暂停，国内以云币网为首的交易所不得已停止运营并退币，其他交易所被迫离开国内市场。也有很多交易所不服输，认为自己有足够的能力和资源扭转颓势，上线各种运营活动来拉新、促活，但最终还是失败了。

9. 交易所人为因素事件

2013 年 10 月，比特币交易所 GBL 突然关闭，负责人卷款跑路，用户损失 2000 万美元资产。

2014 年 2 月，Mt.Gox 85 万比特币监守自盗，即数字货币发展史中的“门头沟事件”。

2014 年 5 月，FXBTC 长期亏损停止运营，疑似卷款跑路。

2015 年 1 月，加拿大交易平台 Virtex 停止提现，并将资金分批转走，疑似跑路。

2015 年 2 月 3 日，中国台湾地区比特币交易所 Yes-BTC 被盗 435 个比特币，网站声明其董事长何兆翼不知去向。

2016 年 4 月 7 日，交易所 ShapeShift 的钱包被黑客盗窃，后证实该行为是监守自盗，黑客受一名离职员工的指使。

2017 年 1 月，比特币亚洲闪电交易中心卷款跑路，卷走上亿资金。

2017 年 7 月，BTC-e 交易所下线，随后域名被封禁，运营者 Alexander Vinnik 涉嫌洗钱、盗窃被捕。

2017 年 9 月 6 日，瑞通光泰投资基金管理有限公司旗下网站莱特中国卷款跑路，页面关闭，投资者被拉黑，资金不翼而飞。

2017 年 12 月 10 日，加密货币交易平台币集网网站关闭，疑似跑路，用户已报案维权。

10. 交易所技术因素事件

2014 年 3 月 1 日，美国加密货币交易所 Poloniex 被盗，损失占总量 12.3% 的比特币。

2014 年 8 月 15 日，加密货币交易所比特儿微博称被黑客盗走 5000 万个 NXT，价值约 1000 多万元。

2015 年 1 月 10 日，比特币交易所 Bitstamp 遭受黑客攻击，损失价值 510 万美元的比特币。

2016 年 5 月，中国香港地区数字交易所 Gatecoin 被盗 18 万个 ETH、250 个比特币。

2016 年 6 月，众筹项目 The Dao 因智能合约漏洞遭黑客攻击被盗 360 万个 ETH。

2016年8月，中国香港地区Bitfinex由于网站出现安全漏洞，12万个比特币被盗，当时价值6500万美元。

2017年7月，韩国加密货币交易所Bithumb被盗，据评估损失达数十亿韩元。

2017年7月，加密货币交易所CoinDash遭黑客盗走大量以太坊，损失达700万美元。戏剧性的是黑客分别于2017年9月与2018年2月，分两次将被盗以太坊原数返还。

2017年12月19日，Youbit第二次遭受黑客攻击，损失17%的数字资产，并宣告破产，用户补偿工作暂无后续进展。

2018年1月26日，加密货币交易所Coincheck被黑客盗走大量NEM，损失约5.3亿美元。

2018年2月10日，意大利交易所BitGrail遭黑客攻击，损失了1700万个NANO币，总价值约1.7亿美元。

2018年3月7日，加密货币交易所Binance遭受黑客攻击，所幸没有出现丢币情况。

2019年5月8日，最大加密货币交易所币安爆发黑客攻击，损失7000枚比特币，价值约达4100万美元。这是币安成立以来发生的第三次重大安全事故，且这次更直接重创币安自身。

11. 数字货币交易所的未来

交易所未来的功能也许不只局限于一个简单的交易场所，其伴生的社区、孵化等功能可以形成一个完善的产业闭环，各个环节互为补充和动力，在数字货币世界里画下浓墨重彩的一笔。

2019年被黑出天际的**lai在2013年说过一句话："人人都可以有比特币，人人都可以开交易所，人人都是一个超级节点。"

一个成功的市场肯定不能是一个零和市场，也不能只是存量倒来倒去，也许在"人人交易所"的模式下，可以激发出越来越多个体的活力，让这个市场获得越来越多的增量。

FCoin无疑是一个大胆又新鲜的尝试，虽然目前并没有明确看到其对数字货币价格的持久的积极影响，但是它毕竟是打破现有交易所垄断的一个开始。随着后来遇到的严重问题，FCoin的发展显得岌岌可危，未来发展需要进一步地观察。

5.2.3 基本的金融术语和概念

1. 股权、债权

从投资人的角度来看，除了资产购买之外，一项投资行为按照其标的物大体分为两类：股权投资、债权投资。

从融资方的角度来看，一个主体（主要形式是公司或者自然人）可以通过两种方式从金融市场获取资金。第一种方式，融资方发行债券或抵押票据等债务工具，通过契约的方式向债务工具的持有人即债权人定期或者到期支付相应的金额；第二种方式，公司股权或股票所有人即股东转让其持有的公司所有权份额即股权或股份。

2. 一级市场、二级市场

股票、债券统称为证券。

一级市场，是筹措资金的主体将其新发行的证券销售给最初购买者的金融市场。一级市场是非公开的。

二级市场，是交易已经发行的证券的金融市场。

3. 交易所和场外交易市场

二级市场的组织形态有两种：交易所和场外交易市场。

交易所，即证券的买卖双方（或者他们的代理人、经纪人）在一个集中的场所进行交易的二级市场，即场内交易。

场外交易市场（Over-the-counter Market，OTC），相对于交易所的场外交易，由拥有存货的交易商向与其联系并愿意接受报价的人进行买卖的二级市场。

4. 货币市场和资本市场

根据交易证券的期限长短，市场又区分为货币市场和资本市场。

货币市场（Money Market），交易短期债务工具的金融市场，原始期限通常为 1 年以下。

资本市场（Capital Market），交易长期债务工具与股权工具的金融市场，债务工具的原始期限一般在 1 年以上。

5. 证券交易所和商品交易所

按照交易标的，通常分为证券交易所和商品交易所。

证券交易所，以股票、公司债券等为交易对象。

商品交易所，以大宗商品（如棉花、小麦等）为交易对象。

6. 现货交易所和期货交易所

进行证券交易或商品大宗交易的市场，所买卖的可以是现货，也可以是期货。因此，可以分为现货交易所和期货交易所。

期货交易所，是买卖期货合约的地方。国内场所有郑州商品交易所（ZCE）、上海期货交易所（SHFE）、大连商品交易所（DCE）、中国金融期货交易所（CFFEX）。

7. 交易型开放式指数基金

交易型开放式指数基金，通常又被称为交易所交易基金（Exchange Traded Funds，ETF），是一种在交易所上市交易的、基金份额可变的一种开放式基金。

交易型开放式指数基金属于开放式基金的一种特殊类型，它结合了封闭式基金和开放式基金的运作特点，投资者既可以向基金管理公司申购或赎回基金份额，同时，又可以像封闭式基金一样在二级市场上按市场价格买卖 ETF 份额，不过，申购赎回必须以一篮子股票换取基金份额或者以基金份额换回一篮子股票。由于同时存在证券市场交易和申购赎回机制，投资者可以在 ETF 市场价格与基金单位净值之间存在差价时进行套利交易。套利机制的存在使得 ETF 避免了封闭式基金普遍存在的折价问题。

根据投资方法的不同，ETF 可以分为指数基金和积极管理型基金，国外绝大多数 ETF 是指数基金。目前国内推出的 ETF 也是指数基金。ETF 指数基金代表一篮子股票的所有权，是指像股票一样在证券交易所交易的指数基金，其交易价格、基金份额净值走势与所跟踪的指数基本一致。因此，投资者买卖一只 ETF，就等同于买卖了它所跟踪的指数，可取得与该指数基本一致的收益。通常采用完全被动式的管理方法，以拟合某一指数为目标，兼具股票和指数基金的特色。

8. 数字货币交易所的角色

鉴于国内法律并不认可数字货币交易的合法性，也无相关的法律法规来界定数字货币交易所的地位，我们按照数字货币交易所在实际运行中的情况来分析其实际扮演的角色。和证券交易所相比，一般数字货币交易承担：信息中介、交易撮合、做市商、投资银行等角色。其中，投资银行角色，交易所为数字货币提供发行、承销等服务，从中赚取上币费、“上市”费等，或者以社区投票的方式收取保证金等。

5.2.4 数字货币交易所的分类

数字货币交易所按照交易场地分为场内交易所和 OTC 交易所；按照对区块链去中心化共识的实践分为中心化交易所和去中心化交易所 Dex（Decnetralized Exchange）；按照交易对又可粗分为法币交易所、币币交易所、期货交易所等。

1. 中心化交易所、去中心化交易所

目前，中心化交易所仍然是主流。但是，中心化交易所存在的弊端也很明显。

（1）安全风险。中心化交易所承担了托管银行的角色，庞大用户群体的数字货币都处

于交易所的实际控制下，容易成为黑客攻击的目标。

（2）中心化交易所在交易中实际居于主导地位，交易所具有坐庄、操纵市场的能力。

（3）每个交易所开通的交易对数量有限，交易所和数字货币都是数量众多，不同交易所开通的交易对不同，针对不同的数字货币、不同的交易对，用户需要在不同交易所之间切换，拉长了交易流程，增加了交易成本。

去中心化交易所是利用区块链技术构建 P2P 的交易市场，用户能够自己保管私钥和数字货币资产，能够部分解决中心化交易所的弊端。大部分去中心化交易所会发行一种数字货币作为维持交易的燃料。

去中心化交易所和开放协议有以德（EtherDelta）、DEW、BitShare、路印（LRC）、Kyber、Swap、Loopring 等。中心化交易所有币安、火币 pro、OKex、币赢、GDAX（美国）、Bittrex（美国）、Bitfinex（香港地区）、Bithumb（韩国）等。

2. 法币交易所

法币交易所允许用户将法币转换为数字货币。

法币—数字货币交易所是指交易所允许其用户在法币和数字货币之间进行兑换。

法币—数字货币兑换的方式又可分为如下两类：

（1）法币和数字货币能够在交易所内直接兑换，交易所的用户可以通过电子支付手段（如支付宝）、电子银行、信用卡等转账方式从交易所购买数字货币，即场内交易所，如 Coinbase、Gemini、Kraken 等。

（2）交易所本身不直接参与兑换过程。它只提供交易信息，撮合交易双方即持有法币的一方与持有数字货币的一方在交易所之外完成兑换交易，即场外交易所。包括火币网、OTCBTC，以及 Circle 的 Circle Trade。

无论哪种交易方式，最终交易完成后数字货币都停留在该交易所。

法币交易所的缺陷：

（1）可以交易的数字货币和法币种类都比较有限。

（2）有中心化机构的吸储及交易能力，却无法被严格监管，极容易出现“裁判员下场参与运动”的情况。

导致缺陷的原因如下：

（1）涉及法币的交易往往触及当地的银监法规，有时候即使政府允许，银行也不允许，规定比较严。

（2）法币交易所需要同时囤积法币和数字货币，在法币已经交换完成的情况下，交易所风险较大，所以一般选取比较稳妥的大币种。

3. 币币交易所

数字货币—数字货币交易所，不同于法币—数字货币交易，币币交易是用户将其持有的一种数字货币转换成其他数字货币，整个交易过程不涉及法币。鉴于不同国家地区对数字货币交易监管的法律不同，以及涉及法币交易的在一定的国家地区会受到额外的法律监管。因此，相对于法币—数字货币交易，币币交易面临的监管要相对宽松，主流数字货币交易所都具有此项功能。

这类交易所在全球的数量比较多，因为监管相对较松，并且本身交易所责任比较少，负担比较轻，由于传统模式中心化特性加监管不足，使近两年新出现一些去中心化交易所类型。

（1）币币交易所：要想建立一个没有公司运营实体的币币交易所，需要通过使用原子交换（一种区块链特性）或者跨链交换来达到不同数字资产（链）的转换。该类交易所的核心在于不控制用户的私钥，换句话说，也不控制用户的资产，只负责撮合交易。比较为人熟知的有 OX、路印（LRC）、BitShare 等。大部分去中心化交易所本身也会发行一种数字货币作为维持交易的燃料，同时也是创始团队的源动力和盈利方式。

（2）去中心化交易所：去中心化交易所没有中心机构对交易的干预，交易相对透明公平，且受国家政策影响小，没有固定人工成本投入，整体的交易成本降低，但也因此带来交易速度慢、存在技术风险等问题。

4. 期货交易所

期货交易所是买卖期货合约的场所，期货交易受众面小，交易风险高，可加杠杆操作。期货交易在不同国家地区对应有严格的法律监管，典型代表是 BitMEX 纯期货交易所。

5.2.5 交易所的盈利模式

数字货币产业链条长，包括数字货币项目方、矿机厂商、矿池、矿场、交易所、钱包、支付、媒体服务等。

数字货币交易所掌握着数字货币的流通、交易环节，在整个数字货币产业链中居于主导地位。

数字货币交易所的盈利模式主要有交易手续费、项目上币费、投票费用、数字货币作市商业务赚取差价等方式。

许多数字货币交易所还发行平台币在其交易平台内使用，平台币的发行能丰富平台社区生态、增加用户黏性。

平台币有以下功能:（1）手续费折扣;（2）上币投票;（3）享受平台分红;（4）参与平台专项活动;（5）作为平台交易基础货币增大流通性。

5.2.6 交易所开发的常见功能与安全

除了充币、提币的功能需要和区块链打交道之外，交易所的绝大多数功能都是运行在自己的服务器上的。

1. 交易所产品的主要功能

（1）用户系统：注册、登录、KYC 认证。

（2）安全系统：密码修改、短信绑定、Google 二次认证、邮箱认证。

（3）资金系统：充币、提币、余额查询。

（4）交易系统：买入、卖出、撮合功能。

这里最复杂的是交易系统，需要考虑多人在线的实时性能以及撮合的正确性。

最烦琐的是充币、提币，如果一个交易所支持多个币种，则需要部署每个币种的节点，并能为每一个注册用户自动创建钱包地址，用以区分不同用户的充值，并通过消息队列实时检查用户充值的节点确认状态。

2. 数字货币交易所的平台安全

数字货币交易所的平台资产和信息安全是交易所的根本，平台的安全需要过硬的技术团队和丰富的运营能力。

目前交易所在技术安全方面采用的主要方式如下：

（1）冷热钱包隔离机制。将大部分数字货币的币值储存在冷钱包中，只预留少部分用于提现充值。

（2）多重签名。

（3）双重验证。

（4）密钥保存机制。

（5）外部密码审核机制。

3. 注册交易所须知

（1）选择运行时间长的交易所。

（2）选择口碑好的交易所。

（3）选择有信誉好的创始人站台的交易所。

（4）选择交易量大的交易所。

（5）注册多个不同交易所一定要使用不同的密码。

（6）多关注交易所的社群，以便了解交易所动态。

（7）在交易所完成交易后，最好把币提到钱包保管。

（8）注册完成交易所后一定要配置多重认证。

（9）最好用 Mac 计算机，iPhone 手机登录交易所。

（10）最好在安全的网络环境下登录交易所。

技术维度：安全性、成交量、交易品种、交易工具、交易所充币、提币的速度、量化接口及其稳定性。

5.3 数字货币交易所的监管

5.3.1 国内监管

1. 法律监管合规（中国）

中国涉及数字货币交易所的相关法律规范主要是 2017 年 9 月 4 日中国人民银行等七部委联合下发的《关于防范代币发行融资风险的公告》，明确平台不得从事任何法定货币与代币、“虚拟货币”相互之间的兑换业务，不得买卖或作为中央对手方买卖代币或“虚拟货币”，不得为代币或“虚拟货币”提供定价、信息中介等服务，即所有数字货币交易被视为非法作为，禁止数字货币交易所在国内开展数字货币交易业务。投资者参与数字货币交易需自行承担风险。

涉及数字货币交易所的相应具体条款如下：

“三、加强代币融资交易平台的管理

“本公告发布之日起，任何所谓的代币融资交易平台不得从事法定货币与代币、“虚拟货币”相互之间的兑换业务，不得买卖或作为中央对手方买卖代币或“虚拟货币”，不得为代币或“虚拟货币”提供定价、信息中介等服务。

“对于存在违法违规问题的代币融资交易平台，金融管理部门将提请电信主管部门依法关闭其网站平台及移动 App，提请网信部门对移动 App 在应用商店做下架处置，并提请工商管理部门依法吊销其营业执照。

“四、各金融机构和非银行支付机构不得开展与代币发行融资交易相关的业务

“各金融机构和非银行支付机构不得直接或间接为代币发行融资和“虚拟货币”提供账户开立、登记、交易、清算、结算等产品或服务，不得承保与代币和“虚拟货币”相关的保险业务或将代币和“虚拟货币”纳入保险责任范围。金融机构和非银行支付机构发现代币发行融资交易违法违规线索的，应当及时向有关部门报告。

“五、社会公众应当高度警惕代币发行融资与交易的风险隐患

“代币发行融资与交易存在多重风险，包括虚假资产风险、经营失败风险、投资炒作风险等，投资者须自行承担投资风险，希望广大投资者谨防上当受骗。

“对各类使用币的名称开展的非法金融活动，社会公众应当强化风险防范意识和识别能力，及时举报相关违法违规线索。”

2. 区块链透明度研究所（BTI）发布的刷量报告

2018 年 9 月，区块链透明度研究所（BTI）发布的一份报告显示，全球数字货币交易市场的日交易量中有 60 亿美元是伪造的，占市场日交易量的一多半，这主要是因为数字货币交易所进行制量和使用交易机器人。

在 2018 年 6 月前的报道中提到，交易所在加密货币追踪网站 CoinMarketCap.com 的数据还只有 1 万家，2019 年年底已经提升到了超过 1.4 万家。交易所刷量比例见表 5-1。

表 5-1 交易所刷量

2018 年 CoinMarketCap 前十交易所	刷量比例
Binance	1 倍
OKex	19.2 倍
Huobi	12.5 倍
Bitfinex	1 倍
ZB.COM	390 倍
Bithumb	1 倍
HitBTC	5.3 倍
Bibox	85.5 倍
Lbank	4420 倍
BCEX	22900 倍

注：此表数据选用 CoinMarketCap 交易量调整后的排名，且此排名与 BTI 统计前十交易所不同

5.3.2 国外监管

1. 法律监管合规（日本）

日本对区块链、数字货币持积极监管的态度，通过严格的监管措施对数字货币进行有效管理。

（1）2016 年 5 月 25 日，日本国会通过了《资金结算法》的修正案。在该修正案中新增了有关“虚拟货币”的规定，正式承认虚拟货币为合法支付手段，成为第一个为数字货币交易所提供法律监管明确依据的国家，该修正案于 2017 年 4 月 1 日正式实施。

①该法案明确了虚拟货币的概念，包括比特币在内的数字货币作为支付手段得到了法律上的承认。

②该法案将数字货币交易平台的法律性质明确为“数字货币”交换业者，金融厅是数字货币交易平台的监管部门，数字货币交换业者实施登记注册制。

③外国公司，要作为数字货币交换业者的身份在日本运营数字货币交易平台，同样要在日本国内进行注册登记，未经登记注册而从事数字货币交换业务的，“将被判处3年以下有期徒刑，或处以300万日元以下罚款，或两项并罚”。

④明确规定了交易平台的业务范围：数字货币的买卖、不同种类数字货币的交换，对上述交易进行居间、中介、代理的行为，代客户保管数字货币的业务，即上述法案将数字货币交易所日常开展的业务都纳入数字货币交换业者的经营范围。

⑤监管部门基于保护投资人和维护市场安全稳定的考虑，对数字货币交换业者设置了详细的业务规则，包括安全管理信息的措施、向用户进行的风险提示、对用户账户财产分别管理、由注册会计师等专业中介机构进行记账及账本保管等、年度报告提交、反洗钱反恐怖融资体系等。

（2）2017年4月，日本经济产业省发布了日本区块链标准具体的评估方法。日本区块链标准评估方法有32个指标，包括可扩展性、可执行性、可靠性、生产能力、节点数量、性能效率和互用性等。

这些指标都是与区块链技术特点紧密相关的，要在日本设立一家合法、合规的交易所，需要在法律层面满足《资金结算法》修正案中的相关要求，在技术层面符合日本区块链标准评估方法的要求。

2. 法律监管合规（英国）

英国采用监管沙盒的方式对数字货币、数字货币交易所进行监管。英国是传统金融高度发达国家，几乎所有融资需求都可以在既有的金融框架下满足，监管沙盒的出现更像是在审慎监管的背景下为保留金融市场创新活力而开设的一种机制，检验、测试新的业务模式的风险边界。

① FCA（英国金融市场行为监管局）提醒、警告投资者ICO项目可能存在欺诈。倾向于将数字货币和相关资产的监管标准同其他金融系统保持一致，而不是直接禁止它们。支持实施打击非法与欺诈行为的监管措施。

② 2018年4月6日，FCA发布《对于公司发行加密代币衍生品要求经授权的声明》，表示为通过ICO发行的加密代币或其他代币的衍生品提供买卖、安排交易、推荐或其他服务，如果要达到相关的监管活动标准，就需要获得FCA授权。

③英国监管层的态度是监管数字资产生态系统的各个要素；监管是必要的；赞同美国证券交易委员会（SEC）将数字货币归类为证券，并由SEC管制数字货币的发行与交易。

④ FCA会重点关注涉足加密数字货币业务的未获授权企业，关注其开展的业务范围是否需要FCA授权。FCA会重点监管数字货币的衍生品。

3. 法律监管合规（新加坡）

新加坡也采用沙盒监管方式。对于数字货币交易所，监管部门会重点关注几个问题：

（1）反洗钱和反恐怖融资监管。

① 2014 年 3 月 13 日，新加坡金融管理局（MAS）发表《新加坡货币管理局（MAS）为洗钱和恐怖主义融资风险监管虚拟货币中介机构的声明》，表示 MAS 会监管在新加坡的虚拟货币中介机构以应对潜在的洗钱和恐怖融资风险，即 MAS 不监管虚拟货币本身，但要求买卖虚拟货币或促进虚拟货币同真实货币交易的中介机构辨别其客户性质，将可疑交易提交给可疑交易报告办公室。

② 2017 年 8 月 1 日，MAS 发布《MAS 澄清在新加坡提供数字代币的监管立场》。该文件再次重申强调，数字货币交易平台要受反洗钱和打击资助恐怖主义活动的适用要求限制。也就是说，反洗钱和恐怖融资风险方面数字货币交易所将受到新加坡监管部门的重点监管。

（2）数字货币交易所需要获得 MAS 的认可或批准的情况。

① 2017 年 8 月 1 日，MAS 发布《MAS 澄清在新加坡提供数字代币的监管立场》，明晰和界定了数字凭证和虚拟货币的概念和范围。此外，该文件表示如果数字代币构成《证券及期货条例》第 289 章规定的产品，数字代币在新加坡的发行将受到 MAS 的监管。这些代币的发行者将被要求在发行这些代币之前向 MAS 递交并登记招股说明书，除非获得豁免。这些代币的发行者和中介机构也将受《证券及期货条例》和《财务顾问法》第 110 章的许可证要求的限制，除非获得豁免。为这些代币二级市场交易提供服务的平台，也要经 MAS 认可或批准。

② 2017 年 10 月 2 日，MAS 发布《答复议会有关在新加坡使用加密货币的问题及监管加密货币和 ICO 的措施》，表示虚拟货币若超越其作为一种支付手段的身份，演变为代表资产所有权等利益的"第二代"代币，类似于股票或债券凭证，那么出售该等"第二代"代币来筹集资金的 ICO 项目受 MAS 监管。

③ 2017 年 11 月 14 日，新加坡金融管理局（MAS）发布《数字代币发行指引》。规定若发行的数字代币代表投资者持有的企业股权或资产所有权，或是可转换为公司债权，就受证券期货法管制。新加坡数字资产相关的中介机构，包括数字资产交易所，若涉及提供被视为资本市场产品、证券或期货合约的数字资产交易，则需要获得相应牌照、批准，若仅提供币币交易，且不涉及上述被视为资本市场产品、证券或期货合约的数字资产，则不需要相关牌照，但仍需要符合反洗钱相关规定。也就是说，如果发行的代币或 Token 具有证券性（例如，如果有的发行公司向投资者承诺这些数字货币可取得回报，那么会被归类到证券范围内），则视为投资产品，就必须遵守《证券期货法》，接受 MAS 的监管。包括数字资产交易所在内的相关中介机构，若涉及提供被视为资本市场产品、证券或期货合约的数字资产交易，也需要获得相应牌照、批准。

5.4 2018 年全球前 20 的数字货币交易所

数字货币交易所是连接数字货币产业链上下游的核心纽带，在数字货币交易生态中扮演着不可替代的重要角色。目前，数字货币行业正在从野蛮生长向良性发展演变，数字货币交易所既迎来了前所未有的历史机遇，也面临史无前例的严峻挑战。

据统计，全球数字货币交易所数量已逾 12000 家。下面介绍一下 2018 年全球排名前 20 的数字货币交易所。

1. GDAX

网址：https://www.gdax.com。GDAX 是传说中的 G 网，GDAX 是 Coinbase 旗下的全球数字资产交易所，是美国第一家持有正规牌照的比特币交易所。

2. OKEX

网址：https://www.okex.com。OKEX 是全球著名的数字资产交易平台之一，主要面向全球用户提供比特币、莱特币、以太币等数字资产的现货和衍生品交易服务，隶属于 OKEX Technology Company Limited。

3. 币赢国际站

网址：https://www.coinw.com。全新的币赢国际站由国企运营管理，支持中文操作、人民币充值，但上线币种不多。

4. Binance（币安）

网址：https://www.binance.com。币安交易所是由前 OKCoin 联合创始人赵长鹏（CZ）领导的一群数字资产爱好者创建而成的一个专注区块链资产的交易所。公司在日本，但对中文支持较好。币种较多、交易量大，购买 BNB 可享受 50% 交易手续费优惠。

5. Bittrex（B网）

网址：https://bittrex.com。Bittrex 是传说中的 B 网，建立于 2015 年，是美国的比特币交易所，支持数百个交易对，目前仅支持英文，没有联盟计划，据说有 100 多个币种在线交易。

6. HitBTC

网址：https://hitbtc.com。HitBTC 是全球领先的加密数字货币交易所之一，从 2013 年开始针对个人用户提供交易。一个老牌交易所，位于英国。

7. Bitfinex

网址：https://www.bitfinex.com。Bitfinex 是全世界最大、最高级的比特币交易平台之一，支持以太坊、比特币、莱特币、以太经典等虚拟币的交易，每天的成交量达 30 多亿元。位于中国香港，有中文模式，如果不认证每天提现有限额，支持美元和欧元。

8. EtherDelta（以德）

网址：https://etherdelta.com。以德是基于太坊智能合约的交易系统。因其分布式、去中心化和加密签名交易的特性，不需登录，全球任何角落都能安全使用。不过目前只支持以太系列币种交易，因操作问题，经常出现天价挂单，不建议新手使用。

9. Liqui（李逵）

网址：https://liqui.io。Liqui 是总部位于乌克兰境内的一家交易所，国内戏称“李逵网”，国内无须翻墙即可访问，支持 BTC/ETH/USDT 交易。以英文为主，暂不支持中文，操作简单，目前支持 50 个左右的币种。

10. Gate.io

网址：https://gate.io。Gate.io 是比特儿的海外版，对中文很友好，有 App。

11. Poloniex（P网）

网址：https://poloniex.com。Poloniex 传说中的 P 网，位于美国，以英文为主，暂不支持中文。Poloniex 成立于 2014 年，是世界领先的加密货币交易所之一。Poloniex 平台可交易多种山寨币。

12. Huobi.pro（火币）

网址：https://www.huobi.pro。Huobi.pro 是火币网在海外注册的一家面向全球玩家的虚拟币交易所，2017 年 9 月 13 日正式上线运营。对中文很友好，目前上线新币速度很快，支持 C2C 一键转账到交易。是人民币入场比较安全的通道。

13. CEO

网址：https://bite.ceo。CEO 交易所面向全球提供比特币、以太坊、莱特币、以太坊经典等多种数字资产交易服务，是安全可信赖的数字资产交易网。主体在中国香港，支持中文。

14. Bit-Z

网址：https://www.bit-z.com/。Bit-Z 创建于 2016 年。Bit-Z 是全球数字货币交易平台，

其使命是提供安全、高效的服务。Bit-Z 的运营及技术均获得国际数字货币行业顶尖团队的支持。位于美国，支持中文，目前很多国内的币种都有上线。

15. CEX

网址：https://cex.com。CEX 成立于 2013 年，是一个比特币与各种法定货币进行买卖兑换的平台。位于英国，对中文很友好，可以一键转移资产。

16. ALLcoin

网址：https://allcoin.com。Allcoin 是 Cascadia Fintech Corp 旗下的全球数字货币交易平台，总部位于加拿大温哥华。对中文支持很友好，可以一键转移资产。

17. ZB

网址：https://www.zb.com。ZB 一个新的加密货币交易平台，用户可以注册账户并立即充值。对中文很友好，可以一键转移资产。

18. Kucoin（库币）

网址：https://www.kucoin.com。2017 年，库币团队正式进入数字资产交易服务平台领域，由于其可靠、具有扩展能力的技术架构，极优质的服务以及更多的运营策略，Kucoin 交易所真正占领了市场份额。注册于美国，对中文很友好，有发行交易所代币。

19. Cryptopia（C网）

网址：https://www.cryptopia.co.nz。Cryptopia 是位于新西兰的一个小型交易所，日均交易量在 300 万美元左右，交易的币种量超过 500。上线了很多小币种，只支持英文。

20. AEX

网址：https://aex.com。AEX 注册于英国，是 Bit World Investments Limited 所运营的一家平台，提供区块链技术服务及数字资产交易。

5.5 国内的三大数字货币交易所

国内数字货币交易所从 2011 年开始产生，经过十几年的发展，最终只有几个形成了有影响力的数字货币交易所。其中的火币、币安、OKCoin 甚至在全球都具有影响力，一度在全球数字交易所市场排名前三。

5.5.1 火币

火币网成立于 2013 年 5 月 1 日,是国内安全可信赖的比特币交易平台,获得真格基金、戴志康、红杉资本(苹果、阿里巴巴等众多全球知名公司股东)等 A 轮千万元资本投资。火币执行严格风控管理,稳定运行。

火币网致力于打造安全可信赖的比特币交易平台,团队拥有多年金融风控经验。核心成员毕业于清华大学、北京大学、复旦大学等国内名校,曾在高盛、百度、甲骨文、腾讯、阿里巴巴等国内互联网及金融企业任职。

自 2013 年成立以来,火币平台累积交易额突破 1 万亿美元,一度成为全球最大数字资产交易平台,占据全球 50% 的数字资产交易份额。目前,火币集团已投资 10 余家上下游企业,现已完成对新加坡、美国、日本、韩国、中国香港、泰国、澳大利亚等多个国家及地区合规服务团队的建立,为全球超过 130 个国家的数百万用户提供安全、可信赖的数字资产交易及资产管理服务。

1. 公司业务

(1)火币全球专业站。火币全球专业站服务于数字资产交易平台,提供数字资产品类的交易及点对点投资服务。总部位于新加坡,在中国香港设有子公司,由火币全球业务团队负责运营。

(2)火币韩国。火币韩国是基于韩元的数字资产交易平台,提供数字资产交易服务。总部位于韩国首尔,由火币韩国业务团队负责运营。

(3)火币中国。火币中国转型成为区块链垂直领域的资讯及研究服务平台,为中国大陆地区用户提供区块链技术研发和应用类资讯信息,集行业咨询、研究和教育培训等服务于一体。总部位于中国北京,将继续由火币中国业务团队负责运营。

(4)火币钱包。火币钱包提供数字资产管理服务和用户体验。总部位于中国北京,由火币钱包业务团队负责运营。

(5)火币全球美元站。火币全球美元站向全球合格投资者提供基于美元的数字资产交易服务。

2. 创始人

李林是火币的创始人、董事长,全球数字货币交易领域的推动者。

李林毕业于清华大学自动化系,连续创业者。2013 年创办了火币网,并将火币网打造成为全球领先的区块链资产金融服务商。自创建火币以来,他带领团队将火币发展成为全球领先的数字货币交易平台,至 2016 年末累计交易额 20 000 亿元。

在创办火币之前,李林曾就职于 Oracle 亚洲研究中心并担任研发工程师;2009 年创立基于 MSN 的社交产品友易网；2010 年创立国内第二大独立团购搜索——人人折。李林带领团队屡次打破行业纪录，具有丰富的互联网金融创业及团队管理经验。李林极具互联网行业前瞻眼光。

3. 业务布局

（1）火币集团。火币集团是全球领先的数字资产金融服务商，以“让金融更高效，让财富更自由”为使命，秉承“用户至上”的服务理念，致力于为全球用户提供安全、专业、诚信、优质的数字资产金融服务。

（2）火币 Global。火币 Global 是全球领先的数字资产金融服务商。为全球超过 130 个国家和地区的数百万用户提供安全、可信赖的数字资产交易及资产管理服务。

（3）火币 OTC。火币 OTC 是火币集团旗下全球法币交易平台，用户买卖币无手续费，各方商家经过火币严格审核，质押保证金，交易更安全。

（4）火币资讯（Huobi Info）。火币资讯是集行业新闻、资讯、行情、数据、社区等一站式区块链产业服务平台，是火币生态体系下的超级数据连接器，通过大数据聚合与智能算法推荐连接上下游生态伙伴，希冀建立一个去中心化、自由平等、社区共治的区块链行业内容价值网络，让火币生态中的所有节点以及所有有能力贡献的用户与 KOL 都成为内容生产者，将行业最重要的数据第一时间传播给用户。

（5）火币矿池。火币矿池，打造区块链领域 PoW、PoS 机制的全新模式，为用户提供主链投票、资讯、积分理财服务。

（6）火币钱包。火币钱包是一款专业的多币种轻钱包，依托火币集团在区块链领域的技术积累和安全经验，从多重维度保障全球数字货币用户的资产安全，提供简单便捷、安全可靠的数字资产管理服务。

（7）Huobi Chat。Huobi Chat 是区块链时代的社交网络服务平台，未来的自治型社交网络 。Huobi Chat结合社交网络和火币集团及全球生态交易所的优势，推出“社交即挖矿模型”。

（8）火币生态（Huobi Eco）。火币生态是火币集团围绕交易平台业务为核心，以 HT 为全球生态通证，围绕全球区块链产业上下游所进行的生态投资与合作而形成的生态系统。

（9）火币资本。火币资本是火币集团数字资产生态核心成员企业，专注于区块链行业风险投资。火币资本团队认为区块链不仅是降本提效的技术手段，更是重构生产关系和信任基础的社会工具。他们希望通过投资行业内领先的创业者，支持区块链行业核心技术发展，推进区块链成为价值互联网基础设施。

5.5.2 币安

币安交易平台是由赵长鹏（CZ）领导的一群数字资产爱好者创建而成的一个专注区块

链资产的交易平台。为用户提供更加安全、便捷的区块链资产兑换服务，聚合全球优质区块链资产，致力于打造世界级的区块链资产交易平台。这家公司几乎所有的资产，包括对于交易收取的费用以及拿到的融资，都是以加密数字货币形式保存的。同时，币安是一家不接受人民币，只接受比特币、莱特币等数字货币充值、币币交易的交易所。

从 2017 年的 6 月 22 日发布白皮书开始，币安就此踏上了数字货币交易所的漫漫征途。成立第 42 天，就跻身全球的数字货币交易所 TOP10，100 天之后，即位列前三。

2018 年 3 月，币安将总部迁至马耳他，6 月在乌干达开设法币交易所，同期宣布与泽西岛合作，计划开设法币交易所。9 月 15 日，币安宣布上线新加坡法币交易平台并开启内测，不同于马耳他和乌干达，新加坡是重要的国际金融中心，因而币安此举之前也备受关注。在 CoinDesk 共识大会上，赵长鹏表示，希望 2019 年币安可以推出 5 ~ 10 家法币交易所，理想情况是每个大洲 2 个。在巴比特的专访中了解到，赵长鹏接下来在马耳他、泽西岛、列支敦士登这三个地方推进法币交易所。

币安创始人赵长鹏，也是币安和比捷科技的 CEO，曾担任过彭博社技术总监；后创立富讯信息技术有限公司，他不仅是创始人，也是中国区总裁。赵长鹏还曾以联合创始人的身份加入 OKCoin，出任 CTO，管理过 OKCoin 的技术团队，并负责 OKCoin 的国际市场团队，迅速提升了 OKCoin 的国际影响力。

2018 年 2 月，福布斯发布了首个数字货币领域富豪榜，Ripple 创始人 Chris Larsen 以 75 亿 ~ 80 亿美元身家排名第一；币安创始人赵长鹏位列第三，身家估值 11 亿 ~ 20 亿美元，为前十名中唯一的中国人。

币安联合创始人何一是币安 CMO，1986 年 11 月 15 日出生于四川省，中国内地女主持人、企业家。2012 年在旅游卫视主持《美丽目的地》《有多远走多远》，在北京电视台《北京新发现》《世界多美丽》等节目。2014 年加入 OKcoin 成为联合创始人。2015 年底何一加入 200 亿元市值的一下科技，出任副总裁，全面负责一下科技及旗下产品市场。2017 年 8 月，何一正式宣布离开一下科技（秒拍、小咖秀、一直播的母公司），加盟比特币企业 Binance 币安，担任 CMO、联合创始人兼董事 。

何一不仅是工作上奋进努力，更是注重和同事间的合作。她和同为币安创始人之一的赵长鹏曾经搭档过 10 个多月，对他的技术能力、人品都有了解；相互间都是以合伙人对待，而非上下级，并且很重视团队间的沟通和反馈，赵长鹏的技术加上何一出色的运营能力，由此搭设的团队无论是气氛还是技术都是羡煞旁人。

币安的几大业务板块如下：

（1）区块链交易平台。

（2）区块链教育学院。

（3）区块链资讯产品。

（4）区块链项目孵化器。

（5）区块链资产发行。

（6）区块链钱包。

5.5.3 OKCoin（数字货币交易所的黄埔军校）

OKCoin成立于2013年，是全球领先的数字资产交易平台。因为国内很多交易所的创始人很多都有在OKCoin的工作经历，OKCoin被喻为“数字货币交易所的黄埔军校”。OKCoin目前提供法币与主要数字资产的交易服务，其中包括比特币、比特币现金、以太坊、以太坊经典和莱特币。OKCoin已经扩展到了美国，并计划在未来为全球更多用户提供服务。

OKCoin相信比特币和区块链将消除交易壁垒，提高交易效率，并彻底改变全球金融体系。希望为客户提供最安全可靠的数字交易平台，同时遵守美国和全球最严格的网络安全和监管标准。

OKex（www.okex.com）是全球著名的数字资产交易平台之一，主要面向全球用户提供比特币、莱特币、以太币等数字资产的币币和衍生品交易服务，隶属于ACX Malta Technology Company Limited。

2018年3月，OKCoin中国发布声明解释与OKex的关系，称：“OKCoin中国与在伯利兹注册、办公地址在美国和中国香港的OKex历史上有过一些技术和服务的合作，2017年10月以后，已经进行切割，独立运营。”

OKCoin创始人徐明星，徐明星，前豆丁网CTO。随后加入了曾实习的雅虎中国，负责搜索模块的技术研发。两年后，徐明星结识了豆丁网的创始人林耀成，两人一起创业成立豆丁网。2012年徐明星从豆丁网退出自己创业，成立OKCoin。

2014年11月，OKCoin荣获创业邦颁发的“2014年中国年度创新成长企业100强企业”。

2014年12月，OKCoin荣获国家信息产业公共服务平台颁发的“2014年度最佳金融企业奖”。

2015年1月，OKCoin荣获中国互联网金融联盟（CIFC）颁发的“中国互联网金融领军榜年度创新品牌”。

2015年1月，徐明星参与“2015十大创业邦30岁以下创业新贵新年狂欢节”。

2015年9月，OKCoin交易平台CEO徐明星荣获“中国品牌建设实践百名创新优秀人才”奖；OKCoin交易平台（北京乐酷达网络科技有限公司）荣获“中国虚拟货币交易最佳服务平台”奖，是唯一一家获奖的虚拟货币交易平台。

2015年11月14日，OKCoin创始人受邀参加中国互联网金融创新研究院和中国人民银行金融研究所等主办的《全球区块链技术及应用闭门研究会》。

2016年1月15日，OKCoin创始人徐明星参加中国区块链应用研究中心第一次理事会并担任理事长职位。

OKCoin 一直备受争议，我们在这里不过多地介绍他们的业务。但是 OKCoin 被称为交易所界的黄埔军校，为数字货币交易所的发展作出过很多的贡献，培养了大量的人才。

从 OKCoin 离开的著名人物有以下几位：

（1）原 CTO 赵长鹏：创立币安。2014 年 6 月赵长鹏加入 OKCoin，出任 CTO，负责 OKCoin 的国际市场团队，并称“OKCoin 是中国和全世界最好的比特币交易所，也是最好的比特币团队之一，公司的前景吸引了我。”然而，好景不长，2015 年 5 月赵长鹏宣布离开 OKCoin，同时与徐明星开展了一场激烈的“口水战”。2017 年 7 月，赵长鹏创立币安，如今币安已经成为全球最大的数字交易平台之一。

（2）联合创始人何一：币安联合创始人。“币圈一姐”何一，OKCoin 联合创始人，曾将赵长鹏拉入徐明星麾下，为 OKCoin 组成“铁三角”立下汗马功劳。2015 年，何一离开了一手创立的 OKCoin，加入一下科技，2017 年受赵长鹏邀请加入币安，成为币安联合创始人，负责业务开拓以及危机公关。

（3）联合创始人雷臻：创立 Bibox。2013 年 9 月，雷臻加入 OKCoin，作为 OKCoin 的联合创始人，他见证了 OKCoin 从 2013 年不到 10 人到 2017 年超过 300 人的转变。他在朋友圈中表示自己在 OKCoin 的发展过程中发挥了举足轻重的作用，并且是可以和徐明星平等对话的人。当然，这些都已经成为过去，雷臻于 2017 年 10 月离开 OKCoin，之后创办了虚拟数字币交易平台 Bibox。

（4）陈欣、王辉、吴昊：离开 OK 后，联合成立 JEX。王辉、陈欣、吴昊都是 OKCoin 的首批员工，其中，王辉于 2013 年作为首名员工加入 OKCoin，负责 OKCoin 交易平台的技术架构及区块链底层技术；陈欣于 2014 年初加入 OKCoin，负责 OKCoin 交易平台的产品的设计和运营；吴昊则于 2014 年初加入 OKCoin，担任 OKCoin 高级产品经理，负责 OKCoin 产品的设计和后期运营。2018 年，三人联合创立 JEX 数字资产交易所。

（5）原执行副总裁段新星：现为比原链（Bytom Blockchain）的创始人。段新星于 2014 年加入 OKCoin，担任执行副总裁，负责领导公司旗下产品线 OKCoin、OKLink 的研究和品牌工作。2017 年 5 月加入长铗创建的巴比特，随后创立比原链，而他也是少数从 OKCoin 出去之后做底层公有链项目的大佬。

（6）CFO 李书沸：担任火币国际商务拓展副总裁。2018 年 5 月 14 日，李书沸在朋友圈宣布离正式辞任 OKex 的 CEO、OKC 集团的 CFO，以及所有各级分公司董事席位和任何职能。7 天后，这位徐明星手下的大将火速宣布加盟火币，担任董事会秘书兼国际商务拓展副总裁，负责集团董事会日常工作、集团融资并购及国际业务开拓与团队组建。虽然徐明星在朋友圈中表示了对李书沸和李林的祝福，不过仍酸溜溜地说：“这中间的具体事务由法律人士来处理。”

第6章 当前区块链的应用

6.1 应用场景总述

不可否认的是，区块链技术才刚刚起步，它并不能解决我们目前面临的所有难题。不仅不能解决我们的大部分问题，而且在区块链 1.0 时代，基本上只解决了数字货币相关的技术。到了区块链 2.0 时代，基于智能合约的区块链系统提供了更多的功能，基于智能合约我们也可以开发出更多功能，但这些应用依然很有限。许多媒体称区块链有望消除绝对贫穷、有望解决热带雨林问题等，这显然“神化”了区块链技术。

我们必须认清一个事实：目前国内外的区块链技术都处于初创和研究阶段，尽管很多人都在积极讨论，但区块链在各个领域如何落地应用仍是一个疑问。好在这项技术得到了很多权威机构的重视，给出了很多分析报告。我们用业内知名的美国公司 Gartner2019 年分析的区块链在各个领域的技术成熟度曲线来作为参照说明。

Gartner 发布的 2019 年区块链业务技术成熟度曲线显示：5 至 10 年内，区块链会在大多数行业带来变革性的业务影响。Gartner 的杰出研究副总裁 David Furlonger 表示：“尽管 Gartner《2019 年首席信息官工作议程》中 60% 的 CIO 仍然不确定区块链对其公司业务带来的影响，但他们表示，预计在未来三年内区块链技术会得到一定程度的采用。然而，企业组织现有的数字基础设施和缺少明确的区块链治理使得 CIO 们无法通过区块链获得充分的价值。”

技术成熟度曲线分为 5 个时期，每个时期的名称与意义大致如下。

（1）技术萌芽期（Technology/Innovation Trigger）：在此阶段，随着媒体的过度报道和非理性的渲染，产品的知名度无所不在，然而随着这个科技的缺点、问题、限制的出现，失败的案例大于成功的案例。

（2）期望膨胀期（Peak of Inflated Expectations）：早期公众的过分关注演绎了一系列成功的故事——当然同时也有众多失败的案例。

（3）泡沫破裂低谷期（Trough of Disillusionment）：历经前面两个阶段所存活的科技经过多方扎实有重点的试验，而对此科技的适用范围及限制是以客观且实际的了解，成功且能存活的经营模式逐渐成长。

（4）稳步爬升恢复期（Slope of Enlightenment）：在此阶段，新科技的诞生，在市面上受到主要媒体与业界高度的关注。

（5）生产成熟期（Plateau of Productivity）：在此阶段，新科技产生的利益与潜力被市场实际接受，实质支援此经营模式的工具、方法论经过数代的演进，进入了非常成熟的阶段。

在各个时期的业务如下。

（1）技术萌芽期：用于潜在客户开发的区块链、用于广告的区块链、区块链数据交换、数字 / 加密货币平板、3D 打印行业中的区块链、用于客户服务的区块链、去中心化组织、智能资产、区块链业务模式、基于区块链的 ACH 支付、稳定币、策略性通证化、区块链和物联网、媒体和娱乐行业中的区块链、零售行业中的区块链、石油和天然气行业中的区块链、公共事业中的区块链、加密货币的托管业务。

（2）期望膨胀期：游戏行业中的区块链、医疗保健行业中的区块链、加密货币和区块链监管、通信服务提供商中的区块链、物流和交通行业中的区块链、供应链中的区块链、智能合约、保险行业中的区块链、教育行业中的区块链、区块链奖励 / 忠诚度模型、政府中的区块链。

（3）泡沫破裂低谷期：区块链联盟、银行和投资服务行业中的区块链、区块链、分布式账本、首次代币发行、加密货币。

（4）稳步爬升的恢复期：数字资产交换。

（5）生产成熟期：无。

以上数据截至 2019 年 7 月，一些行业的发展速度很快，需要注意参考时间属性。一些技术在 2 年内会逐渐成熟，一些需要 2 ~ 5 年，一些需要 5 ~ 10 年，还有一些会超过 10 年。

就目前而言，比较受关注和热议的区块链落地应用，大致集中在数字货币、支付、溯源与数据确权、去中心化的应用、初级智能合约等领域。

1. 数字货币领域的应用

数字货币是当前区块链最成熟的应用，已经经过了 10 多年的成长与发展。与之扩张的产业链，如矿机生产、矿池运营、数字货币交易所等已经相当成熟，已经具有很多成熟产业的头部效应企业。

2. 支付领域的应用

支付领域相对成熟，有瑞波、Stellar 等专门做支付的公有链；也有传统企业，如 SWFIT 等传统支付企业在尝试借助区块链的技术改造传统支付。

3. 溯源与数据确权领域的应用

溯源是比较常见的区块链应用，这样的应用在大企业的成熟业务中更容易集成，如阿里巴巴进出口的产品溯源，京东商品的溯源。

数据确权类应用已经有了较好的发展，这项功能只需要用到区块链的不可篡改性的技术特点，很容易集成到传统业务中。

4. 去中心化的应用

DApp（Decentralized Application）又名去中心化应用程序。DApp 把核心逻辑或数据运营在去中心化系统上，一般这个去中心化系统是由区块链的技术支撑的。应用程序可以直接在链上获取数据及处理数据，避免了中心化的服务器接入，从而实现去中心化的开源应用。App 又称客户端应用，主要是指安装在计算机或其他电子设备上的软件应用，通过网络将数据和指令传到服务器上实现软件的正常运行，它是由中心化服务器所控制的。DApp 是一种互联网应用程序，与传统的 App 最大的区别是 DApp 运行在去中心化的网络上，也就是区块链网络中。网络中不存在中心化的节点可以完整地控制 DApp。

当前市面上的区块链 DApp 主要有两类，一类是“区块链游戏”；另一类是“手机挖矿”。前者最出名的当属 2017 年基于以太坊开发平台的以太猫 Cypto Kitties。随着区块链技术的发展，DApp 会得到更广阔的应用。

5. 智能合约的初级应用

智能合约在技术上已经相对成熟，但由于区块链技术整体上不够成熟，链上数据与现实数据关联技术的成熟度问题，如预言机技术，智能合约还处在早期的技术应用层面。

智能合约被普遍称为“区块链 2.0”的代表产物，但实际上，智能合约的理念很早就被提出来了，历史可以追溯到 1995 年，几乎与互联网同时出现。

智能合约可以简单理解成一种自动化执行的交易。由交易双方事先约定好规则后，智能合约会自动执行交易，无法被更改或被影响。

举一个简单的例子：

甲、乙二人打赌明天是否下雨。如果下雨，甲方赢；如果不下雨，乙方赢。然后甲乙二人将钱放进了一个由智能合约控制的账户里。第二天结果出来以后，智能合约就可以根据指令，自动判断输赢，并进行转账。

整个交易的过程无法被任何人干预，是一个高效、透明的执行过程，完全不需要律师、法官、公正等第三方的介入。

虽然智能合约是一个自动执行的程序，但必须在满足事先约定的条件后才能触发执行。所以它更像是一个系统的参与者。我们也可以把它想象成一个绝对可信的人，负责临时保管相关资产，并且严格按照事先商定好的规则执行操作。

智能合约系统的核心在于：让一组复杂的、带有触发条件的数字化承诺能够按照参与者的意志，正确执行。

6.2 盘点区块链中 36 个常见的应用

1. 公证防伪

公证通（Factom）利用比特币的区块链技术，革新商业社会和政府部门的数据管理和数据记录方式，也可以被理解为是一个不可撤销的发布系统。系统中的数据一经发布，便不可撤销，提供了一份准确、可验证且无法篡改的审计跟踪记录。利用区块链技术帮助各种各样应用程序的开发，包括审计系统、医疗信息记录、供应链管理、投票系统、财产契据、法律应用和金融系统等。

Factom 称这个区块链系统将会给医护人员和医院带来他们所需要的实时数据。例如，一个医疗专业人员可以通过智能手机获取信息，并查看婴儿的疫苗接种记录；感染艾滋病毒的人可以通过 Factom 区块链访问自己的病毒载量测量结果。

2. 支付和现金交易

世界经济论坛声称去中心化支付技术类似比特币，可以因现金交易模式而改变商业架构。现今的架构已经固定存在了 100 余年，区块链可以绕开这些笨重的系统，创建一个更直接的支付流，它可以在国内使用也可以跨国界使用，并且无须中介，以超低费立即方式支付。一家创业公司正在利用区块链技术为全球的比特币以及基于区块链技术传输的现金交易服务。

3. 智能合同

智能合同实际上是在另一个物体的行动上发挥功能的计算机程序。与普通计算机程序一样，智能合同也是一种“如果—然后”的功能，但区块链技术实现了这些“合同”的自动填写和执行，无须人工介入。这种合同最终可能会取代法律行业的核心业务，即在商业和民事领域起草和管理合同的业务。

4. 供应链金融

基于区块链的供应链金融和贸易金融是基于分布式网络改造现有的大规模协作流程的典型。区块链可以缓解信息不对称的问题，十分适合供应链金融的发展。供应链中商品从卖家到买家伴随着货币支付活动，在高信贷成本和企业现金流需求的背景下，金融服务公司提供商品转移和货款支付保障。供应链溯源防伪、交易验真、及时清算的特点将解决现有贸易金融网络中的诸多痛点，塑造下一代供应链金融的基础设施。

5. 溯源、防伪

利用追踪记录有形商品或无形信息的流转链条，通过对每一次流转的登记，实现追溯产地、防伪鉴证、根据溯源信息优化供应链、提供供应链金融服务等目标。

把区块链技术应用在溯源、防伪、优化供应链上的内在逻辑是数据不可篡改和加盖时间戳。区块链在登记结算场景上的实时对账能力以及在数据存证场景上的不可篡改和加盖时间戳能力为溯源、防伪、优化供应链场景提供了有力的工具。

6. 跨境银行间清算

银行间清算市场是另一个极其适合区块链应用的场景。与互助保险类似，参与清算系统的各银行之间也是平等的关系，不过与互助保险相反，银行清算具有极大的市场价值，但是实现起来困难重重。

每个银行都会有自己的清算系统，用户在支付和转账的时候，就会在银行间形成交易，分别被两个银行记录，这就涉及银行间对账和结算的问题。根据麦肯锡的测算，区块链技术可以将跨国交易的成本从每笔 26 美元降低到每笔 15 美元。高盛也在一份报告中指出，区块链技术每年将为资本市场节约 60 亿美元的成本。

7. 学术研究

Holbertson 是一家位于美国加利福尼亚州的提供软件技术培训课程的学校，他们宣布，将使用区块链技术认证学历证书。这将确保学生声称在 Holbertson 通过的课程，都是他们实际被鉴定合格的。如果更多的学校开始采用公开透明的学历证书、成绩单和文凭，可能更容易解决学历欺诈的问题，更不用说时间和成本的节约，并避免了人工检查和减少了纸质文件的使用。

8. 选举

选举需要对选民进行身份认证并安全地保存记录以追踪选票，以便通过能够信赖的计数器来决定谁是胜选者。区块链可以为投票过程、选票跟踪和统计选票而服务，以至于不会存在选民欺诈、记录丢失或者不公平的行为。基于在区块链上的投票交易，选民会同意的最终计数，因为他们可以计算自己的票，并且区块链的审计线索可以确认没有票被修改或删除，并且不会存在不正当的投票。

9. 汽车业

未来的客户选择他们想要租赁的汽车，可以进入区块链的公共总账，然后坐在驾驶座上，签订租赁协议和保险政策，而区块链则是同步更新信息。这不是一个想象，对于汽车销售和汽车登记来说，这样的过程也可能会发展为现实。

10. 物联网

IBM 公司和三星集团一直致力于一个理念——ADEPT（Autonomous Decentralized Peer-to-Peer Telemetry，去中心化的 P2P 自动遥测系统），使用区块链技术形成一个物联网设备去中心化网络的主体。根据 CoinDesk 网站显示，ADEPT 作为匿名的去中心化的点对点遥感技术，区块链可以成为大量设备的一种公共账簿，它们将不再需要有一个中央化的路由在它们之间进行沟通。

没有了中央控制系统来验证之后，设备将能够在它们之间互相匿名传输，并管理软件的更新、错误，或者进行能源管理。其他公司也希望在物联网平台中整合区块链技术。例如，Filament 公司正在使用区块链建设一种去中心化网络，希望传感器之间可以互相传输。该公司已获得了 A 轮 500 万美元的投资，Verizon 投资公司和三星投资公司都参与了本次投资。

11. 预测

整个研究、分析、咨询预测行业将被区块链所震撼。在线众筹平台 Augur 希望投资去中心化的预测市场。这家公司宣称，它将提供一种服务，就像一种普通的赌博交易场所。这整个过程将去中心化，不仅提供场所让用户对体育和股票进行下注，还可以投注在其他方面，如选举和自然灾害。这个想法将超越体育彩票而创建一个“预测市场”。

12. 在线音乐

许多音乐艺术家为了使在线音乐能更加公平地共享，转而使用区块链技术。据 Biilbord 报道，三家公司准备为艺术家们建立更加直接的支付通道解决支付问题，通过自动化智能合约解决认证问题。

PeerTracks 系统仍然在开发中，它的目的是提供一个音乐流平台，让用户可以在线听音乐并使用区块链技术在无中介的情况下直接支付给艺术家。这个平台也希望在艺术家和客户之间建立更直接的激励方式。除了流媒体，Ujo 将是一个更好的方法来分类艺术家和创作者的歌曲，同时像自动化大脑一样在音乐列表背后使用智能合约。

13. 共享乘车

Uber 搭车应用程序似乎是去中心化的反面案例，一个公司作为一个调度中心，利用算法来控制他们负责的车队司机。以色列创业公司 la' zooz 想成为一个“反 Uber”，据彭博社称，它使用自己专有的数字货币，类似比特币，利用区块链数字化技术记录货币。人们可以不再通过一个集中的网络使用叫车服务，而是利用 la' zooz 找到的其他人的旅行路线，并通过交换数字货币来进行搭车。有些数字货币将可以在未来搭车的交易中使用。用户挖掘数字货币的过程可以让这个 App 跟踪他们的位置。

14. 房地产

买卖产权过程中缺痛点在于：交易过程中和交易后缺乏透明性、大量的文书工作、潜在的欺诈行为、公共记录中的错误等，而这些只是一部分。区块链提供了一个途径实现无纸化和快速交易的需求。房地产区块链应用可以帮助记录、追溯和转移地契、房契、留置权等等，还给金融公司、产权公司和抵押公司提供了一个平台。区块链技术致力于安全保存文件，同时增强透明性，降低成本。

15. 保险

AirBnB、Tujia、Wimdu 等公司为人们提供了一个途径去暂时交换资产，包括私有住宅来产生价值。可问题在于，人们几乎无法在这些平台上为他们的资产上保险。专业服务公司德勤和支付服务提供商 Lemonway，与区块链初创公司 Stratumn 一起，发布了基于区块链的解决方案，被称作 LenderBot。

它是一款为共享经济而设计的微保险概念产品，并且证实了区块链应用与服务在保险行业中的潜力。LenderBot 允许人们注册个性化的微保险产品，并可以通过 Facebook Messenger 进行交流。其目标是为个人之间交换的高价值物品进行投保，而区块链在贷款合同中扮演着第三方的角色。

16. 医疗

一直以来，医疗机构都要忍受无法在各个平台上安全地共享数据的问题。数据提供商之间更好的数据合作意味着更精确的诊断、更有效的治疗以及提升医疗系统提供经济划算的医疗服务的整体能力。区块链技术可以让医院、患者和医疗利益链上的各方在区块链网络里共享数据，而不必担忧数据的安全性和完整性。

17. 政府

政务信息、项目招标等信息公开透明，政府工作通常受公众关注和监督，由于区块链技术能够保证信息的透明性和不可更改性，对政府透明化管理的落实有很大的作用。政府项目招标存在一定的信息不透明性，而企业在密封投标过程中也存在信息泄露的风险。区块链能够保证投标信息无法篡改，并能保证信息的透明性，在彼此不信任的竞争者之间形成信任共识。并能够通过区块链安排后续的智能合约，保证项目的建设进度，一定程度上防止了腐败的滋生。

18. 公益

公益流程中相关的信息，如捐赠项目、募集明细、资金流向等都可以存放在区块链上进行公示。在一些更复杂的公益场景，如定向捐赠、有条件捐赠，也可以通过智能合约进行管理，使公益行为更加透明，可以被社会监管。福利救助的分配是另一个区块链技术可以应用的领域，区块链可以帮助公共管理工作更加简单、安全。GovCoin Systems Limited 公司是一家总部位于伦敦的金融科技公司，其正在支持英国政府在福利分配领域的工作。

19. 体育

对运动员进行投资逐渐成为体育管理机构和公司的关注点，但是区块链通过民主化粉丝的能力去获得现在的体育明星在未来的金融股份，可以将投资运动员的过程去中心化。这一利用区块链去投资运动员并获得收益的概念并没有大规模被尝试。

The Jetcoin Institute 提出了虚拟货币（Jetcoin）的概念，即粉丝可以用虚拟货币来投资他们喜爱的运动员，然后有机会获得运动员未来收益的一部分，包括 VIP 活动和观赛座位升级等福利。Jetcoin 已经与意大利的 Hellas Verona 足球队达成合作去实验这一想法。

20. 供应链管理

区块链技术最具普遍应用性的方面之一就是它使得交易更加安全、监管更加透明。简单来说，供应链就是一系列交易节点，它连接着产品从供应端到销售端或终端的全过程。从生产到销售，产品历经了供应链的多个环节，有了区块链技术，交易就会被永久性、去中心化地记录，这降低了时间延误、成本和人工错误。

许多区块链初创公司涌入这一领域：Provenance 正在为原材料和产品建立一个可追溯系统；Fluent 提供了一个全球供应链借贷平台；Skuchain 为 B2B 交易和供应链金融市场创造了一些基于区块链的产品。

21. 能源管理

能源管理是另一个长久以来高度中心化的产业。在美国，如果想交易能源，必须经过一个可信任的能源持有公司，如 Duke Energy。在英国则是国家电网，或者与已经从大的电力公司购买完的再销售方进行交易。

初创公司，如 Transactive Grid，是 LO3 Energy 和在布鲁克林的以太坊机构 Consensys 的合资公司，应用以太坊区块链技术来允许消费者在去中心化的能源生产架构中进行交易，并且允许人们有效地生产能源和与邻居之间买卖能源。

22. 云存储

目前提供云存储的公司大都将客户数据放在中心化的数据库中，这提高了黑客盗取信息的危害性。区块链云存储方案允许去中心化的存储。Storj 的云存储网络产品的 Beta 版，旨在提升数据安全性，降低在云端存储信息的交易成本。Storj 用户甚至还可以出租他们未使用的电子存储空间，这或许能创造一个众包的云存储空间容量的新市场。

当前基于区块链存储的项目发展较快，这个领域应该是比较容易替换传统存储的区块链领域。

23. 礼品卡和会员项目

区块链可以帮助提供礼品卡和会员项目的零售商，使得他们的系统更廉价、更安全。几乎不用任何中间人来处理销售交易和礼品卡的发行，应用区块链技术的礼品卡的获取过程和使用过程将更加有效和廉价。同样地，区块链独有的验证技术使得欺诈保护手段进一步升级，可以减少成本、阻止非法用户获取被盗账户。

Gyft 是 First Data 旗下的一家购买、赠送、兑换礼品卡的在线平台，其正在与区块链架构提供商 Chain 进行合作，在区块链上为数以千计的小商户提供礼品卡业务，这一项目被称作 Gyft Block。

24. 股票交易

很多年来，许多公司致力于使得买进、卖出、交易股票的过程变得容易。新兴区块链创业公司认为，区块链技术可以使这一过程更加安全和自动化，并且比以往任何解决方案都更有效率。Overstock 公司的子公司 tzero.com 想要应用区块链技术实现股票交易的网络化。Wired 杂志报告称，Overstock 公司已经实现了应用区块链去发行私有债券，但是现在 SEC（美国证券交易委员会）已经批准 tzero.com 公司发行公有债券。与此同时，区块链初创公司 Chain 正和纳斯达克合作，通过区块链实现私有公司的股权交易。

25. 电子商务

区块链在电子商务领域的应用代表是 OpenBazaar。这是一个开源项目，目的是创建一个使用比特币的去中心化且不受约束的点对点电子商务网络。该平台不同于其同行，相对于访问购物网站，该平台能够被下载下来，并直接将用户与其他正在寻找商品和服务买家或卖家的人进行连接。据了解，消费者如今将可以使用除比特币之外的多种数字资产在OpenBazaar上进行购物。

26. 身份验证

BitNation（比特国）是一个将区块链技术应用到公民管理问题上的系统。BitNation宣布使用以太坊智能合约编写了140行代码，建立了世界上第一个虚拟的无国界、去中心化的自治国家宪法。

该组织由Susanne Tarkowski Tempelhof创立，倡导无国界管理，并已建立起自己的虚拟国度。为了合法化这种声明，它已建立了一套工具以及服务，也许某一天它甚至可以允许人们使用区块链身份来取代他们的国民身份。当然，前提是其他地域界定国家承认区块链作为政府记录安全和合法的存储库，那这种壮举才能成为可能。

27. 大数据

区块链以其可信任性、安全性和不可篡改性，让更多数据被解放出来。用一个典型案例来说明，即区块链是如何推进基因测序大数据产生的。区块链测序可以利用私钥限制访问权限，从而规避法律对个人获取基因数据的限制问题，并且利用分布式计算资源，低成本完成测序服务。区块链的安全性让测序成为工业化的解决方案，实现了全球规模的测序，从而推进数据的海量增长。

基于全网共识为基础的数据可信的区块链数据，是不可篡改的、全历史的，也使数据的质量获得前所未有的强信任背书，也使数据库的发展进入一个新时代。

28. 数字证书

第一个在数字证书领域进行探索的是MIT的媒体实验室。媒体实验室发布的Blockcert是一个基于比特币区块链的数字学位证书开放标准。发布人创建一个包含一些基本信息的数字文件，如证书授予者的姓名、发行方的名字（麻省理工学院媒体实验室）、发行日期等。然后使用一个仅有Media Lab能够访问的私钥，对证书内容进行签名，并为证书本身追加该签名。接下来，发布人会创建一个哈希，这是一个短字符串，用来验证没有人篡改证书内容。最后，再次使用私钥，在比特币区块链上创建一个记录，表明我们在某个日期为某人颁发了某一证书。

29. 银行业

本质上来说，银行是一个安全的存储仓库和价值的交换中心，而区块链作为一种数字化的、安全的以及防篡改的总账账簿，可以达到相同的功效。事实上，瑞士银行

UBS 和英国的巴克莱银行都已经开始进行实验，希望将它作为一种方法来加速推动后台系统功能以及清结算能力。银行业的一些机构声称，区块链可能减少 200 亿元的中间人成本。这并不令人惊奇，银行作为越来越多的金融服务巨头的一分子，正在区块链创业领域中投资。

R3CEV 公司，这个金融联合体已经有了 50 家公司，他们正在为金融行业开发定制化的区块链。Thought Machine 集团已经开发了名为 Vault OS 的基于私链技术以及加密总账账簿的银行系统，无论开业多久或多大规模的银行都可以适用这套安全的点对点金融系统。

30. 文件存储

与云存储类似，这种基于区块链的去中心化，允许开发者以一种安全的、高性能的、廉价的方式来存储数据，将数据散布在许多节点上。至于数据的安全性，使用区块链的方法意味着每一个文件都是被切碎的，并且使用你自己的密钥进行加密，然后散布在网络上，直到你准备再使用这个文件。需要检索的时候，通过你自己的密钥对这些文件进行解密，并迅速地无缝重新组装起来。

31. 物流

新加坡公司利用区块链技术，来帮助物流公司调度车队。Yojee 是一家成立于 2015 年 1 月的新加坡公司，Yojee 已经构建了使用人工智能和区块链的软件，充分利用现有的最后一英里交付基础设施来帮助物流企业调整它们的车队。

而针对电子商务公司，Yojee 推出了一个名为 Chatbot 的软件，帮助电商公司在没有人管理的情况下预订送货。Chatbot 可以将客户的详细信息（如地址、交货时间等）馈送到系统中，系统会自动安排正确的快递。

32. 社交通信

区块链在社交通信领域的代表产品是 Twister，Twister 是一种去中心化的社交网络，推特的替代品。理论上，没有任何人和机构能够关闭它。而且，在 Twister 上，其他用户不知道你是否在线、你的 IP 地址、你关注了谁，这是保护用户隐私的刻意设计。用户仍然可以使用 Twister 发布公开信息，但是用户向其他人发送的私人信息被加密保护，该加密方法是 LavaBit 公司常用的加密方法。LavaBit 公司是斯诺登使用的电子邮件服务提供商。

33. 可编程金融

金融资产的交易是相关各方之间基于一定交易规则达成的合约。可编程金融意味着代码能充分表达这些业务合约的逻辑。智能合约使区块链的功能不再局限于发送、接受和存储财产。资产所有者无须通过各种中介机构就能直接发起交易。

34. 安全需求问题

IBM公司一直在想办法加快区块链技术的实现，他们制订了一套全新框架来安全地运行区块链网络，在IBM云平台上推出了新服务，来满足现有监管及安全需求。安全是区块链应用面临阻碍的重要原因，IBM已经着手解决安全需求问题，他们根据联邦信息处理标准（FIPS 140-2）以及业内评估保证级（EAL）来支持区块链技术在政府、金融服务及医疗保健方面的应用。

35. 大宗商品

结合区块链技术去中心化、去信任、分布式账簿、可靠数据库等特点和优势来看，这项技术其实与大宗商品交易领域有很多值得关注的可结合点，如果能够以区块链技术为核心支撑技术，在大宗商品交易领域研究和开发基于区块链技术的交易模式和交易系统，将会大幅减少可疑交易，降低监管成本，促进市场透明化和监管的便捷性。

36. 分布式商业平台

区块链将P2P的交易系统带入能源领域。Power Ledger是一个澳大利亚的太阳能电力交易系统。这个系统可以为电能的生产者和使用者建立直接的联系并进行交易，而无须充当中介的电力公司。

在这个交易平台上，用户可以将剩余电能直接卖给其他用户，价格也高于直接出售给电力公司。显然，这样一来，电能的生产者获得了更大的收益，电能的消费者也获得了更低的用电成本，可谓两全其美。电力公司也转型成为分布式系统平台提供商（Distributed System Platform Providers，DSPPs），并将现有的落后电网系统升级，转变为个人微电网的集合体。

6.3 数据保全与不可篡改鉴定

数据保全一般是指电子数据保全，如果是非电子化数据，一般会以先转化成电子数据。电子数据保全是用一些专业的技术进行加密、运算，顺带标记一些保全的时间、编号、数值等，使得电子数据不论保存多久都能保持它原来的样子，也没有人能够轻易地篡改它。

将自己的电子数据进行保全后，就等于为自己的电子数据买了份保险，如果发生纠纷，不但有公证处作证，而且可以申请保全证书公证、司法鉴定等权威机构出证。

当前解决数据保全的两种主要方式如下。

（1）传统的公正方式或基于其他权威机构的保全方式。

（2）基于区块链技术的数据保全（利于区块链的不可篡改性质）。

当前数据保全的主要方面如下。

（1）知识产权：原创文稿、设计图纸、摄影照片等。

（2）电商领域：商标侵权、仿制假货、虚假宣传等。

（3）金融领域：业务数据、商务合同、交易数据等。

（4）其他格式：声音、视频等。

当前使用区块链技术的数据保全服务商如下。

（1）保全网（https://www.baoquan.com/）。

浙江数秦科技有限公司旗下保全网，基于区块链技术，提供数据权益保护一站式解决方案。专注于服务知识产权、电商维权、金融存证等领域，提供在线签名、数据存证、在线取证、在线出具司法鉴定意见书的完整流程，为上百万用户提供数据存证保全业务。保全网区块链电子数据保全体系已获得司法鉴定机构、公证处等机构的认可。

2018 年 6 月 28 日，保全网作为“全国区块链存证第一案”的独家技术支持方，所提供的区块链存证技术获得杭州互联网法院采信，成为司法体系认可的可信电子证据保全方式。

主要服务有存证确权、全网监测、在线取证、司法出证、律师服务。

保全网的数据上链示意图如图 6-1 所示。

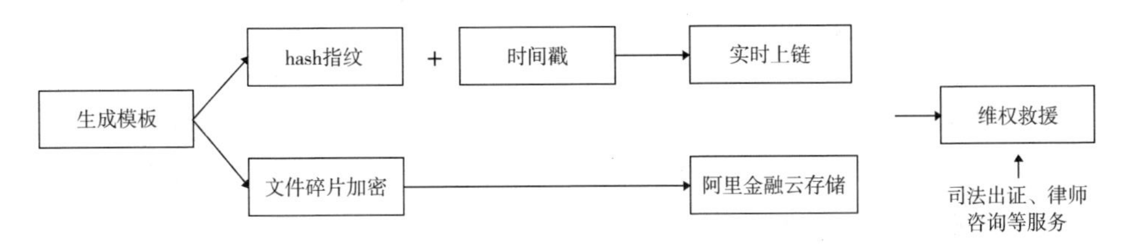

图 6-1　保全网的数据上链示意图

（2）中国金融认证中心（http://www.cfca.com.cn/）。

中金金融认证中心有限公司（即中国金融认证中心 China Financial Certification Authority，CFCA），是由中国人民银行于 1998 年牵头组建、经国家信息安全管理机构批准成立的国家级权威安全认证机构，是国家重要的金融信息安全基础设施之一。

在《中华人民共和国电子签名法》颁布后，CFCA 成为首批获得电子认证服务许可的电子认证服务机构。截至目前，超过 2400 家金融机构使用 CFCA 提供的电子认证服务，在使用数字证书的银行中占98%。

适用场景如下：

· 银行业务（银行柜面业务、直销银行业务、小额信贷业务、现金业务、理财业务、开卡业务等）。

·互金业务（证券业务、基金业务、保险业务、支付业务、供应链、融资业务、网络信贷等）。

· 其他业务（电子政务、招投标、资金管理、电子采购等）。

CFCA使用区块链的示意图如图6-2所示。

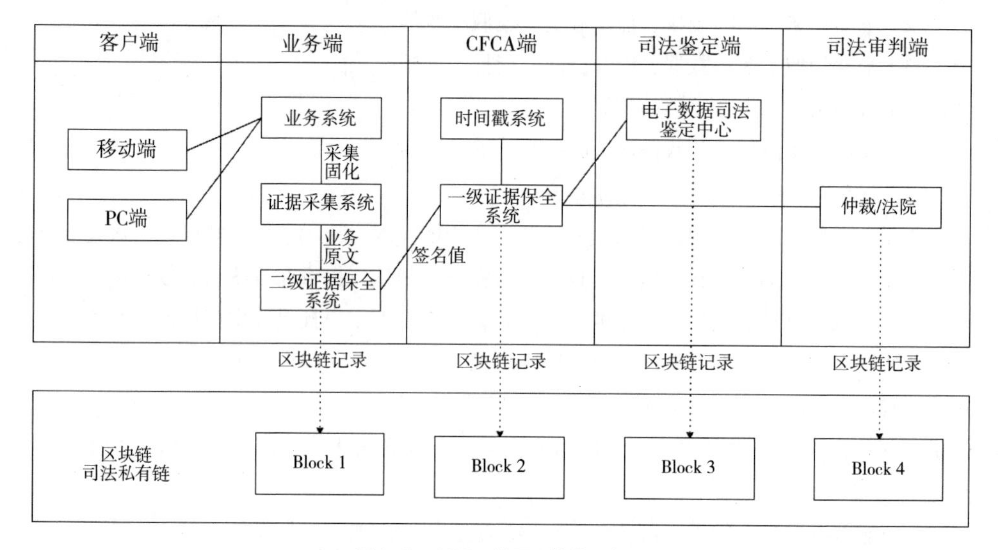

图6-2　CFCA使用区块链示意图

（3）天平链。

自2018年9月9日揭牌伊始，北京互联网法院建设了国内首个由互联网法院主导建立、产业各方积极参与的电子证据开放生态平台——天平链，它采用的是区块链技术，由于它在北京互联网法院的最终功能也是维护公平正义，就称作“天平链”。

2019年3月30日，国家互联网信息办公室发布第一批境内区块链信息服务备案编号的公告，北京互联网法院“天平链”成为首批通过备案的区块链。截至2019年3月30日，“天平链”在线采集数据已达340多万条，由于采取跨链存证技术，实际对应的证据文件或达千万量级。

天平链上链示意图如图6-3所示。

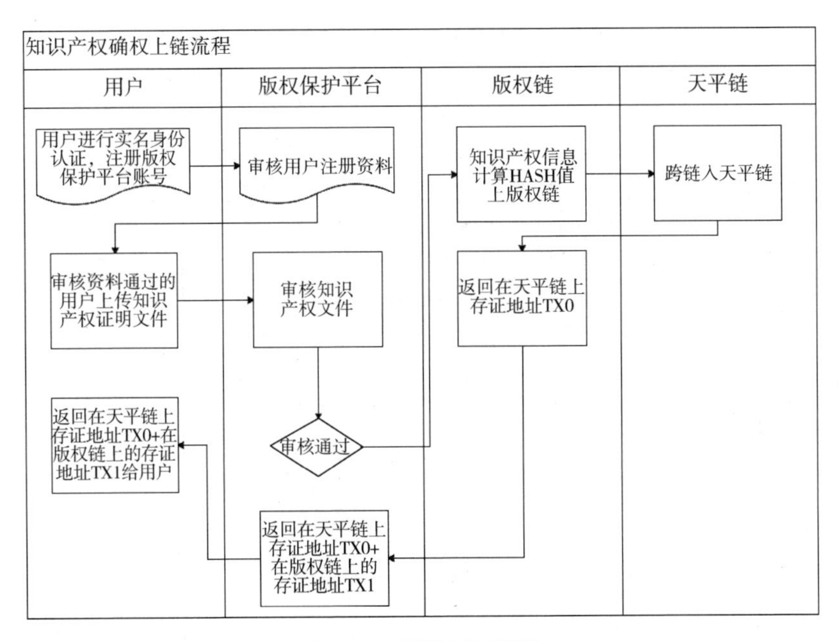

图 6-3　天平链上链示意图

6.4　区块链电子发票

2018 年 8 月 10 日，全国首张区块链电子发票在深圳亮相。当天，国贸旋转餐厅开出了全国首张区块链电子发票,宣告深圳成为全国区块链电子发票首个试点城市。此后,11 月 1 日，招商银行开出首张金融业区块链电子发票。12 月 11 日，微信支付商户平台上线区块链电子发票功能。2019 年 1 月 31 日，深圳供电局开出首张电费场景的区块链电子发票。

区块链电子发票由深圳市税务局主导、腾讯提供底层技术和能力，是全国范围内首个城市探索“区块链 + 发票”生态体系的应用研究成果，得到国家税务总局的批准与认可。相较于传统电子发票，区块链电子发票具有全流程完整追溯、信息难以篡改的特点，有效地规避了一票多报、虚报虚抵、真假难验的难题，开票流程更加高效、便捷。

深圳部分出租车、地铁、机场大巴等交通工具引入了区块链电子发票。自第一张区块链电子发票被开出以来，短短半年时间，深圳区块链电子发票已覆盖金融保险、零售商超、酒店餐饮、停车服务、互联网服务、交通行业等六大领域，超过 1000 家企业接入，总开票金额达 13.3 亿元。

发票样式的区别主要集中在几个方面，见表 6-1。

表 6-1 增值税电子普通发票与区块链电子普通发票的区别

区别项目	增值税电子普通发票	区块链电子普通发票	备注
发票模板名称	** 增值税电子普通发票	** 电子普通发票	区块链电子发票未纳入增值税发票的范畴
二维码内容	版本号、发票类型、发票代码、发票号码、日期、金额（不含税）、校验码	版本号、发票类型、发票代码、发票号码、销方统一社会信用代码、金额（不含税）、日期、密文	区块链电子发票增加销方统一社会信用代码和密文
发票代码和号码	增值税电子普通发票的发票代码为 12 位，编码规则：第 1 位为 0；第 2 ~ 5 位代表省、自治区、直辖市和计划单列市；第 6 ~ 7 位代表年度；第 8 ~ 10 位代表批次；第 11 ~ 12 位代表票种（11 代表增值税电子普通发票）。发票号码为 8 位，按年度、分批次编制	区块链电子普通发票的发票代码为 144031809110,其中,第 6 ~ 7 位为年份；第 8 位的 0 代表行业种类为通用类；第 9 位的 9 代表深圳电子普通发票专属种类类别；第 10 位代表批次；第 11 位代表联次；第 12 位的 0 代表无限制金额版。发票号码为 8 位，按全市区块链电子普通发票的开票顺序自动编制	
校验码	20 位校验码	5 位校验码	
机器编码	金税盘 / 税控盘机器编码	无机器编码	区块链电子发票没有硬件加密
密文区	128 位随机字符，由专用设备生成	66 位随机字母和数字	
明细行	有商品简码	无商品简码	区块链电子发票未进行商品税收分类编码分类
存储形式	PDF（CA 加密）	PDF	

区块链技术正在形成和发展，区块链发票的雏形正在孕育，现阶段我们对于区块链发票的准确技术形态和业务特点无法准确描述，但或许我们可以先跳出技术，从发展方向和运作机制、目标等角度来规划我们需要的发票。

首先可以从以下两方面来看发展方向：

一方面，区块链发票作为一种新的技术形态，应用新技术的收益要大于选择新技术的成本。从这一思路来看，区块链给发票电子化带来的本质契机在于对发票全链条生命周期电子化的提升机会。如果仅仅是周期中的部分阶段上链，虽然说有所改进，但我们可以预期上链后的“今生”，都保证不了上链前的“前世”，即区块链上的发票信息是真，而这一信息的产生过程无法保证，这与目前方案相比并无实质性提升。

另一方面，我们不希望区块链发票仍然出现原来的老问题。例如，作为一个本质上是分布式信息处理的技术，应该防止新技术条件下的数字烟囱、数字孤岛。

从以上两方面来看，某些技术方案或许不是我们想要的区块链发票解决目标，如前面提及的仅仅将发票数据上链。能够达到上述两方面要求的区块链发票，应该是基于一种新的运行机制。面临逐渐形成的数字化经济社会新形态，需要新技术，但更值得期待的是新机制。

区块链发票将给我们带来的就是发票管理机制的转换，从以往的控“真票”到控“真人”的延伸和转换，实现交易和开票环节的合二为一。

截止到 2019 年 3 月底，区块链电子发票开具已经超过 1000 万张、70 亿以上金额，覆盖 100 多个行业，注册企业 7000 多家。

6.5 央行发行的数字货币

DCEP（Digital Currency Electronic Payment）是中国人民银行基于区块链技术推出的全新加密电子货币，即央行数字货币。

DCEP 将采用双层运营体系，即人民银行先把 DCEP 兑换给银行或者其他金融机构，再由这些机构兑换给公众。DCEP 的意义在于，它不是现有货币的数字化，而是 M0 的替代。它使得交易环节对账户依赖程度大为降低，有利于人民币的流通和国际化。同时，DCEP 可以实现货币创造、记账、流动等数据的实时采集，为货币的投放、货币政策的制定提供有益参考。

中国央行还将坚持数字货币的中心化管理，在研发工作上也不预设技术路线，可以在市场上公平竞争选优，既可以考虑区块链技术，也可以采取在现有电子支付基础上演变出来的新技术，充分调动市场积极性和创造性，官方还设立了和市场机构激励相容的机制。

1. DCEP的特征

DCEP 的特征主要体现在两大方面，一方面是金融上的特征，另一方面是技术上的特征。技术特征主要来自对央行专利的分析，金融上的特征主要来自国盛证券和招商证券的相关报告。

（1）关于金融上的特征。首先 DCEP 是对 M0 的替代，也就是对现金的替代，之所以只对 M0 替代，是因为 M1、M2 已经实现了数字化，如果把 M0 也数字化后，那么央行对资金的监管就比较完整了。另外，之所以从现金入手，一部分原因也是现金只承担了货币的功能，所以对社会的影响并不会非常大。

双层运营模式是指上面一层是人民银行对商业银行，下面一层是商业银行或者商业机构对用户。也就是说，商业银行向人民银行交付 100% 的准备金，然后人民银行给商业银行等额的 DCEP，接下来用户通过现金或者存款等向商业银行兑换 DCEP。如果人民银行直接面向用户，理论上也是可以的，这样的话，人民银行就需要面对全中国所有的消费者，他就需要设计一个既满足用户体验又满足高性能要求的系统，显然人民银行是不擅长做这个的。所以最好的方式是由市场经济来决定，也就是说将面向用户的那一端交给商业银行或者机构来做，充分发挥市场竞争。

（2）技术上的特征。

①安全性：要求防止商务中任意一方更改或者非法使用数字货币，更多体现在对DCEP使用的监管上，甚至说可以终止某次非法的交易。

②不可重复花费性：指数字货币只能使用一次，重复花费容易被检查出来。之所以提到这一点，是因为一旦现金被数字化后，那么数据的复制就是难免的了。例如，有个用户用面额是100的DCEP买了一张电影票，但是又复制了这么一份相同的DCEP去进行消费，那么就是对同一份数字货币进行重复花费，所以对于数字货币来说这个是基本特性；对于BTC来说，是通过UTXO来实现防止重复花费；对于Ethereum、libra来说则是通过交易的seq来防止重复花费；对于DCEP来说，则是采用类似UTXO的方式，至于这里的UTXO与BTC的UTXO的区别，此处不再详细进行介绍。现金则由于难以伪造的特性，在物理上可以保证只此一份。

③可控匿名性：这个意思是说，即使商业银行和商户相互勾结，也不能跟踪DCEP的使用。换句话说就是，除了DCEP的发行方（人民银行）外，其他的机构都无法追踪用户的购买行为。终于可以摆脱部分隐私泄露的问题了。

④不可伪造性：比较好理解，除了发行方以外，不能伪造假的数字货币。对于现金来说，是通过物理上的防伪手段来保证。对于DCEP来说，做法比较简单，即只有经过央行的私钥签名的才是真的DCEP。之前Google爆出量子计算的新闻，币圈中众说纷纭，觉得BTC会被破解，如果量子计算真出来了，他的攻击目标就算不是核武器，怎么也得是央行这种级别。这一切其实不用担心，如果技术发展到量子计算的那一天，相应的加密技术也会随之升级。

⑤公平性：支付过程是公平的，保证交易双方的交易过程要么都成功，要么都失败，更贴切的应该是满足交易原子性。

⑥兼容性：表示DCEP的发行和流通环节，要尽可能地参照现金的发行与流通。

DCEP与Libra的对比见表6-2。

表6-2　DCEP与Libra的对比

项目	DCEP	Libra
发行部门	中国央行	21家商业机构
法律效力	必须接受DCEP支付，等同于人民币纸钞	暂未获得美国监管机构许可
离线支付	可以	不可以
结算模式	央行结算	Libra协会运行
安全性	纸钞水平	Libra协会节点共识
破产保护	央行法偿性	可能存在微小币价波动
风险识别	大数据识别	KYC

续表

项目	DCEP	Libra
隐私保护	一定程度匿名	一定程度匿名
额度	依实名程度分级	未知
手续费	未知	低

Libra 是由 Libra 协会节点发行，并非由美联储发行，也暂时没有获得美国监管机构的许可。并且，Libra 的价值由法币资产和高信用政府债券（即一篮子货币）储备支撑，但就目前披露的文件来看，其中 50% 会是美元。另外，用户在钱包中使用 Libra 是需要 KYC（身份认证）的，而 DCEP 会依据实名程度分级管理。

在这个层面上，DCEP 更像是中国央行发行和结算的数字人民币，具有法偿性，在境内的个人和商户必须接受 DCEP 支付，也允许双离线支付，DCEP 借用了区块链架构但没有全部使用。Libra 则是一套需要在网络环境下进行交易的数字货币系统，由 Libra 节点发行和结算，但只能在 Libra 钱包及其生态内使用，不具备法偿性，Libra 本质上是一个联盟链框架下的稳定币。

2019 年 Facebook 准备发布自己的加密货币 Libra，一时间引起了全世界的关注。Facebook 在全球大约拥有 27 亿用户，超过全球任意一个国家的人数。可以说，它是线上虚拟世界最大的"国家"。如果它发行了自己的数字货币，可以瞬间形成一个巨大的经济体。对于传统的国家以及现行的经济体都会产生一定的冲击。

DCEP 与比特币的对比见表 6-3。

表 6-3　DCEP 与比特币的对比

项目	DCEP	比特币
法律效力	中国央行发行，具备法偿性	全球大部分地区不认可
价值稳定	1:1 人民币	市场价格波动
离线支付	可以	需闪电网络支持
结算模式	央行结算	全网共识机制
安全性	纸钞水平	全网算力维护
破产保护	央行法偿性	区块链分叉、币价下跌等
风险识别	大数据识别	无
隐私保护	一定程度匿名	一定程度匿名
额度	依实名程度分级	无限制
手续费	未知	低

DCEP 与支付宝 / 微信支付的对比见表 6-4。

表 6-4　DCEP 与支付宝 / 微信的对比

项目	DCEP	支付宝或微信支付
法律效力	必须接受 DCEP 支付，等同于人民币纸钞	部分商户不支持支付宝或微信支付
离线支付	可以	小额
结算模式	央行结算	商业银行存货币结算
安全性	纸钞水平	低于纸钞水平
破产保护	央行法偿性	商业银行存在破产风险
风险识别	大数据识别	大数据识别
隐私保护	一定程度匿名	一定程度匿名
额度	依实名程度分级	支付系统内部顶级
手续费	未知	提现手续费

简单来说，DCEP 是数字化的人民币现金，由央行结算，且具有法偿性，DCEP 支付是第一层的直接支付手段。

而支付宝、微信支付是一种第三方支付手段，由商业银行存储货币结算，存在极小概率的破产风险，没有法偿性，因此可以有用户不支持支付宝或微信支付。DCEP 也可以实现比支付宝、微信支付安全程度与额度更高的离线支付。

2. 世界各国对数字货币的态度与行动

全球各国央行一直在密切关注数字货币的进程。1996 年，10 国集团（G10）的央行，专门在国际清算银行（BIS）开会讨论电子货币对支付体系和货币政策的潜在影响以及央行的应对策略。之后，BIS 定期发布对于电子货币发展情况的调研报告。因为数字货币的蓬勃发展，近几年美日欧央行对数字货币的态度也变得明显积极。

（1）美联储：2017 年曾对数字货币提出质疑，2019 年已经有多名议员表态重启数字货币研究，提出重构更快、更实时的支付体系的行动计划。2019 年 12 月在众议院金融服务委员会听证会上，美国财政部长姆努钦与鲍威尔都同意在未来五年中，美联储都无须发行数字货币。而就在 2020 年 2 月 5 日，美联储理事布雷纳德表示美联储正在就电子支付和数字货币的相关技术展开研究与实验，已经开始研究数字货币的可行性。

（2）欧央行：态度由此前的观望转为积极。2015 年欧央行详细评估了虚拟货币产品对货币政策与价格水平稳定性的冲击。2020 年 1 月份 BIS 与欧央行、加拿大央行、英国央行、日本央行、瑞士央行、瑞典央行成立了一个小组，共同研究中央银行数字货币。欧央行行长克里斯蒂娜・拉加德支持该机构在开发央行数字货币方面的努力，并表示迫切需要快速且低成本的支付，欧洲央行应该发挥领导作用，而不是在不断变化的世界中充当一个观察者。

（3）日本：2019 年 10 月日本央行行长表示日本没有立即考虑发行数字货币的计划，

表示将会关注“加密资产作为支付、结算手段能否获得信任，对金融结算体系会产生哪些影响”。

总体来看，发达国家央行对于数字货币的态度出现了明显的变化。此前发达国家对数字货币没有太大热情，大多数持观望甚至反对的态度。而随着2019年6月Libra白皮书的发布以及我国央行数字计划的提出，美日欧等央行对数字货币的态度开始变得积极。

除了美日欧央行近来加速推进央行数字货币的研究进度外，进入2020年，其他国家对于数字货币的态度也变得更加积极。根据国际清算银行对全球66家央行的调查显示，已经有超过80%的央行正在研究数字货币，有20%表示将在未来6年内发行CBDC，部分央行表示即将发行CBDC。尤其发展中国家，出于推动国内金融制度改革、缓解通胀、去美元化等目的，对数字货币的研究起步更早。

3. DCEP将会产生的影响

（1）便于人们熟悉和使用数字货币。基于加密数字货币是未来的趋势，区块链的账号体系和以往的中心化管理方式完全不同，钱包的地址不是由哪个机构颁发的，而是由密码学中非对称加密算法产生的。这从原理上确保了只有拥有私钥的人才能控制这个账号。当前使用数字货币的钱包，需要保护好钱包的私钥，如果丢失，没有人能够帮助找回地址上面的财产。虽然一些区块链钱包的升级方案在尝试的过程中，但是技术还在检验中，还没有大规模使用。例如，以太坊中讨论的社交恢复钱包能够做到比传统钱包更安全，当前还处在设计讨论阶段。

中国央行坚持数字货币的中心化管理，这样账户系统可以不受私钥丢失的影响。既可以使用区块链中的有利技术，也可以采取在现有电子支付基础上演变出来的新技术，这样降低了用户使用央行发行的数字货币的门槛，普通人不需要学习区块链中钱包助记词与保存私钥等有技术难度的使用技能。DCEP和传统手机端银行软件应用账号绑定的方式，使其具有中心化软件的优势，又具有区块链的技术特点。

这种中心化与去中心化技术相结合的路线，可以享受两者的优点，抑制其中的缺点。随着DCEP在国内几个城市的试运行，可以让用户更早地适应数字货币的使用，央行也可以逐渐完善和改进系统。伴随着区块链技术的发展与完善，央行的DCEP系统可以保持跟进与升级，随时融入新技术。

（2）便于控制商业机构收集个人金融信息。DCEP的可控匿名性，可以保护用户的日常消费隐私，又可以打击犯罪，防止洗钱等违法活动。这种可控匿名性既不像完全基于区块链系统的数字货币的匿名性，又可以对商业机构保持匿名性。即使商业银行和商户相互勾结，也不能跟踪DCEP的使用，除了DCEP的发行方（人民银行）外，其他的机构都无法追踪用户的购买行为。这样就限制了如支付宝、微信支付、第三方支付系统收集个人金融行为的弊端。

在没有发行央行的数字货币之前，各种电子支付方式都是由第三方商业公司完成，这样对于用户在第三方支付系统中完成了多种金融业务的闭环，使得央行很难监管第三方平台的数据。央行的数字货币的发行，使得这些用户行为数据保存在了银行系统内，便于监管与数据分析。

（3）便于人民币的国际流通。人民币国际化是指人民币从国内越过国界，在境外流通，并成为国际上普遍认可的计价、结算及储备货币。2009 年 7 月，央行等 6 部联合发布《跨境贸易人民币结算试点管理办法》，沿海到内地 20 个省市区推行人民币跨境贸易结算，自此人民币正式开始国际化之路。到 2019 年，人民币清算量已突破 40 万亿元，相当于中国 GDP 的 44.4%。2019 年是人民币走向国际化的十周年。这十年，中国的国际地位不断提升，人民币也成为世界第五大支付货币、第三大贸易融资货币、第八大外汇交易货币和第六大国际储备货币。人民币的国际化是通过国际贸易结算、加入 SDR 篮子等主要渠道完成。DCEP 数字人民币的发行会促进商业机构与个人之间使用数字人民币，这样更有利于人民币在国际范围内流通。

（4）会推动国际货币体系的发展。国际货币体系从布雷顿森林体系解体后，IMF“国际货币基金组织临时委员会”达成《牙买加协议》。牙买加体系支持储备多元化、汇率安排多样化、多种渠道调节国际收支。但牙买加体系也不是一个完美的国际货币制度，创造一种与主权国家脱钩，并能保持币值长期稳定的国际储备货币，从而避免主权信用货币作为储备货币的内在缺陷，是国际货币体系改革的理想目标。数字人民币的发展会推动国际货币体系的发展。

在牙买加协议下的多元化国际储备格局下，储备货币发行国仍享受到“铸币税”等多种好处。以往铸币税的获取方式主要依靠制造成本和代表价值之间的差额，因为这种方式与权利紧密的结合，一般只在国内有效。在当今经济全球化的情况下，铸币税有更多的获取方式。国际铸币税的收益就是，当一国货币国际化后，该国可以凭借其货币发行权从外国获得可量化的发行收益和发行成本的差额。而现在都是信用货币时代，发行数字货币成本几乎可以忽略不计，故可得的发行收益巨大。数字人民币的国际流通，不仅可以获得铸币税收益，还可以更好地支持储备多元化，因而降低支付给单一国家的铸币税。

综上所述，DCEP 是货币发行结合新技术的典型代表，能够享受区块链技术带来的好处，同时，推动人民币的广泛使用，还可以推动人民币的国际影响力。

第7章 区块链领域的风险与挑战、安全、监管与危害

7.1 风险与挑战

区块链作为一项新型技术，具有非常广阔的应用前景，会对原有的社会秩序和格局产生重大影响。但同时也需要注意到，这种革新会产生新的问题，对原有社会秩序和区块链本身都提出新的要求。

1.“去中心化”与传统监管模式的本质矛盾

目前对区块链的监管主要体现在货币系统和金融领域，因其关系到一国的经济秩序和金融体系稳定。除了在小范围的投资领域流转外，比特币当下最为主要的应用场景是洗钱、勒索和黑市交易等犯罪活动。

虽然少数承认数字货币的国家和地区基本出台了相应的监管政策和举措，但具体监管效果还不确定。另外，除了对明显违法行为的监管之外，还需要对技术规则本身进行监管。区块链的“去信任化”功能并不能克服技术设置本身的“不诚信”问题，以技术为包装的规则失衡因具有隐秘性而使得监管更加困难。

对数字货币的监管和数字货币应用本身就是一对矛盾的存在，传统的监管模式是集中化的、反匿名的，这无疑与区块链技术“去中心化”的本质特点相悖。更深层次的悖论则在于数字货币背后的科学技术与监管体系之间的价值追求并不相同，前者奉行“去监管”哲学，崇尚自由开源，而后者则强调风险防控与化解，追求效率、安全与公平的动态平衡。

2. “去中心化”与“再中心化”的循环悖论

“去中心化”是区块链区别于其他传统系统的主要特质，从某种意义上来说，其所有的革新意义也都源自于此，“去信任化”“自治性”不过是“去中心化”在技术规则赋权下的意义延伸。然而，正如世间没有绝对的真理，区块链的“去中心化”也没有那么绝对。虽然在技术和理论上的确可以实现绝对的“去中心化”，但现实中资源和信息的流动会促使新的中心形成，从而对“去中心化”的意义和功能造成消减。

数字货币的矿池和交易平台即为此方面的典型代表，二者虽解决了人人皆可参与挖矿和交易数字货币的现实需求，却成为新的中心化平台，引发因中心化而导致的危机和风险。另外，区块链在社会治理中的应用也有可能出现同样的问题。因具有可扩展性，区块链平台可能会促使新的虚拟权力产生，并进而导致“现实政治的重新集权”，少部分技术精英垄断或主导公共事务却无须获得任何合法授权或不受任何监督。

3. “智能合约”与现行法律制度的对接难题

区块链应用除了面对监管系统缺位、监管规则空白挑战外，还需要克服与现有法律系统的对接和协调问题，才能获得正式的合法性地位，这主要体现在智能合约的应用方面。目前，关于智能合约的论述大多集中在强调其如何实现可编程金融以及如何取代中介机构等方面，而忽略了智能合约与现有法律系统，尤其与合同法的协调和兼容。

首先，是关于语义解释和表达效力的问题。现实生活中，受限于语义表达多意性和客观情况多变性，往往会出现法律未规定或双方未约定情形，需要对法律规定或合同条款进行解释，且这种解释往往涉及复杂的利益权衡和价值判断，应依靠具有公信力的第三方从中裁决。但智能合约却完全依靠计算机语言写就的程序在缔约方之间实现验证和执行，这必然会引发一个根本性问题，即程序代码是否能够精确地表达合同条款的语义以及合同条款是否能准确表达当事人的意思，若不能表达，那么对于代码的语义应如何解释、由谁来解释，以及最为关键的一点——其是否属于被合同法所认可的有效合同形式？

其次，在智能合约执行过程中，一切均需听命于事先设定好的代码，而不考虑缔约方当下的真实意愿，若一方当事人某一操作失误或希望有其他选择，代码程序并未提供可修改的替代方案，则所谓“智能”并不智能，以致合同法上的合同变更、撤销和解除等制度根本无从适用，而这与近代私权社会所确立的基本民法理念“意思自治”是完全相悖的，让人不免担心智能合约在提高效率的同时可能也牺牲了一定的公平和自由（不过经济学中的公平与效率是一个长期存在严重分歧、争论不休的问题）。

智能合约虽然在某种程度上实现了技术与法律的协同，但还需要现行法律制度的进一步确认。

4. “共识机制”下的技术与现实差距

“共识机制”是区块链技术的重要组件，处于区块链技术架构的较底层。区块链系统中的各节点能够在没有第三方信用机构存在的情况下对某一行为记录认可，原因即在于各节点自发地遵守一套事前设定好的规则，该规则可以直接判断行为记录的真实性并将判断结果为真的记录记入区块链之中，这种判断规则就是“共识机制”，其是区块链应用得以实现的技术保障。例如，区块链在应用于社会治理时，有激进观点认为传统的集权政治和等级制度都将被新的治理模式和认知方式取代，信息技术作为一种新“权力”将会“解放传统权力”。这一主张明显带有技术乌托邦色彩，忽略了技术功能与现实之间存在的明显差距，正如技术能够实现去中心化不代表能够消除现实中的再中心化一样，系统中的各节点能够对某一交易记录达成唯一共识不代表用户对整个系统的发展也可以达成唯一共识。

现实中，个人行为往往具有很强的波动性和盲目性，上述观点所主张的泛化民主会打破治理主体与公众间原有的平衡，导致决策共识更难实现，以太坊的几次分叉充分说明了这一问题。因利益和价值观差异，社区内用户的主张不可能完全一致，若再将其应用于整个社会，共识的难度可想而知。

7.2 安全问题

在区块链生态中的包括公有链、智能合约、交易所、钱包、矿池、DApp 等各个环节中，都有了积极的建设者，安全公司就是其一。

在这个生来便被认为安全和效率不可兼得的行业，安全事件注定会始终伴随生态发展，安全公司则成为记录这些事件的最忠诚守护者。

根据区块链安全公司 PeckShield（派盾）和 BCSEC 发布的数据显示，2018 年全年区块链安全事件数量高达 138 起，造成的经济损失高达 22.38 亿美元。其中，以太坊公有链出现安全事件超 54 起，主要因为上半年智能合约和交易所安全事件的频发，如 BEC 美链遭黑客攻击一日便蒸发 9 亿美元，让大众认识到安全对于区块链的扼喉作用；EOS 公有链出现安全事件超 49 起，基本都是源于 EOS DApp 生态爆发引起的随机数攻击、交易回滚等攻击事件，不仅直接导致经济损失高达 747 209 个 EOS，更让大众形成了 EOS 公有链上菠菜类游戏的认知。

相较之下，过去一年 BTC 仅发生安全事件 3 起，危害相对较小，大的安全事件，如发生的 BTC 超发漏洞，漏洞在造成危害前就得以修复，虚惊一场。

PeckShield 认为，目前整个区块链安全现状存在以下三大矛盾：

（1）攻击者强于建设者：表现在大多智能合约在链上公开透明，处于“明处”，且目前数字资产价值不菲，惩处机制还不完善，自然成了很多处于“暗处”的黑客的首要攻击对象。

（2）图利还是做事难分辨：表现在处于生态早期的野蛮生长期，智能合约开发者鱼龙混杂，存在一些空气项目、传销项目乃至卷款跑路项目，给生态带来极大的信任破坏和透支，只有真正做事的项目在安全防御、应急响应、危机善后上才会有正确的态度和应对方式，进而不断积累用户，扩大市场份额。

（3）区块链技术门槛高却急需新鲜流量入场：表现在当前整个区块链行业流量池不够大，普通小白用户进场在下载钱包、保存私钥、转账买卖等基础操作层面尚有很大障碍，因而各类账号、操作层面的安全问题尚不能杜绝。

如果把目前的区块链安全划分为非常安全、安全、令人担忧、极度危险四个等级的话，现阶段的区块链安全等级是令人担忧的。

PeckShield 认为，区块链生态的主要威胁在于智能合约和 DApp 生态有个逐步崛起完善的过程，前仆后继涌进了一大批参差不齐的从业者，他们可能会携带大量未知的问题入场，也加剧了提高安全性对于区块链生态的迫切性，需要安全公司的持续护航以及分布在整个区块链生态各个环节的合作伙伴协同努力。

事实证明，安全问题或许会伴随区块链生态壮大而越演越烈，如 2019 年年初 ETC（以太经典）遭遇的双花攻击事件，可致使 EOS 公有链瘫痪或“稳赢”所有竞猜类 DApp 的“交易阻塞攻击”（CVE-2019-6199）等。一系列重磅安全事件的来袭，在向我们敲响警钟，新的一年，安全问题同样不容忽视。

为了让更多生态从业者认清当前行业的安全现状、提升安全意识，并加以必要的安全防御举措，2019 年 1 月 25 日，PeckShield 联合多家媒体共同发布了《2018 年度区块链十大安全事件》。

PeckShield 结合实际经济损失、生态连带性威胁、社会传导性危害等各个层面的影响，从账号安全、底层公有链、交易所和钱包、智能合约、DApp 等多个重要生态环节整理了上百起安全事件。然后由媒体合作伙伴提名选出 20 个候选安全事件，最后再联合 12 位媒体评审伙伴，共同评选出 2018 年度十大安全事件。

（1）2018-03-07：币安交易所遭黑客攻击。

（2）2018-03-20：以太坊节点持续两年偷渡漏洞。

（3）2018-04-05：BEC/SMT/EDU 智能合约安全漏洞。

（4）2018-05-29：EOS 节点远程代码执行。

（5）2018-07-11：EOS 账户彩虹攻击。

（6）2018-08：ERC20 等一系列代币假充值漏洞。

（7）2018-08-23：fomo3D 阻塞攻击决出大奖。

（8）2018-09：BTC 超发漏洞。

（9）2018-08-11：EOS DApp 等系列漏洞（假 EOS、假通知、随机数、交易回滚、阻塞）。

（10）2018-11-16：BCH 共识破裂硬分叉。

7.3 KYC 与 AML

KYC（Know Your Customer）与 AML(Anti Money Laundering) 是传统金融机构，一直都是全球监管机构关注的重要领域。虽然目前大部分国家对于私人数字货币的法律地位并没有给予明确的态度，但对于私人数字货币可能带来的挑战一直非常关注。针对数字货币可能带来的洗钱、恐怖金融、偷税漏税、金融稳定等方面的特定风险出台了相关的政策。这些关注和政策促使 KYC 与 AML 在区块链相关的领域有了很多结合。目前基于区块链发行的数字货币，一般都会要求项目方提供 KYC 和 AML 的功能。

7.3.1 KYC（了解你的客户）

KYC 是指交易平台获取客户相关识别信息的过程，它的目的主要是确保不符合标准的用户无法使用该平台所提供的服务，同时可以在未来的一些犯罪活动调查中为执法机构提供调查依据。

KYC 最早来源于美国的反洗钱立法。1970 年，美国通过关于反洗钱的《银行保密法》（Bank Secrecy Act，BSA），该法案是美国惩治金融犯罪法律体系的核心立法。《银行保密法》的立法目的是遏制使用秘密的外国银行账户，并要求通过受监管机构用提交报告和保存记录的方式来识别进出美国或存入金融机构的货币和金融工具的来源、数量及流通，从而为执法部门提供审计线索。此后，新增的 11 项法律条文给银行和货币转移服务商增加了更多要求。现在监管纲要一般被称为 KYC 和 AML 规则，逐步通行于金融行业。

KYC 账户认证一般分为两种：个人账户认证和企业账户认证。

个人账户认证需提供的材料如下。

（1）身份认证材料：身份证、驾照、居住证、护照等政府颁发的有效身份证件。

（2）地址认证材料：一般为不超过 3 个月内的水电、燃气账单或信用卡账单等。

企业账户认证需提供的材料如下。

（1）公司营业执照扫描件。

（2）公司主要联系人及受益人（受益人是指在公司中占有股份等于或超过 25% 的自然人或法人）的护照扫描件（如无护照，可用身份证正反面加户口本本人页替代）。

（3）公司账单：最近 90 天内的任意一张公司日常费用账单（包括水、电、燃气、网络、电话社保、银行对账单等）；必须由正规机构（公用事业单位、银行等）出具；账单上需要有公司名称和详细地址，公司名称和地址应和营业执照上的名称和地址一致。

（4）个人费用账单：最近90天内的任意一张主要联系人和受益人个人日常费用账单（包括水、电、燃气、网络、电视、电话、手机等费用账单或信用卡对账单等）；必须由正规机构（公用事业单位、银行等）出具；账单上需要有姓名和家庭详细居住地址。

（5）公司银行对账单：开立一张公司对公的银行对账单，任意银行皆可。

从全球现行监管规定来看，KYC法则要求金融机构实行账户实名制，了解账户的实际控制人和交易的实际收益人，同时要求对客户的身份、常住地址或企业所从事的业务进行充分的了解，并采取相应的措施，主要包括以下内容。

（1）建立和维持客户身份认证和核实。

（2）了解客户活动特征（主要目的是满足客户资金来源的合法性）。

（3）为监察客户的活动而评估客户涉及洗钱和恐怖融资活动的风险。

在中国，相关的监管制度也已经建立，中国的银行须遵循的反洗钱和反恐怖融资的法律和监管规定包括《中华人民共和国反洗钱法》《中华人民共和国反恐怖主义法》、中国人民银行《关于进一步加强反洗钱和反恐怖融资工作的通知》（以下简称《通知》）（银办发【2018】130号）以及中国银行保险监督管理委员会令（2019年第1号）《银行业金融机构反洗钱和反恐怖融资管理办法》（以下简称《办法》）等。这些法律和监管均要求金融机构在开展各项业务前必须做到KYC。以中国人民银行的《通知》为例，《通知》明确要求金融机构要从客户身份核实要求，依托第三方机构开展客户身份识别的要求加强客户身份识别管理，以及要从高风险领域的客户身份识别和交易监测要求，高风险国家或地区的管控要求加强洗钱或恐怖融资高风险领域的管理。

以银保监会的《银行业金融机构反洗钱和反恐怖融资管理办法》为例，其中的第十二条规定："银行业金融机构应当按照规定建立健全和执行客户身份识别制度，遵循'了解你的客户'的原则，针对不同客户、业务关系或者交易，采取有效措施，识别和核实客户身份，了解客户及其建立、维持业务关系的目的和性质，了解非自然人客户受益所有人。在与客户的业务关系存续期间，银行业金融机构应当采取持续的客户身份识别措施。"第十三条规定："银行业金融机构应当按照规定建立健全和执行客户身份资料和交易记录保存制度，妥善保存客户身份资料和交易记录，确保能重现该项交易，以提供监测分析交易情况、调查可疑交易活动和查处洗钱案件所需的信息。"

值得一提的是，作为金融创新和近期应对抗疫需要的一项重要举措，我国银行业界均在大力拓展"非接触银行"和"非接触贷款"等"线上"业务。毋庸置疑，KYC政策和制度的严格执行与实施将会是这种"非接触"和"线上"的创新思路的一大挑战。鉴于KYC不仅要体现在与客户建立关系（如开户）的最初阶段，而且要体现在逐笔业务交易层面上和后续持续往来过程中，有关银行在这方面的创新还需要做进一步的努力，其中包括向政府呼吁和争取相应的新的法律立法，在客户认证和验证有效性和合法性等方面找到更有效的解决方法，以确保有关银行相关业务合法合规地开展，并能可持续发展。

7.3.2 AML（反洗钱）

洗钱一词的来源为20世纪初的犯罪者艾尔卡彭（Al Capone），因为他经营投币式洗衣店用以合理化犯罪所得。事情发生在20世纪20年代，芝加哥一名黑手党金融专家买了一台投币洗衣机，开了一家洗衣店。每天晚上，他在结算当天的洗衣收入时，都会把违法所得加进去，然后交给税务局纳税。税后条款成为他所有的合法收入，所以后来便以历史上此种“用投币式洗衣机掩盖犯罪金钱”的行为简称为“洗钱”。

AML是指为了预防通过各种方式掩饰和隐瞒毒品犯罪、黑社会性质的组织犯罪、恐怖活动犯罪、走私犯罪、贪污贿赂犯罪、破坏金融管理秩序犯罪等犯罪所得及其收益的来源和性质的洗钱活动。常见的洗钱途径广泛涉及银行、保险、证券、房地产等各种领域。反洗钱是政府动用立法、司法力量，调动有关的组织和商业机构对可能的洗钱活动予以识别，对有关款项予以处置，对相关机构和人士予以惩罚，从而达到阻止犯罪活动目的的一项系统工程。从反洗钱的法规历史来看，最明确提及洗钱者为1970年的美国银行保密法（Bank Secrecy Act，BSA），与其法案名称略有差异，BSA旨在规范金融业，针对不法资金流需有申报的义务。其后，相关的法案陆续出炉，较有代表性的有1988年联合国禁止非法贩运麻醉药品和精神药物公约、2001年联合国打击跨国有组织犯罪公约。虽然其主旨大致都是防制犯罪，但事实上都有规范的针对犯罪背后的金流的防堵原则。

洗钱行为的历史在诸多层面都是难以记录的，主要原因是洗钱行为本就不可能有官方统计资讯，所以洗钱的历史可能需要以“反洗钱与反恐怖融资（Anti-Money Laundering and Counter Financing of Terrorism，AML/CFT）”的资料作为反向的历史映射。目前洗钱防范的代表数据为占国内生产总值的数据。例如，联合国曾在不同场合概估洗钱规模占全球GDP的比例，全球每年在国际上流通的洗钱金额约达8000亿至2万亿美元不等，占全球GDP的2%～5%。

当前在常见的20多种洗钱手段中，比特币与数字货币已经被列入一种国际上的洗钱手段。因为数字货币的匿名性和难追踪的特点，数字货币开始在黑色与灰色领域大量使用。

7.3.3 数字货币领域的KYC与AML

针对数字货币的发展，各国也在学习和调整监管手段。KYC与AML正在进入数字货币与相关领域。

2019年8月7日上午10时许，一个昵称为Guardian M的用户在一个名为FIND YOUR BINANCE KYC的Telegram群内进行直播，直播发送疑似从币安泄露的用户KYC

资料和图片。据财经网链上财经统计，直播一直持续到当天中午 12：39，在近两个小时的直播中，数百份 KYC 资料被泄露，其中大部分 KYC 资料上标注的时间为 2018 年 2 月 24 日，也有部分资料上的标注时间为 2018 年 2 月 18 日或 2018 年 1 月 20 日。

依照此次 Telegram 群内公布的疑似币安 KYC 信息可知，这些用户来源于中国、美国、日本、越南、巴基斯坦、韩国、俄罗斯、印度、英国等。但是查阅目前各国的法律法规可知，币安并不能在中国、日本以及美国合法开展交易活动。

欧盟于 2018 年 5 月 14 日批准了一项新的反洗钱法案，部分目标是针对数字货币。之后，欧盟 28 个成员国正式批准了欧洲议会上的新法案，当局特别针对使用数字货币（如比特币）的匿名性以及使用消费者银行产生交易。一旦生效后，像数字货币交易所这样的实体将不得不遵守 AML 准则，这可能包括完整的客户验证。

在此之前，欧盟也一直在推进针对虚拟货币交易的反洗钱法案。

2016 年 7 月 5 日，欧盟委员会针对比特币和预付卡推出了新的反洗钱规章提案，以期打击巴黎恐怖袭击事件和巴拿马文件泄露事件暴露的恐怖分子洗钱和偷税漏税等问题。

在 2015 年 11 月 13 日发生的巴黎恐怖袭击事件中，恐怖分子曾使用预付卡。为预防类似事件再次发生，欧盟委员会发布了新的反洗钱提案。该提案意图提高对国家银行账户的监督以及信托所有权的透明度，加强欧洲金融智库间的信息共享，从而实现对可疑交易的实时监督。

该提案规定不可充值预付卡的充值门槛将由原先的 250 欧元下调至 150 欧元，而以比特币为首的虚拟货币将列入反洗钱法范围，同时虚拟币平台将需要验证虚拟币使用者的身份并进行交易监控。

2017 年 6 月，欧盟立法机构考虑修改现行的反洗钱法律，修改后的法律介绍了有关加密货币的具体定义和条款，促进了法币与比特币和其他虚拟货币之间的交易。欧盟委员会采用的现行立法将虚拟货币定义为：既不是由中央银行或公共机构发行的数字货币代表，也不附加在法律上用作交易方式的法定货币其购买以电子方式转让、存储和交易。

2018 年 1 月，欧洲议会和欧盟理事会（European Parliament and the Council of the European Union）通过修改第四反洗钱指令（4AMLD 指令），该举措将虚拟货币交易所和钱包提供商纳入欧盟的反洗钱框架。这一指令要求交易所和托管钱包提供商添加客户尽职调查 KYC 和监控交易并报告可疑交易，以阻止潜在的洗钱、逃税和为恐怖主义提供资金行为。该修正案需要由欧盟成员国正式通过，并在 18 个月内成为正式法。

欧盟批准新的 AML 反洗钱法，涵盖了数字货币领域。使得欧盟成员国将需要通过中央集中制的注册中心来涵盖所有银行和账户所有者的信息。当可疑事件发生时，国家机关将通过该注册中心获取相关信息。

传统银行与金融业的监管手段和方法在数字货币的领域还需要新的发展与适应。例如，一些新的法规规定了数字货币交易所或钱包托管商有相关的 KYC 与 AML 义务与责任，从技术原理上看，这些规定在中心化的机构中执行没有问题，但对于去中心化的交易所与钱包托管商，还没有更好的措施。此外，对于数字货币中的一些特殊用途的隐私货币，如果不进入中心化的交易所，也很难监管。

根据 PeckShield 公司《2019 全球数字资产反洗钱（AML）研究报告》分析，PeckShield 安全团队全面梳理了近几年使用数字资产进行的“非法或未受监管”的交易现状，并深入分析了以下三方面的数据。

（1）重大安全事件和损失情况：PeckShield 统计发现，2017 年共发生重大安全事件 11 起，共计损失 2.94 亿美元；2018 年共发生重大安全事件 46 起，共计损失 47.58 亿美元。2019 年共发生重大安全事件 63 起，共计损失达 76.79 亿美元。

（2）暗网市场交易规模：截至 2019 年，运行 TOR 协议的暗网网站已有 6 万个左右，其中大约一半的网站从事非法交易。暗网市场中的交易需求非常大，不断有大型黑市被关闭，但很快又会有新的黑市涌现出来，其总交易额还在不断增长。2018 年流入暗网的比特币总数为 33 万枚，2019 年为 54 万枚，按交易时价计算，总金额分别是 21 亿美元和 39 亿美元。

（3）国际间未受监管资金流动情况：以数字资产作为载体的资金在国际间的流动已经巨大，但不同国家对比特币等数字资产的法律界定还很模糊，意味着这些流动资金并未受到合理、合规的监管。

数据显示，通过对全球 20 多个数字资产交易所展开资金流向追踪调查，PeckShield 安全团队研究分析认为，数字资产在国际间的流动规模已非常大，且大部分资金并未受到国家合理、合规的监管。

尽管区块链赋能 KYC 并促使它完成了技术上的迭代，但是依然存在许多问题，引起业界的广泛讨论和争议。在笔者看来，起码有三点值得各方探讨。

1. 提升门槛导致的金融排斥与普惠金融理念相悖，是否公平

KYC 和 AML 审核必然会导致相当一部分用户被排斥在门槛之外。据相关媒体报道，自 2009 年以来，25% 的全球代理银行的关系被切断，很多企业账户被关闭，无法接受银行服务，尤其是非洲和加勒比等地区遭到重挫。2015 年，几乎 70% 的加勒比银行切断了代理行关系。门槛提升可能一次性将几百万人排除在金融体系之外。

即使合法化的美国 STO 项目，因为合格投资人的资格审核，也直接将为数众多的普通人群一刀切地排除在外。如此多的人被排除在金融体系之外，导致此前各国政府和金融界所倡导的普惠金融成了美好愿望。

2. 规避风险的同时却侵害用户隐私，是否符合现代精神

由于大数据、云平台和区块链技术的介入，KYC 和 AML 的审核越来越严格，也越来越准确。特别是在区块链上，由于信息在分布式账户系统上以共享的方式存储，记录存档上的所有信息都是安全、透明和不可变的，如客户的背景、财务记录、收入来源、财富和资产等信息全都一览无余。

区块链技术减轻了数据的模糊性，降低了欺诈的可能性，可以说，如果所有机构都使用区块链，KYC 和 AML 数据就可以更加安全、透明和无缝。

但与此同时，区块链本身所具备的匿名性也在此消失殆尽，所有通过 KYC 和 AML 审核的合格投资者都暴露在机构甚至是全世界用户面前，这种隐私权被展现的做法，是否符合现代精神呢？

3. 中心化机构，是否会导致利益方以用户信息违法（规）获利

目前的 KYC 和 AML 体系基本上都是由交易机构来进行审核，而这些交易机构大多数都是中心化的机构，这就意味着经过审核（不管审核通过与否）的用户，处在可能存在的风险之中。他们上传的个人信息，除了用在通过审核之外，并不知道会不会被机构挪作他用或者直接用来变现。

事实上，很多金融机构在私下贩卖投资者信息的行为非常普遍，无论是北美洲、欧洲还是亚洲。如何保护个人的信息或数据资产的安全性，是 KYC 和 AML 本身衍生出的问题，也是未来的挑战。

任何事物在发展过程中都会遇到各种问题，KYC 当前存在的问题，其实有很大的改进空间，而相关监管部门、机构和区块链公司等也都在试图改进，但这不是一蹴而就的，需要一定时间，毕竟 STO 还处于探索阶段。

首先，取决于监管部门对普通投资人的限制是否可以适度放宽——包括对投资人的认定以及封闭期时间长短的规定，这一方面取决于监管部门的认知和权衡，另一方面则取决于 STO 发展和完善的进程，这两者是相辅相成的。

其次，区块链技术对信息识别和验证，比如私钥签署智能合约，可以验证用户的私有信息，而不会使他们面临风险，这可以满足个人投资和政府监管双方的需求，并且可以在很大程度上限制项目方的作恶行为。

可以看到，这些改变已经在发生。例如，欧盟出台了 GDPR（General Data Protection Rule）数据保护规则，并在今年 5 月 25 日正式实施，明确将用户个人数据的使用授权归还给数据主体个人。相信随着监管措施的优化调整和区块链技术的日趋完善，困扰 KYC 和 AML 的这些问题，会逐步解决。

7.4 监管的发展与法律的完善

7.4.1 基本的监管问题

当前以数字货币为首的各类区块链应用发展迅速，与此同时，区块链中潜在的监管问题也逐渐显现。区块链行业属于新行业，一方面处于行业发展早期，另一方面没有常规有效的市场秩序，导致混乱无序，缺乏系统性的监管。

1. 非法应用

数字货币的金融属性使得区块链数字货币为洗钱、非法交易、勒索病毒等犯罪活动提供了一条安全稳定的资金渠道，促进了地下黑市的运行。著名的勒索病毒 WannaCry 通过比特币来实现对用户资产的勒索，非法网站“丝绸之路”利用数字货币进行非法买卖，还有其他很多传销领域的数字货币诈骗等案例使得数字货币的初期应用备受质疑。区块链数字货币使跨国境的资金转移变得更为简单，将有可能损害各国的金融主权，影响金融市场的稳定。

以太坊提供的 ERC20 应用，使得发行数字货币变得非常容易。这样又推动了 ICO 和 Defi 等围绕数字货币的应用的普及。这又促使了相关的 ICO 诈骗，集资跑路。

数字货币交易领域的监管缺失与不到位，出现数字货币交易的各种坐庄、老鼠仓、割韭菜等现象，还有项目基金会的审核与管理，项目后期资金使用等问题一直是区块链监管层面的问题。

2. 监管技术滞后

由于区块链去中心化、不可篡改等特性，使得区块链常被用于敏感信息的存储与传播。有些人将敏感有害信息保存在比特币和以太坊区块链的交易中，而这些信息并不能从区块链中删除。同时，由于区块链的匿名性，监管方也不能通过这些敏感信息和涉及违法犯罪的交易的发送方地址找到发送方的真实身份。此类事件严重危害国家安全和稳定，给网络监管机构带来了极大的挑战和威胁。

当前对区块链行业的监管处于起步阶段，研究方向不全面，研究技术也不成熟，很多国家对区块链行业的监管都是千差万别的，有的一刀切、有的抵制、有的在尝试纳入政府监管，各国政策、地域的不确定性和多样复杂性严重制约着区块链和数字货币的发展。因为区块链中涉及经济模型，涉及货币，大多数国家还保持一种保守和观望的态度，只能简单地用禁止的方式解决问题，不能制定出保护其运行的合理的制度环境。

但好的现象是，以美国、日本、韩国、新加坡等国家对区块链和数字货币保持审慎支持的态度，随着相关政策的出台落地，区块链有望在政府监管下获得适当改造并迅速发展。

此外，如何去除或屏蔽发布到公有链上的、对公众有害的信息，包括黄色、灰色产业以及影响政治稳定的破坏信息，监管层面都还在尝试中。

3. 证券监管

随着以太坊逐步向 2.0 过渡并采用新的 PoS 模型，美国商品及期货交易委员会（CFTC）主席 HeathTarbert 称，CFTC 和美国证券交易委员会（SEC）将对以太坊 2.0 进行新一轮的审查以判断是否符合证券交易的范畴。

在以太坊 2.0 中，以太坊基金会在网络或数字资产的持续发展方向上起着领导作用或中心作用，以太坊购买者或者验证者显然需要依赖以太坊基金会执行或监督以太坊网络来实现或保留预期目的的功能。

以太坊基金会向各个独立团队提供赠款以建立规范，以确定是否应该向对该网络提供服务的人员提供补偿及其补偿方式。以太坊基金会拥有或控制包括一系列商标在内的该网络或数字资产的知识产权。以太坊基金会保留了数字资产的股份或权益。根据 SEC 创新和金融技术战略中心（FinHub）在 2019 年 4 月 3 日发布的数字资产“投资合约”分析框架指南，所有这些因素的存在感越强，该网络充分去中心化的可能性就越小，从而涉及证券交易的可能性就越大。

7.4.2 肖飒演讲中谈到的 5 个问题

这里用肖飒在公开课上作的《区块链应用创业的法律边界及案例分析》的演讲来说明相关问题。这次演讲谈到了 5 个有代表性的问题。

肖飒，中国银行法学研究会理事，中国社会科学院产业金融研究基地特约研究员，中国人民大学亚太法学研究院委员会委员，金融科技与共享金融 100 人论坛首批成员，人民创投区块链研究院委员会特聘委员，工信部信息中心《2018 年中国区块链产业白皮书》编写委员会委员，五道口金融学院未央网最佳专栏作者，巴比特、财新、证券时报、新浪财经、凤凰财经专栏作家。

肖飒的演讲中谈到的 5 个问题如下。

1. 中国法律将怎样对待STO

STO 是怎样被中国法律对待的？中国的法律对于 STO 的看法会认为它是一种变相 ICO。无论其他国家情况如何，创业者要明确中国法律的态度。在其他国家合法的行为，在我国可能不合法，反之亦然。

2017 年 9 月 4 日，七部委联合发布《关于防范代币发行融资风险的公告》明确指出：ICO 本质上是一种未经批准非法公开融资的行为。我国刑法第 179 条擅自发行股票、公司、企业债券罪中指出，未经国家有关主管部门批准，擅自发行股票或者公司、企业债券，数额巨大、后果严重或者其他严重情节的，处五年以下有期徒刑或者拘役。其实STO类似于擅自发行股票证券的一种行为，可以理解为，STO类似上市公司企业股票，而这种股票用区块链技术进行确保不可篡改性等。所以，在中国STO不仅是一种违法行为，还可能会构成犯罪。

举个例子：老黄打算设一个在线赌场，并且把服务器放在美国，运营在拉斯维加斯，市场在中国。这其实涉嫌罪名——开设赌场罪，因为它切实损害了中国老百姓的利益。所以，即便运营和服务器不在中国，中国政府也会行使保护国民利益的权力。ICO和STO是类似的，无论在新加坡还是日本，最后融的只要是中国人的钱，中国的法律就会进行管制，这可以理解为长臂原则，虽远必诛。

刑法第179条指出的犯罪行为发生的前提是未经国家有关主管部门批准，这也是诸多金融罪名的一个突出特点，先看是否有国家有关主管部门的批准，然后再看是否符合构成要件。

现在部门分类这么多，哪个是负责区块链监管的呢？目前从《新规征求意见稿》中看是这样：各地网信办是区块链信息服务的主管机关。但什么叫信息服务，虽然给出定义，还是有不同的解释。有人说，链本身自带信息，所以跟“链”相关的都属于被管辖的范围，这个解释也说得通。

很多区块链的应用项目，或者垂直于这个领域的一些创业项目，实际上都要去备案。备案是个好事，在P2P行业中“得备案者得天下”，拿到备案就意味着拥有了“金钟罩”。备案制意味着在领域内要按照备案执行行政管理，未来的管制是备案，而非许可。备案意味着刑事审查，在20天之内得出结果，并且会告知不给批准的理由。

2. 区块链新规解读与未来趋势

工信部提供技术标准，现在每年会出相应的白皮书，白皮书里非常明确要求技术标准，现在也有一些联盟下设的机构。

央行有自己的数字货币研究所，前任所长是姚前先生，他是中国数字货币的先锋人物。该研究所主要研究法币如何数字化的问题，法币数字化和稳定币不一样，它可能会应用在特殊的领域，如扶贫，避免定向扶贫的钱被不良分子盘剥，让使用流程清晰化。

世界上更多的国家实际上是证监会在监管。为什么中国特别，是有中国特色吗？并非如此，而是因为不同法律对“证券”概念的定义不同。我们国家对证券的定义严谨，只承认在深、沪两市上市公司发行的股票，狭隘理解为股票类型。实际上证券的概念很广泛，目前《证券法》正在修改，以后的证券不再仅限于狭隘的定义。如果这样，证监会的功能就会凸显出来，把一个东西进行Token化的时候是中国的证监会在监管，此时，证监会给出各种各样的行政命令、行政法、规章进行约束。

区块链，不是“私”的世界，而是一个开放的世界，是公众场合。所以，在公众场合讲话要有底线，内容要保证三观正确。

目前，新规仍在征求意见稿，但新规正式出台的可能性非常高。总结来说就是：技术标准是归工信部管理；虚拟币原理及探索，在央行研究所进行研究；各地的网信办是地方监管机构，作备案等具体执行工作。

另外，区块链也将会成立协会，即行业自律组织，司法界对行业自律组织出台的规定、公约是非常尊重的。法律上解决不了的问题，可能会参照公约、行业标准得以解决。建议区块链领域的创业者积极参与协会的建设。

信息服务是指基于区块链技术或者系统，通过互联网网站、应用程序等形式向社会公众提供信息服务。这包括公有链、联盟链，但是私有链不一定。本次“区块链信息服务提供者”被专门点出来，给了明确的概念：向社会公众提供区块链信息服务的主体或者节点（含外国基金会），以及为区块链信息服务的主体提供技术支持的机构或组织（请注意，即便只输出区块链技术的团队，也受本规管理）。

在区块链创业这个领域，和其他领域不同之处是IT人员需要负很大的责任。IT人员在区块链领域里起到了较大作用，而在其他行业，IT人员就是辅助人员。去甄别一个币到底是否为空气币，通常不是看东家多有钱、有多大股权、大股东是谁，而是取决于CTO。具体来说，将会考察CTO是否真的有相应的学术背景、有相应的职业能力和相应项目经验。

如果此类创业发生违法犯罪，IT人员很可能是主犯。在这个领域，IT人员成为司法机关被关注的对象，如果你是IT人员，千万不要以身试法，也不要被不法分子利用。

未来将采取备案制对区块链项目进行管理，之前坊间猜测会不会是许可制？所谓的许可其实就是政府机关给大家一个牌照认可，但是许可制往往会把行业管得太死，可能会堵塞创业人的激情。取用处于中间的备案制实际上是释放一个信号，允许你做，但是要守规矩，监管机构希望区块链行业，既有规矩又有活力。新规里规定10天时间填报材料，然后进行公示，公示之后，20天备案审核。还有年审制度，每年审核，年审可以直接理解为长效机制，持续监测动态。

如果所从事的行业是区块链与其他行业相结合，那么，其他行业的行政法规也要遵循。基于区块链从事新闻、出版、教育、医疗保健、药品和医疗器械等互联网信息服务，依照法律、行政法规以及国家规定须经有关主管部门审核同意的，在履行区块链备案手续前，应该先取得前述主管部门的批准。

不能有违反国家安全、扰乱社会秩序或侵犯他人合法权益的行为。目前很多社区管理相对比较松，大家似乎在这个社区里什么都能聊，但要注意，并非什么东西都可以在社区里聊。作为社区的管理者，要培养社区，要给社区立规矩，还要不时地去管理社区。建议设置专岗，其工作内容就是维护网络安全和内容合法审核。

3. 区块链项目落地需要注意细节

值得称赞的地方在于，本次新规将行政处罚作为重要的监管方法。区块链行业有两个极端，要么成为标杆，去海外上市；要么锒铛入狱。后者实际上是行政法规没有在中间发挥应该有的作用。我们进行创业，是为了更好的发展，而不是拿自己的生命和自由去赌。

可以往好的方面思考，但也要考虑最差的结果。做区块链行业要心中有数，做好了备案上市，或者去海外做其他的一些资金募集和运作，可能是很成功的状态。但如果失败了是否会被判刑，也要心中有数。在中国如果只做技术的事情，而没有做任何经营的事情的话，很有可能会跟非法经营罪（刑法第 225 条）分开。要明确，如果有运营团队请不要放在国内，在境外的话我们国家的法律会尊重境外其他主体的司法自制。

区块链行业实际是“沙漏式”的，做得好就特别好，差的则可能会沦落到非法传销，在二线城市、三线城市这种现象很多。需要明确的是，组织领导传销就是犯罪。所谓的组织领导传销罪，存在领导者，组织者就是领导，所有上台的讲师也是领导者。例如，2017 年 6 月份有一群上海大妈炒币赚了钱，在某大会上介绍经验，她们在上面讲几句话就可能被认定为组织领导者。在沙漏式的结构里，处于下层的这些人员实际上存在重大法律风险。

区块链发币，交易所，如上交所、深交所做的服务，会成为沙漏的上半部分。下半部分则是不规范融资，门一旦打开，公开募资便会有风险。

再一次强调，区块链上的社区并非法外之地，实际上是一个“公共场所”，不能编造假的以讹传讹的消息。

对于安全评估要特别重视，未来在监管里会专门提到，预防收集的资料会作为其他应用。如果没有安全保障，服务一旦被黑客攻击，会造成非常大的损失。

为了能够尽快获得备案，一些项目方可能会外包给所谓“能人”协助备案，我们建议项目方一定严格审核自己上交的资料，切勿填报虚假备案信息。对于服务提供者、服务类别、服务形式、应用领域、服务器地址等信息，务必填写正确。

请注意，“精确”和“正确”是有区分的，项目方的行政人员也许对于技术不够精通，其填写的项目具体信息不够精确，但是只要不是“错误”即可。填写虚假备案信息的法律后果是：国家和省、自治区、直辖市互联网信息办公室依据职责责令暂停业务，限期整改；拒不整改的，注销备案。

我们发现，在一些非理性维权的事件中，区块链项目的社区成了“沟通新渠道”。特别对于国际化的项目，如果出现内容违法，可能会导致涉众风险和国际舆论影响，因此，要想做好区块链应用落地项目，请务必对于信息内容进行一定的规制，设立专人专岗，甚至使用 AI 机器人进行内容筛选和处置。

区块链创业者，说实话比较“自由散漫”，平时接触下来，人在境内，时差在纽约的并不鲜见，还不喜欢各种条条框框，甚至都不认为应该有个团队领导者，扁平化“非管理”是其理想模式。对于行政规章和规范性法律文件的烦冗，可能创业者（含极客）较难适应，建议其聘用勤勉的专业团队负责打理这些复杂的合规事项，防止猝不及防地罚款不断袭来。

未来区块链的应用上，会专门标注一个备案编号，就像电影会有一个播放许可证，未来其他的备案项目会有一个编号，这个编号是代码，如果没进行编号则要被罚钱。

借鉴金融科技一些监管的手段，会设置一个专门的整改。在以往其他监管里可能并没有改的机会，但现在会明确告诉你有改的机会，明确告诉你改的方向，这是非常好的做法。所以这次关于区块链应用新规征求意见稿里的做法都是很先进的。目前区块链有一些支付类型的尝试，实际上是在香港地区进行的，没有在内地进行，内地对一些支付类型的创新空间还是比较小。

4. 区块链项目，到底能不能发币？

中国的法律会容忍哪种币？我们认为会容忍 Q 币等，因为它们只是在单独体系内运作的，没有对外进行炒作的币。从 2017 年 10 月 1 日开始，《民法总则》第 127 条已经明确规定，不反对公民持有虚拟财产。然而，我们的法律实质上是反对炒作币价的。

OTC 场外市场是否允许交易？偶发是允许的，而且受《合同法》保护，我们国家的《合同法》是全世界最发达的合同法之一，如果有经常性的行为，就会被定性为币贩子。

ICO 叫作首次币发行。中国法律上给它的定性非常清楚，叫作非法的公开融资行为，所以，ICO 在国内是非法的。定义是融资主体，也就是项目方，通过代币违规的发售、流通向投资人筹集比特币、以太币等虚拟货币，本质上是未经批准的非法公开融资行为，涉嫌一些非法犯罪活动。

5. 区块链与ICO的风险

未来如果中国的证监会对 STO 和 ICO 进行监管，将会是建立在一个前提上的，这个前提就是我们对证券的定义宽泛了。中国的《证券法》修改，可能有一些类似于 STO 的行为会在某种程度上做一些试点。例如：可以设置一个监管沙盒，进行一些尝试。

另外，需要注意，“入罪门槛”是指发行数额在 50 万以上，人数是 30 人。罪名门槛其实不高，一旦有这样人数的规定，实际意味着中国刑法要出来发挥作用了。

最后讲讲，币圈可能会触及的行为边界。行为边界之一是非法吸收公众存款罪，凡是用法币进行募集的罪名都很常见。中国对于法币的理解是别国的法币也是法币，也会按照刑法第 176 条非法吸收公众存款罪进行处理，如果个人募集资金达到 20 万，企业募集资金达到 100 万就构成犯罪。第二个是非法经营罪，非法经营是区块链行业的“口袋罪”，是指没有金融牌照进行支付行为，期货、保险、证券这样的行为都构成非法经营罪。

还有组织领导传销罪，罪名的核心点在于我们这些人薪金是怎么分配的，三级结构可能构成传销。还有诈骗罪，诈骗的罪名已经是亘古的罪名，诈骗几乎是全世界通用的一个罪名。判断是否构成诈骗罪特别简单，就是有没有非法占有为目的。再看洗钱罪，每个人都有反洗钱的义务，比方说中介机构有反洗钱的义务，律师事务所也有反洗钱的义务。收钱的时候看这个钱到底怎么来的，如果是毒枭，那这钱不能收，收了也得被没收。

在肖飒演讲结束时的一个精彩问答如下。

提问：STO 是类似 ICO 的非法集资的一个概念，但其实现在 STO 大家也推得非常热，公司在推各种培训，包括有很多律所都在帮做架构、出海 \ 去美国上市，您觉得 STO 在中国做这个事情最大的风险点在哪里？

肖飒：我们也看到了大家做这样的事，也许普通民商律师跟我们想法不一样，我们的想法是客户起码不要犯罪，而不是怎样让大家赚更多的钱。我们讲边界，是要知道我们赌输了以后下场是什么。STO 在中国被认定为变相 ICO，就是非法的公开募资行为，如果这么做在国内就是有这样的风险，这是显而易见的。如果非要在海外寻找洼地，可以去，但不能卖回给中国人，一旦回流，出口转内销了，中国监管机构和司法机关一定要出手的。

7.4.3 基于比特币的区块链技术带来的法律挑战

脱离了比特币而独立存在于金融、保险甚至更广泛的商业领域的区块链技术，虽然尚处于试水阶段，但其重塑现有的中心化信息存储机制的潜力，必然会对现有的立法及法律监管体系带来诸多挑战。

1. 去中心化及不具名性的特征加大审查难度

在区块链构建的交易体系中，如数字货币交易，交易信息的计算及存储具有去中心化的特征。与传统的由特定金融中介机构控制交易流程及信息相区别，去中心化的交易跨越了组织、国家边界甚至司法边界，将交易数据与相关应用部署在区块链中的各节点上。分散的服务器分布以及交易参与者的不具名，必然导致责任认定的审查难度。依据我国现行《中华人民共和国侵权责任法》的规定，网络用户、网络服务提供者利用网络侵害他人民事权益的，应当承担侵权责任；网络服务提供者知道网络用户利用其网络服务侵害他人民事权益，未采取必要措施的，与该网络用户承担连带责任。而在区块链技术背景下，如何认定“网络服务提供者”的范围及身份，是摆在监管机构面前亟待解决的难题。

2. 智能合约存在漏洞

发展到区块链 2.0 时代，区块链体系也是一个智能合约系统，节点参与者在其上以代码的形式将交易各方的信息以及交易内容写入区块，通过智能合约体系在无须人为干预的情况下自动执行交易。区块链的基于哈希算法和时间戳的架构使之具有较高的安全性，但事实证明，智能合约体系仍然可能被黑客攻击。2017 年 6 月 17 日，基于以太坊构建的区块链而搭建的 The Dao 智能合约遭遇黑客攻击，黑客利用函数的递归将筹集的公众款项调用转向以太坊搭建的区块链下的一个子合约，从而卷走了约三百万以太币。这一事件证明智能合约代码也存在安全漏洞，并导致交易资金被盗取，这反映出分布式自治组织的局限性。以太坊在修复智能合约的过程中，先后进行了“软分叉”和“硬分叉”尝试，“软分叉”即编辑一个向前兼容的新协议，使其赶超旧版本协议成为新的区块链条；而“硬分叉”即迫使用户切换至新的不兼容的协议版本而完全放弃旧协议。但诸如“软分叉”的尝试实质上违背了“去中心化”的初衷，而此类具有中心化色彩的人工干预机制事实上也违背了区块链的核心原则。

3. 去中心化系统与中心化体系的协调存在障碍

目前以区块链为基础架构的去中心化系统基本仅应用于边缘化创新性领域，尚未独立于通行的中心化金融体系。但随着区块链技术的发展及去中心化理念的传播，传统的银行、金融机构等实体与区块链平台之间的界限必将进一步模糊化，且金融产品的流通性也必然要求二者的联结。因此，如何实现传统实体与区块链平台的互联互通，同时减小技术创新对传统实体带来的巨大冲击和风险必将成为监管机构的研究重点。

7.4.4　一些对区块链监管的思考和建议

2013 年 12 月 5 日，中国人民银行、工业和信息化部、中国银行业监督管理委员会（银监会）、中国证券监督管理委员会（证监会）、中国保险监督管理委员会（保监会）联合发布的《关于防范比特币风险的通知》指出：“比特币不具有法偿性与强制性等货币属性，并不是真正意义的货币。”同时明确：“依据《中华人民共和国电信条例》和《互联网信息服务管理办法》，提供比特币登记、交易等服务的互联网站应当在电信管理机构备案。”可见我国目前对比特币的法律监管仍持观望态度，而对于区块链的法律调整则基本处于空白的状态。针对区块链技术所具有的去中心化、不具名性等特征，以及最近一年蓬勃发展的诸多场景的应用，一些学者认为我国在区块链监管机制建设方面需要注意以下几个方面。

1. 对不同场景下的区块链应用进行分类监管

除底层平台外，区块链与包括数字认证技术、机械自动化、人工智能等技术结合并应用于越来越多的场景，如数字货币交易、银行业务、清算结算、证券交易、产权交易和保险业务等。在此背景下，监管部门应加强与行业机构的合作，开展对区块链场景应用的研究，实时掌握行业应用动态并同步建立监管规则和技术应用标准，并明确监管态度和规范。通过广泛听取行业意见，并吸收行业内的实践经验，在重视各个场景具体特征的基础上实现更为有效的法律规制，形成行业内统一的技术标准和法制框架，为区块链的场景应用提供正确指引。

2. 通过灵活的监管手段提高监管适应性

区块链技术的应用无疑为金融等领域注入了新的发展动力，但也对监管手段提出了更高要求。

首先，各监管机构之间应加强协作以提高监管效率。例如，在联盟链上部署一个能够实现跨行业、跨市场的监管节点，使监管机构能够对交易风险进行全面的检测并加强各行业监管机构的协同性。

其次，监管机构可以在智能合约中编入限制性代码，通过智能合约本身限制特定类型的违规交易，实现有效的事前监管。同时，针对区块链体系去中心化的特征，监管机构应当适当将监管重点转移至区块链技术服务商等技术提供者，而非传统的金融中介机构，以适应新技术背景下的责任主体的变更。

最后，在区块链全球协作的背景下，我国监管机构应进一步加强国际合作，并力争在区块链跨境规制方面掌握先发的主动权。

3. 借鉴“监管沙盒”机制，构建弹性监管空间

“监管沙盒”（Regulatory Sandbox）的概念由英国金融监管局于2015年首次提出，其实质是监管机构为金融科技创新企业构建一个“安全空间”，在这个空间内，金融科技创新企业在确保消费者权益的前提下，按照监管机构特定的审批程序，提交相关申请，在得到了授权之后，在适用范围内进行金融产品或者服务的创新测试，监管机构对整个过程进行全程监控，保证测试的安全并对出现的情况进行评估，并判断是否给予正式的监管授权，在沙盒之外予以推广。

目前澳大利亚、新加坡、泰国、马来西亚和中国香港均已推出了自己的监管沙盒计划，而加拿大和中国台湾地区的监管部门也正在积极开展这方面的研究。监管沙盒的治理理念，既可以检验一项金融产品或服务是否真正具有创新性，还可以有效地防范与之而来的金融风险，对于中国发展自己的金融科技无疑也具备宝贵的借鉴意义。期待我国在对区块链平台及各场景应用的监管中引入这一制度，适当放宽准入标准，让区块链服务提供者在更宽松的环境下探索不同场景的应用，并由监管机构在风险可控的情况下积累监管经验，完善监管措施。

7.5 传销危害

7.5.1 庞氏骗局与传销

我们先了解一些庞氏骗局的知识，再了解一下传销在国内外的区别。

庞氏骗局（Ponzi scheme）是非法性质的金融诈骗手法，是一个著名的代表案例。其发生于20世纪初的美国，时至今日各种变体（资金盘）依旧存在金融市场中，是一种欺诈形式，它吸引投资者并利用后期投资者的资金向早期投资者支付利息。

其运作模式多以投资名义，给予高额回报诱使受害人投资，看似与一般的证券基金的模式并无区别，但在庞氏骗局中，投资的回报来自后来加入的投资者，而非公司本身通过正当投资盈利，即“拆东墙补西墙”。通过不断吸引新的投资者加入，以支付前期投资者的利息，初期通常在短时间内获得回报以利于推行，再逐渐拉长给息时间。随着更多人的加入，资金逐渐入不敷出，直到骗局泡沫爆破时，后期的大量投资者便会蒙受金钱损失。

“庞氏骗局”称谓源自美国一名意大利移民查尔斯·庞兹（Charles Ponzi），1903年移民到美国。庞兹在美国干过各种工作，包括油漆工，一心想发大财。他曾因伪造罪在加拿大坐过牢，在美国亚特兰大因走私人口而进过监狱。经过美国式发财梦十几年的熏陶，庞兹发现最快速赚钱的方法就是金融。他于1919年开始策划一个阴谋，成立一个空壳公司骗人向这个事实上子虚乌有的企业投资，许诺投资者将在三个月内得到40%的利润回报，然后庞兹把新投资者的钱作为快速盈利付给最初投资的人，以诱使更多的人上当。由于前期投资的人回报丰厚，庞兹成功地在七个月内吸引了三万名投资者，这场阴谋持续了一年之久才被戳破。庞兹故意把这个计划弄得非常复杂，让普通人根本搞不清楚。1919年，第一次世界大战刚刚结束，世界经济体系一片混乱，庞兹便利用了这种混乱。他宣称，购买欧洲的某种邮政票据，再卖给美国，便可以赚钱。国家之间由于政策、汇率等因素，对于很多经济行为普通人一般不容易搞清楚。其实，只要懂一点金融知识的人都会指出，这种方式根本不可能赚钱。然而，庞兹一方面在金融方面故弄玄虚，另一方面则设置了巨大的诱饵，他宣称，所有的投资在90天之内都可以获得40%的回报。而且，他还给人们“眼见为实”的证据：最初的一批投资者的确在规定时间内拿到了庞兹所承诺的回报。于是，后面的投资者大量跟进。

在一年左右的时间里，差不多有4万名波士顿市民，成为了庞兹赚钱计划的投资者，而且大部分是怀抱发财梦想的穷人，庞兹共收到约1500万美元的小额投资，平均每人“投资”几百美元。当时的庞兹被一些愚昧的美国人称为与哥伦布、马可尼（无线电发明者之一）

齐名的最伟大的三个意大利人之一，因为他像哥伦布发现新大陆一样“发现了钱”。庞兹住上了有20个房间的别墅，买了100多套昂贵的西装，并配上专门的皮鞋，拥有数十根镶金的拐杖，还给他的妻子购买了无数昂贵的首饰，连他的烟斗都镶嵌着钻石。当某个金融专家揭露庞兹的投资骗术时，庞兹还在报纸上发表文章反驳金融专家，说金融专家什么都不懂。

1920年8月，庞兹破产了。他所收到的钱，按照他的许诺，可以购买几亿张欧洲邮政票据，事实上，他只买过两张。此后，“庞氏骗局”成为一个专门名词，意思是指用后来的投资者的钱，给前面的投资者以回报。庞兹被判处5年刑期。出狱后，他又干了几件类似的勾当，因而蹲了更长时间的监狱。1934年被遣送回意大利，他又想办法去骗墨索里尼（法西斯主义创始人），也没能得逞。1949年，庞兹在巴西的一个慈善堂去世。去世时，这个“庞氏骗局”的发明者身无分文。

传销产生于二战后期的美国，成型于战后的日本，发展于中国。传销培训教材不仅极富煽动性和欺骗性，而且具有很多心理学的要素，极易诱人上当。在国外，传销和直销是一个意思，也就是说国外只有传销这一个概念。国外传销的主要概念是以顾客使用产品产生的口碑作为动力，让顾客来帮助经销商进行宣传产品后分享一部分利润，也就是客户传播式销售。这跟国内的传销是两个概念。

中国式传销是虚假的公司，虚构的产品，什么都是空的，就只是让你拉人加入，从入会费或加盟费中提取少量提成；或者控制人身自由，没收财物，让你无法与外界联系，整天学习传销培训教材，让你学会怎么骗人，然后列名单、电话或书信邀约、摊牌、跟进，直至以各种方式交齐入会费或加盟费。

中国式传销是建立在精神控制的基础上，即让你通过他们的传销培训洗脑后自发地去组织传销。另外一些会控制你的人身自由，没收所有物品，并且通过暴力使你认可这些谎言。传销的本质是“庞氏骗局”，即以后来者的钱给前人以收益。

1998年4月21日起，我国全面禁止传销，2017年8月，教育部、公安部等四个部门印发通知，要求严厉打击、依法取缔传销组织。通知强调，对打着“创业、就业”的幌子，以“招聘”“介绍工作”为名，诱骗求职人员参加的各类传销组织，依法取缔。

2018年4月，廊坊、北海、南宁、南京、武汉、长沙、南昌、贵阳、合肥、西安、桂林被国家市场监督管理总局划分为“2018年传销重点整治城市”。

7.5.2 数字货币适合传销的三大特点

我们先看一看以往传销的六大特点。

（1）组织严密、行动诡秘。传销一般把人员骗到异地参与，组织严密，一般实行上下线人员单独联系，而组织者异地遥控指挥。

（2）杀熟。以“找工作”“合伙做生意”“外出旅游”“网友会面”等为借口，诱骗亲戚、朋友、同乡、同事、同学到异地参与传销。

（3）编造暴富神话。利用一套貌似科学合理的奖金分配制度的歪理邪说理论，鼓吹迅速暴富，鼓动人员加入。

（4）洗脑。对加入传销组织的人以集中授课、交流谈心等方式不间断地灌输暴富思想，使参与者深信不疑。

（5）高额返利。传销组织一般都制定有貌似公平且吸引力很强的“高额返利计划”，在传销人员的鼓噪下，很容易使人产生投资欲望，轻率加入传销活动。

（6）商品道具、价格虚高。传销的商品只是道具，目的是发展人员，骗取钱财，因此被传销的商品价格与价值严重背离，很多是难以衡量价格的化妆品、营养品、保健器材、服装等，部分商品是“三无”商品。

通过简单总结传销的几大特点，可以看到虚拟数字货币适合作为传销的三大特点如下。

1. 比特币暴富的榜样作用

传销组织中，一定要有一个榜样或者示范作用来鼓动大家参与，以往的传销案例为了造就这个榜样会花费很多成本。但是比特币本身的巨大升值空间，已经造就了一个这样的榜样作用。并且比特币从开始产生时没有价值，到 2017 年最高接近 2 万美元，是一个真实的过程。用比特币作为榜样，完全不需要伪造信息。比特币的价格变化图如图 7-1 所示。

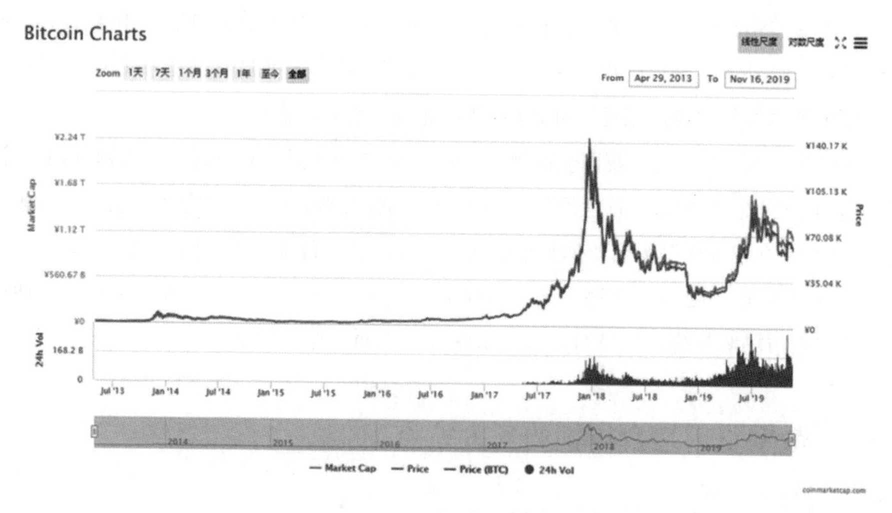

图 7-1　比特币的价格变化图（2019 年 11 月截取自 CoinMarketCap 网站）

此外，像莱特币、以太币、瑞波币等其他数字货币也会起到辅助榜样的作用，使得传销的数字货币也有可能向它们一样成长起来。

比特币这个榜样有着巨大的升值倍数的现实情况，像一些文章宣传的比特币《9 年涨 1300 万倍！那个拥有 10 万“比特币”的大咖，今现状如何？》《短短十年，比特币竟然能升值千万倍，让他“瞬间”有 70 亿的身价》《数字货币中的以太坊为什么可以 4 年涨 3000 倍》等。

使用数字货币作为传销品，在暴富的榜样作用方面，可以说是极其完美。

2. 不容易辨别，一般人很难揭穿骗局

传销都需要借助道具商品，以往的传销案例中基本都是使用化妆品、营养品、保健器材等很难做价格标准化的商品，这些商品价格标价很高，生产成本很低，必须要有一个较大的价格差，才能在传销中套利。

但这些商品我们都容易去反驳它没有那么高的价值，行骗的人也很难给出有力的证据证明。例如，某种保健品和营养品，大家很容易让传销的人去做检测，去看商品的制作成分。如果要让检测通过，含有那些已经被证明有效的物质，如人参、冬虫夏草等商品，传销商品就不能保证有好的价格差，没办法用传销这种方式套利。

但是数字货币确实很难被证明是骗局，即使有人说出证明的原理，普通人也不能理解，也听不懂，同时作为传销者很容易反驳，说一些看起来还很有道理的话。尤其是再给一个可以实际操作的数字货币，就更会有真实感。例如，在以太坊这种能够发行 ERC20 代币的平台，很容易发行一种数字货币，而且也可以在流行的数字货币钱包中转账和接收这些数字货币。这些操作和有价值的数字货币的操作非常相似，常人无法分辨它们的区别。

下面介绍一些典型的与数字货币相关的传销问答。

问：你们发行的这种数字货币有什么价值基础？人民币等法币是拿国家的税收作为支持货币的价值的。（问题看起来是不是很高大上？是得有一定学历知识的人才能问这样的问题。）

答：比特币也是这样的数字货币呀，他们有什么价格基础？不是也逐渐被人们接受，2017 年不是涨到了 2 万美元吗？（即使你再拿一些货币的价值形成理论去争论，他们也会用各种商品货币、金属货币，信用货币的各种混淆概念把你绕晕。）

问：你发行的这种数字货币怎么能升值呢？你们发行的又不是比特币。（问题看起来是不是也是那么回事？）

答：以太币也不是比特币呀，不也升值得很高吗？你看以太币、瑞波币、EOS 都升值得很不错呀。（他们再举一些国内外的、有价值的数字货币的例子，再给你讲一套升值理论，真的很难反驳。）

问：国内都在打击这方面，你看看国家都严厉打击数字货币了。举出 2019 年 9 月 4

日的禁止 ICO 和要求退币的案例。（这看起来是不是更致命？直接说你非法，是不是没法回答了？）

答：新生事物开始都是受怀疑的，很多国家都禁止比特币了，但买的人不也是很多吗？Facebook 要发行数字货币，美国国会不也只是提出质疑和允许他们辩论吗？（即使问到这种程度，用虚拟数字货币传销的一方都会有各种答复，而且常人很难判断其正确与否，很多回答看起来还像是很有道理的样子。）

这样的问题还能举出很多，但都因为数字货币的特殊性，会给大家很多混淆概念的答复。如果是已经上了虚拟币交易所的数字货币，庄家再反复地拉盘，会真的给人以这种东西很有价值的感觉。

3. 数字货币容易传播，几乎没有生产和运输成本

在传销的过程中，都需要使用某些道具商品。以往传销的案例中使用的基本都是实物商品，在没有出现数字货币之前，虽然也有一些虚拟的投资商品，但这些投资的商品只具有容易传播，成本很低的特点，没有合适的榜样，不具有让人相信的其他特点。所以，以往的虚拟产品即使价格低，也不适合作为传销品。

早期，在比特币的山寨币阶段，发行一套数字货币，再把数字货币的钱包等软件都制作好，开发的成本和周期还是比较长的，让人们接受起来也很难。

现在有了以太坊这样的发币平台，产生一种数字货币的成本非常低。基本上熟悉的人使用已有的代码，花费一些以太坊上面的交易费就能够产生一套完整的数字货币。

基于以太坊发行的数字货币在目前主流的数字货币钱包里面都支持。作为传销品，让每个参与人装个数字货币的钱包，将一些虚拟币转到参与人的钱包地址上，看起来都是真实的操作。这些数字货币，可以非常方便地传播，后面的参与者也可以很方便地将自己的数字货币转给其他人。

基于数字货币这三个典型的特点，数字货币作为一种传销品，几乎是完美无可替代，并且具有极大的欺骗性，所以会被传销组织充分利用。

7.5.3 数字货币在国内传销泛滥

2013 年 12 月 5 日，中国人民银行、工业和信息化部、中国银监会、中国证监会、中国保监会公布《关于防范比特币风险的通知》（以下称《通知》）意味着国家开始真正地审视区块链数字货币所带来的金融风险。

抛开《通知》警惕的金融风险，若干经营者却以经营区块链数字货币业务为名义，采用非法传销的手段来经营区块链数字货币业务，骗取参与人财物。

一个做区块链的和一个做传销的聊天，做传销的惊呼："你们这是违法的啊。"

这是一个段子吗？其实也是的。这是个事实吗？其实我觉得很多段子还是来自事实。很多时候，你会发现传销和区块链，或者准确地说币圈弥漫着同一种味道。

传销：传销是传销，直销是直销。

币圈：比特币是比特币，区块链是区块链。

传销：请问某某公司是不是传销？能不能赚钱？

币圈：请问某某币能不能买？会不会涨？

传销：这是全球最新的商业模式，如果你错过了阿里巴巴，就不要错过 ××× 了。

币圈：这是人类的未来，会像互联网一样颠覆人类社会。

传销：不要问做 ××× 能不能赚钱，问这个问题说明你还停留在给别人打工的思维里，××× 的未来就是你自己就是自己的老板，想要赚多少钱，就问自己。

币圈：不要问 ICO 能不能赚钱，问这个问题说明你还停留在过去世界的思维里，Token 的未来就是人人都是银行，你的信用就是货币。

为什么我觉得这个事情来源于真实呢？因为二者在运营的本质上，还是存在相似之处的，核心都是如何重新分配财富。尽管区块链已经被吹到了神乎其神，但实际上，技术上的突破基本没有，更多的还是一种思想的突破。落地见到实际效益的目前也没看到有什么划时代的产品，大部分真正已经用上的，也并不会比传统方式领先多少。至于不可篡改之类的，之前其实也没什么人篡改，不然大家都去篡改自己的银行存款了。传销的人无时无刻不在思考一个问题，那就是如何才能够合法。基本上所有的传销公司都会在宣传中讲一讲自己的合法性，如国家政策支持、自己的模式先进、与传销有什么不同等。而在这其中，很重要的第一个部分就是要有实物交割，这是区分传销和金融诈骗最明显的一个分界线。

其实十几年前，传销就试过虚拟产品了，如教育网的学习资格，基本领先现在的知识经济十几年，如一些虚拟币的购买，还能自己分裂，不过经过大浪淘沙，这些项目都被淘汰了。要么是做不下去，要么就是定性为金融诈骗，做传销的不愿意冒这么大的风险，所以还是销售保健品、护肤品等，剩下一些胆子大的人做庞氏资金盘，最后都是要么崩盘，要么坐牢了。所以，做传销的看到做区块链的（准确地说做 ICO 的）可以这样纯粹的空手套白狼加资金盘炒作，还没法监管，发出惊呼也是正常的。

不管炒币多赚钱，你都可以清楚地判断出来你赚的是谁的钱，当然是后来加入的人的钱，这就是典型的庞氏骗局模式。有人说贾跃亭也是庞氏骗局，实际上差别在于，贾跃亭是不断开发新项目融资，而不是把融到的资金给前面的投资人分红，这就是一个本质的区别。股市也是类似的零和交易，但确实还有一些好公司在不断地分红进去，让整个盘面的资金变得更大。而庞氏骗局自然就要让更多的人达成"共识"进来炒币，才能支撑整个上涨。

今天的"币圈世界"与资金盘运作确实有大量相似之处。区块链一边承担着极客的技术理想，一边也被有心者渔利。渐渐地，形成了一个理想主义者和欺世盗名者兼存，投机者驱逐务实者的怪圈。

传销币的鼻祖是以高收益骗你入局的“庞氏骗局”。

这种机制是典型的传销式设计：有超高收益，同时以收益吸引参与者招揽下线，以保证庞氏骗局有源源不断的资金来源。

在中国裁判文书网上搜索到的虚拟货币传销案件数量呈逐年增加态势，2014 年法院判决 5 起，此后呈倍数增长，到 2017 年增长到 62 起。经统计，这些虚拟货币传销案共涉及 MBI、M3 币、暗黑币、亚洲币、恒星币、金缘购物联盟电子币、长江国际虚拟币、奇乐吧、微视传媒电子币、分红点币、虚拟金币、HGC、COA、LFG、SRI、bismall、AHKCAP、CPF、亿分、K 币、R 币、百川币、K 宝、中富通宝、红通币、雷恩斯电子货币、环球贝莱德一号理财币、格拉斯贝格、BCI、M 币、翼币、EV 币、业绩币、FIS、U 币、ES、藏宝网业绩币、汇爰电子币、建业盘电子币、补助币、高频交易币（HFTAG）、开心复利币、快联网站虚拟货币、世华币、恩特币、CPM、克拉币、至尊币、五华联盟虚拟币、美盛 E、中华币、米米虚拟货币、FIS、世界云联云币、利物币、维卡币、马克币、善心币、无极币、ATC、IPC、中央币、五行币、汇爰币、航海币等至少 65 种名称的“虚拟货币”。“传销币”涉案超百亿元，逾千万人买入。

这上百起案件的犯罪套路如出一辙：不法分子在国内或国外注册成立空壳公司并设立网站，大肆宣传虚构某种“虚拟货币”的价值，捏造博彩、娱乐、医疗等实体项目，以多至百倍收益的“高额返利”为噱头，鼓励会员以开拓市场、与人共享等“拉人头”的方式赚取回报，不断吸纳会员会费达到敛财目的。

以传销组织在国内的发展规模来看，“云币”（又称世界银联、世界云联网络传销平台）传销组织发展下线 4 391 449 为最多；其次是“暗黑币”传销组织共发展会员 340 多万人。

由于虚拟货币利用互联网进行传销，而互联网传播具有跨地域性，使得传销突破了地域和国界的限制“遍地开花”。

以“暗黑币”为例，2016—2017 年间，各地共判决 5 起“暗黑币”传销案，该传销组织入侵江苏徐州、南通、淮安，内蒙古赤峰、广东深圳等地，13 名传销组织头目因在当地发展下线、扩大传销规模获刑。

2014 年 6 月，刘某和杜某等策划了“暗黑币”的商谈推广方法，从当年 8 月开始制作“暗黑币”交易网站，并在香港地区设立达康智能科技有限公司（以下简称达康公司），在无任何实体经营活动的情况下，以高额返利为诱饵，由杜某、陈某荣、华某河及全国各个地区的负责人及会员通过宣传、上课、介绍等方式不断发展下线，进行网络传销活动，制定了网站交易“暗黑币”的相关规则。

这 5 起案件描绘出“暗黑币”的传销轨迹：安徽人王某加入“暗黑币”传销组织后，负责在内蒙古赤峰市宣传、拉下线；付某在其儿子周某的协助下，在深圳罗湖、南山、龙华等地开课宣传、讲解“暗黑币”，以拓展市场、发展下线会员，成了深圳市场的重要人员；具有大学学历的张某云等3人在海门、南通多次给多人讲课宣传和介绍“暗黑币”，并直接和间接发展了80人参加，涉案金额247.067万元；淮安人张某在自己经营的公司内向他人介绍“暗黑币”，不断发展他人加入，逐步成为淮安地区传销组织的主要领导人，通过当面讲解、举办酒会、建立微信群的形式组织、协调淮安地区会员团队发展，直接或者间接收取的传销资金累计达8083.5万元。

以短期高额回报为诱饵，打着投资虚拟货币旗号的传销组织往往能快速敛财。截至2015年3月19日，“暗黑币”交易网站成立短短半年多，达康公司“暗黑币”传销组织在全国各地累计注册会员账号340多万个，会费收入14.9亿余元。

2020年，警方立案打击涉及数字货币的首个特大型案件——PlusToken案。法院以组织、领导传销活动罪判处陈某、丁某、彭某等16名被告人两年至十一年不等的有期徒刑，并处罚金，涉案赃物、赃款及孳息、犯罪工具依法予以没收上缴国库。此案涉及人员200余万人，层级关系多达3000层，涉案数字货币总值近500亿元。虽然加入了区块链、数字货币等概念，但其静态、动态收益，发展下线等制度的设置仍与以往传销平台类似，其实质仍是“庞氏骗局”。

然而，大量抱着发财梦的群众将存款转入传销组织的同时，传销头目的财富得以迅速积累，他们又将这些资金用于个人享乐、消费，而传销组织底层人员大多血本无归。

传销币具有以下四大特征。

1.“拉人头”

即发展下线，这是界定传销币的最关键要素。传销层级呈现金字塔结构，上线盘剥下线。

假设某个项目停在一万“人头”，没有办法续血，没有更多钱拿来维护资金链，那么这个金字塔很快就会坍塌，后进者便成为最大的输家（较高层级的人早已经过几波高额获利）。

因此，传销币必须有源源不断的新人入场、交钱，才能维持较高层级的“吸血量”。

2.承诺极高的收益

传销币组织者大多是走上歧路的营销精英，洞察人性唯利、贪婪的弱点，用承诺“高额回报”“只涨不跌”的文案轰炸微信群、论坛等社交渠道。

实际上，传销币会随着进入骗局的人增多而“升值”。一旦投资者想退币，传销组织将会以各种理由拒绝退现。若再无新鲜血液进入，币价将进入贬值期，仍是金字塔底层的参与者损失最大。

3. 极其擅长包装，高调奢华一顿吹

项目的定位一般都非常宏大，改变某个行业只是起步，颠覆世界才是最终目标。

团队成员都有非常华丽的履历，各种国外高校毕业、研究生博士一堆、在谷歌微软等顶尖企业工作过。

为了发展成员、实施洗脑，一些传销组织截取相关领导的只言片语，甚至用软件篡改他们的讲话，或者以国家相关部委的名义伪造大量文件。

创始人特别喜欢和各国政要合影，最好是现任的总统、部长级别的，退而求其次前总统也可以。

4. 缴纳入会费

新旧传销，万变不离其宗：要想进组织，必须先交入会费，或者购买公司商品（传销币的商品为某种他们可以控制的数字货币），才能得到计提报酬和发展下线的资格。

这几个特点是传销币最为典型的特征，能符合其中的两点基本就能确定传销币的身份。

第8章 相关的政策态度与发展需求

8.1 中国中央政策

8.1.1 ICO监管

2017年8月30日，中国互联网金融协会发布《关于防范各类以ICO名义吸收投资相关风险的提示》指出，国内外部分机构采用各类误导性宣传手段，以ICO名义从事融资活动，相关金融活动未取得任何许可，其中涉嫌诈骗、非法证券、非法集资等行为。

2017年9月2日，互联网金融风险专项整治工作领导小组办公室向各省市金融办（局），发布了《关于对代币发行融资开展清理整顿工作的通知》。要求各省市金融办（局）对辖内平台高管人员进行约谈和监控，账户监控，必要时冻结资金资产，防止平台卷款跑路。全面停止新发生代币发行融资活动，建立代币发行融资的活动监测机制，防止死灰复燃；对已完成的ICO项目要进行逐案研判，针对大众发行的要清退，打击违法违规行为。针对已发项目清理整顿的内容，要求各地互金整治办对已发项目逐案研判，对违法违规行为进行查处。

2017年9月4日，央行等七部委（中国人民银行、中央网信办、工信部、工商总局、银监会、证监会、保监会）发布《关于防范代币发行融资风险的公告》指出，比特币、以太币等所谓虚拟货币，本质上是一种未经批准非法公开融资的行为，代币发行融资与交易存在多重风险，包括虚假资产风险、经营失败风险、投资炒作风险等，投资者须自行承担投资风险。要求即日停止各类代币发行融资活动，已完成代币发行融资的组织和个人应当作出清退等安排等。

8.1.2 支持区块链技术的发展

2016年10月，工信部发布《中国区块链技术和应用发展白皮书（2016）》，总结了国内外区块链发展现状和典型应用场景，介绍了国内区块链技术发展路线图以及未来区块链技术标准化方向和进程。

2016 年 12 月，"区块链"首次被作为战略性前沿技术写入《国务院关于印发"十三五"国家信息化规划的通知》。

2017 年 1 月，工信部发布《软件和信息技术服务业发展规划（2016—2020 年）》，提出区块链等领域创新达到国际先进水平等要求。

2017 年 8 月，国务院发布《关于进一步扩大和升级信息消费持续释放内需潜力的指导意见》提出开展基于区块链、人工智能等新技术的试点应用。

2017 年 10 月，国务院发布《关于积极推进供应链创新与应用的指导意见》提出要研究利用区块链、人工智能等新兴技术，建立基于供应链的信用评价机制。

2018 年 3 月，工信部发布《2018 年信息化和软件服务业标准化工作要点》，提出推动组建全国信息化和工业化融合管理标准化技术委员会、全国区块链和分布式记账技术标准化技术委员会。

2019 年 10 月底，中共中央政治局就区块链技术发展现状和趋势进行了第十八次集体学习，中央领导明确强调把区块链作为核心技术自主创新的重要突破口，加快推动区块链技术和产业创新发展。这充分表明了区块链技术已上升到了国家高度。

中国政府从 2013 年开始关注并出台密码货币与区块链的相关政策，政策环境的发展演化与世界各国总体一致，即先表现谨慎，强力监管，然后逐渐放松。比较鲜明的特色是自 2017 年以来，政府对密码货币和代币的监管显著加强，而对区块链技术的应用大力支持，突出表现为对"无币区块链"应用宣传和鼓励。

8.1.3 严厉监管（2013—2014 年）

2013 年下半年，比特币的中国市场快速升温，价格快速上涨，掀起了第一轮密码货币投资热潮，中国的比特币中国、OKCoin 和火币网跻身世界比特币交易所前列。百度宣布在其第三方支付中支持比特币，苏宁易购也宣传考虑接受比特币支付。各大媒体争相报道，引起社会广泛关注。

2013 年 11 月，中国人民银行副行长易纲在某论坛上首谈比特币。他表示购买和出售比特币是公民的权利。11 月 19 日，《人民日报》又发文《比特币虽火，冲击力有限》，总体表现出审慎的宽容态度。2013 年 11 月底，比特币价格骤涨至 8000 元，引起金融监管高层的高度重视。

2013 年 12 月 5 日，中国人民银行、工信部、中国银监会、中国证监会和中国保监会联合印发了《关于防范比特币风险的通知》（以下简称《通知》）。

《通知》强调内容如下：

· 比特币不是货币。

· 比特币是一种虚拟商品，普通民众在自担风险的前提下可以自由买卖。

· 金融机构和支付机构不得以比特币为产品或服务定价，不得买卖或作为中间对手买卖比特币，不得承保与比特币相关的保险业务或将比特币纳入保险责任范围，不得直接或间接为客户提供其他与比特币相关的服务。

《通知》一方面肯定了比特币及其交易的作为商品和商品交易的合法性，但明确否定了其货币属性，并明令禁止金融与支付机构参与其中，对比特币市场带来重大打击，比特币价格下跌约 30%。

《通知》发布后，百度、苏宁等机构迅速放弃了实施或计划实施的比特币支付业务。不仅如此，各商业银行也陆续审核关闭了国内各比特币交易所的人民币相关服务，并且对同比特币有关的银行转账进行了严格的审查，近乎切断了比特币交易的银行支付通道，这也成为 2014 年比特币市场转向萧条的重要原因。

8.1.4 积极应对（2015—2016 年）

受到央行监管人民币通道和前全球最大比特币交易所 Mt.Gox 倒闭的影响，比特币在 2015 年初跌至最低的约 900 元，但并未出现许多人预期的崩溃，而是逐渐稳定下来，国内交易所也逐渐恢复了交易。这显示出密码共识机制这种去中心化经济组织模式的技术优势和机制创新，包括中国政府在内，各国政府都开始正视并介入比特币与区块链。

1. 央行开始研究法定数字货币的可行性

中国央行 2014 年就成立了发行法定数字货币的专门研究小组，论证央行发行法定数字货币的可行性。2015 年对数字货币发行和业务运行框架、数字货币的关键技术、数字货币发行流通环境、数字货币面临的法律问题、数字货币对经济金融体系的影响、法定数字货币与私人发行数字货币的关系、国际上数字货币的发行经验等问题进一步深入研究，形成了人民银行发行数字货币的系列研究报告，这些研究成果，有的已经向国家知识产权局递交了专利申请书，有的则以专题形式已择要发表。

2. 央行召开数字货币研讨会

2016 年 1 月 20 日，央行召开的数字货币研讨会，来自人民银行、花旗银行和德勤公司的数字货币研究专家分别就数字货币发行的总体框架、货币演进中的国家数字货币、国家发行的密码电子货币等专题进行了研讨和交流。周小川在此后的会议中提及纸币将被数字货币取代。此会议成为 2016 年央行发行数字货币计划的开端。

3. 央行启动数字票据交易平台研发

2016 年 7 月，央行启动了基于区块链和数字货币的数字票据交易平台原型研发工作，决定使用数字票据交易平台作为法定数字货币的试点应用场景，并借助数字票据交易平台验证区块链技术。2016 年 9 月，票据交易平台筹备组会同数字货币研究所筹备组牵头成立了数字票据交易平台筹备组，启动了数字票据交易平台的封闭开发工作。

4. 央行招聘数字货币研究人员成立数字货币研究所

2016 年 11 月 15 日，央行官网公布其直属单位 2017 年度工作人员招聘公告，其中六个岗位为央行数字货币研究所储备技术人才，其中的五个岗位主要从事数字货币及相关底层平台的软硬件系统的架构设计和开发工作，要求具有系统架构设计经验、区块链技术开发或应用经验、大数据平台开发经验者优先；一个岗位主要研究数字货币中所使用的关键密码技术，对称、非对称密码算法、认证和密码等。

5. 中国互联网金融协会成立区块链研究工作组

2016 年 6 月，中国互联网金融协会召开会议决定成立区块链研究工作组，由全国人大财经委委员、原中国银行行长李礼辉任组长，深入研究区块链技术在金融领域的应用及其影响。

6. 工信部发布《中国区块链技术和应用发展白皮书（2016）》

2016 年 10 月，工信部发布了《中国区块链技术和应用发展白皮书（2016）》，总结了国内外区块链发展现状和典型应用场景，介绍了国内区块链技术发展路线图以及未来区块链技术标准化方向和进程。

7. 央行将区块链加入“十三五”计划

2016 年 12 月末，国务院印发了《“十三五”国家信息化规划》，其中将“到 2020 年，‘数字中国’建设取得显著成效，信息化能力跻身国际前列”定为目标，并首次将区块链技术列入国家级信息化规划内容。

8.1.5　2017 年后倡导无币区块链

随着密码数字货币与区块链技术的创新意义逐渐被认识到，各国政府的态度也越来越积极，比特币连同其他密码货币市场逐渐升温，尤其是基于 ERC20 的区块链项目代币公开发行（ICO）爆发，给市场带来新的风险。政策上除了继续积极支持区块链的应用与创新之外，对密码货币和各种代币的监管逐渐加强。2018 年形成了更加明确的倡导“无币区块链”的政策支持方向。

1. 国务院办公厅发布经济发展新动能意见

2017 年 1 月，国务院办公厅发布“关于创新管理优化服务培育壮大经济发展新动能加快旧动能接续转化的意见”，提出突破院所和学科管理限制，在人工智能、区块链、能源互联网、大数据应用等交叉融合领域构建若干产业创新中心和创新网络。

2. 中国人民银行正式成立数字货币研究所

2017 年，中国人民银行正式成立数字货币研究所。该研究所涉及七个研究领域，包括区块链和金融科技领域，将积极开发由区块链提供技术支持的数字货币项目原型。

3. 全球区块链金融峰会在杭州召开

2017 年 4 月 28 日，全球区块链金融峰会在杭州启幕，这个由杭州市政府主办、金融办承办的峰会，竟然吸引了全球 2000 个区块链的爱好者，是 2017 年国内政府层面联合主办的最高规格的区块链峰会。同时，杭州还成立了全国首个区块链产业园区，以及杭州区块链技术与应用联合会。随后，政府部门便开始对这项可能带来革命性的技术展开了密集调研。

4. 中国互联网金融协会发文提示ICO风险

2017 年 8 月 30 日，中国互联网金融协会发布《关于防范各类以 ICO 名义吸收投资相关风险的提示》指出，ICO 扰乱了社会经济秩序并形成了较大风险隐患，提示 ICO 相关融资活动未取得任何许可，涉嫌诈骗、非法证券、非法集资等行为，要求中国互联网金融协会会员单位应主动加强自律，抵制违法违规的金融行为。

5. 中国人民银行联合七部委发布公告，全面禁止ICO

2017 年 9 月，央行等七部委（中国人民银行、中央网信办、工业和信息化部、工商总局、银监会、证监会、保监会）发布《关于防范代币发行融资风险的公告》指出，比特币、以太币等所谓虚拟货币，本质上是一种未经批准非法公开融资的行为，代币发行融资与交易存在多重风险，包括虚假资产风险、经营失败风险、投资炒作风险等，投资者须自行承担投资风险。要求即日停止各类代币发行融资活动，已完成代币发行融资的组织和个人应当做出清退等安排等。

6. 中国境内数字货币交易所全部关闭

七部委联合公告发布后，国内各大交易所紧急撤下各种代币交易对，只保留比特币、以太币等主要数字货币品种。2017年9月15日各大交易所同时发布公告,宣布关闭交易所,并给出停止交易和清算的时间安排,至10月31日各大交易所基本关闭。此后,部分交易所团队在日本、新加坡等地陆续注册并开展新的密码货币交易业务。

7. 加强密码货币矿场与场外交易监管

密码货币交易所关闭之后,矿场和场外交易成为国内密码货币的主要产业。2017年年底,央行联合多部委引导境内数字货币矿场“有序退出”。对于支付机构违反规定为虚拟货币场外交易提供支付服务的,也加大了严查和处罚力度。

8. 央视三问倡导“无币区块链”

2018年5月,中央电视台经济频道连续播出三期针对密码货币、ICO和区块链的报道。质疑国内交易所外迁,开通场外交易,绕过监管吸引国内投资者交易;质疑代币市场乱象横生,交易所挣钱花样多,亟待监管;结合国内链克、微众银行等应用,提出无币区块链也能“火”。尽管央视报道并非正式文件,但具有很强的政策导向性。

8.1.6 2018年中央部委及行业协会相关区块链政策法规

2018年1月,中国人民银行营业管理部(支付结算处)下发《关于开展为非法虚拟货币交易提供支付服务自查整改工作的通知》。

2018年1月,中国互联网金融协会发布《关于防范境外ICO与“虚拟货币”交易风险的提示》。

2018年2月,工信部办公厅关于组织开展信息消费试点示范项目申报工作的通知,其中包含区块链相关项目。

2018年3月,工信部发布《2018年信息化和软件服务业标准化工作要点》,提出推动组建全国信息化和工业化融合管理标准化技术委员会,全国区块链和分布式记账技术标准化委员会。

2018年4月,教育部印发《教育信息化2.0行动计划》的通知,倡导区块链在教育行业的深化应用。

2018年5月,工信部发布《2018年中国区块链产业白皮书》,分析和总结了我国区块链技术产业发展现状和发展特点,深入阐述了区块链在金融领域和实体经济的应用落地情况,并对产业发展趋势进行了展望。

2018年5月,国务院出台《国务院关于印发进一步深化中国(广东)自由贸易试验区改革开放方案的通知》,提及区块链技术应用。

2018年6月,工信部印发《工业互联网发展行动计划(2018—2020年)》,鼓励推进边缘计算、深度学习、区块链等新兴前沿技术在工业互联网的应用研究。

2018年8月，工信部与发改委印发的《扩大和升级信息消费三年行动计划（2018—2020）年》，提出组织开展区块链等新型技术应用试点。

2018年8月，银保监会、中央网信办、公安部、人民银行、市场监管总局发布《关于防范以“虚拟货币”“区块链”名义进行非法集资的风险提示》，针对存在的炒作区块链概念的非法集资、传销、诈骗活动给予风险提示。

2018年8月，全国互联网金融工作委员会发布《关于同意“共同合作推动链改行动计划”的复函》，同意与区块链改革（链改）国行动委员会以及中国通信工业协会区块链专业委员会共同合作推动“链改行动计划”。

2018年9月，最高人民法院审判委员会发布《最高人民法院关于互联网法院审理案件若干问题的规定》。

2018年9月，发改委等19部委联合发布《关于发展数字经济稳定并扩大就业的指导意见》。

2018年9月，发改委副主任林念修与国家开发银行董事长胡怀邦签署《全面支持数字经济发展开发性金融合作协议》。

2018年11月，工信部办公厅印发《关于开展网络安全技术应用试点示范项目推荐工作的通知》。

2018年11月，中国信息通信研究院金融科技研究中心发布《数字金融反欺诈——洞察与攻略》白皮书，深入分析了数字金融欺诈的各个方面，以及总结了一系列创新型的数字金融反欺诈措施和原则。

2018年12月，国家互联网信息办公室发布《金融信息服务管理规定》。规定明确，金融信息服务提供者不得制作、复制、发布、传播危害国家金融安全、金融管理政策等内容。

2018年12月，国家互联网信息办公室发布《区块链信息服务管理规定》。

8.1.7 2019年后鼓励发展区块链技术

虽然我国政府对于比特币持谨慎态度，但对区块链技术是支持的。在2016—2019年间全国各地纷纷推出区块链相关政策，或是在规划中提到区块链发展，或是给出了资金、人才等具体的扶持细节。总体而言，区块链技术发展越来越引起各地重视。而在2019年10月底，中共中央政治局就区块链技术发展现状和趋势进行了第十八次集体学习，中央领导明确强调把区块链作为核心技术自主创新的重要突破口，加快推动区块链技术和产业创新发展。这充分表明了区块链技术已上升到了国家高度。

1.《区块链信息服务管理规定》发布

2019 年 2 月，国家互联网信息办公室发布的《区块链信息服务管理规定》正式施行，规范了我国区块链行业发展所发布的备案依据。本次“管理规定”的出台也意味着我国对于区块链信息服务的“监管时代”正式来临。

2. 第一批区块链信息服务名称及备案编号公开

2019 年 3 月 30 日，国家互联网信息办公室发布《第一批境内区块链信息服务备案编号的公告》，公开发布了第一批共 197 个区块链信息服务名称及备案编号。清单中的公司背后是互联网公司、金融机构、事业单位和上市公司等，其中区块链技术平台、溯源、确权、防伪、供应链金融等是重点方向。

3. 中央支持深圳开展数字货币研究

2019 年 8 月，中共中央、国务院印发了《关于支持深圳建设中国特色社会主义先行示范区的意见》，提高金融服务实体经济能力，研究完善创业板发行上市、再融资和并购重组制度，创造条件推动注册制改革；支持在深圳开展数字货币研究与移动支付等创新应用；促进与港澳金融市场互联互通和金融（基金）产品互认；在推进人民币国际化上先行先试，探索创新跨境金融监管。

4. 区块链技术上升到了国家高度

2019 年 10 月 24 日，习近平主席在中央政治局第十八次集体学习时强调，把区块链作为核心技术自主创新重要突破口，明确主攻方向，加大投入力度，着力攻克一批关键核心技术，加快推动区块链技术和产业创新发展。

5. 密码法表决通过

2019 年 10 月，十三届全国人大常委会第十四次会议 26 日下午表决通过密码法，将自 2020 年 1 月 1 日起施行。密码法，旨在规范密码应用和管理，促进密码事业发展，保障网络与信息安全，提升密码管理科学化、规范化、法治化水平，是我国密码领域的综合性、基础性法律。

6.“学习强国”平台上线《区块链技术入门》视频学习课程

2019 年 10 月，由中宣部主导开发的“学习强国”平台已上线《区块链技术入门》视频学习课程。视频共有 25 集，内容主要包括区块链初步介绍、区块链中的共识协议、比特币初步、以太坊与智能合约初步、区块链性能提升、区块链的安全性、区块链与大数据等方面的基础知识，以及通过对区块链实例的深入分析和具体的编程代码示例。

7. 央行推出基于区块链技术的数字货币DCEP

2019 年 10 月 28 日，中国国际经济交流中心副理事长黄奇帆在首届外滩金融峰会上进行了“数字化重塑全球金融生态”的主题演讲，提到了央行推出的数字货币 DCEP，是基于区块链技术推出的全新加密电子货币体系。DCEP 将采用双层运营体系，即人民银行先把 DCEP 兑换给银行或者其他金融机构，再由这些机构兑换给公众。DCEP 的意义在于它不是现有货币的数字化，而是 M0 的替代。它使得交易环节对账户依赖程度大为降低，有利于人民币的流通和国际化。同时 DCEP 可以实现货币创造、记账、流动等数据的实时采集，为货币的投放、货币政策的制定与实施提供有益的参考。

8. 广州黄埔区块链政策2.0实施细则正式印发

2019 年 10 月 28 日，广州市黄埔区工业和信息化局、广州开发区经济和信息化局正式印发《广州市黄埔区 广州市开发区加速区块链产业引领变革若干措施实施细则》。该细则也被称为“区块链政策 2.0”。

9. 工信部加强区块链规划引导

工信部网站 2019 年 11 月 4 日发布的《对十三届全国人大二次会议第 1394 号建议的答复》，披露了工信部经商银保监会答复全国人大代表朱立锋提出的“关于将新零售、区块链和工业互联网相结合，助力中小微企业高质量发展的建议”的具体内容，一是加强区块链规划引导，二是建立健全区块链标准体系。

10. 香港证监会发布系列监管措施

2019 年 11 月 6 日，香港证监会发布《立场书：监管虚拟资产交易平台》和《有关虚拟资产期货合约的警告》。新规显示，纳入监管的仅包括交易证券型代币的平台，且对 KYC、AML 以及平台安全的门槛较高；用户端方面，只有合格投资者可以参与。这意味着币圈现有的大部分投资者被挡在门外。

11. 国家发改委“淘汰产业”删除“虚拟货币挖矿”

2019 年 11 月 6 日上午，中国政府网发布《产业结构调整指导目录（2019 年本）》，该文件由发改委修订。经查阅发现，在第一次征求意见稿中处于淘汰产业的“虚拟货币挖矿”被删除了。此次的政策调整影响深远，发改委将其排除出淘汰产业，无疑给了矿圈一个巨大的利好。

12. 工信部将推动成立全国区块链和分布式记账技术标准化委员会

2019 年 11 月，工信部网站发布的《对十三届全国人大二次会议第 1394 号建议的答复》称，将推动成立全国区块链和分布式记账技术标准化委员会，体系化推进标准制定工作。加快制定关键急需标准，构建标准体系。积极对接 ISO、ITU 等国际组织，积极参与国际标准化工作。

8.2 教育领域倡导的方向

2020 年 5 月，教育部发布关于印发《高等学校区块链技术创新行动计划》（下称《行动计划》）的通知。我们参照这个《行动计划》来了解一下教育领域对区块链技术的指导思想。

《行动计划》总体目标是，到 2025 年，在高校布局建设一批区块链技术创新基地，培养汇聚一批区块链技术攻关团队，基本形成全面推进、重点布局、特色发展的总体格局和高水平创新人才不断涌现、高质量科技成果持续产生的良好态势，推动若干高校成为我国区块链技术创新的重要阵地，一大批高校区块链技术成果为产业发展提供动能，有力支撑我国区块链技术的发展、应用和管理。

《行动计划》发布了三项大任务：区块链核心技术攻关行动；区块链技术攻关能力提升行动；区块链技术示范应用行动。

1. 区块链核心技术攻关行动

围绕区块链与人工智能、大数据、物联网等领域交叉融合和快速发展的特点，聚焦区块链体系结构、区块链网络理论、新型共识理论、区块链安全体系、区块链监管体系等基础理论和区块链高性能共识机制、可信互联、安全防护、隐私保护、新型存储、跨链互联、监管、测评、智能合约等核心技术开展深入研究，加快区块链基础性、前瞻性和交叉性基础理论研究，推动兼具完备性、开放性和领先性的区块链关键核心技术突破。

（1）大规模高性能区块链技术研究。

（2）区块链与监管科技研究。

（3）区块链数据安全与隐私保护技术研究。

（4）区块链多链与跨链技术研究。

（5）区块链与新一代互联网体系结构研究。

（6）区块链安全防护技术研究。

（7）区块链测评体系研究。

（8）5G 环境下“区块链 + 物联网”融合发展研究与应用。

2. 区块链技术攻关能力提升行动

加快教育部重点实验室、教育部工程研究中心等创新基地建设和国家重点实验室、国家技术创新中心、国家工程研究中心、国家产业创新中心等各类国家级创新基地的培育，支持高校培养、汇聚一批高水平人才队伍，加快提升区块链技术创新能力。

（1）科学研究类平台建设方向。

①区块链技术理论。针对我国发展自主可控、高安全、可信分布式系统的迫切需求，建立完备的区块链基础理论体系，开展高性能、强安全可信区块链关键技术基础研究，突破区块链与大数据、人工智能等新兴信息技术深度融合所面临的挑战，引领高安全可信分布式系统理论、技术和应用全面创新。

②区块链与新一代互联网。针对现有区块链技术中体系结构的局限、区块链对现有互联网体系的变革与挑战等问题，建设区块链与可信互联网技术及应用创新平台，支撑开展新一代区块链技术平台架构、基于区块链的新一代网络信息基础设施体系结构、可信互联网 / 物联网体系结构等技术的研发和应用，提升我国区块链核心技术研发水平和新一代互联网技术支撑能力。

③区块链核心技术。针对我国发展自主可控区块链关键核心技术的需求，建设区块链关键技术研发与应用平台，创新高性能区块链架构、共识算法、安全与隐私保护、智能合约引擎等核心技术，开展区块链融合大数据、人工智能等新兴信息技术应用研究，提升我国区块链核心技术创新应用能力和自主可控能力，为我国重大领域提供自主原生、安全可信的技术支撑。

（2）技术创新类平台建设方向。

①区块链安全。针对现有区块链安全技术欠缺、隐私保护不足等问题，建设区块链安全技术及应用创新平台，支撑开展区块链密码算法与协议、区块链安全体系、基于区块链的可信计算、底层协议和智能合约形式化验证、智能合约安全检测、隐私保护协议等技术的研发和区块链安全技术平台应用，构建区块链安全和隐私保护体系，提升我国区块链安全技术研发水平。

②区块链监管。针对区块链发展和应用对我国网络空间监管带来的新挑战，建设区块链监管技术与应用创新平台，支撑开展区块链监管体系、链上信息和智能合约监管、跨链监管等技术研发和区块链监管技术平台应用；支撑开展基于区块链，融合大数据、人工智能等技术和监管沙盒等方法的监管技术研发与应用，提升我国区块链监管能力和网络空间的治理能力。

③区块链与物联网。针对物联网传统网络架构局限性、“万物互联”带来的安全与隐私保护等问题，建设区块链与物联网技术融合及应用创新平台，支撑开展基于区块链的高安全可信物联网网络架构、信息—物理世界协同追溯、可信计算环境构建与延伸、安全可信的物联网大数据全生命周期保护等技术研究，推动区块链在货物租赁、供应链、物流系

统等场景下的应用落地。

④区块链与大数据。针对大数据对可信计算的需求，自主研发以区块链为核心的大数据计算平台和基础设施，将区块链应用从金融支付扩展到更广泛的信息领域，实现通用强安全可信的存储、计算和控制。设计大数据—区块链融合的计算模型，将区块链作为核心技术应用于数据中心、计算中心等多种平台；开展交互式可验证计算、零知识验证、可编程区块链等研究；在信息世界提供数据可信存储和调度、安全可靠分体式计算、精准访问控制等通用基础信息服务。

（3）行业应用类平台建设方向。

①区块链与社会治理。针对我国在社会治理中存在的信任体系不完善、监管滞后等问题，发挥多学科交叉优势，建设基于区块链的社会治理技术与应用创新平台，支撑开展基于区块链的数字身份体系、社会征信体系、司法区块链、社区治理区块链、市场监管区块链等研究与应用，推动我国区块链技术在社会治理领域的应用，促进区块链对监管科技、计算法律学、审计学等领域理论研究与交叉学科的发展，提升我国社会治理体系和治理能力现代化水平。

②区块链与教育治理。针对数字教育资源众筹众创与共享、教学行为数据化、教育管理决策精细化等教育创新发展带来的版权难确认、数据难取信、隐私难保障等一系列挑战。建设基于区块链的教育治理与应用创新平台，支撑开展智能化数字资源共享平台构建、创新知识产权的保护与溯源、真实可信的数字档案存证与追踪、敏感信息流通控制与隐私保护、基于学分银行的终身学习等教育领域的创新技术研发与应用；支撑开展面向教育领域需求的区块链关键技术应用研究，提升我国教育治理的自主、开放、可控的能力。

③区块链与金融服务。针对区块链在金融服务领域应用的需求和问题，建设基于区块链的金融服务技术与应用创新平台，支撑开展区块链在数字货币、跨境支付 / 结算、供应链金融、资产证券化等金融业务的创新应用研究；支撑开展面向金融监管领域需求的区块链关键技术应用研究，提升我国防范和化解金融风险的能力，助力国家金融安全，提升我国的金融科技创新能力和应用水平，推动我国数字金融发展和人民币国际化。

④区块链与知识产权。针对区块链在知识产权领域应用的需求和问题，建设基于区块链的知识产权管理与服务的技术创新应用平台，支撑开展区块链在知识产权服务、管理、保护、交易、司法等领域的创新应用研究；支撑开展面向知识产权确权、追溯、交易等需求的区块链关键技术应用研究，提升我国的知识产权保护和市场转化水平。

⑤区块链与医疗健康。针对区块链在医疗健康领域应用的需求和问题，建设基于区块链的医疗健康服务技术创新应用平台，支撑开展解决医疗健康领域存在的信息安全、隐私保护、数据孤岛、信任体系不健全和监管溯源复杂等问题的技术研发；支撑开展面向传染病防治、电子病历共享、药品溯源、健康管理等领域的区块链关键技术研究与应用，提升我国医疗健康领域的科技创新应用水平。

3. 区块链技术示范应用行动

支持高校加强与京津冀、雄安新区、长三角地区、粤港澳大湾区等区域，北京、上海、合肥、深圳等国家科学中心以及有关单位、地方合作，推动高校区块链技术突破向教育、司法、金融、能源、知识产权、医疗健康、社会治理、公益慈善等领域转移转化。

（1）基于区块链技术的征信服务体系研究。基于区块链技术，构建面向个人和企业的公平、客观、透明的信用信息记录和评价体系，为构建诚信社会提供信息基础。研究基于联盟链的征信服务评价体系，融合政府部门、行业机构、企业等信用记录和评价信息，开展基于区块链的信用信息和评价信息可信研究，研究建立科学可信的信用评价数学模型，研究征信信息的用户隐私保护，在金融、商业、环保、教育、公共服务等领域通过安全合理机制提供征信服务应用。

（2）基于区块链技术的医疗健康协同平台的研究和应用。研究基于区块链的隐私数据交换网络架构、多级治理协同平台架构、医疗和公共卫生法定数据交换标准的应用协议；研究基于区块链的个人数据身份鉴别、数据鉴权和授权技术、隐私数据交换协议技术、数据交换留痕和追溯技术；研究开发基于区块链和大数据的医疗健康协同平台，实现平台与政府部门相关平台的互联互通。并在医疗卫生健康领域和防疫斗争中得到应用。

（3）区块链在公益捐赠与扶贫中的应用研究。针对捐赠和扶贫过程中的资金不透明问题，平衡监管便利与数据隐私和安全，研究基于区块链的公益捐赠和扶贫的运作模式，开发基于区块链的捐赠物资与资金监管系统，实现对象精准、信息可信、资金透明的公益捐赠和扶贫。

（4）区块链在分布式能源交易中的应用研究。推动分布式能源系统在整个能源系统中占比、提高新能源渗透率是未来世界能源技术的重要发展方向。研究基于区块链技术的能源、资源、废物和碳信用的点对点（P2P）交易，基于区块链的分布式点对点电力交易新模式，以及新模式面临的需求侧管理优化、分布式电力消费决策、基于区块链的电力交易撮合等核心技术，开发基于区块链的分布式能源交易解决方案并进行实践验证，实现区域供需平衡削峰填谷，降低终端用户的用电成本，提升新能源的渗透率。

（5）区块链在司法领域的应用研究。研究基于区块链的司法证据保全和追溯技术、司法协作和数据共享机制、司法案例公示和评价体系、司法大数据的标准体系和数字证据的法律基础及相关法规建设，为司法体系信息化建设提供有效支撑。

（6）区块链在供应链与物流体系的应用研究。解决产品在生产、运输、销售、监管过程的低透明度、高成本、低效率等问题，研究产品全生命周期追溯技术，实现产品全过程透明可追溯；针对疫苗、危化品等特殊物品，研究基于区块链的信息—物理世界协同追溯技术；构建基于区块链的供应链与物流平台，实现产品质量实时监控、防伪追踪、责任追溯等重要功能，打造新型供应链与物流体系。

（7）区块链在金融监管的应用研究。面向金融科技创新发展需求，研究基于区块链技术的沙盒监管、穿透式监管等新型金融监管机制，研究不同金融场景下的区块链架构、细粒度的金融权限管理、安全的金融文档存储与管理、可追溯可风控的金融投资管理体系、跨平台资金流向溯源体系等，实现区块链在金融管控、机构投资、个人理财、税收管控、外汇管制、个人财产记录、反洗钱机制、养老金分发等场景下的广泛应用。

（8）区块链在数字版权管理的应用研究。针对数字版权的维权与确权困难等问题，研究基于区块链的数字权益确认、追溯与流通技术，支持安全高效的版权生成、支付、转移等操作；研究基于区块链的数字版权保护与流通技术，提高多方收益，促进内容行业发展；研究基于细粒度的数字版权授权、访问、转移技术，实现数字资源的高效分配；构建数字版权管理应用平台，推动在多媒体、知识产权等多领域应用。

（9）基于区块链技术的教育管理与服务协同平台研究与应用。针对教育管理与服务中面临的版权确认、数据取信、隐私保障等问题，研究基于区块链的教育资源共享、教育成果评价、学生综合测评、教育档案存证与追踪、信息流通控制与隐私保护等技术，构建基于区块链的教育管理与服务协同平台，在基础教育、职业教育、高等教育、继续教育等领域得到应用。

8.3 中国地方政策

地方政府从基础设施建设、产业扶持、技术研发创新以及产业应用落地等角度积极出台配套政策支持区块链产业发展。2016 年至今，北京、上海、深圳、广州等各大城市纷纷出台区块链相关政策，贯彻国家有关区块链发展战略，积极鼓励、支持区块链产业发展，推动区块链应用落地。经整理，全国 29 个已经出台区块链相关政策的省级行政区，推出共 149 条区块链相关政策的规划。

8.3.1 北京：最高支持金额不超过 500 万元

北京作为全国的政治文化经济中心，区块链创业优势明显，虽然未出台针对区块链产业发展的专项政策，但一直保持高速发展状态。

北京市区块链政策回顾：

2016 年 8 月，北京市金融工作局发布了《北京市金融工作局 2016 年度绩效任务》，为推进北京市金融发展环境建设，推动设立了中关村区块链联盟。

2016 年 12 月，北京市金融工作局与北京市发展和改革委员会联合下发《北京市“十三五”时期金融业发展规划》的通知，将区块链归为互联网金融的一项技术，鼓励发展。

2017 年 7 月，北京市发布首个对区块链企业予以资金支持的政策《中关村国家自主创新示范区促进科技金融深度融合创新发展支持资金管理办法》。开展人工智能、区块链、量化投资、智能金融等前沿技术示范应用，按照签署的技术应用合同或采购协议金额的 30% 给予企业资金支持，单个项目最高支持金额不超过 500 万元。

2017 年 9 月，由北京市金融工作局、北京市发展和改革委员会、北京市财政局、北京市环境保护局等联合下发的《关于构建首都绿色金融体系的实施办法》的通知中再次提到区块链，发展基于区块链的绿色金融信息基础设施，提高绿色金融项目安全保障水平。

2018 年 7 月，北京市人民政府办公厅发布《北京市推进政府服务“一网通办”工作实施方案》，鼓励运用区块链技术提升政府服务方面的水平。

2018 年 11 月，《北京市促进金融科技发展规划（2018—2022 年）》发布，将推动金融科技底层技术创新和应用、加快培育金融科技产业链、拓展金融科技应用场景。

2018 年 12 月，北京市西城区人民政府发布《关于支持北京金融科技与专业服务创新示范区（西城区域）建设若干措施》，要大力扶持金融科技应用示范。倡导安全、绿色、普惠金融服务，对人工智能、区块链、量化投资、智能金融等前沿技术创新最高给予 1000 万元的资金奖励。切实助力产业和经济发展，助力城市智慧运行。

2019 年 11 月，北京市人民政府办公厅印发了《北京市新一轮深化“放管服”改革优化营商环境重点任务》，其中提出要不断提高信用管理和综合执法效能，在实施事中事后监管上取得新突破；并推进大数据、人工智能、区块链、5G 等新技术的智能场景应用，在政务科技上取得新突破。

2020 年 6 月 30 日，北京市人民政府办公厅发布《北京市区块链创新发展行动计划（2020—2022 年）》（以下简称《计划》）的通知。《计划》表示，到 2022 年，要把北京市初步建设成为具有影响力的区块链科技创新高地、应用示范高地、产业发展高地、创新人才高地，率先形成区块链赋能经济社会发展的“北京方案”，建立区块链科技创新与产业发展融合互动的新体系。

8.3.2 上海：出台金融区块链指导政策

上海市政府在区块链政策上相对保守，只在金融区块链试点上出台多项指导政策。

上海市区块链政策回顾：

2017 年 3 月，上海市宝山区人民政府办公室发布《2017 年宝山区金融服务工作要点》通知，提到跟踪服务庙行区块链孵化基地建设和淞南上海互联网金融评价中心建设。

2017 年 4 月，上海市互联网金融行业协会发布的《互联网金融从业机构区块链技术应用自律规则》，包含系统风险防范、监管等 12 条内容，这也是国内首个互联网金融行业区块链自律规则。

2018 年 1 月，上海市科学技术委员会印发《上海市 2018 年度“科技创新行动计划”社会发展领域项目指南》中提到能源区块链关键技术。

2018 年 1 月，上海市教育委员会印发《2018 年上海市教育委员会工作要点》鼓励推荐人工智能、区块链技术教育示范应用。

2018 年 7 月，中共上海市委印发《关于面向全球面向未来提升上海城市能级和核心竞争力的意见》中指出，加快区块链技术在金融领域的应用。

2018 年 9 月，在 2018 年中国（上海）区块链创新峰会上，杨浦区印发了《促进区块链发展的若干政策规定（试行）》。该政策将于 2018 年 12 月 1 日起施行，有效期为 3 年。

2019 年 10 月 30 日，央行上海总部印发了《关于促进金融科技发展 支持上海建设金融科技中心的指导意见》，鼓励金融机构创新思维与经营理念、顺应智能发展态势，借助区块链、人工智能、生物识别等技术，依托金融大数据平台，在智慧网点、智能客服、智能投顾、智能风控等金融产品和服务方面进行创新。

2020 年 9 月 25 日，在中国（上海）区块链技术创新峰会暨第三届全球（上海）区块链创新峰会上，《2020 上海区块链技术与应用白皮书》发布，且《区块链底层平台通用技术要求》《区块链技术应用指南》《区块链企业认定》三项上海区块链行业标准启动。

区块链在上海市的落地体现在以下几个方面。

（1）上海市普陀区用区块链探索养老服务创新模式。2019 年 3 月份，上海市普陀区推进长期护理保险试点工作，加大“智慧养老”工作力度，同时运用“区块链技术”将社区居家养老和邻里互助相结合，开展养老服务“时间银行”试点，探索养老服务创新模式。

（2）上海“静安体育公益配送”平台引入区块链。2019 年 3 月 7 日，上海“静安体育公益配送”平台正式上线运行，该项目通过向市民提供公益配送券，使之在各类体育场馆享受价格优惠的健身服务。该平台引入了经工信部中国信息通信研究院认证的可信区块链系统，用于解决公益配送环节中的信用问题，保证配送资金的安全性、透明性。

（3）“上海区块链集聚区孵化器”成立。2019 年 3 月 13 日，“上海区块链集聚区孵化器”在上海经济创新园区成立。上海市嘉定区南翔镇党委副书记、镇长吴雪芬表示：“作为政府层面，我们非常重视对区块链企业的培育和扶持，积极打造上海最大的区块链集聚区。区块链企业在这里不仅可以享受到政策扶持、人才服务，还可以享受到产业基金的扶持。”

8.3.3 广州：每年 2 亿元财政投入扶持区块链产业

广州作为改革开放的前沿，对新生事物向来都是包容开放支持的，紧密对接国家“区块链 +”发展战略，针对区块链产业多个环节给予重点扶持，出台目前国内支持力度最大、模式突破最强的区块链扶持政策。

广州市区块链政策回顾：

2016 年 12 月，广州市委书记任学锋关于五年工作主要工作任务的讲话中曾提到要发展区块链等前沿技术。

2017 年 10 月，深圳市人民政府向各区人民政府、市政府直属各单位印发《深圳市扶持金融业发展的若干措施》，其中提到“重点奖励在区块链、数字货币、金融大数据运用等领域的优秀项目，年度奖励额度控制在 600 万元以内。”

2017 年 12 月，广州出台第一部关于区块链产业的政府扶植政策《广州市黄埔区 广州开发区促进区块链产业发展办法》，整个政策共 10 条，核心条款包括 7 个方面，涵盖成长奖励、平台奖励、应用奖励、技术奖励、金融支持、活动补贴等。预计每年将增加 2 亿元左右的财政投入。

2018 年 3 月，广东省广州市人民政府印发《广州市加快 IAB 产业发展五年行动计划（2018—2022 年）》，提出突出区块链等新一代信息技术产业创新。

2018 年 5 月，广东省广州市黄埔区人民政府发布《广州市黄埔区 广州开发区促进区块链产业发展办法实施细则》，明确了相关条款的具体内容及操作规范。

2018 年 6 月，广东省佛山市南海区人民政府印发《佛山市南海区关于支持“区块链 +”金融科技产业集聚发展的扶持措施》，提及“区块链 +”金融科技企业或相关机构落户奖励最高可获得 130 万元；物业支持最高享受 3 年免租或补贴优惠，并可获得最高 100 万元的装修补贴；培育支持最高可获得 500 多万元的奖励。

2018 年 10 月，广东省佛山市禅城区政府向社会发布“区块链 + 产业”白皮书。禅城区政府充分调研六大类企业后发现，设计类、信息服务类、金融服务类企业与区块链结合应用的条件相对更为成熟，并提出了一系列发展方向。白皮书提出，区块链技术有望在“区块链 + 版权管理”“区块链 + 产业信用”“区块链 + 供应链金融”“区块链 + 产业清分”四个方面对禅城企业提升发展质量带来帮助。

2018 年 10 月，广东省珠海市横琴新区管理委员会金融服务局在珠海国际会展中心发布了《横琴新区区块链产业发展扶持暂行办法》，将对区块链产业的引入、培育、应用、技术等多个环节给予重点扶持，展示了横琴新区高度重视区块链产业发展的态度。

2019 年 2 月份，广州市人民政府发布《广州市深化商事制度改革实施方案》，在商事制度方面运用区块链技术推进“商事登记确认制”“区块链 + 商事服务”“全容缺 + 信用增值审批”三项改革试点。

2019 年 10 月 28 日，广州市黄埔区工业和信息化局、广州开发区经济和信息化局正式印发《广州市黄埔区 广州市开发区加速区块链产业引领变革若干措施实施细则》（以下简称《实施细则》）。《实施细则》首先提出，鼓励设立 10 亿元规模区块链产业基金，吸引社会资金集聚形成资本供给效应，为企业提供天使投资、股权投资、投后增值等多层次服务，建立“多基地 + 大基金”分布式金融生态圈。不过文件补充表示，该基金将由区属国企发起设立，方案将另行研究制定。《实施细则》突出区块链原始创新，明确每年将择优选择2个开展区块链公有链、联盟链建设项目的企业或机构，采取事后补助方式，按其实际投入研发经费的50%给予补贴，其中区块链公有链建设项目最高补贴1000万元、区块链联盟链建设项目最高补贴300万元。该细则也被称为“区块链政策2.0”。

2019年10月，广州印发《广州市扩大和升级信息消费实施意见（2019—2021年）》，引导行业骨干企业选择医疗健康、供应链管理、产品追溯防伪、网络协同制造、版权保护和交易、电子证据存证等条件成熟领域开展产业化应用。

2019年12月底，广州市白云区发出全国首批可信教育数字身份（教育卡），融合采用国产密码、区块链等核心技术，构建“可信教育身份链”。

2020年4月，广州市人民政府公共资源交易中心着力打造“易链通”智慧交易平台，通过嵌入“标信通App”，使用“易链签”“易链保”等应用工具，实现业务指尖办理，提高信息化服务水平。

2020年5月，广州市人民政府发布《广州市推动区块链产业创新发展的实施意见（2020-2022年）》，引导行业骨干企业选择医疗健康、供应链管理、产品追溯防伪、网络协同制造、版权保护和交易、电子证据存证等条件成熟领域开展产业化应用。

8.3.4 深圳：单个项目资助金额不超过200万元

深圳为确保在区块链产业国际化竞争中走在前列，积极扶持重点企业与重点项目，出台长期配套发展资金。

深圳市区块链政策回顾：

2016年11月，深圳市金融办发布《深圳市金融业发展“十三五”规划》，提到支持金融机构加强对区块链、数字货币等新兴技术的研究探索。

2017年9月，深圳市人民政府下发《深圳市人民政府关于印发扶持金融业发展若干措施的通知》，鼓励金融创新，设立金融科技专项奖，重点奖励在区块链、数字货币、金融大数据运用等领域的优秀项目，年度奖励额度控制在600万元以内。

2018年3月，深圳市经济贸易和信息化委员会发布文件《市经贸信息委关于组织实施深圳市战略性新兴产业新一代信息技术信息安全专项2018年第二批扶持计划的通知》，区块链属于扶持领域之一，按投资计算，单个项目资助金额不超过200万元，资助金额不超过项目总投资的30%。

2018年6月，深圳出台《深圳市关于加快工业互联网发展的若干措施》，促进区块链等新兴前沿技术在工业互联网领域的应用研究与探索，对示范应用项目提供最高不超过300万元的资金资助。

2018 年 8 月，深圳市互联网金融协会发布《关于防范以“区块链”“虚拟货币”名义进行非法集资的风险提示》。

2018 年 12 月，《深圳前海蛇口自贸片区信用服务综合改革若干措施》在九届华南信用管理论坛上发布。

2018 年 12 月。深圳市人民政府金融发展服务办公室印发《关于促进深圳市供应链金融发展的意见》。

2019 年 7 月，《深圳市商务局产业发展专项资金消费提升扶持计划操作规程》印发，深圳鼓励商贸企业应用互联网、物联网、大数据、区块链等新技术发展新零售项目，同时给出具体资助条件。11 月 19 日，深圳市委再次强调，要加强区块链基础研究和关键技术攻关，加快区块链和人工智能、大数据等前沿信息技术的深度融合，积极推进区块链和经济社会融合发展。

2020 年 10 月 11 日，中共中央办公厅、国务院办公厅印发《深圳建设中国特色社会主义先行示范区综合改革试点实施方案（2020—2025 年）》。方案要求在中国人民银行数字货币研究所深圳下属机构的基础上成立金融科技创新平台。支持开展数字人民币内部封闭试点测试，推动数字人民币的研发应用和国际合作。

2020 年 12 月 20 日，《深圳市推进区块链产业发展行动计划（2021—2023 年）（征求意见稿）》旨在为全面推进深圳区块链产业发展，进一步提升深圳战略性新兴产业发展能级，把区块链作为深圳科技创新和智慧城市建设的重要突破口，为粤港澳大湾区建设和中国特色社会主义先行示范区建设提供有力支撑。

8.3.5 重庆：大力支持新型产业发展

重庆市政府对区块链产业发展高度重视，在引进专业人才、凝聚产业力量以及营造良好的产业生态环境等方面加大投入和支持力度。

重庆市区块链政策回顾：

2017 年 11 月，重庆市经济和信息化委员会发布《关于加快区块链产业培育及创新应用的意见》，提出到 2020 年，力争全市打造 2 ~ 5 个区块链产业基地，引进和培育区块链国内细分领域龙头企业 10 家以上、有核心技术或成长型的区块链企业 50 家以上，引进和培育区块链中高级人才 500 名以上，初步形成国内重要的区块链产业高地和创新应用基地。

2018 年 3 月，重庆市人民政府办公厅发布《关于贯彻落实推进供应链创新与应用指导意见任务分工的通知》，提到研究利用区块链等新兴技术建立基于供应链的信用评价机制。

2018 年 5 月，重庆市人民政府办公厅印发《关于印发重庆市深化互联网 + 先进制造业发展互联网实施方案的通知》，支持新型网络互联、边缘计算、区块链、5G等技术在工业互联网领域的研究应用。

2018年6月，重庆市渝中区发布《渝中区以大数据智能化为引领的创新驱动发展战略行动计划实施方案》，提出在2020年力争在区块链等领域形成若干产业集群。

2018年10月，重庆市发布《重庆两江新区深化服务贸易创新发展试点实施方案》，利用区块链驱动数字经济发展。

2019年11月21日，重庆市经信委发布《关于进一步促进区块链产业健康快速发展有关工作的通知》提出，要通过加大区块链企业引进培育力度、推进重点领域区块链技术示范应用等，大力推动重庆市区块链产业发展。并围绕政府管理、金融服务、智慧养老等领域开放一批应用场景，推动区块链技术与传统产业和战略性新兴产业的深度融合。

2020年4月，重庆市渝中区出台《关于印发重庆市区块链数字经济产业园发展促进办法（试行）》的通知，16条政策干货立足招商引资、应用推广、生态营造等关键环节，设立“区块链专项资金”补贴并鼓励国家级研究机构和院士、专家在渝设区块链实验室。

8.3.6 浙江：区块链打造成未来产业

浙江是国内最早重视区块链技术的省份之一，2016年初就有相关人士指出，希望浙江成为全国区块链技术开发应用高地。2018年更是提出把区块链打造成未来产业，对区块链的重视程度非常高，发布的诸多政府文件中都提及区块链。

浙江省区块链政策回顾：

2016年12月，浙江省人民政府办公厅发布《关于推进钱塘江金融港湾建设的若干意见》，为推进钱塘江金融港湾建设，将积极引进区块链企业入驻。

2017年5月，西湖区人民政府金融工作办公室发布《关于打造西湖谷区区块链产业的政策意见（试行）》。

2017年5月，宁波市经济和信息化委员会发布《宁波市智能经济中长期规划（2016—2025）》，其中提到加大区块链、人工智能等技术的推广应用。

2017年6月，杭州市人民政府办公厅发布《关于推进钱塘江金融港湾建设的实施意见》，支持金融机构探索区块链等新型技术。

2017年11月，《浙江省人民政府办公厅关于进一步加快软件和信息服务业发展的实施意见（代拟稿）》中提及，需要加快云计算、大数据、区块链等前沿领域的研究和产品创新。

2018年1月，浙江省《关于进一步加快软件和信息服务业的实施意见》，加快研究探索云计算、区块链、大数据领域。

2018年2月，杭州市人民政府办公厅发布《2018年杭州市政府工作报告》中指出，要加快培育人工智能、虚拟现实、区块链、量子技术、商用航空航天等未来产业。

2018年2月，杭州市人民政府办公厅发布《杭州城东智造大走廊发展规划纲要》中指出，大力发展虚拟现实、区块链等未来产业，打造具有国际影响力和竞争力的智能制造区。

2018年6月，杭州市人民政府办公厅公布《杭州市高新技术企业培育三年行动计划（2018—2020年）》指出，要积极培育区块链等未来产业。

2018年9月，浙江省正式发布《浙江省标准联通共建“一带一路”行动计划（2018—2020年）》。

2019年3月19日，在杭州举办的浙江省区块链信息服务备案技术交流会中，浙江省委网信办网评处处长俞国娟表示，《区块链信息服务管理规定》（以下称《规定》）是政府规章，其出台表现了国家对区块链的重视。出台《规定》出于三方面考虑，一是深入推进网络信息安全的需要，落实相关规定，是加强网络信息安全的需要；二促进区块链技术的健康发展，建立健全相关法规也是出于对区块链风险防范的需要；三是鼓励区块链行业自律，期望区块链科学发展、有序发展、健康发展。

2019年3月28日，杭州市上城区举行城市建设新闻发布会，现场首次对外发布望江新城未来三年的城市建设规划。未来三年，望江新城将以城市年轮带为主轴，形成南、中、北三个产业区块。其中北侧是金融信息港和新金融聚集区，将引入大数据、区块链、云计算等前沿技术。

2020年11月23日，浙江省经济和信息化厅发布关于向社会公开征求《浙江省区块链技术和产业发展规划（2020—2025）》意见建议的公告。根据《浙江省区块链技术和产业发展规划（2020—2025）》发展目标，到2022年，巩固与加强区块链技术创新引领优势，初步建成国内知名的区块链产业集聚区，产值位居全国前三。实现区块链赋能实体经济的规模化应用，打造创新型区块链产业发展格局。

区块链在杭州市的落地应用：

（1）杭州地铁推出区块链电子发票。2019年3月22日，杭州地铁宣布联合支付宝推出基于区块链技术的电子发票。乘客可通过杭州地铁App、支付宝完成乘坐地铁支付、开票和报销的全流程。这是国内支付宝赋能将区块链技术首次应用于出行，也是杭州地铁打造的“智慧出行”全流程服务的又一创新。

（2）西湖区农村农业局用区块链促进西湖龙井发展。2019年3月30日，2019杭州茶文化博览会暨西湖龙井开茶节在龙坞茶镇正式开幕。西湖区农村农业局、龙坞茶镇与阿里巴巴集团进行了西湖龙井区块链溯源战略合作备忘录的签约，将以电商平台区块链技术促进西湖龙井产业发展。

8.4 各个国家监管

如何对区块链及数字货币进行监管，也成了各国政府探讨的问题，见表 8–1 和表 8–2。

表 8–1 2018 年主要国家对待区块链技术和应用的态度

国家 / 地区	倾向	态度要点
美国	中立转支持	美国各州对待数字货币和区块链技术态度存在差异；美国政府部门积极推动区块链技术开发和应用
英国	积极支持	英国政府将区块链发展提升到国家战略高度
法国	中立	法国央行推进区块链技术研究
德国	中立	德国央行探讨区块链技术与各行业联系
荷兰	支持	荷兰政府建立区块链园区，推动区块链技术的发展和应用
爱尔兰	支持	制定了严格的反对加密货币洗钱法案
马耳他	支持	颁布虚拟金融监管法案
澳大利亚	支持	澳大利亚政府在教育、金融等多领域使用区块链技术
中国	积极支持	区块链被写入国家“十三五”规划，强化战略性前沿技术超迁布局
日本	积极支持	日本政府积极探索区块链发展道路
新加坡	积极支持	新加坡政府优先发展区块链，打造政策特区
韩国	积极支持	韩国政府借助区块链技术发展争夺亚洲金融科技中心
迪拜	支持	迪拜政府积极研究区块链技术
印度	支持	印度政府积极与其他国家合作研究区块链
菲律宾	支持	菲律宾政府正式将比特币确定为合法的付款方式
泰国	积极支持	泰国政府巩固其区块链技术在东盟地区的领先地位
马来西亚	支持	积极探索加密货币的监管框架
中国香港	支持	香港金管局对区块链持积极态度
俄罗斯	反对转中立	俄罗斯政府对比特币和数字货币态度严厉，但逐渐接受底层区块链技术。普京已明确发声在严格监管下支持创新

表 8–2 2018 年主要国家对待加密数字货币的态度

国家 / 地区	ICO	银行入金	税收政策	法定数字货币	交易所
中国	禁止	禁止	禁止	筹划中	禁止
中国香港	允许	允许	禁止	禁止	沙盒
日本	允许	允许	55%	禁止	需牌照
韩国	禁止	允许	22% 企业所得税与 2.2% 地方所得税	态度不明	需牌照

续表

国家 / 地区	ICO	银行入金	税收政策	法定数字货币	交易所
新加坡	允许	允许	免税	筹划中	需牌照
泰国	允许	允许	7% 增值税与 15% 资本利得税	筹划中	需牌照
菲律宾	允许	允许	免税	—	需牌照
印度	禁止	禁止	18%	考虑	禁止
俄罗斯	禁止	禁止	13%	筹划中	需牌照
马耳他	允许	允许	免税	—	开放
瑞士	允许	允许	根据年底收入确定财富税	禁止	需牌照
法国	允许	允许	19%	—	—
英国	中立	允许	免税额 11850 欧元，高于此额则上升 45%	—	需牌照
委内瑞拉	中立	允许	—	已发行	—
德国	中立	允许	免税	—	需牌照
美国	允许	允许	根据币种的实时价值征税	禁止	需牌照
加拿大	允许	允许	50%	筹划中	开放

8.4.1 美国：拥抱技术拒绝封杀

比特币及区块链技术诞生至今，美国政府一直秉行着谨慎监管、促进发展的准则。一方面，美国政府从不阻止创新或干扰区块链底层技术及建立在新兴技术上的 Token 发展。另一方面，坚决对那些企图在该领域实施诈骗和直接偷窃的行为采取必要行动。

虽然美国政府至今没有在国家立场上出台过任何明确禁止或倡导数字货币的法案，但也从未任其随意发展，各机构之间协调监管的分工如下：

· 美国证券交易委员会（SEC）对未经注册的证券产品采取监管行动，无论它们是数字货币还是初始代币（ICO）产品。

· 国家银行监管机构主要通过国家汇款法律来监督数字货币即期交易。

· 国税（IRS）将数字货币归为资本利得税的财产。

· 财政部金融犯罪执法网络（FinCEN）监测比特币和其他数字货币转账是否以实现反洗钱为目的。

SEC 和 CFTC 认定带有价值存储功能的数字货币可定义为商品，ICO 发行的 Token 性质就是证券。

此外，美国政府曾多次倡导立法者和行业利益相关者应就区块链技术的应用进行合作，特朗普政府也曾承诺将区块链作为可以改善美国政府运作的技术。

2014 年，美国颁布了《投资者指南和规则》，认为比特币不是一种货币，将其划为财产类别，仍然可以作为一种金融的支付手段。2015 年，美国出台了《虚拟货币监管法案》，对虚拟货币商业活动进行监管。直至 2018 年下半年，美国加强了对 ICO 的监管，公布了至少 12 起相关处罚与审查事件。

8.4.2 俄罗斯：区块链正在成为俄罗斯的“国家战略”

作为创新性新技术的最主要参与者之一,俄罗斯已经将区块链技术纳入了其提出的“数字经济”计划中。俄罗斯总统普京表示,俄罗斯绝不会在区块链优势的竞争中“居于人后”。

另一方面，在众多数字资产市场中，最有意思的国家也当属俄罗斯。在过去的几年里，俄罗斯对数字资产的态度出现了多次变化。俄罗斯曾经禁止了比特币，但在后来又撤回了这项政策。

2014 年，俄罗斯政府曾禁止了比特币在国内的活动。

2017 年 6 月，普京会见了以太坊创始人 Vitalik Buterin，在这次会面中，普京和 Vitalik 讨论了这项技术在俄罗斯的应用。随后，俄罗斯对区块链技术的态度发生了极大的转变，俄罗斯议会成立了区块链专家组议会，政策开始变得开放。

对于区块链技术，普京曾表示:“国家需要区块链，并且在技术研究上不能落后。”对于加密货币，普京认为:“俄罗斯不能有自己的数字货币，但必须研究如何使用数字货币。”

2018 年以来，俄罗斯政府加快了在区块链及数字资产立法和政策上的步伐。俄罗斯联邦信息技术和通信部（Minkomsvyaz，Ministry of Communications）宣布计划于 2019 年实现区块链合法化。

俄罗斯央行同时确认，多年的不确定已经过去，不会禁止比特币等数字货币，用于稳定企业和消费者的情绪和心态，快速并强硬的数字货币法律将于 2018 年结束。

俄罗斯政府机构表示：愿意监控交易，并可能将数字货币挖矿和交易纳入现有的税收框架。

8.4.3 英国：监督不监管

英国可以说是对于区块链技术和数字货币最为宽容的国家之一，始终抱着“监督不监管”的态度，并且还为全球区块链初创企业提供了非常优惠的政策。

2016 年 1 月 19 日，英国政府发布了长达 88 页的《分布式账本技术：超越区块链》白皮书，积极评估区块链技术的潜力，考虑将它用于减少金融欺诈和降低成本。

2018 年 4 月 6 日，英国金融市场行为监管局（以下简称 FCA）发布了《对于公司发行加密代币衍生品要求经授权的声明》，表示为通过 ICO 发行的数字货币或其他代币的衍生品提供买卖、安排交易、推荐或其他服务达到相关的监管活动标准，就需要获得 FCA 授权。

值得一提的是，英国法律委员会 UKCommission 正在将智能合约的使用编入英国法律，作为更新英国法律并使其适应现代技术挑战的一部分。

8.4.4 日本：承认加密货币为合法支付手段

一直以来日本都大力支持区块链技术，但对数字货币的态度却很微妙。作为最早接受数字货币的国家之一，如今日本受境内多个数字货币交易所被盗影响，对数字货币交易、交易所的监管日益严格。

2016 年 5 月 25 日，日本国会通过了《资金结算法》修正案，已于 2017 年 4 月 1 日正式实施，正式承认数字货币为合法支付手段并将其纳入法律规制体系之内，从而成为第一个为数字货币交易所提供法律保障的国家。该法在判断是否属于数字货币的过程中，较为重要的标准为是否满足交易对象的不特定性。

2017 年 3 月，日本通过了《关于数字货币交换业者的内阁府令》，宣布正式承认比特币作为法定支付方式。

2017 年 4 月，日本经济产业省发布了日本区块链标准具体的评估方法。评估过程将由经济产业省信息政策局的信息经济司制定。日本区块链标准评估方法包括 32 个指标，这些指标与区块链技术特点紧密相关，评估指标包括可扩展性、可以执行、可靠性、生产能力、节点数量、性能效率和互用性等。

2017 年 7 月，在日本兑换比特币将不再征收 8% 的消费税。11 月，日本政府发起 ICO，振兴地方经济。

2018 年 6 月，日本金融厅官网正式发布了对日本 6 家数字货币交易所的行政处罚通告。并且对其提出业务整改命令。此后更发布了 11 个审核步骤，进一步确定了日本交易所审核机制。

2018 年 7 月，日本国家税务局宣布要在一年内实现对数字货币收入的纳税申报。当月，日本金融监管机构还考虑是否实施《金融工具和外汇法案（FIEA）》为交易所提供更好的客户服务保障。此外，日本金融服务管理局（FSA）还进行了全面改革，旨在更好地处理数字货币相关领域问题。

2018 年 9 月，日本金融服务管理局加强了对数字货币交易所登记审查的程序，进一步提高了提高注册数字货币交易所的审批门槛。

2019 年，日本虚拟货币商业协会（JCBA）发布“关于 ICO 新监管的建议”。同年通过《资金结算法》和《金商法》修正案，加强了对于虚拟货币兑换和交易规则的措施。

8.4.5 韩国：监管肯定要来，只是时间问题

多年来，韩国政府坚持提倡发展区块链技术，但对数字货币产业的态度一直飘忽不定。

2017 年 9 月底，韩国金融监督委员会（FSS）颁布了一项监管禁令，禁止 ICO，以保护公众投资。

2017 年 12 月，韩国科技和 ICT 部长 Yu Yeong-min 承诺，该部预算中将有 42 亿韩元（约 390 万美元）用于扶持区块链技术。

而如今，韩国政府对数字货币的态度已经发生了很大的变化。他们已经从憎恨它变成了热爱它，并决定把它塑造成符合这个国家政策要求的货币，以帮助韩国站在第四次工业革命的最前沿。

韩国政府对加密货币使用着严格监管和规则，一些特别严厉的在数字空间的规定如下：

（1）禁止匿名交易。

（2）禁止未成年人和政府官员从事交易。

（3）对交易所高额征税。

此外，韩国政府也采取了积极的行动：

（1）取消了对 ICO 的全面禁令。

（2）比特币作为汇款方式合法化。

（3）对数字货币交易所重新分类。

2018 年，韩国已经将数字货币交易所重新归类为法律实体。新的草案为区块链市场增加了许多合法性，现在将交易所归类为“数字资产交换和经纪”。

此外，2018 年韩国政府对外称：将在接下来的一年时间向新兴的技术公司投资 44 亿美元，推动大数据和区块链技术发展。

2018 年，韩国政府将区块链作为税收减免对象，鼓励企业入局区块链领域。同年 5 月，韩国国民议会提出解除 ICO 禁令的提案，并于 6 月正式解禁 ICO，但 ICO 仍要面临较为严苛的监管。

2019 年，经韩国科学和信息通信技术部证实，韩国政府将在 2020 年对区块链项目投资约 1280 万美元。韩国总统直属第四次工业革命委员会也敦促政府尽快使加密货币制度化和制定相关税收方案，并表示，政府应意识到区块链是必然趋势，尽快确定给予基于区块链的加密货币法律地位。

不难发现，几乎所有国家都在加速研究区块链技术，唯恐自己的国家在尖端技术的赛道上落后。

而一个有趣的现象是，俄罗斯一开始对数字货币实行了一刀切的对策，到后来却废除了该项制度，转而走向监管的道路；日本一开始对数字货币的态度非常友好，却在遇到了新技术带来的各种错综复杂的问题后，开启了严格监管之路；韩国此前一直是在“打死还

是放养”间摇摆不定，如今也慢慢地开始尝试加强监管。

这三个国家一开始都选择或者准备选择某个极端的监管方式，但随着区块链在国家上的发展越来越深入，都慢慢开始采取更加理智的“中庸政策”。这也从政策上体现了比特币及数字货币技术最后的发展及推广方向。

可以预见，在未来几年内，各国政府都将继续大力支持区块链的技术。而对于数字货币的发展，也极有可能慢慢抛弃一刀切或者放养的方式，而向合理监督、严厉监管的方向转变。

8.5 国内区块链领域相关发展

自2009年比特币问世以来，区块链技术不断发展，2013年以太坊对比特币技术进行了拓展，提高了效率、扩展了智能合约功能、扩大了区块链的应用领域。随后，我国联盟链、公有链体系不断完善，行业规范越加成熟，联盟链的应用更是取得长久发展，一系列核心技术不断涌现，如跨链、侧链、多链、分片技术、有向无环图、隐私保护等。2017年3月，天德科技完成了基于大数据的区块链基础平台“高新一号”，实现将大数据平台集成于区块链系统。2018年4月，本体网络ONT开源了新一代共识算法。2018年12月，成都链安（Beosin）自主研发出“一键式”智能合约形式化验证平台VaaS，支持多种主流区块链平台（EOS、ETH、Fabric等）的智能合约验证。华为、腾讯、百度、京东等互联网企业纷纷在2018年推出区块链云平台，将区块链、大数据及云计算相互融合。可见，国内研究团队在平台底层架构、共识算法、密码安全、性能安全等方面均有创新与突破，随着各方研发投入增加和研发工作的深入开展，区块链技术会逐步走向成熟。国内40家区块链重点企业的核心技术见表8-3。

表8-3　40家区块链重点企业核心技术

企业	核心技术
百度	超级节点架构、链内DAG并行技术、可回归侧链技术和平行链管理
华为	共识算法创新、安全隐私保护、离链通道
阿里巴巴	共识协议、跨链技术、智能合约语言、安全分析
金山云	VPC架构
迅雷	多链架构、独创的DPoA+PBFT共识机制
东软	“区块链 + 边缘计算”融合架构设计、跨链协同
360	区块链高性能交易、海量节点部署、共识算法以及密码安全技术
海尔	多链部署架构

续表

企业	核心技术
腾讯	数据异构、多种共识算法
京东	底层架构设计、多核并行的高性能密码算法、多密码体系并行
网易	加密储存技术、主链建设、去中心化价值交换
小米	去中心化技术
联想	分布式 P2P 技术
微众银行	多链并行架构、跨链通信协议、可插拔的共识机制与隐私保护算法、支持国密算法
杭州云象	多链架构、基于 GPU 加速验签、基于 FPGA 并行处理区块读写、公共链协同管理
北京阿尔山	跨链
深圳市网心	分布式技术
北京天德	双链式账本技术、并行拜占庭容错算法
杭州复杂美	Chain33 高效区块链架构
迪肯区块链科技（重庆）	跨链
杭州趣链科技	微服务架构、自适应共识算法 RBFT、Raft
北京太一云技术	跨链、多链
重庆金窝窝网络	三层架构体系（协议层、扩展层和应用层）、独特的 DS-PBFT 共识算法
北京泛融	PaaS 平台
上海点融信息	跨链技术
北京蓝石环球区块链科技	分片、跨链、侧链技术
布比（北京）网络技术	跨链技术
北京众享比特	ILP 技术、去中心的身份认证技术
杭州秘猿	分层架构、智能合约平台
大唐云链（青岛）	PaaS 平台
中链科技	多链集成、高性能运营的区块链云服务构架
成都链安	VaaS“一键式”形式化验证技术
河南中盾云安信息	多链技术
智链数据科技（南通）	底层平台
浙江数秦	多链交互

续表

企业	核心技术
无锡井通网络	去中心化底层技术
苏州超块链信息	超快链技术
西安纸贵互联网	自主研发 Zig-Ledger 联盟链，高性能商用区块链服务平台 Zig-BaaS
井通至尚	跨链技术
青岛墨一客	异步智能合约调用、跨链互通

8.5.1 我国区块链产业发展现状

2018 年以来，我国区块链产业进入快速发展阶段，市场规模潜力巨大。此外，市场开始对加密数字货币疯狂炒作的行为进行反思并逐步开始关注真正有价值的区块链技术应用和项目产品。《2018—2019 中国区块链年度发展报告》通过分析产业链与产业规模、初创企业与巨头企业、技术基础和创新力、企业资金与资本运作、区域政策优势以及产业园与集聚区六个方面的发展现状，详细体现出我国区块链产业发展现状。

一是产业链条基本形成，产业规模快速增长。当前，我国区块链的产业链上游主要包括硬件基础设施和底层技术平台层，该层包括矿机、芯片等硬件企业以及基础协议、底层基础平台等企业；中游企业聚焦于区块链通用应用及技术扩展平台，包括智能合约、快速计算、信息安全、数据服务、分布式存储等企业；下游企业聚焦于服务最终的用户（个人、企业、政府），根据最终用户的需要定制各种不同种类的区块链行业应用，主要面向金融、供应链管理、医疗、能源等领域。我国从事提供区块链产业底层技术平台服务、应用产品、行业技术解决方案服务等业务，具有投入产出的区块链企业共 672 家，主要聚集在北京、上海、广东、浙江、四川、江苏等地。区块链产业应用主要分布在金融、供应链、溯源、硬件、公益慈善、医疗健康、文化娱乐、社会管理、版权保护、教育和共享经济等领域。

二是初创企业实力渐显，巨头企业强势加入。2018 年，我国区块链企业数量增速较快，企业注册资金分布较为合理，根据赛迪区块链研究院发布的初创企业百强榜分析，百强企业研发团队占比超过五成的企业达到 73 家，实现企业盈利的企业占比接近 70%。据赛迪区块链研究院统计，目前正在进行区块链应用探索的国内银行机构共 34 家。国内科技及互联网巨头也纷纷布局区块链产业，并推出各自产品及应用案例。科技、互联网巨头区块链产业布局见表 8-4。

表 8-4 科技、互联网巨头区块链产业布局

企业名称	主要产品	应用领域
百度	度小满区块链平台	信贷、资产证券化、溯源、存证、保险
华为	华为云区块链平台	供应链、车联网、新能源、数据交易、身份认证
阿里巴巴	阿里云区块链平台	商品追溯、工业制造、数据共享、存证
金山	金山云区块链平台	区块链游戏
迅雷	迅雷链	社会公益、医疗健康、溯源存证
东软集团	东软尖峰区块链平台	智能制造、供应链金融
360	360 安全解决方案	数字钱包、数字交易所、智能合约
海尔	海链平台	智能制造、供应链
腾讯	TrustSQL 平台	货币、金融
京东	智臻链	票据电子化、供应链金 融、防伪追溯
网易	网易星球	数字资产 、结算
小米	营销链	区块链游戏、数据资产、物联网
联想	区块链手机 S5、掘金宝	区块链硬件、钱包

三是技术研发基础扎实，核心技术创新升级。我国区块链企业技术研发基础较为扎实，企业团队也主要以研发人员为主，部分企业拥有独立开发的区块链底层平台，并在此基础上进行行业应用方案设计及实施。在全国 672 家具有投入产出的区块链企业中，从事底层平台开发及通用技术研发的企业占比 38%。区块链技术研究机构及大学方面，根据赛迪区块链研究院发布的中国城市区块链科研实力指数分析，北京、上海实力超群，高校纷纷开设区块链课程。专利方面，目前我国已成为国际区块链专利高产国家，一批具有较高价值的区块链专利不断涌现。

四是企业资金运作良好，金融资本持续涌入。2018 年我国区块链初创企业资金运作整体良好，在全球加密数字货币市值及币值大幅下跌的情况下，我国区块链企业深挖底层技术研发，积极布局区块链产业应用，在各地区政府、区块链团体的高度重视和积极扶持下，区块链技术和产业应用得到长久发展。赛迪区块链研究院分析了百强区块链企业的运营情况，近 70% 的企业实现了盈利，企业运营情况良好。投融资方面，2017—2018 年，我国区块链领域投融资频次和金额急剧增加，多个区块链企业和项目获得大额投资。区块链基金方面，我国区块链产业基金领域取得初步进展，包括北京、上海、杭州、深圳等地纷纷设立区块链产业基金会。

五是区域优势影响显著，政策驱动效果渐显。我国发达地区重点城市依靠经济、科技、教育、人才等先天优势在区块链产业发展方面处于领先位置。根据赛迪区块链研究院发布

的《2018年发布的中国城市区块链发展水平评估报告》显示，传统4座一线城市北京、上海、深圳、广州分别处于第一、三、四、六名。对比分析赛迪区块链研究院发布的2018中国城市区块链政策环境指数与《中国城市区块链发展水平评估报告（2018年）》，良好的政策环境为区块链产业发展提供强大动力。各地区块链专项政策一览表见表8–5。

表8–5　各地区块链专项政策一览表

地区名称	政策名称	有效期
贵阳市	《贵阳国家高新区促进区块链技术创新及应用示范十条政策措施（试行）》	3年
	《关于支持区块链发展和应用的若干政策措施（试行）》	3.5年
佛山市	《佛山市南海区关于支持“区块链＋”金融科技产业集聚发展的扶持措施》	3年
广州市	《广州市黄埔区广州开发区促进区块链产业发展办法》	3年
杭州市	《关于打造西溪谷区块链产业园的政策意见（试行）》	3年
重庆市	《关于加快区块链产业培育及创新应用的意见》	3年
青岛市	《关于加快区块链产业发展的意见（试行）》	3年
长沙市	《长沙经开区关于支持区块链产业发展的政策（试行）》	3年
上海市	《促进区块链产业发展的若干政策规定》	3年

六是聚集要素逐渐积累，产业园区不断涌现。区块链产业园区作为区块链产业集群发展的重要载体，各地方政府正在加快推进建设。截至2018年12月，我国已经成立或者在建区块链产业园区的城市约20余个。目前，我国基本形成了四大区块链产业区聚集区，分别是以北京和青岛为主体，辐射天津、河北、山东等地区的环渤海区块链产业聚集区；以上海、杭州、南京、苏州为主体，辐射长江三角洲地区的区块链产业聚集区；以深圳、广州和佛山为主体，辐射珠江三角洲地区的区块链产业聚集区；以贵阳、重庆和长沙为主体，辐射中西部地区的区块链产业聚集区。

8.5.2　我国区块链发展趋势

《2018—2019年中国区块链发展年度报告》在分析总结我国区块链发展现状的基础上，从底层架构、技术创新、标准制定、行业应用及产业规模五方面对我国区块链发展趋势进行预测。

一是区块链底层架构的竞争愈演愈烈。根据赛迪全球公有链评估指数，仅作为评估对象的全球主流公有链平台已超过30个。国内如NEO、公信宝、星云链等公有链项目以及联盟链项目纷纷崛起，截至2018年12月，已有9家大型互联网企业发布BaaS平台。未来，区块链底层平台发展百花齐放，平台研发、应用推广、生态培育的竞争愈发激烈。（一些项目后期发展产生问题，在法律监管的作用下已经关闭，如需深入了解相关项目，请参阅最新资料。）

二是区块链行业标准规范将加快推出。2016 年以来，我国在区块链相关标准建设方面已形成一定基础，我国相关标准化组织、联盟协会、研究机构等已将区块链标准化提上议事日程，开展了组织建设、标准预研等一系列工作，并取得了一定进展。

三是技术创新推动性能安全不断完善。当前，区块链技术尚不成熟，仍处于发展早期。对于区块链性能、隐私保护、可扩展能力以及安全问题等方面的技术创新正在不断涌现。随着学界和业界对区块链的研究不断深入，区块链技术创新方案将不断落地（见图 8–1 和图 8–2）。

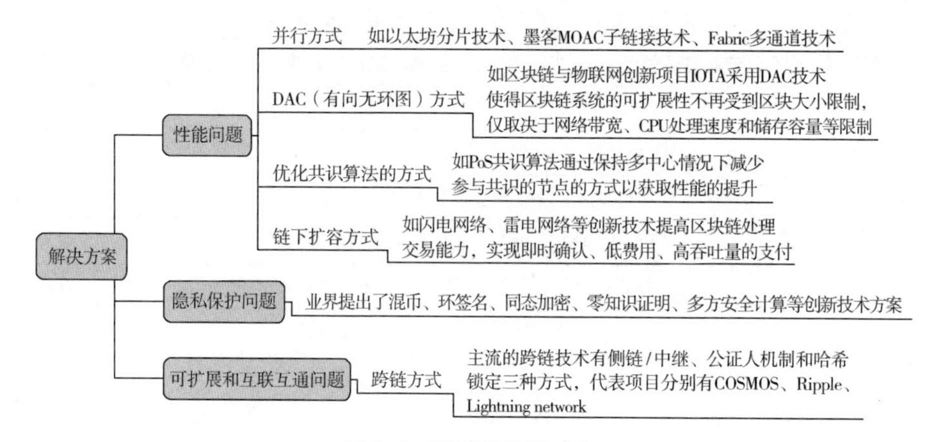

图 8–1　区块链技术创新方案

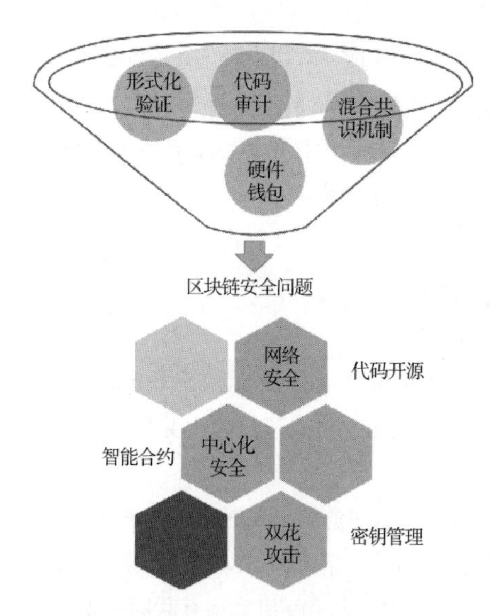

图 8–2　区块链性能安全问题解决方案

四是行业应用试点示范效应快速显现。随着区块链技术不断发展，产业链不断完善，社会认知逐步提高，场景日益丰富，区块链应用效果逐步显现。未来，区块链将率先应用于如跨境支付、数字内容版权、电子存证等天然数字化的场景之中，并向具有多方协作、数据共享需求的传统行业场景中逐渐延伸。

五是产业规模与产业应用爆发式增长。国内资本对区块链行业投融资力度逐步加大，区块链企业商业模式和场景逐步清晰，区块链技术应用落地速度加快，区块链市场将进入快速增长阶段，产业规模将引来爆发式增长。

8.6 人才需求与招聘

8.6.1 2018 年中国区块链人才现状白皮书

链塔智库 BlockData 携手拉勾网，从拉勾网覆盖的 1954 余万互联网从业者，36 万 + 互联网公司大数据中筛选信息，分析区块链人才市场现状，并预测区块链人才市场发展的趋势。为政府、企业、高校、人才等市场相关方提供参考，共同促进区块链人才市场和整体行业持续健康发展。

全球对于区块链人才的需求量从 2015 年开始出现增长，并且在 2016 年到 2017 年间经历了大规模爆发。行业发展引起人才需求变化，对人才的供需两侧及相关多方都会造成更多不确定性。

多方数据显示，目前区块链人才市场存在严重的供不应求情况；另一方面，求职者被高薪吸引，却发现面对较高的技能门槛，导致人才市场存在泡沫，招聘质量受到影响，影响行业发展。

2018 年被称为中国区块链元年，随着区块链的火爆，相关企业对区块链人才也是极度渴求的，但和所有的新型行业一样，呈现出人才匮乏，后续储备严重不足的特点。

2018 年第一季度，区块链相关人才的招聘需求已达到 2017 年同期的 9.7 倍，发布区块链相关岗位的公司数量同比增长 4.6 倍。虽然人才供应量同比增加 235%，增速高于其他同类行业，但存量仍远低于实际需求。截至 2018 年第一季度，区块链相关岗位占到互联网行业总岗位量的 0.4%，但专业区块链技术人才的供需比仅为 0.15:1，供给严重不足。

1. 区块链人才主要依靠周边行业流入

区块链行业处于发展早期，行业尚未形成人才聚集效应，主要通过吸引传统行业人才实现人才流入（见图 8-3）。

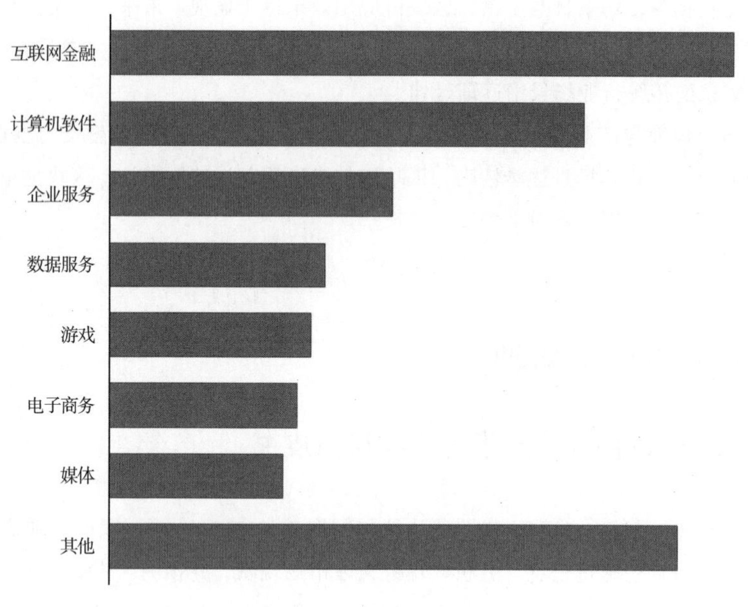

图 8-3　区块链人才流入占比

区块链行业人才的专业背景以计算机类专业为主，基本为行业内技术开发人员（见图 8-4）。

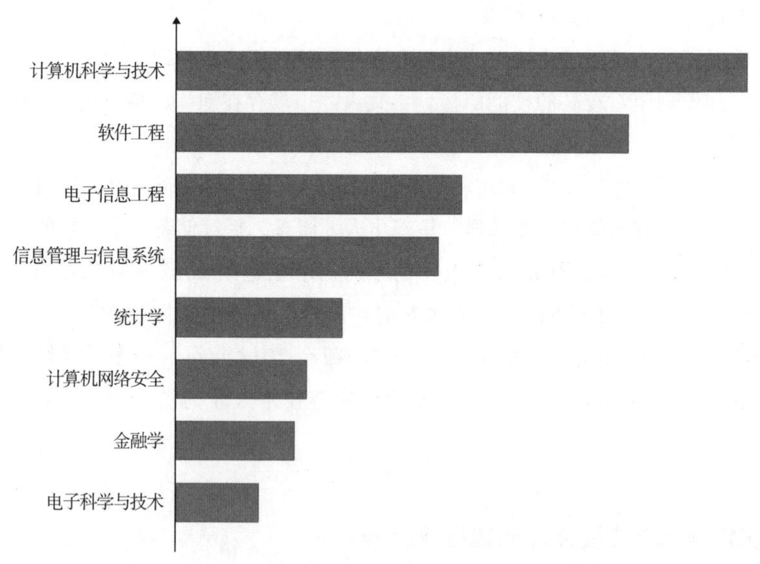

图 8-4　区块链人才专业背景

符合需求方职位分布中技术类职位占比超过 70% 的情况，供需比较匹配。一定程度反映了目前市场处于特定的产业阶段。

各地政府争相吸引区块链人才而出台区块链扶持政见表 8-6。

· 北京：凭借得天独厚的全面优势，产业领跑全国。

· 上海：拥有深厚的金融业基础，为发展区块链提供良好的产业环境。

· 深圳：依靠独有的制造业优势，抓住了区块链市场的重要环节，未来将持续发力区块链领域。

· 杭州：以互联网巨头为依托，兼具有远见的政府班子，为区块链产业的发展提供了全面支持。

表 8-6　部分地方政府出台区块链扶持政策

城市	发布时间	文件名	主要内容
北京市	2017.4	《中关村国家自主创新示范区促进科技金融深度融合创新发展支持资金管理办法》	对企业按合同金额按比例提供资金支持
杭州市	2017.5.9	《关于打造西溪谷区块链产业园的政策意见（试行）》	对入驻企业给予补助和奖励；对高级人才给予个人补助和家庭福利
贵阳市	2017.6.7	《关于支持区块链发展和应用的若干政策措施（试行）》	对引进人才给予奖励；对区块链企业提供金融支持
深圳市	2017.9	《深圳市人民政府关于印发扶持金融业发展若干措施的通知》	对优秀项目设置奖项奖励
青岛市	2017.7.11	《青岛市市北区人民政府关于加快区块链产业发展的意见（试行）》	对引进的区块链人才和区块链团队带头人给予资助
广州市	2017.12.8	《广州市黄埔区 广州开发区促进区块链产业发展办法》	对符合标准的区块链企业给予全方位资金支持

2. 区块链企业招聘需求旺盛

我国区块链相关公司约 456 家，北上广深杭占绝大比例，其中北京约 175 家、上海约 95 家、广州及深圳约 71 家、浙江约 36 家、全国其他地区约 79 家。

北京、上海、深圳、杭州为中国区块链企业最多的四座城市，占比达到了 78%。其中北京位居第一，占比达到了 38%，将近第二名（上海）的 2 倍。

根据公开数据显示，2018 年中国有 456 个区块链创业项目，主要分布在金融和区块链平台两大分类（见图 8-5），金融类的项目占比达到了 42.3%，区块链平台类占比达到了 39.2%，而从招聘方面来看，这些新增的区块链职位也多分布在金融和区块链平台领域。

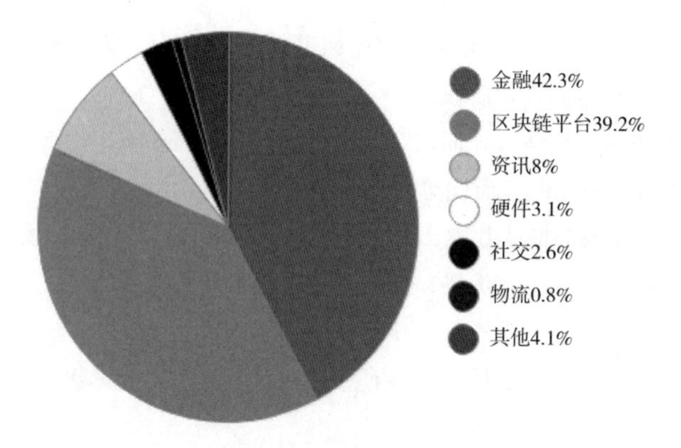

图 8-5　2018 年中国区块链创业企业类型分布

3. 区块链产业处于早期，公司存活率较低

从 2018 年中国区块链公司融资轮次分布来看（见图 8-6），目前有 79% 的投资集中在早期阶段（A 轮及以前），只有 14% 的公司处于 B 轮及以后，这表明区块链产业目前处于非常早期的阶段，整个产业的存活率仅在 4% 左右。另外还有 7% 的战略投资，这是行业的先行者们在积极延伸产业触角，部署产业生态。

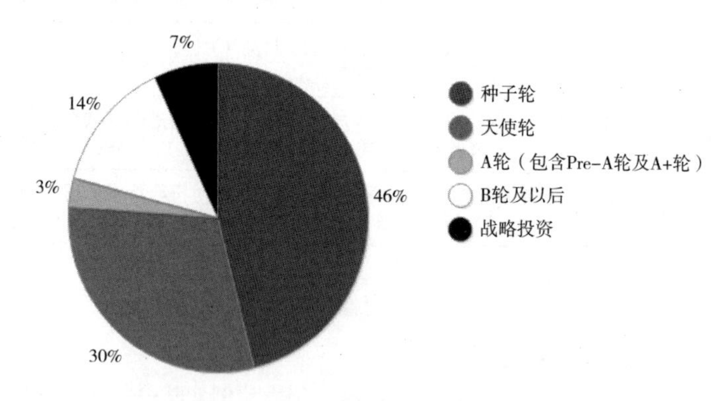

图 8-6　2018 中国区块链公司融资轮次分布

4. 区块链行业招聘现状

· 招聘企业以中小企业为主。
· 2018 年上半年区块链招聘岗位过万。
· 招聘岗位从技术向其他岗位逐渐转移。
· 区块链技术岗位平均月薪达 2.85 万元。
· 行业热点公司受到求职者追捧。
· 区块链行业需要复合型、国际化人才。

8.6.2 2020 年中国区块链人才发展研究报告

2020 年 3 月 19 日，由清华大学互联网产业研究院指导，互链脉搏、猎聘联合出品的《2020 年中国区块链人才发展研究报告》正式发布。报告从人才需求端、供应端、薪资待遇变化以及人才流动等维度，探讨了区块链人才供需市场的现状及未来发展趋势。报告指出，区块链企业数量逐年上升，各行各业对不同种类的区块链人才有了更大的需求。该报告还预测了未来几年的区块链人才市场业界将会出现新一轮区块链人才争夺战。

报告指出，2015—2019 年五年期间，中国的区块链企业数量逐年增长，而区块链招聘企业最为集中的行业是互联网、游戏、软件行业，占比超 77%，其次是金融和服务、外包、中介行业。除此之外，消费品、广告、传媒、制药、医疗、能源、化工、房地产等行业对区块链人才的需求也渐渐攀升。2019 年区块链企业招聘岗位发布数量占比受全球大环境和国家政策的影响，在 Facebook 向全球正式推出 Libra 以及“1024 讲话”期间都出现了大幅度的增长。

1. 行业总体情况

（1）2018—2023 年中国区块链支出规模及增长情况预测。据市场研究机构 IDC 发布的《全球半年度区块链支出指南》最新报告显示，2023 年中国区块链市场支出规模将达到 20 亿美元。在预测期内，区块链支出将以强劲的速度增长，2018—2023 年复合年增长率为 65.7%。另外，ResearchandMarkets 预测，到 2022 年，全球区块链市场规模将达到 139.6 亿美元。2017—2022 年间，该市场的年复合增长率为 42.8%（见图 8–7）。

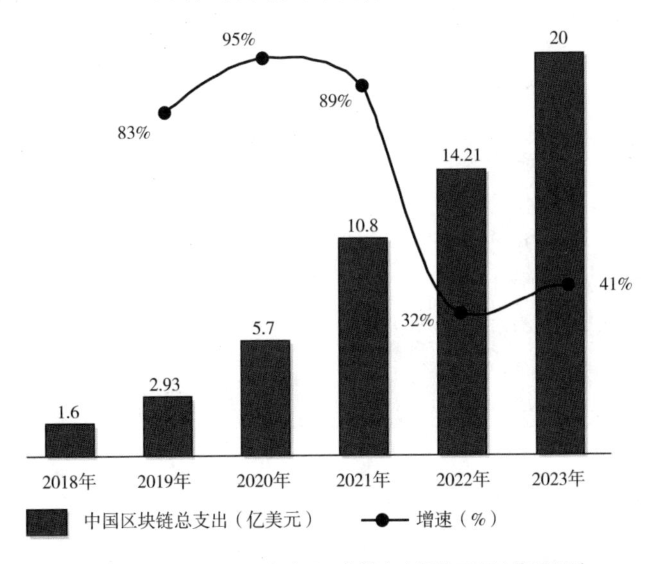

图 8–7 2018—2023 年中国区块链支出规模及增长情况预测

（2）区块链注册企业。中国区块链注册企业（含经营范围）数量持续增加，在 2015 年时仅有 2156 家；2018 年区块链相关企业数量激增，达 24279 家；2019 年，中国市场区块链相关企业总量为 36224 家，但与 2018 年相比增幅出现回落。其中，“1024 讲话”后两月内新增区块链相关企业达 3000 余家，相比新兴企业增长量最大（见图 8-8）。

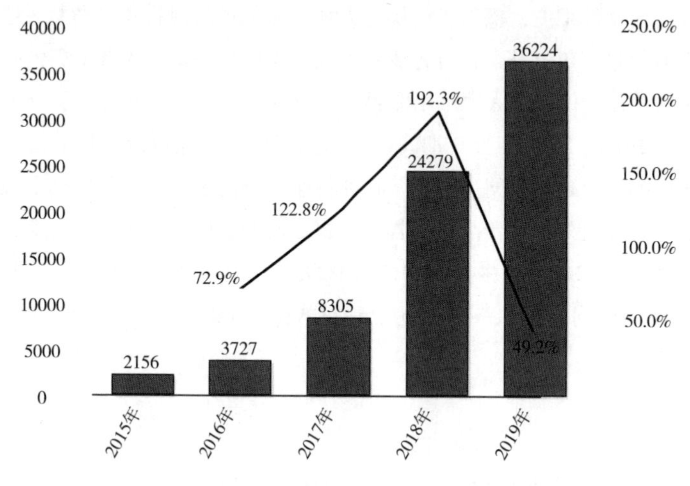

图 8-8　2015—2019 年中国区块链企业数量统计

（3）2018-2019 年区块链招聘岗位企业规模占比。在 2019 年参与招聘区块链岗位的企业中，规模在 499 人以下的企业占比高达 69.7%，其中 100 ~ 499 人规模的企业最多，占比 36.7%，并且千人以上的大型企业招聘需求占比均有所上涨（见图 8-9）。

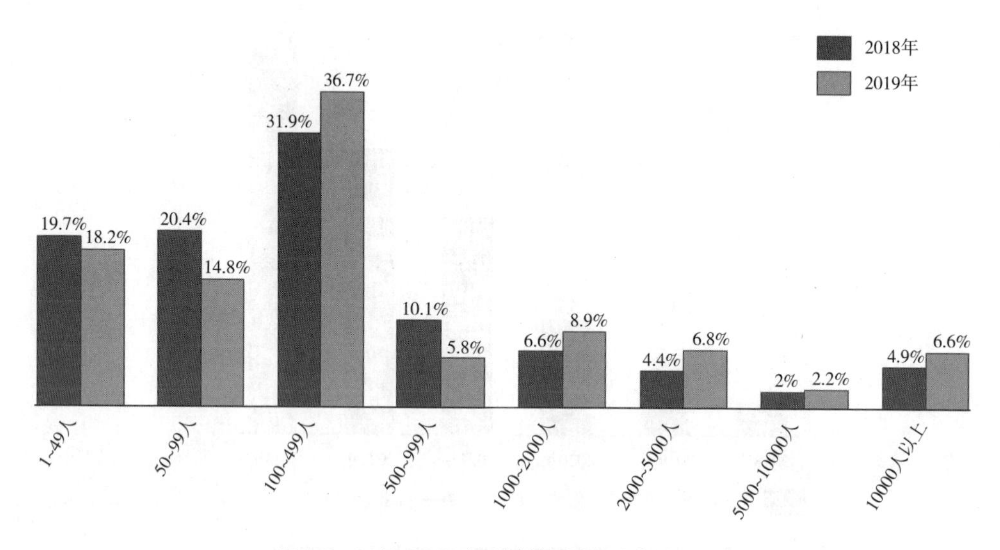

图 8-9　2018-2019 年区块链招聘岗位企业规模占比

（4）一线城市人才需求占比大，新一线城市人才需求上浮多。区块链人才需求主要集中在一线和新一线城市。近两年以北京、上海、深圳的需求为主，其他城市需求占比较2018年上浮，表明越来越多的城市重视区块链的发展，逐步加入区块链人才争夺战之中（见图8-10）。

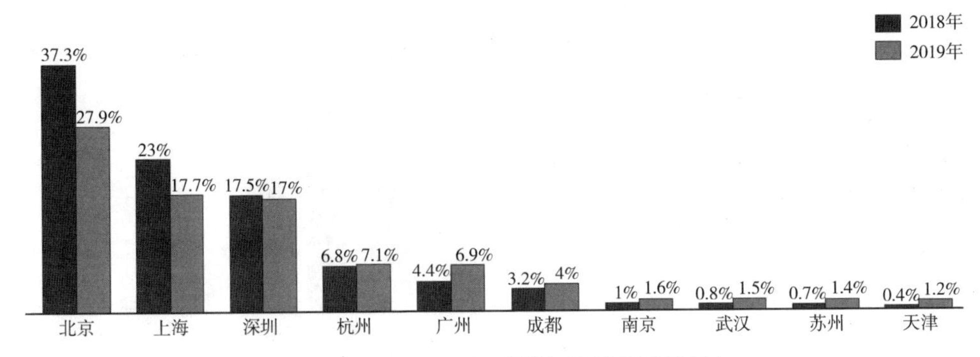

图8-10　2018—2019年区块链人才需求TOP10城市

（5）技术类人才仍为需求首位，运营培训类人才需求增加。按职位类别划分，招聘需求仍以技术类人才为主，占比达40%左右，其次是产品、运营和市场各类人才。并且随着行业的逐步稳定，技术类人才需求放缓，运营类人才及企业培训讲师需求增加，说明行业逐渐向更深层次发展（见图8-11）。

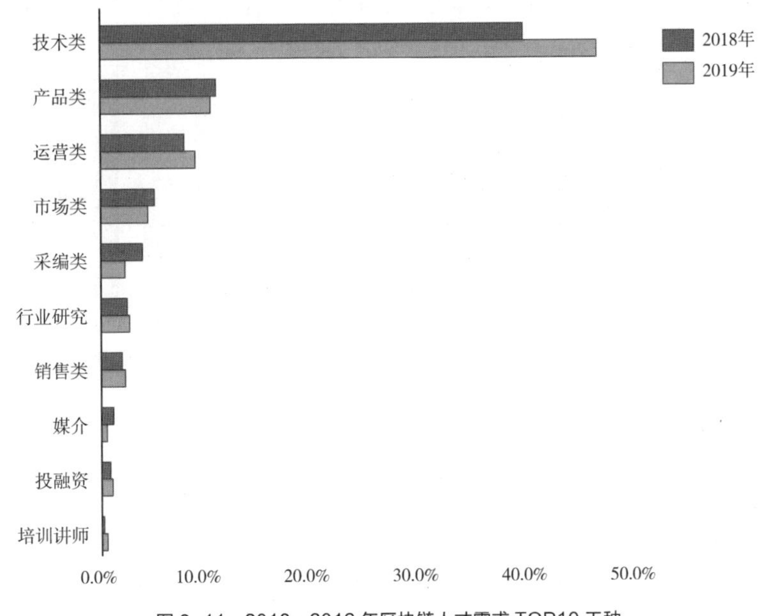

图8-11　2018—2019年区块链人才需求TOP10工种

2. 人员情况

（1）区块链从业者男女比例 6 ∶ 1，主要年龄群为 25 ～ 35 岁。

2019 年区块链男性从业者占比 85.5%，女性从业者占比 14.5%，两者比值为 6 ∶ 1，以 25 ～ 35 岁为从业主要年龄群，占比高达 66.1%（见图 8–12）。

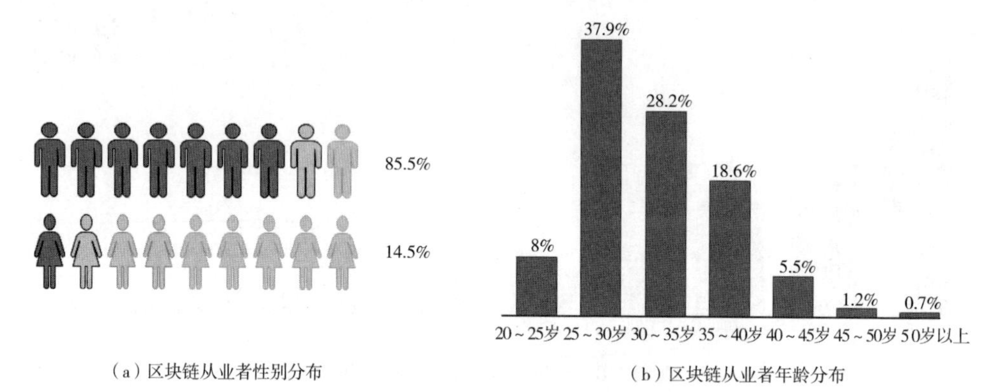

图 8–12　区块链从业者男女比例与主要年龄群

（2）本科以上学历占比超九成，六成人才工作经验超 5 年。

区块链人才学历普遍较高，本科以上学历占比高达 92.4%。其中本科人才最多，占比超过一半，其次是硕士学历占比 30.5%。而本科以下学历占比仅为 7.6%。64.4% 的区块链人才工作经验超过 5 年，并且工作经验超过 8 年的人才占比为 42.1%（见图 8–13）。

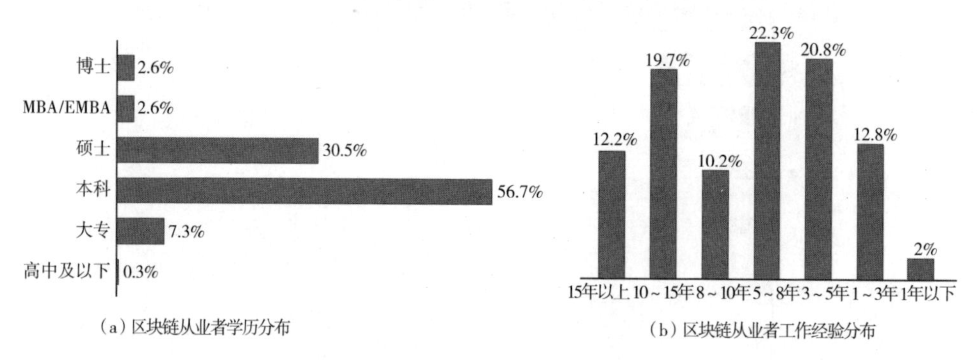

图 8–13　区块链从业者学历分布与工作经验分布

（3）人员薪酬。

在薪酬期望值方面，2018—2019 年区块链应聘者最大期望薪酬区间均为 50 万～ 100 万元，且 2019 年比例从 2018 年 19.8% 升至 22.8%（见图 8–14）。

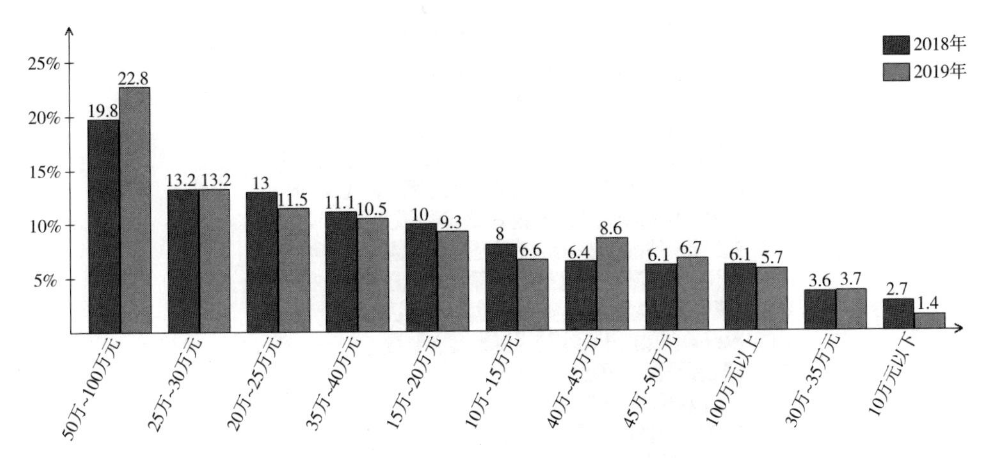

图 8-14　2018—2019 年区块链应聘者期望年薪薪酬区间

根据猎聘大数据，2019 年区块链从业者年薪在 20 万 ~ 40 万元区间人数最多，占比为 43.3%。2019 年区块链从业者薪酬水平在 75 分位以上的较高级人才薪资占比近 5 成，区块链产业薪酬处于较高分位，说明该领域薪资具有竞争力，这也是这个领域吸引求职者的重要原因之一（见图 8-15）。

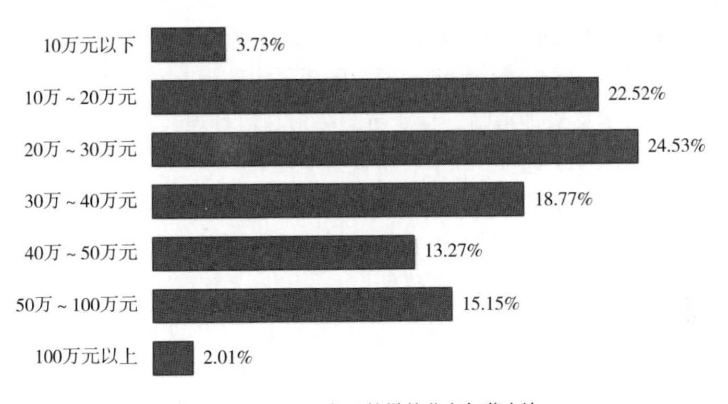

图 8-15　2019 年区块链从业者年薪占比

全国区块链平均薪资较高的城市主要集中在一线和新一线城市，其中，深圳、北京、杭州三个城市的薪资位居全国三甲，平均年薪分别为 32.63 万元、31.68 万元、31.41 万元（见图 8-16）。

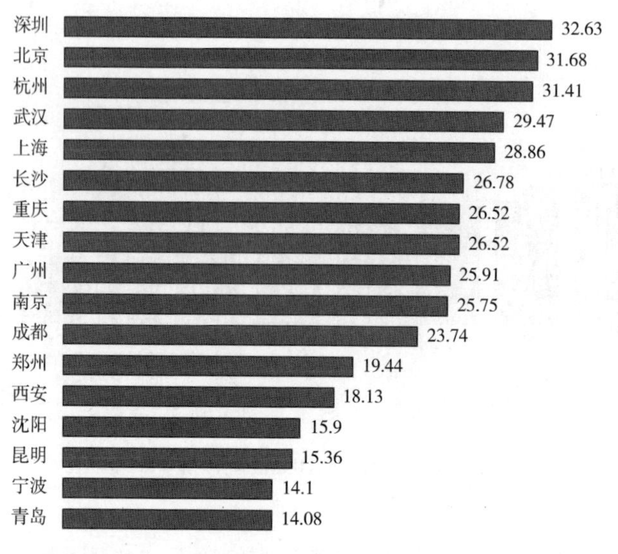

图 8-16　2019 年区块链平均薪资城市排名（单位：万元）

3. 总结

（1）人才供需“错位”将持续。区块链人才供需存在明显“错位”，主要体现在两方面。①求职者专业技能薄弱，难以满足招聘企业需求，实用复合型人才缺口巨大；②城市人才供需错位，区块链人才多扎堆在北上深杭等城市，二三线城市人才需求难以得到满足。

（2）行业回归理性，薪酬结构趋向合理。随着区块链行业发展回归理性，市场需求端对于区块链人才的需求也更加清晰，行业薪酬结构趋向合理。2019 年区块链行业平均招聘薪资已下降了 37%，与互联网行业平均薪资基本持平。

（3）区块链人才培养走向规范化。“1024 讲话”后，加强区块链领域人才队伍建设刻不容缓。随着“区块链工程”本科专业获教育部批准，越来越多的高校将会申请增设区块链专业，区块链人才培养将逐步走向规范化。

经过近 10 年的发展，区块链产业的形态已经发生了巨大的变化。从最早的比特币，到如今全球各国竞相布局的战略新兴产业，区块链技术将对世界经济和社会发展产生深远的影响。

与之相应的，区块链人才的发展也在历经跃迁，从最开始的信仰者极客群体，到金融领域从业者，再到如今各行各业的专业人才的相继涌入，区块链行业的人才构成也逐渐走向多元化和复杂化。而区块链行业人才培养模式，也逐渐由自发式走向体系化、规范化建设。

尤其是在区块链上升为国家战略后，区块链发展加快“脱虚向实”，区块链专业人才队伍建设刻不容缓。在“1024 讲话”中，习近平总书记强调，要构建区块链产业生态……要加强人才队伍建设，建立完善人才培养体系，打造多种形式的高层次人才培养平台，培育一批领军人物和高水平创新团队。

附录　常见区块链名词解释

1. 区块链

区块：是在区块链网络上承载永久记录的数据的数据包。

创世区块：区块链的第一个区块。

节点：计算机通过节点连接到区块链网络。该节点是网络的骨干，用来验证和中继交易，节点还会收到完整区块链本身的副本。

全节点：全节点是拥有完整区块链账本的节点，全节点需要占用内存同步所有的区块链数据，能够独立校验区块链上的所有交易并实时更新数据，主要负责区块链的交易的广播和验证。

账户：账户是在总账中的记录，由它的地址来索引，总账包含有关该账户的状态的完整的数据。

软分叉：当新共识规则发布后，没有升级的节点会在不知道新共识规则下，而生产不合法的区块，就会产生临时性分叉。

硬分叉：区块链发生永久性分歧，在新共识规则发布后，部分没有升级的节点无法验证已经升级的节点生产的区块，通常硬分叉就会发生。

交易：一个交易是一段签名数据，授权与区块链相关的一些特定的动作。在一种货币里，主要的交易类型是发送的货币单位或代币给别人；在其他系统，如域名注册，做出和完成报价与订立合约的行为也是有效的交易类型。

交易地址：区块链地址是一个长的字母数字的引用，用于访问交易所在的精确位置，或者用户想要接收、发送或保留区块链交易的位置。

2. 区块链技术

去中心化：在一个分布有众多节点的系统中，每个节点都具有高度自治的特征。节点之间彼此可以自由连接，形成新的连接单元。任何一个节点都可能成为阶段性的中心，但不具备强制性的中心控制功能。

智能合约：智能合约是一种旨在以信息化方式传播、验证或执行合同的计算机协议。智能合约允许在没有第三方的情况下进行可信交易，这些交易可追踪且不可逆转。

共识机制（DPoS）：中文名叫作股份授权证明机制（又称受托人机制），它的原理是让每一个持有比特股的人进行投票，由此产生 101 位代表，可以将其理解为 101 个超级节点或者矿池，而这 101 个超级节点彼此的权利是完全相等的。

工作量证明机制（PoW）：一种共识机制，该机制是一方（通常称为证明人）出示计算结果，这个结果是很难计算，但却很容易验证的。通过验证这个结果，任何人都能够确认证明人执行了一定量的计算工作量来产生这个结果。

权益证明机制（PoS）：一种共识机制。该机制是当创造一个区块时，矿工需要创建一个“币权”交易，交易会按设定的比例把一些币发送给矿工本身，类似利息。

点对点：即对等计算机网络，是一种在对等者（Peer）之间分配任务和工作负载的分布式应用架构，是对等计算模型在应用层形成的一种组网或网络形式。

星际文件系统（IPFS）：是一个面向全球的、点对点的分布式版本文件系统，是为了补充甚至取代目前统治互联网的超文本传输协议（HTTP），将所有具有相同文件系统的计算设备连接在一起。

时间戳：是指字符串或编码信息用于辨识记录下来的时间日期。

3. 密码学

非对称加密算法：一种特殊的加密，具有在同一时间生成两个密钥的处理（通常称为私钥和公钥），使得利用一个钥匙对文档进行加密后，可以用另外一个钥匙进行解密。一般个人发布他们的公钥，并给自己保留私钥。

公钥：是和私钥成对出现的，公钥可以算出币的地址，因此可以作为拥有这个币地址的凭证。

私钥：私钥是一串数据，它是允许用户访问特定钱包中的通证。它们作为密码，除了地址的所有者之外，都被隐藏。

加密：数据加密的基本过程就是对原来为明文的文件或数据按某种算法进行处理，使其成为不可读的一段代码为“密文”，使其只能在输入相应的密钥之后才能显示出原文，通过这样的途径来达到保护数据不被非法人窃取、阅读的目的。

散列：一个散列函数是一个处理，依靠这个处理，一个文档（如一个数据块或文件）被加工成看起来完全是随机的小片数据（通常为 32 个字节），没有意义的数据可以被还原为文档，并且最重要的性能是散列一个特定的文档的结果总是一样的。

数字签名：是只有信息的发送者才能产生的别人无法伪造的一段字符串，这段字符串同时也是对信息的发送者发送信息真实性的一个有效证明。它是一种类似写在纸上的普通的物理签名，但是使用了公钥加密领域的技术来实现的，用于鉴别数字信息的方法。

4. 链技术

公有链：公有链可称为公共区块链，指所有人都可以参与的区块链。换言之，它是公平公开的，所有人可自由访问，发送、接收、认证交易。另外，公有链也被认为是“完全去中心化”的区块链。

私有链：仅仅使用区块链的总账技术进行记账，可以是一个公司，也可以是个人，独享该区块链的写入权限。

联盟链：由某个群体内部指定多个预选的节点为记账人，每个块的生成由所有的预选节点共同决定（预选节点参与共识过程），其他接入节点可以参与交易，但不过问记账过程，其他任何人可以通过该区块链开放的API（应用程序编程接口）进行限定查询。

主链：是有支链（侧链）结构的高分子链中链节数最多的链，即正式上线的、独立的区块链网络。

侧链：是能够使数字资产在不同区块链间互相转移以实现区块链扩展的技术。

跨链：跨链技术可以理解为连接各区块链的桥梁，其主要应用是实现各区块链之间的原子交易、资产转换、区块链内部信息互通，或解决预言机（Oracles）的问题等。

预言机（Oracles）：通过向智能合约提供数据，是现实世界和区块链之间的桥梁。

5. 其他

哈希（散列）：一种将任意长度的消息压缩到某一固定长度的消息摘要的函数。

哈希率（算力）：比特币网络处理能力的度量单位，即计算机（CPU）计算哈希函数输出的速度。

钱包：一个包含私钥的文件。是存储和使用数字货币的工具，一个币对应一个钱包。用来存储币种，或者“交易”币种。

冷钱包：是指由提供区块链数字资产安全存储解决方案的信息技术公司研发的比特币存储技术。简单来说，就是不联网的钱包，也叫离线钱包，如不联网的计算机、手机或是写着私钥地址的笔记本等，避免了被黑客盗取私钥的风险。

热钱包：保持联网上线的钱包，也就是在线钱包。

51%攻击：当一个单一个体或者一个组超过一半的计算能力时，这个个体或组就可以控制整个加密货币网络，如果有一些恶意的想法，他们就有可能发出一些冲突的交易来损坏整个网络。

DApp（去中心化应用）：是一种开源的应用程序，自动运行，将其数据存储在区块链上，以密码令牌的形式激励，并以显示有价值证明的协议进行操作。

零知识证明：是指证明者能够在不向验证者提供任何有用的信息的情况下，使验证者相信某个论断是正确的。实质上是一种涉及两方或更多方的协议，即两方或更多方完成一项任务所需采取的一系列步骤。

矿工：尝试创建区块并将其添加到区块链上的计算设备或者软件。在一个区块链网络中，当一个新的有效区块被创建时，系统一般会自动给予区块创建者（矿工）一定数量的代币，作为奖励。

矿场：是一个全自动的挖矿平台，使得矿工能够贡献各自的算力，一起挖矿以创建区块获得区块奖励，并根据算力贡献比例分配利润（即矿机接入矿池—提供算力—获得收益）。

挖矿：挖矿是验证区块链交易的行为。验证的必要性通常以货币的形式奖励给矿工。在这个密码安全的繁荣期间，当正确完成计算，采矿可以是一个有利可图的业务。通过选择最有效、最合适的硬件和采矿目标，采矿可以产生稳定的被动收入形式。

矿机：用于赚取比特币的计算机，这类计算机一般有专业的挖矿晶元，多采用烧显卡的方式工作，耗电量较大。用户用个人计算机下载软件，然后运行特定演算法，与远方服务器通信后可得到相应比特币，是获取比特币的方式之一。

区块链 1.0：以比特币为代表的数字货币应用，其场景包括支付、流通等货币职能。

区块链 2.0：数字货币与智能合约相结合，以以太坊为基础，实现可编程区块链，创建金融领域更广泛的场景和流程进行优化的应用。

区块链 3.0：超越货币、金融的区块链应用。暂时没有明确的定义，一般认为区块链 3.0 就是区块链在更广泛的领域被使用，已超出金融领域，为各种行业提供去中心化解决方案。

参考文献

[1] 火币区块链应用研究院 . 火币区块链产业专题报告—钱包篇 [R].2018.

[2] 工信部赛迪区块链研究院 .2018-2019 中国区块链年度发展报告 [R].2019.

[3] 赛迪（青岛）区块链研究院 . 中国城市区块链发展水平评估报告（2018 年）[R].2018.

[4] 李钧，龚明，毛世行 . 数字货币：比特币数据报告与操作指南 [M]. 北京：电子工业出版社，2014.

[5] 链塔智库，拉勾网 .2018 中国区块链人才现状白皮书 [R].2018.

[6] 猎聘，互链脉搏 .2020 年中国区块链人才发展研究报告 [R].2020.

[7] 肖飒 . 区块链应用创业的法律边界及案例分析 [R].2018.

[8] 中国大数据产业观察 . 李鸣：区块链是未来价值互联网的基础设施，当回归技术本质 [EB/OL].http://www.cbdio.com/BigData/2018-11/19/content_5922321.htm.

[9] 链得得 . 我们走访了多位业内人士，详细了解了 2019 区块链的机遇与挑战 [EB/OL].https://www.chaindd.com/3191962.html.

[10] 王登辉 . 全国首张区块链发票业务流程及技术架构 [EB/OL].https://cloud.tencent.com/developer/article/1192540.

[11] Gartner Inc.Gartner 2019：区块链技术成熟度曲线 [R].2019.

[12] 教育部 . 高等学校区块链技术创新行动计划 [R].2020.

[13]《比较》研究部，姚前 . 读懂 Libra[M]. 北京：中信出版社，2019.

[14] Satoshi Nakamoto.Bitcoin: A Peer-to-Peer Electronic Cash System[D].2008.

[15] Nick Szabo.Smart Contracts:12 Use Cases for Business & Beyond [D].2016.

[16] VitalikButerin.A Next-Generation Smart Contract and Decentralized Application Platform[D].2014.

[17] Gavin Wood.Ethereum: a Secure Decentr Alised Generalised Transaction Ledger[D].2014.

[18] VitalikButerin.Ethereum 2.0 Mauve Paper[D].2016.

区块链知识系列丛书

区块链知识

技术普及版

曹锋 付少庆 编著

北京理工大学出版社
BEIJING INSTITUTE OF TECHNOLOGY PRESS

图书在版编目（CIP）数据

区块链核心知识讲解：精华套装版 / 付少庆等编著 .
— 北京：北京理工大学出版社，2022.3

ISBN 978-7-5763-1123-5

Ⅰ.①区… Ⅱ.①付… Ⅲ.①区块链技术 Ⅳ.
① TP311.135.9

中国版本图书馆 CIP 数据核字（2022）第 040313 号

出版发行 / 北京理工大学出版社有限责任公司
社　　址 / 北京市海淀区中关村南大街 5 号
邮　　编 / 100081
电　　话 /（010）68914775（总编室）
（010）82562903（教材售后服务热线）
（010）68944723（其他图书服务热线）
网　　址 / http://www.bitpress.com.cn
经　　销 / 全国各地新华书店
印　　刷 / 北京市荣盛彩色印刷有限公司
开　　本 / 710 毫米 ×1000 毫米　1/16
印　　张 / 72
字　　数 / 1530 千字
版　　次 / 2022 年 3 月第 1 版　2022 年 3 月第 1 次印刷
定　　价 / 299.00 元（全 4 册）

责任编辑 / 张晓蕾
文案编辑 / 张晓蕾
责任校对 / 周瑞红
责任印制 / 李志强

序

区块链是价值互联网的基石，这项技术会将我们带入价值互联网时代，值得我们所有人深入了解。尤其对于信息领域的技术人员，通过学习区块链的底层技术原理，能够掌握这项技术，从而进入更广阔的发展空间。

通过《区块链知识——大众普及版》，我们能够从外部和非技术角度初步认识区块链这个新事物。本书从技术角度对区块链做了一个完整的分析，会让我们更好地从内部和原理结构方面了解区块链技术。对于区块链的技术，有一个重要的总结：**共识算法是区块链的灵魂；加密算法是区块链的骨骼；经济模型是区块链的核能。**

随着计算机网络和计算机通信技术的发展，计算机密码学受到前所未有的重视并迅速普及和发展起来。在国外，它已成为计算机安全的主要研究方向，也是计算机安全课程教学中的主要内容。国内的技术人员，尤其是 IT 开发人员，建议补齐密码学相关的知识，这将让大家在未来的竞争中占据优势。

密码学中有六个重要的知识点：**对称加密、非对称加密、单向散列函数、消息认证码、数字签名、伪随机数生成器。**一般把这六个重要的密码技术称作“密码学家的工具箱”。本书也会介绍这些知识在区块链中的应用。

在本书的后面章节中谈到了区块链中的经济模型，这也是作为技术入门要了解的知识内容。区块链中拥有技术与经济的双重因素，这是我们学习区块链知识与以往不同的地方。区块链技术中因为经济模型的存在，使今后的互联网具有价值传递的能力，这种能力会将我们带入价值互联网时代。在《区块链经济模型》一书中会更详细地介绍区块链中的经济学相关内容。

在信息互联网时代，我们的开发基本都是中心化的。中心化的应用有着非常广泛的应用场景，也有了多年发展的过程，具有很好的理论基础和实践应用案例。随着分布式和网络的发展，为去中心化的产生提供了很好的基础，区块链技术的诞生，标志着去中心化应用拥有了支撑技术基础。对于中心化和去中心化来说，它们只是不同发展阶段的需要，并不是中心化功能弱，去中心化功能强大。相反，在当前世界，中心化的功能更加强大和成熟，但我们的世界需要去中心化应用的补充。我们的世界是由中心化应用和去中心化应用一起构建的。

区块链技术已经发展了十多年，目前还没有得到大规模的应用，加上当前区块链技术的一些不完善，一些人对区块链技术有了很大的疑问。区块链技术除了在数字货币与相关领域已经有了一定的完善，与我们熟悉的日常应用还有不小的距离。借用一句话来说明这种现象：我们往往容易高估新技术的短期影响力，而低估了新技术的长期影响力，区块链技术的影响力应该更适合这种评价。度过成长期的区块链技术最终会发挥强大的作用。

本书主要面向技术领域的人员，我们也假设你具有理工科的基础知识，否则很难阅读这本书。区块链技术对于拥有多年计算机技术的人员更是一次新的机会。因为计算机领域发展迅速，国内很多拥有十几年工作经验的 IT 技术人员开始遇到中年危机问题，他们在与职场新人的比较中，往往失去了优势。那些中年技术大咖，再继续跟年轻人一起比敲代码，是没有多少优势的。但他们知道如何有效地在复杂的系统中发现问题、定位问题，并针对性地给出解决问题的方向，这个竞争力依然可以持续很多年。如果能够让他们的以往经验与技术发挥作用，也是一件非常有价值的事情。

区块链领域需要更多的这种中坚力量，在区块链这个新的领域中，需要有计算机领域的知识与经验积累，原有的经验对于掌握新知识也有很好的促进作用，大家的聪明才智在这个新领域也有更多的用武之地。我认识的很多区块链从业人员是从 2017 年开始了解这项技术的，凭借他们原有技术的知识与经验，很多人很快就熟悉了区块链技术，开始进入公链开发，智能合约开发，与区块链结合的应用开发等领域。工作多年的 IT 技术人员，拥有丰富的技术经验，加上价值互联网需要的知识体系，将会让自己更有价值，会让很多技术人员重新焕发职业的青春。尤其是在区块链的应用领域中，这种优势会更加明显。另一个主要原因是区块链技术不是一项全新的技术，而是多种已有技术的组合，适应了去中心化思想，能够比较快地掌握相关技术。

在一个新的领域中我们比较容易取得各种丰硕成果，区块链这个新领域中选择大于努力的现象会更显著。就像一个人走到一个从来没有人去过的果园，到处都是果实，躺着都能摘到果实，收获会更丰盛。

无论如何，在价值互联网时代，掌握区块链相关知识体系（价值互联网的基石），对于 IT 技术人员的个人发展都会非常重要。

阅读导引

本书从技术角度详细介绍区块链的各种组成技术，以及有关区块链的应用与经济模型的初步知识。

第 1 章是对区块链的总览，主要介绍了区块链的诞生与发展进程、区块链的特征，以及区块链中最重要的两个部分：共识算法与加密算法。

第 2 章介绍了孕育区块链的技术。主要介绍了分布式的支持、网络的作用、密码学的发展支持。

第 3 章主要用中本聪的论文来分析区块链的重要技术部分。其中包括交易、时钟、工作量证明、网络、激励机制，以及价值的组合与分割等知识点。从区块链的第一个论文，我们容易理解区块链技术及其基础概念。

第 4 章介绍了密码学，这是区块链技术中的重要组成部分。让大家对密码学有一个基本的认识。虽然对称加密在区块链中的使用不多，但它是非对称加密产生的前奏。理解和掌握密码学是学好区块链技术的重要组成部分。

第 5 章介绍了国密算法。区块链技术产生于美国，其中的各种技术都源自国外。中国在应用领域有非常广阔的市场，在今后国内的发展中，国密算法会有更多的应用场景。

第 6 章介绍了信息认证技术。这是区块链中辨别所有权和证明所有权的重要原理基础。

第 7 章介绍了分布式技术。分布式技术是区块链产生的重要技术积累，区块链中的很多知识和原理都来自分布式技术。

第 8 章介绍的共识机制也来源分布式技术，但是共识机制在区块链中有着非常重要的作用，被称作区块链的灵魂，因此我们用单独一章来介绍共识机制。本章介绍了共识算法的主要分类方式和几种主要的共识算法。

第 9 章介绍了区块链中其他重要的知识点。主要是区块链中有重要作用的数据结构，有特点的技术，还有一些重要的知识点。

第 10 章介绍了区块链中的应用。主要从区块链的类型和区块链阶段的划分做不同的分类维度来理解区块链，再看每个阶段中的特点。从智能合约技术和主要的应用场景分析来看待区块链到底能做什么，以及这项技术当前存在的问题。

第 11 章介绍除了区块链中的具体技术，还介绍了区块链中的经济模型，它是区块链技术强大的根本原因。主要介绍的是经济模型中的基本知识和问题，并用几个有代表性的例子来说明经济模型。

最后是对区块链技术的总结。我们能够看到区块链是一门跨学科的产物，在区块链中涉及的学科种类繁多，主要有数学、计算机科学、密码学、经济学、法学，此外还可能会涉及政治学、哲学乃至宗教学等。

附录中附加了中本聪的论文英文原版内容，用以表达我们对这个开启伟大时代的标志物的敬意。通过本书快速理解这项技术的同时，阅读英文原版内容会加深对区块链技术多角度的理解。

编者

2022 年 3 月

目录

第 3 章 中本聪论文中包含的知识点

第 4 章 密码学

第6章 信息认证

第 7 章　分布式系统

第 8 章　共识算法

第9章　区块链中的其他技术

第10章 区块链应用

第 11 章 区块链经济模型

第1章

总览区块链

1.1 区块链的诞生与发展

区块链的诞生如图 1-1 所示。

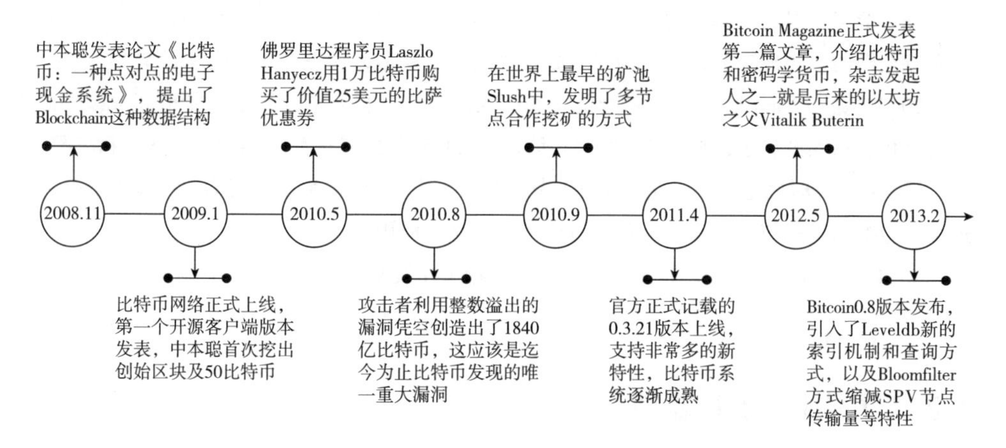
中本聪发表论文《比特币：一种点对点的电子现金系统》，提出了Blockchain这种数据结构
佛罗里达程序员Laszlo Hanyecz用1万比特币购买了价值25美元的比萨优惠券
在世界上最早的矿池Slush中，发明了多节点合作挖矿的方式
Bitcoin Magazine正式发表第一篇文章，介绍比特币和密码学货币，杂志发起人之一就是后来的以太坊之父Vitalik Buterin
2008.11
2009.1
2010.5
2010.8
2010.9
2011.4
2012.5
2013.2
比特币网络正式上线，第一个开源客户端版本发表，中本聪首次挖出创始区块及50比特币
攻击者利用整数溢出的漏洞凭空创造出了1840亿比特币，这应该是迄今为止比特币发现的唯一重大漏洞
官方正式记载的0.3.21版本上线，支持非常多的新特性，比特币系统逐渐成熟
Bitcoin0.8版本发布，引入了Leveldb新的索引机制和查询方式，以及Bloomfilter方式缩减SPV节点传输量等特性

图 1-1　2008 年—2013 年比特币的几个重点事件

中本聪在 2008 年 11 月发表了著名的论文《比特币：一种点对点的电子现金系统》（Bitcoin:A Peer-to-Peer Electronic Cash System）。

2009 年 1 月 3 日，中本聪在位于芬兰赫尔辛基的一个小型服务器上挖出了比特币的第一个区块——创世区块（Genesis Block），并获得了首批“挖矿”奖励——50 比特币。在创世区块中，中本聪写下这样一句话：“The Times 03/Jan/2009 Chancellor on brink of second bailout for banks.”（2009 年 1 月 3 日，财政大臣正处于实施第二轮银行紧急援助的边缘。）新版本的比特币系统将创世区块设定为 0 号区块，而旧版本的比特币系统将它设定为 1 号区块。

2009 年 1 月 11 日，比特币客户端 0.1 版本发布，这是比特币历史上的第一个客户端，它意味着更多人可以挖掘和使用比特币了。

2009 年 1 月 12 日，比特币发生了第一笔交易，中本聪将 10 比特币发送给开发者、密码学活跃分子哈尔·芬尼。

2010 年 9 月，在第一个矿池 Slush 中发明了多节点合作挖矿的方式，成为比特币挖矿行业的开端。建立矿池意味着有人认定比特币未来将成为某种可以与真实世界货币相兑换的、具有无限增长空间的虚拟货币，这无疑是一种远见。

2011 年 4 月，比特币官方正式记载的（https://bitcoin.org/en/version-history）第一个版本：0.3.21 发布，这个版本非常初级，然而意义重大。首先，由于它支持 UPNP，实现了我们日常使用的 P2P 软件的功能，比特币才真正进入了公众视野，让任何人都可以参与交易。其次，在此之前比特币节点的最小单位为 0.01 比特币，相当于“分”，而这个版本支持小数点后面 8 位，真正支持了“聪”。

2013 年，比特币官方发布了 0.8 版本，这是比特币历史上最重要的版本，它整体完善了比特币节点本身的内部管理，优化了网络通信。也就是在这个时间点以后，比特币才真正支持全网的大规模交易，才成为中本聪设想的电子现金，真正产生了全球影响力。

2013 年底，Vitalik Buterin 将智能合约引入区块链，打开了区块链在货币领域以外的应用市场，从而开启了区块链 2.0 时代。区块链 2.0 时代的特征是智能合约的开发和应用。

区块链 2.0 时代是由以太坊、瑞波币为代表的智能合约，也可以理解为“可编程金融”，这是对金融领域的使用场景和流程进行梳理、优化的应用。

2014 年之后，开发者们越来越注重解决比特币在技术和扩展性方面的不足。

1.2 区块链的主要特征

区块链具有的几个明显特征：信息不可篡改性、去中心化、匿名性、开放性和自治性。区块链的应用都是基于这些特性实现的。下面逐一介绍这些特性的含义。

特点一：信息不可篡改性

传统的数据库具有增加、删除、修改和查询四个经典操作。对于区块链的全网账本而言，区块链技术相当于去掉了修改和删除，只留下了增加和查询两个操作。通过区块和链表这样的“块链式”结构，并为其加上相应的时间戳进行凭证固化，形成环环相扣、难以篡改的可信数据集合。

区块链的删除和修改也是可以实现的，但这在区块链系统中是一种非法操作，也就是区块链中的分叉。这种非法操作一方面有巨大的算力要求，非常难实现；另一方面由于区块链中的经济模型激励机制，所以很难有人愿意用这么大的经济成本去做修改和删除操作。

特点二：去中心化

以往的中心化系统，都是由某个机构或者人来控制整个系统的运行或数据权限。区块链的系统是去中心化的，是由某种共识机制来决定由网络中的某个节点来操作数据或进行其他动作。

区块链的去中心化还表现在系统中的账号系统。以往用户的账号都是由中心化的机构产生和管理的，但区块链中的钱包地址不是由中心化机构管理的，而是由非对称加密的数学算法支撑的。

很多介绍忽略后一种去中心化，但对于个人而言，后一种去中心化更能保证其利益不受中心系统的控制。即使在中心化的系统中，后一种方式也可以作为技术实现参考。

对于去中心化,可以参考以太坊创始人 Vitalik Buterin 于 2017 年 2 月发表的文章“The meaning of decentralization”，文中详细阐述了去中心化的含义。Vitalik Buterin 认为应该从三个角度来区分计算机软件的中心化和去中心化，这三个角度分别是架构、治理和逻辑。架构中心化是指系统容忍多少节点的崩溃并可以继续运行；治理中心化是指需要多少个人或组织能最终控制这个系统；逻辑中心化是指系统呈现的接口和数据是否像是一个单一的整体。

区块链是全网统一的账本，因此从逻辑上可以看作一个整体，从外部看是中心化的；从架构上看，区块链是基于对等网络的，因此架构是去中心化的；从治理上看，区块链通过共识算法使得少数人很难控制整个系统，因此治理是去中心化的。架构和治理上的去中心化为区块链带来三个好处：容错性、抗攻击力和防合谋。

特点三：匿名性

匿名性是区块链的另外一大特点。匿名性一般指个人在群体中隐藏自己个性的一种现象。在区块链方面，指别人无法知道你在区块链上的具体资产，以及和谁进行了交易，甚至对隐私的信息进行匿名加密。很多文章和书籍都会说到数字货币的匿名性（准确地说是化名），在一般的系统中，并不明确区分化名与匿名。但在专门讨论隐私问题时，会区分化名与匿名。

匿名性一方面是指无须用公开身份参与区块链上的活动。由于节点之间的交换遵循固定的算法，其数据交互是无须信任的（区块链中的程序规则会自行判断活动是否有效），因此交易双方无须通过公开身份的方式让对方对自己产生信任，这对信用的累积非常有帮助。另一方面，交易的信息具有匿名性和不可查看性，这是靠混币技术、环签名、零知识证明等算法实现的。这些隐私技术已经在达世币、门罗币、大零币等公链系统中使用了。

而比特币系统的交易是匿名的这一说法是有争议的。比特币系统中所有的交易都可以查询到，虽然一般情况下不能知道是谁，但通过中心化的交易所和其他被公开的交易信息，可以和现实世界中的人员对应起来。这一点其实是区块链系统的化名性，只有那些隐私货币提供的匿名性才是真正的匿名。

特点四：开放性

区块链系统是开放的。区块链的数据对所有人公开，任何人都可以通过公开的接口查询区块链数据和开发相关应用，因此整个系统信息高度透明。虽然区块链的匿名性使交易各方的私有信息被加密，但这不影响区块链的开放性。匿名性是对开放信息的一种保护措施。

开放性一般是针对公有链来说的，私有链和联盟链的开放性是受限制的。私有链只对内部用户开放，联盟链对内部用户和联盟成员开放，公有链对所有人开放。

特点五：自治性

区块链的自治性是指采用协商一致的规范和协议（如一套公开透明的算法），使整个系统中的所有节点能够在去信任的环境中自由、安全地交换数据，将对“人”的信任变为了对代码的信任，任何人为的干预都不起作用。区块链上的自治性可以让多参与方、多中心的系统，在按照公开的算法、规则形成的自动协商一致的机制的基础上运行，以确保记录在区块链上的每一笔交易的准确性和真实性。让每个人能够对自己的数据做主，是实现以客户为中心的商业重构的重要一环。

此外，区块链系统上层的自治型组织 DAO 与 DAC 也是因为区块链的多种特性，以及区块链在经济层面的能力得以实现的。

1.3 区块链的灵魂——共识算法

共识算法是近年来分布式系统研究的热点，在区块链系统中，共识算法具有更高的地位与重要性，被称为区块链的灵魂。

在分布式系统中，是由多个服务节点共同完成对事务的处理，共识算法主要用于系统中多个节点对某个状态达成一致性结果的问题。

在区块链系统中，共识算法的作用比在分布式系统中的作用更大。主要原因是分布式系统相对来说还是中心化控制的，只是提供功能的各个节点是分布式的。区块链系统中不仅提供功能的节点是去中心化的，其控制也是去中心化的，节点间的操作一致性和数据一致性都是靠共识算法来保证的。

在本书的共识算法章节中会详细讲解这方面的知识。

1.4 区块链的骨骼——加密算法

加密算法是区块链的骨骼。这里所说的加密算法是指现代密码。密码学是一门古老而深奥的学科，从最早的古典密码、机械密码，发展到现代密码。

现代密码是指从第一次世界大战，第二次世界大战到 1976 年这段时期密码的发展阶段。电报的出现第一次使远距离快速传递信息成为可能，事实上，它增强了西方各国的通信能力。20 世纪初，意大利物理学家奎里亚摩 · 马可尼发明了无线电报，让无线电波成为新的通信手段，它实现了远距离通信的即时传输，但是通过无线电波送出的信息不仅传给了己方，也传送给了敌方，这就意味着必须给每条信息加密。随着第一次世界大战的爆发，对密码和解码人员的需求急剧上升，一场秘密通信的全球战役打响了。

区块链这样的公开系统和现代密码学的产生场景有相同的问题，不仅这些信息是完全公开的，而且这种公开是区块链系统期望的结果。电报应用则不然，如果能有不公开的传输方式，电报系统一定会采用不公开的方式。在这种公开的系统中保证各种信息的认证与信息归属都依靠密码学提供保障。如果没有密码学的保护或者保护的强度不够，区块链系统就会坍塌，所以将加密算法称为区块链的骨骼是非常恰当的比喻。

在密码学中有 6 个重要的部分：对称加密、非对称加密、单向散列函数、消息认证码、数字签名和伪随机数生成器。在后面的章节中会详细说明这些内容。

密码的主要功能有两个：一个是加密保护；另一个是安全认证。

1.5 区块链的核武器——经济模型

以往讨论一项具体技术，基本都是讨论这项技术的数学原理、机械原理、工程原理或应用场景等内容，很少讨论其非技术特点，即使讨论，也是作为一种关联问题讨论的，这些非技术特点处于一种附属的地位。在区块链系统中，与技术实现有着同等重要性的一个方面是区块链中的经济模型，它是区块链技术产生巨大影响力的重要因素。但凡与钱相关，与金融相关，都会让人疯狂，都会对社会的发展产生巨大的影响力。区块链技术的基本应用就是产生数字货币，这是以去中心化方式产生的，不同于以往的金属货币、纸币等，它拥有很多新的特点。经济学家哈耶克的专著《货币的非国家化》中对货币的非国家化提出了非主权货币、竞争发行货币等理念，提出健全货币只能出于自利而非仁慈等观点。在区块链这种去中心化的系统中，很多方面也是依靠人们的自利机制，来保证整个系统的安全性。区块链系统中同时有技术与经济的作用，这也是为什么有人说区块链技术不仅改变生产力，还会改变生产关系。

虽然私有链和联盟链中可以没有通证（或货币）的相关设计，但它们在经济方面的影响力是靠外部系统的利益分配来保证的。目前提倡的无币区块链，基本上都是靠私有链或联盟链来实现的。在真正的使用中，私有链和联盟链的应用场景会是一个有限的范围，公有链的应用场景会占据更大的范围。

区块链拥有技术与经济的双重因素，使我们在网络中有了传递价值的能力，这使我们具有了进入价值互联网的关键能力。加上网络、物联网的发展，我们将从信息互联网时代进入价值互联网时代。

第2章 产生区块链的技术孕育

2.1 密码学的发展支持

2.1.1 区块链史前记事

形成区块链之前如图 2-1 所示。

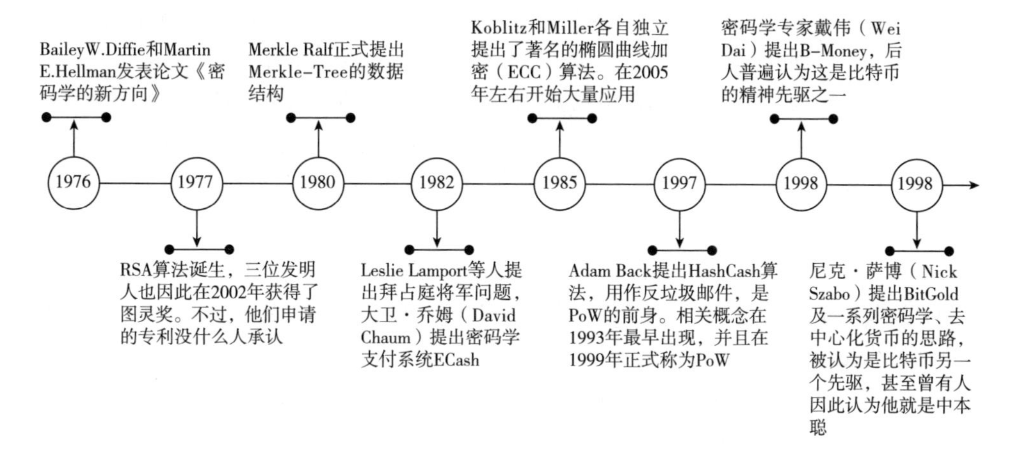

BaileyW.Diffie和Martin E.Hellman发表论文《密码学的新方向》
Merkle Ralf正式提出Merkle-Tree的数据结构
Koblitz和Miller各自独立提出了著名的椭圆曲线加密（ECC）算法。在2005年左右开始大量应用
密码学专家戴伟（Wei Dai）提出B-Money，后人普遍认为这是比特币的精神先驱之一
1976
1977
1980
1982
1985
1997
1998
1998
RSA算法诞生，三位发明人也因此在2002年获得了图灵奖。不过，他们申请的专利没什么人承认
Leslie Lamport等人提出拜占庭将军问题，大卫·乔姆（David Chaum）提出密码学支付系统ECash
Adam Back提出HashCash算法，用作反垃圾邮件，是PoW的前身。相关概念在1993年最早出现，并且在1999年正式称为PoW
尼克·萨博（Nick Szabo）提出BitGold及一系列密码学、去中心化货币的思路，被认为是比特币另一个先驱，甚至曾有人因此认为他就是中本聪

图 2-1 1976 年—1998 年重要的密码学事件

1976 年，Bailey W. Diffie 和 Martin E. Hellman 两位密码学大师发表了论文《密码学的新方向》，该论文覆盖了未来几十年密码学所有的发展领域，包括非对称加密算法、椭圆曲线算法、哈希算法等，奠定了迄今为止整个密码学的发展方向，对区块链的技术和比特币的诞生起到决定性作用。

1977 年，由美国麻省理工学院（Massachusetts Institute of Technology，MIT）的 Ronal

Rivest、Adi Shamir 和 Len Adleman 三位年轻教授提出的 RSA 算法，它是以三人的姓氏 Rivest、Shamir 和 Adlernan 的首字母命名的。该算法利用了数论领域的一个事实，那就是虽然把两个大质数相乘生成一个合数是件十分容易的事情，但要把一个合数分解为两个质数却十分困难。合数分解问题目前仍然是数学领域尚未解决的一大难题，至今没有任何高效的分解方法。与 Diffie–Hellman 算法相比，RSA 算法具有明显的优越性，因为它无须收、发双方同时参与加密过程，且非常适合对计算机信息的加密。

1980 年，Merkle Ralf 提出了 Merkle–Tree 数据结构和相应的算法，主要用途之一是分布式网络中数据同步正确性的校验，这也是引入比特币中做区块同步校验的重要手段。

1982 年，Leslie Lamport 提出拜占庭将军问题，标志着分布式计算的可靠性理论和实践进入了实质性阶段。同年，大卫・乔姆（David Chaum）提出了密码学支付系统 ECash，可以看出，随着密码学的发展，眼光敏锐的人已经开始尝试将其运用到货币、支付相关领域了，应该说 ECash 是密码学货币最早的先驱之一。

1985 年，Koblitz 和 Miller 各自独立提出了著名的椭圆曲线加密（ECC）算法。由于此前发明的 RSA 算法存在计算量过大、很难实用的特点，ECC 的提出才真正使非对称加密体系有了实用的可能。因此，可以说到了 1985 年，也就是《密码学的新方向》发表十年左右时，现代密码学的理论和技术基础已经完全确立了。

1985 年—1997 年，密码学、分布式网络与支付、货币等领域，没有什么特别显著的进展。这种现象很容易理解：新的思想、理念、技术的产生之初，总要有相当长的时间让大家去学习、探索、实践，然后才有可能出现突破性的成果。前十年往往是理论的发展，后十年则进入实践探索阶段。1985 年—1997 年这十年左右的时间，应该是相关领域在实践方面迅速发展的阶段；从 1976 年开始，经过 20 年左右的时间，密码学、分布式计算领域终于进入了爆发期。

1997 年，HashCash 方法，也就是第一代 PoW（Proof of Work）算法出现了。起初，该算法主要用于反垃圾邮件。在随后发表的各种论文中，具体算法的设计和实现已经完全覆盖了后来比特币使用的 PoW 机制。

1998 年，密码学货币的完整思想终于破茧而出，戴伟（Wei Dai）、尼克・萨博（Nick Szabo）同时提出密码学货币的概念。其中戴伟的 B–Money 被称为比特币的精神先驱，而尼克・萨博的 BitGold 提纲和中本聪的比特币论文中列出的特性非常接近，以至于有人曾经怀疑萨博就是中本聪。这距离后来比特币的诞生又是整整十年时间。

2.1.2 区块链诞生之前的十年

区块链诞生之前的十年如图 2–2 所示。

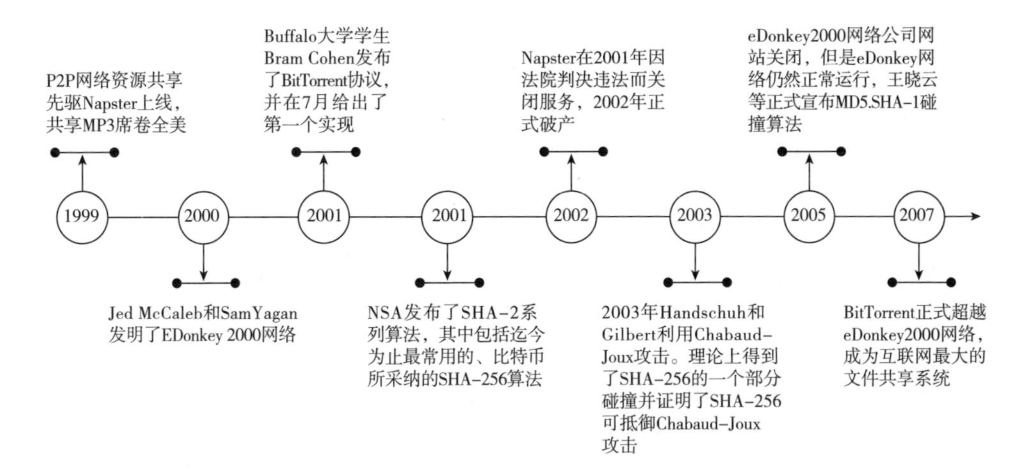

图 2-2　1999 年—2007 年区块链产生的技术积累

在 21 世纪到来之前，区块链相关的领域又有了几次重大进展：首先是点对点分布式网络，1999 年—2001 年的三年时间内，Napster、EDonkey 2000 和 BitTorrent 先后出现，奠定了 P2P 网络计算的基础。

2001 年，另一件重要的事情，就是 NSA 发布了 SHA-2 系列算法，其中就包括目前应用最广的 SHA-256 算法，这也是比特币最终采用的哈希算法。应该说到了 2001 年，比特币或者区块链技术诞生的所有的技术基础，在理论上、实践中都被解决了，比特币呼之欲出。

在人类历史中经常会看到这样的现象，从一个思想、技术被提出来，到它真正发扬光大，差不多需要几十年的时间。不光是技术领域，其他如哲学、自然科学、数学等领域，这种现象也是屡见不鲜，区块链的产生和发展也遵从了这个模式。这个模式也很容易理解，因为一个思想、一种算法、一门技术诞生之后，要被人消化、摸索、实践，大概要用一代人的时间。

2008 年 11 月，在各种理论知识积累完毕和无数实践探索提供参考经验之后，区块链的第一个实现案例——比特币，终于诞生。

2.2　网络发展的支持

2.2.1　网络的发展史

计算机网络最早起源于美国国防部高级研究计划署（Defence Advanced Research Projects Agency，DARPA）的前身 ARPAnet，该网于 1969 年投入使用。由此，ARPAnet 成为现代计算机网络诞生的标志。

1960 年起，ARPAnet 是由 ARPA 提供经费，联合计算机公司和大学共同研制而发展起来的网络。

1977年—1979年，ARPAnet推出了TCP/IP体系结构和协议。

1980年前后，ARPAnet上的所有计算机开始了TCP/IP协议的转换工作，并以ARPAnet为主干网建立了初期的Internet。

1983年，ARPAnet分裂为两部分，分别是ARPAnet和纯军事用的MILNET。同时，局域网和广域网的产生和蓬勃发展对Internet的进一步发展起了重要的作用。在此期间，ARPAnet的全部计算机完成了向TCP/IP的转换，并在UNIX（BSD4.1）上实现了TCP/IP。ARPAnet在技术上最大的贡献就是TCP/IP协议的开发和应用。两个著名的科学教育网CSNET和BITNET先后建立。

1984年，美国国家科学基金会（National Science Foundation，NSF）规划建立了13个国家超级计算中心及国家教育科技网。随后替代了ARPAnet的骨干地位。

1986年，美国国家科学基金会NSF利用ARPAnet发展出来的TCP/IP通信协议，在5个科研教育服务超级电脑中心的基础上建立了NSFnet广域网。

1988年，Internet开始对外开放。

1989年，由CERN开发成功WWW，为Internet实现广域超媒体信息截取/检索奠定了基础。

1991年，美国的三家公司分别经营着自己的CERFnet、PSInet及Alternet网络，可以在一定程度上向客户提供Internet联网服务。它们组成了“商用Internet协会”（CIEA），宣布用户可以把它们的Internet子网用于任何的商业用途。Internet商业化服务提供商的出现，使工商企业终于可以堂堂正正地接入Internet。

1991年6月，在连通Internet的计算机中，商业用户首次超过了学术界用户，这是Internet发展史的一个里程碑，从此Internet的成长一发不可收拾。

2.2.2 移动网络的发展

第一代是模拟蜂窝式移动通信网，时间是20世纪70年代中期至80年代中期。1978年，美国贝尔实验室研制成功先进移动电话系统（AMPS），建成了蜂窝状移动通信系统。而其他工业化国家也相继开发出蜂窝式移动通信网。相对于以前的移动通信系统，这一阶段最重要的突破是贝尔实验室在20世纪70年代提出的蜂窝网的概念。蜂窝网，即小区制，由于实现了频率复用，大大提高了系统容量。

第二代是移动通信系统。为了解决模拟系统中存在的这些根本性技术缺陷，数字移动通信技术应运而生，并且发展起来，这就是以GSM和IS-95为代表的第二代移动通信系统，时间是从80年代中期开始。欧洲首先推出了泛欧数字移动通信网（GSM）体系。随后，美国和日本也制定了各自的数字移动通信体制。数字移动通信网相对于模拟移动通信，提高了频谱利用率，支持多种业务服务，并与ISDN等兼容。第二代移动通信系统以传输语音和低速数据业务为目的，因此又称为窄带数字通信系统。第二代移动通信系统的典型代表是美国的DAMPS系统、IS-95和欧洲的GSM系统。

由于第二代移动通信系统以传输语音和低速数据业务为目的，从1996年开始，为了解决中速数据传输问题，又出现了第2.5代的移动通信系统，如GPRS和IS-95B。第二代移动通信系统在这个阶段主要提供的服务仍然是语音服务以及低速率数据服务。由于网络的发展，数据和多媒体通信的发展势头很快，所以，第三代移动通信的目标就是移动宽带多媒体通信。

第三代移动通信系统最早由国际电信联盟（ITU）于1985年提出，当时称为未来公众陆地移动通信系统（Future Public Land Mobile Telecommunication System，FPLMTS），1996年更名为IMT-2000（International Mobile Telecommunication-2000），即该系统工作在2000MHz频段，最高业务速率可达2000kbps，预期在2000年得到商用。主要体制有WCDMA，CDMA2000和TD-SCDMA。1999年11月5日，国际电联ITU-R TG8/1第18次会议通过了“IMT-2000无线接口技术规范”建议，其中我国提出的TD-SCDMA技术写在了第三代无线接口规范建议的IMT-2000 CDMA TDD部分中。

第四代移动电话行动通信标准，是指第四代移动通信技术，缩写为4G。该技术包括TD-LTE和FDD-LTE两种制式（严格意义上来讲，LTE只是3.9G，尽管被宣传为4G无线标准，但它其实并未被3GPP认可为国际电信联盟所描述的下一代无线通信标准IMT-Advanced，因此在严格意义上其还未达到4G的标准。只有升级版的LTE Advanced才满足国际电信联盟对4G的要求）。

4G是集3G与WLAN于一体，并能够快速传输数据、高质量音频、视频和图像等。4G能够以100Mbps以上的速度下载，比家用宽带ADSL（4兆）快25倍，并能够满足几乎所有用户对于无线服务的要求。此外，4G可以在DSL和有线电视调制解调器没有覆盖的地方部署，然后再扩展到整个地区。很明显，4G有着不可比拟的优越性。

2.2.3 未来网络支持5G和6G

早在2016年，美国政府就对5G网络的无线电频率进行了分配，计划在2018年实现全面的商用。（注：2019年只是在小范围使用，还没有得到大规模的应用）

2017年，全球5G移动通信时代的脚步越来越近，各国政府纷纷将5G建设及应用发展视为国家重要目标，各技术阵营的5G电信运营商及设备从业者亦蓄势待发，5G市场的战火一触即发。

2018年，美国运营商将在局部城市开始5G部署，Verizon将在28GHz的毫米波频段开始针对固定无线接入场景的非3GPP标准的5G独立组网部署，随后将转向3GPP标准的5G部署；而AT&T则宣称将开始基于3GPP标准的5G NSA的商用部署。而韩国KT在2018年2月的平昌冬奥会上展示的28GHz，基于非3GPP标准的5G系统的应用，随后也将转向3GPP的5G NR的NSA部署。

对于5G的发展，我国也给予了高度关注。在政府大力推动下，我国5G产业正迎来很多政策红利，关键技术加速突破。

事实上，在推进5G方面，我国已处于领跑地位。就目前而言，我国5G研发已进入第二阶段试验。预计，中国在2020年将部署超过1万个5G商用基站。

当前，全球5G正在进入商用部署的关键期，中国在5G技术、标准等方面初步建立了竞争优势。从技术上来看，华为和中兴通信的5G技术处于全球领先位置。截至2019年5月，全球共28家企业声明了5G标准必要专利，中国企业声明数量占比超过30%，位居首位（如图2-3和图2-4所示）。

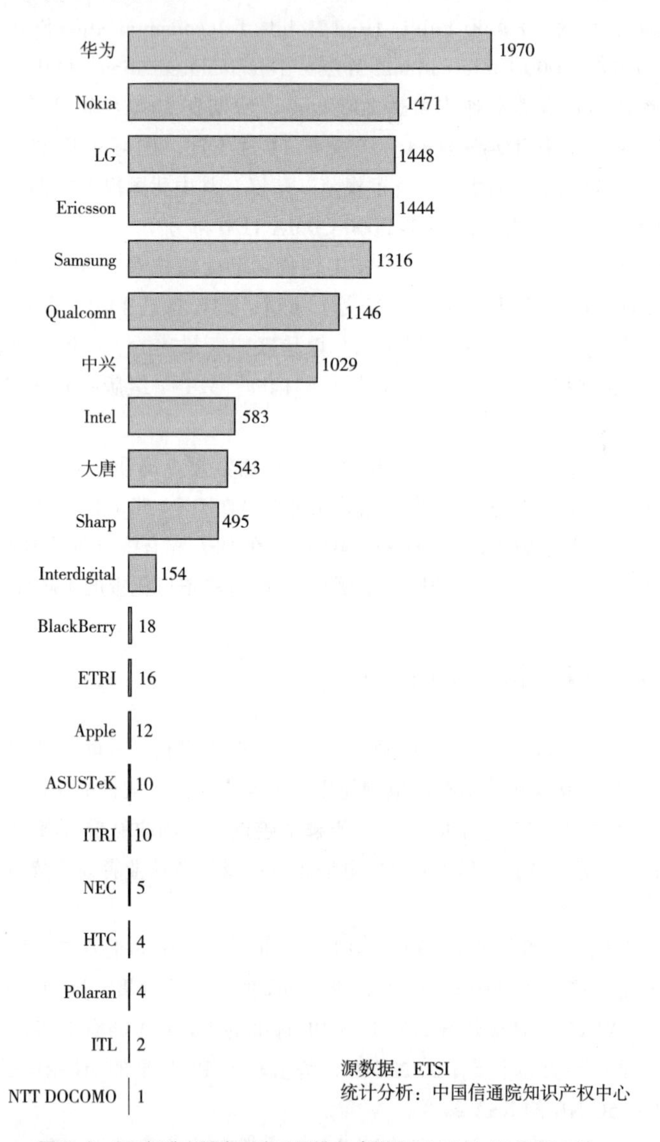

图2-3　5G标准必要专利声明量排名（截至2018年12月28日）

在产业发展方面，中国率先启动5G技术研发试验，加快了5G设备研发和产业化进程。目前，中国5G中频段系统设备、终端芯片、智能手机处于全球产业第一梯队。

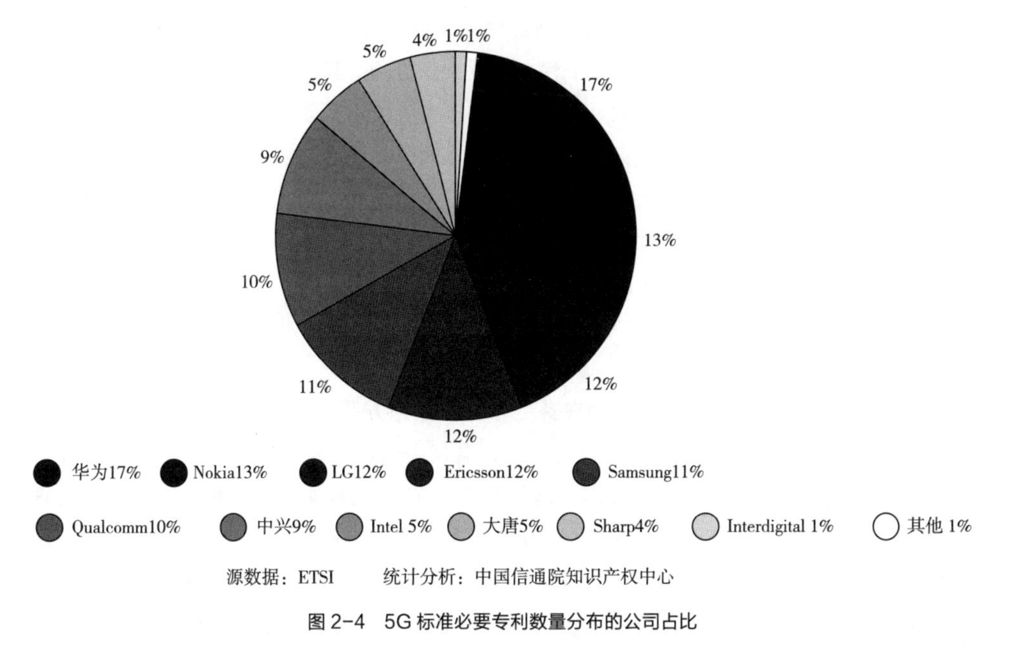

图2-4　5G标准必要专利数量分布的公司占比

5G网络的理论传输速度超过10Gbps（相当于下载速度为1.25GB/s）。相对于4G时代的几十兆、几百兆，5G网络已经产生了从量变到质变的飞跃。与传统电子计算机的内部总线速度已经处于一个量级。

5G网络有三大性能和两大特有能力，为各行各业探索新业务、新应用、新商业模式和培育新市场打下了坚实的基础。

三大性能分别是超高速率、超大连接、超低时延（如图2-5所示），两大特有能力则是网络切片和边缘计算。

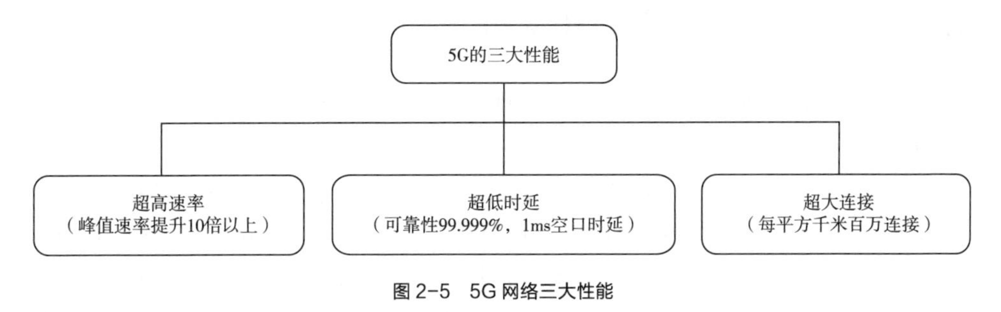

图2-5　5G网络三大性能

网络切片就是根据不同的服务需求，如时延、带宽、安全性和可靠性等，将运营商的物理网络划分为多个虚拟网络，以灵活地应对不同的网络应用场景。

边缘计算起源于传媒领域，是指在靠近物体或数据源头的一侧，采用集网络、计算、存储、应用等核心能力为一体的开放平台，就近提供服务。其应用程序在边缘侧发起，将产生更快的网络服务响应，可以满足行业在实时业务、应用智能、安全与隐私保护等方面的基本需求。边缘计算处于物理实体和工业连接之间或处于物理实体的顶端。而云端计算仍然可以访问边缘计算的历史数据。

边缘计算也是一种分布式计算，将原来由网络中心进行的数据资料的处理、应用程序的运行甚至一些功能服务的实现，下放到网络边缘的节点上。

5G 网络的三大性能特点，对于物联网、能源网和区块链的发展，起到了非常关键的作用。

2019 年 3 月，全球首届 6G 峰会在芬兰举办。主办方芬兰奥卢大学邀请了 70 位来自各国的顶尖通信专家，召开了一次闭门会议，会议主要内容是群策群力、拟定全球首份 6G 白皮书，明确 6G 发展的基本方向。这份名为“6G 无线智能无处不在的关键驱动与研究挑战”的白皮书，初步回答了 6G 怎样改变大众生活、有哪些技术特征、需解决哪些技术难点等问题。

报告展望：到 2030 年，随着 6G 技术的到来，许多当前仍是幻想的场景都将成为现实，人类生活将出现巨大变革。不同于 5G 技术侧重于人、机、物的智能连接与边缘计算，6G 技术想要构建的是一张实现空、天、地、海一体化无缝对接的通信网络。6G 技术理论的传输速度峰值将达到 100Gbps ~ 1Tbps，室内定位精度为 10 厘米，通信时延为 0.1 毫秒，超高可靠性、超高密度。6G 网络采用大赫兹频段通信，网络容量也能大幅提升。6G 技术的应用场景现在能想到的有 10 个：孪生体域网、超能交通、通感互联网、全息通信、智慧生产、机器间的协同、虚拟助理、情感和触觉应用、多感官混合现实、空间通信。

2.3 分布式计算的发展和支持

分布式系统对区块链的发展有很重要的作用，除了控制的去中心化没有解决，分布式技术解决了区块链中的其他所有问题。

分布式技术中协同工作的主要理论是拜占庭将军问题（Byzantine Generals Problem），由莱斯利·兰波特于 1982 年在其同名论文 The Byzantine Generals Problem 中提出的分布式对等网络通信容错问题，对网络中存在作恶节点的情况进行建模。拜占庭将军问题并不是现实中存在的问题，是一个虚构场景。拜占庭是古代东罗马帝国的首都，由于地域宽广，假设其守卫边境的多个将军（系统中的多个节点）需要通过信使来传递消息，达成某些一致决定。由于作恶节点的存在，拜占庭将军问题被认为是容错性问题中最难的问题类型之一。

提出拜占庭问题之前，学术界就已经存在两将军问题的讨论（Some constraints and trade offs in the design of network communications，1975年）：两个将军要通过信使来达成进攻还是撤退的约定，但信使可能迷路或被敌军阻拦（消息丢失或伪造），那么该如何达成一致？根据FLP不可能原理，这个问题无通用解。

没有分布式技术的发展阶段，就不会产生区块链技术，本书将用两章介绍分布式技术对区块链的影响。一章是讲分布式技术中的网络与节点，时间与顺序，一致性理论和P2P网络技术等基础的分布式内容和理论。另一章介绍共识算法，共识算法是近年来分布式系统研究的热点，也是区块链技术的核心要素，被称为区块链中的灵魂。

2.4 其他技术支持

本节介绍了三个主要影响区块链发展的技术：密码学技术、网络技术、分布式技术。应用领域相关的发展也为区块链的产生提供了充足的条件。比特币产生之前，像工作量证明机制PoW、电子现金、哈希现金、智能合约、时间戳等所有区块链需要的具体技术都已经产生，并且在很多场景中尝试与使用。但当时都在用中心化的方式在解决相关的问题，所以加密货币领域一直没有获得突破。中本聪扫清了创造加密货币的最后障碍（中心化），通过去中心化的方式，集成前人的成果，使区块链技术得以诞生。

相关的思想领域，20世纪70年代随着“福利国家”政策的破产，以哈耶克为首的朝圣山学社逐渐兴起，提出以回复古典自由主义为主要内容的新古典自由主义，后来被人们简称为新自由主义。1976年底，哈耶克出版了他人生中最后一本经济学方面的专著《货币的非国家化》。对比特币和数字货币比较熟悉的人都知道，《货币的非国家化》所提出的非主权货币、竞争发行货币等理念，是去中心化货币的精神指南。《货币的非国家化》主要从政府垄断铸币的起源，讲到政府垄断权一直遭到滥用，提出了让私人发行的货币流通起来，让这些不同的货币产生竞争。在全书中虽然很多观点，用传统经济学的理论衡量起来有很多问题，存在难以实现的可能性。但其中的一些观点有重要的价值。2009年比特币的诞生，使人们突然发现，这种新型的加密货币正在实现哈耶克当年的设想——私人货币。

自由思想是区块链技术产生的一个强大的推动力。这方面主要体现在经济方面，无论是早期的哈耶克与他的《货币的非国家化》，还是B-money理论的提出者戴伟，以及Bitshare、Steemit、EOS的技术创造者BM，他们都崇尚一种自由，比特币的创造者中本聪无疑也受这种自由思想的影响。

自由的一个最重要的前提是财产安全,这里甚至没有必要加上“之一”。如果你没有钱,就只能做现在的工作,没有选择,辞职是需要一定的资金来维持生活必需的;如果你没有钱,就只能待在现在的地方,没有选择,去往外地是需要一定的资金来用作旅资的;如果你没有钱,就只能使用现有的东西,没有选择,购买更好的东西是需要更多资金的。虽然说有钱不一定会自由,但是,没有钱就一定不会自由。

第3章 中本聪论文中包含的知识点

2008 年 11 月，在论文 Bitcoin: A Peer-to-Peer Electronic Cash System 中，由中本聪第一次提出了区块链的概念。2009 年 1 月 3 日，比特币正式网开始运行，比特币的创始人中本聪在创世区块中留下一句永不可修改的话："The Times 03/Jan/2009 Chancellor on brink of second bailout for banks."（2009 年 1 月 3 日，财政大臣正处于实施第二轮银行紧急援助的边缘）。

中本聪论文的原版请参考附录 B。本章主要分析论文中的重要知识点，这是理解区块链技术很好的学习材料。

论文中定义了电子货币。在这里要区分支付宝、微信等支付方式，这些方式是传统货币的电子化，不是电子货币。为了避免混淆，通常用数字货币来表示这种基于区块链技术的货币。在本章中，为了保持对原论文的理解，我们还使用论文中的电子货币的用法。

备注：为了便于理解数字货币、电子货币、法币等内容，在《区块链经济模型》中，对几种货币概念的划分边界如图 3-1 所示。

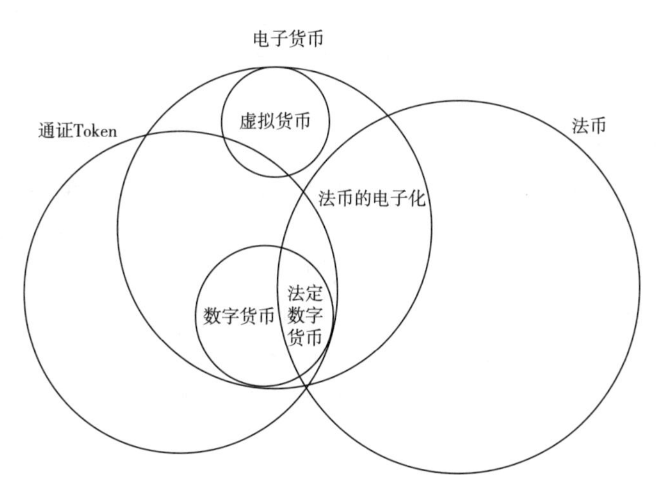

图 3-1 通证与几种货币概念的划分边界

3.1 交易

一枚电子货币（an electronic coin）是这样的一串数字签名：每位所有者通过对前一次交易（Transaction）和下一位拥有者的公钥（Public key）签署一个随机散列的数字签名，并将这个签名附加在这枚电子货币的末尾，电子货币就发送给了下一位所有者。而收款人通过对签名进行检验，就能够验证该链条的所有者（如图 3-2 所示）。

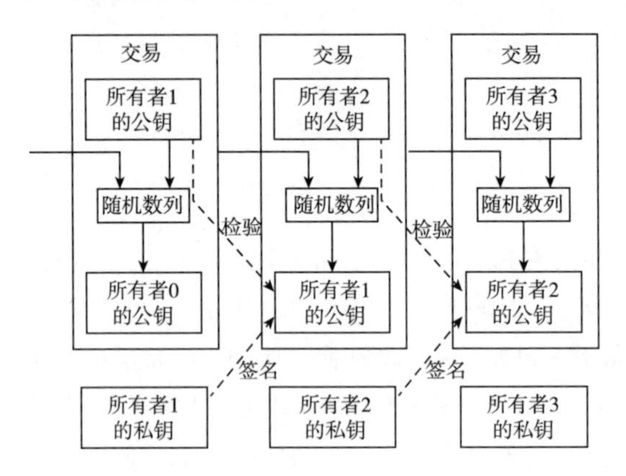

图 3-2 比特币白皮书中的交易示意图

该过程的问题在于，收款人将难以检验之前的某位所有者是否对这枚电子货币进行了双重支付。解决方案通常就是引入信得过的第三方权威，或者类似于造币厂（mint）的机构，来对每一笔交易进行检验，以防双重支付。在每一笔交易结束后，这枚电子货币就要被造币厂回收，而造币厂将发行一枚新的电子货币；而只有造币厂直接发行的电子货币才算有效，这样就能够防止双重支付。可是该解决方案的问题在于，整个货币系统的命运完全依赖于运作造币厂的公司，因为每一笔交易都要经过该造币厂的确认，而该造币厂就好比是一家银行。

我们需要收款人有某种方法，能够确保之前的所有者没有对更早发生的交易签名。从逻辑上看，我们需要关注的只是于本交易之前发生的交易，而不需要关注这笔交易发生之后是否会有双重支付的尝试。为了确保某一次交易是不存在的，那么唯一的方法就是获悉之前发生过的所有交易。在造币厂模型中，造币厂获悉所有的交易，并且决定了交易完成的先后顺序。如果想要在电子系统中排除第三方中介机构，那么交易信息就应当被公开宣布（publicly announced），我们需要整个系统内的所有参与者都有唯一公认的历史交易序列。收款人需要确保在交易期间绝大多数的节点都认同该交易是首次出现。

3.2 时间戳服务器

论文中的解决方案首先提出了一个“时间戳服务器（Timestamp Server）”。时间戳服务器通过对以区块（block）形式存在的一组数据实施随机散列加上时间戳，对该随机散列进行广播，就像在新闻或世界性新闻组网络（Usenet）的发帖一样。显然，该时间戳能够证实特定数据必然于某特定时间是的确存在的，因为只有在该时刻存在了，才能获取相应的随机散列值。每个时间戳应当将前一个时间戳纳入其随机散列值中，每一个随后的时间戳都对之前的一个时间戳进行增强（reinforcing），这样就形成了一个链条（Chain），如图 3-3 所示。

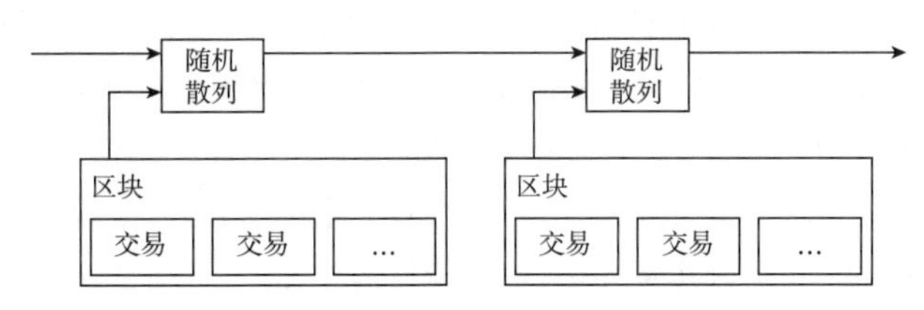

图 3-3　比特币白皮书中的链条示意图

3.3 工作量证明

为了在点对点的基础上构建一组分散化的时间戳服务器，仅仅像报纸或世界性新闻网络组一样工作是不够的，我们还需要一个类似于亚当 · 贝克（Adam Back）提出的哈希现金（Hashcash）。在进行随机散列运算时，工作量证明（Proof-of-Work）机制引入了对某一个特定值的扫描工作，比方说在 SHA-256 下，随机散列值以一个或多个 0 开始。那么随着 0 的数目的增加，找到这个解所需要的工作量将呈指数增长，而对结果进行检验仅需要一次随机散列运算（如图 3-4 所示）。

注：在工作量证明中之所以选择哈希算法，是因为找到特定要求的哈希值需要非常大的计算量，但验证这个值只需要一次简单的计算。在比特币之后的区块链系统中很多人尝试替换工作量证明机制的算法，都是围绕这种要求寻找对应的验证算法。

我们在区块中补增一个随机数（Nonce），这个随机数要使该给定区块的随机散列值出现了所需的那么多个 0。我们通过反复尝试来找到这个随机数，直到找到为止，这样就构建了一个工作量证明机制。只要该 CPU 耗费的工作量能够满足该工作量证明机制，那么除非重新完成相当的工作量，该区块的信息就不可更改。由于之后的区块是链接在该区块之后的，所以想要更改该区块中的信息，就还需要重新完成之后所有区块的全部工作量。

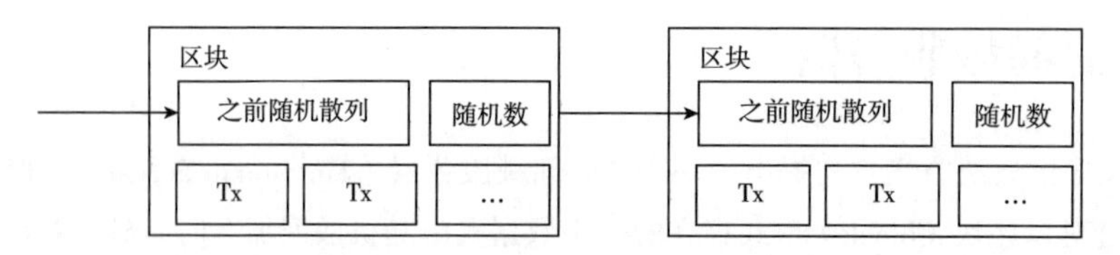

图 3-4　比特币白皮书中的随机散列

同时，该工作量证明机制还解决了在集体投票表决时，谁是大多数的问题。如果决定大多数的方式是基于 IP 地址的，一个 IP 地址一票，那么如果有人拥有分配大量 IP 地址的权力，则该机制就被破坏了。而工作量证明机制的本质则是一个 CPU 一票。“大多数”的决定表达为最长的链，因为最长的链包含了最大的工作量。如果大多数的 CPU 为诚实的节点控制，那么诚实的链条将以最快的速度延长，并超越其他的竞争链条。如果想要对已经出现的区块进行修改，攻击者必须重新完成该区块的工作量外加该区块之后所有区块的工作量，并最终赶上和超越诚实节点的工作量。我们将在后文证明，设想一个较慢的攻击者试图赶上随后的区块，那么其成功概率将呈指数化递减。

另一个问题是，硬件的运算速度在高速增长，而节点参与网络的程度则会有所起伏。为了解决这个问题，工作量证明的难度（the proof-of-work difficulty）将采用移动平均目标的方法来确定，使难度值能够保证生成区块的速度为某一个预定的平均数。如果区块生成的速度过快，难度就会提高。

3.4　网络

运行网络（NetWork）的步骤如下：

（1）新的交易向全网进行广播。

（2）每个节点都将收到的交易信息纳入一个区块中。

（3）每个节点都尝试在自己的区块中找到一个具有足够难度的工作量证明。

（4）当一个节点找到了一个工作量证明，它就向全网进行广播。

（5）当且仅当包含在该区块中的所有交易都是有效的且之前未存在过的，其他节点才认同该区块的有效性。

（6）其他节点表示接收该区块，而表示接收的方法，则是跟随在该区块的末尾，制造新的区块以延长该链条，而将被接受区块的随机散列值视为先于新区块的随机散列值。

节点始终都将最长的链条视为正确的链条，并持续工作和延长它。如果有两个节点同时广播不同版本的新区块，那么其他节点在接收到该区块的时间上将存在先后差别。在此情形下，它们将在率先收到的区块的基础上进行工作，但也会保留另外一个链条，以防后者变成最长的链条。该僵局的打破要等到下一个工作量证明被发现，而其中的一条链条被证实为是较长的一条，那么在另一条分支链条上工作的节点将转换阵营，开始在较长的链条上工作。

所谓“新的交易要广播”，实际上不需要抵达全部的节点。只要交易信息能够抵达足够多的节点，那么它们将很快被整合进一个区块中。而区块的广播对被丢弃的信息是具有容错能力的。如果一个节点没有收到某特定区块，那么该节点将会发现自己缺失了某个区块，也可以提出自己下载该区块的请求。

3.5 激励机制

激励机制（Incentive）的约定：对每个区块的第一笔交易都进行特殊化处理，该交易产生一枚由该区块创造者拥有的新的电子货币。这样就增加了节点支持该网络的激励，并在没有中央集权机构发行货币的情况下，提供了一种将电子货币分配到流通领域的一种方法。这种将一定数量新货币持续增添到货币系统中的方法，非常类似于耗费资源去挖掘金矿并将黄金注入流通领域。此时，CPU 的时间和电力消耗就是消耗的资源。

另外一个激励的来源则是交易费（transaction fees）。如果某笔交易的输出值小于输入值，差额就是交易费，该交易费将被增加到该区块的激励中。只要既定数量的电子货币已经进入流通，激励机制可以逐渐转换为完全依靠交易费，本货币系统也能够免于通货膨胀。

激励系统也有助于鼓励节点保持诚实。如果有一个贪婪的攻击者能够调集比所有诚实节点加起来还要多的 CPU 计算力，他就面临一个选择：要么将其用于诚实工作产生新的电子货币，要么将其用于进行二次支付攻击。此时他会发现，按照规则行事、诚实工作是更有利可图的。因为该规则使他能够拥有更多的电子货币，而不是破坏这个系统使得其自身财富的有效性受损。

3.6 回收硬盘空间

如果最近的交易已经被纳入了足够多的区块之中，那么可以丢弃该交易之前的数据，以回收硬盘空间（Reclaiming Disk Space）。为了同时确保不损害区块的随机散列值，交易信息被随机散列时，被构建成一种默尔克树（Merkle tree）的形态，使得只有 Merkle 的根（root）被纳入了区块的随机散列值。通过将该树（tree）的分支拔除（stubbing）的方法，老区块就能被压缩，而内部的随机散列值是不必保存的，如图 3-5 和图 3-6 所示。

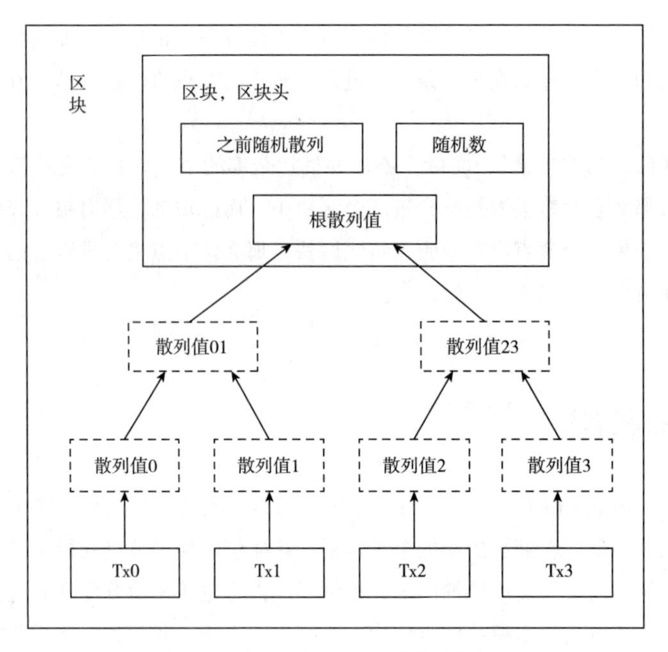

图 3-5　以 Merkle tree 形式散列的交易

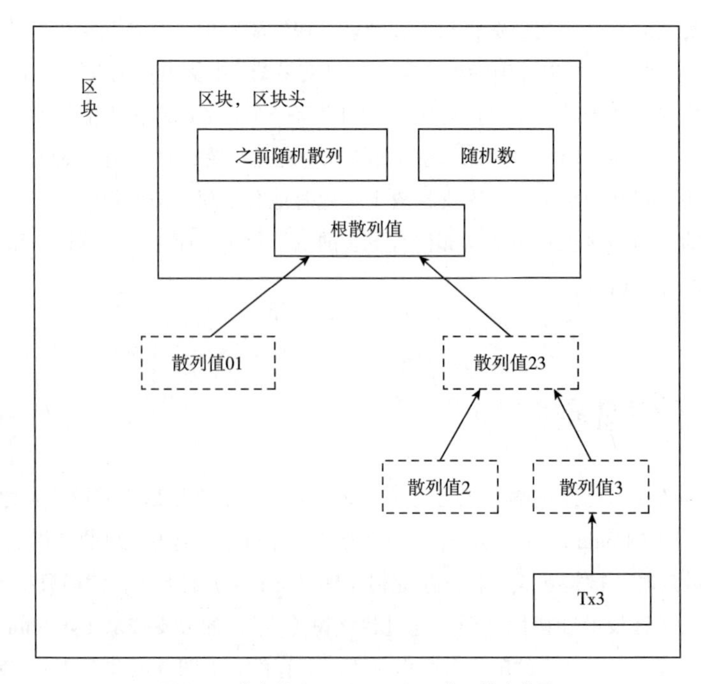

图 3-6　将交易 Tx0、Tx1、Tx2 从区块中剪除

不含交易信息的区块头（Block header）大小仅有 80 字节。如果我们设定区块生成的速率为每 10 分钟一个，那么每年产生的数据为 4.2MB（80 bytes × 6 × 24 × 365 = 4.2MB）。2008 年，PC 系统通常的内存容量为 2GB，按照摩尔定律的预言，即使将全部的区块头存储于内存之中，也不是问题。

3.7 简化的支付确认

在不运行完整网络节点的情况下，也能够对支付进行检验。一个用户需要保留最长的工作量证明链条的区块头的复制，它可以不断向网络发起询问，直到它确信自己拥有最长的链条，并能够通过 Merkle 的分支通向它被加上时间戳并纳入区块的那次交易。节点想要自行检验该交易的有效性原本是不可能的，但通过追溯到链条的某个位置，就能看到某个节点曾经接收过它，并且于其后追加的区块也进一步证明全网曾经接收了它，如图 3-7 所示。

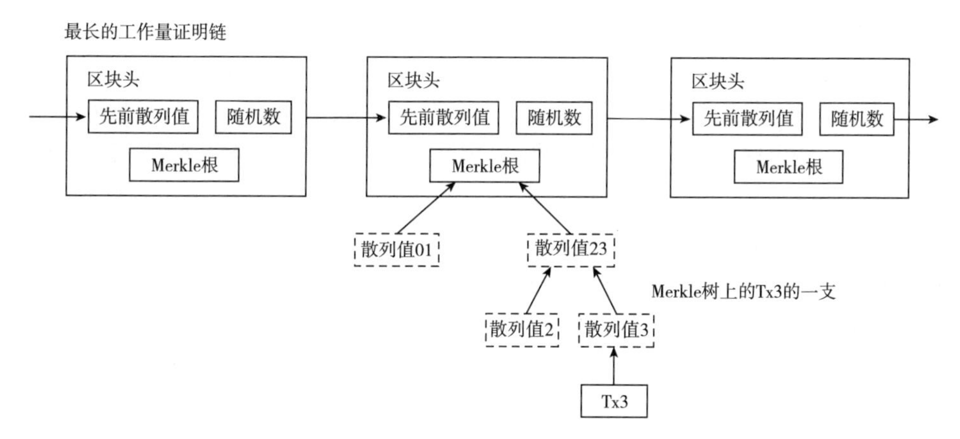

图 3-7 简化的支付确认（Simplified Payment Verification，SPV）的示意图

当此情形，只要诚实的节点控制了网络，检验机制就是可靠的。但是，当全网被一个计算力占优的攻击者攻击时，将变得较为脆弱。因为网络节点能够自行确认交易的有效性，只要攻击者能够持续地保持计算力优势，简化的机制会被攻击者焊接的（fabricated）交易欺骗。那么一个可行的策略就是，只要他们发现了一个无效的区块，就立刻发出警报，收到警报的用户将立刻开始下载被警告有问题的区块或交易的完整信息，以便对信息的不一致进行判定。对于日常会发生大量收付的商业机构，可能仍会希望运行他们自己的完整节点，以保持较大的独立完全性和检验的快速性。

3.8 价值的组合与分割

虽然可以单个地对电子货币进行处理，但是对每一枚电子货币单独发起一次交易将是一种笨拙的办法。为了使价值易于组合与分割，交易被设计为可以纳入多个输入和输出。一般而言是某次价值较大的前次交易构成的单一输入，或者由某几个价值较小的前次交易共同构成的并行输入，但是输出最多只有两个：一个用于支付；另一个用于找零（如果有）（如图 3-8 所示）。

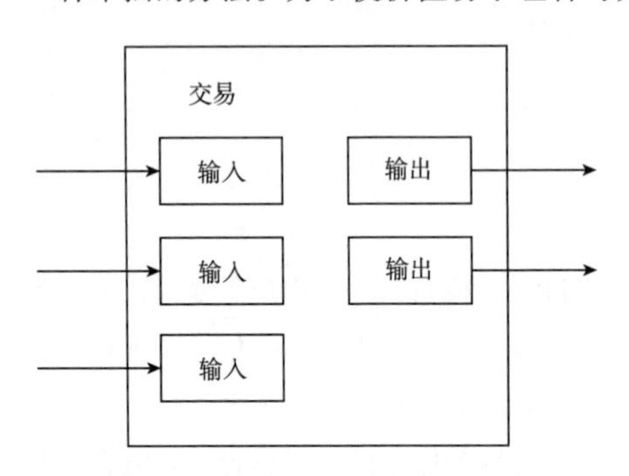

图 3-8　比特币白皮书中价值的组合与分割的示意图

需要指出的是，当一笔交易依赖之前的多笔交易时，这些交易又各自依赖多笔交易，这并不存在任何问题。因为这个工作机制并不需要展开检验之前发生的所有交易历史。

3.9 隐私

传统的造币厂模型为交易的参与者提供了一定程度的隐私（Privacy）保护，因为试图向可信任的第三方索取交易信息是严格受限的。但是如果将交易信息向全网进行广播，就意味着这样的方法失效了。但是隐私依然可以得到保护：将公钥保持为匿名。公众得知的信息仅仅是有某个人将一定数量的货币发给了另外一个人，但是难以将该交易同特定的人联系在一起。也就是说，公众难以确定这些人究竟是谁。这同股票交易所发布的信息是类似的，股票交易发生的时间、交易量是记录在案且可供查询的，但是交易双方的身份信息却不予透露。

作为额外的预防措施，使用者可以让每次交易都生成一个新的地址，以确保这些交易不被追溯到一个共同的所有者。但是由于并行输入的存在，一定程度上的追溯还是不可避免的，因为并行输入表明这些货币都属于同一个所有者。此时的风险在于，如果某个人的某一个公钥被确认属于他，就可以追溯出此人的其他交易（如图 3-9 所示）。

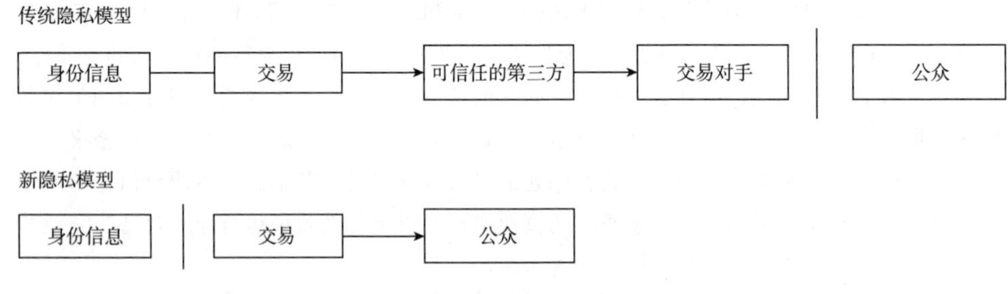

图 3-9　比特币白皮书中传统隐私模型与区块链中新隐私模型的对比

3.10 计算

设想如下场景：一个攻击者试图制造比诚实节点产生的链条更快的替代性区块链。即便他达到了这一目的，但是整个系统也并非就此完全受制于攻击者的独断意志了，比方说凭空创造价值，或者掠夺本不属于攻击者的货币。这是因为节点将不会接收无效的交易，而诚实的节点永远不会接收一个包含了无效信息的区块。一个攻击者能做的，最多是更改自己的交易信息，并试图拿回他刚刚付给别人的钱。

诚实链条和攻击者链条之间的竞赛，可以用二叉树随机漫步（Binomial Random Walk）来描述。成功事件定义为诚实链条延长了一个区块，使其领先性 +1；而失败事件则是攻击者的链条被延长了一个区块，使得差距 -1。

攻击者成功填补某一既定差距的可能性，可以近似地看作赌徒破产问题（Gambler's Ruin problem）。假定一个赌徒拥有无限可透支的信用，然后开始进行潜在次数为无穷的赌博，试图填补上自己的亏空。那么我们可以计算他填补上亏空的概率，即该攻击者赶上诚实链条，公式如下所示：

p= 诚实节点制造出下一个节点的概率

q= 攻击者制造出下一个节点的概率

q_z= 攻击者落后 z 个区块能够赶上的概率

$$q_z=\begin{cases}1 & p\leqslant q\\ (\frac{q}{p})^z & p>q\end{cases}$$

假定 $p>q$，那么攻击成功的概率就因为区块数的增长而呈指数下降。如果攻击者不能幸运且快速地获得成功，那么获得成功的机会随着时间的流逝就变得愈发渺茫。那收款人需要等待多长时间，才能足够确信付款人已经难以更改交易了？假设付款人是一个支付攻击者，他希望让收款人在一段时间内相信他已经付过款了，然后立即将支付的款项重新支付给自己。虽然收款人届时会发现这一点，但为时已晚。

收款人生成了一对新的密钥组合，然后只预留一个较短的时间将公钥发送给付款人。这将可以防止以下情况：付款人预先准备好一个区块链然后持续地对此区块进行运算，直到运气让他的区块链超越了诚实链条，方才立即执行支付。在此情形下，交易一旦发出，攻击者就开始秘密地准备一条包含了该交易替代版本的平行链条。

首先收款人将等待交易出现在首个区块中，然后再等 z 个区块链接其后。此时，他仍然不能确切知道攻击者已经进展了多少个区块，但是假设诚实区块将耗费平均预期时间以产生一个区块，那么攻击者的潜在进展就是一个泊松分布，分布的期望值为

$$\lambda=z\frac{q}{p}$$

当此情形，为了计算攻击者追赶上的概率，我们将攻击者取得进展区块数量的泊松分

布的概率密度，乘以在该数量下攻击者依然能够追赶上的概率。

$$\sum_{k=0}^{\infty} \frac{\lambda^{k} e^{-\lambda}}{k!} \cdot \begin{cases} \left(\frac{q}{p}\right)^{(z-k)} & k \leqslant z \\ 1 & k > z \end{cases}$$

简化为如下形式，避免对无限数列求和：

$$1 - \sum_{k=0}^{z} \frac{\lambda^{k} e^{-\lambda}}{k!} \cdot \left(1 - \left(\frac{q}{p}\right)^{(z-k)}\right)$$

写为如下 C 语言代码：

```
#include
double AttackerSuccessProbability ( double q, int z )
{
    double p = 1.0 – q;
    double lambda = z * ( q / p ) ;
    double sum = 1.0;
    int i, k;
    for ( k = 0; k <= z; k++ )
    {
        double poisson = exp ( –lambda ) ;
        for ( i = 1; i <= k; i++ )
        poisson *= lambda / i;
        sum –= poisson * ( 1 – pow ( q / p, z – k ) ) ;
        }
return sum;
}
```

对其进行运算，可以得到如下的概率结果，发现概率对 z 值呈指数下降。

当 q=0.1 时，

z=0　　p=1.0000000

z=1　　p=0.2045873

z=2　　p=0.0509779

z=3　　p=0.0131722

z=4　　p=0.0034552

z=5　　p=0.0009137

z=6　　p=0.0002428

z=7 p=0.0000647

z=8 p=0.0000173

z=9 p=0.0000046

z=10 p=0.0000012

当 q=0.3 时，

z=0 p=1.0000000

z=5 p=0.1773523

z=10 p=0.0416605

z=15 p=0.0101008

z=20 p=0.0024804

z=25 p=0.0006132

z=30 p=0.0001522

z=35 p=0.0000379

z=40 p=0.0000095

z=45 p=0.0000024

z=50 p=0.0000006

求解令 p<0.1% 的 z 值。

为使 p<0.001，则

q=0.10 z=5

q=0.15 z=8

q=0.20 z=11

q=0.25 z=15

q=0.30 z=24

q=0.35 z=41

q=0.40 z=89

q=0.45 z=340

3.11 总结

我们在此提出了一种不需要信用中介的电子支付系统。首先讨论了电子货币通常的电子签名原理，虽然这种技术为所有权提供了强有力的控制，但是不足以防止双重支付。为了解决这个问题，我们提出了一种采用工作量证明机制的点对点网络来记录交易的公开信息，只要诚实的节点能够控制绝大多数的 CPU 计算能力，就能使攻击者难以改变交易记录。

该网络的强健之处在于它结构上的简洁性。节点之间的工作大部分是彼此独立的，只需要很少的协同。每个节点都不需要明确自己的身份，由于交易信息的流动路径并无任何要求，所以只需要尽其最大努力传播即可。节点可以随时离开网络，而想重新加入网络也非常容易，只需要补充接收离开期间的工作量证明链条即可。节点通过自己的 CPU 计算力进行投票，表决它们对有效区块的确认，它们不断延长有效的区块链来表达自己的确认，并拒绝在无效的区块之后延长区块以表示拒绝。这篇论文包含了一个 P2P 电子货币系统所需要的全部规则和激励措施。

从比特币白皮书的参考文献中，我们看到这篇论文主要参考了 B-money、时间戳服务器与时间戳、哈希现金、公钥密码，其中 PoW 借鉴了 B-money 与哈希现金中的实现。

第4章 密码学

“密码”一词对人们来说并不陌生，可以举出许多有关使用密码的例子，如个人在银行取款时使用“密码”，在计算机登录和屏幕保护中使用“密码”，但以上所说的“密码”，并不都是真正的密码，而是一种特定的暗号或口令。

密码学是一门古老而深奥的学科，它对一般人来说是陌生的，因为长期以来，它只在很少的范围内，如军事、外交、情报等部门使用。计算机密码学是研究计算机信息加密、解密及其变换的科学，是数学和计算机的交叉学科，也是一门新兴学科。随着计算机网络和计算机通信技术的发展，计算机密码学得到前所未有的重视并迅速普及和发展起来。在国际上，它已成为计算机安全的主要研究方向，也是计算机安全课程教学中的主要内容。

密码是实现秘密通信的主要手段，是隐蔽语言、文字、图像的特殊符号。凡是用特殊符号按照通信双方约定的方法把电文的原形隐蔽起来，不为第三者所识别的通信方式称为密码通信。在计算机通信中，采用密码技术将信息隐蔽起来，再将隐蔽后的信息传输出去，使信息在传输过程中即使被窃取或截获，窃取者也不能了解信息的内容，从而保证信息传输的安全性。

任何一个加密系统至少包括以下四个组成部分：

（1）未加密的报文，也称明文。

（2）加密后的报文，也称密文。

（3）加密和解密的设备或算法。

（4）加密和解密的密钥。

发送方用加密密钥，通过加密设备或算法，将信息加密后发送出去。接收方在收到密文后，用解密密钥将密文解密，恢复为明文。如果传输中有人窃取，窃取者只能得到无法理解的密文，从而对信息起到保密作用。

4.1 使用密码学的注意事项

在学习密码学的内容之前，我们先来介绍一些关于密码的常识。刚开始学习密码学的人常常会对以下几条内容感到不可思议，因为它们有悖于我们的一般性常识。

（1）不要使用保密的密码算法（这点在国内经常被忽视）。

（2）使用低强度的密码比不进行任何加密更危险。

（3）任何密码总有一天都会被破解。

（4）密码只是信息安全的一部分。

为什么不使用保密的密码算法?

很多企业都有这样的想法："由公司自己开发一种密码算法，并将这种算法保密，这样就能保证安全。"然而，这样的想法在密码界却是一种严重的错误思想，使用保密的密码算法是无法获得高安全性的。我们不应该制作或使用任何保密的密码算法，而是应该使用那些已经公开的、被公认为强度较高的密码算法。当前一些流行的加密算法都是用这种公开的方式竞争出来的。

这样做的原因主要有以下两个。

（1）密码算法的秘密早晚会公布。

从历史上看，密码算法的秘密最终无一例外地都会被暴露出来。1999 年，DVD 的密码算法被破解。2007 年，NXP 的非接触式 IC 卡 MIFARE Classic 的密码算法被破解。这些算法最初都是保密的，然而研究者可以通过逆向工程的手段对其进行分析，找到漏洞并进行破解。RSA 公司开发的 RC4 密码算法曾经也是保密的，但最终还是有一位匿名人士开发并公开了与其等效的程序。一旦密码算法的详细信息被暴露，依靠对密码算法本身进行保密来确保机密性的密码系统也就土崩瓦解了。反之，那些公开的算法从一开始就没有设想过要保密，因此算法的暴露丝毫不会削弱它们的强度。

（2）开发高强度的密码算法是非常困难的。

要比较密码算法的强弱是极其困难的，因为密码算法的强度并不像数学那样可以进行严密地证明，它只能通过事实来证明。如果专业密码破译者经过数年的尝试仍然没有破解某个密码算法，则说明这种算法的强度较高。

稍微聪明一点的程序员很容易就能够编写出"自己的密码系统"，这样的密码在外行看来貌似牢不可破，但在专业密码破译者的眼里，要破解这样的密码几乎是手到擒来。现在世界上公开的被认为强度较高的密码算法，几乎都是经过密码破译者长期破解，破解未果而存活下来的。因此，如果认为公司自己开发的密码系统比那些公开的密码系统更强，那么只能说是过于高估自己公司的能力了。

试图通过对密码算法本身进行保密来确保安全性的行为，一般称为隐蔽式安全性（security by obscurity），这种行为是危险且愚蠢的。一般将密码算法的详细信息以及程序源代码全部交给专业密码破译者，并且为其提供大量的明文和密文样本，如果在这样的情况下破译一段新的密文依然需要花费相当长的时间，就说明这是高强度的密码。

密码与信息安全常识摘录于《图解密码技术》。我们只对第一点进行详细描述，这一点是很多技术人员容易犯的错误，尤其是在国内。其他三点，可以详细参考原书内容。

4.2 密码的常见分类

1. 按照处理工具划分

（1）手工密码：以手工完成加密作业，或者以简单器具辅助操作的密码，叫作手工密码。第一次世界大战前主要是这种作业形式。

（2）机械密码：以机械密码机或电动密码机来完成加、解密作业的密码，叫作机械密码。这种密码在第一次世界大战时出现，在第二次世界大战中得到普遍应用。

（3）电子机内乱密码：通过电子电路，以严格的程序进行逻辑运算，以少量制乱元素生产大量的加密乱数，因为其制乱是在加、解密过程中完成的而不需预先制作，所以称为电子机内乱密码。从20世纪50年代末期出现，到70年代广泛应用。

（4）计算机密码：以计算机软件编程进行算法加密，适用于计算机数据保护和网络通信等广泛用途。

2. 按照保密程度划分

（1）理论上保密的密码：不管获取多少密文和有多大的计算能力，明文始终不能得到唯一解的密码，叫作理论上保密的密码，也叫理论不可破的密码。如客观随机、一次一密的密码就属于这种。

（2）实际上保密的密码：在理论上可破，但在现有客观条件下，无法通过计算来确定唯一解的密码，叫作实际上保密的密码。

（3）不保密的密码：在获取一定数量的密文后可以得到唯一解的密码，叫作不保密密码。如早期的单表代替密码，后来的多表代替密码，以及明文加少量密钥等密码，现在都成为不保密的密码。

3. 按照密钥方式划分

（1）对称式密码：收发双方使用相同密钥的密码，叫作对称式密码。传统的密码都属此类。

（2）非对称式密码：收发双方使用不同密钥的密码，叫作非对称式密码。如现代密码中的公私钥密码就属此类。

非对称式密码在区块链体系中有广泛的使用。

4. 按明文形态

（1）模拟型密码：用以加密模拟信息。如对动态范围之内、连续变化的语音信号加密的密码，叫作模拟型密码。

（2）数字型密码：用于加密数字信息。如对两个离散电平构成 0、1 二进制关系的电报信息加密的密码叫作数字型密码。

5. 按编制原理划分

可分为移位、代替和置换三种以及它们的组合形式。古今中外的密码，不论其形态多么繁杂，变化多么巧妙，都是按照这三种基本原理编制出来的。移位、代替和置换这三种原理在密码编制和使用中相互结合，灵活应用。

4.3 对称加密

对称加密算法是应用较早的加密算法，技术成熟。在对称加密算法中，数据发送方将明文（原始数据）和加密密钥一起经过特殊加密算法处理后，使其变成复杂的加密密文发送出去。接收方收到密文后，若想解读原文，则需要使用加密用过的密钥及相同算法的逆算法对密文进行解密，才能使其恢复成可读明文。在对称加密算法中，使用的密钥只有一个，双方都使用这个密钥对数据进行加密或解密，这就要求解密方事先必须知道加密密钥（如图 4-1 所示）。

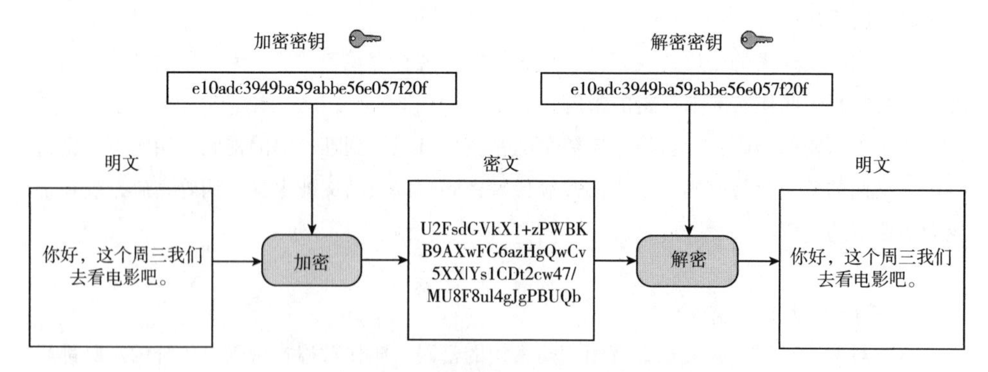

图 4-1 对称加密算法中加、解密示意图

在学习和理解加、解密算法的内容部分，我们会用到一些数字逻辑的知识，如与（AND）、或（OR）、非（NOT）、异或（XOR）运算。对于学习过《数字逻辑》的读者，很容易理解这些知识，想深入学习的可以寻找相关的书籍详细了解。在本书中我们假定读者对这些基本的运算原理都能够理解。

现代的密码学都是建立在计算机的基础之上的，这是因为现代的密码学处理的数据量非常大，而且密码算法也非常复杂，不借助计算机的力量就无法完成加密和解密的操作。计算机的操作对象并不是文字，而是由0和1排列而成的比特序列。无论是文字、图像、声音、视频还是程序，在计算机中都是用比特序列来表示的。执行加密操作的程序，就是将表示明文的比特序列转换为表示密文的比特序列。

在当前区块链中，对称加密算法使用较少，使用更多的是非对称加密算法。但非对称加密算法是对称加密算法的进阶知识，所以我们需要从对称加密算法学起。预计当区块链存储，去中心化应用等领域成熟后，对称加密算法的使用场景会逐渐增加。此外，在当前非区块链的实际应用中，因为对称加密算法和非对称加密算法的优缺点经常是互补的，这两种加密方式经常被一起使用。书中介绍的混合密码系统就是将对称加密算法与非对称加密算法结合起来使用的，产生如SSL、SSH等应用。

以下将具体介绍对称密码算法，包括DES、三重DES、AES以及其他密码算法（或加密标准）。

4.3.1 DES

1. DES密码算法

DES（Data Encryption Standard）是1977年美国联邦信息处理标准（FIPS）中采用的一种对称密码标准（FIPS 46-3）。在某些文献中，作为算法的DES称为数据加密算法（Data Encryption Algorithm，DEA），已与作为标准的DES区分开来。一直以来，DES被美国及其他国家的政府和银行等广泛使用。然而，随着计算机的进步，现在DES已经能够被暴力破解，强度大不如前了。20世纪末，RSA公司举办了破译DES密钥的比赛（DES Challenge）。RSA公司官方公布的比赛结果如下：

· 1997年，DES Challenge I中破译密钥用了96天。

· 1998年，DES Challenge II-1中破译密钥用了41天。

· 1998年，DES Challenge II-2中破译密钥用了56小时。

· 1999年，DES Challenge III中破译密钥只用了22小时15分钟。

由于DES的密文可以在短时间内被破译，因此，现在除了用它来解密以前的密文外，不再将DES应用于其他方面了。但作为学习研究，DES还是有很多作用。

DES 是一种将 64 比特的明文加密成 64 比特的密文的对称密码算法，它的密钥长度是 56 比特。从规格上来说，尽管 DES 密码算法的密钥长度是 64 比特，但由于每隔 7 比特会设置一个用于错误检查的比特，因此实质上其密钥长度是 56 比特。

DES 密码算法是以 64 比特的明文（比特序列）为一个单位进行加密的，这个 64 比特的单位称为分组。一般来说，以分组为单位进行处理的密码算法称为分组密码（block cipher），DES 密码算法就是分组密码的一种。DES 每次只能加密 64 比特的数据，如果要加密的明文比较长，就需要对 DES 加密进行迭代（反复），而迭代的具体方式称为模式（mode）（如图 4–2 所示）。

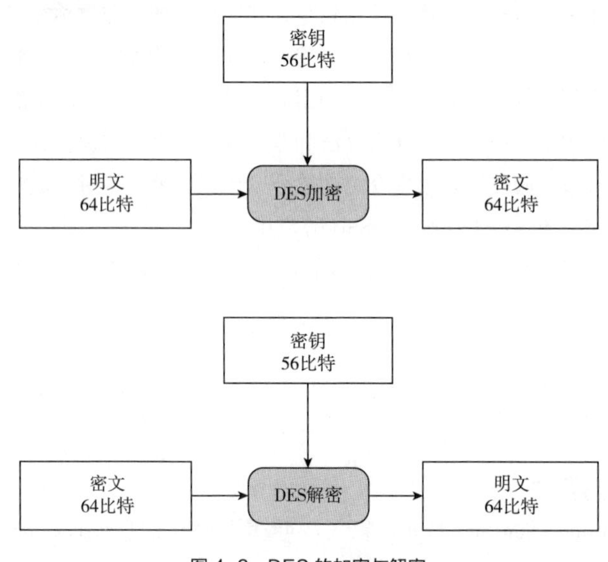

图 4–2　DES 的加密与解密

2. DES密码算法的结构（Feistel网络）

DES 密码算法的基本结构是由 HorstFeistel 设计的，因此也称为 Feistel 网络（Feistelnetwork）、Feistel 结构（Feistel structure）或者 Feistel 密码（Feistel cipher）。这一结构不仅被用于 DES 密码算法，在其他很多密码算法中也有应用。

在 Feistel 网络中，加密的各个步骤称为轮（round），整个加密过程就是进行若干次轮的循环。图 4–3 展现了 Feistel 网络中一轮的计算流程。DES 密码算法是一种 16 轮循环的 Feistel 网络。

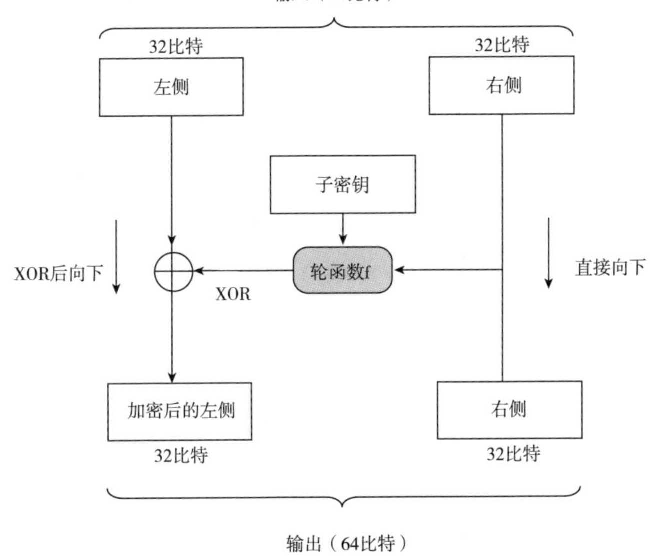

图 4-3　Feistel 网络中的一轮

我们参照图 4-3 来讲解一下 Feistel 网络的具体结构。

上面的两个方框表示 Feistel 网络中一轮的输入（明文），输入的数据被等分为左、右两半，并分别进对其行处理。在图中，左半部分写作“左侧”，右半部分写作“右侧”。下面的两个方框表示本轮的输出（密文）。输出的左半部分写作“加密后的左侧”，右半部分写作“右侧”。中间的“子密钥”是指本轮加密所使用的密钥。在 Feistel 网络中，每一轮都需要使用一个不同的子密钥。由于子密钥只在一轮中使用，它只是一个局部密钥，因此才称为子密钥（subkey）。

轮函数的作用是根据“右侧”和子密钥生成对“左侧”进行加密的比特序列，它是密码系统的核心。将轮函数的输出与“左侧”进行 XOR 运算，其结果就是“加密后的左侧”。也就是说，我们用 XOR 将轮函数的输出与“左侧”进行了合并。而输入的“右侧”则会直接成为输出的“右侧”。

总结一下，一轮的具体计算步骤如下。

（1）将输入的数据等分为左、右两部分。

（2）将输入的“右侧”发送到输出的“右侧”。

（3）将输入的“右侧”发送到轮函数。

（4）轮函数根据“右侧”和子密钥计算出一串随机比特序列。

（5）将（4）中得到的比特序列与“左侧”进行 XOR 运算，并将结果作为“加密后的左侧”。

但是，这样一来“右侧”根本就没有被加密，因此我们需要用不同的子密钥对一轮的处理重复若干次，并在每两轮处理之间将“左侧”和“右侧”的数据对调。

图 4-4 展现了一个 3 轮 Feistel 网络，3 轮加密计算需要进行两次左右对调。对调只在两轮之间进行，最后一轮结束之后不需要对调。“Feistel 网络”的由来也许就是其结构图看起来酷似一张网。

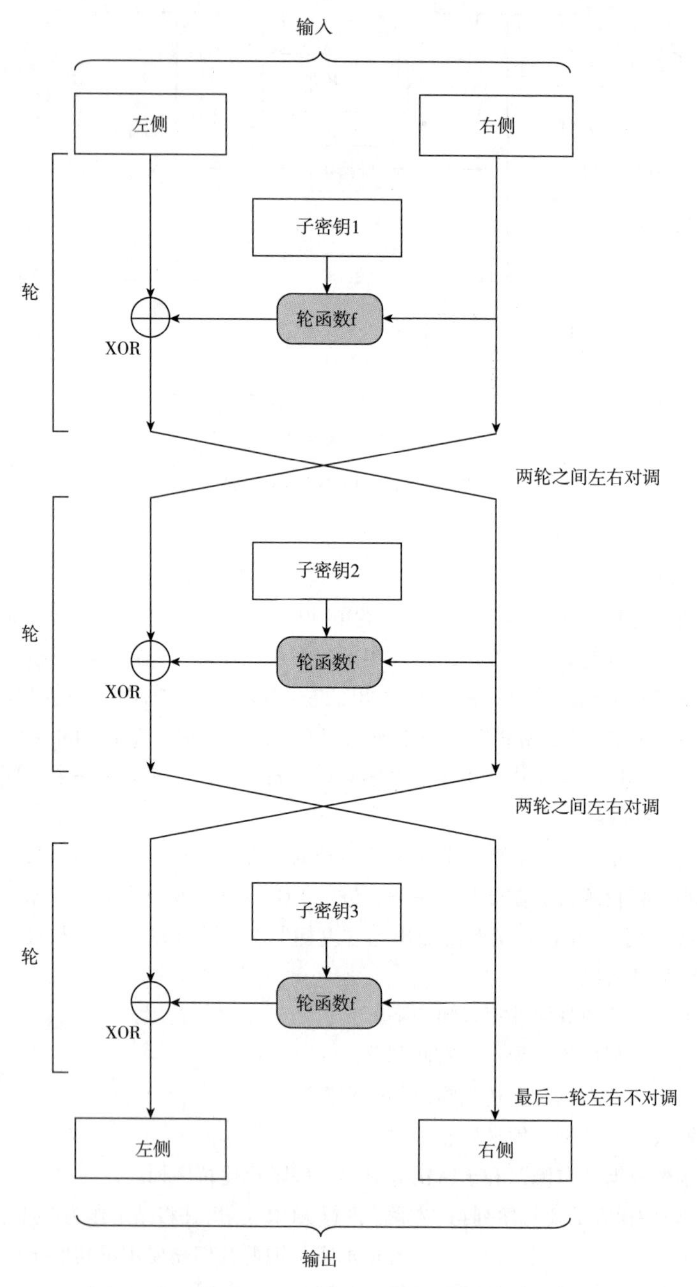

图 4-4　Feistel 网络的加密（3 轮）

那么 Feistel 网络应该如何解密呢？例如，我们尝试一下将一轮加密的输出结果用相同的子密钥重新运行一次，这时 Feistel 网络会怎么样呢？结果可能非常令人意外，无论轮函数的具体算法是什么，通过上述操作都能够将密文正确地还原为明文。关于这一点，大家可以从 XOR 的性质（两个相同的数进行 XOR 的结果一定为 0）进行思考（如图 4-5 所示）。

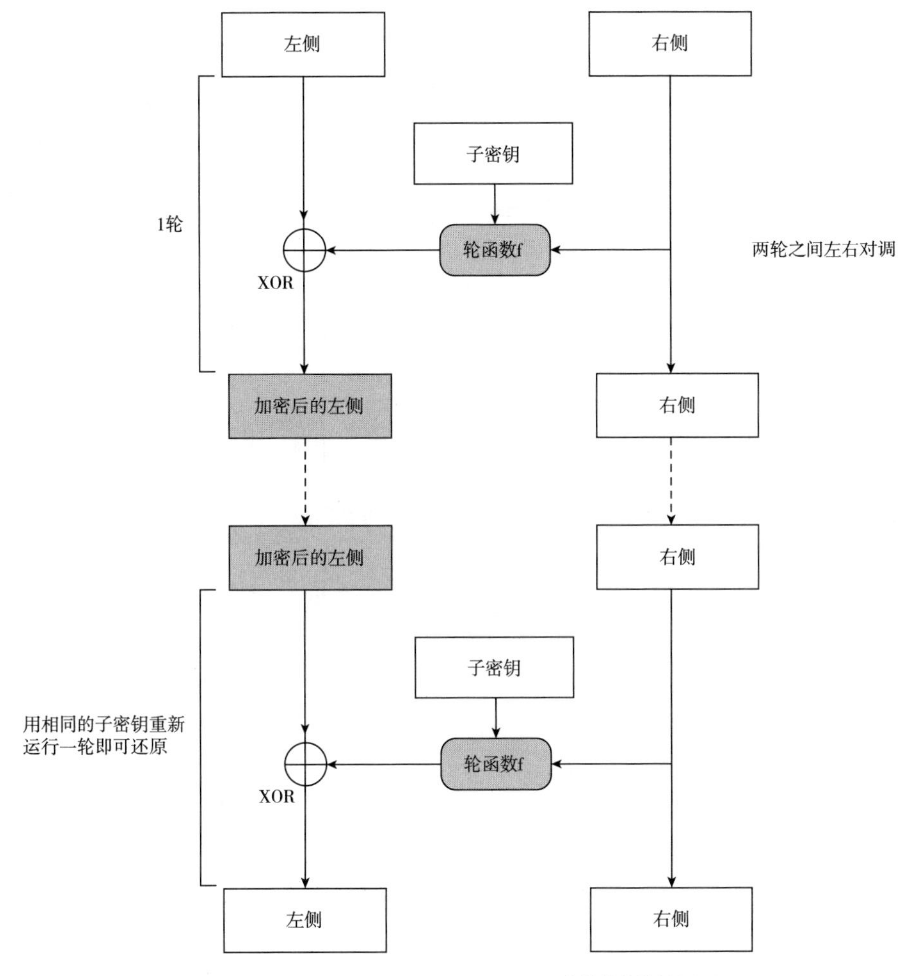

图 4-5　用相同的子密钥运行两次 Feistel 网络就能够将数据还原

在多个轮的情况下也是一样的。也就是说，Feistel 网络的解密操作只要按照相反的顺序使用子密钥就可以完成了，而 Feistel 网络本身的结构在加密和解密时都是完全相同的（如图 4-6 所示）。

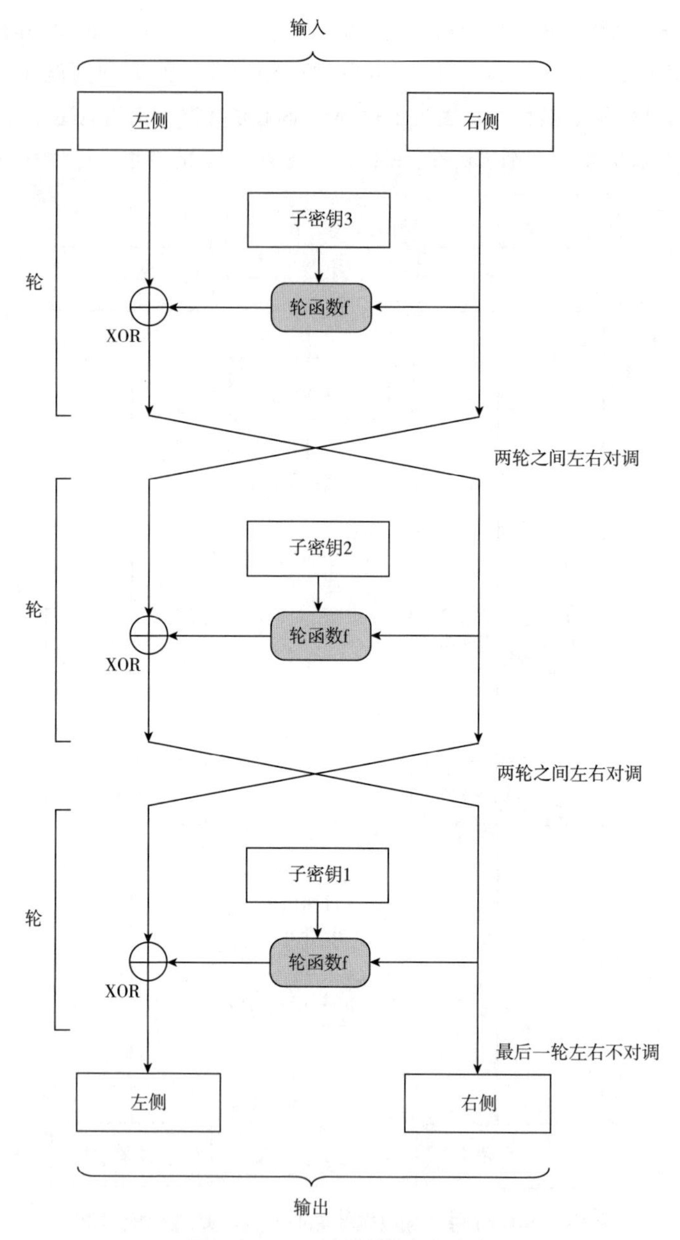

图 4-6　Feistel 网络的解密（3 轮）

我们来总结一下 Feistel 网络的性质。Feistel 网络的轮数可以任意增加，无论进行多少轮的加密计算，都不会发生无法解密的情况。

其次，我们还可以发现，加密时无论使用何种函数作为轮函数，都可以将其正确解密。

也就是说，即便用轮函数的输出结果无法逆向计算出输入的值（即该函数不存在反函数），也没有问题。轮函数可以无须考虑解密的问题，复杂度可以被任意设计。

Feistel 网络实际上就是从加密算法中抽取出“密码的本质部分”，并将其封装成一个轮函数。只要使用 Feistel 网络，就能够保证一定可以解密。因此，设计密码算法的人只要努力设计出足够复杂的算法就可以了。

另外，加密和解密可以用完全相同的结构来实现，这也是 Feistel 网络的一个特点。在 Feistel 网络的一轮中，“右侧”实际上没有进行任何处理，这在加密算法中看起来是一种浪费，但却保证了可解密性，因为完全没有进行任何处理的“右侧”，是解密过程中所必需的信息。由于加密和解密可以用完全相同的结构来实现，因此对实现 DES 算法的硬件设备，其设计也变得容易了。

综上所述，无论是任何轮数、任何轮函数，Feistel 网络都可以用相同的结构实现加密和解密，且加密的结果必定能够正确解密。

正是由于 Feistel 网络具备如此方便的特性，它才能够被许多分组密码算法使用。在后面即将介绍的 AES 最终候选算法的 5 个算法之中，有 3 个算法（MARS、RC6、Twofish）都是使用了 Feistel 网络。然而，AES 最终选择的 Rijndael 算法却没有使用 Feistel 网络。Rijndael 算法使用的结构为 SPN 结构。

3. DES算法的密码分析方法

差分分析是一种针对分组密码的分析方法，这种方法由 Biham 和 Shamir 提出，其思路是“改变一部分明文并分析密文如何随之改变”。理论上说，明文即使只改变 1 比特，密文的比特排序列也会发生彻底的改变。于是通过分析密文改变中所产生的偏差，可以获得破译密码的线索。

此外，还有一种叫作线性分析的密码分析方法，这种方法由松井充提出，其思路是“将明文和密文的一些对应比特进行 XOR，并计算其结果为零的概率”。如果密文具备足够的随机性，则任选一些明文和密文的对应比特进行 XOR，其结果为零的概率应该为 1。如果能够找到大幅偏离 1 的部分，则可以借此获得一些与密钥相关的信息。使用线性分析法，对于 DES 算法只需要 247 组明文和密文就能够完成破解，相比需要尝试 256 个密钥的暴力破解来说，所需的计算量得到了大幅度减少。

差分分析和线性分析都有一个前提，那就是假设密码破译者可以选择任意明文并得到其加密的结果，这种攻击方式称为选择明文攻击（Chosen Plaintext Attack，CPA）。以 AES 为代表的现代分组密码算法，在设计上已经考虑了来自差分分析和线性分析的危险性。

现在 DES 算法已经可以被暴力破解，因此我们需要一种用来替代 DES 的分组密码，三重 DES 就是出于这个目的被开发出来的。

DES 设计中使用了分组密码设计的两个原则：混淆（confusion）和扩散（diffusion），

其目的是预防密码分析者对密码系统的统计分析。混淆是使密文的统计特性与密钥的取值之间的关系尽可能复杂化，以使密钥和明文以及密文之间的依赖性对密码分析者来说是无法利用的。扩散的作用就是将每1位明文的影响尽可能迅速地作用到较多的输出密文位中，以便在大量的密文中消除明文的统计结构，并且使每1位密钥的影响尽可能迅速地扩展到较多的密文位中，以防密钥被逐段破译。

DES算法的入口参数有三个：Key、Data、Mode。其中，Key为7字节共56位，是DES算法的工作密钥；Data为8字节64位，是要被加密或解密的数据；Mode为DES的工作模式，有两种：加密或解密。

4.3.2 三重DES加密算法

3DES（或Triple DES）是三重数据加密算法（Triple Data EncryptionAlgorithm，TDEA）块密码的通称（如图4-7所示），它相当于对每个数据块应用三次DES加密算法。由于计算机运算能力的增强，原版DES加密算法密码的密钥长度变得容易被暴力破解，设计3DES加密算法的目的是提供一种相对简单的方法，即通过增加DES加密算法的密钥长度来避免类似的攻击，而不是设计一种全新的块密码算法。

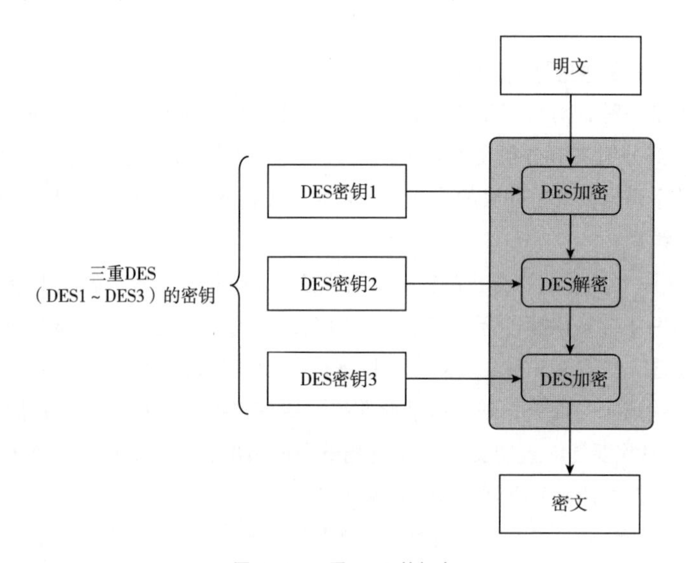

图4-7 三重DES的加密

明文经过三次DES加密算法的处理才能变成最后的密文，由于DES加密算法中密钥的长度实质上是56比特，因此三重DES的密钥长度就是56×3=168比特。

从图4-7中可以发现，三重DES并不是进行三次DES加密（加密→加密→加密），而是加密→解密→加密的过程。在加密算法中加入解密操作让人感觉很不可思议，实际上这个方法是IBM公司设计出来的，目的是为了让三重DES加密算法能够兼容普通的DES加密算法。

当三重DES加密算法中所有的密钥都相同时，其也就等同于普通的DES了。这是因为在前两步加密→解密之后，得到的就是最初的明文。因此，以前用DES加密的密文，就可以通过这种方式用三重DES加密算法进行解密。也就是说，三重DES加密算法对DES加密算法具备向下兼容性（如图4-8所示）。

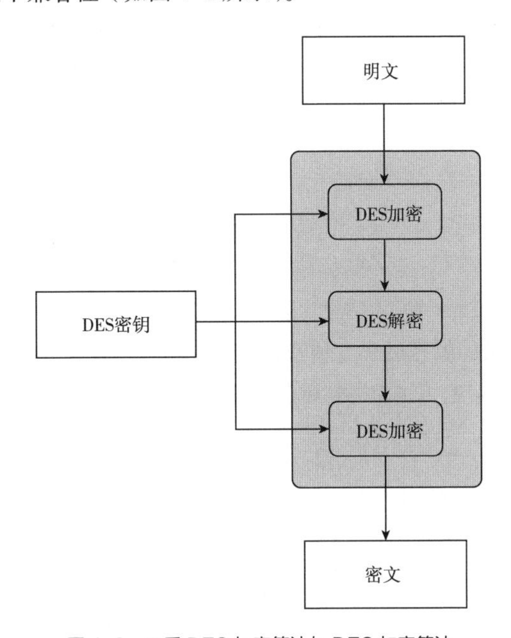

图4-8　三重DES加密算法与DES加密算法

在4.3.1小节中已经提到过，DES加密算法的加密和解密只是改变了子密钥的顺序，而实际进行的处理是相同的。

如果三重DES加密算法所有的DES密钥都使用相同的比特序列，则其加密结果与使用普通的DES加密算法的结果是等价的。如果密钥1和密钥3使用相同的密钥，而密钥2使用不同的密钥（即只使用两个DES密钥），这种三重DES加密算法就称为DES-EDE2加密算法（如图4-9所示）。EDE表示加密（Encryption）→解密（Decryption）→加密（Encryption）流程。DES密钥1、DES密钥2、DES密钥3全部使用不同比特序列的三重DES加密算法称为DES-EDE3加密算法。

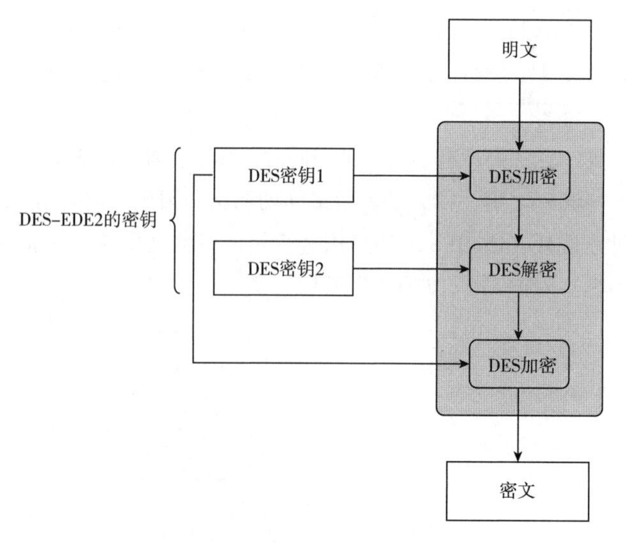

图 4-9 DES-EDE2 加密算法

三重 DES 加密算法的解密过程与加密过程正好相反，是以 DES 密钥 3、DES 密钥 2、DES 密钥 1 的顺序执行解密→加密→解密的操作，如图 4-10 所示。

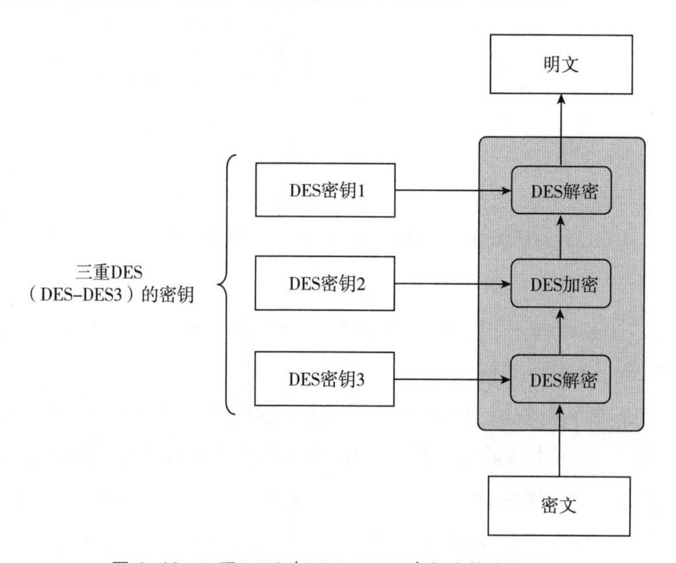

图 4-10 三重 DES（DES-EDE3）加密算法的解密

尽管三重 DES 加密算法目前还被银行等机构使用，但其处理速度不高，除了特别重视向下兼容性的情况以外，很少用于新的用途。

4.3.3 AES

AES（Advanced Encryption Standard）是取代了其前任标准（DES）的一种新的对称密码算法。全世界的企业和密码学家提交了多个对称密码算法作为 AES 的候选，最终在 2000 年 AES 从这些候选算法中选出了一种名为 Rijndael 的对称密码算法，并将其确定为 AES。

组织 AES 公开竞选活动的是美国的一个标准化机构——国家标准技术研究所（National Institute of Standards and Technology，NIST）。该机构选拔的密码算法将成为美国的国家标准，即联邦信息处理标准（FIPS）。虽然 AES 是美国的标准，但和 DES 一样，它也成了一个世界性的标准。因为美国在很多领域处于领先地位，这些领域的美国标准事实上也是国际标准。

参加 AES 竞选是有条件的，这个条件就是：被选为 AES 的密码算法必须无条件地免费供全世界使用。此外，参加者还必须提交密码算法的详细规格书、以 ANSI C 和 Java 编写的实现代码以及抗密码破译强度的评估材料等。因此，参加者所提交的密码算法必须在详细设计和程序代码完全公开的情况下，依然保证较高的强度，这就杜绝了隐蔽式安全性（Security by Obscurity）。

AES 的选拔过程是对全世界公开的。实际上，对密码算法的评审不是由 NIST 完成的，而是由全世界的企业和密码学家共同完成的，这其中也包括 AES 竞选的参加者。换句话说，参加竞选的密码算法是由包括参加者在内的整个密码学社区共同进行评审的。一旦被找到弱点就意味着该密码算法落选，因此参加者会努力从各个角度寻找其他密码算法的弱点，并向其他参与评审的人进行证明。

像这样通过竞争来实现标准化（Standardization by Competition）的方式，正是密码算法选拔的正确方式。由世界最高水平的密码学家共同尝试破译一种密码算法，依然不能找到其弱点，只有这样才能够证明该密码算法的强度。

1997 年，NIST 开始公开募集 AES。1998 年，满足 NIST 募集条件，即能够进入评审对象范围的密码算法共有 15 个（CAST-256、Crypton、DEAL、DFC、E2、Frog、HPC、LOK197、Magenta、MARS、RC6、Rijndael、SAFER+、Serpent、Twofish），其中大部分是欧美国家提交的，E2 密码算法是由日本提交的。

AES 的选拔并不仅仅考虑一种算法是否存在弱点，算法的速度、实现的容易性等也都在考虑范围内。不仅加密本身的速度要快，密钥准备的速度也很重要。此外，这种算法还必须能够在各种平台上有效工作，包括智能卡、8 位 CPU 等低性能平台以及工作站等高性能平台。1999 年，在募集到的 15 个算法中，有 5 个算法入围了 AES 最终候选算法名单（AES finalist），如表 4-1 所示。

2000 年 10 月 2 日，Rijndael 力压群雄，被 NIST 选定为 AES 标准。也就是说，比利时密码学家 Joan Daemen 与 Vincent Rijmen 所开发的密码算法，成了美国的国家标准。正是有了 NIST 当初所设置的参选条件，我们现在才得以自由、免费地使用 AES（Rijndael）。

表 4-1　AES 最终候选算法名单（按英文字母排序）

名称	提交者
MARS	IBM 公司
RC6	RSA 公司
Rijndael	Joan Daemen，Vincent Rijmen
Serpent	Anderson，Biham，Knudsen
Twofish	Counterpane 公司

4.3.4　Rijndael

1. Rijndael分组密码算法

Rijndael 密码算法是由比利时密码学家 Joan Daemen 和 Vincent Rijmen 设计的分组密码算法，于 2000 年被选为新一代的标准密码算法——AES。之后，越来越多的密码软件支持了这种算法。Rijndael 分组密码算法的分组长度和密钥长度可以分别以 32 比特为单位在（128 ~ 256）比特的范围内进行选择。不过在 AES 的规格中，分组长度固定为 128 比特，密钥长度只有 128、192 和 256 比特三种。

Rijndael 分组密码算法的加密过程和解密过程与 DES 密码算法一样，它也是由多个轮构成的，其中每一轮分为 SubBytes、ShiftRows 、MixColumns 和 AddRoundKey 这 4 个步骤。DES 密码算法使用 Feistel 网络作为其基本结构，而 Rijndael 没有使用 Feistel 网络，而是使用了 SPN 结构。

Rijndael 分组密码算法的输入分组为 128 比特，即 16 字节。首先，需要逐个字节地对 16 字节的输入数据进行 SubBytes 处理。所谓 SubBytes，就是以每个字节的值（0 ~ 255 之间的任意值）为索引，从一张拥有 256 个值的替换表（S-Box）中查找出对应值的处理。也就是说，要将一个 1 字节的值替换成另一个 1 字节的值。这个步骤用语言来描述比较麻烦，大家可以将它想象为简单替换密码的 256 个字母。 图 4-11 所示为在 4 × 4=16 字节的数据中通过 S-Box 替换 1 字节的情形。

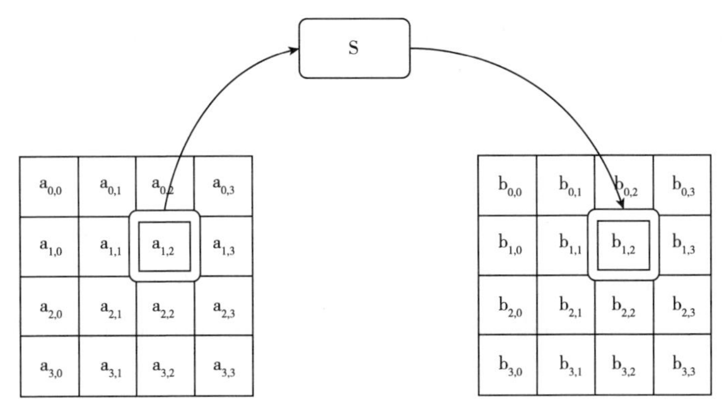

图 4-11 SubBytes（逐字节替换）

2. Rijndael分组密码算法的破译

对于 Rijndael 分组密码算法来说，可能会出现以前并不存在的新的攻击方式。尽管书中没有涉及，但 Rijndael 分组密码算法的背后有着严谨的数学结构，也就是说从明文到密文的计算过程可以全部用公式来表达，这是以前任何密码算法都不具备的性质。如果 Rijndael 分组密码算法的公式能够通过数学运算来求解，就意味着 Rijndael 分组密码算法能够通过数学方法进行破译，而这也就为新的攻击方式的产生提供了可能。不过，这也只是一种假设而已，实际上到目前为止还没有出现针对 Rijndael 分组密码算法的有效攻击。

在区块链的钱包文件 Keystore 中，普遍使用 AES 加密算法。

4.3.5 对称密码算法的选择

前面我们介绍了 DES、三重 DES 和 AES 等对称密码算法，那么我们到底应该使用哪一种对称密码算法呢？

首先，DES 密码算法不应再用于任何新的用途，因为随着计算机技术的进步，用暴力破解法已经能够在一定时间内完成对 DES 密钥的破译。但是，在某些情况下也需要保持与旧版本软件的兼容性。其次，我们也没有理由将三重 DES 密码算法用于任何新的用途，尽管在一些重视兼容性的环境中还会继续使用，但它逐渐会被 AES 取代。

现在大家应该使用的算法是 AES（Rijndael），因为它安全、快速，而且能够在各种平台上工作。此外，由于全世界的密码学家都在对 AES 进行不断的验证，因此即便发现它有什么缺陷，也会立刻告知全世界并修复这些缺陷。

AES 最终候选算法名单中的其他算法应该可以作为 Rijndael 分组密码算法的备份。与 Rijndael 分组密码算法一样，这些密码算法也都经过了严格的测试，且没有发现任何弱点。但 NIST 最终选择的标准只有 Rijndael 分组密码算法，官方并没有认可将其他最终候选算法作为备份来使用。

此外，我们不应该使用任何自制的密码算法，而是应该使用 AES 密码算法。因为 AES 密码算法在其选定过程中，经过了全世界密码学家的高品质的验证工作，而对于自制的密码算法则很难进行这样的验证。

上面这些是世界上通用的对称加密算法，第 5 章还会介绍国密算法（中国制定的加密算法标准）。

使用一种密钥空间巨大，且在算法上没有弱点的对称密码，就可以通过密文来确保明文的机密性。巨大的密钥空间能够抵御暴力破解，算法上没有弱点可以抵御其他类型的攻击。然而，用对称密码进行通信时，还会出现密钥的配送问题，即如何将密钥安全地发送给接收者。为了解决密钥配送问题，我们需要非对称密码算法，也称为公私钥密码技术。

4.4 分组密码

在对称加密部分介绍的 DES 密码算法和 AES 密码算法都属于分组密码算法，它们只能加密固定长度的明文。如果需要加密任意长度的明文，就需要对分组密码进行迭代，而分组密码的迭代方法就称为分组密码的模式（mode）。

分组密码有多种模式，如果模式的选择不恰当，就无法充分保证机密性。我们首先讲解分组密码与流密码，然后按顺序讲解分组密码的主要模式（ECB、CBC、CFB、OFB、CTR），最后再来考察一下到底应该使用哪一种模式。

4.4.1 分组密码的模式

1. 分组密码简介

密码算法可以分为分组密码和流密码两种。

分组密码（blockcipher）是每次只能处理特定长度的一块数据的一类密码算法，这里的“一块”就称为分组（block）。此外，一个分组的比特数称为分组长度（block length）。例如，DES 密码算法和三重 DES 密码算法的分组长度都是 64 比特。这些密码算法一次只能加密 64 比特的明文，并生成 64 比特的密文。AES 密码算法的分组长度为 128 比特，因此 AES 密码算法一次可加密 128 比特的明文，并生成 128 比特的密文。

流密码（streamcipher）是对数据流进行连续处理的一类密码算法。流密码中一般以 1 比特、8 比特或 32 比特等为单位进行加密和解密。

分组密码处理完一个分组就结束了，因此不需要通过内部状态来记录加密的进度；相对地，流密码是对一串数据流进行连续处理，因此需要保持内部状态。

在“对称加密”部分介绍的算法中，只有一次性密码本属于流密码，而 DES、三重 DES、AES（Rijndael）等大多数对称密码算法都属于分组密码。

2. 模式简介

分组密码算法只能加密固定长度的分组，但是我们需要加密的明文长度可能会超过分组密码的分组长度，这时就需要对分组密码算法进行迭代，以便将一段很长的明文全部加密。而迭代的方法就称为分组密码的模式。

很多读者可能会认为："如果明文过长，则将明文分割成若干个分组，然后再逐个加密即可"，但事实并没有那么简单。一般地，将明文分割成多个分组并逐个加密的方法称为 ECB 模式，这种模式具有很大的弱点。对密码不是很了解的程序员在编写加密软件时经常会使用 ECB 模式，但这样做会在不经意间产生安全漏洞，因此强烈建议大家不要使用 ECB 模式。

模式有很多种类，分组密码的主要模式有以下 5 种。

· ECB 模式：Electronic CodeBook mode（电子密码本模式）。

· CBC 模式：Cipher Block Chaining mode（密码分组链接模式）。

· CFB 模式：Cipher FeedBack mode（密文反馈模式）。

· OFB 模式：Output FeedBack mode（输出反馈模式）。

· CTR 模式：CounTeR mode（计数器模式）。

3. 明文分组与密文分组

明文分组是指对分组密码算法中作为加密对象的明文进行分组。明文的分组长度与分组密码算法的分组长度是相等的。

使用分组密码算法将明文分组加密之后所生成的分组叫作密文分组（如图 4-12 所示）。

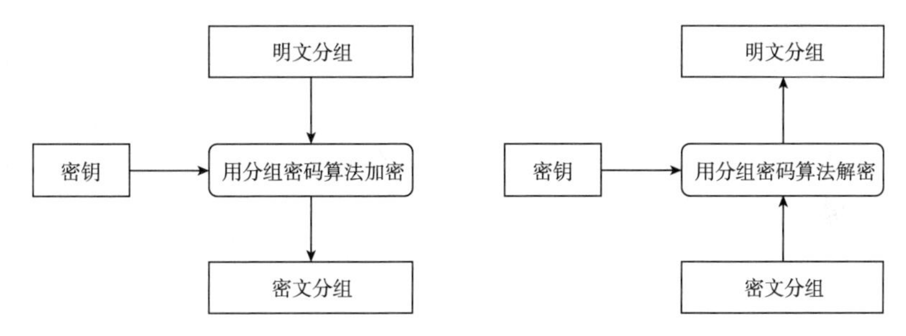

图 4-12　明文分组与密文分组

为了避免图示变得复杂，下文将"用分组密码算法加密"简写为"加密"，并省略对密钥的描述。

4.4.2　ECB 模式

将明文分组直接加密的方式就是 ECB 模式，这种模式非常简单，但存在弱点，通常不会被使用。

在 ECB 模式中，将明文分组加密之后的结果将直接成为密文分组（如图 4-13 所示）。

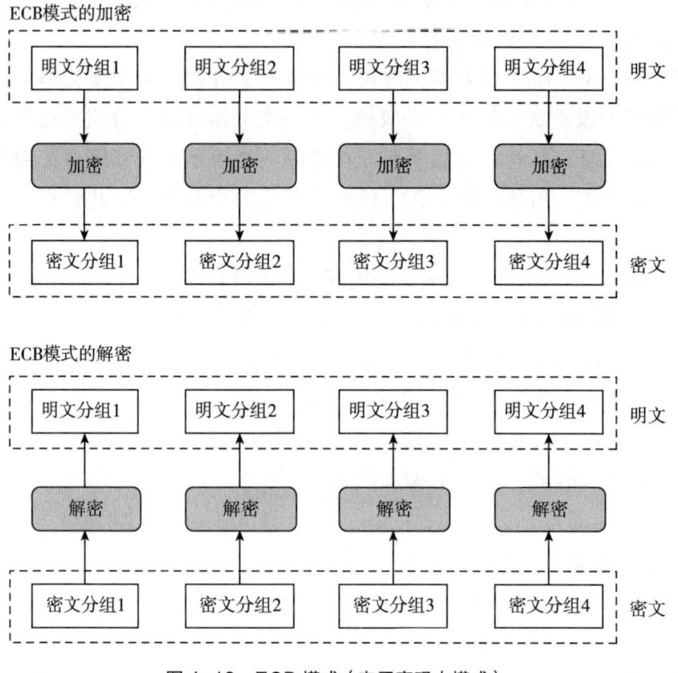

图 4-13　ECB 模式（电子密码本模式）

使用 ECB 模式加密时，相同的明文分组会被转换为相同的密文分组，也就是说，我们可以将其理解为一个巨大的“明文分组→密文分组”的对应表，因此 ECB 模式也称为电子密码本模式。当最后一个明文分组的内容小于分组长度时，需要用一些特定的数据进行填充（padding）。

1. ECB模式的特点

ECB 模式是所有模式中最简单的一种。在 ECB 模式中，明文分组与密文分组是一一对应的关系，由于相同的明文分组最终将被转换为相同的密文分组。所以，只要观察一下密文，就可以知道明文中存在怎样的重复组合，并可以以此为线索来破译密码，因此 ECB 模式是存在一定风险的。

2. 对 ECB模式的攻击

在 ECB 模式中，每个明文分组都各自独立地进行加密和解密，这其实是一个很大的弱点。假如存在主动攻击者 Mallory，他能够改变密文分组的顺序。当接收者对密文进行解密时，由于密文分组的顺序被改变了，因此相应的明文分组的顺序也会被改变。也就是说，攻击者 Mallory 无须破译密码，也不需要知道分组密码算法，他只要知道哪个分组记录了什么数据（即电文的格式），就能够操纵明文。

4.4.3　CBC 模式

CBC 模式是将前一个密文分组与当前明文分组的内容混合起来进行加密的，这样就可以避免 ECB 模式的弱点。

CBC 模式的全称是 Cipher Block Chaining 模式（密文分组链接模式），之所以叫这个名字，是因为密文分组像链条一样相互连接在一起。在 CBC 模式中，首先将明文分组与前一个密文分组进行 XOR 运算，然后再进行加密（如图 4-14 所示）。

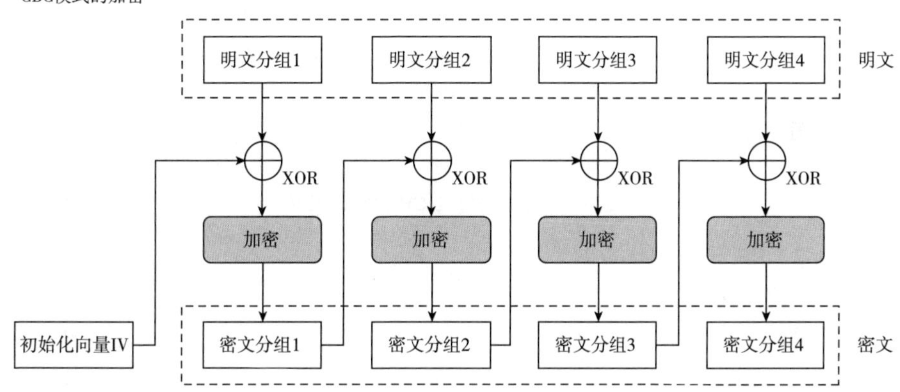

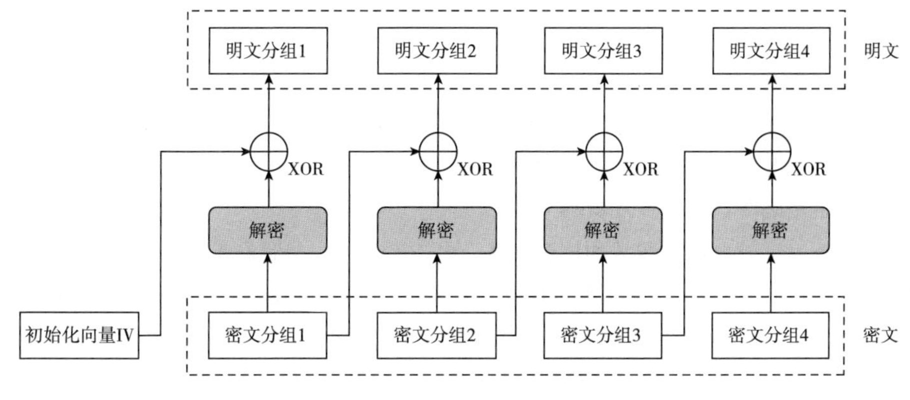

图 4-14　CBC 模式（密文分组链接模式）

如果将一个分组的加密过程分离出来，就可以很容易地比较出 ECB 模式和 CBC 模式的区别。ECB 模式只进行了加密，而 CBC 模式则在加密之前进行了一次 XOR（如图 4-15 所示）。

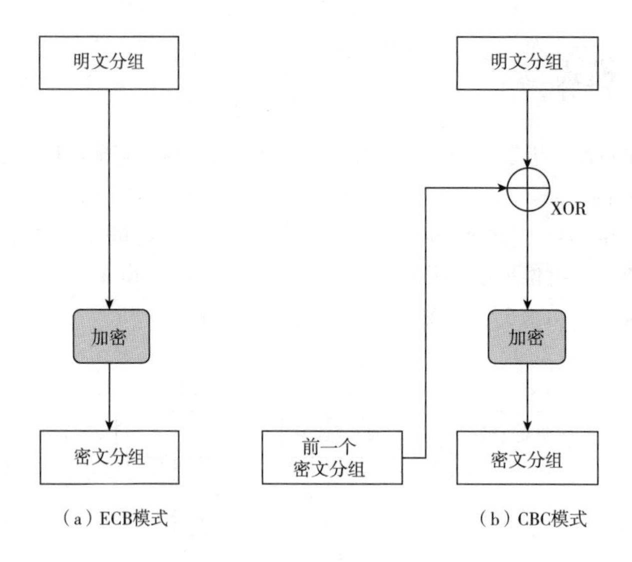

图 4-15　ECB 模式与 CBC 模式的比较

1. 初始化向量

当加密第一个明文分组时，由于不存在“前一个密文分组”，因此需要事先准备一个长度为一个分组的比特序列来代替“前一个密文分组”，这个比特序列称为初始化向量（Initialization Vector，IV）。一般来说，每次加密时都会随机产生一个不同的比特序列来作为初始化向量。

2. CBC模式的特点

明文分组在加密之前一定会与“前一个密文分组”进行 XOR 运算，因此即便明文分组 1 和明文分组 2 的值是相等的，密文分组 1 和密文分组 2 的值也不一定相等。这样一来，ECB 模式的缺陷在 CBC 模式中就不存在了。

下面详细看一看 CBC 模式的加密过程。在 CBC 模式中，我们无法单独对一个中间的明文分组进行加密。例如，如果要生成密文分组 3，则至少需要凑齐明文分组 1 ~ 3 才行。我们再来看看 CBC 模式的解密过程。现在假设 CBC 模式加密的密文分组中有一个分组损坏了（例如，由于硬盘故障导致密文分组的值发生了改变等）。在这种情况下，只要密文分组的长度没有发生变化，则解密时最多只会有 2 个分组受到数据损坏的影响。

图 4-16 所示是在 CBC 模式下对存在损坏的分组的密文进行解密的情形。

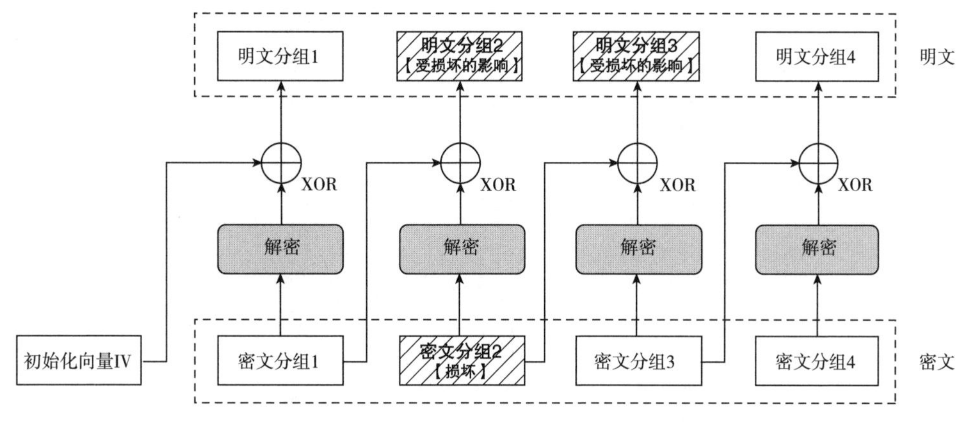

图 4-16　在 CBC 模式下密文分组损坏时的解密情形

假设 CBC 模式的密文分组中有一些比特缺失了（例如，由于通信错误导致没有收到某些比特等），那么此时即便只缺失了 1 比特，也会导致密文分组的长度发生变化，此后的分组发生错位。这样一来，缺失比特的位置之后的密文分组也就全部无法解密了。

3. 对CBC模式的攻击

假设主动攻击者 Mallory 的目的是通过修改密文来操纵解密后的明文。如果 Mallory 能够对初始化向量中的任意比特进行反转（即将 1 变为 0，将 0 变为 1），则明文分组（解密后得到的明文分组）中相应的比特也会被反转。这是因为在 CBC 模式的解密过程中，第一个明文分组会和初始化向量进行 XOR 运算（如图 4-17 所示）。

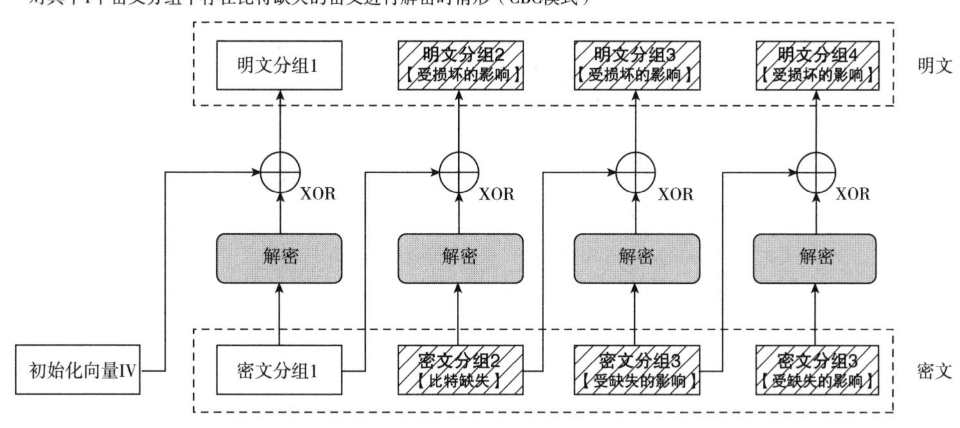

图 4-17　在 CBC 模式下密文分组存在缺失的比特时的解密

通过对初始化向量进行比特反转来对明文分组进行比特反转攻击（如图 4-18 所示）。

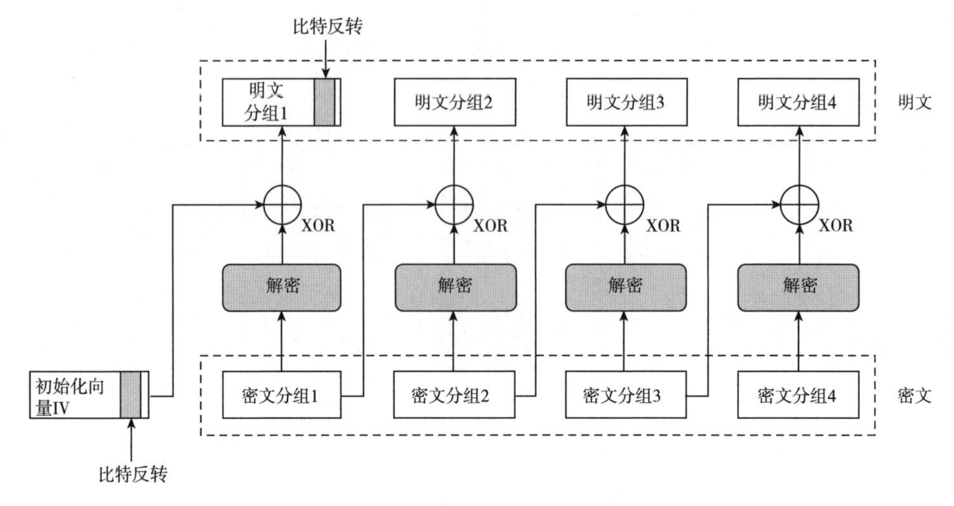

图 4-18　对 CBC 模式的攻击（初始化向量的比特反转）

这样，Mallory 就可以对初始化向量（IV）进行攻击，但是想要对密文分组也进行同样的攻击就非常困难了。例如，如果 Mallory 将密文分组 1 中的某个比特进行了反转，则明文分组 2 中相应的比特也会被反转，然而这 1 比特的变化却会对解密后的明文分组 1 中的多个比特造成影响。也就是说，只让明文分组 1 中 Mallory 所期望的特定比特发生变化是很困难的。另外，通过使用消息认证码，还能够判断出数据有没有被篡改。

4. 填充提示攻击

填充提示攻击（Padding Oracle Attack）是一种利用分组密码中的填充部分进行攻击的方法。在分组密码中，当明文长度不为分组长度的整数倍时，需要在最后一个分组中填充一些数据使其凑满一个分组长度。 在填充提示攻击中，攻击者会反复发送一段密文，每次发送时都对填充的数据进行少许改变。由于接收者（服务器）在无法正确解密时会返回一个错误消息，攻击者通过这一错误消息就可以获得一部分与明文相关的信息。这一攻击方式并不仅限于 CBC 模式，而是适用于所有需要进行分组填充的模式。

2014 年，对 SSL 3.0 造成重大影响的 POODLE 攻击实际上就是一种填充提示攻击。要防御这种攻击，需要对密文进行认证，确保这段密文的确是由合法的发送者在知道明文内容的前提下生成的。

5. 对初始化向量进行攻击

初始化向量（IV）必须使用不可预测的随机数。然而在 SSL/TLS 的 TLS 1.0 版本协议中，IV 并没有使用不可预测的随机数，而是使用了上一次 CBC 模式加密时的最后一个分组。为了防止攻击者对此进行攻击，TLS 1.1 以上的版本中改为了必须显式地传送 IV。

6. CBC 模式的应用实例

确保互联网安全的通信协议之一 SSL/TLS，就是使用 CBC 模式来确保通信的机密性的。CBC 模式的其他应用还包括三重 DES 密码算法的 3DES_EDE_CBC 以及 AES 密码算法的 AES_256_CBC 等。

4.4.4 CFB 模式

CFB 模式的全称是 Cipher FeedBack 模式（密文反馈模式）。在 CFB 模式中，前一个密文分组会被送回到密码算法的输入端。所谓反馈，这里指的就是返回输入端（如图 4-19 所示）。

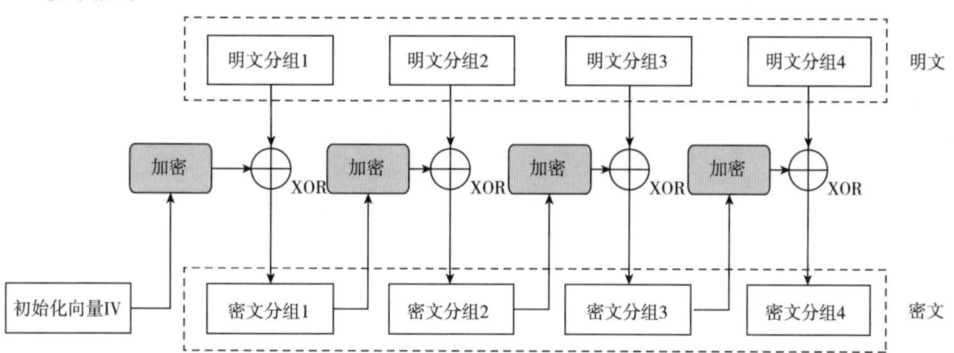

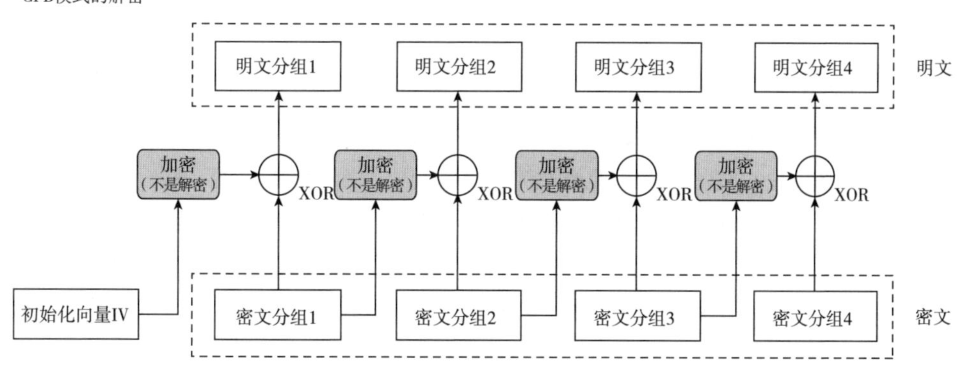

图 4-19 CFB 模式（密文反馈模式）

在 ECB 模式和 CBC 模式中，明文分组都是通过密码算法进行加密的，然而，在 CFB 模式中，明文分组并没有通过密码算法直接进行加密。从图 4-19 可以看出，明文分组和密文分组之间并没有经过“加密”这一步骤。在 CFB 模式中，明文分组和密文分组之间只有一个 XOR。

将 CBC 模式与 CFB 模式对比一下，就可以看出其中的差异了（如图 4-20 所示）。在 CBC 模式中，明文分组和密文分组之间有 XOR 和加密两个步骤，而在 CFB 模式中，明文分组和密文分组之间则只有 XOR（如图 4-20 所示）。

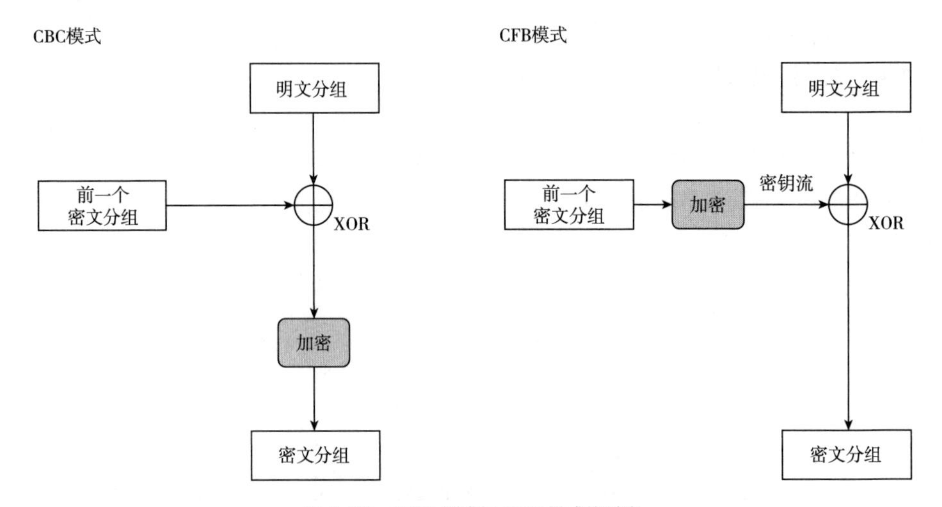

图 4-20　CBC 模式与 CFB 模式的对比

1. 初始化向量

在生成第一个密文分组时，由于不存在前一个输出的数据，因此需要使用初始化向量（IV）来代替，这一点和 CBC 模式是相同的。一般来说，我们需要在每次加密时生成一个不同的随机比特序列用作初始化向量。

2. CFB模式与流密码

仅通过图 4-20 也许还不太容易理解，其实 CFB 模式的结构与我们介绍的一次性密码本是非常相似的。一次性密码本是通过将“明文”与“随机比特序列”进行 XOR 运算来生成“密文”的；而 CFB 模式则是通过将“明文分组”与“密码算法的输出”进行 XOR 运算来生成“密文分组”的。通过 XOR 进行加密，在这一点上两者是非常相似的。在 CFB 模式中，密码算法的输出相当于一次性密码本中的随机比特序列。由于密码算法的输出是通过计算得到的，并不是真正的随机数，因此 CFB 模式不可能像一次性密码本那样具备理论上不可破译的性质。

4.4.5 OFB 模式

OFB 模式的全称是 Output-Feedback 模式（输出反馈模式）。在 OFB 模式中，密码算法的输出会反馈到密码算法的输入中。

OFB 模式并不是通过密码算法对明文直接进行加密的，而是通过将“明文分组”和“密码算法的输出”进行 XOR 来产生“密文分组”的，在这一点上 OFB 模式和 CFB 模式非常相似（如图 4-21 和图 4-22 所示）。

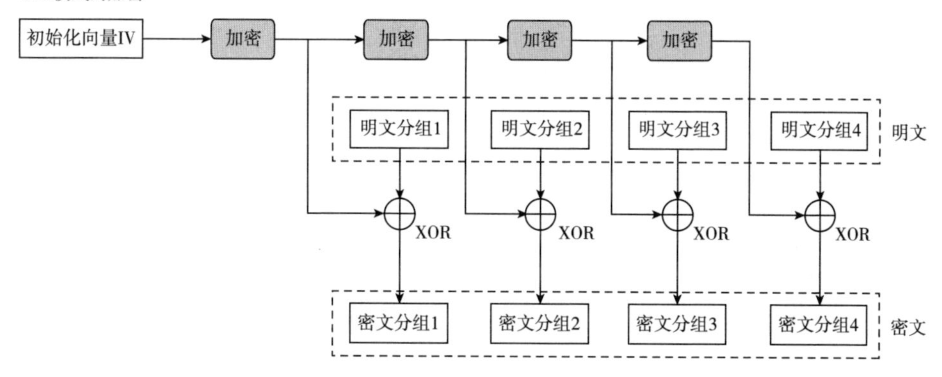

图 4-21 OFB 模式（输出反馈模式）

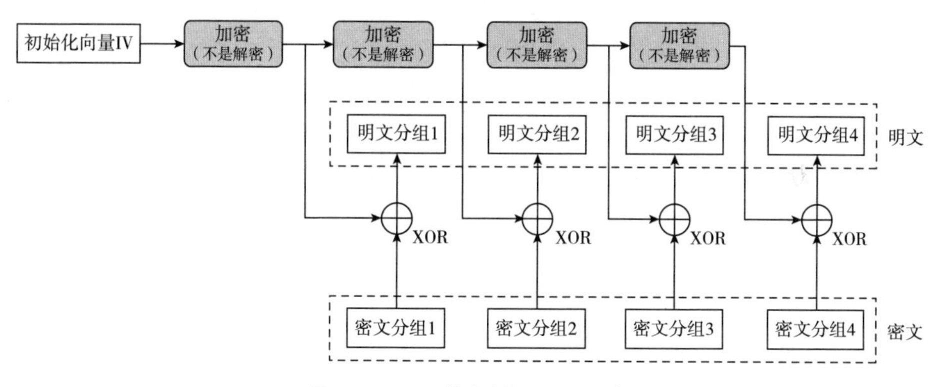

图 4-22 OFB 模式（输出反馈模式）

1. 初始化向量

与 CBC 模式、CFB 模式一样，OFB 模式中也需要使用初始化向量（IV）。一般来说，我们需要在每次加密时生成一个不同的随机比特序列，将其作为初始化向量。

2. CFB模式与OFB模式的对比

CFB 模式和 OFB 模式的区别仅仅在于密码算法的输入。

在 CFB 模式中，密码算法的输入是前一个密文分组，也就是将密文分组反馈到密码算法中，即“密文反馈模式（CFB）”。

相对地，在 OFB 模式中，密码算法的输入则是密码算法的前一个输出，也就是将输出反馈给密码算法，即“输出反馈模式（OFB）”。

如果抽取一个分组，并分别应用 CFB 模式和 OFB 模式进行对比，就可以很容易看出它们之间的差异（如图 4–23 所示）。

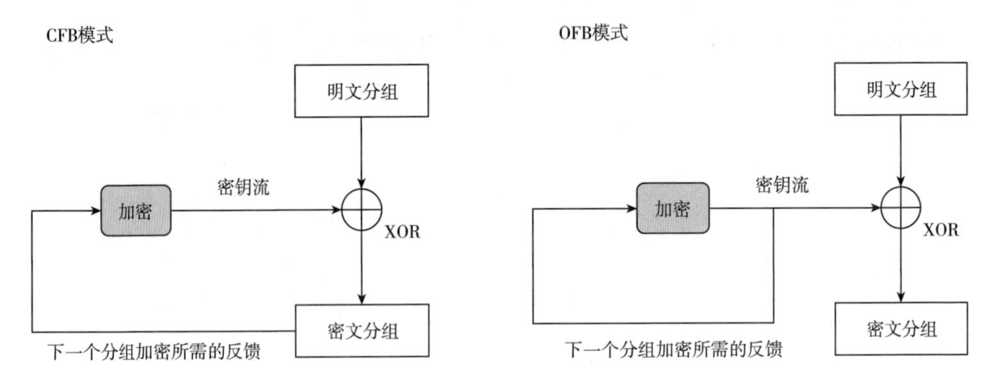

图 4–23　CFB 模式与 OFB 模式的对比

由于在 CFB 模式中需要对密文分组进行反馈，因此必须从第一个明文分组开始按顺序进行加密，也就是说无法跳过明文分组 1 而先对明文分组 2 进行加密。

相对地，在 OFB 模式中，XOR 所需要的比特序列（密钥流）可以事先通过密码算法生成，和明文分组无关。只要提前准备好所需的密钥流，则在实际从明文生成密文的过程中，就完全不需要动用密码算法了，只要将明文与密钥流进行 XOR 就可以了。和 AES 等密码算法相比，XOR 运算的速度是非常快的。这就意味着只要提前准备好密钥流就可以快速完成加密。换个角度来看，生成密钥流的操作和进行 XOR 运算的操作是可以并行的。

4.4.6　CTR 模式

CTR 模式的全称是 CounTeR 模式（计数器模式）。CTR 模式是一种通过将逐次累加的计数器进行加密来生成密钥流的流密码。

在 CTR 模式中，每个分组对应一个逐次累加的计数器，并通过对计数器进行加密来生成密钥流。也就是说，最终的密文分组是通过将计数器加密得到的比特序列与明文分组进行 XOR 而得到的（如图 4–24 所示）。

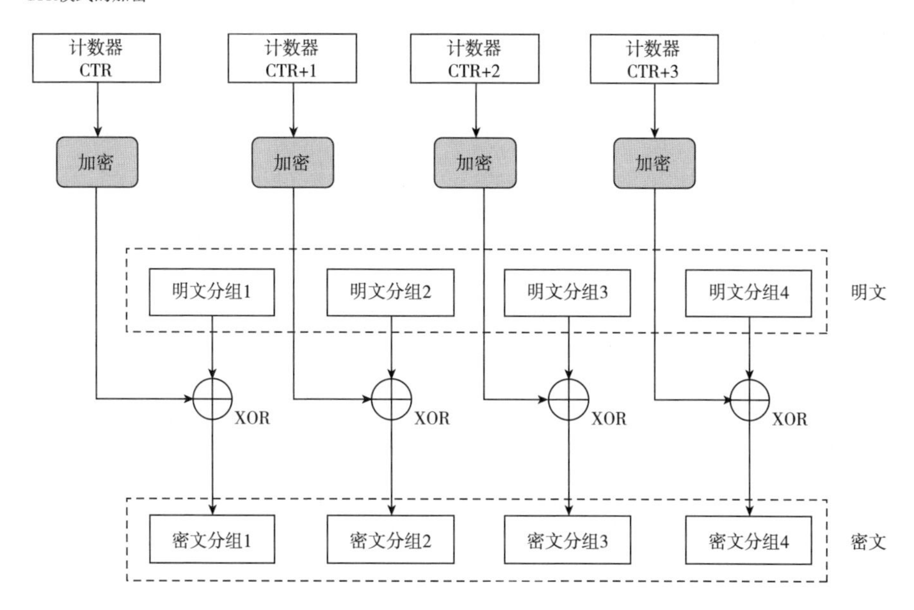

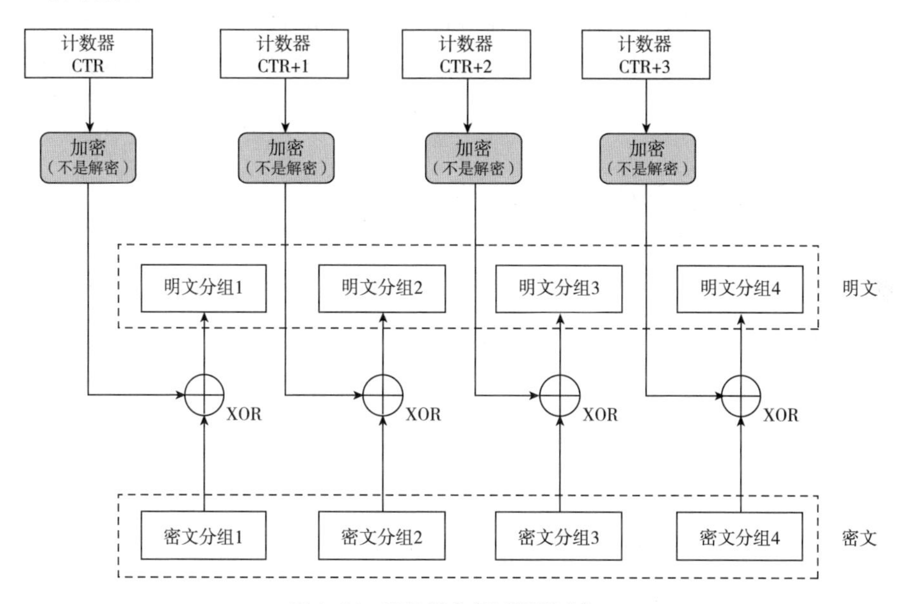

图 4-24 CTR 模式（计数器模式）

1. 计数器的生成方法

每次加密时都会生成一个不同的值（nonce）来作为计数器的初始值。当分组长度为128 比特（16 字节）时，计数器的初始值可能是像下面这样的形式（如图 4–25 所示）。

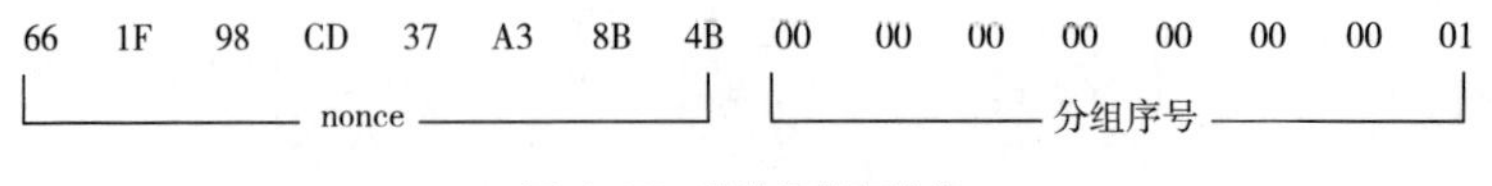

图 4–25　计数器的初始值

其中前 8 个字节为 nonce，这个值在每次加密时必须都是不同的。后 8 个字节为分组序号,这个部分是会逐次累加的。在加密的过程中,计数器的值会产生如下变化（如图 4–26 所示）。

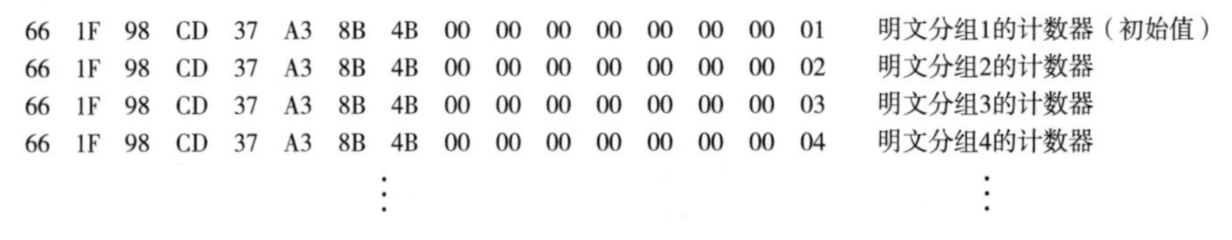

图 4–26　加密过程中计数器的变化

按照上述生成方法，可以保证计数器的值每次都不同。因此，每个分组中将计数器进行加密所得到的密钥流也是不同的。也就是说，这种方法就是用分组密码来模拟生成随机的比特序列。

2. OFB 模式与CTR模式的对比

CTR 模式和 OFB 模式一样，都属于流密码。如果将单个分组的加密过程拿出来，那么 OFB 模式和 CTR 模式之间的差异还是很容易理解的（如图 4–27 所示）。OFB 模式是将加密的输出反馈到输入，而 CTR 模式是将计数器的值用作输入。

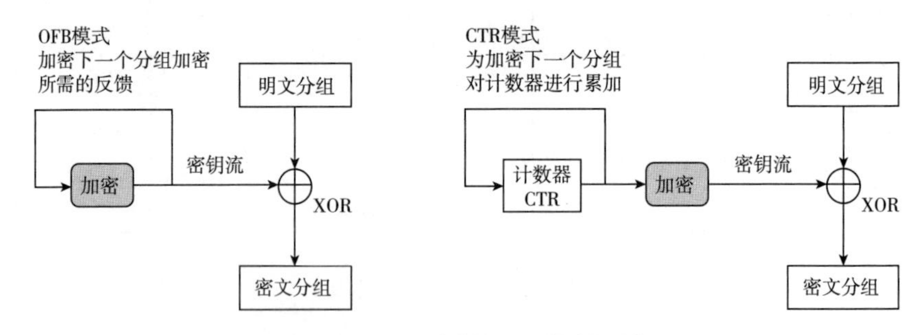

图 4–27　OFB 模式与 CTR 模式的对比

3. CTR 模式的特点

CTR 模式的加密和解密使用了完全相同的结构，因此在程序实现上比较容易。这一特点与同为流密码的 OFB 模式是一样的。

此外，CTR 模式中可以以任意顺序对分组进行加密和解密，因此在加密和解密时需要用到的“计数器”的值可以由 nonce 和分组序号直接计算出来。这一性质是 OFB 模式所不具备的。

能够以任意顺序处理分组，就意味着能够实现并行计算。在支持并行计算的系统中，CTR 模式的速度是非常快的。

4. 错误与机密性

在错误与机密性方面，CTR 模式也具备和 OFB 模式差不多的性质。假设 CTR 模式的密文分组中有一个比特被反转了，则解密后明文分组中仅有与之对应的比特会被反转，这一错误不会放大。

换言之，在 CTR 模式中，主动攻击者 Mallory 可以通过反转密文分组中的某些比特，使解密后明文中的相应比特也发生反转。这一弱点和 OFB 模式是相同的。

不过 CTR 模式具备一个比 OFB 模式好的性质。在 OFB 模式中，如果对密钥流的一个分组进行加密后其结果碰巧和加密前是相同的，那么这一分组之后的密钥流会变成同一值的不断反复。在 CTR 模式中就不存在这一问题。

4.4.7 分组密码模式的选择

前面已经介绍了 ECB、CBC、CFB、OFB 和 CTR 等模式，下面将对这些模式的特点进行总结。表 4-2（分组密码模式的比较）的编写参考了《应用密码学》[Schneier，1996] 一书中的内容。

表 4-2　分组密码模式的比较

模式	名称	优点	缺点	备注
ECB 模式	Electronic CodeBook（电子密码本模式）	• 简单 • 快速 • 支持并行计算（加密、解密）	• 明文中的重复排列会反映在密文中 • 通过删除、替换密文分组可以对明文进行操作 • 对包含某整比特错误的密文进行解密时，对应的分组会出错 • 不能抵御重放攻击	不推荐使用

续表

模式	名称	优点	缺点	备注
CBC模式	Cipher Block Chaining（密文分组链接模式）	• 明文的重复排列不会反映在密文中 • 支持并行计算（仅解密） • 能够解密任意密文分组	• 对包含某些错误比特的密文进行解密时，第一个分组的全部比特以及后一个分组的相应比特会出错 • 加密不支持并行计算	《CRYPTREC密码清单》推荐 《实用密码学》推荐
CFB模式	Cipher FeedBack（密文反馈模式）	• 不需要填充（padding） • 支持并行计算（仅解密） • 能够解密任意密文分组	• 加密不支持并行计算 • 对包含某些错误比特的密文进行解密时，第一个分组的全部比特以及后一个分组的相应比特会出错 • 不能抵御重放攻击	《CRYPTREC密码清单》推荐
OFB模式	Output FeedBack（输出反馈模式）	• 不需要填充（padding） • 可事先进行加密、解密的准备 • 加密、解密时使用相同结构 • 对包含某些错误比特的密文进行解密时，只有明文中相应的比特会出错	• 不支持并行计算 • 主动攻击者反转密文分组中的某些比特时，明文分组中相应的比特也会被反转	《CRYPTREC密码清单》推荐
CTR模式	CounTeR（计数器模式）	• 不需要填充（padding） • 可事先进行加密、解密的准备 • 加密、解密时使用相同结构 • 对包含某些错误比特的密文进行解密时，只有明文中相应的比特会出错 • 支持并行计算（加密、解密）	主动攻击者反转密文分组中的某些比特时，明文分组中相应的比特也会被反转	《CRYPTREC密码清单》推荐 《实用密码学》推荐

首先，希望大家清楚每种模式的缩写。如果能够记住每个模式的名称，在头脑中想象出相应的结构图，就能够清楚每个模式的特点了。

《实用密码学》（Practical Cryptography）[Schneier，2003] 一书推荐使用 CBC 模式和 CTR 模式；而《CRYPTREC 密码清单》[CRYPTREC] 则推荐使用 CBC、CFB、OFB 和 CTR 模式。

分组密码算法的选择固然很重要，但模式的选择也很重要。对模式完全不了解的用户在使用分组密码算法时，最常见的做法就是将明文分组按顺序分别加密，而这样做就相当于使用了安全性最差的 ECB 模式。

相同的分组密码算法，可以根据用途的不同以多种模式来工作。各种模式都有其优点和缺点，因此需要大家在理解这些特点的基础上进行运用。

4.5 非对称加密

在 4.3 节中讲解了对称加密，在此之外还有一个重要的非对称加密，也称为公钥加密。为了便于记忆与对比，本书将其称为非对称加密。

非对称加密在区块链系统中有着非常重要的作用，需要认真理解这部分的内容。从交易的签名到钱包地址的生产，再到隐私算法……区块链系统中到处都是非对称加密的应用。

非对称加密使区块链中的账户系统是去中心化的，这些账号是通过非对称加密算法，使用公钥产生的钱包地址，而不是由中心化的机构分配的。这是去中心化应用中一个重要的技术实现。

4.5.1 密钥配送问题

在对称加密中，由于加密和解密的密钥是相同的，因此必须向接收者配送密钥。用于解密的密钥必须被配送给接收者，这一问题称为密钥配送问题。下面介绍解决密钥配送问题的方法。

1. 通过事先共享密钥来解决

密钥配送问题最简单的一种解决方法，就是事先用安全的方式将密钥交给对方，这称为密钥的事先共享。事先共享密钥尽管有效，但却有一定的局限性。首先，要想事先共享密钥，就需要用一种安全的方式将密钥交给对方。如果对方是公司里坐在你旁边的同事，共享密钥可能非常容易，只要将密钥保存在存储卡中交给他就可以了。然而，要将密钥安全地交给一个线上的朋友就非常困难。如果用邮件等方式发送，则密钥可能会被窃听。另外邮寄存储卡也不安全，因为在邮寄的途中可能会被别人窃取。

此外，即便能够实现事先共享密钥，但在人数很多的情况下，通信所需要的密钥数量也会增大，这就产生了问题。例如，一个公司中的 1000 名员工需要彼此进行加密通信。假设 1000 名员工中每名员工都可以和除自己之外的 999 名员工进行通信，则每名员工就需要 999 个通信密钥，即整个公司所需要的密钥数量为

$$1000 \times 999 \times \frac{1}{2}=499\ 500$$

全公司需要生成 499 500 个密钥，这实在是不现实。因此，事先共享密钥尽管有效，但有一定的局限性。

2. 通过密钥分配中心来解决

如果所有参与加密通信的人都需要事先共享密钥，则密钥的数量会变得巨大，在这样的情况下，可以使用密钥分配中心（Key Distribution Center，KDC）来解决密钥配送问题。

当需要进行加密通信时，密钥分配中心会生成一个通信密钥，每个人只要和密钥分配中心事先共享密钥就可以了。

在公司中，我们先配置一台充当密钥分配中心的计算机。这台计算机中有一个数据库，其中保存了所有员工的密钥。也就是说，如果公司有1000名员工，那么数据库中会保存1000个密钥。

当有新员工入职时，密钥分配中心会为该员工生成一个新的密钥，并保存在数据库中。而新员工则会在入职时从密钥分配中心的计算机上领取自己的密钥，就像领取工作证一样。这样一来，密钥分配中心就拥有了所有员工的密钥，而每个员工则拥有自己的密钥。

密钥分配中心尽管有效，但也有局限。首先，每当员工进行加密通信时，密钥分配中心计算机都需要进行上述处理。随着员工数量的增加，密钥分配中心的负荷也会随之增加。如果密钥分配中心的计算机发生故障，则全公司的加密通信就会瘫痪。

此外，主动攻击者Mallory也可能会对密钥分配中心下手。如果Mallory入侵了密钥分配中心的计算机，并盗取了密钥数据库，则后果会十分严重，因为公司所有的加密通信都会被Mallory破译。因此，如果要使用密钥分配中心，就必须妥善处理上述问题。

3. 通过Diffie-Hellman密钥交换来解决密钥配送问题

解决密钥配送问题的第3种方法，称为Diffie-Hellman密钥交换。这里的交换，并不是指东西坏了换一个，而是指发送者和接收者相互传递信息。

在Diffie-Hellman密钥交换中，进行加密通信的双方需要交换一些信息，而这些信息即便被窃听者Eve窃听到也没有问题。根据所交换的信息，双方可以各自生成相同的密钥，而窃听者Eve却无法生成相同的密钥。Eve虽然能够窃听到双方所交换的信息，但却无法根据这些信息生成和双方相同的密钥。关于Diffie-Hellman密钥交换，感兴趣的读者可以查阅相关资料深入了解。

4. 通过非对称加密来解决密钥配送问题

在对称加密中，加密密钥和解密密钥是相同的，但在非对称加密中，加密密钥和解密密钥却是不同的。只要拥有加密密钥，任何人都可以进行加密，但没有解密密钥是无法解密的。因此，非对称加密的一个重要性质，就是只有拥有解密密钥的人才能够进行解密。

接收者事先将加密密钥发送给发送者，这个加密密钥即便被窃听者获取也没有问题。发送者使用加密密钥对通信内容进行加密并发送给接收者，而只有拥有解密密钥的人（即接收者本人）才能够进行解密。这样一来，就不用将解密密钥发送给接收者了，也就是说，对称加密的密钥配送问题，可以通过使用非对称加密来解决。

4.5.2 非对称加密算法

非对称加密算法需要两个密钥：公开密钥（public key，公钥）和私有密钥（private key，私钥）。公钥与私钥是一对，如果用公钥对数据进行加密，只有用对应的私钥才能解密。因为加密和解密使用的是两个不同的密钥，所以这种算法叫作非对称加密算法。

非对称加密算法实现加密信息交换的基本过程是：甲方生成一对密钥并将公钥公开，需要向甲方发送信息的其他角色（乙方），使用该公钥（甲方）对机密信息进行加密后再发送给甲方；甲方再用自己私钥对加密后的信息进行解密。甲方想要回复乙方时正好相反，使用乙方的公钥对数据进行加密，同理，乙方使用自己的私钥进行解密。

另外，甲方可以使用自己的私钥对机密信息进行签名后再发送给乙方；乙方再用甲方的公钥对甲方发送回来的数据进行验签。

甲方只能用私钥解密由其公钥加密后的任何信息。非对称加密算法的保密性比较好，它解决了用户交换密钥的需要。

非对称加密体制的特点：算法强度复杂、安全性依赖于算法与密钥，但是由于其算法的复杂性，使得加密、解密速度没有对称加密的速度快。对称加密体制中只有一种密钥，并且是非公开的，如果要解密就得让对方知道密钥。所以保证其安全性就是保证密钥的安全，而非对称加密体制有两种密钥，其中一个是公开的，这样就可以不需要像对称加密那样向对方传输密钥了。这样安全性就大了很多。

1. 公钥与私钥

通过分析加密密钥和解密密钥的区别，可以发现：

- 发送者只需要加密密钥
- 接收者只需要解密密钥
- 解密密钥不可以被窃听者获取
- 加密密钥被窃听者获取没有影响

也就是说，解密密钥从一开始就是由接收者自己保管的，因此只要将加密密钥发给发送者，就可以解决密钥配送问题了，而根本不需要配送解密密钥。

在非对称加密中，加密密钥一般是公开的。正是由于加密密钥可以任意公开，因此该密钥被称为公钥（public key）。公钥可以通过邮件直接发送给接收者，可以刊登在报纸的广告栏上，也可以做成看板放在街上，或者做成网页公开给世界上任何人，而完全不必担心被窃听者窃取。

当然，也没有必要非要将公钥公开给全世界所有的人，但至少我们需要将公钥发送给需要使用公钥进行加密的通信对象，也就是给自己发送密文的发送者。

相对地，解密密钥是绝对不能公开的，这个密钥只能由你自己来使用，因此称为私钥（private key）。私钥不可以被任何人知道，包括通信对象。

公钥和私钥是一一对应的，一对公钥和私钥统称为密钥对（key pair）。由公钥进行加密的密文，必须使用与该公钥配对的私钥才能够解密。密钥对中的两个密钥具有非常密切的关系，公钥和私钥是不能分别单独生成的。非对称加密的使用者需要生成一个包括公钥和私钥的密钥对，其中公钥会发送给别人，而私钥仅供自己使用。

2. 公钥密码的历史

1976 年，Whitfield Diffie 和 Martin Hellman 发表了关于公钥密码的设计思想。尽管他们没有提出具体的公钥密码算法，但提出了应该将加密密钥和解密密钥分开，而且还描述了公钥密码应该具备的性质。

1977 年，Ralph Merkle 和 Martin Hellman 共同设计了一种具体的公钥密码算法——Knapsack。该算法申请了专利，但后来被发现并不安全。

1978 年，Ron Rivest、Adi Shamir 和 Reonard Adleman 共同发表了一种公钥密码算法一 RSA（见 4.5.4 小节）。RSA 可以说是现在公钥密码的标准。

此外，公钥密码还有一些鲜为人知的历史。20 世纪 60 年代，英国电子通信安全局（Communications Electronic Security Group，CESG）的 James Ellis 就曾经提出了与公钥密码相同的思路。1973 年，CESG 的 Clifford Cocks 设计出了与 RSA 相同的算法，并且在 1974 年，CESG 的 Malcolm Williamson 也设计出了与 Diffie-Hellman 算法类似的算法。然而，这些历史直到最近才被公布。

3. 公钥通信的流程

下面介绍使用公钥密码的流程。假设 Alice 要给 Bob 发送一条消息，Alice 是发送者，Bob 是接收者，窃听者 Eve 能够窃听到他们的通信内容（如图 4-28 所示）。

在公钥通信中，通信过程是由接收者 Bob 来启动的。

（1）Bob 生成一个包含公钥和私钥的密钥对，私钥由 Bob 自行妥善保管。

（2）Bob 将自己的公钥发送给 Alice。Bob 的公钥被窃听者 Eve 截获也没关系。

（3）Alice 用 Bob 的公钥对消息进行加密。加密后的消息只有用 Bob 的私钥才能够解密。

（4）Alice 将密文发送给 Bob。密文被窃听者 Eve 截获也没关系。Eve 可能拥有 Bob 的公钥，但是用 Bob 的公钥是无法进行解密的。

（5）Bob 用自己的私钥对密文进行解密。

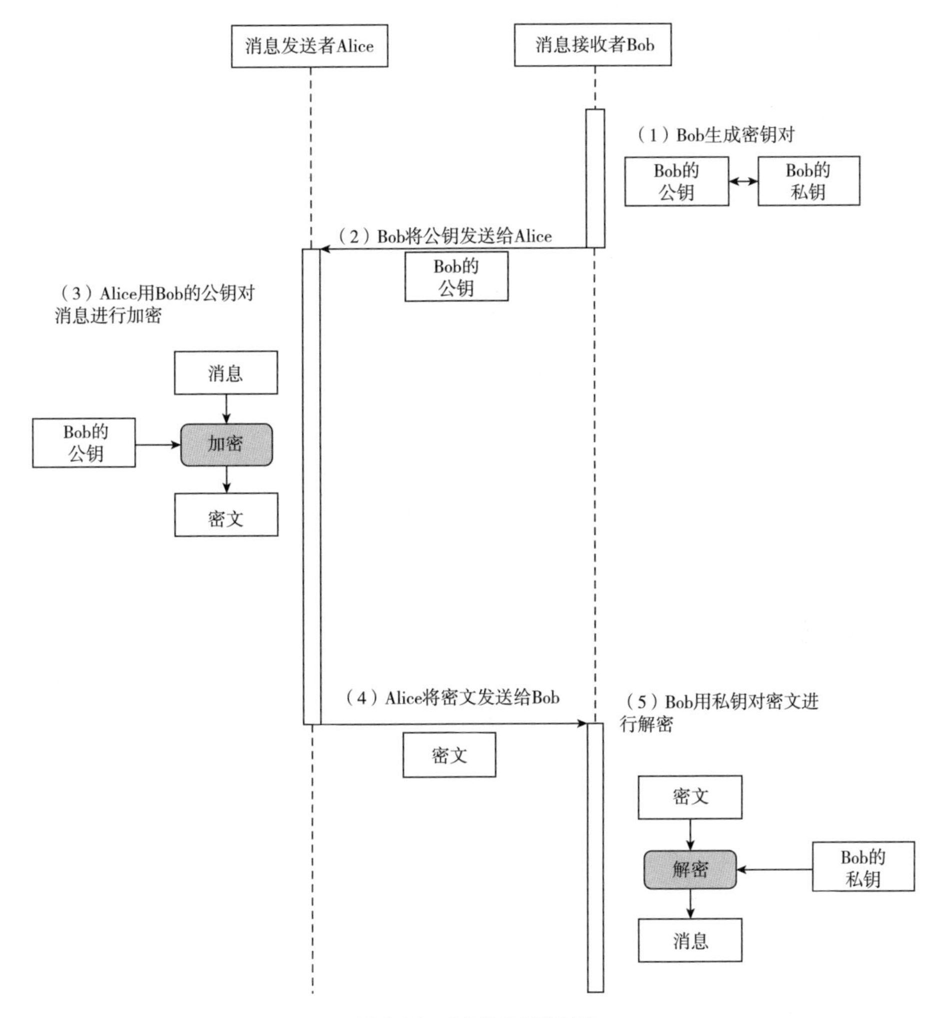

图 4-28　公钥通信的流程图

4. 非对称加密无法解决的问题

非对称加密解决了密钥配送问题，但这并不意味着它能够解决所有问题，因为我们需要判断得到的公钥是否正确合法，这个问题被称为公钥认证问题。关于这个问题，我们将在后面的章节中通过对中间人攻击的讲解来探讨。

此外，由于非对称加密的处理速度只有对称密码的几百分之一，所以在实际的使用中，都是将对称加密与非对称加密结合在一起使用的。在区块链系统中处处都是非对称加密的使用，相信在应用层会出现更多的对称加密与非对称加密结合使用的场景。

4.5.3 时钟运算

在学习公钥密码的代表算法 RSA 之前，我们需要一些数学方面的准备工作，这样便于我们理解这些加密算法的过程与原理。

时钟运算中最重要就是 mod 运算，mod 是除法求余数的运算。时钟运算包含：加法、减法、乘法、除法、乘方、对数。

日常生活中时钟的刻度为 12，在加密算法中时钟可以是一个任意大的值。我们用日常时钟为例，如果进行 mod 运算：

28 mod 12 = 4 就是 28 除以 12 的余数是 4。

时钟加法：10 + 6 → （10+8）mod 12 = 6

时钟减法：10−Y → （10+X）mod 12 = 10

注：求这个 X，就是求时钟减法。减法是加法的逆运算，就是找到减去 Y 和加上 X 是等价的操作。

时钟乘法：8 × 4 → （8 × 4）mod 12 = 8

时钟除法：10 ÷ Y → （8 × X）mod 12 = 10

注：求这个 X，就是求时钟除法。除法是乘法的逆运算，就是找到除以 Y 和乘 X 是等价的操作。在数学运算中，一个小于除数的被除数应该是除不尽的，但在时钟运算中是可以除尽的。

时钟乘方：4^3 → （4^3）mod 12 = 4

时钟对数：4^x → （4^x）mod 12 = 5

注：求这个 X，就是求时钟对数。

关于时钟算法的详细介绍，请读者查阅相关的算法原理书籍。

4.5.4 RSA

非对称加密的密钥分为加密密钥和解密密钥，但这到底是怎样做到的呢？ 我们从了解 RSA 开始，来了解非对称加密。

RSA 是一种公钥密码算法，它的名字是由它的三位开发者，即 Ron Rivest、Adi Shamir 和 Leonard Adleman 的姓氏的首字母组成的（Rivest-Shamir-Adleman），RSA 可以用于公钥密码和数字签名。1983 年，RSA 公司为 RSA 算法在美国申请了专利，但现在该专利已经过期。

1. 非对称加密的代表——RSA的加密过程

在 RSA 中，明文、密钥和密文都是数字。RSA 的加密过程可以用下列公式来表达：

密文 = 明文 ^{E} mod N（RSA 加密过程公式）

也就是说，RSA 的密文是明文的 E 次方对 N 取余的结果。换句话说，就是将明文进行 E 次乘法，然后将其结果除以 N 求余数，这个余数就是密文。

看起来非常简单。仅仅对明文进行乘方运算并取余就是整个加密的过程。在对称密码中，出现了很多复杂的函数和操作，需要将比特序列挪来挪去，还要进行 XOR 等运算才能完成，但 RSA 却不同，它非常简洁。

加密公式中出现的两个数：E 和 N，到底都是什么数呢？从 RSA 加密过程公式可以看出只要知道 E 和 N 这两个数，任何人都可以完成加密。所以，E 和 N 是 RSA 加密的密钥，即 E 和 N 的组合就是公钥。

不过，E 和 N 并不是随便什么数都可以的，它们是经过严密计算得出的。关于 E 和 N 需要具备怎样的性质，我们稍后再进行讲解。顺便说一句，E 是 Encryption（加密）的首字母，N 是 Number（数字）的首字母。

有一个很容易引起误解的地方需要大家注意一下：E 和 N 这两个数并不是密钥对（公钥和私钥的密钥对）。E 和 N 两个数才组成了一个公钥，因此我们一般会写成"公钥是（E，N）"或者"公钥是 {E，N}"的形式，将 E 和 N 用括号括起来。

2. RSA的解密过程

上面已经介绍了 RSA 的加密过程公式，接下来介绍 RSA 的解密过程公式。

RSA 的解密和加密一样简单，可以用下面的公式来表达：

明文 = 密文 ^{D}mod N （RSA 解密过程公式）

也就是说，密文的 D 次方对 N 求余就可以得到明文。换句话说，将密文进行 D 次乘法，再对其结果除以 N 求余数，就可以得到明文。这里使用的数字 N 和加密时使用的数字 N 是相同的。数 D 和数 N 组合起来就是 RSA 的解密密钥，因此 D 和 N 的组合就是私钥。只有知道 D 和 N 两个数的人才能够完成解密运算。

当然，D 也并不是随便什么数都可以。作为解密密钥的 D，和数字 E 有着相当紧密的联系。否则，用 E 加密的结果可以用 D 来解密，这样的机制是无法实现的。

顺便说一句，D 是 Decryption（解密）的首字母，N 是 Number（数字）的首字母。将上面讲过的内容整理一下（如表 4-3 和图 4-29 所示）。

表 4-3　RSA 的加密和解密

密钥对	公钥	数 E 和数 N
	私钥	数 D 和数 N
加密过程公式		密文 = 明文 ^{E} mod N　（密文是明文的 E 次方除以 N 的余数）
解密过程公式		明文 = 密文 ^{D} mod N　（明文是密文的 D 次方除以 N 的余数）

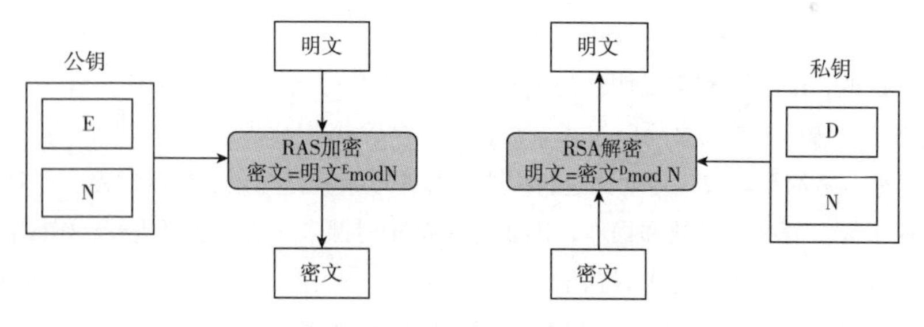

图 4-29　RSA 的加密和解密

3. 密钥对的生成过程

刚刚已经讲过，RSA 的加密、解密过程公式，那么公式中的三个数——E、D 和 N，到底应该如何生成呢？

由于 E 和 N 是公钥，D 和 N 是私钥，因此求 E、D 和 N 这三个数就是生成密钥对。RSA 密钥对的生成步骤如下。

（1）求 N。

（2）求 L（L 是仅在生成密钥对的过程中使用的数）。

（3）求 E。

（4）求 D。

下面我们逐一进行讲解。

本节中会出现很多数学公式，因为有些地方如果不用数学方法，就无法解释。

（1）求 N。

首先准备两个很大的质数。

假设这两个很大的质数为 p 和 q。如果 p 和 q 太小，则密码容易被破译；如果 p 和 q 太大，则计算时间又会变得很长。例如，假设 p 和 q 都是 512 比特，相当于 155 位的十进制数字。

要求出这样大的质数，需要通过伪随机数生成器生成一个 512 比特的数，再判断这个数是不是质数。如果伪随机数生成器生成的数不是质数，就需要用它重新生成另外一个数。

判断一个数是不是质数并不是看它能不能分解质因数，而是通过数学上的判断方法来完成。准备好两个很大的质数之后，将这两个数相乘，其结果就是数 N。也就是说，数 N 可以用下列公式来表达：

$N=p\times q$　　　　　（p、q 为质数）

至于为什么一定要将两个数相乘，要回答这个问题需要一定的数学基础。

（2）求 L。

下面我们来求数 L。L 这个数在 RSA 的加密和解密过程中都不出现，它只出现在生成密钥对的过程中。

L 是 p–1 和 q– 1 的最小公倍数（least common multiple，lcm）。如果用 lcm（X，Y）来表示“X 和 Y 的最小公倍数”，则 L 可以写成下列形式：

L= lcm（p–1，q– 1）　　　　　（L 是 p–1 和 q–1 的最小公倍数）

（3）求 E。

下面来求数 E。

E 是一个比 1 大、比 L 小的数。此外，E 和 L 的最大公约数（greatest common divisor，gcd）必须为 1。如果用 gcd（X，Y）来表示“X 和 Y 的最大公约数”，则 E 和 L 之间存在下列关系：

gcd（E，L）= 1　　　　　　（$1<E<L$）

E 和 L 的最大公约数为 1（E 和 L 互质）

要找出满足 gcd（E，L）= 1 的数，还是要使用伪随机数生成器。通过伪随机数生成器在 1 ~ L 范围内生成 E 的候选数，然后再判断其是否满足 gcd（E，L）=1。求最大公约数可以使用欧几里得的辗转相除法。

简单来说，之所以要加上 E 和 L 的最大公约数为 1 这个条件，是因为要保证一定存在解密时需要使用的数 D。

现在已经求出了 E 和 N，即已经生成了密钥对中的公钥。

（4）求 D。

下面来求数 D。

数 D 是由数 E 计算得到的。D、E 和 L 之间必须具备下列关系。

$$\begin{cases} 1<D<L \\ E \times D \bmod L=1 \end{cases}$$

只要数 D 满足上述条件，则通过 E 和 N 进行加密的密文，就可以通过 D 和 N 进行解密。E × D mod L= 1 这样的公式在 4.5.3 小节的时钟运算中也出现过。要保证存在满足条件的 D，就需要保证 E 和 L 的最大公约数为 1，这也正是（3）中对 E 所要求的条件。简单来说，E × D mod L=1 保证了在对密文进行解密时能够得到原来的明文。

现在我们已经求出了 D 和 N，即生成了密钥对中的私钥。

上面的内容中出现了很多符号和公式，下面先来整理一下（如表 4–4 和图 4–30 所示）。

表 4–4　RSA 中密钥对的生成

（1）求 N	（3）求 E
N=p × q （用伪随机数生成器求 p 和 q，p 和 q 都是质数）	$1<E<L$ god（E,L）=1 （E 和 L 的最大公约数为 1，E 和 L 互质）
（2）求 L	（4）求 D
L=1cm（p–1，q–1） （L 是 p–1 和 q–1 的最小公倍数）	$1<D<L$ E × D mod L=1

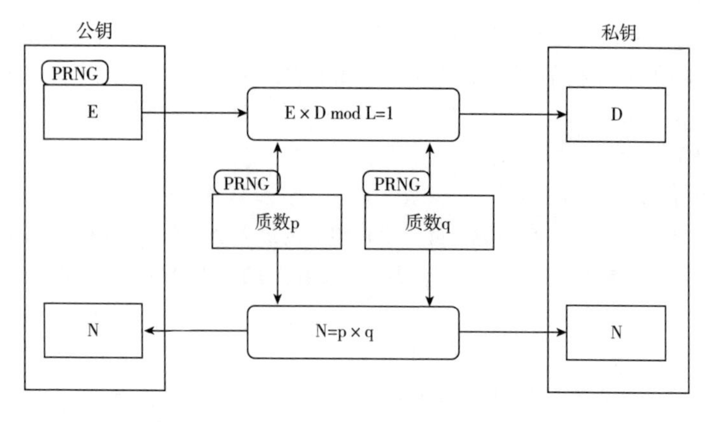

PRNG =伪随机数生成器

L=1cm（p−1,q−1）

gcd（E，L）=1

1<E<L

1<D<L

图 4-30　RSA 密钥对

4. 对RSA的攻击

RSA 的加密是求明文^{E} mod N，解密是求密文^{D} mod N，原理非常简单。但是作为密码算法，机密性是最重要的，而 RSA 的机密性又如何呢？换句话说，密码破译者是不是也能够还原出明文呢？

这个问题非常重要，我们先来整理一下密码破译者知道的以及不知道的信息。

密码破译者知道的信息：

· 密文可以通过窃听来获取

· 数 E 和 N 公钥是公开的信息，因此密码破译者知道 E 和 N

密码破译者不知道的信息：

· 明文需要破译的内容

· 数 D 私钥中至少 D 是未知信息

· 其他密码破译者不知道生成密钥对时所使用的 p、q 和 L

下面来讨论一下 RSA 的破译方法。

（1）通过密文来求得明文。

RSA 的加密过程如下：

密文 = 明文^{E} mod N

由于密码破译者知道密文、E 和 N，那么有没有一种方法能够用已知的密文求出原来的明文呢？如果加密过程没有 mod N，即

密文 = 明文^{E} mod N

此时，通过密文求明文的难度不大，因为这可以看作是一个求对数的问题。

但是，加上 mod N 之后，求明文就变成了求离散对数的问题，这是非常困难的，因为人类还没有发现求离散对数的高效算法。

（2）通过暴力破解找出 D。

只要能知道数 D，就能够对密文进行解密。因此，我们可以逐一尝试有可能作为 D 的数字来破译 RSA，也就是暴力破解法。暴力破解的难度会随着 D 的长度增加而变大，当 D 足够长时，就不可能在有限的时间内通过暴力破解找出数 D。

现在，RSA 中所使用的 p 和 q 的长度都是 1024 比特以上，N 的长度为 2048 比特以上。由于 E 和 D 的长度可以和 N 差不多，因此要找出 D，就需要进行 2048 比特以上的暴力破解。要在这样的长度下用暴力破解找出 D 是极其困难的。

（3）通过 E 和 N 求出 D。

密码破译者不知道 D，但是却知道公钥中的 E 和 N。在生成密钥对的过程中，D 原本也是由 E 通过一定的计算求出来的，那么密码破译者是否能够通过 E 求出 D 呢？

不能。我们来回忆一下生成密钥对的方法，在 D 和 E 的关系式中：

$E \times D \bmod L = 1$

出现的数字是 L，而 L 是 lcm（ρ－1，q－1），因此由 E 计算 D 需要使用 p 和 q。但是密码破译者并不知道 p 和 q，因此不可能通过和生成密钥对时相同的计算方法来求出 D。

对于 RSA 来说，有一点非常重要，那就是质数 p 和 q 不能被密码破译者知道。把 p 和 q 交给密码破译者与把私钥交给密码破译者是等价的。

（4）对 N 进行质因数分解攻击。

p 和 q 不能被密码破译者知道，但是 $N=p \times q$，而且 N 是公开的，那么能不能由 N 求出 p 和 q 呢？ p 和 q 都是质数，因此由 N 求 p 和 q 只能通过将 N 进行质因数分解来完成。我们可以说：

一旦发现了对大整数进行质因数分解的高效算法，RSA 就能够被破译。

如果能够快速对大整数进行质因数分解，就能够将 N 分解成质因数 p 和 q，然后就可以求出 D，这是事实。

然而，现在我们还没有发现对大整数进行质因数分解的高效算法，而且也尚未证明质因数分解是否真的是非常困难的问题，甚至也不知道是否存在一种分解质因数的简单方法。

（5）通过推测 p 和 q 进行攻击。

即便不进行质因数分解，密码破译者还是有可能知道 p 和 q。由于 p 和 q 是通过伪随机数生成器产生的，如果伪随机数生成器的算法很差，密码破译者就有可能推测出 p 和 q，因此使用能够被推测出来的随机数是非常危险的。

（6）其他攻击。

只要对 N 进行质因数分解并求出 p 和 q，就能够求出 D。

至于“求 D”与“对 N 进行质因数分解”是否等价，这个问题需要通过数学方法证明。2004 年，Alexander May 证明了“求 D”与“对 N 进行质因数分解”在确定性多项式时间内是等价的 D。这样的方法目前还没有出现，而且我们也不知道是否真的存在这样的方法。

（7）中间人攻击。

下面介绍一种名为中间人攻击（ man-in-the-middle attack ）的攻击方法。这种方法虽然不能破译 RSA，但是一种针对机密性的有效攻击。

所谓中间人攻击，就是主动攻击者 Mallory 混入发送者和接收者的中间，对发送者伪装成接收者，对接收者伪装成发送者的攻击方式，在这里，Mallory 就是“中间人”。

现在，发送者 Alice 准备向接收者 Bob 发送一封邮件，为了解决密钥配送问题，他们使用了公钥密码。Mallory 位于通信路径中，假设他能够任意窃听或篡改邮件的内容，也可以拦截邮件使对方无法接收到。

① Alice 向 Bob 发送邮件索取公钥。

“To Bob : 请把你的公钥发给我。From Alice”

② Mallory 通过窃听发现 Alice 在向 Bob 索取公钥。

③ Bob 看到 Alice 的邮件，并将自己的公钥发送给 Alice。

“To Alice : 这是我的公钥。From Bob”

④ Mallory 拦截 Bob 的邮件，使其无法发送给 Alice。然后，他悄悄地将 Bob 的公钥保存起来，他稍后会用到 Bob 的公钥。

⑤ Mallory 伪装成 Bob，将自己的公钥发送给 Alice。

“To Alice : 这是我的公钥。From Bob”（其实是 Mallory）

⑥ Alice 将自己的消息用 Bob 的公钥（其实是 Mallory 的公钥）进行加密。

“To Bob : 我爱你。From Alice”

但是，Alice 所持有的并非 Bob 的公钥而是 Mallory 的公钥，因此 Alice 是用 Mallory 的公钥对邮件进行加密的。

⑦ Alice 将加密后的消息发送给 Bob。

⑧ Mallory 拦截 Alice 的加密邮件。这封加密邮件是用 Mallory 的公钥进行加密的，因此 Mallory 能够对其进行解密，于是 Mallory 就看到了 Alice 发给 Bob 的情书。

⑨ Mallory 伪装成 Alice 写一封假的邮件 。

“To Bob : 我讨厌你。From Alice”（其实是 Mallory）

然后，他用④中保存下来的 Bob 的公钥对这封假邮件进行加密，并发送给 Bob。

⑩ Bob 用自己的私钥对收到的邮件进行解密，然后他看到消息的内容是 :

“To Bob : 我讨厌你。From Alice”

他伤心极了。

上述过程可以反复多次，Bob 向 Alice 发送加密邮件时也可能受到同样的攻击，因此

Bob 即便要发邮件给 Alice 以询问她真正的想法，也会被 Mallory 随意篡改。

这种攻击不仅针对 RSA，而是可以针对任何公钥密码。在这个过程中，公钥密码并没有被破译，所有的密码算法也都正常工作并确保了机密性。然而，所谓的机密性并非在 Alice 和 Bob 之间，而是在 Alice 和 Mallory 之间，以及 Mallory 和 Bob 之间建立的。仅靠公钥密码本身，是无法防御中间人攻击的。

我们好不容易用公钥密码解决了密钥配送问题，又出现了中间人攻击，真是一波未平一波又起。要防御中间人攻击，还需要一种手段来确认所收到的公钥是否真的属于 Bob，这种手段称为认证。在这种情况下，我们可以使用公钥的证书。

（8）选择密文攻击 .

在研究密码算法的强度时，我们会假设攻击者有能力获得一些关键信息。例如，假设攻击者已经知道我们所使用的密码算法，只是不知道密钥而已。

在选择密文攻击（Chosen Ciphertext Attack）中，我们假设攻击者可以使用这样一种服务，即“发送任意数据，服务器都会将其当作密文来解密并返回解密的结果”，这种服务称为解密提示（Decryption Oracle）。当然，上面提到的“任意数据”并不包括攻击者试图攻击的那一段密文本身。能够利用解密提示，对于攻击者来说是一个非常有利的条件。因为他可以生成各种不同的数据，并让解密提示来尝试解密，从而获得与生成想要攻击的密文时使用的密钥以及明文有关的部分信息。换句话说，如果一种密码算法能够抵御选择密文攻击，则我们可以认为这种算法的强度很高。

也许大家会觉得攻击者能使用解密提示的假设太荒唐，其实并非如此。网络上很多服务器在收到格式不正确的数据时都会向通信对象返回错误消息，并提示“这里的数据有问题”。然而，在使用密码进行通信的情况下，这种看似很贴心的设计却会让攻击者有机可乘。攻击者可以向服务器反复发送自己生成的伪造密文，并通过分析服务器返回的错误消息和响应时间获得一些关于密钥和明文的信息。在上述场景中，服务器的行为实际上已经十分接近于解密提示了。

当然，通过选择密文攻击并不能破译 RSA。但是研究者发现，通过选择密文攻击，攻击者能够获得关于密文所对应的明文的少量信息。

那么我们来思考一下，如何改进 RSA 才能抵御选择密文攻击呢？只要我们在解密时能够判断“密文是否是由知道明文的人通过合法的方式生成的”就可以了。换句话说，也就是对密文进行“认证”。RSA-OAEP（Optimal Asymmetric Encryption Padding，最优非对称加密填充）正是基于上述思路设计的一种 RSA 改良算法（RFC2437）。

RSA-OAEP 在加密时会在明文前面填充一些认证信息，包括明文的散列值以及一定数量的 0，然后再对填充后的明文用 RSA 进行加密。在 RSA-OAEP 的解密过程中，如果在 RSA 解密后的数据的开头没有找到正确的认证信息，则可以断定“这段密文不是由知道明文的人生成的”，并返回一条固定的错误消息 decryption error（这里的重点是，不能将具体的错误内容告知发送者）。这样一来，攻击者就无法通过RSA-OAEP的解密提示获得有用的信息，因此这一算法能够抵御选择密文攻击。在RSA-OAEP的实际运用中，还会通过随机数使每次生成的密文呈现不同的排列方式，从而进一步提高安全性。

4.5.5 椭圆曲线密码ECC

椭圆曲线密码（Elliptic Curve Cryptography，ECC）是最近备受关注的一种公钥密码算法。它的特点是所需的密钥长度比RSA短。

椭圆曲线密码是通过将椭圆曲线上的特定点进行特殊的乘法运算来实现的，它利用了这种乘法运算的逆运算非常困难这一特性。

在区块链的第一个实例比特币中，数字签名算法采用的是椭圆曲线非对称算法。可以使用的曲线有SECP256r1和SECP256k1曲线等。当时，绝大多数程序设计都是采用前者，而中本聪却在比特币系统的设计中采用了后者。后来在2013年，斯诺登爆料说美国国安局（NSA）在部分加密算法中安置了后门，能够让NSA通过后门程序轻易破解各种加密数据，其中SECP256r1就被安置了后门，而SECP256k1却没有。这个设计的选择，使很多人猜测中本聪有美国国家安全局的背景。

关于椭圆曲线的更多知识，我们在第5章中介绍。

4.5.6 其他非对称加密

RSA是现在最为普及的一种公钥密码算法，但除了RSA之外，还有很多其他的公钥密码。

下面简单介绍一下EIGamal方式、Rabin方式。这些密码都可以用于一般的加密和数字签名。

1. EIGamal方式

EIGamal方式是由Taher ElGamal设计的公钥算法。RSA利用了质因数分解的困难度，而EIGamal方式则利用了mod N下求离散对数的困难度。

EIGamal方式有一个缺点，就是经过加密的密文长度会变为明文的两倍，密码软件GnuPG中就支持这种方式。

2. Rabin方式

Rabin方式是由M.O.Rabin设计的公钥算法。Rabin方式利用了mod N下求平方根的困难度。上文中我们提到了破解 RSA 有可能不需要通过对大整数 N 进行质因数分解，而破译 Rabin 方式公钥密码的困难度与质因数分解则是相当的，这一点已经得到了证明。

使用非对称加密算法能够解决密钥配送问题，非对称加密算法是密码学界的一项革命性的发明，现代计算机和互联网中使用的密码技术都得益于公钥密码。非对称加密也为区块链中用去中心化的方式产生账号提供了理论基础。

对称密码通过将明文转换为复杂的形式来保证其机密性，相对地，公钥密码则是基于数学上困难的问题来保证机密性的。例如，RSA 就利用了大整数的质因数分解问题的困难度。因此，对称密码和公钥密码源于两种根本不同的思路。

尽管公钥密码解决了密钥配送问题，但针对公钥密码能够进行中间人攻击。要防御这种攻击，就需要回答“这个公钥是否属于合法的通信对象”的问题。

即使已经有了非对称加密算法，对称加密也不会消失。非对称加密算法的运行速度远远低于对称加密，因此在一般的通信过程中，往往会配合使用这两种算法，即用对称加密算法提高处理速度，用非对称加密算法解决密钥配送问题。这样的方式称为混合密码系统（hybrid cryptosystem）。

4.6 混合密码系统

前面学习了对称加密和非对称加密，在本节中我们将学习由两者结合而成的混合密码系统。混合密码系统用对称密码来加密明文，用公钥密码来加密对称密码中所使用的密钥。通过混合密码系统，就能够在通信中将对称加密和非对称加密的优势结合起来。

4.6.1 混合密码系统概述

通过使用对称加密，我们就能够在通信中确保机密性。然而要在实际中运用对称加密，就必须解决密钥配送问题。

使用非对称密码，就可以避免解密密钥的配送，从而解决了对称加密存在的密钥配送问题。

但是，非对称加密还有两个很大的问题。

（1）公钥密码的处理速度远远低于对称加密（百倍的差异）。

（2）公钥密码难以抵御中间人攻击。

本小节中介绍的混合密码系统可以用来解决上述问题（1），而要解决问题（2），则需要对公钥进行认证。

混合密码系统会先用快速的对称密码来对消息进行加密，这样消息就被转换为了密文，从而保证了消息的机密性。然后，只要保证对称加密的密钥的机密性就可以了。这里就轮到非对称密码出场了，我们可以用公钥密码对加密消息时使用的对称密码的密钥进行加密。由于对称密码的密钥一般比消息本身要短，因此公钥密码速度慢的问题就可以忽略了。

将消息通过对称密码来加密，将加密消息时使用的密钥通过公钥密码来加密，这两步密码机制就是混合密码系统的本质。

下面来罗列一下混合密码系统的组成机制。

· 用对称密码加密消息

· 通过伪随机数生成器生成对称密码加密中使用的会话密钥

· 用公钥密码加密会话密钥

· 从混合密码系统外部赋予公钥密码加密时使用的密钥

混合密码系统运用了伪随机数生成器、对称加密和非对称加密这三种密码技术。正是通过这三种密码技术的结合，才创造出了一种兼具对称加密和非对称加密优点的密码方式。

用混合密码系统可以进行加密和解密操作，如图 4-31 所示。

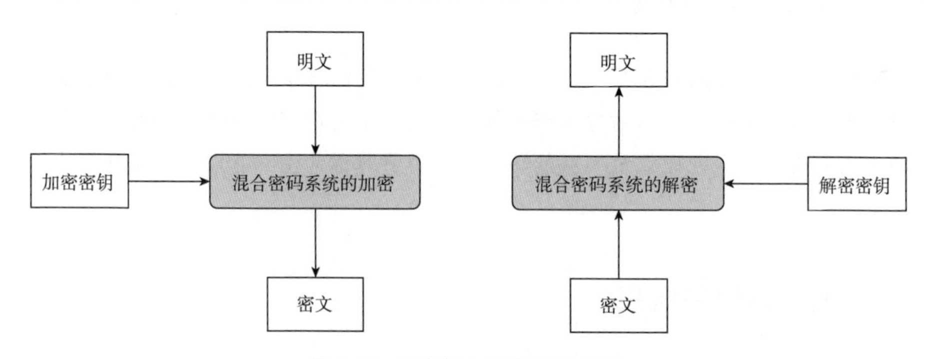

图 4-31　混合密码系统的加密和解密

4.6.2　加密

混合密码系统的加密过程如图 4-32 所示。

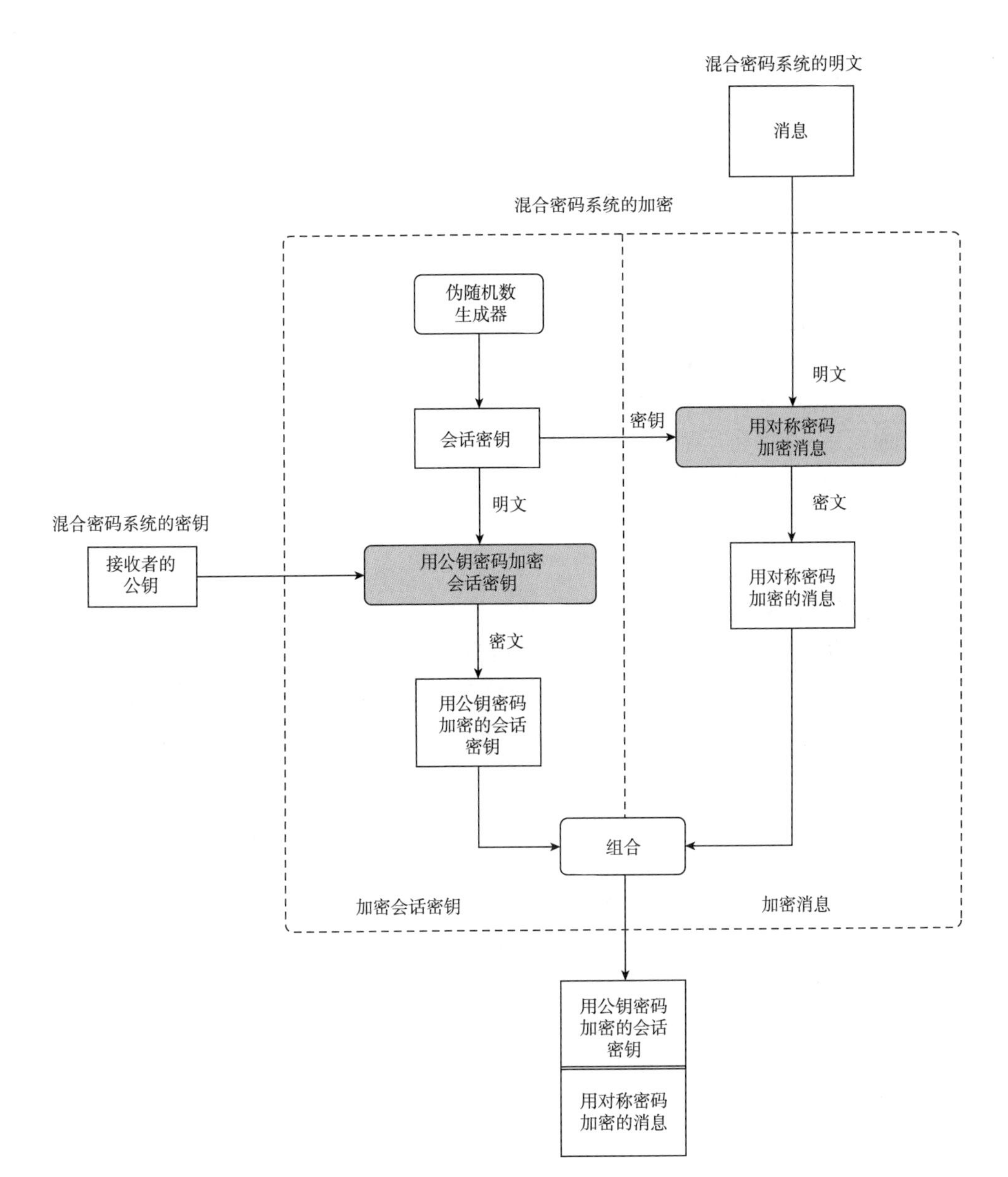

图 4-32　混合密码系统的加密

1. 明文、密钥、密文

首先看中间虚线围成的大方框，这里就是混合密码系统的加密部分。上面标有“消息”的方框就是混合密码系统中的明文，左边标有“接收者的公钥”的方框就是混合密码系统中的密钥，而下面标有“用公钥密码加密的会话密钥”和“用对称密码加密的消息”所组成的方框，就是混合密码系统中的密文。

2. 加密消息

中间的大虚线方框分成左右两部分：右半部分是“加密消息”部分（对称密码）；左半部分是“加密会话密钥”部分（公钥密码）。

消息的加密方法和对称密码的一般加密方法相同，当消息很长时，则需要使用分组密码的模式。即便是非常长的消息，也可以通过对称密码快速完成加密。这就是右半部分所进行的处理。

3. 加密会话密钥

左半部分进行的是会话密钥（session key）的生成和加密操作。

会话密钥是指为本次通信而生成的临时密钥，它一般是通过伪随机数生成器产生的。伪随机数生成器所产生的会话密钥同时也会被传递给右半部分，作为对称密码的密钥使用。

接下来，通过公钥密码对会话密钥进行加密，公钥密码加密时使用的密钥是接收者的公钥。会话密钥一般比消息本身要短。以一封邮件的加密为例，消息就是邮件的正文，长度一般为几千个字节，而会话密钥则是对称密码的密钥，最多也就是十几个字节。因此即使公钥加密速度很慢，要加密一个会话密钥也花不了多少时间。

会话密钥的处理方法是混合密码系统的核心，一言以蔽之：会话密钥是对称密码的密钥，同时也是公钥密码的明文。一定要理解会话密钥的双重性，因为将对称加密和非对称加密两种密码方式相互联系起来的正是会话密钥。

4. 组合

如果上面的内容都理解了，剩下的就简单多了。从右半部分可以得到“用对称密码加密的消息”，从左半部分可以得到“用公钥密码加密的会话密钥”，然后我们将两者组合起来。所谓组合，就是把它们按顺序拼在一起。组合之后的数据就是混合密码系统整体的密文。

4.6.3 解密

理解了加密之后，解密也就不难理解了。混合密码系统的解密过程如图 4-33 所示。

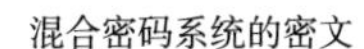

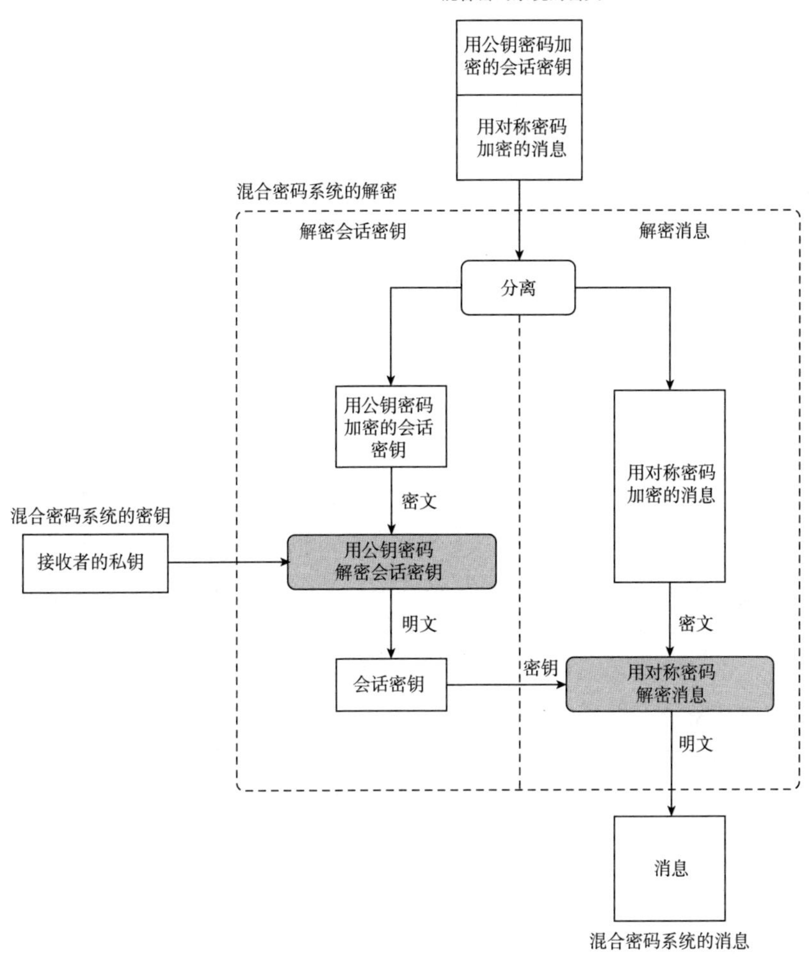

图 4-33　混合密码系统的解密

1. 分离

混合密码系统的密文是由“用公钥密码加密的会话密钥”和“用对称密码加密的消息”组合而成的，因此我们首先需要将两者分离。只要发送者和接收者事先约定好密文的结构，将两者分离的操作就很容易完成。

2. 解密会话密钥

会话密钥可以用公钥密码进行解密，为此我们就需要解密密钥，也就是接收者的私钥。除了持有私钥的人以外，其他人都不能解密会话密钥。

解密后的会话密钥将被用作解密消息的密钥。

3. 解密消息

消息可以使用对称密码进行解密，解密的密钥就是刚刚用公钥密码解密的会话密钥。上述流程正好是“混合密码系统的加密”的逆操作。

4.6.4 高强度的混合密码系统

怎样才算是高强度的混合密码系统呢？混合密码系统运用了伪随机数生成器、对称加密和非对称加密，因此其中每一种技术要素的强度都必须很高。不仅如此，这些技术要素之间的强度平衡也非常重要。

1. 伪随机数生成器

混合密码系统中的伪随机数生成器用于产生会话密钥。如果伪随机数生成器的算法很差，生成的会话密钥就有可能被攻击者推测出来。会话密钥中哪怕只有部分比特被推测出来也是很危险的，因为会话密钥的密钥空间不大，很容易被暴力破解。关于针对伪随机数生成器的攻击方法，我们将在随机数章节详细讨论。

2. 对称加密

混合密码系统中的对称密码用于加密消息。当然，我们需要使用高强度的对称加密算法，并确保密钥具有足够的长度。此外，我们还需要选择使用合适的分组密码模式。

3. 非对称加密

混合密码系统中的公钥密码用于加密会话密钥。我们需要使用高强度的公钥密码算法，并确保密钥具有足够的长度。

4. 密钥长度的平衡

混合密码系统中运用了对称加密和非对称加密两种方式，只要其中任何一方的密钥过短，就有可能遭到集中攻击，因此对称密码和公钥密码的密钥长度必须具备同等强度。然而，考虑到长期运用的情况，公钥密码的强度应该要高于对称密码，因为对称密码的会话密钥被破译只会影响本次通信的内容，而公钥密码一旦被破译，用相同公钥加密的（从过去到未来的）所有通信内容都能被破译。

5. 密码技术的组合

本节中介绍的混合密码系统是将对称加密和非对称加密相结合，从而构建出一种同时发挥两者优势的系统。密码技术的组合经常用于构建一些实用的系统。

前面介绍的分组密码模式，就是将只能加密固定长度的数据的分组密码进行组合，从而使其能够对更长的明文进行加密的方法。通过采用不同的分组密码组合方式，我们就可以构建出各种具有不同特点的分组密码模式。

三重 DES 是将 3 个 DES 组合在一起，从而形成的一种密钥比 DES 更长的对称密码。通过“加密 - 解密 - 加密”这样的连接方式，不但可以维持与 DES 的兼容性，还能够选择性地使用 DES-EDE2 这种密钥长度较短的密码。

对称密码的内部也存在一些有趣的结构。前面介绍的 Feistel 网络，不管轮函数的性质如何，它都能够保证密码被解密。

在密码应用中，还会出现一些由多种技术组合而成的技术，先来做个简单的介绍。

· 数字签名：由单向散列函数和公钥密码组合而成。

· 证书：由公钥和数字签名组合而成。

· 消息认证码：由单向散列函数和密钥组合而成，也可以通过对称密码生成。

· 伪随机数生成器：可以使用对称密码、单向散列函数或者公钥密码来构建。

还有一些很神奇的系统，如电子投票、能够在不知道内容的情况下签名的盲签名（blindsignature）、在不将信息发送给对方的前提下证明自己拥有该信息的零知识证明（zero-knowledgeproof）等，它们都是以密码技术为基础进行组合的。我们将在区块链的隐私技术中介绍这些知识。

4.7 随机数

如果说随机数和密码技术相关，可能有些读者还无法理解。实际上，与对称密码、公钥密码、数字签名等技术相比，生成随机数的技术确实不是很引人注意，但是，随机数在密码技术中却扮演着十分重要的角色。

例如，下面的场景中就会用到随机数。

· 生成密钥：用于对称密码和消息认证码。

· 生成密钥对：用于公钥密码和数字签名。

· 生成初始化向量（IV）：用于分组密码的 CBC、CFB 和 OFB 模式。

· 生成 nonce：用于防御重放攻击以及分组密码的 CTR 模式等。

· 生成盐（很多算法中的 salt）：用于基于口令的密码（PBE）等。

上面这些用途都很重要，其中尤为重要的是“生成密钥”和“生成密钥对”这两个。即使密码算法的强度再高，只要攻击者知道了密钥，就会立刻变得形同虚设。因此，我们需要用随机数来生成密钥，使之无法被攻击者看穿。

在这里，请大家记住：为了不让攻击者看穿而使用随机数这一观点，因为“无法看穿”，即不可预测性，正是本节的主题。

在区块链系统中，各种地方都在使用密码学，所以对密码学很重要的随机数，在区块链系统同样非常重要。

4.7.1 随机数的性质

要给随机数下一个严格的定义是非常困难的，有时甚至会进入哲学争论的范畴。在这里，只介绍一下随机数和密码技术相关的一些性质。随机数的性质可以分为以下三类。

· 随机性（randomness）：不存在统计学偏差，是完全杂乱的数列。

· 不可预测性：不能从过去的数列推测出下一个出现的数。

· 不可重现性：除非将数列本身保存下来，否则不能重现相同的数列。

上面三个性质中越往下就越严格。具备随机性，不代表一定具备不可预测性。密码技术中所使用的随机数，仅仅具备随机性是不够的，至少还需要具备不可预测性才行。

具备不可预测性的随机数，一定具备随机性。具备不可重现性的随机数，也一定具备随机性和不可预测性。

在本书中，为了方便起见，我们将上述三个性质按顺序分别命名为“弱伪随机数”“强伪随机数”“真随机数”（如图 4-34 所示）。

分类	随机性	不可预测性	不可重现性	
弱伪随机数	○	×	×	只具备随机性
强伪随机数	○	○	×	具备不可预测性
真随机数	○	○	○	具备不可重现性

↑ 不可用于密码技术

↓ 可用于密码技术

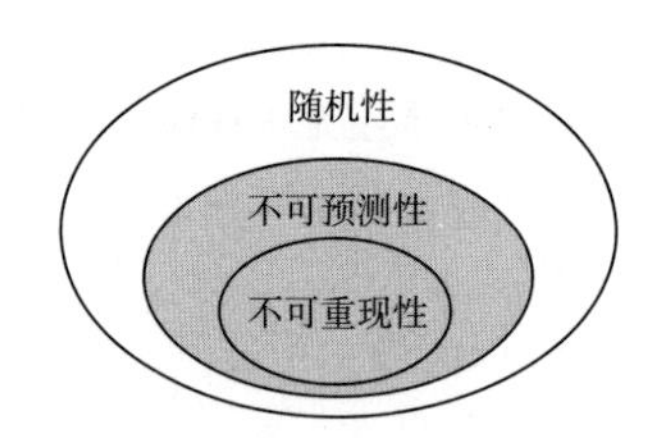

图 4-34 随机数的性质

1. 随机性

下面先来介绍一下随机性。

所谓随机性，简单来说就是看上去杂乱无章的性质。我们可以用伪随机数生成器大量生成 0 ~ 9 范围内的整数，然后看一看所生成的数列。如果数列是像 6、1、6、3、6、5、6、6、8、9、6、1、2……这样不断循环的，那肯定不是杂乱无章的。或者乍一看是杂乱无章的，但实际上在数列中 0 一次都没有出现，或者整个数列中有一半都是 6，这样的数列不能算是杂乱无章的。

如果伪随机数列中不存在统计学偏差，则我们可以认为这个伪随机数列是随机的。判断一个伪随机数列是否随机的方法称为随机数测试，随机数测试的方法有很多种。

一般在计算机游戏中使用的随机数只要具备随机性就可以了。此外，在计算机模拟中使用的随机数虽然需要根据目的进行随机数测试，但也是只要具备随机性就可以了。然而，密码技术中所使用的随机数，仅仅具备随机性是不够的。

让我们来回忆一下密码技术中使用的随机数需要具备怎样的性质。由于随机数会用来生成密钥，而密钥不能被攻击者看穿。但是，杂乱无章并不代表不会被看穿，因此本书中将只具备随机性的伪随机数称为“弱伪随机数”。

2. 不可预测性

密码中所使用的随机数仅仅具备随机性是不够的，还需要具备避免被攻击者看穿的不可预测性。不可预测性的英语是 unpredictability，将这个单词分解之后是这样的：un（否定）-pre（之前）-dict（说）-ability（可能性）。因此，unpredictability 就是一种“不可能事先说中”的性质，即不可预测性。

所谓不可预测性，是指攻击者在知道过去生成的伪随机数列的前提下，依然无法预测出下一个生成的伪随机数的性质。其中，“在知道过去生成的伪随机数列的前提下……”是非常重要的一点。

现在我们假设攻击者已经知道伪随机数生成器的算法。此外，正如攻击者不知道密钥一样，他也不知道伪随机数的种子。伪随机数生成器的算法是公开的，但伪随机数的种子是保密的。

在上述假设的前提下，即便攻击者知道过去所生成的伪随机数列，也无法预测出下一个生成出来的伪随机数，这就是不可预测性。

那么如何才能编写出具备不可预测性的伪随机数生成器呢？这是一个很有意思的问题。其实，不可预测性是通过使用其他的密码技术来实现的。例如，可以通过单向散列函数的单向性和密码的机密性来保证伪随机数生成器的不可预测性。详细内容我们会在介绍伪随机数生成器的具体算法时进行讲解。我们将具备不可预测性的伪随机数称为“强伪随机数”。

3. 不可重现性

所谓不可重现性，是指无法重现和某一随机数列完全相同的数列的性质。如果除了将随机数列本身保存下来以外，没有其他方法能够重现该数列，我们就说该随机数列具备不可重现性。

仅靠软件是无法生成具备不可重现性的随机数列的。软件只能生成伪随机数列，这是因为运行软件的计算机本身仅具备有限的内部状态。而在内部状态相同的条件下，软件必然只能生成相同的数，因此软件所生成的数列在某个时刻一定会出现重复。首次出现重复数之前的数列长度称为周期，对于软件所生成的数列，其周期必定是有限的。当然，这个周期可能会很长，但总归还是有限的。凡是具有周期的数列，都不具备不可重现性。

要生成具备不可重现性的随机数列，需要从不可重现的物理现象中获取信息，如周围的温度和声音的变化、用户移动的鼠标的位置信息、键盘输入的时间间隔、放射线测量仪的输出值等，根据从这些硬件中所获取的信息而生成的数列，一般可以认为是具备不可重现性的随机数列。

目前，利用热噪声这一自然现象，人们已经开发出能够生成不可重现的随机数列的硬件设备了。例如，英特尔的新型 CPU 中就内置了数字随机数生成器，并提供了生成不可重现的随机数的 RDSEED 指令，以及生成不可预测的随机数的 rdrand 指令。我们将具备不可重现性的随机数称为“真随机数”。

4.7.2 伪随机数生成器

随机数可以通过硬件生成，也可以通过软件生成。

通过硬件生成的随机数列，是根据传感器收集的热量、声音的变化等事实上无法预测和重现的自然现象信息生成的。像这样的硬件设备就称为随机数生成器（Random Number Generator，RNG）。而可以生成随机数的软件则称为伪随机数生成器（PseudoRandomNumberGenerator，PRNG）。因为仅靠软件无法生成真随机数，因此要加上一个“伪”字。

伪随机数生成器的结构如图 4-35 所示。

伪随机数生成器具有“内部状态”，并根据外部输入的“种子”来生成伪随机数列。

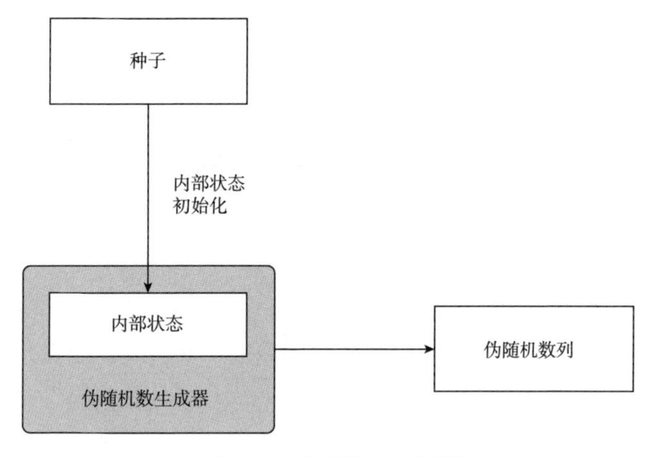

图 4-35　伪随机数生成器的结构

1. 伪随机数生成器的内部状态

伪随机数生成器的内部状态，是指伪随机数生成器所管理的内存中的数值。当有人对伪随机数生成器发出“给我一个伪随机数”的请求时，它会根据内存中的数值（内部状态）进行计算，并将计算的结果作为伪随机数输出。随后，为了响应下一个伪随机数请求，伪随机数生成器会改变自己的内部状态。因此，将根据内部状态计算伪随机数的方法和改变内部状态的方法组合起来，就是伪随机数生成的算法。

由于内部状态决定了下一个生成的伪随机数，因此内部状态不能被攻击者知道。

2. 伪随机数生成器的种子

为了生成伪随机数，伪随机数生成器需要称为种子（seed）的信息。伪随机数的种子是用来对伪随机数生成器的内部状态进行初始化的。

伪随机数的种子是一串随机的比特序列，根据种子就可以生成专属于自己的伪随机数列。伪随机数生成器是公开的，但种子是需要自己保密的，这就好像密码算法是公开的，但密钥只能自己保密。由于种子不可以被攻击者知道，因此不可以使用容易被预测的值。例如，不可以用当前时间作为种子。

密码的密钥与伪随机数的种子之间的对比如图 4-36 所示。

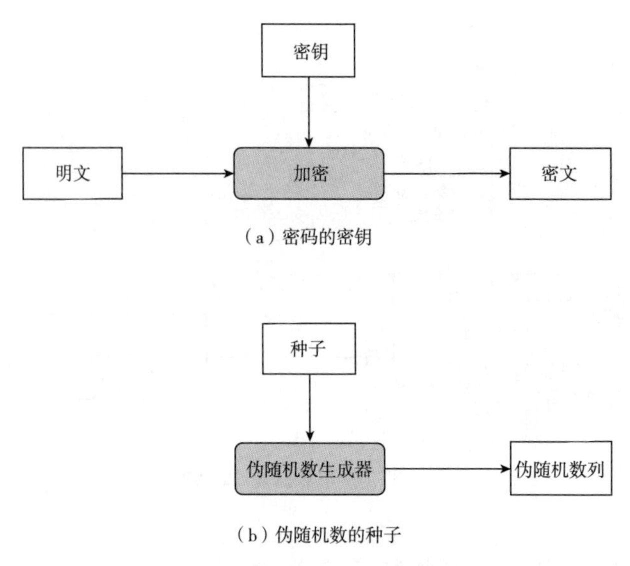

（a）密码的密钥

（b）伪随机数的种子

图 4-36　密码的密钥与伪随机数的种子

3. 具体的伪随机数生成器

抽象的介绍就到此为止，我们来看一些更具体的内容。下面将介绍一些具体的伪随机数生成器。

· 杂乱的方法

· 线性同余法

· 单向散列函数法

· 密码法

· ANSI X9.17

（1）杂乱的方法

可能有人会说，既然是要生成杂乱无章的数列，那么用杂乱无章的算法不就可以了吗？例如，可以使用连程序员都无法理解的混乱又复杂的算法。然而，这种做法是错误的。如果只是把算法搞得复杂，那么该算法是无法用于密码技术的。

其中一个原因就是周期太短。使用复杂算法所生成的数列大多数都会具有很短的周期（即短数列的不断重复）。由于密码技术中使用的伪随机数必须具备不可预测性，因此周期短是不行的。

另一个原因是，如果程序员不能够理解算法的详细内容，就无法判断所生成的随机数是否具备不可预测性。

（2）线性同余法

线性同余法（linear congruential method）是一种使用很广泛的伪随机数生成器算法。

然而，它并不能用于密码技术。

线性同余法的算法是这样的。假设要生成的伪随机数列为 R_0、R_1、R_2……首先我们根据伪随机数的种子，用下列公式计算第一个伪随机数 R_0：

R_0=（A × 种子 + C）mod M

其中，A、C、M 都是常量，且 A 和 C 需要小于 M。

接下来，我们根据 R_0 用相同的公式计算下一个伪随机数 R_1：

R_1=（A × R_0+C）mod M

然后，我们再用同样的方法，根据当前的伪随机数 R_n 来计算下一个伪随机数 R_{n+1}：

R_{n+1}=（A × R_n+ C）mod M

简而言之，线性同余法就是将当前的伪随机数乘以 A 再加上 C，然后将除以 M 得到的余数作为下一个伪随机数。在线性同余法中，最近一次生成的伪随机数的值就是内部状态，伪随机数的种子用来对内部状态进行初始化。线性同余法的结构如图 4-37 所示。

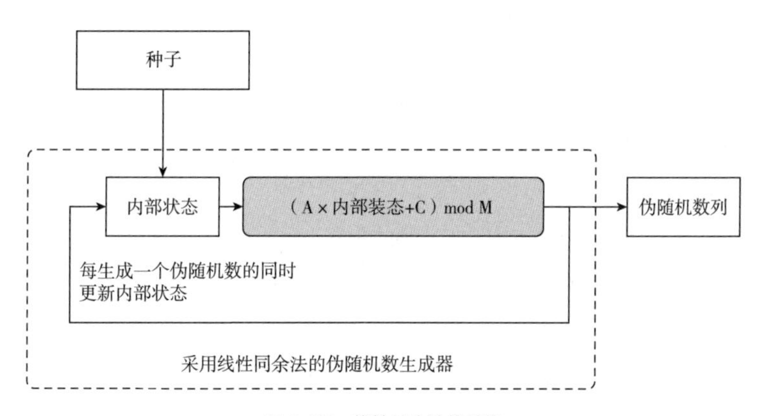

图 4-37　线性同余法的结构

线性同余法不具备不可预测性，因此不可以将线性同余法用于密码技术。

很多伪随机数生成器的库函数（library function）都是采用线性同余法编写的。例如，C 语言的库函数 rand，以及 Java 的 java.util.Random 类等，都采用了线性同余法。因此这些函数是不能用于密码技术的。

（3）单向散列函数法

使用单向散列函数（如 SHA-1）可以编写出能够生成具备不可预测性的伪随机数列（即强伪随机数）的伪随机数生成器（如图 4-38 所示）。

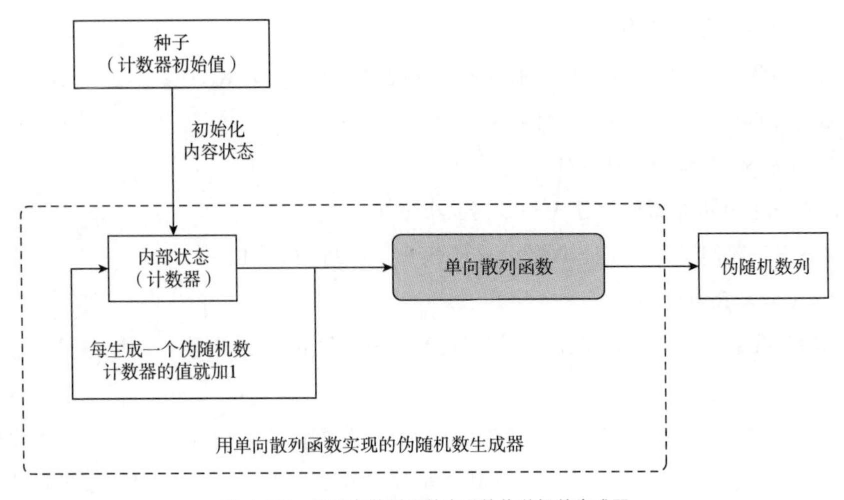

图 4-38　用单向散列函数实现的伪随机数生成器

这种伪随机数生成器的工作方式如下：

①用伪随机数的种子初始化内部状态（计数器）。

②用单向散列函数计算计数器的散列值。

③将散列值作为伪随机数输出。

④计数器的值加 1。

⑤根据需要的伪随机数数量重复②～④的步骤。

假设攻击者获得了这样的伪随机数生成器所生成的过去的伪随机数列，他是否能够预测出下一个伪随机数呢？

攻击者要预测下一个伪随机数，需要知道计数器的当前值。请大家注意，这里输出的伪随机数列实际上相当于单向散列函数的散列值。也就是说，要想知道计数器的值，就需要破解单向散列函数的单向性，这是非常困难的，因此攻击者无法预测下一个伪随机数。总而言之，在这种伪随机数生成器中，单向散列函数的单向性是支撑伪随机数生成器不可预测性的基础。

（4）密码法

我们可以使用密码来编写能够生成强伪随机数的伪随机数生成器。既可以使用 AES 等对称密码，也可以使用 RSA 等非对称密码。

这种伪随机数生成器的工作方式如图 4-39 所示。

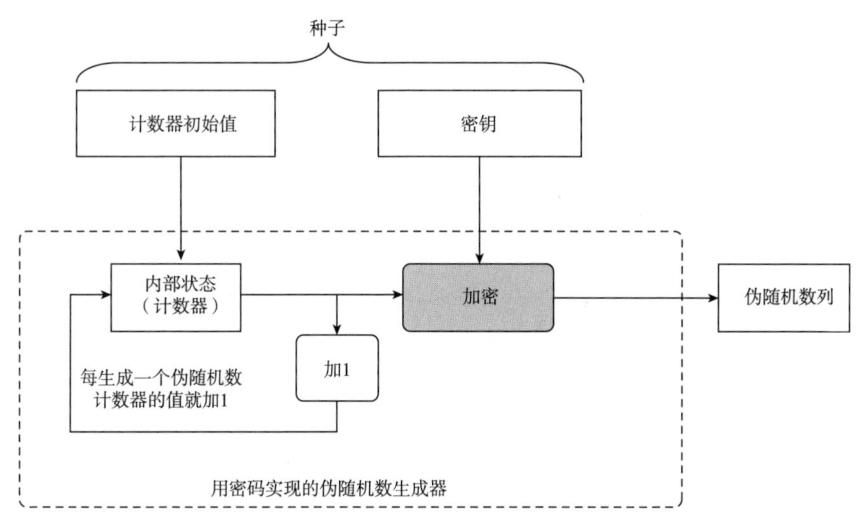

图 4-39　用密码实现的伪随机数生成器

①初始化内部状态（计数器）。

②用密钥加密计数器的值。

③将密文作为伪随机数输出。

④计数器的值加 1。

⑤根据需要的伪随机数数量重复②～④的步骤。

假设攻击者获得了这样的伪随机数生成器所生成的过去的伪随机数列，他是否能够预测出下一个伪随机数呢？

攻击者要预测下一个伪随机数，就需要知道计数器的当前值。然而，由于之前所输出的伪随机数列相当于密文，因此要知道计数器的值，就需要破译密码，这是非常困难的，因此攻击者无法预测出下一个伪随机数。总而言之，在这种伪随机数生成器中，密码的机密性是支撑伪随机数生成器不可预测性的基础。

（5）ANSI X9.17

关于用密码实现伪随机数生成器的具体方法，在 ANSI X9.17 和 ANSI X9.31 中进行了描述（以下简称“ANSIX9.17 方法”），下面来介绍一下这种方法。这里所介绍的伪随机数生成器可以用于密码软件 PGP 中。

ANSI X9.17 伪随机数生成器的结构如图 4-40 所示。

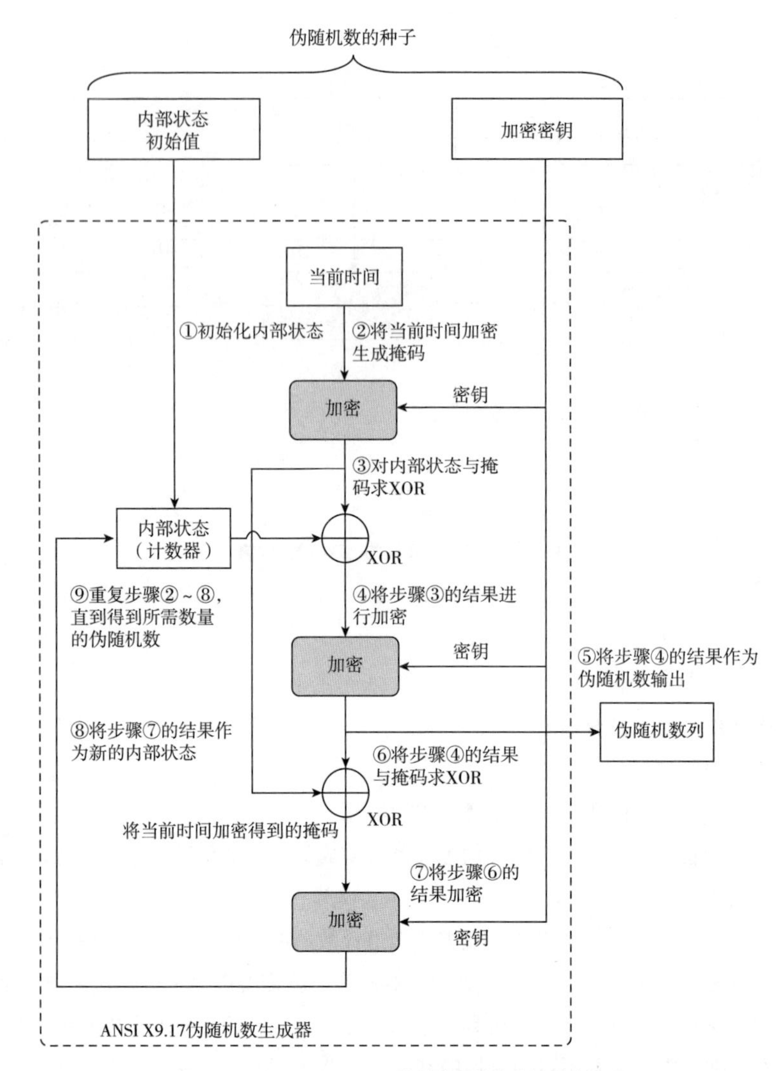

图 4-40　用 ANSI X9.17 方法实现的伪随机数生成器

实现伪随机数生成器的步骤如下。

①初始化内部状态。

②将当前时间加密生成掩码。

③对内部状态与掩码求 XOR。

④将步骤③的结果进行加密。

⑤将步骤④的结果作为伪随机数输出。

⑥将步骤④的结果与掩码求 XOR。

⑦将步骤⑥的结果加密。

⑧将步骤⑦的结果作为新的内部状态。

⑨重复步骤②～⑧，直到得到所需数量的伪随机数。

这个结构看起来很复杂，我们从不可预测性的角度来观察一下图中的步骤。

在步骤②中，我们将当前时间进行加密生成了一个掩码。当前时间是可以被攻击者预测出的，但是由于攻击者不知道加密密钥，因此他无法预测加密后的当前时间（即掩码）。在之后的步骤③和步骤⑥中，我们将使用掩码对比特序列进行随机翻转。

步骤③～⑤的作用是输出伪随机数。这里输出的伪随机数是将内部状态与掩码的 XOR 进行加密之后的结果。那么，攻击者是否能通过将伪随机数进行反算来看穿内部状态与掩码的 XOR 呢？不能，因为要看穿这个值，攻击者必须要破解密码。因此，根据过去输出的伪随机数列，攻击者无法推测出伪随机数生成器的内部状态。

步骤⑥～⑧的作用是更新内部状态。新的内部状态是将上一个伪随机数与掩码的 XOR 进行加密之后的结果。那么，攻击者是否能够从伪随机数推测出新的内部状态呢？不能，因为要计算出新的内部状态，只知道上一个伪随机数是不够的，还必须知道掩码以及加密密钥才行。

通过上述步骤的分析，我们可以发现，在这种伪随机数生成器中，密码的使用保证了无法根据输出的伪随机数列来推测内部状态。换言之，伪随机数生成器的内部状态是通过密码进行保护的。

4. 其他算法

除了上面介绍的算法之外，还有很多其他的生成随机数的算法。在安全相关的软件开发中，开发者在选择随机数生成算法时必须确认“这个随机数算法是否能够用于密码学和安全相关领域”。一个随机数算法再优秀，如果它不具备不可预测性，就不能用于密码学和安全相关领域。大多数情况下，随机数算法的说明中都会写明是否可用于安全相关领域，请大家仔细确认。

举个例子，有一个有名的伪随机数生成算法叫作梅森旋转算法（Mersenne twister），但它并不能用于安全相关领域。与线性同余法一样，只要观察足够长的随机数列，就能够对之后生成的随机数列进行预测。

Java 中有一个用于生成随机数列的类 java.util.Random，然而这个类也不能用于安全相关领域。如果要用于安全相关领域，可以使用 java.security. SecureRandom 类。

不过，这个类的底层算法是经过封装的，因此实际上所用到的算法可能不止一种。与 Java 一样，Ruby 中也分别有 Random 类和 SecureRandom 模块，在安全相关领域中应该使用 SecureRandom，而不是 Random。

4.7.3 对伪随机数生成器的攻击

我们可能很容易想象针对密码的攻击，因为如果有人说“有这样一个密码”，你很自然地就会想到“这个密码会被破解吗？”

和密码相比，伪随机数生成器实在是很少被人们注意，因此我们很容易忘记它也是会受到攻击的。由于伪随机数生成器承担了生成密钥的重任，因此它经常成为攻击的对象。攻击的方式有以下两种。

1. 对种子进行攻击

伪随机数的种子和密码的密钥同等重要。如果攻击者知道了伪随机数的种子，就能够知道这个伪随机数生成器所生成的全部伪随机数列。因此，伪随机数的种子不可以被攻击者知道。

要避免种子被攻击者知道，我们需要使用具备不可重现性的真随机数作为种子。

2. 对随机数池进行攻击

当然，我们一般不会到了需要的时候才当场生成真随机数，而是会事先在一个名为随机数池（randompool）的文件中积累随机比特序列。当密码软件需要伪随机数的种子时，可以从这个随机数池中取出所需长度的随机比特序列来使用。

随机数池的内容不可以被攻击者知道，否则伪随机数的种子就有可能被预测出来。

随机数池本身并不存储任何有意义的信息。我们需要保护没有任何意义的比特序列，这一点有些违背常识，但其实是非常重要的。

第5章 国密算法

随着信息技术的发展与普及，信息安全上升到国家安全的高度。近年来国家有关部门和监管机构站在国家安全和长远战略的角度提出了推动国密算法应用实施，加强行业安全可控的要求。为了摆脱对国外技术和产品的过度依赖，要大力建设行业网络安全环境，增强我国行业信息系统的安全可控性。

在区块链的第一个实例比特币中，对于使用的椭圆曲线非对称算法，我们讲过SECP256r1就被安置了后门。从这个例子我们也能够理解发展国密算法的必要性和重要性。

2019年10月26日下午，十三届全国人大常委会第十四次会议表决通过了《中华人民共和国密码法》。新法旨在规范密码应用和管理，促进密码事业发展，保障网络与信息安全，维护国家安全和社会公共利益，保护公民、法人和其他组织的合法权益，共计五章四十四条。《中华人民共和国密码法》于2020年1月1日起施行。

国家对密码实行分类管理，密码分为核心密码、普通密码和商用密码。核心密码、普通密码用于保护国家秘密信息，核心密码保护信息的最高密级为绝密级，普通密码保护信息的最高密级为机密级。核心密码、普通密码属于国家秘密。密码管理部门依照《中华人民共和国密码法》和有关法律、行政法规、国家有关规定对核心密码、普通密码实行严格统一管理。商用密码用于保护不属于国家秘密的信息。公民、法人和其他组织可以依法使用商用密码保护网络与信息安全。

国密算法是我国自主研发创新的一套数据加密处理系列算法。国密即国家密码局认定的国产密码算法。主要有SM1、SM2、SM3、SM4、SM7、SM9、祖冲之密码（ZUC）算法等。其中，SM1、SM4、SM7、祖冲之密码是对称算法；SM2、SM9是非对称算法；SM3是哈希算法。其中SM1、SM7算法不公开，调用该算法时，需要加密芯片的接口。

5.1 SM1 算法简述（对称加密）

SM1 为对称加密算法，其加密强度与 AES 相当。该算法是国家密码管理部门审批的 SM1 分组密码算法，分组长度和密钥长度都为 128 比特，算法安全保密强度及相关软硬件实现性能与 AES 相当，该算法不公开，仅以 IP 核的形式存在于芯片中。需要通过加密芯片的接口才能调用该算法。采用该算法已经研制了系列芯片、智能 IC 卡、智能密码钥匙、加密卡、加密机等安全产品，广泛应用于电子政务、电子商务及国民经济的各个应用领域（包括国家政务通、警务通等重要领域）。

我们再回顾一下密码学的注意事项：

（1）不要使用保密的密码算法。

（2）使用低强度的密码比不进行任何加密更危险。

（3）任何密码总有一天都会被破解。

（4）密码只是信息安全的一部分。

对比注意事项“（1）不要使用保密的密码算法”，SM1 在这点上是有待商榷的。在 1998 年 NIST 募集的 AES 加密算法中，评审阶段的 15 个加密算法（CAST-256、Crypton、DEAL、DFC、E2、Frog、HPC、LOK197、Magenta、MARS、RC6、Rijndael、SAFER+、Serpent、Twofish），没有中国提交的加密算法。在加密算法领域，我国还有很多的研究工作。

5.2 SM2 算法简述（非对称加密）

国家密码管理局于 2010 年 12 月 17 日发布了《SM2 椭圆曲线公钥密码算法》，并要求对现有基于 RSA 算法的电子认证系统、密钥管理系统、应用系统进行升级改造。

本文不讨论 SM2 的详细算法，针对详细算法，在国家密码管理局官网查看公告（国密局公告第 21 号），公告中给出了 SM2 椭圆曲线公钥密码算法的具体实现原理和 SM2 椭圆曲线公钥密码算法推荐曲线参数。

1. SM2算法和RSA算法有什么关系

SM2 算法和 RSA 算法都是公钥密码算法，SM2 算法是一种更先进、安全的非对称加密算法，在我们国家商用密码体系中被用来替换 RSA 算法。

2. 为什么要采用SM2算法替换RSA算法

随着密码技术和计算技术的发展，目前常用的 1024 位 RSA 算法面临严重的安全威胁（如表 5-1 所示），我们国家密码管理部门经过研究，决定采用 SM2 椭圆曲线算法替换

RSA 算法（如表 5-2 和表 5-3 所示）。SM2 算法在安全性、性能上都具有优势。

表 5-1　算法攻破时间

RSA 密钥强度	椭圆曲线密钥强度	攻破时间 / 年
512	106	104 已被攻破
768	132	108 已被攻破
1024	160	1011
2048	210	1020

表 5-2　算法性能

算法	签名速度（次 / 秒）	验签速度（次 / 秒）
1024 位 RSA	**2792**	**51224**
2048 位 RSA	**456**	**15122**
256 位 SM2	**4095**	**871**

表 5-3　SM2 与 RSA 的对比

	SM2	RSA
密钥长度	基于椭圆曲线（ECC）	基于特殊的可逆模幂运算
计算复杂度	完全指数级	亚指数级
储存空间	192 ~ 256bit	2048 ~ 4096bit
密钥生成速度	较 RSA 算法快百倍以上	慢
解密加密速度	较快	一般

3. SM2和椭圆曲线算法是什么关系

一提起曲线，大家就会想到方程，椭圆曲线算法是通过方程确定的。国家密码管理局推荐使用素数域 256 位椭圆曲线。SM2 算法采用的椭圆曲线方程为：

$$y^2 = x^3 + ax + b$$

在 SM2 算法标准中，通过指定 a、b 系数，确定了唯一的标准曲线。同时，为了将曲线映射为加密算法，SM2 标准中还确定了其他参数，以供算法程序使用。

国家密码管理局推荐的曲线参数：

p=FFFFFFFE FFFFFFFF FFFFFFFF FFFFFFFF FFFFFFFF 00000000 FFFFFFFF FFFFFFFF

a=FFFFFFFE FFFFFFFF FFFFFFFF FFFFFFFF FFFFFFFF 00000000 FFFFFFFF FFFFFFFC b=28E9FA9E 9D9F5E34 4D5A9E4B CF6509A7 F39789F5 15AB8F92 DDBCBD41 4D940E93

n=FFFFFFFE FFFFFFFF FFFFFFFF FFFFFFFF 7203DF6B 21C6052B 53BBF409 39D54123

Gx=32C4AE2C 1F198119 5F990446 6A39C994 8FE30BBF F2660BE1 715A4589 334C74C7

Gy=BC3736A2 F4F6779C 59BDCEE3 6B692153 D0A9877C C62A4740 02DF32E5 2139F0A0

4. 椭圆曲线算法的原理

本文不探讨椭圆曲线的数学理论，仅通过图形展示算法原理。根据参数的不同，椭圆曲线也会不同，用图形展示更直观，我们大致介绍 4 种（如图 5-1 所示）。

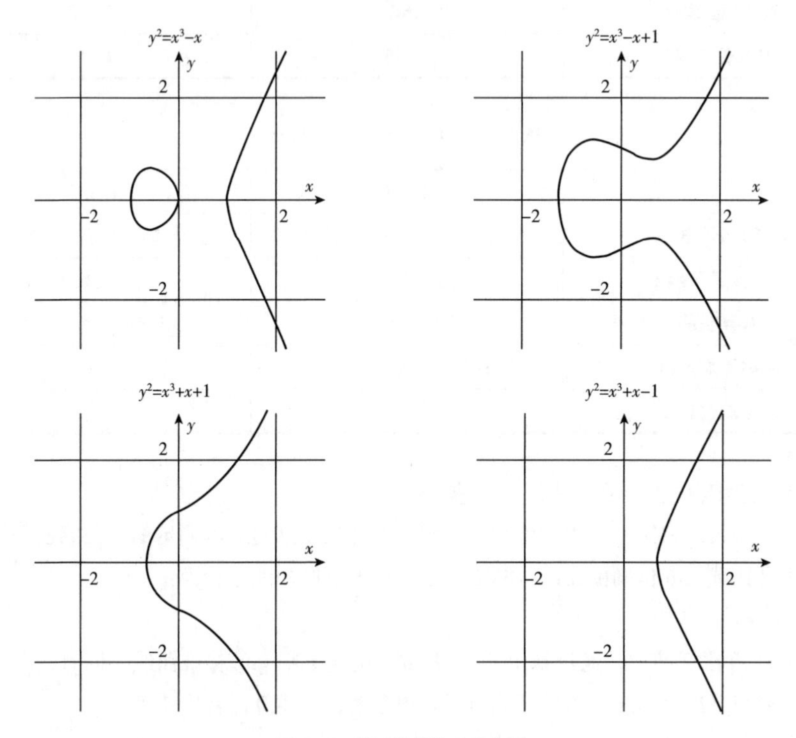

图 5-1 椭圆曲线的 4 种典例

以 a=-1，b=0 的参数曲线为例（如图 5-2 所示）讲解其计算过程。

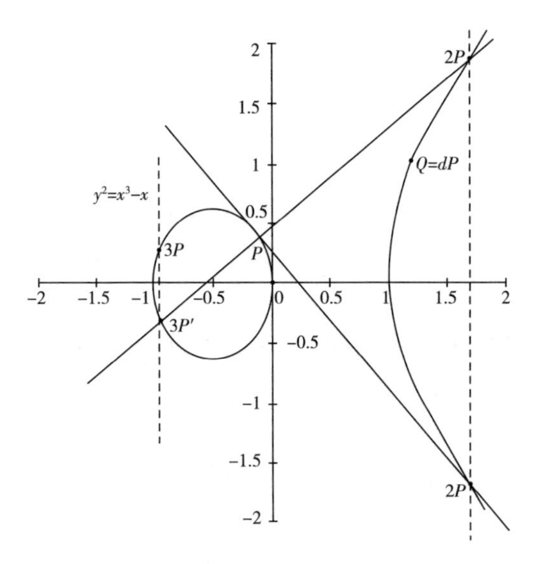

图 5-2　参数为 a=−1，b=0 的椭圆曲线

上图为方程：$y^2 = x^3 - x$ 的曲线。

（1）以 P 点为基点。

（2）通过 P 点作切线，交于点 $2P$'；在 $2P$' 点作垂线，交与点 $2P$，$2P$ 点即为 P 点的 2 倍点。

（3）在 P 点和 $2P$ 点之间作直线，交于 $3P$' 点，在 $3P$' 点作垂线，交于 $3P$ 点，$3P$ 点即为 P 点的 3 倍点。

（4）同理，可以计算出 P 点的 4、5、6… 倍点。

（5）假设图上的 Q 点是 P 的一个倍点，请问 Q 是 P 的几倍点呢?

（6）直观上理解，正向计算一个倍点是容易的，反向计算一个点是 P 的几倍点则困难得多。

在椭圆曲线算法中，将倍数 d 作为私钥，将 Q 作为公钥。当然，椭圆曲线算法还有更严格的计算过程，相对图示要复杂得多。

5. SM2算法可以进行哪些密码应用

SM2 算法作为公钥算法，可以完成签名、密钥交换以及加密应用。SM2 算法标准确定了标准过程：

（1）签名、验签计算过程。

（2）加密、解密计算过程。

（3）密钥协商计算过程。

需要说明：其他国家的标准和SM2确定的计算过程存在差异，也就是说相互之间是不兼容的。

6. SM2算法速度

简单来讲，SM2算法签名速度快，验签速度慢，这点和RSA算法的特性正好相反（如表5-4所示）。另外，加、解密速度和验签速度相当。

7. SM2签名算法支持的数据量，签名结果的字节

签名原始数据量长度无限制，签名结果为64字节。

8. SM2加密算法支持的数据量，加密结果增加的字节

支持近128GB字节数据长度，加密结果增加96字节。

表5-4　RSA与SM2的算法对比

类别	RSA算法	SM2算法
计算结构	基于特殊的可逆模幂运算	基于椭圆曲线
计算复杂度	亚指数级	完全指数级
相同的安全性能下所需公钥位数	较多	较少（160位的SM2与1024位的RSA具有相同的安全等级）
密钥生成速度	慢	较RSA算法快百倍以上
解密加密速度	一般	较快
安全性难度	基于分解大整数的难度	基于离散对数问题FCOLP数学难题

5.3　SM3算法简述（哈希函数）

摘要函数（更多称为哈希函数，在这里，我们和中国国家密码管理局的名称描述保持一致）在密码学中具有重要的地位，被广泛应用在数字签名、消息认证、数据完整性检测等领域。摘要函数需要满足三个基本特性：碰撞稳固性、原根稳固性和第二原根稳固性。

2005年，美国《新科学家》杂志上刊登了一篇文章《崩溃！密码学的危机》，用极富震撼力的语言报道了王小云取得的里程碑式成果。对于学术界来说，这个巨大震撼源自被王小云破解的、被普遍视为“坚不可摧”的两大算法。多年来，由美国标准技术局（NIST）颁布的基于HASH函数的MD5算法和SHA-1算法，是国际上公认最先进、应用范围最广的两大重要算法。王小云等人给出了MD5算法和SHA-1算法的碰撞攻击方法，现今被广

泛应用的 MD5 算法和 SHA-1 算法不再是安全的算法。

当哈希函数的两大支柱算法遭受重创后，2007 年，美国国家标准技术研究院向全球密码学者征集新的国际标准密码算法，王小云放弃参与新国际标准密码算法的设计，转而设计国内的密码算法标准。王小云和国内其他专家设计了我国首个哈希函数算法标准 SM3。SM3 密码摘要算法是中国国家密码管理局 2010 年公布的中国商用密码哈希算法标准。SM3 算法适用于商用密码应用中的数字签名和验证，是在 SHA-256 基础上改进实现的一种算法。SM3 算法采用 Merkle-Damgard 结构，消息分组长度为 512 位，摘要值长度为 256 位。

SM3 算法的压缩函数与 SHA-256 的压缩函数具有相似的结构，但是 SM3 算法的设计更加复杂，如压缩函数的每一轮都使用 2 个消息字，消息拓展过程的每一轮都使用 5 个消息字等。目前对 SM3 杂凑算法的攻击还比较少。

SM3 算法：SM3 杂凑算法是我国自主设计的密码杂凑算法，适用于商用密码应用中的数字签名、验证消息认证码的生成与验证以及随机数的生成，可满足多种密码应用的安全需求。为了保证杂凑算法的安全性，其产生的杂凑值的长度不应太短。例如，MD5 输出 128 比特杂凑值，输出长度太短，会影响其安全性。SHA-1 算法的输出长度为 160 比特，SM3 算法的输出长度为 256 比特，SM3 算法的安全性要高于 MD5 算法和 SHA-1 算法（如表 5-5 所示）。

表 5-5　SM3 与 SHA-256 的算法对比

类别	SM3	SHA-256
算法结构	Merkle-Damgard 结构	基于特殊的可逆模幂运算
消息长度	2^64 位	<2^64 位
分组长度	512 位	512 位
摘要长度	256 位	256 位
计算步骤	64 步	64 步
加密速度	快	快

杰出贡献人物介绍：

王小云，山东大学密码技术与信息安全教育部重点实验室主任，清华大学高等研究院首席教授，2017 年当选为中国科学院院士。破解了包括 MD5、SHA-1 在内的 5 个国际通用 HASH 函数算法，解决了十多年来 HASH 函数碰撞难的科学问题；设计了我国 HASH 函数标准 SM3，SM3 作为我国密码行业标准在金融、交通、国家电网等重要经济领域广泛使用。代表性论文 40 余篇，3 篇获欧密会、美密会最佳论文。2006 年获陈嘉庚科学家奖、求是杰出科学家奖等，2008 年获国家自然科学二等奖，2010 年获苏步青应用数学奖，2014 年获中国密码学会密码创新奖特等奖，2016 年获网络安全优秀人才奖。

5.4 SM4 算法简介（分组密码）

SM4 算法是我国自主设计的分组对称密码算法，用于实现数据的加密 / 解密运算，以保证数据和信息的机密性。

SM4 算法全称为 SM4 分组密码算法，是国家密码管理局 2012 年 3 月发布的第 23 号公告中公布的密码行业标准。SM4 算法是一个分组对称密钥算法，明文、密钥、密文都是 16 字节，加密和解密密钥相同。加密算法与密钥扩展算法都采用 32 轮非线性迭代结构。解密过程与加密过程的结构相似，只是轮密钥的使用顺序相反。

SM4 算法的优点是软件和硬件实现容易，运算速度快。

2012 年 3 月，国家密码管理局正式公布了包含 SM4 分组密码算法在内的《祖冲之序列密码算法》等 6 项密码行业标准。与 DES 和 AES 算法类似，SM4 算法是一种分组密码算法。其分组长度为 128 比特，密钥长度也为 128 比特。加密算法与密钥扩展算法均采用 32 轮非线性迭代结构，以字（32 位）为单位进行加密运算，每一次迭代运算均为一轮变换函数 F。SM4 算法加 / 解密算法的结构相同，只是使用轮密钥相反，其中解密轮密钥是加密轮密钥的逆序。SM4 算法的整体结构如图 5-3 所示。

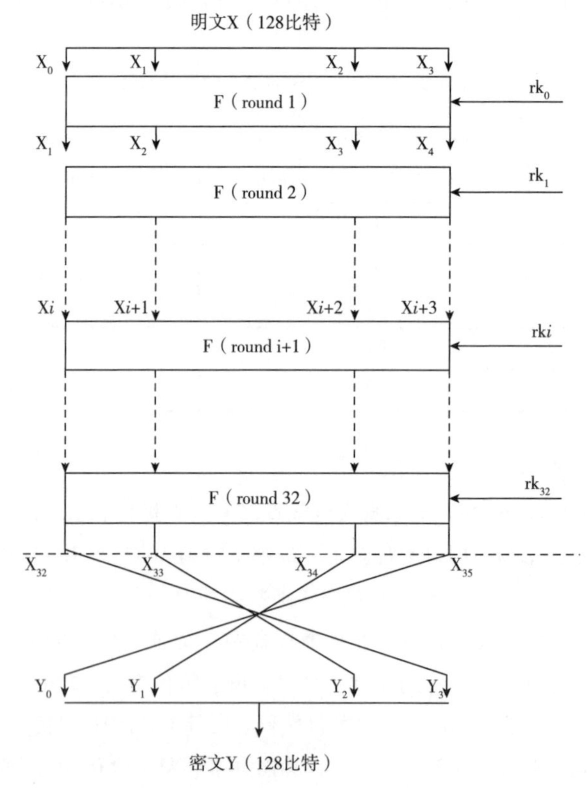

图 5-3　SM4 算法的整体结构

1. 对称加解密对比

（1）分组密码算法——国际 DES、国产 SM4。

（2）分组密码就是将明文数据按固定长度进行分组，然后在同一密钥控制下逐组进行加密，从而将各个明文分组变换成一个等长的密文分组的密码。其中二进制明文分组的长度称为该分组密码的分组规模。

2. 分组密码的实现原则

（1）必须实现起来比较简单，知道密钥时加密和解密都十分容易，适合硬件和（或）软件实现。

（2）加 / 解密速度及所消耗的资源和成本较低，能满足具体应用的需要。

国际的 DES 算法和国产的 SM4 算法的目的都是加密保护静态存储和传输信道中的数据（如表 5-6 和表 5-7 所示）。

表 5-6　DES 算法与 SM4 算法的对比

	DES 算法	SM4 算法
计算基础	二进制	二进制
计算结构	使用标准的算术和逻辑运算，先替代后置换，不含非线性变换	基本轮函数加迭代，含非线性变换
加解密算法是否相同	是	是
计算轮数 / 轮	16（3DES 为 16*3）	32
分组力度 / 位	64	128
密钥长度 / 位	64（3DES 为 128）	128
有效密钥长度 / 位	56（3DES 为 112）	128
实现难度	易于实现	易于实现
实现性能	软件实现慢、硬件实现快	软、硬件实现都快
安全性	较低（3DES 较高）	算法较新，还未经过现实检验

表 5-7　SM4、3DES 和 DES 算法的对比

	SM4 算法	3DES 算法	DES 算法
算法结构	非平衡 feistel	使用标准的算术和逻辑运算	使用标准的算术和逻辑运算
计算轮数 / 轮	32	48	16
分组长度 / 位	128	128	64
密钥长度 / 位	128	128	64
有效密钥长度 / 位	112	112	56
实现性能	快	中	中
安全性	快	中	低

从算法上看，国产SM4算法在计算过程中增加了非线性变换，理论上能大大提高其算法的安全性，并且由专业机构进行了密码分析，民间也对21轮SM4进行了差分密码分析，结论均为安全性较高。

5.5 其他国密算法SM7、SM9、SSF33算法

1. SM7算法

SM7算法是一种分组密码算法，分组长度为128比特，密钥长度为128比特。SM7的算法文本目前没有公开发布。SM7适用于非接触IC卡应用，包括身份识别类应用（门禁卡、工作证、参赛证等），票务类应用（大型赛事门票、展会门票等），支付与通卡类应用（积分消费卡、校园一卡通、企业一卡通、公交一卡通等）。

2. SM9非对称算法

为了降低公开密钥系统中密钥和证书管理的复杂性，以色列科学家、RSA算法发明人之一Adi Shamir在1984年提出了标识密码（Identity-Based Cryptography）的理念。标识密码将用户的标识（如邮件地址、手机号码、QQ号码等）作为公钥，省略了交换数字证书和公钥的过程，使得安全系统变得易于部署和管理，非常适合端对端离线安全通信、云端数据加密、基于属性加密、基于策略加密等场合。2008年标识密码算法正式获得国家密码管理局颁发的商密算法型号：SM9（商密九号算法），为我国标识密码技术的应用奠定了坚实的基础。2016年3月28日，国家密码管理局发布（第30号）公告，发布《SM9标识密码算法》等两项密码行业标准，分别是《GM/T0044-2016SM9标识密码算法》和《GM/T0045-2016金融数据密码机技术规范》。SM9算法不需要申请数字证书，适用于互联网各种新兴应用的安全保障，如基于云技术的密码服务、电子邮件安全、智能终端保护、物联网安全、云存储安全等。这些应用可采用手机号码或邮件地址作为公钥，实现数据加密、身份认证、通话加密、通道加密等功能，并具有使用方便、易于部署的特点。从SM9算法开始开启了普及密码算法的大门。

SM9是基于双线性对的标识密码算法，与SM2类似，包含4个部分：总则、数字签名算法、密钥交换协议及密钥封装机制和公钥加密算法。在这些算法中使用了椭圆曲线上的双线性对这一工具，不同于传统意义上的SM2算法，该算法可以实现基于身份的密码体制，也就是公钥与用户的身份信息即标识相关，比起传统意义上的公钥密码体制，有较多优点，如省去了证书管理等。

双线性对的性质是基于对的标识密码SM2中的总则部分，同样适用于SM9，因为SM9总则中添加了适用于对的相关理论和实现基础。

3. ZUC祖冲之算法

ZUC 算法的名字源于我国古代数学家祖冲之，是中国自主研究的流密码算法，是运用于移动通信 4G 网络中的国际标准密码算法。该算法包括祖冲之算法（ZUC）、加密算法（128–EEA3）和完整性算法（128–EIA3）3 个部分。

ZUC 算法由 3 个基本部分组成，依次为：

（1）比特重组。

（2）非线性函数 F。

（3）线性反馈移位寄存器（LFSR）。

目前已有对 ZUC 算法的优化实现，有专门针对 128–EEA3 和 128–EIA3 的硬件实现与优化。

由中国科学院信息工程研究所信息安全国家重点实验室和中国科学院数据与通信保护研究教育中心（DCS 中心）联合主办的《第一届祖冲之算法国际研讨会》于 2010 年 12 月 2 日至 3 日在北京召开。本次国际研讨会对于加强祖冲之算法研究分析成果的国内和国际交流，扩大祖冲之算法的公开评估范围，加强祖冲之算法的安全性评估力度，进而推进祖冲之算法 4G 通信国际加密标准的进度具有重要的现实意义。

2011 年 9 月 20 日，我国自主研制的祖冲之密码算法在日本福冈召开的第三代移动通信合作伙伴计划（3GPP）系统架构组第 53 次全会上顺利通过审议，被采纳为新一代宽带无线移动通信系统（LTE）国际标准，用于实现新一代宽带无线移动通信系统的无线信道加密和完整性保护。

4. SSF33算法

SSF33 算法是以 128 位分组为单位进行运算，密钥长度为 16 字节，该算法也可以用于安全报文传送和 MAC 机制密文运算（如表 5–8 所示）。

SSF33 算法和基于 3DES 的对称加密机制使用相同长度的密钥，能够同原有的基于 3–DES 的密钥管理兼容。区别在于分组长度不同，在加密、计算 MAC 和密钥分散时填充和计算方式不同，但报文鉴别码和密钥分散输出结果的长度同 3DES 算法一致。

表 5–8　SSF33 算法与 DES 算法、3DES 算法的对比

参数＼类型	DES 算法	3DES 算法	SSF33 算法
密钥长度 / 字节	8	16	16
分组长度 / 字节	8	8	16

该算法不公开，仅以 IP 核的形式存在于芯片中。但是 SSF33 算法性能比较差，因此逐步被 SM1、SM4 代替。在中国人民银行 PBOC2.0 规范中还有该算法的使用。本书中提到此算法，仅为了学习和了解，不鼓励在实际中使用该算法。

5.6 国密的应用场景

1999年10月7日，国务院发布《商用密码管理条例》，管理条例中只有对商用密码的管理规定。

2019年10月26日下午，十三届全国人大常委会第十四次会议表决通过了《中华人民共和国密码法》。

在信息时代，我国一定要发展自己的密码基础产业和制定自己的标准。国家密码管理局推出的SM系列密码算法是为了从根本上摆脱我国对国外密码技术的依赖，实现从密码算法层面掌控核心的信息安全技术。随着国密算法推广的延伸，金融领域引入了SM2、SM3、SM4等算法，逐步替换了原有的RSA、ECC等国外算法。现有银联银行卡联网、银联IC两项规范都引入了国密算法相关要求。表5-9为金融活动中会应用到国密算法的业务。

表5-9 金融活动中会应用到国密算法的业务

金融领域的国密算法应用场景	
网上证券和基金	身份认证、用户信息查询、委托交易、转账操作、行情和资讯处理
网上开户	数字签名、身份认证、银行绑定、资料对接
证券商系统	用户密码管理、交易和账户系统管理、软硬件设备安全

此外，其他领域对于国密算法的应用要求也在逐步铺开。例如，近期热门的汽车行业国六标准中就明确指出车载终端T-BOX存储、传输的数据应采用非对称加密算法，可使用国密SM2算法或RSA算法，并且需要采用硬件方式对私钥进行严格保护。由此看出，国密算法正有逐步替换RSA等国际密码算法的趋势。

国内一些常用的软件企业也在探索相关的应用。例如，密信MeSince的加密邮箱产品就使用的国密算法。密信支持国际算法RSA和国密算法SM2，中文版默认国密算法，并自动配置SM2和RSA签名证书和加密证书。浏览器领域也有一些企业开始尝试推动国密算法的应用。密信也在推出支持国密算法的浏览器，国内著名企业360也推出了360国密浏览器。其他企业如沃通的国密SM2证书也获得了很大的实际应用。

再如国密SM1分组密码算法，其特点是算法不公开，以IP核的形式存在于加密芯片中。基于加密芯片实现的安全产品，现在已经较为广泛地应用于电子政务、电子商务等领域。

区块链领域中采用“国密的算法”的公链还比较少，只有小蚁币（NEO）和比原链（BTM）等少数几家。在国家鼓励大力发展区块链技术、支持区块链创新的趋势下，支持国密算法的公链会越来越多。尤其是国内，随着区块链大量应用的产生，价值互联网的来临，国密算法会得到更大的发展。

第6章 信息认证

6.1 单向散列函数——获取消息的“指纹”

在刑事侦查中，侦查员会用到指纹。通过将某个特定人物的指纹与犯罪现场遗留的指纹进行对比，就能够知道该人物与案件是否存在关联。

针对计算机所处理的消息，有时我们也需要用到“指纹”。当需要比较两条消息是否一致时，我们不必直接对比消息本身的内容，只要对比它们的“指纹”就可以了。

本节将学习单向散列函数的相关知识。使用单向散列函数就可以获取消息的“指纹”，通过对比“指纹”，就能够知道两条消息是否一致。单向散列函数又称哈希函数，在区块链中哈希值有着非常大的用处。很多地方都用到了哈希运算与哈希值。一个区块结构中上一个区块的地址是用哈希值来表示的。区块中每笔交易都有一个哈希值，并放在区块的 merkle 树中。

下面会先简单介绍一下单向散列函数，并给大家展示具体的例子。然后再向大家介绍 SHA-1、SHA-2 和 SHA-3 这 3 种单向散列函数。此外，我们还将思考一下对单向散列函数的攻击方法。

6.1.1 什么是单向散列函数

单向散列函数（one-way hash function）有一个输入和一个输出，其中输入称为消息（message），输出称为散列值（hash value）。单向散列函数可以根据消息的内容计算出散列值，而散列值就可以用来检查消息的完整性（如图 6-1 所示）。

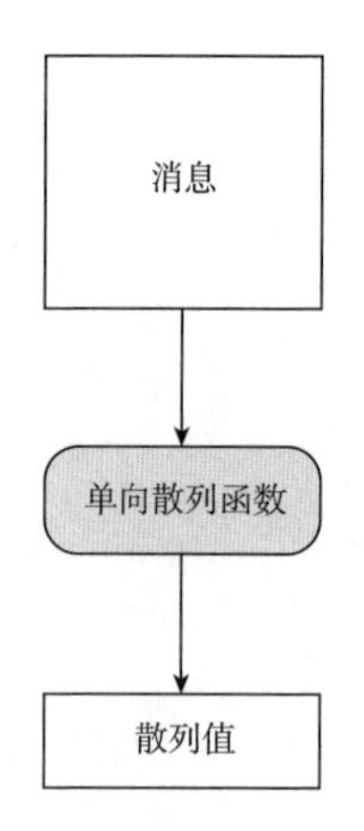

图 6-1　单向散列函数根据消息的内容计算出散列值

这里的消息不一定是人类能够读懂的文字，也可以是图像文件或声音文件。单向散列函数不需要知道消息实际代表的含义。无论何种消息，单向散列函数都会将它作为单纯的比特序列来处理，即根据比特序列计算出散列值。

散列值的长度和消息的长度无关。无论消息是 1bit，还是 100MB，甚至是 100GB，单向散列函数都会计算出固定长度的散列值。以 SHA-256 单向散列函数为例，它所计算出的散列值的长度永远是 256bit（32 字节），如图 6-2 所示。

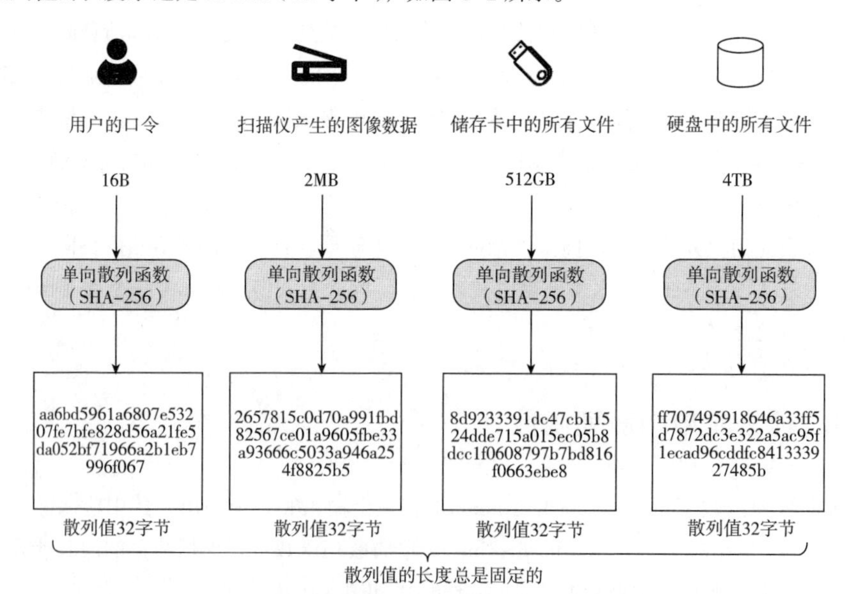

图 6-2　SHA-256 单向散列函数的散列值的长度

由于散列值很短，因此很容易处理和使用。我们介绍了单向散列函数的用法，其中的关键点在于要确认完整性。我们不需要对比消息本身，而只要对比单向散列函数计算出的散列值就可以了。

1. 单向散列函数的性质

通过使用单向散列函数，即便是确认几百 MB 的文件的完整性，也只要对比很短的散列值就可以了。那么，单向散列函数必须具备怎样的性质呢？我们来整理一下。

（1）根据任意长度的消息计算出固定长度的散列值。

首先，单向散列函数的输入必须是任意长度的消息。其次，无论输入多长的消息，单向散列函数必须都能够生成长度很短的散列值，如果消息越长生成的散列值也越长，就不好用了。从使用方便的角度来看，散列值的长度最好是短且固定的。

（2）能够快速计算出散列值。

计算散列值所花费的时间必须要短。尽管消息越长，计算散列值的时间也会越长，但如果不能在现实的时间内完成计算，就没有意义了。

（3）消息不同散列值也不同。

为了能够确认完整性，消息中哪怕只有 1 比特的改变，也必须有很高的概率产生不同的散列值。

如果单向散列函数计算出的散列值没有发生变化，那么消息很容易被篡改，这个单向散列函数也就无法用于完整性的检查。两个不同的消息产生同一个散列值的情况称为碰撞（collision）。如果要将单向散列函数用于完整性的检查，则需要确保不可能被人为地发现碰撞。

难以发现碰撞的性质称为抗碰撞性（collision resistance）。密码技术中所使用的单向散列函数，都需要具备抗碰撞性。这里所说的抗碰撞性，是指难以找到另外一条具备特定散列值的消息。当给定某条消息的散列值时，单向散列函数必须确保要找到和该条消息具有相同散列值的另外一条消息是非常困难的。这一性质称为弱抗碰撞性。单向散列函数都必须具备弱抗碰撞性。

和弱抗碰撞性相对的，还有强抗碰撞性。所谓强抗碰撞性，是指要找到散列值相同的两条不同的消息是非常困难的这一性质。在这里，散列值可以是任意值。密码技术中使用的单向散列函数，不仅要具备弱抗碰撞性，还必须具备强抗碰撞性。

（4）具备单向性。

单向散列函数必须具备单向性（one-way）。单向性是指无法通过散列值反算出消息的性质。根据消息计算散列值很容易，但无法反过来进行（如图 6-3 所示）。

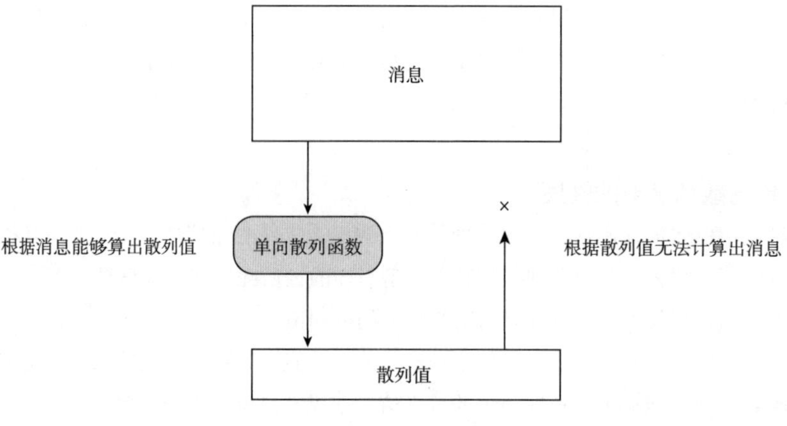

图 6-3　单向散列函数的单向性

正如同将玻璃砸得粉碎很容易，但却无法将碎片还原成完整的玻璃一样，根据消息计算出散列值很容易，但根据散列值却无法反算出消息。

单向性在单向散列函数的应用中是非常重要的。例如，我们后面要讲到的基于口令的加密和伪随机数生成器等技术中，就运用了单向散列函数的单向性。

在这里需要注意的一点是，尽管单向散列函数产生的散列值是和原来的消息完全不同的比特序列，但是单向散列函数并不是一种加密，因此无法通过解密将散列值还原为原来的消息。

2. 关于术语

单向散列函数的相关术语有很多变体，不同参考书中使用的术语也有所不同，下面就介绍其中的几个。

（1）单向散列函数也称为消息摘要函数（message digest function）、哈希函数或杂凑函数。输入单向散列函数的消息也称为原像（pre-image）。

（2）单向散列函数输出的散列值也称为消息摘要（message digest）或者指纹（finger print）。

（3）完整性也称为一致性。

（4）单向散列函数中的“散列”的英文 hash，原意是古法语中的“斧子”，后来被引申为“剁碎的肉末”，也许是用斧子一通乱剁再搅在一起的那种感觉吧。单向散列函数的作用实际上就是将很长的消息剁碎，然后再混合成固定长度的散列值。

6.1.2 单向散列函数的实际应用

我们来看一些实际应用单向散列函数的例子。

1. 检测软件是否被篡改

我们可以使用单向散列函数来确认自己下载的软件是否被篡改。

很多软件，尤其是与安全相关的软件都会把通过单向散列函数计算出的散列值公布在自己的官方网站上。用户下载软件之后，可以自行计算散列值，然后与官方网站上公布的散列值进行对比。通过散列值，用户可以确认自己下载的文件与软件作者提供的文件是否一致。

这种的方法，在可以通过多种途径得到软件的情况下非常有用。为了减轻服务器的压力，很多软件作者都会借助多个网站（镜像站点）来发布软件，在这种情况下，单向散列函数就会在检测软件是否被篡改方面发挥重要作用（如图 6-4 所示）。

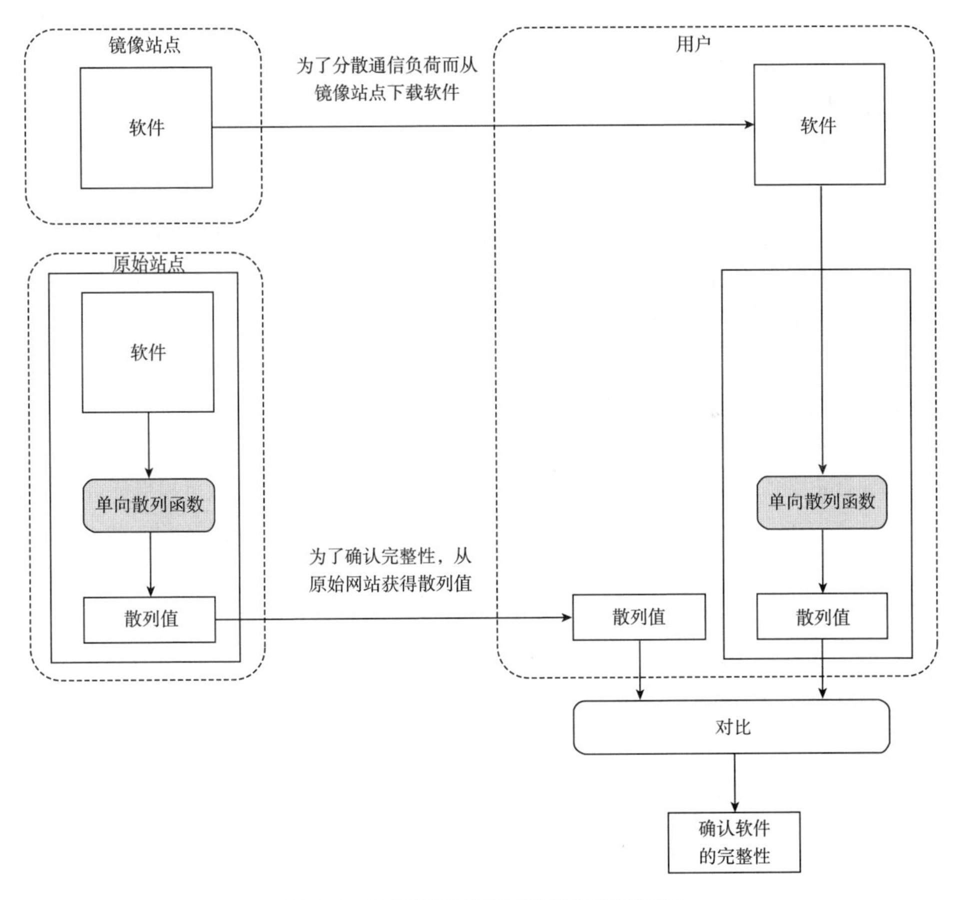

图 6-4 使用单向散列函数检测软件是否被篡改

2. 基于口令的加密

单向散列函数也被用于基于口令的加密（Password Based Encryption，PBE）。

PBE的原理是将口令和盐（salt，通过伪随机数生成器产生的随机值）混合后计算其散列值，然后将这个散列值用作加密的密钥。通过这样的方法能够防御针对口令的字典攻击。

3. 消息认证码

使用单向散列函数可以构造消息认证码。消息认证码是将“发送者和接收者之间的共享密钥”和“消息”进行混合后计算出的散列值。使用消息认证码可以检测并防止消息在通信过程中出现错误、被篡改以及伪装。消息认证码在SSL/TLS中也得到了运用。

4. 数字签名

在进行数字签名时也会使用单向散列函数。数字签名是现实社会中的签名和盖章行为在数字世界中的实现。数字签名的处理过程非常耗时，因此一般不会对整个消息内容直接施加数字签名，而是先通过单向散列函数计算出消息的散列值，然后再对这个散列值施加数字签名。

5. 伪随机数生成器

使用单向散列函数可以构造伪随机数生成器。密码技术中所使用的随机数需要具备“事实上不可能根据过去的随机数列预测未来的随机数列”的性质。为了保证不可预测性，可以利用单向散列函数的单向性。

6. 一次性口令

使用单向散列函数可以构造一次性口令（one-time password）。一次性口令经常用于服务器对客户端的合法性认证。在这种方式中，通过使用单向散列函数可以保证口令只在通信链路上传送一次（one-time），因此即使窃听者窃取了口令，也无法使用。

6.1.3 单向散列函数的具体例子

下面具体介绍几种单向散列函数。

1. MD4、MD5

MD4是由Rivest于1990年设计的单向散列函数，能够产生128比特的散列值（RFC1186，修订版RFC1320）。不过，随着Dobbertin提出寻找MD4散列碰撞的方法，很早以前它已经不安全了。

MD5 是由 Rivest 于 1991 年设计的单向散列函数，能够产生 128 比特的散列值（RFC1321）。MD5 的强抗碰撞性已经被攻破，也就是说，现在已经能够产生具备相同散列值的两条不同的消息，因此它也已经不安全了。

MD4 和 MD5 中的 MD 是消息摘要（MessageDigest）的缩写。

2. SHA-1、SHA-256、SHA- 384和SHA-512

SHA-1 是由 NIST 设计的一种能够产生 160 比特的散列值的单向散列函数。1993 年被作为美国联邦信息处理标准规格（FIPS PUB 180）发布的是 SHA，1995 年发布的修订版 FIPS PUB 180-1 称为 SHA-1。在《CRYPTREC 密码清单》中，SHA-1 已经被列入“可谨慎运用的密码清单”，即除了用于保持兼容性以外，其他情况下都不推荐使用。

SHA-256、SHA-384 和 SHA-512 都是由 NIST 设计的单向散列函数，它们的散列值长度分别为 256 比特、384 比特和 512 比特。这些单向散列函数统称为 SHA-2，它们的消息长度也存在上限：SHA-256 的上限接近于 264 比特，SHA-384 和 SHA-512 的上限接近于 2128 比特。这些单向散列函数是 2002 年与 SHA-1 一起作为 FIPS PUB 180-2 发布的。

SHA-1 的强抗碰撞性已于 2005 年被攻破，也就是说，现在已经能够产生具备相同散列值的两条不同的消息。不过，SHA-2 还尚未被攻破。

2005 年针对 SHA-1 的碰撞攻击算法及范例是由山东大学王云教授的团队提出的。在 2004 年王小云团队就已经提出了针对 MD5、SHA-0 等散列函数的碰撞攻击算法。王小云提出了密码哈希函数的碰撞攻击理论，即模差分比特分析法，提高了破解包括 MD5、SHA-1 在内的 5 个国际通用哈希函数算法的概率；给出了系列消息认证码 MD5-MAC 等的子密钥恢复攻击和 HMAC-MD5 的区分攻击；提出了最短向量求解的启发式算法二重筛法；设计了中国哈希函数标准 SM3，该算法在金融、国家电网、交通等国家重要经济领域广泛使用。

SHA-2 共包含下列 6 种版本，如表 6-1 所示，这 6 种 SHA-2 实质上都是由 SHA-256 和 SHA-512 这两种版本衍生出来的，其他的版本都是通过将上述两种版本所生成的结果进行截取得到的。此外，SHA-224 和 SHA-256 在实现上采用了 32×8 比特的内部状态，因此更适合 32 位的 CPU。

表 6-1 6 种版本的 SHA-2

名称	输出长度	内部状态长度	备注
SHA-224	224	32×8=256	将 SHA-256 的结果裁掉 32 比特
SHA-256	256	32×8=256	
SHA-512/224	224	64×8=512	将 SHA-512 的结果裁掉 288 比特
SHA-512/256	256	64×8=512	将 SHA-512 的结果裁掉 256 比特
SHA-384	384	64×8=512	将 SHA-512 的结果裁掉 128 比特
SHA-512	512	64×8=512	

比特币中使用的哈希函数。

1. RIPEMD-160

RIPEMD-160 是于 1996 年由 Hans Dobbertin、Antoon Bosselaers 和 Bart Preneel 设计的一种能够产生 160 比特散列值的单向散列函数。RIPEMD-160 是欧盟 RIPE 项目所设计的 RIPEMD 单向散列函数的修订版。这一系列的函数还包括 RIPEMD-128、RIPEMD-256 和 RIPEMD-320 等其他版本。在《CRYPTREC 密码清单》中，RIPEMD-160 已经被列入“可谨慎运用的密码清单”，即除了用于保持兼容性以外，其他情况下都不推荐使用。

RIPEMD 的强抗碰撞性已经于 2004 年被攻破，但 RIPEMD-160 还尚未被攻破。顺便一提，比特币中使用的就是 RIPEMD-160 。

2. SHA-3

在 2005 年 SHA-1 的强抗碰撞性被攻破的背景下，NIST 开始着手制定用于取代 SHA-1 的下一代单向散列函数 SHA-3。SHA-3 和 AES 一样采用公开竞争的方式进行标准化。SHA-3 的选拔于 2012 年尘埃落定，一个名叫 Keccak 的算法胜出，最终成了 SHA-3。

6.1.4 对单向散列函数的攻击

与对密码进行攻击相比，对单向散列函数进行攻击有点难以想象吧。下面通过两个具体的故事来了解一下对单向散列函数的攻击方式。

1. 暴力破解（攻击故事1 ）

Alice 在计算机上写了一份合同。工作完成后，她把合同文件保存在公司的计算机上，将合同文件的散列值保存在存储卡中带回了家里。

晚上，主动攻击者 Mallory 入侵了计算机，找到了 Alice 的合同文件，他想将其中的“Alice 要支付的金额为 100 万元。”改成“Alice 要支付的金额为 1 亿元。”

不过，仅仅改写合同是不行的，因为 Mallory 知道第二天 Alice 会重新计算文件的散列值并进行对比。哪怕文件中有 1 比特被改写，Alice 都会有所察觉。那么 Mallory 怎样才能在不改变散列值的前提下，将“100 万元”改成“1 亿元”呢?

Mallory 可以从文档文件所具有的冗余性入手。所谓文档文件的冗余性，是指在不改变文档意思的前提下能够对文件的内容进行修改的程度。

举个例子，下面这些句子基本上都是一个意思。

· Alice 要支付的金额为 1 亿元。

· Alice 要支付的金额为壹亿元。

· Alice 要支付的金额为 100000000 元。

· Alice 要支付的金额为￥100,000,000。

· Alice 要支付的金额为 : 1 亿元。

· Alice 需要支付的金额为 1 亿元。

· Alice 应支付 1 亿元。

· 作为报酬，Alice 需要支付 1 亿元。

上面这些都是人们可以想象出的意思相近的句子，除此之外，还有一些通过机器进行修改的方法。例如，可以在文件的末尾添加多个空格，或者稍微改变一下文档中的每一个字的颜色，这都不会影响文档的意思。在这里需要注意的是，即便我们对文件所进行的修改是无法被人类察觉的，但只要是对文件进行了修改，单向散列函数就会产生不同的散列值。

于是，Mallory 利用文档的冗余性，通过机器生成了一大堆“支付 1 亿元的合同”。如果在这一大堆“1 亿元合同”中，能够找到一个合同和 Alice 原本的“100 万元合同”恰好产生相同的散列值，那 Mallory 就算成功了，因为这样就可以天衣无缝地用“1 亿元合同”来代替“100 万元合同”了。替换了文件之后，Mallory 悄无声息地离开。到这里，文件的内容就被成功篡改了。

在这个故事中，为了方便大家理解，我们用人类能够读懂的合同作为例子。然而，无论人类是否能够读懂，任何文件都或多或少地具有一定的冗余性。利用文件的冗余性生成具有相同散列值的另一个文件，这就是一种针对单向散列函数的攻击。

在这里 Mallory 进行的攻击就是暴力破解。正如对密码可以进行暴力破解一样，对单向散列函数也可以进行暴力破解。

在对密码进行暴力破解时，我们是按顺序改变密钥的值，如 0、1、2、3…然后分别用这些密钥进行解密操作。对单向散列函数进行暴力破解时也是如此，即每次都稍微改变一下消息的值，然后对这些消息求散列值。

现在我们需要寻找的是一条具备特定散列值的消息。例如，在攻击故事 1 中，Mallory 需要寻找的就是和“100 万元合同”具备相同散列值的另一条不同的消息。这相当于一种试图破解单向散列函数的“弱抗碰撞性”的攻击。在这种情况下，暴力破解需要尝试的次数可以根据散列值的长度计算出来。以 SHA3-512 为例，由于它的散列值长度为 512 比特，因此最多只要尝试 2512 就能够找到目标消息了，如此多的尝试次数在现实中是不可能完成的。

由于尝试次数纯粹是由散列值的长度决定的，因此散列值长度越长的单向散列函数，其抵御暴力破解的能力也就越强。

找出具有指定散列值的消息的攻击分为两种,分别是“原像攻击”和“第二原像攻击”。原像攻击（Pre-Image Attack）是指给定一个散列值，找出具有该散列值的任意消息；第二原像攻击（Second Pre-Image Attack）是指给定一条消息 1，找出另外一条消息 2，消息 2 的散列值和消息 1 的散列值相同。

2. 生日攻击（攻击故事2）

下面再来看一个和攻击故事 1 很相似的故事。

在这次的故事中，编写合同的人不是 Alice 而是主动攻击者 Mallory。他事先准备了两份具备相同散列值的“100 万元合同”和“1 亿元合同”，然后将“100 万元合同”交给 Alice 让她计算散列值。随后，Mallory 再像故事 1 中一样，把“100 万元合同”掉包成“1 亿元合同”。

在故事 1 中，编写 100 万元合同的是 Alice，因此散列值是固定的，Mallory 需要根据特定的散列值找到符合条件的消息。然而，故事 2 则不同，Mallory 需要准备两份合同，而散列值可以是任意的，只要“100 万元合同”和“1 亿元合同”的散列值相同就可以了。

在这里，Mallory 进行的攻击不是寻找生成特定散列值的消息，而是要找到散列值相同的两条消息，而散列值则可以是任意值。这样的攻击，一般称为生日攻击（ birthday attack ）或者冲突攻击（ collision attack),这是一种试图破解单向散列函数的“强抗碰撞性”的攻击。

这里我们先把话题岔开，请大家想一想下面这个生日问题的答案。

[生日问题]

设想由随机选出的 N 个人组成一个集合。

在这 N 个人中,如果要保证至少有两个人生日一样的概率大于 1/2,那么 N 至少是多少?（排除 2 月 29 日的情况）

一般人应该会这样想：一年有 365 天,如果要使其中两个人生日相同的概率为 1/2 的话,人数差不多要是 365 的一半才行吧。150 个人左右？也许更少一点，差不多是 N= 100？这个问题的答案一定会让你惊讶：N= 23。也就是说，只要有 23 个人，就有超过 1/2 的概率出现至少有两个人生日一样的情况。如果有 100 个人,那么这个概率就已经非常接近 1 了。“两个人的生日都是某个特定日期”的可能性确实不高,但如果是“只要有两个人生日相同,不管哪一天都可以”，可能性却是出乎意料地高。

具体的计算方法如下。解这道题目的窍门在于，我们并非直接计算“N 个人中至少有两个人生日一样的概率”，而是先计算“N 个人生日全都不一样的概率”，然后再用 1 减去这个值就可以了。

第 1 个人的生日可以是 365 天中的任意一天；第 2 个人的生日需要在 365 天中去掉第 1 个人生日的那一天，也就是还有 364 天；第 3 个人的生日需要去掉第 1 个和第 2 个人生日的那一天，还有 363 ……到了第 N 个人，就需要去掉 1 ~（N-1）个人的生日，因此还

有 $365-N+1$ 天。

我们将所有人可选的生日的数量相乘，就可以得到所有人生日都不一样的组合的数量，即 $365\times364\times\cdots\times(365-N+1)$，而所有情况的数量为

$365\times365\times\cdots\times365$，即 365^N

因此，概率为

$$1-\frac{365\times364\times\cdots\times(365-N+1)}{365^N}$$

当 N 取 23 时，这个值约等于 0.507297，大于 1/2。

从上面的计算可以看出，任意生日相同的概率比我们想象的要大，这个现象称为生日悖论（birthday paradox）。

下面将生日问题一般化，即“假设一年的天数为 Y 天，那么 N 个人的集合中至少有两个人生日一样的概率大于 1/2 时，N 至少是多少？”

这里暂且省略详细的计算过程，当 Y 非常大时，近似的计算结果为

$N=\sqrt{Y}$（一年天数的平方根）

现在回到生日攻击的话题。生日攻击的原理就是来自生日悖论，也就是利用了“任意散列值一致的概率比想象中要高”这样的特性。这里的散列值就相当于生日，而“所有可能出现的散列值的数量”就相当于“一年的天数”。

故事 2 中 Mallory 所进行的生日攻击的步骤如下。

（1）Mallory 生成 N 个“100 万元合同”（我们稍后来计算 N）。

（2）Mallory 生成 N 个“1 亿元合同”。

（3）Mallory 将（1）中的 N 个散列值和（2）中的 N 个散列值进行对比，判断是否有相等的情况。

（4）如果找出了相等的情况，则利用这一组“100 万元合同”和“1 亿元合同”来欺骗 Alice。

问题是 N 的大小。如果 N 太小，则 Mallory 的生日攻击很容易成功；如果 N 太大，则需要更多的时间和内存，生日攻击的难度也会提高。N 的大小与散列值的长度相关。

假设 Alice 使用的单向散列函数的散列值长度为 M 比特，则 M 比特所能产生的全部散列值的个数为 2^M 个（这相当于“年的天数 Y”）。

根据上文中的计算结果可得

$N=\sqrt{Y}=\sqrt{2^M}=2^{m/2}$

因此当 $N=2^{m/2}$ 时，Mallory 的生日攻击就会有 1/2 的概率能够成功。

我们以 512 比特的散列值为例，对单向散列函数进行暴力破解所需要的尝试次数为 2^{512} 次，而对同一单向散列函数进行生日攻击所需的尝试次数为 256 次，因此和暴力破解相比，生日攻击所需的尝试次数要少得多。

3. 单向散列函数无法解决的问题

使用单向散列函数可以实现完整性的检查，但有些情况下即便能够检查完整性，也是没有意义的。

例如，假设主动攻击者 Mallory 伪装成 Alice，向 Bob 同时发送了消息和散列值。这时 Bob 能够通过单向散列函数检查消息的完整性，但是这只是对 Mallory 发送的消息进行检查，而无法检查出发送者的身份是否被 Mallory 进行了伪装。也就是说，单向散列函数能够辨别出“篡改”，但无法辨别出“伪装”。

当我们不仅需要确认文件的完整性，同时还需要确认这个文件是否真的属于 Alice 时，仅靠完整性检查是不够的，还需要进行认证。

用于认证的技术包括消息验证码和数字签名。消息认证码能够向通信对象保证消息没有被篡改，而数字签名不仅能够向通信对象保证消息没有被篡改，还能够向所有第三方作出这样的保证。

认证需要使用密钥，也就是通过对消息附加 Alice 的密钥（只有 Alice 才知道的秘密信息）来确保消息真的属于 Alice。

6.2　消息认证码——消息被正确传送了吗

使用消息认证码（Message Authentication Code）可以确认自己收到的消息是否就是发送者的本意，也就是说，使用消息认证码可以判断消息是否被篡改，以及是否有人伪装成发送者发送了该消息。

消息认证码是密码学家工具箱中 6 个重要的工具之一（6 个重要工具：对称加密、非对称加密、单向散列函数、消息认证码、数字签名、伪随机数生成器）。

6.2.1　消息认证码

消息认证码是一种确认完整性并进行认证的技术，简称为 MAC。消息认证码的输入包括任意长度的消息和一个发送者与接收者之间共享的密钥，它可以输出固定长度的数据，这个数据称为 MAC 值。根据任意长度的消息输出固定长度的数据，这一点和单向散列函数很类似。但是单向散列函数中计算散列值时不需要密钥，相对地，消息认证码中则需要使用发送者与接收者之间共享的密钥。

要计算 MAC 值必须持有共享密钥，没有共享密钥的人就无法计算 MAC 值，消息认证码正是利用这一性质来完成认证的。此外，与单向散列函数的散列值一样，哪怕消息中发生 1 比特的变化，MAC 值也会产生变化，消息认证码正是利用这一性质来确认完整性的。

消息认证码有很多种实现方法，大家可以暂且这样理解：消息认证码是一种与密钥相关联的单向散列函数（如图 6-5 所示）。

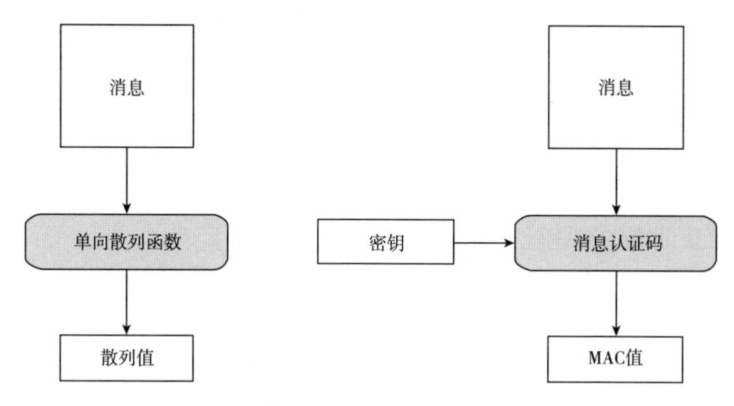

图 6-5　单向散列函数与消息认证码的比较

1. 消息认证码的使用步骤

下面还是以 Alice 银行和 Bob 银行的故事为例，来讲解消息认证码的使用步骤，如图 6-6 所示。

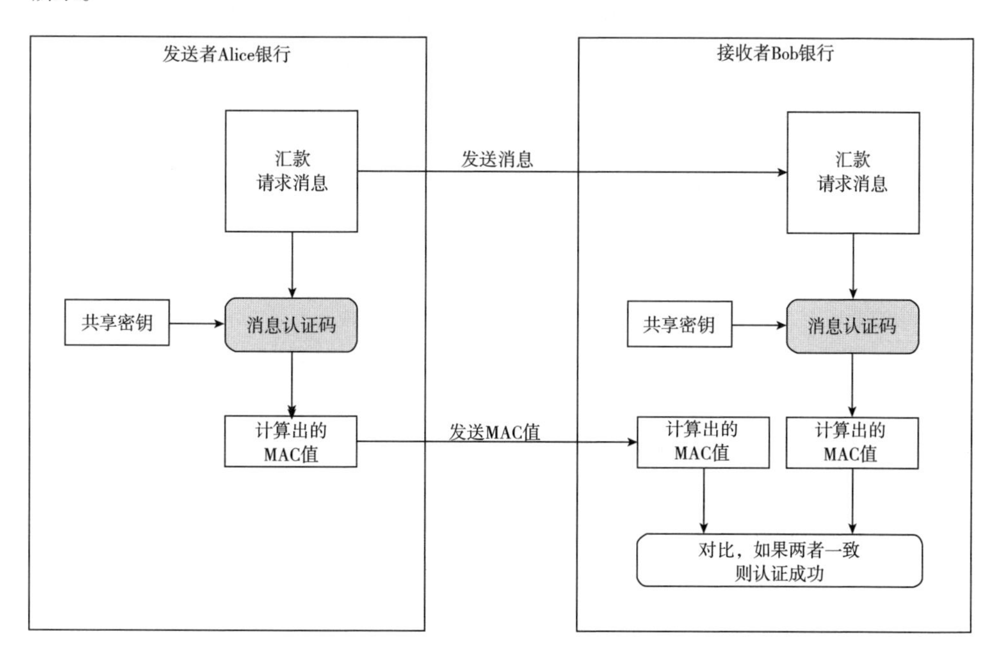

图 6-6　消息认证码的使用步骤

（1）发送者 Alice 与接收者 Bob 事先共享密钥。

（2）发送者 Alice 根据汇款请求消息计算 MAC 值（使用共享密钥）。

（3）发送者 Alice 将汇款请求消息和 MAC 值发送给接收者 Bob。

（4）接收者 Bob 根据接收到的汇款请求消息计算 MAC 值（使用共享密钥）。

（5）接收者 Bob 将自己计算的 MAC 值与从 Alice 处收到的 MAC 值进行对比。

（6）如果两个 MAC 值一致，则接收者 Bob 可以断定汇款请求的确来自 Alice（认证成功）；如果不一致，则可以断定消息不是来自 Alice（认证失败）。

2. 消息认证码的密钥配送问题

在消息认证码中，需要发送者和接收者之间共享密钥，而这个密钥不能被主动攻击者 Mallory 获取。如果这个密钥落入 Mallory 手中，则 Mallory 也可以计算出 MAC 值，从而就能够自由地进行篡改和伪装攻击，这样一来消息认证码就无法发挥作用了。

发送者和接收者需要共享密钥，这一点与对称密码很相似。实际上，对称密码的密钥配送问题在消息认证码中也同样会发生。要解决密钥配送问题，我们需要像对称密码一样使用一些共享密钥的方法，如公钥密码、Diffie-Hellman 密钥交换、密钥分配中心，或者使用其他安全的方式发送密钥等。至于使用哪种配送方法，则需要根据目的进行选择。

现实中，在一些安全性要求不高的场合使用消息认证码来验证消息。共享密钥通过邮件或者其他 IM 工具传输给对方，这种方式随意性比较强，被攻破的概率也不大。如果使用这种弱强度的消息认证码方式，则需要配合其他辅助方法来检验消息是否被篡改。例如，在 2000 年—2010 年之间很多支付方式也使用这种验证方式，因此不少公司都出现过安全问题，并且不能区分责任，在经历很多惨痛教训之后，现在的支付验证基本都改为非对称加密的验证方式。如果现在还有支付场景使用消息认证码，配以辅助检验方式，每得到一笔支付订单，不仅仅验证支付订单中的数据通过消息认证码确认，还要使用其他的辅助方式配合验证。例如，通过直接去银行或其他第三方机构回查订单的方式，进行二次信息确认。

6.2.2 消息认证码的应用实例

下面来介绍几个消息认证码在现实世界中应用的实例。

1. SWIFT

SWIFT 的全称是 Society for Worldwide Interbank Financial Telecommunication（环球银

行金融电信协会），是1973年成立的一个组织，目的是为国际银行间的交易保驾护航。该组织成立时有15个成员国，2008年已经发展到208个成员国。

银行之间是通过SWIFT来传递交易消息的。为了确认消息的完整性以及对消息进行验证，SWIFT中使用了消息认证码。这正好就是6.2.1小节提到的Alice银行和Bob银行的场景。

在使用公钥密码进行密钥交换之前，消息认证码使用的共享密钥都是由人来配送的。

2. IPsec

IPsec是对互联网基本通信协议—IP协议（Internet Protocol）增加安全性的一种方式。在IPsec中，对通信内容的认证和完整性校验都是采用消息认证码来完成的。

3. SSL/TLS

SSL/TLS是网上购物等场景中使用的通信协议。SSL/TLS中对通信内容的认证和完整性校验也使用了消息认证码。

6.2.3 消息认证码的实现方法

消息认证码有很多种实现方法。

1. 使用单向散列函数实现

使用SHA-2等单向散列函数可以实现消息认证码，其中一种实现方法称为HMAC。

2. 使用分组密码实现

使用AES等分组密码可以实现消息认证码。将分组密码的密钥作为消息认证码的共享密钥使用，并用CBC模式将消息全部加密。此时，初始化向量（IV）是固定的。由于消息认证码中不需要解密，因此将除最后一个分组以外的密文部分全部丢弃，而将最后一个分组用作MAC值。由于CBC模式的最后一个分组会受到整个消息以及密钥的双重影响，因此可以将它用作消息认证码。例如，AES-CMAC（RFC4493）就是一种基于AES来实现的消息认证码。

3. 其他实现方法

此外，使用流密码和公钥密码等也可以实现消息认证码。

6.2.4 认证加密

2000年以后，关于认证加密（缩写为 AE 或 AEAD）的研究逐步展开。认证加密是一种将对称密码与消息认证码相结合，同时满足机密性、完整性和认证三大功能的机制。

有一种认证加密方式叫作 Encrypt-then-MAC，这种方式是先用对称密码将明文加密，然后计算密文的 MAC 值。在 Encrypt-then-MAC 方式中，消息认证码的输入消息是密文，通过 MAC 值就可以判断“这段密文的确是由知道明文和密钥的人生成的”。使用这一机制，我们可以防止攻击者 Mallory 通过发送任意伪造的密文，并让服务器解密来套取信息的攻击（选择密文攻击）。

除了 Encrypt-then-MAC 之外，还有其他一些认证加密方式，如 Encrypt-and-MAC（将明文用对称密码加密，并对明文计算 MAC 值）和 MAC-then-Encrypt（先计算明文的 MAC 值，然后将明文和 MAC 值同时用对称密码加密）。

GCM与GMAC

GCM（Galois/Counter Mode）是一种认证加密方式。GCM 中使用 AES 等 128 比特分组密码的 CTR 模式，并使用一个反复进行加法和乘法运算的散列函数来计算 MAC 值。由于 CTR 模式的本质是对递增的计数器值进行加密，因此可通过对若干分组进行并行处理来提高运行速度。此外，由于 CTR 模式加密与 MAC 值的计算使用的是相同的密钥，因此在密钥管理方面也更加容易。专门用于消息认证码的 GCM 称为 GMAC。在《CRYPTREC 密码清单》[CRYPTREC] 中，GCM 和 CCM（CBC Counter Mode）都被列为推荐使用的认证加密方式。

6.2.5 HMAC 的详细介绍

HMAC 是一种使用单向散列函数来构造消息认证码的方法（RFC2104），其中 HMAC 的 H 就是 HASH 的意思。

HMAC 中使用的单向散列函数并不仅限于一种，任何高强度的单向散列函数都可以用于 HMAC。如果将来设计出新的单向散列函数，也同样可以使用。

使用 SHA-1、SHA-224、SHA-256、SHA-384、SHA-512 构造的 HMAC，分别称为 HMAC-SHA-1、HMAC-SHA-224、HMAC-SHA-256 、HMAC-SHA-384、HMAC-SHA-512。

HMAC的计算步骤

HMAC 是按照下列步骤来计算 MAC 值的（如图 6-7 所示）。

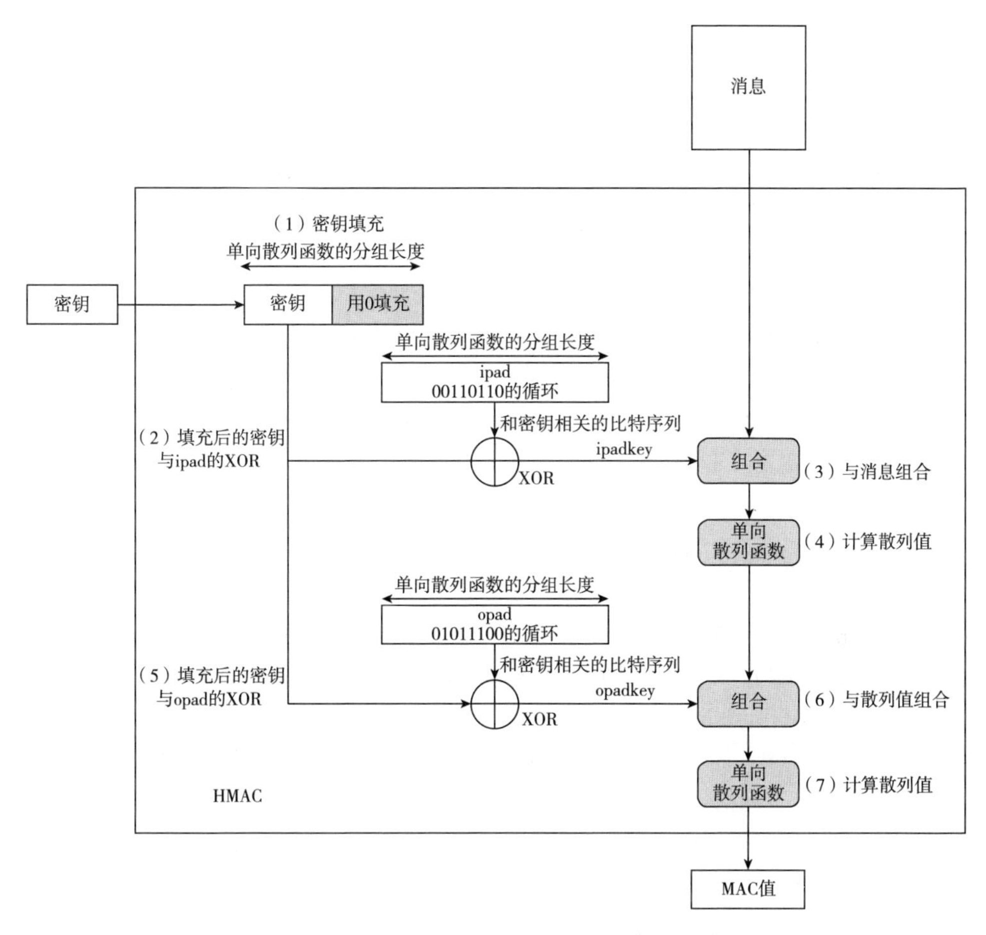

图 6-7　使用单向散列函数实现消息认证码（HMAC）

（1）密钥填充。如果密钥比单向散列函数的分组长度要短，就需要在末尾填充 0，直到其长度达到单向散列函数的分组长度为止。如果密钥比分组长度要长，则要用单向散列函数求出密钥的散列值，然后将这个散列值用作 HMAC 的密钥。

（2）填充后的密钥与 ipad 的 XOR。将填充后的密钥与称为 ipad 的比特序列进行 XOR 运算。ipad 是将 00110110 这一比特序列（即十六进制的 36）不断循环反复，直到达到分组长度所形成的比特序列，其中 ipad 的 i 是 inner（内部）的意思。

XOR 运算得到的值，就是一个和单向散列函数的分组长度相同，且和密钥相关的比特序列。这里将这个比特序列称为 ipadkey。

（3）与消息组合。将 ipadkey 与消息进行组合，也就是将与密钥相关的比特序列（ipadkey）附加在消息的开头。

（4）计算散列值。将（3）中的结果输入单向散列函数，并计算出散列值。

（5）填充后的密钥与 opad 的 XOR。将填充后的密钥与称为 opad 的比特序列进行 XOR 运算。opad 是将 01011100 这一比特序列（即十六进制的 5C）不断循环反复直到达到分组长度所形成的比特序列，其中 opad 的 O 是 outer（外部）的意思。

XOR 运算所得到的结果也是一个和单向散列函数的分组长度相同，且和密钥相关的比特序列。这里将这个比特序列称为 opadkey。

（6）与散列值组合。将（4）中的散列值拼在 opadkey 后面。

（7）计算散列值。将（6）中的结果输入单向散列函数，并计算出散列值。这个散列值就是最终的 MAC 值。

通过上述流程我们可以看出，最后得到的 MAC 值一定是一个和输入的消息以及密钥都相关的、长度固定的比特序列。

6.2.6 对消息认证码的攻击

狡猾的主动攻击者 Mallory 想到：可以通过将事先保存的正确 MAC 值不断重放来发动攻击，如果攻击成功，则可以让 100 万元滚雪球般地变成 1 亿元，过程如下。

（1）Mallory 窃听到 Alice 银行与 Bob 银行之间的通信。

（2）Mallory 到 Alice 银行向自己在 Bob 银行中的账户 M-2653 汇款 100 万元。于是 Alice 银行生成了下列汇款请求消息："向账户 M-2653 汇款 100 万元"，Alice 银行为该汇款请求消息计算出正确的 MAC 值，然后将 MAC 值和消息一起发送给 Bob 银行。

（3）Bob 银行用收到的消息自行计算 MAC 值，并将计算结果与收到的 MAC 值进行对比。由于两个 MAC 值相等，因此 Bob 银行判断该消息是来自 Alice 银行的合法汇款请求，于是向 Mallory 的账户 M-2653 汇款 100 万元。

（4）Mallory 窃听了 Alice 银行发给 Bob 银行的汇款请求消息以及 MAC 值，并保存在自己的计算机中。

（5）Mallory 将刚刚保存下来的汇款请求消息以及 MAC 值再次发给 Bob 银行。

（6）Bob 银行用收到的消息自行计算 MAC 值，并将计算结果与收到的 MAC 值进行对比。由于两个 MAC 值相等，因此 Bob 银行判断该消息是来自 Alice 银行的合法汇款请求（误解），于是向 Mallory 的账户 M-2653 汇款 100 万元。

（7）Mallory 将（5）重复 100 次。

（8）Bob 银行将（6）重复 100 次。

（9）Bob 银行向 Mallory 的账户总计汇入 100 万元 ×100= 1 亿元，这时 Mallory 将这笔钱取出来。

在这里，Mallory 并没有破解消息认证码，而是将 Alice 银行的正确 MAC 值保存下来重复利用而已。这种攻击方式称为重放攻击（replay attack），如图 6-8 所示。

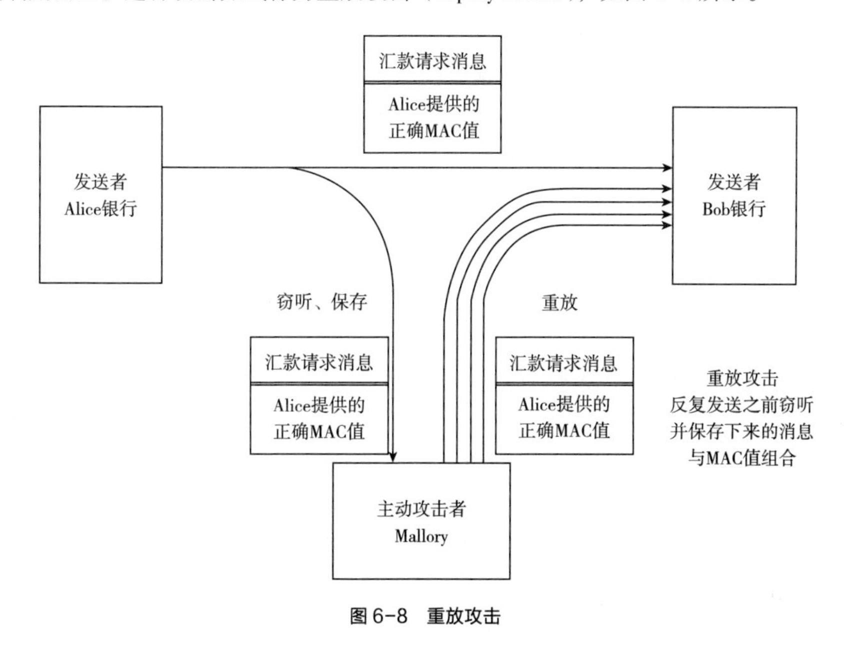

图 6-8　重放攻击

有几种方法可以防御重放攻击。

1. 序号

约定每次都对发送的消息赋予一个递增的编号（序号），并且在计算 MAC 值时将序号也包含在消息中。这样一来，由于 Mallory 无法计算序号递增之后的 MAC 值，因此就可以防御重放攻击。这种方法虽然有效，但是每个通信对象都需要记录最后一个消息的序号。

2. 时间戳

约定在发送消息时包含当前的时间，如果收到以前的消息，即使 MAC 值正确也要将其当作错误的消息来处理，这样就能够防御重放攻击。这种方法虽然有效，但是发送者和接收者的时钟必须一致，而且考虑到通信的延迟，必须在时间的判断上留下缓冲，所以多多少少还是会存在可以进行重放攻击的空间。

3. nonce

在通信之前，接收者先向发送者发送一个一次性的随机数，这个随机数一般称为 nonce。发送者在消息中包含这个 nonce 并计算 MAC 值。由于每次通信时 nonce 的值都会发生变化，因此无法进行重放攻击。这种方法虽然有效，但通信的数据量会有所增加。

4. 密钥推测攻击

与对单向散列函数的攻击一样，对消息认证码也可以进行暴力破解以及生日攻击。

对于消息认证码来说，应保证不能根据 MAC 值推测出通信双方所使用的密钥。如果主动攻击者 Mallory 能够从 MAC 值反算出密钥，就可以进行篡改、伪装等攻击。例如，HMAC 中就是利用单向散列函数的单向性和抗碰撞性来保证无法根据 MAC 值推测出密钥的。

此外，在生成消息认证码所使用的密钥时，必须使用密码学安全的、高强度的伪随机数生成器。如果密钥是人为选定的，则会增加密钥被推测的风险。

6.2.7 消息认证码无法解决的问题

假设发送者 Alice 要向接收者 Bob 发送消息，如果使用了消息认证码，接收者 Bob 就能够断定自己收到的消息与发送者 Alice 所发出的消息是一致的，这是因为消息中的 MAC 值只有用 Alice 和 Bob 之间共享的密钥才能够计算出来，即便主动攻击者 Mallory 篡改消息，或者伪装成 Alice 发送消息，Bob 也能够识别出消息的篡改和伪装。

但是，消息认证码也不能解决所有的问题，例如“对第三方证明”和“防止否认”，这两个问题就无法通过消息认证码来解决。

1. 对第三方证明

假设 Bob 在接收了来自 Alice 的消息之后，想要向第三方验证者 Victor 证明这条消息的确是 Alice 发送的，但是用消息认证码无法进行这样的证明，这是为什么呢？

首先，Victor 要校验 MAC 值，就需要知道 Alice 和 Bob 之间共享的密钥。

假设 Bob 相信 Victor，同意将密钥告诉 Victor，即便如此，Victor 也无法判断这条消息是由 Alice 发送的，因为 Victor 可以认为“即使 MAC 值是正确的，发送这条消息的人也不一定是 Alice，还有可能是 Bob。”

能够计算出正确 MAC 值的人只有 Alice 和 Bob，在他们两个人之间进行通信时，可以断定是对方计算了 MAC 值，这是因为共享这个密钥的双方之中，有一方就是自己。然而，对于第三方 Victor，Alice 或 Bob 却无法证明是对方计算了 MAC 值，而不是自己。

2. 防止否认

假设 Bob 收到了包含 MAC 值的消息，这个 MAC 值是用 Alice 和 Bob 共享的密钥计算出来的，因此 Bob 能够判断这条消息的确来自 Alice。

但是，上面我们讲过，Bob 无法向验证者 Victor 证明这一点，也就是说，发送者 Alice 可以向 Victor 声称“我没有向 Bob 发送过这条消息。”这样的行为就称为否认

（repudiation）。

Alice 可以说“这条消息是 Bob 自己编的吧”“说不定 Bob 的密钥被主动攻击者 Mallory 给盗取了，我的密钥可是妥善保管着呢”等。

即便 Bob 拿 MAC 值来举证，Victor 也无法判断 Alice 和 Bob 谁的主张才是正确的，也就是说，用消息认证码无法防止否认（nonrepudiation）。

6.3 数字签名——消息到底是谁写的

本节我们将学习数字签名的相关知识。数字签名是一种将现实世界中的盖章、签字等功能在计算机世界中进行实现的技术。使用数字签名可以识别篡改和伪装，还可以防止否认。

通过消息认证码，我们可以识别消息是否被篡改或者发送者身份是否被伪装，也就是可以校验消息的完整性，还可以对消息进行认证。然而，在出具借条的场景中却无法使用消息认证码，因为消息认证码无法防止否认。

消息认证码之所以无法防止否认，是因为消息认证码需要在发送者 Alice 和接收者 Bob 两者之间共享同一个密钥。正是因为密钥是共享的，所以能够使用消息认证码计算出正确 MAC 值的并不只有发送者 Alice，接收者 Bob 也可以计算出正确的 MAC 值。由于 Alice 和 Bob 双方都能够计算出正确的 MAC 值，因此对于第三方来说，我们无法证明这条消息是否由 Alice 生成的。

6.3.1 数字签名

在数字签名技术中，出现了下面两种行为。

· 生成消息签名的行为

· 验证消息签名的行为

在数字签名中生成消息签名和验证消息签名这两个行为需要使用各自专用的密钥来完成。

在非对称加密中，密钥分为公钥（加密密钥）和私钥（解密密钥），用公钥无法进行解密。此外，私钥只能由需要解密的人持有，而公钥则是任何需要加密的人都可以持有。

实际上，数字签名和公钥密码有着非常紧密的联系，数字签名就是通过将公钥密码“反过来用”而实现的。密钥的使用方式如表 6-2 所示。

表 6-2 公钥密码与数字签名的密钥使用方式

	私钥	公钥
公钥密码	接收者解密时使用	发送者加密时使用
数字签名	签名者生成签名时使用	验证者验证签名时使用
谁持有密码	个人持有	只要需要，任何人都可以持有

非对称加密与数字签名

要实现数字签名，需要使用非对称加密机制。非对称加密包括一个由公钥和私钥组成的密钥对，其中公钥用于加密，私钥用于解密（如图 6–9 所示）。

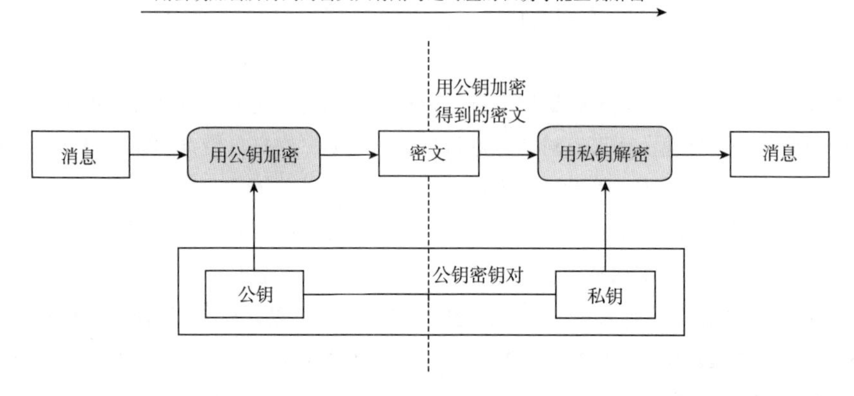

图 6-9 用公钥进行加密（公钥密码）

数字签名中也同样会使用公钥和私钥组成的密钥对，不过这两个密钥的用法和公钥密码是相反的，即用私钥加密相当于生成签名，而用公钥解密则相当于验证签名（如图 6–10 所示）。

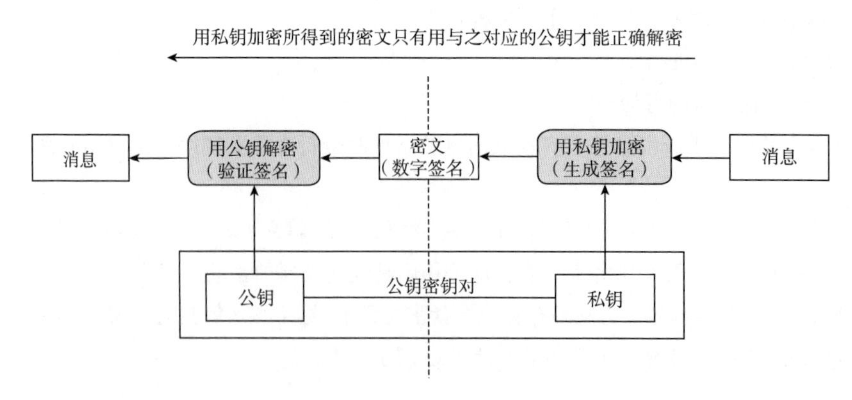

图 6-10 用私钥进行加密（数字签名）

那么为什么加密相当于生成签名，而解密相当于验证签名呢？要理解这个问题，我们需要回想一下非对称加密中讲过的知识，即组成密钥对的两个密钥之间存在严密的数学关系，它们是一对无法拆散的伙伴。

用公钥加密得到的密文，只能用与该公钥配对的私钥才能解密；同样地，用私钥加密得到的密文，也只能用与该私钥配对的公钥才能解密。也就是说，如果用某个公钥成功解密了密文，就能够证明这段密文是用与该公钥配对的私钥进行加密得到的。

用私钥进行加密这一行为只能由持有私钥的人完成，正是基于这一事实，我们才可以将用私钥加密的密文作为签名来对待（如图 6-11 所示）。

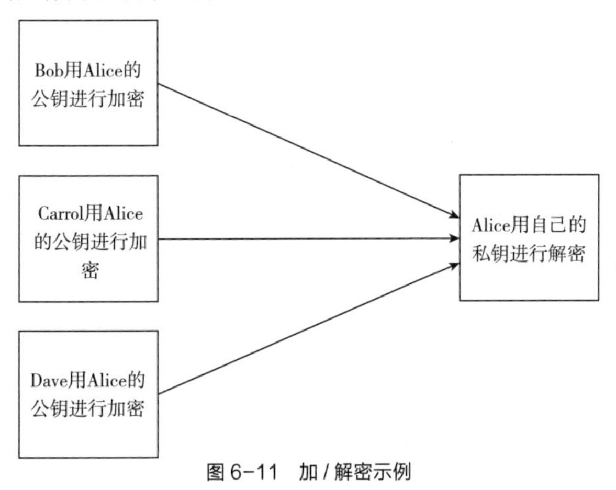

图 6-11　加 / 解密示例

由于公钥是对外公开的，因此任何人都能够用公钥进行解密，这就产生了一个很大的好处，即任何人都能够对签名进行验证（如图 6-12 所示）。

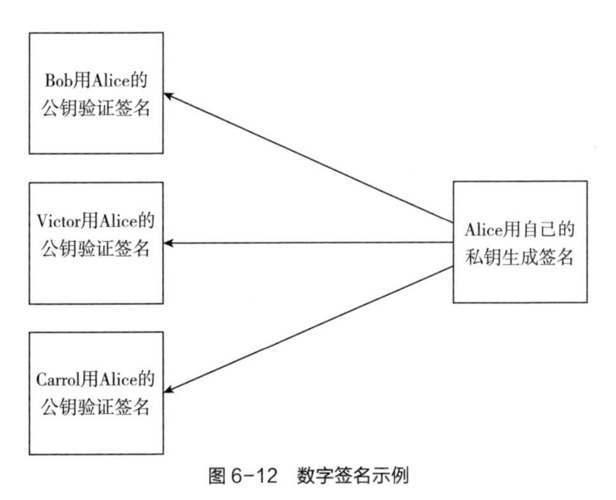

图 6-12　数字签名示例

6.3.2 数字签名的方法

下面具体介绍生成和验证数字签名的方法。

· 直接对消息签名的方法

· 对消息的散列值签名的方法

直接对消息签名的方法比较容易理解，但实际上并不会使用，我们一般都使用对消息的散列值签名的方法，这种方法稍微复杂一点。

1. 直接对消息签名的方法

在本小节中，发送者 Alice 要对消息签名，而接收者 Bob 要对签名进行验证。下面来讲一下具体的方法。

Alice 需要事先生成一个包括公钥和私钥的密钥对，而需要验证签名的 Bob 则需要得到 Alice 的公钥。在此基础上，签名和验证的过程如图 6-13 所示。

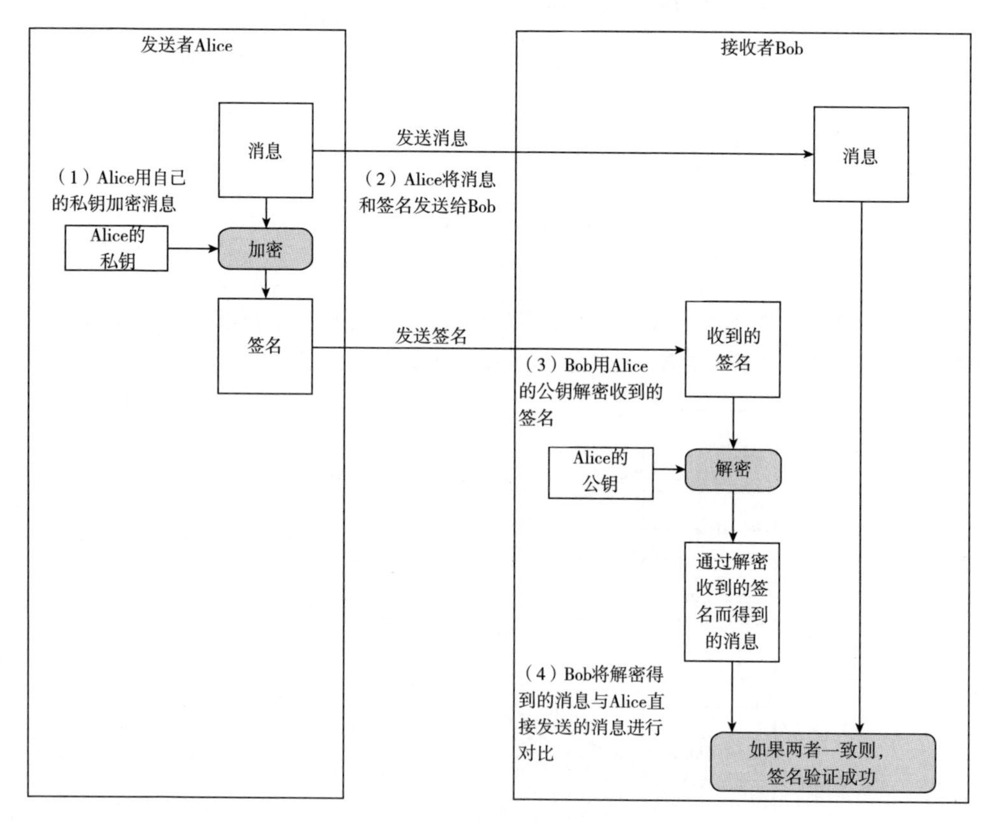

图 6-13 直接对消息签名的方法

（1）Alice 用自己的私钥对消息进行加密。用私钥加密得到的密文就是 Alice 对这条消息的签名，由于只有 Alice 才持有自己的私钥，因此除了 Alice 以外，其他人是无法生成相同的签名（密文）的。

（2）Alice 将消息和签名发送给 Bob。

（3）Bob 用 Alice 的公钥对收到的签名进行解密。如果收到的签名确实是用 Alice 的私钥进行加密得到的密文（签名），那么用 Alice 的公钥应该能够正确解密。如果收到的签名不是用 Alice 的私钥进行加密得到的密文，那么无法用 Alice 的公钥正确解密（解密后得到的数据看起来是随机的）。

（4）Bob 将签名解密后得到的消息与 Alice 直接发送的消息进行对比。如果两者一致，则签名验证成功；如果两者不一致，则签名验证失败。

2. 对消息的散列值签名的方法

我们讲过了直接对消息签名的方法，但这种方法需要对整个消息进行加密，非常耗时，这是因为公钥密码算法本来就非常慢。那么，我们能不能生成一条很短的数据来代替消息本身呢？从密码学家的工具箱里面找找看，果然找到了一个跟我们的目的十分契合的工具，它就是前面介绍的单向散列函数。

于是我们不必再对整个消息进行加密（即对消息签名），而是只要先用单向散列函数求出消息的散列值，然后再将散列值进行加密（对散列值签名）就可以了。无论消息有多长，散列值永远都是这么短，因此对其进行加密（签名）是非常轻松的。

（1）Alice 用单向散列函数计算消息的散列值。

（2）Alice 用自己的私钥对散列值进行加密。用私钥加密散列值所得到的密文就是 Alice 对这条散列值的签名，由于只有 Alice 才持有自己的私钥，因此除了 Alice 以外，其他人是无法生成相同的签名（密文）的。

（3）Alice 将消息和签名发送给 Bob。

（4）Bob 用 Alice 的公钥对收到的签名进行解密。如果收到的签名确实是用 Alice 的私钥进行加密而得到的密文（签名），那么用 Alice 的公钥应该能够正确解密，解密的结果应该等于消息的散列值。如果收到的签名不是用 Alice 的私钥进行加密得到的密文，那么无法用 Alice 的公钥正确解密（解密后得到的数据看起来是随机的）。

（5）Bob 将签名解密后得到的散列值与 Alice 直接发送的消息的散列值进行对比。如果两者一致，则签名验证成功；如果两者不一致，则签名验证失败。

整个过程如图 6-14 所示，请大家和图 6-13 比较一下，看看在哪里用到了单向散列函数。

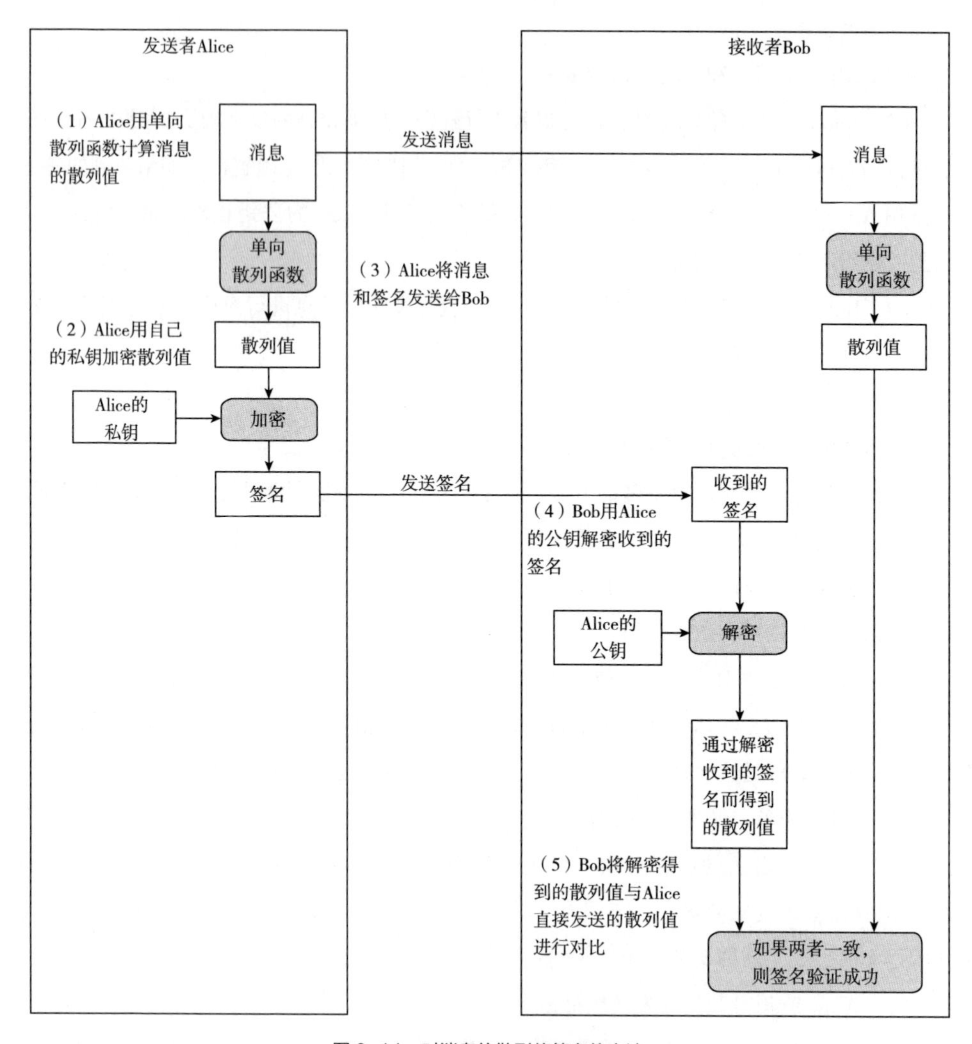

图 6-14　对消息的散列值签名的方法

我们将数字签名中生成签名和验证签名的过程整理成一张时间流程图，如图 6-15 所示。

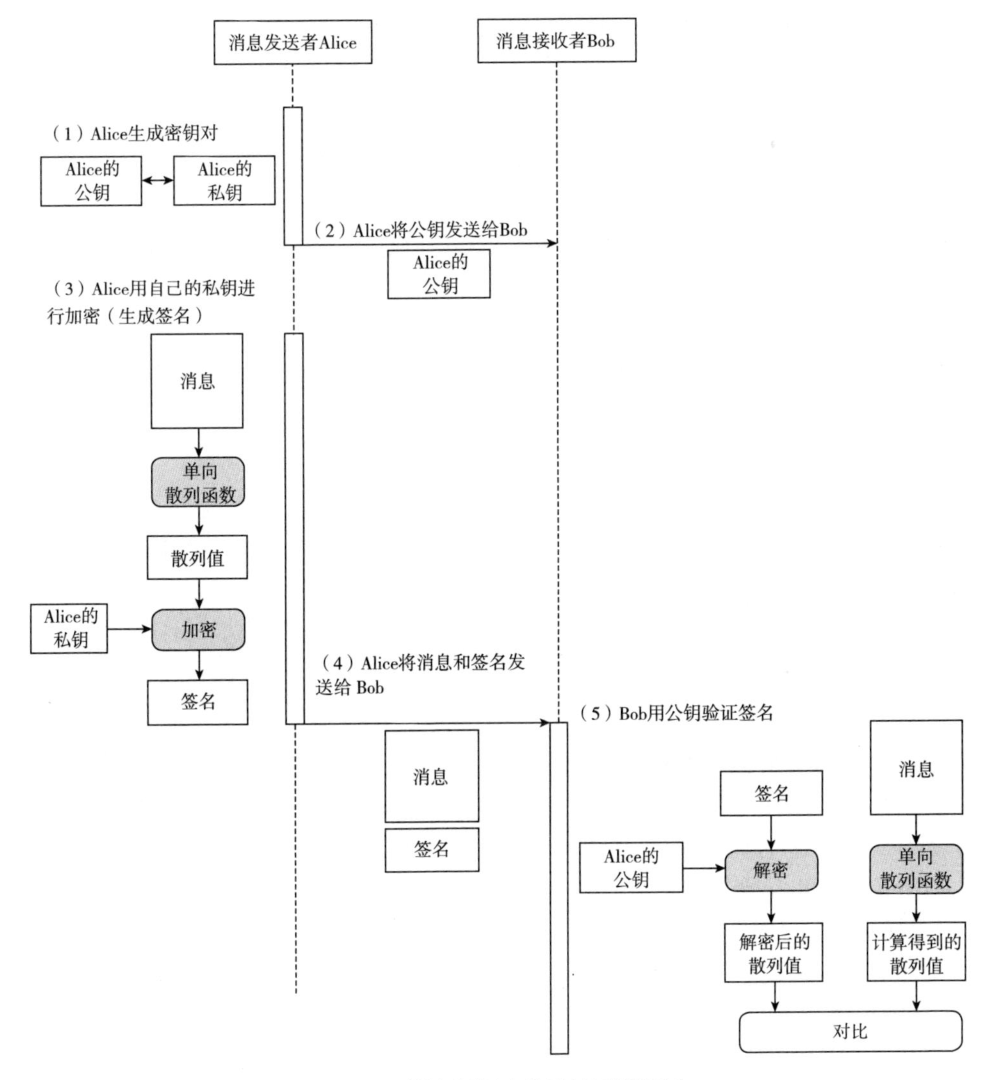

图 6-15　对消息的签名与验证（按时间顺序）

6.3.3　对数字签名的疑问

上面对数字签名进行了基本讲解，恐怕很多读者并不十分认同，至少我在刚听到数字签名这个话题时，心中也产生了不少疑问。下面就设想一些读者可能会产生的疑问并进行解答。

1. 密文为什么能作为签名使用

疑问：用私钥加密消息得到签名，然后再用公钥解密消息并验证签名，这个过程我理解了，但是密文为什么能够具备签名的意义呢？

解答：虽说实际进行的处理内容是用私钥进行加密，但这里的加密并非是为了保证机密性而进行的。

数字签名是利用了“没有私钥的人事实上无法生成使用该私钥所生成的密文”这一性质来实现的。这里所生成的密文并非用于保证机密性，而是用于代表一种只有持有该密钥的人才能够生成的信息。

这样的信息一般称为认证符号（authenticator），消息认证码也是认证符号的一种，数字签名也是一样。数字签名是通过使用私钥进行加密来产生认证符号的。

2. 数字签名不能保证机密性吗

疑问：从签名原理图来看，消息没有经过加密就发送了，这样不就无法保证消息的机密性了吗？

解答：的确如此，数字签名的作用本来就不是保证机密性。如果需要保证机密性，则可以不直接发送消息，而是将消息进行加密之后再发送。

3. 这种签名可以随意复制吗

疑问：数字签名只不过是计算机上的一种数据，貌似很容易被复制。但如果可以轻易复制出相同的内容，那还能用作签名吗？

解答：的确，虽然叫作签名，但它也仅仅是计算机上的一种普通的数据而已。数字签名可以附加在消息的末尾，也可以和消息分离，单独作为文件发送。但无论如何，我们都可以像复制普通的文件一样，很容易地复制出任意个内容相同的副本。

但是，签名可以被复制并不意味着签名就没有意义，因为签名所表达的意义是特定的签名者对特定的消息进行了签名，即便签名被复制，也并不会改变签名者和消息的内容。

在现实世界中，签名的原件是独一无二的，用复印机复印出来的副本和原件是有区别的，但在计算机中文件的副本与原件之间是无法区别的，这也许就是这一疑问产生的原因吧。然而，签名是不是原件并不重要，真正重要的是特定的签名者与特定的消息绑定在了一起这一事实。

无论将签名复制多少份，“是谁对这条消息进行了签名”这一事实是不会发生任何改变的。总之，签名可以被复制，但这并不代表签名会失去意义。

4. 消息内容会不会被任意修改

疑问：数字签名只不过是普通的数据，消息和签名都是可以被任意修改的，这样的签名还有意义吗？

解答：的确，签名之后也可以对消息和签名进行修改，但是这样修改之后，验证签名就会失败，进行验证的人就能够发现这一修改行为。数字签名实现的并不是防止修改，而是识别修改。修改没问题，但修改后验证签名会失败。

追问：能不能同时修改消息和签名，使得验证签名能够成功呢？

解答：事实上是做不到的。

以对散列值签名为例，只要消息被修改 1 比特，重新计算的散列值就会发生很大的变化，要拼凑出合法的签名，必须在不知道私钥的前提下对新产生的散列值进行加密，事实上这是无法做到的，因为不知道私钥就无法生成用该私钥才能生成的密文。

这个问题相当于对数字签名的攻击。

5. 签名会不会被重复使用

疑问：如果得到了某人的数字签名，应该就可以把签名部分提取出来附加在其他消息后面，这样的签名还有效吗？

解答：的确，可以将签名部分提取出来并附加到其他消息后面，但是验证签名会失败。

将签名提取出来这一行为，就好比在现实世界中把纸质合同上的签名拓下来一样。然而在数字签名中，签名和消息之间是具有对应关系的，消息不同签名内容也会不同，所以无法做到将签名提取出来重复使用的。

总之，将一份签名附加在其他消息后面，验证签名会失败。

6. 删除签名也无法“作废合同”吗

疑问：如果是纸质的借据，只要将原件撕毁就可以作废。但是带有数字签名的借据只是计算机文件，将其删除也无法保证其确实已经作废，因为不知道其他地方是否还留有副本。无法作废的签名是不是非常不方便呢？

解答：的确，带有数字签名的借据即便删除也无法作废，要作废带有数字签名的借据，可以重新创建一份相当于收据的文书，并让对方在这份文书上加上数字签名。

例如，如果我们想要将过去使用过的公钥作废，就可以创建一份声明该公钥已作废的文书并另外加上数字签名。

也可以在消息中声明该消息的有效期并加上数字签名，如公钥的证书就属于这种情况。

7. 如何防止否认

疑问：消息认证码无法防止否认，为什么数字签名就能够防止否认呢？

解答：防止否认与“谁持有密钥”这一问题密切相关。

在消息认证码中，能够计算 MAC 值的密钥（共享密钥）是由发送者和接收者双方共同持有的，因此发送者和接收者中的任何一方都能够计算 MAC 值，发送者也就可以声称“这个 MAC 值不是我计算的，而是接收者计算的”。

相对地，在数字签名中，能够生成签名的密钥（私钥）是只有发送者才持有的，只有发送者才能够生成签名，因此发送者也就没办法说“这个签名不是我生成的”了。

当然，严格来说，如果数字签名的生成者说“我的私钥被别人窃取了”，也是有可能进行否认的。但即使这样，丢失密钥的责任也是数字签名生产者的责任，而不是数字签名验证者的责任。

8. 数字签名真的能够代替签名吗

疑问：纸质借据上如果不签名盖章的话，总是觉得不太放心。数字签名真的能够有效代替现实世界中的签名和盖章吗？

解答：这个疑问应该说非常合理。数字签名技术有很多优点。例如，不需要物理交换文书就能够签订合同，以及可以对计算机上的任意数据进行签名等。然而，对于实际上能不能代替签名这个问题还有一些需要确定的因素。

其中一个很大的原因是签订合同、进行认证等行为是一种社会性行为。

我们在对文件进行数字签名时，没有人会亲手去计算数字签名的算法，而是在阅读软件给出的提示信息后按下按钮或输入口令。

然而，这个软件真的值得信任吗？软件虽然会提示用户“请对该文件签名”，但软件消息的签名真的是经过这个软件本身的吗？有没有可能是这个软件本身感染了病毒，而病毒实际上对另外一份文件进行了签名呢？这样的危险我们还能够想到很多，实际上它们确实有可能发生。

美国于 2000 年颁布了 E-SIGN 法案，日本于 2001 年颁布了电子签名及其认证业务的相关法律（《电子签名法》），中国于 2005 年 4 月 1 日起施行了《中华人民共和国电子签名法》。这些法律将以电子手段实现的签名与手写的签名和盖章同等处理，并为此提供了法律基础。然而在实际应用中，很有可能会产生与数字签名相关的问题以及围绕数字签名有效性的诉讼。

数字签名技术在未来将发挥重要的作用，但是单纯认为数字签名比普通的印章或手写签名更可信是很危险的。一种新技术只有先被人们广泛地认知，并对各种问题制定相应的解决办法之后，才能被社会真正地接受。

6.3.4 数字签名的应用实例

下面介绍一些数字签名的具体应用实例。

1. 安全信息公告

一些信息安全方面的组织会在其网站上发布一些关于安全漏洞的警告，那么这些警告信息是否真的是该组织所发布的呢？我们如何确认发布这些信息的网页没有被第三方篡改呢？

这种情况就可以使用数字签名，即该组织可以对警告信息的文件添加数字签名，这样世界上的所有人就都可以验证警告信息的发布者是否合法。

信息发布的目的是尽量让更多的人知道，因此我们没有必要对消息进行加密，但是必须排除有人恶意伪装成该组织来发布假消息的风险。因此，我们不加密消息，而只是对消息加上数字签名，这种对明文消息所施加的签名，一般称为明文签名（clear sign）。

2. 软件下载

我们经常会从网上下载软件，有时是我们自己决定去下载某个软件，有时则是我们所使用的软件自动下载了另外一些软件。

无论哪种情况，我们都需要判断所下载的软件是否可以安全运行，因为下载的软件有可能被主动攻击者篡改，从而执行一些恶意的操作。例如，虽然是下载了一个游戏软件，结果却可能是一个会删除硬盘上所有数据的程序，又或者是一个会将带有病毒的邮件发送给所有联系人的程序。

为了防止出现这样的问题，软件的作者可以对软件加上数字签名，而我们只要在下载之后验证数字签名，就可以识别出软件是否遭到了主动攻击者的篡改。

一种名为带签名的 Applet 的软件就是一个具体的例子。这种软件是用 Java 编写的（一种浏览器进行下载并执行的软件），并加上了作者的签名，而浏览器会在下载之后对签名进行验证。

此外，广泛使用的 Android 操作系统中是无法安装没有数字签名的应用软件的。在签署数字签名时，为了识别应用开发者的身份，需要使用将要介绍的“证书”。不过这个证书只用来识别应用开发者的身份等信息，并不是经过认证机构（Certificate Authority）签名的。

不过，数字签名只能检测软件是否被篡改过，而不能保证软件本身不会做出恶意的行为。如果软件的作者本身具有恶意，那么再怎么加数字签名也是无法防范这种风险的。

3. 公钥证书

在验证数字签名时我们需要合法的公钥，那么怎么才能知道自己得到的公钥是否合法呢？我们可以将公钥当作消息，对它加上数字签名。像这样对公钥施加数字签名所得到的就是公钥证书。

4. SSL/TLS

SSL/TLS 在认证服务器身份是否合法时会使用服务器证书，它就是加上了数字签名的服务器公钥。相对地，服务器为了对客户端（用户）进行认证也会使用客户端证书。

6.3.5 通过 RSA 实现数字签名

下面使用 RSA 的数字签名算法实际尝试一下签名的过程吧。RSA 公钥密码算法已经在前面详细介绍过了，因此在这里我们只讲解一下生成和验证签名的过程。此外，为了简单起见，我们不使用单向散列函数，而是直接对消息进行签名。

关于将 RSA 和单向散列函数相结合来进行数字签名的详细说明，请参见 RFC3447（Public-Key Cryptography Standards（PKCS）#1）。

1. 用RSA生成签名

在 RSA 中，被签名的消息、密钥以及最终生成的签名都是以数字形式表示的。在对文本进行签名时，需要事先将文本编码成数字。用 RSA 生成签名的过程可用下列公式来表述：

签名 = 消息^{D} mod N（用 RSA 生成签名）

这里所使用的 D 和 N 就是签名者的私钥。签名就是消息的 D 次方对 N 取余的结果，也就是说将消息自乘 D 次，然后再除以 N 求余数，得到的就是签名。

生成签名后，发送者就可以将消息和签名发送给接收者了。

2. 用RSA验证签名

RSA 的签名验证过程可用下列公式来表述：.

由签名求得的消息 = 签名^{E} mod N（用 RSA 验证签名）

这里所使用的 E 和 N 就是签名者的公钥。接收者将签名的 E 次方并对 N 取余，得到“由签名求得的消息”，并将其与发送者直接发送过来的“消息”内容进行对比。如果两者一致，则签名验证成功，否则签名验证失败。

我们把刚才讲解的内容整理成表（如表 6-3 所示）。关于这里出现的私钥（D、N）和公钥（E、N）的生成方法，请参见前面的内容。

表 6-3 用 RSA 生成和验证签名

密钥对	公钥	数 E 和数 N
	私钥	数 D 和数 N
生成签名		签名 = 消息 ^{D} mod N（消息的 D 次方除以 N 的余数）
验证签名		由签名求得的消息 = 签名 ^{E} mod N（签名的 E 次方除以 N 的余数），将“由签名求得的消息”与“消息”进行对比

6.3.6 其他数字签名

除了 RSA 之外，还存在其他的数字签名算法，下面简单介绍一下 EIGamal、DSA、ECDSA 和 Rabin 这 4 种方式。

1. EIGamal 方式

EIGamal 方式是由 Taher EIGamal 设计的公钥算法，利用了在对 N 取余中求离散对数的困难度。EIGamal 方式可以用于公钥密码和数字签名。密码软件 GnuPG 中也曾使用过 EIGamal 方式，但由于 1.0.2 版本中数字签名的实现上存在漏洞，因此现在在 GnuPG 中 ElGamal 仅用于公钥密码。

2. DSA

DSA（Digital Signature Algorithm）是一种数字签名算法，是由 NIST 于 1991 年制定的数字签名规范（DSS）。DSA 是 Schnorr 算法与 EIGamal 方式的变体，只能用于数字签名。

3. ECDSA

ECDSA（Elliptic Curve Digital Signature Algorithm）是一种利用椭圆曲线密码实现的数字签名算法（NIST FIPS 186-3）。

4. Rabin方式

Rabin 方式是由 M.O.Rabin 设计的公钥算法，利用了在对 N 取余中求平方根的困难度。Rabin 方式可以用于公钥密码和数字签名。

6.3.7 对数字签名的攻击

1. 中间人攻击

针对公钥密码的中间人攻击（man-in-the middle attack）对于数字签名来说也颇具

威胁。

数字签名的中间人攻击，具体来说就是主动攻击者 Mallory 介入发送者和接收者的中间，对发送者伪装成接收者，对接收者伪装成发送者，从而能够在无须破解数字签名算法的前提下完成攻击。

要防止中间人攻击，就需要确认自己得到的公钥是否真的属于自己的通信对象。例如，假设 Bob 需要确认自己得到的公钥是否真的属于 Alice 的，则 Bob 可以给 Alice 打电话，确认一下自己手上的公钥是不是真的（如果电话通信也被 Mallory 控制，这个方法就行不通）。

要在电话中把公钥的内容都念一遍实在是太难了，这里有一个简单的方法，即 Alice 和 Bob 分别用单向散列函数计算出散列值，然后在电话中相互确认散列值即可。实际上，涉及公钥密码的软件都可以显示公钥的散列值，这个散列值称为指纹（finger print）。指纹的内容就是像下面这样的一串字节序列。

8574EC5EBEDA353ED3243E08229C30BA4B7BB4A3

上面介绍的内容是人与人之间如何对公钥进行认证的，实际上大多数情况下都是计算机程序之间进行公钥的认证，此时就需要使用公钥的“证书”。

2. 对单向散列函数的攻击

数字签名中使用的单向散列函数必须具有抗碰撞性，否则攻击者就可以生成另外一条不同的消息，使其与签名绑定的消息具有相同的散列值。

利用数字签名攻击公钥密码的方式如下。

在 RSA 中，生成签名的公式是：

签名 = 消息 ^{D}mod N

这个公式和公钥密码中解密的操作是相同的，也就是说，可以将“请对消息签名”这一请求理解为“请解密消息”。利用这一点，攻击者可以发动一种巧妙的攻击，即利用数字签名来破译密文。

假设现在 Alice 和 Bob 正在进行通信，主动攻击者 Mallory 正在窃听。Alice 用 Bob 的公钥加密消息后发送给 Bob，发送的密文用下面的公式计算：

密文 = 消息 ^{E} mod N

Mallory 窃听到 Alice 发送的密文并将其保存下来，由于 Mallory 想要破译这段消息，因此他给 Bob 写了这样一封邮件。

Dear Bob：

我是一位密码学研究者，名叫 Mallory。

我现在正在进行关于数字签名的实验，

可否请您对附件中的数据签名并回复给我？

附件中的数据只是随机数据，不会造成任何问题。

感谢您的配合。

Mallory

Mallory 将刚刚窃听到的密文作为上述邮件的附件发送给 Bob，即

附件数据 = 密文

Bob 看到了 Mallory 的邮件，发现附件数据的确只是随机数据（但其实这是 Alice 用 Bob 的公钥加密的密文）。于是 Bob 对附件数据进行签名，具体情形如下。

签名 = 附件数据 ^{D}mod N　　（RSA 生成签名）

= 密文 ^{D}mod N　　（附件数据实际上是密文）

= 消息　　（进行了解密操作）

Bob 的本意是对随机的附件数据添加数字签名，但结果却在无意解密了密文。如果不小心将上述签名的内容（= 消息）发送给了 Mallory，Mallory 将不费吹灰之力就可以破译密文了。

这种诱使接收者本人进行解密的方法非常大胆。

在上面的例子中，Bob 可能会察觉到签名的操作实际上是在对消息进行解密（如果使用混合密码系统，则签名的结果也是随机数据，因此 Bob 可能不会察觉）。

对于这样的攻击，我们应该采取怎样的对策呢？首先，不要直接对消息进行签名，对散列值进行签名比较安全；其次，公钥密码和数字签名最好分别使用不同的密钥对。实际上，GnuPG 和 PGP 可以生成多个密钥对。

然而，最重要的就是绝对不要对意思不清楚的消息进行签名，尤其是不要对看起来只是随机数据的消息进行签名。从签名的目的来说，这一点应该是理所当然的，因为谁都不会在自己看不懂的合同上签字盖章的。

3. 潜在伪造

上面提到了随机消息，借这个话题我们来说一说潜在伪造。如果一个没有私钥的攻击者能够对有意义的消息生成合法的数字签名，那么这个数字签名算法一定是不安全的，因为这样的签名是可以被伪造的。

然而，即使签名的对象是无意义的消息（如随机比特序列），如果攻击者能够生成合法的数字签名（即攻击者生成的签名能够正常通过校验），也应该将其当成是对这种签名算法的一种潜在威胁。这种情况称为对数字签名的潜在伪造。

在用 RSA 来解密消息的数字签名算法中，潜在伪造是可能的。因为我们只要将随机比特序列 S 用 RSA 的公钥加密生成密文 M，S 就是 M 的合法数字签名。由于攻击者可以获取公钥，因此对数字签名进行潜在伪造也就可以实现了。

为了应对潜在伪造，人们在改良 RSA 的基础上开发出了一种签名算法，叫作 RSA-

PSS。RSA-PSS 并不是对消息本身进行签名，而是对其散列值进行签名。另外，为了提高安全性，在计算散列值时还要对消息加盐（salt）。关于 RSA-PSS 的技术规范请参考 2001 年 的 RFC3447【Public- Key Cryptography Standards（PKCS）#1: RSA Cryptography Specifications Version2.1 】。

4. 其他攻击

针对公钥密码的攻击方法大都能用于攻击数字签名。例如，用暴力破解来找出私钥，或者尝试对 RSA 的 N 进行质因数分解等。

6.4 各种密码技术的对比

下面将数字签名技术与其他密码技术进行一一比较。

1. 消息认证码与数字签名

前面介绍了消息认证码，它和数字签名很相似，都是用来校验完整性和进行认证的技术。可以通过对对称密码和公钥密码进行对比来理解消息认证码与数字签名的区别。我们把对比的过程整理成表（如表 6-4 和表 6-5 所示）。

表 6-4 对称密码与公钥密码的对比

	对称密码	公钥密码
发送者	用共享密钥加密	用公钥加密
接收者	用共享密钥解密	用私钥解密
密钥配送问题	存在	不存在，但公钥需要另外认证
机密性	O	O

表 6-5 消息认证码与数字签名的对比

	消息认证码	数字签名
发送者	用共享密钥计算 MAC 值	用私钥生成签名
接收者	用共享密钥计算 MAC 值	用公钥验证签名
密钥配送问题	存在	不存在，但公钥需要另外认证
完整性	O	O
认证	O（仅限通信对象双方）	O（可适用于任何第三方）
防止否认	X	O

2. 混合密码系统与对散列值签名

在混合密码系统中，消息本身是用对称密码加密的，而只有对称密码的密钥是用公钥密码加密的，即在这里对称密码的密钥就相当于消息。另外，数字签名中也使用了同样的方法，即将消息本身输入单向散列函数求散列值，然后再对散列值进行签名，在这里散列值就相当于消息。

如果将两者的特点进行总结，则可以是：对称密码的密钥是机密性的精华，单向散列函数的散列值是完整性的精华。

3. 数字签名无法解决的问题

用数字签名既可以识别出消息是否被篡改或伪装，还可以防止否认。也就是说，我们同时实现了消息确认、进行认证以及防止否认。基于这项技术，现代社会的计算机通信技术得到了迅速发展。

然而，要正确使用数字签名，有一个大前提，那就是用于验证签名的公钥必须属于真正的发送者。无论数字签名算法多强大，如果得到的公钥是伪造的，那么数字签名也都会完全失效。

现在我们发现陷入了一个死循环：数字签名是用来识别消息篡改、伪装以及防止否认的，但是为此我们又必须从没有被伪装的发送者处得到没有被篡改的公钥才行。

为了能够确认自己得到的公钥是否合法，我们需要使用证书。所谓证书，就是将公钥当作一条消息，由一个可信的第三方对其签名后所得到的公钥。

当然，这样的方法只是把问题转移了而已。为了对证书上添加的数字签名进行验证，我们必定需要另一个公钥，那么如何才能构筑一个可信的数字签名链条呢？又由谁来颁发可信的证书呢？到这一步，我们就已经踏入了社会学的领域。我们需要让公钥以及数字签名技术成为一种社会性的基础设施，即公钥基础设施（Public Key Infrastructure，PKI）。

6.5 证书——为公钥加上数字签名

6.5.1 公钥证书

要开车得先考驾照，驾照上面有本人的照片、姓名、出生日期等个人信息，以及有效期、准驾车辆的类型等信息，并由交通运输部门在上面盖章。我们只要看到驾照，就可以知道交通运输部门认定此人具有驾驶车辆的资格。

公钥证书（Public-Key Certificate，PKC）其实和驾照很相似，里面记有姓名、组织、邮箱地址等个人信息，以及属于此人的公钥，并由认证机构（Certification Authority，CA）添加数字签名。只要看到公钥证书，我们就可以知道认证机构认定该公钥的确属于此人。公钥证书又简称为证书（certificate）。

可能很多人都没听说过认证机构，认证机构就是能够认定“公钥确实属于此人”并能够生成数字签名的个人或者组织。认证机构中有国际性组织和政府设立的组织，也有通过提供认证服务来营利的一般企业。此外个人也可以成立认证机构，如一些知名的认证机构 VeriSign、GeoTrust 等。很遗憾，在互联网领域，国内还没有权威的证书机构，国内企业每年要从国外的证书认证机构中购买或续费大量的网站证书。

在银行领域，各个银行机构通过发行自己的 U 盾等工具，可以向个人或企业发行自己系统的数字证书，在自己的系统内完成认证功能。

1. 证书的应用场景

下面通过证书的代表性应用场景来理解证书的作用。

图 6-16 展示了 Alice 向 Bob 发送密文的场景，在生成密文时所使用的 Bob 的公钥是通过认证机构获取的。

认证机构必须是可信的，本书中会使用 Trent 这个名字代替“可信的第三方”，这个词是从 trust（信任）一词演变而来的。

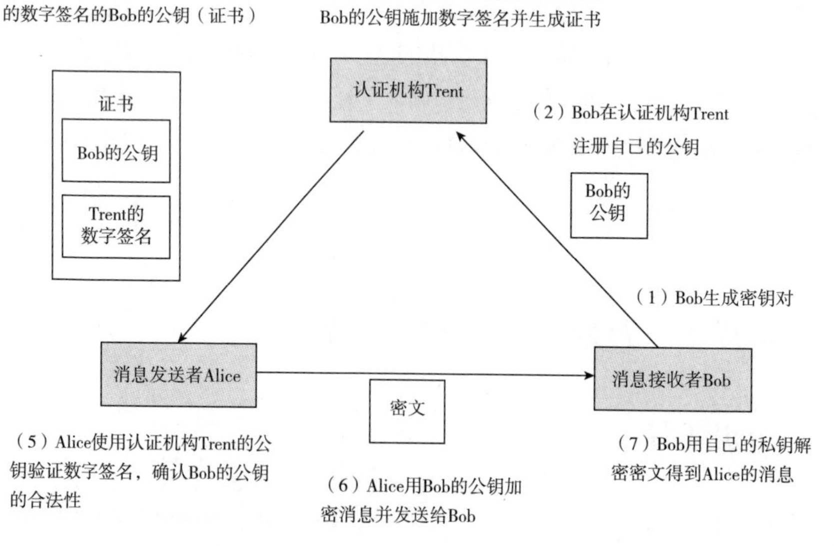

图 6-16　Alice 利用认证机构 Trent 向 Bob 发送密文的示例

下面对照图 6-16 来看一看这些步骤具体都做了些什么。

（1）Bob 生成密钥对。要使用公钥密码进行通信，首先需要生成密钥对。Bob 生成了一对公钥和私钥，并将私钥自行妥善保管。在这里，密钥对是由 Bob 自己生成的，也可以由认证机构代为生成。

（2）Bob 在认证机构 Trent 注册自己的公钥。在前文介绍中，Bob 直接将自己的公钥发给了 Alice，但是在这里 Bob 则将公钥发送给了认证机构 Trent，这是因为 Bob 需要请认证机构 Trent 为他的公钥加上数字签名（即生成证书）。Trent 收到 Bob 的公钥后，会确认收到的公钥是否为 Bob 本人所有。

（3）认证机构 Trent 用自己的私钥对 Bob 的公钥添加数字签名并生成证书。Trent 为 Bob 的公钥加上数字签名，生成数字签名，需要 Trent 的私钥，因此 Trent 需要事先生成密钥对。

（4）Alice 得到带有认证机构 Trent 的数字签名的 Bob 的公钥（证书）。现在 Alice 需要向 Bob 发送密文，因此她从 Trent 处获取证书。证书中包含了 Bob 的公钥，并带有 Trent 对该公钥签署的数字签名。

（5）Alice 使用认证机构 Trent 的公钥验证数字签名，确认 Bob 公钥的合法性。Alice 使用认证机构 Trent 的公钥对证书中的数字签名进行验证。如果验证成功，则相当于确认了证书中包含的公钥的确是属于 Bob 的。到这里，Alice 就得到了合法的 Bob 的公钥。

（6）Alice 用 Bob 的公钥加密消息并发送给 Bob。此处的“用公钥加密”不仅指只能用公钥加密，还可以用混合密码系统加密。

（7）Bob 用自己的私钥解密密文得到 Alice 的消息。Bob 收到 Alice 发送的密文，然后用自己的私钥解密，这样就能够看到 Alice 的消息了。

上面就是利用认证机构 Trent 进行公钥密码通信的流程。其中步骤（1）、（2）、（3）仅在注册新公钥时才会进行，并不是每次通信都需要。此外，步骤（4）仅在 Alice 第一次用公钥密码向 Bob 发送消息时才需要进行，只要 Alice 将 Bob 的公钥保存在电脑中，在以后的通信中就可以直接使用了。

我们使用一个浏览器中的证书例子（如图 6-17 所示）。

图 6-17　一个浏览器中的证书的详细信息

2. 证书的标准规范

证书是由认证机构颁发的，使用者需要对证书进行验证。如果证书的格式千奇百怪，则不利于验证的进行。于是，人们制定了证书的标准规范，其中使用最广泛的是由 ITU（International Telecommunication Union，国际电信联盟）和 ISO（International Organization for Standardization，国际标准化组织）制定的 X.509_ 规范（RFC3280）。很多应用程序都支持 X.509 并将其作为证书生成和交换的标准规范。

X.509 规范包含的构成要素与 Trent 生成的 Bob 的证书之间的大致对应关系如表 6-6 所示。

表 6-6　一个网站的数字证书

证书序列号	S/N : 2cee193c188278ea3e437573
证书颁发者	Issuer : CN = GlobalSign Organization Validation CA - SHA256 - G2 O = GlobalSign nv-sa C = BE，…
公钥所有者	Subject : … CN = baidu.com O = Beijing Baidu Netcom Science Technology Co.，Ltd
SHA-1 指纹	sha1_fpr : d1f6323db6f2ec81e7023690f49b2d91e0c3993a
证书 ID	certid : 2BE81DBC305B0007345579C660DC6FEC5DC216EE.24F1FD364C078EA7EDAC7886F0FF6DB2
有效期（起始时间）	notBefore : 2019 年 5 月 9 日 9:22:02
有效期（结束时间）	notAfter : 2020 年 6 月 25 日 13:31:02
散列算法	sha256sha256RSA
密钥类型	keyType : 2048 bit RSA
公钥	30 82 01 0a 02 82 01 01 00 b4 c6 bf da 53 20 0f ea 40 f3 b8 52 17 66 3b 36 01 8d 12 b4 99 0d d3 9b 6c 18 53 b1 19 08 b0 fa 73 47 3e 0d 3a 79 62 78 61 2e 54 3c 49 7c 56 da c0 be 61 55 d5 42 70 6a 10 be f5 bd 8d 64 96 21 00 93 63 09 87 b7 19 ba 0e 20 3e 49 c8 53 ed 02 8f 46 01 eb a1 07 93 73 bb ed f1 b3 c9 e2 fb dd f0 39 2a 83 ad f4 41 98 bc 86 ea ba 74 a8 a6 e3 d0 e5 c5 8e b3 0b b2 d2 ac 91 74 0e ff 80 10 23 36 62 65 08 b4 87 f5 57 0c 25 c7 00 d8 f5 a8 5d b8 33 41 a7 2a 5f db fa 70 9e 21 bb ae 42 16 66 07 69 fe 1c 26 2a 81 0f ab 73 e3 d6 52 20 a4 6d a8 6c d4 66 48 a4 6f f2 68 0a c5 65 a1 4e bf 04 7a 40 43 1c d3 75 fb 75 ac 19 d6 4a 35 05 6e cf d5 65 d1 44 ca 6b 0c 58 04 c4 85 4f 1f be 2c 32 d1 f1 c6 28 fb f9 26 36 b5 6d fa cb 96 a2 a0 d0 bc f8 51 df 07 44 bd 8f 6f 67 c0 d4 af d9 cd c3 02 03 01 00 01
密钥用途	服务器身份验证（1.3.6.1.5.5.7.3.1） 客户端身份验证（1.3.6.1.5.5.7.3.2）

6.5.2　公钥基础设施

仅制定证书的规范还不足以支持公钥的实际运用，我们还需要很多其他的规范，如证书应该由谁来颁发？如何颁发？私钥泄露时应该如何作废证书？计算机之间的数据交换应采用怎样的格式等。本小节将介绍能够使公钥的运用更加有效的公钥基础设施。

公钥基础设施（Public-Key Infrastructure，PKI）是为了能够更有效地运用公钥而制定的一系列规范和规格的总称。

PKI 只是一个总称，并非指某一个单独的规范或规格。例如，RSA 公司制定的 PKCS（Public-Key Cryptography Standards，公钥密码标准）系列规范也是 PKI 的一种，互联网规格（Request for Comments，RFC）中也有很多与 PKI 相关的文档。此外，6.5.1 小节中提到的 X.509 这样的规范也是 PKI 的一种。在开发 PKI 程序时，使用的由各个公司编写的 API（Application Programming Interface，应用程序编程接口）和规格设计书也可以算作 PKI 的相关规格。

因此，根据具体采用的规格，PKI 也会有很多变种，这也是很多人难以整体理解 PKI 的原因之一。

为了帮助大家整体理解 PKI，我们来简单总结一下 PKI 的基本组成要素（用户、认证机构、仓库）以及认证机构负责的工作。

1. PKI的基本组成要素

PKI 的基本组成要素主要有以下 3 个（如图 6-18 所示）。

· 用户——使用 PKI 的人

· 认证机构——颁发证书的人

· 仓库——保存证书的数据库

不过，由于 PKI 中用户和认证机构不仅限于“人”（也有可能是计算机），因此我们可以给他们起一个特殊的名字，叫作实体（entity）。实体就是进行证书和密钥相关处理的行为主体。当然，本书中的讲解也不会特别拘泥于这个术语。

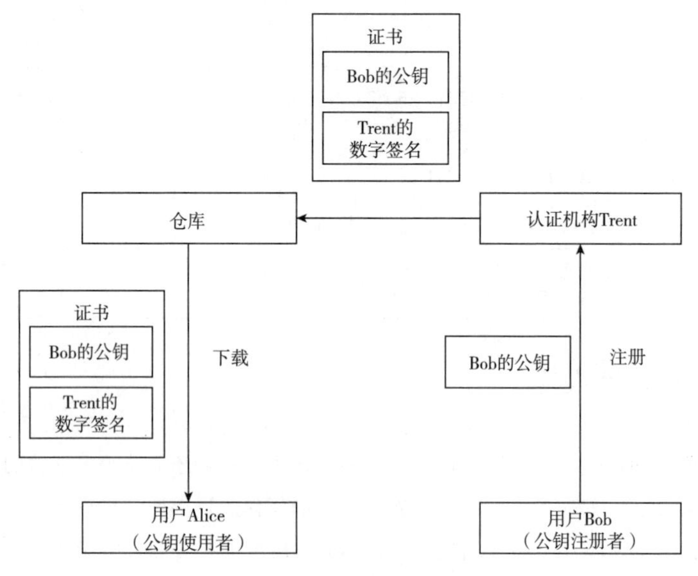

图 6-18　PKI 的基本组成要素

（1）用户。用户就是像 Alice、Bob 这样使用 PKI 的人。用户包括两种：一种是希望使用 PKI 注册自己的公钥的人；另一种是希望使用已注册的公钥的人。下面具体看一下这两种用户要进行的操作。

①注册公钥的用户所进行的操作。

· 生成密钥对（也可以由认证机构生成）

· 在认证机构注册公钥

· 向认证机构申请证书

· 根据需要申请作废已注册的公钥

· 解密接收到的密文

· 对消息进行数字签名

②使用已注册公钥的用户所进行的操作。

· 将消息加密后发送给接收者

· 验证数字签名

（2）认证机构。认证机构（Certification Authority，CA）的作用是对证书进行管理。在 6.5.1 小节中，我们给它起名为 Trent。认证机构具体的工作如下。

· 生成密钥对（也可以由用户生成）

· 在注册公钥时对本人的身份进行认证

· 生成并颁发证书

· 作废证书

认证机构的工作中，公钥注册和本人身份认证这一部分可以由注册机构（RegistrationAuthority,RA）来分担。这样一来,认证机构就可以将精力集中到颁发证书上，从而减轻认证机构的负担。不过，引入注册机构也有弊端，如认证机构需要对注册机构本身进行认证，而且随着组成要素的增加，沟通过程也会变得复杂，容易遭受攻击的点也会增加。

（3）仓库。仓库（repository ）是一个保存证书的数据库，PKI 用户在需要的时候可以从中获取证书，它像打电话时用的通讯录。在本章开头的例子中，尽管没特别提到，但 Alice 在获取 Bob 的证书时，就可以使用仓库。仓库也叫作证书目录。

2. 认证机构的工作

（1）生成密钥对。

生成密钥对有两种方式，一种是由 PKI 用户自行生成；另一种是由认证机构生成。

当由认证机构生成用户密钥对时，认证机构需要将私钥发送给用户，具体的方法在 RFC7292（PKCS #12: Personal Information Exchange SyntaxV1.1）中进行了规定。

（2）注册证书。

当由用户自行生成密钥对时，用户会请求认证机构来生成证书。申请证书时使用的规范是由 RFC2986（PKCS #10: Certification Request Syntax Specification Version 1.7）等定义的。

认证机构根据其认证业务准则（Certification Practice Statement，CPS）对用户的身份进行认证，并生成证书。在生成证书时，需要使用认证机构的私钥进行数字签名。生成的证书格式是由 X.509 规范定义的。

（3）作废证书与 CRL。

当用户的私钥丢失、被盗时，认证机构需要对证书进行作废（revoke）。此外，即便私钥安然无恙，有时也需要作废证书。例如，用户从公司离职导致其失去私钥的使用权限，或者名称变更导致和证书中记载的内容不一致等。

纸质证书只要撕毁就可以作废了，但这里的证书是数字信息，即使从仓库中删除也无法作废，因为用户会保存证书的副本，但认证机构又不能入侵用户的电脑将副本删除。

要作废证书，认证机构需要制作一张证书作废清单（Certificate Revocation List，CRL）。CRL 是认证机构宣布作废的证书一览表，具体来说，是一张已作废的证书序列号的清单，并由认证机构加上数字签名。证书序列号是认证机构在颁发证书时赋予的编号，在证书中会记载。

PKI 用户需要从认证机构获取最新的 CRL，并查询自己要用于验证签名（或者是用于加密）的公钥证书是否已经作废。这个步骤是非常重要的。

假设我们有 Bob 的证书，该证书有合法的认证机构签名，而且也在有效期内，但仅凭这些还不能说明该证书一定是有效的，还需要查询认证机构最新的 CRL，并确认该证书是否有效。一般来说，这个检查不是由用户自身来完成的，而是由处理该证书的软件来完成，但有很多软件并没有及时更新 CRL。

3. 证书的层级结构

到这里为止，认证机构已经对用户的公钥进行了数字签名，并生成了证书。接下来，用户需要使用认证机构的公钥对证书上的数字签名进行验证。

那么，对于用来验证数字签名的认证机构的公钥，怎样才能判断它是否合法呢？对于认证机构的公钥，可以由其他的认证机构添加数字签名，从而对认证机构的公钥进行验证，即生成一张认证机构的公钥证书。

一个认证机构来验证另一个认证机构的公钥，这样的关系可以迭代多层，这种认证机构之间的层级关系，我们以支付宝的数字证书层级为例来介绍（如图 6-19 所示）。

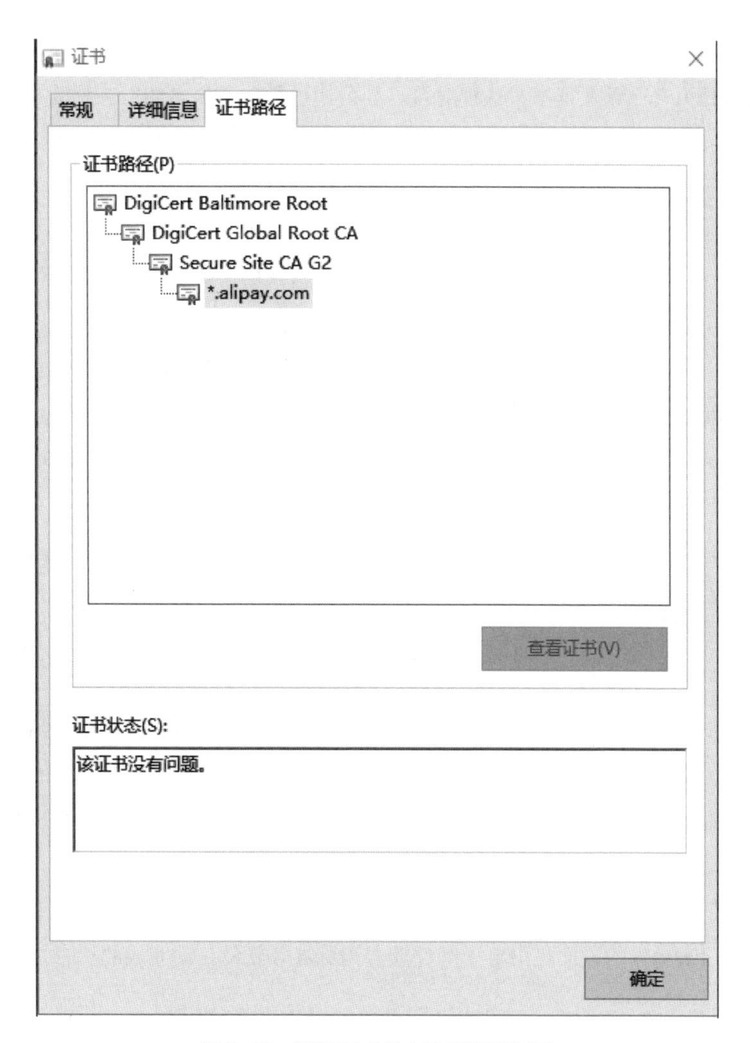

图 6-19　浏览器中的数字证书的路径展示

其中，DigiCert Baltimore Root 是 DigiCert 的顶层证书，DigiCert Global Root CA 是 DigiCert 的全球认证机构，Secure Site CA G2 是安全网站认证机构，最后是支付宝的通配符数字证书。

网站安全数字证书。例如，支付宝的网站安全证书是由 Secure Site CA G2 安全网站认证机构颁发的（因为这样更容易认证网站的信息）。

Secure Site CA G2 则由 DigiCert Global Root CA 颁发证书；DigiCert Global Root CA 则由 DigiCert Baltimore Root 颁发证书。一般这种层级证书都是依次类推，整个链条有个最终的终点。如果这个终点是 DigiCert Baltimore Root 认证机构（即不存在更高一层的认

证机构），则将该认证机构称为根 CA（Root CA）。而对于 DigiCert Baltimore Root 认证机构，则由自己为自己颁发证书，这种对自己的公钥进行数字签名的行为称为自签名（self-signature）。

现在我们假设用户浏览器要验证 Secure Site CA G2 颁发给支付宝的网站数字证书，那么用户需要执行如下步骤：

（1）从最高级的认证机构（根 CA）开始。如果连根 CA 的公钥都不合法，就无法验证证书。认证后，DigiCert Baltimore Root 认证机构的公钥是合法的。

（2）用户取得 DigiCert Global Root CA 认证机构的公钥证书，这个证书上面带有 DigiCert Baltimore Root 认证机构的数字签名。用户用合法的 DigiCert Baltimore Root 认证机构的公钥对数字签名进行验证。如果验证成功，则说明获得了合法的 DigiCert Global Root CA 认证机构的公钥。

（3）用户取得 Secure Site CA G2 认证机构的公钥证书，这个证书上面带有 DigiCert Global Root CA 认证机构的数字签名。用户用合法的 DigiCert Global Root CA 认证机构的公钥对数字签名进行验证。如果验证成功，则说明 Secure Site CA G2 获得了合法的认证机构的公钥。

（4）用户取得支付宝网站的公钥证书，这个证书上面带有 Secure Site CA G2 认证机构的数字签名。用户用合法的 Secure Site CA G2 认证机构的公钥对数字签名进行验证。如果验证成功，则说明用户获得了合法的支付宝网站证书的公钥。然后，用户用支付宝网站的公钥证书验证数字签名，如果验证成功，则说明用户的数据来自支付宝网站。

上面就是用户对支付宝网站的数字签名进行验证的整个过程。当然，如此复杂的验证链条不是由人来操作的，而是由电子邮件或者浏览器等软件自动完成的。

4. 各种各样的 PKI

“公钥基础设施”这个名字总会引起一些误解，如“面向公众的权威认证机构只有一个”或者“全世界的公钥最终都是由一个根 CA 来认证的”等，其实这些都是不正确的。

认证机构只要对公钥进行数字签名就可以了，因此任何人都可以成为认证机构，实际上世界上已经有无数个认证机构了。

国家、地方政府、医院、图书馆等公共组织和团体可以成立认证机构来实现 PKI，公司也可以出于业务需要在内部实现 PKI，甚至你和你的朋友也可以以实验为目的来构建 PKI。

我们从浏览器的根证书列表中可以看到各种的公钥基础设施（如图 6-20 所示）。

图 6-20　浏览器中受信任的根证书机构

6.5.3　对证书的攻击

本小节中我们将思考针对证书的攻击方法及其对策。由于证书实际上使用的就是数字签名技术，因此针对数字签名的所有攻击方法都对证书有效。下面主要来看针对 PKI 的攻击。

1. 在公钥注册之前进行攻击

证书是认证机构对公钥及其持有者的信息加上数字签名的产物，由于加上数字签名之后会非常难以攻击，因此我们可以考虑对添加数字签名之前的公钥进行攻击。

假设 Bob 生成了密钥对，并准备在认证机构注册自己的公钥。在认证机构进行数字签名之前，主动攻击者 Mallory 将公钥替换成了自己的。这样一来，认证机构就会对“Bob 的个人信息”和“Mallory 的公钥”这个组合进行数字签名。

要想防止这种攻击，我们需要采用下面的做法。例如，Bob 可以在将公钥发送给认证机构进行注册前，使用认证机构的公钥对 Bob 的公钥进行加密。此外，认证机构在确认 Bob 的身份时，也可以将公钥的指纹一并发送给 Bob，请他确认。

2. 注册相似人名进行攻击

证书是认证机构对公钥及其持有者的信息加上数字签名的产物，对于一些相似的身份信息，计算机可以区别，但人类往往很容易认错，而这些信息就可以被用来攻击。

例如，假设 Bob 的用户信息中名字的部分是：

Name = Bob（首字母大写），

而 Mallory 用另一个类似的用户信息：

Name= BOB（所有字母大写），注册了另一个不同的公钥。这个公钥叫作 BOB，但实际上却是 Mallory 的公钥。随后，Mallory 伪装成 Bob，将 Name = BOB 的公钥发送给 Alice。Alice 看到证书中的用户信息，很可能就会将 BOB 误认为是自己要发送消息的对象 Bob。

要防止这种攻击，认证机构必须确认证书中包含的信息是其持有者的个人信息，如果本人身份确认失败，则不向其颁发证书。认证机构的认证业务规则之一就是如此规定的。

3. 窃取认证机构的私钥进行攻击

主动攻击者 Mallory 想出了一个大胆的攻击方法，那就是窃取认证机构的私钥。如果得到了认证机构的私钥，那么任何人就都可以以该认证机构的身份颁发证书了。

要窃取认证机构的私钥，需要入侵认证机构的计算机，或者收买有权访问认证机构私钥的人。认证机构是否妥善保管自己的私钥，与该认证机构颁发的证书的可信度密切相关的。

认证机构之所以称为认证机构，是因为它的数字签名是可信的，因此认证机构必须花费大量的精力来防止自己的私钥被窃取。

一般来说，当发现主动攻击者 Mallory 利用认证机构的私钥签发证书时，就可以断定该认证机构的私钥被窃取了。由于认证机构记录了自己签发的证书的序列号，因此能够判断某个证书是不是该认证机构自己签发的。

如果认证机构的私钥被窃取（泄露），认证机构就需要将私钥泄露一事通过 CRL 通知用户。

4. 攻击者伪装成认证机构进行攻击

主动攻击者 Mallory 又想出了一个更加大胆的攻击类型，那就是 Mallory 自己伪装成认证机构。

运营认证机构既不需要登记，也不需要搭建机构的场地，只要有运营认证机构的软件，任何人都可以成为认证机构。当然，你的认证机构是否被其他认证机构所认可就是另外一回事了。

现在 Mallory 成立了一个认证机构，然后对自己的公钥颁发了一张证书，并称“这是 Bob 的公钥”。之后，他将这个证书发送给 Alice。

Alice 收到证书后使用认证机构 Mallory 的公钥进行验证，验证当然会成功，因为这个证书就是认证机构 Mallory 颁发的合法的证书。Alice 验证证书成功，于是她相信了这个公钥，并将准备发送给 Bob 的消息用这个公钥进行了加密。随后 Mallory 截获密文，就可以将内容解密了，因为 Mallory 持有用于解密的密钥（私钥）。

从上面的例子可以看出，如果认证机构本身不可信，即使证书合法，其中的公钥也不能使用。虽然这一点是理所当然的，但是要防范这种攻击却需要 Alice 自己多加留心才行，她必须要注意自己得到的证书是哪个认证机构颁发的，这个认证机构是否可信。

5. 利用CRL的时间差进行攻击（1）

从公钥失效到 Alice 收到证书作废清单（CRL）需要经过一段时间，主动攻击者 Mallory 可以利用 CRL 发布的时间差来发动攻击。

例如，某天深夜，Mallory 入侵了 Bob 的电脑，窃取了 Bob 的私钥。然后 Mallory 伪装成 Bob 给 Alice 写了一封邮件，邮件内容是要求 Alice 向 Mallory 的账户转账。当然，Mallory 使用了刚刚窃取到的私钥对邮件进行了数字签名，邮件内容如下。

Dear Alice :

请向账户 M-2653 转账 100 万元。

From Bob（其实是 Mallory）

[Bob 的数字签名]

第二天早上，Bob 发现自己的电脑被入侵，而且私钥被盗，于是 Bob 马上联系认证机构 Trent，告知对方自己的公钥已经失效。

接到这个消息，Trent 将 Bob 的密钥失效一事制作成 CRL 并发布出来。

另外，Alice 收到了 Bob（其实是 Mallory 伪装的）发来的邮件，于是准备向指定的账号转账。不过在此之前，Alice 需要验证数字签名。她用 Bob 的公钥进行验证，结果成功了，而且 Bob 的公钥带有认证机构 Trent 颁发的证书。于是 Alice 相信了邮件中的内容，进行了转账操作。过了一段时间，Alice 收到了认证机构 Trent 发布的最新版 CRL，发现 Bob 的证书其实已经失效了，她深受打击。

要防御上述这样利用 CRL 发布的时间差所发动的攻击是非常困难的。在上面的故事中，Bob 察觉到自己的私钥被盗了，但实际上，大多数情况下都是在发现自己没有签名的文件上附带了签名时，才能发现私钥被盗。即使 Bob 用最短的时间通知 Trent，发布 CRL 也是需要时间的，在这段时间内，Mallory 完全可以为所欲为。此外，Alice 收到 CRL 也需要经过一段时间。

因此，对于这种攻击的对策是：

· 当公钥失效时尽快通知认证机构（Bob）

· 尽快发布 CRL（Trent）

· 及时更新 CRL（Alice）

这些对策和信用卡的运营方法很相似。此外，我们还需要做到：在使用公钥前，再次确认公钥是否已经失效（Alice）。

6. 利用CRL的时间差进行攻击（2）

虽然数字签名能够防止否认，但通过钻 CRL 的空子，也有可能实现否认，这种方法实际上是“利用 CRL 的时间差进行攻击（1）”的另一种用法。

在下面的故事中，Bob 是一个坏人，他设想了一个从 Alice 手上骗钱的计划。

首先，Bob 用假名字开设了一个账户 X-5897，然后他写了一封邮件给 Alice，请她向这个账号转账。邮件使用 Bob（自己）的私钥进行数字签名，邮件内容如下。

Dear Alice：

请向账户 X-5897 转账 100 万元。

From Bob（真的是 Bob）

[Bob 的数字签名]

Bob 将这封邮件发送给 Alice 之后，又向认证机构 Trent 发送了一封邮件，告知其自己的公钥已经失效，邮件内容如下。

尊敬的认证机构 Trent：

因我的私钥被盗，请将我的公钥作废。

From Bob（真的是 Bob）

[Bob 的数字签名]

在从 Trent 处收到新的 CRL 之前，Alice 已经验证了签名并执行了转账。Bob 随后从自己用假名字开设的账户 X-5897 中把钱取出来。收到 Trent 的 CRL 之后，Alice 大为震惊，于是她尝试联系 Bob。

Dear Bob：

我转给你的钱去哪儿了呢？

我可是按照有你签名的邮件进行转账的……

From Alice

Bob 装作不知道这件事，给 Alice 回信。

Dear Alice：

我的私钥被 Mallory 窃取了，因此我的数字签名已经失效了。

看来你没有及时收到 Trent 的 CRL。

现在钱估计已经被 Mallory 盗走了，真是抱歉。

From Bob

Bob 实际上就是在否认这件事。

要完全防止这种攻击是很困难的。尽管我们可以将签名的时间（timestamp）和发送公钥作废请求的时间进行对比，但是私钥泄露之后很久才发现也是很正常的，因此这种对比也没有什么意义。

在这个故事中，通过公钥、证书等技术无法识别出 Bob 的犯罪行为，必须要依靠刑事侦查才行。

为了快速确认证书是否已经失效，人们设计了一种名为 OCSP 的协议，详情请参见 RFC2560（X.509 Internet Public Key Infrastructure Online Certificate Status Protocol）。

7. Superfish

2015 年，PC 厂商联想（Lenovo）公司销售的计算机发生了一起严重的事件，联想公司在其计算机中预装的广告软件 Superfish 可能会带来安全问题。

Superfish 是一款广告软件，它能够通过监听和收集用户通信中的个人信息来有针对性地投放广告。为了实现这一功能，Superfish 会在系统中安装根证书，并劫持浏览器与服务器之间的通信，将网站的证书替换成自己的证书。也就是说，这是一种典型的通过中间人攻击的方式来监听通信内容的行为。

为了能够对任意网站动态生成证书，Superfish 内置了用于生成数字签名的私钥。也就是说，用户的计算机变成了一个不可信的认证机构 Trent，而且生成签名所需的口令只是一个简单的单词。这样一来，恶意软件就可以利用 Superfish 随意生成伪造的网站证书，使得钓鱼网站在用户的浏览器上看起来就像真正的网站一样，如果用户因此访问了假冒的银行网站，后果一定不堪设想。

一般来说，我们都会注意新安装的软件是否可信，平时也会注意预防计算机病毒，但却基本上不会去怀疑我们所购买的计算机上预装的软件。对于 Superfish 这样的事件，消费者的应对措施也只能是购买可信的厂商所销售的硬件产品罢了。

在区块链中，数字证书的使用还不广泛，随着区块链的发展，在区块链的应用中会出现需要使用证书认证的场景。本书针对数字证书的介绍基本可以满足读者入门学习区块链的需求，需要深入了解数字证书的读者可以阅读专门的数字证书或 PKI 类书籍。

第 7 章 分布式系统

分布式系统对区块链的发展有着很重要的作用，区块链的很多原理和问题都来自分布式系统。分布式系统有着庞大的知识体系，由很多部分组成。我们在这里讲述的分布式系统的相关知识都是与区块链相关的。虽然共识算法来自分布式系统，但由于共识算法是区块链中非常重要的部分，因此本书将它作为单独的一章进行讲解。

一般分布式系统中的应用通过融入经济模型，设计出价值激励与传递能力，将控制从中心化调整成去中心化，基本上可以改造成区块链应用，而且因为经济模型的存在，这些应用在区块链系统下会得到更好、更广泛的发展。在融入经济模型的同时，一般需要将系统的控制由中心化，转变为去中心化，这种转变通常也是依靠经济模型来辅助实现的。

我们在本书中只介绍分布式系统中和区块链相关的几个部分，如节点与网络、时间与顺序、一致性理论、对等网络等内容。虽然分片、分区等技术在提高区块链中的性能和容量等方面也开始使用，但我们并不深入介绍。分布式系统为区块链的发展提供了很多经验和可以参照的场景，没有分布式系统的发展，就不会产生区块链技术。

7.1 分布式系统简介

分布式系统是由一组通过网络进行通信、为了完成共同的任务而协调工作的计算机节点组成的系统。分布式系统的出现是为了用廉价的、普通的机器完成单个计算机无法完成的计算、存储任务。其目的是利用更多的机器来处理更多的任务。

1.分布式系统的分类

分布式系统一般包含分布式计算、分布式存储。在应用领域还有一些其他方面的细分，如百度公司研发的分布式文件系统、分布式计算系统、分布式数据库系统、分布式流量系统等。这些细分领域实际上还是归属于以上两类，即广义的计算与广义的存储，或者是这两类的结合。

（1）分布式计算。分布式计算是计算机科学的一个研究方向，它研究如何把一个需要巨大计算能力才能解决的问题分成许多小的部分，然后把这些小的部分分配给多个计算机进行处理，最后把这些计算结果综合起来以得到最终的结果的问题。

（2）分布式存储。分布式存储是将数据分散地存储于多台独立的机器设备上。分布式存储系统采用可扩展的系统结构，它利用多台存储服务器分担存储负荷，利用位置服务器定位存储信息，不但解决了传统集中式存储系统中单存储服务器的瓶颈问题，还提高了系统的可靠性、可用性和扩展性。

随着移动互联网的发展和智能终端的普及，计算机系统早就从单机独立工作过渡到了多机器协作工作。计算机以集群的方式存在，并按照分布式理论的指导构建出了庞大、复杂的应用服务。

2.分布式系统中的常见概念

分布式系统中的常见概念包括：节点、时间；一致性、CAP、ACID、BASE、P2P；机器伸缩、网络变更；负载均衡、限流、鉴权；服务发现、服务编排、降级、熔断、幂等；分库分表、分片分区；自动运维、容错处理；全栈监控、故障恢复、性能调优。

在下面几节我们介绍这些分布式概念中和区块链相关的重要概念。

7.2 节点与网络

1.节点

传统的节点是指一台物理机，该物理机处理所有的服务，包括服务和数据库。随着虚拟化的发展，单台物理机往往可以分成多台虚拟机，以实现资源的最大化利用，节点的概念也变成单台虚拟机上的服务。近几年容器技术逐渐成熟，服务已经彻底容器化，也就是节点只是轻量级的容器服务。总体来说，节点就是能提供单位服务的逻辑计算资源的集合。

2.网络

分布式架构的根基就是网络，不管是局域网还是公网，没有网络就无法把计算机联合在一起工作。但是网络也带来了一系列问题。例如，由于网络消息的传播有先后，消息丢失和消息延迟会经常发生。网络有三种工作模式。

（1）同步网络。

同步网络的特点是：

①节点同步执行。

②消息延迟有限。

③高效全局锁。

（2）半同步网络。

半同步网络的特点是锁范围放宽。

（3）异步网络。

异步网络的特点是：

①节点独立执行。

②消息延迟无上限。

③无全局锁。

④部分算法不可行。

理解网络的工作模式有助于我们理解区块链中的共识算法。我们会理解基于异步网络和同步网络机制的共识算法 PoW 与 PoS 的底层区别，并知道这两类共识算法在网络层面的要求是不同的。同时伴随着 5G 的发展，这种区别在未来会得到改善。尤其是当前存在不少问题的 PoS 类共识算法，会在将来得到比较好的改善。

7.3 时间与顺序

1. 时间

在慢速物理时空中，时间独自流淌着。对于串行的事务来说很简单，它们只要跟着时间的脚步走就可以，即串行的事务是按照先来后到的顺序执行的。而后我们发明了时钟来刻画事件发生的时间点，时间让这个世界井然有序。但是对于分布式来说，跟时间打交道是一件痛苦的事情。在分布式中，我们要协调不同节点之间先来后到的关系，但是不同节点本身的时间又存在误差。基于此，提出了网络时间协议（NTP）来试图使不同节点之间的时间更加标准。但是 NTP 的表现并不如人意，所以我们又构造出了逻辑时钟，最后改进为向量时钟。

以下是 NTP 的一些缺点，这些缺点无法完全解决分布式中并发任务的协调问题。

（1）节点间时间不同步。

（2）硬件时钟漂移。

（3）线程可能休眠。

（4）操作系统休眠。

（5）硬件休眠。

（6）逻辑时钟。

（7）定义事件先来后到，向量时钟，原子钟。

在分布式系统中了解时间还需要进一步理解物理时钟、逻辑时钟等相关的内容。需要深入学习的读者可以进一步查看分布式的专业资料。

2. 顺序

解决了时间问题，现实生活中记录了事情发生的时刻，就可以比较事情发生的先后顺序。分布式系统的一些场景也需要记录和比较不同节点间事件发生的顺序，如数据写入先后顺序，事件发生的先后顺序等。因为分布式的理论基础就是如何协商不同节点的一致性问题，而顺序则是一致性理论的基本概念，深入理解与顺序相关的知识还需要离散数学相关的知识，需要理解离散数学中的关系、偏序、全序等概念。需要深入学习的读者可以进一步查看离散数学与分布式的专业资料。

7.4 一致性理论

一致性强弱对系统建设是有影响的，如图 7–1 所示。

	Backups	M/S	MM	2PC	Paxos
Consistency	Week	Eventual		Strong	
Transactions	No	Full	Local	Full	
Latency	Low			High	
Throughput	High			Low	Medium
Data loss	Lots	Some		None	
Failover	Down	Read only	Read/write		

图 7–1　一致性强弱对系统建设影响的对比图

1.强一致性

强一致性的代表是 ACID 原则，ACID 的含义如下。

（1）A：Atomicity（原子性），每次操作是原子的，要么成功，要么不执行。

（2）C：Consistency（一致性），数据库的状态是一致的，无中间状态。

（3）I：Isolation（隔离性），各种操作彼此之间互相不影响。

（4）D：Durability（持久性），状态的改变是持久的，不会失效。

ACID是一种比较出名的描述一致性的原则，通常出现在分布式数据库领域。具体来说，ACID原则描述了分布式数据库需要满足的一致性需求，这需要付出可用性的代价。

与ACID相对的一个原则是eBay技术专家Dan Pritchett提出的BASE（Basic Availability，Soft State，Eventual Consistency）原则。

2.弱一致性

弱一致性的代表是BASE原则，BASE的含义如下。

多数情况下，其实我们也并非一定要求强一致性，部分业务可以容忍一定程度的延迟一致，所以为了兼顾效率，发展出来了最终一致性理论BASE。

（1）BA：Basically Available（基本可用）：指分布式系统在出现故障时，允许损失部分可用性，即保证核心可用。

（2）S：Soft State（软状态）：指允许系统存在中间状态，而该中间状态不会影响系统整体可用性。分布式存储中一般一份数据至少会有三个副本，允许不同节点间副本同步的延时就是软状态的体现。

（3）E：Eventual Consistency（最终一致性）：指系统中的所有数据副本经过一定时间后，最终能够达到一致的状态。弱一致性和强一致性相反，最终一致性是弱一致性的一种特殊情况。

BASE原则面向大型高可用分布式系统，主张牺牲强一致性，而实现最终一致性，来换取一定的可用性。

3.两阶段提交算法

分布式事务一致性的研究成果包括著名的两阶段提交算法（Two-phase Commit，2PC）和三阶段提交算法（Three-phase Commit，3PC）。

两阶段提交算法最早由JimGray于1979年在论文《Notes on Database Operating Systems》中提出。其基本思想十分简单：既然在分布式场景下，直接提交事务可能出现各种故障和冲突，那么可将其分解为预提交和正式提交两个阶段，以规避冲突的出现。

（1）预提交。协调者（Coordinator）发起提交某个事务的申请，各执行者（Participant）需要尝试进行提交并反馈是否能完成。

（2）正式提交。协调者如果得到所有执行者的成功答复，则发出正式提交请求。如果成功完成，则提交成功。在此过程中如果有任意一步出现问题（例如，预提交阶段有执行者回复预计无法完成），则需要回退。

两阶段提交算法因为其简单、容易实现的优点，在关系型数据库中被广泛应用。当然，其缺点也很明显：整个过程需要同步阻塞，导致性能较差；存在单点问题，较坏情况下可能一直无法完成提交；可能产生数据不一致的情况（例如，协调者和执行者在第二个阶段出现故障）。

4. 三阶段提交算法

三阶段提交算法对两阶段提交算法第一阶段中可能阻塞部分执行者的情况进行了优化。具体来说，将预提交阶段进一步拆成两个步骤：尝试预提交和预提交。完整过程如下。

（1）尝试预提交。协调者询问执行者是否能进行某个事务的提交。执行者需要返回答复，但无须执行提交。这就避免出现部分执行者被无效阻塞的情况。

（2）预提交。协调者检查收集到的答复，如果全部为真，则发起提交事务请求。各执行者（Participant）需要尝试进行提交并反馈是否能完成。

（3）正式提交。协调者如果得到所有执行者的成功答复，则发出正式提交请求。如果成功完成，则算法执行成功。

其实，无论是两阶段提交算法还是三阶段提交算法，都只是在一定程度上缓解了提交的冲突，并无法一定保证系统的一致性。首个有效的算法是后来提出的 Paxos 算法。

5. 一致性算法

分布式架构的核心就在于一致性的实现，设计出一套使不同节点之间的通信和数据无限趋于一致性的算法，就显得非常重要了。保证不同节点在充满不确定性的网络环境下能达成相同副本的一致性是非常困难的，业界对该课题也做了大量的研究。

（1）CALM。

CALM 原则的全称是 Consistency and Logical Monotonicity，主要描述分布式系统中单调逻辑与一致性的关系，是一致性的大前提原则。

在分布式系统中，单调的逻辑都能保证“最终一致性”，这个过程中不需要依赖中心节点的调度。对于任意分布式系统，如果所有的非单调逻辑都有中心节点调度，这个分布式系统就可以实现最终“一致性”。

（2）CRDT。

CRDT 的全称是 Conflict-Free Replicated Data Types，即免冲突的可复制的数据类型。

我们了解了分布式的一些规律原则之后，就要着手考虑如何来实现解决方案，一致性算法的前提是数据结构，或者说一切算法的根基都是数据结构，设计良好的数据结构加上精妙的算法可以高效地解决现实的问题。经过前人不断的探索，我们得知分布式系统广泛采用的数据结构 CRDT。

①基于状态（state-based）。将各个节点之间的 CRDT 数据直接进行合并，所有节点最终都能合并到同一个状态，数据合并的顺序不会影响到最终的结果。

②基于操作（operation-based）。将每一次对数据的操作通知给其他节点。只要节点接收了对数据的所有操作（收到操作的顺序可以是任意的），就能合并到同一个状态。

7.5 Paxos 算法与 Raft 算法

Paxos 问题是指在分布式系统中存在故障（crash fault），但不存在恶意（corrupt）节点的场景（即消息可能丢失或重复，但无错误消息）的共识达成问题。这也是分布式共识领域最为常见的问题。因为最早是 Leslie Lamport 用 Paxos 岛的故事模型进行描述而得以命名。解决 Paxos 问题的算法主要有 Paxos 系列算法和 Raft 算法。

7.5.1 Paxos 算法

1. Paxos算法简介

1988 年，Brian M. Oki 和 Barbara H. Liskov 在论文 Viewstamped Replication: A New Primary Copy Method to Support Highly-Available Distributed Systems 中首次提出了解决 Paxos 问题的算法。

1990 年，由 Leslie Lamport 在论文 The Part-time Parliament 中提出的 Paxos 共识算法，在工程角度实现了一种最大化保障分布式系统一致性（存在极小的概率无法实现一致）的机制。Paxos 算法本质上与前者相同，被广泛应用在 Chubby、ZooKeeper 这样的分布式系统中。Leslie Lamport 作为分布式系统领域的早期研究者，因为相关的杰出贡献获得了 2013 年度图灵奖。

论文中为了描述问题虚构了一个故事：在古代爱琴海的 Paxos 岛，议会如何通过表决来达成共识。议员们通过信使传递消息来对议案进行表决。但议员可能离开，信使可能走丢，甚至重复传递消息。

Paxos 是首个得到证明并被广泛应用的共识算法，其原理类似两阶段提交算法，并在此基础上进行了泛化和扩展，通过消息传递来逐步消除系统中的不确定状态。

作为后来很多共识算法（如 Raft、ZAB 等）的基础，Paxos 算法的基本思想并不复杂，但最初论文中的描述比较难懂，甚至连发表也几经波折。2001 年，Leslie Lamport 还专门发表了论文 Paxos Made Simple 对其进行重新解释。

2. Paxos算法基本原理

（1）Paxos 算法中存在三种逻辑角色的节点，在实现中同一节点可以担任多个角色。这三种角色的介绍如下。

· 提案者（Proposer）：提出一个提案，等待大家批准（Chosen）。系统中的每一个提案都拥有自增的唯一提案号。往往由客户端担任该角色。

· 接受者（Acceptor）：负责对提案进行投票，决定是否接受（Accept）提案。往往由服务端担任该角色。

· 学习者（Learner）：获取决议（Value）并帮忙传播，不参与投票过程。可为客户端或服务端。

（2）算法的安全性与存活性。

算法需要满足安全性（Safety）和存活性（Liveness）两方面的约束要求。实际上这两个约束要求是基础属性，也是大部分分布式算法都该考虑的。

①Safety：保证决议结果是对的、无歧义的，不会出现错误情况。保证Safety的要求如下。

· 只有被提案者提出的提案才有可能被最终批准。

· 在一次执行中，只批准一个最终决议。被大多数接受者接受的提案成为决议。

② Liveness：保证决议过程能在有限时间内完成。决议总会产生，并且学习者能获得被批准的决议。

Paxos 算法的基本思路类似两阶段提交算法：多个提案者先要争取到接受者的投票（得到大多数接受者的支持）；成功的提案者发送提案给所有人进行确认，得到大部分确认的提案成为决议。

3. Paxos算法特点

Paxos 算法并不保证系统总处在一致的状态。但由于每次达成共识时有超过一半的节点参与，这样最终整个系统都会获得共识结果。一个潜在的问题是提案者在提案过程中会出现故障，这可以通过超时机制来缓解。极为凑巧的情况是，每次新一轮提案的提案者都恰好故障，又或者两个提案者恰好依次提出更新的提案，导致活锁，系统会永远无法达成共识（实际发生概率很小）。

Paxos 算法能保证超过一半的节点在正常工作时，系统总能以较大概率达成共识。读者可以试着自己设计一套非拜占庭容错下基于消息传递的异步共识方案，会发现在满足各种约束情况下，算法过程总会十分类似 Paxos。这也是为何 Google Chubby 的作者 Mike Burrows 说："这个世界上只有一种一致性算法，那就是 Paxos（There is only one consensus protocol，and that' s Paxos）。"

7.5.2 Raft 算法

1. Raft算法简介

Paxos 算法虽然给出了共识设计，但并没有讨论太多实现细节，也并不重视工程上的优化。后来在学术界和工程界对其进行了一些改进工作，包括 Fast Paxos、Multi-Paxos、Zookeeper Atomic Broadcast（ZAB）和 Raft 等。这些算法重点在于改进执行效率和可实现性。

其中，Raft 算法由斯坦福大学的 Diego Ongaro 和 John Ousterhout 于 2014 年在论文 In Search of an Understandable Consensus Algorithm 中提出，Multi-Paxos 算法基于 Paxos 算法，

并对其进行了简化设计和实现,提高了工程实践性。Raft 算法的主要设计思想与 ZAB 类似,通过先选出领导节点来简化流程和提高效率，实现上分解了领导者选举、日志复制和安全方面的考虑，并通过约束减少了不确定性的状态空间。

2. Raft算法基本原理

算法包括三种角色：领导者（Leader)、候选者（Candidate)和跟随者（Follower)，每个任期内选举一个全局的领导者。领导者角色十分关键，决定日志（log）的提交。每个日志都会路由到领导者，并且只能由领导者向跟随者单向复制。

典型的过程包括以下两个主要阶段。

（1）领导者选举：开始所有节点都是跟随者，如果在随机超时发生后未收到来自领导者或候选者消息,则转变角色为候选者（中间状态),提出选举请求。最近选举阶段（Term）中得票超过一半者被选为领导者；如果未选出，随机超时后进入新的阶段重试。领导者负责从客户端接收请求，并分发到其他节点。

（2）同步日志：领导者会决定系统中最新的日志记录，并强制所有的跟随者来刷新到这个记录，数据的同步是单向的，确保所有节点看到的视图一致。

此外，领导者会定期向所有跟随者发送心跳消息，如果跟随者发现心跳消息超时未收到，可以认为该领导者已经下线，就可以尝试发起新的选举过程。

各种算法在本书中不会涉及具体内容，只讨论作用和所解决的问题。一致性算法是分布式系统最核心本质的内容，这部分的发展也会影响架构的革新，不同场景的应用会催生不同的算法。

关于分布式系统中的 CAP、FLP 等相关理论，将在第 8 章共识算法中讲解。

7.6 P2P 对等网络技术

1. P2P对等网络技术原理

什么是 P2P（Peer to Peer）对等网络技术？P2P 技术属于覆盖层网络（Overlay Network）的范畴，是相对于客户机 / 服务器（C/S）模式来说的一种网络信息交换方式。

在 C/S 模式中，数据的分发采用专门的服务器，多个客户端都从此服务器获取数据。这种模式的优点是：数据的一致性容易控制，系统也容易管理。但是此种模式的缺点是：因为服务器只有一个（即使有多个也非常有限），系统容易出现单一失效点；单一服务器在面对众多的客户端时，会由于 CPU 能力、内存大小、网络带宽等限制，可同时服务的客户端非常有限，可扩展性差。

P2P 对等网络技术正是为了解决这些问题而提出来的。在 P2P 网络中，每个节点既可以从其他节点得到服务，也可以向其他节点提供服务。这样，庞大的终端资源被利用起来，一举解决了 C/S 模式中的两个弊端。

2. P2P对等网络组织结构

P2P 对等网络技术有 3 种比较经典的组织结构，被应用在不同的 P2P 应用中。

（1）DHT 结构。

DHT（Distributed Hash Table，分布式哈希表）是一种功能强大的工具，它的提出使学术界引起了一股研究 DHT 的热潮。虽然 DHT 有各种各样的实现方式，但是它们具有共同的特征，即都是一个环行拓扑结构，在这个结构里每个节点具有唯一的节点标识（ID），节点 ID 是一个 128 位的哈希值。每个节点都在路由表里保存了其他前驱、后继节点的 ID。通过这些路由信息，可以方便地找到其他节点。这种结构多用于文件共享，或者作为底层结构用于流媒体传输。

DHT 类似 Tracker，是一种根据种子特征码返回种子信息的网络。在不需要服务器的情况下，每个客户端负责一个小范围的路由，并负责存储一小部分数据，从而实现整个 DHT 网络的寻址和存储。

（2）树形结构。

P2P 网络树形结构中，所有的节点都被组织在一棵树中，树根只有子节点，树叶只有父节点，其他节点既有子节点也有父节点。信息的流向沿着树枝流动。最初的树形结构多用于 P2P 流媒体直播。

（3）网状结构。

网状结构又叫无结构。顾名思义，这种结构中，所有的节点无规则地连在一起，没有稳定的关系，也没有父子关系。网状结构为 P2P 提供了最大的容忍性、动态适应性，在流媒体直播和点播应用中取得了极大的成功。当网络变得很大时，常常会引入超级节点概念，超级节点可以和任意一种及以上的结构结合起来组成新的结构。

第8章 共识算法

8.1 什么是共识算法

1. 共识算法的产生背景

共识算法是近年来分布式系统研究的热点，也是区块链技术的核心要素。共识算法主要是指解决分布式系统中多个节点之间如何对某个状态达成一致性结果的问题。分布式系统由多个服务节点共同完成对事务的处理，各服务节点对外呈现的数据状态需要保持一致性。

但是由于一些原因会破坏这种一致性，从而造成节点之间存在数据状态不一致性的问题。主要原因如下：

（1）节点的不可靠性。

（2）节点间通信的不稳定性。

（3）节点作出伪造信息进行恶意响应。

通过共识算法，可以将多个不可靠的单独节点组建成一个可靠的分布式系统，实现数据状态的一致性，提高系统的可靠性。

区块链系统本身是一个超大规模的分布式系统，但与传统的分布式系统有着明显的区别。区块链系统建立在去中心化的点对点网络基础之上，在整个系统中没有中央节点，由共识算法实现在分散的节点间对交易的处理顺序达成一致，这是共识算法在区块链系统中起到的最主要作用。

另外，与企业分布式系统不同，区块链系统中的共识算法还承担着区块链系统中激励模型和治理模型中的部分功能，包括每个区块中对哪些矿工进行激励发放、网络中所有交易手续费的结算和分配、区块链网络共识周期的切换等。

2. 共识算法的基本原理

共识算法，顾名思义，就是共同认可，它的反面就是有分歧。解决分歧依靠的是相信科学、尊重客观事实、投票、仲裁、竞争、权威命令等方式。

共识算法的机制可从以下 4 个维度评价：

（1）安全性，即是否可以防止二次支付、私自挖矿等攻击，是否有良好的容错能力。

（2）扩展性，即是否支持网络节点扩展。扩展性是区块链设计要考虑的关键因素之一。

（3）性能效率，即交易达成共识被记录在区块链中直到被最终确认的时间延迟，也可以理解为系统每秒可处理确认的交易数量。

（4）资源消耗，即在达成共识的过程中系统要耗费的计算资源大小，包括 CPU、内存等。区块链上的共识机制借助计算资源或网络通信资源达成共识。

达成共识的过程越分散，其效率就越低，但其满意度也就越高，因此也就越稳定；相反，达成共识的过程越集中，其效率越高，也就越容易出现独裁和腐败现象。

常用的一种方法是通过物质上的激励以对某个事件达成共识，但是这种方式存在的问题就是共识机制容易被外界其他更大的物质激励所破坏。

8.2 共识算法的相关理论

8.2.1 FLP 不可能定理

1. FLP不可能定理简介

因为同步通信中的一致性被证明是可以达到的，因此一直有人尝试使用各种算法解决异步环境的一致性问题。然而 Fischer、Lynch 和 Patterson 三位作者于 1985 年发表了一篇论文 *Impossibility of Distributed Consensus with one Faulty Process*，提出并证明了 FLP 不可能定理。该论文后来获得了 Dijkstra（最短路径算法的发明者）奖。

FLP 不可能定理：在网络可靠，存在节点失效（即使只有一个）的最小化异步模型系统中，不存在一个可以解决一致性问题的确定性共识算法。

FLP 不可能定理揭示了以下三点内容：

（1）论证了最坏的情况是没有下限，要实现一个完美的、容错的、异步的、一致性系统是不可能的。

（2）说明了 100% 保证一致性是不可能的。

（3）告诉我们不要浪费时间试图为异步分布式系统设计面向任意场景的共识算法。

2. 同步和异步

要正确理解 FLP 不可能定理，首先要弄清楚“异步”的含义。在分布式系统中，同步和异步这两个术语存在特殊的含义。

（1）同步。同步的特点是系统中的各个节点的时钟误差存在上限；消息传递必须在一定时间内完成，否则认为失败；各个节点完成处理消息的时间是一定的。因此在同步系统中可以很容易地判断消息是否丢失。

（2）异步。异步的特点是系统中各个节点可能存在较大的时钟差异；消息传输时间是任意的；各节点对消息进行处理的时间也可能是任意的。这会无法判断某个消息迟迟没有被响应是哪里出了问题（节点故障还是传输故障）。不幸的是，现实生活中的系统往往都是异步系统。

FLP 不可能定理在论文中以图论的形式进行了严格证明。该定理实际上说明了在对于允许节点失效的情况下，纯粹的异步系统无法确保共识在有限时间内完成。即使在非拜占庭错误的前提下，包括 Paxos、Raft 等算法也都存在无法达成共识的极端情况，只是在工程实践中这种情况出现的概率很小。

科学告诉你什么是不可能的；工程则告诉你，付出一些代价，可以把它变成可行。这就是科学和工程不同的魅力。FLP 不可能定理告诉大家不必浪费时间去追求完美的共识方案，而要根据实际情况设计可行的工程方案。

那么，退一步讲，在付出一些代价的情况下，共识能做到多好？回答这一问题的是另一个很著名的原理：CAP 原理。

8.2.2 CAP 原理

1. CAP原理简介

CAP 原理最早出现在 2000 年，由加州大学伯克利分校的 Eric Brewer 教授在 ACM 组织的 Principles of Distributed Computing（PODC）研讨会上提出猜想。两年后，麻省理工学院的 Nancy Lynch 等学者进行了理论证明。该原理被认为是分布式系统领域的重要原理之一，深刻影响了分布式计算与系统设计的发展。

CAP 原理是指在一个分布式系统中，Consistency（一致性）、Availability（可用性）、Partition tolerance（分区容忍性）三者不可兼得（如图 8-1 所示）。

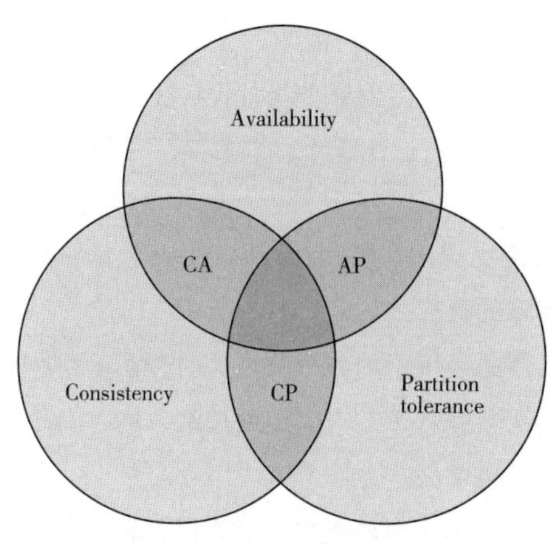

图 8-1　CAP 原理示意图

分布式系统中的三个特性可进行如下归纳。

（1）一致性（C）：在分布式系统中的所有数据备份，在同一时刻是否是同样的值。（等同于所有节点访问同一份最新的数据副本）

（2）可用性（A）：在集群中的一部分节点故障后，集群整体是否还能响应客户端的读/写请求。（对数据更新具备高可用性）

（3）分区容错性（P）：就实际效果而言，分区相当于对通信的时限要求。系统如果不能在时限内达成数据一致性，就意味着发生了分区的情况，必须就当前操作在 C 和 A 之间做出选择。

CAP 原理认为：分布式系统最多只能保证这三个特性中的两个，在设计中往往需要弱化对某个特性的需求。

可以比较直观地理解为：当网络可能出现分区时，系统是无法同时保证一致性和可用性的。要么节点收到请求后因为没有得到其他节点的确认而不应答（牺牲可用性），要么节点只能应答非一致的结果（牺牲一致性）。

由于大部分情况下网络被认为是可靠的，因此系统可以提供一致、可靠的服务；当网络不可靠时，系统要么牺牲一致性（多数场景下），要么牺牲可用性。

2. CAP原理应用

既然 CAP 的三个特性不可同时得到保障，则设计系统时候必然要弱化对某个特性的支持。

（1）弱化一致性。对结果一致性不敏感的应用，可以允许新版本先上线，过一段时间后再完成最终更新，期间不保证一致性。例如，网站静态页面内容、实时性较弱的查询类数据库等，简单分布式同步协议如 Gossip、CouchDB、Cassandra 数据库等，都如此设计。

（2）弱化可用性。适用于对结果一致性很敏感的应用。例如，银行取款机，当系统故障时会拒绝服务。MongoDB、Redis、MapReduce 等也如此设计。Paxos、Raft 等共识算法主要处理这种情况。在 Paxos 算法中，可能存在着无法提供可用结果的情形，同时允许少数节点离线。

（3）弱化分区容忍性。现实中，网络分区出现故障概率较小，但很难完全避免。两阶段的提交算法，某些关系型数据库以及 ZooKeeper 主要考虑了这种设计。

实践中，网络可以通过双通道等机制增强可靠性，实现高稳定性的网络通信。

8.2.3 拜占庭将军问题

1. 拜占庭将军问题简介

拜占庭将军问题是由莱斯利·兰伯特于 1982 年在其同名论文 *The Byzantine Generals Problem* 中提出的分布式对等网络通信容错问题，论文中对网络中存在作恶节点的情况进行了建模。拜占庭将军问题并不是现实中存在的问题，而是一个虚构的问题。拜占庭是古代东罗马帝国的首都，由于地域宽广，假设其守卫边境的多个将军（系统中的多个节点）需要通过信使来传递消息，以达成某些一致决定。由于作恶节点的存在，拜占庭将军问题被认为是容错性问题中最难的问题类型之一。

拜占庭问题之前，学术界就已经存在两将军问题的讨论（*Some constraints and tradeoffs in the design of network communications*，1975 年）：两个将军要通过信使来达成进攻还是撤退的约定，但信使可能迷路或被敌军阻拦（消息丢失或伪造），如何达成一致？根据 FLP 不可能定理，这个问题无通用解。

莱斯利·兰伯特在其拜占庭将军论文中描述了如下问题：

一组拜占庭将军分别率领一支军队共同围攻一座城市。为了简化问题，将各支军队的行动策略限定为进攻或撤离两种。因为部分军队进攻而部分军队撤离可能会造成灾难性后果，所以各位将军必须通过投票来达成一致策略，即所有军队一起进攻或所有军队一起撤离。各位将军分处城市的不同方向，他们只能通过信使互相联系。在投票过程中每位将军都将自己的投票信息通过信使分别通知其他所有将军，这样一来，每位将军根据自己的投票和其他所有将军送来的信息就可以知道共同的投票结果，从而决定行动策略。

但问题在于，将军中可能出现叛徒，他们不仅可能向较为糟糕的策略投票，还可能选择性地发送投票信息。假设那些忠诚（或是没有出错）的将军仍然能通过多数决定来决定他们的策略，便称达到了拜占庭容错。在此，票都会有一个默认值，若消息（票）没有被收到，则使用此默认值来投票。

上述的故事映射到计算机系统里，将军便成了计算机，而信使就是通信系统。虽然上述问题涉及了电子化的决策支持与信息安全，却没办法单纯地用密码学与数字签名算法来解决。因为不稳定的电压仍可能影响整个加密过程，这不是密码学与数字签名算法要解决的问题。因此计算机就有可能将错误的结果提交上去，从而可能导致错误的决策。

2. 拜占庭容错算法基本原理

在分布式对等网络中需要按照共同一致策略协作的成员计算机，即问题中的将军，而各成员计算机赖以进行通信的网络链路即为信使。拜占庭将军问题描述的就是某些成员计算机或网络链路出现错误，甚至被破坏者蓄意控制的情况。

拜占庭容错算法（Byzantine Fault Tolerant）是面向拜占庭问题的容错算法，解决的是在网络通信可靠，但节点可能故障和作恶情况下如何达成共识的问题。

拜占庭容错算法最早的讨论可以追溯到 Leslie Lamport 等人 1982 年发表的论文 The Byzantine Generals Problem，之后出现了大量的改进工作，代表性成果包括 Optimal Asynchronous Byzantine Agreement（1992 年）、Fully Polynomial Byzantine Agreement for n>3t Processors in t+1 Rounds（1998 年）等。长期以来，拜占庭问题的解决方案都存在运行过慢、复杂度过高的问题，直到实用拜占庭容错算法（Practical Byzantine Fault Tolerance，PBFT）的提出。

1999 年，这一算法由 Castro 和 Liskov 于论文 Practical Byzantine Fault Tolerance and Proactive Recovery 中提出。该算法基于前人的工作（特别是 Paxos 相关算法，因此也被称为 Byzantine Paxos）进行了优化，首次将拜占庭容错算法复杂度从指数级降到了多项式级，目前已得到广泛应用。其可以在恶意节点不超过总数 1/3 的情况下同时保证 Safety 和 Liveness。

大家在了解一些主流公链的共识算法时，会经常看到 PBFT 这个名词。

8.2.4　DSS 猜想

DSS 猜想即去中心化（Decentralization，D）、安全性（Security，S）和可扩展性（Scalability，S）。

不同于中心化的分布式系统，去中心化是区块链系统的一个核心特性。去中心化的系统中，为了保证数据可信，需要所有节点参与共识，避免被攻击（如 51% 攻击）。任何节点都要有能力验证交易的合法性，所有交易要按顺序执行和验证，所有节点都要保存所有的交易数据等。

在分布式系统中，可扩展性是指系统的总体性能随着节点的增多而提升。在中心化的分布式系统设计中，可扩展性是最基本的要求之一。对于中心化的系统，要保证可扩展性也是相对简单的。

而去中心化的全量存储和共识的要求是难以扩展的。因为若要扩展，就不能要求节点执行全量存储，而是要分散计算和存储，每个节点只保存部分数据，即每个交易数据只存储在少数节点中，但这样一来，安全性就无法保证，因为攻击者只要攻击少数节点，便能控制区块数据。例如，将数据分成100份保存在不同节点，那攻击者只要实施1%攻击，便能控制其中1份区块数据，攻击难度大大降低。

由于去中心化的要求，区块链的分布式系统也有自身特有的理论，其中一个理论描述了去中心化与可扩展性之间的矛盾，它尚未被严格证明，只能被称为猜想，但在实际系统设计过程中却能感觉到时时受其挑战。

对于DSS猜想的三个属性，区块链系统最多只能三选二（如图8-2所示）。

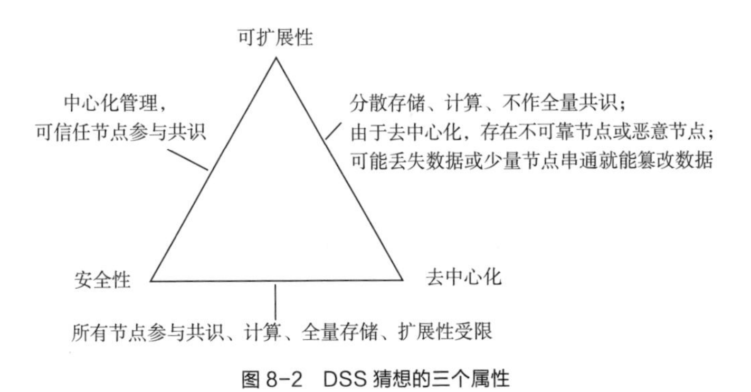

图8-2　DSS猜想的三个属性

8.3　常见的共识算法

8.3.1　根据处理异常情况的分类

不同的分布式系统，由于其故障类型不同，因此采用的共识算法也不同。根据处理的异常情况不同，共识算法可以分为以下两种类型：

（1）针对非拜占庭问题的。这类算法性能较高，但容错性较差，如Paxos、Raft等。

（2）针对拜占庭问题的。这类算法往往容错性较高，但是性能相对较差，包括工作量证明（PoW）、权益证明（PoS）、股份授权证明（DPOS）、实用拜占庭容错算法（PBFT）等。

处理拜占庭问题的算法有两种思路：一种是通过提高作恶节点的成本以降低作恶节点出现的概率，如工作量证明、权益证明等，其中工作量证明是通过算力，而权益证明则是通过持有权益；另一种是在允许一定的作恶节点出现的前提下，依然使得各节点之间达成一致性，如实用拜占庭容错算法等。

8.3.2 PoW 工作量证明机制

工作量证明机制（Proof of Work，PoW），简单来说就是指你付出了多少工作量的证明。在比特币网络中，要想得到比特币就需要先利用自己服务器（或专用矿机）的算力抢夺记账权，等记账权抢到手之后，矿工的工作就是把 10 分钟内发生的所有交易记录按照时间的顺序记录在账本上，然后同步给这个网络上的所有用户。矿工付出劳动抢记账权和记录交易，并且这个劳动也在全网得到大家的认可，达成了共识机制。

PoW 用于实现共识机制，该机制于 1998 年在 B-money 设计中提出。使用 PoW 的项目有：比特币、以太坊的前三个阶段（Frontier 前沿、Homestead 家园、Metropolis 大都会）。以太坊的第四个阶段 Serenity 宁静则采用权益证明机制（PoS）。

PoW 的优点：

（1）去中心化，将记账权公平地分派到其他节点。你能够获得的通证的数量，取决于你挖矿贡献的有效工作量。

（2）安全性高，破坏系统需要投入极大的成本，如果想作弊，则要有压倒大多数人的算力（51% 攻击）。

PoW 的缺点：

（1）挖矿造成大量的资源浪费，目前 bitcoin 已经吸引全球大部分的算力，其他再用 PoW 共识机制的区块链应用很难获得相同的算力来保障自身的安全。

（2）网络性能太低，需要等待多个确认，容易产生分叉，区块的确认共识达成的周期较长（10 分钟），现在每秒交易量上限是 7 笔。

（3）PoW 共识算法算力集中化，慢慢地偏离了原来的去中心化轨道。从比特币扩容之争可以看到，算力高的大型矿池是主人，而持币的人没有参与决定的权利，比特币分叉出很多子链，越来越失去“去中心化”的特点。

8.3.3 PoS 权益证明机制

1. PoS的算法简介

权益证明机制（Proof of Stake，PoS），权益证明与要求证明人执行一定量的计算工作不同，权益证明要求证明人提供一定数量加密货币的所有权。它将 PoW 中的算力改为系统权益，拥有权益越大则成为下一个记账人的概率就越大。一句话总结，就是持有越多，获得越多。

权益证明由 Quantum Mechanic 于 2011 年在比特币论坛讲座上首次提出，后经 Peercoin（点点币）和 NXT（未来币）以不同思路实现，在以太坊 2.0 中有更加具体的实现。

PoS 的优点：

（1）在一定程度上缩短了共识达成的时间。

（2）不再需要消耗大量能源挖矿。

PoS 的缺点：

（1）依然需要挖矿，本质上没有解决商业应用的痛点。

（2）所有的确认都只是一个概率上的表达，而不是一个确定性的事情，理论上有可能存在其他攻击影响。

（3）极端的情况下会带来中心化的结果。PoS 机制由股东自己保证安全，工作原理是利益捆绑。在这个模式下，不持有 PoS 的人无法对 PoS 构成威胁。PoS 的安全取决于持有者，和其他因素无关。

2. 以太坊2.0中的PoS

由于 PoW 要消耗大量算力和电力，因此不被人看好。以太坊基金会一直积极地推进使用 PoS 替代 PoW 作为共识算法，并且在以太坊 2.0 阶段开始实施 PoS 共识算法，以太坊 2.0 中 PoS 协议的具体名称是 Casper。

Casper 作为 PoS 协议的一种实现方式，具有去中心化、高能效、经济安全等 PoS 协议的优点，除此之外，它还增强了以太坊的可扩展性，是从 PoW 到 PoS 的可靠过渡。Casper 有以下几个特性：

（1）去中心化。相比 PoW 机制，可能因为矿池集中所形成的算力集中从而导致“富者愈富”的情况。在 Casper 协议下，任何人的一美元的价值都是相同的，这样的好处是，你不能通过将资金汇集在一起，使得一美元的价值更高。

（2）高性能。Casper 协议通过让挖矿完全虚拟化的方式解决了 Ethash PoW 协议下电力挖矿的资源消耗问题，极大地节省了电力资源。

（3）经济安全。“验证者不会自己烧掉自己的钱”，正如以太坊创始人 Vitalik Buterin 所说的那样：“在 PoS 协议中，每个人都是矿工。因此，除非他们选择通过放弃使用以太币（Ether）来违反规则，否则他们每个人都必须承担确认和验证交易的责任。”假设你是一个验证者，并且你将你自己的钱作为保证金存入网络，以最大化网络利益的方式行事也就是在保护自己的利益，在这种约束下，极大地保证了以太坊的网络经济安全性。

（4）扩展性好。Casper 协议可以提高以太坊扩展性最显而易见的方式是允许分片，通过分片，以太坊的扩展性相比 PoW 机制得到了很大的提高。

8.3.4 DPoS 股份授权证明机制

股份授权证明机制（Delegated Proof of Stake ，DPoS）又称“股份授权证明”或“委托权益证明”。DPoS 在 PoS 的基础上，将记账人的角色专业化，先通过权益选出记账人，然后记账人之间再轮流记账。这种方式依然没有解决最终的问题。这类似于董事会投票，持币者投出一定数量的节点，代理他们进行验证和记账。

BitShares（比特股）社区（参考网址为 https://how.bitshares.works/en/master/technology/dpos.html）首先提出了 DPoS，它与 PoS 的主要区别在于节点选举若干代理人，由代理人验证和记账，但其合规监管、性能、资源消耗和容错性与 PoS 相似，如 BitShares、Steemit、EOS。

在 DPoS 系统中，仍然会发生集中化，但是集中化是受控制的。与其他保护加密货币网络的方法不同，DPoS 系统中的每个客户端都可以决定谁是受信任的，而不是将信任集中在拥有最多资源的人。DPoS 使网络可以利用集中化的一些主要优势，同时仍然保持一定程度的去中心化。该系统由公平的选举程序执行，任何人都可能成为大多数用户的委托代表。

1. DPoS的基本原理

· 为股东提供一种将投票权委托给代理的方法（该代理不控制代币，他们可以挖矿）。

· 最大化股东赚取的股息。

· 最小化为保护网络而支付的费用。

· 最大化网络性能。

· 最大限度地降低网络运行成本（带宽、CPU 等）。

2. 代表的作用

· 见证人是被允许制作和广播图块的权限的。

· 产生一个区块包括收集 P2P 网络的交易并用见证人的签名私钥对其进行签名。

· 在上一区块的末尾随机分配一轮见证人的位置。

3. 可扩展性

假定每笔交易的固定验证成本和每笔交易的固定费用对权力下放的数量是有限制的；假设验证成本与费用完全相等，则网络是完全集中的，只能负担一个验证器；假设费用是验证成本的 100 倍，则网络可以支持 100 个验证器。

优点：大幅缩小参与验证和记账节点的数量，可以达到秒级的共识验证。

缺点：在一定程度上 DPoS 的超级节点已经是类似中心化的解决方案了。在很多这种 DPoS 的实现案例中经常会听到批评的声音。

8.3.5 PoA 权威证明机制

权威证明机制（Proof of Authority ，PoA）又称“权威证明”。PoW 或 PoS 等共识算法适合在公链中使用，对于测试链或者联盟链，这些共识算法会出现一些新的问题，不适合测试链和联盟链等应用场合。与之相反，PoA 是不适合主流公链使用的共识算法，但更适合测试链、私有链、联盟链等应用场景。

从以太坊测试网的发展变化（我们可以看到 Morden 测试链废弃的原因）、Ropsten 测试链被攻击、Kovan 测试链首次使用 PoA 算法，到 Rinkeby 提供官方的 PoA 实现算法 Clique，看到了由实际需求推动产生的共识算法。在企业以太坊中，我们也会看到 PoA 也是一种内置的共识算法。

我们用以太坊官方提供的 PoA 实现算法 Clique 为例来了解 PoA。Clique 算法主要内容如下。

1. 节点类别

Clique 节点可以分为两类：

· 认证节点。

· 非认证节点。

认证节点具备为一个区块签名的权利，可以对应 PoW 算法中的矿工节点。非认证节点不具备签名的权利，是区块链网络中的普通同步节点。两者可以相互转换，而这种动态管理所有认证节点的机制是 Clique 算法的难点与精髓之一。

2. 认证原理

Clique 中使用的认证原理非常简单，借用了椭圆曲线数字签名算法进行实现。每一个认证节点可以利用本地节点的私钥对一个区块的数据进行签名，并将产生的数字签名放置在区块头中。其他节点在接收到该区块后，利用数字签名和区块数据反解出签名节点的公钥信息，并截取出相应的节点地址，若该节点地址在本地节点所维护的认证节点列表中，且该区块通过所有共识相关的检测，则认为该区块是合法的；否则就认为接收到了一个恶意区块。

3. 区块分发

Clique 算法每一轮出块的间隔时间是可配置的，假设每一轮出块的时间配置为 10 秒，那么每个认证节点在完成一个区块的签名流程后，会计算当前区块的时间戳，计算方式为父区块的时间加上 10 秒，并且延迟至该时间才向外广播区块。

4. 区块链重组

由于在以太坊网络中，每个节点接收不同“矿工”节点产生的区块的时间不同，因此可能产生首先接收到了一个难度值较低的区块，随后又接收到了一个难度值更高且处于同一高度的新区块，当发生这种情况时，便会进行区块链头部的切换，以总难度值最大的区块链为主链。

PoA 在安全方面需要考虑以下几种情况的攻击：

（1）恶意认证节点。恶意用户被添加到认证节点列表中，或认证节点密钥遭到入侵。解决方案是 N 个认证节点的列表中的任一节点只能攻击每 K 个区块中的一个。这样尽量减少损害，其余的认证节点可以投票删除该恶意用户。

（2）认证节点审查。如果一个或几个认证节点试图主导投票，它必须控制 50% 以上的认证节点。这种攻击难度已经和 PoW 相当。

（3）“垃圾数据”认证节点。这些认证节点在每个区块中都注入一个新的建议。由于节点需要统计所有投票以创建认证节点列表。久而久之会产生大量无用的垃圾投票，导致系统运行变慢。通过纪元（Epoch）的机制，每次进入新的纪元都会丢弃旧的投票。

（4）并发块。如果认证节点的数量为 N，允许每个认证节点签名是 $1/K$，那么在任何时候，至少 $N-K$ 个签名者都可以成功签名一个区块。为了避免这些区块竞争，每个认证节点在生成一个新区块时都会加一点随机延时，这使得分叉很难发生。

8.3.6 PBFT 实用拜占庭容错算法

1. PBFT简介

PBFT 算法是 Miguel Castro（卡斯特罗）和 Barbara Liskov（利斯科夫）在 1999 年提出来的，解决了原始拜占庭容错算法效率不高的问题，算法的复杂度是 O（n^2），也解决了实际系统应用中的拜占庭容错问题。该论文发表在 1999 年的“操作系统设计与实现”国际会议上（OSDI99）。其中，Barbara Liskov 就是提出了著名的里氏替换原则（LSP）的人，也是 2008 年的图灵奖得主。

拜占庭容错问题简称 BFT，BFT 是区块链共识算法中需要解决的一个核心问题，以比特币和以太坊为代表的 PoW、以 EDS 为代表的 DPoS 以及今后以太坊逐渐替换的共识算法 PoS，这些都是公链算法，解决的是共识节点众多时的 BFT。而 PBFT 是在联盟链共识节点较少时的一种解决方案。

PBFT 算法的前提是采用密码学算法保证节点之间的消息传送不可篡改。

假设 PBFT 可以容忍无效或恶意节的点数为 f，为了保障整个系统可以正常运转，需要有 $2f+1$ 个正常节点，系统的总节点数为：$|R| = 3f + 1$。也就是说，PBFT 算法可以容忍

小于 1/3 个无效或者恶意节点。

PBFT 是一种状态机副本复制算法，所有的副本在一个视图（view）轮换的过程中操作，主节点通过视图编号以及节点数集合来确定，即 $p = v \bmod |R|$，其中，v 为视图编号，$|R|$ 为节点个数，p 为主节点编号。

PBFT 算法主体实现流程图如图 8-3 所示。

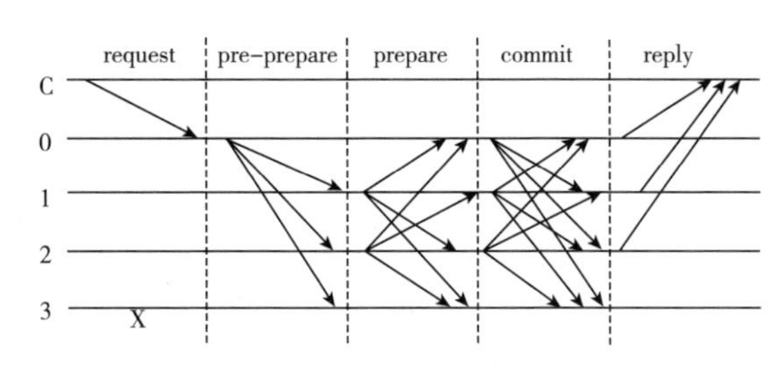

图 8-3　PBFT 算法主体实现流程图

2. PBFT算法流程

接下来详细介绍图 8-3 中每个主体流程的内容。

（1）request：客户端 c 向主节点 p 发送 <request, o, t, c> 请求。

其中，o 表示请求的具体操作，t 表示请求时客户端追加的时间戳，c 表示客户端标识。request 包含消息内容 m，以及消息摘要 d（m）。客户端对请求进行签名。

（2）pre-prepare：主节点收到客户端的请求，需要进行校验，即客户端请求消息的签名是否正确。

如果是非法请求，则丢弃；如果是正确请求，则先分配一个编号 n，编号 n 主要用于对客户端的请求进行排序。然后广播一条 <<pre-prepare, v, n, d>, m> 消息给其他副本节点。

其中，v 表示视图编号，d 表示客户端消息摘要，m 表示消息内容。<pre-prepare, v, n, d> 进行主节点签名。n 的范围区间是 [h, H]。

（3）prepare：副本节点 i 收到主节点的 pre-prepare 消息，需要进行以下校验。

· 主节点 pre-prepare 消息的签名是否正确。

· 当前副本节点是否已经收到了一条在同一 v 下并且编号也是 n，但是签名不同的 pre-prepare 信息。

· d 与 m 的摘要是否一致。

· n 是否在区间 [h, H] 内。

如果是非法请求，则丢弃；如果是正确请求，副本节点 i 向其他节点包括主节点发送一条 <prepare, v, n, d, i> 消息。

其中，v, n, d, m 与上述 pre-prepare 消息内容相同，i 表示当前副本节点编号。<prepare, v, n, d, i> 进行副本节点 i 的签名。记录 pre-prepare 和 prepare 消息到 log 中，用于 View

Change 过程中恢复未完成的请求操作。

（4）commit：主节点和副本节点收到 prepare 消息，需要进行以下校验。

· 副本节点 prepare 消息的签名是否正确。

· 当前副本节点是否已经收到了同一视图 v 下的 n。

· n 是否在区间 [h, H] 内。

· d 是否和当前已收到 pre-prepare 中的 d 相同

如果是非法请求，则丢弃。如果副本节点 i 收到了 2f+1 个验证通过的 prepare 消息，则向其他节点包括主节点发送一条 <commit, v, n, d, i> 消息。

其中，v, n, d, i 与上述 prepare 消息内容相同。<commit, v, n, d, i> 进行副本节点 i 的签名。commit 消息记录到 log 中，用于恢复在 View Change 过程中未完成的请求操作。log 也记录其他副本节点发送的 prepare 消息。

（5）reply：主节点和副本节点收到 commit 消息，需要进行以下校验。

· 副本节点 commit 消息的签名是否正确。

· 当前副本节点是否已经收到了同一视图 v 下的 n。

· d 与 m 的摘要是否一致。

· n 是否在区间 [h, H] 内。

如果是非法请求，则丢弃。如果副本节点 i 收到了 2f+1 个验证通过的 commit 消息，则说明当前网络中的大部分节点已经达成共识，运行客户端的请求操作 o，并返回 <reply, v, t, c, i, r> 给客户端。

其中，r 表示请求操作结果，客户端如果收到 f+1 个相同的 reply 消息，则说明客户端发起的请求已经达成全网共识，否则客户端需要判断是否重新发送请求给主节点。将其他副本节点发送的 commit 消息记录到 log 中。

3. 垃圾回收

在上述算法流程中，为了确保在 View Change 的过程中能够恢复先前的请求，每一个副本节点都要记录一些消息到本地的 log 中。当执行请求后，副本节点需要把之前该请求的记录消息清除掉。最简单的做法是在 reply 消息后，再执行一次当前状态的共识同步，这样做的成本比较高，因此可以在执行完多条请求 K（如 100 条）后执行一次状态同步。这个状态同步消息就是 CheckPoint 消息。

副本节点 i 发送 <CheckPoint, n, d, i> 给其他节点，n 是当前节点保留的最后一个视图请求编号，d 是对当前状态的一个摘要，将该 CheckPoint 消息记录到 log 中。如果副本节点 i 收到了 2f+1 个验证过的 CheckPoint 消息，则清除先前日志中的消息，并以 n 作为当前一个 stable checkpoint。

这是理想情况，实际上当副本节点 i 向其他节点发出 CheckPoint 消息后，其他节点还没有完成 K 条请求，所以不会立即对 i 的请求作出响应，它还会按照自己的节奏向前行进，但此时发出的 CheckPoint 并未形成 stable，为了防止 i 的处理请求过快，需设置一个上文提到的高低水位区间 [h, H] 来解决这个问题。低水位 h 等于上一个 stable checkpoint 的编号，高水位 H = h + L，L 是我们指定的数值，等于 checkpoint 周期处理请求数 K 的整数倍，可以设置为 L = 2K。当副本节点 i 处理请求超过高水位 H 时，此时就会停止脚步，等待 stable checkpoint 发生变化，再继续前进。

4. View Change

如果主节点作恶，它可能会给不同的请求编上相同的序号，或者不分配序号，或者让相邻的序号不连续。备份节点应当有职责来主动检查这些序号的合法性。当主节点掉线或者作恶不广播客户端的请求时，客户端要设置超时机制，如果超时，则向所有副本节点广播请求消息。当副本节点检测出主节点作恶或者下线时，就发起 View Change 协议。

副本节点向其他节点广播 <view-change, v+1, n, C, P, i> 消息。n 是最新的 stable checkpoint 的编号，C 是 2f+1 验证过的 CheckPoint 消息集合，P 是当前副本节点未完成的请求的 pre-prepare 和 prepare 消息集合。

当主节点 p = v + 1 mod |R| 收到 2f 个有效的 view-change 消息后，向其他节点广播 <new-view, v+1, V, O> 消息。其中，V 是有效的 view-change 消息集合，O 是主节点重新发起的未经完成的 PRE-PREPARE 消息集合。pre-prepare 消息集合的选取规则如下：

（1）选取 V 中最小的 stable checkpoint 编号 min-s，选取 V 中 prepare 消息的最大编号 max-s。

（2）在 min-s 和 max-s 之间，如果存在 P 消息集合，则创建 <pre-prepare, v+1, n, d>, m> 消息，否则创建一个空的 pre-prepare 消息，即 <pre-prepare, v+1, n, d（null）>, m（null）>。其中，m（null）为空消息，d（null）为空消息摘要。

副本节点收到主节点的 new-view 消息，验证其有效性。如果有效，则进入 v+1 状态，并且开始 O 中的 pre-prepare 消息处理流程。

5. 总结

在 PBFT 算法中，由于每个副本节点都需要和其他节点进行 P2P 的共识同步，因此随着节点的增多，性能会下降得很快，但是在较少节点的情况下可以有不错的性能，并且分叉的概率很低。PBFT 主要用于联盟链，但是如果能够结合类似 DPoS 这样的节点代表选举规则也可以应用于公链，并且可以在一个不可信的网络中解决拜占庭容错问题，TPS 应该是远大于 PoW 的。

8.3.7 DAG 有向无环图算法

有向无环图（Directed Acyclic Graph，DAG）算法的诞生是为了解决区块链的效率问题。通过 DAG 拓扑结构存储交易区块，支持网络中并行打包出块，提高交易容纳量。之后 DAG 不断演化逐渐形成了 blockless 的发展方向。从数据结构来看，DAG 是一种典型的 Gossip 算法，即本质上为异步通信，带来的最大的问题是一致性不可控，并且网络传输数据量会随着节点的增加而大幅增加。

DAG 算法支持交易快速确认，降低交易手续费，同时也剔除了矿工角色。但是目前来看，其安全性低于 PoW 等机制，容易形成中心化，如 IOTA 依赖 validator，如图 8-4 所示。

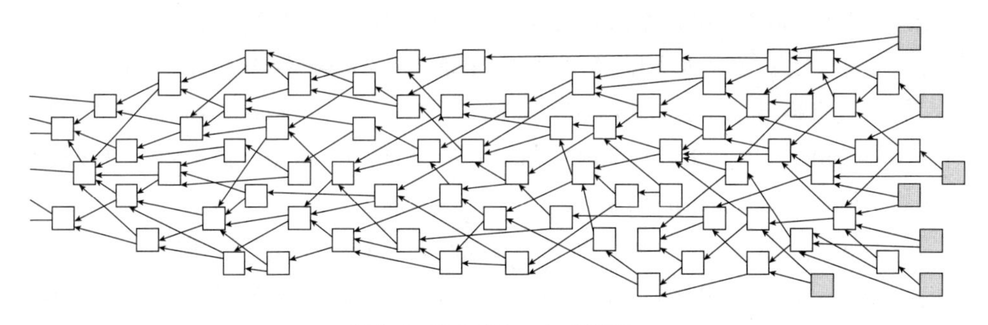

图 8-4 IOTA 的 tangle（纠缠）

8.3.8 PoW 与 PoS 的区别

在本节我们主要对比 PoW 与 PoS 之间的区别。

1. 同步算法与异步算法区别

PoW 是一种异步算法，在 PoW 的世界里，所有的节点都是竞争关系，跑得最快的节点来出块。它通过牺牲系统整体的效率来提升整个系统的健壮性。只要系统中有一个节点存在，系统就可以一直跑下去。因此 PoW 可自由伸缩，理论上可支持的节点数没有上限。

所有的 PoS 算法都是同步算法。PoS 算法强调的是节点之间的协作性。在效率上，或者说它在出块速度上，会比 PoW 高。但它牺牲的是去中心化程度，因为需要协作，所以它需要吸引足够多的节点来对侯选区块进行投票。只要没有收集到足够多的节点投票，这个区块就没有办法发出来，所以它是一个同步算法。在 PoS 系统中，出块的效率是由整个系统参与并成功投票的节点中最慢的那个节点来决定的。

2. 计算复杂度与通信复杂度

PoW 耗电量过高。从算法理论来说，它是通过牺牲计算复杂度来降低通信复杂度。Hash 计算复杂度是相对高的（且反复计算 Hash 需要消耗大量电力）。但 PoW 的通信复杂度可以说是所有共识算法中最低的。在 PoS 算法中，节点是协作关系，它可以不用消耗大量电力去算 Hash，因此计算复杂度是比较低的。

但是由于需要 PoS 投票通信协作，它的通信复杂度往往与节点数的平方成正比。例如，传统的 PBFT 算法的通信复杂度就是 O（n^2）。

PoW 的通信复杂度最低，去中心化程度最高，这种特性很好地适应了互联网网络环境受限的现状。这就是为什么比特币这么多年能够存活并发展壮大的原理，其实在此之前有过数百种不同的尝试，而只有比特币借助 PoW 算法获得了发展。

3. 经济能力对比

PoS 无须消耗大量电力即可保护区块链（据估计，作为 PoW 共识机制的一部分，比特币和以太坊 1.0 每天都消耗超过 100 万美元的电力和硬件成本）。

由于缺乏高电耗要求，因此不需要发行太多的通证来激励参与者继续参与网络。从理论上讲，甚至有可能出现负净发行，其中一部分交易费用被作为燃料消费掉，从而随着时间的流逝减少了货币供给。

PoS 为使用竞争理论机制设计的各种技术打开了大门，以便更有效地阻止集中巨头的形成，如果形成类似经济领域的卡特尔现象，就会出现放任网络有害的方式（如基于 PoW 私自挖矿行为）。

PoS 减少了集中化的风险，因为不会出现规模经济的问题。1000 万美元的数字货币将为你带来 100 万美元的回报，100 美元则会带来 10 美元的回报，都是 10% 的回报，而没有任何其他不成比例的收益。不会像 PoW 那样，有更多的资金优势的参与者就可以购买或生产更好的设备，获得丰厚的回报，普通参与者因为弱势，基本不能获得回报。

PoS 可以使用经济惩罚来预防各种形式的 51% 攻击，PoS 的这种能力比 PoW 的代价高得多。用 Vlad Zamfir 的解释：“如果你参与 51% 的攻击，就好像你的 ASIC 矿场被烧毁了。”而 PoW 只会出现没有收益的情况，并不会发生烧毁矿机与矿场的现象。

未来 PoS 会成为一种重要的趋势。尤其是随着 5G 时代的来临，5G 网络的理论传输速度将超过 10Gbps（相当于下载速度为 1.25GB/s），达到计算机内部总线的通信速度。5G

的三大性能分别是超高速率、超大连接、超低时延，这会为区块链的网络通信提供强大的支持。随着全球通信网络能力的提升，PoS 通信复杂度过高的问题将会得到明显改善。同时因为在与分片等技术相结合，能够更好地扩充性能，所以我们可以期待新一代的 PoS 系统可以像 PoW 系统一样支持数以万计的共识节点。在很长时间内，PoW 会与 PoS 共存，PoW 并不会消亡，只是 PoS 的占比可能会逐渐提升。

第9章 区块链中的其他技术

9.1 常见的数据结构

为了更好地理解区块链技术体系的实现，我们除了要对密码学有很好的理解，还要掌握一些重要的数据结构。这些数据结构将各种数据完美地组织在一起，有着非常美妙的作用，并且结合密码学的算法保证了所有的数据都能够得到验证和处理。

9.1.1 哈希指针与哈希链表

首先回顾一下数据结构中的链表和哈希指针的概念，然后讲解哈希链表的相关知识。

1. 链表

链表有以下三种类型：

（1）单向链表。链表中最简单的一种是单向链表，每个元素包含两个域，即值域和指针域，我们把这样的元素称为节点。每个节点的指针域内有一个指针，指向下一个节点，而最后一个节点则指向一个空值。

（2）双向链表。双向链表的指针域有两个指针，每个数据节点分别指向直接后继和直接前驱。

（3）循环链表。循环链表就是让链表的最后一个节点指向第一个节点，这样就形成了一个圆环，可以循环遍历。循环链表分为单向循环链表和双向循环链表。

2. 哈希指针

哈希指针是一种数据结构，是一个指向数据存储位置的指针，同时也是位置数据的哈希值。与普通的指针相比，通常哈希指针不仅可以告诉你存储的位置，而且可以验证数据有没有被篡改过。

3. 哈希链表

哈希链表融合了哈希指针与链表的概念，指由一个个哈希指针链接的数据区块形成的链表结构。

哈希链表与数据结构中的哈希表（HashTable）有很多区别。哈希表是通过关键码寻找值的数据映射结构，允许有哈希冲突。解决哈希冲突使用开放定址法和链地址法两种方法。而哈希链表不允许有哈希冲突，每个哈希指针只指向一个区块。

在区块链系统中，通常有两个地方使用了哈希指针。一种是区块链这些区块的存储结构，每个区块既有一个本区块的哈希值，还保存着指向上一个区块的哈希值，依靠这些哈希指针，将所有区块组成一个区块链（如图 9-1 所示）。

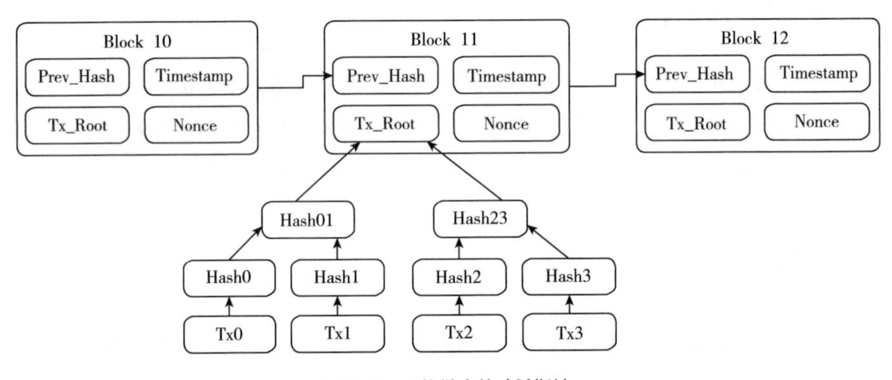

图 9-1 区块链中的哈希指针

在单个区块内的数据存储区中，所有的交易信息通过保存哈希指针的一个树形结构，将这些交易信息组合在一起。比特币中使用的 Merkle 树（梅克尔树），该树将在 9.1.3 节中单独讲解。

以太坊区块链系统中使用 MPT 树结构，但是每个以太坊区块头不是只包括一棵 MPT 树，而是为三种对象设计了三棵树，分别是交易树（Transaction Tree）、状态树（State Tree）和收据树（Receipt Tree）。

9.1.2 有向无环图

这一节我们先来了解一组图论中的概念：有向图、无向图、有向无环图。我们不用图论中的那种专业的定义来说明这几个概念，那种定义方式对于没有学习过图论的人来说太晦涩难懂。我们用一种通俗易懂的方式来描述。

1. 图论的几个概念

（1）无向图。无向图是由一组顶点和一组无方向的边组成，图中的顶点是无序的，边只表示顶点之间的连接关系（如图 9-2 所示）。

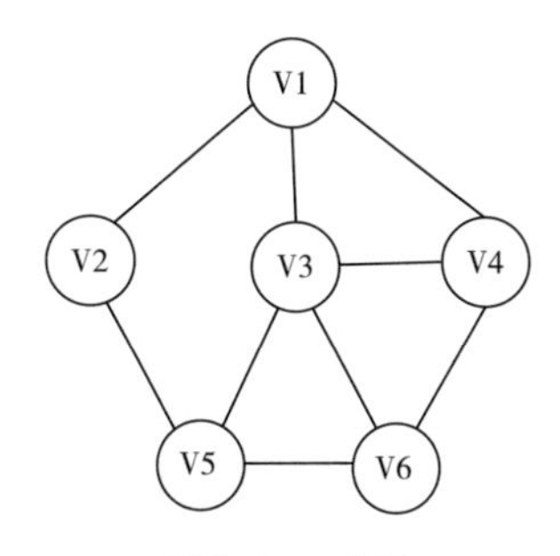

图 9-2　无向图

（2）有向图。有向图是由一组顶点和一组有方向的边组成的，每条有方向的边都连接着有序的一对顶点（如图 9-3 所示）。

在有向图中，一个顶点的出度为由该顶点指出的边的总数；一个顶点的入度为指向该顶点的边的总数。有向路径由一系列顶点组成，对于其中的每个顶点都存在一条有向边从它指向序列中的下一个顶点。有向环为一条至少含有一条边且起点和终点相同的有向路径。简单有向环是一条（除了起点和终点）不含重复顶点和边的环。路径或环的长度即为其中包含的边数。

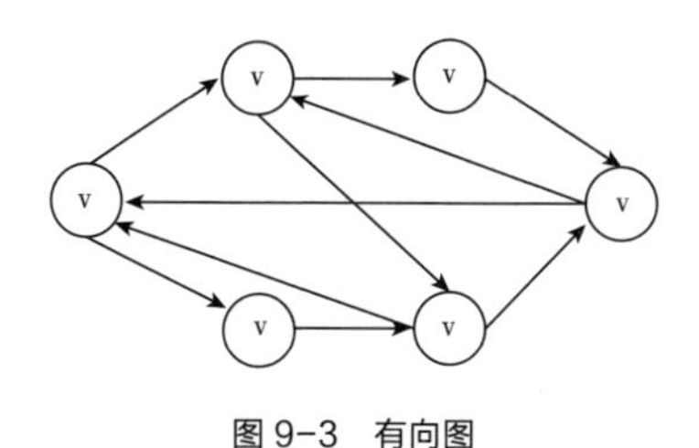

图 9-3　有向图

（3）有向无环图。有向无环图是一种数据结构，在图论中，如果一个有向图无法从任意顶点出发经过若干条边回到该点，则这个图是一个有向无环图，即 DAG 图（如图 9-4 所示）。

因为有向图中一个点经过两种路线到达另一个点未必形成环，因此有向无环图未必能转化成树，但任何有向树均为有向无环图。DAG 可用于对数学和计算机科学中的一些不同种类的结构进行建模。

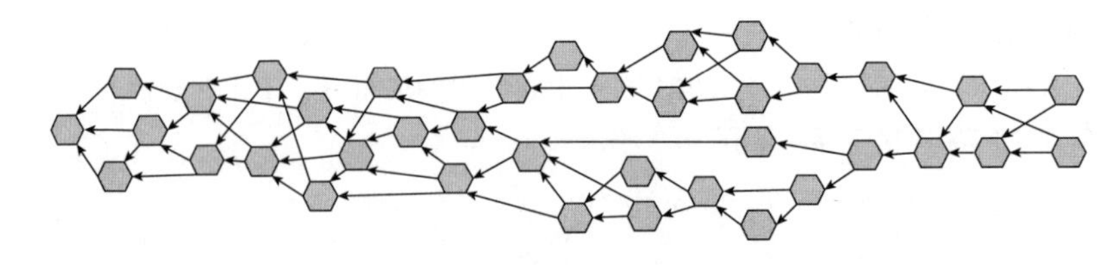

图 9-4 有向无环图

2. 特点

在区块链的应用上使用了 DAG 图之后，可以使出块速度变快，因为 DAG 图中的每个顶点都是一个在某一时间点打包完成的区块。与传统的公链一次性只能生成一个区块相比，DAG 的不同节点都可以自己生成区块，然后这个区块再选择自己的下一个或者多个区块作为自己的子区块。

DAG 同时适合需要有大量连接的物联网结构。

DAG 的缺点目前在安全问题上面，主要是双花和影子链攻击。

3. 应用案例

最著名的应用 DAG 技术的项目是 IoTA，IoTA 改进了 DAG，并提出了 Tangle（缠绕）方案，即要验证新的交易前，直接验证之前的两个交易即可，这也使得在这两个交易之前所有被验证过的交易得到间接验证。在 IoTA 的 Tangle 中，有一个权重积分的概念，权重积分是指它自身的权重与它验证过的所有交易的自身权重之和。

9.1.3 Merkle Tree

Merkle Tree 是一种数据结构，也称 Merkle Hash Tree，因为所有节点都是 Hash 值（如图 9-5 所示）。在密码学及计算机科学中，哈希树（Hash Tree）是一种树形数据结构，每个叶节点均以数据块的哈希作为标签，而非叶子节点则以其子节点标签的加密哈希作为标签 。哈希树能够高效、安全地验证大型数据结构的内容，是哈希链的推广形式。哈希树的概念由瑞夫 · 墨克于 1979 年申请专利，因此也称墨克树，国内区块链领域经常翻译成梅克尔树。

1. Merkle 树的特点

（1）它是一种树，可以是二叉树，也可以是多叉树，具有树结构的所有特点。

（2）叶子节点上的 value 是由使用者指定的，如 Merkle Tree 会将数据的 Hash 值作为叶子节点的值。

（3）非叶子节点的 value 是根据它下面所有的叶子节点值，然后按照一定的算法计算而得出的。例如，Merkle Tree 的非叶子节点 value 的计算方法是将该节点的所有子节点进行组合，然后对组合结果进行哈希计算所得出的。

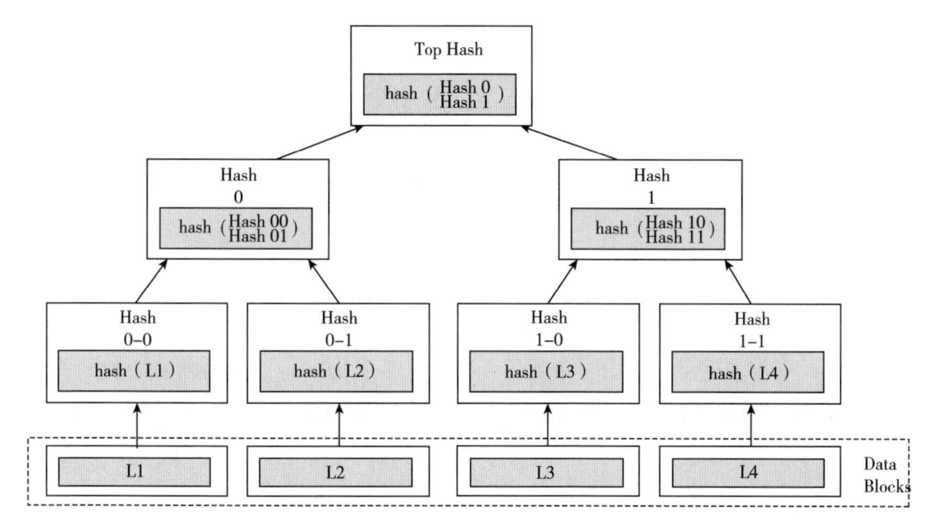

图 9-5 Merkle Tree

2. Merkle Tree的用途

（1）数字签名。最初 Merkle Tree 的目的是高效地处理 Lamport one-time signatures。每一个 Lamport key 只能被用来签名一个消息，但是与 Merkle tree 结合可以用来签名多条消息。这种方法成了一种高效的数字签名框架，即 Merkle Signature Scheme。Merkle Tree 拓展了单向哈希的应用。

（2）P2P 网络检验功能。在 P2P 网络中，Merkle Tree 用来确保从其他节点接收的数据块没有损坏且没有被替换，甚至检查其他节点不会欺骗或者发布虚假的块。

（3）还有一些其他的用途。例如，IPFS 中的 Merkel DAG 也是基于 Merkel 树的原理。

9.1.4 Trie Tree

Trie Tree 叫作 Radix Tree，也称前缀树或字典树，是一种有序树，用于保存关联数组，其中的键通常是字符串。在 Trie Tree 中，key 代表从到对应 value 的一条真实路径，即从根节点开始，key 中的每个字符（从前到后）都代表着从根节点出发寻找相应 value 所要经过的子节点。value 存储在叶节点中，是每条路径的最终节点。假如 key 中的每个字符都来自一个容量为 N 且所包含的字母都互不相同的字母表，那么树中的每个节点最多会有

N 个孩子，树的最大深度便是 key 的最大长度。

例如，一个保存了 8 个键的 Trie 结构，8 个键分别为 A、to、tea、ted、ten、i、in、inn，其 Trie Tree 如图 9-6 所示。

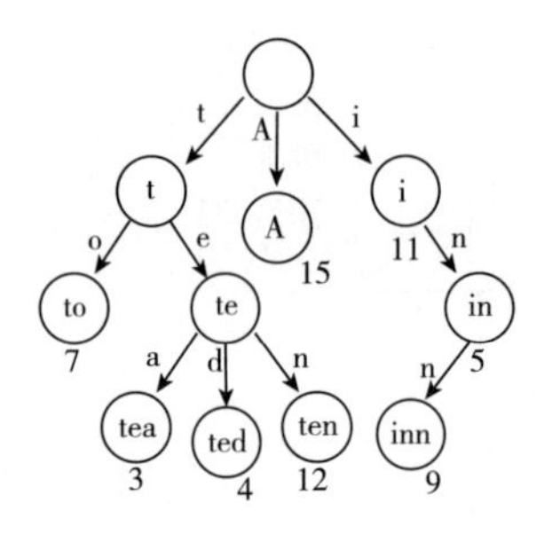

图 9-6 Trie Tree

Trie Tree 有很多优点，其中一条就是：如果有两个 value，它们有着基于相同前缀的 key，它们的相同前缀的长度占自身比例越大，则代表这两个 value 在树中的位置越靠近，并且 Trie 树中不会有像散列表一样的冲突，也就是说一个 key 永远只对应一个 value。但是它也存在缺陷，那就是存储不平衡问题，即给定一个长度较长的 key，在树中没有其他 key 与它有相同的前缀，那么在遍历或存储 key 所代表的 value 时，将会遍历或存储相当多的节点，因此这棵树是不平衡的。

9.1.5 Patricia Tree 与 MPT

帕特里夏树（Patricia Tree），又称压缩前缀树，是一种更节省空间的树。对于字典树的每个节点，如果该节点是唯一的儿子，就和父节点合并（如图 9-7 所示）。

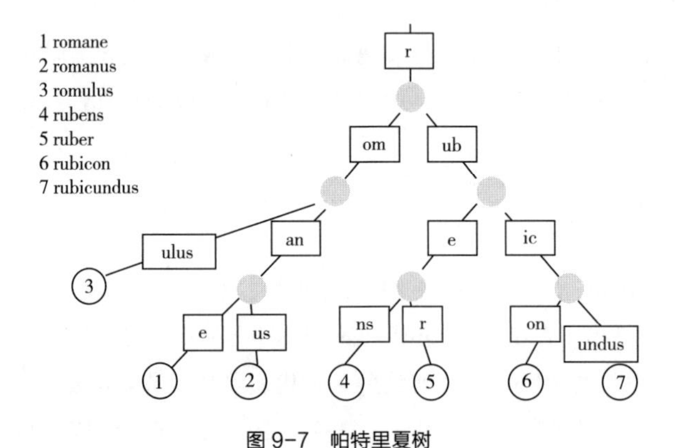

图 9-7 帕特里夏树

了解了 Merkle Tree 和 Patricia Tree 后，就容易理解 MPT（Merkle Patricia Tree）了，MPT 就是这两者混合后的产物。

在以太坊中，对于交易树来说，二叉 Merkle Tree 是非常好的数据结构。因为一旦树已经建立，花多少时间来编辑这棵树并不重要，它会永远存在并且不会改变。

以太坊中还有状态树，状态树的情况会更复杂些。以太坊中的状态树基本上包含了一个键值映射，其中的键是地址，而值包括账户的声明、余额、随机数（nonce）、代码以及每一个账户的存储（其中存储本身就是一棵树）。

状态树需要经常地进行更新。例如，账户余额和账户的随机数（nonce）经常会更变；新的账户会频繁地插入，存储的键（key）也会经常被插入以及删除。

对于这种需求场景来说，需要具有以下性质的数据结构：

它能在一次插入、更新、删除操作后快速计算到树根的 Hash，而不需要重新计算整个树的 Hash。树的深度是有限制的，即使考虑攻击者会故意地制造一些交易，使得这棵树尽可能地深。不然，攻击者可以通过操纵树的深度，执行拒绝服务攻击（DOS Attack），使得更新变得极其缓慢。树的根只取决于数据，和其中的更新顺序无关。换个顺序进行更新，甚至重新从头计算树，并不会改变根。

MPT 是最接近同时满足上面的性质的数据结构。

9.1.6 布隆过滤器

1. 布隆过滤器简介

布隆过滤器（Bloom Filter）是 1970 年由布隆（Burton Howard Bloom）提出的（如图 9-8 所示）。它实际上是一个很长的二进制向量和一系列随机映射函数，布隆过滤器用于检索一个元素是否在一个集合中。它是一种基于 Hash 的高效查找结构，能够快速判断某个元素是否在一个集合内。

由于 Hash 算法具有一一对应的特点，即一个内容对应一个 Hash 值，而 Hash 值最终可以转化为二进制编码，这就天然的构成了一个“内容—索引”的结构。

布隆过滤器采用了多个 Hash 函数来提高空间利用率。对同一个给定输入来说，多个 Hash 函数计算出多个地址，分别在对应的这些地址上标记为 1。进行查找时，进行同样的计算过程，并查看对应元素，如果都为 1，则说明较大概率是存在该输入。

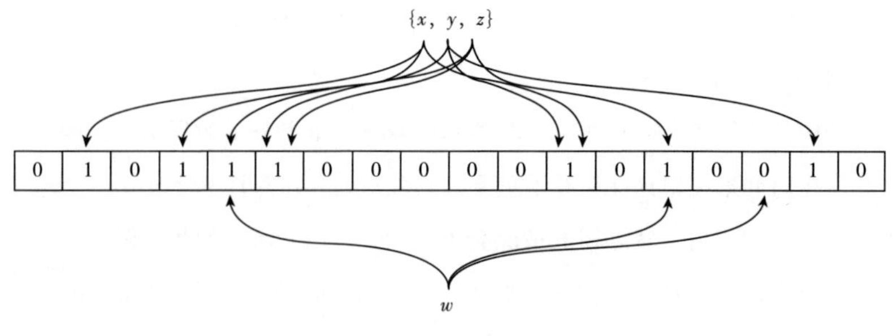

图 9-8　布隆过滤器示例图

布隆过滤器相比单个 Hash 算法查找，大大提高了空间利用率，可以使用较少的空间来表示较大集合的存在关系。

2. 布隆过滤器的特点

（1）布隆过滤器的优点：空间效率和查询时间都远远超过一般的算法，布隆过滤器存储空间和插入 / 查询时间都是常数 O（k）。另外，散列函数相互之间没有关系，方便由硬件并行实现。布隆过滤器不需要存储元素本身，在某些对保密要求非常严格的场合有很大的优势。

（2）布隆过滤器的缺点：缺点和优点一样明显。误算率是其中之一。随着存入的元素数量增加，误算率随之增加。但是如果元素数量太少，则使用散列表即可。

另外，一般情况下不能从布隆过滤器中删除元素。我们很容易想到把位数组变成整数数组，每插入一个元素相应的计数器加 1，这样删除元素时将计数器减掉就可以了。然而要保证安全地删除元素并非如此简单。首先我们必须保证删除的元素的确在布隆过滤器里面，这一点单凭这个过滤器是无法保证的。另外计数器回绕也会造成问题。

（3）布隆过滤器的主要作用：日常生活中，经常要判断一个元素是否在一个集合中，布隆过滤器是计算机工程中解决这个问题最好的数学工具。

3. 布隆过滤器的应用

布隆过滤器用于在大量数据中判断某个元素是否在集合中，空间效率很高。Google 的 big table, Apache 的 Hbase 等系统使用了布隆过滤器，数据一般通过 key/value 的形式存储在磁盘中，当查找时先查找元素是否在布隆过滤器中，如果存在则从磁盘读取对应的数据，如果不存在则直接返回，减少了不存在的行或列在磁盘上的查询，提高了查询性能。在 url 过滤、垃圾邮件过滤等场景中有广泛的应用。

（1）布隆过滤器在比特币网络中的应用

在比特币网络中，轻客户端查找自己账户地址相关的 UTXO 时，由于轻客户端没有完整的区块数据，无法直接查找，因此需要向全节点发送相关请求，由全节点返回结果。如果轻客户端向全节点直接发送自己的地址获取 UTXO，则其他全节点都知道该轻客户端绑定的账户地址，这就泄露了隐私。轻客户端通过以布隆过滤器的形式告诉全节点自己的地址信息，全节点返回与结果可能相关的 UTXO，通过布隆过滤器过滤不属于该地址的 UTXO，既保护了隐私，又节省了带宽。

（2）布隆过滤器在以太坊中的应用

在以太坊中，发送一个交易来调用智能合约时，调用的返回值只有交易的哈希，当一个交易被打包，智能合约通过事件产生日志发送到区块链上以便用户界面进行处理。以太坊中的事件有三个功能：返回智能合约执行过程的值到用户界面；触发前端用户界面事件，异步通信；便宜的存储。

以太坊中用特殊的可索引的数据结构来存储日志，这种数据结构为布隆过滤器，合约创建之后无法访问日志数据 ，以太坊的每个区块头包含当前区块中所有收据的日志的布隆过滤器，可以从链外高效地访问日志数据，安全地下载和搜索日志，减少了私盘随机访问量。用户可以通过调用对交易或者区块进行过滤，然后持续地获取结果。

随着区块链底层技术的发展，数据越来越多，布隆过滤器也会在区块链中被更广泛地应用。

9.2 钱包地址

区块链的账号体系是一个伟大的发明，与以往的中心化管理方式完全不同，钱包的地址不是由固定机构颁发的，而是由密码学来保证的。这从原理上确保了只有拥有私钥的人才能控制这个账号。保护好钱包的私钥，如果丢失，没有任何人能够帮助你找回地址上面的财产。

我们以比特币的地址生成原理为例，讲解钱包地址的生产过程。其他通证钱包地址的生成原理大致相同。

9.2.1 比特币地址生成原理

区块链地址根据非对称加密算法生成私钥和公钥，从公钥根据一系列的计算推导出地址。任何人均可以生成大量的私钥、公钥、地址。

私钥是一个 256 位随机数，根据上面的计算机知识，所谓 256 位就是 256 个 0 和 1 组成的数字。256 除以 8 等于 32，即 32 字节，用十六进制表示这个数，其范围大小是 0x0000 0000 0000 0000 0000 0000 0000 0000 0000 0000 0000 0000 0000 0000 0000 0001

~ 0xFFFF FFFF FFFF FFFF FFFF FFFF FFFF FFFE BAAE DCE6 AF48 A03B BFD2 5E8C D036 4141。

比特币地址的生成过程如图 9-9 所示。

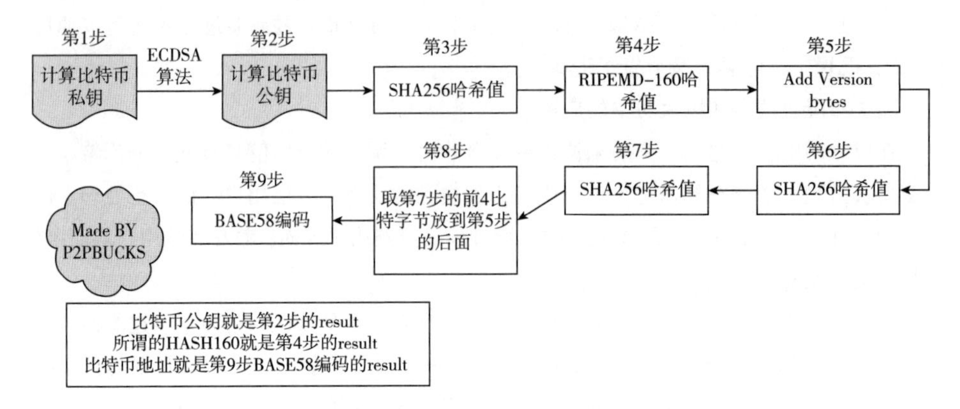

图 9-9　比特币地址的生成过程

第 1 步，随机选取一个 32 字节的数作为私钥，大小为 1~0xFFFF FFFF FFFF FFFF FFFF FFFF FFFF FFFE BAAE DCE6 AF48 A03B BFD2 5E8C D036 4141。

第 2 步，使用椭圆曲线加密算法（ECDSA-SECP256k1）计算私钥对应的非压缩公钥（共 65 字节，1 字节为 0x04，32 字节为 x 坐标，32 字节为 y 坐标）。

第 3 步，计算公钥的 SHA-256 哈希值。

第 4 步，计算第 3 步哈希值的 RIPEMD-160 哈希值。

第 5 步，在第 4 步结果之间加入地址版本号（如比特币主网版本号 0x00）。

第 6 步，计算第 5 步结果的 SHA-256 哈希值。

第 7 步，计算第 6 步结果的 SHA-256 哈希值。

第 8 步，取第 7 步结果的前 4 个字节（8 位十六进制数）D61967F6，将这 4 个字节加在第 5 步结果的后面，作为校验（这就是比特币地址的十六进制形态）。

第 9 步，用 Base58 表示法变换一下地址（这就是最常见的比特币地址形态）。

Base58 编码是一种二进制转可视字符串的算法，主要用来转换大整数，将整数字节流转换为 58 编码流，实际上它就是整数的 58 进制，正好与 58 个不容易混淆的字符对应。该表去除了几个看起来会产生歧义的字符，如 0（零）和 O（大写的英文字母），I（大写的英文字母）和 l（小写的英文字母）等。

比特币用的字符表如下：

123456789ABCDEFGHJKLMNPQRSTUVWXYZabcdefghijkmnopqrstuvwxyz

比特币地址个数：

从比特币地址的生成过程可知，第 4 步 RIPEMD-160 算法的结果是 20 字节（160 位）的数，该步是比特币地址的最小限制，所以理论上来说比特币合法地址共有 2^{160} 个。另外，比特币私钥是 32 字节（256 位）的随机数，并且有一定大小范围的限制，所以合法的比特币私钥个数为 2^{255} 或 2^{256}，从而可以看出私钥个数远远大于比特币地址个数，所以理论上应该存在多个私钥对应同一地址的情况。

9.2.2 以太坊的地址生成原理

在以太坊系统中存在两种类型的账户，分别是外部账户（Externally Owned Account，EOA）和合约账户（Contract Account）。下面来介绍以太坊的地址生成原理（如图 9-10 所示）。

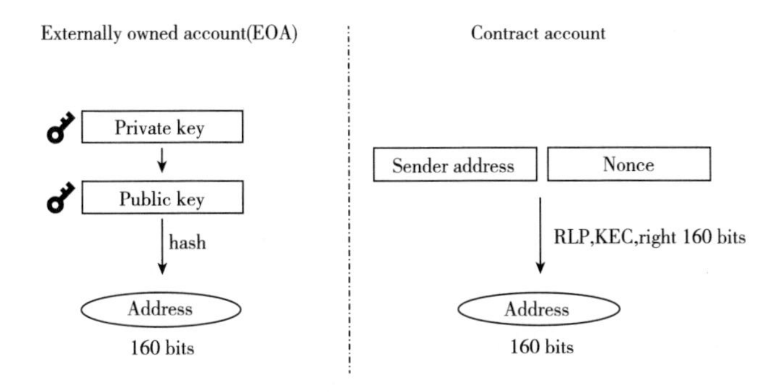

图 9-10　以太坊的地址生成原理

外部账户由私钥控制，是由用户实际控制的账户。每个外部账户拥有一对公私钥，这对密钥用于签署交易，它的地址由公钥决定。外部账户不能包含以太坊虚拟机（EVM）代码。我们可以做一个简单的类比，把外部账户看作用户在某个银行的一个账户，公钥就是用户为该账户设置的卡号，而私钥则是用户设置的密码。

一个外部账户具有以下特性：①拥有一定的账户余额；②可以发送交易；③通过私钥控制；④没有相关联的代码。

用户可以使用以太坊客户端或钱包工具创建一个外部账户。生成一个账户地址的过程主要有以下 3 步：

（1）生成一个随机的私钥（32 字节）。

（2）通过私钥生成公钥（64 字节）。

（3）通过公钥得到地址（20 字节）。

其中第（2）步中使用的加密算法是 secp256k1 椭圆曲线密码算法，而不是 RSA 加密算法，因为前者相对于后者更加高效、更加安全。对于由公钥得到账户地址，在以太坊中使用 SHA3 算法。

9.2.3 助记词原理

私钥是一个 256 位的数字，用十六进制表示时是由 64 个 0 ~ F 的字符组成的，它没有任何规律，人类很难理解和记忆。助记词则是通过某个算法把这 64 个字符转换成一系列的单词，它最早是由 BIP39 提案产生的 ，可以是 12 个、15 个、18 个、21 个、24 个特定的单词。这些单词有一个统一的、固定的词库，并不是凭空而来。例如，我们熟悉的 imToken 创建钱包生成的助记词个数是 12 个。用户可以将助记词理解为明文私钥，即拥有助记词，就相当于掌握了该钱包的使用权，无须密码，即也不需要你创建钱包时输入的密码。

BIP 的全称是 Bitcoin Improvement Proposals，是提出 Bitcoin 新功能或改进措施的文件。

BIP39 中的助记词字典已经支持简体中文、繁体中文、英文、法文、意大利文、日文、韩文、西班牙文，每种语言有 2048 个词用来生成助记词。BIP39 生成助记词流程如图 9-11 所示。

助记词钱包是通过 BIP39 中定义的标准化过程自动生成的，钱包从熵源开始，增加校验和，然后将熵映射到字典列表中。

①创建一个 128 ~ 256 位的随机序列（熵）。

②提出 SHA256 哈希的前几位（熵长 /32），就可以创建一个随机序列的校验和。

③将校验和添加到随机序列的末尾。

④将序列划分为包含 11 位的不同部分。

⑤将每个包含 11 位部分的值与一个预先定义的 2048 个单词的字典进行对应。

⑥生成的有顺序的单词组就是助记词。

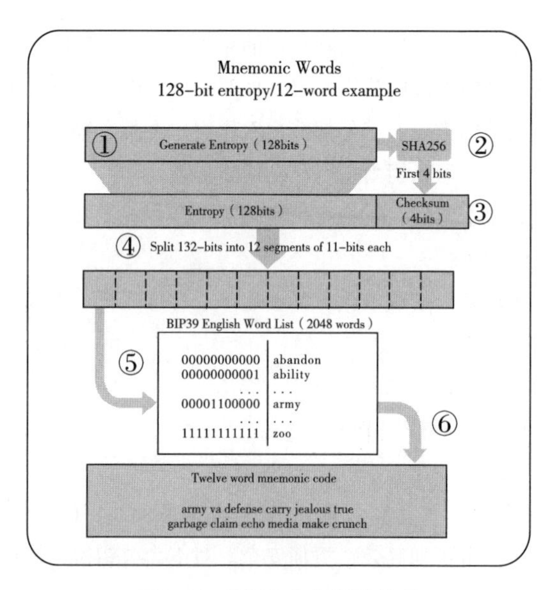

图 9-11 BIP39 生成助记词流程

需要详细了解助记词相关技术的人员可以查询官方文档。对待助记词，我们的重视程度要像对待私钥一样。所记录的助记词文件不能丢失，或者用其他 IM 进行传输。一旦助记词被别人看到，其他人就可以完全恢复钱包，对钱包中的资产进行控制和转移。

9.2.4 私钥、助记词、KeyStore 的简单区别

助记词 = 私钥 =KeyStore+ 密码。

私钥是 256 位，是以 64 个字母或数字构成的十六进制字符串。私钥泄露，钱包就完全丢失。

助记词是明文私钥的另一种表现形式，其目的是帮助用户记忆复杂的私钥。

KeyStore 是一个分组密码，它使用加密散列函数来加密或解密账号的私钥，用输入的密码保护私钥文件。

助记词和 KeyStore 都可以作为私钥的另一种表现形式，但与 KeyStore 不同的是，助记词是未经加密的私钥，没有任何安全性可言，任何人得到了助记词，就能够完全控制账号内的资产。

私钥、助记词和 KeyStore 是数字钱包最重要的三个概念，数字钱包与传统银行卡的概念对比如图 9-12 所示。

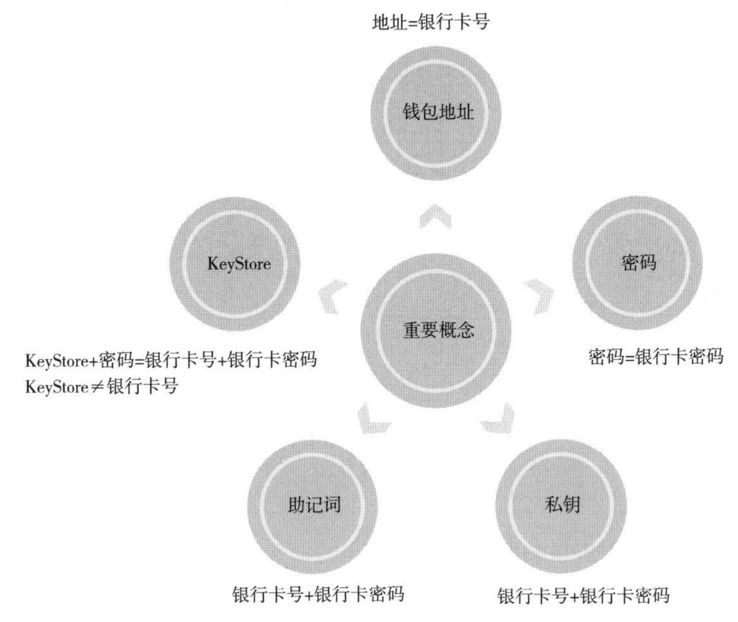

图 9-12 数字钱包与传统银行卡的概念对比

9.3 区块链中的隐私技术

隐私技术是区块链领域的一项重要技术。目前针对保护区块链隐私的各种方法已经过大量的试验和研究。密码学的学术研究推动了隐私领域的创新。隐私研究主要涉及的主题有零知识、多方计算和全同态加密。本节主要介绍几种在隐私货币和其他区块链应用中使用的隐私技术，如混币技术（Coinjoin）、环签名、盲签名、零知识证明，同时还会介绍同态加密、安全多方计算。

9.3.1 区块链中的化名与匿名

当我们谈论隐私时，通常是指广义的隐私，即别人不知道你是谁，也不知道你在做什么。事实上，隐私包含两个概念：狭义的隐私（Privacy）和匿名（Anonymity）。狭义的隐私就是别人知道你是谁，但不知道你在做什么；匿名则是别人知道你在做什么，但不知道你是谁。

虽然区块链上的交易使用化名（Pseudonym），即地址（Address），但由于所有交易及状态皆为明文，因此任何人都可以对所有化名进行分析并构建出用户特征（User Profile）。更有研究指出有些方法可以解析出化名与IP的映射关系，一旦IP与化名产生关联，则用户的每个行为都会被他人知晓。

区块链的隐私问题很早便引起研究员的重视，因此目前已有很多提供隐私保护的区块链被提出，如运用零知识证明（Zero-knowledge Proof）的Zcash、运用环签名的Monero、运用同态加密（Homomorphic Encryption）的MimbleWimble等。区块链隐私是一个大量涉及密码学的艰涩主题，想深入钻研的读者需要进一步阅读相关的专业文档。

在比特币和以太坊等密码学货币的系统中，交易并不需要现实身份，而是基于密码学产生的钱包地址进行交易的。但它们并不是匿名系统，很多文章和书籍里面提到数字货币的匿名性，准确地说是化名。在一般的系统中，我们不明确区分化名与匿名。但当我们专门讨论隐私问题时，会区分化名与匿名。因为化名产生的信息在区块链系统中是可以查询的，尤其是公链中可以公开查询所有交易的特性会让化名在大数据分析下完全不具备匿名性。但真正的匿名，如一些隐私货币（包括达世币、门罗币、Zcash等）使用的隐私技术才真正地具备匿名性。

匿名和化名是不同的。在计算机科学中，匿名是指具备无关联性（Unlinkability）的化名。所谓无关联性，就是指网络中其他人无法将用户与系统之间的任意两次交互（发送交易、查询等）进行关联。在比特币或者以太坊中，由于用户反复使用公钥哈希值作为交易标识，交易之间显然能建立关联。因此比特币或者以太坊并不具备匿名性。这些不具备匿名性的数据会造成商业信息的泄露，影响区块链技术的普及应用。

9.3.2 混币技术

混币技术与密码学相比，并不算一种严谨的隐私技术。但作为一种实现方式，混币技术在区块链中有不少的应用案例。我们从达世币白皮书中混币技术的原理中来了解这种技术（如图 9–13 所示）。

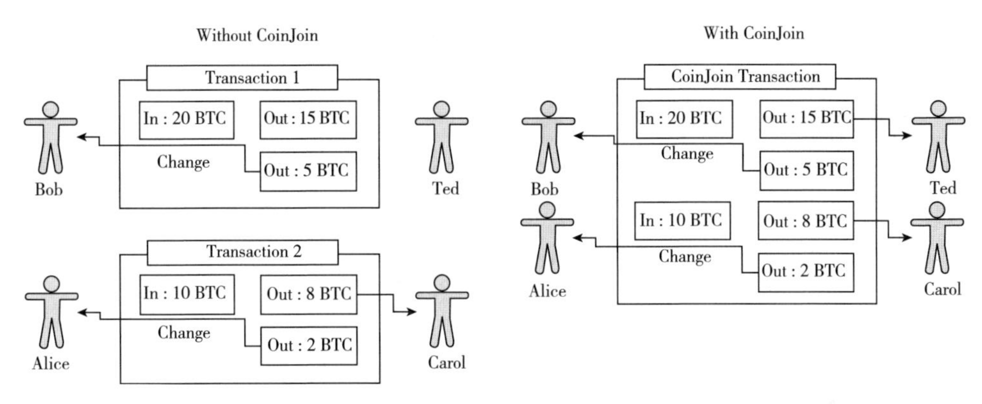

图 9–13 达世币白皮书中混币技术的原理示意

因为在比特币的公链信息中，所有账户的交易都可以清晰地被跟踪，这会让很多人感觉不安全。人们试图实现匿名的第一种方法是通过在资金池中混合自己和他人的币来达到目的，混合之后很难证明币最初属于谁，从而提供某种程度的匿名。混币器是这种混合理念的改进，消除了匿名发起者窃取币的可能性，它在达世币中被广泛使用，但是混币器仍然有很多缺点。

1. 达世币白皮书中对于Coinjoin描述的第一个场景

一个简单的策略是在现有的比特币基础上整合 Coinjoin，就是单纯地将交易合并在一起。通过追踪联合交易的用户资金流向以达到暴露用户身份的目的。

例如，将 2 个用户的交易整合为 Coinjoin 交易，如图 9–14 所示。

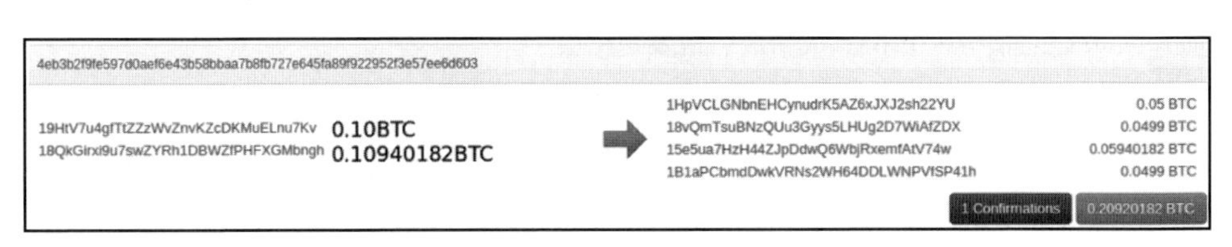

图 9–14 一个混币交易的示例

在这项交易里，0.05 个比特币使用混币技术对外发送，要想追踪这笔资金的来源，仅需要把右边的数额加起来再和左边的数额比对就可得知，计算过程如下：

0.05+0.0499+0.0001（fee）= 0.10BTC

0.0499+0.05940182+0.0001（fee）= 0.10940182BTC

随着越来越多的用户加入混币的过程中，获得结果的难度会以指数级增长。然而，在将来的某个时间点，结果还是可以被追踪出来，从而导致匿名性失效。

2. 达世币中的直接链接和中继转换链接

在 Coinjoin 其他实现的应用里，用户先把资金匿名化，最后把交易发送到知道发送者身份的平台或个体，这点是有可能实现的。但这打破了匿名性，能让其他人向前追踪用户的交易，我们称这种类型的攻击为中继转换链接（如图 9-15 所示）。

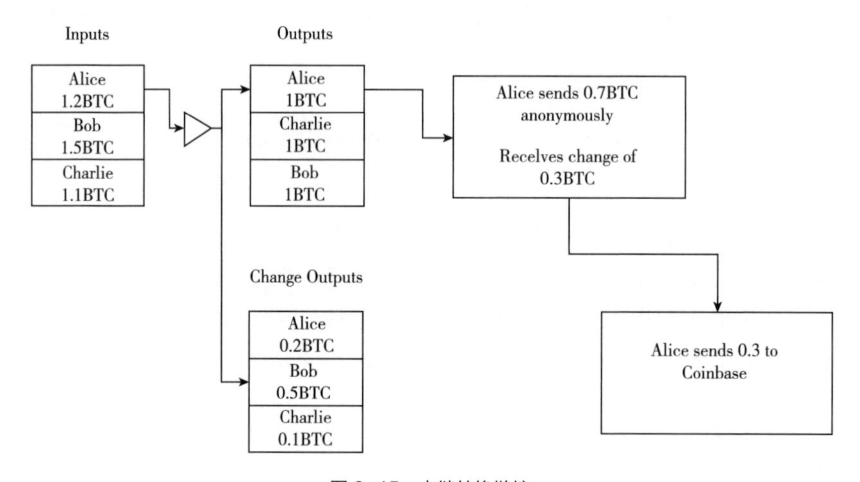

图 9-15　中继转换链接

在图 9-15 中，Alice 匿名发送了 1.2 个 BTC，分别以 1BTC 和 0.2BTC 对外输出，然后从 1BTC 的输出中再对外输出 0.7BTC，剩余的 0.3 个 BTC，输出发送到可识别对象，但实质上 Alice 已经将 0.7 个 BTC 成功匿名地发送出去了。

为了确定匿名交易的发送者身份，要从“交换交易”（Change Outputs）环节开始，通过区块链向前追溯，直至找到“Alice 匿名发送 0.7 个 BTC”。一旦找到，你就会发现用户最近匿名购买了东西，从而看透这个匿名交易。我们称这种类型的攻击为中介转换链接（如图 9-16 所示）。

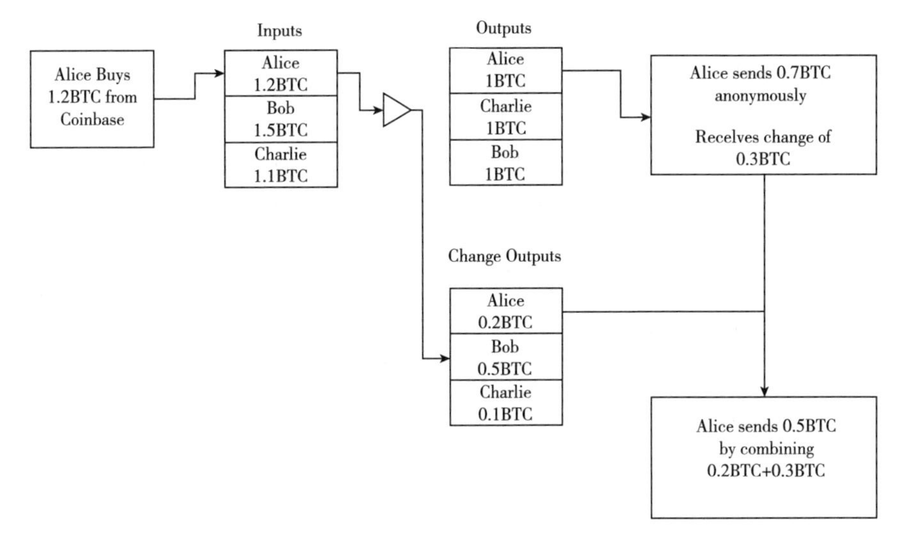

图 9-16 中介转换链接

在图 9-16 中，Alice 在 Coinbase 处购买了 1.2 个 BTC，然后将数额匿名，再以 1 个 BTC 输出。接着，她又花费 1 个 BTC，剩余的 0.3 个 BTC 再结合之前的 0.2 个 BTC，组成 0.5 个 BTC 对外输出。

3. 达世币中混币的增强应用

PrivateSend 是达世币中混币的增强应用，它很好地利用了多方的交易可以合并为一个交易这一特点，它将多方的资金合并在一起对外发送，这样一旦整合后就无法再次拆分。考虑到 PrivateSend 交易是专门为用户支付设置的，因此这个系统是高度安全防盗窃，用户的货币是十分安全的。目前，使用 PrivateSend 的混币技术至少需要 3 方参与（如图 9-17 所示），3 个用户的资金合并到一起共同交易，用户会以打乱过的新的形式对外输出资金）。

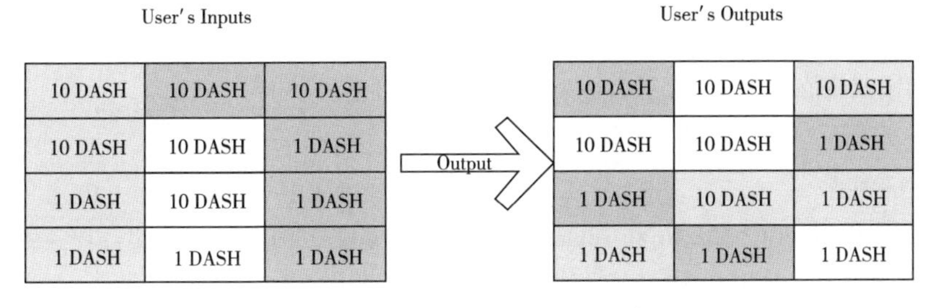

图 9-17 混币交易输入与输出的示意

PrivateSend 每轮的混币限制为 1000DASH，并且多轮混币才能匿名混合相当数量的资金。为了用户体验方便和使攻击变得困难，PrivateSend 以被动的模式运行，同时设定时间间隔，用户的客户端要通过主节点连接其他客户端。一旦进入主节点，用户要求需要匿名的面值数额会在全网依次排队广播，但是没有信息会将用户的身份暴露出来。

每轮的 PrivateSend 过程可视为增强用户资金匿名性的独立事件，然而每轮只限制 3 个参与者，因此观察者有 1/3 的机会追踪交易，为了提高匿名的质量，会采用链接的方法，将资金通过多个主节点依次发送出去。

本节对混币技术的介绍仅限于此，在达世币的白皮书中还有对于混币的深入讨论，感兴趣的读者可以阅读相关白皮书作深入研究。

9.3.3 环签名

本节主要介绍环签名的概念，下面先讲解一下多重签名和群签名，它们之间有相关性。

1. 多重签名

n 个持有人中，收集到至少 m 个（$n \geqslant 1$）签名，即认为合法，这种签名被称为多重签名。其中，n 是提供的公钥个数，m 是需要匹配公钥的最少的签名个数。

2. 群签名

1991 年由 Chaum 和 Van Heyst 提出。群签名属于群体密码学的一个课题。

群签名有以下几个特点：

（1）只有群中成员能够代表群体签名（群特性）。

（2）接收者可以用公钥验证群签名（验证简单性）。

（3）接收者不能知道由群体中哪个成员所签（无条件匿名保护）。

（4）发生争议时，群体中的成员或可信赖机构可以识别签名者（可追查性）。

Desmedt 和 Frankel 在 1991 年提出了基于门限的群签名实现方案。在签名时，一个具有 n 个成员的群体共用同一个公钥，签名时必须有 t 个成员参与才能产生一个合法的签名，t 称为门限或阈值。这样一个签名称为（n，t）不可抵赖群签名。

3. 环签名

环签名由 Rivest、Shamir 和 Tauman 三位密码学家在 2001 年首次提出。环签名属于一种简化的群签名（如图 9-18 所示）。

签名者首先选定一个临时的签名者集合，集合中包括签名者自身。然后签名者利用自己的私钥和签名集合中其他人的公钥就可以独立地产生签名，而无须他人的帮助。签名者集合中的其他成员可能并不知道自己被包含在其中。

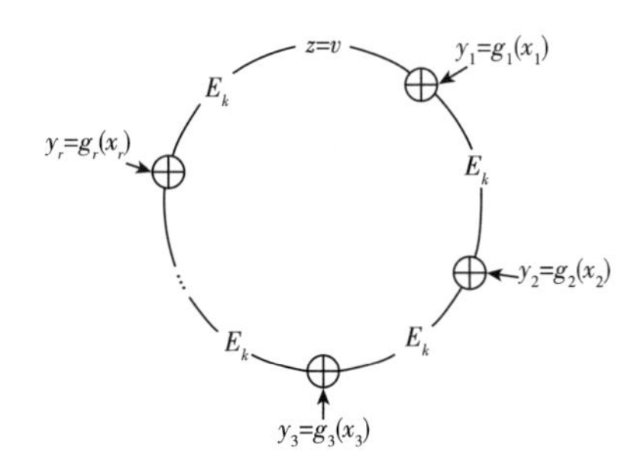

图 9-18　环签名示意图

环签名方案由以下几部分构成：

（1）密钥生成。为环中每个成员产生一个密钥对（公钥 PK_i，私钥 SK_i）。

（2）签名。签名者用自己的私钥和任意 n 个环成员（包括自己）的公钥为消息 m 生成签名 a。

（3）签名验证。验证者根据环签名和消息 m，验证签名是否为环中成员所签，如果有效就接收，否则丢弃。

环签名具有以下特性：

（1）无条件匿名性。攻击者无法确定签名是由环中哪个成员生成的，即使在获得环成员私钥的情况下，概率也不超过 $1/n$。

（2）正确性。签名必须能被所有其他人验证。

（3）不可伪造性。环中其他成员不能伪造真实签名者签名，外部攻击者即使在获得某个有效环签名的基础上，也不能为消息 m 伪造一个签名。

在门罗币中使用环签名技术和隐蔽地址技术。

环签名在单个场景下，具有隐私保护功能，但在大数据的分析下，环签名可能会产生问题。

9.3.4　盲签名

1. 盲签名简介

如环签名一样，盲签名是一种特殊的数字签名技术。盲签名是一种数字签名的方式，在消息内容被签名之前，对于签名者来说消息内容是不可见的。它除了具有一般的数字签名特性外，还必须具有以下特性：

（1）盲性。签名者对其签署的消息是不可见的，即签名者不知道他所签署的消息的具体内容。

（2）不可追踪性。签名消息不可追踪，即当签名消息被公布后，签名者无法知道这是他哪次签署的。

1983 年，David Chaum 提出盲签名，主要是为了实现防止追踪（Unlinkability）。有人用一个很形象的例子来形容盲签名：先将隐蔽的文件放进信封里，任何人不能查看，在文件上签名就是通过在信封里放一张复印纸，签名者在信封上签名时，他的签名便透过复印纸签到文件上。这样一来，签名的人看不到签名的内容，即便签名被公开，签名者也无法得知这个签名是哪次签署的。

2. 盲签名的应用场景

在日常买东西的时候，现金支出是很难让别人追踪的；但在网上购物时，很容易被第三方（如银行）查到自己的消费情况，盲签名的作用就是为了不让银行知道你的钱花到哪里去了。在盲签名操作过程中最重要的便是盲化技术，给签名者的数据是经过盲化之后呈现出来的，在签名的盲化消除后，是不能让签名者联想起之前的盲化数据。鉴于盲签名的良好匿名性，在电子商务、电子投票等领域有很好的应用和推广。

3. 盲签名模型

盲签名的模型如图 9-19 所示。

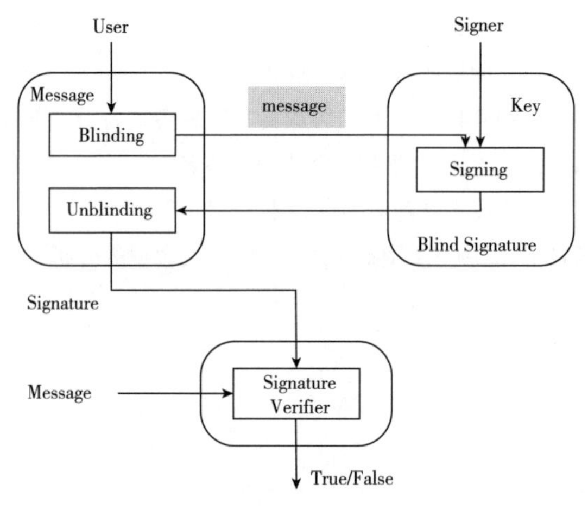

图 9-19　盲签名模型示意图

盲签名的流程如下：

（1）接收者首先将待签数据进行盲化，把盲化后的盲数据发给签名者。

（2）经签名者签名后再发给接收者。

（3）接收者对签名再进行去盲化，得出的便是签名者对原数据的盲签名。

这样便满足了盲性。要满足不可追踪性，必须使签名者事后看到盲签名时不能与盲数据联系起来，这通常是依靠某种协议实现的。

4. 盲签名的分类

（1）按照不同的盲化对象来划分。

①盲消息签名方案：盲消息签名仅对签名的消息 m 进行盲化。在盲消息签名方案中，签名者对盲消息 m 签名，并不知道真实消息 m 的具体内容。这类签名的特性是 sig（m）= sig（m'）或 sig（m）含 sig（m'）中的部分数据。在电子商务中盲消息签名方案一般不用于构造电子货币支付系统。

②盲参数签名方案：在盲参数签名方案中，签名者知道所签消息 m 的具体内容，消息拥有者仅对签名 sig（m'）进行盲化，即改变 sig（m'）而得到新的签名 sig（m），但又不影响对新签名的验证。盲参数签名的这些性质可以用于电子商务系统 CA 中，为交易双方颁发口令；另外，利用盲参数签名方案还可以构造代理签名机制中的原始签名人和代理签名人之间的授权方程，以用于多层 CA 机制中证书的签发和验证。

（2）按照消息拥有者对签名人是否可以追踪来划分。

①弱盲签名：在弱盲签名方案中，消息拥有者对消息 m 和签名 sig（m'）进行了盲化。若签名者保留 sig（m'）及有关数据，等 sig（m）公开后，签名者可以找出 sig（m'）和 sig（m）的内在联系，从而达到对消息 m 拥有者的追踪。

②强盲签名：在强盲签名方案中，消息拥有者对消息 m 和签名 sig（m'）进行了盲化，即使签名者保留 sig（m'）及其他有关数据，仍难以找出 sig（m）和 sig（m'）之间的内在联系，不可能对消息 m 的拥有者进行追踪。在电子支付系统和电子投票系统中，为了保障用户和投票者的匿名性及保密性，往往采用强盲签名技术。

（3）按照签名人数的多少来划分。

①普通盲签名（同盲消息签名方案）：如果签名人为个人，则这时的签名就是普通盲签名。

②多重（群）盲消息签名：若签名人为一群人，则这时的签名就是多重（群）盲消息签名，该类签名方案必须经多人同时盲签名才可生效。

（4）按照签名人是否接受别人的代理来划分。

①简单盲签名：如果签名人不受别人委托，这时的签名就是简单盲签名。

②代理盲签名：如果原始签名人委托代理签名人行使其签名权，则这时的签名就是代理盲签名。

需要详细了解算法原理的读者，可以进一步参考 Chaum、David（1983）的论文原文（*Blind signatures for untraceable payments*）。

9.3.5　零知识证明

1. 零知识证明简介

零知识证明最初由麻省理工教授 Shafi Goldwasser、Silvio Micali（两人都是图灵奖得主）及 Charles Rackoff（密码学领域的专家）在 1985 年的论文《互动证明系统的知识复杂性》提出，是指证明者能够在不向验证者提供任何有用信息的情况下，使验证者相信某个论断是正确的。允许证明者（prover）、验证者（verifier）证明某项提议的真实性，却不必泄露除了“提议是真实的”之外的任何信息。

其实质是一种涉及两方或多方的协议，即两方或多方完成一项任务所需采取的一系列步骤。证明者向验证者证明并使其相信自己知道或拥有某一消息，但证明过程不能向验证者泄露任何关于被证明消息的信息。

零知识证明在密码学中非常有用，尤其在 NP（Nondeterministic polynominal，非确定性多项式）问题、身份验证、数字签名、水印检测、密钥交换等方面，可以有效解决许多问题。加密数字货币与区块链为零知识证明的应用提供了新的方向。

2. 原理说明

由于零知识证明的算法原理晦涩难懂，我们采用阿拉伯童话《一千零一夜》里的“阿里巴巴与四十大盗”的故事的一个片段来讲解零知识证明。

“阿里巴巴会芝麻开门的咒语，强盗向他拷问打开山洞石门的咒语，他不想让人听到咒语，便对强盗说：‘你们离我一箭之地，用弓箭指着我，你们举起右手，我念咒语打开石门；举起左手，我念咒语关上石门。如果我做不到或逃跑，你们就用弓箭射死我。’”

这个方案对阿里巴巴没损失，也能帮助他们搞清楚阿里巴巴到底是否知道咒语，于是强盗们同意。强盗举起了右手，只见阿里巴巴的嘴动了几下，石门打开了；强盗举起了左手，阿里巴巴的嘴动了几下，石门又关上了。强盗有点不信，没准这是巧合，多试几次过后，他们相信了阿里巴巴。

这即是最简单易懂的零知识证明。

3. 零知识证明的性质

根据零知识证明的定义和有关例子，可以得出零知识证明具有以下三个性质：

（1）完备性（completeness）：如果证明方和验证方都是诚实的，并遵循证明过程的每一步进行正确的计算，那么这个证明一定是成功的，验证方一定能够接受证明方。

（2）合理性（soundness）：没有人能够假冒证明方，使这个证明成功。

（3）零知识性（zero-knowledge）：证明过程执行完之后，验证方只获得了“证明方拥有这个知识”的信息，而没有获得关于这个知识本身的任何信息。

4. 零知识证明及其相关协议的优点

（1）随着零知识证明的使用，安全性不会降级，因为该证明具有零知识性质。

（2）高效性。该过程计算量小，双方交换的信息量少。

（3）安全性依赖于未解决的数学难题，如离散对数、大整数因子分解、平方根等。

（4）许多零知识证明相关的技术避免了直接使用有政府限制的加密算法，为相关产品的出口带去优势。

5. 区块链中的应用

在 Zcash 中使用了 zkSNARK（zero-knowledge Succint Non-interactive ARguments of Knowledge），它是零知识证明的一个变体，使得证明者能够简洁地使任何验证者相信给定论断的有效性，并且实现计算零知识，而不需要证明者与任何验证者之间进行交互。

在零知识中，zkSNARK 可被用于证明和验证计算的完整性，并以 NP 声明表示。一个掌握 NP 声明验证部分知识的证明者能够以一个简洁的证明，来证实了 NP 声明的真实性。任何人都可以验证这个简短的证明，其提供了以下属性。

（1）零知识：验证者除了从证明中了解到声明的真实性之外，什么也无法得到。

（2）简洁性：证明简短，易于验证。

（3）非交互性：证明不需要证明者和验证者之间来回交互。

（4）可靠性：证明在计算上是正确的（即伪造假 NP 声明的证明是不可行的），这种证明系统也被称为论证。

（5）知识证明：该证明不仅证明 NP 声明是真实的，而且证明者知道为什么是这样的。

这些属性共同构成了 zkSNARK，它代表了一种零知识、简洁、非交互式的知识论证。

想深入了解 zkSNARK 的朋友，可以通过 Zcash 的官方网站，通过学习零知识证明白皮书和相关的 lib 文档，进一步学习。

9.3.6 同态加密

1. 同态加密技术简介

同态加密是一种加密形式，一种无须对加密数据进行提前解密就可以执行计算的方法，它允许人们对密文进行特定形式的代数运算，得到的仍然是加密的结果，将其解密所得到的结果与对明文进行同样的运算的结果一样。换言之，这项技术使人们可以在加密的数据中进行检索、比较等操作，得出正确的结果，而在整个处理过程中无须对数据进行解密。其意义在于，真正从根本上解决将数据及其操作委托给第三方时的保密问题（如图 9-20

所示）。

同态加密来自代数领域，包括四种类型：加法同态、乘法同态、减法同态和除法同态。同时满足加法同态和乘法同态，则意味着是代数同态，即全同态；同时满足四种同态性，则被称为算数同态。

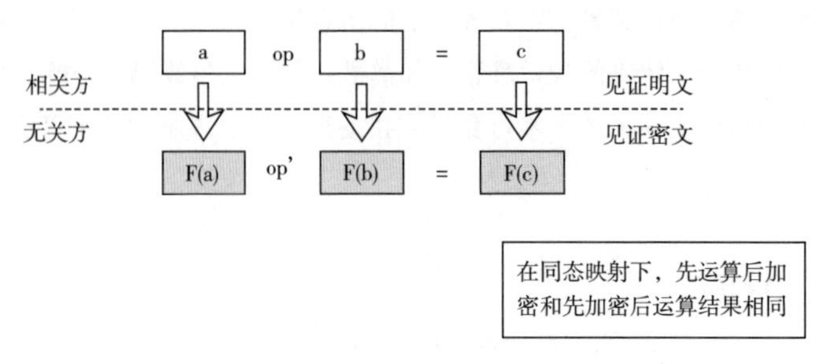

图 9-20　同态加密示例图

同态加密技术为区块链提供了一种重要的方法，使其能够在原有基础上使用区块链技术。通过使用同态加密技术在区块链上存储数据可以达到一种完美的平衡，不会对区块链属性造成任何重大的改变。也就是说，区块链仍旧是公有区块链，然而，区块链上的数据将会被加密，因此照顾到了公有区块链的隐私问题，同态加密技术使公有区块链具有私有区块链的隐私效果。

同态加密技术不仅提供了隐私保护，而且允许随时访问公有区块链上的加密数据进行审计或用于其他目的。换句话说，使用同态加密在公有区块链上存储数据将能够同时提供公有和私有区块链的最好的部分。

同态加密一直是密码学领域的一个重要课题。1978 年，Rivest、Adleman 和 Dertouzos 就提出：是否无须密钥就能够对密文进行任意功能的计算呢？从代数角度看这就是同态性，当时称为隐私同态。这项技术一直没有获得太大的突破，以往人们只找到一些部分实现这种操作的方法。2009 年 9 月克雷格·金特里（Craig Gentry）的论文从数学上提出了全同态加密（Fully Homomorphic Encryption，FHE）的可行方法，即可以在不解密的条件下对加密数据进行任何可以在明文上进行的运算，使这项技术取得了决定性的突破。人们正在此基础上研究更完善的实用技术，这对信息技术产业具有重大价值。这是同态加密的首个应用案例。然而，要想完成 Gentry 设想的基本原型工作需要庞大的计算能力。随着时间的推移，人们逐渐优化了同态加密技术的处理能力。

Gentry 实现的全同态理论框架，至今都没有被打破。可以说目前所有安全的全同态加密方案都是基于 Gentry 架构的。这种架构的出发点就是对密文计算中不断增长的噪音进行消减。消减的技术就是同态解密，即对一个密文同态解密后得到一个新的密文，新的密文与原密文对应的是同一个明文，只要这个新密文的噪音比原密文小，就可以达到消减密文噪音的目的。由于同态解密开销非常大，所以后面人们又发明了密钥交换技术、模交换技术等来消减密文噪音。

性能一直是这种技术的最大问题。同态加密的发明者 Gentry 带领 IBM 的研究团队进行了一系列同态加密尝试。最初的时候，同态加密的数据处理速度比明文操作慢“100 万亿倍”，后来在 16 核服务器上执行，速度就提升了 200 万倍，但还是比明文操作慢很多。

2016 年，微软研究人员打破了同态加密速度的障碍。微软的首席研究经理 Kristin Lauter 说：“该项研究结果具有很大的应用前景，可以用于医疗或财务的专用设备上，但要想加速其应用，仍然还有很多研究工作要做。”

2018 年，IBM 继续改进同态加密库 HElib，其发布在 GitHub 上的最新版就重新实现了同态线性变换，性能得到了极大提升，速度较原来加快了 15 ~ 75 倍。

2. 同态加密技术的漏洞

近几年，同态加密被探测出了一些漏洞问题。来自瑞士洛桑理工学院（Federal Institute of Technology in Lausanne，EPFL）的三人研究小组通过国际密码研究协会公布了相关的研究成果。他们针对麻省理工学院 Hongchao Zhou 和 Gregory Wornell 在 2014 年提出的方法进行了研究。

EPFL 论文由 Sonia Bogos、John Gaspoz 和 Serge Vaudenay 撰写，论文中展示了针对该技术广播加密部分的两种攻击，分别是选择密文攻击和明文攻击。

情况一：技术提出对广播消息进行加密，以支持数据分享。然而，EPFL 论文称，能够窃听广播信号的攻击者将得到“足够的信息来解密该系统”。

论文中写道：“该攻击的一种有效场景可能是提供商被迫发送激活密钥到用户手中，所有用户的激活密钥都相同。在该场景下，当服务提供商必须将加密过的激活密钥发送给足够多的用户时，非法用户将有机会恢复激活密钥。”

情况二：在选择密文攻击中，能够访问可解密文本的单元的攻击者将能够恢复加密密钥。

情况三：与选择密文攻击类似，明文攻击是针对加密的暴力破解。

任何事物都会有优点和缺点，只要能够控制缺点的影响范围，防范漏洞产生的可能性，发挥事物的优点，就不妨碍对这个事物的使用。

9.3.7 安全多方计算

1. 安全多方计算技术简介

安全多方计算又称 SMC 或 SMPC，问题首先由华裔计算机科学家、图灵奖获得者姚期智教授于 1982 年提出，也就是为人熟知的“百万富翁问题”。简单来说，就是 2 个争强好胜的富翁 Alice 和 Bob，他们如何在不暴露各自财富的前提下比较谁更富有？姚氏“百万富翁问题”后经 O Goldreich、Micali 以及 Wigderson 等人的发展，成为现代密码学中非常活跃的研究领域，即安全多方计算。

其数学描述为，“有 n 个参与者 P1，P2，…，Pn，要以一种安全的方式共同计算一个函数，这里的安全是指输出结果的正确性和输入信息、输出信息的保密性。具体来讲，每个参与者 P1，有一个自己的保密输入信息 X1，n 个参与者要共同计算一个函数 f（X1，X2，…，Xn）=（Y1，Y2，…，Yn），计算结束时，每个参与者 Pi 只能了解 Yi，不能了解其他方的任何信息。”

安全多方计算协议作为密码学的一个子领域，其允许多个数据所有者在互不信任的情况下进行协同计算，输出计算结果，并保证任何一方均无法得到除应得的计算结果之外的其他任何信息。换句话说，MPC 技术可以获取数据使用价值，却不泄露原始数据内容。

当前主流的安全多方计算分为乱码电路（Garbled Circuit）和秘密共享（Secret Sharing）两大类。前者通过按照特定的顺序使用加密、解密密钥来模仿电路计算，乱码电路由姚期智教授开创，经过几十年的发展已经从最初的布尔电路计算发展到支持算术电路计算；后者由 Adi Shamir 最先提出，秘密分享的原理是将每个参与者的输入分割为若干分片，散布在所有参与者当中，并通过这些分片来进行电路计算。当前高效、安全的 SPDZ 是秘密共享领域具有代表性的协议。

2. 安全多方计算技术的主要特点

安全多方计算技术主要研究参与者间协同计算及隐私信息保护问题，其特点包括输入隐私性、计算正确性和去中心化。

（1）输入隐私性：安全多方计算技术研究的是各参与方在协作计算时如何对各方隐私数据进行保护，重点关注各参与方之间的隐私安全性问题，即在安全多方计算过程中必须保证各方私密输入独立，计算时不泄露任何本地数据。

（2）计算正确性：多方计算参与各方就某一约定计算任务，通过约定 MPC 协议进行协同计算，计算结束后，各方得到正确的数据反馈。

（3）去中心化：传统的分布式计算由中心节点协调各用户的计算进程，收集各用户的输入信息，而安全多方计算中，各参与方地位平等，不存在任何有特权的参与方或第三方，提供了一种去中心化的计算模式。

3. 安全多方计算技术的适用场景

安全多方计算技术在需要秘密共享和隐私保护的场景中具有重要意义，其主要适用的场景包括数据可信交换、数据安全查询、联合数据分析等。

（1）数据可信交换：安全多方计算技术为不同机构间提供了一套构建在协同计算网络

中的信息索引、查询、交换和数据跟踪的统一标准，可实现机构间数据的可信、互联、互通，解决数据安全性、隐私性问题，大幅降低数据信息交易模糊查询和交易成本，为数据拥有方和需求方提供有效的对接渠道，形成互惠互利的交互服务网络。

（2）数据安全查询：数据安全查询问题是安全多方计算技术的重要应用领域。使用安全多方计算技术，能保证数据查询方仅得到查询结果，但对数据库其他记录信息不可知。同时，拥有数据库的一方，不知道用户具体的查询请求。

（3）联合数据分析：随着多数据技术的发展，社会活动中产生和搜集的数据和信息量急剧增加，敏感信息数据的收集、跨机构的合作以及跨国公司的经营运作等给传统数据分析算法提出了新的挑战，已有的数据分析算法可能会导致隐私暴露，数据分析中的隐私和安全性问题得到了极大的关注。将安全多方计算技术引入传统的数据分析领域，能够在一定程度上解决该问题，其主要目的是改进已有的数据分析算法，通过多方数据源协同分析计算，使得敏感数据不被泄露。

4. 安全多方计算技术的优势

安全多方计算是密码学研究的核心领域，解决一组互不信任的参与方之间保护隐私的协同计算问题。能为数据需求方提供不泄露原始数据前提下的多方协同计算能力，为需求方提供经各方数据计算后的整体数据画像。因此能够在数据不离开数据持有节点的前提下，完成数据的分析、处理和结果发布，并提供数据访问权限控制和数据交换的一致性保障。

安全多方计算拓展了传统分布式计算以及信息安全范畴，为网络协作计算提供了一种新的计算模式，对解决网络环境下的信息安全具有重要价值。利用安全多方计算协议，一方面可以充分实现数据持有节点间互联合作，另一方面又可以保证秘密的安全性。

5. 安全多方计算技术与区块链技术的结合

区块链技术发展至今，特别是对于公有链而言，面临着两大困扰：一是公开数据带来的隐私问题；二是链上无法进行高效计算处理的性能问题。

隐私问题不但包括区块链上记录的交易信息的隐私，还包括区块链上记录以及传递的其他数据的隐私，这一点在大数据时代尤为重要。而高性能的计算一直都是区块链发展的一个瓶颈，在公有网络中，大量节点需要全部对计算任务进行处理，以保证计算任务处理结果的准确性和不可修改性。但这样做造成了严重的资源浪费和低效，同时，为了取得去中心化的效果，搭建节点的要求又不能太高，这一点又进一步影响了单个节点处理任务的能力。

这时候，安全多方计算技术的输入隐私性、计算正确性、去中心化等优点就可以很好地帮助解决这些问题。安全多方计算技术与区块链技术的对比见表 9–1。

表 9-1 安全多方计算技术与区块链技术的对比

技术框架	安全多方计算技术	区块链技术
原理概述	在一个分布式网络中，多个参与实体各自持有秘密输入，各方希望共同完成对某函数的计算，而要求每个参与实体除计算结果外均不能得到其他用户的任何输入信息	区块链是建立在互联网之上的一个点对点的公共账本，由区块链网络的参与者按照共识算法规则共同添加、核验、认定账本数据
技术特点	输入隐私性、计算正确性、去中心化性	去中心化性，自信任性、防篡改性
关键技术	加密电路、不经意传输、同态加密	加密技术、共识机制
应用场景	联合数据分析、数据安全查询、数据可信交换等	数据的声明发布、授权使用等
应用优势	既能充分实现数据持有节点间互联合作，又能保证秘密的安全性	既能满足数据流通中的信用要求和安全挑战，又能降低流通成本、避免数据垄断

6. 安全多方计算技术与智能合约的结合

有时，比起获得单个的个人隐私数据，人们对与这个人相关的数据进行统计分析更感兴趣，获取汇总的数据通常更有意义。区块链安全多方计算市场或隐私智能合约就可以解决这类问题。安全多方计算使得不可信的多方之间可以进行敏感数据联合计算、敏感数据求交集、敏感数据联合建模等。这个过程与智能合约结合，则可以实现隐私智能合约、自动化支付，并形成一个安全多方计算市场。

9.4 侧链与跨链

9.4.1 侧链技术

1. 侧链技术简介

什么是侧链（Sidechains）？这个概念来自比特币社区，在 2013 年 12 月提出。

侧链的诞生是为了解决比特币本身或某一区块链本身的机制存在的一些问题。但是直接在比特协议或比特币链条上进行修改，又容易出错。而且比特币区块在不断地运行，一旦出错涉及的资金量太大了，这是不被允许的。

因此，在这种情况下诞生了侧链。本质上，侧链机制就是一种使货币在两条区块链间移动的机制，它允许资产在比特币区块链和其他链之间互转，以减少核心的区块链上发生交易的次数。侧链实质上不是特指某个区块链，而是指遵守侧链协议的所有区块链，该名词是相对于比特币主链来说的。

侧链协议是为比特币而生的。侧链协议一开始的定义是可以让比特币安全地从比特币主链转移到其他区块链，又可以从其他区块链安全地返回比特币主链。

2012年，在比特币聊天室中，首次出现了关于侧链概念的相关讨论。当时比特币的核心开发团队正在考虑如何才能安全地升级比特币协议，以增加新的功能，但是直接在比特币区块链上添加功能比较危险，因为如果新功能在实践中发生软件故障，则会对现有的比特币网络造成严重影响。另外，由于比特币的网络结构特性，如果进行较大规模的改动，还需要获得多数比特币矿工的支持。

2014年，亚当·贝克等作者发表了一篇论文，题目是 *Enabling Blockchain Innovations with Pegged Sidechains*，即“用与比特币挂钩的侧链来提供区块链创新”。其核心观点是“比特币”的区块链在概念上独立于比特币，提出了侧链的概念。侧链就是能和比特币区块链交互，并与比特币挂钩的区块链。

2. 侧链协议

侧链协议的产生有以下几个原因：

（1）应对其他区块链的创新威胁。以太坊（Ethereum）区块链、比特股（Bitshares）区块链的不断发展，对比特币区块链产生了很大的威胁，智能合约和各种去中心化应用在以上两个区块链上兴起，非常受人们欢迎；而基于比特币的应用则因为开发难度大，所以项目不多。

（2）比特币核心开发组不欢迎附生链。基于比特币的区块链也有合约币（Counterparty）、万事达币（Mastercoin）和彩色币（ColoredCoin）等附生链，但是比特币核心开发组并不欢迎，觉得它们降低了比特币区块链的安全性。他们曾经一度把 OP_RETURN 的数据区减少到40字节，逼迫合约币开发团队改用其他方式在比特币交易中附带数据。

（3）BlockStream 商业化考虑。2014年7月份以太坊众筹时，获得了价值人民币1.4亿的比特币，还有20%的以太币，开发团队获得了巨大的回报。但是比特币核心开发组并没有因为他们的辛勤工作而获得可观回报，因此他们成立了 BlockStream，拟实现商业化价值。

贝克给出了关于侧链的一些属性：

（1）一个用户在一条链上的资产被转移到另一条链上后，还应该可以转移回原先链上的同一用户名下。

（2）资产转移应该没有对手卷款逃跑的风险。

（3）资产的转移必须是原子操作，即要么全发生，要么不发生。

（4）侧链之间应该有防火墙，一条链上的软件错误造成链上资产的丢失或增加不会影响另一条链上的资产丢失或增加。

侧链协议的目的是实现双向锚定（Two-way Peg），使得比特币可以在主链和侧链中互转。“转移”实际上是一种错觉，即比特币其实并没有转移，但在比特币区块链上被暂时锁定，而同时在辅助区块链上有相同数量的等价令牌被解锁（如图9-21所示）。

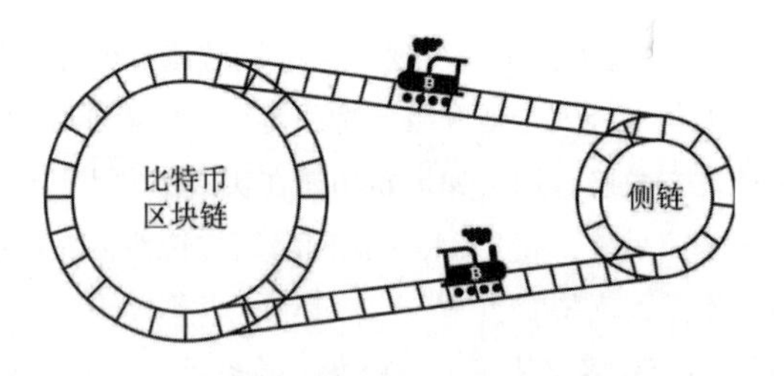

图 9-21　侧链白皮书中的示意图

侧链协议本质上是一种跨区块链的解决方案。通过这种解决方案，可以实现数字资产从第一个区块链到第二个区块链的转移，又可以在稍后的时间点从第二个区块链安全返回到第一个区块链。其中第一个区块链通常被称为主区块链或主链，第二个区块链则被称为侧链。

最初，主链通常是指比特币区块链，而现在主链可以是任何区块链。侧链协议被设想为一种允许数字资产在主链与侧链之间进行转移的方式，这种技术为开发区块链技术的新型应用和实验打开了一扇大门。

关于侧链，还需要补充以下几点说明：

（1）比特币在侧链中流通时还是比特币，侧链的比特币与主链的比特币通常是 1 ∶ 1 的汇率，也可能有预定的汇率。

（2）侧链的挖矿不能产出比特币，侧链可能有自己的币，也可能没有自己的币，侧链仅是为了比特币的流通。

（3）侧链可能是对等的和非对等的。对等的侧链独立存在，其也可成为主链。主、侧链是相互的，如果有足够的需求，比特币也可以成为莱特币的侧链。非对等侧链依赖主链而存在。

（4）去中心化没有改变，每个人或公司都可以创建自己的比特币侧链，用户和矿工认同的侧链将会成为主流。

（5）侧链要有足够的算力保证侧链的可靠性和安全性。

（6）侧链白皮书提出了清晰的侧链框架，具体如何实现侧链允许设计者自由发挥。

3. 侧链的目标及带来的问题

（1）侧链的目标。侧链是以融合的方式实现加密货币金融生态的目标，而不是像其他数字资产一样排斥现有的系统。侧链技术进一步扩展了区块链技术的应用范围和创新空间，使传统区块链可以支持多种资产类型以及小微支付、智能合约、安全处理机制、财产注册等，并且可以增强区块链的隐私保护。利用侧链，我们可以轻松地建立各种智能化的应用，如金融合约、股票、期货、衍生品等。

（2）侧链带来的问题，具体如下：

①软分叉风险。

②额外复杂度。

③欺骗性转账。

④挖矿中心化的风险。

9.4.2 跨链技术

1. 跨链技术简介

跨链，顾名思义，就是通过一个技术，能够让价值跨过链和链之间的障碍，进行直接的流通。区块链是分布式总账的一种，一条区块链就是一个独立的账本；两条不同的链就是两个不同的、独立的账本，两个账本没有关联。本质上价值没有办法在账本间转移，但是对于具体的某个用户，用户在一条区块链上存储的价值，能够变成另一条链上的价值，这就是价值的流通。

如果说共识机制是区块链的灵魂核心，那么对于区块链特别是联盟链及私链来看，跨链技术就是实现价值网络的关键，它是把联盟链从分散、单独的孤岛中拯救出来的良药，是区块链向外拓展和连接的桥梁。

跨链有四种具体的模术，其对比见表 9-2。

表 9-2 跨链模式的对比

	公证人模式（Notary Schemes）	侧链 / 中继（Relays）	哈希锁定(Hash-locking）	分布式私钥控制（Distributed Private Key Control）
互操作性	所有	所有（需要所有链上都有中继，否则只支持单向）	只有交叉依赖	所有
信任模型	多数公证人诚实	链不会失败或者受到“51% 攻击”	链不会失败或者受到“51% 攻击”	链不会失败或者受到“51% 攻击”
使用跨链交换	支持	支持	支持	支持
使用跨链资产转移	支持（需要共同的长期公证人信任）	支持	不支持	支持
适用跨链 Oracles	支持	支持	不直接支持	支持
适用跨链资产抵押	支持	支持	大多数支持，但是有难度	支持
实现难度	中等	难	容易	中等
多种币智能合约	困难	困难	不支持	支持

2. 跨链技术的应用

（1）可转移资产，资产可以在多链之间来回转移和使用。

（2）原子交易，链间资产的同时交换。

（3）跨链数据预言机，链 A 需要得知链 B 的数据的证明。

（4）跨链执行合约，如根据链 A 的股权证明在链 B 上分发股息。

（5）跨链交易所，对于协议不直接支持跨链操作的区块链进行补充。

3. 跨链与侧链的关系

早期的开源侧链项目如 Blockstream 的元素链，使用比特币双向挂钩技术，它是跨链的雏形。到后来的 BTC-Relay（一种基于以太坊区块链的智能合约），是通过跨链将比特币和以太坊连接起来的技术。

早期的项目主要关注资产的转移，而现在的跨链项目则更多关注链状态的转移，这就形成了如今各跨链技术的格局。一般的侧链服务于主链，而跨链在链之间实现价值和功能的连通，可以说，侧链与跨链在技术内容上大体相似，只在涉及它们所服务的对象时才需要进行细致的区分。

9.4.3 分片技术

限制目前区块链技术大规模落地应用的一个很重要的因素就是性能，如何解决区块链的性能问题？如何有效地提升区块的吞吐量（TPS）？目前提出的解决思路主要有以下几种：治标不治本的扩容（扩大区块容量）、牺牲部分去中心化的 DPoS 和 PBFT 共识机制、不同于区块链的 DAG、链下扩容（子链和侧链）以及分片技术（Sharding）。

1. 分片技术简介

分片技术被认为是一种有效的、能够解决区块链吞吐量问题的解决方案。

（1）起源。

分片是数据库分区的一种形式，即将一个大的数据库切分成很多小的、可处理的部分，从而提高性能、缩短响应时间。分片并不是一个新的概念，早在 90 年代后期就出现在了传统的中心化数据库管理中。这个概念的流行要归功于一个多人在线角色扮演游戏，即 Ultima Online。在这个游戏中，开发者将玩家分配到不同的服务器以缓解流量压力（这意味着有很多个平行的“游戏世界”）。

区块链中的分片技术是在 2015 年初次提出的。当时新加坡国立大学的一对师生在国际顶尖安全会议 CCS 上发表了一篇论文，即 *A Secure Sharding Protocol For Open Blockchains*，首次提出了区块链领域中的分片概念。后来，这对师生开发出了第一个分片技术的落地项目 Zilliqa，它结合 PBFT 和 PoW 共识机制，有 6 个分片、3600 个节点的测试网络，已经能够达到每秒处理 2800 次交易的速度，是当时公链中处理速度最快的。现在分片技术有了很大的发展。

（2）分类和原理。

分片技术可分为三类，分别是网络分片、交易分片、状态分片。它们的基本原理都是“化整为零，分而治之”，用多个分片同时处理不同的交易，最后汇总到主链上。

①网络分片。网络分片较为简单，但也最为重要，因为其他分片机制都必须建立在网络分片之上。网络分片首先要保证安全，预防网络攻击和恶意节点的干扰，随机抽取特定数量的节点，创建成一个分片。当形成多个分片后，分片中自行建立共识，对交易进行确认。这些分片可以同时、平行地处理相互未建立连接的交易，提高网络并发量。

Zilliqa 便是运用网络分片，然后配合网络分片的共识机制（即 PBFT 共识机制和 PoW 共识机制）来提升交易速度的。在其中，共识机制之所以重要，是因为使用 PBFT 共识机制确认一笔交易，可以提高确认速度。在建立分片之前，要先对网络攻击进行防范，Zilliqa 加入 PoW 机制，就可以有效地阻止女巫攻击（Sybil Attacks）和恶意节点的进入。

②交易分片。网络上创建好的分片处理不同的交易，划分为不同的交易分片，交易划分的依据可以是交易发起者的地址。

假设有人用一个地址向两个人发起相同的交易，即所谓的“双花”，一般情况下，这两笔交易将被划分到同一个分片进行处理，之后分片能够迅速识别出相同的发起地址，从而阻止双重花费。

而如果这两笔交易被分到了不同的分片，分片中的节点同样能够检测出来，将这笔交易拒绝。不过，要防止双花，在验证中就需要使分片之间相互通信，这样就会出现跨片交易的情况，影响整个网络的运行和效益。因此，这里的分片最好采用 UTXO 交易模型，会更加容易监测出双花，以保证效率。

但 UTXO 会对大宗交易额进行拆分，一定程度上会影响效率。不过，目前的交易分片技术已经较为成熟，能够允许多种共识机制运行。

③状态分片，这是最为复杂、最具有挑战性的一种分片机制。状态分片的核心在于不同的分片能够储存不同的数据，也就是说，整个储存库被分开，分别放在了不同的分片上。每个分片储存自己分片中的所有数据，而不是整个区块链的状态。

这一分片机制的挑战在于：首先，由于每个分片储存的状态不同，如果一笔交易的发起人和接收者处在两个不同的分片，那么这两个分片对于这笔交易的信息就应该进行共享，这样一来，跨片交易的现象又出现了，两个分片之间又需要进行频繁的通信和状态互换，将会大大影响分片的效益和性能。然后，当分片遭到攻击不得不进行脱机工作时，其中的交易是无法被验证的。要解决这个问题，就必须在每个节点进行信息的存档和备份，以帮助系统修复数据，但这样的话，节点就必须备份整个存储系统的状态，失去状态分片的意义，甚至还可能具有中心化的风险。

（3）优势与阻碍。

分片技术作为能够解决区块链拓展性问题的新技术之一，具有非常强的技术优势和广阔的发展前景。通过分片处理交易和数据的方式来消除区块的拥堵，扩大吞吐量，结合其他技术加强安全性和效率，进行互补，是目前分片技术的主要运用趋势。

分片中安全性和性能的平衡是一个值得重视的问题，Zilliqa经过多次实验，决定用600个节点构建一个分片，这是因为600个节点能够达到性能和安全的最佳平衡。如果为了提高TPS而减少节点，对于分片的去中心化和安全性都是很不利的。

分片技术依然存在着很多难题需要解决，尤其是状态分片，计算机技术人员尚未研究出好的解决方案。同时，分片的原理不仅仅在于如何分片，更在于如何对每个分片进行安全有效的治理，很多项目一味地追求其中的一个方面，而忽视了区块链的基本治理问题，这也是需要注意的。

2. 侧链、分片和DAG对比

为了解决公有链的低吞吐量带来的高手续费、网络拥塞等问题，很多团队都很有预见性地提出了相应的优化方案。从现有技术实现的角度来说，基本分为三种，分别是侧链、分片和DAG（如表9-3所示）。

表9-3 侧链、分片和DAG对比

	侧链	分片	DAG
技术定义	为了解决比特币拥堵的问题，提出的一种跨区块链的解决方案，可以让比特币安全地在比特币主链与其他区块链相互转移	是一种传统数据库的技术，它将大型数据库分成更小、更快、更容易管理的部分	有向无环图，是计算机领域一个常用的数据结构，因为独特的拓扑结构所带来的一些特性，经常被用于处理动态规划、导航中寻求最短路径、数据压缩等场景中
工作流程	侧链是以锚定比特币为基础的新型区块链，以融合的方式实现加密货币金融生态的目标，旨在使用户可以在具有不同规则设定的不同基于比特币的区块链上转移比特币	是将区块链网络划分成若干能够处理交易的较小组件式网络，以实现每秒处理数千笔交易的支付系统，应用到区块链中会相当复杂	DAG摒弃了区块的概念，交易直接进入全网中，速度比需要出块的区块链快很多；DAG把交易确认的环境直接下放给交易本身，无须由矿工打包成区块后同意交易顺序。DAG网络中没有矿工的角色，因此不会出现类似比特币和以太坊因为矿工的激励机制带来的价格竞争，只需极低的手续费，适合小额高频交易
典型项目	闪电网络、RootStock	以太坊、EOS（Region）	IOTA、Dagcoin、Byteball

9.4.4 双向锚定

1. 双向锚定简介

双向锚定允许比特币从比特币区块链转移到第二层区块链，或者进行相反的操作，从第二层区块链转移到比特币主链。通过双向锚定技术，可以实现暂时将数字资产在主链中锁定，同时将等价的数字资产在侧链中释放，同样当等价的数字资产在侧链中被锁定的时候，主链的数字资产也可以被释放。

双向锚定技术如图 9-22 所示。

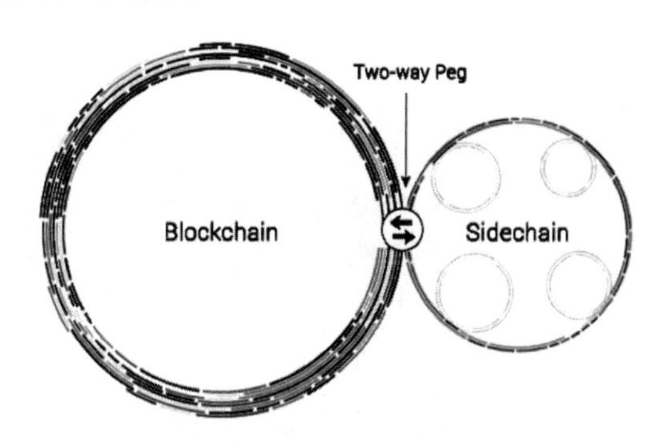

图 9-22　双向锚定示意图

2. 双向锚定分类

双向锚定可以分为 5 种模式，即单一托管模式、联盟托管模式、SPV（Simplified Payment Verification）模式、驱动链模式、混合托管模式。

（1）单一托管模式。最简单的实现主链与侧链双向锚定的方法就是通过将数字资产发送到一个主链单一托管方（类似于交易所），当单一托管方收到相关信息后，就在侧链上激活相应数字资产。这个解决方案的最大问题是过于中心化（如图 9-23 所示）。

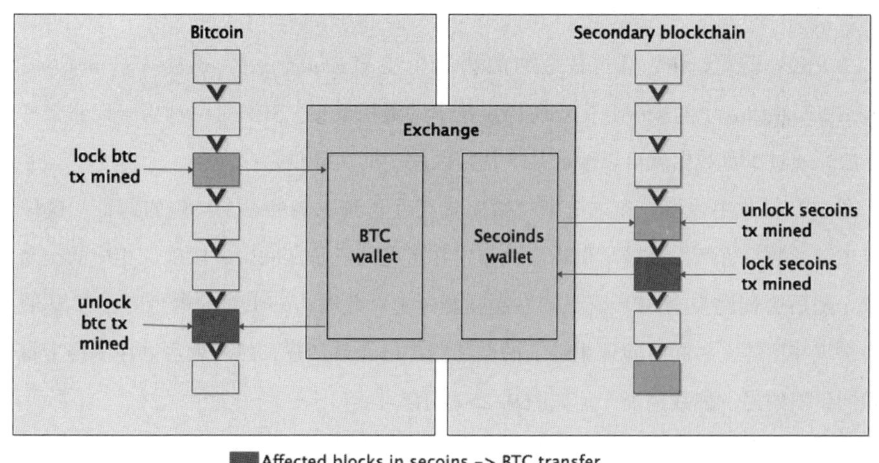

图 9-23　单一托管模式

（2）联盟模式。联盟模式是使用公证人联盟来取代单一的保管方，利用公证人联盟的多重签名对侧链的数字资产流动进行确认。在这种模式中，要想盗窃主链上冻结的数字资产就需要突破更多的机构，但是侧链安全仍然取决于公证人联盟的诚实度（如图 9-24 所示）。

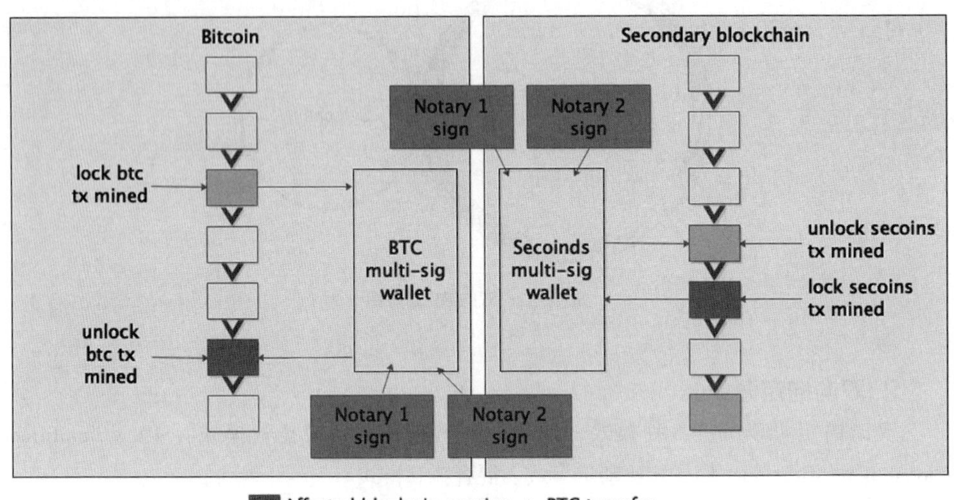

图 9-24　联盟模式

（3）SPV 模式。SPV 模式是最初的侧链白皮书 *Enabling Blockchain Innovations with Pegged Sidechains* 中的去中心化双向锚定技术的最初设想。SPV 是一种用于证明交易存在的方法，通过少量数据就可以验证某个特定区块中的交易是否存在。

在 SPV 模式中，用户在主链上将数字资产发送到主链的一个特殊的地址，这样做会锁定主链的数字资产，该输出仍然会被锁定在可能的竞争期间内，以确认相应的交易已经完成，随后会创建一个 SPV 证明并发送到侧链上。此时，一个对应的带有 SPV 证明的交易会出现在侧链上，同时验证主链上的数字资产已经被锁住，然后就可以在侧链上打开具有相同价值的另一种数字资产（如图 9-25 所示）。

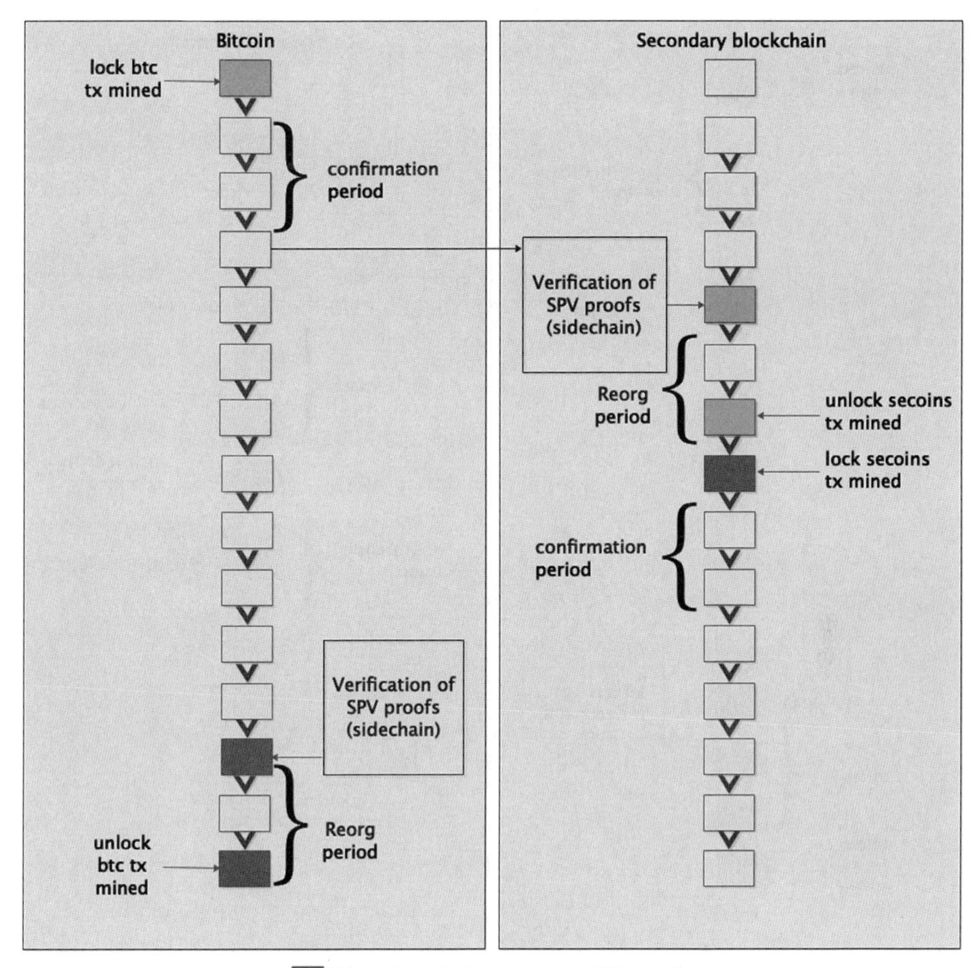

图 9-25　SPV 模式

（4）驱动链模式。驱动链模式的概念是由 Bitcoin Hivemind 创始人 Paul Sztorc 提出的。在驱动链中，矿工作为“算法代理监护人”，对侧链当前的状态进行检测。换句话说，矿工本质上就是资金托管方，驱动链将被锁定数字资产的监管权发放到数字资产矿工手上，并且允许矿工们投票何时解锁数字资产和将解锁的数字资产发送到何处。矿工观察侧链的状态，当收到来自侧链的要求时，他们会执行协调协议以确保他们对要求的真实性达成一致。诚实矿工在驱动链中的参与程度越高，整体系统安全性也就越大。如同 SPV 侧链一样，驱动链也需要对主链进行软分叉（如图 9-26 所示）。

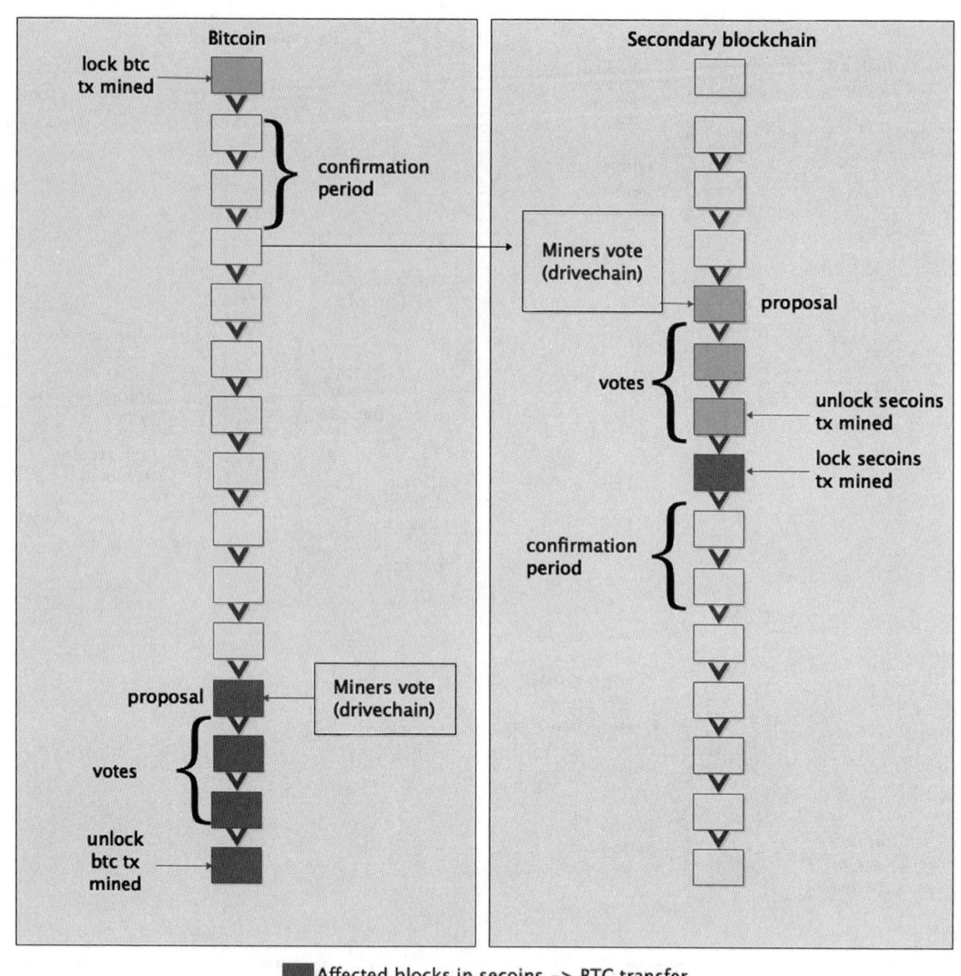

图 9-26 驱动链模式

（5）混合模式。前 4 种模式都是对称的，而混合模式则是一种将上述获得双向锚定的方法进行有效结合的模式。由于主链与侧链在实现机制上存在本质的不同，所以对称的双向锚定模型可能是不够完善的。混合模式是在主链和侧链使用不同的解锁方法，如在侧链上使用 SPV 模式，而在主链上使用驱动链模式。同样，混合模式也需要对主链进行软分叉。

9.5 其他知识点

9.5.1 UTXO

1. UTXO交易模型简介

在比特币钱包当中，我们通常能够看到账户余额，然而在中本聪设计的比特币系统中，并没有余额这个概念。“比特币余额”是由比特币钱包应用派生出来的产物。中本聪发明了 UTXO（Unspent Transaction Outputs）交易模型，并将其应用到比特币中。

UTXO 是未花费的交易输出，它是比特币交易生成及验证的一个核心概念。交易构成了一组链式结构，所有合法的比特币交易都可以追溯到前一个或多个交易的输出（Output），这些链条的源头都是挖矿奖励，末尾则是当前未花费 (Spend) 的交易输出。

因此，现实世界中没有比特币，只有 UTXO。比特币的交易由交易输入和交易输出组成，每一笔交易都要花费一笔输入，产生一笔输出，而其产生的输出就是“未花费过的交易输出”，即 UTXO。

输出分为以下两种：

（1）UTXO 表示还没有被花费掉的输出。

（2）STXO 表示已经被花费掉的输出。

每个完整节点维护一份完整的 UTXO 索引，不在 UTXO 索引中的交易将被拒绝。每个地址的余额由他拥有的所有 UTXO 累加计算所得。

比特币交易遵守以下两个规则：

（1）除了 Coinbase 交易之外，所有的资金都必须来自前面某一个或者几个交易的 UTXO，就像接水管一样，一个接一个，此出彼入，此入彼出，生生不息，资金就在交易之间流动起来了。

（2）任何一笔交易的交易输入总量必须等于交易输出总量，等式两边必须配平（如图 9-27 所示）。

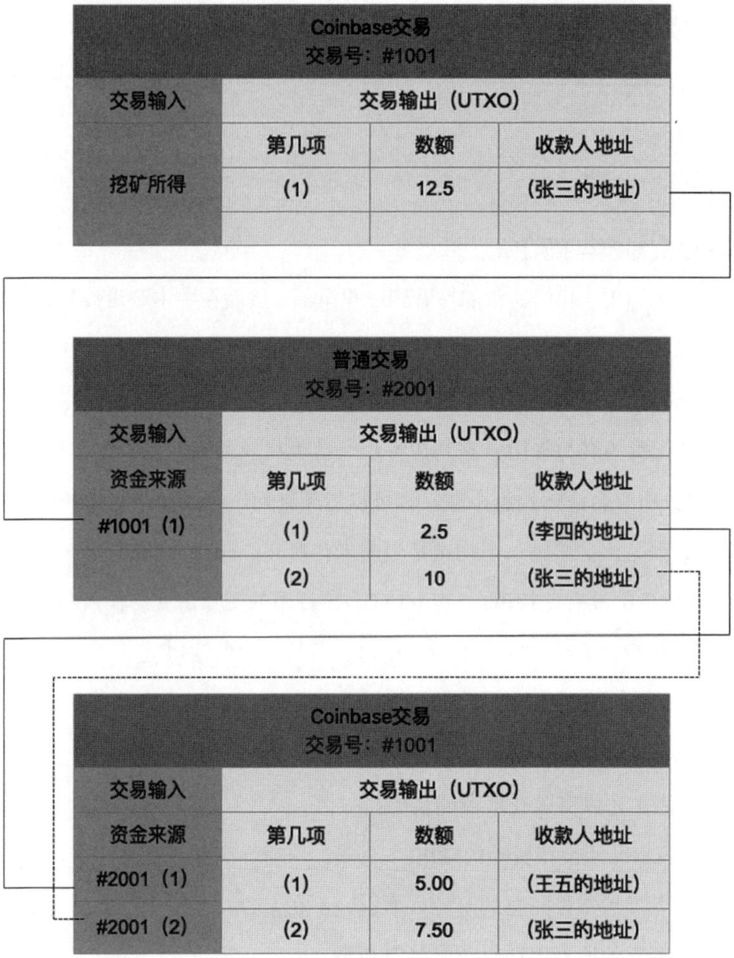

Coinbase交易 交易号：#1001			
交易输入	交易输出（UTXO）		
	第几项	数额	收款人地址
挖矿所得	(1)	12.5	(张三的地址)

普通交易 交易号：#2001			
交易输入	交易输出（UTXO）		
资金来源	第几项	数额	收款人地址
#1001（1）	(1)	2.5	(李四的地址)
	(2)	10	(张三的地址)

Coinbase交易 交易号：#1001			
交易输入	交易输出（UTXO）		
资金来源	第几项	数额	收款人地址
#2001（1）	(1)	5.00	(王五的地址)
#2001（2）	(2)	7.50	(张三的地址)

图 9-27 交易中的 UTXO 示例

图 9-27 交易号为 #1001 的交易是 Coinbase 交易。比特币是矿工挖出来的，当一个矿机费尽九牛二虎之力找到一个合格的区块之后，它就获得一个特权，能够创造一个 Coinbase 交易，在其中放入一笔新的资金，并且在交易输出的收款人地址一栏写上自己的地址。假设这笔比特币的数额为 12.5 枚，这个 Coinbase 交易随着张三挖出来的区块被各个节点接受，经过六个确认以后将永远留在历史中。

过了几天，张三打算付给李四 2.5 枚比特币，就发起了 #2001 号交易，这个交易的资金来源项写着“#1001（1）”，也就是 #1001 号交易——张三挖出矿的那个 Coinbase 交易的第一项 UTXO。然后在本交易的交易输出 UTXO 项中，把 2.5 枚比特币的收款人地址设为李四的地址。

这一笔交易必须将前面产生那一项 12.5 枚比特币的输出项全部消耗，而由于张三只打算付给李四 2.5 枚比特币，为了要消耗剩下的 10 枚比特币，他只好把剩余的 10 枚比特币返还给自己，这样才能符合输入与输出配平的规则。

再过几天，张三和李四需要每人支付给王五 2.5 枚比特币，共付 5 枚比特币。那么张三或李四发起 #3001 号交易，在交易输入部分，有两个资金来源，分别是 #2001（1）和 #2001（2），代表第 #2001 号交易的第（1）和第（2）项 UTXO。然后在这个交易的输出部分里如法炮制，给王五 5 枚比特币，把张三剩下的 7.5 枚比特币返还给自己。以后王五若要再花这 5 枚比特币，就必须在他的交易里注明资金的来源是 #3001（1）。

所以，其实并没有什么比特币，只有 UTXO。当张三拥有 10 枚比特币时，实际上是指当前区块链账本中，有若干笔交易的 UTXO 项的收款人写的是张三的地址，而这些 UTXO 项的数额总和是 10。而我们在比特币钱包中看到的账户余额，实际上是钱包通过扫描区块链并聚合所有属于该用户的 UTXO 计算得来的。

2. 以太坊使用账号模型的原因

以太坊黄皮书的设计者 Gavin Wood 对 UTXO 的理解十分深刻。以太坊的最新功能是智能合约，考虑到智能合约，Gavin Wood 要基于 UTXO 去实现图灵完备的智能合约是困难的。而账户模型是天然的面向对象的，对每一笔交易，都会在相应账户上进行记录（Nonce++）。为了易于管理账户，引入了世界状态，每一笔交易都会改变这个世界状态。这和现实世界是相对应的，每一个微小的改变，都会改变这个世界。因此以太坊使用了账号系统，后期的公链基本都是基于各种类型的账号系统实现的。

3. 以太坊白皮书中对UTXO缺点的描述

（1）价值盲（Value-blindness）。UTXO 脚本不能为账户的取款额度提供精细的控制。例如，预言机合约（Oracle Contract）的一个强大应用是对冲合约，A 和 B 各自向对冲合约中发送价值为 1000 美元的比特币，30 天以后，脚本向 A 发送价值为 1000 美元的比特币，向 B 发送剩余的比特币。虽然实现对冲合约需要一个预言机（Oracle）决定一枚比特币值多少美元，但是与现在完全中心化的解决方案相比，这一机制已经在减少信任和基础设施方面有了巨大的进步。然而，因为 UTXO 是不可分割的，为实现此合约，唯一的方法是非常低效地采用许多有不同面值的 UTXO（例如，对应于最大为 30 的每个 k，有一个 $2k$ 的 UTXO）并使预言机挑出正确的 UTXO 发送给 A 和 B。

（2）缺少状态——UTXO。只能是已花费或未花费状态，这就未给需要任何其他内部状态的多阶段合约或脚本留出生存空间。这使得实现多阶段期权合约、去中心化的交换要约或两阶段加密承诺协议（对确保计算奖励非常必要）非常困难。这也意味着 UTXO 只能用于建立简单的、一次性的合约，而不能建立像去中心化组织这样的有着更加复杂的状态的合约，使得元协议难以实现。二元状态与价值盲结合在一起意味着另一个重要的应用“取款限额”是不可能实现的。

（3）区块链盲（Blockchain-blindness）。UTXO 看不到区块链的数据，如随机数和上一个区块的哈希。这一缺陷剥夺了脚本语言所拥有的基于随机性的潜在价值，严重地限制了博彩等其他领域的应用。

9.5.2 P2PKH、Multisig 和 P2SH

1. 比特币实现花钱的方式

假设 B 要花 A 转给他的钱，A 在交易 M 的输出中，写一个脚本（输出脚本），需要写明金额，表示把钱转给 B。B 在交易 N 的输入中，也写一个脚本（签名脚本），意思是要花 A 在交易 M 中转给他的钱。

当交易 M 在网上传播时，比特币节点验证交易 M，只要签名脚本符合输出脚本的要求，节点就认可 B 能够执行这个花费。

2. P2PKH——Pay To Public Key Hash

验证的一种方法是，输出脚本中包含 B 的公钥，签名脚本中包含 B 用私钥所作的签名。这样，节点就可以用公钥验证签名。A 在交易 M 中的这种支付，就是支付给某人的公钥，也就是支付给 P2PKH 地址。

3. Multisig多重签名

后来提供了多人参与的方法。在输出脚本中包含 M 个公钥，签名脚本中至少要包含 N 个私钥的签名，比特币节点才能验证通过、允许花费。这个就是多签名脚本（Multisig）。

4. P2SH——Pay To Script Hash

后来又扩展到了功能更强大的方法。B 对 A 说：“你别管怎么验证，我给你一个哈希值，我在签名脚本中提供输出脚本，只要我提供的输出脚本的哈希值与给你的哈希值对得上，你就用我提供的输出脚本进行验证。”这样，B 就可以随意定义自己希望的输出脚本，这就是 P2SH 地址，以数字 3 开头的比特币地址是 P2SH 地址。

P2SH 也可以实现 P2PKH 地址和 Multisig 多重签名的功能。

本节只介绍一下相关的概念，具体的算法和过程读者可以参考详细的技术文档。

9.5.3 软分叉与硬分叉

1. 区块链分叉

由于每个矿工的区块数据不一样，所以他们得出的结果也是不一样的，都是正确的结果，只是区块不同。如果区块链在这个时刻，出现了两个都满足要求的不同区块。那么，这时全体矿工该怎么办呢?

距离原因使不同的矿工看到这两个区块是有先后顺序的。通常情况下，矿工们会把自己先看到的区块复制过来,然后在这个区块开始新的挖矿工作。于是,出现了这样如图 9-28 所示的情景。

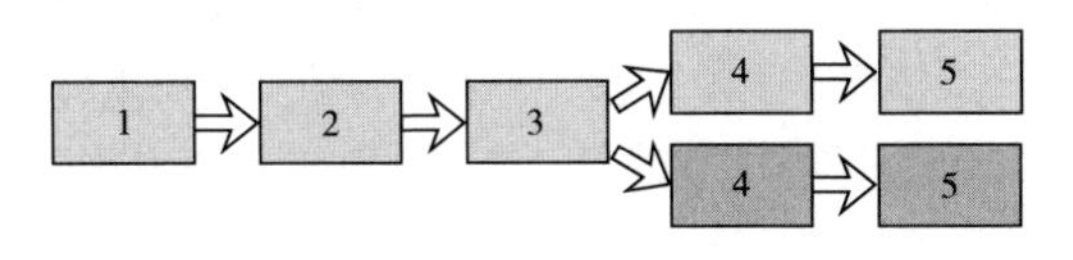

图 9-28　区块链分叉

2. 分叉的解决办法

当矿工发现全网有一条更长的链时，他就会抛弃当前的链，把更长的链全部复制，然后在这条链的基础上继续挖矿。所有矿工都这样操作，这条链就成了主链，分叉出来被抛弃掉的链就消失了（如图 9-29 所示）。

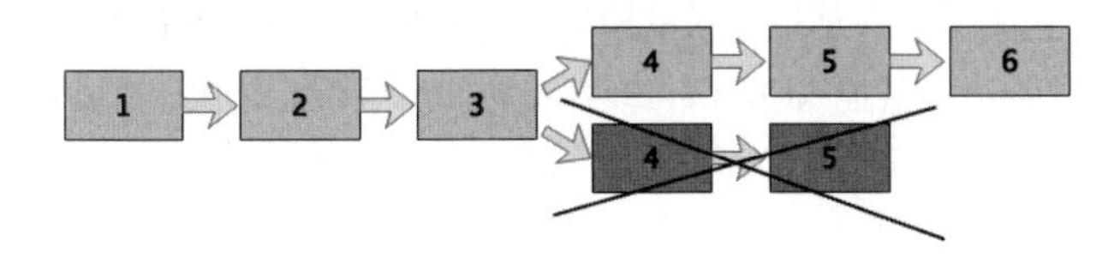

图 9-29　分叉解决办法（采用最长分叉链）

3. 比特币的六次确认

承载比特币应用的区块链，一般认为一个区块后面再链 6 个区块，就不可能被“颠覆”了，故称为“六次确认”。

挖到一个新区块或者进行一笔交易，等后面链了 6 个其他区块时，才会最终确认。承载比特币应用的区块链，平均 10 分钟生成一个区块，“六次确认”大概需要经历 1 个小时。

4. 硬分叉

（1）硬分叉定义。

硬分叉是指当系统中出现了新版本的软件（或协议），并且和当前版本软件不能兼容时，老节点无法接受新节点挖出的全部或部分区块（认为不合法），会导致同时出现两条链。尽管新节点算力较大，如99%的新节点，1%的老节点依然会维护着不同的一条链，因为新节点产生的区块老节点实在是无法接收（尽管它知道网络上99%的节点都接收了），这称为硬分叉。

硬分叉产生的原因是新的节点要求比老的节点要宽松很多。

（2）著名的硬分叉事件。

区块链领域最有名的硬分叉是“以太坊”分叉，事件详情如下：

黑客盗取了大概6000万美元的合约币。以太坊开发团队修改源码，强行把第1 920 000个区块的资金转移到另一个地址，“夺回”黑客控制的合约币。大部分矿工认同这个修改，而一部分矿工不认同这个修改，于是形成了两条链，新链是以太坊（ETH），原链是以太经典（ETC）。大家继续在自己认可的链路上挖矿。对于一些刻意的硬分叉，凭空多出了一些资产。这些资产的价值具体怎样，还要看市场交易情况。但总的来说，区块链的硬分叉没有减少资产，反而让人手里多了一种资产，这看上去总归是一件不亏的事情，于是区块链分叉就成了一种资产凭空增加的方式。

2017年8月1日，由ViaBTC领导的矿工团体创建了一个比特币分叉——Bitcoin Cash（简称BCC或BCH）。这次分叉，让大量的比特币持有者凭空增加了一种新的数字货币（BCH）。

硬分叉这种创造货币的方式和ICO非常类似，于是一个新的名词诞生了——IFO（Initial Fork Offerings）。矿工团队在创造分叉的同时，可以在分叉发生的区块中，利用自己的特权分配一些货币给自己或其他人（即CoinBase交易），然后再开放让所有人都可以参与挖矿。随着越来越多的硬分叉发生，比特币的公信力是否还能像以前一样是一个未知问题。

（3）硬分叉存在的问题。

①区块头里能记录版本信息，所以理论上任何人都可以修改程序、升级版本，只是自己修改后的程序，所挖到的矿大家并不认可。因此，在区块链的世界里，只有遵守规则才能让矿工的利益最大化。

②硬分叉其实违背了区块链“不能修改”的技术本质，采用了人为手段“强制回滚”，这违背了区块链去中心化的技术本质。

5. 软分叉

（1）软分叉定义。

当系统中出现了新版本的软件（或协议），并且和当前版本软件不能兼容时，新节点无法接受老节点挖出的全部或部分区块（认为不合法）。因为新节点算力较大，老节点挖出的区块将没有机会得到认可，新老双方从始至终都工作在同一条链上，这称为软分叉。软分叉只是临时的。

软分叉产生的原因是新节点的要求比老节点严格得多。

（2）软分叉和硬分叉的区别。

①软分叉总是只有一条链，没有分成两条链的风险。

②软分叉不要求所有节点同一时间升级，允许逐步升级，且并不影响软分叉过程中的系统稳定性和有效性。

③软分叉的前提是老节点总是能够接受新节点的区块，这就要求把系统设计成向前兼容（Forward Compatible）。

④软分叉总是建立在对老节点进行欺骗的基础上，它让老节点没有察觉实际上已经发生的变化，某种程度上违背了单点完整验证的原则。

6. 利益的驱动和博弈

尽管区块链基于一套严格的制度和规则，更强调“去中心化”“去信任”“无须监管”，但仍然存在漏洞。究其原因，在于利益的驱动，也就是一部分矿工为了利益势必想尽办法，不择手段。为了获得新区块以及奖励，在不满原有制度的情况下，反对者就会选择另谋出路、分道扬镳。但要开辟新的道路，矿工们先要与平台这一管理者进行博弈，胜出后才能真正走自己的路。

综上所述，尽管区块链一直标榜其具有公正、中立、自动等特点，但在私欲的驱动下，仍然围绕利益纠缠不清，犹如现实中的名利场。如此众多的山寨币、分叉币就是最好的证明。

9.5.4 闪电网络

比特币的交易网络最为人诟病的一点便是交易性能：全网每秒 7 笔左右的交易速度，远低于传统的金融交易系统；同时，等待 6 个块的可信确认将导致约 1 个小时的最终确认时间。为了提升性能，社区提出了闪电网络（Lighting Network）等创新设计。

闪电网络的主要思路十分简单：将大量交易放到比特币区块链之外进行，只把关键环节放到链上进行确认。该设计最早于 2015 年 2 月在论文 The Bitcoin Lightning Network: Scalable Off-Chain Instant Payments 中提出。

比特币的区块链机制已经提供了很好的可信保障，但是相对较慢；另一方面的考虑是，对于大量的小额交易来说，是否真需要这么高的可信性?

闪电网络主要通过引入智能合约的思想来完善链下的交易渠道，其核心的概念主要有两个：可撤销的顺序成熟度合约（Recoverable Sequence Maturity Contract，RSMC）和哈希时间锁定合约（Hashed Time Lock Contract，HTLC）。前者解决了链下交易的确认问题，后者解决了支付通道的问题。

1. RSMC

RSMC 的主要原理很简单，其类似资金池机制。首先假定交易双方之间存在一个“微支付通道”（资金池）。交易双方先预存一部分资金到“微支付通道”里，初始情况下双方的分配方案等于预存的金额。每次发生交易，需要对交易后产生资金分配的结果共同进行确认，同时签字把旧版本的分配方案作废。任何一方需要提现时，可以将他手中双方签署过的交易结果写到区块链网络中，从而被确认。从这个过程可以看到，只有在提现时才需要通过区块链。

任何一个版本的方案都需要经过双方的签名认证才合法。任何一方在任何时候都可以提出提现，提现时需要提供一个双方都签名过的资金分配方案（意味着肯定是某次交易后的结果，被双方确认过，但未必是最新的结果）。在一定时间内，如果另一方拿出证明表明这个方案其实之前就被作废了（非最新的交易结果），则资金罚没给质疑方；否则按照提出方的结果进行分配。罚没机制可以确保没有人会故意拿一个旧的交易结果来进行提现。

另外，即使双方都确认了某次提现，首先提出提现一方的资金到账时间要晚于对方，这就鼓励大家尽量都在链外完成交易。通过 RSMC，可以实现大量中间交易发生在链外。

2. HTLC

微支付通道是通过 HTLC 实现的，HTLC 即限时转账。通过智能合约，双方约定转账方先冻结一笔钱，并提供一个哈希值，如果在一定时间内有人能提出一个字符串，使得它哈希后的值跟已知值匹配（实际上意味着转账方授权了接收方来提现），则这笔钱转给接收方。

进一步讲，甲想转账给丙，丙先发给甲一个哈希值。甲可以先跟乙签订一个合同，即如果甲在一定时间内能告诉乙一个暗语，乙就给甲多少钱。然后乙跑去跟丙签订一个合同，即如果丙告诉乙那个暗语，乙就给丙多少钱。丙于是告诉乙暗语，拿到乙的钱，乙又从甲处拿到钱。最终达到的结果是甲转账给丙。这样甲和丙之间似乎构成了一条完整的、虚拟的“支付通道”。

HTLC 机制可以扩展到多人场景。RSMC 保障了两个人之间的直接交易可以在链下完成，而 HTLC 保障了任意两个人之间的转账都可以通过一条“支付”通道来完成。闪电网络整合了这两种机制，就可以实现任意两个人之间的交易都在链下完成了。在整个交易中，智能合约起到了中介作用，而区块链网络则确保最终的交易结果被确认。

9.5.5 雷电网络

雷电网络（Raiden Network）是基于以太坊的链下交易方案，用以解决以太坊中转账交易的速度、费用和隐私的问题。雷电网络的设计源于比特币的闪电网络，利用密码学方法实现可证明的安全链下支付网络，可实现即时、低成本、可扩展和隐私保护的支付。不同于分片等致力于解决以太坊中所有交易的效率问题，雷电网络所解决的是用户账户之间的以太币（或任意 ERC20 通证）的转账问题。下面介绍几个雷电网络的基本概念，来理解其工作原理。

1. 简单双向支付通道

雷电网络允许参与者之间进行通证的安全传输，而无须达成全局共识。这是通过使用数字签名和哈希锁定的转移（也称余额证明）来实现的，该转移由先前设置的链上存款完全质押，如图 9-30 所示，这个概念称为支付通道技术。支付通道允许两个参与者之间进行几乎无限的双向转移，只要其转移的总和不超过所存放的代币。这些传输可以立即执行，除了最初的一次性链上创建和最终关闭通道外，无须实际的区块链本身参与。

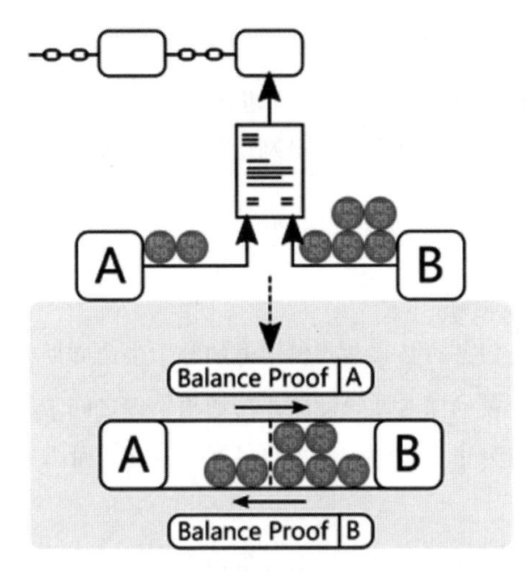

图 9-30 雷电网络中的转账交易示意（来自雷电网络白皮书）

2. 支付通道网络

雷电网络余额证明是由以太坊区块链执行的具有约束力的协议。数字签名可确保任何一方都不能退出其中包含的任何价值转移，只要至少一名参与者决定将其呈现给区块链即可。由于除了两个参与者之外，没有其他人可以访问存储在支付渠道的智能合约中的通证，因此雷电网络余额证明与链上交易一样具有约束力。

雷电网络的真正优势在于其网络协议。由于打开和关闭两个对等方之间的支付通道仍然需要链上交易，因此在所有可能的对等方之间创建通道不太可行。但事实证明，如果存在通过连接双方的渠道网络中的至少一条路线，则在付款人和收款人之间不需要直接付款渠道（如图 9-31 所示）。用于路由和互锁通道传输的协议称为雷电网络协议。

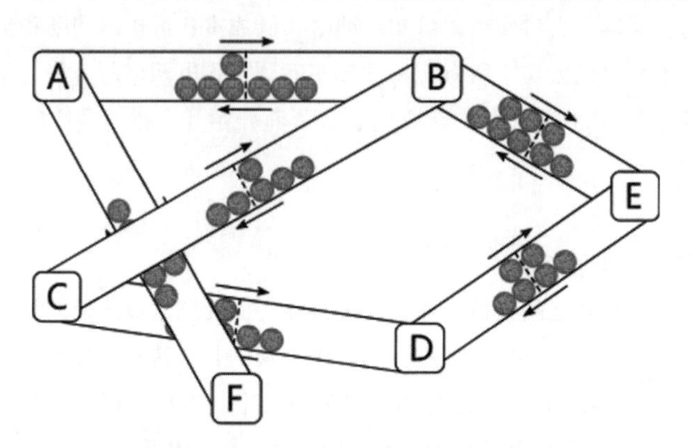

图 9-31　雷电网络中的支付通道示意（来自雷电网络白皮书）

此外，与链上交易相比，支付通道转移不需要任何费用。但是，较大网络中的中介机构（一般是交易所）将希望以较低的百分比收取费用，以提供自己的网络通道，从而导致复杂的路由和竞争性的通道费率市场。雷电网络协议旨在通过使用协议级别的功能和可选的辅助服务来促进这一市场。

3. 雷电网络的生命周期

为了确保参与者偿还债务，必须在支付渠道的整个生命周期中将通证作为智能合约中的安全性锁定。此保证金可确保通证只能用于与通道伙伴之间来回的通证收发，直到任何一个参与者最终关闭通道为止，以防止双方将其通证双花。管理雷电网络通道的过程如图 9-32 所示。

创建通道后，参与者可以自由地来回发行被认为是经过认证的支票。但是，每个对等方都不会保留所有支票，只会保留最新的一份。余额证明包含发送给参与者的所有雷电网络转移的最终总和，到某个特定点为止，并由发送者进行数字签名。由于每个通道都有两个参与者，因此它们实际上就是两个转换项。来回交换多个信用，从而改变了参与者之间的欠款总额，甚至可能在此过程中多次调整通道中的资金组合。

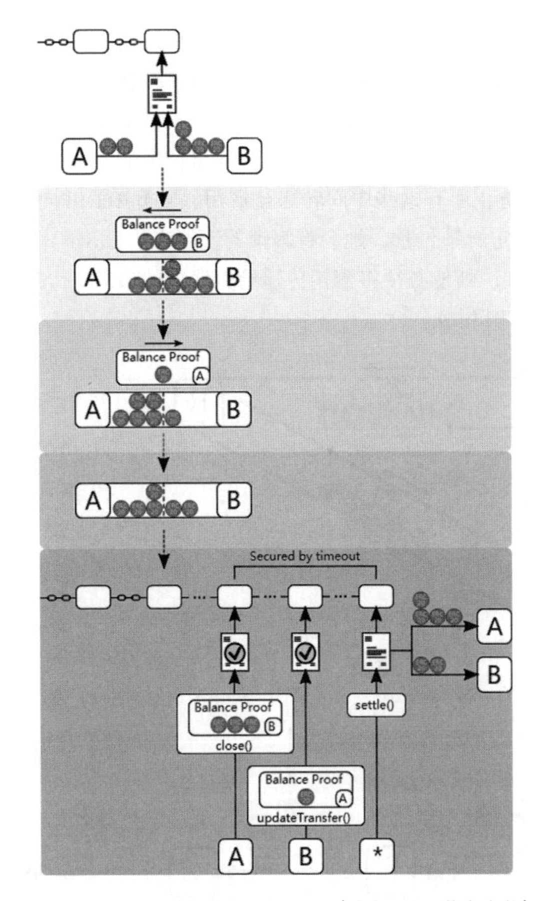

图 9-32　雷电网络中管理通道的过程（来自雷电网络白皮书）

最后，当一方决定在区块链上结清余额以要求或支付其未偿余额时，他们可以通过向智能合约出示其选择的余额证明来随时关闭渠道。另一个未选择关闭渠道的参与者，则必须出示自己的余额证明。或者如果他们没有收到任何价值转移，则什么也不做。双方提交了余额证明后，他们就可以提取其存款。退出操作可以由任何人触发，包括两个参与者以外的地址。

如果另一个参与者未能及时出示其余额证明，假设另一个参与者未收到任何转账，则余额将根据结束参与者的证明进行分配。雷电网络以此方式确认，每个付款渠道参与者始终可以使用其资金。

4. 网络需求

如图 9-32 所示，必须在区块链上执行支付通道的创建和结算。因此，为每个潜在目标创建新的渠道将是不合理和不可行的。相反，雷电网络创建了一个通道网络，在该通道中，每个参与者都通过网络的支付渠道可传递地连接到其他所有人。

假设 Alice 想将通证发送给 David，如图 9-33 所示。她必须先找到通过网络可以将她与 David 连接起来的路由。然后沿着该路径的每个参与者都必须合作，以通过从 Alice 到 David 的路线集中支付。参与者通过将付款转发到路径中的下一跳，将自己的 David 借给 Alice。加密哈希锁可防止所有这些中间转账被挪用，直到 David 向 Alice 确认他已收到付款为止。一旦 Alice 决定解锁付款，她会将解锁的钥匙交给 David。如果 David 想在不关闭渠道的情况下要求付款，则他必须将密钥传递给路线中的最后一个中介方，而后者又需要将其传递给自己以要求其付款。

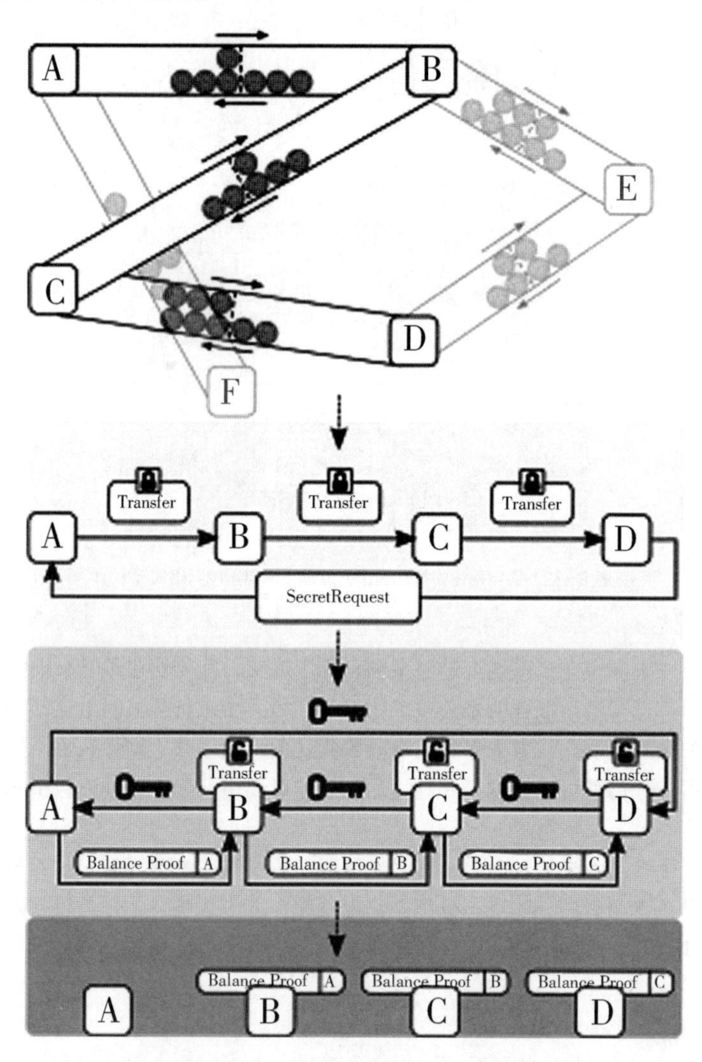

图 9-33 雷电网络中交易过程举例（来自雷电网络白皮书）

由于该路线上的每个参与者都有动机立即解锁相关资金，因此密钥自然会通过通道路线向后传播，并传回 Alice。所有锁定的转账都可以使用 Alice 的私钥在链上赎回。但是，参与者最好将锁定转账的价值合并为标准余额证明。因此，在接收到该私钥之后，中间传输的每个发送者都签署一个新的余额证明，其中包括锁定传输的值，并使锁定本身无效，从而使通道状态完全同步。至此，多跳传输完成。

网络中的对等方很可能不会免费作为中介的渠道。毕竟，转账将导致额外的网络流量，并导致其支付渠道不平衡。为此，雷电网络的参与者要求获得将其通道借给网络的费用。这些费用也可用于激励不平衡支付渠道的重新平衡，从而使支付渠道长期存在。

由此产生的费用会导致提供通道方的市场竞争，而实际的处理成本相当低，因此费用预计将比链上交易的费用低几个数量级。

5. 雷电网络的好处

以太坊区块链上的任何交易的成本取决于交易所需的计算资源。因此，费用在很大程度上与实际转移的金额无关，无论 ERC20 代币还是以太币。这使得链上交易最适合中型到大型价值转移，但对于几美元甚至几分之一美分的规模的交易则不太适合。支付是一次发送还是分成几千笔小额付款都没有关系。传输价值的大小不影响雷电网络有效地运行。

雷电网络价值转移也是即时的，从某种意义上说，一旦你收到链下雷电网络转移，转移的价值现在就是属于你的。相反，对链上转移的确认取决于冻结时间和矿工从待处理交易池中选择交易所需的时间。无须等待下一个区块来确认交易，而是使用雷电网络转移，可以像发送聊天消息一样快速地发送、接收和确认转移。

除了收费之外，区块链还存在雷电网络能够帮助解决的另一个固有问题：可扩展性。无论用户群的大小如何，当前大多数区块链的容量都被限制为固定或半固定的上限。与之形成鲜明对比的是，雷电网络的容量随用户数量呈线性增长，从而形成了高效且面向未来的分散式传输网络。

6. 雷电网络的局限性

关于是否应该使用雷电网络价值转移而不是链上交易的问题，很多人存有疑惑。雷电网络是一种交易方式的扩容，在某些场景中，与雷电网络转移相比，链上交易是更好的选择。

雷电转账要求某些代币在支付渠道的有效期内被锁定在智能合约中。与只从自动柜员机提取少量资金类似，谁也不想在支付渠道中锁定太多代币。从 ATM 提款后，用户将无法将其用于其他用途，如在线支付或电汇。同样，由于网络中的每个参与者可能会同时打开多个通道，因此预计支付的通道押金会相对较小，从而难以在通道网络上转移大量代币。

因此，应在区块链本身上进行大额转账，以节省渠道生命周期管理的额外成本，并避免需要通过装备不足的支付渠道进行路由。

9.5.6 星际文件系统

星际文件系统（InterPlanetary File System，IPFS）是一个旨在创建持久且分布式存储和共享文件的网络传输协议。它是一种内容可寻址的点对点文件分发协议。在 IPFS 网络中的节点将构成一个分布式文件系统，它是一个开放源代码项目，自 2014 年开始由 Protocol Labs 在开源社区的帮助下发展，其最初由 Juan Benet 设计。

1. IPFS五层模型

IPFS 具有五层模块化协议。每一层具有在不同模块中的多种实现。规范仅解决各层之间的接口，并简要提及可能的实现，细节则留给每层实现。

IPFS 五层模型具体如下：

· Naming（命名空间）——自认证的 PKI 命名空间（IPNS）。

· Merkle DAG——数据结构格式。

· Exchange（交换）——数据块传输和复制。

· Routing（路由）——定位对等网络和对象。

· Network（网络）——在对等网络之间建立连接。

2. Merkle DAG

IPFS 的核心是 Merkle DAG，这是一个有向无环图，其链接为哈希指针。这为 IPFS 中的所有对象提供了以下属性。

· 可验证：可以对内容进行哈希处理并针对链接进行验证。

· 永久的：一旦获取，对象就可以永远被缓存。

· 通用的：任何数据结构都可以表示为 Merkle DAG。

· 去中心化：任何人都可以创建对象，而无须集中化的创建者。

与之相对应，这些属性对于整个系统来说具有以下特点：

· 链接是内容寻址。

· 对象可以由不受信任的代理服务。

· 可以永久缓存对象。

· 可以离线创建和使用对象。

· 网络可以分区和合并。

· 任何数据结构都可以建模和分布。

IPFS 是网络协议的堆栈，这些协议组织代理网络创建、发布、分发、服务和下载 Merkle DAGs。它是经过身份验证的、去中心化的永久性网络。

3. IPFS其他概念

（1）节点和网络模型：IPFS 网络使用基于 PKI 的身份。IPFS 节点是可以查找、发布和复制 Merkle DAG 对象的程序，它的身份由私钥定义。

（2）多哈希和可升级哈希：IPFS 中的所有哈希都使用多哈希进行编码，多哈希是一种自描述的哈希格式。实际使用的哈希函数取决于安全性要求。IPFS 的密码系统是可升级的，这意味着随着哈希功能被破坏，网络可以转移到更强的哈希算法上。

（3）网络：提供了在网络中的任何两个 IPFS 节点之间的点对点传输（可靠和不可靠）。

（4）路由——查找对等方和数据：IPFS 路由层有两个重要目的，对等路由查找其他节点，内容路由查找发布到 IPFS 的数据。

（5）块交换——传输内容寻址的数据：IPFS 块交换负责协商批量数据传输。一旦节点彼此了解并连接,交换协议将控制内容寻址块的传输方式。块交换是各种实现都可以满足的接口。例如，Bitswap 用于交换数据的主要协议；BitTorrent 的概括是可以使用任意 DAG；HTTP 可以与 HTTP 客户端和服务器进行简单的交换。

4. IPFS官方的应用案例（2021年3月数据）

（1）Arbol。Arbol 是一个软件平台，可将诸如农民和其他依赖天气的农业实体等与投资者和其他资本提供者联系起来，以确保并防范与天气有关的风险。

IPFS 使用情况：IPFS 上托管的与天气有关的数据点为 1T；每天根据 Arbol 数据生成的哈希为 1M；40 多年的高分辨率气候数据；平均 Arbol 数据集大小为 200GB。

（2）Audius。Audius 是一个音乐和音频共享平台，旨在为艺术家提供与听众的直接连接。通过使用去中心化的技术（IPFS 存储）,Audius 可以确保艺术家对自己的音乐的控制权，并为表达和传播艺术作品和作品提供抗审查制度的平台。

IPFS 使用情况：5MB 内容标识符；3.5TB 的数据；12 独立的节点；4 万注册用户。

（3）Fleek。Fleek 是一项易于使用的服务，用于托管网站、存储和交付文件以及为分散式 Web（DWeb）开发应用程序。

IPFS 使用情况：大于 8000 个 IPFS 站点部署；大于 8000 Fleek URL 和 DNSLink 记录；99.99%保证 Fleek Edge 的正常运行时间；150+Fleek 全球网络连接。

（4）OpenBazaar。OpenBazaar 是一个点对点电子商务平台，买卖双方可以匿名和私下参与，无须卖方或任何其他中央机构收集数据。OpenBazaar 平台是由 OB1 开发的，其项目还包括 Haven，Haven 是 OpenBazaar 的移动版本，可提供购物、聊天和私密发送加密货币的功能。IPFS 充当 OpenBazaar 和 Haven 的内容存储网络。在网络上，商人和买方都可以运行存储节点，从而无须任何中央服务器。通过使用 IPFS 创建此协作网络，OpenBazaar 可使买卖双方进行交易，而不会出现集中式数据收集或黑客入侵其个人信息的风险。

OpenBazaar 的数字：10 万总节点；25 万桌面应用安装；150K 移动应用安装；20K 每日商品量大于 2 万个。

（5）Morpheus.Network。Morpheus.Network 是一个供应链软件,即服务（SaaS）平台。

该平台使用 IPFS 对国际海关和运输文档进行可靠、分布式、可验证的存储和检索。从功能和法律上来说，跨境运输至关重要的一点是为每批货物提供可验证且始终可访问的文档。Morpheus.Network 对 IPFS 的使用是企业级实例，说明 IPFS 如何存储和交付要符合国际海关当局严格要求的文档。

Morpheus.Network 使用 IPFS 文档存储节点的专用网络，并结合以太坊区块链上的事件记录，以确保托运人、当局和收件人可以始终如一地检索托运数据，并确保对托运交易中使用的文件进行验证，保证原件无篡改。由于使用 Morpheus.Network 平台运输的所有货物都可以轻松地与适当的文档相关联，因此用户可以以更少的摩擦和更快的速度跨境运输货物。而且由于所有文档都是使用 IPFS 存储的，因此没有中央数据交换所保存的（或可能使之成为脆弱的）敏感的运输详细信息，包括财务信息或其他个人身份信息。

9.5.7 预言机

区块链外信息写入区块链内的机制，一般被称为预言机（Oracle Mechanism）。

区块链是一个确定性的、封闭的系统环境，目前区块链只能获取链内的数据，而不能获取链外真实世界的数据，区块链与现实世界是分离的。

预言机的功能就是将外界信息写入区块链内，完成区块链与现实世界的数据互通。它允许确定的智能合约对不确定的外部世界作出反应，是智能合约与外部进行数据交互的唯一途径，也是区块链与现实世界进行数据交互的接口。

预言机之所以可以提供一个可证明的诚实的从外部世界安全获取信息的能力，主要依赖于 TLS 证明技术（TLSnotary）。除此以外，预言机还提供了其他两种证明机制：Android SafetyNet 证明、IPFS 大文件传送和存储证明。

在整个传输中，TLS 的 Master Key 可以分成三个部分：服务器方、受审核方和审核方。在整个流程中，互联网数据源作为服务器方，预言机作为受审核方，一个专门设计的、部署在云上的开源实例作为审核方，每个人都可以通过审核方服务对预言机过去提供的数据进行审查和检验，以保证数据的完整性和安全性。

预言机有三种类型，分别是软件预言机、硬件预言机和共识预言机。

（1）软件预言机。通过 API 从第三方服务商或者网站获取数据，来作为智能合约的输入数据。最常用的如天气数据、航班数据、证券市场数据等。

（2）硬件预言机。通常的表现形式是物联网上的数据采集器，如溯源系统，安装在各个设备上的传感器就是硬件预言机。区块链技术在物联网领域的广泛应用将催生出大量的硬件预言机，硬件预言机的核心技术与区块链无关，表现形式多为传感器和数据采集器。

（3）共识预言机。区别于前两种预言机的中心化，共识预言机通常又被称为去中心化预言机，这种预言机通过分布式的参与者进行投票。

因为预言机的存在，所以其实对区块链的更精准的定义应该是维持信任的机器。区块链本身并不产生信任，信任的输入来自预言机。

预言机作为区块链的基础设施，其仍在发展中，面对物理世界多样化情景的处理仍是一个主要的挑战，在某种程度上，这缩小了区块链的适用范围，成了区块链落地的瓶颈。

一般智能合约的执行需要触发条件，当智能合约的触发条件是外部信息时（链外），就必须需要预言机来提供数据服务。通过预言机将现实世界的数据输入到区块链上，因为智能合约不支持对外请求。区块链是确定性的环境，它不允许不确定的事情或因素，智能合约不管何时何地运行都必须是一致的结果，所以虚拟机（VM）不能让智能合约有Network Call（网络调用），不然结果就是不确定的。也就是说，智能合约不能进行I/O（Input/Output，即输入/输出），所以它是无法主动获取外部数据的，只能通过预言机将数据给到智能合约。预言机的示意图如图9-34所示。

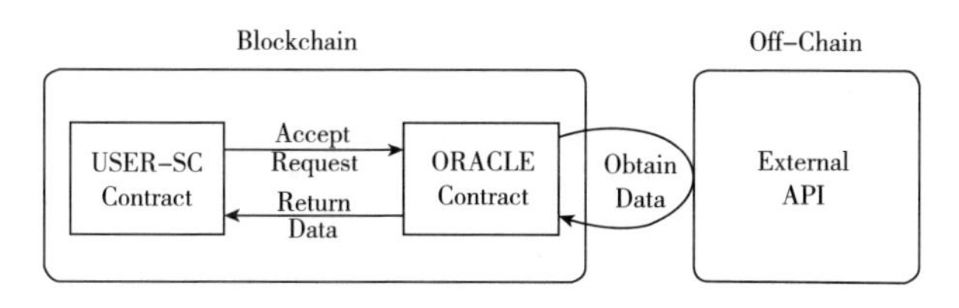

图9-34　预言机的示意图（链内与链外数据）

9.5.8　UPnP与NAT

由于计算机网络技术的迅猛发展，出现了越来越多的嵌入式设备，实现各种设备的互联互通已经成为人们的迫切需求，而实现家庭网络互联互通的关键是家庭网络的中间件技术。业界各大厂商都提出了自己的解决方案，其中，微软提出的UPnP（Universal Plug and Play，即插即用）最具有发展前途，并且获得了最广泛的支持，目前UPnP基本是家庭网络设备必须支持的特性之一。

UPnP主要用于设备的智能互联互通，使用UPnP协议不需要设备驱动程序，它可以运行在目前几乎所有的操作系统平台上，使得在办公室、家庭和其他公共场所方便地构建设备互联互通成为可能。

NAT（Network Address Translation，网络地址转换）是一个IETF（Internet Engineering Task Force，Internet工程任务组）标准，允许一个整体机构以一个公用IP（Internet Protocol）地址出现在Internet上。顾名思义，它是一种把内部私有网络地址（IP地址）翻译成合法网络IP地址的技术。NAT在一定程度上能够有效地解决公网地址不足的问题。

UPnP在NAT技术中的应用是区块链网络层的重要支持，它给将不同环境中的各种设备接入区块链的网络中提供了保障。

UPnP定义了基本协议如SSDP、GENA、SOAP等，UPnP协议结构底层的TCP/IP协议是UPnP协议结构的基础，IP层用于数据的发送与接收。对于需要可靠传送的信息使用 TCP 进行传送，否则使用 UDP。UPnP 对网络的底层没有要求，可以是以太网、WIFI、IEEE1394 等，只需支持 IP 协议即可。

构建在 TCP/IP 协议之上的是 HTTP 协议及其变种，这一部分是 UPnP 的核心，所有 UPnP 消息都被封装在 HTTP 协议及其变种中。HTTP 协议的变种是 HTTPU 和 HTTPMU，这些协议的格式沿袭了 HTTP 协议，只不过与 HTTP 不同的是他们通过 UDP 而非 TCP 来承载，并且可用于组播进行通信。UPnP 协议原理示意图如图 9-35 所示。

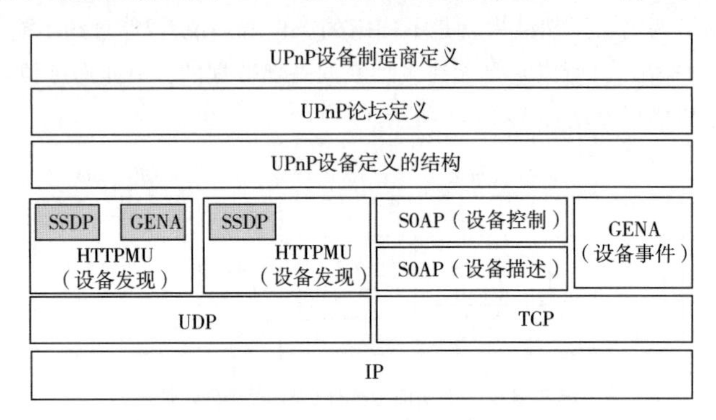

图 9-35　UPnP 协议原理示意图

为了让所有参与区块链的设备或程序能够加入系统，就需要使用 UPnP 与 NAT 技术的结合。一般用户没有真实 IP，是通过 NAT 接入 Internet 的。这时 UPnP 功能就会带来很大的便利，利用 UPnP 能自动地把区块链相关软件侦听的端口号映射到公网上，以便公网上的用户也能对 NAT 私网侧发起连接。

实现 UPnP 必须同时满足以下三个条件：

（1）NAT 网关设备必须支持 UPnP 功能。

（2）操作系统必须支持 UPnP 功能。

（3）应用软件必须支持 UPnP 功能。

当前的公链系统基本都支持 UPnP 功能。

在本节我们不再讲解 UPnP 和 NAT 的具体技术原理，各位读者在了解了它们在区块链系统中起到的作用后，就满足入门阶段的学习了。

第10章 区块链应用

10.1 区块链的分类

10.1.1 公有链

1. 公有链的定义及特点

公有链（Public Blockchain）即公有的区块链，其读写权限对所有人开放。公有链的验证节点遍布于世界各地，所有人共同参与记账、共同维护区块链上的所有交易数据。主要代表有比特币、以太坊。

公有链能够稳定运行得益于特定的共识机制。例如，比特币区块链依赖工作量证明，其中 Token（代币，也称“通证”）能够激励所有参与节点“愿意主动合作”，共同维护链上数据的安全性。因此，公有链的运行离不开 Token。

优点：

（1）所有交易数据公开、透明。虽然公有链上所有节点是匿名（非实名）加入网络的，但任何节点都可以查看其他节点的账户余额和交易活动。

（2）无法篡改。公有链是高度去中心化的分布式账本，篡改交易数据几乎不可能实现，除非篡改者控制了全网 51% 的算力。

缺点：

（1）低吞吐量（TPS）。高度去中心化和低吞吐量是公有链不得不面对的两大问题。例如，最成熟的公有链比特币区块链，每秒只能处理 7 笔交易信息（按照每笔交易大小为 250 字节），高峰期能处理的交易笔数就更低了。

（2）交易速度缓慢。低吞吐量必然带来缓慢的交易速度。比特币网络极度拥挤，有时一笔交易需要几天才能处理完毕，还需要缴纳几百元的转账费。

2. 公有链的经济模型

在公有链中，经济模型有着非常重要的作用，这也是区块链影响力巨大的原因。我们通常所指的区块链都是指公有链。公有链的经济模型我们用一章内容来讲解，请大家参考第 1 章的内容。

10.1.2 联盟链

1. 联盟链的定义及特点

联盟链（Consortium Blockchain）即联盟区块链，其读写权限对加入联盟的节点开放。联盟链由联盟内成员节点共同维护，节点通过授权后才能加入联盟网络。主要代表有超级账本（Hyperledger）、企业以太坊联盟（EEA）。

超级账本基于透明和去中心化的分布式账本技术，联盟内成员（包括英特尔、埃森哲等）共同合作，通过创建分布式账本的公开标准实现价值交换，十分适合应用于金融行业、能源、保险、物联网等其他行业。

公有链面对的是一个不可控的场景，需要在安全、性能和去中心化上找到一个平衡点。而在联盟链企业服务场景中，参与方数量相对来说更加可控，联盟链在性能和安全性上更容易有所突破。

联盟链与公有链的最大不同之处在于其治理方式。对于公有链来讲，由于其是开放的系统，需要一定的经济激励来协调不同角色间的关系；而联盟链的节点是准入机制，所以其治理方式与公有链有非常大的不同。对于联盟链来讲，其治理主要包括节点管理、账号权限、数据权限。

联盟链比较像私有链，只是私有程度不同，而且其权限设计要求比私有链更复杂，但联盟链比纯粹的私有链更具可信度。

区块链领域里，一直有公有链和联盟链之争。公有链认为联盟链是阶段性产品，只是原有生产关系上的改良，并不是真正的区块链，认为大公司研究区块链是革自己的命，所以从根源上来说大公司不可能做好区块链；联盟链的一方认为，公有链通过算力去实现无限节点之间的共识，对运作成本和自然资源的消耗量很大，这在技术层面是一个很难妥善解决的问题。同时对于公有链与通证监管的无力，也使得目前联盟链更适合使用与推广。

2. 联盟链的经济模型

联盟链中通常是没有代币或通证的。这不是说联盟链中就没有经济模型的概念，联盟链中的经济模型是由各个联盟方在外部达成的协议来保证的，是使用外部的利益约束规则和约束关系。这样联盟链的应用场景就有比较多的限制，经常是在某些行业内部才比较容易推行。联盟链用外部经济规则或其他约束关系规范行业内的主要参与方，对使用服务的广大用户一般不需要用经济约束或激励等相关行为。

10.1.3 私有链

1. 私有链的定义及特点

私有链（Private Blockchain）即私有的区块链，其读写权限由某个节点控制。私有链的读写权限掌握在某个组织或机构手中，由该组织根据自身需求决定区块链的公开程度。适用于数据管理、审计等金融场景。主要代表是蚂蚁金服。

根据《2017全球区块链企业专利排行榜》，阿里巴巴以49件专利总量排名第一，而这些专利均出自蚂蚁金服技术实验室。

优点：

（1）更快的交易速度、更低的交易成本。链上只有少量的节点，节点都具有很高的信任度，并不需要每个节点来验证一个交易。因此，相比需要通过大多数节点验证的公有链，私有链的交易速度更快，交易成本也更低。

（2）不容易被恶意攻击。相比中心化数据库，私有链能够防止内部某个节点篡改数据。故意隐瞒或篡改数据的情况很容易被发现，发生错误时也能追踪错误来源。

（3）更好地保护组织自身的隐私，交易数据不会对全网公开。

缺点：

私有链过于中心化。区块链是构建社会信任的最佳解决方案，“去中心化”是区块链的核心价值。而由某个组织或机构控制的私有链与“去中心化”理念有所出入。如果过于中心化，那就跟其他中心化数据库没有太大区别。

2. 私有链的经济模型

私有链中一般也没有代币或通证。但一些使用以太坊搭建的私有链还保留代币功能，这些保留代币功能的私有链，一方面是为了让人们学习公有链的一些操作与开发功能；另一方面也可以设计一些内部的代币或通证的使用场景。私有链中的经济模型完全是由建设方自己定义的。

10.2 区块链1.0、区块链2.0和区块链3.0

10.2.1 区块链的发展阶段

区块链的发展阶段主要分为三个阶段，即区块链1.0、区块链2.0和区块链3.0，如图10-1所示。

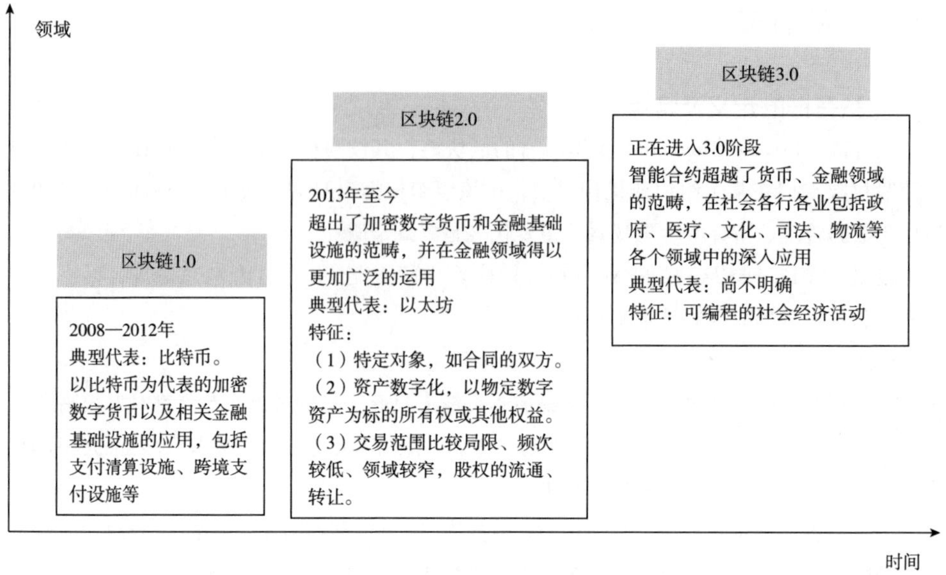

领域

区块链1.0

2008—2012年
典型代表：比特币。
以比特币为代表的加密数字货币以及相关金融基础设施的应用，包括支付清算设施、跨境支付设施等

区块链2.0

2013年至今
超出了加密数字货币和金融基础设施的范畴，并在金融领域得以更加广泛的运用
典型代表：以太坊
特征：
（1）特定对象，如合同的双方。
（2）资产数字化，以物定数字资产为标的所有权或其他权益。
（3）交易范围比较局限、频次较低、领域较窄，股权的流通、转让。

区块链3.0

正在进入3.0阶段
智能合约超越了货币、金融领域的范畴，在社会各行各业包括政府、医疗、文化、司法、物流等各个领域中的深入应用
典型代表：尚不明确
特征：可编程的社会经济活动

时间

图 10-1　区块链的三个发展阶段

10.2.2　区块链 1.0

1. 区块链1.0简介

区块链 1.0 时代是以比特币、莱特币为代表的加密数字货币，具有支付、流通等货币职能。中本聪挖出的第一批比特币，开启了区块链 1.0 时代，可以简单理解为区块链 1.0 时代和比特币、莱特币这些早期的数字货币挂钩。区块链 1.0 时代做的事情看似不多，但影响是巨大的，它把区块链技术带入了现实社会。区块链技术的产生是一个跨时代的进步，使我们拥有了在信息网络中传递价值的能力。

区块链 1.0 时代的一个典型事件是在 2010 年 5 月 22 日，一位名叫 Laszlo Hanyecz 的程序员用 1 万枚比特币购买了两个比萨。这被广泛认为是用比特币进行的首笔交易，也是币圈经久不衰的笑话之一，很多币友将这一天称为“比特币比萨日”。但是从另一个角度来说，该行为将从计算机中挖出的虚拟货币与现实中的实物联系起来，是具有里程碑意义。

在区块链 1.0 时代，人们大部分关注的只是建立在区块链技术上的虚拟货币，关注它们值多少钱、怎么挖、怎么买、怎么卖。不过随着时间的推移以及关注人群的增加，有更多的人开始关注技术本身，开始认识到区块链 1.0 的局限性，也在不断地尝试去突破这些局限。这些推动力逐渐将人们带入区块链 2.0 时代。区块链 1.0 的基本架构如图 10-2 所示。

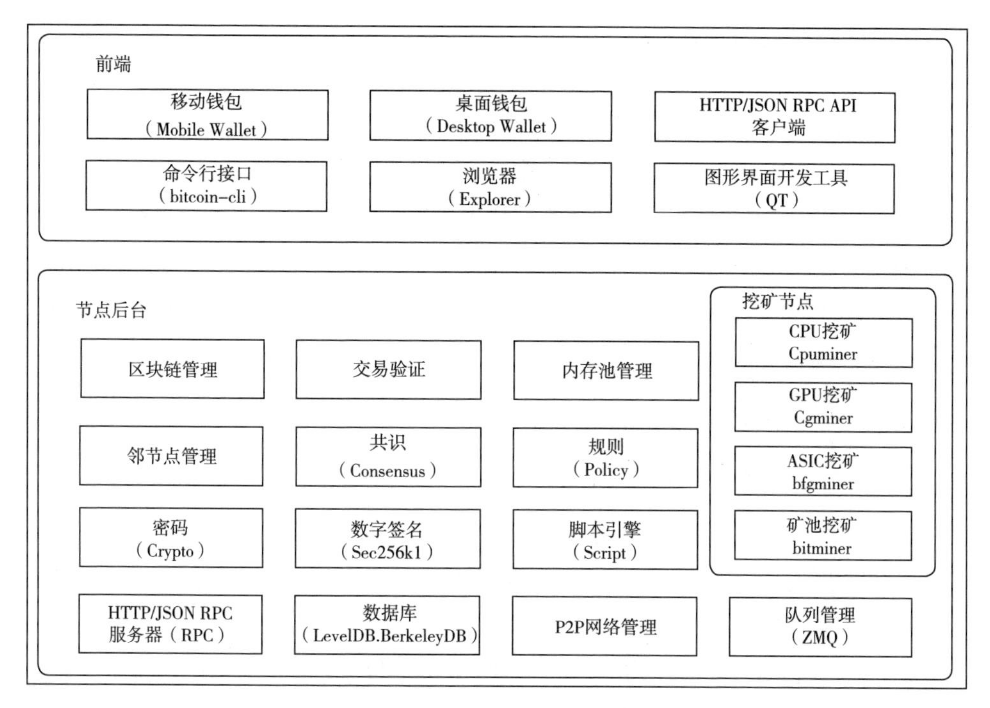

图 10–2 区块链 1.0 基本架构

2. 区块链1.0核心：数字货币

我们用比特币举例，“比特币”这个词同时表示三种不同的含义。第一种，比特币指底层区块链技术平台；第二种，比特币表示在底层区块链技术上运行的协议，用于描述资产如何在区块链上传输；第三种，比特币表示数字货币，是目前市值与知名度第一的数字货币。可简要概括如下：

（1）加密数字货币：比特币（BTC）。

（2）比特币协议和客户：进行交易的软件程序。

（3）比特币区块链：基础去中心的分类账。

第一层是底层技术，即区块链。区块链是去中心化的透明分类账，包含交易记录，这些交易记录是由所有网络节点共享的数据库，由矿工更新，由每个人监控，并且由任何人拥有和控制。它就像一个巨大的交互式电子表格，每个人都可以访问和更新并确认数字交易转移资金是独一无二的。

中间层是协议，是通过区块链分类账转移资金的软件系统。

顶层是货币本身，比特币在交易时表示为 BTC。区块链 1.0 时代产生了数百种加密数字货币，其中比特币是第一个实例，也是目前市值最高、知名度最大的数字货币。

这三层是任何现代加密货币的一般结构：区块链、协议和货币。

3. 区块链1.0的应用及意义

（1）数字货币的计算问题（产生数字货币），加密货币的应用。

（2）电子钱包服务和个人密码安全。加密货币在个人密码安全方面提供了许多优点。其中一个很大的优点是区块链是一种推送技术（用户仅为此交易启动并向网络推送相关信息），而不是拉动技术（如用户的个人信息存档的信用卡或银行）在被授权时被拉。

（3）商家接受比特币。

4. 总结

区块链 1.0 是以比特币为代表的虚拟货币的时代，代表了虚拟货币的应用，包括其支付、流通等货币职能。主要具备的是去中心化的数字货币交易支付功能，目标是实现货币的去中心化与支付手段。

比特币是区块链 1.0 最典型的代表，区块链的发展得到了欧美等国家市场的接受，同时也催生了大量的货币交易平台，实现了货币的部分职能，能够实现货品交易。比特币勾勒了一个宏大的蓝图，为经济学界提出的超主权货币提供了一种技术实现手段与实现探索。未来的货币不再依赖于各国央行的发布，而是进行全球化的货币统一。

区块链 1.0 只满足虚拟货币的需要，虽然区块链 1.0 的蓝图很伟大，但是无法普及到其他的行业中。区块链 1.0 时代也是虚拟货币的时代，涌现出了大量的山寨币等。

10.2.3 区块链 2.0

1. 区块链2.0简介

区块链 2.0 时代是由以太坊、瑞波币为代表的、可以运行智能合约（Smart Contact）的区块链系统。智能合约的产生推动了区块链技术的发展，使得区块链系统可以基于智能合约开发出更多的功能；使得人们可以在区块链系统上构建自己想要的应用；使得区块链的功能不仅仅局限于数字货币的范围。受区块链 1.0 的影响，人们刚开始对区块链 2.0 的认识仅仅是“可编程金融”，是对金融领域的使用场景和流程进行梳理、优化的应用。随着区块链 2.0 的发展，我们开始理解其影响范围不仅仅是金融，它逐渐覆盖了更广阔的领域。区块链 2.0 的基本架构如图 10-3 所示。

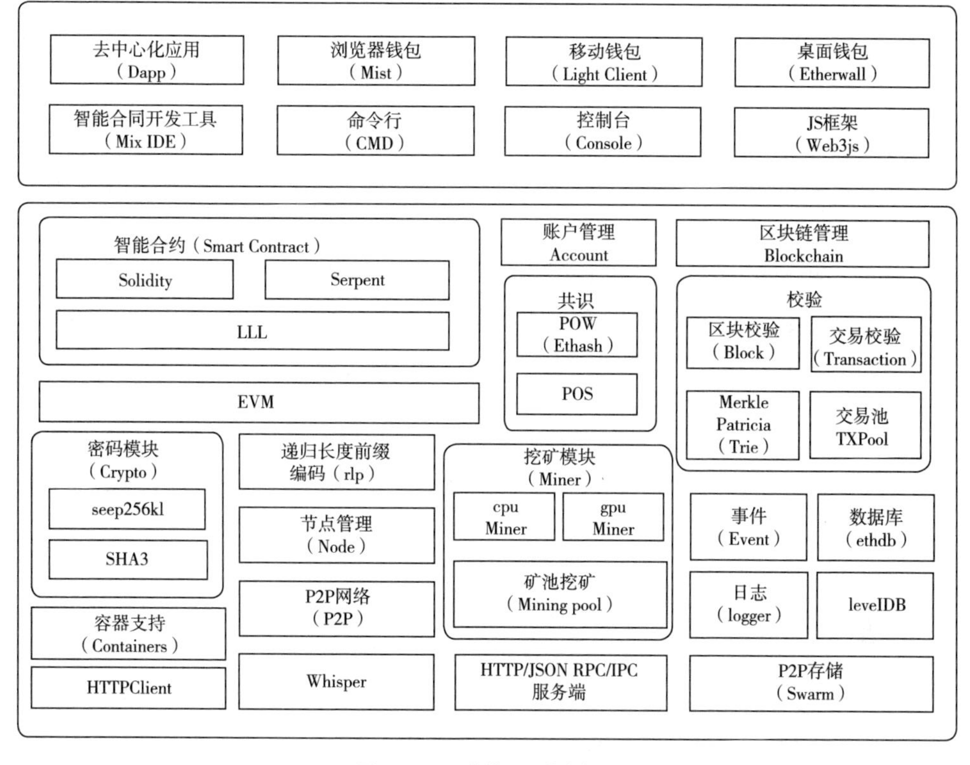

图 10-3　区块链 2.0 基本架构

区块链 1.0 发展到一定阶段后，人们越来越不满足于其提供的功能，开始意识到区块链 1.0 在性能、隐私、安全等方面的局限性。虽然区块链 1.0 时代也可以在系统上运行有限的堆栈指令，但因为是非图灵完备的系统，功能非常有限。

2014 年之后，开发者们越来越注重解决比特币在技术和扩展性方面的不足。2013 年底，Vitalik Buterin 将智能合约引入区块链，打开了区块链在货币领域以外的应用，从而开启了区块链 2.0 时代。

区块链 2.0 时代是智能合约的开发和应用。智能合约是一种可以自动化执行的简单交易。在日常生活中跟我们有什么联系呢？举一个常见简单的例子：我跟你打赌，如果明天下雨，算我赢；如果明天没下雨，就算你赢。我们在打赌时把钱放进一个智能合约控制的账户内，第二天过去了，打赌的结果也出来了，智能合约就可以根据收到的指令自动判断输赢，并进行转账。这是高效、透明的执行过程，不需要公正等第三方介入。也就是说，有了智能合约以后，打赌就没办法赖账了。

在区块链 2.0 时代，以太坊是最著名的具有智能合约功能的区块链平台，也可以说是以太坊推动了区块链 2.0 的蓬勃发展。以太坊为了解决区块链 1.0 阶段以比特币为代表的账户问题、运行环境图灵完备问题及扩展性不足的问题。随后智能合约的使用，证明了这项能力的强大之处，大量的通证基于以太坊发行，成功将 ETH 推上了全球加密数字货币市值排行榜的第二。

当前区块链 2.0 技术只能达到每秒十几笔交易次数，这也成为其快速发展的制约性因素。据说以太坊的扩容策略，能够达到每秒几千笔交易。相比传统业务场景中的每秒几十万比交易的情况，还有很大差距。

Vitalik Buterin 认为目前的挑战主要是技术性问题，大体分为以下三类：

（1）可扩展性。我们要增加区块链的处理能力，这一性能主要反映在每秒可处理的原始交易数。目前以太坊每秒钟可处理 15 笔左右的交易，但要达到主流采用，还需要数千倍的提升。

（2）隐私性。我们需要努力确保在使用区块链应用时不会泄露个人隐私数据。

（3）安全性。我们需要在技术上帮助社区最大限度地降低数字资产被盗的风险、私钥遗失和智能合约代码漏洞等风险。

2. 区块链2.0的核心：智能合约

智能合约是嵌入合同条款和条件的计算机协议。合同的人类可读术语（源代码）被编译成可在网络上运行的可执行计算机代码。因此，许多类型的合同条款可以部分或完全自动执行、自我执行，或两者兼而有之。智能合约不是一个新概念，计算机科学家尼克·萨博（Nick Szabo）在 1993 年前后创造了“智能合约”一词，以强调将合同法和相关商业惯例的“高度发展”实践带入陌生人之间的电子商务协议设计的目标——互联网。智能合约的早期适应是数字版权管理方案。这些是版权许可的智能合约，金融合同的金融加密方案也是如此。

区块链技术通过构建其分布式分类账架构来实现智能合约。构成智能合约的代码可以作为区块链 2.0 应用程序条目的一部分添加。现在可以输入彼此不了解的第三方之间的智能合约，因为区块链中的信任是作为无法伪造或篡改的数据库。特别的是，现在可以以低成本签署与多个第三方的合同（多重合同）。因此，基于区块链的智能合约的定义为：一段代码（智能合约），部署到共享的、可复制的分类账，可以维持自己的状态，控制自己的资产，并响应外部信息的到来或收到资产。

智能合约运行在以太坊的 EVM（一个图灵完备的 256 位虚拟机）上，EVM 与比特币的脚本系统一样，也是用堆栈方式实现的。EVM 的堆栈深度限制在 1024 层，也就是说最多往堆栈里叠加 1024 个数据，而且每个堆栈项的数据长度是 32 字节，与合约账户的数据存储长度对得上，所以，大家都把以太坊虚拟机称为一个图灵完备的 256 位虚拟机。

3. 区块链2.0的应用和意义

（1）区块链的应用。

在以太坊的白皮书中将以太坊上的应用分为以下三类：

①金融应用。它为用户提供了更强大的方式以使用他们的资金管理和订立合约。包括子货币、金融衍生品、对冲合约、储蓄钱包、遗嘱，甚至一些种类全面的雇佣合约。

②半金融应用。这里有数字货币的存在但也有很重要的非货币的存在，一个完美的例子是为解决计算问题而设的自我强制悬赏。

③在线投票和去中心化治理等完全的非金融应用。

（2）区块链的意义。

①透明度和隐私。最初的比特币代码已经在开源许可下发布，所有区块链 2.0 应用程序也都是开源的。对于应用软件的发展来说，这可能是革命性的。虽然所有的代码开源，但区块链系统的安全与隐私毫不逊色，区块链系统的安全与隐私保护是依靠密码学来保障的。源代码的可访问性为区块链提供了重要的透明度，这增加了对共识驱动的分布式数据库结构所带来的系统及其分类账的信任。区块链的所有用户都可以验证底层代码是否存在安全漏洞或包含允许篡改的后门。

这种透明度可能对其用户的隐私构成挑战。比特币网络通过允许节点以化名访问分类账来努力保护其用户的隐私。如前所述，为了转移比特币，节点不必揭示操作该节点的个人或组织的物理身份。所需要的只是该节点使用具有有效私有加密密钥的数字签名进行交易。如果使用区块链 2.0 应用程序需要链接到用户的身份，则所有使用该应用程序的人都可以访问此个人信息。

②代码是法律，Lawrence Lessig 说："代码就是法律。"他指出，编码人员和软件架构师通过选择 IT 网络的工作和结构以及运行在它们身上的应用程序，对制定系统的规则作出了重要且关键的决策。智能合约可以完全自动化和自我执行，它会加强 Code is law 的效应。

智能合约可能会处理复杂和不可预测的商业场景，以至于代码无法将所有可能的问题都嵌入其中。在实际应用中，智能合约还会依赖法院和仲裁来处理疑问。如同现实世界中的瑞士奶酪模型。

在现实社会中，很难保证第三方永远是值得信赖的。为了在中心化的世界中解决此问题，合同的执行使用了多个保护层，如合同、可信公司、保险、法律等，只要这些层中的至少一层按预期工作，那么完整性就会得到保护。但是，如果所有层都受到破坏，则攻击就会成功（瑞士奶酪模型）。

③物理世界的链接。随着我们转向区块链 2.0 应用程序，对物理链接的需求变得明显。在服务器上设置基于区块链的土地登记册或编码智能合约以在区块链应用程序中记录为交易，可能是最容易的部分。验证一个人声称他拥有一块土地的所有权是否成立，通常是一项几乎不可能完成的任务，更不用说核实一个公钥的持有者是他声称的那个人。然而，为

了使区块链具有价值，必须建立与物理世界的有效链接。

10.2.4 区块链 3.0

1. 区块链3.0简介

在区块链 2.0 还没有完全完善的情况下，对区块链 3.0 是一种常识性的定义。区块链 3.0 时代是区块链技术在社会领域下的应用场景实现，将区块链技术拓展到金融领域之外，为各种行业提供去中心化解决方案的“可编程社会”。区块链技术成为一种基础设施或成为一种“操作系统”。区块链 3.0 的基本架构如图 10–4 所示。

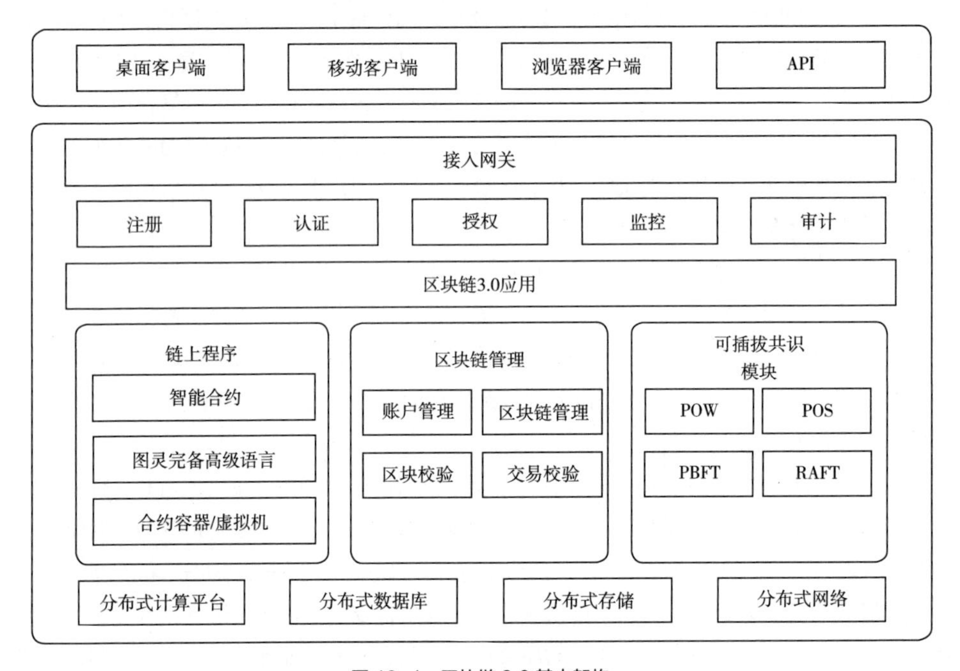

图 10–4 区块链 3.0 基本架构

在区块链 1.0 和区块链 2.0 的时代里，区块链只是小范围影响并造福了一批人，因其局限在货币、金融的行业中。而区块链 3.0 将会赋予我们一个更大、更宽阔的世界。未来的区块链 3.0 是由生态、多链构成的网络，区块链会变成一种基础设施与基础应用，类似于操作系统或运行在全球的一个巨大的计算机操作系统。

所以在区块链 3.0 时代，区块链的价值将远远超越货币、支付和金融这些经济领域，它将价值产生、传递、分配等能力融入我们的日常生活，就像当前我们使用信息技术一样。区块链 3.0 将利用其优势重塑人类社会的方方面面。

10.3 智能合约

我们在 10.2.3 小节讲到，Vitalik Buterin 将智能合约引入区块链，从而开启了区块链 2.0 时代。在区块链 2.0 时代，区块链系统的数据具有不可篡改的性质，运行在区块链上面的智能合约具有不可逆的性质。

10.3.1 智能合约简介

智能合约是一种旨在以信息化方式传播、验证或执行合同的计算机协议。智能合约允许在没有第三方的情况下进行可信交易，这些交易可追踪且不可逆转。

智能合约的目的是提供优于传统合约的安全方法，并减少与合约相关的其他交易成本。智能合约这个术语至少可以追溯到 1995 年，是由多产的跨领域法律学者尼克·萨博（Nick Szabo）提出来的。他在发表于自己的网站的几篇文章中提到了智能合约的理念，其定义为：一个智能合约是一套以数字形式定义的承诺（Commitment），包括合约参与方可以在上面执行这些承诺的协议。

虽然智能合约的理论提出很早，但尼克·萨博关于智能合约的工作理论却迟迟没有实现，这是因为缺乏能够支持可编程合约的数字系统。实现智能合约的一大障碍是计算机程序不能真正地触发价值转移和传递。区块链技术的出现和被广泛使用正在改变阻碍智能合约的现状，从而使得尼克·萨博的理念有了实现的机会。

所谓的智能合约，如果忽略“智能”二字，则与我们现实生活中见到的合约没什么不同。之所以称之为智能，是因为合约的条款可以写成代码的形式存放到区块链中，一旦合约的条款触发某个条件，代码就会自动执行，即便有人想违约也很难，因为区块链上已经部署好的智能合约代码不受人的控制，它只要满足条件就会立即执行，这就节省了很多人为的沟通和监督成本。

智能合约的详细解释如下。

（1）定义：一个智能合约是一套以数字形式定义的承诺，包括合约参与方可以在上面执行这些承诺的协议。

（2）承诺：一套承诺是指合约参与方同意的（经常是相互的）权利和义务。这些承诺定义了合约的本质和目的。以一个销售合约为例，卖家承诺发送货物，买家承诺支付合理的货款。

（3）数字形式：意味着合约不得不写入计算机可读的代码中。这是必需的，因为只要参与方达成协定，智能合约建立的权利和义务是由计算机或者计算机网络执行的。

（4）协议：是技术实现，在这个基础上，合约承诺被实现，或者合约承诺实现被记录下来。选择哪个协议取决于许多因素，最重要的因素是在合约履行期间被交易资产的本质。

10.3.2 比特币的脚本语言

比特币的脚本语言，称为脚本，是一种类似 Forth 的逆波兰表达式的基于堆栈的执行语言。它是一个安全的、非图灵完备的语言。目前，大多数经比特币网络处理的交易是以“Alice 付给 Bob”的形式存在，并基于 P2PKH 的脚本。但是，比特币交易不局限于“Alice 付给 Bob”的脚本。事实上，锁定脚本可以被编写成表达各种复杂的情况。为了理解这些更为复杂的脚本，我们必须首先了解交易脚本和脚本语言的基础知识。

比特币脚本语言包含许多操作码，但都故意限定为一种重要的模式。除了有条件的流控制以外，没有循环或复杂流控制能力。这样就保证了脚本语言的图灵非完备性，这意味着脚本有限的复杂性和可预见的执行次数。

比特币脚本指令中常见的关键字类型如下：

（1）常数。如 OP_0、OP_FALSE。

（2）流程控制。如 OP_IF、OP_NOTIF、OP_ELSE。

（3）堆栈。如 OP_TOALTSTACK（把输入压入辅堆栈的项部，从主堆栈删除）。

（4）字符串。如 OP_CAT（连接两个字符串，已禁用）、OP_SIZE（把栈顶元素的字符串长度压入堆栈无须弹出元素）。

（5）位逻辑。如 OP_AND、OP_OR、OP_XOR。

（6）算术逻辑。如 OP_1ADD（输入值加 1）、OP_1SUB（输入值减 1）。

（7）加密。如 OP_SHA1（输入用 SHA-1 算法 HASH）、OP_CHECKSIG（ ）。

（8）伪关键字。

（9）保留关键字。

比特币脚本指令常见的类型如下：

（1）支付到比特币地址的标准交易（pay-to-pubkey-hash）。

（2）标准比特币产生交易（pay-to-pubkey）。

（3）可证明的无法花掉 / 可删除的输出。

（4）Anyone-Can-Spend 输出。

（5）猜谜交易。

五个标准类型的交易脚本包括支付到公钥哈希（P2PKH）、支付到公钥、多重签名（限定最多 15 个密钥）、支付到脚本哈希（P2SH）以及数据输出（OP_RETURN）。

10.3.3 以太坊对智能合约的支持

在一个编程系统上，通常会有一些编译或执行的虚拟机作支撑。Java 有 JVM，在以太坊里，也有相应的虚拟机来支撑执行任意复杂代码和算法。开发者可以使用现有的 JavaScript、Python 或其他编程语言，在以太坊上创造出自己想要的应用。

以太坊虚拟机（Ethereum Virtual Machine，EVM）是建立在以太坊区块链上的代码运行环境，其主要作用是处理以太坊系统内的智能合约。

以太坊虚拟机主要处理智能合约的代码，而且这些代码对外是完全隔离的，仅在EVM内运行。以太坊的智能合约分布在每一个节点上，所以这个EVM虚拟机也是在每一个节点上面都有部署。同时因为它是一个独立的运行环境，所以它可以做到在运行时不影响主链的操作。也是因为这个原因，以太坊被很多人称为“世界计算机”。

与普通的虚拟机不同，以太坊虚拟机没有模拟完整计算机的模式，而是使用了非常轻量级的架构，因此它的功能比较单一。但是开发团队表示，为了以太坊网络可以让用户有一个更好的体验，所以EVM遵循着简单性、确定性、容易优化、节省空间、确保安全等属性，且专用于区块链系统。随后推出了基于以太坊电子分布式代码合约的高级编程语言Solidity，希望这种技术可以被迅速推广应用。

在以太坊EVM中，字节码长度被限定在一个字节以内，也就是说最多可以有256个操作码，目前已经定义了144个操作码，还有100多个操作码可以扩展。

1. 操作码的分类

操作码（opcodes）按功能可以分为8种，即基础计算相关、比较加密相关、关闭当前状态相关、块操作相关、存储操作相关、栈操作相关、日志相关、执行合约相关。

2. 智能合约的使用步骤

智能合约的使用步骤依次为编译合约、创建合约、部署合约、调用合约、监听合约或销毁合约。

10.3.4 传统合约与智能合约

智能合约不仅仅是一个能自动执行的计算机程序，它也是一个系统参与者，能接收信息并回应。智能合约既能接收和存储价值，也能对外发送信息和价值。它的存在类似于一个值得信任的人，可以替我们保管资产，并且按照制定好的规则进行操作。而传统合约与此相反。

1. 传统合约

在现实生活中，很多时候需要我们签订一些合同，以此来约束双方的经济行为。但也会遇到这样的情况：即使签订了合约，也不能保证双方能依照合约完成合同内的承诺。

举个简单例子：甲、乙以100元作为赌注来赌骰子的大小，甲赌小，乙赌大。最终骰子结果是小，但是乙要赖，并不愿意支付甲100元，此时甲应该怎么办？一般情况下，甲找到另外一个朋友，让另外一个朋友作为见证人，见证人向你们各自收取赌注（100元）。

然后开始摇骰盅，两个骰子数字加起来是6，甲认为这是小，但是乙认为是大。这时候作为见证人，他也无法确定到底算大还是小。经过一番争论，见证人认为甲是对的，甲赢了乙的100元，见证人准备将赌注交给甲时，却发现赌注被一旁观看的小偷给顺走了，见证人无法将甲赢取的赌注交付给甲。

从这里可以看出，传统合约会受到各种维度的影响，如主观与客观维度、成本维度、执行时间维度、违约惩罚维度和适用范围维度等。

2. 智能合约

智能合约在一定程度上解决了这些问题。我们只需要提前制定好规则，程序在触发合约条件时就会自动执行。智能合约的工作理论迟迟没有实现的重要原因是缺少支持可编程合约的数字系统和技术。区块链的出现解决了该问题，它不仅可以支持编程合约，同时区块链具有去中心化、无法被篡改、公开透明的特点，非常适合智能合约。很多人会问，智能合约不就是一段条件判断代码吗？像淘宝的交易流程，从买家打钱到支付宝，卖家发货，到买家收货确认，再支付宝再将钱打给卖家。这一系列的流程，早就实现了智能合约的想法了吧？区块链的特点是数据无法被篡改，只能新增，这保证了数据的可追溯性。而像支付宝等作为第三方的担保系统，依然是中心化的，合约的执行完全靠第三方来决定。如果有人篡改数据，或者干预流程执行，参与者没有任何办法来解决这个问题，这是中心化系统的特点。

基于区块链技术的智能合约不仅可以发挥智能合约在成本效率方面的优势，还可以避免恶意行为对合约正常执行的干扰。将智能合约以数字化的形式写入区块链中，由区块链技术的特性保障存储、读取、执行整个过程透明可跟踪、不可篡改。同时，由区块链自带的共识算法构建出一套状态机系统，使智能合约能够高效地运行。

传统合约是指双方或者多方通过协议来进行等值交换，双方或者多方必须彼此信任，能履行交易，一旦一方违约，可能就要借助社会的监督和司法机构。而智能合约则无须信任彼此，因为智能合约不仅由代码进行定义，也会由代码强制执行，完全自动且无法干预。

10.3.5 其他内容

1. 实现智能合约必须要基于区块链吗

以大家很熟悉的信用卡自动还款服务为例，信用卡自动还款可以看作用户和银行在某个平台上签订的智能合约。当还款条件满足时，计算机系统会自动完成这笔交易，这些服务是基于计算机系统完成的，并不是基于区块链的。

2. 为什么必须研究区块链

因为信任机制。在计算机的世界里，存在着提供服务的第三方，而智能合约虽然是数字化的，但依然存在于计算机系统中，别说担心被黑客攻击，就连第三方会不会篡改用户的合约内容也没有谁可以保证。在理想状态下，区块链的基本属性就决定了它是一个高可靠性的系统，具有不可篡改、去中心化、分布式等特性，并且都是由指令实现的，数据是冰凉的但却最值得信任，因此用户不用担心合约被篡改或不被执行等问题的发生。

智能合约和区块链相辅相成。不是说智能合约非基于区块链不可，而是目前区块链一定是最适合智能合约实现的平台。有人说智能合约是区块链进化的产物，其实不然，二者仅算是相辅相成。区块链的出现让智能合约的实现有了可能性，而区块链在智能合约中的应用让区块链跨过了数字货币的局限，以更广阔的应用前景出现在大众的视野。

智能合约扩展了区块链的功能，在一定程度上也使得投资方向从数字货币转移到具体应用的项目，智能合约使得区块链能力得到了升级和质的飞跃。

10.4 主要应用场景

10.4.1 技术成熟度曲线

在主要的应用场景方面，我们采用 Gartner 的技术成熟度曲线（The Hype Cycle）来说明。Gartner 的技术成熟度曲线在科技领域更有权威性，5 个阶段的划分也便于我们理解事物的发展阶段。

技术成熟度曲线，又称技术循环曲线、光环曲线或炒作周期，是指企业用来评估新科技的可见度，利用时间轴与市面上的可见度决定要不要采用新科技的一种工具。它可以划分为 5 个阶段。

（1）技术萌芽期（Technology/Innovation Trigger）：在此阶段，随着媒体的报道、非理性的宣传，使得产品的知名度很高，然而随着科技的缺点、问题、限制的出现，失败的案例多于成功的案例。

（2）期望膨胀期（Peak of Inflated Expectations）：早期在公众的过分关注下演绎出了一系列成功的故事，当然也有众多失败的案例。

（3）泡沫破裂低谷期（Trough of Disillusionment）：历经前面阶段所存活的科技，经过了多方扎实、有重点的试验，而对此科技的适用范围及限制是以客观的实际的角度了解的，成功并能存活的经营模式逐渐成长。

（4）稳步爬升的恢复期（Slope of Enlightenment）：在此阶段，又一新科技的诞生，在市面上受到主要媒体与业界高度的注意。

（5）生产成熟期（Plateau of Productivity）：在此阶段，新科技产生的利益与潜力被市场实际接受，实质支援此经营模式的工具、方法论经过数代的演进，进入了非常成熟的阶段。

10.4.2 基于数字货币的应用

区块链1.0是以比特币为代表的虚拟货币的时代,代表了虚拟货币的应用,包括其支付、流通等货币职能。主要具备的是去中心化的数字货币交易支付功能，目标是实现货币的去中心化与支付手段。数字货币的发展为超主权货币的实现提供了可能性与前期探索。

经过10多年的发展，数字货币与数字货币的相关生态发展已经比较完善。在数字货币领域，像比特币、莱特币等传统的数字货币得到了大众的认识与接受；像隐私货币，如达世币、门罗币、大零币等也丰富了对隐私领域的探索；稳定币的发展打开了非主权货币与主权货币之间的联系，各国央行和Libra对数字货币的探索也加速了数字货币应用的发展。

数字货币的延展领域蓬勃发展。数字钱包、数字货币交易所、矿机、矿池等相关生态已经比较成熟。相关企业已经有上市的相关案例，如矿机厂商嘉楠耘智。数字货币的媒体与宣传领域也形成了不少的有规模的企业，包括数字货币领域的媒体、区块链相关的培训公司等。数字货币领域的应用发展最快，也最成熟。下面以支付领域为例来介绍数字货币的应用。

随着数字货币技术的成熟，传统支付相关的领域开始被改造，尤其是跨境支付。例如，国际支付领域的瑞波网络（Ripple）。Ripple是世界上第一个开放的支付网络，通过这个支付网络可以转账任意一种货币，包括美元、欧元、人民币、日元或比特币，简便、易行、快捷，交易确认在几秒以内完成，交易费用几乎是零，没有所谓的跨行、异地或跨国支付费用。 Ripple是开放源码的点到点支付网络，它可以轻松、低成本并安全地把你的金钱转账到互联网上的任何一个人，无论他在世界的哪个地方。因为Ripple是P2P软件，没有任何个人、公司、或政府操控，任何人都可以创建一个Ripple账户。

除了这些公链的实现案例，2018年6月，蚂蚁金服区块链跨境汇款项目上线。港版支付宝AlipayHK的用户可以通过区块链技术向菲律宾钱包Gcash汇款，中间由渣打银行提供资金清算以及外汇兑换服务。这个项目由马云亲自启动，现场见证了第一笔跨境支付的诞生，3秒到账。

10.4.3 基于智能合约的应用

区块链2.0中的智能合约应用是区块链应用的一个重要方向。我们使用尼克·萨博介绍的智能合约：12种能够改变游戏规则的使用案例。

2016年，智能合约研讨会的组织机构是数字商务商会（CDC），该机构是区块链行业主要的贸易协会，同时负责运行智能合约联盟（SCA）。这两个机构联合德勤在这次研讨会期间发布的一份智能合约白皮书，描述了“智能合约：12种商业及其他使用案例”，白

皮书的英文名称为 *Smart Contracts*:12 *Use Cases for Business & Beyond*，作者是尼克·萨博。这份白皮书贯穿了 12 种智能合约能够自动化和重新定义的不同领域，应用场景如下。

1. 数字身份

就个人而言，智能合约可以让用户拥有和控制自己的数字身份，如信誉、数据和自己的数字资产。智能合约还可以指定哪些个人数据可以或不可以与企业进行共享。白皮书称其为一种“以用户为中心的个人互联网”。

2. 记录

围绕规定的合规性实现自动化。例如，智能合约能轻易做到按一定日期要求销毁记录。根据白皮书，智能合约可以数字化统一商业法典（UCC）备案流程并自动记录更新和发布，同时自动完善银行在创建贷款过程中的证券利息。智能合约需要能够在分布式账本上存储数据，并且不会减缓性能或者破坏数据隐私。

3. 证券

随着越来越深入金融技术，智能合约在资本化股权结构表（Cap Table）管理能够简化很多事情，如帮助私人公司自动化股息支付、股票分割和负债管理流程。白皮书认为我们将会看到私人证券市场的应用要比公开证券市场快。智能区块链证券公司 Symbiont 已经开始推动股票证书向使用加密区块链签名转变。

4. 贸易金融

白皮书表示，从全球范围来看，智能合约可以推动简化全球商品转移，带来更高资产的流动性。信用证和贸易支付发起流程自动化可以在买家、供应商和金融机构之间创建一种更高效、风险更小的流程。

5. 衍生品

金融技术行业被认为是最大的区块链创新推动者是有原因的。智能合约可以为衍生品（一种具有资产价格的证券）执行一个标准的交易规则集来简化 OTC 金融协议。Symbiont CEO 和智能合约联盟联席主席 Mark Smith 将 OTC 金融协议称为最迅速的智能合约使用案例之一。

6. 金融数据记录

智能合约可以用作一种企业级会计账本来准确、透明地记录财务数据。一旦开发出基于区块链的标准、与传统系统的互操作性以及简化的交易门户和市场，这个使用案例可以改进从财务报告到审计之间的所有流程。

7. 抵押贷款

抵押贷款流程一般是一种手动且容易混乱的过程。智能合约可以自动化交易每一个方面，包括支付处理、财产扣押权，这些流程的自动化可以使财产封存和抵押贷款协议签署流程更加迅速和高效，如果没有基于区块链的数字身份，则无法实现。

8. 土地所有权记录

财产转让和土地所有权方面充斥着欺诈和纠纷。智能合约可以推动财产转让以提高交易的完整性、效率和透明度。世界上的国家，包括格鲁吉亚、加纳和洪都拉斯，都已经在实施区块链用于记录土地所有权。

9. 供应链

智能合约能够为供应链的每一个环节提供更高的可见性，与物联网设备进行协调，从工厂到销售点，跟踪被管理的资产和产品。如 Everledger 和 IBM 等企业已经将区块链用于供应链可见性，跟踪珠宝等产品。

10. 汽车保险

在汽车行业，智能合约可以自动化执行保险索赔流程，提供接近瞬时的处理、验证和付款流程。简单来说，如果两辆车相碰发生交通事故，那么他们可以在几小时或几天内通过保险解决索赔，而不是几周或者几个月。汽车保险理赔流程非常不连贯，令人比较烦恼，而智能合约能够帮助清理整个流程。

11. 临床试验

当涉及参与者的数据隐私和监测所涉及的实验时，临床试验或涉及人的医学研究通常都是一些敏感的协议。智能合约可以成为一种用于跨机构可见性的机制以及创建基于隐私的规定，改善机构间的数据共享，同时自动化地跟踪患者同意。白皮书称之为临床试验社区中“积极破坏”的潜在力量。

12. 癌症研究

最后，白皮书指出，智能合约可以“释放数据的力量”，以促进癌症研究的共享。类似于临床试验，智能合约可以自动化进行患者同意数据管理和鼓励数据共享，同时维护患者隐私。

10.4.4 基于不可篡改性的应用

1. 版权保护

传统鉴证证明的痛点如下：

（1）流程复杂。以版权保护为例，现有鉴证证明方式登记时间长、费用高。

（2）公信力不足。以法务存证为例，个人或中心化的机构存在篡改数据的可能，公信力难以得到保证。

当区块链应用到鉴证证明后，将解决以上问题无论是登记还是查询都非常方便，无须再奔走于各个部门之间，简化了流程；区块链的去中心化存储，保证没有一家机构可以任意篡改数据，提高了公信力。

区块链在鉴证证明领域的应用有版权保护、法务存证等。下面以版权保护为例，简单说明区块链如何实现版权登记和查询。

（1）电子身份证：将“申请人 + 发布时间 + 发布内容”等版权信息加密后上传，版权信息用于唯一区块链 ID，相当于拥有了一张电子身份证。

（2）时间戳保护：版权信息存储时，是加上时间戳信息的，如有雷同，可用于证明前后。

（3）可靠性保证：区块链的去中心化存储、私钥签名、不可篡改的特性提升了鉴证信息的可靠性。

2. 防伪溯源

防伪溯源手段以一直受假冒伪劣产品困扰的茅台酒的防伪技术为例。2000 年起，其酒盖里有一个唯一的 RFID 标签，可通过手机等设备以 NFC 方式读出，然后通过茅台的 App 进行校验，以此防止伪造产品。乍一看，这种防伪效果非常可靠。但 2016 年还是爆出了茅台酒防伪造假，虽然可以通过 NFC 方式验证，但经茅台专业人士鉴定为假酒。后来，在“国酒茅台防伪溯源系统”数据库审计中发现 80 万条假的防伪标签记录，系防伪技术公司人员参与伪造。随后，茅台改用安全芯片防伪标签。但这里暴露出来的痛点并没有解决，即防伪信息掌握在某个中心机构中，有权限的人可以随意修改。

3. 数据保全

数据保全一般是指电子数据保全，如果是非电子化数据，一般也先转化成电子数据。电子数据保全是用一些专业的技术进行加密、运算，顺带标记一些保全的时间、编号、数值等，使得电子数据不论保存多久都能保持它原来的样子，也没有人能够轻易地篡改它。

将自己的电子数据进行保全后，就等于为自己的电子数据买了份保险，如果发生纠纷，不仅有公证处作证，而且可以申请保全证书公证、司法鉴定等权威机构出证。

原来解决数据保全的主要方式是采用传统的公正方式，或基于其他权威机构的证明方式。有了区块链技术后，可以很方便地实现基于区块链技术的数据保全（利于区块链的不可篡改性质）。

4. 区块链+物流链

区块链没有中心化节点，各节点是平等的。掌握单个节点无法修改数据，需要掌握足够多的节点才可能伪造数据，大大提高了伪造数据的成本。

区块链天生的开放性、透明性使得任何人都可以公开查询，提高了伪造数据被发现的概率。

区块链数据的不可篡改性也保证了已销售出去的产品信息已永久记录，无法通过简单复制防伪信息蒙混过关，实现二次销售。

物流链的所有节点进入区块链后，商品从生产商到消费者手里都有迹可循，形成完整链条。商品缺失的环节越多，将暴露出其是伪劣产品的概率更大。

5. 区块链+供应链金融

针对供应链里的中小微企业融资难问题，主要原因是银行和中小企业之间缺乏一个有效的信任机制。假如供应链所有节点上链后，通过区块链的私钥签名技术保证了核心企业等的数据可靠性；而合同、票据等上链是对资产的数字化，便于流通，实现了价值传递。

10.4.5 基于其他特点的应用

1. 去中心化的应用

去中心化应用是当前应用体系的一大补充，是由中心化应用和去中心化应用一起构成的。以往因为技术的发展原因，中心化应用得到了巨大的发展，去中心化应用在区块链技术产生后才会得到足够的技术支撑。目前能够看到的一些去中心化应用如下：

（1）去中心化交易所的自动合约执行。

（2）去中心化的用户认证体系。

（3）去中心化的组织。

这一应用的详细内容将在 10.5 节中进行讲解。

2. 价值的重新分配

Steemit 相关案例可参考 11.3.3 节的案例 Steemit，在 Steemit 中，参与者可以得到数字货币形式的奖励。

10.5 代表性的区块链公有链

区块链公有链的总体发展经历了三个代表性的阶段：

（1）区块链 1.0 时代的代表是去中心化账本，公有链代表是比特币。

（2）区块链 2.0 时代的代表是智能合约，公有链代表是以太坊。

（3）区块链 3.0 时代的代表是区块链操作系统（当前还没有完全达到 3.0 要求的区块链，暂用 EOS）。

下面选取三个有代表性的公有链进行简单的介绍。

10.5.1 比特币

在本书中，我们已经将比特币的白皮书作为区块链的重要学习内容进行讲解，其他章节阐述了区块链的主要原理与重点内容。在这一节我们将介绍一些应用上的特点。

1. 代币特征

（1）符号：BTC。

（2）总量：2100 万枚（比特币的准确数量是 20999999.97690000 个，比 2100 万少一点）。

（3）共识算法：PoW。

（4）规则：每 4 年减半，最初每个区块奖励 50 个，到 2140 年全部挖完，永不超发。

比特币单位换算关系如下：

（1）比特币（Bitcoins，BTC）。

（2）比特分（Bitcent，cBTC）。

（3）毫比特（Milli-Bitcoins，mBTC）。

（4）微比特（Micro-Bitcoins，μBTC 或 uBTC）。

（5）聪（Satoshi）（基本单位）。

（6）1 bitcoin（BTC）= 1000 millibitcoins（mBTC）= 1 million microbitcoins（uBTC）= 100 million Satoshi。

2. 比特币中的一些技术知识

（1）比特币区块头部结构如表 10-1 所示。

表 10-1　比特币区块头部结构

长度 / 字节	字 段	描 述
4	版本 / 版本号	用来跟踪软件或升级协议
32	前区块哈希	链中前一个区块（父区块）的哈希值
32	Merkle 根	一个哈希值，表示这个区块中全部交易构成的 Merkle 树的根
4	时间戳	以 UNIX 纪元开始到当下秒数记录的区块生成的时刻
4	难度目标	该区块的工作量证明算法难度目标
4	Nonce	一个用于工作量证明算法的计数器

（2）区块大小：比特币的区块大小目前被严格限制在 1MB 以内。4 字节的区块大小字段不包含在此内，一个完整的区块结构主要由表 10-2 所示几部分构成。

表 10-2　区块结构

长度 / 字节	字 段	描 述
4	区块大小	用字节表示的该字段之后的区块大小
80	区块头	组成区块头的几个字段
1 ~ 9	交易计数器	该区块包含的交易数量，包含 Coinbase 交易
不定	交易	记录在区块里的交易信息，使用原生的交易信息格式，并且交易在数据中的位置必须与 Merkle 树的叶子节点顺序一致

（3）区块内的交易。

①普通交易结构如表 10-3 所示。

表 10-3　交易结构

长度 / 字节	字 段	描 述
4	版本	明确这笔交易参照的规则
1 ~ 9	输入计数器	包含的交易输入数量
不定	输入	一个或多个交易输入
1 ~ 9	输出计数器	包含的交易输出数量
不定	输出	一个或多个交易输出
4	锁定时间	一个区块号或 UNIX 时间戳

②普通交易输入如表 10-4 所示。

表 10-4　普通交易输入

长度 / 字节	字段	描述
32	交易哈希值	指向被花费的 UTXO 所在的交易的哈希指针
4	输出索引	被花费的 UTXO 的索引号，第一个是 0
1～9	解锁脚本大小	用字节表示的后面的解锁脚本长度
不定	解锁脚本	满足 UTXO 解锁脚本条件的脚本
4	序列号	目前未被使用的交易替换功能，设为 0xFFFFFFFF

③普通交易输出如表 10-5 所示。

表 10-5　普通交易输出

长度 / 字节	字段	描述
8	总量	用聪表示的比特币值
1～9	锁定脚本大小	用字节表示的后面的锁定脚本长度
不定	锁定脚本	一个定义了支付输出所需条件的脚本

（4）Coinbase 交易：一个区块第一个交易规定为 Coinbase 交易。Coinbase 交易结构如表 10-6 所示。

表 10-6　Coinbase 交易结构

长度 / 字节	字段	描述
4	版本	这笔交易参照的规则
1～9	输入计数器	包含的交易输入数量
32	交易哈希	不引用任何一个交易，值全部为 0
4	交易输出索引	固定为 0xFFFFFFFF
1～9	Coinbase 数据长度	Coinbase 数据长度
不定	Coinbase 数据	在 V2 版本的区块中，除了需要以区块高度开始外，其他数据可以任意填写，用于 Extra Nonce 和挖矿标签
4	顺序号	值全部为 1，0xFFFFFFFF
1～9	输出计数器	包含的交易输出数量

续表

长度 / 字节	字段	描述
8	总量	用聪表示的比特币值
1 ~ 9	锁定脚本大小	用字节表示的后面的锁定脚本长度
不定	锁定脚本	一个定义了支付输出所需条件的脚本
4	锁定时间	一个区块号或 UNIX 时间戳

Coinbase 交易结构的参数说明如下：

① 版本采用小端格式编码。

② Coinbase 交易没有交易输入，也就是说它不引用任何一个 UTXO，它所引用的交易哈希只是一个 256 位的 0，表示引用为空。

③ 交易输出索引也是固定值，为 0xffffffff，转化为十进制值为 4294967295。

④ Coinbase 数据采用大端格式编码。

⑤ Coinbase 交易只有一个特殊的交易输入和一个交易输出，均采用变长整型来表示。

⑥ 输出总量为 50 亿聪的比特币，转化为十六进制为 0x12A05F200，将其扩充为 8 字节，变为 0x000000012A05F200，之后采用小端格式表示。

⑦ 锁定脚本共有 67 个字节。开头的 41 表示要将接下来的 65 个字节压入堆栈。最后一个字节的十六进制数值，ac 表示 OP_CHECKSIG。

⑧ 最后的锁定时间为 0，表示立即执行。

（5）交易费用（Transaction Fee）。

① 所有 Input BTC 总和都多于 Output BTC 总和，多余的部分即为交易费用。

② 一个交易最少的交易费用为 0.0001BTC，低于此将被矿工拒绝。

③ 交易费用将被矿工获得（通过将他们加入 coinbase 交易中）。

④ 矿工按照 Fee/kbytes 来决定优先打包哪些交易。

⑤ 交易费用有两个重要作用：防攻击、奖励矿工。

3. 比特币中的一些挖矿知识

比特币节点分为核心客户端、完整区块链节点、独立矿工、轻量钱包 SPV 节点。

每个比特币的节点都是由网络路由、区块链数据库、挖矿、钱包服务组成的功能集合（如图 10-5 所示）。

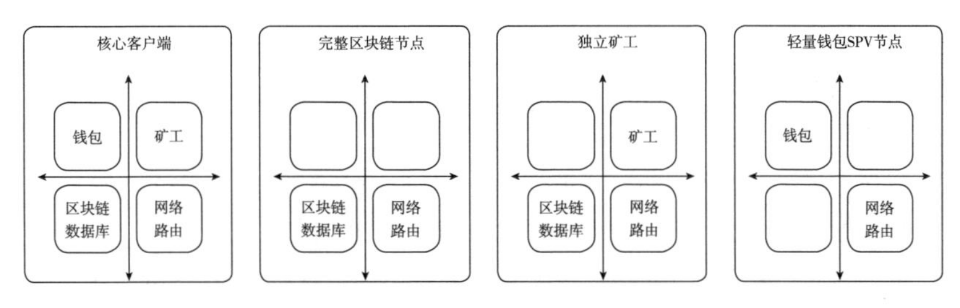

图 10-5　比特币中 4 种节点的功能结构

4. 比特币挖矿中的三个重要问题

（1）由谁打包交易？

基于 PoW 算法。算法：dSHA256（headerbytes），Herder 字段：version（4）、prev_block_hash（32）、merkle_root_hash（32）、time（4）、bits（4）、nonce（4），共 80 字节。

每个区块生产的 Hash 值小于目标值，谁快谁来打包。

（2）何时打包？

① 平均每 10 分钟出一次块，矿工算出符合条件的 Hash 就立即出块。

② 每生成 1026 块时，根据平均出块时间调整一次难度值。

③ 历史上最快出块时间为几秒，最慢出块时间为 1 个多小时。

（3）如何打包？

① 矿工会包含尽量多的交易：按交易给予的 fee/kb 来排序。

② 交易的数量上限，每个 Block 不能超过 1MB。

③ 每个块的第一个交易为 Coinbase 交易，没有 input、output 的地址是矿工的地址，数量是区块奖励和所有交易费用的总和。

④ 每个交易的 TXHash 生成 Merkle Tree，并生成 Merkle Root Hash 放到 Header 中。

10.5.2　以太坊

以太坊的概念首次在 2013—2014 年间由程序员 Vitalik Buterin 受比特币启发后提出，大意为“下一代智能合约和去中心化应用平台”，在 2014 年通过 ICO 众筹得以发展。2013 年之后，开发者们越来越注重于解决比特币在技术和扩展性方面的不足。2013 年底，Vitalik Buterin 将智能合约引入区块链，打开了区块链在货币领域以外的应用，从而开启了区块链 2.0 时代。

Vitalik Buterin 对以太坊的初衷：“我创建以太坊的初衷是希望建立一个开放、去中心化且透明易用的平台，任何人均可自由参与和创建事物。我认为这种平台对人类发展是有益的。”

1. 代币特征

（1）代币名称：ETH。

（2）每块奖励 5 个以太币，不减产；有叔块奖励。

（3）发行方式：7200W+1872W/ 年（1872=1314+ 叔块奖励）。

（4）出块时间（比特币平均 10 分钟，以太坊平均 12s）。

（5）共识算法，目前基于 PoW，和比特币算法不同，且白皮书中指明 1.1 版本后可能会改成 PoS。

以太币单位换算关系如下：

（1）1 Ether = 1000 Finney（10 的 3 次方）

（2）1 Ether = 1000000 Szabo（10 的 6 次方）

（3）1 Ether = 1000000000 Gwei（10 的 9 次方）

（4）1 Ether = 1000000000000 Mwei（10 的 12 次方）

（5）1 Ether = 1000000000000000 Kwei（10 的 15 次方）

（6）1 Ether = 1000000000000000000 wei（10 的 18 次方）

以太币单位其实是密码学家的名字，是以太坊创始人为了纪念他们在数字货币领域的贡献，具体如下。

（1）wei: Wei Dai 戴伟，密码学家 ，发表 B-money。

（2）finney: Hal Finney 芬尼，密码学家、工作量证明机制（PoW）提出者。

（3）szabo: Nick Szabo 尼克 · 萨博，密码学家、智能合约的提出者。

2. 以太坊中的一些技术知识

（1）有账户系统：外部账户与合约账户（如图 10-6 所示）。

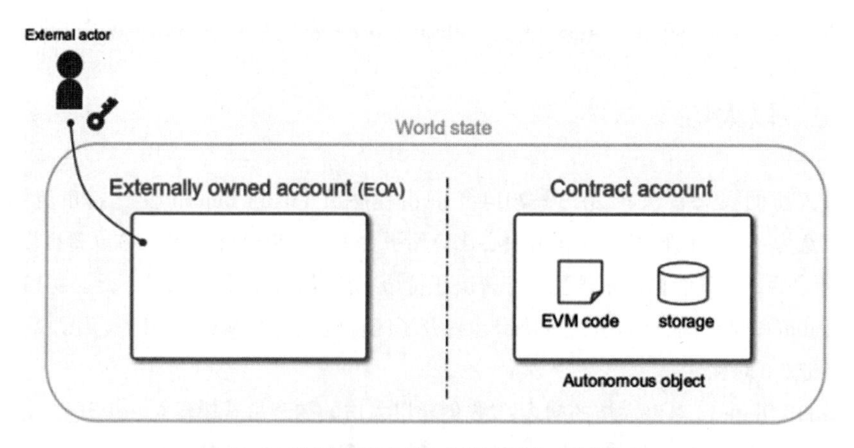

图 10-6　以太坊的账户结构（外部账户与合约账户）

① 外部账户一般简称为账户，它们是由用户创建的，可以存储以太币，是由公钥和私钥控制的账户。

② 合约账户是由外部账户创建的账户，由代码控制。

两种账户类型均具有以下功能：接收、持有和发送 ETH 和代币以及与已部署的智能合约进行交互。

以太坊账户拥有永久存储空间，字段包括：nonce、Ether balance（单位：wei）、Contract code（if any）、Storage（32byte to 32byte key-value map）。

所有账户（包括外部和合约账户）的存储信息称为 Worldstate。

以太坊不像比特币那样使用 UTXO，一个主要的原因是以太坊要支持智能合约，这样用有账户的设计会更适合应用的开发。

以太坊的账户结构内部元素如图 10-7 所示。

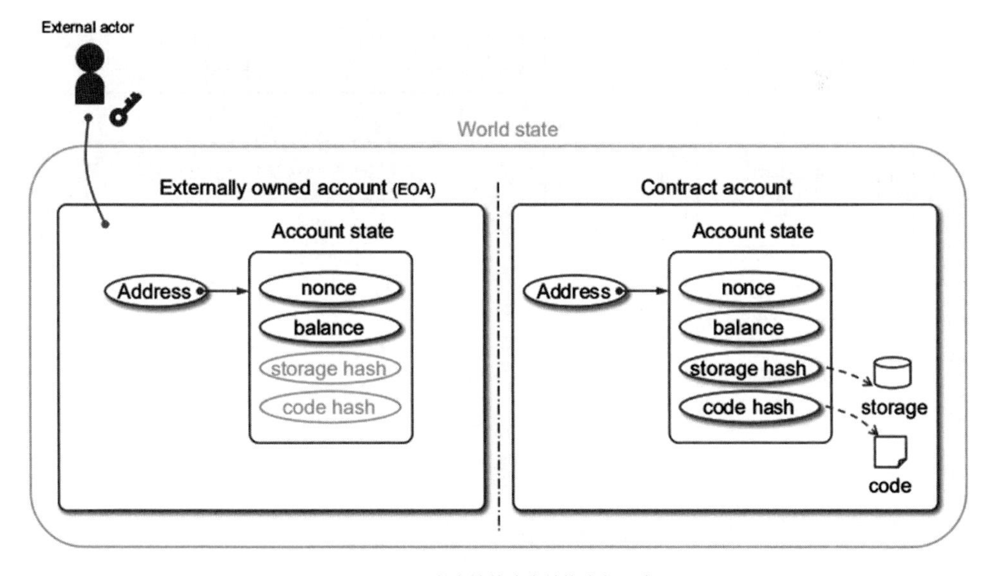

图 10-7　以太坊的账户结构内部元素

以太坊区块链系统中使用 MPT 树结构，但是每个以太坊区块头不是只包括一棵 MPT 树，而是为三种对象设计了三棵树，分别是交易树（Transaction Tree）、状态树（State Tree）和收据树（Receipt Tree）。区块头存储的三棵树如图 10-8 所示。

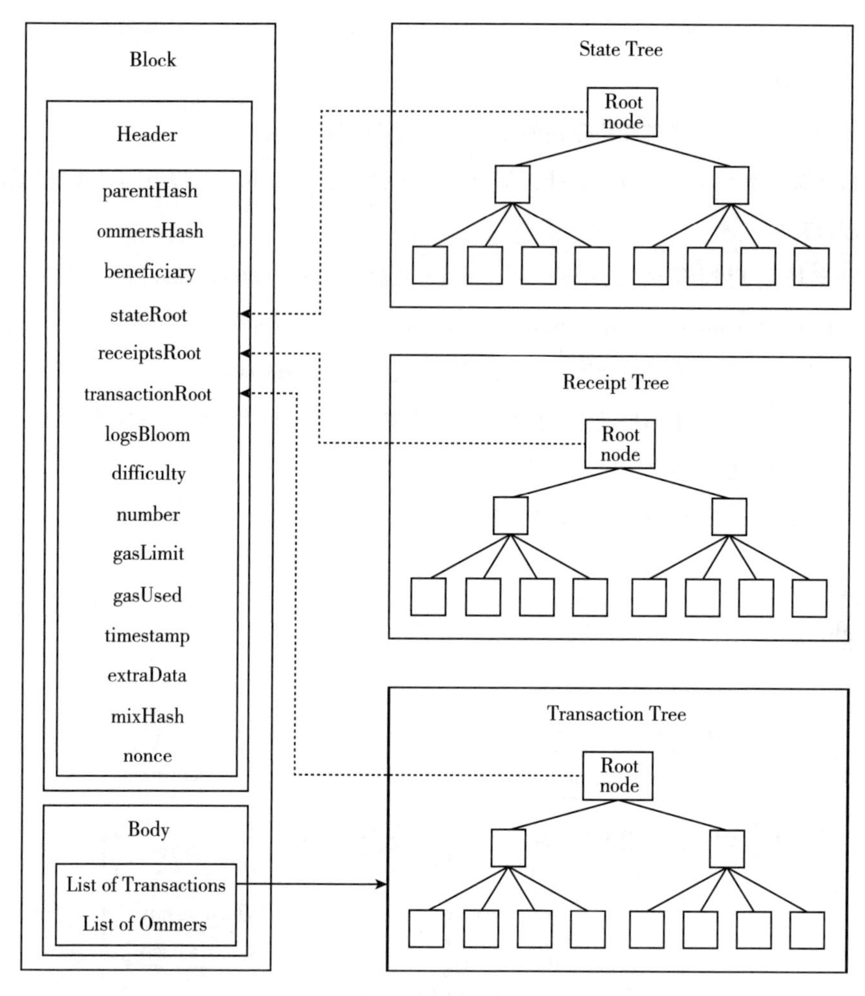

图 10-8　以太坊区块的结构与三棵树

（2）Gas（燃料）：定义了智能合约最原子运算所需花费的单位。例如，一个位移运算需要 1Gas，一个相加运算需要 3Gas。

gasPrice 表示 fiu1Gas 和以太币（wei）的兑换价格。一次交易的所有花费为 Total_fee= gas* gasPrice（执行智能合约的花费，此为上限，以实际执行步数为准，gasReal*gasPrice）。

3. 以太坊发布的4个阶段

以太坊的发布分成了 4 个阶段，即 Frontier（前沿）、Homestead（家园）、Metropolis（大都会）和 Serenity（宁静），在前 3 个阶段以太坊共识算法采用 PoW，在第 4 个阶段会切换到权益证明机制 PoS。

以太坊在设计之初就决定最终要采取 PoS 去维护交易的安全性，取代效率低下、资源消耗大的 PoW。前期通过 PoW 建立起一套可信赖的数字加密货币体系，之后就将基于该体系转为基于 PoS 体系，通过权益人交保证金的方式去保证其作为一个诚实的节点验证交易的有效性。为此，以太坊的创始人们为它设定了 4 个发展阶段：Frontier、Homestead、Metropolis、Serenity，阶段之间的转换需要通过硬分叉的方式实现。

Frontier 是 2015 年 7 月以太坊发行初期的试验阶段，那个时候的软件还不太成熟，但是可以进行基本的挖矿、学习、试验。系统运行之后，吸引了更多的人关注并参与到开发中，以太坊作为一个应用平台，需要更多的人去开发自己的去中心化应用来实现以太坊本身的价值。随着人气渐旺，以太坊的价值也水涨船高。

Homestead 是以太坊第一个正式的产品发行版本，于 2016 年 3 月发布。100% 采用 PoW 挖矿，但是挖矿的难度除了因为算力增长而增加之外，还有一个额外的难度因子呈指数级增加，这就是难度炸弹（Difficulty Bomb）。

Metropolis 又被分成了两个阶段：拜占庭（Byzantium）和君士坦丁堡（Constantinople）。

以太坊的最后一个阶段 Serenity，即转成 PoS 的软件版本，目前还没有实现。

4. 以太坊的三个皮书：白皮书、黄皮书、紫皮书

2014 年 1 月 23 日，Vitalik 在其创办的 Bitcoin Magazine 正式发布以太坊白皮书《以太坊：下一代智能合约和去中心化应用平台》。

2014 年 4 月，以太坊联合创始人 Gavin Wood 发布了被誉为以太坊技术圣经的黄皮书，明确以太坊虚拟机（EVM）的技术规范。根据说明，以太坊客户端至少支持 C++、Go、Python、Java、JavaScript 和 Haskell 等 6 种编程语言。

2016 年 9 月 19 日，为期 5 日的第三届以太坊开发者会议 DEVCON 2 在上海举行，在 DEVCON 2 会议上，Vitalik 将其最新的研究成果作为《以太坊紫皮书》发布，详细阐述了 Casper 和 Sharding（分片）技术的机制。

5. 企业以太坊联盟

2017 年 2 月 28 日，一批代表着石油、天然气行业、金融行业和软件开发公司的全球性企业正式推出企业以太坊联盟（Enterprise Ethereum Alliance，EEA），致力于将以太坊开发成企业级区块链。这些企业包括英国石油巨头 BP、华尔街大投资银行实力集团银行摩根大通、软件开发商微软、印度 IT 咨询公司 Wipro 以及其他 30 多家公司。此联盟符合开源理念，同时也让大型公司和小型初创公司在投资技术时有更强的责任感。

EEA 的目标就是“共同创建、推进和广泛支持基于以太坊的技术最佳实践、标准和一种参考架构”，并创建一种只为经过验证的参与者开放的私有版本以太坊。

EEA 旨在允许其成员打开私有区块链的特殊用途，这就意味着金融机构能拥有他们自己的区块链，而航运公司可以创建另一个符合他们用途的区块链。EEA 的成员企业将以一种能够确保企业流程能够插入到该平台并且能从其优势中获利的方式来帮助开发开源以太坊代码库。

EEA 将基于目前的以太坊扩容路线图进行创建并保留与公有以太坊区块链的兼容性和互操作性。以太坊的公有和私有网络将分享标准协议，但是它们的配置不同，这是为了适应每一个企业对隐私性和安全性的需要。

10.5.3 EOS

EOS（Enterprise Operation System），商用分布式设计区块链操作系统即为商用分布式应用设计的一款区块链操作系统。EOS 是引入的一种新的区块链架构，旨在实现分布式应用的性能扩展。

美国人 Daniel Larimer 是 EOS 的创造者。EOS.IO 软件采用了一种全新设计的区块链架构，实现了去中心化应用的横向和纵向扩展。具体方式为构建一个类操作系统的架构，开发者可以在其中搭建应用程序。EOS.IO 软件提供跨 CPU、跨集群的账户系统，功能包括身份验证、数据库、异步通信以及支持应用程序间的调度。用以实现上述特性的技术是一种特定的区块链架构，在受管控的区块链环境中，可扩展至每秒处理百万级交易，消除用户手续费，并且允许快速和轻松地部署和维护去中心化应用。

1. 代币特征

（1）代币符号：EOS。

（2）总代币：1000 000 000（10 亿个 EOS），每年增发 5%。

（3）共识算法：BFT-DPOS。

2. EOS中的一些知识

（1）EOS 的超级节点。EOS.IO 的操作系统由多个服务器支持，即区块生产者（Block Producer），也称超级节点。任何人都可以参与竞选，成为超级节点候选人。超级节点都是自我发起的实体机构，他们要向整个社区展现自己的实力。他们需要提供 EOS 网络的基础设施，以确保每秒成千上万次的交易量，因此他们会面对社区持续进行选举。最终整个社区会选出 21 个超级节点，他们制造区块，确保整个网络的运行。21 个超级节点和几十个备用节点一起，每年得到 0.75% 的 EOS 代币作为回报。

（2）EOS 团队先后发布了三份白皮书，分别是《EOS.IO 技术白皮书》《EOS.IO 存储白皮书》《EOS.IO 技术白皮书 v2》。三份的白皮书的大致内容如下：

①《EOS.IO 技术白皮书》将 EOS 定位为区块链操作系统，并且介绍了 EOS 的 DPOS 算法、账户、应用程序的确定性并行执行、Token 模型与资源使用、社区治理方式、脚本语言、虚拟机、跨链通信。其中大部分内容都是针对目前通用开发平台的痛点，应对原理阐述得较为完整。

②《EOS.IO 存储白皮书》介绍了 EOS 存储部分的设计理念、优势。首先提出 EOS 存储是基于 IPFS 之上设计的，再表明其优势是可以任意访问浏览器，最后介绍了 EOS 存储服务由区块生产者提供，只要有 Token 就可以使用。内容较为完整，表述了 EOS 在存储方面的优势。

③《EOS.IO 技术白皮书 v2》是 EOS.IO 技术白皮书的升级版本。措辞方面有些变化，新增了拜占庭容错（BFT）机制、对资源消耗限制、对定时转账等的支持，并在共识算法、治理方式等方面进行了升级优化。

（3）EOS 系统提供的资源。

① 带宽和日志存储（磁盘）。

② 计算和计算 Backlog（可以理解为 CPU）。

③ 状态存储器（内存 RAM）。

所有的区块链资源都是有限的，所以需要系统有一个机制来防止被滥用。例如，比特币和以太坊是用手续费和 Gas 来防止资源被无限使用的，那么 EOS 是怎么防止资源被滥用的呢？区块生产者（矿工）可以发布他们可用的带宽、计算资源和状态存储资源的容量。每个用户对资源的使用率跟 Token 持有的比例成正比。持有 1% 的 Token 的账户可以使用 1% 的状态存储资源。

3. EOS的账户体系

账户体系是 EOS 的重要亮点之一，实现了基于角色的权限管理和账户恢复功能，使得用户可以灵活地以一种组织化的方式管理账户，并最大化地保证资产的安全性。

以往区块链的钱包地址都是基于公、私钥的原理直接生成的，如果丢失私钥，或者和私钥相当的助记词 Keystore 等内容，账号完全不能恢复。EOS 的账户则具有恢复功能。

EOS 中，每个账户创建时会自带两个原生权限：owner 和 active 权限。这也是默认的账户权限配置。owner 代表账户所有权，该权限可进行所有操作，包括更改 owner 权限，可由一对或多对 EOS 公私钥或另一账户的某权限实现权限控制。因此，代表着 owner 权限的 EOS 公私钥是最重要的，必须保管好。active 代表活跃权限，能进行除更改 owner 权限以外的所有操作，也是通过一对或多对 EOS 公私钥或另一账户的某权限实现权限控制。

除了两个原生权限以外，EOS 还支持自定义权限。active 权限可以看作 owner 权限将除更改 owner 权限以外的所有权限都授予了它，如转账、投票、购买 RAM 等。基于 active 权限可以将 active 的部分权限（如投票权），授予一个自定义权限 voting。那么无须 owner、active 权限对应的私钥对投票操作进行签名，通过 voting 权限对应的私钥对投票操作进行签名便可完成投票操作。这就可以将 EOS 账户的部分操作权限分配给第三方进行，避免了直接给出 active 权限的私钥，从而实现极其灵活和安全的组织管理方式。

4. 密钥丢失或被盗后的恢复

对于其他的区块链项目而言，密钥丢失则一切都丢失了，无法恢复。而 EOS 基于它的用户权限机制提供了恢复功能。

这有很大争议，需要很好地设计，避免出现中心化管理账号的场景。过去，区块链项目假设用户需要管理好自己的密钥，没人为其负责。但在现实生活中，中心化的做法是当银行的密码丢失，我们希望在提供相关证明之后，银行能帮忙找回密码，帮我们找回自己的资金。这种功能正是我们所需要的，如果能够避免用中心化的方式实现同样的功能是会受到欢迎的。

EOS 提供的恢复功能只有在非常严格的情况下才可以做到。假设你的私钥被黑客盗走了，在这种情况下，你可以用过去 30 天中有效的 owner 权限对应的私钥，和你预先设定的账户恢复合作伙伴（Account Recovery Partner）重置账户的私钥。这样你可能夺回了账户的所有权。EOS 白皮书讨论说："这个过程与简单的多重签名机制有极大的不同。通过多重签名的交易，有一个对象会执行并参与每一笔交易。然而，账户恢复合作伙伴仅参与了恢复的过程，并不能参与日常的交易。这极大地降低了相关参与者的成本和法律责任。"

按照 BM 之前设计的 Steemit 区块链，要保证你的账户中的数字资产不被盗走，还需要其他机制的协同。如果黑客获得你的账户的所有权，可以立刻将你的账户中的数字资产转走，那么你的数字资产就丢失了，即使恢复了账户也毫无用处。

10.6 当前区块链存在的问题

10.6.1 性能问题

区块链的性能指标主要包括交易吞吐量和延时。交易吞吐量表示在固定时间能处理的交易数，延时表示对交易的响应和处理时间。在实际应用中，需要综合两个要素进行考察。只考虑交易吞吐量而不考虑延时是不正确的，长时间的交易响应会阻碍用户的使用从而影响用户体验；只考虑延时而不考虑吞吐量会导致大量交易排队，某些平台必须能够处理大量的并发用户，交易吞吐量过低的技术方案会被直接淘汰。

目前，比特币理论上每秒最多只能处理 7 笔交易，每 10 分钟出一个区块，相当于交易吞吐量为每秒 3 ~ 5 笔，交易延时为 10 分钟。实际上，等待最终确认需要 6 个左右的区块，也就是说，实际交易延时是 1 个小时。以太坊稍有提高，以太坊每秒钟交易 5 ~ 20 笔，但也远远不能满足应用需求。

尽管许多区块链联盟和相关的创业公司都在进行各种试验，如一种每秒可以处理上万笔交易的区块链网络，还有一些甚至号称比 VisaNet 的网络容量还要大，但大多数区块链仍然受到可扩展性问题的阻碍。

在技术框架和治理模型之间，可扩展性的程度仍然是一个问题。例如，以太坊基金会正在使用权益证明共识模型以及分片机制等技术来提高其协议的性能。

如何有效地提升区块的吞吐量（TPS）？目前提出的问题解决思路主要有以下几种：

（1）扩大区块容量的扩容（治标不治本，并且容易导致中心化）。

（2）牺牲部分去中心化的 DPOS 和 PBFT 共识机制。

（3）不同于区块链的 DAG、链下扩容（子链和侧链）。

（4）分片技术（Sharding）。

10.6.2 隐私问题

区块链虽然是匿名系统，但大多数公有链都是可以查看所有交易信息的，这是公开账本的优点，但同时也会产生隐私问题。技术从来没有为第三方数据的不正当行为提供过有效的保护，纯粹的匿名到底能保护多少隐私信息？

从历史上看，匿名、隐私保护和政府监管是相互排斥的。最终，传统监管结构的相互排斥性和匿名性可能会导致双重、相互竞争的生态系统，而不是由两种对立思想的妥协而产生的中间地带。区块链上面的隐私保护技术和监管之间如何平衡，需找到合适的位置。

隐私性是区块链领域的一项重要技术。目前针对保护区块链上隐私的各种方法已经过大量的试验和研究。密码学的学术研究推动了隐私领域的创新。隐私研究主要涉及的主题有零知识、多方计算和全同态加密。目前在隐私货币和其他区块链应用中使用的隐私技术有混币技术、环签名、盲签名、零知识证明、同态加密、安全多方计算等。

随着区块链技术不断发展和广泛应用，其面临的隐私泄露问题越来越突出。区块链中所有的交易记录必须公开给所有节点，这将增加隐私泄露的风险。

在 2017 年 12 月 3 日举办的亚太以太坊技术交流会上，以太坊创始人 Vitalik Buterin 发表了主题为“以太坊区块链中的隐私保护”演讲。在演讲中，Vitalik Buterin 为在场听众介绍了四种适用于以太坊区块链的兼顾隐私性和安全性的解决方案，即通道、混合器、环签名及零知识证明。在其中，他特别提到，零知识证明是“最为强大”的解决方案，尽管技术实现难度最大，但在保护以太坊网络的隐私性和安全性上，其效果最佳。此外，以太坊的通道技术提供了扩展性能，同时也提供了安全性。

10.6.3 安全问题

历史总是会重演。就像当年 PC 和移动互联网时代一般，新生事物出现之初野蛮生长；随着行业的发展，安全事件爆发，行业开始被动关注安全问题；最后安全方案成为标配。

区块链中的安全问题主要包含两个方面：一方面是区块链结构层面的安全问题，这些安全问题包括算法安全、协议安全等；另一层面更多地出现在应用层面，当前主要表现在智能合约方面。在智能合约之上的安全问题，是应用层面的安全问题，我们不记入区块链的安全讨论范围。

1. 基础安全问题

基础安全问题包括算法安全、协议安全、实现安全、使用安全等几个方面。

（1）算法安全。算法安全通常是指密码算法安全，既包括用于检验交易的哈希算法、签名算法，也包括用于某些智能合约中的复杂密码算法。

一般来说，多数区块链中使用的通用标准密码算法在目前是安全的，但是这些算法从间接和未来看也存在安全隐患。在 4.5.5 节中介绍 ECC 曲线时，我们介绍了比特币的加密算法中可以使用的椭圆曲线有 SECP256r1 和 SECP256k1 曲线等。其中 SECP256r1 就被安置了后门，而 SECP256k1 却没有，中本聪对比特币系统的设计神奇地躲过了这个陷阱。

此外，一些算法容易使 ASIC 矿机以及矿池出现，这样使得全网节点减少，权力日趋集中，51%攻击难度变小，对应的区块链系统受到安全性威胁。从以太坊的各种皮书的设计和官方网站文档介绍，我们可以看到以太坊团队非常重视对这种中心化风险的控制。

（2）协议安全。协议是通信双方为了实现通信而设计的约定或通话规则，包括网络层面的通信协议和上层的区块链共识协议。

协议安全在网络层面表现为 P2P 协议设计安全。攻击者利用网络协议漏洞可以进行日蚀攻击（Eclipse Attack）和路由攻击（Routing Attack）。攻击者利用网络节点的连接数限制可以用日蚀攻击将节点从主网中隔离，而路由攻击则是通过控制路由基础设施将区块链网络分区而进行的攻击。攻击者还可以发起 DDoS 攻击，目前对于 DDoS 攻击只能依靠收取交易费和浪费算力来控制。

协议安全在区块链共识层面表现为共识协议安全。首先，各类共识协议均有容错能力限制，如 PoW 存在 51%算力攻击，PoS 存在 51%币天攻击，而 DPoS 还存在着中心化风险。其次，共识协议容易受到外部攻击影响。例如，针对 PoW 共识已出现了自私挖矿（Selfish Mining）和顽固挖矿（Stubborn Minging）等多种攻击。自私挖矿可以使攻击者获得多出自身算力占比的收益；而顽固挖矿是对自私挖矿的拓展，可以使攻击者收益率比自私挖矿提高 13.94%。PoS 共识则存在“无利害关系（Nothing at Stake）”问题，即区块链发生分叉时，矿工可能会在多个分叉上同时下注，以谋取不当利益。

针对协议安全性问题，为防止网络层面的攻击，需要开发者谨慎选择区块链的网络协议。而为了防止区块链共识层面的攻击，则需要设计适当的激励与惩罚措施，从而降低攻击者获得的收益。

（3）实现安全。在区块链系统的实现过程中，程序员可能会有意或无意地留下漏洞，从而导致区块链的安全性受到损害。具体表现在以下两个方面：

① 众多区块链引入了图灵完备的智能合约机制。用户可以利用智能合约编写自动化程序、完成资产分配等操作。然而，在编写智能合约时很可能会引入安全性漏洞。例如，某些合约可能会错误地把资产发送到不受控的地址，或者资产无限期锁死，导致全网可用代币减少等。

② 区块链的底层源码也可能存在整数溢出漏洞、短地址漏洞和公开函数漏洞等各种漏洞。例如，比特币 0.3.11 之前版本可以违规生成大量比特币，而以太坊的短地址漏洞可以使交易者从交易所违规获得 256 倍甚至更多的利益。

（4）使用安全。在区块链中，使用安全特指用户私钥的安全。私钥代表了用户的资产所有权，是资产安全的前提。然而在传统的区块链中，私钥均由用户自己生产并保管，没有第三方的参与，所以私钥一旦丢失或被盗，用户就会遭受资产损失。

在现实使用中，某些交易平台会代替用户管理私钥，但是很多平台往往采用联网的“热钱包”管理私钥，一旦“热钱包”被黑客破解，用户的资产就会被盗取。此外，由于没有完善的风险隔离措施和人员监督机制，导致部分拥有权限的员工利用监管机会盗取信息或代币。

针对使用安全性问题，用户需要更加谨慎地保管私钥，尽量使用与网络隔离的冷钱包存储私钥。而交易平台需严格进行权限管理，谨慎开放服务器端口，定期进行安全监测，建立完善的应急处理措施。

2. 智能合约安全问题

以太坊的智能合约非常灵活，既可以持有大量代币（价值通常超过数亿美元），也可以基于先前部署的智能合约运行不可变逻辑。智能合约创建了一个充满活力且富有创意的生态系统，该生态系统包含不信任的、相互连接的智能合约，但它也吸引一些攻击者，希望通过利用智能合约中的漏洞和以太坊中的意外行为来获利。通常无法更改智能合约代码来修补安全漏洞，从智能合约中窃取的资产是无法恢复的，并且被盗资产极难追踪。由于智能合约问题而被盗或丢失的价值总额经常比较大。由于智能合约编码错误而导致的一些典型案例如下：

（1）Parity 钱包的多重签名问题# 1—损失 3000 万美元。

（2）Parity 钱包的多重签名问题# 2—已锁定 3 亿美元。

（3）The DAO 事件，涉及 360 万个 ETH。

10.6.4 监管问题

当前以数字货币为首的各类区块链应用发展迅速，与此同时，区块链中潜在的监管问题也逐渐显现。区块链行业属于新行业，一方面处于行业发展早期，另一方面没有常规有效的市场秩序，导致混乱无序，缺乏系统性的监管。

1. 非法应用

数字货币的金融属性使得区块链数字货币为洗钱、非法交易、勒索病毒等犯罪活动提供了一条非法的资金渠道，促进了地下黑市的运行。著名的勒索病毒 WannaCry 通过比特币来实现对用户资产的勒索；非法网站“丝绸之路”利用数字货币进行非法买卖；其他领域的数字货币诈骗案等使得数字货币的初期应用备受质疑。区块链数字货币使跨国的资金转移变得更为简单，将有可能损害各国的金融主权，影响金融市场的稳定。

以太坊提供的 ERC20 应用使得发行数字货币变得非常容易。这样又推动了 ICO 和 Defi 等围绕数字货币的应用的普及，促使了相关的 ICO 诈骗，犯罪者通常会集资跑路。

数字货币交易领域的监管缺失与不到位，出现数字货币交易的各种坐庄、老鼠仓、割韭菜等，还有项目基金会的审核与管理，项目后期资金使用等问题一直是区块链监管层面的问题。

2. 监管技术滞后

由于区块链的去中心化、不可篡改等特性，使得区块链常被用于敏感信息的存储与传播。有些人将敏感信息保存在比特币和以太坊区块链的交易中，而这些信息并不能从区块链中删除。同时，由于区块链的匿名性，监管方也不能通过这些敏感信息和涉及违法犯罪的交易的发送方地址找到发送方的真实身份。此类事件严重危害国家安全和稳定，给网络监管机构带来了极大的挑战和威胁。

当前对区块链行业的监管还处于起步阶段，研究方向不全面、研究技术不成熟。很多国家对区块链行业的监管都是千差万别的，有的一刀切、有的抵制、有的在尝试纳入监管，各国政策、地域的不确定性和多样复杂性严重制约着区块链和数字货币的发展。因为区块链中涉及经济模型和货币，大多数国家还保持一种保守和观望的态度。只能简单地用禁止方式解决问题，不能制定出保护其运行的制度环境。

但好的现象是，以美国、日本、韩国、新加坡等国家对区块链和数字货币保持审慎支持的态度，随着相关政策的出台落地，区块链有望在监管下获得适当改造并迅速发展。

此外发布到公链上的、对公众有害的信息，包括黄色、灰色产业，以及影响政治稳定的破坏信息等，如何将其去除或屏蔽，监管层面都还在尝试中。

3. 证券监管

随着以太坊逐步向2.0过渡并采用新的PoS模型,美国商品及期货交易委员会（CFTC）主席Heath Tarbert称:“CFTC和美国证券交易委员会（SEC）将对以太坊2.0进行新一轮的审查以判断其是否符合证券交易的范畴。”

在以太坊2.0中，以太坊基金会在网络或数字资产的持续发展方向上起着领导作用或中心作用，以太坊购买者或者验证者需要依赖以太坊基金会执行或监督以太坊网络来实现或保留预期目的的功能。

以太坊基金会向各个独立团队提供赠款以建立规范，以确定是否应该向该网络提供服务的人员提供补偿，并确定其补偿方式。以太坊基金会拥有或控制包括一系列商标在内的该网络或数字资产的知识产权。以太坊基金会保留了数字资产的股份或权益。根据SEC创新和金融技术战略中心FinHub在2019年4月3日发布的数字资产“投资合约”分析框架指南，这些因素的存在感越强，该网络充分去中心化的可能性就越小，从而使证券交易的可能性就越大。

第 11 章 区块链经济模型

区块链之所以会产生巨大的影响力，除了技术方面的因素，更主要的一个因素是区块链系统中包含与经济相关的内容，这也使得区块链技术的产生与发展与以往的新技术产生明显不同。因为有了区块链的存在，我们可以在网络中生产和传递价值。对于一个区块链项目，除了要关注其技术的理论知识与实现，也需要关注其经济模型的理论知识与设计。没有经济模型的区块链系统，如同缺少了一条腿的跑步运动员，综合效果大大降低。虽然私有链和联盟链中可以没有通证（或货币）的相关设计，但它们之间的经济方面的影响力是靠外部系统的利益约束与分配机制来保证的。此外，在真正的使用中，私有链和联盟链的应用场景会是一个受限制的范围，公有链的应用场景会占据更大的范围。

在本章中，我们简单分析了区块链中经济模型的相关知识。为了符合业内的习惯，我们将区块链中的代币或 Token 统称为通证，Token 是一个比货币更广泛的概念。

经济模型对项目的管理能够起到一定的经济手段的作用，但更多的是需要监管的手段来保障的。

11.1 区块链中的经济模型简介

经济学中的经济模型是指用来描述所研究的经济事物的有关经济变量之间相互关系的理论结构。通常是经济理论的数学表述，是一种分析方法。

区块链项目的经济系统模型，是指在项目生态的核心业务流程上，各参与方价值的分配方式，包括生产、分配、交换、消费等环节。通证存在的意义就是更好地利用经济手段促进并加强这种链内协作，激励各方为项目系统的发展做出贡献，限制或惩罚项目中的破坏行为，帮助各方获取利益。区块链中的经济模型的主要作用是激励各方参与者加入，共同提高整个生态的价值，并合理分配相关收益。这个系统的运行应该是公开、公平，并且由社区共同治理的。

区块链项目中的经济模型，除了在设计阶段由项目方提供经济模型的设计方案，在区块链运行阶段一般通过符合经济学逻辑的规则而不是人为干预。在特殊情况下，如以太坊的 theDAO 安全事情，通过社区的决议可以改变或修正不期望的经济行为。但这种异常情况如果处理不妥当，经常会引起争议、分裂等情况。

区块链初期的经济模型都比较简单，但随着经济模型的发展，遇到的各种问题和场景更多、更复杂，当然，经济模型也在逐渐完善。经济模型在比特币产生的时候，仅仅包含通证的总量、分配方式等内容。随着各种公有链的发展以及区块链 2.0 时代的到来，区块链中的经济模型越来越完善，也更多地被实践检验，修正了很多不合理的设计。完善的经济模型应该能够描述整个链内生态中的价值生产、分配、交换、消费，并抽象成通证的需求与供给关系。通证的属性应有明确的定义与使用场景、流转模式、参与角色等内容。在一种通证不能完成相关职能的情况下，可以由多个通证组合起来，完成经济模型与应用场景的匹配与运行。例如，Steemit 中的三种通证（SP、STEEM、SBD）的设计，我们将在 11.3 节中详细介绍。

11.2 经济模型包含的主要内容

区块链相关领域已经有了 10 多年的发展，其中的经济模型也越来越完善。从最初比特币比较简单的模型，到以太坊提供发币技术支撑以后，各种经济模型已经在众多项目中得到了不断的检验、发展与完善。

通常区块链经济模型中要包含以下主要内容：通证的名称、符号、通证的总量（或初始总量）、计量单位与精度、通证的释放与回笼规则、项目利益方的构成、各个利益方的分配比例、通证的激励规则、项目资金的募集、项目资金的后期管理、经济模型的调整等方面。

11.2.1 通证的基本信息

通证的名称在经济模型中只是一个符号，只要便于记忆、没有冲突，一般不会有其他影响。所以将通证的名称放到了通证总量中说明。

经济模型中一定要说明通证发行的总量或者初始总量。通证总量的设计与具体的总额大小与项目的应用范围有很大的关系，要与通证的需求场景成比例。不同的应用类型有不同的总量计算方法，这方面较多涉及经济学相关的知识。同时有一个要考虑的因素，即通证的流通速度。项目初始期间对通证的需求量不大，太大的发行量与流通量会使得初期通证的通货膨胀严重，单币的价值过低，不利于通证的流通和项目后期的发展。对于超发的货币，要使用各种经济学的手段冻结其流动性。

对于固定发行总量的通证有比较大的问题，这种发行总量针对具体应用的变化，缺失了弹性，不利于应用的发展。如果采用这种方式，则尽量选取与应用变化无关的应用场景，同时通证流通进入应用的速度也要尽量匹配。

有的经济模型中没有设置发行总量，会设置初始量和后面定期的增发比例。这种方式后期也被很多的项目采用，如以太坊、EOS。在这种方式中，后期的发行比例很重要。其实固定的发行比例很难与应用的需求做到匹配，需要与其他经济手段一起调整应用中的供需关系。

在项目的通证总量中要考虑区块链的一个特殊特点，就是通证丢失造成的影响。因为区块链中的钱包是去中心化的，通证丢失后没办法再找回。长久来看，对于固定总量的通证来说是逐渐减少的，会形成一种通缩性货币。对于不固定总量，定期增发的通证，增发的比例也需要考虑这个因素。如果设置得太低，则也会形成通缩性货币；如果设置得过高会形成通胀型货币，都不利于经济模型的问题。在现实世界中，一般情况下，微通胀型货币利于经济的发展。在区块链的世界中，这点也适用。

通证中丢失的比例到底占多少，这是个非常难确定的问题，因为有特别多的影响因素。如果今后区块链的技术发展使得用户能够找回丢失的通证，则可以忽略对这个因素的考虑。当前阶段找回丢失通证的技术已经有了不少的发展。

通证的流通、释放速度、流通总量是项目运营中非常需要关注的问题。通证的流通管理贯穿整个项目的运行周期，不只在通证的设计阶段考虑，也在运营阶段使用多种经济手段来调节与控制。

11.2.2 项目利益方

经济模型中利益的相关方一般包括项目团队、投资方、基金会、矿工或其他项目生态伙伴中的参与方。经济模型一般包含分配给项目方的比例，项目方的释放规则等内容。具体的比例会根据各个项目的实际情况和各个利益方的贡献程度来决定，没有固定的数值。本节后面会介绍几种典型的项目分配情况，作为大家在实际项目中参考和对比。

1. 项目团队

项目团队是所有参与方之中最主要的角色，一般包括技术团队与运营团队。项目团队负责的职能是设计、开发、运营、维护项目的整个生命周期。尤其是在项目的初始阶段，需要将项目用技术手段实现，项目团队的作用更大一些。一些项目后期社区运营的作用更大，技术团队的作用会相对减少。在利益分配方面项目团队考虑的因素非常多，因为项目的所有进展都与项目团队直接相关。

开始的一些区块链项目，由于没有经验和参考案例，有些项目没有为团队预留通证分配，使后期的项目发展因为没有资金的支持受到很大的限制。例如，比特币项目，因为其是首个区块链项目，所有的通证都是在后期靠挖矿挖掘出来的。后期需要技术支持时，完全要靠热情或其他信念的支持，这种方式很难支持一个项目的发展。

比特币核心开发组成立 BlockStream 的很大原因也是因为考虑商业化。他们看到以太坊项目团队获得了巨大的回报，而比特币团队却没有这个利益分配来保证项目的发展。2014 年 7 月份以太坊众筹时，获得了价值大约 1.4 亿元的比特币，今后项目组还能获得以太坊挖矿中的 20% 的以太币，这也是以太坊得到很好发展的一个保障条件。BlockStream 通过建立侧链盈利的方式受到很多质疑，这一现象的根本原因也是在利益分配中没有为团队留出合理的份额。

如果可以，应该把对项目团队的限制体现在经济模型中。例如，团队通证的释放规则、使用规则等，这些考虑的出发点都是要保证项目的长期发展。

2. 投资方

投资方一般只在最开始对项目有贡献，贡献的方式一般是提供资金支持。也有的投资方在管理和资源方面给予一定的支持，但这不是投资方的主要职责。在经济模型的设计中，要考虑投资方关系的平衡，避免对项目造成伤害，要有条款约束投资方的行为。

在当前的区块链项目中，很多投资方完全是以一种投机的方式参与项目。由于当前数字货币的不理性，某个项目的通证进入交易所一段时间后，经常会出现被炒作到一个较高的价位，或者被某些利益方操作到一定的高点。这个时候，一些控制不好的项目被大量抛售套利后，会使项目出现非常不好的反应，经常会因此将项目拖垮。

项目的投资方主要是考虑利益的分配比例和退出，或者阶段释放的比例。在项目启动前期，项目团队经常会因为对资金的紧迫需求而放大投资方的贡献，作出比较大的让步。利益分配的比例和释放规则都比较宽松。但当项目发展到一定阶段时，这种分配规则的危害体现了出来，项目团队又会出现单方面修改规则的违约行为，或者双方产生冲突。在国内的几个项目中，已经出现了这种情况。不修改规则而完全放弃项目的做法是完全不可取的；双方产生严重的冲突也不是一种好的解决办法。为了长远的利益，需要项目团队与投资方共同讨论一个解决方案。商讨的规则最好让投资方能够与项目的利益保持一致，能够看中长期利益。

3. 基金会

传统的基金会一般是指利用自然人、法人或其他组织捐赠的财产，以从事公益事业为目的成立的非营利性组织。传统的基金会作为一种基本的社会组织和制度形态，不同于政府、企业，也有别于一般的非营利性组织，公益性、非营利性、非政府性和基金信托性是基金会的基本特征。

区块链项目的基金会虽然延续了这个名称，但实际的职责比传统的基金会更大。基金会应该与项目团队一起管理好通证与经济相关的工作。在当前项目中因为项目的成熟度问题，很多项目还没有到达实际运行时就夭折了。项目基金会运行较好的案例还不多。

区块链基金会需要完成的职能如下：

（1）管理项目投放到基金会的资金与通证。

（2）推动项目直接发展或者生态发展。

通过了解以太坊基金会，了解一下成熟的基金会所做的工作内容。

当前以太坊的基金会组织有两个：以太坊基金会（Ethereum Fundation，EF）和以太坊社区基金会（Ethereum Community Fund，ECF）。

以太坊基金会是一个非营利性组织，致力于支持以太坊和相关技术。以太坊基金会不是一家公司，甚至不是传统意义上的非营利性组织。他们的作用不是控制或领导以太坊，也不是唯一资助与以太坊相关技术的关键开发组织。EF 是以太坊生态系统的一部分。

随着以太坊的发展，在相关的生态支持方面工作逐渐完善，甚至可以用出色来描述生态发展的支持工作。这得益于基金会的支持和系统化的管理方式，详细内容可以查阅 ESP 的官网（网址为 https://esp.ethereum.foundation/）。这可能是非公司运营项目的一种很好的组织方式和可参照案例。任何人可以在官网的意愿清单中查找基金会支持的研究领域，并且在每个节点还会更新详细的近期意愿工作清单。

以太坊社区基金会是一个非营利性组织，最初的想法是想要给社区的项目以奖金支持孵化早期项目、支持调研。以太坊生态里的明星项目包括 Cosmos、OmiseGO、Golem、Maker、Global Brain Blockchain Labs 和 Raiden。ECF 是一个独特的和高度网络化的加速器，主要用于加速推动基础设施和去中心化应用程序的开发。ECF 的目标是创造一个良好的环境，在这里，团队能够组建与成长，创意与灵感能够萌发与落地，进而 ECF 也将成为以太坊生态系统的重要组成部分。

2019 年初，以太坊社区基金升级到 2.0，支持商业项目，接收更多会员加入，有以下两个最核心目标：

（1）通过各种相互融洽的方式，如奖金、战略和业务支持以及社区活动等来协调社区关系。

（2）ECF 要成为一个开放的资金网络，强调了 ECF 最初的愿景，以各类资金形成网络，共同实现对社区的支持贡献。

ECF 2.0 升级，不仅支持非营利基础设施项目、教育计划、产业社区活动，还将支持应用和工具开发，甚至商业项目。相关负责人称全面向风投基金、交易所、孵化器和项目开放。

以太坊的基金会因为项目发展得比较好，基金会的发展比较充分。

4. 项目的资源提供者与消费者

从经济学的角度来看，一个事物有市场价值，就会有供应者和消费者。在区块链项目中，一般资源的提供者是当前被广泛称为矿工的角色，资源的消费者是要使用这些通证的人员或团体，无论这种使用是用于生产或消费领域，还是用于投资领域。

5. 生态利益方

生态利益方的利益相关方在项目的经济模型中一般没有明确的体现，但需要从经济模型的设计中考虑激励模型对生态方的影响，或者判断是否需要相关的资源参与整个生态的建设，确定进入的阶段与参与的范围。

在生态的建设中，要避免一些破坏现象的出现。例如，一些区块链存储项目，项目还没有实质的进展，还不需要矿机的生产者进入。但这个阶段，矿机的生产者开始使用传销的模式来运营矿机销售。例如，国内的某个项目，某种品牌的存储矿机卖 3000 美元（约合人民币 2.1 万元），号称每天能够产生多少元的收入，几个月或半年就能回本。但实际上这种存储矿机就是一种简单的组装计算机，实际成本不足 5000 元，更重要的是根本不能做到几个月回本。矿机的生产商靠补贴矿机产生通证、奖励奔驰汽车等销售模式来销售矿机完全是一种传销行为，最终卖出几个亿，甚至更多的矿机。这些生态参与者，会对项目造成极大的破坏，当购买矿机的人群发现不能兑现当初购买的承诺后，而矿机销售者跑路的时候，会把所有的愤怒指向项目方。如果造成群体性的影响，则会使公检法机构介入，会造成整个项目的失败。

生态的相关方，在项目的运营阶段需要考虑管理的问题。实际上只要是会参与到项目生态建设中的参与者，如果可以使用经济模型控制，要考虑这种设计。其他方面靠运营与法律监管层面的措施来控制。

11.2.3 通证的激励与消费规则

在项目的参与方部分，我们谈到了项目资源提供者和资源消费者。无论他们提供的是货币职能的替代物，还是某种应用中的通证，都会涉及通证所代表资源的生产与消费。

针对提供者，经济模型一般要设计出合理的激励模式，保证这些参与者能够有动力推动项目的健康发展。例如，比特币中对发现区块的比特币奖励，还有打包的手续费奖励，都会使得矿工为社区的安全与健康发展作出贡献。

针对项目的消费者，如区块链存储项目中的使用者，如果能够提供更安全、更大容量、更快的访问速度的存储，就能够满足消费者的需求。项目中的消费者更在意要消费产品的技术性能指标与性价比。

当然针对消费者或破坏者，也可以使用经济手段，增加他们的作恶成本，使他们在项目正常提供的范围内使用项目的产出物。

当前很多中心化应用的场景，在经过部分或全部的去中心化改造引入通证激励功能，很多应用都可以得到较大的改变，一些应用在今后的发展中也许会产生颠覆性的变革。

11.2.4 项目资金的募集方式

区块链项目的资金募集方式多种多样，传统的投资方式我们不在本书中讲解，我们只谈区块链中的典型资金募集方式，业内称为通证融资。从ICO开始，后面出现的区块链资金募集方式有IEO、IFO、IMO、空投、IBO、STO等。

1. ICO

首次代币发行,源自股票市场的首次公开发行(IPO)概念,是区块链项目首次发行代币、募集比特币、解决以太坊等通用数字货币的行为。当某公司以融资为目的发行加密货币时，通常会发行一定数量的加密代币，接着向参与项目的人出售这些代币。通常这些代币被用于兑换比特币，当然也可以兑换法币。

ICO（Initial Coin Offering，数字货币首次公开发行）是从加密货币及区块链行业衍生出的项目筹资方式。可查的首个ICO来自Mastercoin项目（现已更名为Omni），其在2013年7月在Bitcointalk（最大的比特币和数字货币社区论坛）上宣布通过比特币进行ICO众筹，并生成对应的Mastercoin代币分发给众筹参与者。本质上来说，这次ICO是一种以物换物的行为，即参与者用比特币换得Mastercoin项目里的代币。一开始ICO只是数字货币爱好者的一种社区行为，随着数字货币以及区块链的不断发展，逐渐被越来越多人接受并参与。绝大部分ICO都是通过比特币或其他数字货币进行的。

在区块链领域，ICO开始被广泛地使用，尤其在以太坊支持基于以太坊系统发行ERC20代币之后，ICO更出现了井喷现象。其中最大的融资项目是EOS，采用每天竞价发行的方式，历时近一年的时间，筹集了40多亿美元。

ICO的优点在于提供了一种在线的、基于数字货币的筹集资金方式。简单、方便、便于新代币的发放。

ICO存在的风险如下：

（1）项目经营风险。参与ICO的项目大多处于早期，抗风险能力差，容易发生经营风险。因此，大部分ICO和天使投资类似，面临项目早期的风险，容易出现投资损失。

（2）金融风险。投资者在投资ICO的过程中可能会面临集资诈骗、投资损失的风险。目前ICO处于项目的初期，缺乏监管，有些创业公司可能借市场火爆的机会，制造虚假项目信息，利用ICO集资诈骗。

（3）监管法律风险。当前ICO的募集大多以BTC、ETH为主，还处于监管空白的状态，缺乏相关的法律法规。监管法律的真空一方面加大了犯罪分子利用ICO融资平台进行洗钱犯罪的可能性；另一方面，由于国内对比特币的流转也未做任何规定，且比特币等虚拟数字资产不需要进行登记，以比特币为主要标的物的ICO很容易被用来逃税、避税。

2. IEO

IEO（Initial Exchange Offerings，数字货币首次交易所发行）相比ICO，有了一个明显的好处，即通证直接上了交易平台，促进了通证的流通。对于普通投资者，项目必上交易所，可以更快地参与交易。其次项目方也有收益，因为在交易所直接IEO，相当于受众面扩大到整个交易所的用户，扩大了投资人的受众群。对于真正优质的项目和早期创业者来说，IEO不仅是一个好的融资途径，而且可以省去大量费用和精力上线交易平台，专注于项目研发和社区运营；对于交易所来说，IEO最直观的好处是扩大交易量和日活。项目的粉丝会作为新用户，其资金会随着项目大量涌入，他们中的一些人最终可能会成为交易所的老用户。这样的活动比传统的邀请返佣、交易大赛等运营手段更加诱人。

3. IFO

IFO（Initial Fork Offerings，数字货币首次分叉发行）一般是基于比特币等主流币而进行的分叉，IFO涉及的分叉币种就是在原有比特币区块链的基础上，按照不同规则分裂出另一条链，如比特币第一次进行分叉诞生了名为BCH（比特币现金）的全新数字货币。分叉不仅保留了比特币大部分的代码，它还继承了比特币分叉之前的数据。

分叉经常与空投一起使用。产生的新币对老用户进行空投，使得老用户获得利益，加速新币种的被认可和流通。

4. Airdrop Offerings

Airdrop Offerings（空投）是一种数字货币的派发方式，最初数字货币只有比特币挖矿这一种方式。但是在后来出现的山寨币、分叉币的派发方式，除了挖矿，还可以空投派发。空投，顾名思义，是天上掉馅饼，即开发团队白送数字货币，币直接打到你的地址里，不需要你挖矿、购买或者分叉之前持有原币，可以没有任何条件白送你币。空投的规则由发行方来决定，可以是你注册了就送你一定数量的币，也可以通过快照的方式派发。

空投方式其实并不是一种融资方式，而是一种货币的发行方式，将新的代币发放到期望的用户群中，便于新币的流通，促进了新币的融资。

5. IBO

了解 IBO（Initial Bancor Offering，首次兑换发行）之前，先了解 Bancor（班科），这个单词来源于在 1940—1942 年由凯恩斯、舒马赫提出的一个超主权货币的概念。在凯恩斯提出的概念中，Bancor 可作为一种账户单位用于国际贸易中，以黄金计值。会员国可用黄金换取“班科”，但不可以用“班科”换取黄金。各国货币以“班科”标价。

然而，由于美国实力在二战后一枝独秀，凯恩斯代表的英国方案并没有在布雷顿森林会议上被采纳。Bancor 协议由 Bancor Network 项目提出应用，旨在采用公式来设定好数字资产间的兑换价格。Bancor 协议使智能合约区块链上的自动价格发现和自主流动机制成为可能。这些智能代币拥有一个或多个连接器，连接到持有其他代币的网络，允许用户直接通过智能代币的合约，按照一个持续计算以保持买入 / 卖出交易量平衡的价格，立即为已连接的代币购买或清算智能代币。

在一个标准的 IBO 发行中，项目方需要按照设定的比例，首先抵押一定价值的另一种 Token 作为“准备金”，而后就是完全通过智能合约去实现 Token 的发行和流通，项目的资金被锁定在智能合约中，随时接受大家的监督。IBO 的一个案例是 EOS 的侧链项目——FIBOS。

6. STO

STO（Security Token Offering，证券通证发行）中，证券是一种财产权的有价凭证，持有者可以依据此凭证证明其所有权或债权等私权的证明文件。美国 SEC 认为满足 Howey 测试的就是证券，即满足“Howey Test：a contract，transaction or scheme whereby a person invests his money in a common enterprise and is led to expect profits solely from the efforts of the promoter or a third party”。简单来说，在 SEC 看来，但凡是有“收益预期”的所有投资，都应该被认为是证券。

STO 是现实中的某种金融资产或权益，如公司股权、债权、知识产权、信托份额以及黄金珠宝等实物资产，转变为链上加密数字权益凭证，是现实世界各种资产、权益、服务的数字化。

STO 介于 IPO 与 ICO 之间。一方面，STO 因承认其具有证券性的特征，接受各国证券监管机构的监管，虽然 STO 依然基于底层区块链技术，但能通过技术层面上的更新实现与监管口径的对接；另一方面，相对于复杂耗时的 IPO 进程，如 ICO、STO 的底层区块链技术同样可以实现 STO 更高效更便捷的发行。

7. IMO

IMO（Initial Miner Offerings，数字货币首次矿机发行）就是通过发行矿机的方式来发行代币。

公司或团队构造一种特定的区块链，使用特定的算法，只能采用该公司或团队自行发售的专用矿机才能挖到这种区块链上的代币。通常这种矿机具有应用的功能，在矿机的持续使用中获得价值来源。

IMO 这种融资模式就是通过发行一种专用矿机，然后进行挖矿来产生新的数字货币。有几个成功的案例，如迅雷玩客云——链克（原玩客币 WKC）、快播旗下流量矿石的流量宝盒——流量币（LLT）以及最近的暴风播酷云——BFC 积分等。

区块链的领域还有一些其他的小众方式，如 IHO、IAO、IDO，本书中不再进行介绍。感兴趣的读者可以查阅相关的网络资料。

本节提到的各种方式，其最大的问题还是监管。一些劣质项目依靠上述方式诈骗，圈钱的现象非常普遍。

11.2.5 项目资金与通证的后期管理

项目资金的后期管理一般包括三个方面：募集资金的管理、通证流通的管理、经济模型的调整。

（1）募集资金的管理。一般区块链项目募集了很多资金，这些资金一般由设定的基金会来管理。基金会的管理方式一方面参照传统基金会的方式，另一方面是在探索中进行。

在资金管理方面很多项目都备受争议，资金管理的不清晰、不公开，经常受到很大的质疑。通常对于募集到这种资金规模的项目，拥有成功管理经验的基金会也不多。例如，募集了 40 多亿美元的 EOS 项目。因为有了经济模型，在区块链项目的成员中，技术实施团队与基金管理团队都承担着重要的角色。

（2）通证流通的管理。数字货币的发行相对于早期，已经有了多种方式，使得大量的数字货币进入流通领域。在数字货币的流通中因为需求不足以及管理数字货币流动性的手段有限，造成数字货币的流通领域产生较多的问题。管理工具或管理手段的有限使数字货币的流通性问题严重，表现为暴涨暴跌。初期，流入市场中的数字货币有限，伴随投资狂热，数字货币价格猛涨，当有大量数字货币进入市场时，因为缺少应用场景和缺少冻结流动性的工具，大量的抛售又会造成价格的猛跌。

对于流动性的调控，我们可以参考一般性货币政策工具存款准备金政策、再贴现政策和公开市场政策。虽然数字货币不具备法币的条件，但一些操作会具有相似性。

（3）经济模型的调整。区块链中的经济模型在某些阶段需要调整处理。经济模型可以修改的问题非常受争议。一个项目团队随意地更改经济模型的关键规则、反复从资本市场套利、不兑现承诺让项目的参与者非常抵触。经济模型的调整应该遵循谨慎调、少调整的原则。多使用流动性控制方式，少采用经济模型调整。但在必要的时候，为了项目的长远发展，也需要进行调整。

11.3 典型的经济模型

通过了解前面的经济模型的主要内容，下面了解一些有代表性的区块链项目的利益相关资金分配模式。

11.3.1 案例一：比特币

（1）通证名称：BTC。

（2）通证总量：比特币的总量是 2100 万个，准确数值是 20999999.97690000 个，这些数值是由算法保证的。比特币没有预留发行额度，这也是早期经济模型考虑不够周到的地方。这种方式会造成后期项目维护团队不能直接从项目中得到资金支持。

（3）项目的利益方：比特币核心维护团队、矿工、矿机生产商、矿池建设者和使用者、数字货币交易所、购买比特币的人员等。

（4）通证的激励与消费规则：初始产生时，每个区块奖励 50 个比特币，每生产 21 万个区块，一个区块产生的比特币数减半，约每 10 分钟产生一个区块。产生新区块的奖励包括区块内所有交易的手续费。通证的消费者主要是投资比特币或使用比特币完成转账或支付功能的使用者。对于使用者，有扣除手续费的限制，手续费不是根据转账金额的大小来决定的，而是根据交易内包含内容的大小和当前网络的拥挤程度来决定的。

（5）项目资金的募集：没有募集资金。

（6）项目资金的后期管理：无。但是项目的核心维护团队因为没有资金来源，考虑在比特币的衍生领域获得收入支持。例如，BlockStream 通过侧链获得收入的方式。

（7）经济模型的调整：目前比特币还没有调整经济模型，只调整了一些与技术相关的内容。与比特币相关的经济模型的调整需求，在其他众多的从比特币衍生出来的山寨币、分叉币中得到了体现。

11.3.2 案例二：以太坊

（1）通证名称：ETH。

（2）通证总量：7200W+1872W/ 年（1872=1314+ 叔块奖励）。

初始 7200 万以太币，以后每年挖矿产生 1872 万个以太币。众筹发行的 ETH 数额的 19.8% 将由以太坊基金会拥有，也就是说，初始发行的以太坊中，有 1 /（ 1 + 19.8% ）= 83.47% 属于参与众筹的人，剩下的 16.53% 由以太坊基金会所有。

（3）项目的利益方：以太币核心维护团队、投资方、基金会、矿工、矿池建设者和使用者、数字货币交易所、购买以太币的人员等。

（4）通证的激励与消费规则：目前每产生一个新区块就会产生 5 个新以太币。平均

10多秒挖出一个区块，挖矿产生大约1314万个以太币，同时叔块也会获得一定的奖励，约每年1872万以太币产量。

通证的消费者主要是投资以太币，或者围绕以太坊生态开发的人员。对于使用者，会产生使用的手续费。ERC20的流行使得很多项目的初期通证都是在以太坊上发行与流通的，这样以太坊上的手续费是一项比较大的收入。另外像加密猫之类的游戏，也增加了以太坊的使用，促进了以太币的消费与流通。

（5）项目资金的募集：为了筹措开发以太坊需要的资金，布特林发起了一次众筹。与一般的众筹不同，这次众筹只接受比特币支付，并会在以太坊正式发布后使用以太坊中的通用货币以太币作为回报。这次众筹的简要情况如下。

①时间：2014年7月22日—2014年9月2日，共42天。

②兑换比例：前14天每1BTC兑换2000ETH，之后每天1BTC兑换的ETH数额减少30，直到1337ETH后不再减少。

③众筹地址共收到8947个交易，来自8892个不重复的地址，有两个地址是在众筹时间段之外支付的，所以这两个地址不能获得以太币。通过此次众筹，以太坊项目组筹得31529.35639551BTC，当时价值约1800万美元，0.8945BTC被销毁，1.7898BTC用于支付比特币交易的矿工手续费。

同时，以太坊发布后，需要支付给众筹参与者共计60108506.26以太币。这次众筹是极为成功的，正是这次成功的众筹，为以太坊项目组筹集了足够多的启动经费。

（6）项目资金的后期管理：项目资金的后期管理主要由基金会完成。以太坊的基金会组织当前有两个，即以太坊基金会和以太坊社区基金会。以太坊项目资金的后期管理是通过以太坊基金会进行的。

11.3.3 案例三：多通证的经济模型Steemit

Steemit是一个可以作为学习案例的区块链项目，它的经济模型设计有很多教学意义。Steemit的后期收购与社区分裂不影响我们对其原有经济模型的分析。

（1）通证名称：三种通证Steemit Power（SP）、Steem、Steem Dollar（SBD），它们之间的关系如图11-1所示。

（2）通证总量：Steem网络初始货币供应量为0，并且Steem的代币总量没有上限。截至2019年11月大约是3.7亿个通证。

自从2016年12月的第16次硬分叉开始，Steem的通胀率设定为每年9.5%，每250000个区块产生，通胀率每年下降0.5%。通胀率将以此速率下降，直到每年0.95%为止，大概需要花费20.5年时间。

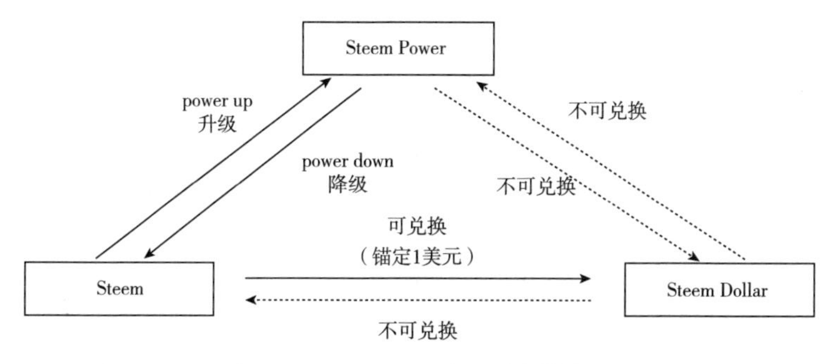

图 11-1　Steemit 三种通证之间的关系

Steemit 的通证机制虽然复杂，但是除 Steem 通证外，设置 SP 和 SBD 通证有其存在的独特意义，具体如下所示：

①设计 SP 通证的意义。在 Steem 通证之外，设置 SP 通证可以让用户把手中的 Steem 通证交给系统，等于变相锁仓，可以减少市面上的 Steem 的流通量，部分抵销 Steem 增发机制对币价的冲击。

②设计 SBD 代币的意义。SBD 的功能似于稳定币，是 Steemit 系统发给用户的激励。设置 SBD 的原因是如果用户激励全部使用 SP，则由于其长达 13 周的释放期可能会使得用户激励变现的流动性大大下降，故设置 SBD 通证可以让用户激励快速变现一部分；而如果发放 SP+Steem 的组合，可能会使得市面上流通的 Steem 通证数量增加。所以，设置 SBD 通证可以在更好地激励用户之外，变相减少 Steem 通证的流通量，部分抵销 Steem 增发机制对币价的冲击。

综上所述，SP 通证像是 Steemit 系统里的 Long Capital，即所有者权益，用户将自己手中的 Steem 投资给 Steemit 系统；SBD 通证像是 Steemit 系统里的 Debt，即债券，用户激励收到 SBD，相当于收到了 Steem 通证的商业承兑汇票，用户可以拿手中的 SBD 去向 Steemit 系统换算 Steem 通证。

但是需要指出的是，SBD 通证根据目前的价格来看，已经失去了锚定 1 美元的作用。

（3）项目的利益方：Steemit 是一个基于区块链技术的去中心化社交网络平台。在 Steemit 中，参与者可以得到数字货币形式的奖励。参与是指在 Steemit 上发帖、回帖、讨论、点赞等。而帖子质量越高、点赞的越多，收到的奖励就越高。Steemit 上的文章多种多样，来自各个国家各个领域的作者在这里分享，并从中获取奖励。

Steemit 核心维护团队、社区参与者、基金会、数字货币交易所、购买 Steem 的人员等。

通胀产生的 Steem，75% 会分配给奖励池，用于奖励内容创作者和评论者；15% 分配给 SP 持有者，作为 SP 持有者的股息收入；10% 分配给见证人，如图 11-2 所示。

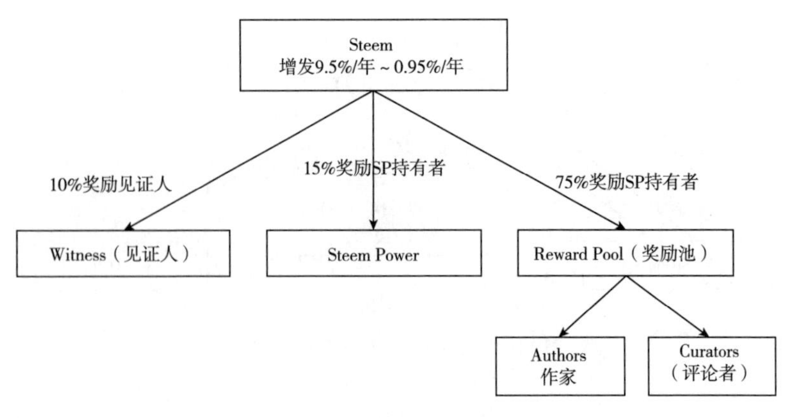

图 11-2　Steem 通证增发分配机制

（4）项目资金的后期管理：Steemit 基金会目前处于构想阶段，并声称 Steemit 是一家私有公司。Steemit 项目已经运行几年，至今未公布项目治理结构，不利于投资者判断项目长期发展情况。同时项目没有治理结构，没有机构监督项目进展并根据现有问题提出合理解决方案，将限制其项目的发展速度。

11.3.4　案例四：存储项目 Filecoin

（1）通证名称：FIL。

（2）通证总量：20 亿。

（3）项目的利益方：Filecoin 核心维护团队、基金会、矿工、矿机生产商、数字货币交易所、购买 FIL 的人员、存储消费方等。

（4）通证的激励与消费规则：通证分配比例如图 11-3 所示。

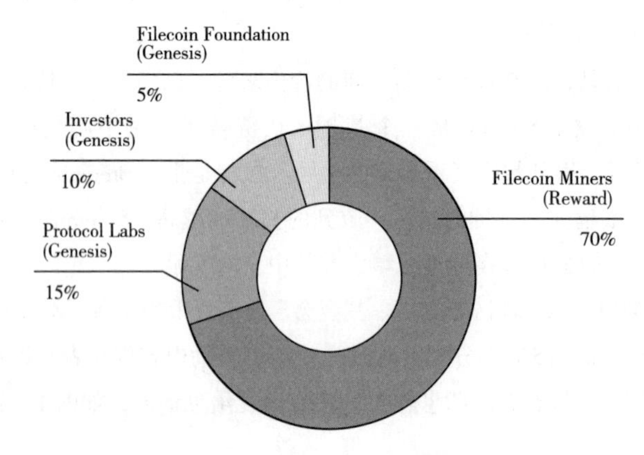

图 11-3　Filecoin 通证分配关系

① Filecoin Minersl（矿工）70%：像比特币一样根据挖矿的进度逐步分发。

② Protocol Labs 15%：作为研发费用，6 年逐步解禁。

③ Investovs（投资者）10%（公募 + 私募）：根据挖矿进度，逐步解禁。

④ Filecoin Foundation（基金会）5%：作为长期社区建设，网络管理等费用，6 年逐步解禁。

Token 分发开始时间从 Filecoin 网络上线开始算时间。例如，6 个月分发期（Vesting Period），网络上线后 6 个月内发放完毕。

Filecoin 的分发是经过精密的思考和设计的，并不是一个随意的行为，Protocol Labs 为此做了很多分析，确保通证的发放过程平滑，不会突然出现大量通证解禁的情况，以至于对币价造成的波动。

70%Token 分配给矿工是现在如此多的矿工关注的原因。矿工部分的 70%Token 设计为 6 年分发大约一半的币（比特币是 4 年），为什么是 6 年？ Protocol Labs 认为 6 年无论是对 Filecoin 网络增长还是对投资者长期回报都是一个恰当的时间周期。

总的分发规划为大约 4 年分发总量一半的代币（10 亿枚），其中包括矿工挖矿、投资者解禁（ICO）、Protocol Labs 和 Filecoin 基金会的解禁额度。

Filecoin 的分发采用的是线性释放，即随着每个区块（Block）被矿工开采，逐步分发 Token。例如，分发期 2 年的 Token，网络启动后的 6 个月分发 20%，1 年分发 50%，2 年分发 100%。

（5）消费规则在主网上线后会更加清晰。因为 Filecoin 做的是存储项目，对消费者而言，无论是现在的中心化存储，还是区块链这种去中心化的存储，性价比都是一个重要的参考值。相信这种区块链存储的性价比与中心化存储的性价比基本相同，或者应该更优惠一些，否则用户缺少大规模使用的动力。

（6）项目资金的募集。

①限制参与：美国合格投资人（U.S.Accredited Investors）身份认证（采用与 IPO 相同的流程，以确保合法性），投资门槛较高。例如，年收入 20 万美元或者家庭年收入 30 万美元或家庭净资产（不算自主的房产）超过 100 万美元。Filecoin 更看中项目的长期发展。

② ICO 占比：10%（2 亿枚）。

③ ICO 总金额：2.57 亿美元。

④私募情况。

· 时间：2017.7.21—2017.7.24。

· 成本：0.75 美元 /FIL（全部私募价格都一样）。

· 分发期和折扣：1—3 年，折扣额 0—30%（分发期最低一年）。

· 参与人数：150 人左右。

· 私募金额：大约 5200 万美元。

⑤公募情况。

· 时间：2017.8.7—2017.9.7。

· 成本计算公式：price = max（ $1，amountRaised / $40 000 000）USD/FIL（计算公式有点复杂）。

· 成本区间：1 ～ 5 美元。

· 分发期和折扣：6 个月（0%），1 年（7.5%），2 年（15%），3 年（20%）。

· 公募金额：2.05 亿美元。

· 参与人数：2100+（另有很多参与者是通过代投拿到的）。

（7）项目资金的后期管理：暂时未找到准确资料。因为截至 2019 年底，Filecoin 的测试网刚刚上线，在项目发展到这个阶段，项目资金只用于当前的项目开发，还没有更多应用的场景与生态需求。

11.3.5 案例五：跨链经济模型

跨链的项目在当前已经有了比较多的案例，每种案例的经济模型有很多不同。很多跨链都是一种探索，跨链更大的意义在于解决技术问题，跨链的经济模型初期经常比较粗略，后期还有不同的修正。我们只选取一个案例来简单地分析一下跨链的经济模型。

（1）通证名称：FIBOS。

（2）通证总量：100 亿。

（3）项目的利益方：项目核心维护团队、通证使用者、数字货币交易所、购买通证的人员、EOS 项目方等。

（4）通证的激励与消费规则：FIBOS 发行总量为 100 亿 FO，团队及基金保留份额为 50 亿，IBO 方式用 55 万个 EOS，在官方准备金账户中锁定 50 亿个 FO。团队保留的份额，没有资料说明具体的用途。按照一般的管理，这种保留的份额都会用于项目的前期开发、与后期项目中应用的推动和生态的发展。FIBOS 是一条和 EOS 相似的公链，运行也采用了超级节点的方式，其中的消费与 EOS 相似。除了跨链对初始代币产生的 IBO 效应，在消费与激励方面并不具有代表性。

使用 EOS 的 IBO 方式会对 EOS 产生一定的促进作用，增加 EOS 的使用范围。但与 ERC20 的代币方式产生的影响力相比，影响范围还不够大。

（5）项目资金的募集：FIBOS 是基于 EOS 的一条侧链，致力于为 EOS 提供可编程性，并允许使用 JavaScript 编写智能合约。而 FO 是 FIBOS 基于 Bancor 协议发行的代币。FIBOS 采用了自融 +Bancor 的发行模式进行募资，在几天内募集了 85 万个 EOS。

初始兑换比例为 1 ∶ 1000，发行总量为 100 亿 FO，团队及基金保留份额为 50 亿，按照 1 ∶ 1000 的比例兑换。也就是说，项目方首先向官方保证金账户中存入 55 万个 EOS，换取了 50 亿个 FO 在官方准备金账户中锁定。

在此之后 FO 开放兑换，其他用户兑换时投入的 EOS 将被汇入另一个保证金账户，而卖出 FO 时则从保证金账户中提取 EOS,但 FO 的兑换价格会随着 FO 流通量的增加而上升。

（6）项目资金的后期管理：项目的后期资金管理没有详细的资料，与具有代表性的公链相比，跨链目前只带来初始阶段的资金募集影响以及项目参与者退出时产生影响。项目后期的发展也还是要靠项目能够解决的问题、应用场景的发展来决定。

11.4 价值互联网

区块链技术中因为经济模型的存在，使得这项技术与以往的技术有很大的不同，它的影响力超越了单纯的技术影响力。区块链技术使得今后的互联网具有了价值传递的能力。

我们当前的互联网被称为信息互联网，信息互联网的主要群体是人与计算机系统，其交互主要体现在传递信息或处理信息。信息互联网也可以进行价值的传递，在需要处理价值的场景中，信息互联网一般也参与其他价值系统（如银行系统）的辅助处理。因为区块链技术的产生，使得我们可以在网络中产生和传递价值，这将改变我们当前信息互联网中使用价值的一些行为，最终推动我们进入价值互联网。同时价值互联网的主要群体从人与计算机的交互，扩大到物与物的交互。随着物联网及 5G 等网络技术的发展，会有越来越多的智能物体加入网络中。区块链技术的产生与发展会让我们进入价值互联网阶段。在万物互联的时代加上价值传递的能力会给我们的世界带来很多新的变化。

区块链技术的发展为物联网的发展提供了一个价值传递的重要方式。区块链中的经济模型能够更好地管理和运行在价值互联网中的流通的价值载体。

很多人会说，我们在现在的互联网中不是也可以进行支付、转账、工资发放、挣积分、挣现金等操作吗？但这些操作都不是真正的价值传递。网上的支付与转账是我们传统支付方式的电子化，是我们线下金融系统的辅助。我们把当前的互联网还是称作信息互联网。在信息互联网上面也可以传递价值或转移价值，传递的方式通常是一个操作流程中的附加操作，价值的管理依靠外部系统。信息互联网中的业务流与价值流是分开进行的，其中更多的是人与计算机之间的交互。

以区块链技术为支持的价值互联网将会到来。在价值互联网阶段，每个事件的业务流和价值流将会合二为一，价值可以在网络中产生、分割、交换、转移等。价值互联网不仅在人与计算机之间交互，也会在物与物之间交互。关于价值互联网，我们希望将来用另一本书来详细介绍和分析。

我们用图 11-4 来对比信息互联网中业务流程与价值互联网中业务流程的区别，使大家有一个初步的认识。

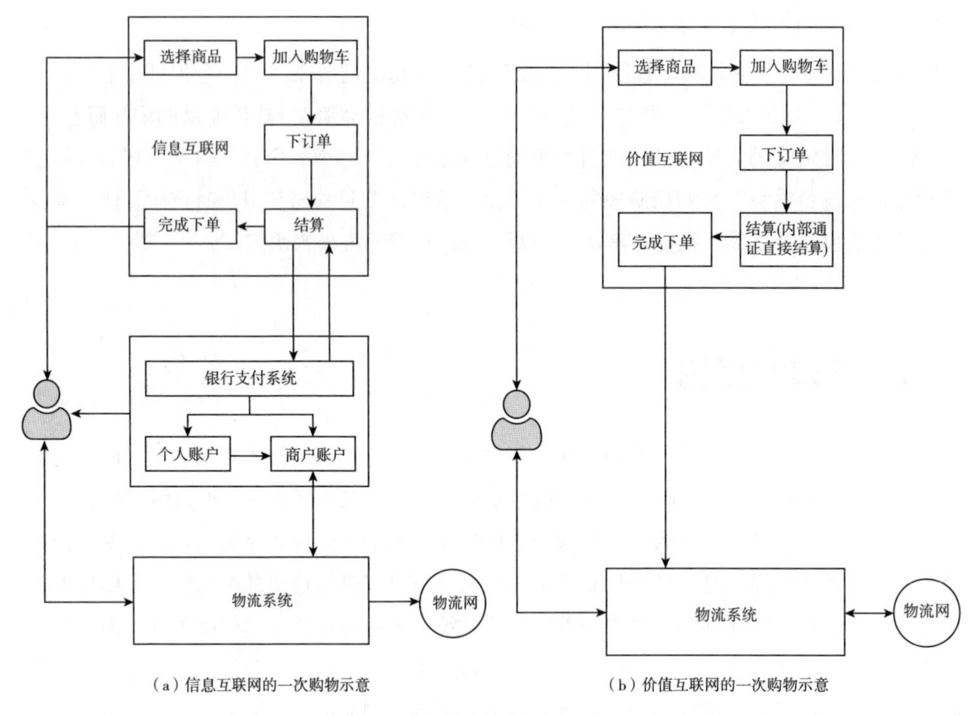

（a）信息互联网的一次购物示意

（b）价值互联网的一次购物示意

图 11-4　信息互联网的业务流程与价值互联网的业务流程对比

在价值互联网中，信息流与价值流的传递合二为一，是一个统一的数据流（如图 11-5 所示）。在物联网中，这种二流合一或多流合一的优势将会更加明显，这样就不需要人类的参与，将人类完全排除在外，一切靠程序与区块链中经济模型的控制就可以良好地运行。这种多流合一的价值传输的综合成本更低、环节更少，包括时间成本、安全成本、交互成本、结算成本与环节等内容。

同时，这种在控制与经济行为上面的改变会扩大物联网的自治性。随着技术的发展，全球基础设施的全幅图景中，有超过 6400 万千米的高速公路、200 万千米的油气管道、120 万千米的铁路、75 万千米的海底电缆和 41.5 万千米的 220kV 以上的高压线。这样由物质传输网络、能源网络、互联网、支付网多个网络融合的终极状态，承载着物质、能量、信息、资金的网络，即为价值互联网。其核心特征是实现信息与价值的互联互通。价值互联网将有效承载农业经济和工业经济之后的数字经济，数字经济的重要驱动力也将从数字化、网络化逐渐进行至价值化。

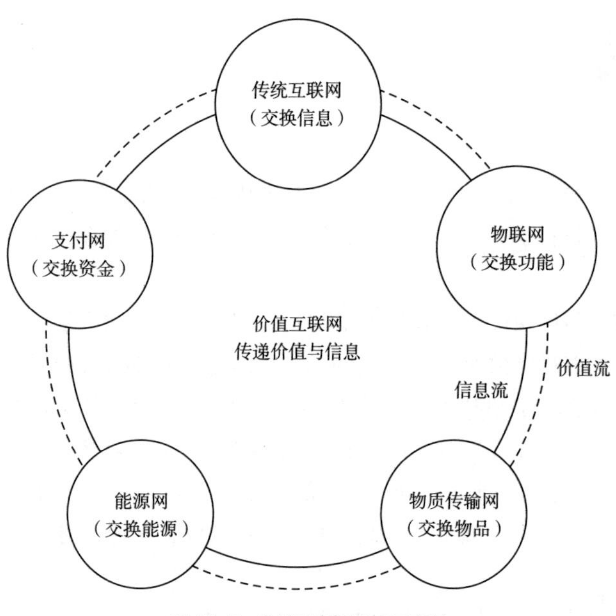

图 11-5　价值互联网组成示意图

总　结

区块链是一门跨学科的产物，在区块链的整个技术与生态中涉及的学科种类非常繁多，主要有数学、计算机科学、密码学、经济学、法学，此外还可能会涉及政治学、哲学乃至宗教学等。

在本书中我们将区块链的技术主要归类为三大组成部分：密码学、计算机技术、经济学。因为密码学的基础是数学，所有与密码学、数学相关的部分都归类为密码学（非密码学部分的数学归类到计算机技术中）；数据结构、分布式计算、共识算法、编程语言等都归属于计算机技术；与经济学相关的部分、经济模型以及因为经济基础产生的上层建筑的影响，包括法学、政治学、哲学乃至宗教，都归类为经济学部分。在本书中我们没有对社区治理、DAO、DAC 等组织形式与区块链自治方面的内容进行介绍，感兴趣的读者可以查询相关的网站了解。

本书只介绍区块链相关技术的基础知识，便于区块链的技术人员的初期学习。作为区块链技术的入门知识，我们更多的是给大家普及、介绍使用了哪些知识点，我们尽量找到权威书籍来验证书中引用的知识点。对于有表达不准确的地方，欢迎读者将相关信息反馈给我们，并注上引用的材料出处，我们会尽力验证和更正。

区块链技术集成了众多领域的技术，尤其是与密码学，分布式技术相关的方面，有更多的有细节、有深度的知识需要学习，很多是靠数学、图论、计算机领域的深层理论支撑的。区块链中的经济模型是区块链系统中非常重要的另一个部分，与技术实现有着同等或更强效的作用。我们在书中只用一章来介绍区块链中的经济模型，是最基本知识的介绍。对于一般的人员，了解这些对理解区块链来说已经能够满足需求。对区块链项目的设计人员或区块链项目的运营人员需要更深入地学习经济学相关的知识。

此外，区块链行业是一个快速发展的行业，所引用的材料和一些结论经常会有时效性。例如，介绍的一些项目可能已经失效或失败，或者项目当前设立的规则可能有了改变等，大家阅读的时候要保持对时效性的注意。

附录 A　区块链常见术语

本术语表包含了在区块链中经常使用的术语，是了解区块链知识的必要内容，是区块链领域的通用术语，大部分源于比特币。以太坊、EOS 的系统中的特定专业术语不在介绍本范围内。

区块（Block）

区块是在区块链网络上承载交易数据的数据包，是一种被标记上时间戳和之前一个区块哈希值的数据结构，区块经过网络的共识机制验证并确认区块中的交易。

父块（Parent Block）

父块是指区块的前一个区块，区块根据区块头记录区块以及父块的哈希值在时间上进行排序。

区块头（Block Header）

记录当前区块的元信息，包含当前版本号、上一区块的哈希值、时间戳、随机数、Merkle 根的哈希值等数据。此外，区块体的数据记录通过 Merkle 树的哈希过程生成唯一的 Merkle 根记录于区块头。

区块体（Block Body）

记录一定时间内所生成的详细数据，包括当前区块经过验证的、区块创建过程中生成的所有交易记录或是其他信息。可以理解为账本的一种表现形式。

哈希值（Hash Code）/散列值（Hash Sums）/Hash Values（Hashes）

哈希值通常用由一个短的随机字母和数字组成的字符串来代表，是一组任意长度的输入信息，通过哈希算法得到的“数据指纹”。此外，哈希值是一段数据唯一且极其紧凑的数值表示形式，如果通过哈希一段明文得到哈希值，哪怕只更改该段明文中的任意一个字母，随后得到的哈希值都将不同。

时间戳

时间戳从区块生成的那一刻起就存在于区块中，是用于标识交易时间的字符序列，具备唯一性。时间戳用以记录并表明存在的、完整的、可验证的数据，是每一次交易记录的认证。

随机数（Nonce）

Nonce 是指“只使用一次的随机数”，在挖矿中是一种用于挖掘加密货币的、自动生成的、毫无意义的随机数，在解决数学难题时被使用一次后，如果不能解决该难题，则该随机数就会被拒绝，而一个新的 Nonce 也会被测试出来，直到问题解决。当问题解决时，矿工就会得到加密货币作为奖励。在区块结构中，Nonce 是基于工作量证明设计的随机数字，通过难度调整来增加或减少其计算时间；在信息安全中，Nonce 是一个在加密通信只能使用一次的数字；在认证协议中，Nonce 是一个随机或伪随机数，以避免重放攻击。

区块容量

区块链的每个区块都是用来承载某个时间段内的数据的，每个区块通过时间的先后顺序使用密码学技术将其串联起来，形成一个完整的分布式数据库，区块容量代表了一个区块能容纳多少数据的能力。

无代币区块链（Token-Less Blockchain）

无代币区块链是指区块链并不通过代币（通证）进行价值交换，一般出现在不需要在节点之间转移价值并且仅在不同的已被信任方之间共享数据的情况下，如私有链。

创世区块（Genesis Block）

区块链中的第一个区块被称为创世区块。创世区块一般用于初始化，不带有交易信息。

区块高度（Block Height）

区块高度是指在区块链中该区块和创世区块之间的块数。

分叉（Fork）

在区块链中，由矿工挖出区块并将其链接到主链上。一般来讲，同一时间内只产生一个区块。如果同一时间内有两个区块同时被生成，就会在全网中出现两个长度相同、区块里的交易信息相同但矿工签名不同或者交易排序不同的区块链，这样的情况叫作分叉。

软分叉（Soft Fork）

指在区块链或去中心化网络中向前兼容的分叉。向前兼容意味着当新共识规则发布后，在去中心化架构中节点不一定要升级到新的共识规则，因为软分叉的新规则仍旧符合老的规则，所以未升级的节点仍然能接受新的规则。

幽灵协议（Ghost Protocol）

通过幽灵协议，区块可以包含不只是他们父块的哈希值，也包含其父块的父块的其他子块（被称为叔块）的陈腐区块的哈希值，这确保了陈腐区块仍然有助于区块链的安全性，并能够获得一定比例的区块奖励，减少了大型矿工在区块链上的中心化倾向问题。

孤块（Orphan Block）

孤块是一个被遗弃的数据块。因为很多节点都在维护区块链并同时创建多个区块，但是一次只能有一个被继续继承，而其他被遗弃的数据块就是孤块。

陈腐区块（Stale Block）

陈腐区块是指父块的父块的其他子块，简单来说就是祖先的其他子块，但不是自己的祖先，如果 A 是 B 的一个叔块，那 B 是 A 的一个侄块。

叔块（Ommer）

某一个父块的子块，且自身不是任何区块的父块。当一个矿工找到有效区块时，另一个矿工可能已经发布了一个竞争区块并将其添加上链。与比特币不同，以太坊中的孤块可以被更新的区块作为叔块打包，并获得部分区块奖励。使用术语叔块是对同一个父块下不同子块的中性表达，但也有人称其为 Uncle。

51%攻击

一种在去中心化网络上的攻击，通过控制大多数节点（超过全网一半的节点），他们能够逆转交易以及双花相关的以太币和其他代币来欺骗区块链系统。

可重入攻击（Re-entrancy attack）

攻击者合约调用受害者合约函数，使得在调用执行过程中受害者合约会循环调用攻击者合约。这可能导致通过跳过受害者合约的余额更新或提款金额计算的部分来盗窃资金。

HD钱包（HD wallet）

分层确定性钱包，即使用分层确定性密钥创建与传输协议（BIP-32）的钱包。

HD钱包种子（HD wallet seed）

用来生成 HD 钱包中主私钥与主链码的短种子值。可以用助记词表示，以便人类复制、备份及恢复私钥。

矿工（Miner）

通过不断进行哈希运算，找到新区块的有效工作量证明的网络节点。

附录 B 中本聪论文 英文原版

Bitcoin: A Peer–to–Peer Electronic Cash System

Satoshi Nakamoto

satoshin@gmx.com

www.bitcoin.org

Abstract. A purely peer–to–peer version of electronic cash would allow online payments to be sent directly from one party to another without going through a financial institution. Digital signatures provide part of the solution, but the main benefits are lost if a trusted third party is still required to prevent double–spending. We propose a solution to the double–spending problem using a peer–to–peer network. The network timestamps transactions by hashing them into an ongoing chain of hash–based proof–of–work, forming a record that cannot be changed without redoing the proof–of–work. The longest chain not only serves as proof of the sequence ofevents witnessed, but proof that it came from the largest pool of CPU PoWer. As long as a majority of CPU PoWer is controlled by nodes that are not cooperating to attack the network, they'll generate the longest chain and outpace attackers. The network itself requires minimal structure. Messages are broadcast on a best effort basis, and nodes can leave and rejoin the network at will, accepting the longest proof–of–work chain as proof of what happened while they were gone.

1. Introduction

Commerce on the Internet has come to rely almost exclusively on financial institutions serving as trusted third parties to process electronic payments. While the system works well enough for most transactions, it still suffers from the inherent weaknesses of the trust based model. Completely on–reversible transactions are not really possible, since financial institutions cannot avoid mediating disputes. The cost of mediation increases transaction costs, limiting the minimum practical transaction size and cutting off the possibility for small casual transactions, and there is a broader cost in the loss of ability to make non–reversible payments for nonreversible services. With the possibility of reversal, the need for trust spreads. Merchants must be wary of their customers, hassling them for more information than they wouldotherwise need. A certain percentage of fraud is accepted as unavoidable. These costs and payment uncertainties can be avoided in person by using physical currency, but no mechanism exists to make payments over a communications channel without a trusted party.

What is needed is an electronic payment system based on cryptographic proof instead of trust, allowing any two willing parties to transact directly with each other without the need for a trusted third party. Transactions that are computationally impractical to reverse would protect sellers from fraud, and routine escrow mechanisms could easily be implemented to protect buyers. In this paper, we propose a solution to the double-spending problem using a peer-to-peer distributed timestamp server to generate computational proof of the chronological order of transactions. The system is secure as long as honest nodes collectively control more CPU PoWer than any cooperating group of attacker nodes.

2. Transactions

We define an electronic coin as a chain of digital signatures. Each owner transfers the coin to the next by digitally signing a hash of the previous transaction and the public key of the next owner and adding these to the end of the coin. A payee can verify the signatures to verify the chain of ownership.

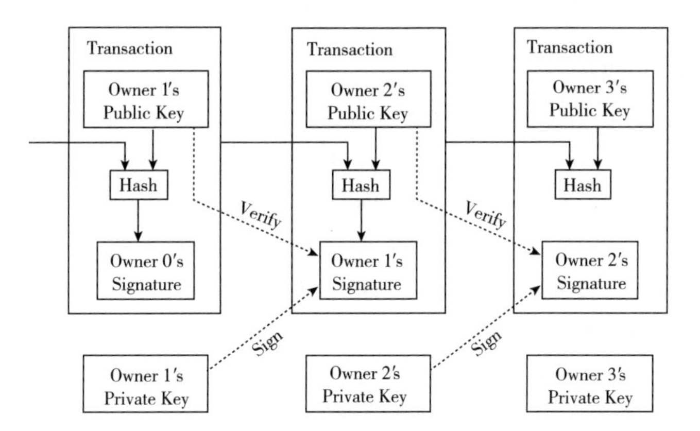

The problem of course is the payee can't verify that one of the owners did not double-spend the coin. A common solution is to introduce a trusted central authority, or mint, that checks every transaction for double spending. After each transaction, the coin must be returned to the mint to issue a new coin, and only coins issued directly from the mint are trusted not to be double-spent. The problem with this solution is that the fate of the entire money system depends on the company running the mint, with every transaction having to go through them, just like a bank.

We need a way for the payee to know that the previous owners did not sign any earlier transactions. For our purposes, the earliest transaction is the one that counts, so we don't care about later attempts to double-spend. The only way to confirm the absence of a transaction is to be aware of all transactions. In the mint based model, the mint was aware of all transactions and decided which arrived first. To accomplish this without a trusted party, transactions must be publicly announced , and we need a system for participants to agree on a single history of the order in which they were received. The payee needs proof that at the time of each transaction, the majority of nodes agreed it was the first received.

3. Timestamp Server

The solution we propose begins with a timestamp server. A timestamp server works by taking a hash of a block of items to be timestamped and widely publishing the hash, such as in a newspaper or Usenet post [2–5]. The timestamp proves that the data must have existed at the time, obviously, in order to get into the hash. Each timestamp includes the previous timestamp in its hash, forming a chain, with each additional timestamp reinforcing the ones before it.

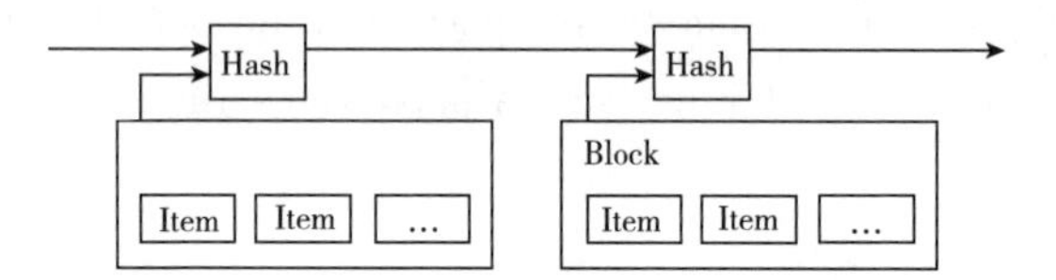

4. Proof-of-Work

To implement a distributed timestamp server on a peer-to-peer basis, we will need to use a proof-of-work system similar to Adam Back's Hashcash [6], rather than newspaper or Usenet posts. The proof-of-work involves scanning for a value that when hashed, such as with SHA-256, the hash begins with a number of zero bits. The average work required is exponential in the number of zero bits required and can be verified by executing a single hash.

For our timestamp network, we implement the proof-of-work by incrementing a nonce in the block until a value is found that gives the block's hash the required zero bits. Once the CPU effort has been expended to make it satisfy the proof-of-work, the block cannot be changed without redoing the work. As later blocks are chained after it, the work to change the block would include redoing all the blocks after it.

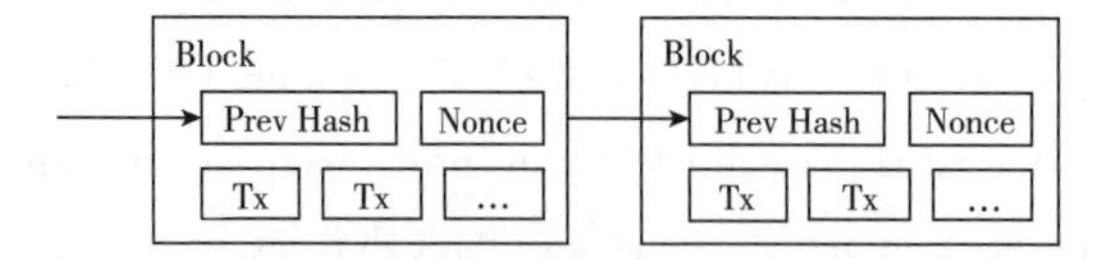

The proof-of-work also solves the problem of determining representation in majority decision making. If the majority were based on one-IP-address-one-vote, it could be subverted by anyone able to allocate many IPs. Proof-of-work is essentially one-CPUone-vote. The majority decision is represented by the longest chain, which has the greatest proof-of-work effort invested in it. If a majority of CPU PoWer is controlled by honest nodes, the honest chain will grow the fastest and outpace any competing chains. To modify a past block, an attacker would have to redo the proof-of-work of the block and all blocks after it and then catch up with and surpass the work of the honest nodes. We will show later that the probability of a slower attacker catching up diminishes exponentially as subsequent blocks are added.

To compensate for increasing hardware speed and varying interest in running nodes over time, the proof-of-work difficulty is determined by a moving average targeting an average number of blocks per hour. If they' re generated too fast, the difficulty increases.

5. Network

The steps to run the network are as follows:

(1) New transactions are broadcast to all nodes.

(2) Each node collects new transactions into a block.

(3) Each node works on finding a difficult proof-of-work for its block.

(4) When a node finds a proof-of-work, it broadcasts the block to all nodes.

(5) Nodes accept the block only if all transactions in it are valid and not already spent.

(6) Nodes express their acceptance of the block by working on creating the next block in the chain, using the hash of the accepted block as the previous hash.

Nodes always consider the longest chain to be the correct one and will keep working on extending it. If two nodes broadcast different versions of the next block simultaneously, some nodes may receive one or the other first. In that case, they work on the first one they received, but save the other branch in case it becomes longer. The tie will be broken when the next proof-of-work is found and one branch becomes longer; the nodes that were working on the other branch will then switch to the longer one.New transaction broadcasts do not necessarily need to reach all nodes. As long as they reach many nodes, they will get into a block before long. Block broadcasts are also tolerant of dropped messages. If a node does not receive a block, it will request it when it receives the next block and realizes it missed one.

6. Incentive

By convention, the first transaction in a block is a special transaction that starts a new coin owned by the creator of the block. This adds an incentive for nodes to support the network, and provides a way to initially distribute coins into circulation, since there is no central authority to issue them.

The steady addition of a constant of amount of new coins is analogous to gold miners expending resources to add gold to circulation. In our case, it is CPU time and electricity that is expended.

The incentive can also be funded with transaction fees. If the output value of a transaction isless than its input value, the difference is a transaction fee that is added to the incentive value of the block containing the transaction. Once a predetermined number of coins have entered circulation, the incentive can transition entirely to transaction fees and be completely inflation free.

The incentive may help encourage nodes to stay honest. If a greedy attacker is able to assemble more CPU PoWer than all the honest nodes, he would have to choose between using it to defraud people by stealing back his payments, or using it to generate new coins. He ought to find it more profitable to play by the rules, such rules that favour him with more new coins than everyone else combined, than to undermine the system and the validity of his own wealth.

7. Reclaiming Disk Space

Once the latest transaction in a coin is buried under enough blocks, the spent transactions before it can be discarded to save disk space. To facilitate this without breaking the block's hash, transactions are hashed in a Merkle Tree [7][2][5], with only the root included in the block's hash. Old blocks can then be compacted by stubbing off branches of the tree. The interior hashes do not need to be stored.

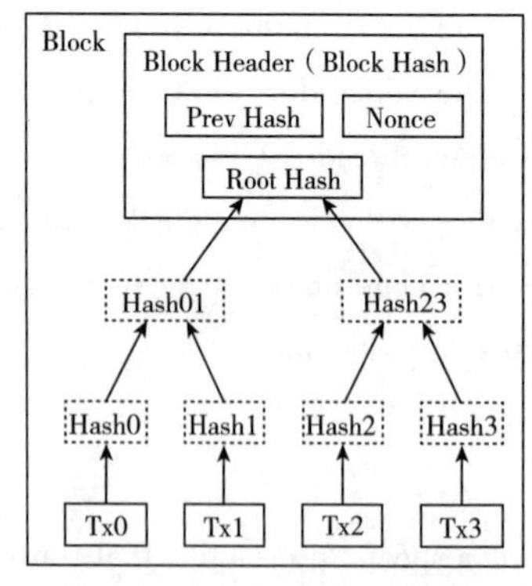

Transactions Hashed in a Merkle Tree

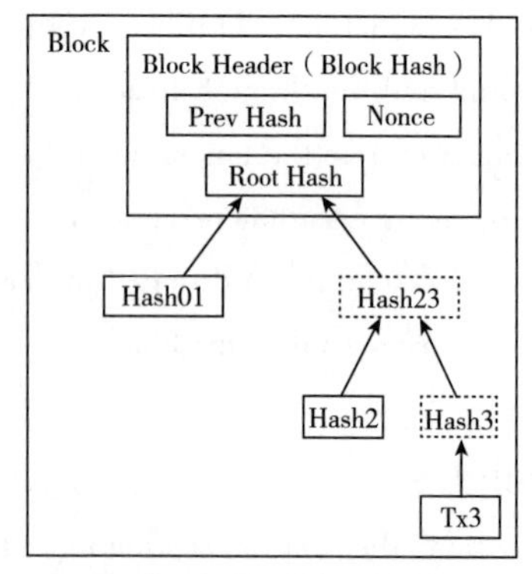

After Pruning Tx0–2 from the Block

A block header with no transactions would be about 80 bytes. If we suppose blocks are generated every 10 minutes, 80 bytes * 6 * 24 * 365 = 4.2MB per year. With computer systems typically selling with 2GB of RAM as of 2008, and Moore's Law predicting current growth of 1.2GB per year, storage should not be a problem even if the block headers must be kept in memory.

8. Simplified Payment Verification

It is possible to verify payments without running a full network node. A user only needs to keep a copy of the block headers of the longest proof-of-work chain, which he can get by querying network nodes until he's convinced he has the longest chain, and obtain the Merkle branch linking the transaction to the block it's timestamped in. He can't check the transaction for himself, but by linking it to a place in the chain, he can see that a network node has accepted it, and blocks added after it further confirm the network has accepted it.

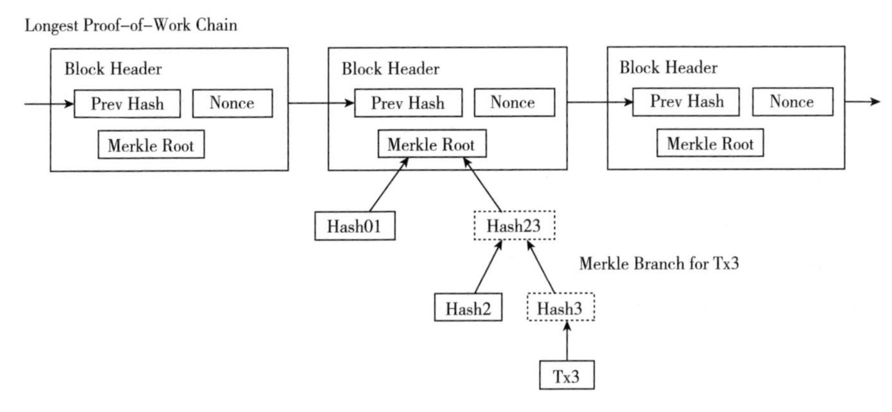

As such, the verification is reliable as long as honest nodes control the network, but is more vulnerable if the network is overPoWered by an attacker. While network nodes can verify transactions for themselves, the simplified method can be fooled by an attacker's fabricated transactions for as long as the attacker can continue to overPoWer the network. One strategy to protect against this would be to accept alerts from network nodes when they detect an invalid block, prompting the user's software to download the full block and alerted transactions to confirm the inconsistency. Businesses that receive frequent payments will probably still want to run their own nodes for more independent security and quicker verification.

9. Combining and Splitting Value

Although it would be possible to handle coins individually, it would be unwieldy to make a separate transaction for every cent in a transfer. To allow value to be split and combined, transactions contain multiple inputs and outputs. Normally there will be either a single input from a larger previous transaction or multiple inputs combining smaller amounts, and at most two outputs: one for the payment, and one returning the change, if any, back to the sender.

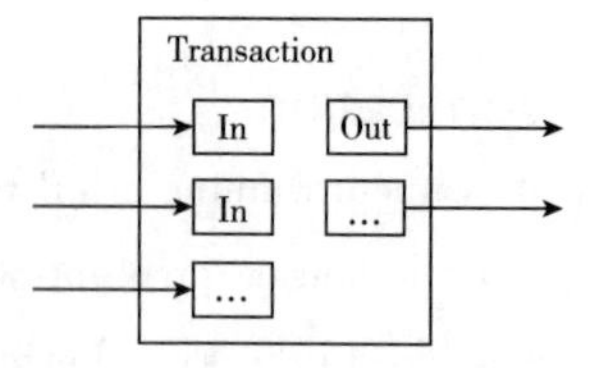

It should be noted that fan-out, where a transaction depends on several transactions, and those transactions depend on many more, is not a problem here. There is never the need to extract a complete standalone copy of a transaction's history.

10. Privacy

The traditional banking model achieves a level of privacy by limiting access to information to the parties involved and the trusted third party. The necessity to announce all transactions publicly precludes this method, but privacy can still be maintained by breaking the flow of information in another place: by keeping public keys anonymous. The public can see that someone is sending an amount to someone else, but without information linking the transaction to anyone. This is similar to the level of information released by stock exchanges, where the time and size of individual trades, the "tape", is made public, but without telling who the parties were.

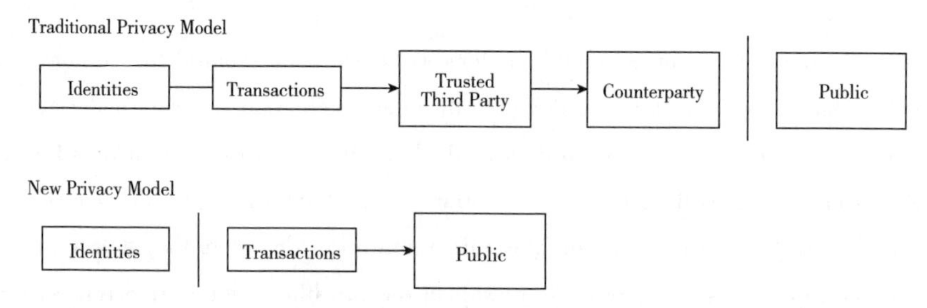

As an additional firewall, a new key pair should be used for each transaction to keep them from being linked to a common owner. Some linking is still unavoidable with multi-input transactions, which necessarily reveal that their inputs were owned by the same owner. The risk is that if the owner of a key is revealed, linking could reveal other transactions that belonged to the same owner.

11. Calculations

We consider the scenario of an attacker trying to generate an alternate chain faster than the honest chain. Even if this is accomplished, it does not throw the system open to arbitrary changes, such as creating value out of thin air or taking money that never belonged to the attacker. Nodes are not going to accept an invalid transaction as payment, and honest nodes will never accept a block containing them. An attacker can only try to change one of his own transactions to take back money he recently spent.

The race between the honest chain and an attacker chain can be characterized as a Binomial Random Walk. The success event is the honest chain being extended by one block, increasing its lead by +1, and the failure event is the attacker's chain being extended by one block, reducing the gap by −1.

The probability of an attacker catching up from a given deficit is analogous to a Gambler's Ruin problem. Suppose a gambler with unlimited credit starts at a deficit and plays potentially an infinite number of trials to try to reach breakeven. We can calculate the probability he ever reaches breakeven, or that an attacker ever catches up with the honest chain, as follows:

p = probability an honest node finds the next block

q = probability the attacker finds the next block

q_z = probability the attacker will ever catch up from z blocks behind

$$q_z = \begin{cases} 1 & \text{if } p \leqslant q \\ (q/p)^z & \text{if } p > q \end{cases}$$

Given our assumption that p >q, the probability drops exponentially as the number of blocks the attacker has to catch up with increases. With the odds against him, if he doesn't make a lucky lunge forward early on, his chances become vanishingly small as he falls further behind.

We now consider how long the recipient of a new transaction needs to wait before being sufficiently certain the sender can't change the transaction. We assume the sender is an attacker who wants to make the recipient believe he paid him for a while, then switch it to pay back to himself after some time has passed. The receiver will be alerted when that happens, but the sender hopes it will be too late.

The receiver generates a new key pair and gives the public key to the sender shortly before signing. This prevents the sender from preparing a chain of blocks ahead of time by working on it continuously until he is lucky enough to get far enough ahead, then executing the transaction at that moment. Once the transaction is sent, the dishonest sender starts working in secret on a parallel chain containing an alternate version of his transaction.

The recipient waits until the transaction has been added to a block and z blocks have been linked after it. He doesn' t know the exact amount of progress the attacker has made, but assuming the honest blocks took the average expected time per block, the attacker's potential progress will be a Poisson distribution with expected value:

$$\lambda = z\frac{q}{p}$$

To get the probability the attacker could still catch up now, we multiply the Poisson density for each amount of progress he could have made by the probability he could catch up from that point:

$$\sum_{k=0}^{\infty} \frac{\lambda^k e^{-\lambda}}{k!} \cdot \begin{Bmatrix} (q/p)^{(z-k)} & \text{if} k \leq z \\ 1 & \text{if} k > z \end{Bmatrix}$$

Rearranging to avoid summing the infinite tail of the distribution...

$$1 - \sum_{k=0}^{z} \frac{\lambda^k e^{-\lambda}}{k!} \cdot \left(1 - (q/p)^{(z-k)}\right)$$

Converting to C code...

```
#include
double AttackerSuccessProbability ( double q, int z )
{
    double p = 1.0 – q;
    double lambda = z * ( q / p ) ;
    double sum = 1.0;
    int i, k;
    for ( k = 0; k <= z; k++ )
    {
      double poisson = exp ( –lambda ) ;
      for ( i = 1; i <= k; i++ )
      poisson *= lambda / i;
      sum –= poisson * ( 1 – pow ( q / p, z – k )) ;
    }
    return sum;
}
```

Running some results, we can see the probability drop off exponentially with z.

q=0.1

z=0 P=1.0000000

z=1 P=0.2045873

z=2 P=0.0509779

z=3 P=0.0131722

z=4 P=0.0034552

z=5 P=0.0009137

z=6 P=0.0002428

z=7 P=0.0000647

z=8 P=0.0000173

z=9 P=0.0000046

z=10 P=0.0000012

q=0.3

z=0 P=1.0000000

z=5 P=0.1773523

z=10 P=0.0416605

z=15 P=0.0101008

z=20 P=0.0024804

z=25 P=0.0006132

z=30 P=0.0001522

z=35 P=0.0000379

z=40 P=0.0000095

z=45 P=0.0000024

z=50 P=0.0000006

Solving for P less than 0.1%...

P < 0.001

q=0.10 z=5

q=0.15 z=8

q=0.20 z=11

q=0.25 z=15

q=0.30 z=24

q=0.35 z=41

q=0.40 z=89

q=0.45 z=340

12. Conclusion

We have proposed a system for electronic transactions without relying on trust. We started with the usual framework of coins made from digital signatures, which provides strong control of ownership, but is incomplete without a way to prevent double–spending. To solve this, we proposed a peer–to–peer network using proof–of–work to record a public history of transactions that quickly becomes computationally impractical for an attacker to change if honest nodes control a majority of CPU PoWer. The network is robust in its unstructured simplicity. Nodes work all at once with little coordination. They do not need to be identified, since messages are not routed to any particular place and only need to be delivered on a best effort basis. Nodes can leave and rejoin the network at will, accepting the proof–of–work chain as proof of what happened while they were gone. They vote with their CPU PoWer, expressing their acceptance of valid blocks by working on extending them and rejecting invalid blocks by refusing to work on them. Any needed rules and incentives can be enforced with this consensus mechanism.

References

[1] W. Dai, "b–money," http://www.weidai.com/bmoney.txt, 1998.

[2] H. Massias, X.S. Avila, and J.–J. Quisquater, "Design of a secure timestamping service with minimal trust requirements," In 20th Symposium on Information Theory in the Benelux, May 1999.

[3] S. Haber, W.S. Stornetta, "How to time–stamp a digital document," In Journal of Cryptology, vol 3, no 2, pages 99–111, 1991.

[4] D. Bayer, S. Haber, W.S. Stornetta, "Improving the efficiency and reliability of digital time–stamping," In Sequences II: Methods in Communication, Security and Computer Science, pages 329–334, 1993.

[5] S. Haber, W.S. Stornetta, "Secure names for bit–strings," In Proceedings of the 4th ACM Conference on Computer and Communications Security, pages 28–35, April 1997.

[6] A. Back, "Hashcash – a denial of service counter–measure," http://www.hashcash.org/papers/hashcash.pdf, 2002.

[7] R.C. Merkle, "Protocols for public key cryptosystems," In Proc. 1980 Symposium on Security and Privacy, IEEE Computer Society, pages 122–133, April 1980.

[8] W. Feller, "An introduction to probability theory and its applications," 1957.

参考文献

[1] 蒋勇，文延，嘉文 . 白话区块链 [M]. 北京：机械工业出版社，2017.

[2] 李钧，龚明，毛世行 . 数字货币：比特币数据报告与操作指南 [M]. 北京：电子工业出版社，2014.

[3] 结城浩 . 图解密码技术 [M]. 周自恒，译 .3 版 . 北京：人民邮电出版社，2016.

[4] 中国信息通信研究院 . 数据流通关键技术白皮书 1.0 版 [R].2018.

[5] 阿里技术 . 安全多方计算新突破！阿里首次实现“公开可验证” 的安全方案 [R].2019.

[6] Kai Hwang，Geoffrey C.Fox，Jack J.Dongarra. 云计算与分布式系统：从并行处理到物联网 [M]. 武永卫，秦中元，李振宇，译 . 北京：机械工业出版社，2013.

[7] 国家密码管理局 .SM2 椭圆曲线公钥密码算法 [D].2010.

[8] 道格拉斯・B. 韦斯特 . 图论导引 [M].2 版典藏版 . 李建中，骆吉洲，译 . 北京：机械工业出版社，2020.

[9] Mohan Atreya 等 . 数字签名 [M]. 贺军等，译 . 北京：清华大学出版社，2003.

[10] Satoshi Nakamoto.Bitcoin: A Peer-to-Peer Electronic Cash System[D].2008.

[11] Nick Szabo.Smart Contracts:12 Use Cases for Business & Beyond [D].2016.

[12] Leslie Lamport,Robert Shostak, Marshall Pease.The Byzantine Generals Problem[D].1982.

[13] Back, Adam，Corallo, Matt，Dashjr, Luke.Enabling Blockchain Innovations with Pegged Sidechains，2014.

[14] Evan Duffield,Daniel Diaz.Dash:A Privacy-Centric Crypto-Currency[D]. 2014.

[15] VitalikButerin.A Next-Generation Smart Contract and Decentralized Application Platform[D].2014.

[16] Gavin Wood.ETHEREUM: A SECURE DECENTRALISED GENERALISED TRANSACTION LEDGER[D].2014.

[17] VitalikButerin.Ethereum 2.0 Mauve Paper[D].2016.

[18] Protocol Labs.Filecoin: A Decentralized Storage Network[D].2017.

[19] Steemit, Inc.Steem：An incentivized, blockchain-based, public content platform[D]. 2017.

[20] Steemit, Inc.Smart Media Tokens（SMTs）：A Token Protocol for Content Websites, Applications, Online Communities and Guilds Seeking Funding, Monetization and User Growth[D]. 2017.

[21] Serguei Popov.IOTA whitepaper：The Tangle[D].2018.

[22] EOS.IO Technical White Paper v2[D].2018.

[23] Gartner Inc.Gartner 2019：区块链技术成熟度曲线 [R].2019.

[24] Chaum David. Blind signatures for untraceable payments[D].1983.

[25] Miguel Castro,Barbara Liskov.Practical Byzantine Fault Tolerance[D]. 1999.

[26] Joseph Poon，Thaddeus Dryja.The Bitcoin Lightning Network:Scalable Off-Chain Instant Payments[D].2016.

[27] raiden-network. Raiden Network 2.0.0 Documentation[EB/OL] https://raiden-network.readthedocs.io/en/stable/.

区块链知识系列丛书

图灵区块链

付少庆 曹锋 编著

北京理工大学出版社
BEIJING INSTITUTE OF TECHNOLOGY PRESS

图书在版编目（CIP）数据

区块链核心知识讲解：精华套装版 / 付少庆等编著 .
— 北京：北京理工大学出版社，2022.3
ISBN 978-7-5763-1123-5

Ⅰ . ①区… Ⅱ . ①付… Ⅲ . ①区块链技术 Ⅳ .
① TP311.135.9

中国版本图书馆 CIP 数据核字（2022）第 040313 号

出版发行 / 北京理工大学出版社有限责任公司
社　　址 / 北京市海淀区中关村南大街 5 号
邮　　编 / 100081
电　　话 /（010）68914775（总编室）
（010）82562903（教材售后服务热线）
（010）68944723（其他图书服务热线）
网　　址 / http://www.bitpress.com.cn
经　　销 / 全国各地新华书店
印　　刷 / 北京市荣盛彩色印刷有限公司
开　　本 / 710 毫米 ×1000 毫米　1/16
印　　张 / 72
字　　数 / 1530 千字
版　　次 / 2022 年 3 月第 1 版　2022 年 3 月第 1 次印刷
定　　价 / 299.00 元（全 4 册）

责任编辑 / 张晓蕾
文案编辑 / 张晓蕾
责任校对 / 周瑞红
责任印制 / 李志强

序

本书主要面向信息技术领域的从业人员，或者说有计算机相关领域知识的人员更容易阅读。在《区块链知识－大众普及版》中，我们将区块链比拟成“一个运行在各种电子设备上的超级计算机系统”（也有人称其为“世界计算机”）。本书的内容就是沿着这种思路，以计算机软硬件和网络的发展过程来理解和推测区块链领域的发展，这种对比分析便于我们学习和理解区块链这一新事物。计算机的软硬件系统与区块链系统有很多的相似性，又有很大的不同，这种对比的分析方法，使我们更容易理解新事物，也能预测新事物的发展。因为图灵对计算机的发展起到了很重要的理论指导作用，在区块链的软件方面，也用到了图灵等价、图灵完备等思想，所以本书的名称为《图灵区块链》。

全书重要的两个图形思路：区块链的超级计算机系统（如图 0–1 所示）和计算机的冯诺伊曼结构（如图 0–2 所示）。

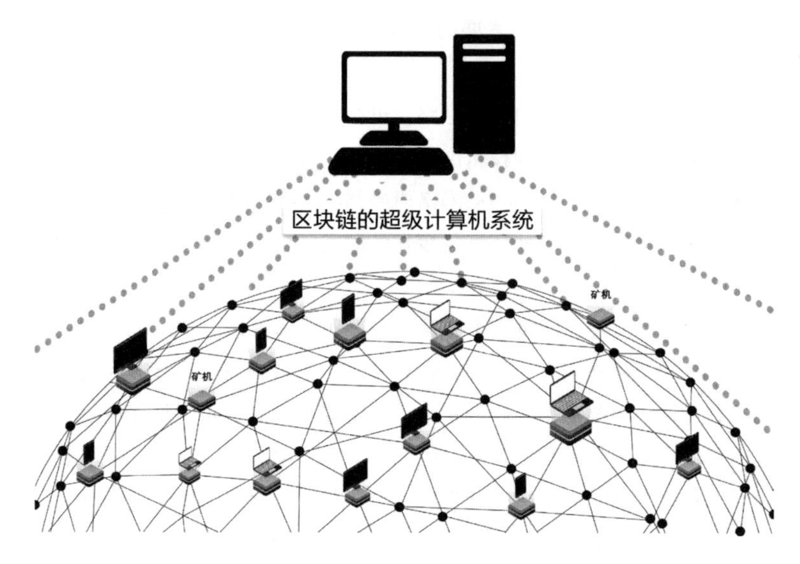

图 0–1　区块链的超级计算机系统

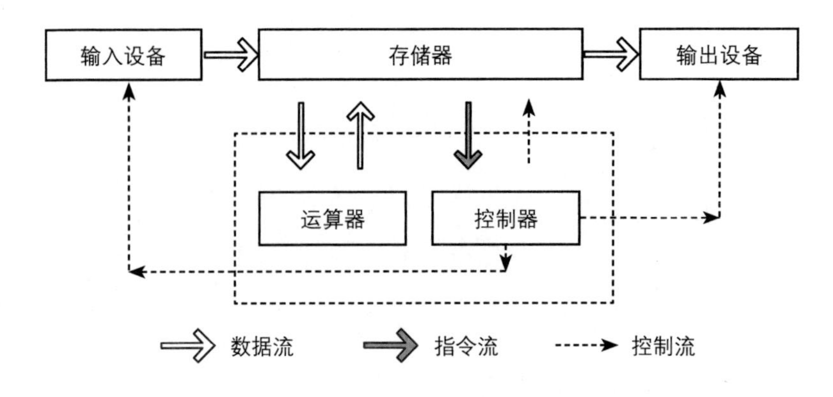

图 0-2　计算机的冯诺伊曼结构

在本书中，冯诺伊曼结构是一个非常重要的计算机的参考结构，我们会分析冯诺伊曼结构下计算机的五大部件：**运算器、控制器、存储器、输入设备和输出设备**。在书中会介绍这五大部件的发展，以及在区块链中是否会有相似的五大部件，如果有，它们应该具有什么特点。本书对五大部件之外的连线，在冯诺伊曼结构中没有过多地描述，因为在计算机内部，这些连接的传输速度与控制产生的问题基本可以忽略。但是对于区块链这个运行在各种电子设备上的超级计算机来说，当前的连接速度（网络连接）是一个严重的瓶颈，区块链的性能很大程度上会受此影响，所有的同步共识算法都表现不佳，PoW 是异步算法，不受影响。当 5G 将网络的速度提升到内部总线的速度之后，这种连接的量变将会引起质变的连锁反应，区块链会迎来一个发展的新阶段，这也是大国之间看重 5G 发展的一个重要原因。

本书使用虚拟的超级计算机的分析思路，也会让我们看到区块链领域哪些应用会比较容易落地，哪些应用还需要更多的技术准备，会在一定程度上帮我们判断当前哪些区块链项目是不合理、炒作的项目。例如，从冯诺伊曼结构的五大部件来观察，区块链存储是容易落地的应用，区块链计算的落地还需要较长的时间，各种外围输入和输出设备与相关的功能会有不同的落地场景。

本书主要从硬件、软件、网络三个方面的发展历史和未来，学习和理解信息技术的发展。每个方面讨论的跨度比较大，这样我们容易从一个事物的萌芽状态到成熟状态的全部演变过程，来看待这个事物每个阶段的发展，也能够从宏观的角度整体地观察事物。如果从这种宏观的角度看计算机的硬件发展，我们会看到最早的计算是从结绳记事开始，之后到算盘之类的工具，再后来有了机械计算机、电子管计算机、晶体管计算机、大规模集成电路计算机，之后还会有量子计算机、分子计算机、生物计算机……说到生物计算机的时候，我们人类是不是就是这种“计算机”的形态呢？

运用同样的方法来观察计算机软件的发展。我们会看到在机械计算机时期就产生了软件的概念，有了软件的雏形。例如，第一个写软件的人是 Ada，在 19 世纪 60 年代她尝试为 Babbage（Charles Babbage）的机械式计算机写软件。尽管她们的努力失败了，但她们的名字永远载入了计算机发展的史册。为什么机械计算机时代软件得不到发展？为什么在电子计算机时代，软件得到了巨大的发展？我们通过学习和了解每种硬件系统和软件系统的特点，能够了解它们的能力和局限性，知道每种事物在当时的角色。硬件与软件是相辅相成的，就如同物质与精神是一对相辅相成的事物一样。在硬件系统不够发达的情况下，软件是以一种与它匹配的方式存在和功能互补的。从这种思考角度，我们来看待软件与硬件结合的两种极端情况。首先在硬件极不发达的时期，从这个角度看到结绳记事，软件也是存在的，但软件并不存在这个计算物体形态之上，而是存在另外一个能够承载和运行该软件的物体（人体）上，它们之间通过输入和输出设备来交互。在算盘阶段，加法口诀、乘法口诀也是软件的一种体现方式。其次我们发现硬件在发展到一定程度时就会遇到很大的瓶颈，但此时软件还有广阔的发展空间，软件的发展能够使软硬件的总体功能水平达到一个新的高度。

学习了单个软硬件系统之后，如果再从群体角度看待软硬件的发展，就理解了网络的作用、分布式的作用和运行在整个网络之上的系统的强大。区块链是在计算机软硬件和网络发展达到一定的水平时，发展出来的一个综合技术的新事物。

如果从软硬件与个体和群体的发展角度来看，则会推测出区块链是一个必然产物。并且通过以往技术的发展能够大体推测出区块链发展和成熟的过程，以及每种软硬件技术（包括网络技术）对区块链发展的作用和影响范围。

区块链系统中还有经济模型的概念，这一点不是能从软硬件发展的角度可以说明的内容。经济的影响范围更大一些，通过政治经济学中描述的经济基础和上层建筑之间的关系，我们会知道经济的作用范围，也看到区块链技术影响了生产关系，即在《区块链经济模型》一书中详细讨论的相关内容，这也是我于 2018 年在中国人民大学经济学院学习经济学的主要原因。一线城市有着丰富和优质的教育资源，我们可以充分享受和使用这些资源。用个体和群体之间的联系与作用的分析方法，我个人也是在借助群体的力量，去梳理清楚区块链与经济之间的关系和作用范围。

通过软硬件和网络的发展历史，我们就会逐渐明白很多区块链中的概念和问题的历史渊源。例如，为什么以太坊要提供一个图灵完备的虚拟机；也会理解在比特币中的脚本指令为什么是图灵不完备的；也会看到一些公链中的代币为什么会命名成 ADA。通过阅读《图灵区块链》这本书，我们会从一种更宏观的角度来看待区块链的发展，也可以从书中的每个章节看到每种事物对区块链技术发展的影响，最终会看到价值互联网的到来，以及价值互联网的组成。

阅读导引

本书从计算机发展史的角度，来分析和看待区块链的发展和未来。

第 1 章　主要围绕图灵与图灵机介绍相关概念。首先介绍了图灵个人的一生，然后介绍了图灵机、图灵测试、图灵完备与图灵等价、图灵奖等相关内容，很多概念在区块链系统中有着重要的作用。

第 2 章　介绍了冯·诺伊曼与冯诺伊曼结构。冯诺伊曼结构中的五大部件是本书的主线。

第 3 章　介绍了计算机的硬件与软件。主要内容包括计算机硬件的发展、计算机软件的发展、软件与硬件的结合，到操作系统的发展，与网络的发展。

第 4 章　介绍了操作系统。从操作系统的发展开始介绍，介绍了操作分类、操作系统架构、操作系统生态和鸿蒙与物联网操作系统。操作系统是计算机硬件与软件的一个中间层，它使硬件和应用软件能够更好地工作。

第 5 章　介绍了网络的发展。主要内容包括网络的发展史、网络技术简介、互联网、互联网和应用的发展以及网络的未来发展。从这一章，我们开始看到单个的计算机被连接起来，像一个系统一样在工作。网络连接是区块链技术发展的一个重要技术基础。

第 6 章　介绍了 5G 技术。5G 技术是第 5 章网络的延伸介绍。我们会看到网速的极大发展使与计算机相关的系统开始由量变向质变发展。网络速度的发展对区块链系统起着至关重要的作用，网络速度上升到内部总线速度后，这个超级计算机才能更强大。5G 的发展同时也是价值互联网发展的一个重要基础设施。

第 7 章　介绍了分布式技术。分布式技术是计算机和网络发展的共同结果。分布式技术也是区块链孕育的一个重要技术组成，如共识协议、P2P 网络传输、分布式中的很多理论知识都是区块链系统的重要组成部分。

第 8 章　介绍了区块链的孕育与发展。从计算机的软硬件，到网络的发展、分布式的发展，以及密码学的发展，这一切为区块链的产生积累了充分的条件。

第 9 章　介绍了存储系统。存储系统是冯诺伊曼结构中的一个重要部件。同时存储系统也是区块链应用中最容易落地的一个应用领域。区块链存储的优势加上经济模型的激励，这些会改变和促进存储领域的技术变革。区块链存储的发展，以及区块链的去中心化的特点，使我们提倡的保护个人隐私数据和数据的产权归属得到底层技术的支持。

第 10 章　介绍了输入与输出设备。输入与输出设备也是冯诺伊曼中的两个重要部件。这一章除了介绍传统的输入与输出设备和输入与输出设备的作用，还尝试分析了区块链中完成相同作用的部件，其中谈到了区块链系统中的预言机。

第 11 章　介绍了 CPU 的发展史和高性能计算，可以看到计算也是从单个个体到群体计算发展的。在群体计算的基础上，区块链会起到独特的作用。

第 12 章　介绍了应用软件。从传统的应用软件到网络时代的应用软件，再从中心化的应用软件到去中心化的应用软件。我们能看到去中心化软件的广阔前景，也能看到两者之间的互补。

第 13 章　介绍了以太坊虚拟机 EVM。从以太坊的虚拟机我们了解区块链应用领域的发展，以及这种发展还不够成熟。

第 14 章　介绍了共识协议。共识协议是分布式发展的一个产物，在区块链系统中有着重要的意义。有这样的比喻：共识协议是区块链的灵魂，加密算法是区块链的骨骼。有了共识协议，这个超级计算机才能协调一致地运行。

第 15 章　介绍了智能合约。智能合约是区块链得到更广泛使用的一个重要技术。在智能合约的基础上也逐渐发展了自治型组织等上层事物。只通过一个章节不能说明智能合约的强大，本章先让大家对智能合约有一个初步的认识。在区块链的性能与基础设施成熟后，智能合约会得到蓬勃的发展。

第 16 章　介绍了物联网。物联网是网络时代发展的一个重要阶段，是从当前主要用于人机相连的互联网，发展到主要是万物相连的互联网。到了这个阶段，物联网的基础设施加上传统的信息互联网，与基于区块链的价值传递，价值互联网需要的基础都已经形成，我们逐渐开始进入价值互联网。

第 17 章　是本书的总结。从计算机领域的硬件发展、软件发展、网络发展、信息传递、价值传递，我们对计算机的发展历史、未来走向，有了一个角度的审视。这一切也让我们开始迎接价值互联网的到来。

编者

2022 年 3 月

目录

第 2 章 冯·诺伊曼与冯诺伊曼结构

第 3 章 计算机的硬件与软件

第 13 章 以太坊虚拟机

第 14 章 共识协议

第 16 章　物联网

第 17 章　总结

第1章 图灵与图灵机

1.1 图灵简介

艾伦·麦席森·图灵（Alan Mathison Turing），1912年生于英国伦敦。艾伦·麦席森·图灵少年时就表现出独特的创造能力和对数学的爱好。

1926年，图灵考入伦敦有名的舍本（Sherborne）公学，受到良好的中等教育。他在中学期间表现出了对自然科学的极大兴趣，并展现出了敏锐的数学头脑。

1931年，图灵考入剑桥大学国王学院，由于成绩优异获得了数学奖学金。在剑桥，他的数学能力得到充分的提高。

1935年，图灵当选为国王学院的研究员，并于次年荣获英国著名的史密斯（Smith）数学奖，成为国王学院声名显赫的毕业生之一。

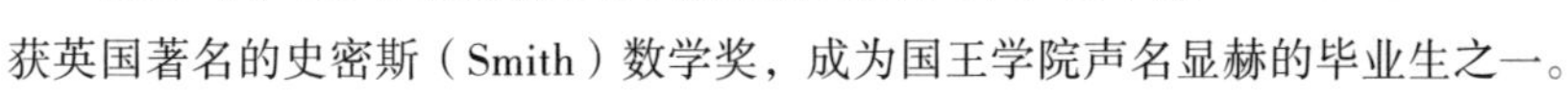

1936年5月，图灵提出了“图灵机”，图灵机第一次在纯数学的符号逻辑和实体世界之间建立了联系，为此后的计算机和人工智能奠定了理论基础。

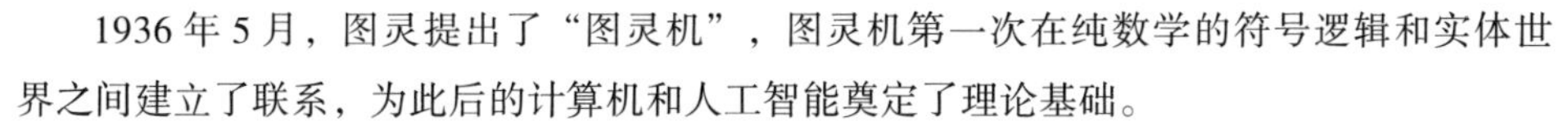

1936年9月，图灵应邀到美国普林斯顿高级研究院学习，并与丘奇一同工作。

1938年夏，图灵回到英国，仍在剑桥大学国王学院任研究员，继续研究数理逻辑和计算理论，同时开始了计算机的研制工作。

1. 从出生到少年时期

出身于英国没落贵族的艾伦·麦席森·图灵在一个缺乏关爱的环境中成长。他的家族在1638年受封男爵爵位，这个爵位一直在图灵家族中世袭，最后传到了艾伦的一位远房侄子。但是图灵家谱中的旁系是没有领地的，也不能继承多少财产，艾伦的祖父就属于这样的旁系。大多数没有继承爵位的家族成员（如艾伦的祖父）都成了神职人员或英属殖民地的公务员，他的父亲就是一位服务于印度边远地区的基层行政人员。

在他只有一岁的时候，他的父母就要返回印度继续工作，于是艾伦和他的哥哥就被交给居住在英格兰南海岸的一对退役陆军上校夫妇照顾。他的哥哥约翰·图灵后来表示，“虽然我不是儿童心理学的专家，但我相信让一个襁褓中的婴儿离开父母的怀抱，并在一个陌生的环境中成长肯定不会是一件好事。”

在母亲回国以后，艾伦跟她一起生活了数年的时间。他在 13 岁的时候被送到了寄宿学校，开始了他的学术生涯。1931 年图灵考入剑桥大学国王学院学习数学，受匈牙利杰出数学家冯·诺伊曼的影响，开始对量子物理学核心的数学原理感兴趣。

2. 第二次世界大战期间

第二次世界大战打断了图灵的正常研究工作，1939 年秋，他应召到英国外交部通信处从事军事工作，主要是破译敌方密码。由于破译工作的需要，他参与了世界上最早的电子计算机的研制工作。他的工作取得了极好的成就，因而于 1945 年获政府的最高奖——大英帝国荣誉勋章（O. B. E. 勋章）。

图灵在二十多岁时就加入了盟军的密码破译团队，他当时只是想挑战自己的能力。事实证明，图灵不光是一名优秀的计算机科学家，也是一名密码破译学专家。第二次世界大战期间，为了加强自己情报的隐秘性，德军花费了大量的心思研发出了当时最先进的密码机——Enigma（恩尼格玛）密码机，一个在当时最安全的机械密码设备。为了破译德军恩尼格玛密码机，盟军召集了大量密码学的顶尖人才去尝试破译德军的情报。然而，尽管这些密码学的专家夜以继日地破译信息，但是每天所能够破译的情报数量却是十分有限，盟军平均一天能截获一万多条来自德军的电报，而能成功破译的情报却不超过三千条。这时候，图灵提出了一个大胆的设想：设计一种破译密码的机器，利用机械来对抗机械。

恩尼格玛密码机作为当时最先进的密码设备，想要用机械来破译它几乎是一件不可能的事情。所以当图灵提出这一设想的时候，大部分的专家都不看好。最后，图灵和他的助手花费了一年半的时间，成功研制出一款能够直接破译密码的机器，这个装置使盟军的情报部门摆脱了以往低效率的手工作业，几乎能把拦截的电报全部破译，而且情报的准确率也大大提高，这使盟军在情报上能够牵着德军走，为很多重要的战役提供了信息支持。后人这样评价：“因为图灵伟大的贡献（密码破译），使第二次世界大战结束的时间提前了两年。”

3. 第二次世界大战结束后

1945 年，图灵结束了在外交部的工作，他试图恢复战前在理论计算机科学方面的研究，并结合战时的工作，具体研制出新的计算机来。这一想法得到了当局的支持。同年，图灵被录用为泰丁顿（Teddington）国家物理研究所的研究人员，开始从事“自动计算机”（ACE）

的逻辑设计和具体研制工作。这一年，图灵写出一份长达50页的关于ACE的设计说明书。这份说明书在保密了27年之后，于1972年正式发表。在图灵设计思想的指导下，1950年研制出了ACE样机，1958年制成大型ACE机。人们认为，通用计算机的概念就是图灵提出来的。

1945—1948年，他在英国国家物理实验室工作，负责自动计算引擎的研究。

1948年，图灵担任了曼彻斯特大学的高级讲师职务。

1949年，图灵成为曼彻斯特大学计算机实验室的副主任，负责最早的、真正意义上的计算机“曼彻斯特一号”的软件理论开发，因此成为世界上第一位把计算机实际应用于数学研究的科学家。

1950年，图灵提出了著名的“图灵测试”。

1950年，图灵提出关于机器思维的问题，他的论文《计算机和智能》（*Computing Machinery and Intelligence*）引起了业内广泛的注意并产生了深远的影响。1950年10月，图灵发表论文《机器能思考吗》这一划时代的作品，使图灵赢得了“人工智能之父”的桂冠。

1951年，由于在可计算数方面取得的成就，图灵成为英国皇家学会会员，年仅39岁。

4. 神秘逝世

1954年6月7日，图灵被发现死于家中的床上，床头还放着一个被咬了一口的苹果。警方调查后认为是剧毒的氰化物中毒，调查结论为自杀。当时图灵41岁。

但是，对于图灵的死因一直有不同的声音。当时图灵作为冷战背景下的最重要的科技人才，很容易被苏联利用，如果叛逃，就会把英国最重要的核心技术泄露出去。同时英国官方发现，图灵死亡之前把在研究中心做的成果带出，验尸官发现图灵死前曾经遭受过暴力。据图灵母亲所述，实际上那个毒苹果并没有被化验过，氰化物是在艾伦身体里发现的，所以那个苹果可能没有毒，艾伦也不一定是自杀，他母亲怀疑是艾伦在工作时手指上不小心沾上了氢化物，吮手指时（他一直有这个毛病）吸到了嘴里致死。

图灵的真实死因，至今仍是讳莫如深。他充满谜团的死亡也并不能用自杀来令人信服。图灵服下氰化物的那一刻，他正在写的论文还摆在办公室杂乱的桌子上，那儿留着一张便条，提醒要做的事项。他预约了星期二晚上的计算机使用时间。6月3日，图灵为即将搬走的邻居韦伯一家举行了“欢乐的派对”。当时他兴致很高，承诺以后会去看望他们，还说很喜欢即将搬来的新邻居。5月31日，挚友罗宾去威姆斯洛看望他，要说有什么不同，就是他看起来比平时开心多了。他们一起做实验，尝试用全天然的材料制造除草剂和洗涤剂，还讨论了类型论，并约好在7月再见面。皇家学会邀请图灵在6月24日出席一个活动，他接受了邀请，并且已经写好了回信，只是还没有寄出。

图灵习惯在睡前心满意足地吃一个苹果。母亲图灵夫人坚信他的死是个意外，她记得曾经有一次，儿子躺在他的小床上，旁边的一个电解实验已经沸腾了很长时间，他却不甚注意。他经常电解氰化物，因为这是镀金的必要步骤。那段时间，他正在利用祖父的金表给一个茶匙镀金。图灵夫人坚信，儿子只是手上沾了氰化物，然后不小心吃到了嘴里，因为他有吮手指的习惯。在1953年的圣诞节，她还提醒过他“去把手洗干净，不要吮手指，”图灵回答说：“没事，妈妈，我不会毒死自己的。”

图灵夫人认为，图灵临死时正在从事一项“划时代的探索”。1952年10月，图灵曾粗略地告诉唐·贝利一件其他朋友都不知道的事：在战后，他仍然承担着政府的秘密情报工作。图灵死前几个月，剑桥发现了两个苏联间谍。一些人揣测，图灵之死和这些事实有联系，相关方面出于安全考虑谋杀了图灵，但人们并没有任何证据。似乎只有一条证据表明图灵对死亡有过考虑：1954年2月11日，图灵立了一份遗嘱，在遗嘱中，他把所有的数学书籍和资料都留给罗宾，至于钱财，首先给哥哥约翰家的每位成员50英镑，然后给管家30英镑。剩余部分平均分给他的母亲，以及朋友佛本科、罗宾、晨佩依和奈维尔。

5. 出色的运动员及怪才

很少有人知道图灵擅长跑步，甚至差点站在了奥运会的赛场。图灵从中学开始跑步，但30多岁才正式进行长跑训练。虽然跑道上的图灵“大器晚成”，在运动方面的成就远不及他在计算机上的作为，但他出色的运动天赋丝毫不逊色于他的头脑。

在剑桥作教授时，由于进行科学研究需要花费太多时间和精力，跑步就成了图灵的放松方式。每当天气不好时，学校的足球队停止训练，校园里的同学依然可以看到图灵在操场上不停地跑着。在他从剑桥毕业后，即使工作忙碌导致跑步的时间大大缩减，图灵还是会想方设法去跑步。他会以双脚代替交通工具，从家里跑到工作的地方。“当他跑到科研会议的现场时，他的同事们都惊呆了！”图灵的传记作家安德烈·霍奇这样说道，“最关键的是，他跑得比一些交通工具还要快。”

在剑桥，图灵可以称得上是一个怪才，一举一动常常出人意料。他是个单身汉和长跑运动员。在他的同事和学生眼中，这位衣着随便、不打领带的著名教授，不善言辞，有些木讷、害羞，常咬指甲，但他以自己杰出的才智赢得了人们的敬意。

除了跑步，还会每天骑自行车上班，因为患过敏性鼻炎，一遇到花粉，他就会鼻涕不止，大打喷嚏。于是，他常常在上班途中戴防毒面具，招摇过市，这早已成为剑桥的一大奇观。图灵的自行车经常半路掉链子，但他就是不肯去车铺修理。每次骑车时，他总是嘴里念念有词：“这链条也怪，总是转到一定的圈数就滑落了”，并在心里细细计算，图灵竟然能够做到在链条下滑前一刹停车，让旁观者佩服不已，以为图灵在玩杂技。后来图灵居然在脚踏车旁装了一个小巧的机械计数器，到圈数时就停，歇口气缓一缓，再重新运动起来。

6. 克里斯托弗

如果图灵的一生是一场测试，第一位测试者就是克里斯托弗。如果是在电影中，那克里斯托弗就是图灵钟情一生的人。在遇到克里斯托弗之前，图灵是一个古怪的小男孩，每天沉浸在自己的世界里，鼓捣各种莫名其妙的实验。后来进入公学，他也按照自己的意愿学习，喜欢学习的就成绩非凡，如数学；不喜欢的就不学，如希腊语。因为他完全不配合，以至于学校干脆不要他的成绩。他经常把墨水弄到衬衫上，作业本和考卷上也是墨迹斑斑，看不出结果来。他在政密学院用打字机，猫跳上来乱踩一气，他就静静地看着；猫下去了，他继续打字，改也不改。

在公学的寂寥时光里，他遇到了克里斯托弗。贵族出身的克里斯托弗家境富有，人也聪明，同样爱好科学，他甚至有一个自己的实验室。图灵每天都与他混在一起，一起做实验、一起聊天，克里斯托弗的优秀让图灵意识到自己原来是如此封闭，他决心改变自己。图灵开始研究别人的需求和世俗的规范，主动调整自己，后来居然当上了班长（监督生），管理低年级的师弟们。好景不长，克里斯托弗不久就因病离世，这给图灵的不仅是沉重的打击，还有更深切的思考，他开始意识到自己的性欲、人性和灵魂，与这个物理世界到底有什么关联。图灵一直和克里斯托弗的母亲保持通信和往来，直到20世纪50年代初莫科姆夫人辞世。

7. 平反

2009年，英国计算机科学家康明发起了为图灵平反的在线请愿，截至2009年9月10日请愿签名人数已经超过了3万。为此，当时的英国政府及首相戈登布朗不得不发表正式的道歉声明。

2012年12月，霍金、纳斯（诺贝尔医学奖得主）、里斯（英国皇家学会会长）等11位重要人士致函英国首相卡梅伦，要求其为图灵平反。

2013年12月24日，在英国司法大臣克里斯·格雷灵的要求下，英国女王终于向图灵颁发了皇家赦免书。英国司法部部长宣布，图灵的晚年生活因为其同性取向而被迫蒙上了一层阴影，我们认为当时的判决是不公的，这种歧视现象如今也已经被废除。为此，女王决定为这位伟人送上赦免书，以此向其致敬。

1.2 图灵机

1.2.1 图灵机的起源

图灵机的起源，要从20世纪初说起。当时数学界的巨人——戴维·希尔伯特（David Hilbert），提出了著名的23个问题，他希望将整个数学体系建立在一个坚实的地基上，一劳永逸地解决所有对数学可靠性的疑问。

跟图灵机起源相关的可以总结为以下几个问题：

数学是完备的吗？也就是说，面对那些正确的数学陈述，我们是否总能找出一个证明？数学真理是否总能被证明？

数学是一致的吗？也就是说，数学是否前后一致，会不会得出某个数学陈述既对又不对的结论？数学是否没有内部矛盾？

数学是可判定的吗？也就是说，是否能够找到一种方法，仅仅通过机械化的计算，就能判定某个数学陈述是对是错？数学证明能否机械化？

注：此处参考《计算的极限（零）：逻辑与图灵机》。

1.2.2 哥德尔不完全性定理

1931年，一个名不见经传的年轻逻辑学家库尔特·哥德尔(Kurt Godel)发表了一篇论文，得到了前两个问题的答案，这就是著名的哥德尔不完全性定理。我们可以将其表述为：任何自然数算术理论的公理化系统都是不完全的，存在不可证明，也不可证否的命题。

可以说，与其说哥德尔的不完全性定理回答了希尔伯特的前两个问题，不如说它阐述了为什么我们根本不可能解答这两个问题。自此，证明数学系统一致性和完备性的梦想破灭了。

哥德尔构造了这样的一个命题："我无法被公理证明"。如果你证明了这个命题，那么这个命题的内容便是不对的，或者说该命题为假。于是，系统是有矛盾的。如果这个命题为真，根据它的内容，你也无法证明它。哥德尔构造了一个描述了本身不可证明的自指命题，通过这个命题完成了他的证明。所以，哥德尔不完全性定理证明了许多问题是不可判定真假的。

1.2.3 哪些问题是可判定的，哪些问题是不可判定的

可判定性的问题可以说是计算理论中最具哲学意义的定理之一。在逻辑中，如果某个逻辑命题是不可判定的，即表明对它的推理过程将一直进行下去，永远都不会停止。

换一个角度，在计算理论中，不可判定问题可以表述为在有限的时间内无法得到解决的问题，也就是说，这些问题是不可计算的。如何判定哪些是可计算的，哪些是不可计算的？不可计算问题有什么层谱和相互关系？这便是可计算性理论的研究内容。

20世纪30年代，许多数学家试图将可计算性理论形式化。1934年，哥德尔提出了一般递归函数的概念。同年，丘奇提出了"丘奇论点"，用递归函数和Lambda可定义函数来形式地描述有效可计算性。

图灵在他的《论可计算数及其在判定问题中的应用》这篇开创性的论文中，提出了著名的"图灵机"的设想。他将逻辑中的任意命题用一种通用的机器来表示和计算，并能按照一定的规则推导出结论，其结果是：可计算函数可以等价为图灵机能计算的函数。换句

话说，图灵机能计算的函数便是可计算的函数，图灵机无法计算的函数便是不可计算的函数。有意思的是，同时期远隔图灵万里的美国数学家丘奇，也解决了同样的问题，得到了相同的结论，并且可以相互印证其正确性。

后来“所有计算或算法都可以由一台图灵机来执行”的观点便称为“丘奇 - 图灵论题”。

1.2.4 图灵机的诞生

1935 年的夏天，英国剑桥郁郁葱葱，23 岁的图灵在此读书。这位年轻人性格内向，做人偏执，还是一名天赋异禀的马拉松爱好者。他的马拉松最好成绩是 2 小时 46 分，还差点代表英国国家队参加奥运会。某次长跑后，图灵瘫倒在草地上，大口呼吸着剑桥的空气，心跳逐渐平复，大脑中却出现了一场风暴。他一跃而起，跑回宿舍，伴着狂热的心跳写下了脑中的风暴。他假想出一台“图灵机”：它可以从一条纸带上读取命令、进行操作，从而模拟任何“明确程序”。

图灵首先证明了人们可以设计出通用图灵机，模拟任何图灵机的运作。然后他进一步证明了即使是通用图灵机，也无法让所有命题可判断，我们不能用一个算法来判定一台给定的图灵机是否会停机。

图灵机的整个构造是一场思想实验。它用纸、笔和头脑完成，不是一台真的机器。在图灵证明了存在通用图灵机后的十年里，第一台可编程的计算机被建造出来了。图灵机后来成为整个电子计算机的蓝图。

在第二次世界大战中，他加入了英国绝密的破解德军恩尼格码密码机计划。在图灵的领导下，秘密工作小组几乎破解了所有使用恩尼格码密码机的情报，这是二战的转折点，成为战胜纳粹的重要因素。

战后，图灵的兴趣又回到他脑中的世界。这位天才科学家继续着他纯粹意义上的头脑风暴——用思考，而不是手，去实现不完美世界中“可以自行迭代的机器”。如今的互联网、人工智能与整个计算机世界和彼时图灵的设想高度吻合。

1.2.5 图灵机——可计算理论的“副产物”

设想，我们在计算乘法：在每个时刻，我们只将注意力集中在一个地方，根据已经读到的信息移动笔尖，在纸上写下符号或数字；而指示我们写什么、怎么写的则是早已熟记的九九乘法表，以及简单的加法。

参考维基百科中图灵机的基本思想：图灵的基本思想是用机器来模拟人们用纸笔进行数学运算的过程。他把这样的过程看作下列两种简单的动作：在纸上写上或擦除某个符号；把注意力从纸的一个位置移动到另一个位置。而在每个阶段，人要决定下一步的动作，依赖于此人当前所关注的纸上某个位置的符号和此人当前思维的状态。

图灵机的实现结构并不复杂，它有一条无限长的纸带，纸带由方格组成。有一个读写头在纸带上移动，读写头连接控制器，控制器内有状态转移表，还有一些固定的程序，如图 1-1 所示。在每个时刻，读写头都要从当前纸带上读入一个方格信息，然后结合自己的内部状态查找程序表，根据程序将信息输出到纸带方格上，并转换自己的内部状态，然后进行移动。图灵机不断重复上述的步骤，这便是执行的过程。

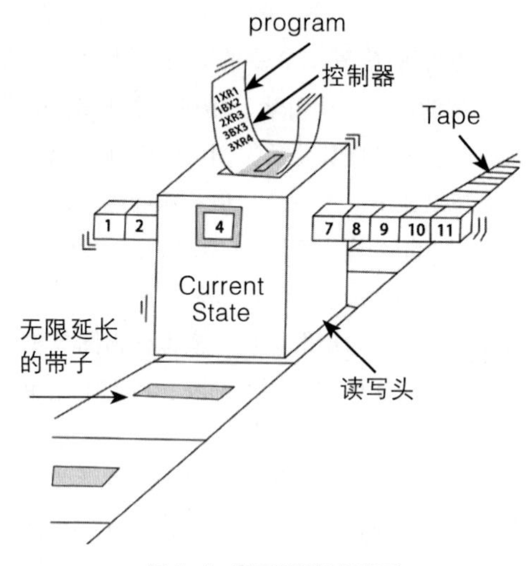

图 1-1　图灵机理论示意图

1.2.6　图灵机的意义——探索计算的极限

图灵机模型是目前为止最为广泛应用的经典计算模型。目前尚未找到其他的（包括量子计算机在内）可以计算图灵机无法计算的问题的计算模型。图灵停机问题（停机问题就是判断任意一个程序是否能在有限的时间之内结束运行的问题）拉开了可计算性理论的序幕，这是计算学科最核心的理论之一。图灵机还提出了可以用计算机解决的问题的判定方法，为计算机编程语言的发展奠定了基础。

此外，图灵机为现代计算机提供了理论原型。该原型的思路是，通用图灵机 U，把另外一台图灵机 A 的编码 A' 作为输入的一部分，模拟执行 A 的计算过程，为计算机编程语言的发展奠定了理论基础。一个硬件的机器 A（例如，A 可能是专门计算加法的机器）被软件 A' 模拟在 U 了上，另一个计算乘法的机器 B 也可以通过软件 B' 在 U 上模拟实现。只要配上适当的软件，U 可以做任何计算。通用图灵机 U 为现代计算机指明了发展方向，肯定了现代计算机实现的可能性。

数学家冯·诺伊曼在图灵机模型的基础上提出了奠定现代计算机基础的冯诺伊曼结构。

这种结构以运算器为中心，通过控制器完成输入 / 输出设备和存储器之间的数据传送。从第一台每秒可以进行数千次计算的埃尼阿克（ENIAC）起，到至今每秒可以进行数亿次运算的中国神威 – 太湖之光超级计算机，几十年现代计算机的发展依旧遵循着冯诺伊曼结构体系。因此，可以说是冯 · 诺伊曼创造了现代计算机。

图灵机是对人计算过程的模拟，可以理解为是现代计算机的“灵魂”，而冯诺伊曼计算机则是图灵机的工程化实现，是现代计算机的“肉体”。

1.2.7 图灵机的工程化实现——迈可 1 型

1949 年，图灵成为曼彻斯特大学计算机实验室的副主任，负责最早的、真正意义上的计算机“曼彻斯特一号”的软件理论开发。同年年底，由图灵主导研制完成的模型机交付给当地的一家叫弗兰尼蒂的电子公司，开始正式建造。1951 年 2 月完工，通称“迈可 1 型”。它有 4000 个电子管，72 000 个电阻器，2500 个电容器，能在 0.1 秒内开平方根、进行对数和三角函数的运算。比起先前的模型机，“迈可 1 型”功能更为齐全，静电存储器的内存容量已翻倍，能存 256 个 40 位字长字，分别存在 8 个阴极射线管中，而磁鼓的容量能扩容到 16 384 个字，这的确是一项了不起的工程。与冯 · 诺伊曼同时代的富兰克尔在回忆中说：冯 · 诺伊曼没有说过“存储程序”型计算机的概念是他的发明，却不止一次地说过，图灵是现代计算机设计思想的创始人。当有人将“电子计算机之父”的头衔戴在冯 · 诺伊曼头上时，他谦逊地告诉别人，真正的计算机之父应该是图灵。其实，该头衔冯 · 诺伊曼受之无愧，图灵也有“人工智能之父”的桂冠。他们是浩瀚计算机发展史中相互映照的两颗巨星。

1.3 图灵测试

1.3.1 什么是图灵测试

1950 年，图灵发表了题为《机器能思考吗》的论文，在论文中提出了著名的“图灵测试”问题，其示意图如图 1–2 所示。论文的开篇是一条明确的声明：“我准备探讨‘机器能思考吗’这个问题。”然后，童心未泯的图灵设计了一个游戏来解释这个问题的实证含义。他为人工智能给出了一个完全可操作的定义：如果一台机器输出的内容和人类大脑别无二致，我们就没有理由坚持认为这台机器不是在“思考”。这就是“人工智能”的最初设想，这份设想也在无形中让图灵摘得了“人工智能之父”的桂冠。

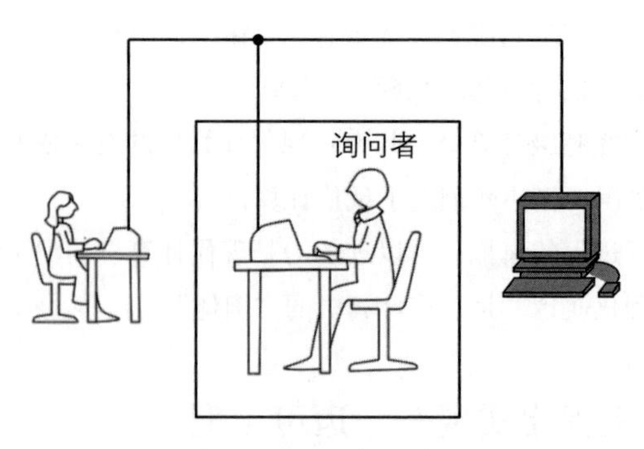

图 1-2　图灵测试示意图

图灵测试，也就是图灵所说的“模仿游戏”，其操作很简单：一位询问者将自己的问题写下来，发给处于另外一个房间中的一个人和一台机器，然后根据他们给出的答案确定哪个是真人。

至于何时会出现能够通过图灵测试的计算机，图灵给出了自己的预测：“我相信在 50 年左右的时间内，计算机编程技术将可能实现顺利通过模仿游戏的计算机，普通询问者在经过 5 分钟的询问之后的判断准确率将不高于 70%。”

图灵预想到自己对思考的定义将会引来许多质疑，所以他尝试在论文中逐一反驳它们。针对来自神学方面的质疑，也就是上帝只将灵魂和思考能力赐给了人类，图灵表示这种观点实际上是对“上帝的全知全能的严重限制”。他提出了一个问题：上帝是否有自由向一头合适的大象授予灵魂？想必他是可以这样做的，那么按照同样的逻辑，上帝当然也可以随心所欲地向一台机器授予灵魂。这番话从不信仰上帝的图灵口中说出还是有些讽刺意味的。

在《计算机器与智能》发表之后的几年时间里，图灵似乎很喜欢参与到自己惹出的争论中。他以自己带有讽刺性的幽默感取笑了那些关于人类高等意识的主张：终有一天，女士们会带着她们的计算机到公园散步，并且互相诉说“我的宝贝计算机在今天早上跟我说了这么一件有趣的事情”！智能手机是不是完全是这种预测？

1.3.2　图灵测试的局限性

直到 20 世纪 80 年代中期，图灵测试一直都是不受关注的探索领域，各类图灵测试比赛时常在计算机大会上作为娱乐环节出现。直到 1991 年，纽约的慈善家 Hugh Loebner 组织了首次正式的图灵测试，每年举行一次，奖励能欺骗人类聊天对象的计算机程序，奖项分为金、银、铜三个级别。

2014 年，艾伦麦席森 · 图灵逝世 60 周年，英国伦敦皇家学会举办了一场图灵测试，一个俄罗斯团队开发的一款名为“尤金·古特曼”的计算机软件通过了测试。尤金·古特曼模仿一名来自乌克兰的 13 岁男孩，成功地让 33% 的测试人相信了这一点。

一方面图灵测试被不少科学家接受，另一方面越来越多的科学家指出了它的局限性。例如，即使某台机器或软件能够通过图灵测试，我们可以看到结果，但过程却是由人主观评定，而非客观的“量化评定”，这意味着“这台机器的反馈在那一批人看来是恰当的”，如果换一批人来对这台机器进行测试，很可能会得到不一样的结果。

图 1–3 图灵测试的现代版

我们认为，对语言的掌握程度是衡量智力的一个重要内容，而语言能力并不仅仅是把词语以正确的顺序组成句子这么简单，它还包含了语言逻辑，表达自己思想、认识自己所处环境、和别人交流的能力，或许还包括猜测对方在想什么的能力。图灵也承认，将这些能力都灌输给一台机器是个不小的挑战。图 1–3 所示是图灵测试的现代版。

1.3.3 新图灵测试

针对图灵测试的一些缺陷，研究者们也在设计新的测试来检验。

测试1：人类的标准化测试

该测试就是让人工智能参加小学、中学考试，在相同的时间内和学生一样完成考试题目。看起来好像很简单，但到目前为止还没有哪个系统能通过完整的四年级科学考试。而这一方法的目的在于培养人工智能将语义理解和各类问题的解决方法联系在一起的能力。

测试2：物理图灵测试

该测试更像是实践课：让机器人学会阅读使用说明书，将一堆部件组装成整体；同时让人工智能发挥自己的创造力，如不依靠图纸来搭积木。这两个方向都要求被测试的机器能理解任务内容并找到解决方法。

测试3：I–Athlon

该测试类似于我们常做的大意概括和复述。在一次部分或完全自动测试中，让人工智能总结音频文件中的内容，叙述视频中发生的情节，即时翻译自然语言的同时还执行其他任务。

这种方式可以减少人类认知偏见对机器在测量智能和量化工作产生的影响，而不是简单地测试性能。

1.4 图灵完备与图灵等价

1. 图灵完备

一切可计算的问题都能计算，这样的虚拟机或编程语言就是图灵完备的。一个能计算出每个图灵可计算函数（Turing-computable Function）的计算系统称为是图灵完备的。如果一种语言是图灵完备的，就意味着该语言的计算能力与一个通用图灵机（Universal Turing Machine）相当，这也是现代计算机语言所能拥有的最高能力。

在可计算理论中，当一组数据操作的规则（一组指令集、编程语言或者元胞自动机）按照一定的顺序可以计算出满足任意数据的结果，就称为图灵完备（Turing Complete）。一个有图灵完备指令集的设备被定义为通用计算机。通用计算机是图灵完备的，它（计算机设备）有能力执行条件跳转（if 和 goto）语句以及改变内存数据。如果某个东西展现出了图灵完备，它就表现出可以模拟原始计算机的能力，即使最简单的计算机也能模拟出最复杂的计算机。所有的通用编程语言和现代计算机的指令集都是图灵完备的（C++ template 就是图灵完备的），都能解决内存有限的问题。图灵完备的机器都定义有无限内存，但是机器指令集却通常定义为只工作在特定的、有限数量的 RAM 上。

2. 图灵等价

我们可能经常会在某些文章里看到图灵等价（Turing Equivalence）和图灵完备（Turing Completeness），但是这两个词的含义是有区别的。尤其是很多书或文章经常对这两个词进行混用，可能会把事情搞复杂。

在可计算理论中，一个数据操作规则的系统（如指令集、编程语言、细胞自动机）称作图灵完备或是通用计算的，当且仅当它可以用来模拟单带图灵机。在可计算理论中，有一个很相关的概念叫图灵等价。当计算机 P 和计算机 Q 是图灵等价的，P 可以模拟 Q 而且 Q 也可以模拟 P（从理论上，两个图灵等价的系统可以是非图灵完备的）。在现实中，一个图灵完备的系统可以模拟图灵机，这个术语（即图灵等价）常常被用来表示与图灵机等价。

所以一个图灵完备的系统可以称为是图灵等价的，如果任何它可以计算的函数也是图灵可计算的，也就是它可计算的函数和图灵机可计算的函数是完全相同的。换句话说，图灵等价的系统就是能模拟通用图灵机同时也能被通用图灵机模拟的系统，所有已知的图灵完备的系统都是图灵等价的。

通过上面的分析，我们就可以清楚地知道这两个词的意思和关系了。图灵等价有两个意思：一个是指两个计算机系统在可计算性上计算能力相同；另一个（也是常用的）是指一个系统的计算能力与通用图灵机的计算能力相同（在可计算性的意义上）。而图灵完备是指能够模拟通用图灵机的计算系统。而所有已知的图灵完备的系统都是图灵等价的，这也增加了对丘奇－图灵论题的支持。因此，就简单的理解来说，在现有的计算机系统（编程语言、指令集等）中，图灵等价和图灵完备是一个意思。

关于图灵完备，很多ICO白皮书中都说到自己的项目支持什么图灵完备或图灵等价，包括以前也说过以太坊的智能合约是图灵完备的，比特币舍弃了图灵完备等。了解图灵完备有利于更好地理解区块链领域中的技术。

1.5 图灵奖

1.5.1 计算机界的诺贝尔奖

图灵奖，由美国计算机协会（ACM）于1966年设立，有"计算机界诺贝尔奖"之称。奖杯是一个银色的碗，如图1–4所示。

图1–4 图灵奖的奖杯

从1966年到2021年，图灵奖已经走过了半个多世纪，这也是计算机科学走过的半个世纪，将获奖成果串联起来就是一部计算机科学史。这条旅途跌宕起伏、光影变幻，人类历史上从没有哪个学科能在破壳而出后的短短半个世纪里推进如此之远。图灵奖的奖金初期为20万美元，1989年起增加到25万美元，奖金通常由计算机界的一些大企业提供。目前图灵奖由Google公司赞助，奖金为100万美元。

对于每一个行业或领域来说，几乎都存在一两项令其领域内所有人视为"终极荣誉"的大奖，如电影业的奥斯卡奖、新闻领域的普利策奖、数学领域的沃尔夫奖和费尔兹奖等。而在计算机行业，图灵奖则是当之无愧的最高奖项。

1.5.2 各国获奖情况

从1966年至今，图灵奖已有50多个年头，共授予了70位科学家。据相关资料统计，截至2018年，美国斯坦福大学的图灵奖人数（校友或教职工）位列世界第一，美国麻省理工学院、美国加州大学伯克利分校并列世界第二，哈佛大学和普林斯顿大学分列世界第四和第五。其中美国学者最多，此外还有英国、瑞士、荷兰、以色列、挪威等国的少数学者。截至2017年各国获图灵奖的情况如表1-1所示。

表1-1 截至2017年各国获图灵奖的情况

国家	出生地	国籍	国家	出生地	国籍
美国	43	54	印度	1	0
英国	5	5	意大利	1	0
以色列	3	1	拉脱维亚	1	0
加拿大	2	1	荷兰	1	1
挪威	2	2	波兰	1	0
中国	1	0	斯里兰卡	1	0
丹麦	1	1	瑞士	1	1
法国	1	1	委内瑞拉	1	0
匈牙利	1	0			

近年来图灵奖获得者的情况如表1-2所示。

表1-2 2013—2019年图灵奖获得者的情况

年份	获奖者	国籍	获奖原因
2019	Patrick Hanrahan Edwin Catmull	美国	为了表彰他们对3D计算机图形学的贡献，以及这些技术对电影制作和计算机生成图像（CGI）等应用的革命性影响
2018	Yoshua Bengio Geoffrey Hinton Yann LeCun	加拿大、美国	因三位巨头在深度神经网络概念和工程上的突破，使得DNN成为计算的一个重要构成，从而成为2018年图灵奖得主
2017	John Hennessy David Patterson	美国	开发了RISC微处理器并且让这一概念流行起来
2016	Tim Berners-Lee	英国	万维网的发明者
2015	Whitfield Diffie Martin Hellman	美国	非对称加密的创始人
2014	Nichael Stonebraker	美国	对现代数据库系统底层的概念与实践做出了基础性贡献
2013	Leslie Lamport	美国	在提升计算机系统的可靠性及稳定性领域做出了杰出贡献

1.5.3 华人学者姚期智

华人学者目前仅有 2000 年图灵奖得主姚期智一人，如图 1-5 所示。

图 1-5 2000 年图灵奖得主姚期智

姚期智，1946 年出生于中国上海，计算机学家，2000 年图灵奖获得者，美国国家科学院院士、美国艺术与科学学院院士、中国科学院院士、港科院创院院士，清华大学高等研究中心教授、香港中文大学计算机科学与工程学系教授、清华大学 - 麻省理工学院 - 香港中文大学理论计算机科学研究中心主任、清华大学金融科技研究院管委会主任。他的主要贡献领域为计算理论，包括伪随机数生成、密码学与通信复杂性。

清华学堂计算机科学实验班（姚班）致力于培养与美国麻省理工学院、普林斯顿大学等世界一流高校本科生具有同等、甚至更高竞争力的领跑国际的创新计算机科学人才，2005 年由回国不久的姚期智组织创立。办“姚班”的初衷是当时我国的计算机学科教育水平与国外一流大学仍有差距，姚期智希望缩小与国外的差距，他凭借自己在美国一流大学多年执教的经验，亲自为“姚班”制定教学计划，精心设计课程，并亲自执教其中 6 门课。“姚班”全英文授课，全英文交流；没有国界，没有教材，没有界限分明。

姚期智曾在致清华全校同学的信中写道：“我们的目标并不是培养优秀的计算机软件程序员，而是要培养具有国际水平的一流计算机人才”。事实上他确实做到了。通过十一载办学，“姚班”已经培养了十届毕业生共计 312 人。其中，62 人在姚先生创建的清华大学交叉信息研究院读研，31 人在清华其他院系深造，1 人赴北大光华学院深造；182 人赴美国、新加坡、法国等地读研，其中赴 MIT 17 人、Princeton 19 人、斯坦福大学 6 人、CMU 20 人、耶鲁大学 1 人、宾夕法尼亚大学 3 人、哥伦比亚大学 9 人、UCBerkeley 9 人；36 人赴 Google、MSRA、IBM、Facebook、网易等知名计算机企业工作。

外界对“姚班”的称赞也不绝于耳。一些国外知名大学在选择生源时，优先考虑“姚班”的学生，只要英语没有问题，基本上就能成功申请留学。

目前，“姚班”大三年级的学生大学期间长期出访率已达到100%。截至2017年7月，以“姚班”学生为通讯作者或主要完成人的论文已发表135篇，并有59位优秀“姚班”学生被选派参加国际会议并做论文宣讲。姚期智先生创办的“姚班”培养出了一大批中国计算机科学的顶尖人才，其门生也早已遍布国内外AI产业和计算机科学研究的各个关键领域。

1.5.4 2018年图灵奖

2018年3月27日，计算机领域最高奖项“图灵奖”迎来了新一届得主——加拿大蒙特利尔大学教授约书亚·本希奥（Yoshua Bengio）、谷歌副总裁兼多伦多大学名誉教授杰弗里·欣顿（Geoffrey Hinton），以及纽约大学教授兼Facebook首席AI科学家杨立昆（Yann LeCun）。

这三位被业内人士称为“当代人工智能教父”的科学家是深度神经网络（Deep Neural Network）的开创者，这项技术已经成为计算科学的关键部分，为深度学习（Deep Learning）算法的发展和应用奠定了基础——这正是现在计算机视觉（Computer Vison）、语音识别（Speech Recognizing）、自然语言处理（Natural Language Processing）和机器人研发等领域展现出惊人活力、掀起科技创业热潮的重要原因。

约书亚·本希奥在加拿大麦吉尔大学取得计算机博士学位，现为加拿大蒙特利尔大学教授、加拿大数据定价中心主任（IVADO）、蒙特利尔学习算法研究中心（Mila）科学主任、加拿大先进研究院主任。同时，他与杨立昆一起担任加拿大先进研究院机器与大脑学习项目主管。他创建了目前世界上最大的深度学习研究中心——蒙特利尔学习算法研究中心（MILA），使蒙特利尔成为世界上人工智能研究最为活跃的地区之一，引来大批公司和研究室入驻。

杰弗里·欣顿，在爱丁堡大学获得人工智能博士学位，现任Google副总裁、工程研究员、多伦多人工智能矢量研究所首席科学顾问、多伦多大学名誉教授。他是加拿大先进研究院神经计算和自适应项目（Neural Computation and Adaptive Perception Program）的创始人，还获得了包括加拿大最高荣誉勋章（Companion of the Order of Canada）、英国皇家学会成员、美国工程院外籍院士、人工智能国际联合会（IJCAI）杰出研究奖、IEEE詹姆斯·克拉克·麦克斯韦金奖（IEEE James Clerk Maxwell Gold Medal）等一系列荣誉。2017年被彭博社（Bloomberg）评为改变全球商业格局的50人之一。

杨立昆，在法国皮埃尔和玛丽·居里大学获得计算机科学博士学位，现任纽约大学柯朗数学科学研究所Silver冠名教授、Facebook公司人工智能首席科学家、副总裁。他获得了包括美国工程院院士、IEEE神经网络先锋奖（IEEE Neural Network Pioneer Award）等一系列荣誉。他还是纽约大学数据科学中心的创始人，与约书亚·本希奥一起担任加拿大先进研究院机器与大脑学习项目的主管。

第2章 冯·诺伊曼与冯诺伊曼结构

2.1 冯·诺伊曼简介

2.1.1 主要成就

约翰·冯·诺伊曼（John von Neumann，1903—1957），原籍匈牙利，布达佩斯大学数学博士。20世纪最重要的数学家之一，是现代计算机、博弈论、核武器和生化武器等领域内的科学全才之一，被后人称为“计算机之父”和“博弈论之父”。

冯·诺伊曼先后执教于柏林大学和汉堡大学，1930年前往美国，后入美国籍。历任普林斯顿大学、普林斯顿高级研究所教授，美国原子能委员会会员，美国全国科学院院士。早期以算子理论、共振论、量子理论、集合论等方面的研究而闻名，开创了冯·诺伊曼代数。第二次世界大战期间为第一颗原子弹的研制做出了贡献，为研制电子数字计算机提供了基础性的方案。1944年与摩根斯特恩（Oskar Morgenstern）合著《博弈论与经济行为》（1944），是博弈论学科的奠基性著作。晚年，研究自动机理论，著有对人脑和计算机系统进行精确分析的《计算机与人脑》（1958）。

此外，其主要著作还有《量子力学的数学基础》（1926）与《经典力学的算子方法》《连续几何》等。

2.1.2 生平

1. 外星人冯·诺伊曼

冯·诺伊曼，著名匈牙利裔美籍数学家、计算机科学家、物理学家和化学家 。1903年12月28日生于匈牙利布达佩斯的一个犹太人家庭。冯·诺伊曼的父亲麦克斯年轻有为、风度翩翩，凭着勤奋、机智和善于经营，年轻时就已跻身于布达佩斯的银行家行列。冯·诺伊曼的母亲是一位善良的妇女，贤惠温顺，受过良好教育。

冯·诺伊曼从小就显示出数学和记忆方面的天分。从孩提时代起，冯·诺伊曼就可以过目不忘，六岁时他就能用希腊语同父亲互相开玩笑并能心算八位数除法，八岁时掌握微积分，十岁时花费数月读完了一部四十八卷的世界史，并可以对当前发生的事件和历史上某个事件做出对比，并讨论两者的军事理论和政治策略，十二岁时就读懂领会了波莱尔的大作《函数论》要义。

他是家里三个男孩中最大的。小时候，请了家庭教师来教育他。1914年第一次世界大战爆发时，他正好10岁，进入大学预科学校学习。由于战争动乱连年不断，冯·诺伊曼全家决定离开匈牙利，以后再重返布达佩斯。当然他的学业也因此受到影响，但是在毕业考试时，冯·诺伊曼的成绩仍名列前茅。

1921年，冯·诺伊曼通过"成熟"考试时，已被大家当作数学家了。他的第一篇论文是和菲克特合写的，那时他还不到18岁。虑到经济上的原因，麦克斯考请人劝阻年方17的冯·诺伊曼不要专攻数学，后来父子俩达成协议，让冯·诺伊曼攻读化学。

1921—1923年，冯·诺伊曼在苏黎世大学学习。很快在1926年以优异的成绩获得了布达佩斯大学数学博士学位，此时冯·诺伊曼年仅22岁。冯·诺伊曼在布达佩斯大学注册为数学专业的学生，但并不听课，只是每年按时参加考试，考试成绩都为A。与此同时，冯·诺伊曼进入柏林大学（1921年），1923年又进入瑞士苏黎世联邦工业大学学习化学。1926年他在苏黎世联邦工业大学获得化学方面的大学毕业学位，通过在每学期期末回到布达佩斯大学通过课程考试，他也获得了布达佩斯大学的数学博士学位。

1927—1929年，冯·诺伊曼相继在柏林大学和汉堡大学担任数学讲师。1930年担任普林斯顿大学客座教授职位，西渡美国。1931年他成为美国普林斯顿大学的第一批终身教授，那时，他还不到30岁。1933年转到该校的高级研究所，成为最初六位教授之一，并在那里工作了一生。冯·诺伊曼是普林斯顿大学、宾夕法尼亚大学、哈佛大学、伊斯坦堡大学、马里兰大学、哥伦比亚大学和慕尼黑高等技术学院等校的荣誉博士。他是美国国家科学院、秘鲁国立自然科学院和意大利国立林且学院等院的院士。1951—1953年任美国数学学会主席，1954年他任美国原子能委员会委员。

1954年夏，冯·诺伊曼被发现患有癌症，1957年2月8日，在华盛顿去世，享年54岁。

2. 逸闻

（1）在一次数学聚会中，有一个年轻人兴冲冲找到他，向他请教一个问题，他看了看就报出了正确答案。年轻人高兴地请求他告诉自己简便方法，并抱怨其他数学家用无穷级数求解的烦琐。冯·诺伊曼却说道：“你误会了，我正是用无穷级数求出的。”可见他拥有过人的心算能力。

（2）据说有一天，冯·诺伊曼心神不定地被同事拉上了牌桌。一边打牌，一边还在想他的课题，狼狈不堪地“输掉”了10元钱。这位同事也是数学家，突然心生一计，想要捉弄一下他的朋友，于是用赢得的5元钱，购买了一本冯·诺伊曼撰写的《博弈论和经济行为》，并把剩下的5元贴在书的封面，以表明他 “战胜”了“赌博经济理论家”，着实使冯·诺伊曼“好没面子”。

（3）冯·诺伊曼的驾驶水平很烂，经常发生事故，有一次他撞坏了车头，在警局里解释道：“我正在路上正常驾驶，右方窗外的树正在以每小时60英里的速度从我车旁穿过，突然，一棵树站在了我的车前，咚！”

（4）在ENIAC（Electronic Numerical And Calculator，电子数学几分计算机）计算机研制时期，有几个数学家聚在一起切磋数学难题，百思不得某题之解。有个人决定带着台式计算器回家继续演算。次日清晨，他眼圈黑黑，面带倦容走进办公室，颇为得意地对大家炫耀说：“我从昨天晚上一直算到今晨4点半，总算找到那道难题的5种特殊解答。它们一个比一个更难咧！”说话间，冯·诺伊曼推门进来，“什么题更难？”虽只听到后面半句话，但“更难”二字使他马上来了劲。有人把题目讲给他听，冯·诺伊曼顿时把自己该办的事抛在脑后，兴致勃勃地提议道：“让我们一起算算这5种特殊的解答吧。”

大家都想见识一下冯·诺伊曼的“神算”本领。只见冯·诺伊曼眼望天花板，不言不语，迅速进到“入定”状态。大约过了5分钟，他就说出了前4种解答，又在沉思着第5种……青年数学家再也忍不住了，情不自禁脱口讲出答案。冯·诺伊曼吃了一惊，但没有接话茬。又过了1分钟，他才说道：“你算得对！”

那位数学家怀着崇敬的心情离去，他不无揶揄地想：“还造什么计算机哟，教授的头脑不就是一台‘超高速计算机’吗？”然而，冯·诺伊曼却待在原地，陷入苦苦的思索，许久都不能自拔。有人轻声向他询问缘由，冯·诺伊曼不安地回答说：“我在想，他究竟用的是什么方法，这么快就算出了答案。”听到此言，大家不禁哈哈大笑：“他用台式计算器算了整整一个夜晚！”冯·诺伊曼一愣，也跟着开怀大笑起来。

（5）在冯·诺伊曼去世的前几天，肿瘤已经占据了他的大脑，但记忆力有时还是不可思议得好，那天乌拉姆坐在他的病榻前，用希腊语朗诵一本修昔底德书中他特别喜欢、记得很牢的亚丁人进攻梅洛思的故事和佩里莱的演说，他会纠正乌拉姆的错误和发音。

2.2 冯诺伊曼结构

2.2.1 简介

在 ENIAC 尚未投入运行前，冯·诺伊曼就已开始准备对这台电子计算机进行脱胎换骨的改造。在短短 10 个月内，冯·诺伊曼迅速把概念变成了方案。新机器方案命名为“离散变量自动电子计算机”，英文缩写为 EDVAC。1945 年 6 月，冯·诺伊曼与戈德斯坦等人，联名发表了一篇长达 101 页纸的报告，即计算机史上著名的“101 页报告”。这份报告奠定了现代计算机体系结构坚实的根基，直到今天，仍然被认为是现代计算机科学发展中里程碑式的文献。

在 EDVAC 报告中，冯·诺伊曼明确规定了计算机的五大部件：运算器（CA）、逻辑控制器（CC）、存储器（M）、输入设备（I）和输出设备（O），并描述了五大部件的功能和相互关系，该结构被称为冯·诺伊曼结构，如图 0-2 所示。与 ENIAC 相比，EDVAC 的改进首先在于冯·诺伊曼巧妙地想出“存储程序”的办法，程序也被他当作数据存进了机器内部，以便计算机能自动依次执行指令，再也不必去接通线路。其次，他明确提出这种机器必须采用二进制，以充分发挥电子器件的工作特点，使结构紧凑且更通用化。人们后来把按这一思想设计的机器统称为“诺伊曼机”。冯诺伊曼结构在计算机结构中的两种体现如图 2-1 和图 2-2 所示。

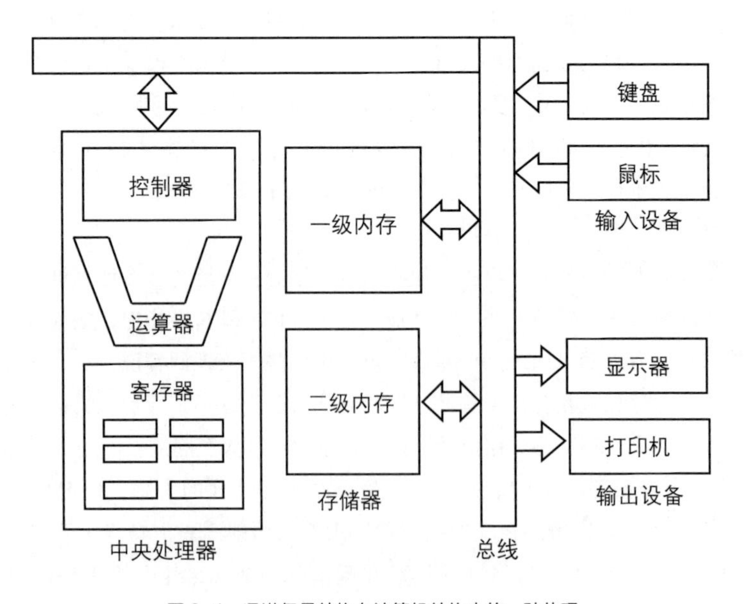

图 2-1　冯诺伊曼结构在计算机结构中的一种体现

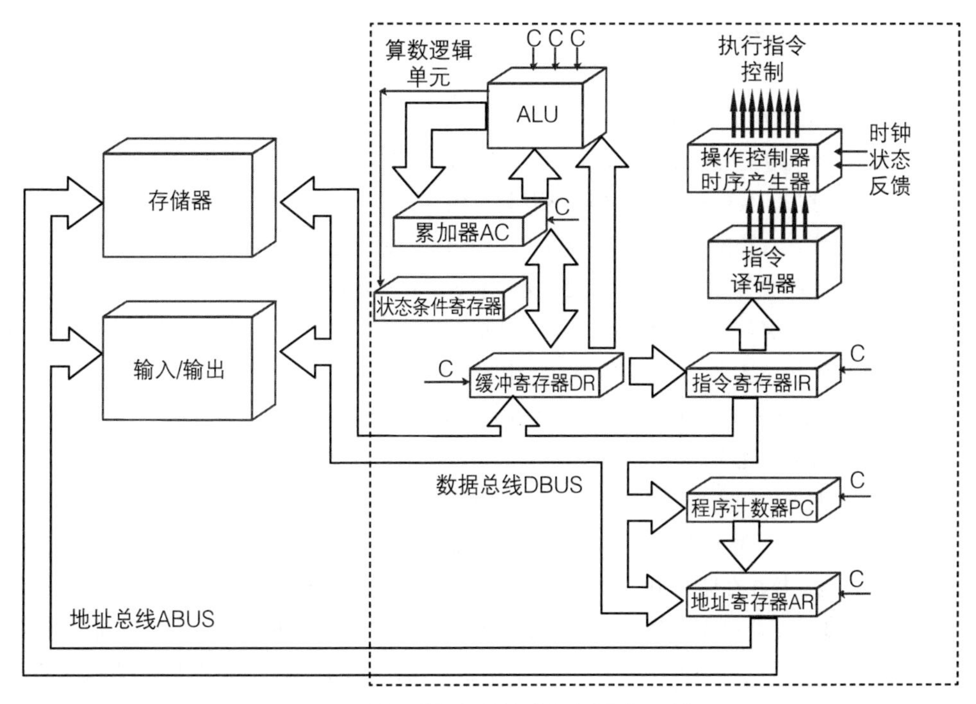

图 2-2　冯诺伊曼结构在计算机结构中的另外一种体现

2.2.2　核心思想

冯诺伊曼结构包括以下内容：

· 计算机应该按照程序顺序运行。

· 采用二进制作为计算机数值计算的基础，以0、1代表数值。二进制使得计算机容易实现数值的计算，不采用人类常用的十进制计数方法。

· 程序或指令的顺序执行，即预先编好程序，然后交给计算机按照程序中预先定义好的顺序进行数值计算。

· 基本结构是“共享数据和串行执行”的计算机模型。

在区块链领域中 IOTA（物联网）的设计思想是采用三进制，主要原因是其创始人相信未来世界会被三进制替代，因为三进制 CPU 理论上具有比二进制 CPU 更好的能效。但实际情况是，目前为止三进制 CPU 仅仅是在研究、实验阶段。虽然这是一种探索，但对于基于传统的、广泛使用的二进制计算机而言，三进制是一种有意义的探索和其他进制的扩展。同时三进制如果要发展起来，相关的生态，以及软硬件发展配套产业的完备，都需要比较长的周期。

2.2.3 功能和组成

1. 五大基本组成部件

依据冯诺伊曼结构组成的计算机，必须具有以下功能：

（1）能够把需要的程序和数据输入计算机中。

（2）必须具有长期记忆程序、数据、中间结果及最终运算结果的能力。

（3）能够完成各种算术运算、逻辑运算和数据传送等数据加工处理。

（4）能够根据需要控制程序走向，并能根据指令控制机器的各部件进行协调操作。

（5）能够按照要求将处理结果输出给用户。

为了实现上述功能，计算机必须具备五大基本组成部件。

（1）运算器：用于完成各种算术运算、逻辑运算和数据传送等数据加工处理。

（2）控制器：用于控制程序的执行，是计算机的大脑。

（3）存储器：用于记忆程序和数据，如内存，硬盘等。程序和数据以二进制代码形式不加区别地存放在存储器中，存放位置由地址确定。

运算器和控制器组成计算机的中央处理器（CPU）。控制器根据存放在存储器中的指令序列（程序）进行工作，并由一个程序计数器控制指令的执行。控制器具有判断能力，能根据计算结果选择不同的工作流程。

（4）输入设备：用于将数据或程序输入计算机中，如鼠标、键盘等。

（5）输出设备：将数据或程序的处理结果展示给用户，如显示器、打印机等。

五大基本组成部件之间通过指令进行控制，并在不同部件之间进行数据的传递。

2. 被忽视的部件

冯诺伊曼结构中忽视了五大基本组成部件之间的连接部件，这些部件被称为总线，在单台电子计算机中的作用比较单一，也绰绰有余地满足了一台计算机的应用。但是随着计算机、网络的广泛发展，尤其我们在看待区块链网络时，对于这个“运行在各种电子设备上的超级计算机”，这些设备连接之间的局限性和重要性就都体现出来了。当前在区块链系统中，连接方面的限制比较明显，后面我们将单独讲解网络的发展和5G技术，我们就会明白这种连接从量变到质变这一过程中引起的变化。

2.2.4 局限性

冯诺伊曼结构也存在一些局限性：

（1）采用存储程序的方式。指令和数据不加区别地混合存储在同一个存储器中，数据和程序在内存中是没有区别的，它们都是内存中的数据，当EIP指针指向哪，CPU就加载那段内存中的数据，如果是不正确的指令格式，CPU就会发生错误中断。在CPU的保护模式中，每个内存段都有描述符，这个描述符记录着这个内存段的访问权限（可读、可写、可执行）。这就变相地指定了哪些内存中存储的是指令，哪些内存中储存的是数据。指令和数据都可以送到运算器进行运算，即由指令组成的程序是可以修改的。

（2）存储器是按地址访问的线性编址的一维结构，每个单元的位数是固定的。

（3）指令由操作码和地址码组成。操作码指明指令的操作类型，地址码指明操作数和地址。操作数本身无数据类型的标志，它的数据类型由操作码确定。

（4）通过执行指令直接发出控制信号控制计算机的操作。指令在存储器中按其执行顺序存放，由指令计数器指明要执行的指令所在的单元地址。指令计数器只有一个，一般按顺序递增，但执行顺序可按运算结果或当时的外界条件改变。

（5）以运算器为中心，I/O设备与存储器间的数据传送都要经过运算器。

（6）数据以二进制表示。从本质上讲，冯·诺伊曼体系结构的本质属性就是两个一维，即一维的计算模型和一维的存储模型，简单地说“存储程序”是不确切的。而正是这两个一维性，成就了现代计算机的辉煌，也限制了计算机的进一步发展。

冯诺伊曼计算机的软件和硬件完全分离，适用于数值计算。这种计算机的机器语言同高级语言在语义上存在很大的间隔，称为冯诺伊曼语义间隔。造成这个差距的其中一个重要原因就是存储器的组织方式不同。冯诺伊曼机的存储器是一维的线性排列的单元，按顺序排列的地址访问。而高级语言表示的存储器则是一组有名字的变量，按名字调用变量，不考虑访问方法，而且数据结构经常是多维的（如数组、链表等）。

另外，在大多数高级语言中，数据和指令截然不同，并无“指令可以像数据一样进行运算操作”的概念。同时，高级语言中的每种操作对于任何数据类型都是通用的，数据类型属于数据本身，而冯诺伊曼机的数据本身没有属性标志，同一种操作要用不同的操作码来对数据加以区分。这些因素导致了语义的差距。如何消除如此大的语义间隔？这成了计算机面临的一大难题和发展障碍。

冯诺伊曼体系结构的局限性严重束缚了现代计算机的进一步发展，而非数值处理应用领域对计算机性能的要求越来越高，这就迫切需要突破传统计算机的体系结构，寻求新的框架来解决实际应用问题。当前在计算机体系结构方面已经有了重大的变化和改进，如并行计算机、数据流计算机、量子计算机、DNA计算机等非冯诺伊曼计算机，它们部分或完全不同于传统的冯诺伊曼型计算机，很大程度地提高了计算机的计算性能。

2.3 非冯诺伊曼结构

2.3.1 非冯诺伊曼化

必须看到，传统的冯诺伊曼型计算机从本质上讲是采取串行顺序处理的工作机制，即使有关数据已经准备好，也必须逐条执行指令序列。而提高计算机性能的根本方向之一是并行处理。因此，近年来人们谋求突破传统冯诺伊曼结构的束缚，这种努力称为非冯诺伊曼化。对所谓非冯诺伊曼化的探讨仍在争议中，一般认为包括以下三个方面的努力：

（1）在冯诺伊曼结构范畴内，对传统冯诺伊曼机进行改造，如采用多个处理部件形成流水处理，依靠时间上的重叠提高处理效率；如组成阵列机结构，形成单指令流多数据流，提高处理速度。这些方向比较成熟，已成为标准结构。

（2）用多个冯诺伊曼机组成多机系统，支持并行算法结构。这方面的研究比较活跃。

（3）从根本上改变冯诺伊曼机的控制流驱动方式。例如，采用数据流驱动方式的数据流计算机，只要数据已经准备好，有关的指令就可以并行地执行。这是真正非冯诺伊曼化的计算机，它为并行处理开辟了新的方向，但由于控制的复杂性，仍处于实验探索阶段。

2.3.2 哈佛结构

1. 普通哈佛结构

在非冯诺伊曼结构中，我们选取一个例子“哈佛结构”来作对比。哈佛结构的特点如下：

（1）使用两个独立的存储器模块分别存储指令和数据，每个存储模块都不允许指令和数据并存，以便实现并行处理。

（2）具有一条独立的地址总线和一条独立的数据总线，利用公用地址总线访问两个存储器（程序存储器和数据存储器），公用数据总线则用来完成程序存储器或数据存储器与 CPU 之间的数据传输。

冯诺伊曼结构的两条总线由程序存储器和数据存储器分时共用。在典型情况下，完成一条指令需要 3 个步骤，即：取指令、指令译码和执行指令。从指令流的定时关系也可以看出冯·诺曼结构与哈佛结构处理方式的差别。举一个最简单的例子，对存储器进行读写操作的指令 1 至指令 3 均为存数、取数指令，对于冯诺伊曼结构处理器，由于取指令和存取数据要从同一个存储空间存取，经由同一总线传输，因而它们无法重叠执行，只有一个完成后才能再进行下一个。

如果采用哈佛结构处理以上同样的 3 条存取数指令，由于取指令和存取数据分别经由不同的存储空间和不同的总线，使各条指令可以重叠执行，这样也就克服了数据流传输的瓶颈，提高了运算速度。

哈佛结构强调了总的系统速度以及传输和处理器配置方面的灵活性。

2. 改进哈佛结构

后来又提出了改进的哈佛结构：使用两个独立的存储器模块（程序存储器和数据存储器），处理器只有一套总线，分时访问程序存储器和数据存储器，但是在处理器中有 Icache 和 Dcache 将程序和数据分开（冯诺伊曼结构中没有 Dcache 和 Icache），所以处理器仍然可以同步执行取指令和取数据操作，从这点看处理器仍然属于哈佛结构。从 ARM9 开始所有的 ARM 处理器内核都是改进型哈佛结构。

3. 总结

改进型哈佛结构是在普通哈佛结构的基础上加上独立的缓冲区 Cache，虽然处理器只有一套总线，但由于 Cache 的存在，CPU 直接访问的是 Cache，而 Cache 又分为指令 Cache 和数据 Cache，这两个 Cache 是独立的，所以可以同时访问指令和数据，也就是说能够并行运行。

2.3.3 区别与比较

1. 区别

哈佛结构和冯诺伊曼结构的主要区别在于处理器能不能实现取指令和取数据的并发进行，程序空间和数据空间是否是一体的。早期的微处理器大多采用冯诺伊曼结构，典型代表是 Intel 公司的 x86 微处理器。取指令与取操作数都在同一条总线上，通过分时复用进行，缺点是在高速运行时，不能同时取指令与操作数，从而造成传输过程的瓶颈。而以 DSP 和 ARM 为代表的哈佛结构的芯片内部，程序空间和数据空间是分开的，可以同时取指令与操作数，大大提高了运算速度与运算能力。

2. 比较

冯诺伊曼结构虽然数据吞吐率低，但是总线结构简单，所以成本也低，早期该结构的处理器迅速抢占市场。哈佛结构由于复杂而又强大的总线结构，所以数据吞吐率高，运行速度更快，但是设计及实现复杂，成本较高。改进型的哈佛结构结合了两者的长处，将其融合到一起，实现了优化。

3. 思考

留给想深入了解相关知识的读者的几个问题：

（1）冯诺伊曼结构产生的原因是什么？
（2）冯诺伊曼结构主要解决什么问题？
（3）非冯诺伊曼结构的发展方向？

2.3.4 计算机的发展

计算机的发展包括了硬件的发展和软件的发展，硬件的发展为计算机提供了更快的处理速度，而软件的发展为用户提供了更好的使用体验。两者相辅相成，密不可分。

第一阶段：60 年代中期以前，是计算机系统发展的早期时代。在这个时期通用硬件已经相当普遍，软件却是为每个具体应用而专门编写的，大多数人认为软件开发是无须预先计划的事情。这时的软件实际上就是规模较小的程序，程序的编写者和使用者往往是同一个（或同一组）人。

第二阶段：从 60 年代中期到 70 年代中期，是计算机系统发展的第二代。在这 10 年中计算机技术有了很大进步。多道程序、多用户系统引入了人机交互的概念，开创了计算机应用的新境界，使硬件和软件的配合进入了一个新的层次。

第三阶段：计算机系统发展的第三代，即分布式系统，从 20 世纪 70 年代中期开始，并且跨越了整整 10 年，在这 10 年中计算机技术又有了很大进步。分布式系统极大地增加了计算机系统的复杂性，局域网、广域网、宽带数字通信以及对“即时”数据访问需求的增加，都对软件开发者提出了更高的要求。

第四阶段：在计算机系统发展的第四代已经不再看重单台计算机和程序，人们感受到的是硬件和软件的综合效果。由复杂操作系统控制的强大的桌面机及局域网和广域网，与先进的应用软件相配合，已经成为当前的主流。计算机体系结构已迅速地从集中式主机环境转变成分布式的客户机 / 服务器。

2.3.5 范式边界

范式（paradigm）的概念和理论是美国著名科学哲学家托马斯·库恩（Thomas Kuhn）提出并在《科学革命的结构》（The Structure of Scientific Revolutions）（1962）中系统阐述的。范式从本质上讲是一种理论体系、理论框架。在该体系框架之内的范式的理论、法则、定律都被人们普遍接受。

我们用一些具体例子来说明范式和范式边界会更容易理解。两百年前没有蒸汽机是不对的，1679 年法国就有了蒸汽机模型，从瓦特改良蒸汽机开始，整个 19 世纪，蒸汽机一直在改进。但是蒸汽机再改进，用热水产生的动力是有极限的，把 100 台蒸汽机连在一起，也不能把火箭推上天。

当前，靠化学燃料推进的火箭，最高时速可以达到4万千米/小时，这个速度在1969年“阿波罗10号”就可以实现了。但是这样的化学火箭的形式，是无法将人类带出太阳系的，要飞出去，必须从另外一个技术入手，即“可控核聚变”。火箭的断层问题就是“范式边界”。

在当前，信息科技的发展几乎是单兵推进。把一块CPU堆叠成4块、8块，乃至32块，这是改进，不是创新；芯片工艺突破不到10纳米以下级别（量子纠缠），说明这个范式内的运算已经接近临界。

换句话说，范式内的创新，其实就是已经进入某种思维和路径的框架；而突破性的进展不能建立在现状的延长线上，它只能建立在对现有框架、路径和范式的破坏上。

重大问题永远不能在产生问题本身的层次上被解决。很多问题的突破，不仅是同类型行业的结合，还是跨界行业的结合，而且人才的合作关系也从树形结构向星型结构转化。在目前的技术领域中，很多创新往往是在合作与跨界的过程中产生的。

区块链系统拥有技术与经济的双推动力，是否可以把计算、存储、应用……推进到一个新的范式内，将解决问题的能力提升到一个新的高度呢？

2.4 区块链领域的结构

2.4.1 区块链发展的基础

区块链中包含三个主要支撑技术：信息技术、密码学、经济学。我们从这三个方面来理解区块链发展的基础。

（1）信息技术。信息技术包括软硬件技术的发展、网络技术的发展、分布式技术的发展等。网络技术的发展为信息互联网提供了最基础的连接能力；软硬件的发展为信息互联网提供了更多的易用性，推动了信息技术的普及；信息互联网为区块链技术的产生提供了必要的条件；分布式技术的发展为区块链提供了几乎所有的必要条件（包括共识算法，它被称为区块链的灵魂）；5G对区块链发展产生了非常大的影响，使各种设备之间的连接速度开始从量变转向质变，各种设备之间的连接速度开始与计算机的内部总线处于一个数量级，使各种同步算法的瓶颈逐渐消失，或者影响变得很小。

（2）密码学。密码学的发展为区块链技术的产生提供了坚实的数学理论支持（这也是为什么密码学被称为区块链的骨骼），密码学也是去中心化的一个必要支撑。例如，在区块链系统中，账号是依靠非对称加密方式产生的，而不是由某个中心化的机构分配的。

（3）经济学。经济学的发展与影响不在本书中讨论，读者可以参考本系列图书《区块链经济模型》。

此外，物联网的发展也对区块链产生了很大影响的推动作用，同时因为有了区块链技术，可以在物与物之间发挥经济模型的约束能力，在网络中可以方便地传递价值。

2.4.2 区块链的可能结构

在后面的章节中，我们会逐一分析区块链系统的类比结构。在此先给出一个简单的对比，如图 0-1 所示。

区块链系统是一个运行在全世界的不同电子设备上的超级计算机系统，这个系统有以下两种可能结构。

1. 冯诺伊曼结构：五大部件+总线

（1）运算器，执行指令的单元。

（2）逻辑控制器。

（3）存储器，如缓存、内存、硬盘等。

（4）输入装置。

（5）输出装置。

（6）系统总线。

2. 区块链类比结构

（1）运算器，执行指令的单元。

（2）逻辑控制器，如共识协议。

（3）存储器，如缓存、内存、硬盘等，分布式存储、区块链存储。

（4）输入装置，将外部数据通过预言机传入。

（5）输出装置，在经济模型控制下的各种输出价值与指令。

（6）网络连接，将所有的电子设备连接在一起。

3. 区块链的分层结构

区块链这个超级计算机系统也可以拥有与冯诺伊曼相似的结构。本书就是参考冯诺伊曼结构来分析这个超级计算机系统，并分析其中各个部件的发展情况。

此外，也同时参考了网络的分层模型。对于一个广泛和庞大的协议体系，使用分层会有明显的好处具有使人们容易理解、分工实现及分模块改进等优点。如计算机网络中的 OSI/RM 七层模型设计，在具体的实现中，可以合并一些分层。例如，网络协议 TCP/IP 是四层模型，如图 2-3 所示。

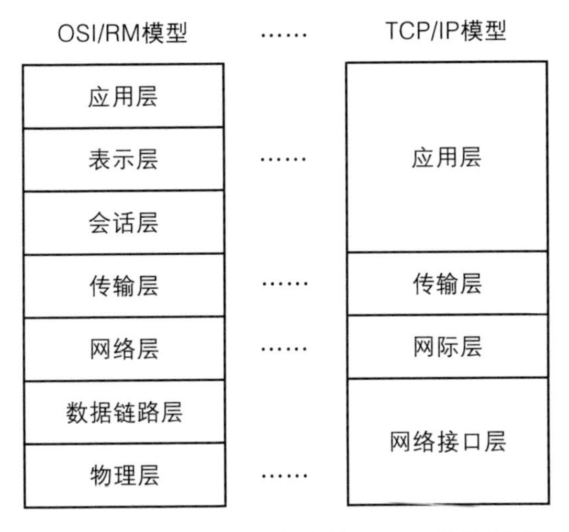

图 2-3　OSI/RM 的七层网络模型与 TCP/IP 的四层模型

我们将区块链系统也做了一个相似的分层结构，如图 2-4 所示。

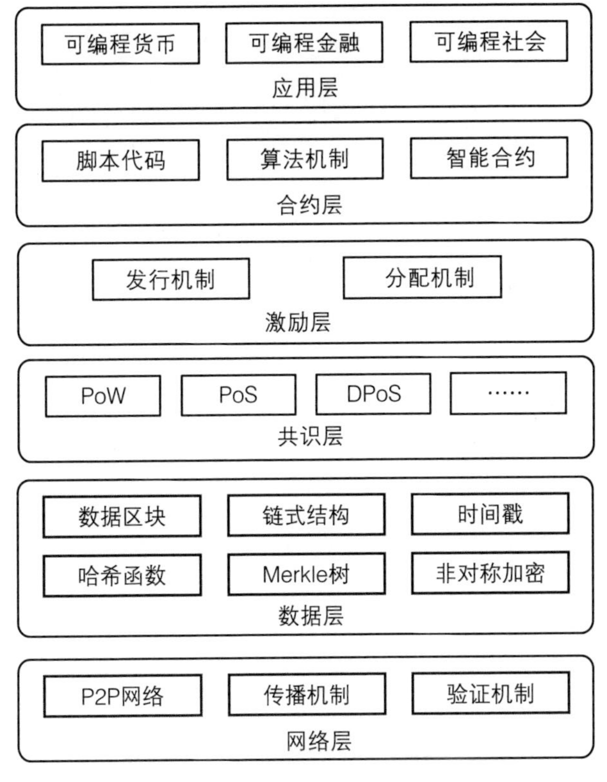

图 2-4　区块链的分层结构

第 3 章

计算机的硬件与软件

3.1 计算机硬件的发展

3.1.1 电子计算机的史前阶段

人类社会联系范围的扩大带来了交换和交互的范围与数量的扩大，直接推动了计算的发展。计算工具的演化经历了由简单到复杂、从低级到高级的不同阶段，最早从“结绳记事”中的绳结到算筹、算盘、机械计算机等。它们在不同的历史时期发挥了各自的历史作用，同时启发了现代电子计算机的研制思想。

（1）算盘：随着社会的不断发展，如原来村子里的几十人发展到几千人，很多需要计量的数目都在不断地增长，人们靠单纯的心算已经不能解决很多计数问题。于是计算工具得到了发展，从结绳记事中的绳结，逐渐发展出来了算盘，如图 3-1 所示。

图 3-1 算盘

（2）步进计算器：1964 年德国博学家戈特弗里德 · 莱布尼兹建造了步进计算器，如图 3-2 所示。它的原理类似于算盘，它的内部是精密的齿轮，每增加一个数，齿轮便转动一下，当它转到 9 并再增加一个数时，会回到 0 的位置，并且另外一个齿轮会转到 1 的位置，它不仅可以计算加、减，也可以计算乘、除，当然，它的计算能力也有限。例如，要计算很大的数的开方，这个计算器

图 3-2 步进计算器

就是不方便的，而且它也很贵。

（3）差分机：19 世纪 30 年代，英国数学家、发明家 Charles Babbage（查尔斯·巴贝奇）在 1822 年写了一篇论文，标题为“机械在天文与计算表中的应用”，他提出了一种新型的机械装置叫“差分机”，如图 3-3 所示。所谓“差分”，是把函数表的复杂算式转化为差分运算，用简单的加法代替平方运算。

图 3-3 差分机

3.1.2 电子计算机的发展史

1889 年，美国科学家赫尔曼·何乐礼研制出以电力为基础的电动制表机，用以储存计算资料。

1930 年，美国科学家范内瓦·布什造出世界上首台模拟电子计算机。

1946 年 2 月 14 日，由美国军方定制的世界上第一台电子计算机“电子数字积分计算机”（Electronic Numerical And Calculator，ENIAC）在美国宾夕法尼亚大学问世。ENIAC（中文名：埃尼阿克）是美国奥伯丁武器试验场为了满足计算弹道的需要而研制成的，这台计算机使用了 17 840 支电子管，大小为 80 英尺 ×8 英尺，重达 28t（吨），功耗为 170kW，其可以进行每秒 5000 次的加法运算，造价约为 487 000 美元。ENIAC 的问世具有划时代的意义，表明电子计算机时代的到来。在以后 60 多年里，计算机技术以惊人的速度发展，没有任何一门技术的性能价格比能在 30 年内增长 6 个数量级。

1. 电子管数字机（1946—1958年，第一代）

（1）硬件方面：逻辑元件采用的是真空电子管，主存储器采用汞延迟线、阴极射线示波管静电存储器、磁鼓、磁芯；外存储器采用的是磁带。

（2）软件方面：采用的是机器语言、汇编语言。

（3）应用领域：以军事和科学计算为主。

（4）特点：体积大、功耗高、可靠性差、速度慢（一般为每秒数千次至数万次）、价格昂贵，但为以后的计算机发展奠定了基础。

2. 晶体管数字机（1958—1964年，第二代）

（1）硬件方面：主机采用晶体管等半导体器件，将磁鼓和磁盘作为辅助存储器。

（2）软件方面：出现的操作系统、高级语言及其编译程序的应用领域以科学计算和事务处理为主。

（3）应用领域：开始进入工业控制领域。

（4）特点：体积缩小、能耗降低、可靠性提高、运算速度提高（一般为每秒数10万次，可高达300万次）、性能比第一代计算机有很大的提高。

3. 集成电路数字机（1964—1970年，第三代）

（1）硬件方面：逻辑元件采用中、小规模集成电路（MSI、SSI），主存储器仍采用磁芯。

（2）软件方面：出现了分时操作系统以及结构化、规模化程序设计方法。

（3）特点：速度更快（一般为每秒数百万次至数千万次），而且可靠性有了显著提高，价格进一步下降，产品走向了通用化、系列化和标准化等。

（4）应用领域：开始进入文字处理和图形图像处理领域。

4. 大规模集成电路机（1970年至今，第四代）

（1）硬件方面：逻辑元件采用大规模和超大规模集成电路（LSI和VLSI）。

（2）软件方面：出现了数据库管理系统、网络管理系统和面向对象语言等。1971年世界上第一台微处理器在美国硅谷诞生，开创了微型计算机的新时代。

（3）应用领域：从科学计算、事务管理、过程控制等应用领域逐步走向家用。

由于集成技术的发展，半导体芯片的集成度更高，每块芯片可容纳数万乃至数百万个晶体管，并且可以把运算器和控制器都集中在一个芯片上、从而出现了微处理器，并且可以用微处理器和大规模、超大规模集成电路组装成微型计算机，就是我们常说的微电脑或PC。微型计算机体积小、价格便宜、使用方便，但它的功能和运算速度已经达到甚至超过了过去的大型计算机。另外，利用大规模、超大规模集成电路制造的各种逻辑芯片，已经制成了体积小，但运算速度可达1亿甚至几十亿次的巨型计算机。我国继1983年研制成功每秒运算一亿次的银河Ⅰ巨型机以后，又于1993年研制成功每秒运算十亿次的银河Ⅱ型通用并行巨型计算机。这一时期还产生了新一代的程序设计语言以及数据库管理系统和网络软件等。

3.1.3 第四代计算机

第四代计算机的发展历程如下：

1970年，IBM更新换代的重要产品IBM S/370，采用了大规模集成电路代替磁芯存储，小规模集成电路作为逻辑元件，并使用虚拟存储器技术，将硬件和软件分离开来，从而明确了软件的价值。

1975年4月，MITS制造、带有1KB存储器的Altair 8800问世。这是世界上第一台微型计算机。

1977 年 4 月，Apple II NMOS6500 问世，带有 1MHz CPU、4KB RAM 和 16KB ROM。这是计算机史上第一个带有彩色图形的个人计算机。

1981 年 8 月 12 日，IBM PC 问世，采用了主频为 4.77MHz 的 Intel 8088CPU，内存为 64KB，160KB 软驱，操作系统是 Microsoft 提供的 MS-DOS。

1983年1月19日,APPLE LISA问世,这是第一台使用了鼠标和图形用户界面的计算机。

1983 年 3 月 8 日，IBM PC/XT 问世，采用了 INTEL8088 4.77MHz 的 CPU、256KB RAM 和 40KB ROM、10MB 的硬盘、两部 360KB 软驱。

1984 年 8 月，IBM PC/AT 采用了 Intel 80286 6MHz CPU、512KB 内存、20MB 硬盘和 1.2MB 软驱。

1986 年 9 月，Compaq Desktop PC 采用了 Intel 80386 16MHz CPU、640KB 内存、20MB 硬盘、1.2MB 软驱，是计算机史上的第一台 386 计算机。

1989 年 4 月，DELL 80486 采用了 Intel 80486DX CPU、640KB 内存、20MB 硬盘、1.2MB 软驱。

1996年,基本配置是奔腾或奔腾 MMX 的 CPU、32MB EDO 或 SDRAM 内存、2.1GB 硬盘,14 寸球面显示器为标准配置。

1997 年，基本配置开始向赛扬处理器过渡，部分高档的机器开始使用 PentiumII CPU，同时内存也由早期的 EDO 过渡到 SDRAM，4.3GB 左右的硬盘开始成为标准配置。

1998 年，带有 128KB 二级高速缓存的赛扬处理器成为广大装机者的最爱，同时 64MB 内存和 15 寸显示器开始成为标准配置。

1999 年，部分品牌厂商开始将 PentiumIII CPU 作为计算机的卖点，64MB 内存和 6.4GB 硬盘开始成为计算机的标准配置。

2000 年，66MB 和 100MB 外频的赛扬处理器占领了大部分品牌或兼容机的市场，128MB 内存，10GB 以上的硬盘开始成为标准配置，17 寸显示器慢慢进入家庭。

2001 年至今，Pentium 4 CPU 和 Pentium 4 赛扬 CPU 开始成为计算机的标准配置，内存由 SDRAM 实现了向 DDR 的过渡，同时 17 寸 CRT 显示器或 15 寸液晶显示器开始成为用户的首选，硬盘逐渐向 40GB 以上的容量发展。

其中，苹果 iMac G5（M9248CH/A）的处理器类型是 PowerPC G5 配置，主频在 1600MHz 以上，256MB 内存，80GB 硬盘，17 英寸液晶显示器。这是苹果计算机的创新，将主机的部件全部集成到显示器内部。显示器就是一台计算机。

3.1.4 计算机的主要分类

计算机的主要分类包括以下三种。

（1）超级计算机（Supercomputers）：通常是指由数百、数千甚至更多的处理器（机）组成的、能计算普通 PC 和服务器不能完成的大型复杂课题的计算机。超级计算机是计算机中功能最强、运算速度最快、存储容量最大的一类计算机，是国家科技发展水平和综合国力的重要标志。超级计算机拥有最强的并行计算能力，主要用于科学计算。在气象、军事、能源、航天、探矿等领域承担大规模、高速度的计算任务。在结构上，虽然超级计算机和服务器都可能是多处理器系统，二者并无实质区别，但是现代超级计算机较多采用集群系统，更注重浮点运算的性能，可以看作是一种专注于科学计算的高性能服务器，而且价格非常昂贵。

（2）个人电脑：如台式机（Desktop）、笔记本电脑（Notebook 或 Laptop）、掌上电脑（PDA）、平板电脑。

（3）嵌入式：即嵌入式系统（ Embedded Systems），是一种以应用为中心，以微处理器为基础，软硬件可裁剪的，适应应用系统，对功能、可靠性、成本、体积、功耗等综合性严格要求的专用计算机系统。它一般由嵌入式微处理器、外围硬件设备、嵌入式操作系统以及用户的应用程序四个部分组成。它是在计算机市场中增长最快、种类繁多、形态多种多样的计算机系统。嵌入式系统几乎包括了生活中的所有电器设备，如掌上 PDA、计算器、电视机顶盒、手机、数字电视、多媒体播放器、汽车、微波炉、数字相机、家庭自动化系统、电梯、空调、安全系统、自动售货机、蜂窝式电话、消费电子设备、工业自动化仪表与医疗仪器等。

3.1.5 计算机性能的发展方向

未来计算机性能应向着巨型化、微型化、网络化、智能化和多媒体化和物联化的方向发展。

（1）巨型化：是指为了适应尖端科学技术的需要，发展高速度、大存储容量和功能强大的超级计算机。随着人们对计算机的依赖性越来越强，特别是在军事和科研教育方面对计算机的存储空间和运行速度等要求会越来越高。此外计算机的功能会更加多元化。

（2）微型化：随着微型处理器（CPU）的不断发展，计算机中微型处理器的功能日益强大，使计算机的体积缩小了，成本降低了。另外，软件行业的飞速发展提高了计算机内部操作系统的便捷度，计算机外部设备也趋于完善。计算机理论和技术上的不断完善促使微型计算机很快渗透到社会的各个行业和部门中，并成为人们生活和学习的必需品。四十年来，计算机的体积不断缩小，台式电脑、笔记本电脑、掌上电脑、平板电脑的体积逐步微型化，为人们提供便捷的服务。因此，未来计算机仍会不断趋于微型化。

（3）网络化：互联网将世界各地的计算机连接在一起，使社会进入了互联网时代。计算机网络化彻底改变了人类世界，人们通过互联网进行沟通、交流（如微信、QQ、微博等），形成了教育资源共享（如文献查阅、远程教育等）、信息查阅共享（如百度、谷歌）等布局，特别是无线网络的出现，极大地提高了人们使用网络的便捷性，未来计算机将会进一步向网络化方面发展。

（4）智能化：计算机智能化是未来发展的必然趋势。现代计算机具有强大的功能和运行速度，但与人脑相比，其智能化和逻辑能力仍有待提高。人类不断在探索如何让计算机能够更好地模仿人类思维，使计算机能够具有人类的逻辑思维和判断能力，进一步使其可以通过思考与人类进行沟通交流，从而抛弃以往通过编写程序运行计算机的方法，直接对计算机发出指令。

（5）多媒体化：传统的计算机处理的信息主要是字符和数字。事实上，人们大多需要处理的是图片、文字、声音等形式的多媒体信息。多媒体技术可以集图形、图像、音频、视频、文字于一体，使信息处理的对象和内容更加接近于真实世界。

（6）物联化：计算机开始主要用于计算，主要的是人机交互。随着计算机硬件、网络、智能硬件的发展，以及价值传递能力的建设，计算机的使用范围更广，开始从人机交互发展到更大范围的物物交互，会覆盖物联网、能源网、物质网等方面。

3.1.6 计算机的未来

计算机的未来发展方向主要如下：

（1）分子计算机。分子计算机体积小、耗电少、运算快、存储量大。分子计算机的运行是吸收分子晶体上以电荷形式存在的信息，并以更有效的方式进行组织排列。分子计算机的运算过程就是蛋白质分子与周围物理、化学介质相互作用的过程。转换开关为酶，而程序则在酶合成系统本身和蛋白质的结构中极其明显地表示出来。生物分子组成的计算机具备能在生化环境下，甚至在生物有机体中运行，并能以其他分子的形式与外部环境进行交换。因此它将在医疗诊治、遗传追踪和仿生工程中发挥无法替代的作用。分子芯片的体积大大减小，而效率大大提高，分子计算机完成一项运算所需的时间仅为 10 皮秒，比人的思维速度快 100 万倍。分子计算机具有惊人的存储容量，1 立方米的 DNA 溶液可存储 1 万亿亿的二进制数据。分子计算机消耗的能量非常小，只有电子计算机的十亿分之一。由于分子芯片的原材料是蛋白质分子，所以分子计算机既有自我修复的功能，又可以直接与分子活体相联。

（2）量子计算机。量子计算机是利用原子所具有的量子特性进行信息处理的一种全新概念的计算机。量子理论认为，非相互作用下，原子在任一时刻都处于两种状态，称之为量子超态。原子会旋转，即同时沿上、下两个方向自旋，这正好与电子计算机 0 与 1 完全吻合。如果把一群原子聚在一起，它们不会像电子计算机那样进行的线性运算，而是同时进行所有可能的运算。例如，量子计算机处理数据时不是分步进行而是同时完成。只要 40 个原子一起计算，就相当于今天一台超级计算机的性能。量子计算机以处于量子状态的原子作为中央处理器和内存，其运算速度可能比奔腾4芯片快10亿倍，就像一枚信息火箭，在一瞬间搜寻整个互联网，可以轻易破解任何安全密码，黑客任务轻而易举。一些国家的安全机构与科研机构对量子计算机特别感兴趣。

（3）光子计算机。1990年初，美国贝尔实验室制成世界上第一台光子计算机。光子计算机是一种由光信号进行数字运算、逻辑操作、信息存贮和处理的新型计算机。光子计算机的基本组成部件是集成光路，要有激光器、透镜和核镜。由于光子比电子速度快，光子计算机的运行速度可高达一万亿次。它的存贮量是现代计算机的几万倍，还可以对语言、图形和手势进行识别与合成。

许多国家都投入巨资进行光子计算机的研究。随着现代光学与计算机技术、微电子技术相结合，在不久的将来，光子计算机将成为人类普遍的工具。

（4）纳米计算机。纳米计算机是用纳米技术研发的新型高性能计算机。纳米管元件尺寸在几到几十纳米范围，质地坚固，有着极强的导电性，能代替硅芯片制造计算机。“纳米”是一个计量单位， 一个纳米等于10^{-9}次方米，大约是氢原子直径的10倍。纳米技术是从20世纪80年代初迅速发展起来的新的前沿科研领域，最终目标是人类按照自己的意志直接操纵单个原子，制造出具有特定功能的产品。纳米技术正从微电子机械系统起步，把传感器、电动机和各种处理器都放在一个硅芯片上而构成一个系统。应用纳米技术研制的计算机内存芯片，其体积只有数百个原子大小，相当于人的头发丝直径的千分之一。纳米计算机几乎不需要耗费任何能源，而且其性能要比今天的计算机强大许多倍。

（5）生物计算机。20世纪80年代以来，生物工程学家对人脑、神经元和感受器的研究投入了很大精力，以期研制出可以模拟人脑思维、低耗、高效的第六代计算机——生物计算机。用蛋白质制造的计算机芯片，存储量可以达到普通计算机的10亿倍。生物计算机元件的密度比大脑神经元的密度高100万倍，传递信息的速度也比人脑思维的速度快100万倍。生物计算机特点是可以实现分布式联想记忆，并能在一定程度上模拟人和动物的学习功能。生物计算机是一种有知识、会学习、能推理的计算机，具有能理解自然语言、声音、文字和图像的能力，并且具有说话的能力，使人机能够用自然语言直接交互，它可以利用已有的和不断学习到的知识进行思考、联想、推理，并得出结论，能解决复杂问题，具有汇集、记忆、检索有关知识的能力。

3.2 计算机软件的发展

3.2.1 史前软件

软件在电子计算机时代得到了迅猛的发展，现代计算机的发展依赖于硬件与软件的共同发展。

在机械计算机时代有了软件的雏形。可以找到的一个例子：第一个写软件的人是 Ada（Augusta Ada Lovelace），19 世纪 60 年代，她尝试为 Babbage（Charles Babbage）的机械式计算机写软件。尽管失败了，但她的名字永远载入了计算机发展的史册。Ada 的父亲就是那个狂热的、不趋炎附势的激进诗人和冒险家拜伦，她本身也是一个光彩照人的人物——数学尖子和某种程度上的赌徒。Ada 最重要的贡献是与发明家 Charles Babbage 合作设计出了世界上首批大型计算机——Difference Engine 和 Analytical Engine。Ada 甚至认为如果有正确的指令，Babbage 就可以作曲，这是一个多么疯狂的想法，因为当时大多数人只把它看作一个机械化算盘，而她却有渲染力和感召力来传播她的思想。本节值得我们思考的问题：

· 为什么在机械计算机时代软件得不到发展？

· 为什么在电子计算机时代，软件得到了巨大的发展？

· 在将来的量子计算机、生物计算机时期，软件会是怎么发展？

3.2.2 第一代软件（1946—1953 年）

第一代软件是用机器语言编写的，机器语言是内置在计算机电路中的指令，由 0 和 1 组成。例如，计算 2+6 在某种计算机上的机器语言指令如下：

10110000 00000110

00000100 00000010

10100010 01010000

第一条指令表示将 6 送到寄存器 AL 中；第二条指令表示将 2 与寄存器 AL 中的内容相加，结果仍在寄存器 AL 中；第三条指令表示将 AL 中的内容送到地址为 5 的单元中。

不同的计算机使用不同的机器语言，程序员必须记住每条语言指令的二进制数字组合，因此，只有少数专业人员能够为计算机编写程序，这就大大限制了计算机的推广和使用。用机器语言进行程序设计不仅枯燥费时，而且容易出错。想一想如何在一页全是 0 和 1 的纸上找一个错误的字符？

在这个时代的末期出现了汇编语言，它使用助记符（一种辅助记忆方法，采用字母的缩写来表示指令）表示每条机器语言指令。例如，ADD 表示加；SUB 表示减；MOV 表示移动数据。相对于机器语言，用汇编语言编写程序就容易多了。例如，计算 2+6 的汇编语言指令如下：

MOV AL，6

ADD AL，2

MOV #5，AL

由于程序最终在计算机上执行时采用的都是机器语言，所以需要用一种称为汇编器的翻译程序，把用汇编语言编写的程序翻译成机器代码。编写汇编器的程序员简化了他人的程序设计，是最初的系统程序员。

3.2.3 第二代软件（1954—1964 年）

当硬件变得更强大时，就需要更强大的软件工具使计算机得到更有效的使用。汇编语言向正确的方向前进了一大步，但是程序员还是必须记住很多汇编指令。第二代软件开始使用高级程序设计语言（简称高级语言，相应地，机器语言和汇编语言称为低级语言）编写，高级语言的指令形式类似于自然语言和数学语言（例如，计算 2+6 的高级语言指令就是 2+6），不仅容易学习、方便编程，而且提高了程序的可读性。

IBM 公司从 1954 年开始研制高级语言，同年发明了第一个用于科学与工程计算的 FORTRAN 语言。1958 年，麻省理工学院的麦卡锡（John Macarthy）发明了第一个用于人工智能的 LISP 语言。1959 年，宾州大学的霍普（Grace Hopper）发明了第一个用于商业应用程序设计的 COBOL 语言。1964 年达特茅斯学院的凯梅尼（John Kemeny）和卡茨（Thomas Kurtz）发明了 BASIC 语言。

高级语言的出现产生了在多台计算机上运行同一个程序的模式，每种高级语言都有配套的翻译程序（称为编译器），编译器可以把高级语言编写的语句翻译成等价的机器指令。系统程序员的角色变得更加明显，系统程序员编写诸如编译器这样的辅助工具，使用这些工具编写应用程序的人，称为应用程序员。随着基于硬件的软件变得越来越复杂，应用程序员离计算机硬件越来越远了。那些仅仅使用高级语言编程的人不需要懂得机器语言和汇编语言，这就降低了对应用程序员在硬件及机器指令方面的要求。因此，这个时期有更多计算机应用领域的人员参与程序设计。

由于高级语言程序需要转换为机器语言程序来执行，因此，高级语言对软硬件资源的消耗就更多，运行效率也较低。由于汇编语言和机器语言可以利用计算机的所有硬件特性并直接控制硬件，同时又因为汇编语言和机器语言的运行效率较高，因此，在实时控制、实时检测等领域的应用程序仍然使用汇编语言和机器语言来编写。

在第一代和第二代软件时期，计算机软件实际上就是规模较小的程序，程序的编写者和使用者往往是同一个（或同一组）人。由于程序规模小，程序编写起来比较容易，也没有什么系统化的方法，对软件的开发过程更没有进行任何管理。这种个体化的软件开发环境使得软件设计往往只是在人们头脑中隐含进行的一个模糊过程，除了程序清单之外，没有其他文档资料。

3.2.4 第三代软件（1965—1970 年）

在这个时期，由于集成电路取代了晶体管，处理器的运算速度得到了大幅度的提高，所以会出现处理器在等待运算器准备下一个作业时无所事事的情况。因此需要编写一种程序，使所有计算机资源处于计算机的控制中，这种程序就是操作系统。

用作输入/输出设备的计算机终端的出现，使用户能够直接与计算机互交。而不断发展的系统软件则使计算机运转得更快。但是，从键盘和屏幕输入、输出数据是个很慢的过程，比在内存中执行指令慢得多，这就出现了如何充分利用机器越来越强大的运算能力和执行速度的问题。解决方法就是分时，即许多用户用各自的终端同时与一台计算机进行通信，控制这一进程的是分时操作系统，它负责组织和安排各个作业。

1967年，塞缪尔（A.L.Samuel）发明了第一个下棋程序，开始了人工智能的研究。1968年荷兰计算机科学家狄杰斯特拉（Edsgar W.Dijkstra）发表了论文《GOTO语句的害处》，指出调试和修改程序的困难与程序中包含GOTO语句的数量成正比，从此，各种结构化程序设计理念逐渐确立起来。

20世纪60年代以来，计算机管理的数据规模更为庞大，应用也越来越广泛。同时，多种应用、多种语言互相覆盖地共享数据集合的要求越来越强烈。为解决多用户、多应用共享数据的需求，使数据为尽可能多的应用程序服务，数据库技术应运而生，以及统一管理数据的软件系统——数据库管理系统DBMS。

随着计算机应用的日益普及，软件数量急剧膨胀，在计算机软件的开发和维护过程中出现了一系列严重问题。例如，在程序运行时发现的问题必须设法改正；用户有了新的需求必须修改相应的程序；硬件或操作系统更新时，通常需要修改程序以适应新的环境。上述种种软件维护工作，以令人吃惊的比例消耗资源，更严重的是，许多程序的个体化特性使得它们最终不可维护，“软件危机”就这样开始出现了。1968年，北大西洋公约组织的计算机科学家在联邦德国召开国际会议，讨论软件危机的问题，在这次会议上正式提出并使用了“软件工程”这个名词。

3.2.5 第四代软件（1971—1989年）

20世纪70年代出现了结构化程序设计技术，Pascal语言和Modula-2语言都是采用结构化程序设计规则制定的，BASIC这种为第三代计算机设计的语言也被升级为具有结构化的版本，此外，还出现了灵活且功能强大的C语言。

更好用、更强大的操作系统被开发了出来。为IBM PC开发的PC-DOS和为兼容机开发的MS-DOS都成了微型计算机的标准操作系统，Macintosh机的操作系统引入了鼠标的概念和点击式的图形界面，彻底改变了人机交互的方式。

20世纪80年代，随着微电子和数字化声像技术的发展，在计算机应用程序中开始使用图像、声音等多媒体信息，出现了多媒体计算机。多媒体技术的发展使计算机的应用进入了一个新阶段。

这个时期出现了多用途的应用程序，这些应用程序面向没有任何计算机经验的用户。典型的应用程序是电子制表软件、文字处理软件和数据库管理软件。Lotus1-2-3 是第一个商用电子制表软件；WordPerfect 是第一个商用文字处理软件；dBase III 是第一个实用的数据库管理软件。

3.2.6 第五代软件（1990 年至今）

第五代软件中有三个著名事件：在计算机软件业具有主导地位的 Microsoft 公司的崛起、面向对象的程序设计方法的出现以及万维网（World Wide Web）的普及。

在这个时期，Microsoft 公司的 Windows 操作系统在 PC 机市场占有显著优势，虽然 WordPerfect 仍在继续改进，但 Microsoft 公司的 Word 成了最常用的文字处理软件。20 世纪 90 年代中期，Microsoft 公司将文字处理软件 Word、电子制表软件 Excel、数据库管理软件 Access 和其他应用程序绑定在一个程序包中，称为自动化办公软件。

面向对象的程序设计方法最早是在 20 世纪 70 年代开始使用的，当时主要是用在 Smalltalk 语言中。20 世纪 90 年代，面向对象的程序设计逐步代替了结构化程序设计，成为目前最流行的程序设计技术。面向对象程序设计尤其适用于规模较大、具有高度交互性、反映现实世界中动态内容的应用程序。Java、C++、C# 等都是面向对象程序设计语言。

1990 年，英国研究员提姆·柏纳李（Tim Berners-Lee）创建了一个全球 Internet 文档中心，并创建了一套技术规则和创建格式化文档的 HTML 语言，以及能让用户访问全世界站点上信息的浏览器，此时的浏览器还很不成熟，只能显示文本。

软件体系结构从集中式的主机模式转变为分布式的客户机 / 服务器模式（C/S）或浏览器 / 服务器模式（B/S），专家系统和人工智能软件从实验室走出来进入了实际应用，完善的系统软件、丰富的系统开发工具和商品化的应用程序的大量出现，以及通信技术和计算机网络的飞速发展，使得计算机进入了一个大发展的阶段。

在计算机软件的发展史上，需要注意“计算机用户”这个概念的变化。起初，计算机用户和程序员是一体的，程序员编写程序来解决自己或他人的问题，程序的编写者和使用者是同一个（或同一组）人；在第一代软件末期，编写汇编器等辅助工具的程序员的出现带来了系统程序员和应用程序员的区分，但是，计算机用户仍然是程序员；20 世纪 70 年代早期，应用程序员使用复杂的软件开发工具编写应用程序，这些应用程序由没有计算机背景的从业人员使用，此时计算机用户不仅是程序员，还包括使用这些应用软件的非专业人员；随着微型计算机、计算机游戏、教育软件以及各种界面友好的软件包的出现，许多人成为计算机用户；万维网的出现，使网上冲浪成为一种娱乐方式，更多的人成为计算机用户。今天，计算机用户可以是学习阅读的学龄前儿童、下载音乐的青少年、准备毕业论文的大学生、制定预算的家庭主妇以及安度晚年的退休人员……所有使用计算机的人都是计算机用户，“计算机用户”甚至已经从人扩展到了其他生物或其他智能设备。

3.3 软件与硬件的结合

3.3.1 硬件与软件的关系

硬件和软件是一个完整的计算机系统互相依存的两大部分，单纯的硬件不能完成全部的功能，或者说这种实现会缺少灵活性；而纯粹的软件会没有支撑的物理平台。它们之间的关系类似于物质文明与精神文明之间的关系。

硬件与软件的关系主要体现在以下几个方面：

（1）硬件和软件互相依存。硬件是软件赖以工作的物质基础，软件是硬件功能强大与多样性的扩充途径，是硬件基础功能的综合演进。计算机系统必须要配备完善的软件系统才能正常工作，且充分发挥其硬件的各种功能。

（2）硬件和软件无严格界线。随着计算机技术的发展，在许多情况下，计算机的某些功能既可以由硬件实现，也可以由软件实现。因此，硬件与软件在一定意义上说没有绝对严格的界线。

（3）硬件和软件协同发展。计算机软件随硬件技术的迅速发展而发展，而软件的不断发展与完善又促进硬件的更新，两者密切地交织发展，缺一不可。

3.3.2 软件危机

在计算机系统发展的初期，硬件通常用来执行一个单一的程序，而这个程序又是为一个特定的目的编制的。在早期，当通用硬件成为平常事情的时候，软件的通用性却是很有限的。大多数软件是由使用该软件的个人或机构研制的，软件往往带有强烈的个人色彩。早期的软件开发也没有什么系统的方法可以遵循，软件设计是在某个人的头脑中完成的一个隐藏的过程。而且，除了源代码往往没有软件说明书等文档。

从 20 世纪 60 年代中期到 70 年代中期这一阶段是计算机系统发展的第二个时期，在这一时期软件开始作为一种产品被广泛使用，出现了“软件作坊”——专职根据别人的需求写软件。这一软件开发方法基本上仍然沿用早期的个体化软件开发方式，但由于软件的数量急剧膨胀，软件需求日趋复杂，其维护的难度越来越大，开发成本令人吃惊，此外，失败的软件开发项目也屡见不鲜。“软件危机”就这样开始了！

“软件危机”使得人们开始对软件及其特性进行更深一步的研究，人们改变了早期对软件的不正确看法。早期那些被认为是优秀的程序常常很难被别人看懂，通篇充满了程序技巧。现在人们普遍认为优秀的程序除了功能正确、性能优良之外，还应该容易看懂、容易使用、容易修改和扩充。

1968 年北大西洋公约组织的计算机科学家在联邦德国召开的国际学术会议上第一次提出了“软件危机”（Software Crisis）这个名词。概括来说，软件危机包含两方面问题：一个是如何开发软件，以满足不断增长、日趋复杂的需求；另一个是如何维护数量不断膨胀的软件产品。

3.3.3 软件工程

1968 年秋季，NATO（北约）的科技委员会召集了近 50 名一流的编程人员、计算机科学家和工业界巨头，讨论和制定摆脱“软件危机”的对策。在那次会议上第一次提出了软件工程（Software Engineering）的概念。

软件工程是一门研究如何用系统化、规范化、数量化等工程原则和方法进行软件的开发和维护的学科。软件工程包括两方面内容：软件开发技术和软件项目管理。软件开发技术包括软件开发方法学、软件工具和软件工程环境。软件项目管理包括软件度量、项目估算、进度控制、人员组织、配置管理、项目计划等。

为迎接软件危机的挑战，人们进行了不懈的努力，这些努力大致上是沿着两个方向同时进行的。第一个方向是从管理的角度，希望实现软件开发过程的工程化，这方面最为著名的成果就是提出了大家都很熟悉的“瀑布式”生命周期模型。该模型是在 20 世纪 60 年代末“软件危机”后出现的第一个生命周期模型，其生命周期如下所示：

分析 → 设计 → 编码 → 测试 → 维护

后来，又有人针对该模型的不足，提出了快速原型法、螺旋模型、喷泉模型等方法对“瀑布式”生命周期模型进行补充。现在，它们在软件开发的实践中被广泛采用。

这方面的努力，还使人们认识到了文档的标准以及开发者之间、开发者与用户之间的交流方式的重要性。一些重要文档的标准格式被确定下来，包括变量、符号的命名规则以及原代码的规范式。

软件工程发展的第二个方向，侧重于对软件开发过程中分析、设计方法的研究。这方面的重要成果是在 70 年代风靡一时的结构化开发方法，即 PO（面向过程的开发或结构化方法）以及结构化的分析、设计和相应的测试方法。

软件工程的目标是研制开发与生产出具有良好的软件质量和费用合算的产品。软件质量是指该软件能满足明确的和隐含的需求能力有关特征和特性的总和，费用合算是指软件开发运行的整个开销能满足用户要求的程度。软件质量可用六个特性来作评价，即功能性、可靠性、易使用性、效率、维护性、易移植性。

3.4 软件的几个大类

3.4.1 操作系统及其发展简史

操作系统（Operating System，OS），是计算机系统必不可少的基础系统软件，它是应用程序运行以及用户操作必备的基础环境支撑，是计算机系统的核心。

操作系统的作用是管理和控制计算机系统中的硬件和软件资源。例如，它负责直接管理计算机系统的各种硬件资源，如CPU、内存、磁盘等，同时对系统资源所需的优先次序进行控制。操作系统还可以控制设备的输入、输出以及操作网络与管理文件系统等事务。同时，它负责对计算机系统中各类软件资源进行管理，如各类应用软件的安装、运行环境的设置等。

操作系统的简史如下。

· 第一代：状态机操作系统（1940年以前）。

· 第二代：单一操作员单一控制端操作系统（20世纪40年代）。

· 第三代：批处理操作系统（20世纪50年代）。

· 第四代：多道批处理操作系统（20世纪60年代）。

· 第五代之一：分时操作系统（20世纪70年代）。

· 第五代之二：实时操作系统。

· 第六代：现代操作系统（1980年以后）。

后面有单独的章节来讲解操作系统。本节主要介绍操作系统在计算机系统中的位置和其简要的发展过程。

3.4.2 编程语言的发展

编程语言的发展主要经历了三个阶段，其介绍如下：

（1）机器语言（CPU 指令）。因为在计算机中指令和数据都用二进制来表示，也就是说它只能识别数字 0 和 1。最早期的计算机程序通过在纸带上打洞以人工操作的方式来模拟 0 和 1，根据不同的组合来完成一些操作。后来直接通过 0 和 1 编写程序，这就是机器语言。

（2）汇编语言。使用数字 0 和 1 这样的机器语言的好处是 CPU 可以直接执行，但是对于程序本身来说，没有可读性，难以维护，容易出错。所以就出现了汇编语言，它用助记符代替操作码指令，用地址符号代替地址码。汇编语言实际是对机器语言的一种映射，可读性高。把汇编语言转换为机器语言需要一个叫作汇编器的工具。

（3）高级语言。汇编语言的出现大大提高了编程效率，但是有一个问题就是不同CPU的指令集可能不同，这样就需要为不同的CPU编写不同的汇编程序。于是又出现了高级语言，如C语言，以及后来的C++、Java、C#语言。高级语言把多条汇编指令合并为一个表达式，并且去除了许多操作细节（如堆栈操作、寄存器操作），以一种更直观的方式来编写程序，也被称为面向对象的语言。面向对象的语言的出现使程序编写更加符合我们的思维方式，我们不必把精力放到底层的细节上，将更多地关注程序本身的逻辑实现。

高级语言，需要编译器来完成高级语言到汇编语言的转换。

3.4.3 应用软件及其发展

计算机软件分为系统软件和应用软件两大类。应用软件是为了满足用户不同领域、不同问题的应用需求而提供的那部分软件，它可以拓宽计算机系统的应用领域，放大硬件的功能。

1. 应用软件（Application Software）

应用软件是用户可以使用的各种程序设计语言，以及用各种程序设计语言编写的应用程序的集合，分为应用软件包和用户程序。应用软件包是利用计算机解决某类问题而设计的程序的集合供多用户使用，通常包括办公软件、互联网软件、多媒体软件、分析软件、协作软件、商务软件、工控软件等。

2. 应用软件的发展

随着硬件、软件、操作系统、网络的发展，应用软件的发展大致经历了以下几个阶段：

· 直接在硬件上运行的应用程序。

· 运行在操作系统中的单机应用程序。

· 运行在本机操作系统和远程服务器中的程序C/S结构。

· 运行在本机浏览器和远程服务器端的程序B/S结构。

· 运行在分布式系统中的程序。

以上应用程序都是基于信息互联网的发展，随着价值互联网的到来，这些应用也会有着相似的发展过程。

由于价值互联网的底层区块链的无中心化特点，与C/S结构相关的区块链应用会发展起来。随着区块链的发展、BAAS服务的发展，一些B/S结构的区块链应用也会发展起来，或者这两种方式会混合地发展。

3.5 网络的发展

计算机网络的发展是计算机软、硬件发展中很重要的一个部分，通过网络可以将全世界各种计算机硬件设备和软件系统连接在一起，使集成起来的软、硬件的功能强于单个计算机设备或软件。

计算机的网络也是一步步发展起来的，从最开始的远程终端连接，到计算机局域网，到计算机网络互联阶段，再到今天我们使用的互联网。

在本书的后面将用一章的内容来详细讲解网络技术的发展与作用。

3.6 总结

计算机软、硬件与网络的发展是信息技术发展的基础。计算机的软、硬件和网络技术发展到一定的阶段，新的技术和综合应用会产生，就像区块链的产生一样。这些新技术与新应用的产生，又会推动计算机应用的进一步发展。例如，区块链的产生使网络具有了价值传输能力经济控制能力，这样整个生态的发展会上升到一个新的高度。

为了更好地理解计算机软硬件相关内容，推荐大家阅读《硅谷之火》，这也是雷军强烈推荐阅读的一本书。在该书中我们能够看到计算机软、硬件领域的乔布斯、比尔·盖茨等著名人物，了解信息技术发展的一些事件。这本书读起来很轻松，像是在读一本有趣的叙事故事书。

第4章 操作系统

4.1 操作系统的发展

操作系统是计算机系统中必不可少的基础系统软件，它是应用程序运行以及用户操作必备的基础环境支撑，是计算机系统的核心。

操作系统的作用是管理和控制计算机系统中的硬件和软件资源，提供应用程序的基础设施，如图 4-1 所示。例如，它负责直接管理计算机系统的各种硬件资源，如 CPU、内存、磁盘等，同时对系统资源所需的优先次序进行管理。操作系统还可以控制设备的输入、输出以及操作网络与管理文件系统等事务。同时，它负责对计算机系统中各类软件资源进行管理。例如，各类应用软件的安装、运行环境的设置等。

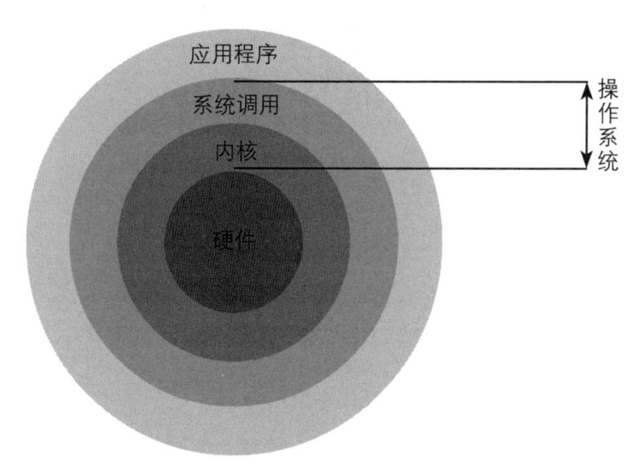

图 4-1 操作系统的作用范围示意图

操作系统是处于用户与计算机系统硬件之间、用于传递信息的系统程序软件。例如，操作系统在接收到用户输入的信息后，会将其传给计算机系统硬件核心进行处理，然后再把计算机系统硬件的处理结果返回给使用者，如图 4-2 所示。

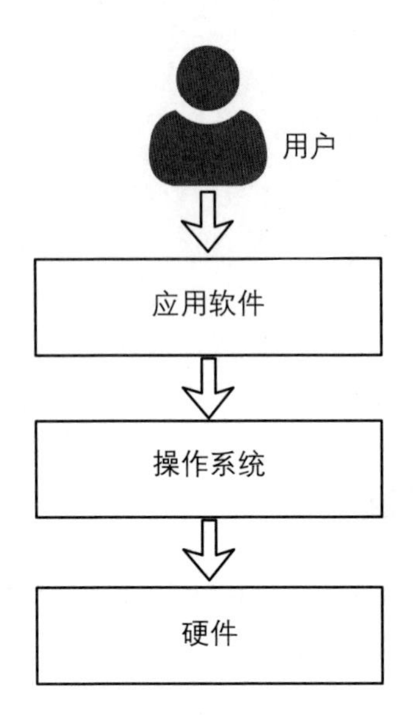

图 4-2 操作系统传输用户信息的过程

目前 PC 计算机（微机）上比较常见的操作系统有 Windows、Linux、DOS、UNIX。

4.1.1 第一代：状态机操作系统（1940 年以前）

状态机操作系统是计算机处在萌芽时期出现的操作系统，运行在英国人巴贝斯想象中的自动机中。状态机操作系统实际上不是我们现在定义的操作系统，而是一种简单的状态转换程序，即根据特定的输入和现在的特定状态进行状态转换。这个时候的计算机也不是现代意义上的计算机，而是所谓的自动机，其功能非常简单，可以用“原始”来形容。能做的计算也只限于加、减法。这个时代的操作系统没有什么功能，不支持交互命令输入，也不支持自动程序设计，甚至这个时候还没有存储程序的概念。

驱动这一阶段操作系统的发展的动力是个人英雄主义。因为此时尚无任何计算机工业、计算机研究及计算机用户，计算机及其操作系统的发展完全是某些人的个人努力。

这个阶段因为计算机刚刚出现，没有多少人能够接触到计算机，自然不存在什么安全问题。这个阶段没有操作系统。如果非要说有的话，人就是这个时代的操作系统，因为自动机的一切动作均是人在操控的。

4.1.2 第二代：单一操作员单一控制端操作系统（20 世纪 40 年代）

单一操作员单一控制终端（Single Operator Single Console，SOSC）是在刚出现计算机时人们能想到的最直观的控制计算机的方式。代表机型为美国宾夕法尼亚大学与其他机构合作制作的 ENIAC 计算机。这是第一台电子计算机，但不是第一台计算机。在这之前有个英国人造了一部机械计算机，通过手柄摇动进行计算，在 ENIAC 刚造出来时，谁都不知道计算机是什么，所以没有操作系统的整体概念，唯一能想到的就是提供一些标准命令供用户使用，这些标准命令集合就构成了原始操作系统 SOSC。

SOSC 操作系统的设计目的是满足基本功能，并提供人机交互。在这种操作系统下，任何时候只能做一件事，即不支持并发和多道程序运行，操作系统本身只是一组标准库函数。操作系统并不自动运行，而是等待操作员输入命令再运行。用户想使用什么服务，就直接在命令行输入代表该服务的对应操作系统的库函数名（文件名）即可。这种操作系统的资源利用率很低：输入一个命令就执行一个库函数，拨一下动一下。当操作员在思考或进行输入、输出时，计算机则安静地等待。当然从人的角度来看，效率并不低，操作员输入什么，计算机就立即执行什么。但从机器的角度考虑，因为时刻都等着人相对较慢的动作，效率就太低了。由于这个时代的计算机很稀少，整个世界也只有几台，而人却不是，提高计算机的利用率就变得十分重要。

4.1.3 第三代：批处理操作系统（20 世纪 50 年代）

为了提高SOSC操作系统。的效率，人们提出了批处理操作系统。在仔细考察了SOSC后，人们发现，SOSC 效率之所以低下，是因为计算机总是在等待人的下一步动作，而人的动作总是很慢。因此，人们觉得，如果去掉等待人的时间，即让所有的人先想好自己要运行的命令，列成一个清单，打印在纸带上，然后交给一个工作人员来一批一批地处理，效率不就提高了吗？这就是批处理操作系统的理念。

批处理操作系统的代表是第二代通用计算机 IBM 的 1401 和 7094 等，它们就是这样通过减少人机交互的时间从而达到改善 CPU 和输入、输出的利用率。批处理的过程是：用户将自己的程序编在卡片或纸带上，交给计算机管理员处理。计算机管理员在收到一定数量的用户程序后，将卡片和纸带上的程序和数据通过 IBM 1401 机器读入，并写到磁带上。这样每盘磁带通常会含有多个用户的程序。然后，计算机管理员将这盘磁带加载到 IBM 7094 上，一个一个地运行用户的程序，将运行的结果写在另一个磁盘上。所有用户程序运行结束后，将存有结果的磁盘取下来，连到 IBM 1401 机器上打印结果，然后就可以将打印结果交给各个用户了。

很显然，在批处理中，操作系统的功能和复杂性均得到提升。在SOSC操作环境中，每个用户自己控制程序的开始和结束。而在批处理中，很多用户的程序一个接一个地存放在磁带上，用户本人并不在场，无法自己控制程序的开始和结束，这个任务就交给了批处理操作系统。负责这个任务的操作系统功能就称为批处理监视器（Batch Monitor）。而整个批处理操作系统就是由批处理监视器和原来的操作系统库函数组成的。

4.1.4 第四代：多道批处理操作系统（20世纪60年代）

虽然批处理操作系统无须人机交互过程就能在一定程度上提高计算机的效率，但还是不那么令人满意。因为CPU和I/O设备的运行是串行的，即在程序进行输入、输出时，CPU只能等待。CPU需要不断地探询I/O是否完成，因而不能执行别的程序。

由于I/O设备的运行速度相对于CPU来说实在太慢，这种让高速设备等待低速设备的状况令人颇感痛心。人们又想，能否让CPU和I/O设备并发执行呢？即在一个程序输入、输出时，让另一个程序继续执行。换句话说，能否将CPU的运行和I/O设备的运行重叠起来改善整个系统的效率呢？答案是肯定的，不过需要付出代价。因为CPU和I/O设备运行的重叠需要将多个程序同时加载到计算机内存里，从而出现了多道批处理操作系统。

在多道批处理操作系统时代，同一时间可以运行多个程序（宏观上），但控制计算机的人还是一个，即用户将自己的程序交给计算机管理员，由管理员负责将用户的程序加载到计算机中并执行。由于多个程序同时执行，因此操作系统需要在多个程序（工作）之间进行切换，并且管理多个I/O设备，同时需要保护一个进程不被另一个进程干扰。显而易见，第四代操作系统的功能和复杂性都比简单批处理操作系统复杂得多：既要管理工作，又要管理内存，还要管理CPU调度。

4.1.5 第五代：分时与实时操作系统（20世纪70年代）

1. 分时操作系统

多道批处理操作系统的出现使计算机的效率（主要是吞吐率）大大提高。不过这时人们又提出了另外一个问题：将程序制作在卡片上交给计算机管理员来统一运行，将使用户无法即时获知程序运行的结果。而这是一个大问题。想想如果你编写了一个程序，却需要让别人去运行，并等上若干天才能知道结果，这个滋味显然不好受。万一计算机管理员疏忽了，忘记运行你的程序，或者操作错误，导致程序丢失，情况就会更加糟糕。

分时操作系统可以解决此类问题，它是一台计算机采用时间片轮转的方式同时为几个、几十个甚至几百个用户服务的一种操作系统。先将计算机与许多终端用户连接起来，然后分时操作系统将系统处理机时间与内存空间按一定的时间间隔，轮流地切换给各终端用户的程序使用。由于时间间隔很短，每个用户使用时就像独占计算机一样。分时操作系统的特点是可以有效地增加资源的使用率。例如，UNIX 系统就采用剥夺式动态优先的 CPU 调度，有力地支持分时操作。

2. 实时操作系统

随着人类社会的发展，计算机得到了广泛应用。其中的一种应用称为进程控制系统，即使用计算机监控某些工业进程，并在需要的时候采取行动。这些系统都具备一个特点：计算机必须在规定时间内做出响应，否则有可能发生事故或灾难。例如，在工业装配线上，当一个部件从流水线上一个工作站流到下一个工作站时，这个工作站上的操作必须在规定时间内完成，否则就有可能造成流水线瘫痪，从而影响企业的生产和利润。又例如，在导弹防卫系统中，对来袭导弹的轨迹计算必须在规定时间内完成，否则就可能被来袭导弹击中而无法做出反应。其他对计算机响应时间有要求的系统包括核反应堆状态监视系统、化学反应堆监视系统、航空飞行控制系统等。

这种对计算机响应时间有要求的系统通常称为临界系统或应用。为了满足这些应用对响应时间的要求，人们开发出了实时操作系统。实时操作系统是指所有任务都在规定时间内完成，即必须满足时序可预测性（Timing Predictability）。需要注意的是，实时操作系统并不是指反应很迅速的系统，而是指反应具有时序可预测性的系统。当然，在实际中，实时操作系统通常反应很迅速。但这是实时操作系统的一个结果，而不是其定义。

显然，实时操作系统的最重要部分就是进程或工作调度。只有精确、合理和及时的进程调度才能保证响应时间。当然，对资源的管理也非常重要，没有精密复杂的资源管理，确保进程按时完成就成了一句空话。另外，基于其使用环境，实时操作系统对可靠性和可用性要求也非常高。如果在这些方面出了问题，时序可预测性将无法达到。

实时操作系统通常又分为软实时操作系统和硬实时操作系统。软实时操作系统在规定时间得不到响应所产生的后果是可以承受的，如流水装配线，即使装配线瘫痪，也只是损失了资金；而硬实时操作系统在得不到实时响应后则可能产生不能承受的灾难，如导弹防卫系统，如果反应迟钝，则会产生严重损失。

4.1.6 第六代：现代操作系统（1980 年以后）

在 20 世纪 80 年代后期，计算机工业获得了井喷式的发展。各种新计算机和新操作系统不断出现和发展，计算机和操作系统领域均进入了一个百花齐放、百家争鸣的时代。尤其是工作站和个人机的出现，使计算机大为普及，独享计算机用户也可以负担得起。这个时候的操作系统代表有 DOS、Windows、UNIX、Linux，以及主机操作系统，如 VM、MVS、VMS 等。DOS、Windows、UNIX、Linux 通常称为开放式系统操作系统，分别运行在 PC、VAX 和 Workstation 上。操作系统也重新回到子函数库的状态。

随着硬件越来越便宜，个人机出现在人们的视野中。人们可以拥有自己的计算机，而无须与他人分享。在刚刚出现个人机时，拥有个人机的人感觉很好，而那些需要与别人共享小型机的人则感觉不好。由于个人机由用户一个人独享，分时操作系统的许多功能就无须存在。因此，个人机操作系统又变回标准函数库系统。这时最著名的当属 DOS 系统、Windows 3X 系统、苹果机操作系统（Mac OS）等。

但在独享了一段时间个人机后，人们发现，没有分时功能的操作系统使一些事情无法完成。这是因为虽然只有一个人在使用机器，但这个人可能想同时做好几件事。例如，同时运行好几个程序，没有分时功能这是不可能的。于是，人们觉得需要对个人机操作系统进行改善，将各种分时功能又加入了操作系统。这时候就需要对程序进行保护，因为现在运行多个程序。于是，出现了 Windows NT、Xenix 和 Ultrix。

4.2 操作系统分类

操作系统基本上可以分为：主机操作系统，如 OS/260、OS/390、CTSS；服务器操作系统，如 UNIX、Windows NT、Windows 2000 Server、Linux；多 CPU 计算机操作系统，如 Novell Netware；个人计算机操作系统如 Windows 2000、Windows XP、Mac OS；实时操作系统，如 VxWorks、DART；嵌入式操作系统，如 Palm OS、Windows CE、Android、Symbian 等。

区块链时代会有操作系统吗？如果有，会是什么样的操作系统？可以肯定的是，区块链时代的操作系统一定具有与传统操作系统相似的功能，也有与传统操作系统不一样的机制原理。具体什么样，今后的几年会逐渐看到，在区块链 3.0 时代，应该会看到区块链时代的操作系统。

同一台计算机中可以运行不同的操作系统，而同一个操作系统也可以运行在不同的计算机。例如，个人机上可以运行的操作系统包括 DOS、Linux、Windows NT、SCO UNIX；DEC VAX 计算机上可以运行的操作系统有 VMS、Ultrix 32、BSD UNIX 等；UNIX 操作系统可以运行在 XENIX 286、APPLE A/UX、CRAY Y/MP、IBM 360/370 等计算机中；Windows NT/XP 可以运行在 Intel 386 和 Itaninum、DEC 的 Alpha、摩托罗拉的 PowerPC 和 MIPS 计算机的 MIPS 上。当然，运行在不同机器中的 UNIX 版本并不一样。例如，运行在 IBM 360/370 上的 UNIX 是 Amdahl UNIX UTS/580 和 AIX/ESA，而运行在 CRAY Y/MP 计算机上的 UNIX 是 AT&T System V。

4.2.1 操作系统的发展趋势

随着计算机的不断普及，操作系统的功能会变得越来越复杂。在这种趋势下，操作系统的发展将面临两个方向的选择：一是向微内核方向发展；二是向全方位方向发展。

微内核操作系统虽然有不少人在研究，但在工业界的研究成果获得承认并不多。这方面的代表是 MACH 系统。对于工业界来说，操作系统是向着多功能、全方位方向发展的。Windows XP 操作系统现在有 4000 万行代码，Windows 7 的代码规模更大，某些 Linux 版本有 2 亿行代码，SOLARIS 的代码行数也在不断增多。鉴于大而全的操作系统管理起来比较复杂，现代操作系统采取的都是模块化的方式，即一个小的内核加上模块化的外围管理功能。

4.2.2 UNIX 与 Linux

1. UNIX

说到 Linux 的起源，不得不提起 Linux 之前的 UNIX 系统。UNIX 系统于 1969 年在 AT&T 的贝尔实验室开发。20 世纪 70 年代，它逐步盛行，这期间，又产生了一个比较重要的分支，就是大约 1977 年诞生的 BSD（Berkeley Software Distribution）系统，从 BSD 系统开始，各大商业公司开始根据自身公司的硬件架构，并以 BSD 系统为基础进行 UNIX 系统研发，从而产生了不同版本的 UNIX 系统。例如，SUN 公司的 Solaris，IBM 公司的 AIX，HP 公司的 HP UNIX 等，如图 4-3 所示。

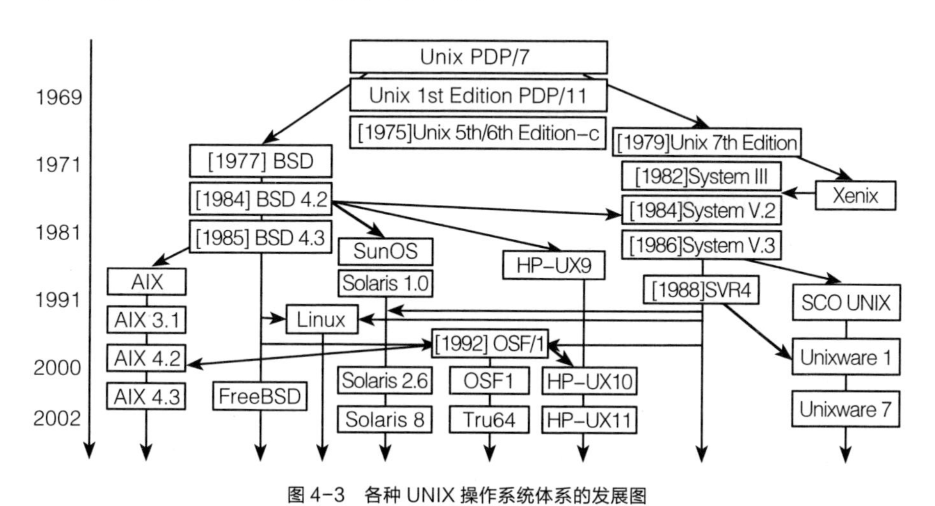

图 4-3　各种 UNIX 操作系统体系的发展图

2. Linux

（1）Linux 产生的原因。20 世纪 70 年代末，UNIX 面临 AT&T 的版权回收问题，特别要求禁止对学生群体提供 UNIX 系统代码，这样的问题一度引起了当时 UNIX 业界的恐慌，也因此产生了商业纠纷。

1984年，Richand Stallman 发起了开发自由软件的运动，并成立了自由软件基金会（Free Software Foundation，FST ）和 GNU 项目。GNU 系统后来没有流行起来。现在的 GNU 系统通常是使用 Linux 系统的内核，以及使用了 GNU 项目贡献的一些组件加上其他相关程序组成，这样的组合称为 GNU/Linux 操作系统。

（2）Linux 的发展历程。

① 1984 年，Andrew S.Tanenbaum 开发了用于教学的 UNIX 系统，命名为 MINIX。

② 1989 年，Andrew S.Tanenbaum 将 MINIX 系统运行于 x86 的 PC 计算机平台。

③ 1990 年，芬兰赫尔辛基大学学生 Linus Torvalds 首次接触 MINIX 系统。

④ 1991 年，Linus Torvalds 开始在 MINIX 上编写各种驱动程序等操作系统内核组件。

⑤ 1991 年底，Linus Torvalds 公开了 Linux 内核源码 0.02 版。

⑥ 1993 年，Linux 1.0 版发行，Linux 转向 GPL 版权协议。

Linux 能够得到普及，并不是因为它当时的技术好，而是因为有了很好的发展机制：开源与 GPL 版权协议。这些机制保证了后期有更多的人能够为它做出贡献，促使它能够发展得更好。

⑦ 1994 年，Linux 的第一个商业发行版 Slackware 问世。

⑧ 1996 年，美国国家标准技术局的计算机系统实验室确认 Linux 版本 1.2.13（由 Open Linux 公司打包）符合 POSIX 标准。

⑨ 1999 年，Linux 的简体中文发行版问世。

⑩ 2000 年后，Linux 系统日趋成熟，涌现大量基于 Linux 服务器平台的应用，并广泛应用于基于 ARM 技术的嵌入式系统中。

4.2.3 手机操作系统

手机操作系统主要应用在智能手机上。主流的智能手机系统有谷歌的 Android 和苹果的 IOS 等。智能手机与非智能手机都支持 Java，智能机与非智能机的区别主要看能否基于系统平台的功能扩展。

目前应用在手机上的操作系统主要有 Android（谷歌）、IOS（苹果）、Windows Phone（微软）、Symbian（诺基亚）、BlackBerry OS（黑莓）、Web OS、Windows Mobile（微软）等。

当前两大手机操作系统主要包括封闭式生态系统和开放式生态系统，下面介绍 Android OS 和 IOS 两个主机操作系统。

Android 英文原意为“机器人”，Andy Rubin 于 2003 年在美国创办了一家名为 Android 的公司，其主要经营业务为手机软件和手机操作系统。Google（谷歌）斥资 4 000 万美元收购了 Android 公司。Android OS 是 Google 与由中国移动、摩托罗拉、高通、宏达和 T-Mobile

在内的30多家技术和无线应用的企业组成的开放手机联盟合作开发的、基于Linux开放源代码的开源手机操作系统，并于2007年11月5日正式推出了基于Linux 2.6标准内核的开源手机操作系统，命名为Android。Android是首个为移动终端开发的、真正的开放和完整的移动软件，支持厂商有摩托罗拉、HTC、三星、LG、索尼爱立信、联想、中兴等。

Android平台的最大优势是开放性，允许任何移动终端厂商、用户和应用开发商加入Android联盟中来，允许众多的厂商推出功能各具特色的应用产品。平台提供给第三方开发商宽泛、自由的开发环境，由此会诞生丰富的、实用性好、新颖、别致的应用。产品具备触摸屏、高级图形显示和上网功能，界面友好，是移动终端的Web应用平台。

IOS是苹果公司开发的手持设备操作系统。苹果公司于2007年1月9日的Macworld大会上公布这个系统，以Darwin（Darwin是苹果电脑的一个开放源代码操作系统）为基础，属于类UNIX的商业操作系统。2012年11月，根据Canalys的数据显示，IOS已经占据了全球智能手机系统市场份额的30%，在美国的市场占有率为43%。

2012年2月，IOS平台上的应用总量达到552 247个，其中游戏95 324个，为17.26%；书籍类60 604个，排在第二，为10.97%；娱乐应用类排在第三，总量为56 998个，为10.32%。

2012年6月，苹果公司在WWDC 2012上宣布了IOS 6，提供了超过200项新功能。2013年3月，推出IOS 6.1.3更新，修正了IOS 6的越狱漏洞和锁屏密码漏洞。

2013年6月，苹果公司在WWDC 2013上发布了IOS 7，重绘了所有的系统APP，去掉了所有的仿实物化，整体设计风格转为扁平化设计，于2013年秋正式开放下载更新。

IOS的产品有以下特点：

（1）优雅直观的界面。IOS创新的Multi-Touch界面专为手指设计。

（2）软硬件搭配的优化组合。Apple同时制造iPad、iPhone和iPod Touch的硬件，其与操作系统都可以匹配，高度整合使App（应用）得以充分利用Retina（视网膜）屏幕的显示技术、Multi-Touch（多点式触控屏幕技术）界面、加速感应器、三轴陀螺仪、加速图形功能以及更多硬件功能。Face Time（视频通话软件）就是一个绝佳典范，它使用前后两个摄像头、显示屏、麦克风和WLAN网络连接，使得IOS成为优化程度最好、最快的移动操作系统。

（3）安全可靠的设计。设计了底层级的硬件和固件功能，用以防止恶意软件和病毒；还设计有高层级的OS功能，有助于在访问个人信息和企业数据时确保安全性。

（4）多种语言支持。IOS设备支持30多种语言，可以在各种语言之间切换。内置词典支持50多种语言，VoiceOver（语音辅助程序）可以阅读超过35种语言的屏幕内容，语音控制功能可以读懂20多种语言。

（5）新UI的优点是视觉轻盈、色彩丰富、更显时尚气息。Control Center的引入让操控更为简便，扁平化的设计能在某种程度上减轻跨平台的应用设计压力。

4.3 操作系统架构

操作系统的架构（以 Linux 为例）如图 4-4 所示。

操作系统划分为核心内核和可装入模块两个部分。其中，核心内核分为系统调用、调度、内存管理、进程管理、VFS 框架、内核锁定、时钟和计时器、中断管理、引导和启动、陷阱管理和 CPU 管理；可装入模块分为调度类、文件系统、可加载系统调用、可执行文件格式、流模块、设备和总线驱动程序等。

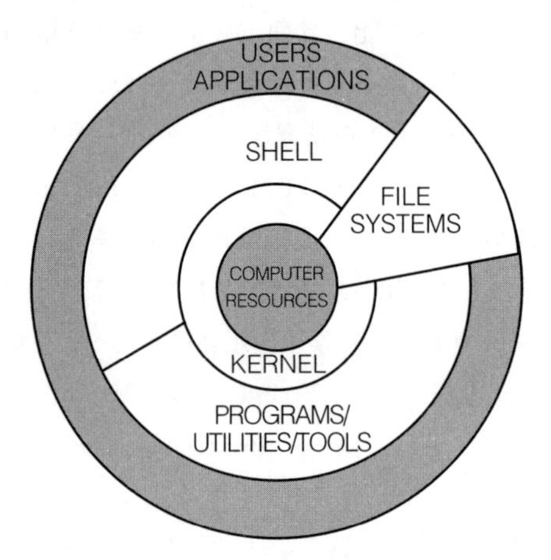

图 4-4　Linux 操作系统的架构

以 Linux 系统为例，Linux 系统一般有 4 个主要部分：内核、Shell、文件系统和应用程序。内核、Shell 和文件系统一起形成了基本的操作系统结构，它们使用户可以运行程序、管理文件并使用系统。

4.3.1 Linux 内核与主要模块

（1）Linux 内核概述：Linux 是一个一体化内核（monolithic kernel）系统。设备驱动程序可以完全访问硬件。Linux 内的设备驱动程序可以方便地以模块化（modularize）的形式设置，并在系统运行期间可直接装载或卸载。

（2）Linux 内核：Linux 操作系统是一个用来和硬件打交道并为用户程序提供一个有限服务集的低级支撑软件。一个计算机系统是一个硬件和软件的共生体，它们互相依赖、不可分割。

计算机的硬件，是由外围设备、处理器、内存、硬盘和其他电子设备组成的。如果没有软件来操作和控制算机的硬件，它是不能工作的。完成这个控制工作的软件就称为操作系统，在 Linux 的术语中称为“内核”，也可以称为“核心”。

（3）Linux 内核中的主要模块：Linux 内核的主要模块（或组件）包括以下几个部分。

- 进程管理（Process Management）
- 定时器（Timer）
- 中断管理（Interrupt Management）
- 内存管理（Memory Management）
- 模块管理（Module Management）
- 虚拟文件系统接口（VFS Layer）
- 文件系统（File System）
- 设备驱动程序（Device Driver）
- 进程间通信（Inter-process Communication）
- 网络管理（Network Management）
- 系统启动（System Init）

Linux 内核包括内存管理、进程管理、设备驱动程序管理、文件系统管理和网络管理等，从图 4-5 中也能够看出操作系统在软、硬件之间的作用。

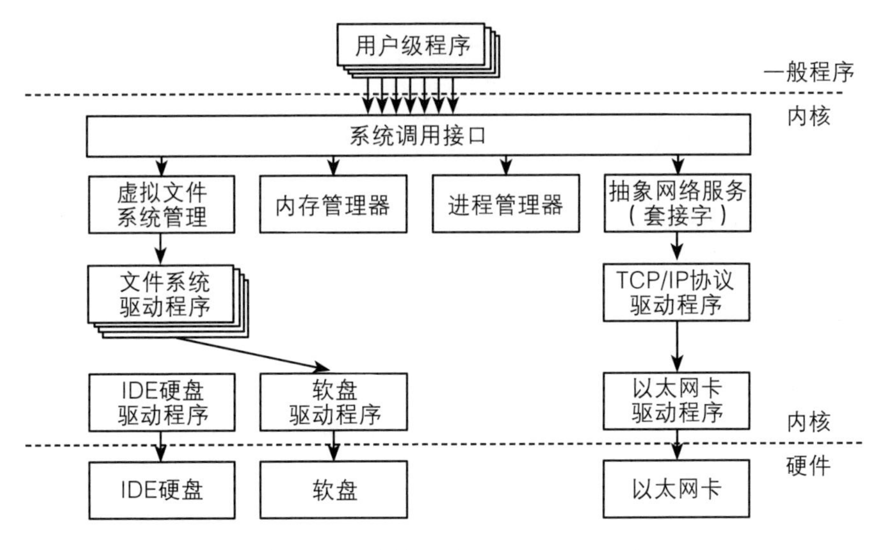

图 4-5　操作系统的硬件、内核、一般程序之间的关系

4.3.2　Linux 内存管理

Linux 采用了称为“虚拟内存”的内存管理方式，它将内存划分为容易处理的“内存页”（对于大部分体系结构来说都是 4KB）。Linux 包括了管理可用内存的方式，以及物理和虚拟映射所使用的硬件机制。内存管理主要包括虚地址、地址变换、内存分配和回

收、内存扩充、内存共享和保护等功能。计算机的存储从 CPU 的功能单元、寄存器、内部 Cache，到外部 Cache、主存，再到磁盘等外部存储设备，其价格、容量、速度三个维度的对比如图 4-6 所示。

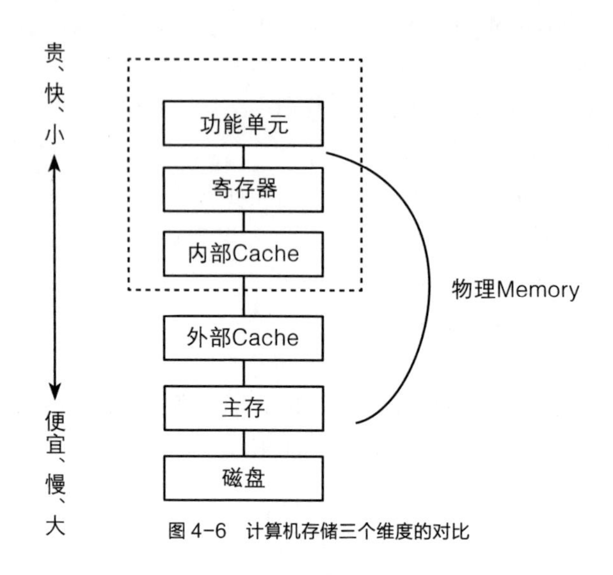

图 4-6 计算机存储三个维度的对比

4.3.3 Linux 进程管理

进程实际是特定应用程序的一个运行实体。在 Linux 系统中，能够同时运行多个进程。Linux 通过在短的时间间隔内轮流运行这些进程而实现“多任务”，这一短的时间间隔称为“时间片”，让进程轮流运行的方法称为“进程调度”，完成调度的程序称为调度程序。

进程调度控制进程对 CPU 的访问。当需要选择下一个进程运行时，由调度程序选择最值得运行的进程。可运行进程实际上是仅等待 CPU 资源的进程，如果某个进程在等待其他资源，则该进程是不可运行进程。Linux 使用了比较简单的基于优先级的进程调度算法选择新的进程。

通过多任务机制使每个进程可以认为只有自己独占计算机，从而简化程序的编写。每个进程有自己单独的地址空间，并且只能由这一进程访问，这样操作系统避免了进程之间的互相干扰以及“坏”程序对系统可能造成的危害。为了完成某特定任务，有时需要综合两个程序的功能。例如，一个程序输出文本，而另一个程序对文本进行排序。为此，操作系统还提供进程间的通信机制来帮助完成这样的任务。

Linux 中常见的进程间的通信机制有信号、管道、共享内存、信号量和套接字等。

内核通过 SCI 提供了一个应用程序编程接口（API）来创建进程（fork、exec 或 Portable Operating System Interface）、终止进程（kill、exit），并在它们之间进行通信和同步（signal 或者 POS Ⅸ），如图 4-7 和图 4-8 所示。

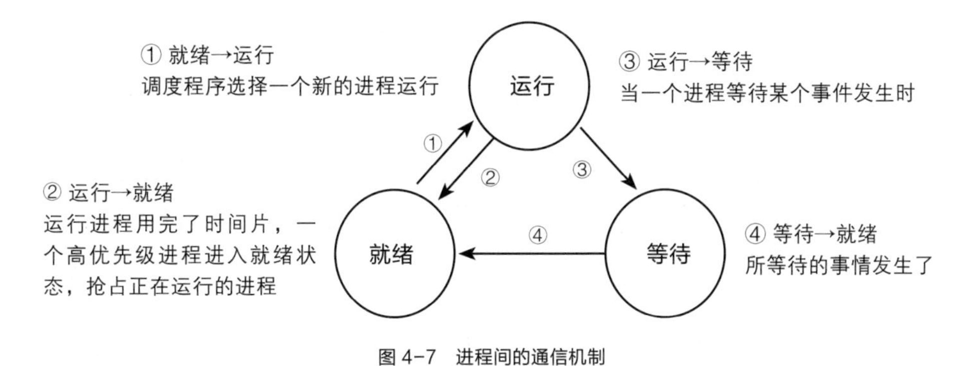

图 4-7　进程间的通信机制

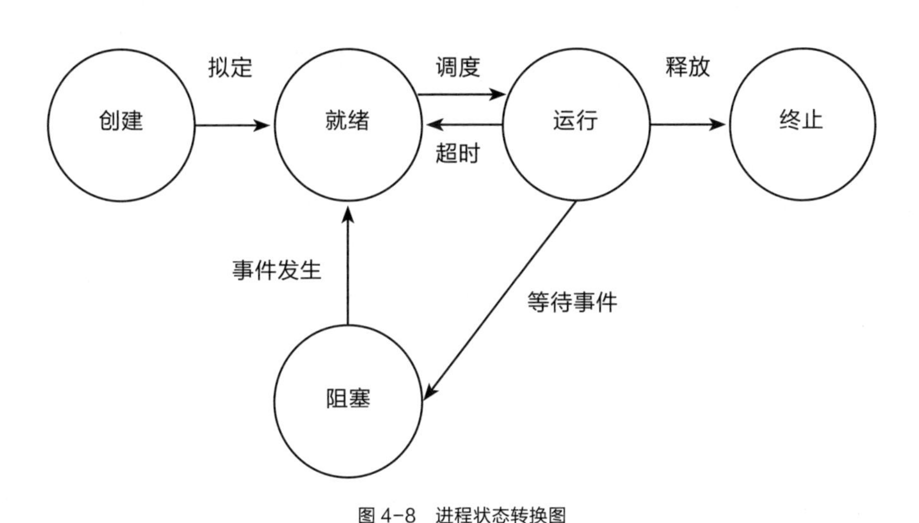

图 4-8　进程状态转换图

4.3.4　Linux 文件系统

与 DOS 等操作系统不同，Linux 操作系统中单独的文件系统并不是由驱动器号或驱动器名称（如 A 或 C 等）来标识的。相反，它与 UNIX 操作系统一样将独立的文件系统组合成了一个层次化的树形结构，并且由一个单独的实体代表这一文件系统，如图 4-9 所示。

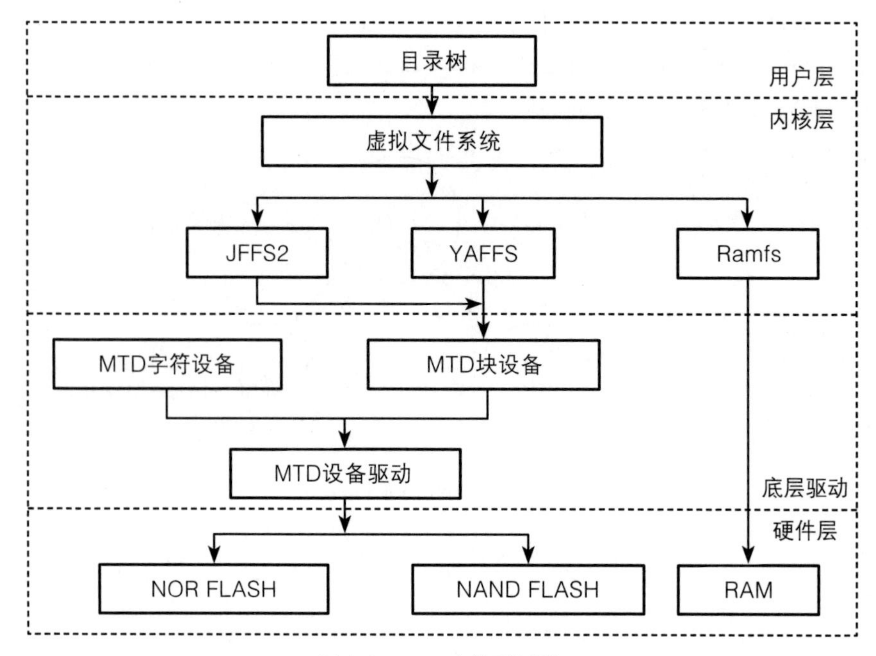

图 4-9　Linux 文件系统结构

Linux 将新的文件系统通过一个称为“挂装”或“挂上”的操作将其挂装到某个目录上，从而让不同的文件系统结合为一个整体。Linux 操作系统的一个重要特点是它支持许多不同类型的文件系统。Linux 中最普遍使用的文件系统是 Ext 类型，它也是 Linux 原生的文件系统。但 Linux 也支持 FAT、VFAT、FAT32、MINIX 等不同类型的文件系统，从而可以方便地与其他操作系统交换数据。Linux 将其支持的众多文件系统，组织成了一个统一的虚拟文件系统。

虚拟文件系统（Virtual File System，VFS）隐藏了各种硬件的具体细节，它把文件系统的操作和不同文件系统的具体实现细节分离开来，为所有的设备提供了统一的接口。VFS 提供了多达数十种不同的文件系统。VFS 可以分为逻辑文件系统和设备驱动程序。逻辑文件系统指 Linux 支持的文件系统，如 Ext2、FAT 等；设备驱动程序指为每一种硬件控制器编写的设备驱动程序模块。

VFS 在 Linux 内核中非常有用，因为它为文件系统提供了一个通用的接口抽象。VFS 在 SCI 和内核所支持的文件系统之间提供了一个交换层，即 VFS 在用户和文件系统之间提供了一个交换层。

在 VFS 上面，是对诸如 open、close、read 和 write 之类的函数的一个通用 API 抽象；在 VFS 下面，是文件系统抽象，它定义了上层函数的实现方式。它们是给定文件系统（超过 50 个）的插件，文件系统的源代码可以在 ./linux/fs 中找到。

文件系统层之下是缓冲区缓存，它为文件系统层提供了一个通用函数集（与具体文件系统无关）。这个缓存层通过将数据保留一段时间（或者预先读取数据，以便在需要时就可用）来优化对物理设备的访问。缓冲区缓存之下是设备驱动程序，它实现了特定物理设备的接口，用户和进程不需要知道文件所在的文件系统类型，而只需要像使用 Ext 文件系统中的文件一样使用它们，如图 4-10 所示。

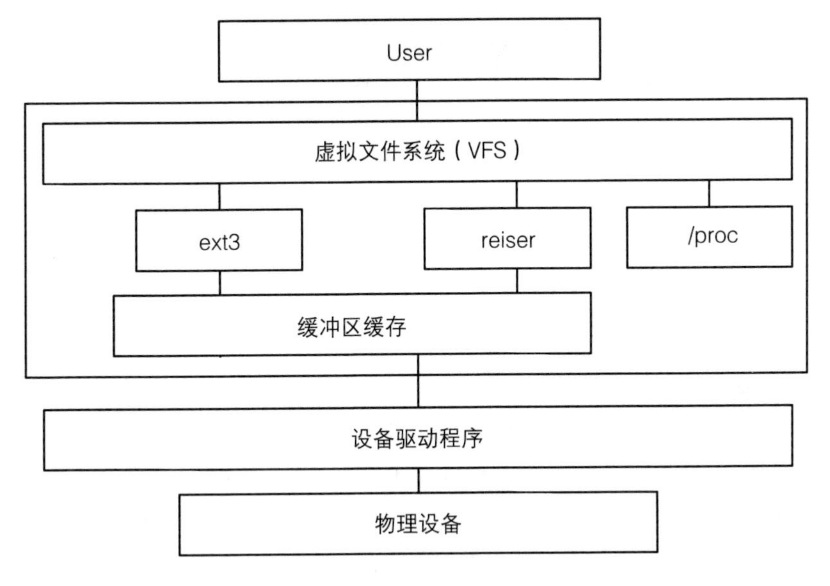

图 4-10　Linux 的虚拟文件系统

4.3.5　Linux Shell

Shell 是系统的用户界面，提供了用户与内核进行交互操作的接口。它接收用户输入的命令并把它送入内核去执行，是一个命令解释器，如图 4-11 所示。

另外，Shell 编程语言具有普通编程语言的很多特点，用这种编程语言编写的 Shell 程序与其他应用程序具有同样的效果。

目前主要有下列版本的 Shell。

（1）Bourne Shell：是贝尔实验室开发的。

（2）BASH：是 GNU 的 Bourne Again Shell，是 GNU 操作系统上默认的 Shell，大部分 Linux 的发行套件使用的都是该版本。

（3）Korn Shell：是对 Bourne Shell 的发展，在大部分内容上与 Bourne Shell 兼容。

（4）C Shell：是 SUN 公司 Shell 的 BSD 版本。

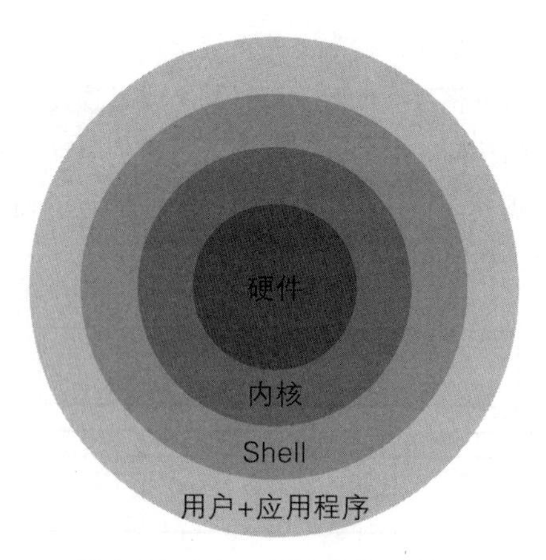

图 4-11 Linux 内核作用范围示意图

4.3.6 I/O 设备管理

我们在使用计算机的过程中无时无刻不需要使用 I/O 设备——无论鼠标、键盘、屏幕，还是 USB 设备、音响、耳机，或者是藏在计算机内部的磁盘、固态硬盘，都属于 I/O 设备。没有这些设备，我们既不能向计算机输入值，也不能看到计算机的输出值，甚至无法存储我们需要的数据。这些 I/O 设备拥有各自不同的使用方法、数据形式、存储空间和读写速度。

所有的 I/O 设备均可以分为两个大类：块设备（Block Device）和字符设备（Character Device）。块设备是以数据块为单位进行存储和传输数据的输入/输出设备，如磁盘、光盘、U 盘等；而字符设备则是将数据以字符为单位来存放和传输的设备，如鼠标、键盘、打印机等，如图 4-12 所示。

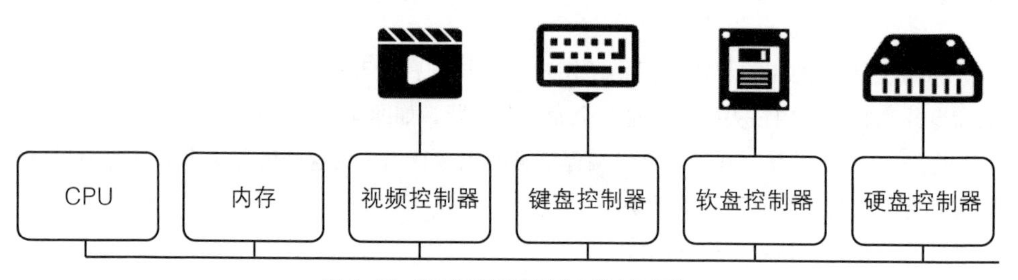

图 4-12 无时无刻不需要使用的 I/O 设备

1. I/O设备的特点

（1）I/O 设备的差异性。I/O 设备由于种类、制造商、技术标准的不同，其特性也有巨大的不同。因此，屏蔽这些巨大的不同，使得不同的设备相互共存并不是一件容易的事情。

（2）设备控制器。I/O 设备本身并不是一个不可分割的整体，它是由不同的部件构成。

一般来说，一个 I/O 设备至少可以分为两部分：机械部分和电子部分。机械部分是设备的物理硬件部分，而电子部分则是设备的控制器。控制器可以处理多个设备，或者说多个同类的设备可以共用一个控制器。

2. I/O设备的分类

I/O 设备的分类主要可以根据两个标准：设备的信息交换单位和设备的共享属性。

（1）设备的信息交换单位。一些设备的读取单位是一个字节，它们称为字符设备；一些设备的读取单位是一个字符块（也就是说不能只从中读取一个字节），其中可能包含了 512 字节或更多，这些设备称为块设备。

字符设备与块设备的很明显的不同是字符设备不能够被寻址。不能被寻址导致的结果就是不能随机访问设备中的任意一个位置。

（2）设备的共享属性。设备被分为独占设备（Dedicated Device）和共享设备（Shared Device）。

4.4 操作系统的生态

4.4.1 计算机软、硬件系统的生态

计算机软、硬件系统的生态结构如图 4-13 所示。

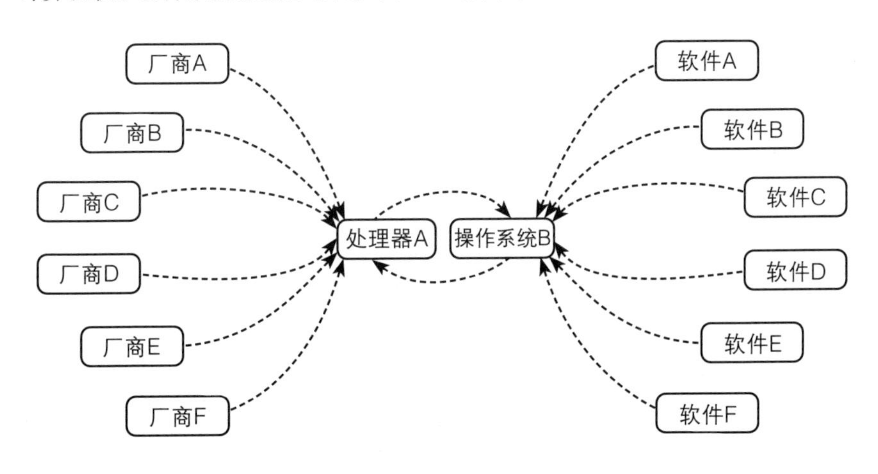

图 4-13 计算机软、硬件系统的生态结构

这种生态结构的本质是以操作系统与处理器为核心，一软一硬两大上游产品带动两群

下游软硬件厂商。

一家硬件厂商，如生产 PC 或手机，如果厂商要确保其硬件产品能卖得出去，则必须保证生产出的产品有足够的软件可以使用，而有大规模软件的支持的操作系统只有 Android 或者 Windows 系统。同理，一家软件厂商，如果要确保软件有市场，则必须保证软件可以被安装在所有手机上，而放眼望去，所有手机厂商使用的都是 ARM 处理器，那么必须让软件支持 ARM 处理器。

从图 4-13 中也可以看到要想产生一个流行的商用系统需要从硬件与软件两大生态都得到支持才有可能获得成功。

4.4.2 当前生态与发展

正是这种既有生态对下游产品的紧密关联，导致后来者对生态本身发起挑战是非常非常困难的。因为你不仅要比旧的操作系统与处理器产品强，还要协调好上、下游成千上万的厂商。

2010 年前后，ARM+Android 这个软、硬件组合已经基本形成，而诺基亚作为曾经的霸主，曾经的市场产业链控制者，并不甘心于成为这个生态链的一螺丝钉，不仅拒绝上船，而且要依靠自己的力量打造一条船，结果是诺基亚出局。搭载 WP 系统的 Lumia 手机就算质量、手感、拍照再好，如果产品游离于主流体系之外，根本没有大面积的软件应用支持，其本身产品力即便再强悍，也不可避免地被市场淘汰。

1. 当前的主要生态

（1）Wintel 联盟 Windows + Intel。

（2）进入 21 世纪的第二个十年，第二个类 Wintel 组合 Android+ARM，伴随着智能手机横空出世，以疾风般的速度抢占了新兴的智能手机市场。

2. 如何打造新生态

根据各种想打造新生态识别的案例，我们大胆地猜测一下新生态可能产生的途径。先看一下失败的案例：

（1）龙芯、汉芯、红旗 Linux。难度太大，同时改造硬件和软件，质量无法保证，软、硬件厂商不会有人跟进，没法形成生态。软、硬件两个方向同时创新失败的概率非常大。我们可以用概率来计算一下，假设硬件创新的成功概率是 1%，软件成功的概率是 5%，两个方面都成功的概率就是 0.05%。

（2）WinPhone。因为 WinPhone 是单独针对 Windows 手机的开发软件，由于 WinPhone 的手机太少，所以失败。即使 WinPhone 本身优秀，如果迁移一个应用的难度太大，很难有厂家有意愿来做。另外一个主要原因是 WinPhone 的操作系统非开源。

3. 鸿蒙成功的可能性

硬件方面基本不需要考虑，鸿蒙在突破性上，主要在软件方面进行了以下创新。

（1）基于 Linux 开源系统，并对系统做了改造，使得平台更加优秀。

（2）方舟处理器使编译的应用性能更好。

（3）最重要的一点是，当前所有基于 Android 的应用可以不用修改就能运行在鸿蒙系统上，而且因为有了方舟编译器使应用的性能更好。

华为公司对于硬件的设计、生产能力和软件的创新几乎是无与伦比，使鸿蒙系统的成功概率大大提高。尤其是华为最近推出的 HMS，如果能够很好地替换谷歌的 GMS，华为软、硬件系统成功的可能性会更大。但即使这样，整体的难度不能低估，一个新的操作系统成功的概率很低。

4.4.3 Linux 相关概念

（1）自由软件与 FSF。自由软件没有商业化软件版权制约，源代码开放，可无约束自由传播。FSF（Free Software Foundation）于 1984 年被发起和创办，FSF 主要项目是 GNU 项目中自由发布和可移植的类 UNIX 操作系统。GNU 项目本身产生的主要软件包括 Emacs 编辑软件、gcc 编译软件、bash 命令解释程序和编程语言，以及 gawk（GNU' s awk）等。

（2）GNU（GNU' s not UNIX）。又称革奴计划，是由 Richard Stallman 在 1984 年公开发起的，是 FSF 的主要项目。前面已经提到过，这个项目的目标是建立一套完全自由的和可移植的类 UNIX 操作系统。到 1991 年 Linux 内核发布时，GNU 项目已经完成除系统内核之外的各种必备软件的开发。在 Linus Torvalds 和其他开发人员的努力下，GNU 项目的部分组件又运行到 Linux 内核之上。例如，GNU 项目的 Emacs、gcc、bash、gawk 等，至今都是 Linux 系统中很重要的基础软件。

（3）GPL（General Public License）。中文名为通用公共许可，是最著名的开源许可协议，开源社区展著名的 Linux 内核城是在 GPL 许可下发布的。GPL 许可是由软件基金会（Free Software foundation）创建的。

（4）LGPL（Lesser General Public License）。相对于 GPL 较为宽松，允许不公开全部源代码，为基于 Linux 平台开发商业软件提供了更广阔的空间。

（5）Linux 系统组成：Linux 操作系统的核心为 Linus Torvalds 开发的 Kernel。Linux 内核之上的组件分为以下部分：一部分是 GNU 的组件，如 Emacs、gcc、bash、gawk 等；另一些重要组成部分则来自加利福尼亚大学 Berkeley 分校的 BSD UNIX 项目和麻省理工牛院的 X Windows 系统项目，以及在这之后成千上万的程序员开发的应用程序等。正是

Linux 内核与 GNU 项目、BSD UNIX 以及 MTT 的 XI1（X Windows）的结合，才使整个 Linux 操作系统得以很快形成，并得到了发展，进而组成了今天优秀的 Linux 系统。

4.5 鸿蒙操作系统

1. 鸿蒙操作系统简介

2019 年 5 月 20 日媒体纷纷报道华为，称即将被采取措施限制其对 Android 系统的使用，限制措施如下：

（1）谷歌官方不会为华为提供系统更新支持，华为只能利用 Android 开源的代码自行升级系统。

（2）谷歌将停止向华为手机提供谷歌服务。随后，谷歌发表官方表示，现有的华为手机可以正常运行谷歌服务，以后发布的华为新手机将不能正常使用谷歌服务。

正当大家为华为担心时，华为消费者业务 CEO 余承东表示，情况并没有那么糟，华为除了有自己的芯片外，还有操作系统。早在 2012 年华为就开始规划自有操作系统，意在使其成为谷歌 Android 系统的替代品。华为自主研发的操作系统叫作“鸿蒙”，如图 4-14 所示。

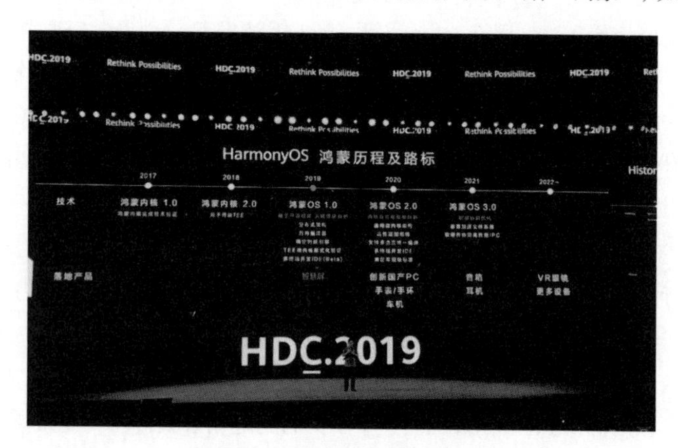

图 4-14　鸿蒙操作系统发布会

华为鸿蒙系统（HongmengOS 或 HomonOS、HMOS）是华为开发的自有操作系统。华为 OS 将打通手机、电脑、平板、电视、汽车、智能穿戴，将这些设备统一成一个操作系统，且该系统是面向下一代技术而设计的，能兼容全部 Android 应用的所有 Web 应用。若应用重新编译，在华为 OS 操作系统上，运行性能的提升会超过 60%。

2019 年 8 月份的开发者大会上绍介，鸿蒙的英文名为 HarmonyOS，翻译过来就是“和谐”，这是一款支持手机、物联网、智慧屏等跨设备的操作系统，具有基于微内核的全场景分布式技术。

2. 鸿蒙操作系统的特点

（1）鸿蒙打通了移动端、PC 端和服务端，从根源上解决了跨平台问题。

（2）鸿蒙系统自身是开放兼容的，兼容目前已有的大量应用，这会使用户顺利地切换到鸿蒙系统。

（3）鸿蒙系统是基于 Linux 操作系统开发的，有一个稳定且安全的基础。

要想研发并成功推广一款操作系统需要三个方面的基础：其一是具备较强的技术研发实力；其二是具备一定的产业基础；其三是具备一定的生态打造能力。

而目前的华为在这三个方面均有一定的实力，所以鸿蒙未来的发展前景还是非常值得期待的。按照目前华为自身的体量来看，鸿蒙系统必然不会走小众路线和低端路线，必然会与目前的“主流”操作系统相抗衡，所以一些低端操作性的发展路线应该不会是鸿蒙的选择。从已有消息来看，首先鸿蒙是兼容已有的应用，然后再通过自身的迭代来完成超越，所以鸿蒙要想获得成功，关键在于自身的迭代能力。从目前华为自身近乎全产业链的基础能力以及研发实力来看，鸿蒙系统的成功率相对还是比较大的。

3. 支持物联网的操作系统

下一代的操作系统应该是什么？

应该是支持物联网的操作系统，即将手机、电脑、平板、电视、汽车、智能穿戴等设备统一成一个的操作系统。且该系统是面向下一代技术而设计的。

Fuchsia 是由 Google 公司开发的继 Android 和 Chrome OS 之后的第三个系统，由已在 Github 中公开的部分源码可以获得。Google 对于 Fuchsia 的说明是“Pink（粉红）+Purple（紫色）=Fuchsia（灯笼海棠，一个新的操作系统）”。

Fuchsia 不同于安卓使用的 Linux 内核，而是采用比较新的 Zircon 内核。该系统与当下 Android 相比，无论存储器还是内存等的硬件要求都大幅降低，可以看出这是一款面向物联网的家用电器用的系统。据悉，Flutter 引擎 +Dart 语言将很有可能成为 Fuchsia 系统主要的 UI 开发框架。谷歌 Fuchsia 选择 Flutter 作为 UI 并不令人意外，毕竟 Dart 语言由谷歌亲自研发，一方面不用担心被人起诉；另一方面当 Fuchsia 有需要时，也能灵活地在 Dart 虚拟机做出针对性的改变。Fuchsia 系统支持 32 位和 64 位的 ARM 处理器和 64 位的 PC 处理器。

4. 新竞争的开始

2019 年 8 月，鸿蒙开发者大会上：在车机 OS 方面，鸿蒙比谷歌 Fusion 系统有 3 ~ 5 倍的性能提升。未来随着物联网的发展，物联网的操作系统会出现一个新的格局。

第5章 网络的发展

5.1 网络

网络一般指“三网”，即电信网络、有线电视网络、计算机网络。网络主要由以下两个角度定义。

（1）广义的网络。网络是由若干节点和连接这些节点的链路构成，表示诸多对象及其相互联系。在数学上，网络是一种图，一般专指加权图。网络除了数学定义外，还有具体的物理含义，即网络是从某种相同类型的实际问题中抽象出来的模型。在计算机领域中，网络是信息传输、接收、共享的虚拟平台，通过它把各个点、面、体的信息联系到一起，从而实现这些资源的共享。网络是人类发展史上最重要的发明，它促进了科技和人类社会的发展。

（2）抽象意义上的网络。抽象意义上的网络如城市网络、交通网络、交际网络等。

本章主要介绍计算机网络。

5.1.1 网络的作用

（1）资源共享。网络的主要功能就是共享资源。共享的资源包括软件、硬件资源以及存储在公共数据库中的各类数据资源。网上用户能部分或全部地共享这些资源，使网络中的资源能够互通有无、分工协作，从而大大提高系统资源的利用率。

（2）快速传输信息。分布在不同地区的计算机系统，可以通过网络及时、高速地传递各种信息、交换数据、发送电子邮件，使人们之间的联系更加紧密。

（3）提高系统可靠性。在网络中，由于计算机之间是互相协作、互相备份的关系，以及在网络中采用一些备份的设备和一些负载调度、数据容错等技术，使得当网络中的某一部分出现故障时，网络中其他部分可以自动接替其任务。因此，与单机系统相比，计算机网络具有较高的可靠性。

（4）易于进行分布式处理。在网络中，还可以将一个比较大的问题或任务分解为若干个子问题或任务，分散到网络中不同的计算机上进行处理计算。这种分布处理能力在进行一些重大课题的研究开发时是卓有成效的。

（5）综合信息服务。在当今的信息化社会里，个人、办公室、图书馆、企业和学校等主体每时每刻都在产生并处理大量的信息。这些信息可能是文字、数字、图像、声音甚至是视频，主体通过网络就能够收集、处理这些信息，并进行信息的传送。因此，综合信息服务将成为网络的基本服务功能。

5.1.2 单主机联机终端

计算机网络主要是计算机技术和信息技术相结合的产物，它从20世纪50年代起步至今已经有70多年的发展历程，在20世纪50年代以前，因为计算机主机相当昂贵，而通信线路和通信设备相对便宜，为了共享计算机主机资源和进行信息的综合处理，形成了第一代的以单主机为中心的联机终端系统。

1946年世界上第一台电子计算机问世，其后的十多年时间内，由于价格很高，计算机数量极少。早期所谓的计算机网络主要是为了解决这一矛盾而产生的，其形式是将一台计算机经过通信线路与若干台终端直接连接，我们也可以把这种方式看作最简单的局域网雏形。

在第一代计算机网络中，因为所有的终端共享主机资源，因此终端到主机都单独占一条线路，所以线路利用率低；因为主机既要负责通信又要负责数据处理，所以主机的效率低；因为这种网络组织形式是集中控制形式，所以可靠性较低。如果主机出现问题，所有终端都将被迫停止工作。面对这样的情况，当时人们提出的改进方法是在远程终端聚集的地方设置一个终端集中器，把所有的终端聚集到终端集中器，而且终端到终端集中器之间是低速线路，而终端到主机是高速线路，这样的主机只需负责数据处理而不负责通信工作，大大提高了主机的利用率。

5.1.3 计算机网络的诞生

计算机网络最早源于美国国防部高级研究计划署DARPA（Defence Advanced Research Projects Agency）的前身ARPAnet，该网于1969年投入使用。由此，ARPAnet成为现代计算机网络诞生的标志。

20世纪，由ARPA提供经费，联合计算机公司和大学共同研制发展的ARPAnet网络。最初，ARPAnet主要是用于军事研究，它是基于这样的指导思想：网络必须经受得住故障的考验并能维持正常的工作，一旦发生战争，当网络的某一部分因遭受攻击而失去工作能力时，网络的其他部分应能维持正常的通信工作。ARPAnet在技术上的另一个贡献是 TCP/IP 协议簇的开发和利用。作为 Internet 的早期骨干网，ARPAnet 的试验奠定了 Internet 存在和发展的基础，较好地解决了异种机网络互联的一系列理论和技术问题。

1983 年，ARPAnet 分裂为两部分：ARPAnet 和纯军事用的 MILNET。同时，局域网和广域网的产生和蓬勃发展对 Internet 的进一步发展起了重要的作用。其中最引人注目的是美国国家科学基金会 NSF（National Science Foundation）建立的 NSFnet。NSF 在全美国建立了按地区划分的计算机广域网，并将这些地区网络和超级计算机中心互联起来。

1986 年，美国国家科学基金会利用 ARPAnet 发展出来的 TCP/IP 通信协议，在 5 个科研教育服务超级计算机中心的基础上建立了 NSFnet 广域网。由于美国国家科学基金会的鼓励和资助，很多大学、政府资助的研究机构甚至私营的研究机构纷纷把自己的局域网并入 NSFnet 中。那时，ARPAnet 的军用部分已脱离了母网，建立自己的网络——MILNET。

ARPAnet——网络之父，逐步被 NSFnet 所替代。到 1990 年， ARPAnet 已经退出了历史舞台。如今，NSFnet 已成为 Internet 的重要骨干网之一。

5.1.4 互联网的诞生与商用的开始

1. 互联网的诞生

1989年，由CERN开发成功WWW，为Internet实现广域超媒体信息截取/检索奠定了基础。

在 20 世纪 90 年代以前，Internet 的使用一直仅限于研究与学术领域，商业性机构进入 Internet 一直受到不同的法规或传统问题的困扰。事实上，像美国国家科学基金会等曾经出资建造 Internet 的政府机构对 Internet 上的商业活动并不感兴趣。

最早的网络是由美国国防部高级研究计划局（ARPA）建立的。现代计算机网络的许多概念和方法，如分组交换技术都来自 ARPAnet。ARPAnet 不仅进行了租用线互联的分组交换技术研究，而且做了无线、卫星网的分组交换技术研究，为 TCP/IP 的问世奠定了基础。

1977—1979 年，ARPAnet 推出了如今形式的 TCP/IP 协议。

1980 年前后，ARPAnet 上的所有计算机开始了 TCP/IP 协议的转换工作，并以 ARPAnet 为主干网建立了初期的 Internet。

1983 年，ARPAnet 的全部计算机完成了向 TCP/IP 的转换，并在 UNIX（BSD4.1）上实现了 TCP/IP。ARPAnet 在技术上最大的贡献就是 TCP/IP 协议的开发和应用。两个著名的科学教育网 CSNET 和 BITNET 先后建立。

1984 年，美国国家科学基金会规划建立了 13 个国家超级计算中心及国家教育科技网。随后替代了 ARPAnet 的骨干地位。

1988 年，Internet 开始对外开放。

1991 年 6 月，在连通 Internet 的计算机中，商业用户首次超过了学术界用户，这是 Internet 发展史上的一个里程碑，从此 Internet 的成长速度一发不可收拾。

2. 商用的开始

1991 年美国的三家公司分别经营着自己的 CERFnet、PSInet 及 Alternet 网络，可以在一定程度上向客户提供 Internet 联网服务。他们组成了“商用 Internet 协会”（CIEA），宣布用户可以把他们的 Internet 子网用于任何的商业用途。Internet 商业化服务提供商的出现使工商企业终于可以堂堂正正地进入 Internet。

商业机构一踏入 Internet 这一陌生的世界就发现了它在通信、资料检索、客户服务等方面的巨大潜力。于是，其势一发不可收拾。世界各地的企业及个人纷纷涌入 Internet，带来 Internet 发展史上一个新的飞跃。从这个角度看待网络，它将我们人类存储知识、获取知识、使用知识的能力从个体越来越向群体发展。

5.1.5 网络阶段的划分

网络的发展分为四个阶段：远程终端连接、计算机网络阶段（局域网）、计算机网络互联阶段、信息高速公路（高速、多业务、大数据量），具体内容如图 5-1 所示。

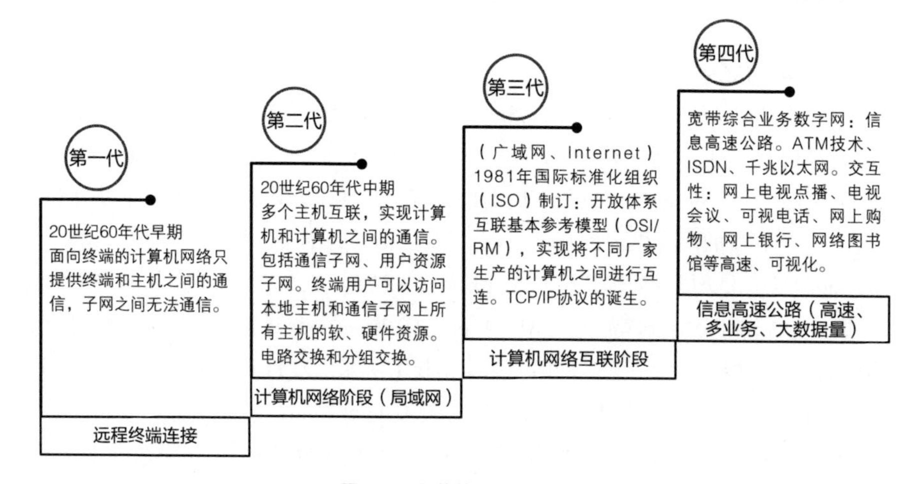

图 5-1　网络的四个发展阶段

5.2 网络技术简介

5.2.1 网络的分类

1. 按覆盖范围分类

（1）局域网（LAN）：局域网地理范围一般在几米到十几千米之间，适用于一个建筑物（办公楼）或相邻的大楼内，属于一个部门或单位组建的专用网络，如公司或高校的校园内部网络。局域网内传输速率较高、误码率低、结构简单容易实现。随着电子设备的发展，家庭网络也是局域网的一个主要使用场景。

（2）城域网（MAN）：城市地区的网络简称为城域网。城域网是介于局域网和广域网之间的一种高速网络。城域网是一种大型的局域网，因此使用类似于局域网的技术，它可能覆盖一个城市。因为网络的环境比局域网复杂，传输速率通常比局域网的速度低一些，维护成本更高一些。

（3）广域网（WAN）：网络跨越国界、洲界，甚至覆盖全球，作用范围一般为几十到几万千米。它的通信传输装置和媒体一般由电信部门提供。

2. 按拓扑结构分类

（1）总线型：采用单根传输线作为传输介质，所有的节点（包括工作站和文件服务器）均通过相应的硬件直接连接到传输介质（或总线）上，各个节点地位平等，无中心节点控制，如图 5-2 所示。

（2）环型：环型拓扑结构是由若干中继器通过点到点的链路首尾相连成一个闭合的环。该结构使用电缆形成环型连接，每个中继器与两条链路相连，由于环型拓扑结构的数据在环路上沿着一个方向在各个节点间传输，这样中继器能够接收一条链路上的数据，并以同样的速度把数据传送到另一条链路上，如图 5-3 所示。

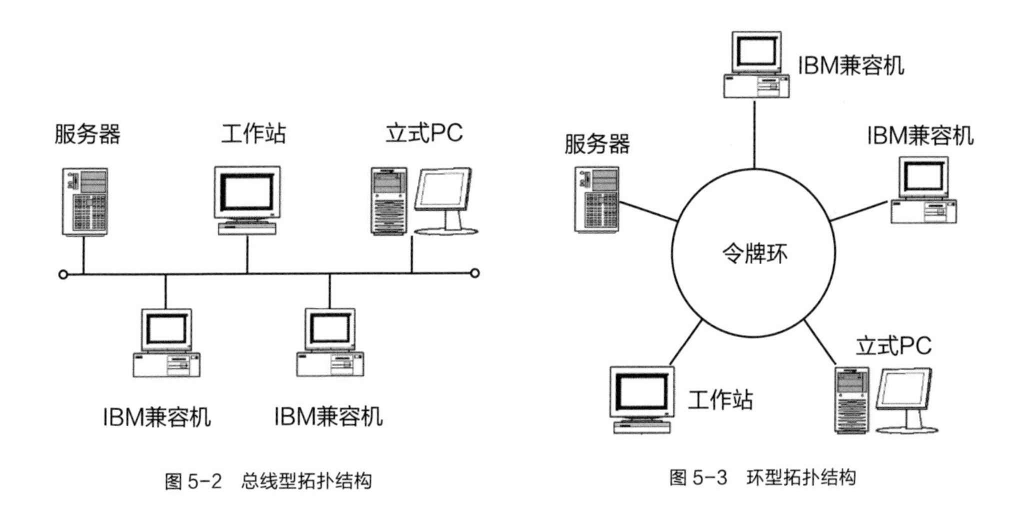

图 5-2　总线型拓扑结构　　　图 5-3　环型拓扑结构

（3）星型：星型拓扑结构是由中心节点和通过点对点链路连接到中心节点而形成的网络结构。星型拓扑结构的中心节点是主节点，它接收各个分散节点的信息，再转发给相应的站点，如图 5-4 所示。

（4）网状型：网状型拓扑结构使用以单独的电缆将网络上的站点两两相连，从而提供了直接的通信路径。网状型拓扑结构可提供最高级别的容错能力，但是需要大量的网线，并且随着站点数量的增加而变得更加混乱。所以在实际应用中，经常与其他网络拓扑结构一起构成混合网络拓扑，如图 5-5 所示。

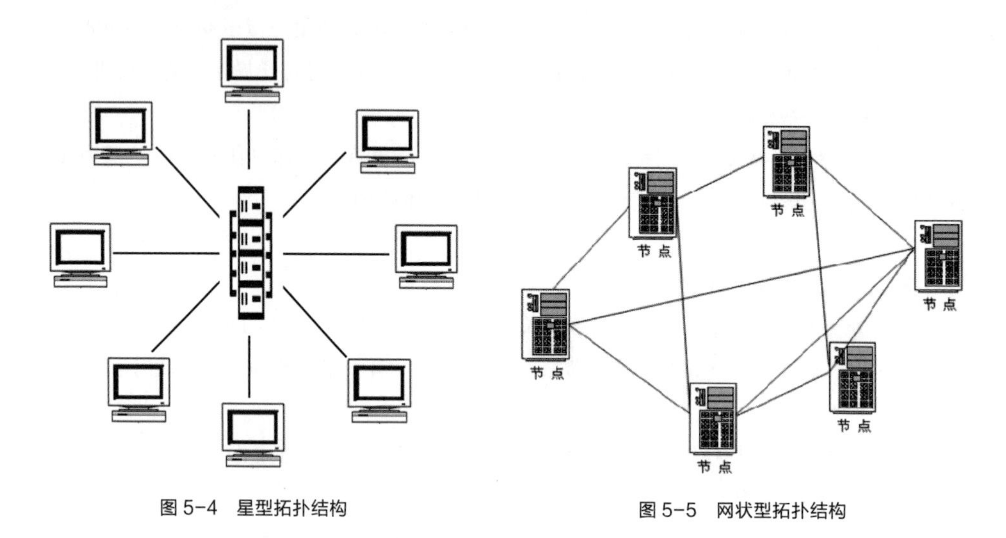

图 5-4 星型拓扑结构

图 5-5 网状型拓扑结构

3. 其他分类方式

（1）按信息的交换方式分类：分为电路交换、报文交换、报文分组交换。

（2）按网络的传输介质分类：分为有线网、光纤网、无线网。

（3）按通信方式分类：分为点对点传输网络、广播式传输网络。

（4）按网络使用的目的分类：分为共享资源网、数据处理网、数据传输网，网络的使用目的都不是唯一的。

（5）按服务方式分类：分为客户机 / 服务器网络、对等网。

5.2.2 网络协议

一个 LAN 可以由一系列的子网组成，而一个 WAN ，如 Internet ，可以由一系列的自治网络组成。LAN 可以只使用以太网，而 WAN 却可能包括以太网、令牌环网、X.25 和其他一些网络。通过网际协议（IP）可以把一个包发送到 LAN 的不同子网和 WAN 的不同网络上，唯一的条件就是这些网络所使用的传输选项要保证能够和 TCP/IP 兼容，这些选项包括以太网、令牌环网、X.25 、FDDI、ISDN 、帧中继、ATM（带有转换的）、网络传输头（如以太网）。

IP 的基本功能是提供数据传输、包编址、包寻径、分段和简单的包错误检测。通过

IP 编址约定可以成功地将数据传输和路由到正确的网络或子网。每个网络节点具有一个 32 位的 IP 地址，它和 48 位的 MAC 地址一起协作，完成网络通信。该地址不但标识了一个既定的网络，而且还指明了是该网络上的哪个节点。

5.2.3　网络七层模型

国际标准化组织（ISO）提出的一个参考模型 OSI 七层模型，如图 5-6 所示。

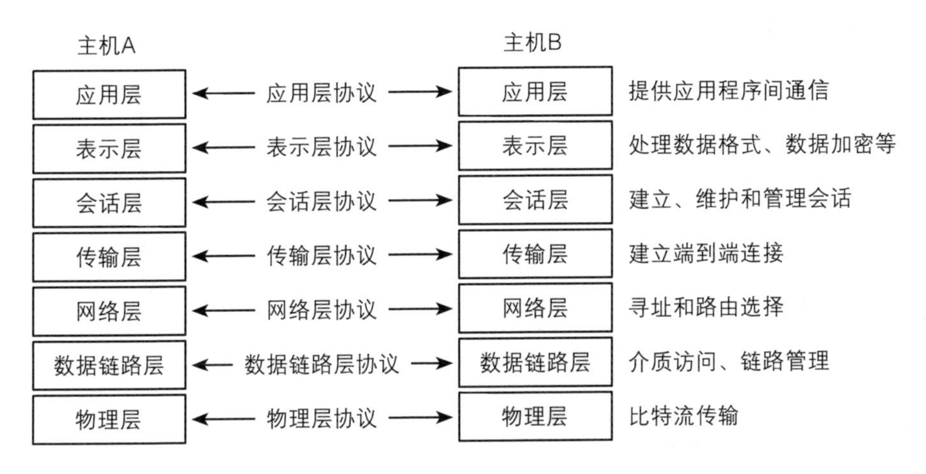

图 5-6　ISO/OSI 网络七层模型

5.2.4　TCP/IP

TCP/IP 协议（Transfer Control Protocol/Internet Protocol）叫作传输控制 / 网际协议，又叫网络通信协议，它包括上百个功能的协议，如远程登录、文件传输和电子邮件等，而 TCP 协议和 IP 协议是保证数据完整传输的两个基本的协议。通常说的 TCP/IP 是 Internet 协议簇，而不单单指 TCP 和 IP。

TCP/IP 协议的基本传输单位是数据包（Datagram）。TCP 协议负责把数据分成若干个数据包，并给每个数据包加上包头；IP 协议在每个包头上再加上接收端主机地址，这样数据就能找到自己要去的地方。如果传输过程中出现数据丢失、数据失真等情况，TCP 协议会自动要求数据重新传输，并重新组包。总之，IP 协议保证数据的传输，TCP 协议保证数据传输的质量。

TCP/IP 协议中数据的传输基于 TCP/IP 协议的四层结构：应用层、传输层、网络层、链路层，数据在传输时每通过一层就要在数据包上加个包头，其中的数据供接收端同一层协议使用，而在接收端，每经过一层要把用过的包头去掉，从而保证传输数据格式的一致性。

TCP/IP 协议四层模型与 ISO/OSI 七层模型的关系如图 5-7 所示。

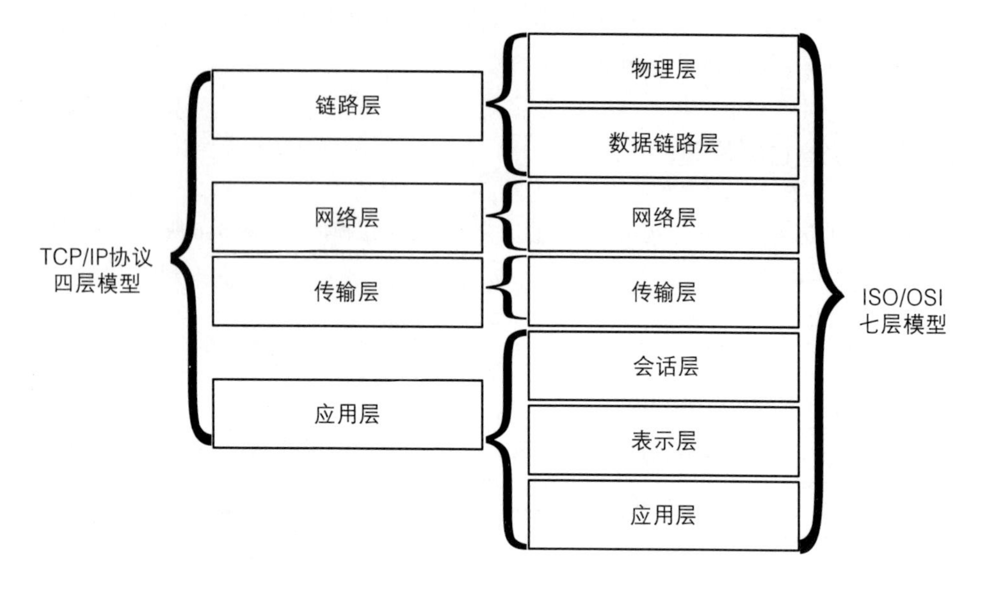

图 5-7　TCP/IP 协议四层模型与 ISO/OSI 七层模型的关系

5.2.5　IPv4 与 IPv6

IPv4 是互联网协议（Internet Protocol，IP）的第 4 版，也是第一个被广泛使用、构成现今互联网技术基石的协议。1981 年 Jon Postel 在 RFC 791 中定义了 IPv4，IPv4 可以运行在各种各样的底层网络上，如端对端的串行数据链路（PPP 协议和 SLIP 协议）、卫星链路等。局域网中最常用的是以太网。

IPv6 是 IETF Internet Engineering Task Force，互联网工程任务组设计的用于替代现行版本 IP 协议（IPv4）的下一代 IP。IPv6 将 IPv4 中 32 位的地址长度扩展到了 128 位，IPv6 的地址数量多到可以让世界上的每一粒沙子都能分配到一个 IP 地址。

传统的 TCP/IP 协议基于 IPv4，属于第二代互联网技术，核心技术属于美国。IPv4 的最大问题是网络地址有限，从理论上讲，只能编址 1600 万个网络、40 亿台主机。采用 A、B、C 三类编址方式后，可用的网络地址和主机地址的数目大打折扣，以至于该版本的 IP 地址已经枯竭。在 IPv4 地址的分布范围中，北美占有 3/4，约 30 亿个，而人口最多的亚洲只有不到 4 亿个，中国截至 2010 年 6 月 IPv4 地址数量达到 2.5 亿，落后于 4.2 亿网民的需求。虽然采用动态 IP 及 NAT 地址转换等技术实现了一些缓冲，但 IPv4 地址枯竭已经成为不争的事实。因此，专家提出 IPv6 技术，也正在推行，但从 IPv4 的使用过过渡到 IPv6 需要很长的一段过渡期。中国主要用的就是 IPv4，在 Windows7 中已经有了 IPv6 的协议。

不过对于中国的用户来说可能很久以后才会用到吧。

与 IPv4 相比，IPv6 具有以下几个优势：

（1）IPv6 具有更大的地址空间。IPv4 中规定 IP 地址长度为 32，即有 2^32-1（符号 ^ 表示升幂，下同）个地址；而 IPv6 中 IP 地址的长度为 128，即有 2^128-1 个地址。

（2）IPv6 使用更小的路由表。IPv6 的地址分配一开始就遵循聚类（Aggregation）原则，这使得路由器能在路由表中用一条记录（Entry）表示一片子网，大大减小了路由器中路由表的长度，提高了路由器转发数据包的速度。

（3）IPv6 增加了增强的组播（Multicast）支持以及对流的控制（Flow Control）。这使网络上的多媒体应用有了长足发展的机会，为服务质量（Quality of Service，QoS）的控制提供了良好的网络平台。

（4）IPv6 加入了对自动配置（Auto Configuration）的支持。这是对 DHCP 协议的改进和扩展，使网络（尤其是局域网）的管理更加方便和快捷。

（5）IPv6 具有更高的安全性。在使用 IPv6 的网络中，用户可以对网络层的数据进行加密并对 IP 报文进行校验，极大地增强了网络的安全性。

5.3 互联网

5.3.1 互联网发展的四个阶段

互联网发展经历了四个阶段：

· 第一个阶段，互联网1.0阶段，完成了传统广告业数据化；

· 第二个阶段，互联网2.0阶段，完成了内容产业数据化；

· 第三个阶段，移动互联网阶段，完成了生活服务业数据化；

· 第四个阶段，万联网阶段（或价值互联网），就是万物皆可相连，一切皆被数据化。

5.3.2 互联网 1.0 阶段的传统广告业数据化

第一个阶段是互联网 1.0 阶段，也称为只读互联网阶段。在这一阶段，互联网与传统广告业结合，通过数据化使传统广告业转化为数字经济。典型案例如下：

（1）美国在线和瀛海威时空。在互联网商业发展早期有两家著名的公司——美国的美国在线和中国的瀛海威时空。这两家互联网公司几乎诞生于同一时期，有着相似的商业模式，一出现便引起巨大关注，被认为是推动互联网发展的先驱企业，但遗憾的是，这两家公司都没能走得很远。

（2）雅虎。雅虎是一家伟大的互联网公司，其伟大之处在于首次确立了互联网的基本经济规则，而这一经济规则至今仍被很多互联网公司遵循。那么，雅虎是如何确立这一经济规则的？就是让传统广告业与互联网融合发展，以此完成数据化转型。

（3）谷歌。如果说，雅虎在互联网行业发展中迈出了第一步，那第二步就是由另一家更加伟大的公司来完成。之所以说它更加伟大，是因为它通过数据驱动商业模式的不断进化，将数字广告做到了自动化的程度，这家公司就是谷歌。

5.3.3 互联网 2.0 阶段的内容产业数据化

第二个阶段是互联网 2.0 阶段，也称为可读写互联网阶段。在这一阶段，内容产业完成数据化改造。

（1）维基百科。2003 年，诞生了互联网 2.0 阶段最具代表性的互联网平台之一——维基百科。注意，这时候我们说的是互联网平台，而不是互联网公司。所谓互联网平台，实际上就是一种双边市场。最初，维基百科只有三五个人，依靠慈善基金的捐款购买了服务器，搭建了平台，并制定了两条非常简单的规则。而现在，维基百科已经收集了全人类的知识。也就是说，我们人类的所有知识都已经聚合在这一平台之上。这就是维基百科的厉害之处。

（2）微博和微信朋友圈。紧接着，博客兴起，微博、微信朋友圈等平台开始大量涌现，而我们每一个人也都化身记者、摄影师、导演和 DJ，在网上分享文章、照片、电影和歌曲等。这时候，包括文字、图片、视频和音频在内的内容产业完全实现了数字化，内容的来源、传播方式也发生了深刻变化，数字化内容开始替代传统内容，并形成了新的内容形态。

5.3.4 移动互联网阶段的生活服务业数据化

第三个阶段称为移动互联网阶段。在这一阶段，移动互联网对几乎所有的生活服务业进行了数据化改造。

移动互联网与桌面互联网的区别，表面上看是上网方式的不同，移动互联网指上网媒体是手机或平板电脑，桌面互联网的上网媒介是电脑和笔记本。实际上二者有本质区别，主要体现在以下两个方面。

（1）移动互联网可实现永远在线。在桌面互联网时代，形象的比喻是，一旦我们的屁股离开凳子，就意味着网络已断开。

（2）移动互联网包含三个维度，即时间、空间和身份，简要介绍如下。

① 时间维度。在互联网 1.0 阶段，不管是以雅虎为代表的门户网站，还是以谷歌为首的搜索引擎，它们的信息组织方式都是基于用户需求，与时间没有太大关系。而在移动互联网阶段，时间是最重要的信息组织方式。

② 空间维度（或地理位置维度）。桌面互联网时代，地理位置维度通常表现为一段文字表述。

③ 身份维度。为什么要强调身份？在桌面互联网时代，我们在网上习惯匿名活动，正如一幅漫画所描绘的"在网上没有人知道你是一条狗"，可见，匿名是这一时代的重要特征。而在移动互联网时代，手机会记录用户所有的信息，这使用户的身份信息被清楚地暴露在移动互联网上。这种清楚不仅体现在个人信息上，还包括通过数据分析得出的个人习惯和偏好上。随着技术推进，任何物体都会被赋予智能化，这意味着它们都有了一个"身份证"。

5.3.5 物联网与价值互联网

在前三个阶段中，互联网都是围绕人在发展，统称为人联网。那么接下来需要思考既然人都可以联网，那么一只猫、一条狗？一张桌子、一把椅子可不可以联网？世界上的万事万物可不可以联网？答案是可以。

人工智能与实体经济深度融合、5G 的发展、区块链的发展，使物联网与价值互联网有了很好的发展基础。

信息互联网是指以记录、传递信息为主的互联网。例如，发布的一段文字，上传的一张图片，更新的一段视频等，这些都是信息。这些信息具有可复制性，且复制的成本极低。信息互联网时代，极大地降低了信息的传播成本，加速了信息的流动速度。在信息互联网时代，我们可以方便地发布、阅读各种资讯信息。

随着技术的发展，全球基础设施的全幅图景中，有超过 6400 万千米的高速公路、200 万千米的油气管道、120 万千米的铁路、75 万千米的海底电缆和 41.5 万千米的 220kV 以上的高压线。这样由物质传输网络、能源网络、互联网、支付网、物联网多个网络融合的终极状态承载着物质、能量、信息、资金、功能的网络，即为价值互联网，如图 5-8 所示。价值互联网核心特征是实现信息与价值的互联互通，它将有效承载农业经济和工业经济之后的数字经济。而数字经济的重要驱动力，也将从数字化、网络化逐渐行至价值化。区块链技术是实现价值传输的重要基础设施。

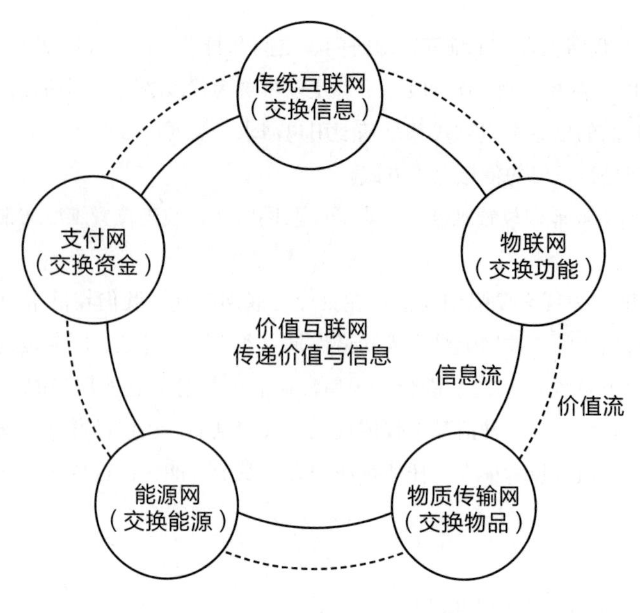

图 5-8　价值互联网的组成示意图

5.4　互联网应用的发展

早期网络应用：远程登录主机、运行计算或科研任务。

1971 年，BBN 的 Ray Tomlinson 发明了通过分布式网络发送消息的 Email 程序。最初的程序由两部分构成：同一机器内部的 Email 程序（SENDMSG）和一个实验性的文件传输程序（CPYNET）。

1972 年 10 月，由 Bob Kahn 组织的计算机通信国际会议（ICCC）在华盛顿特区的 Hilton 饭店召开，会上演示了由 40 台计算机和终端接口处理机（TIP）组成的 ARPANET。在 ICCC 大会期间，精神科病人 PARRY（在 Stanford）与医生（在 BBN）第一次通过计算机与计算机间聊天的形式讨论了病情。

1973 年，ARPA 研究显示，在 ARPANET 的通信量中 Email 占了 75%。

1976 年，AT&T 的 Bell 实验室开发了 UUCP（UNIX 到 UNIX 文件复制），并于第二年同 UNIX 一同发行。

1979 年，Tom Truscott 和 Steve Bellovin 使用 UUCP 协议建立了连接 Duke 大学和 UNC 的 USENET，最初 USENET 只包括 net.* 新闻组。

Essex 大学的 Richard Bartle 和 Roy Trubshaw 开发了第一个多人参与的游戏 MUD，它被称作 MUD1。

ARPA 建立了 Internet 结构控制委员会（ICCB）。

1981 年，美国纽约市立大学建立的合作网络，连接的第一个节点是耶鲁大学。该网络同 IBM 系统一道提供的免费 NJE 协议，为耶鲁大学提供电子邮件服务，建立了电子论坛服务器来传播信息，还提供文件传输服务。

1991 年，Thinking Machines 公司发布由 Brewster Kahle 发明的广域消息服务器（WAIS）。CERN 发布 World-Wide Web（WWW），开发者为 Tim Berners-Lee。

1993 年，出现了目录和数据库服务（AT&T）。Internet Talk Radio 开始播音。

1994 年，社区开始直接连入 Internet（美国 Mass 的 Lexington and Cambridge 社区）。

美国参议院和美国众议院开始提供信息服务，购物中心上网。

第一家网上电台 RT-FM 开始在 Las Vegas 的 Interop 会议上播音。

根据在 NSFNET 上传输的包和字节数所占的百分数，WWW 超过 Telnet 成为 Internet 上第二种最受欢迎的服务（最受欢迎的服务是文件传输）。

1996 年，因为没有缴纳域名注册费，9272 个组织的域名被 InterNIC 从名字服务器删除。

WWW 浏览器之间的战争爆发，主要是在 Netscape 和 Microsoft 之间展开，这带来了软件开发的新时代，如今 Internet 用户急于测试即将发布的软件，使得每个季度都有新版软件发布。

1997 年，按主机数目排名前 10 的域名：com、edu、net、jp、uk、de、us、au、ca、mil。

1998 年，第一季度，据估计，总 Web 网页数目是 275 000 000（Digital 公司）和 320 000 000（NEC 公司）。

2000 年前后，PC 互联网蓬勃发展。以中国为例，诞生了腾讯、阿里巴巴、百度、京东、新浪、搜狐、网易等众多知名互联网公司提供的服务逐渐从信息浏览、视频观看等应用发展到了网络购物，网络应用日益深入人们的生活。

从 2008 年开始，随着智能手机的发展及 3G 网络的普及，人们开始进入移动互联网时代。基于时间、空间和身份的应用在我们身边越来越普及，这些应用更多的被称为 APP。如点餐、电商、可穿戴设备、IM 工具、小视频应用等随着手机与移动网络的发展，蓬勃地发展了起来。

5.5 网络的未来发展

网络信息技术极大地促进了人类社会的发展，网络空间已经成了继陆、海、空和太空的人类第五疆域。随着信息社会的进一步发展，互联网业务形态和业务需求正发生着巨大变化，传统网络架构需要进行深入的变革，未来网络迎来了新的发展机遇。

根据 2019 年中国科学杂志社的期刊《中国科学：信息科学》，其中的《未来网络发展趋势与展望》一文，对未来网络的发展进行了需求分析，提出了该领域的新型应用带来的新型能力需求，并在此基础上讨论了面向2030网络架构、网络操作系统、数据平面可编程、低时延与确定性网络、网络计算存储一体化、网络人工智能、网络技术开源等关键技术及其发展趋势。

随着车联网、物联网、工业互联网、远程医疗、智能家居、4K/8K、AR/VR、空间网络等新业务类型和需求的出现，未来的网络正呈现出一种泛化趋势。可以预见，网络将成为构建未来智慧社会的核心基础，将像水、电、空气一样，成为社会生活中不可或缺的一部分。

2019年，Gartner发布了十大战略性技术趋势，包括自主设备、增强分析、AI驱动的开发、数字孪生、赋权的边缘、沉浸式体验、区块链、量子计算等，这些技术趋势和应用也将对未来网络提出新的需求。尤其是未来应用，大量的应用需求是为生产型服务，所以需要满足确定性、差异性，强调QoS的能力，而“尽力而为”的传统网络架构难以对未来应用的差异性服务质量提供保障，难以满足确定性带宽和时延的需求。

未来网络作为战略新兴产业的重要发展方向，预计在2030年将支撑万亿级、人机物、全时空、安全、智能的连接与服务，将重点聚焦在加速业务创新、促进运营商转型、满足工业互联网需求等方面的发展。具体来讲，未来网络需要具备的能力包括：

（1）支持超低时延、超高通量带宽、超大规模连接的能力。

（2）满足与实体经济融合的需求，支持确定性服务和差异化服务的能力。

（3）实现网络、计算、存储多维资源一体化，并具备多维资源统一调度的能力。

（4）设计实现空、天、地、海一体化融合的网络架构。

（5）做到简化硬件设备功能的同时保证其处理性能，并通过软件定义的方式增强网络弹性。

（6）具备“智慧大脑”，实现网络运维智能化。

（7）确保是一个内生安全、主动安全的网络，进而更好地实现网络安全。

未来网络与实体经济结合，将渗透到社会的方方面面，有十分巨大的市场前景。现阶段未来网络领域的百花齐放，如SD-WAN、多云协同、边缘计算、确定性网络、网络人工智能、开放开源等创新技术趋势正在深入影响和变革网络产业形态，基于全新架构构建的未来网络创新试验环境为这些相关网络技术的发展与创新提供着高效的基础设施平台。可以预见的是，未来网络在接下来的十年中将发生翻天覆地的变化，未来网络的创新将会更好地服务经济社会的发展。

第6章 5G网络通信技术

6.1 5G 网络通信技术简介

5G 是第五代移动电话行动通信标准，也称第五代移动网络通信技术。相对于 4G 技术，5G 将以一种全新的网络架构，提供峰值为 10Gbps 以上的带宽、毫秒级时延和超高密度连接，实现网络性能新的跃升，开启万物互联、带来无限遐想的新时代。5G 移动通信技术提供了前所未有的用户体验和物联网连接能力。

随着物联网尤其是互联网汽车等产业的快速发展，对网络速度的要求越来越高，这无疑成为推动 5G 网络发展的重要因素。因此，全世界都在大力推进 5G 网络，以迎接下一波科技浪潮。5G 网络商用从 2019 年开始试用，到 2020 年开始正式开始，当前正处在 5G 网络的大规模建设中。

6.1.1 移动网络通信技术的发展史

第一代是模拟蜂窝移动通信网，时间是 20 世纪 70 年代中期至 80 年代中期。1978 年，美国贝尔实验室成功研制出先进移动电话系统（AMPS），建成了蜂窝状移动通信系统。而其他工业化国家也相继开发出蜂窝式移动通信网。相对于以前的移动通信系统，这一阶段最重要的突破是贝尔实验室在 20 世纪 70 年代提出的蜂窝网的概念。蜂窝网，即小区制，由于实现了频率复用，大大提高了系统容量。

第二代是移动通信系统，时间是从 20 世纪 80 年代中期开始。为了解决模拟系统中存在的根本性技术缺陷，数字移动通信技术应运而生，并且发展起来，这就是以 GSM 和 IS-95 为代表的第二代移动通信系统。欧洲首先推出了泛欧数字移动通信网（GSM）体系，随后，美国和日本也制订了各自的数字移动通信体制。数字移动通网相对于模拟移动通信，其优点是提高了频谱利用率，支持多种业务服务，并与 ISDN 等兼容。第二代移动通信系统以语音和低速率传输数据业务为目的，因此又称为窄带数字通信系统。第二代移动通信系统的典型代表是美国的DAMPS系统、IS-95和欧洲的GSM系统。

由于第二代移动通信系统以语音和低速率数据传输业务为目的，从1996年开始，为了解决中速数据传输问题，又出现了第2.5代的移动通信系统，如GPRS和IS-95B。移动通信现在主要提供的服务仍然是语音和低速率数据传输服务。由于网络的发展，数据和多媒体通信的发展势头很快，所以，出现了第三代移动通信系统，即移动宽带多媒体通信。

第三代移动通信系统最早是由国际电信联盟（ITU）于1985年提出的，当时称为未来公众陆地移动通信系统（Future Public Land Mobile Telecommunication System，FPLMTS），1996年更名为IMT-2000（International Mobile Telecommunication-2000），意即该系统工作在2000MHz频段，最高业务速率可达2000Kbps，在2000年左右得到商用。主要制式有WCDMA、CDMA2000和TD-SCDMA。1999年11月5日，国际电联ITU-R TG8/1第18次会议通过了"IMT-2000无线接口技术规范"建议，其中我国提出的TD-SCDMA技术被写在了第三代无线接口规范建议的IMT-2000 CDMA TDD部分中。

第四代是移动电话行动通信标准，即第四代移动通信技术，英文缩写为4G。该技术包括TD-LTE和FDD-LTE两种制式（严格意义上来讲，D-LTE只是3.9G，尽管被宣传为4G无线标准，但它其实并未被3GPP认可为国际电信联盟描述的下一代无线通信标准IMT-Advanced，因此在严格意义上其还未达到4G的标准。只有升级版的LTE Advanced才满足国际电信联盟对4G的要求）。

4G是集3G与WLAN于一体，并能够快速传输高质量音频、视频和图像等数据。4G能够以100Mbps以上的速度下载，比家用宽带ADSL（4兆）快25倍，并能够满足几乎所有用户对于无线服务的要求。此外，4G可以在DSL和有线电视调制解调器没有覆盖的地方部署，然后再扩展到整个地区。很明显，4G有着不可比拟的优越性。

移动网络通信技术的发展史示意图如图6-1所示。

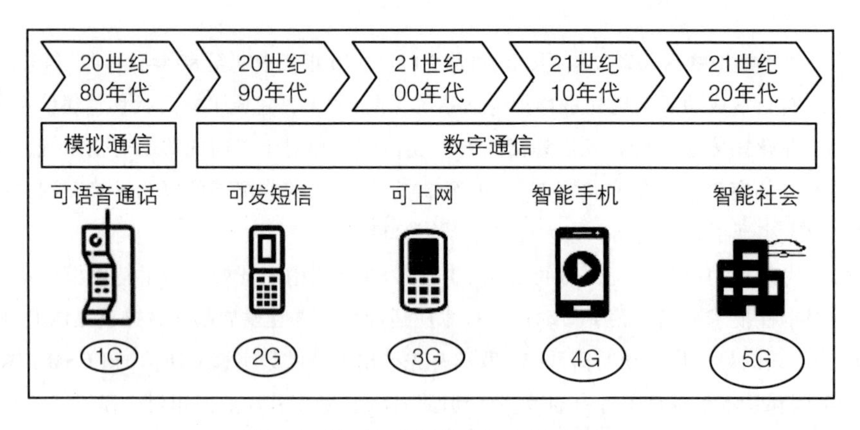

图6-1　移动网络通信技术的发展史示意图

6.1.2　5G 网络通信技术的优势

（1）5G 网络通信技术传输速度快。5G 是当前世界上最先进的一种网络通信技术。相比于现在被普遍应用的 4G 网络通信技术来讲，5G 网络通信技术在传输速度上有着非常明显的优势，高传输速度在实际应用中十分具有优势，这是高度进步的体现。5G 网络通信技术应用在文件的传输过程中，文件传输速度的提高会大大缩短传输过程所需要的时间，有利于提高工作效率。5G 网络通信技术的应用有效地提高了社会发展的速度。

（2）5G 网络通信技术传输的稳定性。5G 网络通信技术不仅提高了传输速度，在传输的稳定性上也有突出的进步。由于 5G 网络通信技术应用在不同的场景中都能进行很稳定的传输，能够适应多种复杂的场景，所以它在实际的应用过程中非常实用，传输稳定性的提高使工作的难度降低，工作人员在使用 5G 网络通信技术进行工作时，由于其传输能力具有较高的稳定性，因此不会因为工作环境的场景复杂而造成传输时间过长或传输不稳定的情况，会大大提高工作人员的工作效率。

（3）5G 网络通信技术的高频传输技术。高频传输技术是 5G 网络通信技术的核心技术，该技术正在被多个国家同时进行研究。目前，低频传输的资源越来越紧张，而 5G 网络通信技术的运行使用需要更大的频率带宽，低频传输技术已经满足不了它的工作需求，所以要更加积极主动地去探索去开发。高频传输技术在 5G 网络通信技术的应用中起到了不可忽视的作用。

6.1.3　再看冯诺伊曼结构

图 0–2 所示的冯诺伊曼结构中除了五大基本部件：运算器、控制器、存储器、输入设备和输出设备，还有什么？

还有五大基本组成部件之间的连接——总线。在区块链系统中，这些连接就是网络。

这些内部总线为什么被忽略了？对于单台计算机，内部的总线传输速度高得可以忽略，相对于计算速度，这些内部总线的传输时间几乎都可以忽略。而在区块链系统中各个节点的连接是通过网络进行的，当前网络的速度比较慢（相对于内部总线）。

对于“一个运行在各种电子设备上的超级计算机”，这些连接的速度至关重要，而且是前期开发中的瓶颈。这种比较慢的网速对于共识算法中的同步算法有致命的影响，直接影响区块链的性能，妨碍区块链技术的大规模应用。网络的发展对区块链而言至关重要，解决了连接的问题，区块链这个超级计算机系统才能够运行得更顺畅，能力才能更强大。

6.1.4 硬盘与总线的传输速度

计算机内部的总线结构如图 6-2 所示。在 I/O 设备章节中我们还会深入讲解总线结构。在本小节，我们只关心总线的速度。在 5G 网络场景下，如果网络的速度能够达到总线的速度，那么一切将从量变发生质变。

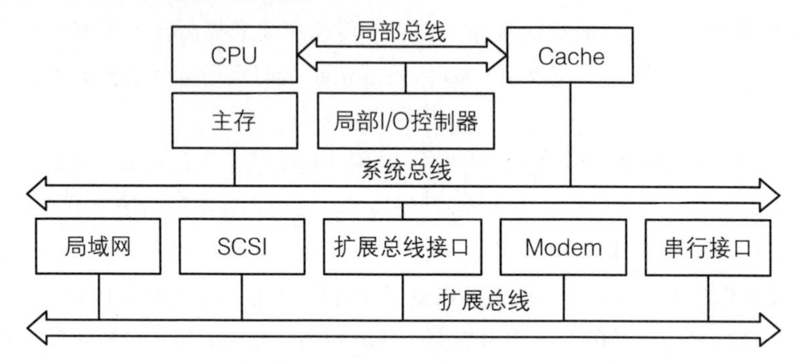

图 6-2 计算机内部的总线结构

我们不去比较早期传输速度特别低的设备，而是从以下硬盘的传输速度来比较。

（1）ATA 接口：Fast ATA 接口硬盘的最大外部传输率为 16.6MB/s；Ultra ATA 接口的硬盘的最大外部传输率则达到 33.3MB/s。

（2）SATA 接口：SATA 1.0 的理论传输速度是 150MB/s（或者 1.5Gbps），实际是 30MB/s。SATA 2.0 的理论传输速度是 300MB/s，即 3Gbps，实际是 80MB/s。SATA 3.0 的理论传输速度是 600MB/s，即 6Gbps。eSATA 的理论传输速度可达到 1.5Gbps 或 3Gbps。2012 年 12 月，研制出传输速度 1.5Gbps 的固态硬盘。

（3）USB 总线：USB1.1 包括低速模式传输速度 1.5MB/s 和全速模式传输速度 12MB/s。USB 2.0 是向下兼容。增加了高速模式，最大速率 480MB/s。USB 3.0 是向下兼容。USB 3.0 的传输速率理论值为 500MB/s，实际使用中能达到 100MB/s。

（4）PCI 总线：PCI：32 位，33MHz 时钟频率，速率是 $33 \times 4 = 132$MB/s，即 1Gbps。PCI 2.1：64 位，对于 66MHz 时钟频率来说，速率是 $66 \times 8 = 528$MB/s，即 4Gbps。PCI-e 中 PCI Express 总线频率为 2500 MHz，这是在 100 MHz 的基准频率通过锁相环振荡器（Phase Lock Loop，PLL）达到的。

CPU 的总线速度称为总线频率。总线越大计算机性能越好；总线是计算机中所有设备与 CPU 连接进行数据传输的通道，地址总线越大数据传输能力就越大，计算机处理数据的速度也就越快。

前端总线（FSB）是将 CPU 连接到北桥芯片的总线。前端总线（FSB）频率（即总线频率）直接影响 CPU 与内存直接数据交换的速度。有公式可以计算，即数据带宽 =（总线

频率 × 数据位宽）/8，数据传输最大带宽取决于所有同时传输的数据的宽度和传输频率。例如，支持 64 位的至强 Nocona，前端总线是 800MHz，按照公式，它的数据传输最大带宽是 6.4Gbps。

在 2019 年 8 月的鸿蒙开发者大会上，余承东公布：这是分布式架构首次应用于终端 OS，让用户可以实现同一账户跨设备、跨终端调用。其分布式架构包括分布式任务调度、分布式数据管理、硬件能力虚拟化、分布式软总线。尤其是分布式软总线技术，让鸿蒙系统的端到端时延小于 20ms，有效吞吐率高达 1.2Gbps、抗丢包率高达 25%。

5G 网络的发展使区块链系统中设备的网络速度开始接近内部总线速度，这种变化开始从量变到质变，使区块链系统中的各个设备像是在一台计算机内部工作一样。

6.2 5G 网络的需求和场景

6.2.1 5G 网络的三大性能与两大特有能力

5G 网络有三大性能和两大特有能力，为各行各业探索新业务、新应用、新商业模式和培育新市场，打下了坚实的基础。

三大性能分别是超高速率、超低时延、超大连接，两大特有能力则是网络切片和边缘计算，如图 6-3 所示。

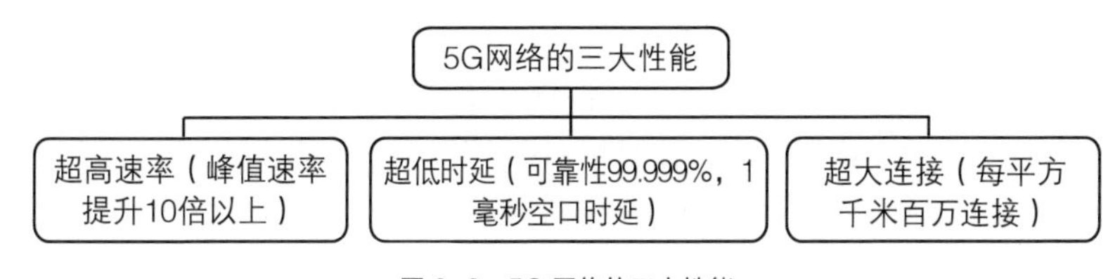

图 6-3 5G 网络的三大性能

网络切片就是根据不同的服务需求，如时延、带宽、安全性和可靠性等，将运营商的物理网络划分为多个虚拟网络，以灵活地应对不同的网络应用场景。

边缘计算起源于传媒领域，是指在靠近物或数据源头的一侧，采用网络、计算、存储、应用核心能力为一体的开放平台，就近提供端服务。其应用程序在边缘侧发起，产生更快的网络服务响应，满足行业在实时业务、应用智能、安全与隐私保护等方面的基本需求。边缘计算处于物理实体和工业连接之间或物理实体的顶端，而云端计算仍然可以访问边缘计算的历史数据。边缘计算也是一种分布式计算，数据资料的处理、应用程序的运行，甚至一些功能服务的实现等任务，由网络中心分配到网络边缘的节点上进行。

6.2.2 5G 网络的三大应用场景

5G 网络本身只是一种手段，但它可以带动整个生态圈，即与 5G 网络相关联的技术将发生裂变式发展。这其中包括视频、物联网、云计算、AI、VR、无人机等。

5G 网络将主要满足三大场景需求：eMBB、mMTC 和 uRLLC。其中，eMBB 对应 3D、超高清视频等大流量移动宽带业务；mMTC 对应大规模物联网业务；uRLLC 对应如无人驾驶、工业自动化等需要低时延、高可靠连接的业务，该业务模块中 5G 网络是各行业发展创新的底层技术，想象空间无疑最大，如图 6-4 所示。

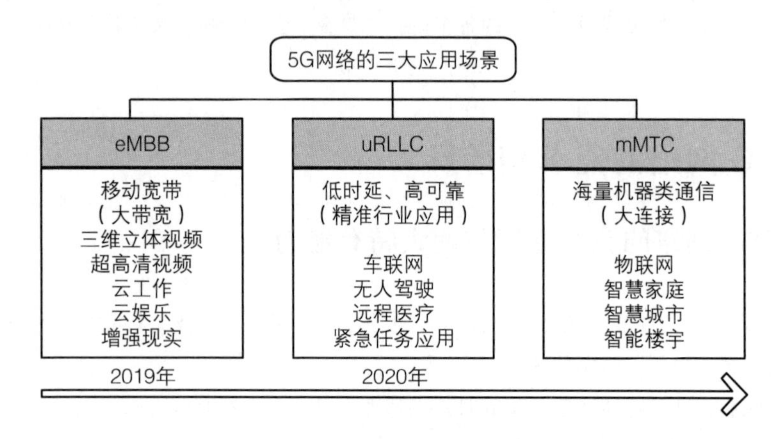

图 6-4 5G 网络的三大应用场景

在需求方，5G 通信技术与以往无线通信技术最大的区别是服务的对象不再是单一的人，而是实现万物互联，工业 4.0、智能制造、医疗等行业运作都会随着 5G 技术逐渐成熟，进一步推动这些行业的发展。可以说，5G 网络所要承担的是改变整个社会、行业的使命角色。

5G 网络最为重要的三个应用场景是大带宽、万物互联、低时延。网络延迟低和大带宽作为 5G 网络的最大撒手锏，可以将 10ms 的 4G 网络延迟降低到 5G 网络的 1ms。虽然在下载文件、玩游戏等方面，上述网络延迟差距很难感觉出来，但在无人驾驶（要求 ms 级的互动操作响应）等方面，网络延迟差距堪称“致命”。

6.2.3 5G 网络的普及

我们来对比看一下 4G 网络技术的发展时间。

2013 年 3 月，4G 网络技术试商用启动；当年 12 月，正式发放 4G 网络牌照；到 2015 年 7 月底，4G 网络用户突破 2.5 亿，基本可以认为 4G 网络普及了。

5G网络的推进速度还要更快一些，据不完全统计，国内至少已有16个省区市可以打通5G电话。

运营商亦做足准备，联通2020年4月份宣布了在北京、上海、广州、深圳、南京、杭州、雄安7个城市城区连续覆盖；2020年上半年，中国移动在12个城市开展九大类的5G应用示范；中国电信则宣布在北京、上海、广州、深圳等17个城市开展5G创新示范试点。

不过，目前这些城市处于试点性质，5G网络要达到全国覆盖的程度至少还需要1～2年。

至于5G用户的发展数量，华为5G产品线总裁杨超斌2019年3月在深圳表示，预计5G用户达到5亿数量只需要三年。

5G手机什么时候能用上？对于消费者来说，没有5G手机用，一切都是空谈。想用5G网络，肯定需要换5G手机。

目前来看，5G终端已经准备就绪，就等——“东风”。一批5G手机也已发布，如华为Mate 20 X 5G版、三星S10 5G版、小米Mix 3 5G版、OPPO Reno 5G版、VIVO NEX 5G版、中兴天机AXON 10等。

有消息称，三大运营商目前已经准备好了，牌照发布后，会进行终端送测工作，一个月左右会发入网证，消费者最快一个月之后就能买到能商用的5G终端。

但在价格方面，恐怕大多数消费者还无法承受，目前这些手机售价不菲，上万元基本是“标配”，如华为Mate 20 X 5G版的标价为12 800元。不过，2000~5000的手机有望在2019年年底或2020年上半年大批量出现在市场上。

至于现在适不适合入手，如果你准备一部手机用三四年的话，可以再等等。如果一两年就换掉的话，那自然就随意了。

2019年6月6日，工信部正式向中国电信、中国移动、中国联通、中国广电发放5G网络商用牌照，中国正式进入5G网络商用元年。

6.2.4 中国信通院《5G经济社会影响白皮书》

根据中国信通院《5G经济社会影响白皮书》预测，2030年，5G网络带动的直接产出和间接产出将分别达到6.3万亿元和10.6万亿元。在直接产出方面，按照2020年5G网络正式商用算起，当年将带动约4840亿元的直接产出，2025年、2030年将分别增长到3.3万亿元、6.3万亿元，十年间的年均复合增长率为29%。在间接产出方面，2020年、2025年、2030年，5G网络将分别带动1.2万亿元、6.3万亿元和10.6万亿元，年均复合增长率为24%，如图6-5所示。

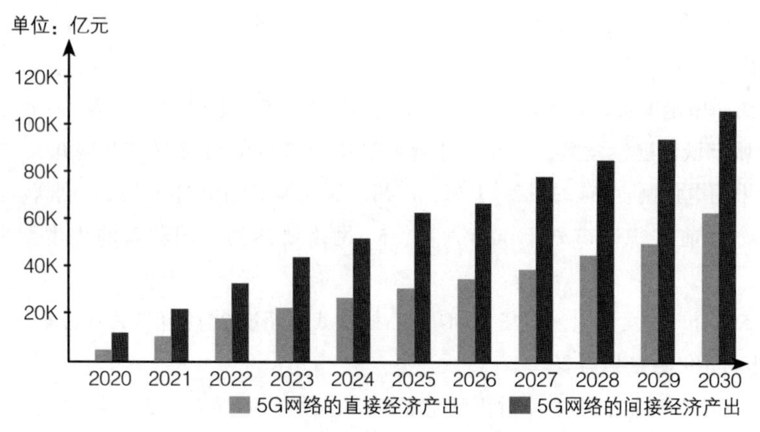

图 6-5　5G 网络的直接经济产出与间接经济产出

在 5G 网络商用中期，来自用户和其他行业的终端设备支出和电信服务支出将持续增长，预计到 2025 年，上述两项支出分别为 1.4 万亿元和 0.7 万亿元，占直接经济总产出的 64%。在 5G 网络商用中后期，互联网企业与 5G 网络相关的信息服务收入增长显著，成为直接产出的主要来源，预计 2030 年，互联网信息服务收入达到 2.6 万亿元，占直接经济总产出的 42%，如图 6-6 所示。

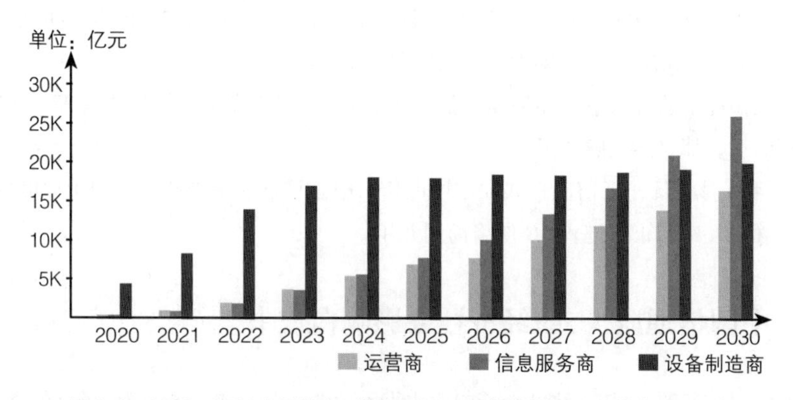

图 6-6　2020—2030 年运营商、信息服务商、设备制造商 5G 网络的收入预估

6.2.5　产业发展环境分析

1. 政策支持分析

2017 年政府工作报告指出：“全面实施战略性新兴产业发展规划，加快新材料、人工智能、集成电路、生物制药、第五代移动通信等技术的研发和转化，做大做强产业集群。”这是政府工作报告首次提到第五代移动网络通信技术（5G 网络）。这次政府工作报告专

门提到 5G 网络，体现了国家对于发展 5G 网络的决心已上升到了国策。

2017 年 11 月，工信部正式发布了 5G 网络系统频率使用规划，将 3.5GHz、4.8GHz 频段作为我国 5G 网络系统掀起部署的主要频段。2018 年 3 月 2 日，工信部又提出进一步加快 5G 网络系统频谱的规划进度，除了中频段指标，还要求提出毫米波、物联网、工业互联网、车联网的技术指标。

2018 年 3 月开幕的十三届全国人大一次会议上，国务院总理在进行政府工作报告时提出，加大提速降费力度，2018 年取消流量漫游费，移动网络流量资费年内至少降低 30%。政府层面引导性降低费用以及改变收费方式，倒逼通信产业链上各环节加速提高运营效率、提升网络供给能力；资费降低带来流量增长，产值增长推动需求升级。此次降价的总体要求实质上将促进 4G 网络剩余空间的渗透（目前渗透率约 65%），同时为 5G 网络时代的到来奠定市场认知基础。

2. 技术推动分析

国内外在 5G 网络技术方面均实现了突破，如毫米波、无人车及无人机的自动驾驶、关键的应用芯片、接入单元等，在全球经济交流合作的今天，各方尤其是以华为领先的 5G 网络技术都有力地推动了我国 5G 网络产业的发展。

与国外相比，中国在 5G 网络布局上似乎更成熟。2009 年中国就已经开展了 5G 网络研究，并在之后几年展示了 5G 网络原型机基站。

2013 年 11 月 6 日，华为宣布将在 2018 年前投资 6 亿美元，对 5G 网络的技术进行研发与创新，并预言 2020 年用户即可享受 5G 网络移动网络（从 2019 年来看，华为在 7 年前做出的推断还是非常准确的）； 2016 年 5 月 31 日，第一届全球 5G 网络大会在北京召开，中国开始向 5G 网络核心地位迈进；2016 年 11 月 17 日，3GPP（第三代合作伙伴计划，类似于国际通信标准化机构）第 87 次会议就 5G 网络短码方案进行讨论，最终华为方案胜出，中国方案入选 5G 网络标准。

2017 年，工信部已经启动 5G 网络技术研发试验的第三阶段工作，侧重于商用前夕对产品的研发、验证和产业协同，在 2018 年 6 月出台 5G 网络商用或接近商用产品。

3. 市场需求分析

我国正在迅速进入智能社会，包括产业互联网、人工智能、AR/VR 等应用都在迅速普及，它们的规模化应用需要新一代网络来承载，4G 网络可以在移动的情况下看视频，而 5G 网络着重网络解决的是物体与物体、物体与周边环境之间的高密度、低时延连接等问题。例如，建设自动驾驶城市，就需要依托 5G 网络实现车辆、信号灯、道路感应线圈、智能总控平台间的无缝连接和互动，且时延需要在毫秒级别。

6.3 全球 5G 网络研发的进展

6.3.1 全球 5G 网络产业的发展现状

2017 年，全球 5G 网络移动通信时代的脚步越来越近，各国政府纷纷将 5G 网络建设及应用发展视为国家重要目标，各技术阵营的 5G 网络电信运营商及设备业者亦蓄势待发，5G 网络市场战火一触即发。

2018 年，美国运营商将在局部城市开始 5G 网络部署，Verizon 将在 28GHz 的毫米波频段开始针对固定无线接入场景的非 3GPP 标准的 5G 网络独立组网部署，随后将转向 3GPP 标准的 5G 网络部署；而 AT&T 则宣称将开始基于 3GPP 标准的 5G NSA 的商用部署。而韩国 KT 在 2018 年 2 月的平昌冬奥会上展示 28GHz 的、基于非 3GPP 标准的 5G 网络系统的应用，随后也将转向 3GPP 的 5G NR 的 NSA 部署。

1. 美国

早在 2016 年年中，美国政府就对 5G 网络的无线电频率进行了分配。当时美国政府也向电信公司提供了资助，在四座城市进行 5G 网络的前期试验。2017 年，美国运营商 Verizon 正式宣布将于 2018 年下半年在美国部分地区部署 5G 网络商用无线网和 5G 核心网。由设备商爱立信提供 5G 核心网、5G 无线接入网、传输网和相关服务，这将加快基于 3GPP 标准的 5G 解决方案的商用。

2. 俄罗斯

同样作为全球市场上颇具实力的国家，俄罗斯在 5G 方面的进程似乎并没有想象中那么一帆风顺。相比于其他国家，俄罗斯面临着高昂的 5G 建设成本，这对于本就投入巨大的俄罗斯而言，无疑是雪上加霜。基于此，俄罗斯两家大型电信运营商 MegaFon 和 Rostelecom 正试图通过联合双方力量来共同克服在俄罗斯市场建设 5G 网络所面临的巨大成本挑战。双方合作的第一步是成立工作组，两家运营商将使用 3.4 ~ 3.6GHz 和 26GHz 频段频谱探索推出 5G 网络技术的“选择”。

3. 中国

对于 5G 网络的发展，我国也给予了高度关注。在政府大力推动下，我国 5G 网络产业迎来了很多政策红利，关键技术加速突破。事实上，在推进 5G 网络方面，我国已处于领跑地位。就目前而言，我国 5G 网络研发已进入到第二阶段试验。

4. 日本

与韩国冬奥会相似，日本2020年东京奥运会以及残奥会也成了日本发展5G网络的重要助力。为配合2020年东京奥运会和残奥会的举办，日本各运营商将在东京都中心等部分地区启动5G网络的商业利用，随后逐渐扩大区域。日本三大移动运营商NTT DoCoMo、KDDI和软银计划将在一部分地区启动5G网络服务，预计在2023年左右将5G网络的商业利用范围扩大至日本全国，而总投资额或达5万亿日元之多。

5. 欧盟

作为欧洲地区规模较大的区域性经济合作的国际组织，欧盟也不会允许自己在这场全球5G网络盛宴中缺席。基于2017年7月初步的协议，欧盟不久前确立了5G网络发展路线图，该路线图列出了主要活动及其时间框架。通过路线图，欧盟就协调5G网络频谱的技术使用和目的以及向电信运营商分配的计划达成了一致。欧盟电信委员会的成员国代表同意到2025年将在欧洲各城市推出5G网络的计划。

6. 韩国

相较于全球其他国家计划在2020年实现5G网络商用化的目标，韩国似乎想更早一点开展实践行动。在2017年4月，韩国第二大电信商韩国电信（KT）和爱立信以及其他技术合作伙伴宣布已经就2017年进行5G试验网的部署和优化的步骤和细节达成共识，包括技术联合开发计划等。2018平昌冬季奥运会，韩国实现了5G网络首秀，由韩国电信运营商KT联手爱立信（基站设备等）、三星（终端设备等）、思科（数据设备等）、英特尔（芯片等）、高通（芯片等）等产业链各环节公司全程提供的5G网络服务，成为全球首个大范围的5G网络准商用服务。

7. 巴西

当美国、中国、日本、欧盟、韩国等地区各自发力5G网络之际，巴西采取了不同的方针政策。2017年年中，巴西科学、技术、创新和通信部（MCTIC）指出，已经同上述国家、共同体的科技人员签订了技术发展合作协议，以期共同发展5G网络。

实际上，巴西是全球第六个参与5G网络信息技术开发的国家。到目前为止，巴西在全球信息和通信技术发展上已经取得了不小的成就。这也说明巴西目前已经有能力进行5G网络的投资、开发以及深层次的研究。

8. 澳大利亚

在5G网络这条“康庄大道”上，澳大利亚也紧跟着全球5G网络发展的步伐。澳大利亚电信公司表示将加速推动全球5G网络标准的建立和澳大利亚网络系统的升级。此外，澳大利亚电信公司正在同谷歌、微软和高通等多家顶级科技公司沟通，希望参与和推动全球5G网络标准的制定和技术开发，对拟定协议中的5G网络标准做出修改，以保证新标准适用于澳大利亚。

6.3.2 中国5G网络处在全球什么位置

当前，全球5G网络正在进入商用部署的关键期，中国在5G技术、标准等方面初步建立了竞争优势。

从技术上来看，华为和中兴的5G网络技术处于全球领先位置。截至2019年5月，全球共28家企业声明了5G网络标准必要专利，中国企业声明数量占比超过30%，位居首位。

在产业发展方面，中国率先启动5G网络研发试验，加快了5G网络设备的研发和产业化进程。目前中国5G网络中频段系统设备、终端芯片、智能手机处于全球产业第一梯队。

从全球进程来看，2019年韩国、美国、英国已正式实现5G网络商用，具体开通时间如下：美国4月3日，韩国4月5日，瑞士4月8日，英国5月30日，总体来说九个国家处于同一起跑线上。

中国信通院公布的《通信企业5G标准必要专利声明量排名》中提到：截至2018年12月28日，中国信息通信研究院知识产权中心对在ETSI（欧洲电信标准化协会）网站上声明的5G标准必要专利信息进行了提取、合并、去重和统计，目前已经进行5G标准必要专利声明的企业共计有21家，声明专利量累计为11 681件。在声明专利中，公开专利共计9375件，占全部声明量的83.3%，如图6-7所示。

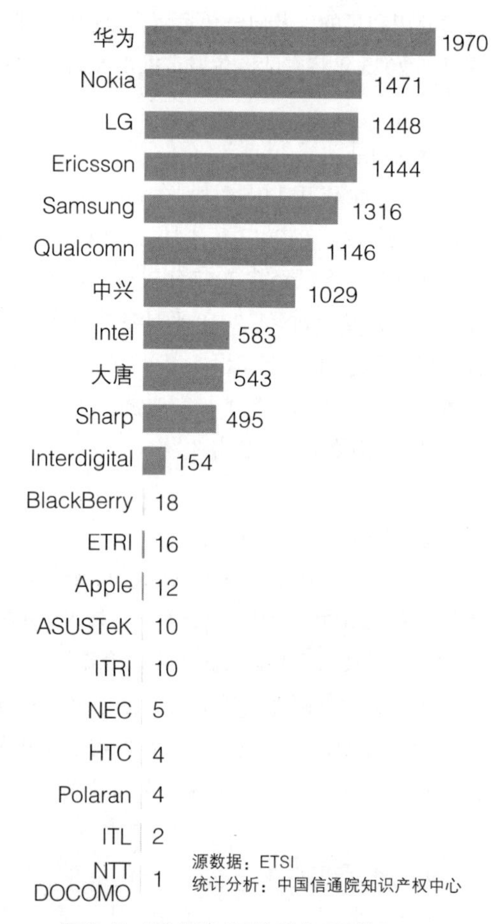

图6-7 5G标准必要专利声明量排名（截至2018年12月28日）

从专利声明量来看，国内厂商华为再次以1970件专利声明量排名世界第一， 而Nokia、LG、Ericsson、Samsung、

Qualcomm 和中兴则分别位列第二至第七位，而5G专利声明量排名榜单前10位中，共有华为、中兴、大唐三家国内企业上榜，其中，中兴排名第7，大唐排名第9，三家企业的5G专利声明量合计3542件，占据了总声明量的接近1/3，如图6-8所示。可见，这次即将来袭的5G网络建设，国内厂商华为、中兴、大唐这三家企业对于5G也更是势在必得。

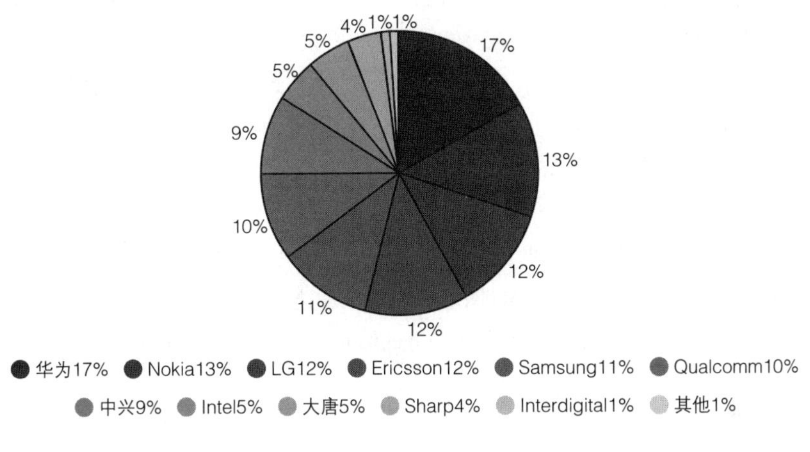

图6-8 5G标准必要专利数量分布的公司占比

虽然此次国内厂商在5G标准专利数量方面占据了不小的优势，但由于在竞争激烈的5G标准投票中，高通的LDPC导致高通以极其微弱的票数赢得了这场5G标准协议的胜利。所以即使国内厂商在5G专利数量方面拥有优势，但我们目前也只能被动地接受高通的专利费缴纳，而高通在获得了5G标准的决定话语权后，也更是迫不及待地公布了5G专利使用的收费标准。

高通公布的5G手机收费标准如下。

（1）全球范围内使用高通移动网络核心专利的5G手机每台收取专利费：单模5G手机为2.275%；多模5G手机（3G/4G/5G）为3.25%。

（2）使用了高通移动网络标准核心专利+非核心专利的5G手机：单模5G手机为4%；多模5G手机（3G/4G/5G）为5%。

此外，高通还表示，智能手机5G许可费整机封顶价为400美元。如今国内已经几乎没有单模手机了，所以未来几乎每一部国产手机都需要交给高通3.25%或5%的专利费。

一部售价2000元的手机，以目前高通的收费来计算：如果全部用高通网络技术，则需要交65元专利费；部分用高通网络技术，需要交100元专利费。由于中国国内手机市场的出货量是巨大的，所以高通每年收取的专利费是个不小的数额。

6.3.3 5G 网络商用牌照为何提前发放

此前业界预计 5G 网络商用是在 2020 年，也有消息指出牌照将等到国庆节发放。但在 2019 年 6 月 6 日 5G 网络牌照发放，时间点比市场预期快很多，为什么突然提前？

中信建投在研报中分析，第一是产业政策推动。2018 年底中央经济工作会议提到今年任务之一是加快 5G 网络商用步伐，近期江苏、广东，之前的北京，及其他省级政府陆续出台各地 5G 网络产业行动规划，对未来 5G 网络的建设、发展给出了非常清晰的指引。

第二从全球来看，虽然中国 5G 网络发展还是在第一梯队，但从 5G 网络真正商用的时间节点来看，我们其实有点落后。

第三从国际形势来看，这个节点提速，也是在向世界表达，中国 5G 网络技术的先进性和稳定性，以及我们希望通过商用带动整个产业，向世界展示我们的科技力量。

5G 网络牌照发放预示着中国 5G 网络商用正式提速，彰显中国对于全力推进 5G 网络商用的决心，力争 5G 网络不会受到国际局势的影响，预计未来政策还会持续强化。

6.4 5G 网络中的关键技术

6.4.1 5G 网络与 4G 网络的对比

相较于 4G 网络，5G 网络在提升峰值速率、移动性、时延和频谱效率等传统指标的基础上，新增了用户体验速率、连接数密度、流量密度和能效四个关键能力指标，如图 6-9 所示。

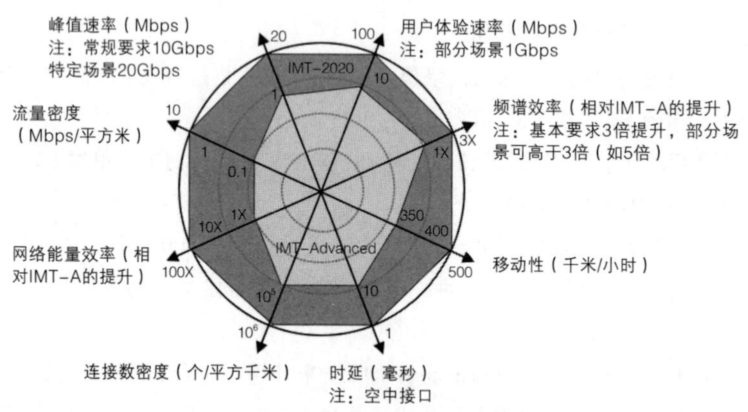

图 6-9 5G 网络和 4G 网络的对比

6.4.2 5G 网络的六大基本特点

1. 高速度

相对于 4G 网络，5G 网络要解决的第一个问题就是高速度。网络速度提升，用户体验与感受才会有较大提高，网络才能面对 VR、超高清业务时不受限制，对网络速度要求很高的业务才能被广泛推广和使用。因此，5G 网络的第一个特点就定义了速度的提升。

其实与每一代通信技术相同，确切地说明 5G 网络的速度到底是多少是很难的，一方面峰值速率和用户的实际体验速率不一样，不同的技术不同的时期速率也会不同。对于 5G 网络的基站峰值要求不低于 20Gbps，当然这个速度是峰值速率，不是每一个用户的体验。随着新技术的使用，这个速率还有提升的空间。这样一个速率，意味着用户可以每秒钟下载一部高清电影，也可能支持 VR 视频。这样的高速度给未来对速度有很高要求的业务提供了机会和可能。

2. 泛在网

随着业务的发展，网络业务需要无所不包，广泛存在。只有这样才能支持更加丰富的业务，才能在复杂的场景上使用。泛在网有两个层面的含义：一个是广泛覆盖；另一个是纵深覆盖。

广泛覆盖是指我们社会生活的各个地方需要广泛覆盖。以前高山峡谷就不一定需要网络覆盖，因为生活的人很少，但是如果能覆盖 5G 网络，可以大量部署传感器，进行环境、空气质量，甚至地貌变化、地震的监测，这就非常有价值了。5G 网络可以为更多这类应用提供网络。

纵深覆盖是指在我们生活中虽然已经有网络部署，但是需要进入更高品质的深度覆盖。例如，今天家中已经有了 4G 网络，但是家中的卫生间可能网络质量不是太好，地下停车库基本没有信号，现在是可以接受的状态。5G 网络的到来，可以把以前网络品质不好的卫生间、地下停车库等都用很好的 5G 网络广泛覆盖。

在一定程度上，泛在网比高速度还重要。只是建一个少数地方覆盖、速度很高的网络，并不能保证 5G 网络的服务与体验，而泛在网才是 5G 网络体验的一个根本保证。在 3GPP 的三大场景中没有讲泛在网，但是泛在的要求是隐含在所有场景中的。

3. 低功耗

5G 网络要支持大规模物联网应用，就必须要有功耗的要求。这些年，可穿戴产品有一定发展，但是遇到很多瓶颈，最大的瓶颈是体验较差。以智能手表为例，每天充电，甚至不到一天就需要充电。所有物联网产品都需要通信与能源，虽然今天通信可以通过多种手段实现，但是能源的供应只能靠电池。通信过程若消耗大量的能量，就很难让物联网产品被用户广泛接受。

如果能把功耗降下来，让大部分物联网产品一周充一次电，甚至一个月充一次电，就能大大改善用户体验，促进物联网产品的快速普及。eMTC 基于 LTE 协议演进而来，为了更加适合物与物之间的通信，也为了更低的成本，对 LTE 协议进行了裁剪和优化。eMTC 基于蜂窝网络进行部署，其用户设备通过支持 1.4MHz 的射频和基带带宽，可以直接接入现有的 LTE 网络。eMTC 支持上下行最大为 1Mbps 的峰值速率。而 NB-IoT 构建于蜂窝网络，只消耗大约 180kHz 的带宽，可直接部署于 GSM 网络、UMTS 网络或 LTE 网络，以降低部署成本，实现平滑升级。

NB-IoT 其实基于 GSM 网络和 UMTS 网络就可以进行部署，它不需要与 5G 网络的核心技术一样重新建设网络。但是，虽然它部署在 GSM 和 UMTS 的网络上，还是一个重新建设的网络，但它的功能是大大降低功耗，也是为了满足 5G 网络对于低功耗物联网应用场景的需要，和 eMTC 一样，是 5G 网络体系的一个组成部分。

4. 低时延

5G 网络的一个新场景应用是无人驾驶、工业自动化的高可靠连接。人与人之间进行信息交流，140 毫秒的时延是可以接受的，但是如果这个时延用于无人驾驶、工业自动化就无法接受。5G 网络对于时延的最低要求是 1ms，甚至更低。这就对网络提出严格的要求。而 5G 网络是这些新领域应用的必然选择。

无人驾驶汽车需要中央控制中心和汽车进行互联，车与车之间也应进行互联，在高速度行动中，一个制动行为需要瞬间把信息送到车上并做出反应，因为 100ms 左右车就会冲出几十米，这就需要在最短的时延中把信息送到车上，并进行制动与车控反应。

无人驾驶飞机更是如此。例如，数百架无人驾驶飞机编队飞行，极小的偏差就会导致碰撞和事故，这就需要在极小的时延中，把信息传递给飞行中的无人驾驶飞机。在工业自动化过程中，一个机械臂的操作，如果要做到极精细化，保证工作的高品质与精准性，也是需要极小的时延，最及时地做出反应。这些特征在传统的人与人通信，甚至人与机器通信时，要求都不那么高，因为人的反应是较慢的，也不需要机器那么高的效率与精细化。而无论是无人驾驶飞机、无人驾驶汽车还是工业自动化，都是高速度运行，还需要在高速中保证及时传递信息和及时反应，这就对时延提出了极高的要求。

要满足低时延的要求，需要在 5G 网络构建中找到各种办法，减少时延。边缘计算这样的技术也会被应用到 5G 的网络架构中。

5. 万物互联

在传统通信中，终端是非常有限的，固定电话时代，电话是以人群来定义的。而手机时代，终端数量有了巨大爆发，手机是按个人应用来定义的。到了 5G 时代，终端不是按人来定义，因为每个人、每个家庭可能拥有数个终端。

2018 年，中国移动终端用户已经达到 14 亿，其中以手机为主。而通信业对 5G 网络的愿景是每平方千米可以支撑 100 万个移动终端。未来接入网络中的终端，不仅是我们今天的手机，还会有更多千奇百怪的产品。可以说，我们生活中的每个产品都有可能通过 5G 技术接入网络。我们的眼镜、手机、衣服、腰带、鞋子等都有可能接入网络，成为智能产品。家中的门窗、门锁、空气净化器、吹风机、加湿器、空调、冰箱、洗衣机等都可能进入智能时代，也通过 5G 技术接入网络，我们的家庭将成为智慧家庭。

而社会生活中大量以前不可能联网的设备也会进行联网工作，更加智能。例如，汽车、井盖、电线杆、垃圾桶这些公共设施，以前管理起来非常难，也很难做到智能化，而 5G 技术可以让这些设备都成为智能设备。

6. 重构安全

安全问题似乎并不是 3GPP 讨论的基本问题，但是它也应该成为 5G 网络的基本特点。传统的互联网要解决的是信息速度、无障碍传输的问题，自由、开放、共享是互联网的基本精神。但是在 5G 网络基础上建立的是智能互联网，智能互联网不仅要实现信息传输，还要建立起一个社会和生活的新机制与新体系。智能互联网的基本精神是安全、管理、高效、方便。安全是 5G 网络之后的智能互联网第一位的要求。假设 5G 网络建设起来却无法重新构建安全体系，那么会产生巨大的破坏力。

如果无人驾驶系统很容易被攻破，就会像电影上展现的那样，道路上的汽车被黑客控制，智能健康系统被攻破，大量用户的健康信息被泄露，智慧家庭被攻破，家中安全根本无法保障。这种情况不应该出现，出了问题也不是修修补补可以解决的。

在 5G 网络的构建中，在底层就应该解决安全问题。从网络建设之初，就应该加入安全机制，信息应该加密，网络并不应该是开放的，对于特殊的服务需要建立起专门的安全机制。网络不是完全中立、公平的。举一个简单的例子，网络保证上，普通用户上网，可能只有一套系统保证其网络畅通，用户可能会面临拥堵。但是智能交通体系，需要多套系统保证其安全运行，保证其网络品质，在网络出现拥堵时，必须保证智能交通体系的网络畅通。而这个体系也不是一般终端可以接入来实现管理与控制的。

6.4.3 5G 网络射频技术的分类

5G 网络射频技术分为两大类：网络技术和无线技术。其中，网络技术主要包括网络切片、移动边缘计算、网络功能重构、控制承载分离等技术，不涉及射频部分；无线技术包括大规模天线、高频段通信、新型多址、新型多载波、先进编码、超密集组网等技术，其中高频段通信、大规模天线、载波聚合都要求射频部分有新的硬件来实现，在移动终端上带来新的硬件增量，如图 6-10 所示。

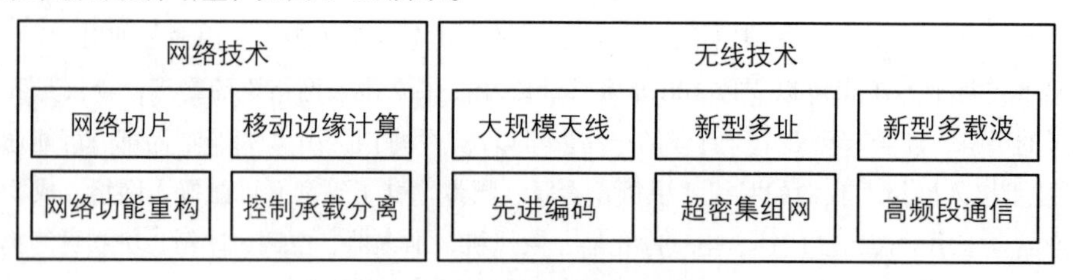

图 6-10　网络技术与无线技术的功能模块

6.4.4　5G 网络的关键技术

5G 网络作为新一代的移动通信技术，它的网络结构、网络能力和要求都与过去有很大不同，有大量技术被整合在其中，其核心技术简述如下。

1. 基于OFDM优化的波形和多址接入

5G 网络采用基于 OFDM 优化的波形和多址接入技术，因为 OFDM 技术被当今的 4G LTE 和 WiFi 系统广泛采用，因其可扩展至大带宽应用以及具有高频谱效率和较低的数据复杂性，能够很好地满足 5G 网络的要求。OFDM 技术家族可实现多种增强功能。例如，通过加窗或滤波增强频率本地化、在不同用户与服务间提高多路传输效率，以及创建单载波 OFDM 波形，实现高能效上行链路传输。

2. 实现可扩展的OFDM间隔参数配置

通过 OFDM 子载波之间的 15kHz 间隔（固定的 OFDM 参数配置），LTE 最高可支持 20 MHz 的载波带宽。为了支持更丰富的频谱类型 / 带（为了连接尽可能丰富的设备，5G 网络将利用所有能利用的频谱，如毫米微波、非授权频段）和部署方式。5G NR 将引入可扩展的 OFDM 间隔参数配置，这一点至关重要。因为当 FFT（Fast Fourier Transform，快速傅里叶变换）为更大带宽扩展尺寸时，必须保证不会增加处理的复杂性。而为了支持多种部署模式的不同信道宽度，5G NR 必须适应同一部署下不同的参数配置，在统一的框架下提高多路传输效率。另外，5G NR 也能跨参数实现载波聚合，如聚合毫米波和 6GHz 以下频段的载波。

3. OFDM加窗提高多路传输效率

5G 网络将被应用于大规模物联网，这意味着会有数十亿设备相互连接，5G 网络势必要提高多路传输的效率，以应对大规模物联网的挑战。为了相邻频带不相互干扰，频带内和频带外信号辐射必须尽可能小。OFDM 能实现波形后处理（post-processing）。例如，使用时域加窗或频域滤波，来提升频率局域化。

4. 灵活的框架设计

设计 5G NR 的同时，采用灵活的 5G 网络架构，进一步提高 5G 服务多路传输的效率。这种灵活性既体现在频域，更体现在时域上，5G NR 的框架能充分满足 5G 的不同服务和应用场景。这包括可扩展的时间间隔（Scalable Transmission Time Interval，STTI），自包含集成子帧（Self-contained Integrated Subframe）。

5. 先进的新型无线技术

5G 演进的同时，LTE 本身也还在不断进化（如最近实现的千兆级 4G+）。5G 网络不可避免地要利用目前用在 4G LTE 上的先进技术，如载波聚合、MIMO、非共享频谱等。这包括众多成熟的通信技术，如大规模 MIMO，从 2 × 2 提高到了目前的 4 × 4。更多的天线也意味着占用更多的空间，要在空间有限的设备中容纳进更多天线显然不现实，只能在基站端叠加更多 MIMO。从目前的理论来看，5G NR 可以在基站端使用最多 256 根天线，而通过天线的二维排布可以实现 3D 波束成型，从而提高信道容量和覆盖。

6. 毫米波

全新 5G 技术正首次将频率大于 24GHz 以上的频段（通常称为毫米波）应用于移动宽带通信。大量可用的高频段频谱可提供极致数据传输速度和容量，这将重塑移动体验。但毫米波的利用并非易事，使用毫米波频段传输更容易造成路径受阻与损耗（信号衍射能力有限）。通常情况下，毫米波频段传输的信号甚至无法穿透墙体，此外，它还面临着波形和能量消耗等问题。

7. 频谱共享

用共享频谱和非授权频谱可将 5G 网络扩展到多个维度，实现更大容量、使用更多频谱来支持新的部署场景。这不仅将使拥有授权频谱的移动运营商受益，而且会为没有授权频谱的厂商创造机会，如有线运营商、企业和物联网垂直行业，使他们能够充分利用 5G NR 技术。5G NR 原生地支持所有频谱类型，并通过前向兼容灵活地利用全新的频谱共享模式。

8. 先进的信道编码设计

目前 LTE 网络的编码还不足以应对未来的数据传输需求，因此迫切需要一种更高效的信道编码设计以提高数据传输速率，并利用更大的编码信息块契合移动宽带流量配置，同时，还要继续提高现有信道编码技术（如 LTE Turbo）的性能极限。LDPC 的传输效率远超 LTE Turbo，且易平行化的解码设计能以低复杂度和低时延扩展达到更高的传输速率。

9. 超密集异构网络

5G网络是一个超复杂的网络。在2G网络时代，几万个基站就可以做全国的网络覆盖，但是到了4G网络时代，中国的网络超过500万个。而5G网络需要做到每平方千米支持100万个设备，这个网络必须非常密集，需要大量的小基站进行支撑。同样一个网络中，不同的终端需要不同的速率、功耗，也会使用不同的频率，对于QoS的要求也不同。在这样的情况下，网络很容易造成相互之间的干扰。5G网络需要采用一系列措施来保障系统性能：不同业务在网络中的实现、各种节点间的协调方案、网络的选择以及节能配置方法等。

在超密集网络中，密集的部署使小区边界数量剧增，小区形状也不规则，用户可能会频繁复杂地切换。为了满足移动性需求，这就需要新的切换算法。

总之，一个复杂的、密集的、异构的、大容量的、多用户的网络，不仅需要平衡、保持稳定、减少干扰，这需要不断完善算法来解决这些问题。

10. 网络的自组织

自组织的网络是5G的重要技术，这就是网络部署阶段的自规划和自配置；网络维护阶段的自优化和自愈合。自配置即新增网络节点的配置可以实现即插即用，具有低成本、安装简易等优点。自规划的目的是动态进行网络规划并执行，同时满足系统的容量扩展、业务监测或优化结果等方面的需求。自愈合指系统能自动检测问题、定位问题和排除故障，大大减少维护成本并避免对网络质量和用户体验的影响。

SON技术应用于移动通信网络时，其优势体现在网络效率和网络维护方面，同时减少了运营商的支出和运营成本的投入。由于现有的SON技术都是从各自网络的角度出发，自部署、自配置、自优化和自愈合等操作具有独立性和封闭性，在多网络之间缺乏协作。

11. 网络切片

网络切片就是把运营商的物理网络切分成多个虚拟网络，每个网络适应不同的服务需求，这可以通过时延、带宽、安全性、可靠性来划分不同的网络，以适应不同的场景。通过网络切片技术在一个独立的物理网络上切分出多个逻辑网络，从而避免了为每一个服务建设一个专用的物理网络，这样可以大大节省部署的成本。

在同一个5G网络上，通过技术电信运营商会把网络切片为智能交通、无人机、智慧医疗、智能家居以及工业控制等多个不同的网络，将其开放给不同的运营者，这样一个切片的网络在带宽、可靠性能力上也有不同的保证，计费体系、管理体系也不同。在切片的网络中，各个业务提供商不是如4G技术一样都使用一样的网络、一样的服务，而是很多能力变得不可控。5G切片网络，可以向用户提供不一样的网络、不同的管理、不同的服务、不同的计费，让业务提供者更好地使用5G网络。

12. 内容分发网络

在5G网络中会存在大量复杂业务，尤其是一些音频、视频的大量出现，某些业务会出现瞬时爆炸性的增长，这会影响用户的体验与感受。这就需要对网络进行改造，让网络适应内容爆发性增长的需要。

内容分发网络（Content Delivery Network，CDN）是在传统网络中添加新的层次，即智能虚拟网络。CDN系统综合考虑各节点连接状态、负载情况以及用户距离等信息，通过将相关内容分发至靠近用户的CDN代理服务器上、实现用户就近获取所需的信息，使得网络拥塞状况得以缓解，缩短响应时间，提高响应速度。源服务器只需将内容发给各个代理服务器，便于用户从就近的带宽、充足的代理服务器上获取内容，降低网络时延并提高用户体验。CDN技术的优势正是为用户快速地提供信息服务，同时有助于解决网络拥塞问题。CDN技术成为5G网络必备的关键技术之一。

13. 设备到设备通信

设备到设备通信（Device to Device，D2D）一种基于蜂窝系统的近距离数据直接传输技术。会话的数据直接在终端之间进行传输，不需要通过基站转发，而相关的控制信令，如会话的建立、维持，无线资源的分配以及计费、鉴权、识别、移动性管理等仍由蜂窝网络负责。蜂窝网络引入D2D通信，可以减轻基站负担、降低端到端的传输时延、提升频谱效率、降低终端发射功率。当无线通信基础设施损坏，或者在无线网络的覆盖盲区，终端可以借助D2D实现端到端通信甚至接入蜂窝网络。在5G网络中，既可以在授权频段部署D2D通信，也可在非授权频段部署。

14. 边缘计算

边缘计算表示在靠近物或数据源头的一侧，采用网络、计算、存储、应用核心能力为一体的开放平台，就近提供最近端服务。其应用程序在边缘侧发起，产生更快的网络服务响应，满足行业在实时业务、应用智能、安全与隐私保护等方面的基本需求。5G网络要实现低时延，如果数据都是要到云端和服务器中进行计算和存储，再把指令发给终端，就无法实现低时延。边缘计算是要在基站上即建立计算和存储能力，在最短时间内完成计算，发出指令。

15. 软件定义网络和网络虚拟化

软件定义网络（Software Defined Network，SDN）架构的核心特点是开放性、灵活性和可编程性。SDN主要分为三层：基础设施层位于网络底层，包括大量基础网络设备，该层根据控制层下发的规则处理和转发数据；中间层为控制层，该层主要负责对数据转发的资源进行编排，控制网络拓扑、收集全局状态信息等；最上层为应用层，该层包括大量的应用服务，通过开放的北向 API 对网络资源进行调用。NFV 作为一种新型的网络架构与构建技术，其倡导的控制与数据分离、软件化、虚拟化思想为突破现有网络的困境带来了希望。

6.5 5G 网络对价值互联网的意义

在全球所有电子设备组成的超级计算机系统中，5G 网络起着至关重要的作用。对比计算机内部的总线速度，PCI 总线的速度大致为 4Gbps，CPU 的总线速度约为 48Gbps，5G 网络的理论传输速度超过 10Gbps（相当于下载速度 1.25Gbps）。相对于 4G 网络时代的几十兆、几百兆，已经发生了从量变到质变的飞跃。与传统的电子计算机的内部总线速度已经处于一个量级。

5G 网络的速度，对于物联网的发展、能源网的发展、价值互联网的基石区块链的发展，起到了非常关键的作用。在 5G 网络下，区块链的共识协议能够得到很好的网络速度的支撑，也能够提高区块链中一直追求的吞吐量。无人驾驶会得到更好的连接支持，能够更好地利用本身的计算能力与超级计算中心提供的辅助计算能力。物联网中的各个接入终端能够更好地连接到物联网的系统中。边缘计算的能力与中心化计算的能力互补。现在所有的硬件设计也会产生很大的变化。看后面对于 5G 网络的分析，因为速度快，所以一切在云端后，很多电子设备只是需要一个显示和输入的终端。

从 5G 网络的重要性不难看出在国际上这个领域激烈竞争的原因。5G 网络时代会产生哪些可能性？与 4G 网络便利和繁荣了直播、短视频、移动支付、共享出行、外卖等领域，催生了 TMD（今日头条、美团、滴滴）一样，5G 网络也将带起数个新的超级风口，催生一批新的“独角兽”。

1. 沉浸式体验的流行

当条形码升级为二维码后，其承载的信息瞬间增加了一个量级。刘慈欣的小说《三体》中提到，人类从三维空间进入四维空间之后，海量的信息瞬间涌来，让人不知所措。升维带来信息传播的量级增加，对信息传播的载体也提出了更高的要求。所以我们在 1G 网络时代，只能听声音；在 2G 网络时代，可以看短信、彩信和简单上网；在 3G 网络时代，可以无障碍地看图片，基本上可以体验到大部分的网络功能；在 4G 网络时代，可以直播和看视频。但我们现在从手机上通过 4G 网络看到的信息，哪怕是视频，本质上还是在二维平面中呈现。而 5G 网络的高速度和高带宽让信息的三维呈现成为可能。

在现实中，我们可以通过 VR（虚拟现实）眼镜、头盔或其他传感器，做到人在家中，却能体验千里之外的旅游景点、演唱会、博物馆。

在照片或视频的体验中，我们只是一个旁观者，但沉浸式体验却能让我们“置身”于现场。也就是说，5G 网络让“看到”现场变成“在”现场，1G ~ 5G 网络及其应用领域如表 6-1 所示。

表 6-1 1G ~ 5G 网络及其应用领域

类型＼应用领域	通信/社交	资讯	娱乐	出行	购物	生活辅助
1G网络时代	电话	—	—	—	—	—
2G网络时代	电话/短信	移动梦网	手机阅读/小游戏	—	—	—
3G/4G网络时代	微信	微博/今日头条	抖音/快手/王者荣耀	滴滴	淘宝/京东/拼多多	美团/携程
5G网络时代	?	?	?	?	?	?

2. 远程视频通信、社交和工作

对一些大企业，云视频会议已经比较流行，如很多公司用的 zoom 系统，但是在大众中并不是很普及。小公司一般也就用用微信的多人视频通话。不过，不管 zoom 系统还是微信，二维图像 + 声音的显示方式，与面对面交流相比，效果还是相差很远。

5G 网络时代，随着设备成本的降低和传输速度的提升，全息 3D 显示的远程会议模式将逐渐流行并慢慢成为标配。在这种传输模式中，你能看到对方的全貌，好像一个真人坐在你旁边，而不是一个固定位置的摄像头拍摄出来的画面。每个人都好像置身于同一个会议室，和面对面交流的效果相差无几。如果这种远程会议的成本降低到一定程度，我们不仅不需要千里迢迢跑到同一个地方开会，甚至都不用跑到同一个地方办公。

3. 一切在云端

我们现在看资料、看照片、看视频、玩游戏般一用 APP，或者习惯于将其下载到计算机或手机上。但我们有没有想过，其实“下载”这个动作是多余的。我们真正需要的是“使用”，而不是“下载”。只是因为之前网络的容量不够大，读取不够快，所以不得不将其下载下来，利用手机和计算机的性能帮助使用过程更顺畅。

而 5G 网络的高速度、大容量、低延时使信息不管是存在云端还是存在手机上，几乎没有了差别。“下载”“保存”这两个词将逐渐失去意义。今后，在我们的手机上存放的将只是一个云端资料的索引。手机屏幕上显示的 APP 图标不再是装在手机上的软件，而只是一个云端软件的链接。 由于存储和大部分的计算都可以在云端或边缘设备进行，手机的存储和计算单元大部分可以取消，唯一占据体积的将只剩下屏幕和电池（天线等微小部件都可以忽略不计）。

如果全息投影技术更强大，屏幕和电池甚至都不再需要。我们只要佩戴一个可投影的手环、戒指、眼镜或任何小东西，就随时可以投影出显示屏（同时也是操控屏），达到与现在的手机一样、甚至更强大的效果。

4. 触屏无处不在

在《三体》小说中写道：史强冬眠后醒过来，发现200年以后的人们都有一个毛病，碰到任何东西都喜欢用手指戳。因为那个时代，触屏已经无处不在，只要点击一下，万物皆可随时联网。这个场景也不用200年，很快就可以实现。

既然5G时代一切信息都可以存放在云端或边缘设备，那么显示就不必局限于手机、PAD或计算机，只要有触摸屏，我们就可以随时连接到互联网。

如果触摸屏价格降下来，同时可以变得柔性，那么理论上它可以安装在任何东西上面。通过指纹、虹膜、声音识别或脸部识别，我们可以一秒上网。如果在墙上、桌子上、书上、冰箱上、车窗上点一下，就可以看新闻、玩微信、打游戏、欣赏电影、处理工作、阅读笔记侠的精彩文章，那还有什么必要用手机呢？

5. 万物互联

现在的智能家居已经逐渐开始流行。我们可以通过手机的SIRI、小爱同学等系统控制一些家用电器了。但是这比起5G网络时代而言，还处于很原始的状态。

人类畅想“万物互联”，即物联网（Internet of Things，IoT）已经很多年了，但是由于种种限制，其发展不如预想的快，其中一个关键障碍就是信息的传输和存储效率达不到要求。而5G网络将使万物互联大大往前推进一步。

未来，可能每个物件上都会有一个或若干个芯片，用于收集、传输信息或接收指令。我们可以追踪每一个苹果、猕猴桃的生长情况，可以精确地知道自己的快递到了哪里。我们不再需要满屋子找钥匙、梳子或拖鞋，也不必担心孩子或老人走丢，只需要定位就可以了。

6. 人工智能大发展

人工智能对即时反应和深度学习的要求非常高，所以其发展高度依赖云和大数据。5G网络之前，人工智能虽然一直在进步，但是，数据传输的容量和速度远远不能促使人工智能发生大的飞跃。5G网络给人工智能带来了高速度、大容量和低延时，人工智能将迎来大发展的机遇。

人工智能将出现在我们生活和工作的方方面面。它将帮助我们学习、锻炼、旅游，充当教练、客服、翻译，处理家务、陪伴老人、照顾小孩，帮我们计算投资收益、提供基础医疗诊断等等。一切重复性劳动，或者可以通过大数据深度学习掌握的技术，都可能逐步被人工智能替代。

7. 无人驾驶和智能交通

我们可能是最后一代会驾驶车辆的人。未来的孩子不需要再学开车，除非是为了玩。

在4G网络时代，过长的延时会让无人驾驶的汽车和飞机在遇到突发情况时可能来不及反应而酿成事故，这一担心在5G网络时代将无限减少。5G网络的低延时让无人驾驶的反应速度比人类还快。未来我们不再需要自己买车，只需在出门之前，通过APP预约一辆无人驾驶汽车到门口接你就行。送你到地方之后，它会自动去接下一个客户，或者回基地充电或休息。汽车将不再需要中控台、方向盘、油门、挡位、刹车，更重要的是，不再需要驾驶员。我们可以把时间空出来，处理一点别的事情，如工作、玩，或者睡觉也行。酒驾将成为历史名词。

6.6 6G的探索

2019年3月，全球首届6G峰会在芬兰举办。主办方芬兰奥卢大学峰会邀请了70位来自各国的顶尖通信专家，召开了一次闭门会议，主要内容就是群策群力、拟定全球首份6G白皮书，明确6G发展的基本方向。这份名为《6G无线智能无处不在的关键驱动与研究挑战》的白皮书，初步回答了6G怎样改变大众生活、有哪些技术特征、需解决哪些技术难点等问题，如图6-11所示。报告展望，到2030年，随着6G技术的到来，许多当前仍是幻想的场景都将成为现实，人类生活将出现巨大变革。

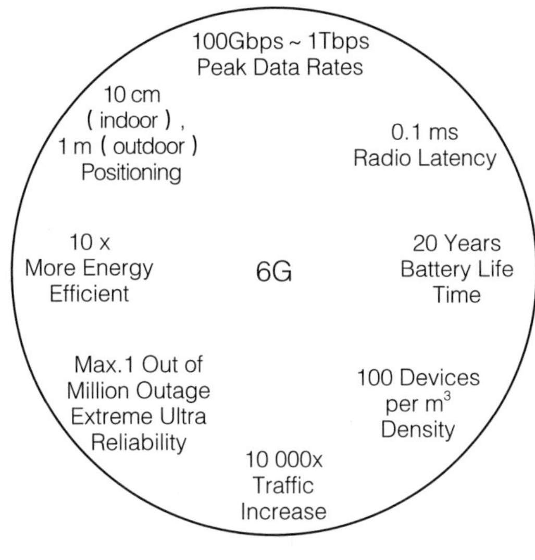

图6-11 6G性能指标

不同于5G侧重于人–机–物智能连接与边缘计算，6G想要构建的是一张实现空、天、地、海一体化无缝对接的通信网络。6G的理论峰值传输速度达到100Gbps ~ 1Tbps，室内定位精度10cm，通信时延0.1mm，超高可靠性、超高密度。6G采用太赫兹频段通信，网络容量也能大幅提升。6G应用场景现在能想到的有10个：孪生体域网、超能交通、通感互联网、全息通信、智慧生产、机器间的协同、虚拟助理、情感和触觉应用、多感官混合现实和空间通信。

第7章 分布式技术

7.1 分布式简介

分布式计算是计算机科学中的一个研究方向，它研究如何把一个需要巨大算力才能解决的问题分成许多小的部分，然后把这些部分分配给众多计算机进行处理，最后把这些计算结果综合起来得到最终的结果。分布式网络存储技术是将数据分散地存储于多台独立的机器设备上。它采用可扩展的系统结构，利用多台存储服务器分担存储负荷，利用位置服务器定位存储信息，不但解决了传统集中式存储系统中单存储服务器的瓶颈问题，还提高了系统的可靠性、可用性和扩展性。

分布式系统是由一组通过网络进行通信、为了完成共同的任务而协调工作的计算机节点组成的系统。分布式系统的出现是为了用廉价的、普通的机器完成单个计算机无法完成的计算、存储任务。其目的是利用更多的机器来处理更多的任务。

随着移动互联网的发展和智能终端的普及，计算机系统从单机独立工作过渡到多机器协同工作。计算机以集群的方式存在，按照分布式理论的指导构建出庞大而又复杂的应用服务，也已经深入人心。

分布式的发展为区块链的发展提供了非常多的技术积累，很多区块链中的概念在分布式系统中同样存在。分布式系统一般包含分布式计算和分布式存储。

分布式中的常见概念包括：节点、时间；一致性、CAP、ACID、BASE、P2P；机器伸缩、网络变更；负载均衡、限流、鉴权；服务发现、服务编排、降级、熔断、幂等；分库分表、分片分区；自动运维、容错处理；全栈监控、故障恢复、性能调优。

7.2 分布式中的关键技术

1. 节点与网络

（1）节点：传统的节点指一台单体的物理机，将所有的服务都装进去，包括服务和数据库；随着虚拟化的发展，单台物理机往往可以分成多台虚拟机，实现资源利用的最大化，节点的概念也变成单台虚拟机中的服务；近几年容器技术逐渐成熟后，服务已经彻底容器化，也就是节点只是轻量级的容器服务。总体来说，节点就是能提供单位服务的逻辑计算资源的集合。

（2）网络：分布式架构的根基就是网络，不管局域网还是公网，没有网络就无法把计算机联合在一起工作，但是网络也带来了一系列的问题。网络消息的传播有先后，消息丢失和延迟是经常发生的事情。下面定义了三种网络工作模式。

① 同步网络：节点同步执行、消息延迟有限、高效全局锁。

② 半同步网络：锁范围放宽。

③ 异步网络：节点独立执行、消息延迟无上限、无全局锁、部分算法不可行。

2. 时间与顺序

（1）时间：在慢速物理时空中，时间独自在流淌着，对于串行的事务来说，执行事务很简单，就是按照时间顺序，先来后到地发生。而后我们发明了时钟来刻画以往发生的时间点，时钟让这个世界井然有序。但是对于分布式世界来说，跟时间打交道着实是一件痛苦的事情。在分布式世界中，要协调不同节点之间的先来后到的关系，但是不同节点本身承认的时间又各执己见，于是创造了网络时间协议（NTP）试图来解决不同节点之间的标准时间，但是 NTP 本身的表现并不如人意，所以又构造了逻辑时钟，最后还改进为向量时钟。

由于 NTP 的一些缺点，所以无法完全满足分布式下并发任务的协调问题：节点间时间不同步、硬件时钟漂移、线程可能休眠、操作系统休眠、硬件休眠、逻辑时钟。

（2）顺序：解决了时间问题，现实生活中记录了事情发生的时刻，就可以比较事情发生的先后顺序。分布式系统的一些场景也需要记录和比较不同节点间事件发生的顺序。如数据写入的先后顺序、事件发生的先后顺序等。因为分布式的理论基础就是如何协商不同节点的一致性问题，而顺序则是一致性理论的基本概念，深入理解顺序相关的知识还需要离散数学相关的知识，需要理解离散数学中的关系、偏序、全序等概念。需要深入学习的读者，可以进一步查看离散数学与分布式的专业资料。

一致性理论中的一致性强弱对系统建设影响的对比如图 7–1 所示。

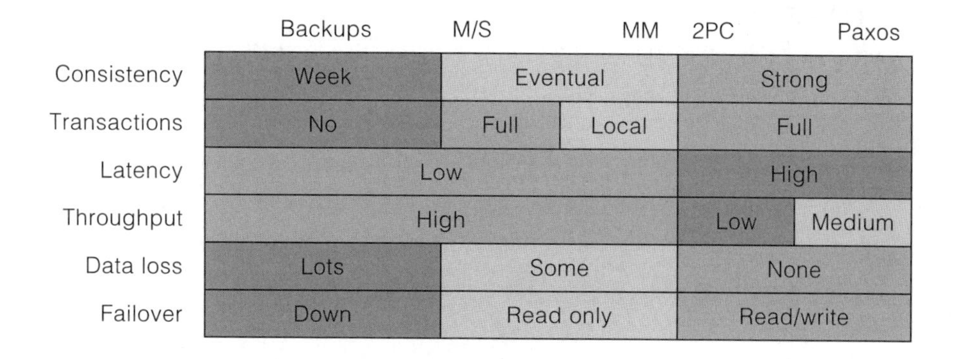

Backups
M/S
MM
2PC
Paxos
Consistency
Week
Eventual
Strong
Transactions
No
Full
Local
Full
Latency
Low
High
Throughput
High
Low
Medium
Data loss
Lots
Some
None
Failover
Down
Read only
Read/write

图 7-1　一致性强弱对系统建设影响的对比图

3. 强一致性ACID

ACID 是一种比较著名的描述一致性的原则，通常运用在分布式数据库领域。具体来说，ACID 原则描述了分布式数据库需要满足的一致性需求和基于此付出的可用性的代价。

ACID 原则包括以下 4 个方面。

（1）Atomicity（原子性）：每次操作是原子的，要么成功，要么不执行。

（2）Consistency（一致性）：数据库的状态是一致的，无中间状态。

（3）Isolation（隔离性）：各种操作彼此之间互相不影响。

（4）Durability（持久性）：状态的改变是持久的，不会失效。

与 ACID 相对的一个原则是 BASE（Basic Availability，Soft State，Eventual Consistency）原则，通过牺牲掉对一致性的约束（但实现最终一致性）来换取一定的可用性。

4. 弱一致性BASE

在多数情况下，我们也并非一定要求强一致性，部分业务可以容忍一定程度的延迟，所以为了兼顾效率，发展出来了最终一致性理论 BASE。BASE 原则包括以下三个方面。

（1）基本可用：基本可用是指分布式系统在出现故障的时候，允许损失部分可用性，即保证核心可用。

（2）软状态：软状态是指允许系统存在中间状态，而该中间状态不会影响系统整体可用性。分布式存储中一般一份数据至少会有三个副本，允许不同节点间副本同步的延时就是软状态的体现。

（3）最终一致性：最终一致性是指系统中的所有数据副本经过一定时间后，最终能够达到一致的状态。弱一致性和强一致性相反，最终一致性是弱一致性的一种特殊情况。

5. CAP定理

CAP 定理又称 CAP 原则，表示在一个分布式系统中，一致性（Consistency）、可用性（Availability）和分区容错性（Partition Tolerance）三者不可兼得，如图 7-2 所示。

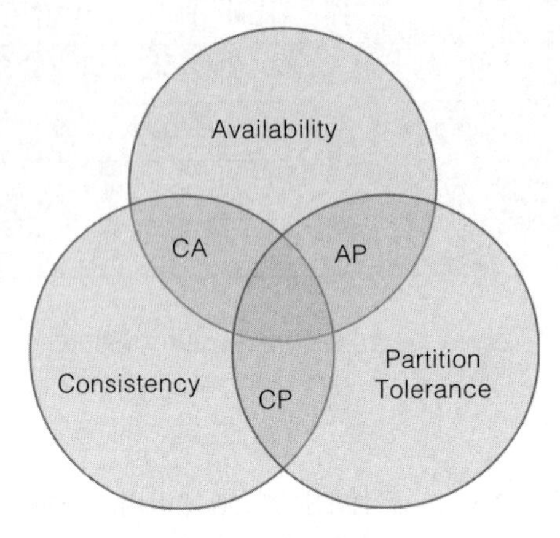

图 7-2　CAP 定理图

分布式系统的 CAP 定理首先把分布式系统中的三个特性进行了以下归纳。

（1）一致性：在分布式系统中备份的所有数据，在同一时刻是否为同样的值。（等同于所有节点访问同一份最新的数据副本）

（2）可用性：在集群中一部分节点出现故障后，集群整体是否还能响应客户端的读写请求。（对数据更新具备高可用性）

（3）分区容错性：以实际效果而言，分区相当于对通信的时限要求。系统如果不能在时限内达成数据一致性，就意味着发生了分区的情况，必须就当前操作在一致性和可用性之间作出选择。

6. FLP定理

FLP Impossibility（FLP 不可能性）定理是分布式领域中一个非常著名的成果。FLP 给出了一个令人吃惊的结论：在异步通信场景中，即使只有一个进程失败，也没有任何算法能保证非失败进程达到一致性！

Fischer、Lynch 和 Patterson 在 1985 年就提出了 FLP 不可能定理：在网络可靠的前提下，任意节点失效，在一个或多个的最小化异步模型系统中，不可能存在一个解决一致性问题的确定性算法。这三位的论文后来获得了 Dijkstra 奖。这一理论已被可靠地论证过，所以不用再花大力气在异步分布式系统中去设计一个完全一致的共识算法。

FLP 定理说明在异步分布式系统中完全一致性是不可能的，但这是一个科学理论，在应用到现实工程中时，我们可以牺牲一些代价把不可能变成可能，这就是科学和工程的最大区别。

7. 一致性算法

分布式架构的核心就在于一致性的实现和妥协，那么如何设计一套算法来保证不同节点之间的通信和数据达到无限趋向一致性就非常重要了。保证不同节点在充满不确定性网络环境下能达成相同副本的一致性是非常困难的，业界对该课题也做了大量的研究。

（1）了解一致性的大前提原则（CALM）。CALM 原则的全称是 Consistency and Logical Monotonicity，主要描述的是分布式系统中单调逻辑与一致性的关系。在分布式系统中，单调的逻辑都能保证“最终一致性”，这个过程中不需要依赖中心节点的调度。任意分布式系统，如果所有的非单调逻辑都有中心节点调度，那么这个分布式系统就可以实现最终“一致性”。

（2）关注分布式系统的数据结构 CRDT（Conflict-Free Replicated Data Types）。我们了解到分布式的规律原则之后，就要着手考虑如何来实现解决方案，一致性算法的前提是数据结构，或者说一切算法的根基都是数据结构，设计良好的数据结构加上精妙的算法可以高效地解决现实的问题。经过前人不断的探索，我们得知被分布式系统广泛采用的数据结构 CRDT 用以下两种操作方式实现一致性。

① 基于状态（state-based）. 即将各个节点之间的 CRDT 数据直接进行合并，所有节点都能最终合并到同一个状态，数据合并的顺序不会影响到最终的结果。

② 基于操作（operation-based）。将每一次对数据的操作通知给其他节点。只要节点知道了对数据的所有操作（收到操作的顺序可以是任意的），就能合并到同一个状态。

（3）关注分布式系统的一些重要的协议，如 HATs（Highly Available Transactions）、ZAB（Zookeeper Atomic Broadcast）等。

（4）Paxos 和 Raft.Paxos 和 Raft 是目前分布式系统领域中两种非常著名的、用于解决一致性问题的共识算法。两者都能解决分布式系统中的一致性问题，但是前者的实现与证明非常难以理解，后者的实现比较简洁并且遵循人的直觉，它的出现就是为了解决 Paxos 难以理解并难以实现的问题。

以上算法在本书中不会涉及具体内容，只讨论作用和所解决的问题。一致性算法是分布式系统最核心、本质的内容，这部分的发展也会影响架构的革新，不同场景的应用也催生了不同的算法。与共识协议相关的部分在本章不讨论、不讲解，在后面的章节我们单独来讲解共识协议。分布式的发展为区块链提供了充分的技术积累。

7.3 分布式应用中的场景分类

1. 文件系统

单台计算机的存储始终有上限，随着网络的出现，多台计算机协作存储文件的方案也相继被提出来。最早的分布式文件系统其实也称为网络文件系统，第一个文件服务器在20世纪70年代被发展出来。1976年迪吉多公司设计出File Access Listener（FAL），而现代分布式文件系统则出自赫赫有名的Google的论文——The Google File System，奠定了分布式文件系统的基础。现代主流分布式文件系统参考《分布式文件系统对比》。常用的文件系统是HDFS、FastDFS、Ceph、mooseFS。

2. 数据库

数据库当然也属于文件系统，主数据增加了事务、检索、擦除等高级特性，所以复杂度又增加了，既要考虑数据一致性也要保证足够的性能。传统关系型数据库为了兼顾事务和性能的特性，在分布式方面的发展有限。非关系型数据库摆脱了事务的强一致性束缚，达到了最终一致性的效果，从而有了飞跃的发展。NoSql（Not Only Sql）也出现了不同架构的数据库类型，如KV型内存数据库（如Redis）、列式存储数据库（如Hbase）、文档型数据库（MongoDB）、搜索引擎（如Elasticsearch）和分布式（如Spanner）。

3. 计算

分布式计算系统是在分布式存储的基础上，充分发挥分布式系统的数据冗余灾备、多副本高效获取数据的特性，把原本需要长时间计算的任务拆分成多个任务并行处理，从而提高计算效率的一种系统。分布式计算系统按照场景可分为离线计算（如Hadoop）、实时计算（如Spark）和流式计算（如Storm、Flink/Blink）。

4. 缓存

缓存作为提升性能的利器无处不在，小到CPU缓存架构，大到分布式应用存储。分布式缓存系统提供了热点数据的随机访问机制，大大提升了访问时间，但是带来的问题是如何保证数据的一致性，引入分布式锁来解决这个问题，主流的分布式存储系统基本就是Redis（具有持久化特点）。

5. 消息

分布式消息队列系统是为了消除异步带来的一系列复杂步骤的一大利器，多线程、高并发场景我们常常要谨慎地设计业务代码，以保证在多线程并发情况下不出现资源竞争导致的死锁问题。而消息队列（如Kafka、RabbitMQ、RocketMQ、ActiveMQ）以一种延迟消费的模式将异步任务都存到队列，然后再逐个消化。

6. 监控

分布式系统按照从单机到集群的形态发展，复杂度也大大提高，所以对整个系统的监控也是必不可少的。监控的主要工具是 Zookeeper。

7. 应用

分布式系统的核心模块就是在应用中如何处理业务逻辑。应用直接的调用依赖于特定的协议来通信，有基于 RPC 的协议，也有基于通用 HTTP 的协议，如 HSF、Dubbo。

8. 日志

错误对应分布式系统是家常便饭，而且设计系统时本身就需要把容错作为普遍存在的现象来考虑。那么当出现故障时，快速恢复和排查故障就显得非常重要了。分布式日志采集（如 flum）、存储（如 ElasticSearch/Solr、SLS）和检索（如 Zipkin）则可以提供有力的工具来定位请求链路中出现问题的环节。

9. 账本

前面提到，所谓分布式系统，是由于单机的性能有限，而堆硬件却又无法无休止地增加，单机堆硬件最终会遇到性能增长的瓶颈。于是我们采用了多台计算机来做同样的事，但是这样的分布式系统始终需要中心化的节点来监控或调度系统的资源，即使该中心节点也可能是由多节点组成。而区块链则是真正的区中心化分布式系统，系统中才有 P2P 网络协议各自通信，没有真正意义的中心节点，彼此按照区块链节点的算力、权益等机制来协调新区块的产生，如比特币、以太坊。

7.4 分布式的设计模式

1. 可用性

我们在更进一步归纳分布式系统设计时是如何考虑架构设计的，不同设计方案直接的区别和侧重点、不同场景需要选择合作设计模式来减少试错的成本，设计分布式系统需要考虑以下的问题。

（1）健康检查：系统实现全链路功能检查，外部工具定期通过公开端点访问系统。

（2）负载均衡：使用队列起到“削峰”作用，作为请求和服务之间的缓冲区，以平滑间歇性的重负载。

（3）节流：限制应用级别、租户或整个服务所消耗资源的范围。

可用性是系统运行和工作的时间比例，通常以正常运行时间的百分比来衡量。它可能受系统错误、基础架构问题、恶意攻击和系统负载的影响。分布式系统通常为用户提供服务级别协议（SLA），因此应用程序的可用性必须设计为最大化。

2. 数据管理

数据管理是分布式系统的关键要素，并影响大多数质量的属性。由于性能、可扩展性或可用性等原因，数据通常托管在不同位置的多个服务器上，这可能带来一系列挑战。例如，必须维护数据一致性，并且通常需要跨不同位置同步数据。

（1）缓存：根据需要将数据从数据存储层加载到缓存。

（2）CQRS（Command Query Responsibility Segregation）：命令、查询职责分离。

（3）事件溯源：仅使用追加方式记录域中完整的系列事件。

（4）索引表：在经常查询引用的字段上创建索引。

（5）物化视图：生成一个或多个数据预填充视图。

（6）拆分：将数据拆分为水平的分区或分片。

3. 设计与实现

良好的设计包括组件设计和组件部署的一致性、简化管理和开发的可维护性，以及允许组件和子系统在其他应用程序或其他方案中的可重用性等因素。在设计和实施阶段做出的决策对分布式系统、分布式系统的服务质量和总体成本将产生巨大影响。

（1）代理：反向代理。

（2）适配器：在当前版本的应用程序和遗留系统之间实现适配。

（3）前后端分离：后端服务提供接口，供前端应用程序调用。

（4）计算资源整合：将多个相关任务或操作合并到一个计算单元中。

（5）配置分离：将配置信息从应用程序部署包中移到配置中心。

（6）网关聚合：使用网关将多个单独的请求聚到一个请求中。

（7）网关卸载：将共享或专用服务功能卸载到网关代理。

（8）网关路由：使用单个端点将请求路由到多个服务。

（9）领导人选举：选择一个实例作为管理其他实例的管理员，协调分布式系统。

（10）管道和过滤器：将复杂的任务分解为一系列可以重复使用的单独组件。

（11）边车：将应用的监控组件部署到单独的进程或容器中，以提供隔离和封装。

（12）静态内容托管：将静态内容部署到 CDN，以加速访问效率。

边车与边车模式的通俗注解：边车就是在原来二轮摩托车旁边增加一个座位，形成了三轮摩托车，增加的一部分称为边车。边车模式是指对现有的服务增加额外的功能，这些功能并不影响业务逻辑，例如，增加日志、限流、熔断、服务的注册和服务发现有专门服务来实现。如同将程序中的控制层和业务逻辑层分离（Controller 层和 Service 层分离），这样大大降低了服务之间的耦合度，提升了程序扩展性，降低了业务实现的复杂性。

4. 消息

分布式系统需要一个连接组件和服务的消息来传递中间件，理想情况是以松耦合的方式，以便最大限度地提高可伸缩性。异步消息传递被广泛使用，并提供许多好处，但也带来了诸如消息排序、幂等等挑战。

竞争消费者：多线程并发消费。

优先级队列：消息队列分优先级，优先级高的先被消费。

5. 管理与监控

分布式系统在远程数据中心运行，无法完全控制基础结构，这使得其管理、监视、部署比单机更困难。应用必须公开运行时信息，管理员可以使用这些信息来管理和监视系统，以及支持不断变化的业务需求和自定义，而无须停止或重新部署应用。

6. 性能与可伸缩性

性能表示系统在给定时间间隔内执行任何操作的响应性，而可伸缩性是系统处理负载增加而不影响性能或容易增加可用资源的能力。分布式系统通常会遇到变化的负载和活动高峰，特别是在多租户场景中，几乎是不可能预测的。相反，应用应该能够在限制范围内扩展以满足需求高峰，并在需求减少时进行扩展。可伸缩性不仅涉及计算实例，还涉及其他元素，如数据存储、消息队列等。

7. 弹性

弹性是指系统能够优雅地处理故障并从故障中恢复。分布式系统通常是多租户，使用共享平台服务、竞争资源和带宽，通过 Internet 进行通信，以及在商用硬件上运行，意味着出现瞬态和更永久性故障的可能性增加。为了保持弹性，必须快速有效地检测故障并进行恢复。具体方法如下。

（1）隔离：将应用程序的元素隔离到池中，当其中一个元素失败时，其他元素将继续运行。

（2）断路器：处理连接到远程服务或资源时可能需要不同时间修复的故障。

（3）补偿交易：撤销一系列步骤执行的工作，这些步骤共同定义最终一致的操作。

（4）健康检查：系统实现全链路功能检查，外部工具定期通过公开端点访问系统。

（5）重试：通过透明地重试先前失败的操作，使应用程序在尝试连接到服务或网络资源时处理预期的临时故障。

8. 安全

安全性是系统能够防止出现设计使用之外的恶意或意外行为，并防止泄露或丢失信息。

分布式系统在受信任的本地边界之外的 Internet 上运行，通常向公众开放，并且可以为不受信任的用户提供服务。必须以保护应用程序免受恶意攻击，限制仅允许对已批准用户的访问，并保护敏感数据。具体方法如下。

（1）联合身份：将身份验证委派给外部身份提供商。

（2）看门人：通过使用专用主机实例来保护应用程序和服务，该实例充当客户端与应用程序或服务之间的代理，验证和清理请求，并在它们之间传递请求和数据。

（3）代客钥匙：使用为客户端提供对特定资源或服务的受限直接访问的令牌或密钥。

7.5 工程应用

1. 资源调度

巧妇难为无米之炊，我们一切的软件系统都是构建在硬件服务器的基础上，从最开始的物理机直接部署软件系统，到虚拟机的应用，最后到资源上云、容器化，硬件资源的使用也开始了集约化管理。本节介绍的是传统运维角色对应的职责范围和当前在 Devops 开发运维一体化境下环的职责。我们以下要实现的也是资源的灵活高效使用。

（1）弹性伸缩：过去随着用户量增加软件系统，需要增加机器资源时，传统的方式是找运维申请机器，然后部署好软件服务接入集群，整个过程依赖的是运维人员的经验，效率低下且容易出错。微服务分布式则无须人为增加物理机器，在容器化技术的支撑下，只需申请云资源，然后执行容器脚本即可。

（2）应用扩容：用户激增需要对服务进行扩展，包括自动化扩容、峰值过后的自动缩容。

（3）机器下线：对于过时应用进行应用下线，云平台收回容器宿主资源。

（4）机器置换：对于故障机器，可供容器置换宿主资源，服务自动启动，无缝切换。

（5）网络管理：有了计算资源后，另外最重要的就是网络资源了。在现有的云背景下，几乎不是直接接触物理的带宽资源，而是直接由云平台统一管理带宽资源，我们要做的是对网络资源的最大化利用和最有效的管理。

（6）域名申请：应用申请配套域名资源，多套域名映射规则的规范。

（7）域名变更：域名变更统一平台管理。

（8）负载管理：多机应用的访问策略设定。

（9）安全外联：基础访问鉴权，拦截非法请求。

（10）统一接入：提供统一接入的权限申请平台，提供统一的登录管理。

（11）故障快照：在系统故障时的第一要务是系统恢复，同时保留“案发现场”也是非常重要的，资源调度平台则需要有统一的机制保存好故障现场。

（12）现场保留：内存分布、线程数等资源的保存，如 JavaDump（钩子接入）。

（13）调试接入：采用字节码技术无须入侵业务代码，可以供生产环境现场日志打点调试。

2. 流量调度

建设好分布式系统后，最先受到考验的关口就是网关，进而需要关注系统流量的情况，也就是如何对流量进行管理，我们追求的是在系统可容纳的流量上限内，把资源留给最优质的流量使用，而把非法恶意的流量挡在门外，这样在节省成本的同时确保系统不会被冲击崩溃。

（1）负载均衡：负载均衡是我们对服务如何消化流量的通用设计，通常分为物理层底层协议分流的硬负载均衡和软件层的软负载均衡。负载均衡已经是业界成熟的解决方案，我们通常会针对特定业务在不同环境中进行优化，常用的负载均衡解决方案包括交换机、F5、LVS/ALI-LVS、Nginx/Tengine、VIPServer/ConfigServer。

（2）网关设计：负载均衡部分最重要的就是网关，因为中心化集群流量最先接入的地方就是网关，如果网关扛不住压力，那么整个系统将不可用。网关设计主要考虑以下几个方面。

① 高性能：网关设计第一步需要考虑的是高性能的流量转发，网关单节点通常能达到上百万的并发流量。

② 分布式：出于流量压力分担和灾备考虑，网关设计同样需要分布式。

③ 业务筛选：网关需设计简单的规则，排除掉大部分的恶意流量。

（3）流量管理：流量管理主要包括以下三方面内容。

① 请求校验：请求鉴权可以把多数非法请求拦截、清洗。

② 数据缓存：多数无状态的请求存在数据热点，所以采用 CDN 可以把相当大一部分的流量消费掉。

③ 流控控制：剩下的真实流量我们采用不同的算法来分流，如流量分配、计数器、队列、漏斗、令牌桶、动态流控和流量限制。

在流量激增时，通常需要采取限流措施来防止系统出现雪崩，所以就需要预估系统的流量上限，设定好上限数。当流量增加到一定阈值后，超出的部分则不会进入系统，通过采取一定措施如限流策略、QPS 粒度、线程数粒度、RT 阈值、限流工具 - Sentinel 来牺牲部分流量，以保全系统的可用性。

3. 服务调度

正所谓打铁还需自身硬，做好流量调度后，剩下的就是进行服务调度。分布式系统服务出现故障是常有的事情，甚至需要把故障本身当作是分布式服务的一部分。服务调度涉及以下几个方面。

（1）注册中心：在网络管理一节中介绍了网关，网关是流量的集散地，而注册中心则是服务的根据地。

（2）状态类型：定义好应用服务的状态，通过注册中心就可以检测服务是否可用。

（3）生命周期：应用服务不同的状态组成了应用的生命周期。

（4）版本管理：集群版本，集群有自身对应的版本号，由不同服务组成的集群也需要定义大的版本号。

（5）版本回滚：在部署异常时可以根据大的集群版本进行回滚管理。

（6）服务编排：服务编排的定义是，通过消息的交互序列来控制各部分资源的交互。参与交互的资源都是对等的，没有集中的控制。

在微服务环境下，服务众多需要有一个总的协调器来协议服务之间的依赖和调用关系，如 K8S、Spring Cloud、HSF 和 ZK+Dubbo。

4. 服务控制

前面介绍了如何进行资源调度，流量调度、服务调度，现在介绍的是如何使服务更加健壮。

（1）发现：资源调度模块介绍了从云平台申请了容器宿主资源后，通过自动化脚本就可以启动应用服务，启动后服务则需要发现注册中心，并且把自身的服务信息注册到服务网关，即网关接入。注册中心则会监控服务的不同状态，做健康检查，把不可用的服务归类标记。

（2）降级：当用户激增时，我们首先是在流量端做处理，也就是限流。当限流后发现系统响应变慢了，有可能导致更多的问题时，也需要对服务本身做一些操作，即服务降级。服务降级就是把当前不是很核心的功能关闭掉，或者不是很要紧的准确性放宽范围，事后再做一些人工补救。降级主要通过降低一致性约束、关闭非核心服务和简化功能来实现。

（3）熔断：当经过以上操作后，还是觉得不放心，就需要通过熔断操作来维护服务。熔断是对过载的一种保护，犹如开关跳闸。例如，当服务不断对数据库进行查询时，如果因为业务问题造成查询问题，这时数据库本身需要熔断来保证不会被应用拖垮，并且能访问友好的提示信息，告诉服务不要再盲目调用了。熔断包括闭合、半开、断开三种状态。熔断工具是 Hystrix。

（4）幂等：一个幂等操作的特点是其任意多次执行所产生的影响均与一次执行的影响相同。那么就需要对单次操作赋予一个全局的 ID 来做标识，这样在多次请求后可以判断该请求源于同一个客户端，避免出现脏数据。

5. 数据调度

数据存储最大的挑战就是对冗余数据的管理，冗余数据多了，系统的效率会变低而且会占用资源，但副本（对数据的备份）少了起不到灾备的作用。通常的做法是把有状态的请求，通过状态分离转化为无状态请求。

状态转移是指分离状态至全局存储，将其转换为无状态流量请求。例如，通常会将登录信息缓存至全局 Redis 中间件，而不需要在多个应用中去冗余用户的登录数据。数据调度的方式包括分库分表、数据横向扩展、分片分区和多副本冗余。

6. 自动化运维

在介绍资源调度时就介绍过 Devops 的趋势，要想真正做到开发运维一体化，则需要不同的中间件来配合完成。

（1）配置中心：全局配置中心按环境来区分，统一管理，减少了多处配置的混乱局面，包括 Switch 和 Diamend。

（2）部署策略：微服务分布式部署是家常便饭。为了让服务更好地支撑业务发展，稳健的部署策略是首先需要考虑的，如停机部署、滚动部署、蓝绿部署、灰度部署、A/B 测试等部署策略适合不同业务和不同的阶段。

（3）作业调度：作业调度是系统必不可少的一个环节，传统的方式是在 Linux 机器上配置 crond 定时任务或和直接在业务代码里面完成调度业务，现在则是以成熟的中间件来代替，如 SchedulerX 和 Spring 定时任务。

（4）应用管理：运维工作中很大一部分时间要进行应用重启、上下线操作及日志清理操作。

7. 容错处理

既然分布式系统出现故障是常见的事情，那么应对故障的方案也是不可或缺的。容错处理通常分为主动方式和被动方式，主动方式是指在错误出现时，我们试图再试几次，如果成功就可以避免该次错误。被动方式是指错误的事情已经发生，为了挽回做事后处理，把负面影响降到最小。具体操作方法如下。

（1）重试设计。重试设计的关键在于设计好重试的时间和次数，如果超过重试次数或时间，那么重试就没有意义了。开源的项目 spring-retry 可以很好地实现重试的计划。

（2）事务补偿。事务补偿符合最终一致性的理念。补偿事务不一定会将系统中的数据返回到原始操作开始时其所处的状态。 相反，它用于补偿操作失败前由已成功完成的步骤所执行的工作。补偿事务中步骤的顺序不一定与原始操作中步骤的顺序完全相反。例如，一个数据存储可能比另一个数据存储对不一致性更加敏感，因而在补偿事务中撤销对此存储的更改的步骤应该会首先发生。对完成操作所需的每个资源采用短期的基于超时的锁，并预先获取这些资源，这样有助于增加总体活动成功的可能性。仅在获取所有资源后才应执行工作。锁过期之前必须完成所有操作。

8. 全栈监控

由于分布式系统是由众多机器共同协作的系统，而且网络也无法保证完全可用，所以需要建设一套对各个环节都能监控的系统，这样才能从底层到业务各个层面进行监控，出现意外时可以及时修复故障，避免更多的问题出现。

（1）基础层：基础层面是对容器资源的监测，包含各个硬件指标的负载情况，如CPU、IO、内存、线程、吞吐等。

（2）中间件：分布式系统接入了大量的中间件平台，中间件本身的健康情况也需要监控。

（3）应用层：应用层包括性能监控和业务监控。其中，性能监控应用层面需要对每个应用服务的实时指标（如 qps、rt）、上下游依赖等进行监控。业务监控是指除了应用本身的监控程度，业务监控也是保证系统正常的一个环节，通过设计合理的业务规则，对异常的情况做报警设置。

监控链路包括 zipkin/eagleeye、sls、goc 和 Alimonitor。

9. 故障恢复

当故障已经发生后，首先要做的是马上消除故障，确保系统服务正常可用，这个时候通常要做以下回滚操作。

（1）应用回滚：应用回滚之前需要保存好故障现场，以便排查原因。

（2）基线回退：应用回滚后，代码基线也需要回滚到前一版本。

（3）版本回滚：整体回滚需要服务编排，通过大版本号对集群进行回滚。

10. 性能调优

性能优化是分布式系统的大专题，涉及的面非常广，这部分内容可以单独做一个系列来讲，本节就先不展开。本身服务治理的过程也是性能优化的过程。

缓存是解决性能问题的一大利器，在理想情况下，如果每个请求不需要额外计算立刻能获取到返回结果时，效率就是最快的。小到 CPU 的三级缓存，大到分布式缓存，缓存无处不在，分布式缓存需要解决的就是数据的一致性，这个时候我们引入了分布式锁的概念，如何处理分布式锁的问题将决定获取缓存数据的效率。

（1）高并发：多线程编程模式提升了系统的吞吐量，但同时也带来了业务的复杂度。

（2）异步：事件驱动的异步编程是一种新的编程模式，摒弃了多线程的复杂业务处理问题，同时能够提升系统的响应效率。

7.6 分布式与区块链

分布式的发展是区块链应用得以产生和发展的一个重要技术支撑。区块链系统中的很多技术都源于分布式系统，尤其是区块链中的共识协议，在后面的章节中将单独讲解共识协议部分。

区块链是分布式技术之上，结合了密码学的一个特殊应用。分布式与图灵相关的图灵完备、图灵等价、图灵测试等概念的关联性并不强，它们是解决不同场景问题的两种技术。

分布式与冯诺伊曼结构的对比性不大，分布式是冯诺伊曼结构的一个扩大与架构补充。分布式系统是从单个的计算机发展到集群时代的产物。与分布式相关的很多问题在区块链系统中都有涉及。从某个角度来看，区块链系统就是去中心化的分布式系统。

第8章 区块链的孕育与发展

8.1 区块链的孕育

前7章介绍了计算机的硬件、软件、操作系统、应用软件、网络、分布式系统等内容。计算机世界的这些发展为区块链技术的产生和发展奠定了丰厚的基础，为区块链的孕育准备了充足的环境条件。

区块链的底层技术包括以下几个方面，如图8-1所示。

（1）密码学领域：哈希函数、非对称加密等。

（2）计算机领域：网络的发展、分布式计算的发展等。

（3）货币理论的发展：哈耶克的《货币的非国家化》等。

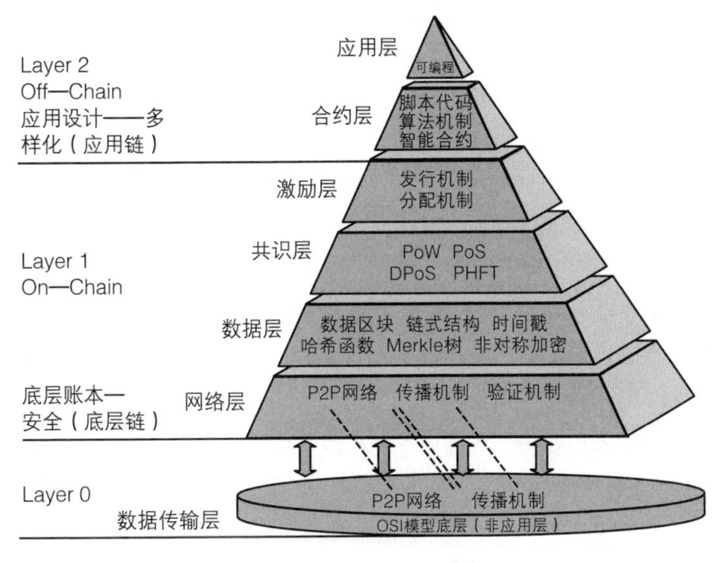

图8-1 区块链的底层技术

8.1.1 区块链史前记事

在形成区块链之前（1976—1998 年），发生了一些重要的密码学事件，如图 8-2 所示。

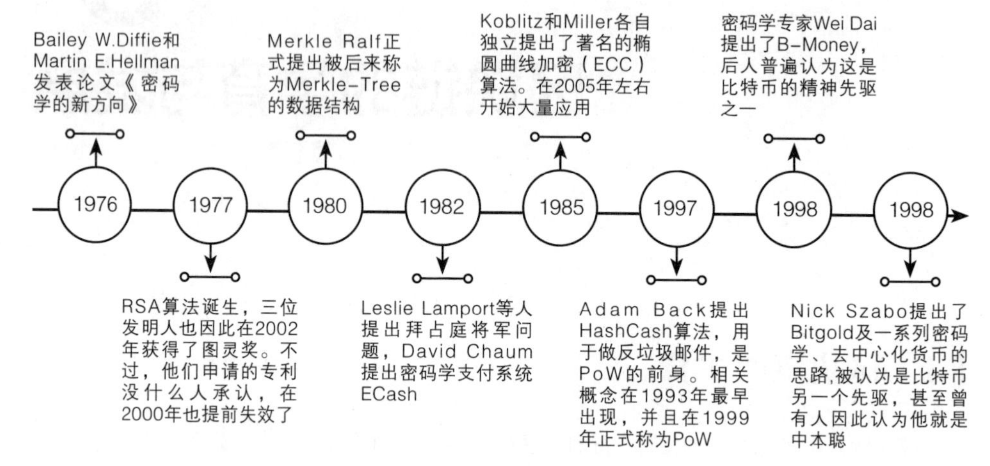

Bailey W.Diffie和Martin E.Hellman发表论文《密码学的新方向》
Merkle Ralf正式提出被后来称为Merkle-Tree的数据结构
Koblitz和Miller各自独立提出了著名的椭圆曲线加密（ECC）算法。在2005年左右开始大量应用
密码学专家Wei Dai提出了B-Money，后人普遍认为这是比特币的精神先驱之一
1976
1977
1980
1982
1985
1997
1998
1998
RSA算法诞生，三位发明人也因此在2002年获得了图灵奖。不过，他们申请的专利没什么人承认，在2000年也提前失效了
Leslie Lamport等人提出拜占庭将军问题，David Chaum提出密码学支付系统ECash
Adam Back提出HashCash算法，用于做反垃圾邮件，是PoW的前身。相关概念在1993年最早出现，并且在1999年正式称为PoW
Nick Szabo提出了Bitgold及一系列密码学、去中心化货币的思路，被认为是比特币另一个先驱，甚至曾有人因此认为他就是中本聪

图 8-2　1976—1998 年重要的密码学事件

1976 年，Bailey W. Diffie、Martin E. Hellman 两位密码学大师发表了论文《密码学的新方向》，论文覆盖了未来几十年密码学所有的进展领域，包括非对称加密、椭圆曲线、哈希等算法，奠定了迄今为止整个密码学的发展方向，也对区块链技术和比特币的诞生起到决定性作用。

哈耶克出版了他人生中最后一本经济学方面的著作——《货币的非国家化》。对比特币有一定了解的人都知道，《货币的非国家化》一书所提出的非主权货币、竞争发行货币等理念，可能称为去中心化货币的精神指南。

1980 年，Merkle Ralf 提出了 Merkle-Tree 数据结构和相应的算法，后来的主要用途之一是分布式网络中数据同步正确性的校验，这也是比特币中引入用来做区块同步校验的重要手段。

1982 年，Lamport 提出拜占庭将军问题，标志着分布式计算的可靠性理论和实践进入了实质性阶段。同年，David Chaum 提出了密码学支付系统 ECash。可以看出，随着密码学的不断发展，眼光敏锐的人已经开始尝试将其运用到与货币、支付相关的领域了，应该说 ECash 是密码学货币最早的先驱之一。

拜占庭将军问题之前，学术界就已经存在两个将军问题的讨论（Some constraints and trade offs in the design of network communications，1975 年）：两个将军要通过信使来做出是进攻还是撤退的决定，但信使可能会迷路或被敌军阻拦（消息丢失或伪造），那两个将军该如何达成一致？根据 FLP 不可能定理，这个问题无通用解。

1985 年，Koblitz 和 Miller 各自独立提出了著名的椭圆曲线加密（ECC）算法。由于此前发明的 RSA 的算法计算量过大，所以很难实用，ECC 算法的提出才真正使得非对称加密体系产生了实用的可能。因此，可以说到了 1985 年，也就是《密码学的新方向》发表 10 年左右，现代密码学的理论和技术基础已经完全确立了。

1985—1997 年，这段时期在密码学、分布式网络以及与支付 / 货币等领域的关系方面，没有什么特别显著的进展。这种现象很容易理解：新的思想、理念、技术的产生之初，总要有相当长的时间让大家去学习、探索、实践，然后才有可能出现突破性的成果。前 10 年往往是理论的发展，后 10 年则进入实践探索阶段，1985—1997 这 10 年左右的时间，应该是相关领域在实践方面迅速发展的阶段。最终，从 1976 年开始，经过 20 年左右的时间，密码学、分布式计算领域终于进入了爆发期。

1997 年，HashCash 方法，也就是第一代 PoW（Proof of Work）算法出现了，当时发明出来主要用于做反垃圾邮件。在随后发表的各种论文中，具体的算法设计和实现已经完全覆盖了后来比特币所使用的 PoW 机制。

到了 1998 年，密码学货币的完整思想终于破茧而出，戴伟（Wei Dai）、尼克·萨博（Nick Szabo）同时提出密码学货币的概念。其中戴伟的 B-Money 被称为比特币的精神先驱，而尼克·萨博的 Bitgold 提纲和中本聪的比特币论文里列出的特性非常接近，以至于有人曾经怀疑尼克·萨博就是中本聪。这距离后来比特币的诞生又是整整 10 年时间。

8.1.2 区块链诞生的前 10 年

区块链诞生前 10 年（1999—2007）的技术积累如图 8-3 所示。

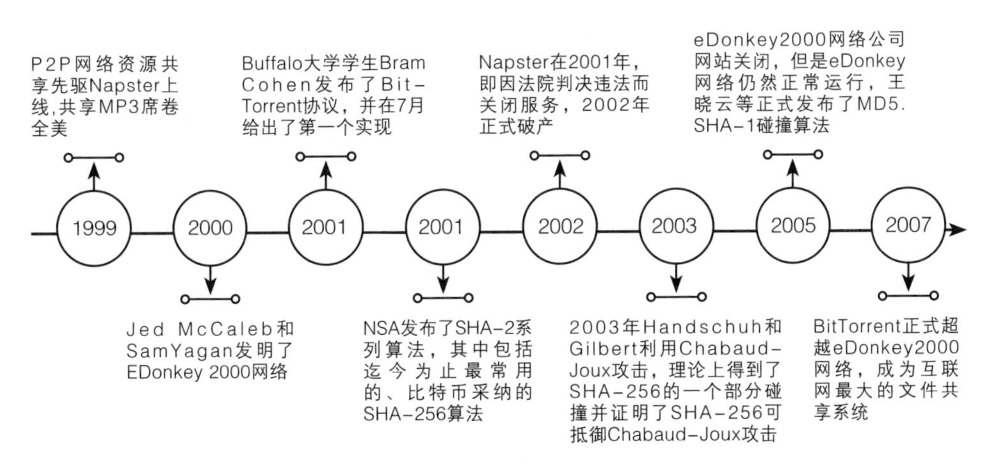

图 8-3 1999—2007 年之间产生的技术积累

21世纪到来之际，区块链相关的领域又有了几次重大进展：首先是点对点分布式网络，1999—2001年的三年时间内，Napster、EDonkey 2000和BitTorrent先后出现，奠定了P2P网络计算的基础。

2001年，另一件重要的事情就是NSA发布了SHA-2系列算法，其中包括目前应用最广的SHA-256算法，这也是比特币最终采用的哈希算法。应该说到了2001年，比特币或区块链技术诞生的所有的技术性问题在理论上、实践中都被解决了，比特币呼之欲出。

除了这些技术因素，作为区块链诞生的另外一个条件，经济学领域的自由思想也得到了充分的发展。从最早期哈耶克的《货币的非国家化》，到密码朋克（Cypherpunk）提倡的一些自由思想，以及受无政府主义影响产生的B-money，都为区块链的发展积累了充分的条件。

在人类历史中经常会看到这样的现象，从一个思想、技术被提出来，到它真正发扬光大，差不多需要30年左右的时间。不仅在技术领域，在其他如哲学、自然科学、数学等领域，这种现象也是屡见不鲜，区块链的产生和发展也遵从了这种现象。这种现象也很容易理解，因为一种思想、一个算法、一门技术诞生之后，要被人消化、摸索、实践，大概要用一代人的时间。

区块链诞生之后（2008—2013）比特币的几个重要事件如图8-4所示。

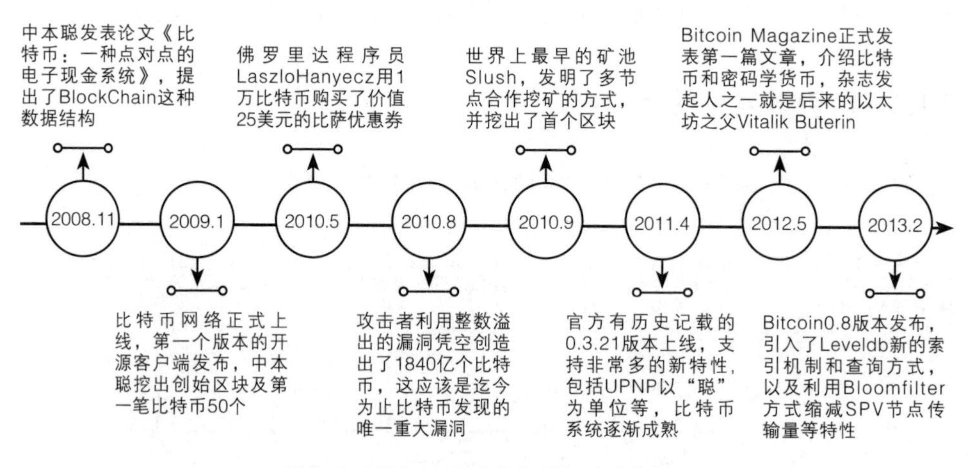
中本聪发表论文《比特币：一种点对点的电子现金系统》，提出了BlockChain这种数据结构
佛罗里达程序员LaszloHanyecz用1万比特币购买了价值25美元的比萨优惠券
世界上最早的矿池Slush，发明了多节点合作挖矿的方式，并挖出了首个区块
Bitcoin Magazine正式发表第一篇文章，介绍比特币和密码学货币，杂志发起人之一就是后来的以太坊之父Vitalik Buterin
2008.11
2009.1
2010.5
2010.8
2010.9
2011.4
2012.5
2013.2
比特币网络正式上线，第一个版本的开源客户端发布，中本聪挖出创始区块及第一笔比特币50个
攻击者利用整数溢出的漏洞凭空创造出了1840亿个比特币，这应该是迄今为止比特币发现的唯一重大漏洞
官方有历史记载的0.3.21版本上线，支持非常多的新特性，包括UPNP以“聪”为单位等，比特币系统逐渐成熟
Bitcoin0.8版本发布，引入了Leveldb新的索引机制和查询方式，以及利用Bloomfilter方式缩减SPV节点传输量等特性

图8-4　2008—2013年比特币的几个重点事件

中本聪在2008年11月发表了著名的论文《比特币：一种点对点的电子现金系统》，2009年1月用他第一版的软件挖掘出了创始区块，包含着这句：“The Times 03/Jan/2009 Chancellor on brink of second bailout for banks.”，像魔咒一样开启了比特币的时代。

2010年9月，第一个矿池Slush发明了多个节点合作挖矿的方式，成为比特币挖矿这个行业的开端。建立矿池就意味着有人认定比特币未来将成为某种可以与真实世界货币相兑换的、具有无限增长空间的虚拟货币，这无疑是一种远见。

2011 年 4 月，比特币官方正式记载的（https://bitcoin.org/en/version-history）第一个版本——0.3.21 发布，这个版本非常初级，但是意义重大。首先，由于它支持 UPNP，实现了我们日常使用的 P2P 软件的能力，比特币才真正进入寻常百姓家，让任何人都可以参与交易。其次，在此之前比特币节点最小单位只支持 0.01 比特币，相当于“分”，而这个版本真正支持了以“聪”作为单位。

2013 年，比特币发布了 0.8 的版本，这是比特币历史上最重要的版本，它整个完善了比特币节点本身的内部管理、网络通信的优化。也就是在这个时间点以后，比特币才真正支持全网的大规模交易，成为中本聪设想的电子现金，真正产生了全球影响力。

8.2 区块链的发展阶段

8.2.1 区块链的三个发展阶段

区块链 1.0 是以比特币 、莱特币为代表的加密货币，具有支付、流通等货币职能。

区块链 2.0 是以以太坊为代表的智能合约（或可理解为“可编程金融”），是对金融领域的使用场景和流程进行梳理、优化的应用。

区块链 3.0 是区块链技术在社会领域下的应用场景实现，将区块链技术拓展到金融领域之外，为各种行业提供去中心化解决方案的“可编程社会”。这个阶段另外一种容易理解的说法是价值互联网。区块链的三个发展阶段如图 8-5 所示。

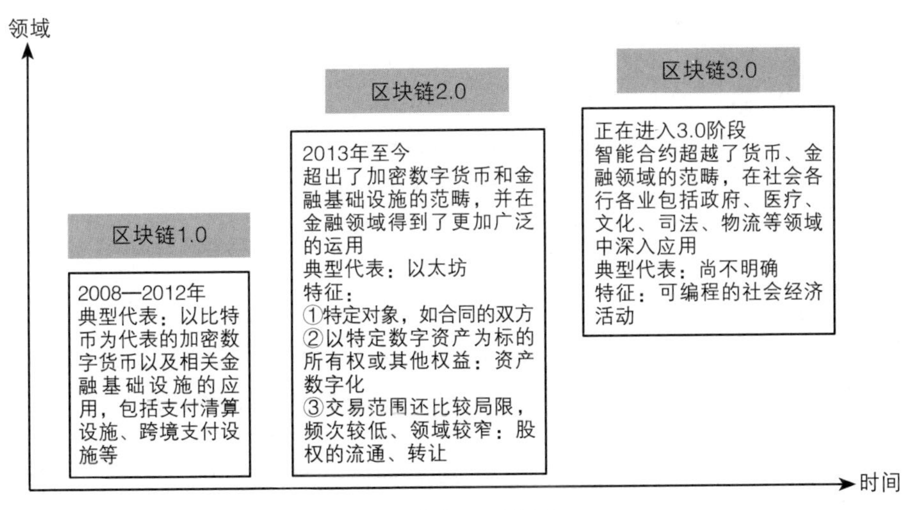

图 8-5　区块链的三个发展阶段

8.2.2 区块链 1.0

区块链 1.0 的基础架构如图 8-6 所示。

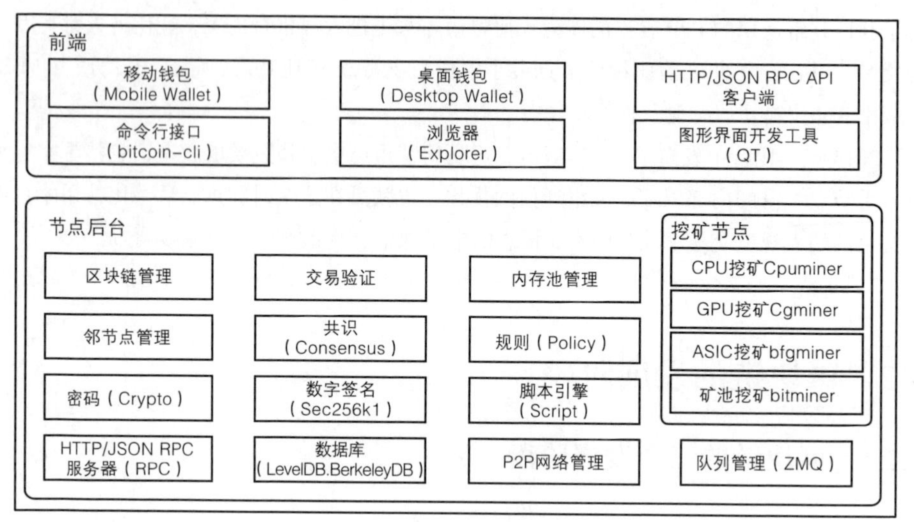

图 8-6　区块链 1.0 的基础架构

中本聪挖出的第一批比特币，代表区块链 1.0 开启了，可以简单理解为区块链 1.0 和比特币、莱特币这些老牌数字货币挂钩。区块链 1.0 能做的不多，但是把区块链带入了现实社会中。区块链 1.0 主要体现是加密货币，具有支付、流通等货币职能。

最有名的莫过于 2010 年 5 月 22 日，一位名叫 Laszlo Hanyecz 的程序员用 1 万枚比特币购买了两个比萨。这被广泛认为是用比特币进行的首笔交易，也是币圈经久不衰的笑话之一，很多币友将这一天称为“比特币比萨日”。但是从另一个角度来说，这次的行为将在计算机中挖的那些虚拟货币与现实中的实物联系起来，这是具有里程碑意义的，因此是无价的。

在区块链 1.0，人们过多关注的只是建立在区块链技术上的那些虚拟货币，关注它们值多少钱、怎么挖、怎么买、怎么卖。不过时间久了，自然会有更多的人去关注技术本身，随后就引发了一场新的革命——区块链 2.0。

1. 区块链1.0的核心是货币

以比特币为例，比特币这个词用来同时表示三种不同的东西。第一种，比特币是指底层区块链技术平台。第二种，比特币用于表示在底层区块链技术上运行的协议，用于描述资产如何在区块链上传输。第三种，比特币是数字货币，也是目前最大的加密货币。

（1）加密货币：比特币（BTC）。

（2）比特币协议和客户：进行交易的软件程序。

（3）比特币区块链：基础分散分类账。

第一层是底层技术，即区块链。区块链是分散的透明分类账，包含交易记录——由所有网络节点共享的数据库，由矿工更新，由每个人监控，并且由任何人拥有和控制。它就像一个巨大的交互式电子表格，每个人都可以访问、更新并确认数字交易是独一无二的。堆栈的中间层是协议——是通过区块链分类账转移资金的软件系统。顶层是货币本身。比特币在交易或交易中交易时表示为 BTC。有数百种加密货币，其中比特币是第一个，也是最大的。关键点在于这三层是所有现代加密货币的一般结构，即区块链、协议和货币。

2. 区块链1.0的应用及意义

（1）加密货币的计算、加密货币的应用。

（2）电子钱包服务和个人密码安全。

电子钱包可以参考在大众普及版书中关于电子钱包的介绍来了解详细内容。

但加密货币在个人密码安全方面提供了许多好处。其中一个很大的优点是区块链是一种推送技术（用户仅为此次交易启动并向网络推送相关信息），而不是拉动技术（如用户的个人信息存档的信用卡或银行，在被授权的任何时候获取）。推送技术与拉动技术的根本区别在于去中心化结构与中心化结构处理信息的原理不同。

（3）商家接受比特币。

3. 总结

区块链 1.0 是以比特币为代表的虚拟货币的时代，代表了虚拟货币的应用，包括其支付、流通等虚拟货币的职能。主要具备的是去中心化的数字货币交易支付功能，目标是实现货币的去中心化与支付手段。比特币就是区块链 1.0 最典型的代表。区块链的发展得到了欧美等国家市场的接受，同时也催生了大量的货币交易平台，实现了货币的部分职能，能够实现货品交易。比特币勾勒了一个宏大的蓝图，未来的货币不再依赖于各国央行的发布，而是进行全球化的货币统一。

区块链 1.0 只满足虚拟货币的需要，虽然区块链 1.0 的蓝图很庞大，但是无法普及到其他的行业中。区块链 1.0 也是虚拟货币的时代，涌现出了大量的山寨币。

8.2.3 区块链 2.0

2014 年之后，开发者们越来越注重于解决比特币在技术和扩展性方面的不足。2013 年年底，Vitalik Buterin 将智能合约引入区块链，打开了区块链在货币领域以外的应用，从而开启了区块链 2.0。区块链 2.0 的虚拟机提供了图灵完备的语言支持，使得用户可以基于该语言开发出功能丰富的智能合约应用。区块链 2.0 的基础架构如图 8–7 所示。

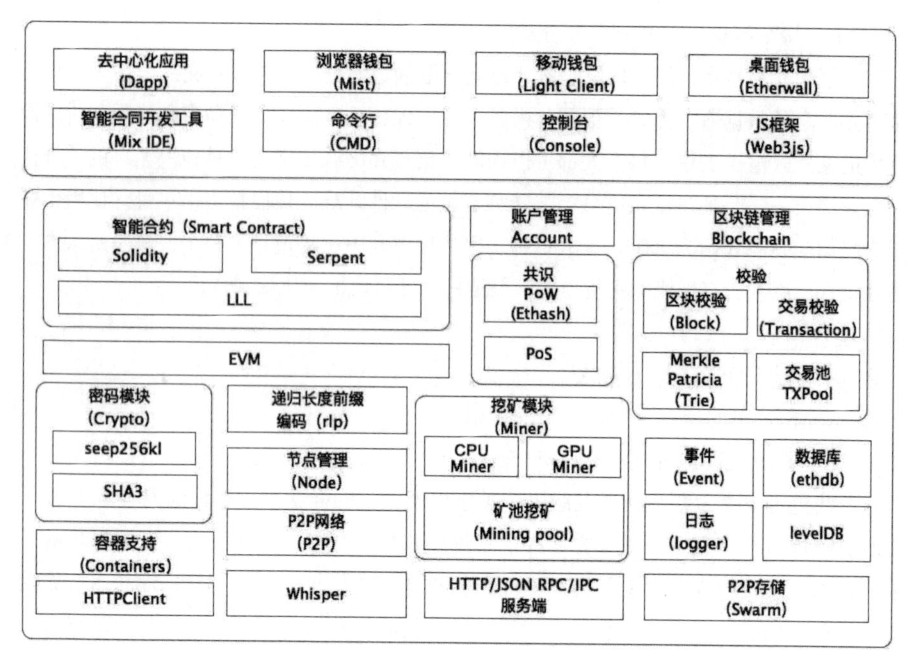

图 8-7 区块链 2.0 的基础架构

1. 区块链 2.0是智能合约的开发和应用

智能合约是一种可以自动执行的简单交易。在日常生活中跟我们有什么联系呢？举一个简单的例子，甲跟乙打赌，如果明天下雨，则甲赢；如果明天不下雨，则乙赢。甲、乙在打赌的时候把钱放进一个智能合约控制的账户内，第二天过去了，赌博的结果出来了，智能合约就可以根据收到的指令自动判断输赢，并进行转账。这个过程是高效、透明的执行过程，不需要公正等第三方介入。也就是说，有了智能合约以后，打赌就没办法赖账了。

在区块链 2.0 中，最著名的莫过于具有智能合约功能的公共区块链平台以太坊了，也可以说是以太坊掀起了区块链 2.0 革命的浪潮。以太坊是为了解决比特币扩展性不足的问题而生，事实证明确实如此。大量的 token 基于以太坊发行，疯狂之下，成功地将 ETH 推上了全球加密数字货币市值排行榜的第二名。

但在区块链 2.0 的技术前期，性能是个较大的问题，每秒的交易次数有限，这也成为其快速发展的制约性因素。于是，这就需要将眼光放到未来的区块链 3.0。

区块链 1.0 的问题是有限的堆栈指令。区块链 2.0 的代表 EVM（一个图灵完备的 256 位虚拟机）与比特币的脚本系统一样，也是用堆栈方式实现的。EVM 的堆栈深度限制在 1024 层，也就是说最多往堆栈里叠加 1024 个数据，而且每个堆栈项的数据长度是 32 字节，与我们前面说的合约账户的数据存储长度对得上，所以，大家都把以太坊虚拟机称为一个图灵完备的 256 位虚拟机。

Vitalik Buterin 指出目前的挑战主要是技术性问题，大体分为以下三类。

第一，可扩展性。我们要增加区块链的容量，这一性能主要反映每秒可处理的原始交易数。目前以太坊每秒可处理 15 笔左右交易，但要满足主流采用，还需要数千倍的提升。

第二，隐私性。我们需要努力确保在使用区块链应用时不会泄露个人隐私数据。

第三，安全性。我们需要在技术上帮助社区最大限度地降低数字资产被盗的风险，私钥遗失、智能合约代码漏洞等风险也要最小化。

在写本书时，以太坊在以上三个方面都已经取得了一定的进展，随着时间发展，区块链技术会日益完善。

2. 区块链2.0的核心是智能合约

智能合约是嵌入合同条款和条件的计算机协议。合同的人类可读术语（源代码）被编译成可在网络上运行的可执行计算机代码。因此，许多类型的合同条款可以部分或完全自动执行、自我执行，或者两者兼而有之。

智能合约不是一个新概念。计算机科学家尼克·萨博（Nick Szabo）大约在 1993 年创造了“智能合约”一词，以实现将合同法和相关商业惯例的“高度发展”实践带入陌生人之间的电子商务协议设计的目标。智能合约的早期应用是数字版权管理方案。这些是版权许可的智能合约，金融合同的金融加密方案也是如此。

区块链技术通过构建其分布式分类账架构来实现智能合约。构成智能合约的代码可以作为区块链 2.0 应用程序条目的一部分添加。现在可以输入彼此不了解的第三方之间的智能合约，因为区块链中的信任是作为无法伪造或篡改的数据库。特别地，现在可以以低成本签署与多个第三方的合同（多重合同）。因此，基于区块链的智能合约的定义为“一段代码（智能合约）可以部署到共享的、复制的分类账，以维持自己的状态、控制自己的资产，并响应外部信息的到来或收到资产”。

3. 区块链2.0的应用和意义

（1）透明度和隐私。最初的比特币代码已经在开源许可下发布，所有区块链 2.0 的应用程序也都是开源的。对于一个局外人来说，这可能是革命性的，但是，随着开源模型在占据了计算机创新领域的主导地位，如果有人选择发布区块链或区块链 2.0 应用程序之类的新平台，它实际上将成为一种范式转变。源代码的可访问性为区块链提供了重要的透明度，这增加了对共识驱动的分布式数据库结构所带来的系统及其分类账的信任。区块链的所有用户都可以验证底层代码是否存在任何安全漏洞或包含任何允许篡改的后门。

这种透明度可能对用户的隐私构成挑战。比特币网络通过允许节点以假名访问分类账来努力保护其用户的隐私。如前所述，为了转移比特币，节点不必揭示操作该节点的个人或组织的物理身份。所需要的只是该节点使用具有有效私有加密密钥的数字签名进行交易。

如果使用区块链 2.0 应用程序需要链接到用户的身份，则所有使用该应用程序的人都可以访问此用户的个人信息。

（2）守则是法律。Lawrence Lessig 说“代码就是法律”。他指出，编码人员和软件架构师通过选择 IT 网络的工作和结构以及运行在其上的应用程序，对制定系统的规则做出了重要而且往往是关键的决策。

（3）裁决和灵活性。智能合约至少可以在理论上完全自动化和自我执行。这样就会减少人为的干扰，保证确定性。

（4）物理世界的链接。随着我们转向区块链 2.0 应用程序，对物理链接的需求变得明显。在服务器上设置基于区块链的土地登记册或编码智能合约，以在区块链应用程序中将其记录为交易，这可能是最容易的部分。验证一个人是否拥有一块土地的所有权，还有核实一个公钥的持有者是否为他声称的那个人，这些通常是一项几乎不可能完成的任务。然而，为了使区块链具有价值，必须建立与物理世界的有效链接。

（5）合同法。完全自动化和自我实施的智能合约可能会处理如此复杂和不可预测的商业场景，以至于代码无法将所有可能的问题都嵌入其中。在可预见的未来，智能合约通常不得不依赖法院和仲裁来处理疑问。

（6）消费者监管。智能合约将组织各个领域的经济价值交换。由于对公共利益的考虑，许多部门将受到严格监管。将合同移至区块链可能会导致有关法律和司法管辖区选择的问题，但与大多数传统的国际合同一样，国家法院和立法者最终对比会有更好的理解。

8.2.4 区块链 3.0

区块链 3.0 的基础架构如图 8-8 所示。

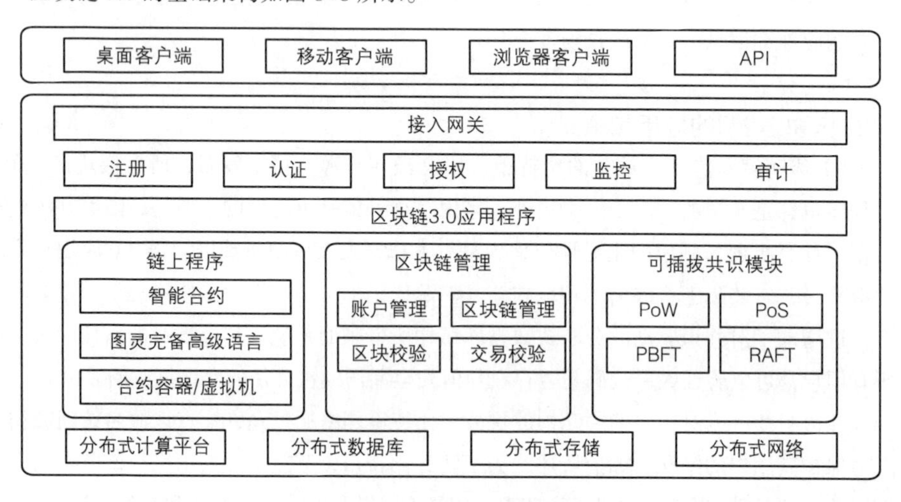

图 8-8 区块链 3.0 的基础架构

区块链 3.0 是区块链技术更广阔的应用。有了区块链 2.0 的基础，区块链技术拓展到金融领域之外，为各种行业提供去中心化解决方案的“可编程社会”。

在区块链 1.0 和区块链 2.0 中，区块链只是小范围影响并造福了一批人，因其局限在货币、金融的行业中。而区块链 3.0 将会赋予我们一个更大更宽阔的世界。未来的区块链 3.0 不只是单一的链和币，而是由多链构成的网络和生态，类似于操作系统或分布在全球的一个巨大的计算机操作系统。所以在区块链 3.0，区块链的价值将远远超越货币、支付和金融等经济领域，它将利用其优势重塑人类社会的方方面面。那我们要做的是，加速它、迎接它、拥抱它，最后改变这个世界。

当前网络的发展，更多的是人类与计算机的交互。随着物联网的发展，区块链 3.0 的作用范围更大，不但包含当前的人类与计算机之间的交互，更多的还会包含物与物之间的交互。以往的交互更多的是传递信息，区块链 3.0 交换的内部不仅包含信息，还会包含价值。

区块链 3.0 到底是什么？当前还不能说清楚，虽然很多公链号称是区块链 3.0，但实际上并没有达到比区块链 2.0 更多的超越。无论如何，区块链 3.0 肯定比区块链 2.0 的功能更强大，影响的范围更大，集成的领域更多。

8.3 区块链的应用场景

8.3.1 区块链的特点

区块链系统具有几个明显的特性：信息不可篡改性、去中心化、匿名性、开放性和自治性。区块链上面的应用都是基于它的这些特性来实现的，下面逐一介绍这些特性的含义。

1. 信息不可篡改性

传统的数据库具有增加、删除、修改和查询四个经典操作。对于区块链的全网账本而言，区块链技术相当于去掉了修改和删除两个操作，只留下增加和查询两个操作，通过区块和链表的“块链式”结构，加上相应的时间戳进行凭证固化，形成环环相扣、难以篡改的可信数据集合。

对于区块链删除和修改也是可以实现的，但这种实现在区块链系统中是一种非法操作，也就是区块链中的分叉。这种非法操作不但有巨大的算力要求，非常难实现，同时因为区块链中的经济模型激励机制，也很难使人用这么大的经济成本去做修改和删除的操作。

2. 去中心化

以往中心化系统都是由某个机构或某个人来控制其运行，或者数据权限。但区块链的系统是去中心化的，是由某种共识机制来决定由整个网络中的某个节点操作数据或其他动作。区块链的去中心化，还表现在系统中的钱包地址。以往我们的账号都是由中心化的机构产生和管理的，但区块链中的钱包地址不是由中心化机构管理的，而是由非对称的数学算法支撑的。

对于去中心化，我们引用以太坊创始人 Vitalik Buterin 于 2017 年 2 月发表的文章 The meaning of decentralization，文中详细阐述了去中心化的含义。他认为应该从三个角度来区分计算机软件的中心化和去中心化：架构中心化是指系统能容忍多少个节点的崩溃后还可以继续运行；治理中心化是指需要多少个人和组织能最终控制这个系统；逻辑中心化是指系统呈现的接口和数据是否像是一个单一的整体。

区块链是全网统一的账本，因此从逻辑上看是一个整体，对外看时是中心化的。从架构上看，区块链是基于对等网络的，因此是架构去中心化的。从治理上看，区块链通过共识算法使得少数人很难控制整个系统，因此是治理去中心化的。架构和治理上的去中心化为区块链带来三个好处：容错性、抗攻击力和防合谋。

3. 匿名性

匿名性是区块链的另外一个特点，匿名性一般是指个人在群体中隐藏自己个性的一种现象。在区块链方面，是指别人无法知道你在区块链上有多少资产，以及和谁进行了转账，甚至是对隐私的信息进行匿名加密。

匿名性的一方面是指无须用公开身份参与链上活动。由于节点之间的交换遵循固定的算法，其数据交互是无须信任的（区块链中的程序规则会自行判断活动是否有效），因此交易双方无须通过公开身份的方式让对方对自己产生信任，这对信用的累积非常有帮助。另一方面，交易的信息具有匿名性和不可查看性。这方面是靠环签名、零知识证明等算法来实现的。这些隐私技术在达世币和门罗币、大零币这些公链系统中已经使用。

对于大家所说比特币系统的交易是匿名的这一点是有争议的。比特币上面所有的交易都可以查询到，虽然一般情况下不能知道是谁，但通过中心化的交易所和其他被公开的交易信息，是可以和现实世界中的人员对应起来的。这一点让大家觉得区块链系统不具有匿名性了，但这个匿名性和我们说的区块链的两种匿名性是有区别的。区块链的第二方面的匿名性和大家平时理解的匿名性相同，区块链中的第一个方面的匿名性是一种技术的评判方式。

4. 开放性

区块链系统是开放的，区块链的数据对所有人公开，任何人都可以通过公开的接口查询区块链数据和开发相关应用，因此整个系统信息高度透明。虽然区块链的匿名性使交易各方的私有信息被加密，但这不会影响区块链的开放性，这是对开放信息的一种保护措施。

5. 自治性

区块链的自治性是指采用基于协商一致的规范和协议（如一套公开透明的算法）使得整个系统中的所有节点能够在去信任的环境中自由安全地交换数据，使得对“人”的信任改成了对代码的信任，任何人为的干预不起作用。区块链上的自治让多参与方、多中心的系统按照公开的算法、规则形成的自动协商一致的机制运行，以确保记录在区块链上的每一笔交易的准确性和真实性。让每个人能够对自己的数据做主，是实现以客户为中心的商业重构的重要一环。

此外，区块链系统上层的自治型组织 DAO 与 DAC 也是因为区块链的多种特性，以及区块链在经济层面的能力得以实现的。

这些特性使区块链上面产生了各种的去中心化应用，同时结合区块链技术的信息互联网具有了能够传递价值的能力。

8.3.2 数字货币与数字资产

区块链1.0是以比特币为代表的虚拟货币的时代,代表了虚拟货币的应用,包括其支付、流通等虚拟货币的职能。主要具备的是去中心化的数字货币交易支付功能，目标是实现货币的去中心化与支付手段。数字货币的发展为超主权货币的实现提供了可能性与前期探索的任务。

经过 10 多年的发展，数字货币与数字货币的相关生态发展得已经比较完善。在数字货币领域，像比特币、莱特币等传统的数字货币得到了大众的认识与接受；同时，隐私货币、达士币、门罗币、大零币等也丰富了对隐私领域的探索；稳定币的发展打开了非主权货币与主权货币之间的联系，各国央行和 Libra 对数字货币的探索也加速了数字货币应用的发展。数字货币的延展领域蓬勃发展。数字钱包、数字货币交易所、矿机、矿池等相关生态已经比较成熟。相关企业已经有上市的相关案例，如矿机厂商嘉楠耘智上市。

数字货币的媒体与宣传领域也形成了不少有规模的企业。包括数字货币领域的媒体、区块链相关的培训公司等。

数字货币领域的应用发展最快、最成熟。如支付领域，随着数字货币技术的成熟，与传统支付相关的领域开始被改造，尤其是跨境支付。例如，国际支付领域的瑞波网络（Ripple）。瑞波（Ripple）是世界上第一个开放的支付网络，通过这个支付网络可以转账任意一种货币，包括美元、欧元、人民币、日元或比特币，简便、易行、快捷，交易确认在几秒以内完成，交易费用几乎是零，没有所谓的跨行、异地以及跨国支付费用。

Ripple 是开放源码的 P2P 支付网络，它可以使你轻松、廉价并安全地把金钱转账到互联网上的任何一个人，无论他在世界的哪个地方。因为 Ripple 是 P2P 软件，没有任何个人、公司或政府操控，任何人都可以创建一个 Ripple 账户。

除了这些公链的实现案例，2018 年 6 月，蚂蚁金服区块链跨境汇款项目上线。港版支付宝 AlipayHK 的用户可以通过区块链技术向菲律宾钱包 Gcash 汇款，中间由渣打银行提供资金清算以及外汇兑换服务。这个项目由马云亲自启动，现场见证了第一笔跨境支付的诞生，3 秒到账。

8.3.3 智能合约的应用

区块链 2.0 的智能合约应用是区块链应用的一个重要方向。智能合约使区块链有了更大的应用场景。我们使用由智能合约研讨会的组织机构发布的一份智能合约白皮书中介绍的 12 种应用场景来介绍智能合约的应用。

这 12 种应用场景将在第 15 章详细讲述，在此仅简单地列举一下：数字身份、记录、证券、贸易金融、衍生品、金融数据记录、抵押贷款、土地所有权记录、供应链、汽车保险、临床试验、癌症研究。

随着区块链的发展，会有更多的场景适合智能合约的应用，智能合约也会发挥更大的作用。

智能合约的发展也面临重重问题：①目前的资产数字化程度不足，智能合约的应用依赖于资产数字化，资产数字化后才可通过编程的方式完成资产流动；②智能合约自身的实施方案仍不成熟，其安全性仍有待商榷。

8.3.4 不可篡改性

1. 版权保护

传统鉴证证明有以下痛点。

（1）流程复杂：以版权保护为例，现有鉴证证明方式登记时间长且费用高。

（2）公信力不足：以法务存证为例，个人或中心化的机构存在篡改数据的可能，公信力难以得到保证。

2. 区块链 + 鉴证证明

（1）流程简化：将区块链应用到鉴证证明后，无论登记还是查询都非常方便，无须再奔走于各个部门之间。

（2）安全可靠：区块链的去中心化存储，保证没有一家机构可以任意篡改数据。

区块链在鉴权证明领域的应用有版权保护、法务存证等。下面以版权保护为例，简单说明如何实现区块链的版权登记和查询。

（1）电子身份证：将“申请人+发布时间+发布内容”等版权信息加密后上传，版权信息用于唯一区块链ID，相当拥有了一张电子身份证。

（2）时间戳保护：在版权信息存储时加上时间戳信息，如果雷同，可用于证明先后。大部分版权内容如果能够证明先后，基本就可以证明版权的归属问题。

（3）可靠性保证：区块链的去中心化存储、私钥签名、不可篡改的特性提升了鉴权信息的可靠性。

3. 溯源

传统防伪溯源手段以一直受假冒伪劣产品困扰的茅台酒的防伪技术为例。2000年起，茅台酒酒盖中有一个唯一的RFID标签，可以通过手机等设备以NFC方式读出，然后通过茅台的APP进行校验，以此防止伪造产品。乍一看，这种防伪效果非常可靠。但2016年还是爆出了茅台酒防伪造假的消息，虽然可能通过NFC方式验证，但经茅台专业人士鉴定为假酒。后来，在“国酒茅台防伪溯源系统”数据库审计中发现80万条假的防伪标签记录，系防伪技术公司人员参与伪造。随后，茅台改用安全芯片防伪标签。但这里暴露出来的痛点并没有解决，即防伪信息掌握在某个中心机构中，有权限的人可以对其进行任意修改。

使用区块链技术的防伪溯源，原始产生的信息是没办法修改的，人为产生虚假信息的漏洞就会被禁止。再加上商品的运输与流通环节的跟踪与记录，能很好地完成商品的溯源功能。

4. 数据保全

数据保全一般是指电子数据保全，如果是非电子化数据，一般也先转化成电子数据。电子数据保全是用一些专业的技术进行加密、运算、顺带标记一些保全的时间、编号、数值等，使电子数据不论保存多久都能保持它原来的样子，也没有人能够轻易篡改它。

将自己的电子数据进行保全后，就等于为自己的电子数据买了份保险，如果发生纠纷，不但有公证处作证，而且可以申请保全证书公证、司法鉴定等权威机构出证。

原来解决数据保全的主要方式是采用传统的公正方式，或基于其他权威机构的证明方式。有了区块链技术后，可以很方便地实现基于区块链技术的数据保全（利于区块链的不可篡改性）。

5. 区块链+物流链

区块链没有中心化节点，各节点是平等的，掌握单个节点无法修改数据；需要掌控足够多的节点，才可能伪造数据，大大提高伪造数据的成本。

区块链天生的开放、透明特征，使得任何人都可以公开查询，伪造数据被发现的概率大增。区块链数据的不可篡改性，也保证了已销售出去的产品信息已永久记录，无法通过简单复制防伪信息蒙混过关，以进行二次销售。

将物流链的所有节点加入区块链后，商品从生产商到消费者之间都有迹可循，形成完整链条；商品缺失的环节越多，将暴露出其是伪劣产品的概率更大。

6. 区块链+供应链金融

对于上述供应链里的中小微企业融资难问题，主要原因是银行和中小企业之间缺乏一个有效的信任机制。

假如供应链所有节点加入区块链后，通过区块链的私钥签名技术，保证了核心企业等的数据可靠性；而合同、票据等加入区块链，是对资产进行了数字化，便于流通，实现了价值传递。

因为探讨的这些应用涉及很多的商业数据，在数据隐私方面如果没有较好的发展，那么这些应用的使用方的顾虑会更多一些。这种情况下联盟链会比公链更容易推广使用。

8.3.5 其他特点的应用

1. 去中心化应用

去中心化应用是当前应用体系的一大补充。应用的世界是由中心化应用和去中心化应用一起构成的。以往因为技术的发展原因，中心化应用得到了巨大的发展，去中心化应用在区块链技术产生后才会得到足够的技术支撑。目前能够看到以下几种去中心化应用。

（1）去中心化交易所的自动合约执行。

（2）去中心化的用户认证体系。

（3）去中心化的组织。

2. 价值的重新分配

Steem 相关案例：Steem 是一个基于区块链技术的去中心化社交网络平台。在 Steem 中，参与者可以得到数字货币形式的奖励。所谓参与，指的就是在 Steem 上发帖、回帖、讨论、点赞等。当帖子的质量越高、点赞的越多，收到的奖励就越高。Steem 上的文章多种多样，来自各个国家、各个领域的作者在这里分享，并从中获取奖励。

8.4 区块链当前的问题

1. 性能问题

区块链的性能指标主要包括交易吞吐量和延时。交易吞吐量表示在固定时间能处理的交易数；延时表示对交易的响应和处理时间。在实际应用中，需要综合两个要素进行考察：只使用交易吞吐量而不考虑延时是不正确的，长时间的交易响应会阻碍用户的使用从而影响用户体验；只使用延时不考虑交易吞吐量会导致大量交易排队，某些平台必须能够处理大量的并发用户，交易吞吐量过低的技术方案会被直接放弃。

目前，比特币理论上每秒最多只能处理 7 笔交易，每 10 分钟出一个区块，相当于交易吞吐量为每秒 3 ~ 5 笔，交易延时为 10 分钟。实际上，等待最终确认需要 6 个左右的区块，也就是说实际交易延时是 1 个小时。以太坊稍有提高，以太坊每秒钟交易 5 ~ 20 笔，但也远远不能满足应用需求。

尽管许多区块链联盟和相关的创业公司都在进行各种试验，比如，有一种每秒可以处理上万笔交易的区块链网络，还有一些甚至号称比 VisaNet 的网络容量还要大，但大多数区块链仍然受到可扩展性问题的阻碍。

在技术框架和治理模型之间，可扩展性的程度仍然是一个问题。例如，以太坊 2.0 正在使用权益证明共识模型，以及分片机制等技术来提高其协议的性能。

2. 隐私问题

区块链虽然是匿名系统，但大多数公链都可以查看所有交易信息，这是公开账本的优点，但同时也会产生隐私问题。技术从来没有为第三方的数据不正当行为提供过有效的保护，纯粹的匿名到底能保护多少隐私信息？

虽然区块链中的隐私保护技术也在发展，如环签名、零知识证明、同态加密、安全多方计算等技术也在逐渐成熟和被广泛应用。但在当前情况下，区块链的隐私问题仍是个不容忽视的问题。

从历史上看，匿名、隐私保护和政府监管是相互排斥的。最终，传统监管结构的相互排斥性和匿名性可能会导致双重、相互竞争的生态系统，而不是由两种对立思想的妥协而产生的中间地带。区块链上面的隐私保护技术和监管之间的平衡，需要找到合适的位置。

3. 安全问题

历史总是会重演。就像当年 PC 和移动互联网时代一般，新生事物出现之初野蛮生长；随着公链的普及，安全事件爆发，行业开始被动关注安全问题；最后安全方案成为标配。

实际上区块链领域的安全问题存在已久：BTG 遭到双花攻击、BEC 智能合约出现重大漏洞；币安遭到黑客攻击，OKex 网站出现漏洞等安全问题；门头沟交易所的欺诈事件；

以太坊DAO事件。在区块链市值不断飙升的背景下，恶意攻击事件越来越多。因为这个行业是在逐渐成熟中，所以安全问题不会立刻得到有效解决。但是因为区块链包含经济模型，涉及货币资产，这些安全问题产生的代价比以往更大一些。

4. 监管问题

区块链行业属于新行业，一方面处于行业发展早期，另一方面没有常规有效的市场秩序，导致混乱无序，缺乏系统性的监管。从早期的ICO诈骗、集资跑路，到数字货币交易的各种坐庄、老鼠仓、割韭菜，还有项目基金会的审核与管理，以及项目后期资金使用等问题一直是区块链监管层面的问题。

很多国家对区块链行业的监管都是千差万别的，有的一刀切，有的抵制，有的在尝试纳入监管，各国政策不确定性和地域的多样复杂性，严重制约着区块链和数字货币的发展。因为区块链中涉及经济模型，涉及货币，大多数国家还保持一种保守和观望的态度。只能简单地用禁止的方式解决问题，不能制定出保护其运行的制度环境。

但好的现象是，美国、日本、韩国、新加坡等国家对区块链和数字货币保持审慎支持的态度，随着相关政策的出台，区块链有望在监管下获得适当改造并迅速发展。

此外发布到公链上的、对公众有害的信息包括黄色、灰色产业，以及影响政治稳定的破坏信息，如何去除或屏蔽这些信息？监管层面都还在尝试中。

合理的监管措施是保证区块链发展的重要条件。

8.5 区块链的可能结构

下面从三个角度来分析区块链的可能结构。

1. 从冯诺伊曼结构角度分析

可以把区块链系统想象成一个运行在各种电子设备上面的一个超级计算机系统，从这种角度观察，区块链系统也会有冯诺伊曼结构的相似部件。本书便是使用冯诺伊曼结构。

2. 从协议分层结构角度分析

我们使用协议的分层结构来分析区块链系统，这个系统的可能结构可以参考一些现有的原型，以推测区块链可能的分层结构。

网络七层模型与区块链结构对比如图8-9和图8-10所示。

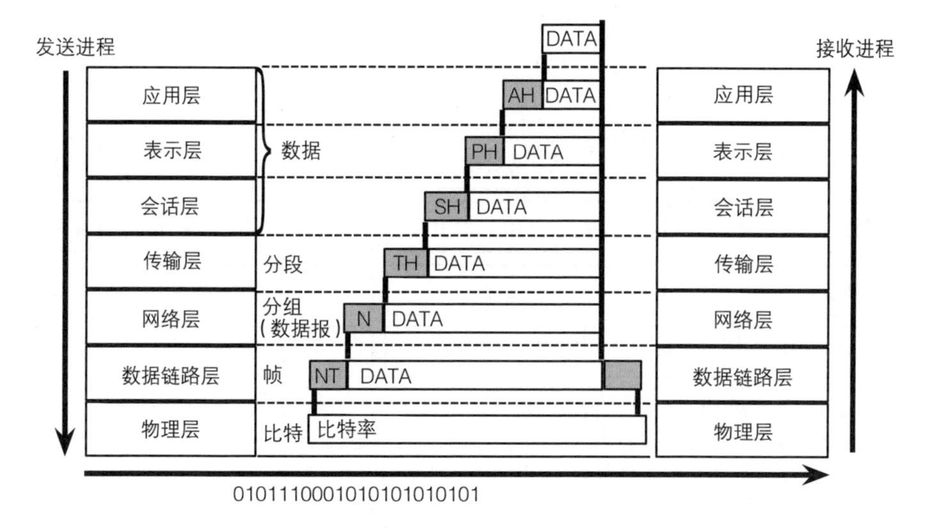

图 8-9 参考网络七层模型

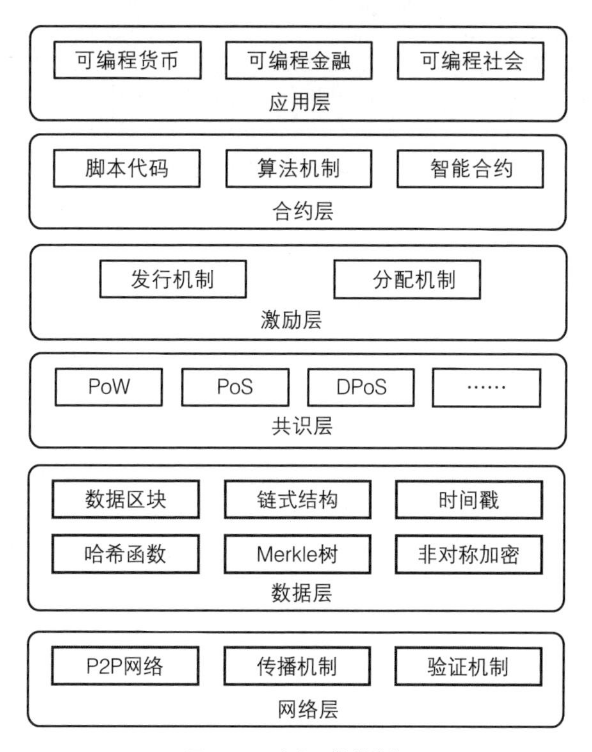

图 8-10 参考区块链结构

3. 从软件系统的分层结构角度分析

从软件系统的分层结构角度分析，我们对区块链系统的大致推测与构想如图 8-11 所示。

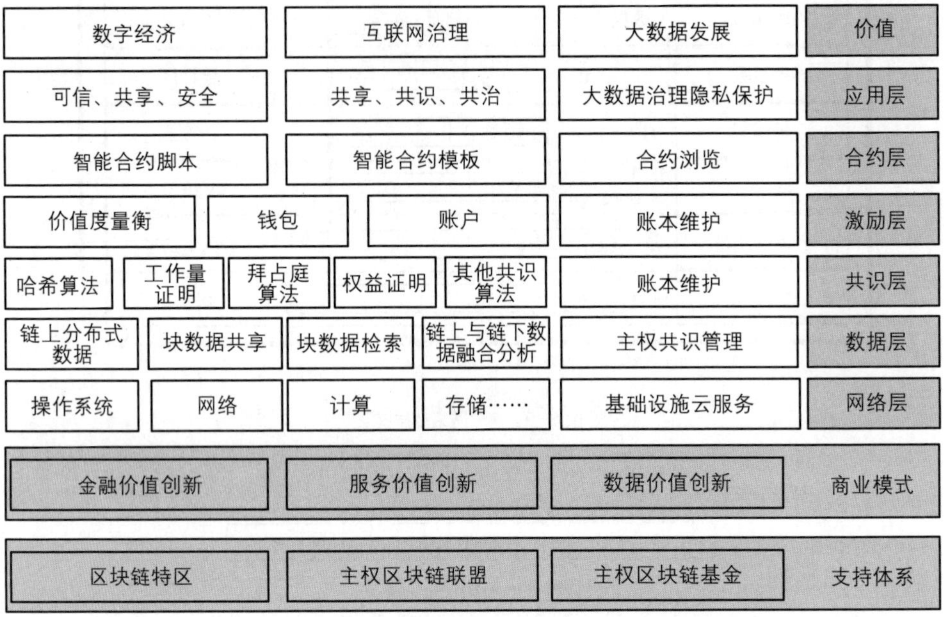

数字经济		互联网治理		大数据发展	价值
可信、共享、安全		共享、共识、共治		大数据治理隐私保护	应用层
智能合约脚本		智能合约模板		合约浏览	合约层
价值度量衡	钱包	账户		账本维护	激励层
哈希算法	工作量证明	拜占庭算法	权益证明	其他共识算法	账本维护	共识层
链上分布式数据	块数据共享	块数据检索	链上与链下数据融合分析	主权共识管理	数据层
操作系统	网络	计算	存储……	基础设施云服务	网络层
金融价值创新	服务价值创新	数据价值创新			商业模式
区块链特区	主权区块链联盟	主权区块链基金			支持体系

图 8-11　参考软件系统的分层结构

第9章 存储系统

9.1 传统存储简介

9.1.1 存储的作用

从冯诺伊曼结构中我们看到存储占据了重要的位置，如图 0-2 所示。

存储器用于存储程序和数据，如内存、硬盘。程序和数据以二进制代码形式不加区别地存放在存储器中，存放位置由地址确定。

9.1.2 存储的不同分类维度

按照不同的分类维度，存储类型有以下几种。

（1）数据存储方式：随机存储器、只读存储器、串行访问存储器。

（2）常见存储服务类型：直连存储 DAS、网络附属存储 NAS、存储域存储 SAN。

（3）传统物理存储分类：块存储、文件存储、对象存储、表格存储。

（4）储存介质分类：软盘、硬盘、光盘、U 盘、磁带、纸带。

（5）存储的位置：本地存储、云存储。

本章主要介绍本地存储中磁盘存储的发展历史，也就是冯诺伊曼结构中的计算机中存储。此外我们分析云存储，以及正在形成的区块链存储。

1. 存储方式

按照数据存储方式分类，计算器存储器可以分为随机存储器、只读存储器、串行访问存储器。

（1）随机存储器（RAM）。RAM 是一种随机的存储方式，即存储器的任何一个存储单元都可以随机存取，而且存取时间与存储单元的物理位置无关。RAM 在计算机中一般是作为主存，存储速度较快。RAM 又分为静态 RAM 和动态 RAM，静态 RAM 只要在通电状态，其中的数据会一直保存；而动态 RAM 会周期性刷新数据。当然，无论是静态 RAM 还是动态 RAM，断电以后，数据都会清零。

（2）只读存储器（ROM）。这种存储器的最大特点是只可以将其存储的数据读出，不可以写入。也就是说一旦写入内置信息，这种存储器就不能够随意地更改数据。在计算机中，只读存储器通常用来存放固定不变的程序、汉字库，在极端情况下也可以做某些软件的固化、单片机之类的内置程序等。

早期的只读存储器就是真正的只读，但是随着需求和技术的同步发展，衍生出可编程只读存储器（PRAM）、可擦除只读存储器（ERAM）和电擦除可编程只读存储器（EERAM）等。

（3）串行访问存储器。这种存储器很好理解，它里面的数据是按照顺序排列好的，但是存储器的查找方式是每次调用数据时，从头开始按照地址找，直到找到相应数据的地址，然后读出数据，如机械磁盘。当然，还有一种磁盘是将整个磁盘分为一个个小区域，读取数据时直接访问小区域，但是在小区域中从头开始查找，前半段是直接访问，后半段是串行访问，有效地缩短了数据的访问时间。这种存储器虽然速度慢，但是价格相对较低。

2. 服务类型

按照存储的服务类型分类，计算机存储可以分为直连存储、网络附属存储、存储域存储 SAN。

（1）直连存储（Direct Attached Storage，DAS）。DAS 是最简单的存储类型，我们的个人计算机都属于这种，就是磁盘（或磁盘阵列 RAID）直接接在主机的总线上。磁盘是管理 DAS 的主要单位。

（2）网络附属存储（Network Attached Storage，NAS）。NAS 是一种专用数据存储服务器，包括存储器件和内嵌系统软件，可提供跨平台文件共享功能。NAS 允许管理员分配一部分存储空间组成一个文件系统，文件系统是管理 NAS 的主要单位。

（3）存储域存储（Storage Area Network，SAN）。SAN 是一种高速的、专门用于存储操作的网络，通常独立于计算机局域网（LAN）。SAN 将主机（管理 server、业务 server 等）和存储设备连接在一起，能够为其上的任意一台主机和任意一台存储设备提供专用的通信通道。SAN 将存储设备从服务器中独立出来，实现了服务器层次上的存储资源共享。SAN 将通道技术和网络技术引入存储环境中，提供了一种新型的网络存储解决方案，能够同时满足吞吐率、可用性、可靠性、可扩展性和可管理性等方面的要求。

9.1.3 硬盘

1. 硬盘的发展历史

从 1956 年第一个硬盘诞生到现在，硬盘已经有 60 多年的历史。在这 60 多年里，随着科技的发展，计算机硬盘发生了巨大的变化。

1956 年，IBM 发明了世界上第一个 HDD，350RAMAC。这个硬盘有 50 个 24 英寸盘片，只有 5MB，但是却有两台冰箱一样大，重量超过 1 吨。被用于当时的工业领域。

1962 年，IBM 推出 1301 HDD，它第一次使用空气轴承，消除了摩擦，这个硬盘容量是 28MB，1960—1970 年 14 英寸硬盘是市场的主流。

1978—1980 年， Shugart Assaciates、Micropolis、priam 和昆腾等老牌硬盘厂商，推出了更小的 8 英寸 HDD，不过容量仅为 10MB、20MB、30MB 以及 40MB，相比 14 英寸硬盘而言要小了很多。

1980 年，3.5 英寸、5MB 容量的 HDD 出现。20 世纪 80 年代末期，2.5 英寸硬盘诞生。20 世纪 90 年代，各大厂商纷纷转入 2.5 英寸硬盘的生产。

在 20 世纪 90 年代 Flash SSD 诞生了，20 世纪 90 年代末逐渐取代了 20 世纪 70 年代推出的 RAM SSD。Flash SSD 开始成为 HDD 的主要竞争对手。

随着 MLC、TLC 闪存进入消费市场，更小体积、更大容量的 SSD 成为可能。2010 年，SATA 协会推出 Msata 接口。Msata SSD 的出现让 SSD 也拥有了更小的体积，更适合移动设备使用。

2014 年，3D NAND 开始量产。3D NAND 让闪存的存储密度更高，这使更大容量、更小体积的 SSD 成为可能。3D NAND 的出现使比 Msata SSD 体积更小的 NGFF 规格大小的 M.2 SSD 成为风潮，如图 9-1 所示。

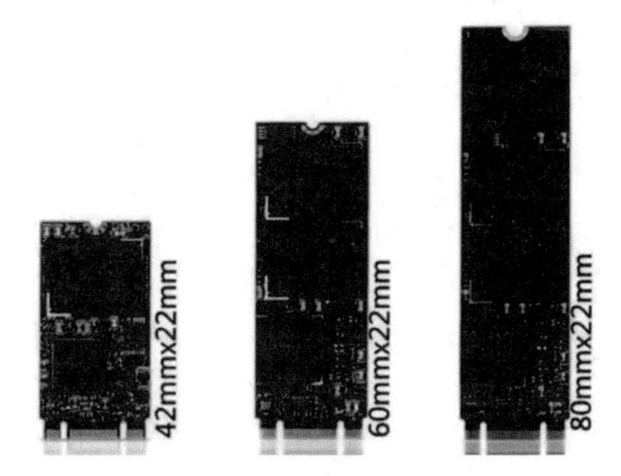

图 9-1 固态盘的三种规格

从 3D NAND 到 72 层，已经接近物理极限，难以再进行微缩了。

近年来，全世界都在寻找新的存储介质，开发新的存储技术，逐渐从硅基向非硅基转变。

（1）原子存储。1959年，美国物理学家理查德费曼就提出过原子存储的概念。

2012 年，IBM 发现原子存储能够使存储密度达到现有材料的 100 倍。2016 年的《自然纳米技术》报道称，理论上该技术能够在 1 平方英寸（大约一个 SD 卡大小）中存储 500TB 的数据。实际 0.1 平方毫米中已经可以存入 1KB 的数据。原子存储未来是非常有前景的。要使原子可控，必须保持液氦 -196℃的低温环境，成本非常高昂。

（2）三大存储技术。MRAM（磁性随机存储器）、PRAM（相变存储器）、RRAM（忆阻器）这三大技术可能彻底消除硬盘和内存的界限，让硬盘和内存合二为一。

2. 硬盘的传输速度

（1）Fast ATA 接口：硬盘的最大外部传输率为 16.6MB/s。

（2）Ultra ATA 接口：硬盘的最大外部传输率则达到 33.3MB/s。

（3）SATA 接口：有以下几种类型。

① SATA1.0：理论传输速度是 150MB/s（或 1.5Gbps），实际是 30MB/s。

② SATA2.0：理论传输速度是 300MB/s（或 3Gbps），实际是 80MB/s。

③ SATA3.0：理论传输速度是 600MB/s（或 6Gbps）。

④ eSATA：理论传输速度可达到 1.5Gbps 或 3Gbps。

2012 年 12 月，传输速度为 1.5B/s 的固态硬盘诞生。

图 4-6 所示为从单机角度看待计算机系统中各种存储的速度与价格的硬件分布。

在分布式系统中存储的成本会降低更多。存储的速度会随着网络速度的提高逐渐超越本地磁盘的读取与写入速度。

9.2 云存储的特点与应用

9.2.1 云存储

云存储的市场是庞大的。目前像亚马逊和谷歌这样的巨头占据了几乎所有的市场份额。市场研究机构估计，到 2021 年，云存储市场将增长到 749.4 亿美元，到 2022 年将达到 924.9 亿美元。如果分布式的存储能抢夺一小部分市场，它都将成为一个大的产业。这就是为什么分布式存储领域竞争如此激烈的原因。

从本地存储到网络存储，再到云存储是存储重要的进化阶段。云存储从集中的云存储服务，到分布式的云存储服务，再到后面介绍的区块链存储是云存储的发展方向。

云存储是一种网上在线存储（Cloud storage）的模式，即把数据存放在通常由第三方托管的多台虚拟服务器中，而非专属的服务器中。托管（hosting）公司运营大型的数据中心需要数据存储托管的人，则透过向其购买或租赁存储空间的方式，来满足数据存储的需求。数据中心营运商根据客户的需求，在后端准备存储虚拟化的资源，并将其以存储资源池（Storage Pool）的方式提供，客户便可自行使用此存储资源池来存放文件或对象。

云存储是在云计算（Cloud Computing）概念上延伸和衍生发展出来的一个新的概念。

云计算是分布式处理（Distributed Computing）、并行处理（Parallel Computing）和网格计算（Grid Computing）的发展，是透过网络将庞大的计算处理程序自动分拆成无数个较小的子程序，再交由多部服务器所组成的庞大系统经计算分析之后将处理结果回传给用户。通过云计算技术网络服务提供者可以在数秒之内，处理数以千万计甚至亿计的信息，达到和“超级计算机”同样强大的网络服务。

云存储的概念与云计算类似，它是指通过集群应用、网格技术或分布式文件系统等功能将网络中大量各种不同类型的存储设备通过应用软件集合起来协同工作，共同对外提供数据存储和业务访问功能的一个系统，保证数据的安全性，并节约存储空间。

9.2.2　云存储的实现前提

1. 宽带网络的发展

真正的云存储系统将会是一个多区域分布、遍布全国，甚至遍布全球的庞大公用系统，使用者需要通过 ADSL、DDN、光纤等宽带接入设备来连接云存储。只有宽带网络得到充足的发展，使用者才有可能获得足够大的数据传输带宽，实现大容量数据的传输，真正享受到云存储服务，否则只能是空谈。

2. Web2.0技术

Web2.0 技术的核心是分享。只有 Web2.0 技术云存储的使用者才有可能通过 PC、手机、移动多媒体等多种设备，实现数据、文档、图片和视音频等内容的集中存储和资料共享。

3. 应用存储的发展

云存储不仅仅是存储，更多的是应用。应用存储是一种在存储设备中集成了应用软件功能的存储设备，它不仅具有数据存储功能，还具有应用软件功能，可以看作是服务器和存储设备的集合体。应用存储技术的发展可以大量减少云存储中服务器的数量，从而降低系统建设成本，减少系统中由服务器造成单点故障和性能瓶颈，减少数据传输环节，提供系统性能和效率，保证整个系统的高效稳定运行。

4. 集群技术、分布式文件系统和网格计算

云存储系统是一个多存储设备、多应用、多服务协同工作的集合体，任何一个单点的存储系统都不是云存储。

既然是由多个存储设备构成的，不同存储设备之间就需要通过集群技术、分布式文件系统和网格计算等技术实现多个存储设备之间的协同工作，多个存储设备可以对外提供同一种服务，提供更大、更强、更好的数据访问性能。如果没有这些技术的存在，云存储就

不可能真正实现，所谓的云存储，只能是一个一个的独立系统，不能形成云状结构。

5. CDN内容分发、P2P技术、数据压缩技术、重复数据删除技术、数据加密技术

CDN 内容分发系统、数据加密技术保证云存储中的数据不会被未授权的用户所访问，同时，通过数据备份和容灾技术保证云存储中的数据不会丢失，保证云存储自身的安全和稳定。如果云存储中的数据安全得不到保证，那么也没有人敢用云存储，否则，可能出现数据丢失或数据泄露的情况。

6. 存储虚拟化技术、存储网络化管理技术

云存储中的存储设备数量庞大且分布多在不同地域，实现不同厂商、不同型号甚至于不同类型（如 FC 存储和 IP 存储）的多台设备之间的逻辑卷管理、存储虚拟化管理和多链路冗余管理将会是一个巨大的难题，这个问题得不到解决，存储设备就会是整个云存储系统的性能瓶颈，结构上也无法形成一个整体，而且后期还会带来容量和性能扩展难等问题。

9.2.3 云存储的目标与优势

1. 云存储的目标

云存储提供的诸多功能和性能旨在解决由于海量非活动数据的增长而带来的存储难题：

（1）随着容量增长，线性地扩展性能和提高存取速度。

（2）将数据存储按需迁移到分布式的物理站点。

（3）确保数据存储的高度适配性和自我修复能力可以保存多年。

（4）确保多租户环境下的私密性和安全性。

（5）允许用户基于策略和服务模式按需扩展性能和容量。

（6）改变了存储购买模式。只收取实际使用的存储费用，而非按照整个存储系统（包含未使用的存储容量），来收取费用。

（7）结束颠覆式的技术升级和数据迁移工作。

2. 云存储的优势

（1）存储管理可以实现自动化和智能化，所有的存储资源被整合到一起，客户看到的是单一存储空间。

（2）提高了存储效率，通过虚拟化技术解决了存储空间的浪费，可以自动重新分配

数据，提高了存储空间的利用率，同时具备负载均衡、故障冗余功能。

（3）云存储能够实现规模效应和弹性扩展，降低运营成本，避免资源浪费。

9.2.4 云存储的分类

云存储可分为以下三类。

1. 公共云存储

像亚马逊公司的 Simple Storage Service（S3）和 Nutanix 公司提供的存储服务一样，它们可以低成本提供大量的文件存储。供应商可以保持每个客户的存储、应用都是独立的、私有的。其中，以 Dropbox 为代表的个人云存储服务是公共云存储发展较为突出的代表，国内比较突出的代表的有搜狐企业网盘、百度云盘、乐视云盘、移动彩云、金山快盘、坚果云、酷盘、115 网盘、华为网盘、360 云盘、新浪微盘、腾讯微云、cStor 云存储等。这些网盘服务虽然因为运营问题，有不少的服务商关闭了相关服务，但云存储的需求是不会消失的，会用其他的服务方式来满足。

公共云存储可以划出一部分用作私有云存储。一个公司可以拥有或控制基础架构及应用的部署，私有云存储可以部署在企业数据中心或相同地点的设施上。私有云可以由公司自己的 IT 部门管理，也可以由服务供应商管理。

2. 内部云存储

这种云存储和私有云存储比较类似，唯一的不同点是它仍然位于企业防火墙内部。截至 2014 年可以提供私有云的平台有：Eucalyptus、3A Cloud、minicloud 安全办公私有云、联想网盘等。

3. 混合云存储

这种云存储把公共云和私有云 / 内部云结合在一起，主要用于按客户要求的访问，特别是需要临时配置容量的时候。从公共云上划出一部分容量配置一种私有或内部云在公司面对迅速增长的负载波动或高峰时很有帮助。尽管如此，混合云存储带来了跨公共云和私有云分配应用的复杂性。

9.2.5 云存储的发展趋势

云存储已经成为未来存储发展的一种趋势。但随着云存储技术的发展，各类搜索、应用技术和云存储相结合的应用，还需从安全、便携及数据访问等角度进行改进。

1. 安全性

从云计算诞生以来，安全性一直是企业实施云计算首要考虑的问题之一。同样在云存储方面，安全仍是首要考虑的问题，对于想要进行云存储的客户来说，安全性通常是首要的商业考虑和技术考虑。但是许多用户对云存储的安全要求甚至高于他们自己的架构所能提供的安全水平。即便如此，面对如此高的不现实的安全要求，许多大型、可信赖的云存储厂商也在尽力满足他们，构建比多数企业数据中心安全得多的数据中心。用户可以发现，云存储具有更少的安全漏洞和更高的安全环节，云存储所能提供的安全性水平要比用户自己的数据中心所能提供的安全水平还要高。

2. 便携性

一些用户在托管存储时还要考虑数据的便携性。一般情况下这是有保证的，一些大型服务提供商所提供的解决方案承诺其数据便携性可媲美最好的传统本地存储。有的云存储结合了强大的便携功能，可以将整个数据集传送到用户所选择的任何媒介，甚至是专门的存储设备。

3. 性能和可用性

过去的一些托管存储和远程存储总是存在着延迟时间过长的问题。同样地，互联网本身的特性就严重威胁服务的可用性。最新一代云存储有突破性的成就，体现为在客户端或本地设备高速缓存上，将经常使用的数据保存在本地，从而有效地缓解互联网延迟问题。通过本地高速缓存，即使面临最严重的网络中断，这些设备也可以缓解延迟性问题。这些设备还可以让经常使用的数据像本地存储那样快速反应。通过一个本地 NAS 网关，云存储甚至可以模仿终端 NAS 设备的可用性、性能和可视性，同时将数据予以远程保护。随着云存储技术的不断发展，各厂商仍将继续努力实现容量优化和 WAN（广域网）优化，从而尽量减少数据传输的延迟性。

4. 数据访问

现在对云存储技术的疑虑还在于，如果执行大规模数据请求或数据恢复操作，那么云存储是否可以提供较高的访问速度。在未来的技术条件下，这点不必担心，现有的厂商可以将大量数据传输到任何类型的媒介，可将数据直接传送给企业，且其速度之快相当于复制、粘贴操作。另外，云存储厂商还可以提供一套组件，在完全本地化的系统上模仿云地址，让本地 NAS 网关设备继续正常运行而无须重新设置。未来，如果大型厂商构建了更多的地区性设施，那么数据传输将更加迅捷。如此一来，即便是客户本地数据发生了灾难性的损失，云存储厂商也可以将数据重新快速传输给客户数据中心。

9.3 区块链存储

9.3.1 区块链存储的技术准备

1. 分布式存储（Distributed Data Store，DDS）

传统的分布式存储本质上是一个中心化的系统，是将数据分散存储在多台独立的设备上，采用可扩展的系统结构、利用多台存储服务器分担存储负荷、利用位置服务器定位存储信息。而基于 P2P 网络的分布式存储是区块链的核心技术，是将数据存储于区块上并通过开放节点的存储空间建立的一种分布式数据库，解决传统分布式存储的问题。

2. P2P存储（Peer-to-Peer Storage，P2P Storage）

P2P 存储是一种不存在中心化控制机制的存储技术。P2P 存储通过开放节点的存储空间，以提高网络的运作效率，解决由传统分布式存储的服务器瓶颈、带宽带来的访问不便等问题。

9.3.2 区块链存储的优势与不足

当前区块链存储的问题主要包括数据不能永久保存、存储服务器的价格昂贵、服务器的中心化、存储的信息不加密。

1. 区块链存储相对传统云存储的优势

（1）成本降低：分布式存储真正发挥了共享经济的优势。我们可以将硬盘的剩余空间充分地利用起来，并且获得收益。免去了建设中心化存储的成本。

（2）安全性增强：数据被切割成小块后，需要经过加密后才会分散到众多节点上。避免了中心化存储偷窥文件的事件，即便解锁某一块数据，也只是部分数据，并非全部，并且不会担心中心化服务器因为故障造成的数据泄露等风险。

（3）速度更快：文件在下载的过程中，碎片会进行重组，多条链并行的速度会远大于中心化存储。

（4）更强大的功能：区块链存储通过支撑的区块链技术以及之上的经济模型，能够提供更加强大和丰富的功能。例如，通过智能合约程序可以自己判定使用情况、使用奖励等。

区块链的诞生为软件定义存储的发展开辟了新的道路。首先，存储的池化可以在更广阔的空间，以更丰富的形态来实现。其次，区块链的 Token 激励机制，可以驱动大家将企业级存储、服务器、PC、移动存储等的剩余存储空间贡献出来。

每个节点实际存放的数据只是数据的一些切片，而且这些切片还以加密的方式保存起来。数据能够更安全地保护起来，即使提供存储节点的用户有机会查看这些切片，看到的也是没有实际意义的数据段。区块链存储的发展，以及区块链的去中心化的特点，使我们提倡的保护个人隐私数据和数据的产权归属得到底层技术支持。

区块链的 DAO（Distributed Anonymous Organization，分布式自治组织）是一种分布式商业模式，借助全球的资源和人才，类似“众人拾柴火焰高”，加速产品和商业模式的发展。

2. 区块链存储的不足

区块链的诞生时间不长，很多技术还在发展中，区块链存储更不例外。区块链存储需要区块链技术和基于区块链技术建立的存储系统都走向成熟才能得到实际的应用。当前处在理论确认和技术实现的尝试中。像最先实现的 IPFS 系统，也是在建设中，还没有得到大规模的应用检验。

9.4 区块链存储的实现案例

存储领域是在区块链应用中最容易实现的部分，相对于传统存储也有很多的优势。一旦技术成熟，区块链存储就会更容易抢占传统存储的市场。当前区块链存储还处在实验阶段，距离大规模的使用还有一段时间。

1. 国外案例

国外的区块链存储案例很多，下面仅选取两个例子来说明。

（1）Filecoin 项目。IPFS 是一个网络协议，而 Filecoin 则是一个基于 IPFS 的去中心化存储项目。简单而言，IPFS 与 Filecoin 之间的关系，类似于区块链与比特币的关系。Filecoin 于 2017 年启动，进行了两轮 ICO（私募 + 公募），到 2019 年这个项目还在开发中，2020 年发布测试网络。从项目中要实现的各种证明就能够看到这个项目的难度，如数据持有性证明（Provable Data Possession，PDP）、可检索证明（Proof-of-Retrievability，PoRet）、存储证明（Proof-of-Storage，PoS）、复制证明（Proof-of-Replication，PoRep）、工作量证明（Proof-of-Work，PoW）、空间证明（Proof-of-Space，PoSpace）和时空证明（Proof-of-Spacetime，PoSt）。

（2）Storj。Storj 是一个不会停机的云存储平台。Storj 的平台通过加密和一系列分散的应用程序允许用户以安全和分散的方式存储数据。它使用块交易功能，如交易分类账，公共 / 私人密钥加密和加密散列函数以实现安全性。此外，与传统的云存储服务相比，它将更便宜、更快、更安全。项目于 2015 年启动，当前这个项目的存储系统和激励系统还是分离的，除了使用自己的存储系统之外，它还使用了以太坊的ERC20代币作为支付功能。当前Storj提供的实际存储目前也在测试阶段，距离正式的商业使用还需要一定的时间。而且Storj需要将存储与通证集成到自己的公链中，让存储与通证运行在一个公链系统中，才能到形成区块链存储的正式阶段。

2. 国内案例

国内宣称在做区块链项目的团队很多，但很多应该都是圈钱和蹭热点的项目。为了避免对用户造成误导，我们不提及国内的项目案例。笔者2018年分析了近百个国内外知名的区块链公链项目，到2021年初，国内很多宣称做区块链存储的项目已经停止了，或者说是完成了他们“割韭菜”的历史使命。

国内新的一批区块链存储项目确实比以往有了很大的进展，不少测试网的公链已经开始运行，并且抛弃了很多难实现的技术点，在快速地迭代尝试。这些项目虽然实现得还不够完美，但是这种尝试方式应该会加速区块链存储的落地。在中国，相对于底层研究，应用层探索的市场前景更广阔。

9.5 存储的未来

2018年，耶鲁大学的研究人员从美国能源部获得了360万美元的拨款，用于建造量子计算机存储器的内存组件。

在过去的70年中，计算领域发展迅速，不断发布改进的设备，这个领域从快速增长到现在处于稳定状态，在量子信息科学领域取得了一定的进展。这个新兴领域的目标是使计算机利用量子物理学的力量，使设备比现有的经典计算更强大。现在，许多耶鲁大学的研究人员正在加强通过量子信息科学，使量子计算更接近现实所提供的可能性。

耶鲁小组将专注于构建内存量子位，这是用于与当前计算机不同的方式存储内存的最小计算单元。该研究小组的另一名成员，物理学教授Steven Girvin称自己是该项目的理论家。他说，虽然Tang的实验室研究量子电路的机制，但Girvin的实验室将提供有关构建量子计算机的潜在挑战的思路。Girvin解释说，其中一个挑战是退相干，这是量子计算机内存组件中的金属原子失去其所携带信息的过程。

随着5G网络的到来，在网络速度和内部总线速度没有明显的区分的情况下，设备的本地存储会逐渐减少，用户会更多地使用云存储。随着区块链技术的成熟，云存储会有更多的优势，尤其是在价格、速度、安全性方面的提升，会推动更多的应用采用区块链存储。

第10章 输入设备与输出设备

10.1 传统输入设备与输出设备

输入/输出设备（I/O 设备）是数据处理系统的关键外部设备之一，可以与计算机本体进行交互使用，如键盘、写字板、麦克风、音响、显示器等。因此输入/输出设备起了人与机器之间进行联系的作用。目前计算机的输入和输出方式主要根据人机交互进行分类。

简单总结，输入/输出设备就是完成计算机与外界之间的转换。输入设备是把外界各种的信息方式转换为计算机可以识别的数字信息，输出设备是把计算机中的信息转换为外界可以理解的方式输出。根据输出对象的不对，可以有各种的输出形式。对于人，输出可以通过眼睛、耳朵、手、鼻子等器官。如果将视觉、听觉、触觉、嗅觉等作为大脑与外界的接口，则将来可以找到一种让计算机直接与人类大脑的通信方式。通过调用这些接口进行转换的通信方式，将来会更高效。

10.1.1 输入设备

输入设备（Input Device）是向计算机输入数据和信息的设备，是计算机与用户或其他设备通信的桥梁，是用户和计算机系统之间进行信息交换的主要装置之一。输入设备的任务是把数据、指令及某些标志信息等输送到计算机中去。

常见的输入设备包括键盘、鼠标、摄像头、扫描仪、光笔、手写输入板、游戏杆和语音输入装置等。

输入设备是人或外部与计算机进行交互的一种装置，用于把原始数据和处理这些数据的程序输入到计算机中。

计算机的输入设备按功能可分为下列几类。

（1）字符输入设备：键盘。

（2）光学阅读设备：光学标记阅读机、光学字符阅读机。

（3）图形输入设备：鼠标、操纵杆、光笔。

（4）图像输入设备：数码相机、扫描仪、传真机。

（5）模拟输入设备：语言模数转换识别系统。

10.1.2 输出设备

输出设备（Output Device）是把计算、处理的结果或中间结果以人能识别的形式表示出来，如数字、符号、字母等。输入 / 输出设备起了人与机器之间进行联系的作用。

常见的输出设备包括显示器、打印机、绘图仪、影像输出系统、语音输出系统和磁记录设备等。

其中，显示器是计算机必不可少的一种图文输出设备，它的作用是将数字信号转换为光信号，使文字与图形在屏幕上显示出来；打印机也是 PC 机上的一种主要输出设备，它把程序、数据、字符图形打印在纸上。

10.1.3 输入 / 输出设备的速度

计算机有输入 / 输出设备，这些输入 / 输出设备当前主要服务于人。当计算机的输入与输出设备服务于人时，是在人和计算机两个主体之间传递信息。当输入输出设备服务于机器时，是在计算机和其他机器之间传递信息。

手通过键盘、鼠标、触摸屏输入人对计算机的指令；计算机通过显示屏或声音输出信息，传递给人的眼睛和耳朵。

当前人和计算机之间的传输速度是受低速的人类接收速度限制的。人类语言的信息传输速度大致是 39.15 比特每秒。下面用一个例子，来介绍计算过程：

一个打字员以每分钟 35 个单词的速度在一台计算机键盘上输入文本。如果平均每个单词的长度是 7 个字符，那么每秒有多少比特被传送到主存呢？一个空格键是一个字符，假设平均每个单词后有一个空格。包括空格，每个单词是 8 个字符，每秒输入的字符数等于（35 单词 / 分钟）×（8 字符 / 单词）×（1 分钟 /60 秒）= 4.67 字符 / 秒。因为一个字节存储一个字符，一个字节包含 8 比特，所以比特率是（4.67 字符 / 秒）×（1 字节 / 字符）×（8 比特 / 字节）= 37.4 比特 / 秒。

2019 年 7 月，埃隆·马斯克发布脑机接口系统，如图 10-1 所示。这个系统的目标是研发超高带宽的脑机接口系统，实现与人工智能的共存。这种形式的信息传输应该会更快，因为电子传输的速度比机械传输、物理操作的动作快很多倍，实际速度能达到多少，当前还不清楚具体数值，在今后的应用中肯定可以计算出来。

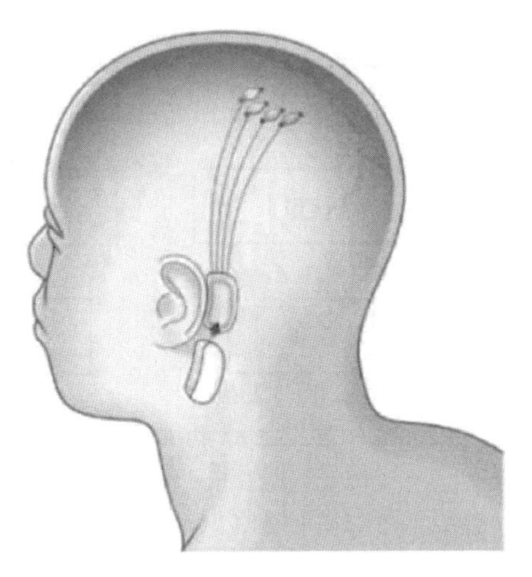

图 10-1　埃隆 · 马斯克发布脑机接口系统示意图

10.2　计算机的系统总线与接口

10.2.1　各个部件的两种连接方式

现代计算机是从冯诺伊曼计算机发展起来的。其组成部分有存储器、运算器、控制器、输入设备、输出设备，在现代计算机中，人们将运算器与控制器封装起来称为 CPU（中央处理单元）。计算机的各种部件要想进行数据交互，就必须让这些部件形成一定的连接关系，以便进行数据交互。

连接的方式有两种：一种是各个部件之间使用不同的线相互连接。很明显，这种交互方式有很大的弊端，如连线复杂造成的控制复杂，或者在部件较多的情况下，内部线路简直就是个灾难，如图 10-2 所示。所以就催生了另外一种连接方式——总线连接，也就是本节要讲述的内容。

图 10-2　早期计算机直接连接的内部线路

总线连接是指将所有部件连接在一组公共的信息传输线上，这样做就避免使图 10-2 中的那种传输方式的弊端出现，如图 10-3 所示。现在几乎所有的计算机都是采用总线连接。

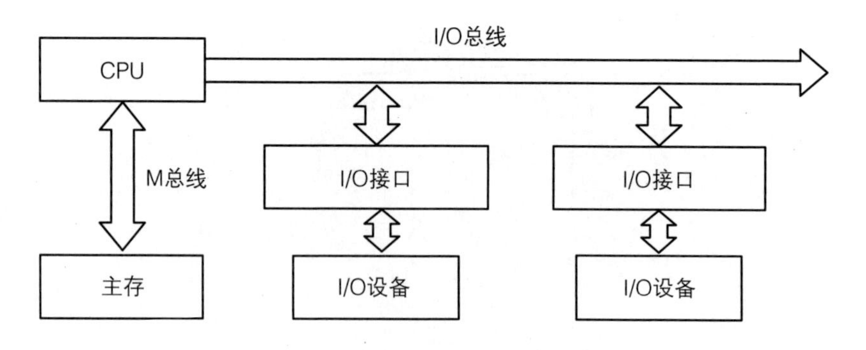

图 10-3　使用总线方式的内部线路逻辑图

10.2.2　总线的两种传输方式

总线是计算机中各个部件的信息传输线。在计算机中，几乎所有需要信息传输的地方都是存在总线的。

按照传输方式可以分为两种：一种是并行的方式；另一种是串行的方式。两种方式各有利弊。并行传输方式很简单，就是在同一时间内，传输多位数据，而计算机的位数，就是按照系统总线传输的数据位数划分的，常见的有 32 位、64 位等。

并行方式并不适合远距离数据传输，因为一旦距离过长，总线间的相互干扰就十分强大，数据丢失、出错也就成了必然，成本也会增大很多。但是，并行传输用在计算机内部，就非常可靠了。既保证了传输速度，又保证了数据传输的可靠性。串行方式很明显不适合用于计算机内部的数据传输，一是因为一条总线的传输速度很慢，二是因为会导致计算机的总线分布过于复杂。不过，与并行方式正好相反的是，这种方式可以避免远距离传输的数据干扰，并且成本低。

10.2.3　总线的结构图

所谓的总线结构，就是总线在计算机中的具体分布位置，这个位置的不同会导致计算机的各个方面的不同。下面就来一一介绍。

（1）面向 CPU 的双总线结构。在这种结构中，包括了 M 总线（CPU 与主存之间的数据传输总线）、I/O 总线。优点是有多条总线、并行传输、效率高。缺点也很明显：一是事件执行过程容易被打断。例如，当前 I/O 设备正在占用总线与 CPU 或主存之间在传输数据，而另外一个设备此时却发起了占用请求，I/O 总线还要停下来处理占用请求；二是 I/O 设备无法直接与主存进行信息交互，只能通过 CPU 这个介质，但是这就无端地占用了 CPU，CPU 完全可以在被占用的这段时间处理数据，所以需要改进。

（2）单总线结构（见图 10-4）。

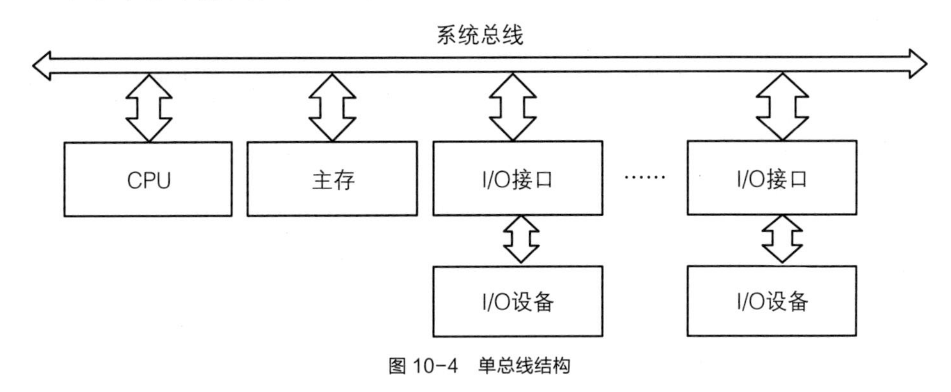

图 10-4 单总线结构

在这种结构中，只有一条总线：系统总线。计算机中的所有设备都连接在这条总线上。这种方式的优点基本可以忽略，缺点太多：一是当 CPU 进行数据处理时，非常容易被打断，类似于面向 CPU 的双总线结构的情况，这样就导致了 CPU 的效率过低；二是如果计算机中有很多设备，很难想象这条总线要长到什么程度，总线越长，延迟越高；三是设备数量很多，但只有一条系统总线，典型的狼多肉少，设备之间的数据传输会产生冲突。

（3）以存储器为中心的双系统总线结构（见图 10-5）。

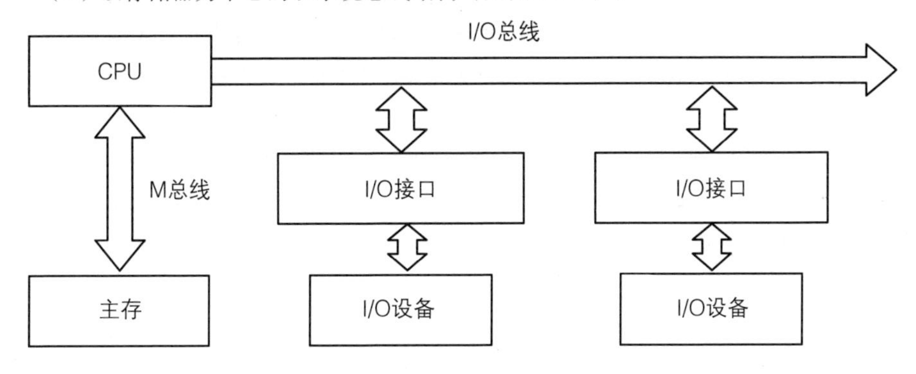

图 10-5 以存储器为中心的双总线结构

以存储器为中心的双系统总线结构是现代计算机的结构。这种结构整合了上面两种方式的结构，做到了扬长避短。该结构与单总线结构类似，但是，它在 CPU 和主存之间加入了一条存储总线，这样保证了 CPU 和主存交互时是不占用系统总线的，也就避免了 CPU 的执行被打断，CPU 需要的数据既可以从主存中获取，又可以从总线中获取，非常强大。另外系统总线和存储总线分开，在提高了效率的同时，还减轻了系统总线的负担。

10.2.4 总线分类与性能指标

（1）片内总线。所谓的片内总线，就是CPU内部的总线，连接着CPU内部的各个部件。

（2）系统总线。

① 数据总线：数据总线是双向传输的，与机器字长、存储字长有关系。

② 地址总线：地址总线是单向的，包括存储地址、I/O 地址。

③ 控制总线：发出各种控制输入、输出的信号。

当然，总线分类的内容还有很多，包括一些常见的术语，这里就不再赘述了。

（3）总线性能指标。

① 总线宽度：数据总线的根数。

② 总线带宽：总线的数据传输速率，也就是每秒传输的最大字节数，单位为 Mbps。

③ 总线复用：一条信号线上分时传送两种信号。

④ 信号线数：地址总线、数据总线、控制总线的数目总和。

10.2.5 总线控制

总线的控制主要是两个方面的内容。首先，我们可以想象到，在某一个时间点上，有多个设备同时发出总线的占用请求，那么总线应该响应哪一个设备的占用请求呢？此外，在信息传输的过程中，不可避免会出现信息丢失，如何保证数据传输的完整性呢？这就是要讨论的第一个问题，即总线的判优控制。其次，虽然总线的判优控制解决了总线应该与哪一个设备交互的问题，但还未解决另外一个问题，即当有两个设备时，一个主设备（对总线有控制权的设备）和一个从设备（只能响应从总线发来的命令）进行交互时，主设备何时占用传输数据？从设备何时发送响应数据？这就是要讨论的第二个问题，即总线的通信控制，它的作用是解决通信双方的协调配合的问题。

（1）总线的判优控制。总线的判优控制共有两种方式：一种是集中式，将所有的控制逻辑集中在一个部分；另外一种是分布式，也就是将控制逻辑集中在各个部分。而分布式并不常见，这里只介绍集中式的判优控制。

① 链式查询（见图 10-6）。

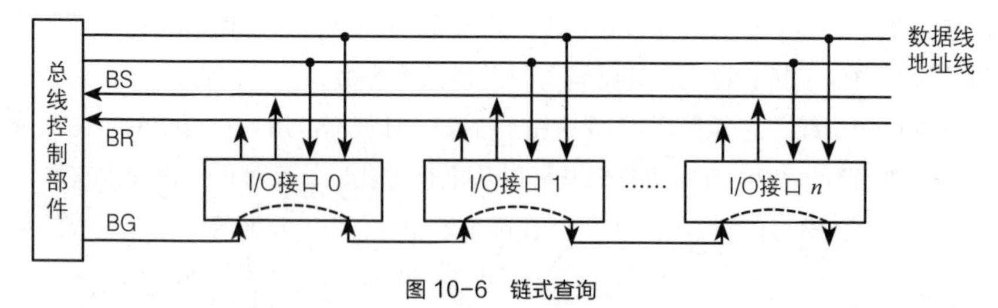

图 10-6 链式查询

② 计数器定时查询（见图 10-7）。

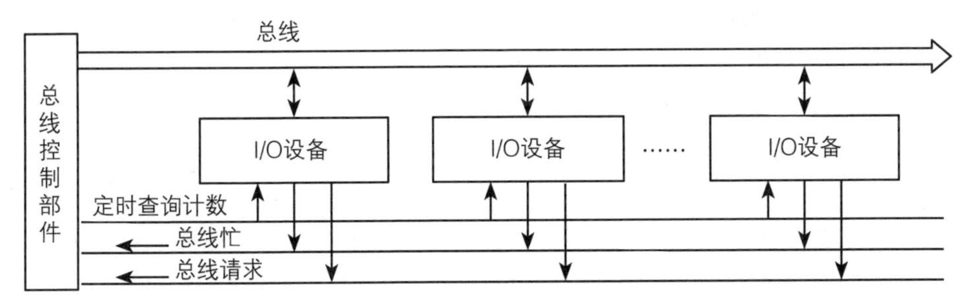

图 10-7　计数器定时查询

③ 独立请求方式（见图 10-8）。

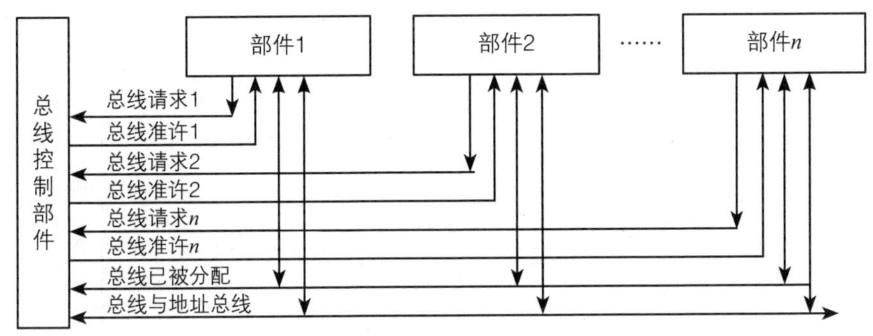

图 10-8　独立请求方式

（2）总线的通信控制。总线的通信控制有四种：同步通信、异步通信、半同步通信、分离式通信。

同步通信控制：控制线中有一个时钟信号线，挂接在总线上的所有设备都从这个公共的时钟线上获得定时信号，一定频率的时钟信号定义了等间隔的时间段，这个固定的时间段为一个时钟周期，也称总线周期。

异步通信控制：非时钟定时，没有一个公共的时钟标准。因此，能够连接带宽范围很大的各种设备。总线能够加长而不用担心时钟偏移问题。采用握手协议（应答方式）。由一系列步骤组成，只有当双方都同意时，发送者或接收者才会进入到下一步，协议通过一对附加的“握手”信号线（Ready、Ack）来实现。异步通信有非互锁、半互锁和全互锁三种方式。

半同步通信控制：为解决异步通信方式对噪声敏感的问题，一般在异步总线中引入时钟信号，就绪和应答等定时信号都在时钟的上升沿有效，这样信号的有效时间限制在时钟到达的时刻，而不受其他时间的信号干扰，这种通信方式称为半同步通信方式。半同步方式结合了同步和异步的优点。既保持了“所有信号都由时钟定时”的特点，又允许“不同速度设备共存于总线”。

分离式通信控制的基本思想：将一个传输操作事务分成两个子过程，在每个子过程中分别完成不同的功能。

10.2.6 I/O 接口

I/O 接口是主机与被控对象进行信息交换的纽带（见图 10-9）。主机通过 I/O 接口与外部设备进行数据交换。目前，绝大部分 I/O 接口电路都是可编程的，即它们的工作方式可由程序进行控制。目前在工业控制机中常用的接口有：

并行接口（如 8155 和 8255）、串行接口（如 8251）、直接数据传送接口（如 8237）、中断控制接口（如 8259）、定时器 / 计数器接口（如 8253）等。

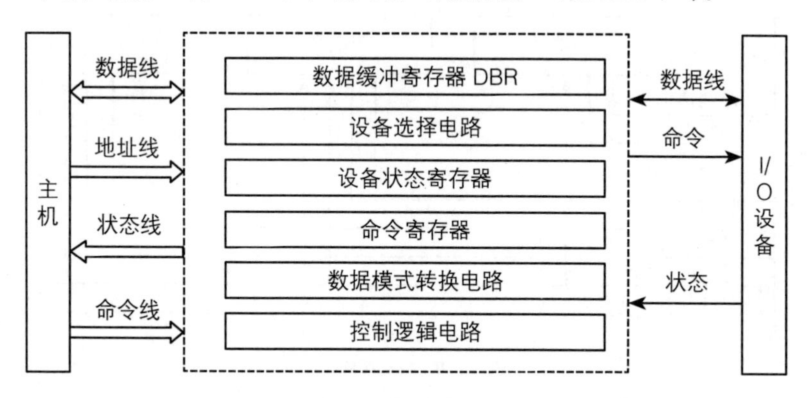

图 10-9 I/O 接口功能结构示意图

此外，由于计算机只能接收数字量，而一般的连续化生产过程的被测参数大都为模拟量，如温度、压力、流量、液位、速度、电压及电流等。因此，为了实现计算机控制，还必须把模拟量转换成数字量，即进行 A/D 转换。

接口组成包括硬件电路和软件编程两部分。硬件电路包括基本逻辑电路、端口译码电路和供选电路等。软件编程包括初始化程序段，以传送方式处理程序段，主控程序段的终止程序段、退出程序段及辅助程序段等。

10.2.7 I/O 接口的基本功能

由于计算机的外围设备品种繁多，而且几乎都采用了机电传动设备。因此，CPU 在与 I/O 设备进行数据交换时存在以下问题：

（1）速度不匹配：I/O 设备的工作速度要比 CPU 慢许多，而且由于种类的不同，它们之间的速度差异也很大。例如，硬盘的传输速度就要比打印机快很多。

（2）时序不匹配：各个 I/O 设备都有自己的定时控制电路，以自己的速度传输数据，无法与 CPU 的时序取得统一。

（3）信息格式不匹配：不同的 I/O 设备存储和处理信息的格式不同。例如，可以分为串行和并行两种；也可以分为二进制格式、ASCII 编码和 BCD 编码等。

（4）信息类型不匹配：不同 I/O 设备采用的信号类型不同，有些是数字信号，而有些是模拟信号，因此所采用的处理方式也不同。

基于以上原因，CPU 与外设之间的数据交换必须通过接口来完成，通常接口有以下功能：

（1）设置数据的寄存、缓冲逻辑，以适应 CPU 与外设之间的速度差异。接口通常由一些寄存器或 RAM 芯片组成，如果芯片足够大，还可以实现批量数据的传输。

（2）能够进行信息格式的转换，如串行和并行的转换。

（3）能够协调 CPU 和外设两者在信息的类型和电平方面的差异，如电平转换驱动器、数 / 模或模 / 数转换器等。

（4）协调时序差异。

（5）地址译码和设备选择功能。

（6）设置中断和 DMA 控制逻辑，以保证在中断和 DMA 允许的情况下产生中断和 DMA 请求信号，并在接收到中断和 DMA 应答之后完成中断处理和 DMA 传输。

10.2.8 I/O 控制方式

CPU 通过接口对外设进行控制的方式有以下几种：

（1）程序查询方式。在这种方式下，CPU 通过 I/O 指令询问指定外设当前的状态，如果外设准备就绪，则进行数据的输入或输出；否则 CPU 等待，循环查询。

这种方式的优点是结构简单，只需少量的硬件电路即可，缺点是由于 CPU 的速度远远高于外设，因此通常处于等待状态，工作效率很低。

（2）中断处理方式。在这种方式下，CPU 不再被动等待，而是可以执行其他程序，一旦外设为数据交换准备就绪，就可以向 CPU 提出服务请求，CPU 如果响应该请求，便暂时停止当前程序的执行，转去执行与该请求对应的服务程序，完成后，再继续执行原来被中断的程序。

中断处理方式的优点是显而易见的，它不但为 CPU 省去了查询外设状态和等待外设就绪所花费的时间，提高了 CPU 的工作效率，还满足了外设的实时要求。但需要为每个 I/O 设备分配一个中断请求号和相应的中断服务程序，此外还需要一个中断控制器（I/O 接口芯片）管理 I/O 设备提出的中断请求，如设置中断屏蔽、中断请求优先级等。

此外，中断处理方式的缺点是每传送一个字符都要进行中断，启动中断控制器，还要保留和恢复现场以便能继续原程序的执行，花费的工作量很大，这样如果需要大量数据交换，则系统的性能会很低。

（3）DMA（直接存储器存取）传送方式。DMA 最明显的一个特点是它不是用软件而是采用一个专门的控制器来控制内存与外设之间的数据交流，无须 CPU 介入，大大提高了 CPU 的工作效率。

在进行 DMA 数据传送之前，DMA 控制器会向 CPU 申请总线控制权，如果 CPU 允许，则将控制权交出，因此，在数据交换时，总线控制权由 DMA 控制器掌握，在传输结束后，DMA 控制器将总线控制权交还给 CPU。

（4）无条件传送方式。

（5）I/O 通道方式。

（6）I/O 处理机方式。

10.3 区块链上的输入与输出设备

传统的输入 / 输出设备可以完成计算机与外界之间的“信息”传递，即归纳为信息的输入与输出。

区块链上面的输入与输出设备完成区块链与外界之间的信息传递与价值传递。即归纳为信任的输入与输出（或价值的输入与输出）

在区块链的世界里，传统的输入与收入设备都是需要的，完成的是传统的信息传递。本节中主要分析区块链与外界通信中用到的输入与输出设备。就发展阶段而言，区块链还处在发展初期，还在成长，对区块链的输入与输出设备的讨论很多还不完善。一方面是基于当前已经存在的事物的分析；另一方面是对未来发展的推断。

10.3.1 链内链外的通信与预言机

传统的输入与输出设备可以完成计算机与外界之间的信息传递，区块链的输入与输出设备可以完成区块链与外界之间的信息传递。

区块链系统中有哪些输入和哪些输出？

随着区块链的大规模使用，这些内容会逐渐清晰。在当前信息互联网时代，一切还只能推测。我们先看一个区块链的链内外信息传输机制——预言机。

什么是预言机（Oracle Mechanism）？将区块链外的信息写入区块链内的机制，一般称为预言机（Oracle Mechanism）。

预言机的功能就是将外界信息写入区块链内，完成区块链与现实世界的数据互通。它允许确定的智能合约对不确定的外部世界做出反应，是智能合约与外部进行数据交互的唯一途径，也是区块链与现实世界进行数据交互的接口。

预言机之所以可以提供一个可证明的诚实从外部安全世界获取信息的能力，是因为其依赖于 TLS 证明技术（TLSnotary）。除此以外，预言机还提供了其他两种证明机制：Android SafetyNet 证明、IPFS 大文件传送和存储证明。

在整个传输中，TLS 的 master key 可以分成三个部分：服务器方、受审核方和审核方。在整个流程中，互联网数据源作为服务器方；预言机作为受审核方，一个专门设计的、部署在云上的开源实例作为审核方。每个人都可以通过这个审计方服务对预言机过去提供的数据进行审查和检验，以保证数据的完整性和安全性。

预言机有三种类型，分别是软件预言机、硬件预言机及共识预言机。下面分别介绍它们是如何获取数据的。

（1）软件预言机，指通过 API 将从第三方服务商或网站获取的数据作为智能合约的输入数据。最常用的如天气数据、航班数据、证券市场数据等。

（2）硬件预言机，通常的表现形式是物联网上的数据采集器，如溯源系统及安装在各个设备上的传感器就是硬件预言机。区块链技术在物联网领域的广泛应用将催生出大量的“硬件预言机”，“硬件预言机”的核心技术与区块链无关，更多的是指传感器和数据采集器。

（3）共识预言机，为了与前面两种中心化产生的预言机区别，通常又称为去中心化预言机，这种预言机通过分布式的参与者进行投票。

由于预言机的存在，其实对区块链的更精准的定义应该是“维持信任的机器”。区块链本身并不产生信任，信任的输入来自“预言机”。

预言机作为区块链的基础设施仍在发展中，面对物理世界多样化情景的处理仍是一个主要的挑战，从某种程度上，这缩小了区块链的适用范围，成了区块链落地的瓶颈。

10.3.2 区块链为什么需要预言机

区块链是一个确定性的、封闭的系统环境，目前区块链只能获取到链内的数据，而不能获取到链外真实世界的数据，区块链与现实世界是割裂的。

一般智能合约的执行需要触发条件，当智能合约的触发条件是外部信息时（链外），就必须使用预言机来提供数据服务，需要通过预言机将现实世界的数据输入到区块链上，因为智能合约不支持对外请求。

具体原因如下：区块链是确定性的环境，它不允许不确定的事情或因素出现，智能合约不管何时何地运行都必须是一致的结果，所以虚拟机（VM）不能让智能合约有网络调用（Network Call），不然结果就是不确定的。

也就是说智能合约不能进行 I/O，所以它是无法主动获取外部数据的，只能通过预言机将数据提供给智能合约。

预言机怎么解决这个问题？如图 10-10 所示。

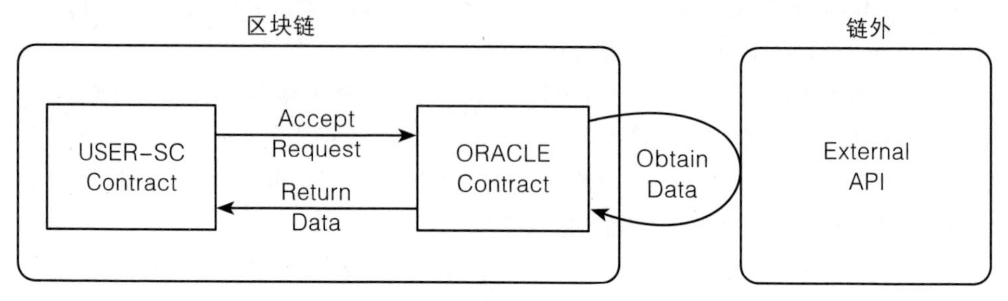

图 10-10 预言机的示意图（链内与链外数据桥梁）

10.3.3 预言机的应用场景

预言机作为区块链与现实世界进行数据交互的桥梁，应用场景非常多，可以说一切需要与链下进行数据交互的 DAPP 都需要预言机，如金融衍生品交易平台、借贷平台、快递追踪 /IoT、稳定币、博彩游戏、保险、预测市场等。

（1）金融衍生品交易平台。金融衍生品交易平台提供金融类的智能合约，允许用户做空或做多背后的资产。例如，Market Protocol、Decentralized Derivatives Association、DyDx Protocol 等都提供类似的服务。这类智能合约需要实时从链外获取资产价格来确定参与方的收益和损失，以及触发平仓交易等。

（2）稳定货币。稳定货币是一种与法币有稳定兑换率的加密货币，稳定货币可以作为价值的储藏和交易的中间媒介，因此又被誉为数字货币世界里的圣杯。 这里的稳定货币并不是指 tether 或 digix 那种由一个中心化机构发行的货币，而是一种去中心化的、被算法自动控制的加密货币，包括 bitUSD、Dai 等以加密资产抵押物为基础的稳定货币，以及 Basecoin、kUSD 等以算法银行为基础的稳定货币。所有的稳定货币都需要 Oralce 的帮助来获取外部世界稳定货币本身和锚定资产的兑换率等数据。

（3）借贷平台。SALT Lending、ETHlend 等去中心化 P2P 借贷平台允许匿名的用户使用区块链上的加密资产抵押来借贷出法币或加密资产。 这类应用需要使用 Oracle 在贷款生成时提供价格数据，并且能监控加密抵押物的保证金比率，在保证金不足时发出警告并触发清算程序。 借贷平台也能用 Oracle 来导入借款人的社交、信用和身份信息来确定不同的贷款利率。

（4）保险应用。Etherisc 正在建立一个高效、透明、低消耗的去中心化的保险应用平台，包括航空延误险、农作物保险等。用户以 Ether 支付保费、购买保险，并根据保险协议得到自动赔付。Oracle 能为这类应用引入外部数据源和事件，帮助去中心化的保险产品做出赔付的决定，并能安排未来的自动赔付

（5）赌场应用。由于区块链技术保证的透明、即时的安全转账，以及相对传统线上赌场高达 15% 的“零庄家”优势， 涌现了一大批如 Edgeless、DAO.Casino、FunFair 等去中心化赌场。任何在线赌场游戏的核心都是产生不可预测的、可验证的随机数。但是在链内确定性的环境下，随机数的生成是很困难的。Oracle 可以从链外注入一个安全可靠的、无偏的、可验证随机性的熵源给赌场合约使用。

（6）预测市场。去中心化的预测市场如 Augur、Gnosis 等，它们应用了群体的智慧来预测真实世界的结果，如总统选举和体育结果竞猜。在投票结果被用户质疑时，需要 Oracle 提供真实的最终结果。

（7）无信任环境下如何验证身份。很多区块链应用需要通过 Oracle 从链外获取用户的身份数据、信用数据或者社交媒体数据等。

（8）快递追踪和 IoT 应用。真实世界中的快递寄送或到达信息可以通过 Oracle 被传递到链上，触发链上智能合约的自动付款。对于区块链上的 IoT 应用， 也需要 Oracle 把链外的传感信息传到链上，让智能合约验证并触发下一步行为。

虽然现在区块链上的落地应用还没有那么多，那么成熟，但我们相信在未来，区块链会成为社会运行的基础架构之一，很多现实世界中的商业逻辑都会搬到区块链上来。作为区块链生态中重要一环的 Oracle，就必然有着广阔的市场前景，并且需求缺口会越来越大。

10.3.4 预言机项目和解决方案

目前在预言机领域探索的项目还不是很多，每一个项目的预言机解决方案都略有差异。下面主要介绍几种方案。

（1）Oraclize：为以太坊提供中心化预言机服务（见图 10-11）。Oraclize 依托亚马逊 AWS 服务和 TLSNotary 技术，是一个可证明的诚实的预言机服务，不过它是中心化的，目前只能在以太坊网络使用，而且 gas 费较高。但是不妨碍它是目前比较受欢迎的预言机服务，应该也因为没有其他更好的选择。

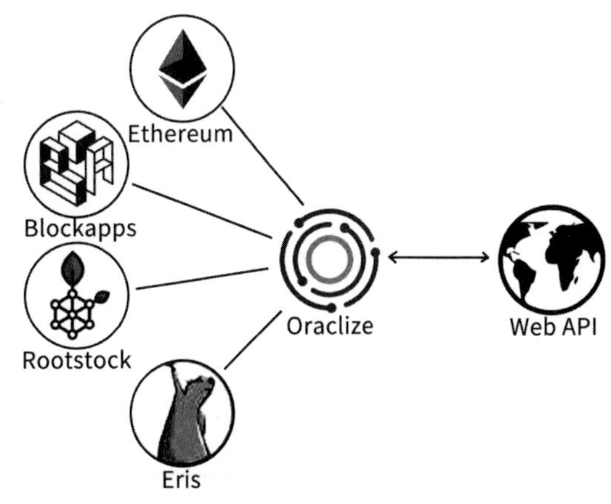

图 10-11　Oraclize 预言机

（2）ChainLink：以太坊上第一个去中心化预言机解决方案（见图 10-12）。ChainLink 的解决方案是通过在链上的智能合约和链下的数据节点之间，使用奖惩机制和聚合模型的方式，进行数据的请求和馈送。不过也有一些不足，如链式聚合成本较高、拓展性差，以及基于声誉系统容易集中化。

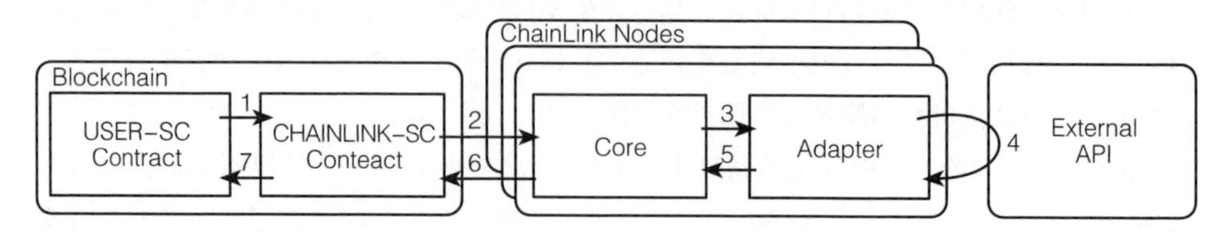

图 10-12　ChainLink 预言机

（3）欧链 OracleChain：EOS 上的第一个去中心化预言机解决方案（见图 10-13）。欧链很早就提出了预言机的想法和方案，采用自主的 PoRD 机制（Proof-of-Reputation &Deposit），本质上是一种抵押代币奖惩机制的声誉系统，用于奖励数据节点惩罚作恶节点，可以实现 Augur、Gnosis 等预测市场应用的功能，还能支撑对链外数据有更高频率访问需求的智能合约业务。预测市场的结果本身有时也可以作为 Oracle 的输入数据源。欧链更像是预测市场，而且单纯的声誉系统容易集中化。

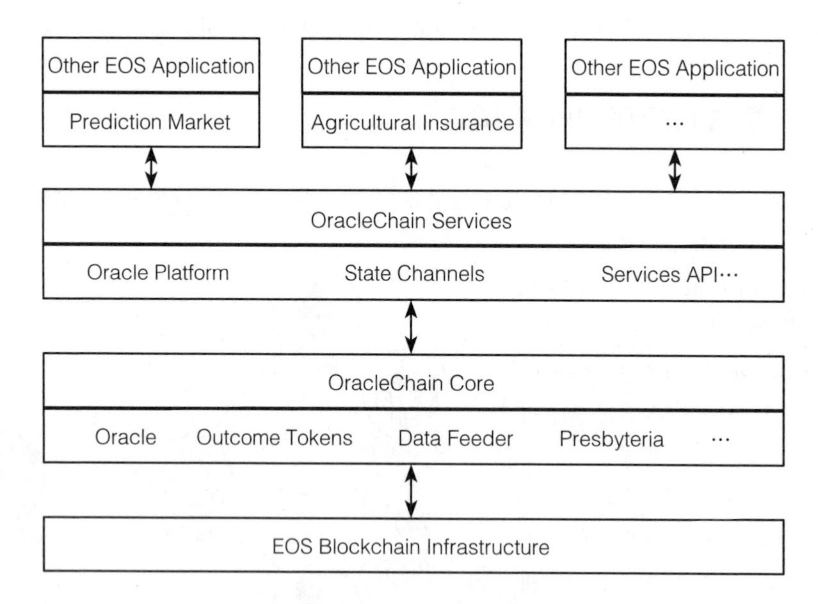

图 10-13　欧链 OracleChain 平台模型

（4）DOS Network：支持多条主流公链的去中心化预言机服务网络（见图 10-14）。

DOS Network 是一个 Layer-2 的预言机解决方案，它通过在链上部署一个轻量级智能合约，链下是一个 P2P 网络，服务节点的选取和数据验证采用 VRF+ 阈值签名等技术，保证了去中心化和数据安全，以达到快速响应。可以适配所有主流公链，如以太坊、EOS、波场、Thunder。目前已在以太坊测试网发布 alpha 版本。

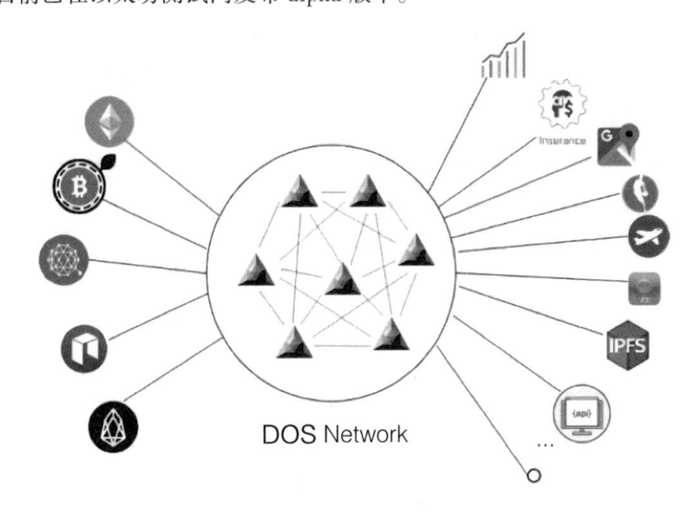

图 10-14　DOS Network 预言机

10.4　区块链中需要哪些输入与输出设备

我们将由区块链组成的网络时代定义为价值互联网时代。价值互联网构建在信息互联网的基础上，在传递信息的同时也传递价值。下面从这个角度分析 I/O 设备。

（1）单台计算机的服务对象主要是人和计算机，两者之间传递的是数据和指令。输入设备和输出设备主要是为了辅助人与计算机之间进行交互。

（2）当计算机和其他机械设备之间连接时，也是传递数据和指令时，需要以计算机和机械设备两个系统之间都能理解的信息格式执行。这些输入与输出设备经常是一些数模或模数转换装置。

（3）信息互联网的主要服务对象是网络中不同的服务器系统之间传递的数据和信息，以及连接这些服务器系统的终端计算设备。服务器之间的输入与输出设备主要是网络连接设备。这些终端计算机和人与其他设备之间的输入与输出，属于上面两种情况。

（4）价值互联网中的系统与信息互联网相似，也是在不同的服务器和终端设备间传递数据和指令，但有个明显的区别，一些数据不同于信息互联网中的数据，而是价值数据。

价值互联网中，传递信息的时候，输入与输出设备和信息互联网相同。但价值传递的输入与输出设备有更严格的限制，例如上面介绍的预言机，将外界的数据传递到价值互联网后，会引起一系列的智能合约的执行，所以这种输入与输出有不同的价值传递方式。

（5）价值互联网会有更多物联网、能源网、车联网、智能家居等系统之间的连接，这些物物之间的连接除了传递信息，还会传递价值。因此价值互联网中的I/O设备包含传统信息互联网中的I/O设备，还将包含对价值传递的I/O设备，这种I/O设备之间的协议，要能够保证价值的正确传递。当前区块链技术发展还不够成熟，应用的领域还不够广泛，所以在区块链相关的I/O设备方面，我们目前只看到了几种类型的预言机。随着发展，预言机的类型，或者其他适合区块链系统与外界之间的交互设备的类型会更加丰富。

第11章 处理器与计算

11.1 计算机处理器

11.1.1 中央处理器

中央处理器（Central Processing Unit，CPU）是一块超大规模的集成电路板，是一台计算机的运算核心和控制核心。它的功能主要是解释计算机指令及处理计算机软件中的数据。

中央处理器主要包括运算器、控制器、高速缓冲存储器，以及实现它们之间联系的数据、控制其状态的总线。它与内部存储器和输入/输出设备合称为电子计算机三大核心部件。其中，运算器用于完成算术运算、逻辑运算和数据传送等数据加工处理任务；控制器用于控制程序的执行，是计算机的大脑。控制器根据存放在存储器中的指令序列（程序）进行工作，并由一个程序计数器控制指令的执行。控制器具有判断能力，能根据计算结果选择不同的工作流程。几乎所有 CPU 的运作原理可以分为四个阶段：提取（Fetch）、解码（Decode）、执行（Execute）和写回（Writeback）。CPU 从存储器或高速缓冲存储器中取出指令、放入指令寄存器，并对指令译码、执行指令。所谓的计算机的可编程性主要指对 CPU 的编程。

现今的中央处理器出现之前，如同 ENIAC 之类的计算机在执行不同程序时，必须经过一番线路调整才能启动。由于它们的线路必须被重设才能执行不同的程序，这些机器通常称为“固定程序计算机”（Fixed-program Computer）。而由于中央处理器这个词只称为执行软件（计算机程序）的装置，那些最早与储存程序型计算机一同登场的装置也可以称为中央处理器。

计算机求解问题是通过执行程序来实现的。程序是由指令构成的序列，执行程序就是按指令序列逐条执行指令。一旦把程序装入主存储器（简称主存）中，就可以由 CPU 自动地完成从主存取指令和执行指令的任务。

11.1.2 CPU 的基本功能

（1）指令顺序控制：这是指控制程序中指令的执行顺序。程序中的各指令之间是有严格顺序的，必须严格按程序规定的顺序执行，才能保证计算机系统工作的正确性。

（2）操作控制：一条指令的功能往往是由计算机中的部件按照序列执行操作来实现的。CPU 要根据指令的功能，产生相应的操作控制信号，并发给相应的部件，从而控制这些部件按指令的要求进行动作。

（3）时间控制：时间控制就是对各种操作实施时间上的定时。在一条指令的执行过程中，在什么时间做什么操作均应受到严格的控制。只有这样，计算机才能有条不紊地工作。

（4）数据加工：即对数据进行算术运算和逻辑运算，或者进行其他的信息处理。

11.1.3 大规模集成电路时代的 CPU 发展

现代计算机处理器的发展历程在计算机硬件章节已经讲过，本小节将详细介绍大规模集成电路时代的 CPU 发展。

大规模集成电路时代，处理器架构设计的迭代更新以及集成电路工艺的不断提升促使其不断发展完善。从最初专用于数学计算到广泛应用于通用计算，从 4 位到 8 位、16 位、32 位处理器，最后到 64 位处理器，从各厂商互不兼容到不同指令集架构规范的出现，CPU 自诞生以来一直在飞速发展。

（1）第一阶段（1971—1973 年）。这是 4 位和 8 位低档微处理器时代，代表产品是 Intel 4004 处理器。1971 年，Intel 生产的 4004 微处理器将运算器和控制器集成在一个芯片上，标志着微处理器 CPU 的诞生；1978 年，8086 处理器的出现奠定了 x86 指令集架构，随后 8086 系列处理器被广泛应用于个人计算机终端、高性能服务器及云服务器中。

（2）第二阶段（1974—1977 年）。这是 8 位中高档微处理器时代，代表产品是 Intel 8080。此时指令系统已经比较完善了。

（3）第三阶段（1978—1984 年）。这是 16 位微处理器的时代，代表产品是 Intel 8086。相对而言技术已经比较成熟了。

（4）第四阶段（1985—1992 年）。这是 32 位微处理器时代，代表产品是 Intel 80386。该微处理器已经可以胜任多任务、多用户的作业。1989 年发布的 80486 处理器实现了 5 级标量流水线，标志着 CPU 的初步成熟，也标志着传统处理器发展阶段的结束。

（5）第五阶段（1993—2005 年）。这是奔腾（Pentium）系列微处理器的时代。1995 年 11 月，Intel 发布了 Pentium 处理器，该处理器首次采用超标量指令流水结构，引入了指令的乱序执行和分支预测技术，大大提高了处理器的性能， 因此，超标量指令流水线结构一直被后续出现的现代处理器，如 AMD（Advanced Micro Devices）的 K9、K10、Intel 的 Core 系列等采用。

（6）第六阶段（2005 年至今）。这是酷睿系列微处理器的时代。酷睿系列微处理器是一款领先、节能的新型微架构，设计的出发点是提供卓然出众的性能和能效。

为了满足操作系统的上层工作需求，现代处理器进一步引入了如并行化、多核化、虚拟化以及远程管理系统等功能，不断推动着上层信息系统向前发展。

关于计算机的未来详见 3.1.6 节。

11.2 高性能计算

11.2.1 高性能计算简介

并行计算、分布式计算、网格计算与云计算都属于高性能计算（High Performance Computing，HPC）的范畴，它们的主要目的是对大数据进行分析与处理，但它们却存在很多差异。

（1）并行计算：是指一种能够让多条指令同时执行的计算模式，可分为时间并行和空间并行。时间并行是多条流水线同时作业；空间并行是指使用多个处理器执行并发计算，以降低解决复杂问题所需要的时间，它是相对于串行计算而言的。

（2）分布式计算：是一种把需要进行大量计算的工程数据分区成小块，由多台联网计算机分别处理，在上传处理结果后，将结果统一合并得出数据结论的计算模式。与并行计算相比，其相同之处都是将复杂任务化简为多个子任务，然后在多台计算机中同时运算。不同之处在于分布式计算是一个比较松散的结构，实时性要求不高，而并行计算是需要各节点之间通过高速网络进行较为频繁的通信，节点之间具有较强的关联性，主要部署在局域网内。

（3）网格计算：是指通过多个独立实体或机构中大量异构的计算机资源（处理器周期和磁盘存储），采用统一开放的标准化访问协议及接口，实现非集中控制式的资源访问与协同式的问题求解，以达到系统服务质量高于其每个网格系统成员服务质量累加的总和的目的。在 20 世纪 90 年代中期，分布式计算发展到一定阶段后，网格计算开始出现，其目的在于利用分散的网络资源解决密集型计算问题。网格计算与虚拟组织的概念由此产生，它通过定义一系列的标准协议、中间件以及工具包，以实现对虚拟组织中资源的分配和调度。它的焦点在于支持跨域计算与拥有异构资源整合的能力，这使它与传统计算机集群或简单分布式计算相区别。

（4）云计算：是一种由大数据存储分析与资源弹性扩缩需求驱动的计算模式，它通过一个虚拟化、动态化、规模化的资源池为用户提供高可用性、高效性、弹性的计算存储资源与数据功能服务。云计算提供了基本的网络框架支持。网格计算的焦点在于计算与存储能力的提供，而云计算更注重于资源与服务能力的抽象，这就是网格计算向云计算的演化。与分布式计算比较，云计算是一种成熟稳定的流式商业资源，它为用户提供可量算的抽象服务，就如同水电厂提供可量算的水电资源一样便捷可靠。云计算与其他相关概念的关系如图 11-1 所示。

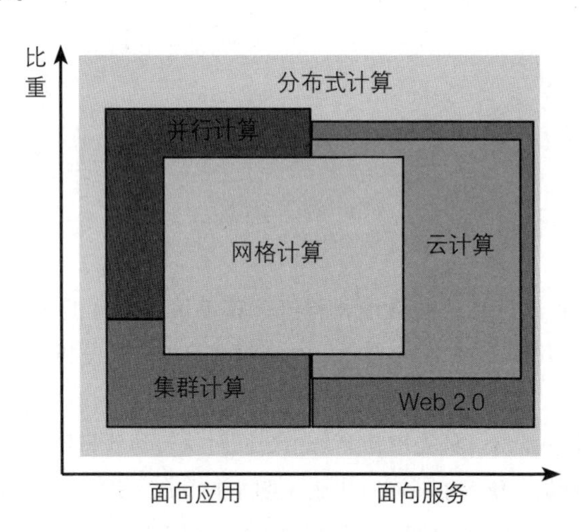

图 11-1　云计算与其他相关概念的关系

11.2.2　分布式计算

下面讨论的分布式计算是另外一种大的分类维度。分布式计算是一种计算方法，和集中式计算是相对的。

随着计算技术的发展，有些应用需要非常巨大的计算能力才能完成，如果采用集中式计算，需要耗费相当长的时间来完成。分布式计算将该应用分解成许多小的部分，分配给多台计算机进行处理。这样可以节约整体计算时间，大大提高计算效率。

下面介绍分布式计算的演化。

（1）极端集中化：大型机和分时（Timesharing）。在 20 世纪 50 年代之前，数学、逻辑和计算理论为计算时代奠定了基础。在 1940 年到 1980 年之间，计算机被拥有数百万美元预算的大型组织所主导。在那个时候，计算是非常集中的。

（2）极度分散：每个人都有自己的计算机，但计算机间没有任何共享。20世纪70年代，个人计算机革命开始，到1980年，个人计算机进入了公众的日常生活，计算第一次进入了分散化时代。每个用户都有自己的计算机，而不是简单的终端，这些计算机中装载的是自己的数据和自己的CPU。计算机变得足够小、足够便宜，人们开始购买它们，在家里使用。但是，由于大多数家庭计算机彼此之间没有连接，只能通过共享物理内存设备（如磁带、墨盒和软盘）进行通信，所以应用程序更多是碎片化的，而不是分散的。

（3）分布式访问：开放Web和早期分布式应用程序。也许互联网正在等待它的第一个杀手级应用：万维网。1990年，Tim Berners-Lee创建了第一个Web服务器和浏览器。直到现在，你仍然可以访问Tim Berners-Lee的世界上第一个网站。Web是世界上最大的分布式应用程序，没有人拥有或控制它的访问权限，任何人都可以启动Web服务器并在其上发布内容，任何人都可以将Web浏览器指向任何他们想要的站点，但是当前的Web体系结构，内容本身是集中的。这种情况在不久的将来可能会改变。

（4）趋势发现线索：分布式计算的力量。在世纪交替之际，分散的协议，如电子邮件和Usenet，引领了分布式计算项目（如SETI@Home和Folding@Home），以及点对点应用程序（如Napster、BitTorrent和Tor）。Napster的创始人之一是肖恩·帕克（Sean Parker），其随后担任Facebook的首席执行官。

1990年至2003年间，全球20多家机构为人类基因组计划（Human Genome Project）做出了贡献，绘制出了整个人类基因组图谱。批评者预测，这项任务可能需要100年甚至更长时间。然而，通过共享数据集和计算资源，并通过加速技术创新，该项目只用了13年就完成了。

（5）重新集中计算：Web应用程序和云计算。2004年至2010年间，社交媒体网站生根发芽。如今，用户平均每天花费数小时在社交媒体应用上。这意味着我们今天创建的大部分内容、我们在线的痕迹大部分都集中在少数几个应用程序拥有和管理的资源中，如Instagram、Facebook、Twitter、TikTok、YouTube、Medium、微博、微信等。

云计算资源的可用性和对云计算资源的一般访问，使创建一个能够服务于数百万用户的应用程序比以往任何时候都更容易，但是，这些所有用户数据都被困在用户无法控制的集中存储库中，而不是在应用程序之间共享，由用户正确地控制数据。

（6）现代分布式应用（DAPPs）：试想一下，如果能够管理自己的用户概要文件（或多个不同的角色）并在多个应用程序之间共享它们，岂不是很好？单击按钮登录，不再为将连接到的每个站点创建另一个用户名和密码，不再担心密码被窃取或数据被破坏。DAPP的生态系统还处于起步阶段。DAPP这个词是最近的一个演变，取代了以前的“分布式计算应用程序”“P2P应用程序”“区块链应用程序”等。我期待着有一天，所有的应用程序都是去中心化应用与中心化应用完美的结合。

11.3 区块链中的处理器与计算

区块链的系统中是否有处理器？如果我们把区块链系统比拟成一个运行在各种电子设备系统之上的超级计算机系统，那么这个系统是应该有中央处理器的。

那么这个超级计算机系统的CPU应该是什么？分布式的高性能计算能够给我们启发。在区块链的中央处理器中，目前计算部分的发展还比较弱，但今后这部分会得到更大的发展。对于区块链的中央处理器的控制部分，共识协议起到更多的作用。所有区块链系统中的虚拟机VM是实现处理器与区块链操作系统之间的一个重要支撑，虚拟机VM的发展会标志着这个功能的成熟度。智能合约在这个系统中更像传统CPU中的指令集，或者操作系统中的底层函数。

下面介绍比特币系统中的计算分析。

（1）新区块的寻找计算：PoW计算、dSHA256（headerbytes）最先找到这样的符合计算的要求的区块。

（2）价值的分割与重组：由谁来打包交易？因为有很多矿工，何时打包交易？如何打包交易？

（3）密码学算法的计算：非对称密钥算法的执行方式为地址的产生，签名的产生与验证，哈希计算与验证。

在区块链这种非中心化的系统中，很难再用单个计算机冯诺伊曼结构来划分系统。每个计算被分散到各个节点中完成，完成之后由广播和共识算法确认。其他的功能由区块链的虚拟机和智能合约来完成。

基于区块链的云计算将是区块链应用落地中的另一个方向。它不会像区块链存储那样容易落地，基于区块链的计算的难度更高一些，需求方不明显，发展条件受到的制约更多一些，应用环境更加复杂一些。

在区块链的早期已经有了相关的定制型计算的探索，如素数币（Primecoin），这种币尝试把虚拟货币中的没有目的的算法所浪费的能量利用起来。素数币的Proof of Work机制有一定的科学价值。所以从某种意义上讲，素数币的矿工在挖矿的同时也促进了科学的进步。如果这种定制型的计算能够拆解成普通的运算，那么区块链系统的计算功能就会发展起来。这需要区块链系统发展得更为成熟，基于PoW计算的算法由特定算法或一组算法演变成一组指令集（便于衡量单位计算量），并且可以在这些指令集上进行计算的编程。只有计算功能发展到这个阶段，区块链这个超级计算机的计算功能才会发展起来。从比特币那种计算单一哈希的PoW的无用计算发展到有用计算，还需要较长的过程。

基于区块链技术的云计算，因为可以有经济模型的激励，能发动更多的人和设备参与其中，所以计算功能变成区块链系统中的一项标准服务只是早晚的问题。据说，IBM的时任掌门老沃森认为世界上只需要5台计算机（大型机）。他是那个时代的专业人士，但他没想到后来计算机从几个房间的大小发展到巴掌大小，价格从几十万美元降低到几百美元。SUN 的 CTO 还曾经说过：“到了云计算时代，世界上只需 5 片电脑云就够了，即微软、Google、IBM、Sun、Amazon 各撑一片。”这种描述更接近对云计算的发展的预测。就像三国演义中的描述：天下大势，分久必合，合久必分。从更长的发展角度看，计算也符合这种规律。在条件限制的情况下，计算从大型机分散到了无数的个人电脑、手持设备或服务器上，但发展到一定的阶段，这种计算又被统一到一个大的系统上面，并且表现出超强的计算能力。

第12章 应用软件

12.1 传统应用软件

12.1.1 应用软件简介

计算机软件分为系统软件和应用软件两大类。应用软件是为满足用户不同领域、不同问题的应用需求而提供的软件，它可以拓宽计算机系统的应用领域，扩大硬件的功能。

应用软件（Application Software）是用户用各种程序设计语言编制的应用程序的集合，分为应用软件包和用户程序。应用软件包是利用计算机解决某类问题而设计的程序的集合，可以供多用户使用。在本节主要是通过分析应用软件的发展历史来分析中心化软件和去中心化软件这两种方式的融合与变化。

12.1.2 从早期的单机软件到中心化软件

在计算机的硬件与软件章节中，我们讨论了软件的整体发展。Ada在1860年尝试为机械式计算机编写软件的阶段称为史前软件开发阶段。这个阶段完全是一种对软件思想的探索和尝试，还不是可以运用的软件，当时的机械计算机也不存在运行软件的硬件支撑。

第一代软件（1946—1953年）是完全由机器语言或汇编语言来完成的一个与硬件紧密结合的独立应用。这个阶段软件是一个个依赖硬件的独立程序，基本上不会存在互相联系的结构，是硬件的功能补充。这些软件是一个个离散的应用程序，不存在中心化或去中心化的区分。

从第二代到第四代软件（1971—1989年），软件得到了充分的发展，已经从软硬件一体的形式，逐渐分离出来系统软件和应用软件的概念，应用程序也演变成运行在操作系统等内核基础上的应用程序。这个阶段网络得到了一定的发展，大型主机的多终端功能也使那种离散的应用程序逐渐有向中心化程序发展的趋势。

第五代软件（1990 年至今），在这阶段计算机软件业具有主导地位的 Microsoft 公司崛起、面向对象的程序设计方法出现以及万维网（World Wide Web）普及。大量的 C/S 结构程序与 B/S 结构程序得到充分发展，于是这些应用程序逐渐向中心应用集中。尤其是网络的发展和基于 B/S 结构的程序大量使用，中心化结构的应用程序几乎达到了发展的顶峰。

12.1.3 应用软件的常见分类

对于全部应用软件的分类没有准确的参考，这也是由于应用软件的复杂性和多样性造成的。我们在此使用软件著作权的官方分类方式。计算机软件分类代码如表 12-1 所示。

表 12-1 计算机软件分类代码

代码	计算机软件类别	代码	计算机软件类别
10000	基础软件（此为总分类）		
10100	操作系统	10101	通用操作系统
10102	嵌入式操作系统	10109	其他操作系统
10200	数据库系统	10300	支撑软件
10400	嵌入式系统软件	10900	其他
20000	中间件（此为总分类）		
20100	基础中间件	20200	业务中间件
20300	领域中间件	20900	其他中间件
30000	应用软件（此为总分类）		
30100	通用软件	30101	字处理软件
30102	报表处理软件	30103	地理信息软件
30104	网络软件	30105	游戏软件
30106	企业管理软件	30107	多媒体应用软件
30108	辅助设计与辅助制造 CAD/CAM）软件	30109	信息安全软件
30900	其他通用软件	30200	行业应用软件
30201	政务软件	30202	商务（贸）软件
30203	财税软件	30204	金融软件
30205	商业软件	30206	通信软件
30207	能源软件	30208	工业控制

续表

代码	计算机软件类别	代码	计算机软件类别
30209	教育软件	30210	旅游服务业
30211	交通应用	30212	会计核算软件/财务管理软件
30213	统计软件	30219	其他行业应用软件
30300	文字语言处理	30301	信息检索
30302	文本处理	30303	语音应用
30304	其他资源库	30305	机器翻译
30309	其他文字处理软件		
40000	嵌入式应用软件（此为总分类）		

计算机软件适用的国民经济行业代码如表 12-2 所示。

表 12-2　计算机软件适用的国民经济行业代码

代码	类别名称	代码	类别名称
0000	（依据 1992-004 号计算机软件登记公告的规定，若因软件适用的国民经济行业范围广而无法对应某一行业时，可选择该项）		
0100	农业	0200	林业
0300	畜牧业	0400	渔业
0500	农、林、牧、渔服务业	0600	煤炭开采和洗选业
0700	石油和天然气开采业	0800	黑色金属矿采选业
0900	有色金属矿采选业	1000	非金属矿采选业
1100	其他采矿业	1300	农副食品加工业
1400	食品制造业	1500	饮料制造业
1600	烟草制品业	1700	纺织业
1800	纺织服装、鞋、帽制造业	1900	皮革、毛皮、羽毛（绒）及其制品业
2000	木材加工及木、竹、藤、棕、草制品业	2100	家具制造业
2200	造纸及纸制品业	2300	印刷业和记录媒介的复制
2400	文教体育用品制造业	2500	石油加工、炼焦及核燃料加工业
2600	化学原料及化学制品制造业	2700	医药制造业

续表

代码	类别名称	代码	类别名称
2800	化学纤维制造业	2900	橡胶制造业
3000	塑料制品业	3100	非金属矿物制品业
3200	黑色金属冶炼及压延加工业	3300	有色金属冶炼及压延加工业
3400	金属制品业	3500	通用设备制造业
3600	专用设备制造业	3700	交通运输设备制造业
3900	电气机械及器材制造业	4000	通信设备、计算机及其他电子设备制造业
4100	仪器仪表及文化、办公用机械制造业	4200	工艺品及其他制造业
4300	废弃资源和废旧材料回收加工业	4400	电力、热力的生产和供应业
4500	燃气生产和供应业	4600	水的生产和供应业
4700	房屋和土木工程建筑业	4800	建筑安装业
4900	建筑装饰业	5000	其他建筑业
5100	铁路运输业	5200	道路运输业
5300	城市公共交通业	5400	水上运输业
5500	航空运输业	5600	管道运输业
5700	装卸搬运和其他运输服务业	5800	仓储业
5900	邮政业	6000	电信和其他信息传输服务业
6100	计算机服务业	6200	软件业
6300	批发业	6500	零售业
6600	住宿业	6700	餐饮业
6800	银行业	6900	证券业
7000	保险业	7100	其他金融活动
7200	房地产业	7300	租赁业
7400	商务服务业	7500	研究与试验发展
7600	专业技术服务业	7700	科技交流和推广服务业
7800	地质勘查业	7900	水利管理业
8000	环境管理业	8100	公共设施管理业

续表

代码	类别名称	代码	类别名称
8200	居民服务业	8300	其他服务业
8400	教育	8500	卫生
8600	社会保障业	8700	社会福利业
8800	新闻出版业	8900	广播、电视、电影和音像业
9000	文化艺术业	9100	体育
9200	娱乐业	9300	中国共产党机关
9400	国家机构	9500	人民政协和民主党派
9600	群众团体、社会团体和宗教组织	9700	基层群众自治组织 9800国际组织

我们以应用的运行架构为考量标准，做一个分类（见图 12–1）。

（1）单机软件。

（2）中心化的网络软件：C/S 结构、B/S 结构。

（3）分布式软件。

（4）去中心化的软件。

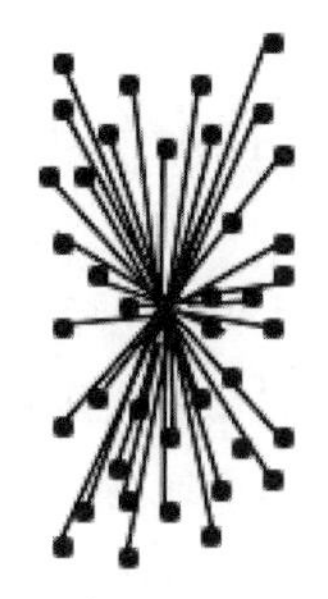

（a）中心化

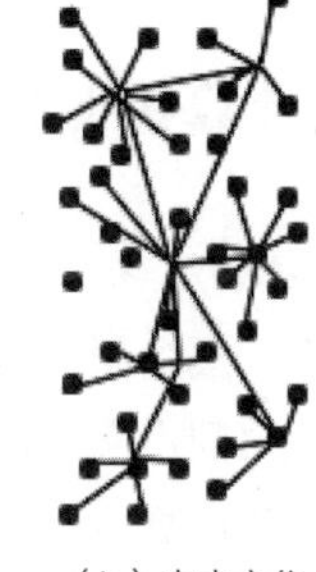

（b）去中心化

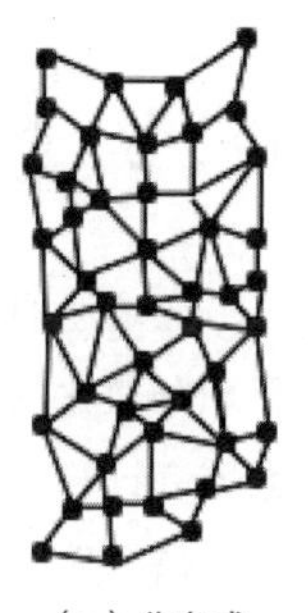

（c）分布式

图 12–1　中心化、去中心化、分布式软件示意图

12.2　网络时代的应用软件

12.2.1　大型主机时代的中心化

1. 大型计算机

在 20 世纪 50 年代之前，数学、逻辑和计算理论为计算时代奠定了基础。在 1940 年到 1980 年之间，计算机被拥有数百万美元预算的大型组织所主导。在那个时候，计算是非常集中的。

当时计算机市场由大型计算机主导，在早期，计算机有房间或小型建筑物那么大，一次只能由一个用户访问系统。由于这些限制，使得计算和对计算资源的访问都非常集中。

2. 分时（Time sharing）系统

分时系统和UNIX（1969年在贝尔实验室创建）等多用户操作系统的出现开始改变这种状况。首次的分时系统是在20世纪60年代开发的，其最大的优点之一是用户可以在共享文件上进行协作，并通过即时消息（talk命令内置在UNIX中）和电子邮件（大约在1970年也内置在UNIX中，但最初只能向同一台共享计算机的用户发送消息）进行通信。

数十年来，多任务处理功能一直是操作系统的标准功能，其中一个关键的推动因素是，在早期的计算机上，一次只能有一个用户访问系统并执行计算。

像UNIX这样的多任务操作系统允许多个用户同时登录并使用同一台计算机。系统将在不同的用户应用程序之间切换任务，希望切换速度足够快，以至于用户甚至不会注意到（尽管当系统大量使用时，用户会注意到）。多任务和哑终端（本质上是键盘和显示器，没有自己的CPU和内存插到一台共享计算机）是计算资源使用分散化的第一步。

如果第11章中提到的基于区块链的云计算系统能够成熟，我们是不是又回到了和分时系统相似的使用场景呢？

12.2.2 个人计算机时代的共享需求

在硬件的发展章节，我们谈到大型机之后，个人计算机开始进入了家庭。计算第一次呈现分散化的分布。每个用户都有自己的计算机（而不是简单的终端）。但是，由于大多数家庭计算机彼此之间没有连接，只能通过共享物理存储设备（如磁带、墨盒和软盘）进行通信，所以应用程序更多是碎片化的，而不是分散的。

最早的中心化服务软件是BBS与邮件。

在20世纪80年代，很少有个人计算机联网。1983年，民意调查公司Louis Harris & Associates询问美国成年人家里是否有个人计算机，如果有，他们是否用计算机通过电话线传输信息。10%的成年人拥有计算机，其中14%（1.4%的美国成年人）使用调制解调器发送和接收信息。在1980年至1995年间，大多数调制解调器用户没有直接连接到Internet服务提供商。相反，本地电子公告牌系统（BBS）占据了主导地位，直到20世纪90年代中期，这些系统中甚至很少提供基本的互联网服务，如电子邮件（更不用说Web服务）。

12.2.3 C/S结构

1. C/S结构简介

服务器-客户机，即Client-Server（C/S）结构。C/S结构通常采取两层结构。服务器负责数据的管理，客户机负责完成与用户的交互任务。客户机通过局域网与服务器相连，接收用户的请求，并通过网络向服务器提出请求，对数据库进行操作。服务器接收客户机的请求，将数据提交给客户机，客户机将数据进行计算并将结果呈现给用户。服务器还要提供完善的安全保护及对数据完整性的处理等操作，并允许多个客户机同时访问服务器，这就对服务器的硬件处理数据能力提出了很高的要求。

在C/S结构中，应用程序分为两部分：服务器部分和客户机部分。服务器部分是多个用户共享的信息与功能，执行后台服务，如控制共享数据库的操作等；客户机部分为用户专有，负责执行前台功能，在出错提示、在线帮助等方面都有强大的功能，并且可以在子程序间自由切换。

C/S结构在技术上已经很成熟，它的主要特点是交互性强、具有安全的存取模式、响应速度快、利于处理大量数据。但是C/S结构缺少通用性，系统维护、升级需要重新设计和开发，增加了维护和管理的难度，进一步拓展数据的困难较多，所以C/S结构只限于小型的局域网。

2. C/S模式的发展历程

C/S模式的发展经历了从两层结构到三层结构。

两层结构由两部分构成：前端是客户机，主要完成用户界面显示、接收数据输入、校验数据有效性、向后台数据库发送请求、接收返回结果、处理应用逻辑等任务；后端是服务器，主要运行DBMS，提供数据库的查询和管理。两层结构存在一些不足，主要表现在：系统的可伸缩性差；难以和其他系统进行相互操作；难以支持多个异构数据库；客户端程序和服务器端DBMS交互频繁，网络通信数据量大；所有客户机都需要安装、配置数据库客户端软件，这是一件十分庞杂的工作。

基于二层结构的以上不足，三层结构伴随着中间件技术的成熟而兴起。其核心概念是利用中间件将应用分为表示层、业务逻辑层和数据存储层三个不同的处理层次。三层结构较二层结构具有一定的优越性：具有良好的开放性；降低了整个系统的成本，维护升级十分方便；系统的可扩展性良好；系统管理简单，可支持异种数据库，有很高的可用性；可以进行严密的安全管理。

3. C/S结构的优点

C/S结构的优点是能充分发挥客户端PC的处理能力，很多工作可以在客户端处理后再提交给服务器。对应的优点就是客户端响应速度快。具体表现在以下两点：

（1）应用服务器运行数据负荷较轻。最简单的C/S体系结构的数据库应用由两部分组成，即客户应用程序和数据库服务器程序，二者可分别称为前台程序与后台程序。运行数据库服务器程序的机器，称为应用服务器。一旦服务器程序被启动，就随时等待响应客户程序发来的请求；客户应用程序运行在用户自己的计算机上，对应于数据库服务器，可称为客户计算机，当需要对数据库中的数据进行任何操作时，客户程序就自动地寻找服务器程序，并向其发出请求，服务器程序根据预定的规则做出应答，送回结果，应用服务器运行数据负荷较轻。

（2）数据的储存管理功能较为透明。在数据库应用中，数据的储存管理功能是由服务器程序和客户应用程序独立进行的，并且通常把那些不同的（不管是已知还是未知的）前台应用所不能违反的规则，在服务器程序中集中实现。例如，访问者的权限、编号可以重复，必须有客户才能建立订单这样的规则。所有这些，对于工作在前台程序上的最终用户，是“透明”的，它们无须过问（通常也无法干涉）背后的过程，就可以完成自己的一切工作。在客户服务器架构的应用中，前台程序不是非常“瘦小”，麻烦的事情都交给了服务器和网络。在 C/S 体系下，数据库不能真正成为公共、专业化的仓库，它受到独立的专门管理。

4. C/S结构的缺点

随着互联网的飞速发展，移动办公和分布式办公越来越普及，这需要系统具有扩展性。这种方式远程访问需要专门的技术，同时要对系统进行专门的设计来处理分布式的数据。

客户端需要安装专用的客户端软件。首先涉及安装的工作量，其次任何一台计算机出问题，如病毒、硬件损坏，都需要进行安装或维护。如果去分部或专卖店，则会出现路程的问题。还有，系统软件升级时，每一台客户机都需要重新安装，其维护和升级成本非常高。

对客户端的操作系统一般会有限制。有的可能适应 Windows 98，但不能用 Windows 2000 或 Windows XP；有的不适用于微软新的操作系统等，更不用说 Linux、UNIX 等。

传统的 C/S 体系结构虽然采用的是开放模式，但这只是系统开发一级的开放性，在特定的应用中无论是 Client 端还是 Server 端都还需要特定的软件支持。由于没能提供用户真正期望的开放环境，C/S 结构的软件需要针对不同的操作系统开发不同版本的软件，加之产品的更新换代十分快，已经很难适应百台计算机以上局域网用户同时使用。而且代价高，效率低。

C/S 架构的劣势还有高昂的维护成本、投资额高等。采用 C/S 架构，要选择适当的数据库平台来实现数据库数据的真正“统一”，使分布于两地的数据同步完全交由数据库系统去管理，但逻辑上两地的操作者要直接访问同一个数据库才能有效实现。这会出现一些问题，如果需要建立“实时”的数据同步，就必须在两地间建立实时的通信连接，保持两地的数据库服务器在线运行，网络管理工作人员既要对服务器进行维护管理，又要对客户端进行维护和管理，这需要高昂的投资和复杂的技术支持，维护成本很高，维护任务量大。

12.2.4 B/S 结构

随着网络技术的发展，特别随着 Web 技术的不断成熟，B/S 这种软件体系结构出现了。

1. B/S结构简介

B/S（Browser/Server）结构也被称为浏览器/服务器体系结构，这种体系结构可以理解为是对C/S体系结构的改变和促进。由于网络的快速发展，B/S结构的功能越来越强大。这种结构可以进行信息分布式处理，可以有效降低资源成本，提高系统性能。B/S结构有更广的应用范围，在处理模式上大大简化了客户端，用户只需安装浏览器即可，而将应用逻辑集中在服务器和中间件上，可以提高数据处理性能。在软件的通用性上，B/S结构的客户端具有更好的通用性，对应用环境的依赖性较小，同时因为客户端使用浏览器，在开发维护上更加便利，可以减少系统开发和维护的成本。

2. B/S的特征和基本结构

在B/S结构中，每个节点都分布在网络上，这些网络节点可以分为浏览器端、服务器端和中间件，通过它们之间的连接和交互来完成系统的功能任务。三个层次的划分是从逻辑上分的，在实际应用中多根据实际物理网络进行不同的物理划分。

（1）浏览器端：即用户使用的浏览器，是用户操作系统的接口，用户通过浏览器界面向服务器端提出请求，并对服务器端返回的结果进行处理并展示，通过界面可以将系统的逻辑功能更好地表现出来。

（2）服务器端：提供数据服务，操作数据，然后把结果返回中间层，结果显示在系统界面上。

（3）中间件：这是运行在浏览器和服务器之间的。这层主要完成系统逻辑，实现具体的功能，接收用户的请求并把这些请求传送给服务器，然后将服务器的结果返回给用户，浏览器端和服务器端需要交互的信息是通过中间件完成的。

3. 优势与劣势

（1）维护和升级。软件系统的改进和升级越来越频繁，B/S结构的产品明显体现着更为方便的特性。对一个稍微大一点儿的单位来说，系统管理人员如果需要在几百甚至上千台计算机之间来回奔跑，效率和工作量是可想而知的，但B/S结构的软件管理员只需管理服务器即可，所有的客户端只是浏览器，根本不需要做任何的维护。无论用户的规模有多大，有多少分支机构都不会增加任何维护升级的工作量，所有的操作只需针对服务器进行。如果是异地，只需把服务器连接专网即可，实现远程维护、升级和共享。所以客户机越来越"瘦"、而服务器越来越"胖"是将来信息化发展的主流方向。此外对于当前流行的各种toC服务，用户不仅数量庞大，并且分散在世界各地，B/S结构更适合通用型应用服务。今后，软件升级和维护会越来越容易，而使用起来会越来越简单，这对用户人力、物力、时间、费用的节省是显而易见、惊人的。因此，维护和升级革命的方式是"瘦"客户机，"胖"服务器。

（2）成本与选择。目前 Windows 在桌面类中几乎一统天下，浏览器成了标准配置。但在服务器操作系统上，Windows 并不处于绝对的统治地位。软件的趋势是凡使用 B/S 结构的应用管理软件，只需安装在 Linux 服务器上即可，而且安全性高。所以服务器操作系统的选择是很多的，不管选用哪种操作系统都可以让大部分人将 Windows 作为桌面操作系统而计算机不受影响，这就使最流行的、免费的 Linux 操作系统快速发展起来，Linux 除了操作系统是免费的以外，各种中间件、数据库也基本都是免费的，这种 B/S 结构非常盛行。

（3）负荷比。由于 B/S 结构管理软件只安装在服务器端（Server），网络管理人员只需管理服务器就行了，用户界面主要事务逻辑在服务器（Server）端完全可以通过 WWW 浏览器来实现，极少部分事务逻辑在前端（Browser）实现，所有的客户端只有浏览器，网络管理人员只需做硬件维护。但是，应用服务器运行数据负荷较重，一旦发生服务器崩溃等问题，影响比较大。在此之后，服务器端的技术发展迅速，各种集群结构、高可靠结构都随着互联网应用的普及，而得到非常大的发展。

12.2.5 C/S 结构与 B/S 结构的优缺点

C/S 结构和 B/S 结构各有优势，C/S 在图形的表现能力及运行的速度上肯定是强于 B/S 结构的，不过缺点就是它需要运行专门的客户端，更重要的是它不能跨平台，即用 C++ 语言在 Windows 下写的程序通常是不能在 Linux 下运行的。

而 B/S 结构就不同了，它不需要专门的客户端，只要浏览器，而浏览器是每个操作系统都有的，方便就是 B/S 结构的优势。而且，B/S 是基于网页语言的，与操作系统无关，所以跨平台也是它的优势，而且以后随着网页语言及浏览器的进步，B/S 在表现能力的处理以及运行的速度上会越来越快，它的缺点将会越来越少。例如，HTML5 在图形的渲染方面以及音频、文件的处理上已经非常强大了。

不过，C/S 结构也有着不可替代的作用和特定的使用场景。C/S 结构的程序能够充分发挥 C 端的能力，调用 C 端的本地资源和功能。

B/S 结构的程序，对于 C 端的资源调用十分受限制，除了浏览器 B 端的资源，其他功能基本都不能调用。

12.2.6 分布式系统

在一个分布式系统中，一组独立的计算机展现给用户的是一个统一的整体，就好像是一个系统似的。系统拥有多种通用的物理和逻辑资源，可以动态地分配任务，分散的物理资源和逻辑资源通过计算机网络实现信息交换。系统中存在一个以全局的方式管理计算机资源的分布式操作系统。通常，对用户来说，分布式系统只有一个模型或范型。在操作系统之上有一层软件中间件（Middleware）负责实现这个模型。

分布式系统和计算机网络系统的共同点是：多数分布式系统是建立在计算机网络之上的，所以分布式系统与计算机网络在物理结构上是基本相同的。

分布式软件系统（Distributed Software Systems）是支持分布式处理的软件系统，是在由通信网络互联的多处理机体系结构上执行任务的系统。它包括分布式操作系统、分布式程序设计语言及其编译（解释）系统、分布式文件系统和分布式数据库系统等。

分布式系统主要解决计算与存储资源两个方面的问题，常见的分布式服务有分布式计算、分布式文件系统、分布式数据库。

与集中式比较，分布式的优点主要体现在经济、性能、可靠性、渐进式增长等方面。

（1）系统倾向于分布式发展潮流的真正驱动力是经济。25 年前，计算机权威和计算机评论家 Herb Grosch 指出 CPU 的计算能力与它的价格的平方成正比，后来成为 Grosch 定理。也就是说如果用户付出两倍的价钱，就能获得四倍的性能。这一论断与当时的大型机技术非常吻合，因而许多机构都尽其所能购买最大的单个大型机。

（2）分布式系统是通过较低廉的价格来实现相似的性能的。随着微处理机技术的发展，Grosch 定理不再适用了。到了 21 世纪初期，人们只需花几百美元就能买到一个 CPU 芯片，这个芯片每秒钟执行的指令比 20 世纪 80 年代最大的大型机的处理机每秒钟所执行的指令还多。如果你愿意付出两倍的价钱，将得到同样的 CPU，但它却以更高的时钟速率运行。因此，最节约成本的办法通常是在一个系统中使用集中在一起的大量的廉价 CPU。所以，倾向于分布式系统的主要原因是它可以潜在地得到比单个的大型集中式系统好得多的性价比。

另外，一些人对分布式系统和并行系统进行了区分。他们认为分布式系统是设计用来允许众多用户一起工作的，而并行系统的唯一目标就是以最快的速度完成一个任务，就像运行速度为 500 000MIPS 的计算机那样。另外一些人认为上述的区别是难以成立的，因为实际上这两个设计领域是统一的。大家更愿意在最广泛的意义上使用“分布式系统”一词来表示任何一个有多个互连的 CPU 协同工作的系统。

（3）分布式系统的另一个潜在的优势在于它的高可靠性。通过把工作负载分散到众多的机器上，单个芯片故障最多只会使一台机器停机，而其他机器不会受任何影响。理想条件下，某一时刻如果有 5% 的计算机出现故障，系统将仍能继续工作，只不过损失 5% 的性能。对于关键性的应用，如核反应堆或飞机的控制系统，采用分布式系统来实现主要是考虑到它可以获得高可靠性。

（4）渐增式的增长方式也是分布式系统优于集中式系统的一个潜在的重要的原因。通常，一个公司会买一台大型主机来完成所有的工作。而当公司繁荣扩充、工作量就会增大，当其增大到某一程度时，这个主机就不能再胜任了。仅有的解决办法是要么用更大型的机器（如果有的话）代替现有的大型主机，要么再增加一台大型主机。这两种做法都会引起公司运转混乱。相比较之下，如果采用分布式系统，仅给系统增加一些处理机就可能解决这个问题，而且这也允许系统在需求增长时逐渐进行扩充。

尽管分布式系统有许多优点，但也有缺点。本节就将指出其中的一些缺点。

分布式的缺点主要体现在：分布式系统的复杂度、通信网络、安全。

（1）最棘手的问题是分布式系统的软件。就目前的最新技术发展水平，在设计、实现及使用分布式系统上有了一定的发展。什么样的操作系统、程序设计语言和应用适合这一系统呢？用户对分布式系统中分布式处理又应该了解多少呢？系统应当做多少而用户又应当做多少呢？专家们的观点不一（这并不是因为专家们与众不同，而是因为对于分布式系统他们也很少涉及）。随着进行更多的研究，这些问题将会逐渐减少。但是不应该低估这个问题。

（2）潜在的问题是通信网络。由于它会损失信息，所以就需要专门的软件进行恢复。同时，网络还会产生过载。当网络负载趋于饱和时，必须对它进行改造替换或加入另外一个网络扩容。一旦系统依赖于网络，那么网络的信息丢失或饱和将会抵消通过建立分布式系统所获得的大部分优势。

（3）上面作为优点来描述的数据易于共享也是具有两面性的。如果人们能够很方便地存取整个系统中的数据，那么他们同样也能很方便地存取与他们无关的数据。换句话说，经常要考虑系统的安全性问题。通常，对绝对保密的数据，选择使用一个专用的、不与其他任何机器相连的孤立的个人计算机进行存储的方法更可取。而且这个计算机被保存在一个上锁的、十分安全的房间中，与这台计算机相配套的所有软盘都存放在这个房间中的一个保险箱中。

分布式系统在很多方面也符合冯诺伊曼结构，只是这些组件分布在了一个更广阔的空间。这样每个部件的功能变得强大了，但部件之间的通信瓶颈变得更明显了。对于分布式系统的特点，可以参照我们在前面第 7 章中对分布式介绍的内容。

12.3 中心化应用的充分发展

12.3.1 促进中心化应用蓬勃发展的动力

中心化应用的蓬勃发展有两个明显的推动因素：一是个人计算机的普及与网络的发展；二是以智能手机为代表的移动设备的普及。

这两个推动因素对应用的作用，一方面表现在 Web 应用的蓬勃发展；另一方面表现在移动应用的蓬勃发展。

1. Web应用的蓬勃发展

在因特网发展的早期阶段，万维网（World Wide Web）仅由Web站点构成，这些站点基本上是包含静态文档的信息库。随后人们发明了Web浏览器，通过它来检索和显示那些文档。这种相关信息流仅由服务器向浏览器单向传送，多数站点并不验证用户的合法性，因为根本没有必要这样做。所有用户同等对待，提供同样的信息。创建一个Web站点所带来的安全威胁主要与Web服务器软件的诸多漏洞有关。攻击者入侵Web站点并不能获取任何敏感信息，因为服务器上保存的信息可以公开查看。这个阶段就是只读互联网阶段。

互联网2.0阶段，也称为可读写互联网阶段。在这一阶段，内容产业完成数据化改造。大家开始使用论坛、博客、百科等具有互动功能的互联网应用。这个阶段UGC（用户产生内容）占据主要比例。与此同时，电子商务也得到了初期的发展，游戏、娱乐、影视等越来越多地使用Web的应用形式。可读写互联网的另外一个重要表现是社交应用的发展。在2004年至2010年间，社交媒体网站开始大力建设。如今，用户平均每天要花费数小时在社交媒体应用上。

一些Web应用程序的主要功能包括购物（如Amazon、淘宝、天猫、京东）、社交网络（如Facebook、微博）、银行服务（如Citibank、支付宝）、Web搜索（如Google、百度）、拍卖（如eBay）、博彩与投机（如Betfair）、博客（如Blogger）、Web邮件（如Gmail、163、QQ邮箱）和交互信息（如Wikipedia、百度百科）。

2. 移动应用的蓬勃发展

移动互联网阶段完成了生活服务业数据化。最近10年，移动互联网伴随着移动网络通信基础设施的升级换代快速发展，尤其是2009年国家开始大规模部署3G网络，2014年又开始大规模部署4G网络，两次移动通信基础设施的升级换代有力地促进了中国移动互联网的快速发展，带来了服务模式和商业模式的大规模创新。

无线与移动网络在大、中、小城市以及一些乡镇农村的覆盖率不断扩大，为移动互联网的快速发展打下了良好的基础。另外，智能移动终端设备销量大增，尤其是智能手机、平板电脑、智能可穿戴设备的持续热销让移动互联网可以轻松连接到每一个用户的智能终端，而安卓系统的开放性又让移动应用软件获得快速升级，在内容层面对移动互联网的发展形成了良好的支撑。

除了利用即时通信抢占移动互联网入口之外，各大互联网公司都在推进业务向移动互联网转型。除了腾讯推出微信之外，阿里、百度等互联网公司也加快了移动互联网转型。阿里加大了手机淘宝和手机支付宝业务的推广力度，2013年“双11购物节”，手机淘宝的整体支付中支付宝成交额同比增长560%；单日成交笔数占比整体的21%，同比增长420%。截至2013年底，手机支付宝用户数量超过1亿。由于微信支付的快速发展，支付宝和微信展开了移动支付的争夺大战。百度也加快将搜索等业务向移动端迁移，推出了手机搜索、手机地图等各类手机应用。

由于网速、上网便捷性、手机应用等移动互联网发展外在环境基本得到全部解决，移动互联网应用开始全面发展。在桌面互联网时代，门户网站是企业开展业务的标配；在移动互联网时代，手机 APP 应用是企业开展业务的标配。4G 网络催生了许多公司利用移动互联网开展业务。特别是由于 4G 网速大大提高，促进了实时性要求较高、流量较大、需求较大类型的移动应用的快速发展，许多企业开始大力推广移动视频应用，涌现出了秒拍、快手、花椒、映客等一大批基于移动互联网的手机视频和直播应用。

在此期间，阿里、腾讯等互联网公司围绕移动支付、打车应用、移动电子商务展开了激烈的争夺战。为了推广移动支付、构建强连接的社交关系，腾讯和阿里分别于 2015 年春节和 2016 年春节花巨资利用央视春节晚会进行大规模推广。腾讯和阿里还围绕移动电子商务展开了激烈竞争：腾讯为了弥补自己电子商务发展短板，2014 年 3 月战略入股京东，并将微信作为京东移动电子商务入口；阿里更是加大了手机淘宝、手机天猫、手机支付宝的推广力度，2015 年“双 11 节”期间，其中移动端交易量占据了 68%。京东、苏宁等为了推广钱包服务，采用了支付补贴的方式来吸引客户安装。滴滴打车和快的打车为了争夺用户更是开展了旷日持久的打车补贴大战，最后由于打车补贴损害了双方共同投资者的利益，在资本的干预下，两个昔日厮杀的竞争对手最后合并。滴滴和快的合并之后，滴滴出行和 Uber 之间又开始了补贴大战。

由于移动互联网用户使用互联网的工作场景、消费场景发生了裂变，带动移动互联网实现族群裂变，进而带来互联网中部应用的多元化发展。

12.3.2 为去中心化积累条件

中心化应用的蓬勃发展也带来了各种各样的问题。这些中心化平台掌握着众多数据，如果想离开这些平台，那么如何保留多年来积累起来的所有内容和联系呢？如果服务关闭会发生什么？

对于大多数用户来说，这意味着他们在服务上建立的所有数据和连接都将完全丢失。如果他们的社交网络消失了，帖子、照片、视频就都不见了，这些损失会让人难以承受。

同样糟糕的是，如果这些所有敏感的个人数据落入坏人之手，用户该怎么办？应用程序运行在中心化的服务器上，一旦服务器出现故障，用户在 APP 的数据很容易丢失、被盗、被篡改，新闻中经常出现类似 FaceBook、Google、京东、携程的用户数据发生泄露的事件。

在这些中心化应用上面我们始终传递的是信息，即使是支付操作，也是将传统的货币电子化在信息互联网上面的传递，由中心化机构完成支付的记账功能。

在技术上，分布式和密码学的发展都为去中心化应用提供了必要的土壤。除了去中心化控制，分布式技术几乎解决了区块链技术的大部分问题。直到 2008 年，区块链技术的诞生为去中心化应用提供了具体的实现手段。

12.4 去中心化应用的发展

12.4.1 中心化应用的问题

在 12.3 节的结束部分，我们已经探讨了中心化的问题。

从 21 世纪 00 年代中期到现在，以营利为目的的科技公司【最著名的是 Google、Apple、Facebook 和 Amazon（GAFA）】快速建立起了超越开放协议能力的软件和服务。移动手机应用成为互联网的主要应用程序，智能手机的爆炸式增长也加速了这一趋势。最终用户从开放服务转向了这些更复杂、更集中的服务。

好消息是，数以亿计的人得以获得惊人的技术，而且许多技术是免费使用的。坏消息是，初创公司、创业人和其他群体的环境变得更加艰难了，它们需要担心中心化平台会改变规则，抢走客户和利润。这样一来就抑制了创新，使互联网变得不再充满趣味和活力。中心化也加剧了社会紧张，这在关于假新闻、国家赞助的机器人、“无平台”用户、欧盟隐私法和算法偏差的辩论中表现得淋漓尽致。

中心化应用适合传递信息，对于价值的传递中心化应用有很多的问题。

12.4.2 分布式系统的发展

中心化应用的超大数据量和计算量使中心化系统向分布式系统发展。分布式的发展为去中心化的发展提供了技术基础。我们先介绍分布式的相关知识。

1. 分布式系统的意义

（1）升级单机处理能力的性价比越来越低。

（2）单机处理能力存在瓶颈，难以达到稳定性和可用性这两个指标。

2. 分布式系统中的概念

（1）集群：对于同一个系统使用多个服务器。

（2）分布式：分布处理逻辑。

（3）节点：一个可以独立按照分布式协议完成的一组逻辑的程序个体。

（4）副本机制：为数据和服务提供的冗余。

（5）中间件：位于操作系统提供的服务之外，又不属于应用。是位于应用和系统层之间为开发者方便地处理通信、输入、输出的一类软件。

3. 分布式架构的演进过程

（1）单应用架构：把所用软件和应用都部署在一个单机上。

（2）应用服务器和数据库服务器分离：Web 服务器和数据库服务器分离，提高了单机的负载能力，也提高了容灾能力。

（3）应用服务器集群 - 应用服务器负载告警：提升了应用服务器的负载能力。

（4）数据库压力变大，使数据库读写分离。带来的问题：主从数据库之间的同步，可以使用 MySQL 自带的 master-slave 方式实现主从复制；对应数据源的选择，采用第三方数据库中间件，如 mycat。

（5）使用搜索引擎缓解读库的压力。这样能提高查询速度，但也带来问题，如维护索引的构建。

（6）引入缓存机制缓解数据库的压力。对于热点数据，可以使用 Mencache、Redis 等来作为我们应用层的缓存；使用 NoSQL 的方式限制某些 IP 的访问频率。

（7）数据库的水平、垂直拆分。

① 垂直拆分：把数据库不同业务数据拆分到不同的数据库中。

② 水平拆分：把同一个表中的数据拆分到两个甚至更多的数据库中。

（8）应用的拆分：按照领域模型拆分为多个子系统。

服务之间的通信可通过 RPC 技术实现，如 WebService、Hessian、HTTP、RMI 等。

分布式系统的发展为去中心化应用准备了非常多的技术基础。但是在分布式系统的架构中，还是依靠中心化管理的思想来管理整个分布式系统。如果缺少了集中管理，分布式系统变得不可靠、不稳定。

在集中式管理和分布式管理中，信息的传递与复制非常容易，如果想传递价值还不可能实现。前期像尼克·萨博等人创立的比特金就是这种探索。密码学的发展使去中心化应用得到了重要的技术支撑。参考 8.1.1 节区块链的史前事件中非对称加密、Merkle- Tree、RSA、ECC、哈希算法等技术，这些技术积累为去中心化应用中的价值传递奠定了基础。

12.4.3 分布式领域中冯诺伊曼模型的变化

（1）输入设备的变化：在分布式系统中，输入设备可以分为两种，一种是互相连接的多个节点，在接收其他节点传来的信息时作为该节点的输入；另一种就是传统意义上的人机交互的输入设备了。

（2）输出设备的变化：输出和输入类似，也有两种，一种是系统中的节点向其他节点传输信息时，该节点可以看作输出设备；另一种就是传统意义上的人际交互的输出设备，如用户的终端。

（3）控制器的变化：在单机中，控制器指的是 CPU 中的控制器；在分布式系统中，控制器主要的作用是协调或控制节点之间的动作和行为，如硬件负载均衡器、LVS 软负载、规则服务器等。

（4）运算器的变化：在分布式系统中，运算器是由多个节点组成的。运用多个节点的计算能力来协同完成整体的计算任务。

（5）存储器的变化：在分布式系统中，需要把承担存储功能的多个节点组织在一起，组成一个整体的存储器，如数据库 Redis（key-value 存储）。

12.5 未来中心化与去中心化的互补

对于中心化和去中心化来说，它们只是不同发展阶段的需要，并不是中心化功能弱、去中心化功能强。

中心化应用得到首先发展有其自身的原因。从大型机时代的分时共用系统，就已经体现了中心化应用的特点。之后个人计算机的发展，使更多的人群熟悉了计算机应用，PC 时代独立应用软件的发展也为人们使用计算机提供了普及教育的阶段职能。PC 时代的共享需求、协同工作需求，以及网络的发展，使中心化应用到达了发展的顶峰。中心化应用几乎到了无所不能的程度。

随着大量中心化的应用的发展，以及超大型中心化应用的出现，在性能与成本方面的诸多因素，分布式服务得到了发展。即使这样，中心化应用还是不能解决所有的问题。一个事物的特点，既是它的优点，也是它的缺点，它需要去中心化应用去完善。

网络、分布式、密码学的发展为去中心化应用提供了所有的必要条件。于是在 2008 年底 2009 年初，第一个去中心化的应用诞生了。去中心化应用因为发展的阶段还短，还有很多的问题没有解决，还没有完全承担中心化应用的全部职能。

中心化未必就会不安全，去中心化也未必会一定安全。中心化应用有很多的缺点与不足，已经发生了很多的安全事件。去中心化应用发展的前期，需要经历与中心化发展相似的过程。区块链的分叉、智能合约的代码漏洞、DAO 的漏洞，以及社区治理的问题，都是在不断发展中不断解决的。

我们从来都是处于中心化和去中心化的交叉与互补之中。在没有去中心化技术之前，所有的系统几乎都是用中心化应用来完成的，通过几十年的发展，中心化应用的技术与理论已经很成熟。有了去中心化技术后，中心化与去中心化开始结合，但因为去中心化技术发展时间太短，有很多的不完善，还不能起到更大的作用。最终随着时间的推移，去中心化会逐渐成熟，最终大部分系统会是中心化与去中心化的结合，如图 12–2 所示。

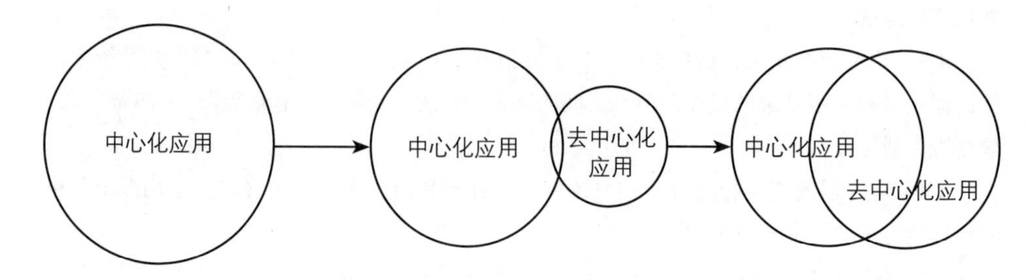

图 12–2　中心化与去中心化应用发展的示意图

从应用的角度看，一些应用只需中心化的结构支持就能够满足其自身的发展了，一些应用也仅适合去中心化的结构。但是大部分应用是需要中心化与去中心的结合才能够达到完美。在这种组合中也许中心化部分占很大的比例，也许去中心部分占很大的比例，但无论比例大小，只有这两种结构的结合，才能造就一个完美的应用。

第13章 以太坊虚拟机

13.1 从比特币到以太坊

（1）以太坊和比特币的相同点：涉及的大部分原理与比特币中的类似，如密码学原理、区块链的基础原理等。

（2）比特币和以太坊的不同点：无账号与有账号系统、脚本语言与智能合约、出块时间（比特币平均10分钟，以太坊平均12秒）、共识算法（以太坊目前基于PoW，与比特币算法不同，且白皮书中指明1.1版本后可能会改成PoS）、区块奖励（每块奖励5个以太币，不减产；有数块奖励）。

下面详细介绍比特币中的UTXO（Unspent Transaction Output）和以太坊中的账户。

比特币没有账户，使用的是UTXO。UTXO是比特币交易生成和交易验证的一个核心概念。每笔比特币交易都有输入和输出，别人付给你的钱是“交易输入”，你收到的钱是“交易输出”。一笔笔交易构成了交易链，所有合法的比特币交易都可以向前追溯到一个或多个交易输出，这些链条的源头当然是挖矿的奖励，末尾则是当前未花费的交易输出。所有未花费的输出即整个比特币网络的UTXO。

所以，在比特币网络中并没有账户的概念，也没有比特币余额的说法，只有遍布全网区块链的UTXO。

以太坊账户拥有永久存储空间，字段包括Nonce、Ether balance（单位：wei）、Contract code（if any）和Storage（32byte to 32byte key-value map）。

所有账户（包括外部和合约账户）的存储信息称为worldstate。

13.1.1 比特币脚本

比特币的脚本语言没有循环语句和条件控制语句。因此，比特币脚本语言不是图灵完备的。这导致比特币脚本语言有一定的局限性。当然，由于这些局限性，黑客就没办法使用这种脚本语言写一些死循环（会造成网络瘫痪），或者一些能导致DOS攻击的恶意代码，也就避免了比特币网络受到DOS攻击。比特币的开发者也认为核心区块链不应该具备图灵完整性，以避免一些攻击和网络堵塞。

也正是由于这些局限性，比特币网络无法运行其他复杂程序了。但是，以太坊使用的语言具备图灵完整性。

比特币脚本指令有以下常见的类型：

（1）关键字。

① 常数。如OP_0、OP_FALSE。

② 流程控制。如OP_IF、OP_NOTIF、OP_ELSE等。

③ 堆栈。如OP_TOALTSTACK（把输入压入辅堆栈的项部，从主堆栈删除）等。

④ 字符串。如OP_CAT（连接两个字符串，已禁用）、OP_SIZE（把栈顶元素的字符串长度压入堆栈，无须弹出元素）。

⑤ 位逻辑。如OP_AND、OP_OR、OP_XOR。

⑥ 算术逻辑。如OP_1ADD（输入值加1）、OP_1SUB（输入值减1）。

⑦ 加密。如OP_SHA1（输入用SHA-1算法HASH.）、OP_CHECKSIG。

⑧ 伪关键字。

⑨ 保留关键字。

（2）脚本。

① 支付到比特币地址的标准交易（pay-to-pubkey-hash）。

② 标准比特币产生交易（pay-to-pubkey）。

③ 可证明的无法花掉/可删除的输出。

④ Anyone-Can-Spend输出。

⑤ 猜谜交易。

5个标准类型的交易脚本包括：支付到公钥哈希（P2PKH）、支付到公钥、多重签名（限定最多15个密钥）、支付到脚本哈希（P2SH），以及数据输出（OP_RETURN）。

13.1.2 Vitalik对以太坊的初衷

"我创建以太坊的初衷是希望建立一个开放、去中心化且透明易用的平台，任何人均可自由参与和创建事物。我认为这种平台对人类发展是有益的"——Vitalik Buterin。

目前以太坊的挑战主要是技术性问题，大体分为以下三类：

（1）可扩展性。需要增加区块链的容量，这一性能主要反映在每秒可处理的原始交易数。目前以太坊每秒钟可处理15笔左右交易，但要满足主流采用，还需要数千倍的提升。

（2）隐私性。需要努力确保在使用区块链应用时不会泄露个人隐私数据。

（3）安全性。需要在技术上帮助社区最大限度地降低数字资产被盗的风险，私钥遗失、智能合约代码漏洞等风险也要最小化。

区块链 1.0 就像古老的电话，只有打电话、接电话这种核心功能。而区块链 2.0 就像智能手机，在上面可以运行各种各样的 APP，如运行游戏 APP、运行微信，极大地影响了人们的生活。

虽然一提起比特币的智能合约，人们更多会想起以太坊。早在 1997 年 Nick Szabo 在开创性的论文 Formalizing and Securing Relationships on Public Networks 中提出了智能合约的概念。比特币的脚本系统支持有限的智能合约的开发，主要通过 P2SH 交易实现。

13.2 初识以太坊虚拟机

13.2.1 什么是虚拟机

一般需要用到虚拟机的人都是程序员，普通人是很少用到的。虚拟机其实就是一套完整的、独立的操作系统，在这套系统中，可以模拟真实的计算机系统的操作。

其实虚拟机只是一个应用程序，如果在计算机中安装一个虚拟机，它是具备与真实的 Windows 系统完全一样的功能的。当打开这个虚拟机之后，就相当于重新在计算机中打开了一套系统，这套系统拥有自己独立的桌面系统，不会对计算机产生任何影响。然后可以在这个虚拟机中再安装自己想要安装的软件。当然安装的这些软件也只存在于这个虚拟机中，跟计算机系统没有任何关系。

这套虚拟机可以模拟出任何其他的操作系统，这对于开发人员来说是极大的方便之处，不必为了调试自己的程序 / 软件而专门购买具有几种操作系统的计算机，节省了很大一笔开支，也方便了许多。常用的虚拟化有 KVM、VMware、Java 虚拟机等。

13.2.2 以太坊虚拟机

以太坊虚拟机（Ethereum Virtual Machine，EVM）是建立在以太坊区块链上的代码运行环境，主要作用是处理以太坊系统内的智能合约。

以太坊虚拟机主要处理智能合约的代码，而且这些代码对外是完全隔离的，仅在 EVM 内运行。大家都知道以太坊的智能合约是分布在每一个节点上面的，所以这个 EVM 虚拟机也是在每一个节点上面都有部署。同时，因为它是一个独立的运行环境，所以它可以做到在运行的时候，不影响主链的操作。也是因为这个原因，以太坊也被很多人称为“世界电脑”。

跟普通的虚拟机不同的是，以太坊虚拟机没有模拟完整计算机的模式，而是使用了非常轻量级的架构，因此它的功能比较单一，毕竟区块链的世界与互联网的世界千差万别。但是开发团队表示，为了使用户对以太坊网络有一个更好的体验，EVM 遵循着简单性、确定性、容易优化、节省空间、确保安全等原则，且专用于区块链系统。随后推出了基于以太坊电子分布式代码合约的高级编程语言 Solidity，希望这种技术可以被迅速推广应用。Solidity 语言目前仍有很多不足，需要团队不断完善。

13.2.3 EVM 的特点

EVM 本质上是一个堆栈机器，它最直接的功能是执行智能合约，根据官方给出的设计原理，EVM 的主要设计原则为简单性、确定性、空间节省、为区块链服务、安全性保证和便于优化。

EVM 是一种基于栈的虚拟机（区别于基于寄存器的虚拟机），用于编译、执行智能合约。EVM 是图灵完备的（图灵完备是指具有无限存储能力的通用物理机器或编程语言，简单来说就是可以解决一切可计算的问题）。

EVM 是一个完全隔离的环境，在运行期间不能访问网络、文件，即使不同合约之间也有有限的访问权限。

（1）以太坊虚拟机字节码。操作数栈调用深度为 1024。在以太坊 EVM 中，字节码长度被限定在一个字节以内，也就是说最多可以有 256 个操作码，目前已经定义了 144 个操作码，还有 100 多个操作码可以扩展。

完整的操作码可以查看以太坊 EVM 操作码，网址为 https://github.com/ethereum/go-ethereum/blob/master/core/vm/opcodes.go。

各操作码对应的指令可以查看以太坊 EVM 操作码详细指令，网址为 https://github.com/ethereum/go-ethereum/blob/master/core/vm/jump_table.go。

为了方便查看，将部分指令的弹栈数、压栈数、Gas 消耗整理为一行，左侧是操作码的字节码，数组的对应第一个值是操作码，第二个值为弹栈数，第三个值为压栈数，第四个值为 Gas 消耗。

（2）机器位宽与内存分配。EVM 机器位宽为 256 位，即 32 个字节。256 位机器位宽不同于主流的 32/64 位机器字宽，这就表明 EVM 在设计上将考虑一套自己的关于操作、数据、逻辑控制的指令编码。目前主流的处理器原生支持的计算数据类型有 8bits 整数、16bits 整数、32bits 整数和 64bits 整数。一般情况下宽字节的计算将更加快一些，因为它可能包含更多的指令被一次性加载到 PC 寄存器中，同时伴有内存访问次数的减少。从两个整型数相加来对比具体的操作时间消耗。

从汇编指令可以看出 256 位操作要比系统原生支持的复杂得多，从时间上考虑采用

256 位字节宽度的实际收益并不大。空间上，由上面的汇编操作可以看出，如果直接对地址进行操作似乎是一种快速的方式，并减少了操作数，进而操作码也有所减少，相应的智能合约的字节流大小就会小很多，Gas 消费也会有所下降。但是从另外一个层面来讲，支持宽字节的数据类型势必会造成在处理低字节宽度的数据时带来存储上的浪费。从时间和空间角度来看，仅支持 256 位宽度的选择有利有弊，EVM 之所以设计为 256 位位宽可能是因为以下几方面的原因：

① 256 位的宽度方便进行密码学方面的计算（SHA256）。

② 仅支持 256 位的要比支持其他类型的操作少、单一，实现简单可控。

③ 与 Gas 的计算相关，仅支持一种，方便计算，同时也考虑到了安全问题。

（3）内存分配。EVM 中的数据可以在三个地方进行存储，分别是栈、临时存储、永久存储。由于 EVM 是基于栈的虚拟机，因此基本上所有的操作都是在栈上进行的，并且 EVM 中没有寄存器的概念，这样 EVM 对栈的依赖就更大。虽然这样的设计使实现比较简单且易于理解，但是带来的问题就是需要更多数据的相关操作。在 EVM 中，栈是唯一的免费（几乎是）存放数据的地方。栈自然有深度的限制，目前的限制是 1024。

因为栈的限制，因此栈上的临时变量的使用会受限制。临时内存存储在每个 EVM 实例中，并在合约执行完后消失，永久内存存储在区块链的状态层。

13.3 详解以太坊虚拟机

13.3.1 以太坊虚拟机的原理

以太坊虚拟机，简称 EVM，是用来执行以太坊上的交易的，其工作原理如图 13-1 所示。

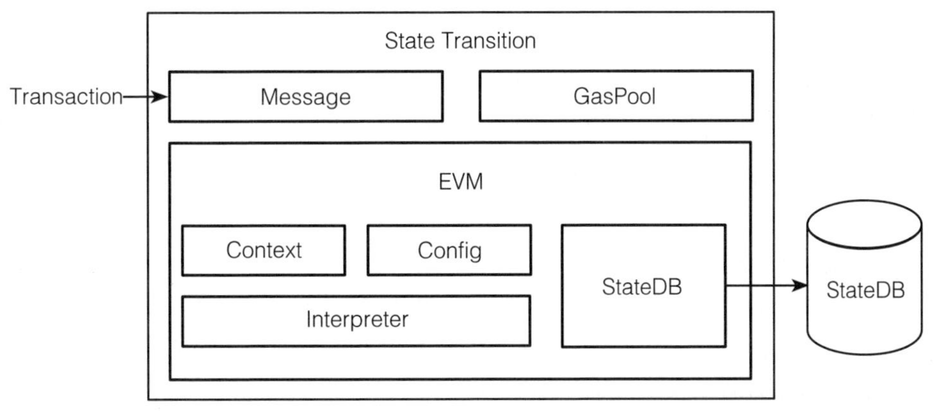

图 13-1 以太坊虚拟机工作原理示意图

1. 解释器

解释器是以太坊虚拟机的核心，主要用来执行智能合约。以太坊智能合约解释器主要由一个接口、一个实现类、一个配置类和其他两个组件组成。以下主要介绍 Interpreter 接口和 EVMInterpreter 结构体的实现。

Interpreter 接口中主要包括两个函数。

（1）Run(contract*Contract, input []byte, static bool) 用于执行智能合约代码，参数为智能合约对象、输入的参数，调用方式。其中智能合约调用参数（input）通常由两部分构成：

前面 4 个字节称为 4-byte signature，是某个函数签名的 Keccak 哈希值的前 4 个字节，作为该函数的唯一标识。后面为调用该函数提供的参数，长度不定。

（2）CanRun(code []byte) 用于判断当前合约代码是否能够执行，暂时没有实现真正的逻辑。

Interpreter 接口最终由 EVMInterpreter 结构体实现。

EVMInterpreter 主要包含四种对象，分别是 intPool、GasTable、Config、EVM 虚拟机。

（1）intPool：主要用于回收对象（大整数），这是一个高效的优化。里面存放的是栈中的数据。

（2）GasTable：记录了不同时期的需要消耗的 Gas 值。

（3）Config：包含了 EVMInterpreter 用到的配置选项。包含日志配置及操作码的表（不同的 bytecode 对应着不同的 opcode 码）。

（4）EVM 虚拟机：一个基于对象并且可以运行智能合约的必要工具。包含了 EVM 虚拟机的上下文、创建合约及四种部署合约的方式、把数据保存到状态库的内容。

2. 以太坊虚拟机的组成

以太坊的虚拟机主要由以下四部分组成：

（1）实现了 CallContext 接口，在该接口中定义了创建、调用合约的四种方法（Call、CallCode、DelegateCall、Create）。

（2）Context 合约执行的上下文。

（3）集成解释器接口类，调用解释器执行智能合约。

（4）集成 StateDB 接口类，操作 StateDB。

3. Gas消耗模型

以太坊中发送交易固定收取 21 000Gas，除此之外 Gas 收取主要分为两种：一是固定消耗的 Gas（如加、减、乘、除消耗的 Gas）；二是动态调整的 Gas（如扩展内容的 Gas 大小根据内存大小而定）。

4. 指令集设计

操作码 opcodes 按功能分为以下几组（运算相关、块操作、加密相关等）：

（1）基础计算相关。

（2）比较加密相关。

（3）关闭当前状态相关。

（4）块操作相关。

（5）存储操作相关。

（6）栈操作相关。

（7）日志相关。

（8）执行合约相关。

13.3.2 EVM 的主要执行流程

1. EVM主要执行流程

首先 PC 会从合约代码 Contract 中读取一个 OpCode；然后从一个 Jump Table 中检索出对应的 Operation，也就是与其相关联的函数集合；接下来会计算该操作需要消耗的油费，如果油费耗光，则执行失败，返回 ErrOutOfGas 错误。如果油费充足，则调用 execute() 函数执行该指令，根据指令类型的不同，会分别对 Stack、Memory 或 StateDB 进行读写操作。EVM 的执行流程如图 13-2 所示。

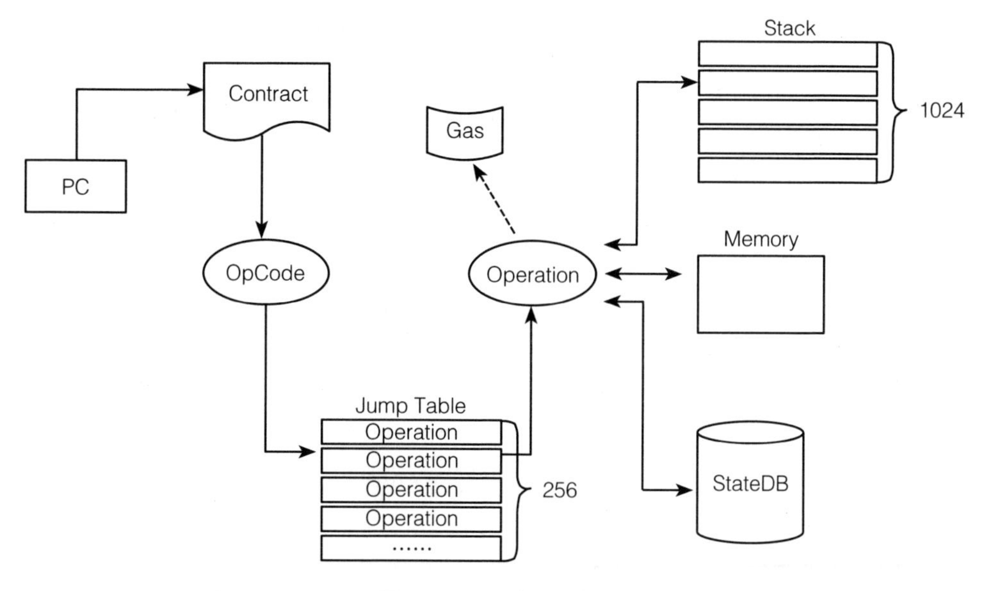

图 13-2 EVM 的执行流程

2. 调用合约函数执行流程

首先通过 CALLDATALOAD 指令将 Input 字段中的前“4-byte signature”压入堆栈中；然后依次与该合约中包含的函数进行比对，如果匹配，则调用 JUMPI 指令跳入该段代码继续执行；最后根据执行过程中的指令不同，分别对 Stack、Memory 或者 StateDB 进行读写操作。调用合约函数执行流程如图 13-3 所示。

具体执行流程如下。

（1）从合约中取得第 pc 个指令，放入当前 opcode(op) 中（下面简称 op）。

（2）从 Jump Table 查到 op 对应的操作 operation。

（3）验证 operation 的有效性。

（4）验证栈空间是否足够。

（5）readOnly 一直给它传的值是 false。

（6）支付 gas。

（7）计算多少内存可以适应 operation。

（8）支付动态分配内存需要 gas。

（9）分配内存。

（10）执行 operation。

（11）将返回结果放入返回数据的变量中。

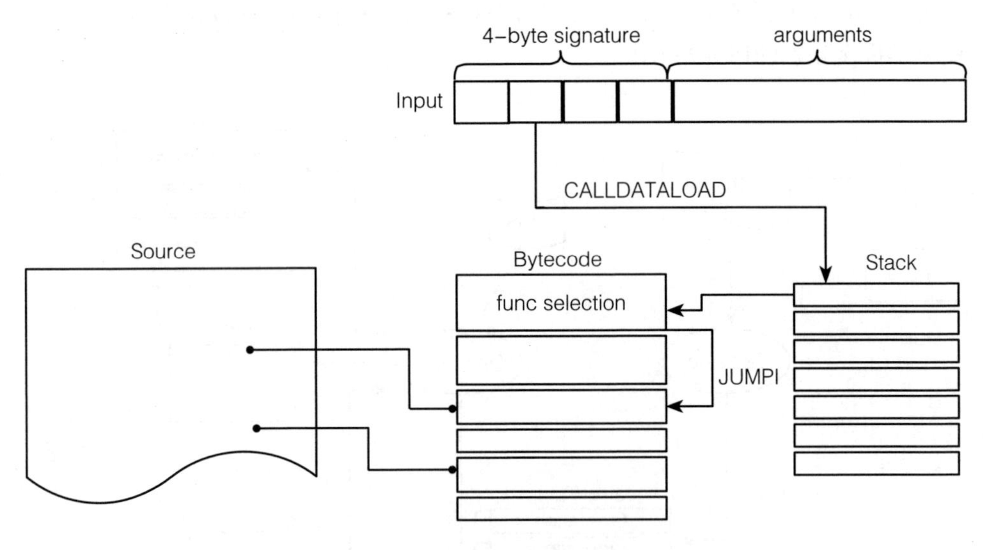

图 13-3　调用合约函数执行流程

EVM 中数据储存类型有以下几种。

（1）栈存储：EVM 中的栈用于保存操作数，每个操作数的类型是 bigint。执行 opcode

时，将从上往下弹出的操作数作为操作的参数。

（2）临时存储：内存用于一些内存操作（MLOAD、MSTORE、MSTORE8）及合约调用的参数复制（CALL、CALLCODE）。内存数据结构维护了一个 Byte 数组，MLOAD 和 MSTORE 读取存入的数据时都要指定位置及长度才能准确地读写。

（3）持久存储：合约及其调用类似于数据库的日志，保存了合约定义以及对它的一系列操作，只要将这些操作执行一遍，就能获取当前的结果，但是如果每次都要去执行就太慢了，因而这部分数据是会持久化到 StateDB 中的。在 code 中定义了两条指令 SSTORE 和 SLOAD，用于从 db 中读写合约当前的状态。

13.4 以太坊虚拟机的缺陷与不足

13.4.1 引言

本处引用了 Jordan Earls 的观点。

首先对作者进行简单介绍，Jordan Earls 是 Qtum 量子链的联合创始人之一，目前担任 Qtum 量子链全球首席工程师。

Qtum 目前采用了以太坊虚拟机，并将其运用于非以太坊的区块链中（当然 Qtum 项目还包含很多其他工作，因与本文不相关，故不赘述）。

因为 Qtum 中采用了 EVM，因此作者在项目执行过程中对其进行了比较深入的了解和学习。Jordan Earls 指出 EVM 无论从设计上还是实现上都有不少的缺陷与功能限制，今后需要改进。从发展的角度，EVM 比比特币的脚本语言已经强大了很多，在区块链的开拓前期，它一定是不完美的，随着应用场景的增多，技术的发展，以及后人反复的改进，会有更完美的区块链虚拟机出现。

13.4.2 256bit 整数

目前大多数的处理器主要有以下 4 种选择来实现快速的数学运算：

（1）8bit 整数。

（2）16bit 整数。

（3）32bit 整数。

（4）64bit 整数。

当然，虽然在一些情况下 32bit 比 16bit 要快，以及在 x86 架构中 8bit 数学运算并不是完全支持（无原生的除法和乘法支持），但基本上如果采用以上的任意一种，都可以保证数学运算在若干个时钟周期内完成，并且这个过程非常迅速，往往是纳秒级的。因此，我们可以说，这些位长的整数是目前主流处理器能够“原生地”支持的，不需要任何额外的操作。

EVM 出于所谓运算速度和效率方面考虑，采用了非主流的 256bit 整数。通过以上比较足以说明，采用 256bit 整数远比采用处理器原生支持的整数长度要复杂。

EVM 之所以选择这种设计，主要是因为仅支持 256bit 整数会比增加额外的用于处理其他位宽整数的 opcodes 简单得多。仅有的非 256bit 操作是一系列的 push 操作，用于从 Memory 中获取 1 ~ 32 字节的数据，以及一些专门针对 8bit 整数的操作。

256bit 整数确实令人头疼，所以这里再做一些补充。最令人费解的是 256bit 整数被用到了一些根本没必要的地方。例如，我们根本不可能在合约中使用超过 4B（32bit）单位的 Gas，那么在 EVM 中采用什么长度的整数来作为 Gas 的计量呢？没错，当然是 256bit。内存使用也非常昂贵，那内存大小的计量呢？自然也是 256bit，当合约需要用到比宇宙中原子数量还多的地址时，这个数字或许真的能派上用场。虽然我不认同在寻址或是永久内存的变量中使用 256bit 整数，但不得不说它在计算某些数据的 Hash 值时能够避免冲突，因此能勉强接受。但对于任意一个 instance，本可以采用任意整数长度，但 EVM 还是使用了 256bit，甚至 JUMP 也使用了 256bit，不过它们将最大的 JUMP 地址限制为 0x7FFFFFFFFFFFFFFF，相当于限制在 64bit 整数范围内。最后，以太坊中的币值当然也采用了 256bit 来计算。ETH 的最小单位是 wei，所以总的币的数量（单位为 wei）为 1 000 000 000 000 000 000*200 000 000（200M 只是估计值，目前仅有约 92M）。而 2^256 约为 1.157920892373162e+77，这足以表明所有已存在的 ETH 外加比全宇宙原子数还多的 wei……归根结底，256bit 整数在 EVM 所设计的大多数应用中都没有必要。

13.4.3 EVM 的内存分配模型

EVM 中主要有 3 个用于存储数据的地方：

（1）栈（Stack）。

（2）临时内存（Temporary Memory）。

（3）永久内存（Permanent Memory）。

栈存储有许多限制，所以有时必须使用临时内存（永久内存比较昂贵）。在 EVM 中没有 allocate 或类似的操作，所以必须通过直接写数据来获取内存空间。这看起来非常智能，但实际上却有不少问题。例如，如果需要寻址到 0x10000，合约将分配 64KB（也就是 256bit 的 word）的内存，并且需要支付 64KB 字长对应的 Gas。有个比较简单的变通方法，就是可以跟踪上一次被分配的内存，当需要时可以继续使用未使用的内存。这是有很有效的方法，直到需要的内存超过了剩余可用的内存。

除此之外，分配内存所需要花费的 Gas 并不是线性的。例如，分配了 100B 的内存，之后又分配 1B 内存，这最后 1B 内存的花费将明显高于一开始就只分配 1B 内存的花费。这又大大增加了保证内存安全所需的花费。

既然如此，那为什么非要使用内存呢？为什么不使用栈？实际上 EVM 中栈有明显的限制。

13.4.4 bytecode 大小

在 EVM 设计文档中，设计者声称他们的目标是使 EVM 的 Bytecode 既简单又高度压缩。然而，这就像是试图写出既详尽又简洁的代码一样，实际上两者是存在一定矛盾的。要实现一个简单的指令集就需要尽量限制操作的种类，并保持每种操作尽量简单；然而，要实现高度压缩的 Bytecode 则需要引入拥有丰富操作的指令集。

即使是“高度压缩的 Bytecode”这一目标也没有在 EVM 中实现，他们更加侧重于实现易于生成 Gas 模型的指令集。并不是说这是错的，只是想表明作为官方声明的 EVM 最重要的目标之一最终并没有实现这一事实。同时，EVM 设计文档中给出了一个数据：C 语言实现的 Hello World 简单程序生成 4000 字节的 Bytecode，这一结果并不正确，很大程度取决于编译环境及优化程度。在他们所述的 C 程序中，应该同时包含了 ELF 数据、relocation 数据以及 alignment 优化等。作者尝试编译了一个非常简单的 C 程序（只有一个程序骨架），只需要 46 字节的 x86 机器码；同时还用 C 语言写了一个简单的 greeter type 程序（Solidity 示例程序），最终生成大约 700 字节 Bytecode，而同样的 Solidity 示例程序则需要 1000 的字节 Bytecode。

我们当然明白简化指令集是出于某些安全性因素考虑，但这显然会导致区块链更加臃肿。如果 EVM 智能合约的 Bytecode 尽可能小，则结果确实是有害的。我们完全可以通过增加标准库或是支持可以批处理某些基本操作的 opcode 来减少 Bytecode。

13.4.5 缺少标准库

如果你曾经开发过 Solidity 智能合约，就应该也会碰到这个问题，因为 Solidity 中根本就没有标准库。如果要比较两个字符串，Solidity 中根本就没有类似 strcmp 或 memcmp 的标准库函数供调用，必须自己用代码实现或在网上复制代码来实现。Zeppin 项目使这一情况得到一定改善，他们提供了一个可供合约使用的标准库（通过将代码包含在合约中或是调用外部合约）。然而，这种方式的限制也很明显，主要是在 Gas 消耗方面。例如，判断字符串是否相等，首先进行两次 SHA3 操作，然后比较 Hash 值，显然要比循环比较每个字符所要花费的 Gas 要少。如果存在预编译好的标准库，并设定合理的 Gas 价格，这将更加有利于整个智能合约生态的发展。目前的情况是，人们只能不断地从一些开源软件中复制粘贴代码，而首先这些代码的安全性无法保证，再加上人们会为了更小的 Gas 消耗而不断修改代码，这就有可能对他们的合约引入更严重的安全性问题。

注：因为标准库都是通过反复地使用才总结出来的，所以对EVM的这个批评有些过早。

13.4.6 Gas 经济模型中的博弈论

EVM 不仅使写出好的代码变得很困难，还令其变得非常昂贵。例如，在区块链上存储数据需要耗费大量的 Gas。这意味着在智能合约中缓存数据的代价会非常大，因此往往在每次合约运行时都重新计算数据。随着合约被不断执行，越来越多的 Gas 和时间都被花在了重复计算完全相同的数据上。实际上单纯通过交易在区块链上存储数据并不会消耗太多的 Gas，因为这并不会直接增加区块的大小（不管是以太坊还是 Qtum 都是如此）。真正花费比较大的其实是那些发送给合约的数据，因为这将直接增加区块的大小。在以太坊中，通过交易在区块链上记录 32byte 的数据比在合约中存储相同的数据消耗的 Gas 要少一些，而如果是 64byte 的数据，则消耗的数据就少得多了（29 704 Gas vs 80 000Gas）。在合约中存储数据会有 virtual 的花费，但比大多数人想象的要少得多。基本上就是遍历区块链上数据库的花费。Qtum 和以太坊采用的 RLP 和 LevelDB 数据库系统在这方面非常高效，但持续的成本并不是线性的。

EVM 鼓励这种低效率代码的另一个原因就是，其不支持直接调用智能合约中某个具体的函数。这当然是出于安全性考虑，如果允许直接调用在 ERC20 代币合约中的 withdraw 函数，结果确实会是灾难性的。但是这在标准库调用中将会非常高效。目前 EVM 中要么执行智能合约的所有代码，要么一点也不执行，完全不可能只执行其中部分代码。程序总是从头开始运行，无法跳过 Solidity ABI 引导代码。所以这导致的结果就是一些小函数被不断复制（因为通过外部调用将更加昂贵），并且鼓励开发者在同一个合约中包含尽量多的函数。调用一个 100Byte 的合约并不比调用 10 000Byte 的合约昂贵，尽管所有代码都必须加载到内存中。

最后一点，就是 EVM 中无法直接获取合约中存储的数据。合约代码必须先被完全加载并执行，并且包含所请求的数据，最终通过合约调用返回值的形式返回数据（还得保证没有多个返回值）。同时，当不确定需要的是哪个数据，需要来来回回地调用合约时，第二次调用合约所需要的 Gas 并没有任何折扣（不过至少合约还在缓存中，对节点来说第二次调用稍微便宜一些）。实际上完全可以在不加载整个外部合约的基础上访问其数据，这其实和获取当前合约的存储数据没什么两样，为什么偏要采用如此昂贵且低效的方式呢？

13.4.7 难以调试和测试

难以调试和测试的问题不仅仅是由于 EVM 的设计缺陷，也和其实现方式有关。当然，有一些项目正在做相关工作使整个过程变得简单，如 Truffle 项目。然而 EVM 的设计又使这些工作变得很困难。EVM 唯一能抛出的异常就是 Out Of Gas，并且没有调试日志，也无法调用外部代码（如 test helpers 和 mock 数据），同时以太坊区块链本身很难生成一条测试网络的私链，即使成功，私链的参数和行为也与公链不同。Qtum 至少还有 regtest 模式可用，而在 EVM 中使用 Mock 数据等进行测试则真的非常困难。据我所知，目前还没有任何针对 Solidity 的调试器，虽然有一款 EVM assembly 调试器，但其使用体验极差。EVM 和 Solidity 都没有创建用于调试的符号格式或数据格式，并且目前没有任何一个 EIP 提出要建立像 DWARF 一样标准的调试数据格式。

13.4.8 总结

EVM 当前还有其他问题。例如，对于那些支持 EVM 不需要浮点数的人来说，最常用的理由就是“没有人会在货币中采用浮点数”，这其实是非常狭隘的想法。浮点数有很多应用实例，如风险建模、科学计算，以及其他一些范围和近似值比准确值更加重要的情况。这种认为智能合约只是用于处理货币相关问题的想法是非常局限的。

不可修改的代码：智能合约在设计时需要考虑的重要问题之一就是可升级性，因为合约的升级是必然的。在 EVM 中的代码是完全不可修改的，并且由于其采用哈佛计算机结构，也就不可能将代码在内存中加载并执行，代码和数据是被完全分离的。目前只能够通过部署新的合约来达到升级的目的，这可能需要复制原合约中的所有代码，并将老的合约重定向到新的合约地址。给合约打补丁或是部分升级合约代码在 EVM 中是完全不可能的。

不过，EVM 作为第一个区块链虚拟机，存在诸多问题，这和绝大多数新生事物一样（如 JavaScript）都需要一个发展过程。由于它的应用场景比较特殊，会与传统的编程语言有较多的区别，还没有先例或反例可以参考，需要实际应用来推动 EVM 的发展。同时 EVM 虚拟机作为区块链上面的第一个实现实例，需要避开习惯思维。相信经过几年的发展，EVM 和其他区块链上面的虚拟机会得到更好的发展。

第14章 共识协议

14.1 共识协议简介

我们将常见的共识定义为共同的认识，即大家都认可的标准或结果，它的反面就是有分歧。

核心：共同认可。

分歧：分歧的解决依靠和相信科学、尊重客观事实、投票、仲裁、竞争、权威命令。

共识在人类开始群体生活之时便已存在。共识在日常生活中很常见，也是一种非常宝贵的东西。从最基本的层面上说，共识只是一种让一个多样化团体在不发生冲突的情况下做出决策的方法。

根据 Edward Shils（社会学家希尔斯）的“共识理念”，共识的达成需要以下三个条件：

（1）团体成员共同接受法律、规则和规范。

（2）团体成员一致认可实施这些法规的机构。

（3）身份认同或团结意识，这样团体成员才会承认他们就达成的共识而言是平等的。

共识开始时是作为社会运作的一个概念，但如今已成为计算机科学的重要组成部分。

在计算机技术中，共识是分布式系统带来的一个问题。当多个主机通过异步通信方式组成网络集群时，这种异步网络默认是不可靠的。在这些不可靠主机之间复制状态需要采取一种机制，以保证每个主机的状态最终达成相同的一致性状态，这就需要达成共识。

区块链作为一种按时间顺序存储数据的数据结构，可支持不同的共识机制。共识机制是区块链技术的重要组件。区块链共识机制的目标是使所有的诚实节点保存一致的区块链视图，同时满足两个性质：

（1）一致性。所有诚实节点保存的区块链的前缀部分完全相同。

（2）有效性。由某诚实节点发布的信息终将被其他所有诚实节点记录在自己的区块链中。

对共识协议的重要性理解，我们还是用这句话：共识机制是区块链的灵魂，加密算法是区块链的骨骼。

从以下四个维度评价各共识机制的技术水平：

（1）安全性，即是否可以防止二次支付、自私挖矿等攻击，是否有良好的容错能力。

（2）扩展性，即是否支持网络节点扩展。扩展性是区块链设计要考虑的关键因素之一。

（3）性能效率，即交易达成共识被记录在区块链中至被最终确认的时间延迟，也可以理解为系统每秒可处理确认的交易数量。

（4）资源消耗，即在达成共识的过程中，系统所要耗费的计算资源大小，包括CPU、内存等。区块链上的共识机制借助计算资源或网络通信资源达成共识。

达成共识越分散的过程，其效率就越低，但满意度越高，因此也越稳定；相反达成共识越集中的过程，效率越高，也越容易出现独裁和腐败现象。

达成共识常用的一种方法就是通过物质上的激励以对某个事件达成共识，但是这种共识存在的问题就是容易被外界其他更大的物质激励所破坏。

CAP 与 FLP 定理对于区块链的共识协议有着重要的意义。

14.2 常见的共识算法

14.2.1 根据处理的异常情况进行分类

不同的分布式系统，由于其故障类型不同，因此采用的共识算法也不同。根据处理的异常情况不同，以下可以分为两种类型。

（1）针对非拜占庭错误的：这类算法性能较高，但容错性较差，如 Paxos、Raft 等。

（2）针对拜占庭错误的：这类算法往往容错性较高，但是性能相对较差，包括工作量证明（PoW）、权益证明（PoS）、股份授权证明（DPoS）、实用拜占庭容错算法（PBFT）等。

处理拜占庭错误的算法有两种思路：一种是通过提高作恶节点的成本以降低作恶节点出现的概率，如工作量证明、权益证明等，其中工作量证明是通过算力；而权益证明则是通过持有权益。另一种是在允许一定的作恶节点出现的前提下，依然使各节点之间达成一致性，如实用拜占庭容错算法等。

14.2.2 工作量证明机制

工作量证明（Proof of Work，PoW），简单地说，就是你付出了多少工作量的证明。

PoW 最开始是一个用于阻止拒绝服务攻击和类似垃圾邮件等服务错误问题的协议，它在 1993 年被 Cynthia Dwork 和 Moni Naor 提出，它能够帮助分布式系统实现拜占庭容错。

PoW 的关键特点就是，分布式系统中的请求服务的节点必须解决一个一般难度但是可行（Feasible）的问题，但是验证问题答案的过程对于服务提供者来说却非常容易，也就是一个不容易解答但是容易验证的问题。这种问题通常需要消耗一定的 CPU 时间来计算某个问题的答案，目前最大的区块链网络——比特币（Bitcoin）就使用了 PoW 的分布式一致性算法，网络中的所有节点计算都通过以下的谜题来获得当前区块的记账权。

在比特币网络中，要想得到比特币就需要先利用自己服务器的算力抢夺记账权，等记账权抢到手之后，矿工还有个工作就是要把 10 分钟内发生的所有交易记录按照时间的顺序记录在账本上，然后同步给这个网络上的所有用户。矿工付出劳动抢记账权和记录交易，并且这个劳动也在全网得到大家的认可，达成了共识的机制。

PoW 的机制用来实现共识，该机制于 1998 年在 B-money 设计中提出。

使用 PoW 的项目有：比特币、以太坊的前三个阶段（Frontier 前沿、Homestead 家园、Metropolis 大都会）、以太坊的第四个阶段（Serenity 宁静）将采用权益证明（PoS）机制。

（1）PoW 的优点。

① 去中心化，将记账权公平地分派到其他节点。能够获得的币的数量取决于挖矿贡献的有效工作。

② 安全性高，破坏系统需要投入极大的成本。如果想作弊，要有压倒大多数人的算力（51% 攻击）。

（2）PoW 的缺点。

① 挖矿造成大量的资源浪费。目前 Bitcoin 已经吸引了全球大部分的算力，其他再用 PoW 共识机制的区块链应用很难获得相同的算力来保障自身的安全。

② 网络性能太低。需要等待多个确认，容易产生分叉，区块的确认共识达成的周期较长（10 分钟），现在每秒交易量上限是 7 笔。

③ PoW 共识算法算力集中化，慢慢地偏离了原来的去中心化轨道。从比特币扩容之争可以看到，算力高的大型矿池是主人，而持币的人没有参与决定的权利，比特币分叉出很多儿子，即将失去“去中心化”的标签。

14.2.3 权益证明机制

权益证明（Proof of Stake，PoS）机制与要求证明人执行一定量的计算工作不同，PoS 要求证明人提供一定数量加密货币的所有权即可。它将 PoW 中的算力改为系统权益，拥有权益越大则成为下一个记账人的概率越大。这种机制的优点是不像 PoW 那么费电。

一句话介绍：持有越多，获得越多。

PoS 由 Quantum Mechanic 于 2011 年在比特币论坛讲座上首先提出，后经 Peercoin（点点币）和 NXT（未来币）以不同思路实现。

（1）PoS 的优点。

① 在一定程度上缩短了共识达成的时间。

② 不再需要大量消耗能源来挖矿。

（2）PoS 的缺点。

① 需要挖矿，本质上没有解决商业应用的痛点。

② 所有的确认都只是一个概率上的表达，而不是一个确定性的事情，理论上有可能存在其他攻击影响。例如，以太坊的 DAO 攻击事件造成以太坊硬分叉，而 ETC 由此事件出现，事实上证明了此次硬分叉的失败。

③ 极端的情况下会带来中心化的结果。PoS 机制由股东自己保证安全，工作原理是利益捆绑。在这个模式下，不持有 PoS 的人无法对 PoS 构成威胁。PoS 的安全取决于持有者，和其他任何因素无关。

14.2.4 股份授权证明机制

股份授权证明（Delegated Proof of Stake，DPoS）在 PoS 的基础上，将记账人的角色专业化，先通过权益来选出记账人，然后记账人之间再轮流记账。这种方式依然没有解决最终性问题。类似于董事会投票，持币者投出一定数量的节点，代理他们进行验证和记账。

BitShares（比特股）社区首先提出了 DPoS 机制，它与 PoS 的主要区别在于节点选举若干代理人，由代理人验证和记账，但其合规监管、性能、资源消耗和容错性与 PoS 相似。类似于董事会投票，持币者投出一定数量的节点，进行代理验证和记账。

https://bitshares.org/technology/delegating-proof-of-stake-consensus/ 具体内容见网址。

DPoS 例子有 BitShares、Steem、EOS。

（1）优点：大幅缩小参与验证和记账节点的数量，可以达到秒级的共识验证。

（2）缺点：整个共识机制还是依赖于代币，而很多商业应用是不需要代币的。

14.2.5 有向无环图

共识算法的诞生是为了解决区块链的效率问题，方法是通过有向无环图（Directed Acyclic Graph，DAG），拓扑结构存储交易区块，支持网络中并行打包出块，提高交易容纳量。之后 DAG 不断演化逐渐形成了 Blockless 的发展方向。从数据结构来看，DAG 模式是一种典型的 Gossip 算法，其本质上为异步通信，带来的最大问题是一致性不可控，并且网络传输数据量会随着节点的增加而大幅增加。

DAG 算法支持交易快速确认、低廉交易手续费，同时也剔除了矿工角色。但是目前来看其安全性低于 PoW 等机制，容易形成中心化。例如，IOTA 依赖 Validator，字节雪球则需要见证人节点。

14.2.6 实用拜占庭容错算法

实用拜占庭容错算法（Practical Byzantine Fault Tolerance，PBFT）是 Miguel Castro（卡斯特罗）和 Barbara Liskov（利斯科夫）在 1999 年提出来的，解决了原始拜占庭容错算法效率不高的问题，算法的复杂度是 O（n^2），使得在实际系统应用中可以解决拜占庭容错问题。该论文发表在 1999 年的操作系统设计与实现国际会议上（OSDI99），其中 Barbara Liskov 就是提出了著名的里氏替换原则（LSP）、2008 年图灵奖得主的人。

拜占庭容错问题简称 BFT，BFT 是区块链共识算法中需要解决的一个核心问题，以比特币和以太坊为代表的 PoW，以 EOS 为代表的 DPoS，以及今后以太坊逐渐替换的共识算法 POS，这些都是公链算法，解决的是共识节点众多情况下的 BFT。而 PBFT 是在联盟链共识节点较少的情况下 BFT 的一种解决方案。

使用 PBFT 算法的前提是采用密码学算法保证节点之间的消息传送是不可篡改的。

PBFT 算法容忍无效或恶意节点数 f，为了保障整个系统可以正常运转，需要有 $2f+1$ 个正常节点，系统的总节点数为 $|R|=3f+1$。也就是说，PBFT 算法可以容忍小于 1/3 个无效或恶意节点，该部分的原理证明请参考 PBFT 论文。

PBFT 是一种状态机副本复制算法，所有的副本在一个视图（view）轮换的过程中操作，主节点编号通过视图编号及节点数集合来确定，即 $p=v \bmod |R|$，其中，v 为视图编号，$|R|$ 为节点个数，p 为主节点编号。

PBFT 算法主体实现流程如图 14-1 所示。

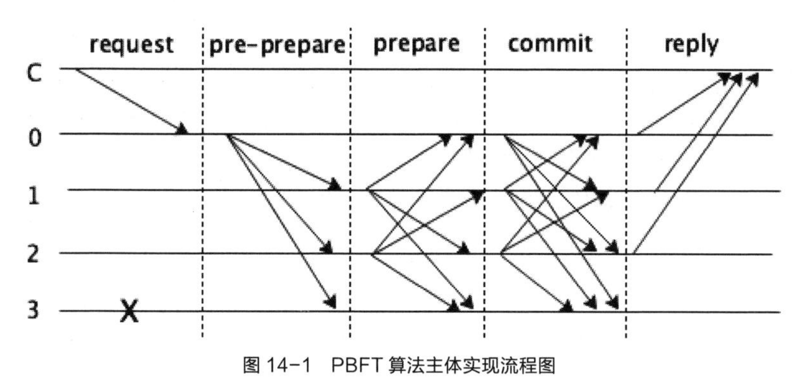

图 14-1 PBFT 算法主体实现流程图

由于每个副本节点都需要和其他节点进行 P2P 的共识同步，因此随着节点的增多，

PBFT 算法的性能会下降得很快。但是在较少节点的情况下 PBFT 算法可以有不错的性能，并且分叉的概率很低。PBFT 主要用于联盟链，但是如果能够结合类似 DPoS 的节点代表选举规则，也可以应用于公链，并且可以在一个不可信的网络中解决拜占庭容错问题，每秒钟处理的事务 TPS 应该是远大于 PoW 的。

14.3 是否有完美的共识机制

14.3.1 好的共识机制需要考虑的问题

一个好的共识机制要考虑以下几个问题：

（1）谁是区块链的实际拥有者，节点还是地址持有人？谁享有权益、担当风险、并应负责？

（2）从技术层面考察共识机制是否具有足够的稳定性、一致性来对抗网络同步问题和恶意节点？

（3）是否需要耗费资源维护共识机制？如果需要，应以何种方式补偿资源消耗者的付出？

（4）共识机制与治理机制。当实际拥有者让度部分权力时，如记账权利，除补偿执行人的资源消耗外，是否还应同时让度其他权利，如投票权？如何保证实际拥有者始终能保持对区块链的控制权？

对于 PoW 与 PoS，我们还可以从技术层面做一下分析，以明白这两类算法之间的区别。

PoW 是一种异步算法，在 PoW 的世界里，所有的节点都是竞争关系，由跑得最快的这个节点来出块。PoW 通过牺牲系统整体的效率来提升整个系统的健壮性。只要系统中有一个节点存在，系统就可以一直跑下去。因而 PoW 可自由伸缩，理论上可以支持的节点数没有上限。

所有的 PoS 算法都是同步算法。它强调的是节点之间的协作性。在效率上，或者说它在出块速度上，会比 PoW 算法高。但它牺牲的就是去中心化程度，因为需要协作，所以它需要吸引足够多的节点来对候选区块进行投票。只要没有收集到足够多的节点投票，这个区块就无法发出来，所以它是一个同步算法。在 PoS 算法中，出块的效率是由整个系统参与并成功投票的节点中最慢的那个节点来决定的。

14.3.2 不同类型的区块链的共识机制

（1）私有链：封闭生态的存储网络，所有节点都是可信任的。由于私有链是封闭生态的存储网络，也就是说内部节点都是封闭系统自行创建的，并不存在内部节点的信任问题，所以根本不存在拜占庭将军问题。针对私有链，只需遵循少数服从多数原则即可，并不需要使用任何共识机制来达成一致。

（2）联盟链：注重隐私、安全、监管是联盟链的特点，由于多项管控元素的加入，使联盟链更倾向于类似传统的拜占庭家族（PBFT、DPoS）等共识机制。联盟链相对于公有链来说，对中心化弱化了，根据节点的准入，赋予了节点的完全信任性。联盟链的共识机制算法不断创新。例如，DPoS 和 PBFT 的混合，将 DPoS 的授权机制应用于 PBFT 中以实现动态授权，在有些应用中已经证明这样的算法在最佳出块时间为 20 秒的时间间隔下，TPS（系统吞吐量）可以达到 10 000 ~ 12 000，时延控制在 100ms 和 200ms 之间。正是由于联盟链保留了部分的“中心化”，从而得到了交易速度增快、交易成本大幅降低的回报。

（3）公有链：对于公有链而言，由于所有节点都是平等的，也就是完全去中心化的组织，大多人认为使用 PoW 机制至少目前来讲是最公平也最客观的，因为它完全依赖于随机计算结果，与其他任何主观因素都没有联系。PoS 和 DPoS 也是使用比较广泛的公有链的共识算法。

14.4 冯诺伊曼结构中是否有共识协议

共识的产生原因：共识是分布式系统带来的一个问题。当多个主机通过异步通信方式组成网络集群时，这种异步网络默认是不可靠的，那么在这些不可靠主机之间复制状态需要采取一种机制，以保证每个主机的状态最终达成相同一致性状态，取得共识。

为什么认为异步网络默认是不可靠的？这是由于 FLP 不可能定理中在 Impossibility of Distributed Consensus with One Faulty Process 一文中提出：在一个异步系统中不可能确切知道任何一台主机是否死机了，因为我们无法分清楚主机或网络的性能减慢与主机死机的区别，也就是无法可靠地侦测到失败错误。但是还必须确保安全可靠。

在实际中，我们首先必须接受系统可能会出现不可用的情况，然后采取措施减少出现不可的概率，而不是完全去回避，减少的手段有定时器和补偿。

从共识问题的产生来源来看，并不在单机的冯诺伊曼结构中产生共识问题。

如果我们对区块链——运行在众多电子设备上的一个超级计算机系统进行分析。在区块链系统中各个部件是靠网络连接来保证的，一种是网络服务会出现不可用的现象，如果是这种情况，就直接排除运行阶段的共识问题。另外一种是网络服务是否提供要求的服务，这种是在网络可达的情况下，验证服务的方法。针对不同的服务，有不同的建议方法，对于 PoW，检查计算的数量即可；对于提供想存储哪样的问题，需要提供复制证明、时空证明等。

对于冯诺伊曼结构的计算机，当某个部件不可达、可达但不正常工作时，直接报错就可以，并不需要共识。

第15章 智能合约与上层事物

15.1 智能合约简介

智能合约（Smart Contract）是一种旨在以信息化方式传播、验证或执行合同的计算机协议。智能合约允许在没有第三方的情况下进行可信交易，这些交易可追踪且不可逆转。

智能合约的目的是提供优于传统合约的安全方法，并减少与合约相关的其他交易成本。

“智能合约”这个术语的出现至少可以追溯到1995年，它是由多产的跨领域法律学者尼克·萨博（Nick Szabo）提出来的。他在发表于自己网站的几篇文章中提到了智能合约的理念，定义如下：“一个智能合约是一套以数字形式定义的承诺（Commitment），包括合约参与方可以在上面执行这些承诺的协议。”下面具体解释定义中的几个关键词。

（1）承诺：一套承诺指的是合约参与方同意的（经常是相互的）权利和义务。这些承诺定义了合约的本质和目的。以一个销售合约为典型例子，卖家承诺发送货物，买家承诺支付合理的货款。

（2）数字形式：意味着合约不得不写入计算机可读的代码中。这是必需的，只要参与方达成协定，智能合约建立的权利和义务就由计算机或计算机网络执行。

（3）协议：是技术实现，在这个基础上，合约承诺被实现，或者合约承诺实现被记录下来。选择哪个协议取决于许多因素，最重要的因素是在合约履行期间，被交易资产的本质。

所谓的智能合约，如果把智能二字拿出来，就与我们现实生活中见到的合约没什么两样了。而之所以称为智能，是因为合约的条款可以写成代码的形式存放到区块链中，一旦合约的条款触发某个条件，那么代码就会自动执行。使便有人想违约也很难，因为代码的执行不能修改，这就节省了很多人为的沟通和监督成本。

1. 以太坊对智能合约的支持

在一个编程系统中，通常会有一些编译或执行的虚拟机去做支撑。Java有JVM，在以太坊中，也会有相应的虚拟机来支撑执行任意复杂的代码和算法。开发者可以使用现有的JavaScript或Python以及其他编程语言，在以太坊上创造出自己想要的应用。

智能合约理念的提出由来已久，但是，直到以太坊出现，智能合约才被广泛应用。一个重要原因是因为之前缺少一个友好的、可编程的基础系统。

智能合约使用步骤：编译合约→创建合约→部署合约→调用合约→监听合约或销毁合约。

本书以普及智能合约知识为主，不会深入讲解技术知识。

2. 传统合约与智能合约

智能合约不仅仅是一个能自动执行的计算机程序，也是一个系统参与者，它能接收信息并回应。可以接收和存储价值，也能对外发送信息和价值。它的存在有点类似于一个值得信任的人，这个人可以替我们保管资产，并且按照制定好的规则进行操作。

（1）传统合约。在现实生活中经常需要签订一些合同，以此来约束双方的经济行为。但也会遇到这样的情况，即使签订了合约，也并不能保证双方能依照合约完成合同内的承诺。例如，你和朋友以100元钱作为赌注，赌骰子的大小，你赌小，他赌大。赌局开始了，果然如你所想，是小。但是你的朋友要赖，并不愿意支付这100元钱，你能拿他有什么办法呢？这时一般要怎么处理呢？你找到另外一个朋友，让他作为见证人。见证人收取你们各自的赌注100元钱。然后朋友开始摇骰盅，两个的骰子数字加起来是6，你认为这是小，但是你的朋友认为是大。这时候作为见证人，他也无法确定到底算大还是小。经过一番争论，见证人认为你是对的。你赢了朋友的100元钱，准备将赌注交给你时，发现赌注却被一旁观看的小偷给顺走了，无法将你赢取的赌注交付给你。

从这里可以看出，传统合约会受到各种维度的影响，如主客观维度、成本维度、执行时间维度、违约惩罚维度、适用范围维度等。

（2）智能合约。智能合约在一定程度上解决了这些问题。我们只需要提前制定好规则，程序在触发合约条件时就会自动执行。智能合约迟迟没有实现的重要原因是缺少支持可编程合约的数字系统和技术。区块链的出现解决了该问题。它不仅可以支持编程合约，同时还具有去中心化、无法被篡改、公开透明的特点，非常适合智能合约。很多人会问，智能合约不就是一段条件判断代码吗？像淘宝的交易流程，买家打钱到支付宝，卖家发货，买家收货确认，支付宝再将钱打给卖家。这一系列的流程，早就实现了智能合约的想法了吧？区块链的特点是数据无法被篡改、只能新增，这保证了数据的可追溯性。而像支付宝作为第三方的担保系统，依然是中心化的，合约的执行完全靠第三方来决定。如果有人篡改数据（虽然概率很小，但理论上是可行的），我们没有任何办法。

基于区块链技术的智能合约不仅可以发挥其在成本效率方面的优势，而且可以避免恶意行为对合约正常执行的干扰。将智能合约以数字化的形式写入区块链中，由区块链技术的特性保障存储、读取、执行的整个过程透明可跟踪、不可篡改。同时，由区块链自带的共识算法构建出一套状态机系统，使智能合约可以高效地运行。

我们都知道传统合约是指双方或多方通过协议进行等值交换，双方或多方必须彼此信任，能履行交易，否则一旦一方违约，可能就要借助社会的监督和司法机构，而智能合约则无须信任彼此，因为智能合约不仅是由代码进行定义，也会由代码强制执行，完全自动且无法干预。

下面介绍一下智能合约与区块链的关系。

用大家很熟悉的信用卡自动还款服务来说，信用卡自动还款服务可以看作是用户和银行在某个平台上签订的智能合约。当还款条件满足时，计算机系统会自动完成这笔交易，这些服务是基于计算机系统完成的，并不是基于区块链的。那么为什么非得研究区块链？因为信任。在计算机的世界里，存在着提供服务的第三方，而智能合约虽然是数字化的，但还是存在于计算机系统中，别说担心被黑客攻击，就连第三方会不会篡改用户的合约内容也没有谁可以保证。在传统的信息互联网中，对信息的修改、删除、复制是非常容易的事情。人们从经验上都会质疑所用的系统和数据是否是修改过的。区块链的基本属性就决定了它是一个高可靠性的系统，具有不可篡改、去中心化、分布式等特征，并且是由一串串的指令实现的，数据是冰凉的但却最值得信任，因此用户不用担心合约被篡改或不被执行等问题的发生。

智能合约与区块链相辅相成。智能合约不是非基于区块链不可，而是目前区块链一定是最适合智能合约实现的平台。有人说智能合约是区块链进化的产物，其实二者仅算是相辅相成。区块链的出现让智能合约的实现有了可能性，而区块链上智能合约的应用让区块链跨过了数字货币的局限，让更丰富的功能出现在大众的眼中。

智能合约扩展了区块链的功能，在一定程度上也使投资方向从数字货币转移到具体应用的项目。智能合约使区块链技术得到了质的发展和飞跃。

15.2 去中心化应用程序

15.2.1 什么是去中心化应用程序

去中心化应用程序（Decentralized Application，DAPP）指把核心逻辑或数据运营在去中心化系统上，一般这个去中心化系统是由区块链技术支撑的。应用程序可以直接在区块链上获取数据及处理数据，避免了中心化服务器的接入，从而实现去中心化的开源应用。APP 又称“客户端应用”，指安装在计算机或其他电子设备上的软件应用。一般通过网络将数据和指令传到服务器上实现软件的正常运行，它是由中心化服务所控制的。DAPP 是一种互联网应用程序，与传统的APP最大的区别是：DAPP运行在去中心化的网络上，也就是区块链网络中。网络中不存在可以完整地控制DAPP的中心节点。

15.2.2 DAPP的核心服务

（1）加密货币交易，是价值互联网的基础。这些交易允许流媒体小额支付，允许分散的服务在没有中央企业实体控制的情况下自我维持。

（2）加密货币交易所。使智能钱包元交易支付协议令牌费和区块链燃气费，因此，用户可以利用需要付费的分散式服务，而不必担心这些付款是如何进行的，而且在很多情况下，用户无须自费就可以享受这些服务。

（3）用户钱包安全的身份验证和授权。不再需要记住密码。

（4）去中心化身份（通常由钱包公共地址表示）。使用DAPPs使你的身份信息在应用程序之间毫不费力地切换。

（5）分散用户配置文件数据。授予、撤销或拒绝应用程序访问您的用户配置文件数据。让用户控制自己的配置文件，以及将它们呈现给不同的应用程序。

（6）分散用户内容存储。同样地，对于你所有的内容如帖子、视频、照片和评论等分散存储。

（7）分布式网络和计算服务。用户可以更好的通过共享计算机的存储和CPU资源，为网络提供分布式服务。

（8）加密散列和签名。存在的证明、分散的授权、资源所有权、权限或控制的证明，这些基本元素是分布式应用程序安全性工作所必需的。

（9）智能合约。可编程的货币交易和协议，由代码强制执行，所以没有必要信任参与者。

15.3 智能合约的应用场景

智能合约可应用于12种能够改变游戏规则的使用案例。2016年12月，在微软纽约市总部举行了“首届智能合约专题研讨会”，来自区块链领域的企业和专家聚在一起讨论了智能合约在2017年及更远的未来颠覆现状的各种方式，并正式发布长达56页的智能合约白皮书。

计算机科学家、法律学者和密码学专家尼克·萨博（Nick Szabo）出席了当天的智能合约研讨会并发表主题演讲，也为这个白皮书写了序。萨博认为智能合约就像一台基于区块链的自动贩卖机。购买者将硬币投入机器，而机器对硬币进行验证，然后做出回应（分配产品）。

这次智能合约研讨会的组织机构是数字商务商会（CDC），该机构是区块链行业主要的贸易协会，同时负责运行智能合约联盟（SCA）。这两个机构联合德勤（Deloitte）在这次研讨会期间发布的一份智能合约白皮书，描述了"智能合约：12种商业及其他使用案例"，这份白皮书覆盖了12种智能合约能够自动化和重新定义的不同领域。下面分别介绍这12种使用案例。

1. 数字身份

就个人而言，智能合约可以让用户拥有和控制自己的数字身份，如信誉、数据和自己的数字资产。智能合约还可以指定哪些个人数据可以或不可以与企业进行共享，白皮书称其为"以用户为中心的个人互联网"。

（1）好处：个人数据控制；企业不再负责保管数据，减少压力。

（2）挑战：单点失败成为黑客攻击目标；第三方机构可能成为数据泄露点。

2. 记录

围绕规定的合规性实现自动化。例如，智能合约可以轻易做到按一定日期要求销毁记录。根据白皮书，智能合约可以数字化统一商业法典（UCC）备案流程并自动记录更新和发布，同时自动完善银行在创建贷款过程中的证券利息。智能合约需要能够在分布式账本上存储数据，并且不会减缓性能或破坏数据隐私。

（1）好处：降低法律费用；自动贷款跟踪；自动记录处理。

（2）挑战：摆脱纸质备案；UCC和政府备案/归档是手动的，容易出错。

3. 证券

随着越来越深入金融技术，智能合约用于资本化股权结构表（Cap Table）管理能够简化很多事情，如帮助私人公司自动支付股息、分割股票和管理负债流程。白皮书认为我们将会看到私人证券市场的应用要比公开证券市场快。智能区块链证券公司Symbiont已经开始推动股票证书向使用加密区块链签名转变。

（1）好处：数字化终端到终端的证券工作流程；自动股息支付；股票分割。

（2）挑战：基于手动和纸质的流程的更换；中介增加成本和风险。

4. 贸易金融

白皮书表示，从全球范围来看，智能合约可以推动简化全球商品转移，带来更高资产流动性。

通过信用证和贸易支付发起流程自动化可以在买家、供应商和金融机构之间创建一种更高效、风险更小的流程。

（1）好处：更快的付款批准；更有效的贸易、运输和合同协议。

（2）挑战：实体文件管理；文件欺诈；重复融资。

5. 衍生品

金融技术行业被认为是最大的区块链创新推动者是有原因的。智能合约可以为衍生品（一种具有资产价格的证券）执行一个标准的交易规则集来简化 OTC 金融协议。Symbiont CEO 和智能合约联盟联席主席 Mark Smith 将 OTC 金融协议称为最迅速的智能合约使用案例之一。

（1）好处：自动结算和外部交易事件处理；实时位置评估。

（2）挑战：多余的 OTC 资产服务流程；纸质交易协议。

6. 金融数据记录

智能合约可以用作一种企业级会计账本来准确、透明地记录财务数据。一旦开发出基于区块链的标准、与传统系统的互操作性以及简化的交易门户和市场，这个使用案例可以改进从财务报告到审计之间的所有流程。

（1）好处：交易数据的完整性和透明度，降低会计数据管理成本。

（2）挑战：会计制度存在错误与舞弊；资本密集型过程。

7. 抵押贷款

抵押贷款流程一般是一种手动且容易混乱的过程。智能合约可以自动化交易的每个方面，包括支付处理、财产扣押权，这些流程的自动化可以使财产封存和抵押贷款协议签署流程更加迅速和高效，不过如果没有基于区块链的数字身份，就无法实现。

（1）好处：自动释放留置权；降低误差和成本；提升财产数据可见性；验证。

（2）挑战：各缔约方之间的摩擦（合约、借款方、房地产的产权记录）；数据隐私。

8. 土地所有权记录

在财产转让和土地所有权方面可以说是到处都有欺诈和纠纷。智能合约可以推动财产转让，以提高交易的完整性、效率和透明度。世界上的国家，包括格鲁吉亚、加纳和洪都拉斯，都已经实施区块链技术用于记录土地所有权。

（1）好处：抵押贷款欺诈。

（2）挑战：某一相同的财产具有多个所有者；手动延迟；身份验证。

9. 供应链

智能合约能够为供应链的每一个环节提供更高的可见性，它与物联网设备进行协调，从工厂到销售点一直跟踪被管理的资产和产品。如 Everledger 和 IBM 这样的企业已经将区块链技术用于供应链、跟踪珠宝和中国猪肉产品。

（1）好处：简化复杂的多重机构系统；跟踪库存；降低欺诈和盗窃风险。

（2）挑战：数据不兼容和供应链盲点。

10. 汽车保险

在汽车行业，智能合约可以自动化保险索赔流程，提供接近瞬时处理、验证和付款流程。简言之：如果两辆车相碰发生交通事故，那么可以在几小时或几天内通过保险解决索赔，而不是几周或几个月。汽车保险理赔流程非常不连贯，令人沮丧，而智能合约能够帮助厘清整个流程。

（1）好处：使用传感器为车辆带来一种“自我意识”和损失评估；提供一种保单数据存储库。

（2）挑战：主观损伤诊断困难；重复的形式和保险商验证。

11. 临床试验

当涉及参与者的数据隐私和监测所涉及的试验时，临床试验或涉及人的医学研究通常都是一些敏感的协议。智能合约可以成为一种跨机构可见性的机制以及创建基于隐私的规定，用于改善机构间的数据共享，同时在患者同意的前提下自动化地跟踪患者。白皮书称之为临床试验社区中“积极破坏”的潜在力量。

（1）好处：增加试验的可视性；数据共享；患者同意；病人隐私。

（2）挑战：申报不足；不一致的同意管理；机构延迟。

12. 癌症研究

最后，白皮书指出，智能合约可以“释放数据的力量”以促进癌症研究的共享。类似于临床试验，智能合约可以在征得患者同意的前提下自动化管理患者数据和促进患者的数据共享，同时维护患者隐私。

（1）好处：数据共享；病人隐私。

（2）挑战：与跨机构的研究共享烦琐比较。

15.4 DAO 与 DAC

区块链社区通常是一种网络社区，具有网络社区的综合特征。以开源模式运行的项目，具有更多的开源社区的特点。通常区块链社区由开发者、运营者、矿工、矿池、项目基金会成员、投资者组成，是围绕一个区块链项目聚集在一起的一群人。

区块链社区治理分为链上治理和链下治理。链上治理与软件系统密切相关，最常见的就是线上投票委托，通过投票选择参与共识的节点。同时，项目委员提交提案，并由全社区进行投票表决。链上治理受软件系统的限制，能做的工作比较有限。

有了区块链相关的技术，尤其是智能合约的出现，产生了去中心化组织的土壤。在区块链技术发展几年后，便产生了 DAO 与 DAC。

15.4.1 DAO/DAC 简介

DAO/DAC（Decentralized Autonomous Organization/Corporation，去中心化自治组织/企业）DAO 的概念是 Daniel Larimer（EOS 创始人）在 2013 年提出的，他创造了术语 DAC（去中心化自治公司）。Daniel Larimer 把比特币比作一个公司，它的股东是比特币持有者，雇员是矿工。

同年，Vitalik Buterin（以太坊创始人）通过描述一家公司在没有经理的情况下如何运作而深入阐释了这一理念。以太坊白皮中阐述道：去中心化自治组织（DAOs）就是符合逻辑地扩展合约，一个长期包含组织的资产，并把组织规则编码的智能合约。DAO 最核心的原则是：组织规则和资产代码化。商业自动化通常被视为用机器人或计算机取代底层技术人员，让更多合格的员工来控制的过程。然而，Vitalik 提出了相反的建议，即用一种软件技术取代管理，这种软件技术能够招募和支付人员来执行有助于公司使命的任务。

DAO 清晰地揭示了比“组织”的典型定义更广泛的东西：一个把人们聚集在一起，朝着一个共同目标工作的社会群体。因此，Vitalik 将 DAO 定义为“一个生活在网络中且独立存在的实体，但也严重依赖人来执行它本身无法完成的某些任务”。Richard Burton 甚至更明确地表示：“DAO 是一种奇特的方式，它是一种存在于以太坊之上的数字系统。”

DAO 其中每个词都可以用多种方式解释，从不同角度会产生 DAO 的不同定义。为了阐明这个概念，下面来分析每一项。

1. 自治

DAO 的基本特性是它们的运行规则是经过编程的，这意味着当软件中指定的条件满足时，程序将自动强制执行。这一点与传统组织不同，传统组织的规则必须有解释和应用的指导原则。DAO 是自治的，它的规则是自动执行的，没有人能阻止它，也没有人能从外部改变它。

2. 去中心化

去中心化可以用两种不同的方式来理解，这说明了 DAO 的定义是相互有冲突的。

（1）DAO 是去中心化的，因为它运行在去中心化的基础设施上，即一个公共的、无许可的区块链（公链），它不能被一个州或其他方掌控。

（2）DAO 是去中心化的，因为它不是围绕高管或股东按等级组织的，也没有将权力集中在他们周围。

3. 组织

第一个自称 DAO 的是 The DAO，创建于 2016 年，用于资助有助于以太坊发展的项目。使用 DAO 而不是基金会或风险资本的想法符合以太坊社区所看重的分享精神。事实上，DAO 是一个投资基金，它的决策是由投资者直接做出的，而不是委托给专门的经理。

去中心化自治组织和区块链技术是有前景的，将来会获得更多的实用案例。但 DAO 应用还是不多，前期也出现了一些问题，所以我们还不能更清晰地说明构建在智能合约之上的事物的巨大作用。

15.4.2 DAO 的安全事情

2016 年 5 月初，以太坊社区的成员宣布了 DAO 的诞生，DAO 也称为创世 DAO。它是作为以太坊区块链上的一个智能合约而建立的，编码框架是由 Slock.It 团队开发的开源代码，但以太坊社区的成员将它命名为 The DAO 并进行部署。

2016 年 6 月 17 日，Vitalik Buterin 通知中国社区 DAO 受到了黑客袭击，原因是在 The DAO 编写的智能合约中有一个 SplitDAO 函数，攻击者利用此函数的漏洞，不断从 The DAO 项目的资产池中分离出 The DAO 资产并转到黑客自己建立的子 DAO。在攻击发起的三个小时内，导致 300 多万以太币资产被转出了 The DAO 资产池，按照当时的以太币交易价格，市值近 6 千万美元的资产被转移到了黑客的子 DAO 里。The DAO 监护人提议社区发送垃圾交易阻塞以太坊网络，以减缓 The DAO 资产被分离出去的速度。随后 Vitalik 在以太坊官方博客发布题为“紧急状态更新：关于 The DAO 的漏洞”的文章。该文章解释了被攻击的细节以及解决方案提议。提议方案为进行一次软分叉，不会有回滚，不会有任何交易或区块被撤销。软分叉将从块高度 1 760 000 开始把任何与 The DAO 和子 DAO 相关的交易认作无效交易，以此阻止攻击者在 27 天之后提现被盗的以太币。这之后会有一次硬分叉将以太币找回。

DAO 安全事件的回顾：

（1）第一次在以太坊上以 ICO 的形势进行资金募集。

（2）共筹集 1150 万枚以太币。

（3）智能合约没有经过创建者有效的审核，因此造成了一个致命的资金转出漏洞。

（4）智能合约在发送完币后才进行平账校验，造成了 DAO 组织失败。

（5）大量的以太坊代币都被黑客控制，造成的问题可能影响社区发展。

（6）为了拯救投资者和惩罚黑客，以太坊基金会做了一次硬分叉，以太经典ETC诞生。

大家关心的问题：

（1）The DAO 的技术漏洞可以弥补吗？

（2）“黑客”是犯法了吗？

（3）如何看待 Vitalik 的补救方案？

（4）我们可以从哪些方面来关注这个事件？

根据 The DAO 的宗旨，编程代码的“不可伪造、不可虚构、不可篡改”这三大原则才是对相关行为是否违背 The DAO 宗旨的唯一考量。

15.5 智能合约的安全性问题

15.5.1 以太坊智能合约安全

（1）重入漏洞（Reentrancy）。在我刚开始看这个漏洞类型的时候，还是比较疑惑的，因为从字面上来看，“重入” 其实可以简单理解成 “递归” 的意思，那么在传统的开发语言中“递归”调用是一种很常见的逻辑处理方式，那在 Solidity 里为什么就成漏洞了呢？这主要是基于区块链的性质与带有价值传递的特点的原因产生的。重入漏洞会有榨干资产的效果。

（2）访问控制（Access Control）。在使用 Solidity 编写合约代码时，几种默认的变量或函数访问域关键字为 private、public、 external 和 internal，对合约实例方法来讲，默认可见状态为 public，而合约实例变量的默认可见状态为 private。

（3）算数问题（Arithmetic Issues）：通常来说，在编程语言中算数问题导致的漏洞最多的就是整数溢出了，整数溢出又分为上溢和下溢。

（4）未严格判断不安全函数调用返回值（Unchecked Return Values For Low Level Calls）。这种类型的漏洞其实很好理解，在前面讲 Reentrancy 实例时其实也涉及底层调用返回值处理验证的问题。

（5）拒绝服务（Denial of Service）。DOS 无处不在，在 Solidity 中也是，与其说是拒绝服务漏洞不如说是“不可恢复的恶意操作或可控制的无限资源消耗”。简单地说就是对以太坊合约进行 DOS 攻击，可能导致 Ether 和 Gas 的大量消耗，更严重的是让原本的合约代码逻辑无法正常运行。

（6）可预测的随机处理（Bad Randomness）。伪随机问题一直都存在于现代计算机系统中，但是在开放的区块链中，像在以太坊智能合约中编写的基于随机数的处理逻辑就有点不切实际了，由于人人都能访问链上数据，合约中的存储数据都能在链上查询分析得到。如果合约代码没有严格考虑到链上数据公开的问题去使用随机数，可能会被攻击者恶意利用进行“作弊”。

（7）提前交易（Front Running）。简单来说，“提前交易”就是某人提前获取交易者的具体交易信息（或者相关信息），在交易者完成操作之前，通过一系列手段（通常是提高报价）来抢在交易者前面完成交易。

（8）时间篡改（Time Manipulation）。一切与时间相关的漏洞都可以归为 Time Manipulation。

（9）短地址攻击（Short Address Attack）。智能合约中出现的账号地址少于正确的地址长度。

15.5.2 智能合约的安全概况

我们引用一条信息：2018 年 5 月由 SECBIT 实验室发布的监测发现了大量智能合约代码存在安全隐患，团队对当前最流行的以太坊的共 23 357 个智能合约源代码进行监测，监测结果可以说是很惊人了，扫描结果显示高危安全问题有 572 个，中级安全问题有 7202 个，低级别安全问题甚至有 26 821 个之多，问题主要集中在代码重入、短地址攻击、使用合约余额来做判断等方面。虽然这些问题并没有直接引起各智能合约的风险，但是这些安全问题留下了很大的隐患，黑客有很大机会通过这些隐患对智能合约进行攻击威胁。

以太坊在设计之初，将智能合约设计成了一旦部署就不能修改的模式。这种设计有可能是为了提高智能合约的可行性。但是我们知道，只要是由人编写的程序，就一定会出现错误和缺陷。以太坊这种设计本身就违背了程序设计的一般规律，在智能合约出现漏洞时可能会造成无法弥补的损失。我们可以看到，近期出现的以太坊体系智能合约的漏洞造成了巨大的影响，有的代币也因此毁灭。对于厂商来说，由于智能合约不可修改的特性，如果要对上线后发现的漏洞进行有效修复，就只能选择重新部署新的合约，这将付出巨大的代价，因此有的厂商可能会选择不响应、不处理。

其中一些著名的安全事件，如上面所述的以太坊 DAO 事件、BeautyChain（BEC）的智能合约事件等都产生了很大的影响。

15.5.3 如何应对智能合约的漏洞

在一些联盟链中，智能合约的设计是可以在部署之后更新的，当然这种更新需要一定的线下协商流程。要应对区块链智能合约的安全漏洞问题，未来需要普遍考虑设计相应的智能合约协商更新机制，以降低漏洞修复的成本。

但现在，我们需要面对现实，做出几乎唯一可行的、切实有效的努力——在智能合约上线之前，对其进行全面深入的代码安全审计，尽可能地消除漏洞，降低安全风险。

（1）整数溢出：智能合约中危险的数值操作可能导致合约失效、无限发币等风险。

（2）越权访问：智能合约中对访问控制处理不当可能导致越权发币风险。

（3）信息泄露：硬编码地址等可能导致重要信息的泄露。

（4）逻辑错误：代理转账函数缺失必要校验可能导致基于重入漏洞的恶意转账等风险。

（5）拒绝服务：循环语句、递归函数、外部合约调用等处理不当可能导致无限循环、递归栈耗尽等拒绝服务风险。

（6）函数误用：伪随机函数调用和接口函数实现问题可能导致可预测随机数、接口函数返回异常等风险。

下面介绍如何防止智能合约上面的漏洞。

（1）在新事物出现的开始阶段很难避免出现问题。需要智能合约平台方、应用开发方、使用方不断地完善功能。

（2）需要对智能合约的安全开发与检测形成方法论，如本书中的智能合约漏洞类型分类。针对这些分类形成安全开发规范和检验规范。

（3）需要像以往的 C/S 开发、B/S 等方式一样形成工具、开发、安全服务等相关的生态环境。

（4）需要法律或其他外部方式的力量来协助解决这样的安全问题。

虽然智能合约目前还存在一些安全漏洞，但是它的优势随着区块链的普及、物联网的广泛应用会越来越多地体现出来。在能够传递价值的网络中，更多的功能可以自动执行。

第16章 物联网

16.1 物联网简介

物联网（Internet of Things，IoT）（见图 16–1）是互联网、传统电信网等信息的承载体，让所有能行使独立功能的普通物体实现互联互通的网络。物联网一般为无线网，而由于预计每个人周围的设备可以达到 1000 ~ 5000 个，当前全球大约 76 亿人口，上网人数大致 38 亿，去除个体之间的重复计算，物联网的规模可能要包含千亿以上的物体。根据 2018 年的 IoT 分析报告，全世界的联网设备数量已经超过 170 亿，扣除智能手机、平板电脑、笔记本电脑或固定电话等连接之外，物联网设备的数量已达到 70 亿。

在物联网上，每个人都可以应用电子标签将真实的物体上网联结，在物联网上都可以查出它们的具体位置。通过物联网可以用中心计算机对机器、设备、人员进行集中管理、控制，也可以对家庭设备、汽车进行遥控，以及搜索位置、防止物品被盗等，类似自动化操控系统。同时透过收集这些小事的数据，最后可以聚集成大数据并进行分析，来解决问题，包括重新设计道路以减少车祸、灾害预测与犯罪防治、流行病控制等社会的重大改变等，实现物和物相连。

图 16–1　物联网示意图

物联网将现实世界数字化，应用范围十分广泛。物联网拉近了分散的信息，将物与物连接在一起，并促进它们之间的信息传递，最终还会形成价值传递。物联网的应用领域主要包括以下方面：交通运输和物流领域、工业制造领域、健康医疗领域、智能环境（家庭、办公、工厂）领域、个人和社会领域等，具有十分广阔的市场和应用前景。

物联网是一个开放定义，是一个处在演化中的定义。

1. 起源

Peter T. Lewis 在1985年提出“物联网”的概念。比尔·盖茨在1995年出版的《未来之路》一书中提及“物互联”。1998年，麻省理工学院提出了当时被称作EPC系统的物联网构想。1999年，在物品编码技术上Auto-ID公司提出了物联网的概念。2005年11月17日，在世界信息峰会上，国际电信联盟发布了《ITU互联网报告2005：物联网》，其中指出“物联网”时代的来临。

“物联网”概念是在“互联网”概念的基础上，将其用户端延伸和扩展到物品与物品之间，进行信息交换和通信的一种网络概念。

物联网并不是一个新概念。

1990年，出现了第一台物联网设备——施乐公司的网络可乐贩售机。

1995年，比尔·盖茨在《未来之路》一书中也曾提及物联网。

1999年，麻省理工学院（MIT）的Kevin Ash-ton教授首次提出物联网的定义。

对于物联网，国内外普遍公认最早是由MIT Auto-ID中心Ashton教授在1999年研究射频识别技术（Radio Frequency Identification，RFID）时提出来的。在2005年国际电信联盟（ITU）发布的同名报告中，物联网的定义和范围已经发生了变化，覆盖范围有了较大的拓展，不再只是基于RFID技术的物联网。

2009年8月，温家宝总理在无锡视察时提出“感知中国”，无锡市率先建立了“感知中国”研究中心，中国科学院、运营商、多所大学在无锡建立了物联网研究院。物联网被正式列为国家五大新兴战略性产业之一，写入了十一届全国人大三次会议政府工作报告，物联网开始在中国受到了比较大的关注。

物联网概念在这近三十年来也曾有较高的热度，但并未产生显著的效果，以至于在过去的几年里，我们对物联网的感知微乎其微。主要原因是相关技术不够成熟。

过去，我们所说的物联网是基于无线局域网（WLAN）技术的物联网。物联网终端，接入的是无线路由器或专门的网关设备。摄像头、门窗传感器、智能灯等只能连接到WLAN，通过WLAN进行控制，就与家里的计算机一样。

WLAN物联网虽然方便，但是太耗电了。后来有了蓝牙，但是因为功耗大、传送距离短的缺点，严重影响体验效果，所以WLAN物联网一直未能被市场所接受。

现在，以NB-IoT、LoRa为代表的LPWAN（低功耗广域网）物联网技术崛起了。LPWAN物联网技术不仅覆盖面积广、信号强，而且大大降低了成本和功耗，因此不仅将会满足家庭需要，也为工业化应用提供了可能。

2. 关键技术

（1）射频识别技术。谈到物联网，就不得不提到物联网发展中备受关注的 RFID。RFID 是一种简单的无线系统，由一个询问器（或阅读器）和多个应答器（或标签）组成。标签由耦合元件及芯片组成，每个标签具有唯一扩展词条的电子编码，附着在物体上标识目标对象。它通过天线将射频信息传递给阅读器，阅读器就是读取信息的设备。RFID 技术让物品能够“开口说话”，这就赋予了物联网一个特性，即可跟踪性。就是说人们可以随时掌握物品的准确位置及其周边环境。据 Sanford C. Bernstein 公司的零售业分析师估计，关于物联网 RFID 带来的这一特性，可使沃尔玛每年节省 83.5 亿美元，其中大部分是因为不需要人工查看进货的条码而节省的劳动力成本。RFID 帮助零售业解决了商品断货和损耗（因盗窃和供应链被扰乱而损失的产品）两大难题，而现在单是盗窃一项，沃尔玛一年的损失就将近 20 亿美元。

（2）传感网。微机电系统（Micro－Electro－Mechanical Systems，MEMS）是由微传感器、微执行器、信号处理和控制电路、通信接口和电源等部件组成的一体化的微型器件系统。其目标是把信息的获取、处理和执行集成在一起，组成具有多功能的微型系统，集成在大尺寸系统中，从而大幅度地提高系统的自动化、智能化和可靠性水平。它是比较通用的传感器。

（3）M2M 系统框架。M2M 系统框架（Machine-to-Machine/Man，M2M）是一种以机器终端智能交互为核心的、网络化的应用与服务。它将使对象实现智能化的控制。M2M 技术涉及 5 个重要的技术部分：机器、M2M 硬件、通信网络、中间件、应用。基于云计算平台和智能网络，可以依据传感器网络获取的数据进行决策，改变对象的行为以进行控制和反馈。

（4）云计算。云计算旨在通过网络把多个成本相对较低的计算实体整合成一个具有强大计算能力的完美系统，并借助先进的商业模式让终端用户可以得到这些强大计算能力的服务。如果将计算能力比作发电能力，那么从古老的单机发电模式转向现代电厂集中供电的模式，就好比现在大家习惯的单机计算模式转向云计算模式，而“云”就好比发电厂，具有单机所不能比拟的强大计算能力。这意味着计算能力也可以作为一种商品进行流通，就像煤气、水、电一样，取用方便、费用低廉，以至于用户无须自己配备。与电力是通过电网传输不同，计算能力是通过各种有线、无线网络传输的。因此，云计算的一个核心理念就是通过不断提高“云”的处理能力，不断减少用户终端的处理负担，最终使其简化成一个单纯的输入 / 输出设备，并能按需享受“云”强大的计算处理能力。物联网感知层获取大量数据信息，在经过网络层传输以后，被放到一个标准平台上，再利用高性能的云计算对其进行处理，赋予这些数据智能，才能最终转换成对终端用户有用的信息。

3. 挑战

（1）技术标准的统一与协调。目前，传统互联网的标准并不适合物联网。物联网感知层的数据多源异构，不同的设备有不同的接口、不同的技术标准；网络层、应用层也由于使用的网络类型不同、行业的应用方向不同而存在不同的网络协议和体系结构。建立的统一的物联网体系架构、技术标准是物联网现在正在面对的难题。

（2）管理平台问题。物联网自身就是一个复杂的网络体系，加之应用领域遍及各行各业，不可避免地存在很大的交叉性。如果这个网络体系没有一个专门的综合平台对信息进行分类管理，就会出现大量信息冗余，重复工作、重复建设会造成资源浪费的状况。每个行业的应用各自独立，成本高、效率低，体现不出物联网的优势，势必会影响物联网的推广。物联网现在迫切需要一个能整合各行业资源的统一管理平台，使其能形成一个完整的产业链模式。

（3）成本问题。就目前来看，各国对物联网都积极支持，在看似百花齐放的背后，能够真正投入并大规模使用的物联网项目少之又少。例如，实现 RFID 技术最基本的电子标签及读卡器，其成本价格一直无法达到企业的预期，性价比不高；传感器网络是一种多跳自组织网络，极易遭到环境因素或人为因素的破坏，若要保证网络通畅，并能实时安全传送可靠信息，网络的维护成本高。在成本没有达到普遍可以接受的范围内，物联网还不会获得真正的发展。

（4）安全性问题。传统的互联网发展成熟、应用广泛，尚存在安全漏洞。物联网作为新兴产物，体系结构更复杂、没有统一标准，各方面的安全问题更加突出。其关键实现技术是传感器网络，传感器暴露在自然环境下，特别是一些放置在恶劣环境中的传感器，如何长期维持网络的完整性对传感技术提出了新的要求，传感器网络必须有自愈的功能。这不仅仅受环境因素影响，人为因素的影响更严峻。RFID（或其他标识技术）是其另一关键实现技术，就是事先将电子标签置入物品中以达到实时监控的状态，这对于部分标签物的所有者势必会造成一些个人隐私的暴露，个人信息的安全性存在问题。不仅仅是个人信息安全，如今企业之间、国家之间合作都相当普遍，一旦网络遭到攻击，后果将不堪设想。如何在使用物联网的过程做到信息化和安全化的平衡至关重要。

4. 物联网的四个阶段

KK 在《物联网的四个阶段》这篇文章中把互联网从物联网的角度分成了四个阶段。我们用订机票这件事情作为核心场景，来解释一下这四个阶段的区别。

第一个阶段，如果你想要订票，只能登录航空公司的服务器上。该阶段一般是我们描述的 C/S 结构程序阶段，网络一般为局域网或专用网。这种应用的架构一般是一台小型机作为服务器，客户端要运行一个应用程序，登录到服务器上才能够访问服务器的数据，这是一个典型的中心化的系统。在这种模式下，一般来说，只有航空公司的内部人员才能够通过客户端登录服务器。作为客户的你，需要打电话给航空公司，然后由航空公司的操作人员来帮助你完成订票。

第二个阶段，如果你想订票的话，可以访问航空公司的网站，查询航班信息，并且在相应航班的页面上完成订票，这就是万维网阶段。基本上这个阶段是 B/S 结构方式，网络也已经是互联网，不再是局域网。与第一个阶段不同的是，这时候航空公司需要把它的数据通过网页发布给公众，而不仅仅是它的内部人员。任何一个公众都可以在它的网站进行查询和订票。

第三个阶段，如果你想要订票的话，你可以使用任何能够跟航空公司进行数据交换的应用，如说携程或者去哪儿。这个时候，航空公司就需要通过接口把它的数据分享给所有它认可的应用提供方。数据被进一步分拆、打包、共享和使用。

第四个阶段，如果你想要订票的话，就可以直接连接到航班上。这架飞机会直接接收你的查询和订票请求，甚至把你的个人信息直接绑定到你预订的座位上。这样当你登机时，你预订的座位就会识别你。这就是理想当中的物联网。

16.2 物联网的特点与应用分类

1. 物联网的特点

（1）全面感知：物联网连接的是物，需要能够感知物，赋予物智能，从而实现对物的感知。

（2）可靠传输：是指通过电信网络和因特网融合，对接收到的感知信息进行实时远程传送，实现信息的交互和共享，并进行各种有效的处理。在这一过程中，通常需要用到现有的电信运行网络，包括无线和有线网络。由于传感器网络是一个局部的无线网，因而无线移动通信网、3G 网络、4G 网络（还有当前发展的 5G 网络）是作为承载物联网的一个有力的支撑。

（3）智能处理：是指利用云计算、边缘计算、模糊识别等智能计算技术，对随时接收到的跨地域、跨行业、跨部门的海量数据和信息进行分析处理，提升对物理世界、经济社会各种活动和变化的洞察力，实现智能化的决策和控制。

2. 物联网设备接入方式与网络通信方式

当前有两种接入方式。

（1）直接接入：物联网终端设备本身具备联网能力，可以直接接入网络，如在设备端加入 NB-IoT 通信模组，2G、3G 或 4G 通信模组。

（2）网关接入：物联网终端设备本身不具备入网能力，需要在本地组网后，需要统一通过网关再接入网络。例如，终端设备通过 Zigbee 无线组网，然后各设备数据通过 Zigbee 网关统一接入网络中。常用的本地无线组网技术有 Zigbee、Lora、BLE MESH、sub-1GHZ 等。

在物联网设备里面，物联网网关是一个非常重要的角色，它是一个处在本地局域网与外部接入网络之间的智能设备。其主要功能是网络隔离、协议转化 / 适配以及数据网内外传输，如图 16-2 所示。

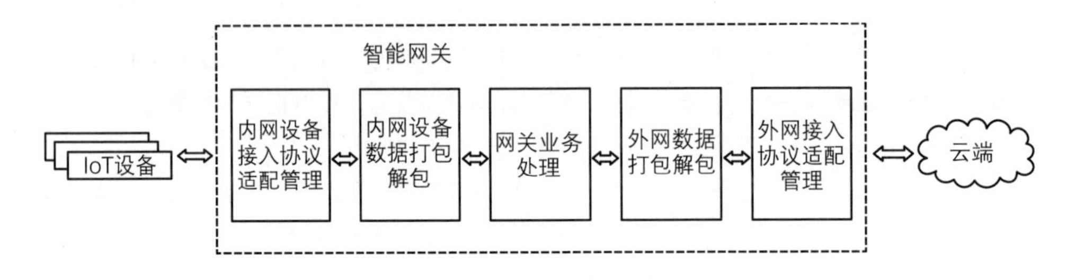

图 16-2　网关接入方式

物联网常用的通信网络主要有两种：移动网络（主要用于户外设备）包括移动网络 2G、3G、4G、5G、NB-IoT 等。宽带（主要用于户内设备）包括 WiFi、Ethernet 等。

3. 物联网的应用分类

（1）个人应用：可穿戴设备，主要在运动健身、健康、娱乐应用、体育、玩具、亲子、关爱老人方面。

（2）智能家居：家庭自动化、智能路由、安全监控、智能厨房、家庭机器人、传感检测、智能宠物、智能花园、跟踪设备。

（3）智能交通：无人机、无人驾驶、车联网、智能自行车 / 摩托车（头盔设备）、航海、太空探索。

（4）企业应用：医疗保健、零售、现代农业、建筑施工、立体农场、安防、餐饮、智能办公室。

（5）产业互联网：现代制造、能源工业、供应链、工业机器人、工业可穿戴设备（智能安全帽等）。

2018 年，在全球范围内公布的 1600 个物联网建设项目中，智慧城市项目占 23%，工业物联网占 17%，建筑物联网、车联网、智慧能源等项目分别占比 12%、11%、10%，如图 16-3 所示。

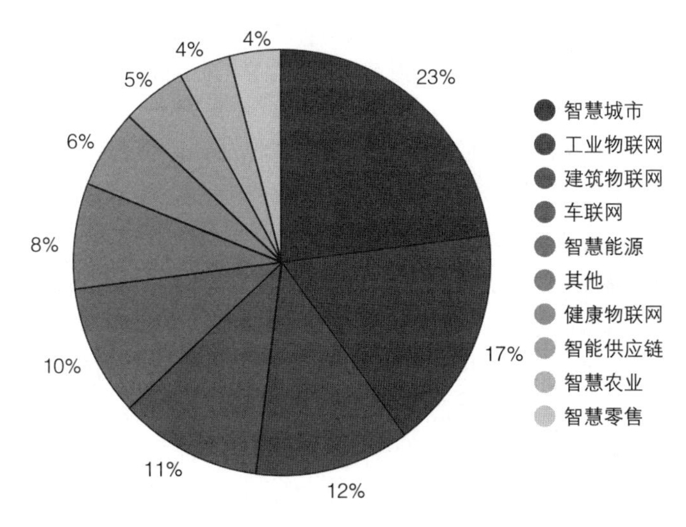

图 16-3　2018 年全球公布的物联网项目细分领域数量比重

16.3　物联网产业链

1. 物联网的产业分布报告

硅谷投资公司 FirstMark 发布了 2018 年物联网产业分布图。2018 年产业分布内容中出现了一些新的子类别，包括语音平台、海洋车辆、垂直农业和边缘计算，这也反映了物联网领域的新趋势。

报告中共有 971 家公司，相比 2016 年的 721 家公司上涨了 34.7%。另外，相比 2016 年公司名单，今年产业分布图移除了 96 家公司，又新增了 346 家公司。其中，有少数几家大型企业同时覆盖几个不同的类别。

报告中，我们除了看到谷歌、苹果、亚马逊、微软等国际巨头企业，同样看到了中国移动、中国联通、华为、富士康等国内厂商。物联网正在发展阶段，很多东西在不同的领域建立起来，可能并非所有的东西看上去都很漂亮或都表现得很好，但是这都是基础性的成长过程。

2. 物联网产业链包含八大环节

（1）芯片提供商。低功耗、高可靠性的半导体芯片是物联网所有环节都必不可少的关键部件之一。依据芯片功能的不同，物联网产业中所需芯片既包括集成在传感器、无线模组中实现特定功能的芯片，又包括嵌入在终端设备中提供 “大脑” 功能的嵌入式微处理器。

传统的国际半导体巨头包括ARM、英特尔、高通、联发科、飞思卡尔、德州仪器、意法半导体等。国内主要厂商包括华为海思、北京君正、全志科技、北斗星通、通富微电、华天科技、力源信息、润欣科技等。

（2）传感器供应商。传感器是物联网的“五官”，本质是一种检测装置，是用于采集各类信息并将信息转换为特定信号的器件，可以采集身份标识、运动状态、地理位置、姿态、压力、温度、湿度、光线、声音、气味等信息。广义的传感器包括传统意义上的敏感元器件、RFID、条形码、二维码、雷达、摄像头、读卡器、红外感应元件等。

工程常用的传感器可分为物理类传感器、化学类传感器和生物类传感器三大类。而根据传感器的基本功能可以细分为热敏元件、光敏元件、气敏元件、力敏元件、磁敏元件、湿敏元件、声敏元件、放射线敏感元件、色敏元件和味敏元件十种。

传感器行业由来已久，目前主要由美国、日本、德国的几家龙头公司主导，如博世、意法半导体、德州仪器、霍尼韦尔、飞思卡尔、英飞凌、飞利浦、楼氏电子等。

我国传感器市场中约70%左右的份额被外资企业占据，我国本土企业市场份额较小，具有代表性的企业有汉威电子、歌尔股份、高德红外、耐威科技、华工科技、远望谷等。

（3）无线模组（含天线）厂商。无线模组是物联网接入网络和定位的关键设备。无线模组可以分为通信模组和定位模组两大类。常见的局域网技术有WiFi、蓝牙、Zigbee等，常见的广域网技术主要有工作于授权频段的2G/3G/4G、NB-IoT和非授权频段的LoRa、SigFox等技术，不同的通信对应不同的通信模组。NB-IoT、LoRa、SigFox属于低功耗广域网（LPWA）技术，具有覆盖广、成本低、功耗小等特点，是专门针对物联网的应用场景开发的。

此外，我们认为广义来看，与无线模组相关的还有智能终端天线，包括移动终端天线、GNSS定位天线等。目前，在无线模组方面，国外企业仍占据主导地位，包括Telit、Sierra Wireless等。目前，国内厂商也比较成熟，能够提供完整的产品及解决方案。包括模组厂商华为、中兴通信、环旭电子、移远通信、芯讯通、中移物联网公司、上海庆科、利尔达、博鹏发，以及天线厂商信维通、硕贝德、北斗星通等。

（4）网络运营商（含SIM卡商）。网络是物联的通道，也是目前物联网产业链中最成熟的环节。广义上来讲，物联网的网络是指各种通信网与互联网形成的融合网络，包括蜂窝网、局域自组网、专网等，因此涉及通信设备、通信网络（接入网、核心网业务）、SIM制造等。

由于物联网很大程度上可以复用现有的电信运营商网络（有线宽带网、2G/3G/4G移动网络等），同时国内基础电信运营商具有垄断特征，这些是目前国内物联网发展的最重要推动者。

（5）平台服务商。物联网平台作为设备汇聚、应用服务、数据分析的重要环节，既要向下实现对终端的“管、控、营”，还要向上为应用开发、服务及系统集成提供PaaS

服务。根据平台功能的不同，可以分为设备管理平台、连接管理平台和应用开发平台三种类型。国外平台层厂商有 Jasper 等。国内的物联网平台企业主要存在三类厂商：一是三大电信运营商，其主要从搭建连接管理平台方面入手；二是 BAT、京东等互联网厂商，其利用各自的传统优势，主要搭建设备管理和应用开发平台；三是在各自细分领域中的平台厂商，如宜通世纪、和而泰、上海庆科等。

（6）系统及软件开发商。物联网的系统及软件一般包括操作系统、应用软件等，可以让物联网设备有效运行。其中，操作系统（OS）是管理和控制物联网硬件和软件资源的程序，是最基本的系统软件。其他应用软件都在操作系统的支持下才能正常运行。目前，发布物联网操作系统的主要是一些 IT 厂商，如谷歌、微软、苹果、华为、阿里等。

由于物联网目前仍处初级阶段，应用软件开发还处于起步阶段，主要集中在车联网、智能家居、终端安全等通用性较强的领域，如盛路通信、海尔、启明星辰等。

（7）智能硬件厂商。智能硬件是物联网的承载终端，是指集成了传感器件和通信功能，可接入物联网并实现特定功能或服务的设备。如果按照面向的购买客户来划分，可以分为 To B 和 To C 类。

① To B 类：包括表计类（智能水表、智能燃气表、智能电表、工业监控检测仪表等）、车载前装类（车机）、工业设备及公共服务监测设备等。

② To C 类：主要指消费电子，如可穿戴设备、智能家居等。

（8）系统集成及应用服务提供商。系统集成是根据一个复杂的信息系统或子系统的要求，把多种产品和技术验明并接入一个完整的解决方案的过程。目前主流的系统集成做法有设备系统集成和应用系统集成两大类。

面对物联网的复杂应用环境和众多不同领域的设备，系统集成商可以帮助客户解决各类设备、子系统间的接口、协议、系统平台、应用软件等与子系统、建筑环境、施工配合、组织管理和人员配备相关的问题，确保客户得到最合适的解决方案。目前国内相关的系统集成及应用服务提供商包括华为、中兴、升哲科技、远望谷、汉威电子等。

3. 云端巨头对物联网的关注

（1）微软增加了许多重要的功能：为那些不想自己管理云端的物联网客户提供了一个用于完全托管的 SaaS 产品 IoT Centra；用于边缘计算的 Azure IoT Edge；时间序列数据库 Time Series Insights。

（2）亚马逊也不甘落后：让简单设备可以触发 Lambda 的 AWS IoT One-Click；保护物联网设备的 AWS IoT Device Defender；规模化远程管理物联网设备的 IoT Device Manager。

（3）Google 也加入了这一阵营，推出了能够大规模连接和管理远程物联网设备的 IoT Cloud Core，并与包括 BigQuery、Dataflow 和 Pub / Sub 在内的 Google Cloud 产品进行了整合。

与此同时，通用电气不再执着于构建自己的 Predix Cloud，转而专注于在 AWS 上构建应用程序。强大的云基础设施的出现是物联网领域的一个重大进展，因为这样能够大大降低设计和安全部署物联网设备的总体复杂性，这在之前一直是阻碍物联网领域发展的最大障碍之一。

4. 边缘计算的兴起

边缘计算起源于传媒领域，是指在靠近物或数据源头的一侧采用网络、计算、存储、应用核心能力为一体的开放平台，就近提供最近端服务。其应用程序在边缘侧发起，产生更快的网络服务响应，满足行业在实时业务、应用智能、安全与隐私保护等方面的基本需求。边缘计算处于物理实体和工业连接之间，或者处于物理实体的顶端。而云端计算，仍然可以访问边缘计算的历史数据。边缘计算连接示意图如图 16-4 所示。

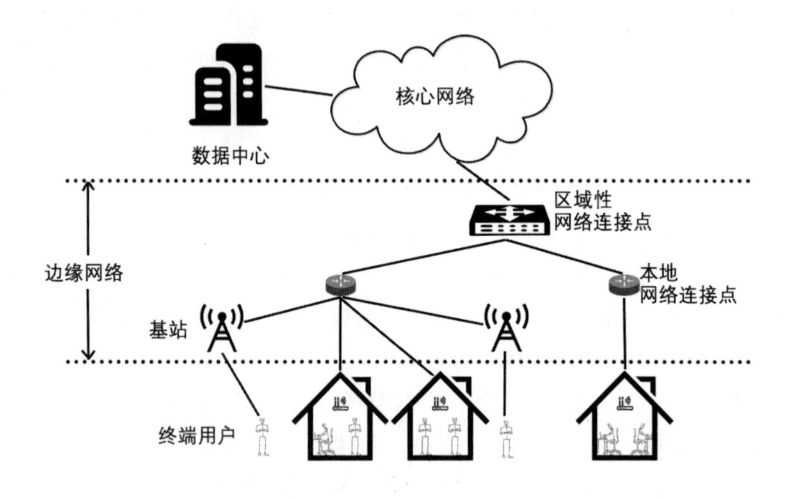

图 16-4　边缘计算连接示意图

自 2016 年以来，AWS 推出 Greengrass、微软推出 Azure IoT Edge、戴尔宣布在边缘计算领域投资 1 亿美元，获得包括戴尔在内的 50 多家贡献者支持的开源项目 Edge X Founder 也在 2017 年春季推出。

边缘计算比较早成为一个热门话题，但在 2017 年，我们看到了边缘计算的真正飞跃。不仅是初创企业（包括雾计算平台开发商 Foghorn 和 Mythic 等）在边缘计算和分析方面进行了一些有趣的探索，在过去一年的时间里，科技巨头也开始纷纷进军边缘计算领域。

2019 年 2 月 25 日，浪潮在世界移动通信大会 MWC2019 上发布了首款基于 OTII 标准的边缘计算服务器 NE5260M5，该产品专为 5G 设计，可以承担物联网、MEC 和 NFV 等 5G 应用场景，适合边缘机房的物理环境。华为发布的华为 AR 系列敏捷网关，具有高度的适应性，能提供 17 种以上的物联接口，并广泛兼容各个行业的标准协议。另外，凌华科技推出模块化工业云计算架构 MICA 和架构级边缘服务器 SETO-1000，用以分别应对 5G 建设的集中式无线接入网（C-RAN）和分布式无线接入网（D-RAN），前者具有模块化设计、工业级特性、云计算核心等特征；后者具有防尘防水、抵抗低温等环境耐性，能适配高带宽下的边缘计算需求。当然作为上游软件提供商，他们也纷纷推出了自己的产品，如思科 IOx 平台以及华为 Liteos 平台。

5. 物联网连接：关键性基础设施方面的进展

绝大多数设备很可能继续通过短距离连接技术（如 WiFi、蓝牙、Zigbee 和 Z 波）来进行连接。值得注意的是，虽然 WiFi 在室内用例（例如家庭自动化）方面具有很多优点，但要想用于更广泛的物联网领域，则在功耗和成本方面存在着明显的缺陷。IEEE 802.11ah 和 802.11ax 新标准可能有助于解决这些问题，但现在下定论还为时尚早。

与此同时，广域连接（长距离连接）也取得了不错的进展。Sigfox（由一家法国初创公司建立的专用蜂窝网络，投资额约为 3.1 亿美元）和 LoRA（最初也是一家法国企业研发的技术，后于 2012 年被 Semtech 收购）都是不错的案例。这些都属于低功耗广域网（LPWAN）无线技术，专门用于在很长的范围内以低比特率连接低带宽、电池供电的设备。

2017 年大型运营商纷纷加入这一行动，推出的产品可分为两种类型：窄带物联网（NB-IoT）是由大型电信运营商支持的一个许可标准（与未经许可的 Sigfox 和 LoRA 相对），在 2017 年取得了不小的飞跃，德国电信在荷兰推出了首个 NB-IoT 官方服务。2018 年 1 月，T-Mobile 也宣布将在美国推出首个 NB-IoT 计划。除此之外，据称 Dish Networks 或与亚马逊合作，部署 NB-IoT 网络。

另外，Verizon 和 AT & T 都于去年在美国推出了自己的 IoT 网络，加入无线技术的竞争之中。NB-IoT 和 CatM1 技术都各有其优缺点，但要用于大量物联网设备，成本仍是他们所共同面临的一个主要问题。T-Mobile 最新推出的 NB-IoT 产品每个设备每年的连接费用是 6 美元，相当于“Verizon Cat-M 计划费用的十分之一”。

最后，不得不说 5G 的希望也很大，它的数据传输速度更快，更适合像自主驾驶汽车这样竞争激烈的物联网用例。但这要等到实现广泛的部署之后才可以，在美国，可能还需要十年的时间。

6. 消费级物联网：大试验的终结

消费级物联网在 2017 年的表现可以说非常惨淡。很多后期初创企业，甚至上市公司也处于动荡之中。

昔日手环巨头 Jawbone（总融资额 10 亿美元）破产，Fitbit、GoPro 以及 Parrot 的股价较 2015 或者是 2016 年相比也都大幅下跌，日前，GoPro 也宣布退出无人机业务并裁员 20%。

我们可以发现，消费级物联网第一阶段的发展已经结束，现在回想起来就像是一场“大试验”一样。现在回顾 2012 或 2013 年，当时消费级物联网领域发展势头被再次引燃，主要是出于两大期望。

第一个期望是实现“物理连接能够改变一切”。一旦联网，愚笨的设备将变成欲望的对象，驱动强大的消费者需求，进一步助长高昂的价格。

第二个期望是硬件能够变得“不那么僵硬”。许多物联网企业家对于这一领域来说都是新手，但是借助于开源、商品化组件、新的开发平台、3D 打印和众筹，他们也能像软件企业家那样促进产品迭代。

硬件创业并不是多么容易的一件事：设计出错成本高昂；供应链问题比比皆是；零售难度很大；亚洲（主要是中国）低成本制造商以及科技巨头（包括美国和亚洲）的存在，初创企业面临的竞争日益激烈。现在从很多方面来看，这一问题更加糟糕，因为大型企业已经开始从试验中走出来，全力以赴探索实践应用的机遇。

7. 工业物联网：从水平平台到垂直、AI 解决方案

与消费级物联网相比，B2B 的表现要更好一些。尤其是工业物联网（IIoT），作为“工业 4.0”主题的组成部分（另外还包括机器人技术和企业 3D 打印技术）吸引了越来越多初创企业、风险投资公司和大型企业集团的关注。工业物联网正如同它所服务的对象（制造业、能源、物流和运输）一样，其中都蕴藏着非常大的机会。

虽然 IIoT 属于企业技术类别，销售周期相对较长，但相比消费级物联网领域来说，IIoT 领域初创企业的一个优势是，他们通常不需要对行业内的行为进行彻底的改造。无论是工厂还是油田，大都提供了不错的机器数据的提取和分析方法，一些大型工业集团可能已经这样操作了很多年。因此，IIoT 可以更轻松地融入工业领域企业现有的工作流程，包括与现有的运营技术框架相结合，并且在提升企业投资回报率方面的表现也更好。

总的来说，大型工业物联网领域还处于试验阶段，无论初创企业还是大型厂商目前都处于这一阶段。另外，这一行业内还有一个不成熟的做法，许多大型工业企业内部的 IT 团队正在考虑自己构建的技术。我们不只一次的听到这种说法，但是绝大多数情况下，内部 IT 团队所创建的系统根本就不是如 Arduinos 和 Raspberry Pis 这样企业级的构建模块。

16.4 NB-IoT 与 LoRa

16.4.1 物联网中的连接

物联网中巨量的接入设备使得物联网与区块链的去中心化场景有更多的相似之处。在冯诺伊曼结构中，那些模块之间的连线在物联网和区块链中是一个需要关注的环节，当前这些负责连接功能的部件技术还未达到满意的要求。所以下面了解一些物联网网络连接中的知识。

在当今万物互联的时代，现有的通信网络已经由人与人、人与物、发展到物与物形成的互联网 。低功耗无线通信是物联网接入网技术的主要热点之一，由于具备低功耗、低成本的特点，可以很好地与物联网的应用需求相匹配。低功耗无线通信主要分为低功耗广域网和低功耗局域网。

物联网通信技术总体可以分为两类，一类是蓝牙 4.0，Zigbee 等短距离通信方式：另一类是 LoRa、NB-IOT、Sigfox、Weightless 等长距离通信方式。对于未来数以百亿级的设备联网需求，低功耗广域网可能会更胜一筹，但在大多数的场景下，物联网是一个多样化的市场，方案的实施和产品的设计都要基于带宽、覆盖范围、网络容量、可靠性、电池寿命、成本、交互频率和扩展性等标准，找到一个平衡从而形成决策。各技术之间并不是完全排斥的，互补共存要远远大于替代，低功耗广域网络和局域网络技术形成的互补共存在物联网市场中有多种表现形式，包括对原有解决方案的纵向扩展、增加生命周期管理能力等。

16.4.2 低功耗广域网技术

低功耗广域网（Low-Power Wide-Area Network，LPWAN）是为了满足越来越多远距离物联网设备的连接要求，即为了物联网应用中的 M2M 通信场景的优化而发展的一项新技术。LPWAN 具有低功耗、远距离、低运维成本等特点，可以真正地实现大区域物联网低成本全覆盖，在未来的智慧城市的建设发展过程中 LPWAN 的应用将会越来越多。

LPWAN 中有几种典型的无线技术：LoRa、NB-IoT、Sigfox、Weightless 。

下面介绍 LoRa 和 NB-IoT。

1. LoRa

LoRa 的全称是 Long Rang，是 LPWAN 的一种成熟的通信技术，是美国（Semtech）公司的一种基于扩频技术的低功耗超长距离无线通信技术。Semtech 公司的私有物理层技术主要采用的是窄带扩频技术，抗干扰能力强，大大改善了接收灵敏度，在一定程度上奠定了 LoRa 技术的远距离和低功耗性能的基础。2015 年 3 月建立了 LoRa 全球技术联盟，LoRa 联盟是一个开放的、非营利性协会，其成员包括多国的电信运营商、设备制造商、传感器生产商、半导体公司、系统集成商。联盟成员之间分享知识和技术，为了共同开展 LoRaWAN 标准的制定，并通过构建生态系统的方式推动 LoRa 的推广与普及。

目前来看，LoRa 网络已经在世界多个地点进行试点，最新公布的数据中，已经有 17 个国家公开宣布了建网计划，120 多个城市地区拥有正在运行的 LoRa 网络，如美国、法国、德国、澳大利亚、印度等等，而荷兰、瑞士、韩国更是部署或计划部署覆盖全国的 LoRa 网络。

国外正在如火如荼地进行着，国内则有点冷清。LoRa 的应用似乎并不多，可看到的公开应用是国内 AUGTEK 公司在京杭大运河开展的 LoRa 网络建设，据了解目前已经完成江苏段的全线覆盖。总体看来，LoRa 是为了解决物联网中 M2M（物对物）无线通信的需求，主要是在全球免费频段运行，包括 433MHz、470MHz、868MHz、915MHz 等非授权频段的低功耗广域接入网技术。

（1）LoRa 调制方式。LoRa 技术采用的是基于线性调频信号（Chirp）扩频技术，同时结合了数字信号处理和前向纠错编码技术，然后数字信号通过调制 Chirp 信号，将原始信号频带展宽至 Chirp 信号的整个线性频谱区间，这样大大增加了通信范围。此前，扩频调制技术具有通信距离远和高鲁棒性的特点，在军事和航天通信领域得了广泛的运用，这是第一次运用在商业用途，达到了意想不到的效果。而且随着 LoRa 的引入，嵌入式无线通信领域的局面发生了彻底的改变。高的时间带宽积和非常宽的频带是 LoRa 调制方式的显著优点，拥有高的时间带宽积（$BT > 1$）可以避免无线电信号遭受带内和带外的干扰，足够宽带的调制利于抵抗室内传播的多径衰落。

（2）LoRa 通信协议。基于 LoRa 技术的网络层协议主要是 LoRaWAN，它定义了网络通信协议和系统架构，LoRaWAN 的通信系统网络是星状网架构。主要分为以下三种。

① 点对点通信：就是 A 点发起，B 点接收。

② 星状网轮询：一点对多点的通信，一个中心点和 N 个节点，由节点出发，中心点接收，然后确认接收完成，下一个节点继续上传，直到 N 个节点完成，这算一个循环周期。

③ 星状网并发：也是一点对多点的通信，不同的是多个节点可以同时与中心点通信，这样就节约了节点的功耗，避免了个别节点的故障而引起网络的瘫痪，网络的稳定性得到了提高。

（3）LoRa 的应用。LoRa 无线技术使用全球免费频段，基站或者网关有很强的穿透能力，在郊区连接传感器的距离可以达到 15 ~ 30 km。LoRa 使用异步协议，节点可以根据完成具体的任务而进行长短不一的休眠，辅以较低的数据速率，使电池的寿命可达到 3 ~ 10 年。覆盖范围广、使用时间长，而且 LoRa 的节点可以达到百万级，这些显著的特征使 LoRa 技术可以应用在要求功耗低、远距离、大量连接等物联网应用。例如，智慧交通，准确地提供车速、车距、车流量等交通数据；智能停车，通过对车位进行实时监测，实现信息透明，从而实现收费准确和减少人工费的目的；智慧桥梁，通过及时评估桥梁状态，可以减少事故发生概率；城市智能井盖，通过监测井盖位置，实现减少车辆事故、人员伤亡；智能农业，通过对温度、湿度、风速等进行检测，把握生长状况，提高产量；除此之外，还可以用在智能医疗、智能海洋、智能追踪等方面。

2. NB-IoT

NB-IoT 是可与蜂窝网融合演进的低成本电信级高可靠性、高安全性广域物联网技术。

NB-IoT 构建于蜂窝网络之上，只消耗约 180 kHz 的频段，可以直接部署于 GSM 网络，UMTS 网络和 LTE 网络。NB-IoT 采用的是授权频带技术，以降低成本。

（1）NB-IoT 的四大优势。

① 海量链接的能力。在同一基站的情况下，NB-IoT 可以比现有无线技术提高 50~100 倍的接入数。一个扇区能够支持，10 万个连接，设备成本降低，设备功耗降低，网络架构得到优化。

② 覆盖广。在同样的频段下，NB-IoT 比现有的网络增益提升了 20 dB，相当于提升了 100 倍的覆盖面积。

③ 低功耗。NB-IoT 借助 PSM（Power Saving Mode，节电模式）和 eDRX（Extended Discontinuous Reception，超长非连续接收）可以实现更长待机，它的终端模块待机时间可长达 10 年之久。

④ 低成本。NB-IOT 和 LoRa 不同，不需要重新建网，射频和天线都是可以复用的，企业预期的模块价格也不会超过 5 美元。

（2）NB-IoT 的部署方式。NB-IoT 占用 180 kHz 的带宽，再考虑两边的保护带，共计 200 kHz，支持三种部署场景。

① 独立部署（Stand-alone），GSM 的信道带宽是 200 kHz，正好给 NB-IoT 带宽腾出了空间，两边还有 10 kHz 的保护间隔，还与 LTE 中的频带不重叠，因此适合用于 GSM 频段的重耕。

② 保护带部署（Guard-band），利用 LTE 系统中无用的边缘频带将 NB-IoT 部署在 LTE 的保护带内。

③ 带内部署（In-band），可利用 LTE 载波内的任何资源块，无限接近于 LTE 资源块，为了避免干扰，3 GPP 要求 NB-IoT 信号的功率谱密度与 LTE 信号的功率谱密度不得超过 6dB。

（3）NB-IoT 的物理层特性。NB-IoT 的物理信道很大程度上是基于 LTE 的，NB-IoT 的下行采用正交频多分址（OFDMA）技术，载波带宽是 180kHz，这确保了下行与 LTE 的相容性。对于下行链路，NB-IoT 设计了三种物理信道，包括窄带物理广播信道（NPBCH）、窄带物理下行控制信道（NPDCCH）、窄带物理下行共享信道（NPDSCH）；还定义了三种物理信号，包括窄带参考信号（NRS）、主同步信号和辅同步信号（NPSS 和 NSSS）。通过缩短下行物理信道类型，既满足了下行传输带宽的特点，又增强了覆盖面积的要求。NB-IoT 上行支持多频传输和单频传输，多频传输的子载波间隔是 15 kHz，对速率要求高的可以采用这个；单频传输的子载波间隔是 15kHz 或 3.75 kHz，对广覆盖范围有要求，可以使用这个。NB-IoT 定义了两种物理信道和一个信号，包括窄带物理上行共享信道（NPUSCH），窄带物理随机接入信道（NPRACH）和一种上行解调参考信号（DMRS）。

（4）NB-IoT 的应用。NB-IoT 得到华为、爱立信、中兴通信、中国移动、中国联通、沃达丰 GSMA、GTI 等公司的支持和加入，其技术日趋成熟，正在飞速地渗入人们的生活。

根据 NB-IoT 低功耗、广覆盖、大连接、低成本、低速率等特点，再结合移动性能不强，适合静止的场景，我们可以考虑的应用领域就显而易见了。例如，智能计量，对水、煤气、电力的数据采集，数据量小，节省人力；智能报警，如家庭温度和烟雾的增加，通过传感器与网络进行通信，达到保护家庭安全的目的；智慧工业和农业，进行物流、资产跟踪、农林牧渔控制等；智能自行车，近几年较火爆的共享单车随处可见，对于共享单车公司，最重要的是可以实时监测自行车的位置，公司将 SIM 卡隐藏到自行车上，这样自行车的被盗数量和成本就会大幅度减少；还有智能垃圾桶、智能停车和智能医疗等等，都可以使用这项技术。

3. 低功耗广域网技术的比较

从各个方面进行技术比较，可以更加直观地看出低功耗广域网技术方面的差异，如表 16-1 所示。

表 16-1　低功耗广域网技术的比较

技术指标	LoRa	NB-IoT	Sigfox	Weightless
覆盖范围/km	3 ~ 30	广	3 ~ 50	2 ~ 5
频率	<1 GHz	蜂窝频段	<1 GHz	<1 GHz
数据速度/bps	100	65	100	30 ~ 100
最大节点数	20万 ~ 30万	1万+（单个小区）	百万	高
是否支持OTA	是	是	是	是
运营模式	私有技术	国际标准	私有技术	公开
成本/s	8	5	9	2
功耗/年	3 ~ 10	10	3 ~ 10	3 ~ 10

16.5　车联网

16.5.1　什么是车联网

衣食住行是我们人类关注的主要内容。在行的方面，物联网发展的变化会更明显。这方面包括无人驾驶、车联网。

车联网的概念源于物联网，即车辆物联网，是以行驶中的车辆为信息感知对象，借助新一代信息通信技术，实现车与 X（即车与车、人、路、服务平台）之间的网络连接，提升车辆整体的智能驾驶水平，为用户提供安全、舒适、智能、高效的驾驶感受与交通服务，同时提高交通运行效率，提升社会交通服务的智能化水平。

16.5.2 车联网交互对象

车联网通过新一代信息通信技术，实现车与云平台、车与车、车与路、车与人、车内等全方位网络链接，主要实现了“三网融合”，即将车内网、车际网和车载移动互联网进行融合。车联网是利用传感技术感知车辆的状态信息，并借助无线通信网络与现代智能信息处理技术实现交通的智能化管理，以及交通信息服务的智能决策和车辆的智能化控制。下面分别介绍通过车联网实现的几种网络链接。

（1）车与云平台间的通信：是指车辆通过卫星无线通信或移动蜂窝等无线通信技术实现与车联网服务平台的信息传输，接收平台下达的控制指令，实时共享车辆数据。

（2）车与车间的通信：是指车辆与车辆之间实现信息交流与信息共享，包括车辆位置、行驶速度等车辆状态信息，可用于判断道路车流状况。

（3）车与路间的通信：是指借助地面道路固定通信设施实现车辆与道路间的信息交流，用于监测道路路面状况，引导车辆选择最佳行驶路径。

（4）车与人间的通信：是指用户可以通过 WiFi、蓝牙、蜂窝等无线通信手段与车辆进行信息沟通，使用户能通过对应的移动终端设备监测并控制车辆。

（5）车内设备间的通信：是指车辆内部各设备间的信息数据传输，用于对设备状态的实时检测与运行控制，建立数字化的车内控制系统。

16.5.3 车联网的发展历程

车联网在国外起步较早。在 20 世纪 60 年代，日本就开始研究车间通信。2000 年左右，欧洲和美国也相继启动多个车联网项目，旨在推动车间网联系统的发展。2007 年，欧洲 6 家汽车制造商（包括 BMW 等）成立了 Car2Car 通信联盟，积极推动建立开放的欧洲通信系统标准，实现不同厂家汽车之间的相互沟通。2009 年，日本的 VICS 车机装载率已达到 90%。而在 2010 年，美国交通部发布了《智能交通战略研究计划》，内容包括美国车辆网络技术发展的详细规划和部署。

与国外车联网产业发展相比，我国的车联网技术直至 2009 年才刚刚起步，最初只能实现基本的导航、救援等功能。随着通信技术的发展，2013 年国内汽车网络技术已经能够实现简单的实时通信，如实时导航和实时监控。在 2014—2015 年，3G 和 LTE 技术开始应用于车载通信系统以进行远程控制。2016 年 9 月，华为、奥迪、宝马和戴姆勒等公司合作推出 5G 汽车联盟（5GAA），并与汽车经销商和科研机构共同开展了一系列汽车网络应用场景。此后至 2017 年底，国家颁布了多项方案，将发展车联网提到了国家创新战略层面。在这期间，人工智能和大数据分析等技术的发展使车载互联网更加实用，如企业管理和智能物流。此外，ADAS 等技术可以实现与环境信息交互，使 UBI 业务的发展有了强劲的助推力。未来，依托于人工智能、语音识别和大数据等技术的发展，车联网将与移动互联网结合，为用户提供更具个性化的定制服务。

16.5.4 无人驾驶

无人驾驶车(Self-driving Car)是室外轮式移动机器人的一种,它依靠人工智能、传感器、定位系统和导航系统的协同合作，让计算机在没有任何人类主动操作的情况下，自动安全地操控机动车辆，为人类的交通安全和效率带来全新体验。

结合业内目前产业普遍的预判周期，部分无人驾驶预计会在 2025 年左右开始商业化，完全无人驾驶的商业化要等到 2025 年以后，而在此之前，ADAS（Advanced Driver Assistant System，高级驾驶辅助系统）会发挥重要作用。

无人驾驶汽车涉及的技术 = 环境感知 + 定位导航 + 路径规划 + 决策控制。

（1）环境感知层面 = 局部数据的感知 + 全局数据的辅助。

（2）无人驾驶定位与导航。

（3）无人驾驶路线规划、决策控制。

（4）算法给无人驾驶技术做底层支撑，应对动态障碍物的检测跟踪。

16.5.5 SAE 国际汽车工程师协会对自动驾驶的分级

SAE 国际汽车工程师协会针对汽车自动驾驶的分级，如图 16-5 所示。直至 LEVEL4 等级，其实都需要人员进行参与。而到了最终 LEVEL5 等级，才能实现人们普遍想象中的完全自动驾驶场景，也就是真正实现了“无人驾驶”。

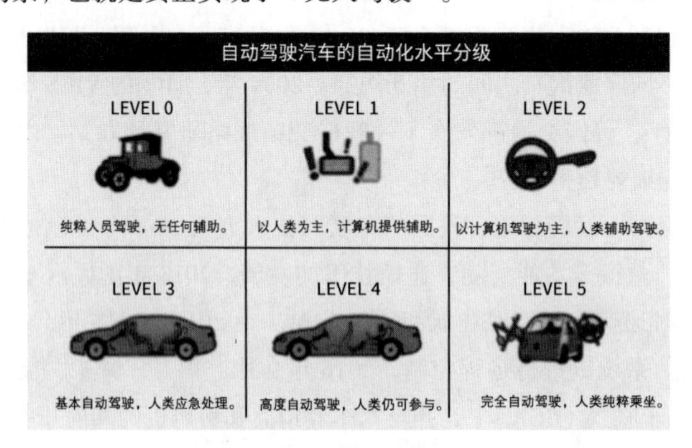

图 16-5 汽车自动驾驶分级

16.5.6 无人驾驶的担忧

高大上的特斯拉“自动驾驶”最多算 LEVEL2。简单地说，如果汽车具备主动刹车、ACC 巡航、车道保持等先进功能，最多也只能算 LEVEL1 自动驾驶。特斯拉公司正在销售的 Autopilot 辅助驾驶技术，基本可以属于第 LEVEL2 自动驾驶技术。但是很多惨痛的事故让人们对特斯拉“自动驾驶”也产生了很多质疑。

发展科技是为了解放生产力，而不是取代人类。虽然愿望很美好，但是我们不得不面对残酷的现实，如此高度的自动化程度的自动驾驶技术完全不可能实现。

之所以敢斗胆判定 LEVEL5 完全自动驾驶最终不会实现的根源，在于人工智能技术的发展很大程度上不会发展到触碰完全超越人类的红线。而人工智能技术无法达到或超越人类本身，自然也就无从谈起完全取代人类司机上路行驶。

科技发展以不能取代人类为底线。科技是为了解放人类的生产力和创造力，而不是用来取代人类的。就好像科学技术其实早就可以实现“人造人”，但是在道德、伦理和法律，以及人类繁衍的角度来看，各国都将这类研究视为禁区。如果未来人工智能发展到取代人类的地步，那我们不如不要。人工智能一旦“觉醒”，恐怕“天启”早就到了。如果自动驾驶技术已经发展到了完全可以脱离人类的时候，说明届时的人工智能技术已经达到了完全可以取代人类的层级。相信还没发展到如此的高度之前，就会有很多人反对继续该领域的研究，甚至会引发战争，或许电影《终结者》系列早已经成了现实版。

霍金曾不断警告人类不要过度开发人工智能，相信随着人工智能技术智能化程度越来越过，这种反对的声音也会越来越多。

现在人工智能发展所取得的成就，如果放在历史的长河里来看，或许只能算是一粒尘埃。我们有生之年能不能赶上机器完全取代人都是一个很大的未知。

其次，唯一不变的是变量永远存在。交通运行中的变量很大，而且涉及重大的安全问题，因此相信任何一个国家在立法允许完全自动驾驶的汽车进入公共道路运行都需要保持极为谨慎的态度。因为人和机器的“思维”模式不同，导致人和机器在处理紧急状态时的反应也会截然不同。很难想象，当人类和“机器人”驾驶的车辆同时在道路上行驶，又会激发出多少的矛盾。

更可怕的是，任何软件都会存在漏洞，自动驾驶汽车如果被黑客控制，后果简直不堪设想。美国军方为什么使用悍马吉普车，就是因为军用悍马是纯机械结构，可靠。现在汽车部件已经高度电子化，但是唯独刹车系统还是保留了纯机械结构，还是因为可靠。

所以说，完全自动驾驶存在太多的障碍，光人心这一关就过不去的。说到未来完全的自动驾驶技术，谷歌无人驾驶负责人克拉克曾经公开表示：“LEVEL5 级自动驾驶不仅不可能实现，甚至完全没有必要！”在他看来，自动驾驶技术的发展要解决的问题并不是彻底淘汰人类驾驶，而只是取代单调乏味的那一部分。

16.6 区块链对物联网的意义

16.6.1 物物之间的价值传递

物联网中物体与物体之间的支付，或者叫作价值传递是如何实现的？区块链的价值传递能力为物联网提供了实现的技术手段。

物物之间的结算有其自身的一些特点。例如，需要自动进行，不要人为进行干预；支付与结算系统要集成在一起；物联网的交易数量巨大；需要大量的小额支付等等。这些特点对于传统的支付系统会有很多的障碍，但区块链系统几乎都能很好地满足。

2019年8月，戴姆勒进行了一次试运行，卡车使用区块链平台进行机器对机器支付，没有任何人为干预。总部位于法兰克福的银行和金融服务公司德国商业银行（Commerzbank）测试了卡车和电子充电点之间的支付，这些支付是使用区块链技术解决的。

戴姆勒使用欧元计价的Token来测试平台和处理付款。该项目的成功极大地推动了利用无人驾驶汽车的结算系统的发展。

16.6.2 物物之间的控制

物联网除了我们期待的正常功能，还需要控制那些不需要的功能、意外场景以及安全问题。区块链中的经济模型和区块链不可篡改的能力，都为物物之间的控制提供了技术手段。

2018年5月，宝马、通用汽车、福特和雷诺等30多家行业巨头公司组成的合资企业发起Mobility Open Blockchain Initiative（MOBI），创建了MOBI车辆识别标准，该标准旨在基于区块链技术，创建车辆识别数据库，该数据库比当前用于登记新车的系统更进一步。

通过在区块链上存储数据，可以将用于包括车辆身份、所有权、保证和当前里程的信息的数字证书安全地存储在电子钱包中。这些数据将不可变地存储在区块链中并通过加密验证。然后，车辆可以与各种网络通信并自动支付停车费或通行费。

车辆的数据只能由许可方访问。这将允许服务提供商和政府实体验证凭证并实时跟踪某些数据。与车辆周围世界的这种连接还将允许数字货币交易在加密安全网络中通过智能合约自动运行。

16.6.3 物物之间的安全

物联网中的安全问题有着更大的挑战。区块链这一作为由数学、密码学为根基的技术在解决安全问题方面有着先天的优势和基因。

2015年，两名美国黑客就通过车联网成功攻击了一辆Jeep自由光，这辆车的发动机、刹车、转向等系统完全被控制。在这种情况下，分布式的区块链架构可以提供一个更可靠的安全解决方案，帮助实现车辆和乘客人身安全性的最大化。

一辆无人驾驶汽车想要在复杂城市环境中安全、顺畅行驶，除了需要依靠车上的传感器，还需要与其他车辆和设施保持连接，随时获取周边环境数据。这些数据包括实时的交通状况、实时路况（如在哪儿有个大坑，哪儿在修路）、车辆之间距离等。这些数据由所有车辆共享，并被上传至服务器进行分析进而做出行驶决策。

而这些数据在安全性方面同样面临风险。一旦数据被恶意篡改，结果很可能是整个城市交通的崩溃。对于这个问题，区块链同样是个更优化的解决方案，它可以对数据提供充分保护，确保数据的真实性和完整性。

16.6.4 物联网对IT技术的新要求

在5G技术得到发展之后，物联网的连接需求会得到很大的满足。区块链的发展，会为物联网提供价值传递的技术基础和安全控制等方面的支持。物联网的发展对信息技术的发展会产生更多的要求，从冯诺伊曼结构中可以推测到最直接的几个方面。

（1）物联网海量设备的接入对存储提出新的要求。

（2）物联网对连接（通信）提出更高的要求。

（3）物联网对算力会提出新的要求。

（4）物联网对输入设备与输出设备会提出新的要求。

从软件的角度看，物联网操作系统竞争已经开始，无论谷歌的Fuchsia，还是华为的鸿蒙，都已经开始登场。从应用的角度，物联网对信息技术还会提出更多的新要求，也会有更多我们不曾想到的应用出现。物联网的蓬勃发展会促进我们进入价值互联网阶段。

第17章 总结

17.1 区块链的发展与多种技术的聚合

通过前面的16章，我们从整个计算机的历史发展看待了区块链的产生和发展。每一项技术的积累都为区块链的产生准备了一个必要的条件。图灵与图灵机的相关概念为我们开启了现代计算机的理论。此外还有图灵机、图灵测试、图灵完备、图灵等价等相关概念。

随后介绍的冯·诺伊曼和冯诺伊曼结构使现代计算机的结构更加清晰，基于冯诺伊曼结构的计算机得以普及，也使计算机这个事物得到快速的发展。五大部件的结构设计不仅将计算机中的结构做了划分，也造就了今天社会上的不同分工，不同设备的生产商。使全社会都在参与计算机的发展，并享受这种发展带来的好处。本书中我们组织内容的一个主要维度是冯诺伊曼结构，通过分析当前已经成熟的计算机系统中的五大部件的发展史以及预测未来的发展，来对比或分析区块链领域的对应发展情况。

我们还从一种更宏观的角度看到事物的发展。宏观与微观的结合是我们认识事物的两种有效方法。计算机的硬件，从最早的结绳记事就已经开始了，发展到今天的电子计算机，这中间有很多的阶段事物，将来计算机发展到量子计算机、生物计算机，应该是一种必然。软件的出现也是计算机能力的一种必要配合，当硬件发展到一定的程度，会产生发展的瓶颈，就具有了软件产生的需要。软件与硬件在功能与发展上的互相补充与互相依赖，使得计算机这一事物的功能更加强大。

在软件与硬件得到充分发展的情况下，网络的出现和发展也就是一种必然的结果。网络从最初的简单连接，到出现百兆、千兆、万兆的网络连接都是事物的发展过程。有线网络与无线网络的共同发展，为上层的计算机提供了更强大的集群能力。从而网络发展到5G、6G也是一种必然的结果。6G的使用空间还是我们能够想象和构思的。之后还会发展出下一代的网络技术，但需要其他事物协同发展才会实现，我们才能够理解。

在区块链的首个具体实例比特币产生之前，计算机领域的众多发展都在为这项技术积累条件。计算机硬件、软件、网络的发展、分布式的发展、密码学的发展、前人的失败探索经验都为区块链的产生做出不同的贡献。

区块链诞生之前，只有中心化的技术，我们解决问题也只能采用中心化的方式。区块链诞生后，去中心化的应用有了技术支撑基础。虽然从2018年开始到现在已经10几年了，但区块链的发展还处在不完善的阶段，区块链能做的应用还比较有限。区块链的性能问题、隐私问题、安全性问题都需要更多的探索，需要较长的时间才会得到解决。在去中心化应用发展到足够强壮，应用软件的世界将会有中性化与去中心化共同发展，不存在哪一种好，哪一种不好，只会是哪一种更适用。在一个系统中，中心化与去中心化都会发挥各自的优势，组合到一起工作。区块链中的共识协议、EVM、智能合约等事物的发展与探索，会促进去中心化应用的逐渐成熟。

17.2 价值互联网的来临

在书中最后的章节我们介绍了物联网。物联网与区块链的共同发展会让我们进入价值互联网阶段。

传统的信息互联网是指以信息记录、传递为主的互联网。例如发布一段文字，上传一张图片，更新一段视频等，这些都是信息。这些信息具有可复制性，且复制的成本极低。信息互联网时代，极大地降低了信息的传播成本，加速了信息的流动速度。信息互联网极大地丰富了我们的生活，提供了各种便利。信息互联网也有不足的地方，基本上所有需要证明，或者支付等环节，都需要第三方中介来完成。为什么信息互联网会有这样的不足呢？这是因为在信息互联网时代，信息的复制和传递非常容易，几乎没有成本，这样造假的成本就极低，无法对具有唯一属性的信息进行保护，必须依赖于线下的权威机构。

在信息互联网中，我们也可以完成价值传递。例如，我们要在网上买东西、卖东西、缴纳各种费用，在今天电子支付方式很完善的情况下，都可以完成。

在信息互联网中，价值的传递有两个显著的特点：

（1）价值传递和转移是依靠中介机构完成的，如支付宝、银行等。

（2）信息互联网的价值传递的价值流和完成购物下单等业务流是两个不同的流程。是靠至少两个流程来完成的。

在传统互联网时代，当我们发送电子邮件或一封文件时，实际上发送的不是原始文件，而是副本。但是如果将发送的文件换成资产，如钱、股票、债券、知识产权、音乐、艺术等，这样传输就会有很多的问题。 对于这些有唯一价值的东西应该如何发送呢？显然传统互联网的思路是行不通的。

以比特币为代表的区块链技术具有几个明显的特征：信息不可篡改；去中心化；匿名

性；开放性和自治性。这样基于区块链系统的可信数据具有进行价值的产生、分割、组合、交换、传递能力，进而提供以价值为体现的服务与交换。使用区块链建立的系统，“信息”（价值）的造假成本极高，且整个系统足够健壮，不易被攻击。这样就解决了在信息互联网中，数据能够非常容易复制和传播的特点，具有了这些特点，就可以在网络中传递价值。

一个新兴事物的产生，如果从本质上它具有原有事物不具有的特性，那么它一般会推动应用产生质的变化。区块链系统从一个重要特点来说，完成了对现实世界去中心化的补充。现在互联网称为传统的信息互联网，在网络上做到了对信息的记录与传递，简单来说，大家在使用网络的过程中，都是对于信息的产生与消费。在价值互联网中，除了支持信息的传递，还支持价值的产生、分割、组合、交换、传递能力。

“价值互联网”是当前人们提到区块链行业时经常用到的词，也是媒体最喜欢用来描述区块链功能的词。当对于价值互联网的确切概念，大家还不能清晰地描述。

我们对比信息互联网来总结价值互联网的基本特点：

（1）价值传递和转移直接进行，不再依靠中介机构完成。

（2）价值互联网中同时传递的信息流和价值流，基本都会在同一个业务流程中流转。

区块链技术不仅能够传递价值，同时通过区块链建立的数据，可以做到数据是公认的、不可否认、不可篡改的。这些特点很多情况下可以提供唯一性的证明。例如，我们通过区块链技术建立一个身份系统，通过该系统可以进行身份证明（此处所说的证明还是数学理论上的证明，是指密码学提供的证明原理，实践中的使用还需要很多的工程实现）。

随着区块链技术的成熟和发展，在未来我们可以将房屋产权、公司股权、债券、版权、票据等各种资产，通过区块链关联所有权登记、证明、交易等（当然这依赖于我们的整个社会的区块链基础设施的完善）。以后我们的房地产买卖通过智能合约直接进行交易，不再需要去房管局变更房产证；公司股权变更不需要去工商局变更，即实现股权交易；通过持有的私人密钥，即可证明自己的身份。区块链将把我们带入价值互联网时代，在价值互联网时代，价值的交换成本更低，流动更便捷，将极大地改变现有的商业模式。

在传统互联网中，我们转移资产、传递价值，完全依赖于大型的中介机构，如银行、支付宝等，并以此为基础来构建经济中的信用体系。这些中介机构承办了各式各样的商业贸易的一切流程，如对人们的身份验证、记录清除、设定、保存等等。这就凸显了一个问题，这种传统的中心化信用机制必然会导致中心化机构成为价值的核心。用完全中心化来解决价值问题，既不符合现实世界，又存在很多的缺点。区块链的去中心化特征正好弥补了中心化产生的问题，可以实现去中心化分散式的大规模信用传递机制。这样一来，削弱了中心机构“超级信用”的作用，保障了信用机制安全、高效运行。让世界由中心化机制与去中性化机制共同保障。

信息互联网中更多的是人和计算机之间的交互。价值互联网不仅在人和计算机之间交互，也会让更多的物物之间开始交互。今后我们将会用一本书来详细介绍和分析价值互联网。

下面用图 17-1 来说明信息互联网中的购物流程与价值互联网中的购物流程的不同，给大家一个初步的认识。

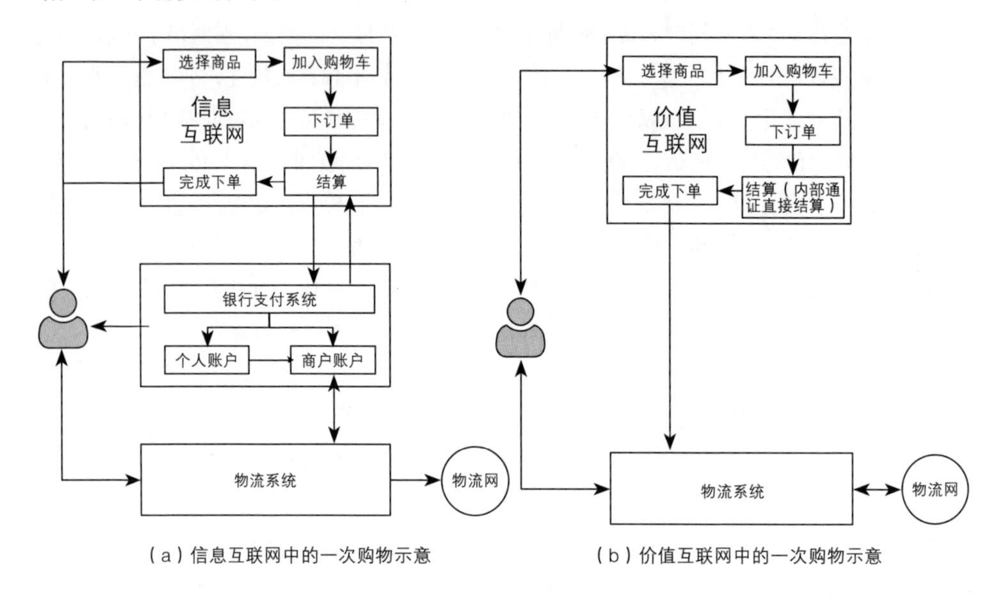

图 17-1　信息互联网中的购物流程与价值互联网中的购物流程对比

在价值互联网中，信息流与价值流的传递合二为一，是一个统一的数据流，如图 5-8 所示。在物联网中，这种二流合一或多流合一的优势将会更加明显，这样就不需要人的参与，将人类完全排除在外，一切靠程序与区块链中经济模型的控制就可以良好地运行。这种多流合一的价值传输的综合成本更低，环节更少，包括时间成本、安全成本、交互成本、结算成本与环节等内容。

同时，这种在控制与经济行为上面的改变会增大物联网的自治性。

今天我们能够写区块链相关的书籍，是群体贡献的结果。我们阅读了网络上众多的文章，参考了当前区块链领域的很多书籍，还从专利网站上面查阅了大约 1000 多份的区块链相关专利。在前人的研究基础上，在大家对事物探讨的资料中，加上我们自己的一些经验与分析角度，形成了书中的全部内容。如果内容有不准确、错误或不同想法，欢迎与我们交流。如果书中有侵权，也请联系我们，我们会认真处理。知识是我们人类的共同财富，我们享受这些财富的同时，也在有能力的时候为财富创造贡献力量。

参考文献

[1] 安德鲁·霍齐斯.艾伦·图灵传[M].孙天齐，译.长沙：湖南科学技术出版社，2017.

[2] 诺曼·麦克雷.天才的拓荒者——冯·诺伊曼传[M].范秀华，朱朝晖，成嘉华，译.上海：上海科技教育出版社，2018.

[3] 戴志涛，杨春武，张天乐，于艳丽，白中英.计算机组织与体系结构（第4版）[M].北京：清华大学出版社，2008.

[4] 琳达·纳尔，朱莉娅·洛博.计算机组成与体系结构（第4版）[M].张钢，魏继增，李雪威，李春阁，何颖，译.北京：机械工业出版社，2019.

[5] 张尧学，宋虹，张高.计算机操作系统教程（第4版）[M].北京：清华大学出版社，2013.

[6] James，F.Kurose，Keith，W.Ross.计算机网络：自顶向下方法（原书第7版）[M].陈鸣,译.北京：机械工业出版社，2018.

[7] 保罗·弗赖伯格，迈克尔·斯韦因.硅谷之火：人与计算机的未来[M].张华伟,译.北京：中国华侨出版社，2014.

[8] 中国信息通信研究院.5G经济社会影响白皮书[R]，2017.

[9] 吕廷杰.信息技术简史[M].北京：电子工业出版社，2018.

[10] 蒋勇，文延，嘉文.白话区块链[M].北京：机械工业出版社，2017.

[11] Kai Hwang，Geoffrey C.Fox，Jack J.Dongarra.云计算与分布式系统：从并行处理到物联网[M].武永卫，秦中元，李振宇,译.北京：机械工业出版社，2013.

[12] 熊丽兵.精通以太坊智能合约开发[M].北京：电子工业出版社，2018.

[13] 黄韬，霍如，刘江，刘韵洁.未来网络发展趋势与展望[J].中国科学杂志，2019.8

[14] Satoshi Nakamoto.Bitcoin: A Peer-to-Peer Electronic Cash System[D].2008.

[15] Nick Szabo.Smart Contracts:12 Use Cases for Business & Beyond [D].2016.

[16] Vitalik.A Next-Generation Smart Contract and Decentralized Application Platform[D].2014.

[17] Gavin Wood.Ethereum: A Secure Decentralised Generalised Transaction Ledger[D].2014.

[18] Leslie Lamport，Robert Shostak, and Marshall Pease，The Byzantine Generals Problem[D].1982.

区块链知识系列丛书

区块链经济模型

付少庆 胡曙光 编著

北京理工大学出版社
BEIJING INSTITUTE OF TECHNOLOGY PRESS

图书在版编目（CIP）数据

区块链核心知识讲解：精华套装版 / 付少庆等编著 .
— 北京：北京理工大学出版社，2022.3
ISBN 978-7-5763-1123-5

Ⅰ . ①区… Ⅱ . ①付… Ⅲ . ①区块链技术 Ⅳ .
① TP311.135.9

中国版本图书馆 CIP 数据核字（2022）第 040313 号

出版发行 / 北京理工大学出版社有限责任公司
社　　址 / 北京市海淀区中关村南大街 5 号
邮　　编 / 100081
电　　话 /（010）68914775（总编室）
（010）82562903（教材售后服务热线）
（010）68944723（其他图书服务热线）
网　　址 / http://www.bitpress.com.cn
经　　销 / 全国各地新华书店
印　　刷 / 北京市荣盛彩色印刷有限公司
开　　本 / 710 毫米 ×1000 毫米　1/16
印　　张 / 72
字　　数 / 1530 千字
版　　次 / 2022 年 3 月第 1 版　　2022 年 3 月第 1 次印刷
定　　价 / 299.00 元（全 4 册）

责任编辑 / 张晓蕾
文案编辑 / 张晓蕾
责任校对 / 周瑞红
责任印制 / 李志强

序

区块链是价值互联网的基石，这项技术会将人们带入价值互联网时代，值得所有人去深入了解。本书将主要讨论区块链技术中与经济相关的部分，如果不理解区块链中的经济模型，就不能完整地理解区块链这个新事物。对于区块链学习，有一句重要的总结：**共识算法是区块链的灵魂；加密算法是区块链的骨骼；经济模型是区块链的核能。**

以往讨论一项具体技术，基本都是讨论这项技术的数学原理、机械原理、工程原理、应用场景等内容。很少再讨论也的非技术特点，即使讨论，也是作为一种关联问题讨论，这些其他特点也是一种附属的地位。在区块链系统中，与技术实现有着相同重要性的一方面是区块链中的经济模型，它是区块链技术产生巨大影响力的重要因素。但凡与钱相关，与金融相关，都会让人疯狂，会对社会的发展产生巨大的影响力。

经济的力量，从古至今，国内国外，都有人描述过。如司马迁《史记》中的：“天下熙熙，皆为利来；天下攘攘，皆为利往” 。马克思在《资本论》中说过：“如果有 20% 的利润，资本就会蠢蠢欲动；如果有 50% 的利润，资本就会冒险；如果有 100% 的利润，资本就敢于冒绞首的危险；如果有 300% 的利润，资本就敢于践踏人间一切法律。”

区块链技术的基本应用就是产生数字货币，这种以去中心化形式产生，不同于以往的金属货币、纸币等新形式的货币，拥有很多新的特点。在经济学家哈耶克的专著《货币的非国家化》中，对货币的非国家化提出了非主权货币、竞争发行货币等理念，提出了健全货币只能出于自利而非仁慈等观点。在区块链这种去中心化的系统中，很多方面也是依靠人们对于自利的机制来保证整个系统的安全性。区块链系统中同时有技术与经济的作用，这也是为什么有人说区块链技术不仅改变生产力，还会改变生产关系。

传统的经济学范围很广，我们只讨论和区块链经济模型紧密相关的部分。其中，经济模型中的通证具有更多的货币特征，通过学习传统货币的相关知识，来对比分析区块链经济模型中的通证的货币特征。在数字货币中也会存在的铸币税、通胀通缩、货币调控手段等问题。通过对这些问题的分析，可以了解在区块链的经济模型设计与管理过程中有哪些可以参考的依据和管理办法。

本书先介绍了传统货币的知识和特点，再对比分析数字货币的特点；然后通过对经济模型的理论分析、主要利益方职责、经济模型中的通证管理和经济模型中的治理等方面进行完整剖析经济模型这个事物；最后通过具体的通证模型案例加深对主要的经济模型和其优缺点的理解。设计好经济模型会让区块链项目能够更好地发展，即使不从内部参与项目，对于人们了解一个区块链项目的好坏也是一个很好的判断依据。

本书还把股权融资与通证融资作为一个重要章节来讲解。股权融资与通证融资有着不同的特点，综合运用好这两种融资方式，并处理好股权融资与通证融资的利益分配，能够让区块链项目更好地发展。

笔者在技术相关岗位工作多年，对于技术的影响力和发展史有一定的了解。同时于2018年在中国人民大学经济学院学习经济学，在学习了宏观经济学、微观经济学、货币银行学、国际经济学、财政学、风险投资等十几门主要经济学知识后，理解了日常的一些经济管理方法、制度建设的意义；理解了国际货币体系由金本位制发展到布雷顿森林货币体系，再到牙买加体系的原因，以及各自的优缺点与适应场景；也理解了财政手段与货币手段的主要内容，以及各自特点和适用领域；知道了对于经济效益最大化与社会效益最大化的不同追求目标。这些经济学的知识有助于笔者更好地理解区块链的经济模型，更好地用经济学中的理论与公式来阐述区块链经济模型的各部分内容。

在本书中，对于经济学相关的知识主要参考中国人民大学经济学院相关的正式教材和一些辅助的阅读材料，对于相关的概念、定义、分类方法、计算方法等经济学知识力求准确。在介绍数字货币与经济学相关的部分内容时，由于还没有权威的书刊，一些来自网络，一些来自笔者的分析与对比，笔者将自己认为正确、符合逻辑的内容放到书中。本书中应该会有描述不准确，甚至错误的地方，但不管怎样，本书都会成为大家学习区块链经济模型的一份参考内容。欢迎读者给出宝贵的意见和更多的交流，也希望更有能力的人在这个领域有深刻的见解与分析。

本书适合做区块链项目设计的人员参考，也适合区块链领域的技术人员了解经济模型相关的知识。对于广大的读者，不少章节的知识可以增强对区块链的了解，也可以对区块链中的一些设计思想和根源有所了解。例如，BM 受自由思想的影响，对自由市场、自由货币的理解是他能够做出三个区块链项目（BitShares、Steemit、EOS）的根基。

区块链技术给人们带来的影响力会是巨大的，它主要会从技术能力和经济能力两个方面影响我们的生活。技术能力表现在不可篡改性、去中心化、智能合约等方面；经济能力表现在利益再分配、经济手段治理、价值传输等方面。阅读完本书，希望读者能够理解，**使用区块链的技术能力是区块链的应用，使用区块链的经济能力也是区块链的应用，一个应用如果能够结合区块链的技术与经济两种能力，将会产生巨大的影响力。**

阅读导引

本书主要讲解区块链的经济模型，这是区块链产生巨大影响力的一个重要原因。

第 1 章 介绍一些区块链经济模型中会涉及的经济学知识，包括经济学中的几个基本内容和经济学的十大原理。后面我们会看到在区块链的经济模型中体现了这些原理的作用。同时也介绍了数字货币产生的理论根源：自由思想。

第 2 章 介绍传统货币的知识，包括货币的起源、发展的几个阶段。传统货币中的铸币税问题也是数字货币领域的主要内容；传统货币的基本职能也是我们分析数字货币职能的维度；传统货币的供求、调控手段，以及利率、汇率、国际货币的相关知识都是我们更好理解区块链经济模型的基础。

第 3 章 介绍数字货币以及更广泛的通证概念。包括从各种电子形式的货币的定义与分类，到数字货币的主要分类方式；具体介绍了非国家数字货币和法定数字货币；同时开始分析数字货币的传统经济中的问题，这些内容便于我们更好地理解数字货币。

第 4 章 正式分析区块链的经济模型。从私有链和联盟链这两种特例，分析其经济模型的外部性。本章的重点内容是分析公链的经济模型，列举了经济模型中的主要内容，设计经济模型要考虑的主要问题，以及经济模型的后期调整问题。

第 5 章 介绍区块链经济模型中的主要利益方以及这些利益方的主要职责。其中，基金会承担了很多经济模型中通证经济的相关管理与运营职责。

第 6 章 介绍经济模型中的通证管理。主要包括发行、流通、主要应用、初期的主要问题等几个方面。

第 7 章 介绍经济模型中的治理问题。主要分析区块链项目中经常使用的社区治理方式。对于还使用股权融资的项目以及公司治理的问题，会在第 10 章中再加以讨论。

第 8 章 分析具体区块链案例中的经济模型。选取了一些有代表性的案例，从经济模型设计不完整的比特币，到相对合理的以太坊、Filecoin，以及多通证的案例 Steemit、跨链经济模型案例和交易所的经济模型案例，最后总结了现有经济模型中的主要问题。

第 9 章 分析区块链经济模型涉及的监管与法律问题。从了解传统金融的监管内容开始，对比区块链项目中的监管，从 KYC 与 AML，到各国的主要监管态度与内容。

第 10 章 是本书中很重要的一个章节，开始分析股权融资与通证融资。股权融资与通证融资有着很大的区别，股权融资从小到大逐步进行，在一个阶段达到要求后，相关资源才会配合进入下一个阶段；通证融资一次爆发，威力巨大。两种方式在融资金额、相关治理、内外配合等方面都有着很好的互补性，处理好股权融资与通证融资的利益分配，做到扬长避短能够让区块链项目发挥多种工具的作用。

第 11 章 就区块链对未来的影响力进行了介绍，这体现在很多方面，基于区块链的不可篡改性 + 经济作用力、智能合约 + 经济作用力、价值传输能力会将我们带入价值互联网时代。

编者

2022 年 3 月

目录

第2章　传统货币

第 3 章 数字货币与通证 Token

第 10 章 股权融资与通证融资

第 11 章 从经济模型看区块链的影响力

第 1 章 经济学的基本问题

本章主要介绍一些经济学中的基础知识，这些基础知识都与区块链的经济模型相关，便于我们理解经济模型设计中的一些理论依据，或者将区块链系统中的一些问题转换为经济学中的常见问题。因为货币的相关知识太过于重要，我们不在本章中讲解，而放在第 2 章和第 3 章来讲解。

1.1 传统经济学的基本内容

1.1.1 需求与供给

如果将货币当作一种特殊商品，它的供求规律与对商品的供求原理会有很多相似之处。因此首先了解一下商品的需求与供给。

需求：一种商品的需求来源于消费者。消费者对一种商品的需求，是指在一个特定时期内消费者在各种可能的价格下愿意并且能够购买的该商品的数量。根据这一定义，消费者对某种商品的需求必须具备意愿和购买能力两个特征。

需求规律：在其他条件不变的情况下，一般来说，随着商品价格的升高，消费者愿意并且能够购买的商品数量减少；相反，随着商品价格的降低，消费者愿意并且能够购买的商品数量增加。即消费者的需求量与商品价格之间呈反方向变动。这一规律称为需求规律，用图形表示的需求曲线如图 1-1 所示。

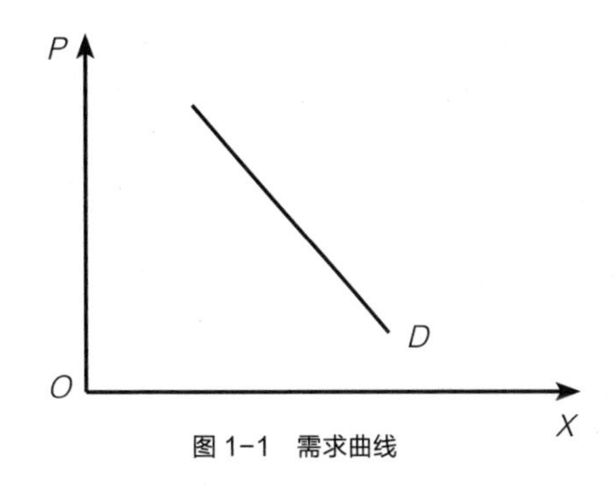

图 1-1 需求曲线

供给：一种商品的供给来源于生产者。生产者对一种商品的供给，是指在一个特定时期内，生产者在各种可能的商品价格下愿意并且能够提供的该商品的数量。根据这一定义，生产者对某种商品的供给必须具备意愿和能力两个特征。供给反映了生产者对商品的供给量与商品价格之间的对应关系。

（1）供给规律：在其他条件不变的情况下，一般来说，随着商品价格的升高，生产者愿意并且能够提供的商品数量增加；相反，随着商品价格的降低，生产者愿意并且能够提供的商品数量减少。即生产者的供给量与商品价格之间呈同方向变动。这一规律称为供给规律，用图形表示的供给曲线如图 1–2 所示。

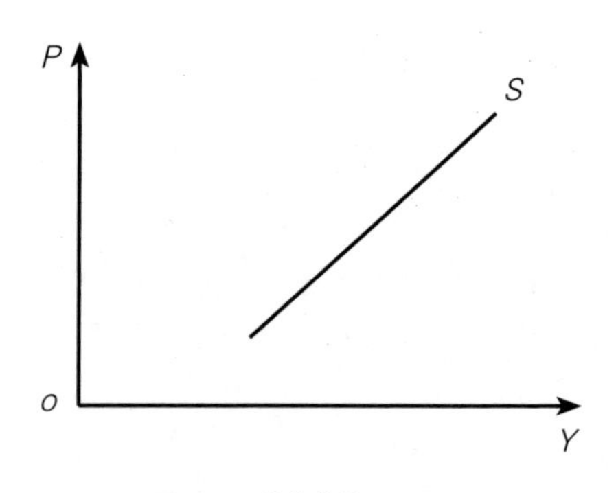

图 1–2　供给曲线

（2）均衡价格和均衡数量：一种商品的市场价格是该市场上供求双方相互作用的结果。当供求力量达到一种平衡时，价格或价格机制处于相对稳定状态。此时，所决定的市场价格就称为均衡价格，而供求相等的数量称为均衡数量，用图形表示的供应与需求关系如图 1–3 所示。

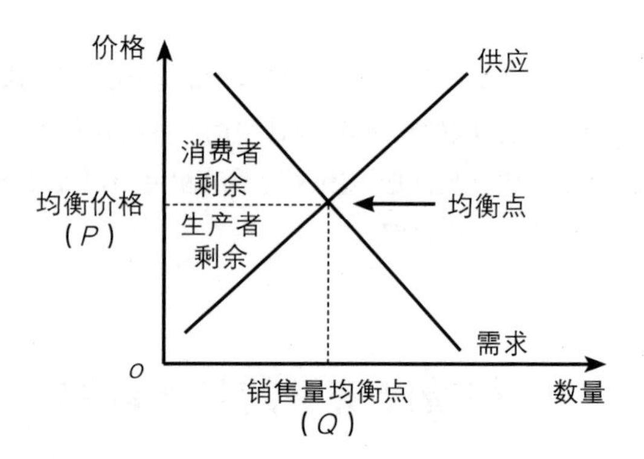

图 1–3　供应与需求

（3）均衡价格的决定：如果市场价格高于均衡价格，那么市场需求量会小于市场供给量，市场出现供大于求的现象，于是供给者的竞争将导致价格下降；反之，如果市场价格低于均衡价格，那么市场需求量会大于市场供给量，市场出现供小于求的现象，于是消费者之间的竞争将导致价格上升。因此，只要竞争性市场上的价格具有伸缩性，市场最终就会处于均衡状态。用图形表示的供求曲线分析图 1–4 所示。

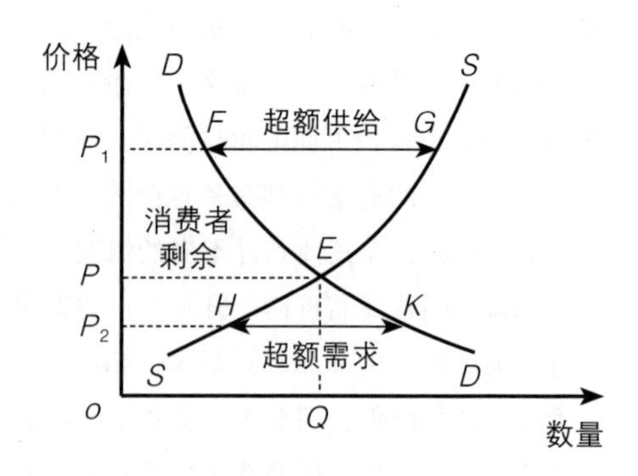

图 1–4　供求曲线分析图

1.1.2 “看不见的手”——市场机制

“看不见的手”是英国经济学家亚当·斯密（1723—1790）于1776年在《国富论》一书中提出的命题。最初的意思是个人在经济生活中只考虑自己的利益，受“看不见的手”驱使，通过分工和市场的作用可以达到国家富裕的目的。后来，“看不见的手”便成为表示资本主义完全竞争模式的形象用语。

这种模式的主要特征是私有制，人人为自己，人人都有获得市场信息的自由，自由竞争无须政府干预经济活动。亚当·斯密的后继者们以均衡理论的形式完成了对于完全竞争市场机制的精确分析。在完全竞争条件下，生产是小规模的，一切企业由企业主经营，单独的生产者对产品的市场价格不产生影响，消费者用货币作为“选票”，决定着产量和质量。生产者追求利润最大化，消费者追求效用最大化。价格自由地反映供求的变化，其功能一是配置稀缺资源，二是分配商品和劳务。通过“看不见的手”，企业家获得利润，工人获得由竞争的劳动力供给决定的工资，土地所有者获得地租。供给自动地创造需求，储蓄与投资保持平衡。通过自由竞争，整个经济体系达到一般均衡，在处理国际经济关系时，遵循自由放任原则，政府不对外贸进行管制。“看不见的手”反映了早期资本主义自由竞争时代的经济现实。

“看不见的手”，揭示自由放任的市场经济中所存在的一个悖论。认为在每个参与者追求私利的过程中，市场体系会给所有参与者带来利益，就好像有一只吉祥慈善的“看不见的手”在指导着整个经济发展的过程。

正常情况下，市场会以它内在的机制维持其健康的运行。其中主要依据的是市场经济活动中的经济人理性原则，以及由经济人理性原则支配下的理性选择。这些选择逐步形成了市场经济中的价格机制、供求机制和竞争机制。这些机制就像一只“看不见的手”，在冥冥之中支配着每个人，自觉地按照市场规律运行。

市场机制就是依据经济人理性原则而运行的。在市场经济体制中，消费者依据效用最大化的原则做购买决策，生产者依据利润最大化的原则做生产与销售决策。市场在供给和需求之间，根据价格的自然变动，引导资源向着最有效率的方面配置。这时的市场就像一只“看不见的手”，在价格机制、供求机制和竞争机制的相互作用下，推动着生产者和消费者做出各自的决策。

自从亚当·斯密的《国富论》问世以来，“看不见的手”的理论一直成为西方主流经济学信奉的教条。依据“看不见的手”的理论所推导的结论是以具备一个完全竞争的市场结构为前提的。当市场是不完全时，“市场失灵”现象就很难避免。

所谓市场失灵，是指市场竞争所实现的资源配置没有达到帕累托最优，或者是指市场机制不能实现某些合意的社会经济目标。

在发展中国家，导致市场失灵的原因主要有以下几个方面：

（1）外部性导致的市场失灵。

（2）垄断导致的市场失灵。

（3）市场不完全导致的市场失灵。

（4）分配不平等导致的市场失灵。

（5）体制不完善导致的市场失灵。

既然市场机制并非尽善尽美，那么在市场失灵的情况下，政府对经济运行的调节就是必要的。

1.1.3 “看得见的手”——政府调控

“看得见的手”出自英国另一位经济学家凯恩斯的《就业、利息和货币通论》一书，指的是国家对经济生活的干预。“看得见的手”一般是指政府宏观经济调控或管理，也称“有形之手”，是“看不见的手”的对称提法。

其手段和作用是通过制订计划（经济手段），指明经济发展的目标、任务和重点。通过制定法规（法律手段），规范经济活动参加者的行为；通过采取命令、指示、规定等行政措施（行政手段），直接、迅速地调整和管理经济活动。其最终目的是补救“看不见的手”在调节微观经济运行中的失效。如果政府的作用发挥不当，不遵循市场的规律，就会产生消极的后果。

政府调节经济的手段具体包括以下五种。

（1）财政政策手段。财政政策的核心是通过政府的收入和支出调节供求关系，实现一定的政策目标。这些手段主要包括：①财政收入政策或称税收政策；②财政支出政策；③财政补贴政策。财政政策可以分为扩张性的和紧缩性的两种。

（2）货币政策手段。货币政策的核心是中央银行通过金融系统和金融市场，调节国民经济中的货币供应量和利率，影响投资和消费活动，进而实现一定的政策目标。货币政策的调节工具主要包括：①法定存款准备金率；②中央银行再贴现政策；③公开市场政策。此外，政府的金融机构还可以运用贷款政策。例如，向支柱产业优先提供贷款，对投资风险大、具有公益性的重要产业提供长期优惠贷款，以实现经济政策目标。

（3）行政管制手段。行政管制是国家行政管理部门凭借政权的威力，通过发布命令、指示等形式来干预经济生活的手段。这些手段主要包括信用管制、进口管制、外汇管制、工资管制和投资许可证制度等。行政管制具有强制性、纵向隶属性、强调经济利益一致性等特点，但它忽视微观主体的利益，从而会影响效率。因此，在市场经济的条件下，应当把行政管制手段限制在必要的范围之内。

（4）经济法制手段。经济法制手段是指国家依靠法律的强制力量来保证经济政策目标实现的手段。法律手段一般具有普遍的约束性、严格的强制性、相对的稳定性等特点。国家通过经济立法和经济司法活动来规范各类经济活动主体的行为，限制各种非正当经济活动，使国民经济正常运行。

（5）制度约束手段。经济政策总是在一定的制度背景下发挥作用的，制度的变更会直接影响政策目标的传导机制，甚至会影响政策目标的选择。因此，制度约束是实现长期化政策目标的手段。制度约束包括国有资产制度、税制、金融制度、社会保障制度等。

财政政策与货币政策的区别

财政政策与货币政策是政府宏观调控市场的两大政策，都是需求管理的政策。国家干预经济的宏观调控，其焦点在于推动市场的总供给与总需求恢复均衡状态，以实现成长、就业、稳定和国际收支平衡等目标。要使总供给与总需求从失衡恢复均衡，或是调节总供给，或是调节总需求，或是调节总供求双方。就短期均衡来说，关键是调节短期内易于调节的总需求，使之与短期内比较难以调节的总供给达到均衡状态。这就是需求管理政策的含义。

由于市场需求的载体是货币，所以调节市场需求也就是调节货币供给。换言之，需求管理政策的运作离不开对货币供给的调节——或是使之增加，或是使之缩减。货币政策是这样，财政政策也是这样。这就是它们两者应该配合、也可能配合的基础。

至于货币政策和财经政策的区别，就调节货币供给这个角度来说，只是在于：

（1）前者通过银行系统，后者通过财政系统。

（2）前者运用金融工具，后者运用财税工具。

（3）前者由金融传导机制使之生效，后者由财政传导机制使之生效。

在经济疲软、萧条的形势下，要想通过扩张的宏观经济政策克服需求不足，以促使经济转热，货币政策不如财政政策。在过冷的经济形势下，商业银行缺乏扩大信贷业务的积极性，厂商缺乏扩大投资支出的积极性，消费者也同样缺乏扩大消费支出的积极性。不仅他们的行为意向与货币当局不必一致，而且也不听命于货币当局。所以，即使中央银行执行扩张性的货币政策，也不易收到扩张的实际效果。财政政策则不同，财政扩大投资是私人厂商无须自己冒投资的风险却可以获得维持乃至扩大经营的好机会。投资支出以及带动的消费支出，再加上增加财政性社会保障和社会福利支出所直接引出的消费支出，对于扭转经济发展的颓势往往起着关键的作用。

可是，在经济过热的形势下，要想通过紧缩的宏观经济政策抑制需求过旺，以克服通货膨胀和虚假繁荣，财政政策不如货币政策。中央银行在抑制货币供给增长方面的作用是强而有力的：其一，有很多可以运用的工具；其二，对于创造存款货币的商业银行能够起到强而有力的制约作用。而财政政策要紧缩，就有颇大的难度。对所有国家来说，财政支出有极强的刚性，不仅难以绝对压缩，甚至压缩增幅也并非易事。税收和支出政策的调整均需通过立法程序，而增税和减少福利支出这类问题，是很难获准通过的。

不管货币政策还是财政政策，在利用其积极有利的一面时，总会伴随有不可避免的消极的副作用。相互搭配使用，有可能使副作用有所减弱。

在区块链的经济模型中，我们能够使用类似传统经济中的货币政策来调整供需。因为区块链系统的去中心化特性，没有中心控制机构，几乎不能使用类似财政政策的手段。

1.1.4 经济学中的货币主义

货币主义或货币学派是20世纪50年代后期在美国出现的一个学派，弗里德曼是该学派公认的代表，此外还有英国的沃尔特斯、帕金和挪威的弗里希等。

1. 货币主义的基本命题

货币主义的基本命题是，货币最要紧，货币的推动力是说明产量、就业和价格变化的最主要的因素；货币供给量的变动是货币推动力的最可靠的度量标准；货币当局的行为支配着货币量的变动，从而通货膨胀、经济萧条或经济增长都可以，而且应当唯一地通过货币当局对货币供给量的控制加以调节。

2. 新货币数量论

弗里德曼分析了人们对货币的灵活偏好，得出了新的货币数量论。依照货币主义的观点，一个财富持有者的货币需求取决于收入和价格总水平、债券和股票的收益率、物质资产的收益率，以及人力与非人力财富之间的比例等众多因素。从整个经济来看，货币的需求主要取决于社会的总财富、非人力财富在总财富中所占的比例和各种非人力财富的预期报酬率。

根据经验分析，弗里德曼得出的结论是：第一，价格总水平与货币供给量同方向变动。在短期内，货币供给量的变动领先于价格的变动，而在长期内这种价格变动的滞后现象消失。第二，短期内货币流通速度会受到利息率的影响，但波动是轻微的，而在长期内货币流通速度是一个常数。

概括货币主义的新货币数量论，由于$MV=PY$成立，因而在货币流通速度V不变的条件下，货币数量M变动影响到价格P和产出Y。在短期内，由于价格变动滞后于货币数量的变动，因而M变动可以影响Y。在长期中，M与V同时变动，因而改变货币数量不会影响产出量。

3. 自然率假说

自然率是指在没有货币因素干扰的情况下，当劳动市场在竞争条件下达到均衡时所决定的就业率。由于这一就业率与经济中的市场结构、社会制度、生活习惯等因素有关，因而被冠以“自然率”的名称。使用自然率的概念，货币主义认为经济处于自然率水平，这就是所谓的自然率假说。根据菲利普斯曲线，如果政府希望得到低于自然率的就业率，必然以一定的通货膨胀为代价。为此，政府制造通货膨胀，结果厂商和劳动者发现自身产品的价格提高之后增加了就业量，政府就实现了政策目标。

但是一旦经济当事人发现所有的商品都因通货膨胀而出现价格上升，那么他们会重新回到自然状态。然而，这时人们的通货膨胀惯性却提高了。如果政府继续推行降低失业率的政策，那么它只能制造更加严重的通货膨胀。因此，如此长期下去，制造通货膨胀就不会再对就业率产生影响。也就是说，长期的菲利普斯曲线是一条垂直的直线。

货币主义从货币理论出发考察宏观总量的变动，认为货币存量的变动是影响经济波动的主要因素。他们确信市场机制的自发作用，反对凯恩斯主义所采取的宏观经济政策，特别是财政政策。供给学派则是从凯恩斯主义忽略供给的角度批判凯恩斯理论，主张把经济分析的重点转向供给分析。理性预期学派从理性预期和经济人的假设出发指出凯恩斯主义理论体系存在的问题，否定其政策的有效性。

1. 强制储蓄效应

政府如果通过向中央银行借债，从而引起货币增发这类办法筹措建设资金，就会强制增加全社会的投资需求，结果将会导致物价上涨。在公众名义收入不变的条件下，按原来的模式和数量进行的消费和储蓄，两者的实际额均随物价的上涨而相应减少，其减少部分大体相当于政府运用通货膨胀实现政府收入的部分。如此实现的政府储蓄是强制储蓄（forced saving）。

如果在实际经济运行中尚未达到充分就业水平，实际 GNP（Gross National Product，国民生产总值）低于潜在 GNP，这时政府扩张有效需求，虽然也是一种强制储蓄，但并不会引发持续的物价上涨。

2. 收入分配效应

由于社会各阶层收入来源极不相同，因此，在物价总水平上涨时，有些人的实际收入水平会下降，有些人的实际收入水平反而会提高。这种由物价上涨造成的收入再分配，就是通货膨胀的收入分配效应（distributional effect of income）。

在发达的工业化国家中，大多数人是依靠工资或薪金过活的。在物价持续上涨的时期，货币工资的增长相对于物价上涨，往往是滞后的，滞后时间越长，遭受通货膨胀损失也就越大。相应地，只要存在着工资对于物价的调整滞后，企业的利润就会增加，那些从利润中分取收入的人便能得到好处。

3. 资产结构调整效应

资产结构调整效应也称财富分配效应（distributional effect of wealth），是指由物价上涨所带来的家庭财产不同构成部分的价值有升有降的现象。

一个家庭的财富或资产由两部分构成：实物资产和金融资产。许多家庭同时还有负债，如有汽车抵押贷款、房屋抵押贷款和银行消费贷款等。因此，一个家庭的财产净值是它的资产价值与债务价值之差。

在通货膨胀的环境下，实物资产的货币值大体随通货膨胀率的变动而相应升降；金融资产则比较复杂，如其中的股票与通货膨胀的关系极不确定。

货币债权债务的各种金融资产，其共同特征是有确定的货币金额。物价上涨，实际的货币额减少；物价下跌，实际的货币额增多。在这一领域中，防止通货膨胀损失的办法，通常是提高利息率或采用浮动利率。一般来说，小额存款人和债券持有人最易受通货膨胀的打击。至于大的债权人，不仅可以采取各种措施避免通货膨胀带来的损失，而且他们往往同时是大的债务人，可以享有通货膨胀带来的巨大好处。

4. 就业与通货膨胀的替代理论与滞涨

关于通货膨胀对失业的影响是许多经济学家最为关注的问题。一般而言，物价稳定和充分就业是一国政府的两个主要宏观经济目标。

1.1.5 流动性偏好与流动性陷阱

货币的流动性的含义如下：

（1）在单一现金货币形式下，货币的流动性是指货币与商品的转换能力。

（2）在多种货币形式下，货币的流动性是指货币之间的相互转换能力。测量一种金融资产流动性的最简捷的方法就是看其向流动性最强的现金货币转换的能力。货币的流动性结构是指流动性较高的货币与流动性较低的货币余额之间的比率。

主要考察指标：M0/M2、M1/M2。

意义：考察交易性货币余额与广义货币余额（非交易性货币余额）之间的比率。

货币的流动性结构的经济学意义在于反映不同经济环境的变化。在高通货膨胀时，货币的流动性比率会上升；在通货紧缩时，存款的收益增加，货币的流动性比率会降低。

中央银行的判断：货币流动性上升，意味着公众对通货膨胀的预期增强；货币流动性下降，意味着公众对通货膨胀的预期减弱，甚至有通货紧缩的趋向。

流动性偏好利率理论是由凯恩斯在20世纪30年代提出的，是一种偏重短期货币因素分析的货币利率理论。

根据流动性偏好利率理论，货币需求分为三部分：

（1）交易性货币需求，是收入的函数，随收入的增加而增加。

（2）预防性货币需求，随着收入的增加而增加，随着利率的提高而减少。

（3）投机性货币需求，是利率的递减函数。货币需求 M_d 可表示为收入 Y 和利率 i 的函数，即 $M_d=M(Y,i)$。货币供给为政策变量，取决于货币政策。

如图 1–5 所示，在未达到充分就业的条件下，增加货币供应量，利率将从 i 降至 i_1。当货币供应量为 A_2 时，利率为 i_2，此时货币需求曲线呈水平状，货币需求无限大，即处于流动性陷阱。此时即使货币供给不断增加，利率也不会再降低。

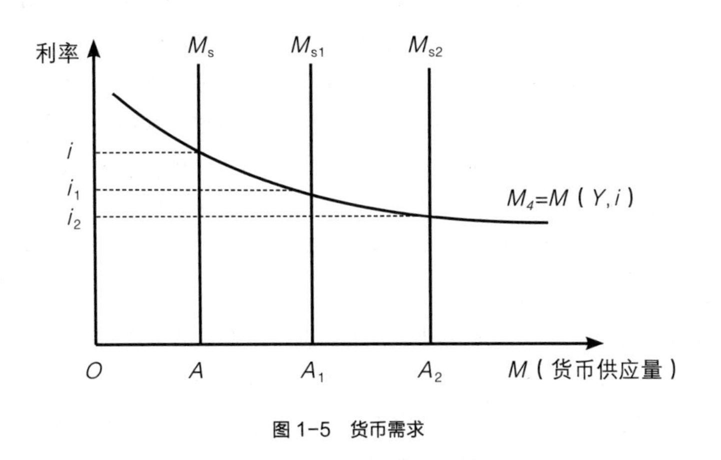

图 1–5　货币需求

流动性陷阱是指当一定时期的利率水平降低到不能再低时，人们就会产生利率上升而债券价格下降的预期，货币需求弹性就会变得无限大，即无论增加多少货币，都会被人们储存起来。发生流动性陷阱时，再宽松的货币政策也无法改变市场利率，使得货币政策失效。

从宏观上看，一个国家的经济陷入流动性陷阱主要有三个特点：

（1）整个宏观经济陷入严重的萧条之中，需求严重不足，居民个人自发性投资和消费大为减少，失业情况严重，单凭市场的调节显得力不从心。

（2）利率已经达到最低水平，名义利率水平大幅度下降，甚至为零或负利率。在极低的利率水平下，投资者对经济前景预期不佳，消费者对未来持悲观态度，这使得利率刺激投资和消费的杠杆作用失效。货币政策对名义利率的下调已经不能启动经济复苏，只能依靠财政政策，通过扩大政府支出、减税等手段来摆脱经济的萧条。

（3）货币需求利率弹性趋向无限大。

1.1.6　市场失灵与市场缺陷

市场失灵是指市场机制不能有效地配置资源；市场缺陷是指市场机制本身固有的缺陷。市场失灵有狭义和广义之分，狭义的市场失灵是指完全竞争市场所假定的条件得不到满足，而导致的市场配置资源的能力不足从而缺乏效率的表现；广义的市场失灵则还包括市场机制在配置资源过程中所出现的经济波动，以及按市场分配原则而导致的收入分配不公平现象。

市场失灵和市场缺陷主要表现在以下几方面：

（1）自然垄断。当某一行业在产量达到相对较高水平且大幅度集中之后，出现规模收益递增和成本递减的趋势，这时就会形成自然垄断。垄断者可能通过限制产量以抬高价格，使价格高于其边际成本，获得额外利润，从而丧失市场效率。

（2）外部效应。外部效应是指一个行为主体的行为对其他行为主体产生的影响。当出现正外部效应时，生产者的“收益外溢”，但得不到补偿，这种生产就会出现不足；当出现负外部效应时，生产者的“成本外溢”，但受损者得不到补偿，这种生产就会出现过度。无论生产不足还是生产过度，都会造成资源配置无效率。

（3）公共物品。由于公共物品不仅具有正外部效应，而且往往有免费搭车现象，故市场不能提供足够数量的公共物品。

（4）信息不充分。市场经济条件下，生产者与消费者的生产、销售、购买都属于个人行为，都不可能完全掌握所有必要的信息。在信息不足的情况下，资源难以实现有效配置。

（5）收入分配不公和经济波动。市场机制即使是有效率的，也不可能兼顾公平。失业、通货膨胀、经济波动是市场经济的固有弊端。

在传统经济中导致市场失灵的原因是多方面的，其中包括垄断、外在性、公共物品、不完全信息等。完全竞争市场所假定的条件得不到满足而导致的市场配置资源的能力不足从而缺乏效率的表现。尽管大致来说市场机制是有效率的，但由于条件严格，实际很难达到。即使能够达到，经济波动和分配问题仍然是严重的。

传统经济中政府的干预可以增进资源配置效率，可以采取的主要措施有以下几种：

（1）政府对垄断行业进行管制。价格管制或者价格及产量同时管制是政府通常采取的手段。为了提高垄断厂商的生产效率，政府试图使价格等于边际成本，从而使产量达到帕累托最优水平。

（2）纠正外在性的传统方法主要有征税或补贴以及外部影响内部化的主张。征税或补贴方案是政府通过征税或补贴来矫正经济当事人的私人成本。另一种方法是合并企业，以便使得外在性问题内在化。

（3）为了解决公共物品导致的市场失灵，经济学家们建议利用非市场的决策方式得到消费者对公共物品的真实偏好。

（4）针对信息不完全的问题，政府所采取的政策往往是保护信息劣势一方，如上市公司的信息披露制度、二手车市场的强制保修等。

1.2 经济学的十大原理

当代美国著名经济学家曼昆在所著的《经济学原理》一书中归纳了经济学的十大原理。这十大原理在区块链的系统中同样适用，一些原理已经有了应用的案例，一些原理在区块链的世界中还没有出现。没有出现不是因为区块链的世界不需要这些原理，而是因为区块链的发展还处在早期，它的整个生态还不够完善。

通过了解这些原理，以及伴随着区块链的发展，可以预见或者看到这些原理在区块链系统中的应用场景。

首先了解一下十大原理的具体内容。

原理一：人们面临权衡取舍

当人们组成社会时，他们面临各种不同的交替关系。典型的交替关系是“大炮与黄油”之间的交替。当我们把更多的钱用于国防以保卫我们的海岸免受外国入侵（大炮）时，我们能用于提高国内生活水平的个人物品的消费（黄油）就少了。

在现代社会里，同样重要的是清洁的环境和高收入水平之间的交替关系。要求企业减少污染的法律增加了生产物品与劳务的成本。由于成本高，企业赚的利润少了，支付的工资低了，收取的价格高了，或者是这三种结果的某种结合。因此，尽管污染管制给予我们的好处是更清洁的环境，以及由此引起的健康水平提高，但其代价是企业所有者、工人和消费者的收入减少了。

社会面临的另一种交替关系是效率与平等之间的交替。效率是指社会能从其稀缺资源中得到最多的东西。平等是指这些资源的成果公平地分配给社会成员。换句话说，效率是指经济蛋糕的大小，而平等是指如何分割这块蛋糕。在设计政府政策时，这两个目标往往是不一致的。在区块链的社区治理中，效率与公平也是一个主要的问题。

认识到人们面临交替关系本身并没有告诉我们，人们将会或应该作出什么样的决策。认识到生活中的交替关系是重要的，因为人们只有了解他们可以得到的选择，才能作出良好的决策。在区块链的世界中，比特币的算力是用来挖矿，还是用于破坏，矿工会权衡。

原理二：一种东西的成本是为了得到它而放弃的东西

一种东西的机会成本是为了得到这种东西所放弃的东西。当做出任何一项决策，如是否上大学时，决策者应该认识到伴随每一种可能的行动而来的机会成本。实际上，决策者通常是知道这一点的。那些上大学的运动员如果退学而从事职业运动，就能赚几百万美元，他们深深认识到上大学的机会成本极高。他们往往如此决定：不值得花费这种成本来获得上大学的收益。这一点儿也不奇怪。

同样使用上面的例子：比特币的算力是用来挖矿，还是用于破坏，矿工会权衡。用来破坏的成本就是放弃挖矿的收益。如果这样衡量，破坏的成本是非常高的。与其进行破坏，不如进行挖矿。

在选择共识算法的同时，维护 PoW 共识算法需要的成本（电力成本）很高，这样就迫使 PoW 算法的货币发行增长率加上手续费要能够高于其电力成本。PoS 共识算法的成本，只是放弃质押物的利率成本，维护 PoS 共识算法的公链的成本更低。与 PoW 相比，PoS 具有更好的成本优势。

原理三：理性人考虑边际量

经济学家用边际量这个术语来描述对现有行动计划的微小增量调整，即围绕所做事的边缘的调整。

个人与企业通过考虑边际量将会作出更好的决策，而且只有某种行动的边际利益大于边际成本，一个理性决策者才会采取这项行动。在许多情况下，人们可以通过考虑边际量来作出最优决策。

例如，假设一位朋友请教你，他应该在学校上多少年学。如果你给他用一个拥有博士学位的人的生活方式与一个没有上完小学的人进行比较，他会抱怨这种比较无助于他的决策。你的朋友很可能已经受过某种程度的教育，并要决定是否再多上一两年学。为了作出这种决策，他需要知道多上一年学所带来的额外收益和所花费的额外成本。通过比较这种边际收益与边际成本，他就可以判断出多上几年学是否值得。

原理四：人们会对激励做出反应

由于人们通过比较成本与收益作出决策，所以，当成本或收益变动时，人们的行为也会改变。也就是说，人们会对激励做出反应。

例如，当苹果的价格上升时，人们就决定多吃梨少吃苹果，因为购买苹果的成本高了。同时，苹果园主决定雇用更多工人并多摘苹果，因为出售苹果获得的收益也高了。

对设计公共政策的人来说，激励在决定行为中的中心作用是重要的。公共政策往往改变了私人行动的成本或收益。当决策者未能考虑到行为如何由于政策的原因而变化时，他们的政策就会产生令他们意想不到的效果。

然而，政策也会有实现并不明显的影响。在分析任何一种策略时，我们不仅应该考虑直接影响，还应该考虑激励发生的间接影响。如果政策改变了激励，就会是人们改变自己的行为。

比特币的激励机制是这个经济学原理的重要应用，在公有链中，激励机制是设计的一个重要考虑方面。

从经济学中激励的角度观察 PoW 与 PoS 机制，会发现 PoW 只有正向激励，PoS 同时具有正向激励与反向激励（罚款），这样 PoS 会比 PoW 有更宽的作用范围。

原理五：贸易使每个人的状况变好

比较优势的原理使得每个人从事相对优势的行业，互相贸易比自给自足的情况要好。两国之间的贸易可以使两个国家的状况都变得更好。在某种意义上，经济市场中的每个家庭都与其他家庭之间存在竞争。尽管有这种竞争，但如果将你的家庭与其他所有家庭隔离开并不会使大家过得更好。如果是这样的话，你的家庭就必须自己种粮食，自己做衣服，自己盖房子。显然，你的家庭在与其他家庭之间进行交易的过程中受益匪浅。无论在耕种、做衣服还是盖房子方面，贸易使每个人可以专门从事自己最擅长的活动。通过与其他人交易，人们可以按较低的价格买到各种各样的物品与劳务。

原理六：市场通常是组织经济活动的一种好方式

市场经济：当许多企业和家庭在物品和劳务市场上相互交易时，通过他们的分散决策来配置资源的经济。通过“看不见的手”来指引经济的工具——价格。

经济学家亚当·斯密在他的著作《国富论》一书中提出了全部经济学中最有名的观察结果：家庭和企业在市场上相互交易，他们仿佛被一只“看不见的手”所指引，引起了合意的市场结果。价格既反映了一种物品的社会价值，也反映了生产该物品的社会成本。由于家庭和企业在决定购买什么和卖出什么时会关注价格，所以，他们就不知不觉地考虑到了他们的行动所带来的社会收益与成本。于是，价格指引这些个别决策者在大多数情况下实现了整个社会福利最大化的结果。

关于“看不见的手”在指引经济活动中的技巧有一个重要推论：当政府阻止价格根据供求自发地调整时，它就限制了“看不见的手”协调组成经济的千百万家庭和企业的能力。这个推论解释了为什么税收对资源配置有不利的影响：税收扭曲了价格，从而扭曲了家庭和企业的决策。这个推论还解释了租金控制这类直接控制价格的政策所引起的更大伤害。而且，这个推论也解释了共产主义的失败。在共产主义国家中，价格不是在市场上决定的，而是由中央计划者指定。这些计划者缺乏在价格对市场力量自由地作出反应时，反映在价格中的信息。中央计划者之所以失败，是因为他们在管理经济时把市场上那只“看不见的手”束缚起了。

原理七：政府有时可以改善市场结果

市场失灵：市场本身不能有效地配置资源的情况。

市场失灵的原因：外部性、市场势力。

虽然市场通常是组织经济活动的一种好方法，但这个规律也有一些重要的例外。政府干预经济的原因有两类：促进效率和促进平等。也就是说，大多数政策的目标不是把经济蛋糕做大，就是改变蛋糕的分割。

“看不见的手”通常会使市场有效地配置资源。但是由于各种原因，有时“看不见的手”并不起作用。经济学家用市场失灵这个词表示市场本身不能有效配置资源的情况。

市场失灵的一个可能原因是外部性。外部性是一个人的行动对旁观者福利的影响，污染就是一个典型的例子。如果一家化工厂并不承担它排放烟尘的全部成本，它就会大量排放。在这种情况下，政府就可以通过环境保护来增加经济福利。

市场失灵的另一个可能原因是市场势力。市场势力是指一个人（或一小群人）不适当地影响市场价格的能力。例如，假设镇里的每个人都需要水，但只有一口井，这口井的所有者对水的销售就有市场势力——在这种情况下，它是一个垄断者。这口井的所有者并不受残酷竞争的限制，而正常情况下，“看不见的手”正是以这种竞争来制约个人的私利。在这种情况下，规定垄断者收取的价格有可能提高经济效率。

“看不见的手”也不能确保公平地分配经济成果。市场经济根据人们生产其他人愿意买的东西的能力来给予报酬。世界上最优秀的篮球运动员赚的钱比世界上最优秀的棋手多，只是因为人们愿意为看篮球比赛而比看象棋比赛付更多的钱。“看不见的手”并没有保证每个人都有充足的食品、体面的衣服和充分的医疗保健。许多公共政策（如所得税和福利制度）的目标就是要实现更平等的经济福利分配。

我们说政府有时可以改善市场结果，并不意味着它总能这样。公共政策并不是天使制定的，而是由极不完善的政治程序制定的。有时所设计的政策只是为了有利于政治上有权势的人，有时政策由动机良好但信息不充分的领导人制定。学习经济学的目的之一就是帮助你判断，什么时候一项政府政策适用于促进效率与公正，而什么时候不行。

原理八：一国的生活水平取决于它生产商品与劳务的能力

世界各国生活水平的差别是惊人的。1993 年，美国平均人收入为 2.5 万美元。同年，墨西哥平均人收入为 7000 美元，而尼日利亚平均人收入为 1500 美元。毫不奇怪，这种平均收入的巨大差别反映在生活质量的各种衡量指标上。高收入国家的公民比低收入国家的公民拥有更多电视机、更多汽车、更好的营养、更好的医疗保健，以及更长的预期寿命。

随着时间推移，生活水平的变化也很大。在美国，从历史上看，收入的增长每年为 2% 左右（根据生活费用变动进行调整之后）。按这个比率，平均收入每 35 年翻一番。在一些国家，经济增长甚至更快。例如，在日本，近 20 年间平均收入翻了一番，而韩国在近 10 年间平均收入翻了一番。

用什么来解释各国和不同时期中生活水平的巨大差别呢？答案简单的出人意料。几乎所有生活水平的变动都可以归因于各国生产率的差别——这就是一个工人一小时所生产的物品与劳务量的差别。在那些工人生产率高的国家，大多数人享有高生活水平；在那些工人生产率低的国家，大多数人必须忍受贫困的生活。同样，一个国家的生产率增长率决定了平均收入增长率。

生产率和生活水平之间的基本关系是简单的，但它的意义是深远的。如果生产率是生活水平的首要决定因素，那么，其他解释的重要性就应该是次要的。例如，有人想把20世纪美国工人生活水平的提高归功于工会或最低工资法。但美国工人的真正英雄行为是他们提高了生产率。另一个例子是，一些评论家声称，美国近年来收入增长放慢是由于日本和其他国家日益激烈的竞争。但真正的敌人不是来自国外的竞争，而是美国的生产率增长放慢。

生产率与生活水平之间的关系对公共政策也有深远的含义。在考虑任何一项政策如何影响生活水平时，关键问题是政策如何影响我们生产物品与劳务的能力。为了提高生活水平，决策者需要通过让工人受到良好的教育，拥有生产物品与劳务需要的工具，以及得到获取更好技术的机会。

原理九：政府发行了过多货币时物价上升——通货膨胀

什么引起了通货膨胀？在大多数严重或持续的通货膨胀情况下，罪魁祸首总是相同的：货币量的增长。当一个政府创造了大量本国货币时，货币的价值就下降了。

在20世纪20年代初的德国，当物价平均每月上升3倍时，货币量每月也增加了3倍。美国的情况虽然没有这么严重，但美国经济史也得出了类似的结论：20世纪70年代的高通货膨胀与货币量的迅速增长是相关的，而20世纪90年代的低通货膨胀与货币量的缓慢增长也是相关的。

1921年1月，德国一份日报的价格为0.3马克。不到两年，1922年11月，一份同样的报纸价格为7000万马克。经济中所有其他价格都以类似的程度上升。这个事件是历史上最惊人的通货膨胀的例子，通货膨胀是经济中物价总水平的上升。

虽然美国从未经历过接近于德国20世纪20年代的情况，但通货膨胀有时也成为一个经济问题。例如，20世纪70年代期间，物价总水平翻了一番还多，杰拉尔德·鲁道夫·福特总统称通货膨胀是“公众的头号敌人”。与此相比，在20世纪90年代，通货膨胀是每年3%左右。按这个比率，物价20多年才翻一番。由于高通货膨胀给社会带来了各种危害，所以世界各国都把保持低通货膨胀作为经济政策的一个目标。

在区块链经济模型的设计中，对通证总量的设计也非常重要，过多会造成严重的通货膨胀，过少则会造成通货紧缩，微通胀的设计应该是一种健康的模式。

原理十：社会面临着通货膨胀与失业之间的短期选择关系

当政府增加经济中的货币量时，一个结果是通货膨胀，另一个结果是至少在短期内降低失业水平。通货膨胀与失业之间短期权衡取舍的曲线称为菲利普斯曲线，如图1–6所示。

菲利普斯曲线产生的原因为某些价格调整缓慢。价格变化具有黏性，当政府减少货币发行量时，价格不会马上变化，但人们支出数量减少，引起商品和劳务的销售量变化，造成失业。

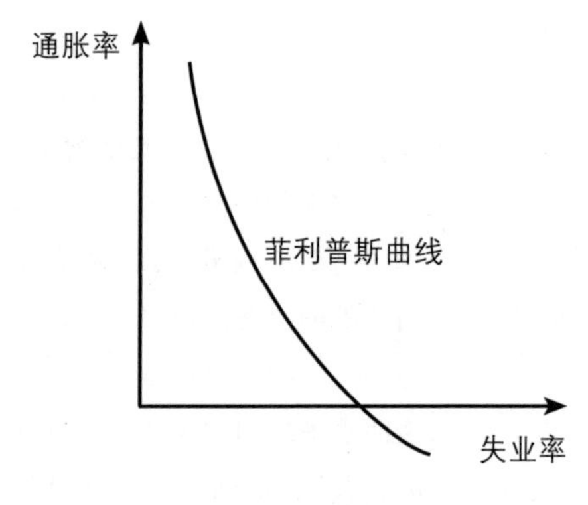

图 1-6　菲利普斯曲线

如果通货膨胀这么容易解释，为什么决策者有时却在使经济免受通货膨胀之苦上遇到麻烦呢？一个原因是人们通常认为降低通货膨胀会引起失业率暂时增加。通货膨胀与失业之间的这种交替关系称为菲利普斯曲线，这个名称是为了纪念第一个研究了这种关系的经济学家而命名的。

在经济学中，菲利普斯曲线仍然是一个有争议的问题，但大多数经济学家现在接受了这样一种思想：通货膨胀与失业之间存在短期交替关系。根据普遍的解释，这种交替关系的产生是由于某些价格调整缓慢所造成的。例如，假定政府减少了经济中的货币量。在长期内，这种政策变动的唯一后果是物价总水平下降，但并不是所有的价格都将立即做出调整。在所有企业都印发新目录，所有工会都做出工资让步，以及所有餐馆都印了新菜单之前需要几年的缓冲时间。也就是说，可以认为价格在短期内是黏性的。

由于价格在短期内是黏性的，各种政府政策都具有不同于长期效应的短期效应。例如，当政府减少货币量时，它就减少了人们支出的数量。较低的支出与居高不下的价格结合在一起就减少了企业销售的物品与劳务量。销售量减少又会引起企业解雇工人。因此，对价格的变动做出完全的调整之前，货币量减少就暂时增加了失业率。

通货膨胀与失业之间的交替关系只是暂时的，但可以持续数年之久。因此，菲利普斯曲线对理解经济中的许多发展是至关重要的，特别是决策者在运用各种政策工具时可以利用这种交替关系。短期中决策者可以通过改变政府支出量、税收量和发行的货币量来影响经济所经历的通货膨胀与失业的结合。由于这些货币与财政政策工具具有如此大的潜在力量，因此，决策者应该如何运用这些工具来控制经济，一直是一个有争议的问题。

1.3　与经济学相关的自由思想

经济学领域的自由思想是区块链技术产生的一个强大的推动力。无论早期的哈耶克与他的《货币的非国家化》，还是 B-money 理论的提出者戴伟，以及 BitShare、Steemit 和 EOS 的技术创造者 BM，他们都崇尚一种自由，比特币的创造者中本聪无疑也受这种自由思想的影响。

本节将介绍几种代表性的思想，首先是诺贝尔经济学奖的获得者哈耶克与他的晚年著作《货币的非国家化》；其次是对自由货币追求的代表人物和事件；最后将会了解各国政府对超主权货币的一些呼声。这些是对数字货币产生积极影响的思想和人物，数字货币的产生是由这些思想影响和推动的。

2009 年 1 月 3 日，中本聪挖出了比特币的第一个区块——创世区块（Genesis Block）时，在创世区块中，中本聪写下这样一句话：The Times 03/Jan/2009 Chancellor on brink of second bailout for banks（中文含义：2009 年 1 月 3 日，财政大臣正处于实施第二轮银行紧急援助的边缘）。这句话正是泰晤士报当天的头版标题。

当时正值 2008 年肆虐全球的金融危机期间。危机发迹于美国次级信贷市场，不良的房地产次级贷款及其衍生物导致大批投资银行倒闭，员工失业，进而波及全球的金融市场，各个国家市场无一幸免。这是中本聪对央行控制的货币体系的一种嘲讽。可以说经济问题是数字货币产生的一个强劲动力。

在全球经济发展中，各国政府经常有恃无恐大开印钞机，制造通货膨胀来掠夺人们的财富。大家对于出现各种的经济问题，使人们财富不断缩水的现象都有强烈的不满，于是很多人都期待不受通货膨胀、不受国家主权限制和管理的货币的产生。发展到今天，依靠数学支撑起来的比特币系统，居然建立了一个稳固的信任体系，甚至比很多国家的政权力量都要强大很多，这种力量让我们看到了自由思想——非主权货币建立的根基。

THE TIMES

£1.50

Eat Out from £5

More than 900 great restaurants, including four Gordon Ramsay favourites from £15

Israel prepares to send tanks and troops into Gaza

Michael Sheen
Frost, Nixon and me

Working mums
So that's how she does it

Detox in style
The best spas on the planet

Chancellor on brink of second bailout for banks

Billions may be needed as lending squeeze tightens

99p

Salman Rushdie
I won't marry again

Giant killing?
Guide to the FA Cup third round

1.3.1 哈耶克与货币的非国家化

弗里德里希·奥古斯特·冯·哈耶克
Friedrich August von Hayek

弗里德里希·奥古斯特·冯·哈耶克（Friedrich August von Hayek，1899 年 5 月 8 日 —1992 年 3 月 23 日），是奥地利出生的英国知名经济学家和政治哲学家。以坚持自由市场资本主义、凯恩斯主义和集体主义而知名。他被广泛视为奥地利经济学派最重要的成员之一，他对于法学和认知科学领域也有相当重要的贡献。哈耶克在 1974 年和他理论的对手卡尔·冈纳·默达尔（Karl Gunnar Myrdal）一同获得了诺贝尔经济学奖，以“表扬他们在货币政策和商业周期上的开创性研究，以及他们对于经济、社会和制度互动影响的敏锐分析。”1991 年，哈耶克获颁美国总统自由勋章，以表扬他“终身的高瞻远瞩”。

《货币的非国家化》一书在哈耶克获得诺贝尔经济学奖两年后的 1976 年出版，但并未在当时的经济学界引起多少反响。另一个主要原因是因为当时没有产生私人货币的技术基础，没办法解决私人货币的发行、流通等问题。2009 年比特币的诞生，使人们突然发现，这种新型的加密货币正在实现哈耶克当年的设想——私人货币。

《货币的非国家化》主要从政府垄断铸币的起源，讲到政府垄断权一直遭到滥用，提出了让私人发行的货币流通起来，让这些不同的货币产生竞争的观点。在全书中虽然有很多观点用传统经济学的理论衡量起来有非常多的问题，存在难以实现的可能性，但其中的一些观点有着很重要的价值。

哈耶克抨击国家垄断法币，提出“竞争性货币”替代法定货币垄断的理论。

这实际上是数字货币的一个重要理论基础。在书中，哈耶克承认，这种和政府抢生意的事情，政府是不会同意的，且不会纵容私人发币。但是为“竞争性货币”提出理论上的可行性是非常重要的。目前，大多数国家都不承认数字货币作为一种“货币”或“私人货币”而存在，美国、日本管理当局更希望将加密货币列入证券范畴加以“监管”。这也是在数字货币发展的初期，竞争性货币与法定货币“竞争”的表现。如果在强大的压力和打击下，数字货币依然能够竞争成功，说明这种事物是有生命力的。

哈耶克从三个方面说明理由：

（1）美国政府滥用货币发行垄断权，导致通货膨胀、经济波动等诸多问题。这个理由不仅是目前大多数加密货币支持者所坚信的，而且是世界上很多国家所相信的。

（2）货币政策成为政府达成就业目标、调节经济的工具显然是错误的。哈耶克坚持货币中性观点，认为“货币政策既是不可欲的，也是不可能的”，书中对凯恩斯所发明的货币工具理论嗤之以鼻。当前世界各国政府越来越依赖货币政策来应对经济波动，而效果依然很难说得清楚。

笔者在学习经济学时，通过学习财政政策和货币政策完成的职能，很怀疑“竞争性货币”是否能够完全替代法定货币的功能。但至少理论上哈耶克给出了货币政策是错误的说法。

（3）法定货币是自由经济需要攻克的“最后堡垒”。哈耶克以此来质疑主张自由主义的经济学家们：如果你们坚持市场自由竞争理论，为什么允许货币由国家垄断发行？法定货币因为法律赋予其“法偿性”，牢牢地把握着货币的垄断地位，千百年来，几乎所有人都习以为常。

不得不说，哈耶克是彻底的自由主义者。如果货币是国家垄断，私人货币、加密货币也就不具有法定地位。稍后我们讲到的非主权货币，也会看到来自一些政府的呼声。

哈耶克设想：竞争性货币可以通过市场竞争机制来约束货币超发、稳定价格。

哈耶克撰写《货币的非国家化》的年代，是布雷顿森林体系刚刚瓦解、牙买加体系正在形成的时候，世界各国开始进入无锚定货币、浮动汇率的时代。哈耶克之前主张金本位，但在发现竞争性货币时，他改变了过去的一些想法，认为竞争性货币具有价格发现的功能，可以自行调节货币供求，比政府更清楚该发行多少货币。也就是我们常说的，市场“看不见的手”比政府“看得见的手”更加科学。最终的结果是，私人货币在市场竞争压力下调节货币供求而维持价格稳定，解决法定货币超发的问题。哈耶克非常坚信私人货币会在竞争压力下维持价格稳定。

为什么现实的情况不如哈耶克预期？哈耶克所设想的私人货币，完全是按照货币发行的体系来推导。即私人银行必须有一定的资产作为背书发行一定量的货币，然后通过正逆回购方法来调节市场供求关系以维持价格的问题。而比特币和加密货币的发行机制完全脱离了市场，是一个封闭的、不以服务于市场交易为目的的货币发行机制。另外，比特币和加密货币的发行没有资产作为刚性兑付或背书，是随意的、高风险的发行。这种所谓的市场竞争行为是完全没有门槛、没有规则、没有监管的，是哈耶克作为货币自由主义者都无法容忍的行为。我们可以通过对数字货币的一些补充方法使其更像“竞争性货币”，而且技术与经济发展到今天，会有更好的方式来完善哈耶克的“竞争性货币”。

哈耶克提出的“竞争性货币”对银行、财政政策的冲击，与今天数字货币有不少的差异。

哈耶克在撰写《货币的非国家化》时的两大背景值得关注：世界各国刚进入信用货币

的前期和浮动汇率时代，金融创新、金融衍生品还没有广泛深入发展；欧美国家刚刚开始信息革命，微软和苹果公司刚刚成立，计算机技术还没有施展威力，互联网尚未兴起，更没有大数据、人工智能和区块链的技术。

随着当今信息网络和各项技术的发展，使用区块链技术的数字货币，对世界各国绝对权威的货币体系、庞大而中心化的金融体系产生了挑战。

前些年，互联网去信息中介的功能已经引起了金融业的广泛关注，很多银行家认为互联网将加速金融脱媒。然而，结果是，传统互联网并未对他们构成挑战，他们利用互联网大数据技术更加强化了混业金融中心化的地位。原因是，银行和金融机构除了信息中介，最重要的功能是信用中介。而区块链恰恰是为了解决信用问题而诞生的，以区块链技术构建的数字货币不仅对货币发行权的垄断构成威胁，更多的对以法定货币为中心的金融体系构成了威胁。

首先，数字货币金融对银行、金融中介机构的脱媒作用是彻底的，分布式记账、点对点交易降低了金融交易的信息成本和信任成本。

其次，数字货币金融将构建一个权力分化、职责分明、运行高效、信任安全的全新金融市场。

最后，数字货币金融深化金融混业、金融与实体产业的融合，促进更多的金融资本流向实体。

如今的数字货币并非哈耶克所设想的竞争性货币，而后者也未必是当今金融与技术环境下的私人货币。哈耶克对于私人货币的说法可能会让很多人不容易理解，如果改成非法定货币会更好一些。哈耶克对私人货币的合法性说明和发行机制，对数字货币具有重要的指导意义。

数字货币与法定货币，是“看不见的手”（市场机制）与“看得见的手”（政府机制）的较量，是数字货币金融体系与法定货币金融体系的较量，也是分布式账本与中心大数据库在安全与效率上的较量，更是去中心组织与中心化机构在权力与思想上的较量。

1.3.2 密码朋克、戴伟与 B-money、BM 与自由货币

在介绍自由货币和相关人物之前，先了解一下密码朋克（Cypherpunk）。

密码朋克

1992 年底，三位退休技术大咖——加利福尼亚大学伯克利分校数学家埃里克·休斯（Eric Hughes）、退休的英特尔员工蒂姆·梅（Tim May），以及曾是 Sun microsystems 第五位员工的计算机科学家约翰·吉尔摩（John Gilmore）邀请了二十位最亲密的朋友参加了一次非正式会议，期间他们讨论了一些看似最令人头疼的程序和密码问题，加密货币

的神秘大门也正是从这个时候开始，被他们打开了。

这个非正式会议起初只是一个纯私人的聚会，但是后来却逐渐演变成了在约翰·吉尔摩的公司 Cygnus Solutions 内举办的月度会议。在第一次会议上，朱迪·米尔洪（Jude Milhon：一位黑客兼密码学作家，经常使用 St. Jude 化名）将这个组织称为“密码朋克（Cypherpunk）”，这个名字引入了 cipher 和 cypher 这两个密码 / 密文含义的单词，旨在结合电脑朋克的思想，在电脑化空间下的个体精神，使用强加密（密文）保护个人隐私。这个当时并不起眼的组织开始慢慢扩张，或许就连他们自己都没有想到，未来会在全世界引发一场革命。

随着“密码朋克”小组的不断发展，他们决定建立一个邮件列表，继而能够接触到湾区以外的其他“密码朋克”组织。只用了很短的时间，他们的邮件列表便迅速流行起来，订阅用户量也不断扩大，人们开始交流想法、讨论发展、每天都有大量提议并进行密码测试。所有这些交流都是通过当时最创新的加密方式（如 PGP）进行的，因此每个人的隐私都得到了很好的保护——结果自然不言而喻，人们的想法得以自由分享。

这种隐私和自由的结合，导致了大量主题思想被自由讨论，包括数学、密码学和计算机科学等技术理念，以及政治和哲学辩论等。虽然在很多事情上大家都没有达成完全一致的意见，但作为一个开放性的论坛，个人隐私和自由得到了充分保护，这一理念也高于所有讨论主题之上。

事实上，“密码朋克”这一组织的背后基本思想，可以在埃里克·休斯 1993 年撰写的“密码朋克”宣言中找到，而支撑他当时发布宣言的关键原则，就是对隐私重要性的笃信。人们还可以在宣言中看到对其他原则的讨论，如今我们回过头再看，会发现当时这些原则其实就是用于支持和构建比特币的基本想法。

关于隐私，“密码朋克”的宣言声明：“在电子时代的开放社会里，隐私是必要的。隐私不是秘密。私人事务是一个人不想让整个世界知道的事情，但秘密的事情是一个人不想让任何人知道的事情。隐私是有选择性地向世界展示自己的力量。”

为了更清楚地解释隐私问题，“密码朋克”宣言还使用了一些与日常交易直接相关的、非常实用的例子：“当我使用现金在商店购买杂志时，店员无须知道我是谁，也不会问钱从哪儿来；当我要求我的电子邮件服务提供商发送和接收消息时，他们不需要知道我在和谁沟通，也不需要知道我说了哪些内容，以及别人对我说了些什么，电子邮件服务提供商只需知道在什么地方获得信息，以及我需要为这些服务支付多少费用……”因此，开放社会需要匿名交易系统。

到现在为止，现金其实才是这个系统的重要组成部分。匿名交易系统不是秘密交易系统，个体用户在使用匿名系统时，只会在需要透露他们身份时，通过授权来确认——这才是隐私的本质。正是基于上述原则，人们才开始尝试开发数字货币。从亚当·贝克，到戴伟、中本聪都是“密码朋克”的实践者。

戴伟
Wei Dai

戴伟（Wei Dai）毕业于美国华盛顿大学，计算机专业，辅修数学，曾在微软的加密研究小组工作，参与了专用应用密码系统的研究、设计与实现工作。

戴伟受其父亲的影响比较大，其父戴习为于1947年生于湖北武汉，1981年移居美国，经过多年打拼，戴习为创立的公司凭借在人工智能模式识别上的研究成果，被微软公司收购。这为戴伟提供了很好的物质基础和接触微软的机会。

1985年，9岁的戴伟被父亲戴习为接到美国。得益于其父创造的良好条件和戴伟的个人天赋，戴伟在初二暑假打工期间，在其母亲任职的石油软件公司独自完成了连成年程序员也比较吃力才能完成的C语言开发任务。高一时，就拿着老师的推荐信提前到哈佛大学计算机系选修课程。大一时，戴伟注意到了“密码朋克”组织，后来利用课余时间创建了著名的开源代码库Crypto++，并一直维护至今。

其父戴习为在《过河卒》中描述了戴伟接触自由思想的一些信息：与自己的个人电脑一起长大，这些人从小没有为吃穿发过愁，在他们的眼中，名誉或地位，有一点也不坏，至于更多，那就是别人的事情了。这些人经常把他们的得意之作直接放到网上，彻底开放，供人自由使用。在物质相对充裕的社会中，对一个高智商的群体来说，“吃饭”本不是问题，劳动更多的是为了实现自我，为了享受，一种真正的享受。

1998年戴伟开始对无政府主义着迷。他写道：“蒂莫西·梅的加密学无政府主义令我十分着迷，和其他传统意义上的与无政府主义相关的组织不同，在加密学无政府主义中，政府并不是被用来暂时摧毁，而是被永远禁止，即永远不需要政府。在这个社区中，暴力没有用，而且根本不存在暴力，因为这个社区的成员并不知道彼此的真名或真实地址。”

1998年11月，戴伟提出了匿名的、分布式的电子加密货币系统——B-money。分布式思想是比特币诞生的重要灵感来源，在比特币的官网上，B-money被认为是比特币的精神先导。

B-money首次引入了PoW机制、分布式账本、签名技术、P2P广播等技术，以及去中心化创造加密货币的思想，但并没有给出去中心化的具体技术方法。

B-money的设计在很多关键的技术特质上与比特币非常相似，但不能否认的是，B-money有些不切实际，其最大的现实困难在于货币的创造环节，要求所有账号共同决定计算量的成本并就此达成一致意见。每台计算机各自单独书写交易记录，达成一致很难。戴伟为此设计了复杂的奖惩机制以防止作弊，但并没有从根本上解决问题。

在 B-money 系统中，要求所有的账户持有者共同决定计算量的成本并就此达成一致意见。但计算技术发展是日新月异的，而且有时并不公开，计算量的成本这类信息并不准确、及时，也难以获得，因而 B-money 很难成为现实。其实 B-money、黑网和加密信用都只是理论探索，并未真正进入应用领域，直到 2010 年，美国政府向支付服务机构施压以对维基解密实施金融封锁时，蒂莫西·梅的黑网才逐渐成为现实，而比特币成了现实中的加密应用。

戴伟对无政府主义的幻灭：在戴伟提出 B-money 之后，并没有试图解决这些问题。他表示"我没有继续研究这些问题是因为在写完 B-money 之后，我对加密学无政府主义已经感到有些幻灭了。我们没有想到这样一个系统在投入实践之后，会吸引如此多的关注，并且会被这么多人使用，而不仅仅是加密朋克那群加密学铁杆粉丝。"

不管 B-money 后来的发展如何，如果没有戴伟家庭的优越，加密学的基础，对自由的追求，还有那些无政府思想的影响，就不会有 B-money 的设计。如果没有 B-money 的设计，中本聪应该不会设计出比特币，或者会更晚时间才会出现类似比特币这样的区块链技术。戴伟的 B-money 的贡献，体现在中本聪的引用文献上（第一引用文献）和以太坊的货币单位的设计上（以太坊的基本货币单位 wei，就是为了纪念戴伟的贡献）。后来戴伟对无政府主义的幻灭也说明了，在当前的发展阶段，纯粹的自由还是一种理想。

BM
ByteMaster

BM，全名为 ByteMaster（真名 Daniel Larimer），是一个崇尚用自由市场解决方案的天才程序员。

在不长的数字货币发展历程中，大神 BM 已经为我们创造了三个强大的区块链项目：BitShares（比特股）、Steemit 以及 EOS。他是目前世界上唯一一个连续成功开发了三个基于区块链技术的去中心化系统的人，也是 BitShares、Steemit 和 EOS 的联合创始人。每个项目的关键词都是：创新和颠覆。

2003 年，Daniel Larimer 从弗吉尼亚理工学院毕业，并拿到了计算机学士学位。

他一直有一个梦想，就是找到一个能够保障人们生活、自由和财产安全的自由市场方案。他认为如果有人能够提供这样一个方案，不仅可以挣很多钱，而且可以让这个世界变得更加美好。于是他发现要想达到这个目的，必须从自由货币开始。

意外的是，任何自由市场的替代政府，都无法将我们从现在的政府中解放出来，不会强到足以阻止新政府接管。生命自由和财产的需求其实是人类的普遍刚需，渐渐地，研究基于自由市场的解决方案成为他的生活重心之一。BM 认识到货币是政府权力的根源，使用金钱完全是自愿的，没有人强迫你以美元支付，政府有权在世界任何地方夺取财产。很明显，自由市场将需要一种没有物质财产支持的资金。

BM 从 2009 年就开始了对比特币的研究。2014 年发布了 BitShares，并在第二个版本中加入了石墨烯工具组。2016 年 BM 开发了 Steemit，后来成为区块链社交媒体与内容的典型案例，也是书中分析的多通证经济模型的案例。

2013 年，很多比特币交易所被美国政府叫停，银行账户也被没收。这个时候 BM 发现，如果没有一个去中心化的交易所，比特币就会死掉。从此他便开始开发世界上第一个去中心化的交易所——BitShares，并发明了 bitUSD，一个挂住美元的数字货币。bitUSD 其实是一个基于美元的期货合约，除了 bitUSD 之外，还有基于人民币的 bitCNY，基于欧元的 bitEUR，基于黄金的 bitGold，基于比特币的 bitBTC。

BitShares 的理想自由市场金融体系的原则（来源于 BitShares 白皮书）：

（1）去中心化原则（Axiom of Decentralization，AoD）。体系中各方享有同等的地位，没有特权，任何一方在任何时间点都不得要求尚未被超过 50% 的人群所拥有和使用的资源。

（2）信任原则（Axiom of Trust，AoT）。参与体系的任何一方都不需要相互信任。没有一方可以违约，并且不应该以合同义务作为先决条件。

（3）责任原则（Axiom of Liability，AoL）。任何一方需要从事非法或高度管制的活动，或者承担超过和朋友或家人进行加密货币与法币直接兑换的法律风险。

（4）易用性原则 （Axiom of Accessibility，AoA）。足够易用，使任何有能力使用电子邮件的人都能掌握并且成功地在系统中交易获利。

（5）可扩展原则（Axiom of Scalable，AoS）。在不损害系统其他原则，不需要引入其他中心化的参与者的前提下，扩展至任何量级的处理能力。

（6）资产和交易的多样性原则（Axiom of Asset and Trading Diversity，AoATD）。支持常见的投资工具，包括买空卖空、认购和认沽期权。它应该支持对任何有形资产的交易。

（7）聚集原则（Axiom of Aggregation，AoAG）。一个单一的买单应该可以匹配多个最小交易单位的卖单。一个试图进行大额交易的用户只需发起一笔交易。

（8）原子性原则（Axiom of Atomicity，AoAT）。在 IFMFS 中，没有一个交换或交易是部分的、不完整的，或者处于无效的状态。

（9）中介原则（Axiom of Escrow，AoE）。系统外资产与系统内资产余额的交易不应依赖于对包括买方、卖方或中介代理的任何一方的信任。中介系统应不易被买方或卖方与中介代理串谋攻击。

（10）整体定价原则（Axiom of Global Pricing，AoGP）。系统不得使用任何非来自系统用户出价的价格信息。

（11）零和原则（Axiom of Zero Sum，AoZS）。系统必须既不创造也不毁灭价值，有一方盈利就必定有另一方亏损。

（12）整体吸引力原则（Axiom of Global Appeal，AoGA）。系统提供的收益应当大于风险，促进每一个人参与、分享和推广。

（13）隐私原则（Axiom of Privacy，AoP）。系统至少能够为所有参与的用户提供和比特币同级的隐私保护。理想情况下，能够彻底匿名。

（14）赫尔墨斯原则（Axiom of Hermes，AoH）。系统尽可能快地为用户处理存款、交易和提款。系统内的交易应该以最快的速度进行确认。

（15）安全原则（Axiom of Security，AoSEC）。一个系统必须拥有和比特币一样或者更好的安全水平。

（16）开源原则（Axiom of Open Source，AoOS）。对一个普通开发者而言，所有系统的相关软硬件必须是开放的、可审查的、可重新生成的。

（17）被动订单执行原则（Axiom of Passive Order Execution，AoPOE）。订单可以在没有用户或他们的计算机交互式参与的情况下执行。

财产安全就是证明你的是你的。一个极端的例子是，你在银行A中有一笔价值不菲的存款，某天银行A的IT系统发生了严重的故障，所有的数据都丢失了，你的存款也就随之消失了。解决这个问题的方法非常简单：把银行的账本备份很多份，放在很多个不同的地方。

BM说过：Our community is open to all who wish to create a free society where our children can be secure in life，liberty，and property。（我们的社区对所有想要创造一个自由社会的人开放，在那里，我们的孩子可以拥有生命、自由和财产安全）

自由的最重要的一个前提是财产安全。这里甚至没有必要加上“之一”。如果你没有钱，就只能做现在的工作，没有选择，辞职是需要一定的资金来维持生活的；如果你没有钱，就只能待在现在的地方，没有选择，去往外地是需要一定的资金的；如果你没有钱，就只能使用现有的东西，没有选择，购买更好的东西是需要更多资金的。有的人认为虽然说有钱不一定会自由，但是没有钱就一定不会自由。

从自由货币，到去中心化交易所，到DAO与DAC，都是受自由思想的影响。BM不仅实现了多个数字货币的案例，并且在这些项目中更多地体现了对自由思想的具体支持方式。

也许纯粹的自由思想是一种理想状态，但它是产生新思想的重要源泉。虽然为纯粹的自由而设计的货币目前还不存在，但对于跨越国家主权的超主权货币已经是一种临近的需求。

1.3.3 超主权货币

从古代开始就有可以称为货币制度的制度，几千年来都是与国家的主权（也包括诸侯的、城邦的、地区的政治权利）不可分割地结合在一起。这种观念和准则在20世纪受到了严重的挑战。先是以美元为中心的国际货币体系建立起美元在全球的主导地位。但在相当长的时期内，在控制与反控制的博弈中，各国的货币主权依然得以保持。有的货币还存在着与美元分庭抗礼的态势。当前这种挑战沿着两个趋向发展：①本国的本币都让位于外国货币，这无疑意味着对本国货币主权的彻底否定；②欧元登上历史舞台，对抗美元的主导地位。

金融危机的爆发与蔓延使人们再次面对一个古老并悬而未决的问题，即什么样的国际储备货币才能保持全球金融稳定、促进世界经济发展。历史上的银本位、金本位、金汇兑本位、布雷顿森林体系都是解决该问题的不同制度安排，这也是国际货币基金组织（IMF）成立的宗旨之一。但 2008 年的金融危机表明，这一问题不仅远未解决，由于现行国际货币体系的内在缺陷反而愈演愈烈。因此要求必须创造一种与主权国家脱钩，并能保持币值长期稳定的国际储备货币，以解决金融危机暴露出的现行国际货币体系中的一系列问题。

2009 年 3 月 23 日，中国人民银行行长周小川发表专文，建议对国际货币基金组织创建的特别提款权 SDR 进行改进和扩大，逐步建立一种不与任何国家主权挂钩的“具有稳定的定值基准，并为各国所接受的新储备货币（即超主权储备货币）”，并以此作为国际储备和贸易结算的工具。不仅中国有这方面的建议，同年 3 月，俄罗斯政府也提出了建立“超国家储备货币”（super national reserve currency）的主张。

当一国货币成为全世界初级产品定价货币、贸易结算货币和储备货币后，该国对经济失衡的汇率调整是无效的，因为多数国家货币都以该国货币为参照。经济全球化既受益于一种被普遍接受的储备货币，又为发行这种货币的制度缺陷所害。从布雷顿森林体系解体后金融危机屡屡发生且愈演愈烈的情况来看，全世界为现行货币体系付出的代价可能会超出从中的收益。不仅储备货币的使用国要付出沉重的代价，发行国也在付出日益增大的代价。危机未必是储备货币发行当局的故意为之，但却是制度性缺陷的必然。

美元作为全球储备货币，已经出现了比较多的弊端。创建一种储备货币以摆脱美元面临的特里芬悖论，具有理论上的合理性。从全球货币史的发展来看，超主权储备货币的主张由来已久。在英镑和美元成为世界货币之前，无论银本位还是金本位，其货币特征都是超主权的。1969 年，国际货币基金组织创设特别提款权，意在缓解主权货币作为国际储备货币的内在困局与风险，但特别提款权的作用长期掣肘于围绕分配机制和使用范围的国家间争执。

创造一种与主权国家脱钩，并能保持币值长期稳定的国际储备货币，从而避免主权信用货币作为储备货币的内在缺陷，是国际货币体系改革的理想目标。

（1）超主权储备货币的主张虽然由来已久，但至今没有实质性进展。20 世纪 40 年代凯恩斯就曾提出采用 30 种有代表性的商品作为定值基础建立国际货币单位 Bancor 的设想，遗憾的是未能实施，而其后以怀特方案为基础的布雷顿森林体系的崩溃，彰显了凯恩斯的方案可能更有远见。早在布雷顿森林体系的缺陷暴露之初，基金组织就于 1969 年创设了特别提款权（以下简称 SDR），以缓解主权货币作为储备货币的内在风险。遗憾的是，由于分配机制和使用范围上的限制，SDR 的作用至今没有能够得到充分发挥，但 SDR 的存在为国际货币体系改革提供了一线希望。

（2）超主权储备货币不仅克服了主权信用货币的内在风险，也为调节全球流动性提供了可能。由一个全球性机构管理的国际储备货币将使全球流动性的创造和调控成为可能，当一国主权货币不再作为全球贸易的尺度和参照基准时，该国汇率政策对失衡的调节效果会大大增强。这些能极大地降低未来危机发生的风险、增强危机处理的能力。

从理论上来说，建立超主权货币体系的根本问题在于，依托主权国家的信用担保是现代货币最本质的特征，离开了主权国家的信用担保，信用货币便无法确认，更不用说成为交易、结算以及价值储藏的工具。超主权货币体系应该脱离主权国家的信用担保，或者脱离单一的主权国家担保，初期摆脱单一主权是一种更容易实现的方式。国际货币体系——牙买加协议的国际储备多元化就是这种方式的早期形式。

第 2 章 传统货币

2.1 货币的基础知识

当今社会，我们每天在众多的场合都使用货币，不管金属的硬币、纸质的货币还是使用微信支付与支付宝支付的电子货币，已经融入我们的生活方方面面。大家对货币的认识和使用已经习以为常，没有太多的人关注货币的发展历史和内在本质。在我们需要分析数字货币的时候，需要先来认识传统货币的基础知识，然后在此基础上对比分析新型的数字货币，会更容易理解。

2.1.1 货币的起源

人类社会已经有了数百万年甚至更长的历史，但货币却是几千年前来出现在人类社会中的。货币是怎么产生的？国内外具有代表性的观点大致分为以下两种：

一种观点认为，货币的出现是与交换联系在一起的。根据史料的记载和考古的发现，世界各地发生的交换都经过两个发展阶段：先是物物直接交换，然后是通过媒介的交换，即先把自己的物品换成媒介的物品，再用所获得的媒介物品去交换自己所属的物品。在这种情况下，比较定性的媒介就称为货币。在世界范围内，牲畜曾在很多地区作为这种媒介，中国最早的媒介是“贝”。司马迁在《史记・平准书》中描述道：“农工商交易之路通，而龟贝金钱刀布之币兴焉。所从来久远，自高辛氏之前尚矣，靡得而记云”。

在几千年的发展过程中，货币的形态经历着从低级向高级不断演进的过程。据古籍记载以及从青铜器的铭文和考古的挖掘中得知，中国最早的货币是贝，其上限大约在公元前 2000 年。产于南方海里的天然海贝成为北方夏商周的货币，这是外来物品作为货币的典型例子。此外，日本、东印度群岛以及美洲、非洲的一些地方也有用贝作为货币的历史。

用在交换中大量出现的商品作为货币的例子也很多。古代欧洲的雅利安民族，在古波斯、印度、意大利等地，都曾有过用牛、羊作为货币的记载，《荷马史诗》中经常用牛标示物品的价值。除去牲畜，一些地方曾经用盐、烟草、可可豆、绢等物品充当货币。

另一种观点认为，货币是有权势的统治者或者贤明的人所确定的。比如《管子》中就认为，是“先王”为了进行统治而选定某些难得的、贵重的物品作为货币。

这两种观点其实是货币发展的两种观察角度，在实物货币阶段，等值交换是主要的特点。在信用货币阶段，第二种观点（货币是有权势的统治者或者贤明的人所确定的）更能体现其主要特点。在信用货币阶段产生了货币代表价值与货币实际价值分离的现象，这是后来很多信用货币产生问题的根源。

2.1.2 货币的几个发展阶段

我们使用将货币与交换联系起来的观点，从便于携带、保管、分割、价值匹配几个方面来观察货币的发展阶段，看到货币的发展从无到有主要经历的几个主要阶段如图 2-1 所示。

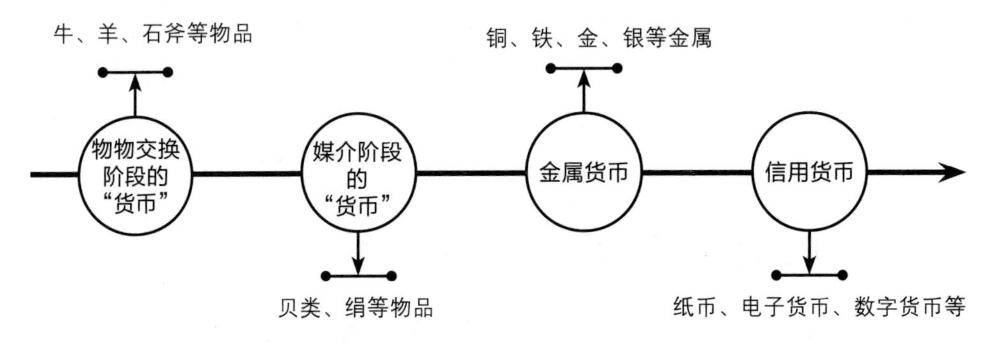

图 2-1 货币发展的几个阶段

1. 物物交换阶段的“货币”

一般由存在普及，有使用价值的物品承担。如牛、羊、石斧等物品。

物物交换的方式只适用于生产力发展水平很低、富余的农副产品很少、交换范围较小的背景下。随着富余的产品数量增多，商品交换次数增加，物物交换的方式会出现局限性。于是促使出现了一种固定充当商品交换媒介的特殊商品，这种商品更易于与其他所有的商品产生交换关系，是更有现代意义的货币。

物物交换阶段的“货币”在携带、保管、分割这三个方面都不是特别方便，在价值匹配方面也不是特别理想。牛羊个体一般都太大，携带不方便，如果出现疾病，还会出现死亡，保管也有很多风险。同时这些物品存在着不标准的问题明显，分割也十分不方便，阻碍人们进行更小物品的交换。

2. 媒介阶段的“货币”

随着商品交换的增加，特别需要一种能够和所有商品都容易产生交换的产品。一般由容易携带、具有稀缺性的物品承担。如贝类、绢、食盐等物品。

媒介阶段的“货币”在携带、保管、分割这三个方面，已经同物物交换阶段相比有了比较大的改善。一般媒介阶段的货币会更小，容易携带；不容易变质（相对物物交换的牛羊而言），容易保管；可以方便地分离和合并，更容易分割。

在价值匹配方面，这个阶段开始出现一个显著问题：货币的价值是否能够代表交换物品的价值？例如，在一定时期内，人类活动范围变大，捡到的贝类过多，会引起交换价值的不匹配。而贝类自身的使用价值又比较小，于是对媒介物的要求有了进一步提高。

3. 金属货币

随着技术的发展，人们能够获得或冶炼金属后，货币开始由贵金属承担。如铜、铁、金、银等金属。

金属货币在携带、保管、分割这三个方面都有着更优越的表现。相对于物物交换阶段和媒介阶段的货币，金属货币更适合携带、保管、分割。同时因为金属有着非常大范围的使用价值，在媒介阶段开始出现的价值不匹配的问题，在金属货币阶段的初期该问题并不突出。

金属货币最初是以块状形式流通，如金块、金条、金元宝、银块等。每次交易需要称分量、鉴定成色，按照交易额进行分割，这样会非常麻烦。为了便于交易，一些交易量大、信誉好的商家便在上面打上标记，以自己的信誉来担保这种金属货币的质量。

随着这种方式被更多人接受，最具权威的政府机构开始制作标准的金属货币。

在金属货币标准化的发展过程中逐渐产生了铸币税的问题，在一些特殊阶段，这些金属货币与所代表的价值产生过严重的偏离，如王莽改革时期的“一刀平五千”，一枚金错刀币可以兑换5000枚五铢钱。

金属货币的代表价值与实际价值的偏离，是信用货币产生的萌芽初期。

4. 信用货币

随着科技的发展，商品交易的大规模发生使交易的频次和交易的数量都产生了更大的变化。金属货币也逐渐出现很多不满足经济与社会发展的属性，如容易携带与运输、方便转移、极小的数值分割、极大的数值合并等问题。在这种情况下，信用货币开始产生了，如纸币、电子货币、数字货币等（也是科技发展的结果，提供了产生信用货币的技术）。

信用货币是从最早的汇兑凭证演变而来的，如唐代的飞钱、宋代的交子，于是这些代表实际货币的信用货币开始产生。

信用货币在携带、保管、分割这三个方面都非常优秀，以往各种类型的货币都不能与之相比。但信用货币所代表的价值与其自身的价值方面出现了严重的分离，必须靠外部力量（经常是政府的强权）来保证。这种保证价值的手段一旦出现问题，信用货币就会造成严重的问题，直至崩溃。历史上，各个国家政权出现更迭或剧烈变动时，经常出现严重的通货膨胀，都是因为这种信用货币在价值匹配上出现了严重问题。表 2-1 总结了几种形式货币的主要特点对比情况。

表 2-1　几种形式货币的主要特点对比

比较项目 \ 货币形式	物物交换阶段的"货币"	媒介阶段的货币	金属货币	信用货币
携带	差	较好	好	极好
保管	差	较好	好	极好
分割	差	较好	好	极好
价值匹配	好	较好	好→出现价值减少的风险	风险大，需要强权保障
形态	实体	实体	实体	实体 → 虚拟

货币的形态是货币的所有属性中我们一般不太关注的，因为大部分阶段一直是实体。但在信用货币阶段，货币的形态开始由实体走向虚拟，这种转变开始了一种量变向质变的转化。这个阶段的货币可以在信息网络和价值网络中传递，这种转变带来的影响是巨大的。在介绍价值互联网的部分会详细介绍这种变化。

从总的趋势看，货币形式随着商品生产流通的发展而发展，随着经济发展程度的提高，不断由低级向高级发展演变。

在马克思的《资本论》中，从以下几种角度来观察货币：

（1）从货币本质出发，把货币定义为"固定充当一般等价物的特殊商品"。

（2）从货币的形式出发，把货币定义为"价值尺度和流通手段的统一"。

（3）从价值角度出发，认为"货币是核算社会必要劳动的工具"。

（4）从生产关系出发，"货币是隐藏在物后面的人与人之间的关系"。

总之，货币的产生和发展取决于人类生产力与科技水平的发展。

2.1.3　信用与货币

本小节不用经济学中严格的定义与关系说明信用与货币，因为在传统的经济学中，这两个概念覆盖的领域以及相互之间的关系一直有比较多的争议。我们用一种普通人容易理解的、基础的信用与货币之间的关系进行说明。

无论货币还是信用，对应的都是实际财富。关于信用和货币、信用创造和货币供给之间的关系，历来就有两种逻辑不同的分析思路——信用的货币理论和货币的信用理论。

1. 信用的货币理论

信用的货币理论认为，货币先于信用而存在，因此，定义货币是分析信用的前提。其分析逻辑首先是给出货币的适当定义，考查在经济交易过程中商品流和货币流的关系，然后从中提炼出货币、准货币，直至信用的定义并厘清它们之间的区别和联系。作为一种货币分析框架，信用的货币理论试图解释各类货币工具（如货币和准货币）在交易过程和中介过程这两个分离的过程中所扮演的角色及其相互联系。在现实中，信用的货币理论曾长期主宰金融理论界，并塑造了以货币分析为核心的理论体系和以货币及利率为主要调控对象的货币政策体系。

2. 货币的信用理论

货币的信用理论则相反，它认为在人类社会中，信用作为一种要求权（claim），早在5000年前便已存在，而自那以后的数千年里，货币还在为寻找其固定的实现形式而上下求索。事实上，最早的国际货币制度——金本位制——只是在1819年英国通过《恢复现金支付法案》（Act for the Resumption of Cash Payments，1819）时方才建立。因此，从历史和逻辑的关系上看，信用都先于货币，而且信用是解释银行、货币及实体经济之间内在联系机制的核心概念。

事实上，在现代中央银行产生之前，如今我们熟知的围绕货币供求展开的概念和理论分析框架还不存在，因此，长期以来，学术界对金融与实体经济关系的探讨，集中围绕信用创造机制展开。在这个意义上，信用创造理论是现代货币供给理论的前身。古典经济学家如瓦尔拉斯、麦克路德、魏克赛尔等，还有当代最优秀的经济学家如斯蒂格利茨（Stiglitz）、格林沃尔德（Greenwald）、伯南克（Bernanke）等，都持此论。

货币是信用的一种，但信用却并不依赖货币而存在，足见信用先于且相对独立于货币而存在。信用对货币的优先关系，还可以通过研究信用和货币相互生成关系加以分析。现实中存在着两种状况：一种状况是，信用创造直接造成货币流量和存量同时增加。在这种情况下，是信用创造货币。另一种状况是，信用创造并不改变货币存量，但加速货币的流通，从而增加货币流量。在这种情况下，信用的产生并不会相应地创造货币。这更证明了信用相对于货币的优先地位。

信用与货币的另一个强关联是当前所有由国家发行的法定货币都是由国家信用背书的。在数字货币领域如果没有了国家的信用背书，那么用什么信用来为数字货币的价值背书呢？

2.2 铸币税

经济学中的铸币税是指货币铸造成本低于其面值而产生的差额。由于铸币权通常只有统治者拥有，因此它是一种特殊的“税收”收入，是政府的一个重要收入来源。铸币税并非通常意义上的税，在税收的管理体系中并不存在这样的一种税，它是一个特定的经济学概念，指货币面值与创造货币所需成本之间的差额。

铸币税（seignorage）一词最初起源于封建社会时期的欧洲，指封建领主凭借自己铸造货币的特权而获得的净收入，即铸造货币的收入超过其成本的部分。历史上，封建领主常常通过降低铸币的成色、减少铸币重量等方式收取铸币税，而铸造货币的特权使他们拥有稳定的铸币税来源。

2.2.1 铸币税的起源

金属货币需要铸造成标准货币的一个原因是整块的金属不容易分割和称重，如果把这个大的金属分割，并做成标准的重量和形状，会更便于流通和使用。

最早的时候，铸币税就是人们想将自己的贵金属转变为金属铸币时，需要缴纳的一种费用。这个费用不是国家权力通过强制和暴力收取的，而是从需要铸造货币的人那里收取的，相当于将原始金属转换为铸造货币这种生产过程的手续费。

案例 1：最原始的铸币税。原本 1 个银币含 10 克白银，使用者拿 1000 克纯银找到铸币厂，可以铸造 100 枚银币，铸币厂需要有合理的费用与利润完成这次铸造的生产过程。于是就向这位使用者收取 50 克白银作为报酬，这 50 克白银用于支付铸币厂人工和成本之外的部分，就是正常的、合理的铸币税（称为制作手续费更准确）、最原始的铸币税的产生过程示意图如图 2-2 所示。

图 2-2　最原始的铸币税的产生过程示意图

在金属货币的使用中，还有两种方式逐渐演化成了铸币税。

案例 2：使用者的铸币税。已经制作好的银币在流通过程中，很多人发现可以把这种标准的金属货币割下一小部分，仍然不影响使用和价值。当然这种操作不能过于明显，如果一个银币被砍去一半，就不会有人按照原价接收了。如果是从银币边缘线下刀，保留字样，银币变薄了，重量变轻了，可看上去还是银币，经过这种操作处理过的银币还能继续使用，而且刮下来的那些银料就归属了当前的拥有者。于是，在铸币上刻字、印头像、将银币的边缘做成锯齿形状，都是为了防止这种现象出现，如图 2-3 所示。

图 2-3　防范使用者的铸币税

案例 3：发行者的铸币税。正常情况下 1 个银币含 10 克白银，使用者拿 1000 克纯银找到铸币厂，可以铸造 100 枚银币。但当铸币的权利掌握在统治者或特权阶级手里时，他们发现制作的银币如果不到 10 克也不影响使用，于是，慢慢地铸币所代表的价格和制作铸币的成本开始产生差距了。例如，拥有铸币权的国王命令将每枚银币的含银量降低到 5 克白银，交付给使用者的 100 枚银币实际上只含有 500 克白银，这样另外 500 克白银就进了国王的腰包。一些减少实际重量和成色的货币如图 2-4 所示。

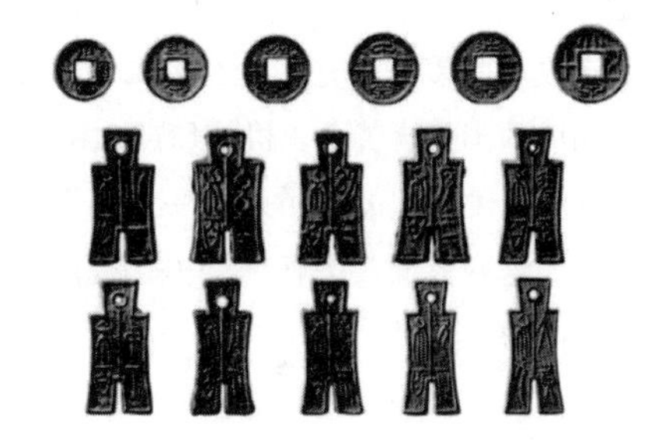

图 2-4　发行者的铸币税（减少实际重量与成色）

当然这种做法需要保持一个合适的尺度，太大的尺度会造成经济混乱，以致影响社会的稳定。除非有强制性力量能够保障这种货币唯一生产能力和这种货币的使用价值。这其实是信用货币的前身，货币本身价值与其代表的价值产生严重偏离时，如何给货币进行价值背书，是货币发行者要考虑的重要问题。

西汉末年，王莽登上皇位的时候，一心想要推行币值改革，一是为了和汉朝划清界限，弃用五铢钱；二是企图通过发行货币获得铸币税。王莽币制改革的第一步是发行三种新货币：一刀平五千（金错刀）、契刀五百和大泉五十。其中，一刀平五千可以兑换 5000 枚五铢钱；契刀五百可以兑换 500 枚五铢钱；大泉五十则可兑换 50 枚五铢钱。此时，五铢钱依旧发行流通，但禁止侯爵以下者收藏黄金，拥有者把黄金卖给当地政府，以新钱币支付，一斤黄金兑换两把金错刀或 20 把契刀。值得一提的是，新货币的重量很有限，相对差距最小的大泉五十也只有 12 铢重，却价值 250 铢的旧货币，货币的价值严重缩水，令人难以接受。王莽通过金错刀成功地掠夺了民间的大量黄金和财富，却发现民间私铸新币严重。不法奸商和贪官污吏以法定兑换比例用新币换取五铢钱，熔化后私铸新币，从中赚取差价，严重扰乱了货币市场和社会经济秩序。无奈之下，王莽废掉了这两种刀币，又先后发行了重 1 铢的小泉直一代替五铢钱，发行了各种五花八门的新钱币，以及取而代之的是货布和货泉。到最后，连货布都消失了，只剩下了货泉（重 5 铢）。

2.2.2 当代铸币税

按照古典的铸币税算法，铸币税是货币的名义价值与制作成本的差额。在现代信用货币体系下，各种信用货币的计算差额都是非常巨大的，如纸币、电子货币、数字货币等形式的货币，它们的制作成本都是很低，甚至可以忽略不计。

那为什么当代大多数国家的货币体系没有崩溃呢？这里面存在着两个重要问题。以美元为例：第一，这个铸币税差不多是央行成立以来的铸币税总额。例如，美联储资产负债表，就是其 1913 年成立以来的 100 多年来所有铸币税的总额，而大多数人想了解的是，美联储每年收取的铸币税有多少？第二，美元并非凭空发行货币，每一个美元被发行出来，都是有相应的国债、黄金、机构债或 MBS 等债券做抵押，不能说一个美元就是整个铸币税。

也就是说当代的货币发行一方面严格控制数量，另一方面要给新发行的货币配置等价的资产。这两方面其中任何一方出现问题，都会让其所发行的货币系统瘫痪，这种货币就会退出市场。

一个典型的案例就是当代的津巴布韦，在他们国内出现经济问题的时候，政府决定大量地印钞票，造成津巴布韦元的面值飞涨，从 1 亿津巴布韦元到 2.5 亿津巴布韦元再到 5 亿津巴布韦元，成 10 倍乃至 100 倍的增长，后来高达 500 亿津巴布韦元震惊全球。2009 年初，津巴布韦再次刷新纪录，达到了发行史上最大面值货币——100 万亿津巴布韦元！（见图 2-5）于是导致后来津巴布韦本国的货币基本上不能流通。

图 2-5 津巴布韦纸币

当代信用货币控制发行数量是很容易做到和被监督的。如何为新发行的货币配置等价的资产是不容易被理解和监督的，这方面有各个国家的中央银行成熟的体系来保障，我们在这里不做过多的说明。

在区块链的数字货币领域中，信用货币控制发行数量和为新发行的货币配置等价资产这两个问题应如何处理，直接关系着这种数字货币的最终命运。我们在区块链经济模型章节中将会讨论当代铸币税的两个重要问题：数量控制与价值来源。

2.2.3 当代铸币税的获取方式

以往铸币税的获取方式主要是依靠制造成本和代表价值之间的差额，因为这种方式与权利紧密的结合，一般只在国内有效。在当今经济全球化的情况下，铸币税有更多的获取方式。

当代社会铸币税的获取方式：在汇率保持稳定的条件下，一国政府可以通过以下四条途径获得铸币税。

（1）在通货膨胀率为零的条件下，国际和国内利率的下降使货币的周转速度不断下降，社会对实际货币余额的需求增加，使民间部门向中央银行出售外国资产以换取本国货币，中央银行就可以通过印制钞票换取外汇储备。在这种情况下，政府通过增加外汇储备来获取铸币税。

（2）执行固定汇率制的国家，当世界其他国家出现通货膨胀时，随着国外价格的上升，由购买力平价理论导出国内价格也将会上升，名义货币余额的实际购买力将下降，对货币的超额需求就会产生，中央银行通过适量增加货币供给以抵消价格上升，使实际货币余额保持不变。在这种情况下，政府随着国内价格水平的上升收取了铸币税，而并不减少任何储备。

（3）当一个国家的国内生产总值的潜在增长引起实际货币余额需求的同步增长时，如果中央银行增加的货币供给恰好能满足社会对实际货币的增长需求而不出现超额供给时，政府可以通过发行货币取得铸币税，而不会引起通货膨胀。

（4）当一个国家的国内商品供给过剩且存在失业时，政府实行扩张性财政政策，会引起实际货币的超额需求。如果央行所增加的货币供给恰好能满足政府通过公共工程建设所引起的实际货币的超额需求时，就不会出现货币的超额供给，政府也可以由此而获得铸币税。

2.3 货币的基本职能

古今中外不同学派的经济学家对货币的职能划分在本质上没有太大的分歧，划分标准也大概一致。大致是按照价值尺度、流通手段、货币储藏、支付手段和世界货币的先后顺序排列。归纳总结后，货币的主要职能有以下几种：

（1）赋予交易对象以价格形态。

（2）购买和支付手段。

（3）积累和保存价值的手段。

2.3.1 赋予交易对象以价格形态

在现代的经济社会中，作为交易的对象都有一个价格属性，就是用一定数量的货币来表示的形式。经济学家将赋予交易对象以价格形式的职能定义为价值尺度。货币通过价格形态使商品、服务能够互相比较。价值尺度是用来衡量和表现商品价值的一种职能，是货币的最基本、最重要的职能。正如衡量长度的尺子本身有长度，称东西的砝码本身有重量一样，衡量商品价值的货币本身也是商品，具有价值。没有价值的东西不能充当价值尺度。

各种交易对象具有不同的价格，还需要加上可以比较不同货币数量的单位。各种货币商品分别有衡量各自使用价值的单位。如贝壳是以“朋”计算，牲畜是以“头”计算，绢帛是以“匹”计算，金属是以重量来计算等等。最初的货币单位与衡量货币商品使用价值的自然单位是统一的，如头、匹、斤、两等。后来货币的单位与自然单位逐渐分离了。

货币在执行价值尺度的职能时，并不需要有现实的货币，只需要观念上的货币。例如，1个杯子5元钱，只要贴上个标签就可以了。当人们在做这种价值估量时，只要在他的头脑中有货币的观念就行了。用来衡量商品价值的货币虽然只是观念上的货币，但是这种观念上的货币仍然要以实物货币为基础。人们不能任意给商品定价，因为在货币的价值与其他商品之间存在着客观的比例。在商品价值量和供求关系一定的条件下，商品价值的高低取决于货币的价值的大小。

商品的价值用一定数量的货币表现出来，就是商品的价格。价值是价格的基础，价格是价值的货币表现。货币作为价值尺度的职能，就是根据各种商品的价值大小，把它表现为各种各样的价格。例如，1个杯子5元钱，在这里5元钱就是1个杯子的价格。

2.3.2 购买和支付手段

物物交换是商品所有者拿着自己的商品去找持有自己所需商品的所有者进行交换。有了货币之后，商品所有者先把自己的商品换成货币，即卖出；然后再用货币换取所需要的商品，即买进。这样，商品的交换过程就变成了买和卖两个过程的统一，在买卖过程中，商品被卖者带入交易过程中，将其换成货币；买者携带货币，与卖者的商品进行交换，换回自己需要的商品。商品在进进出出的同时，货币在这一过程中作为交易的媒介为交易服务。以货币作为媒介的商品交换是一个持续不断的过程，这个过程称为商品流通。在商品流通的过程中起媒介作用的货币称为流通手段购买手段或交易媒介。

在商品的交换过程中，有时要买，手头却没有货币；同时也有想卖，却一时卖不出去的情况（用经济学的说法：没有货币来买），于是就产生了有利于买卖双方的赊买赊购行为。赊买赊购要以货币的支付结束作为一个完整的交易过程，这种情况下，货币不是流通过程的媒介，而是补足交换的一个独立环节，即作为价值的独立存在而使之前发生的流通过程结束。这时货币就起到了支付手段的职能作用。

随着商品交换的发展，货币作为支付手段的职能也扩展到商品流通之外，在赋税、地租、借贷以及工资和各种劳动报酬等场景中起到支付的作用。

由于货币充当流通手段的职能，使商品的买和卖打破了时间上的限制，一个商品所有者在出卖商品之后，不一定马上就买；也打破了买和卖空间上的限制，一个商品所有者在出卖商品以后，可以就地购买其他商品，也可以在别的地方购买任何其他商品。这样，就有可能产生买和卖的脱节，一部分商品所有者只卖不买，另一部分商品所有者的商品就卖不出去。在这种差异过大，或者有人为操作的情况下，货币作为流通手段会孕育着引起经济危机的可能性。

2.3.3 积累和保存价值的手段

当具备给出价格和交易媒介职能的货币一经产生，便即刻具备了用来积累价值、保存价值、积聚财富、保存财富的职能。

储藏金银是积累和储存价值的古典形态。金银本身有价值，而这种储藏不论对储藏者本人来说，还是对社会来说，都是价值或财富在货币形态上的实际积累。虽然当前各国的货币已经割断了与黄金的任何直接的法定联系，但无论个人还是各国政府也仍然把黄金作为储藏的对象。

随着现代货币流通的发展，人们除了以金银积累和保存价值之外，主要还是采用在银行存款和储蓄的方式，或者直接保存纸币这种信用货币。对企业和个人来说，这些方式也同样有积累和保存价值的意义。这些是社会发展进步过程中，货币的积累和保存价值手段的新表现形式。

货币作为储藏手段，可以自发地调节货币流通量，起着“蓄水池”的作用。当市场上商品流通缩小，流通中货币过多时，一部分货币就会退出流通界而被储藏起来；当市场上商品流通扩大，对货币的需求量增加时，有一部分处于储藏状态的货币，又会重新进入流通。从另外一个例子也可以表现这种储藏的职能：当一个人盛年的时候，他的产出大于他的消费，多余的部分就可以用货币将这部分的剩余生产力储藏起来，在有意外或逐渐衰老时再消费。

2.4 货币的供求

对货币与货币供应机制的理解是分析通货膨胀、货币政策等宏观经济问题的必备前提。如果我们将货币当作一种特殊商品，它的供求规律与对商品的供求原理会有很多相似之处。

2.4.1 货币的统计

货币的定义抽象理解比较容易，一般指“在商品的交易和债务偿付中被普遍接受的特殊商品”，但是在现实社会中，尤其是在中央银行的货币政策实践中，这样的定义显然难以应用。因为货币数量与实际财富之间存在一定程度的对应关系，货币数量的多少将影响价格水平和实际经济的运行。在现代经济中，货币是由中央银行垄断发行的，因此，中央银行的货币政策必须关注和调控货币的数量。但是，现实中有很多种东西可以充当交易中介和价值储藏手段，从而可以被“普遍接受”，如中央银行发行的纸币、硬币、活期存款、定期存款、大额存单，乃至短期国库券等。因此，哪些东西应该被计算成“货币”，就是中央银行面临的一个重要的问题。

中央银行在建立现代货币统计体系时采取的一个主要的标准是各种金融资产的“流动性”，即“一种资产以较小的代价转换为实际购买力的便利性”。从理论上说，所有的金融资产都具有一定的流动性，即所有的金融资产都具有一定程度的货币功能。但是在实践中，中央银行通常是根据政策目的，尤其是货币总量与GDP、物价水平等主要宏观经济变量之间的关系来确定货币的定义。国际货币基金组织采用三个口径：通货（currency）、货币（money）和准货币（quasi money）。通货，采用一般定义；货币，等于存款货币以外的通货与私人部门的活期存款之和，相当于各国通常采用的M1（狭义货币）；准货币相当于定期存款、储蓄存款与外币存款之和，即包括除M1之外可以称之为货币的各种形态。“准货币”加“货币”，相当于各国通常采用的M2（广义货币）。

这种分类的经济意义在于，M1一般构成了现实的购买力，对当期的物价水平有直接的影响；而M2中包含暂时不用的存款，它们是潜在的购买力，对于分析未来的总需求趋势较为重要。

目前中国人民银行的货币统计体系有以下三种。

（1）M0：流通中现金。

（2）M1：M0+活期存款。

（3）M2：M1+准货币，即定期存款+储蓄存款+其他存款（含证券公司存放在金融机构的客户保证金）。

在一些金融市场发达的国家，如美国，金融工具种类繁多，有M3，包括货币市场共同基金、回购协议等；还有L（又称为广义流动性），包括短期国库券、商业票据、银行承兑汇票等。可以预见，随着金融市场的发展，我国的货币统计口径也将做出适当的调整。

2.4.2 货币的需求

人类社会早期，生产力的发展使得各种产品出现了少量的剩余，因而有了相互交换的需要，最初的交换是以物易物的形式，交换的双方必须同时需要对方的商品，即所谓的“需求的双重满足”，因此交易的范围受到限制。但是，如果有一种商品是交易各方共同需要的，那么借助这种中介，交易过程中的信任、搜寻等相关成本就会得到极大地节约，从而促进社会分工和专业化生产的发展。这种交易媒介就是货币。

现代经济正是建立在货币与商品互相交换基础上的货币经济。在这一过程中，经济主体之所以愿意用实物资产或劳务换取没有内在价值的货币，是因为他相信在未来的交换中，别人同样会接受这种货币。因此，信心对于维系货币作为交易媒介、价值尺度和价值储藏等基本功能具有决定性的意义。

在历史上，人们对于货币的信心是建立在货币本身具有价值这一前提下的，货币的具体形态表现为商品和贵金属。自20世纪初以来，世界各国的货币制度逐渐过渡到“不兑换纸币”或“信用货币”阶段。在这一阶段中，货币又称为“法币”，是由各国的中央银行或货币当局垄断发行的，人们对货币的信心在于它是由国家信用作担保（国家信用的基础则是国家具有强制收税的权力），由国家法律强制使用的。

货币出现的历史久远，对于早期的货币需求理论，本书不做讨论，其对于分析区块链的经济模型的关联性并不大。这里只讨论19世纪后对于货币需求的三种理论：

（1）传统的货币数量理论（以费雪的现金交易说和剑桥学派的现金余额说为代表）。

（2）凯恩斯主义的货币需求理论（持有货币的三种动机）。

（3）弗里德曼的现代货币数量理论（单一货币规则）。

2.4.3 传统的货币数量理论

传统的货币数量理论主要研究货币数量与物价之间的关系，早期的数量理论并非关于货币需求的理论，但是在20世纪初期，由美国经济学家费雪提出的现金交易说和英国剑桥大学马歇尔等提出的现金余额说，可以视为近代货币需求理论的源头。

对于货币的需求，经济学家都期望能够依据某些经济原理来计算出对应的数值。经济学领域也有人提出了相应的计算公式。比较著名的两个是费雪方程式与剑桥方程式。下面来介绍这两种计算方式的内容，并理解它们体现的本质思想。

1. 费雪方程式

费雪从货币的交易媒介功能着手，在1911年出版的《货币的购买力》一书中，提出了著名的交易方程式：$MV=PY$，变形后得到$M=PY/V$。其中，M为货币数量；V为货币流通速度；P为价格；Y为产出。

从形式上看，这是一个事后的会计恒等式，没有因果关系，称不上“理论”。费雪的解释是，V取决于交易方式的制度和技术特征，因而在短期中是稳定的。同时，在古典经济学的框架内，Y总是处于充分就业水平，在短期内也是稳定的。因此，当货币市场均衡时，人们持有的货币数量M等于货币需求量。因此，该交易方程式意味着由一定水平的名义收入引起的交易水平决定了人们的货币需求。可见，在费雪的货币数量理论中，货币需求仅为收入的函数，利率对货币需求没有影响。

货币流通速度是经济总收入（通常为国内生产总值）与货币供给量的比率。衡量单位货币承担的平均交易量，如果经济中货币流通速度是稳定的，那么通过简单地设定总量的目标，货币政策可以获得任何理想的收入水平。现实中，货币流通速度是不稳定的，经济总收入和各种货币总量之间的关系是随着时间的变化而变化的。

本书中可以参考使用的美元的流通速度大约是5.5，人民币的流通速度大约是2.1。数值的准确度不影响我们理解经济模型，因为本身是为了理解原理。在实际应用中，可以查询或计算当时的货币流通速度。

2. 剑桥方程式

剑桥大学的经济学家马歇尔、庇古等，从货币的价值储藏手段功能着手，从个人资产选择的角度，建立了货币需求方程：$M=kPY$。其中，PY是名义收入，它可以体现在多种资产形式上，货币只是其中的一种。因此，货币需求是名义收入的比率为k的部分，k的大小则取决于持有货币的机会成本，或者说取决于其他类型金融资产的预期收益率。

从形式上看，剑桥方程式与费雪方程式似乎没有区别。但是，剑桥方程式将货币需求看作是一种资产选择的结果，就隐含地承认了利率因素会影响货币的需求，这种看法极大地影响了之后的货币需求研究。

两个方程式虽然在形式上相近，但实质上有很大差别：

（1）分析的侧重点不同。

（2）费雪方程式把货币需求与支出流量联系在一起，而剑桥方程式则从用货币形式保有资产存量的角度考虑货币需求。

（3）两个方程式所强调的货币需求决定因素有所不同。剑桥方程式隐含地承认利率因素会影响货币的需求。

2.4.4 凯恩斯主义的货币需求理论

凯恩斯继承、综合了费雪的现金交易说和剑桥学派的现金余额说，他指出货币的需求源于人们对货币的流动偏好。人们出于以下三类动机而需求货币。

第一，交易动机，指个人和企业需要货币是为了进行正常的交易活动。

第二，谨慎或预防动机，指为预防意外支出而持有一部分货币的动机。

第三，投机动机，指人们为了抓住有利的购买有价证券的机会而持有一部分货币的动机。

三种动机引起的货币需求数量受到社会制度、相关环境以及人们心理等因素的影响。在这些因素既定的条件下，交易动机和谨慎动机引起的货币需求主要取决于人们的收入水平，并且与收入呈同方向变动；投机动机引起的货币需求取决于利息率，并且与利息率呈反方向变动。

当利息率降低到一定程度之后，人们预计有价证券的价格不可能继续上升，因而会持有货币，以免证券价格下跌时遭受损失。这时，人们对货币的需求趋向于无穷大，这种情况称为“凯恩斯陷阱”或“流动偏好陷阱”。

这样，货币需求函数不仅随着利息率下降而增加，而且当利息率下降到一定程度之后，货币需求无穷大，货币需求曲线在利息率降低到一定程度之后趋向于水平，如图 2–6 所示。

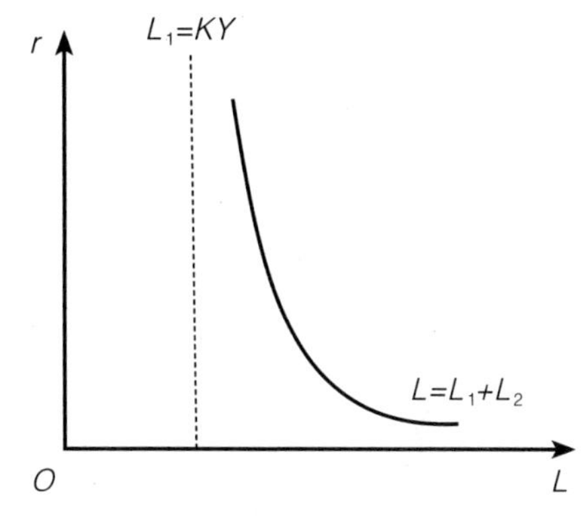

图 2–6　凯恩斯货币需求曲线

由于交易动机和谨慎动机的需求主要取决于收入水平，对利率的变化不敏感，可以合写为 $M_1=L_1(Y)$。投机动机的货币需求是指人们为了在将来的某一适当时机进行投机活动而持有一定数量的货币，这种投机活动最典型的就是买卖债券。投机活动的货币需求大小取决于三个因素：当前利率水平、投机者心目中的正常利率水平以及投机者对未来利率变化趋势的预期。如果整个经济活动中有许多投机者，而且每个投机者所拥有的财富对于所有投机者的财富总额是微不足道的，那么投机动机的货币需求就成为当前利率水平的递减函数，即 $M_2=L_2(r)$。因此，$M=L_1(Y)+L_2(r)$。

可见，凯恩斯的货币需求函数理论比剑桥学派更进一步，直接而明确地指出货币的投机受利率的影响，而交易需求不受利率的影响。

20 世纪 50 年代以来，一些凯恩斯学派的经济学家对凯恩斯的货币需求理论进行了更深入的讨论。其中比较有代表性的有以下两项：

第一，鲍莫尔对交易性货币需求的修正。鲍莫尔运用管理学中的最优存货管理方法，深入分析了交易性货币需求与利率之间的关系。

第二，托宾对投机性货币需求的修正。在凯恩斯的投机性货币需求理论中，假设人们对利率变化的预期是确定的，并在此基础上决定货币和债券的持有量。

2.4.5 弗里德曼的现代货币数量理论

传统的货币数量论在20世纪30年代以后随着凯恩斯主义的流行而趋于沉寂。但是到20世纪50年代后期至60年代，经弗里德曼等的努力再度复活，称为“现代货币数量论”。弗里德曼理论的特点是，一方面采纳凯恩斯将货币作为一种资产的核心思想，利用它把传统的货币数量论改写为货币需求函数；另一方面又基本肯定货币数量论的主要结论，即货币量的变动反映于物价变动上，货币数量在长期中只影响宏观经济中的名义变量，不影响真实变量。

弗里德曼按照微观经济学需求函数分析方法，主要考虑收入与持有货币的各项机会成本，构建了一个描述性的货币需求函数。由于弗里德曼的需求函数表示比较复杂，想要详细了解的读者可以阅读关于货币的这方面的专业书籍。

永久收入是弗里德曼分析货币需求中所提出的概念，可以理解为预期未来收入的折现值或预期的长期平均收入。货币需求与它正相关。强调永久收入对货币需求的重要作用是弗里德曼货币需求理论的一个特点。

弗里德曼把财富分为**人力财富**和**非人力财富**两类。他认为，对大多数财富持有者来说，他的主要资产是个人的能力。但人力财富很不容易转化为货币，如失业时人力财富就无法取得收入。所以，在总财富中人力财富所占的比例越大，出于谨慎动机的货币需求也就越大；而非人力财富所占的比例越大，则出于谨慎动机的货币需求相对越小。这样，非人力财富占个人总财富的比例与货币需求为负相关关系。对于弗里德曼的这个分类方式，我们对所有制的分配形式也是一个理解角度，人力财富对应我们所说的“按劳分配”，非人力财富可以对应为“按生产要素分配”。这已经涉及了生产关系范畴，所有说区块链技术影响到生产关系，从这点能看到一些联系。

对于货币需求，弗里德曼最具有概括性的论断是：由于永久收入的波动幅度比现期收入小得多，且货币流通速度（永久收入除以货币存量）也相对稳定，因而，货币需求是比较稳定的，据此得出了著名的“规则货币供应”（单一规则）的政策主张。

单一货币规则：在弗里德曼看来，货币政策的目标是防止货币成为经济混乱的原因，为经济提供一个稳定的运行环境。因此，最优的货币政策是按单一的规则控制货币供给量。货币主义建议，**货币数量以经济增长率加上通货膨胀率的速度增长。**

货币主义建议是区块链系统中设计货币发行总量的一种重要参考方式。当前，区块链系统中非常提倡固定发行总量的模式，如比特币的固定总量（主要是作者对于当前社会恶意发行货币，导致通货膨胀严重的一种过度反应）。但对于应用类型的区块链系统而言，固定发行总量会产生非常多的问题，不会利于长期发展，使用“货币数量以经济增长率加上通货膨胀率的速度增长”更适合。尤其是将通货膨胀设置为0或者极小，既能够满足经济的发展，又能够限制通货膨胀的弊端，是一种更健康的方式。以太坊系统的货币数量设计就采用这种方式。

2.4.6 货币的供给

所谓货币供给的内生性和外生性的争论，实际上是讨论中央银行能否独立控制货币供应量。

内生性指的是货币供应量在一个经济体系内部是由多种因素和主体共同决定的，中央银行只是其中一部分。因此，并不能单独决定货币的供应量。从货币供应模型中可以看出，微观经济主体对现金的需求程度、经济周期状况、商业银行、财政和国际收支等因素均影响着货币供应。

外生性指的是货币供应量由中央银行在经济体系之外独立控制。其基本理由是，从本质上看，现代货币制度是完全的信用货币制度，中央银行的资产运用决定负债规模，从而决定基础货币数量，只要中央银行在体制上具有足够的独立性，不受政治等因素的干扰，就能从源头上控制货币供应量。

从经济理论的发展来看，凯恩斯在20世纪30年代认为货币供给是由中央银行决定的外生变量，它的变化影响经济运行，但其自身不受经济因素的影响。其理论基础在于，货币供给的弹性几乎为零，私人部门无法影响货币供给，只有中央银行根据经济形势和政策的需要，才能独立地决定货币供应量。因此，我们在凯恩斯的货币供求模型中看到的货币供给曲线都是垂直的。

然而，无论将凯恩斯理论与新古典理论相结合的新古典综合理论，还是与凯恩斯相对立的货币主义，均不赞成货币供应的“外生论”。这些反对的声音认为，无论从现代货币供应的基本模型，还是从货币供应理论的发展来看，货币供应在相当大的程度上是“内生的”，而“外生论”则依赖过于严格的假设。（作者认为：在现实世界中，如果人们对于一个事物有争议，并且不能完全否定其中的一方，一般说明这个事物具有争议双方所描述的特点）

货币供给是一个存量概念。它是一个国家在某一时间点上所保持的不属于政府和银行的所有硬币、纸币和银行存款的总和。货币供给有狭义和广义之分。狭义的货币供给是指硬币、纸币和银行活期存款的总和。在狭义的货币供给上加上定期存款，便是广义的货币供给。如果再加上个人和企业所持有的政府债券等流动资产或“货币近似物”，便是意义更广泛的货币供给。

本书结合凯恩斯的思想和区块链的特点，通常认为，货币供给量是由国家用货币政策来调节的，是一个外生变量，其大小与利率高低无关。因此，货币供给曲线是一条垂直利息率轴的直线。此外，货币供给通常以名义货币的形式出现。但到目前为止，所有的讨论都是在实际意义上进行的。因此，这里的货币供给指名义货币经过价格总水平折算后的实际货币，如图 2-7 所示。

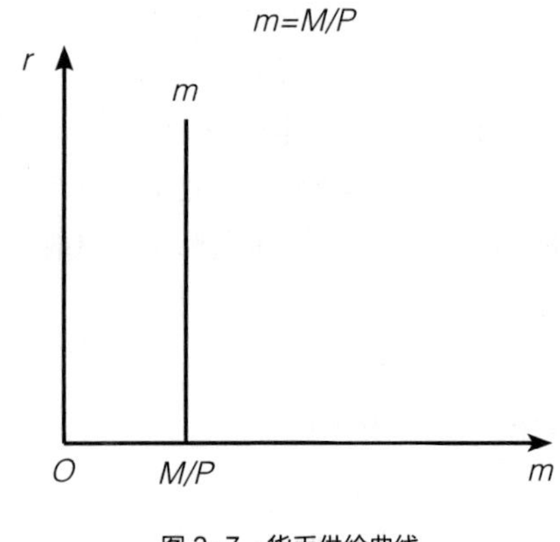

图 2-7　货币供给曲线

2.4.7　货币均衡与总供求

所谓货币供求均衡，是指货币供应与货币需求大致相等的一种状态，可以从两个层次进行考查。

简单的货币供求均衡：$M_s=M_d$

简单的货币供求均衡是指在市场经济条件下，由利率的变化进行调节的货币供求均衡关系的实现过程。其基本思想是：在发达的货币市场中，货币供求关系的变化引起利率变化，利率变化进一步影响货币供求，如此相互作用，最终实现货币供求均衡并决定均衡利率。

（1）货币供给作为内生变量条件下的简单货币均衡

把货币供给作为内生变量的含义是，货币供给的变动总是被动地决定于客观经济过程，起决定作用的是经济体系中实际变量和微观主体的经济行为，货币当局是决定不了的。

以此为前提条件的简单货币均衡状态如图 2-8 所示。

可以看到在图 2-8 中，货币需求 M_d 与利率 r 呈负相关关系，货币供给 M_s 与利率 r 呈正相关关系。在 $E(M_0, r_0)$ 处，货币供求达到均衡，此时，r_0 为均衡利率水平，M_0 为均衡条件货币供给量。

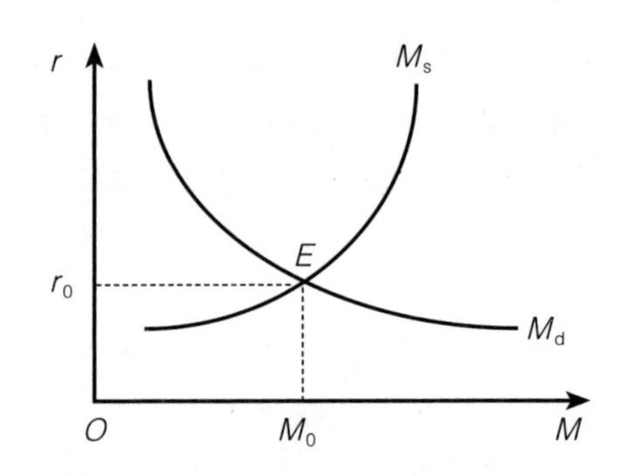

图 2-8　货币供给为内生变量的简单货币均衡

（2）货币供给作为外生变量条件下的简单货币均衡

把货币供给作为外生变量的含义是，

货币供给的变动并不是由收入、储蓄、投资、消费等经济因素所决定的，而是由货币当局的货币政策决定的。

以此为前提条件的简单货币均衡状态如图 2–9 所示。

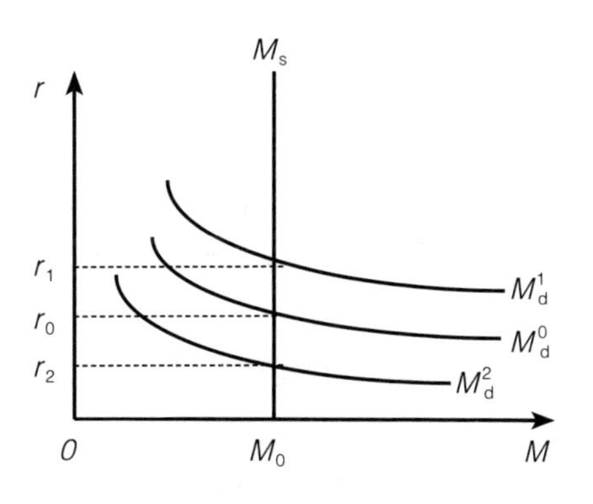

图 2–9 货币供给为外生变量的简单货币均衡

可以看到，在图 2–9 中，如果货币供给是外生变量，完全由货币当局决定，而且货币当局并不根据货币需求的变化调节货币供给，那么货币供给曲线会变成一条垂直于横轴的垂直线。如果货币需求增大，利率会由 r_0 上升到 r_1；如果货币需求减少，则利率由 r_0 下降到 r_2。此时，货币需求的变动只会引起利率水平的变动，而不能通过利率的变动机制影响货币供给。

货币均衡与市场均衡

货币均衡与市场均衡间的关系表现为：

（1）总供给决定货币需求，但同等的总供给可有偏大或偏小的货币需求。

（2）货币需求引出货币供给，但也绝非等量的。

（3）货币供给成为总需求的载体，同样，同等的货币供给可有偏大或偏小的总需求。

（4）总需求的偏大、偏小会对总供给产生巨大的影响。总需求不足，则总供给不能充分实现；总需求过多，在一定条件下有可能推动总供给增加，但并不一定可以因此消除差额。

（5）总需求的偏大、偏小也可以通过紧缩或扩张的政策予以调节，但单纯控制需求也难以保证实现均衡的目标。

如果以 M_s、M_d、AS、AD 分别代表货币的供与求、市场的供与求，它们的关系如图 2–10 所示。它们之间的作用都是相互的，箭头表示的只是其主导的方向。

由图 2–10 中可以看出，货币均衡与市场均衡有着紧密的联系，货币均衡有助于实现市场均衡。但是，二者之间又有明显的区别，即货币均衡并不必然意味着市场均衡。原因包括以下两个方面：

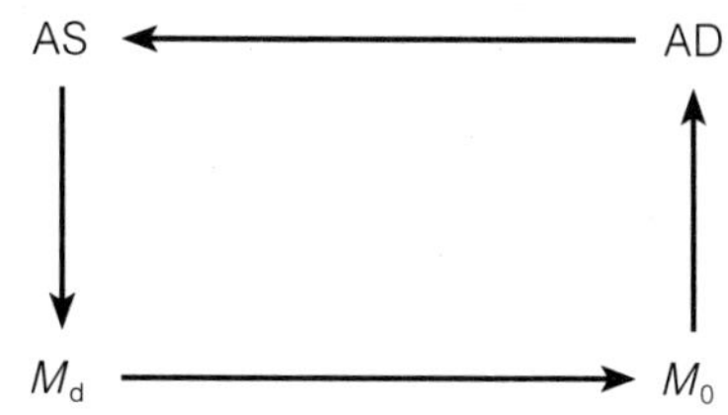

图 2–10 市场供求与货币供求的关系

其一，市场需求是以货币为载体，但并非所有的货币供给都构成市场需求。满足交易需求而作为流通手段（包括流通手段的准备）的货币，即现实流通的货币，形成市场需求；而作为保存价值的现实不流通的货币则不构成市场需求，或者说它是潜在的需求而不是当期的需求。这种差别可表示如下：

货币供给 = 现实流通的货币 + 现实不流通的货币

市场需求 = 现实流通的货币 × 货币流通速度

其二，市场供给要求货币使之实现或使之出清，因此提出对货币的需求。但这方面的货币需求也并非对货币需求的全部。对积蓄财富所需的价值保存手段则并不单纯取决于市场供给，或者至少不单纯取决于当期的货币供给——用于保存财富的货币显然有很大部分是多年的积累。这种差别可表示如下：

市场供给 ÷ 货币流通速度 = 对现实流通货币的需求

货币需求 = 对现实流通货币的需求 + 对现实不流通货币的需求

如果简单理解，可以说市场总供需的均衡关系是与处在现实流通状态的货币的供需关系一一对应着。但也应该注意，现实流通的货币与现实不流通的货币之间是可以而且事实上也是在不断转化的。

了解了货币的总供求概念后，需要了解货币政策的概念。货币政策是指中央银行为实现既定的经济目标（如稳定物价、促进经济增长、实现充分就业、平衡国际收支等）运用各种工具调节货币供给和利率，进而影响宏观经济的方针和措施的总和。

货币政策分为紧缩性和扩展性两种。

（1）紧缩性货币政策是通过消减货币供应的增长率来降低总需求水平。在这种政策下，取得信贷较为困难，利息率也随之提高。因此，在通货膨胀较严重时，采用紧缩性的货币政策更合适。

（2）扩张性货币政策是通过提高货币供应增长速度来刺激总需求。在这种政策下，取得信贷更为容易，利息率会降低。当总需求与经济的生产能力相比较低时，使用扩张性的货币政策更合适。

2.5 传统货币的调控手段

财政政策与货币政策是政府宏观调控的两大政策，都是需求管理的政策。由于市场需求的载体是货币，所以调节市场需求也就是调节货币供给。换言之，需求管理政策的运作离不开对货币供给的调节——或使之增加，或使之缩减。货币政策是这样，财政政策也是这样。这就是它们两者应该配合、也存在配合的基础。至于它们的区别，就调节货币供给这个角度来说，只是在于：一是通过银行系统，一是通过财政系统；一是运用金融工具，一是运用财税工具；一是由金融传导机制使之生效，一是由财政传导机制使之生效。

本节只讲解货币政策的三种主要调控政策工具，对于财政调控政策，目前在区块链的体系中还不存在适合的场景。一般性货币政策工具是指传统的、经常运用的、能对整体经济运行发生影响作用的工具，包括存款准备金政策、再贴现政策和公开市场政策。

2.5.1 法定存款准备金

存款准备金政策是指中央银行在法律所赋予的权力范围内，通过规定或调整商业银行交存中央银行的存款准备金比率，以改变货币乘数，从而控制商业银行的信用创造能力，间接地控制社会货币供应量的政策措施。

存款准备金政策的内容主要包括：

（1）规定存款准备金比率。该比率规定一般根据不同存款的种类、金额及银行规模和经营环境而有所区别。

（2）规定可充当法定存款准备金的资产种类。一般地，作为法定存款准备金的资产，只能是商业银行在中央银行的存款，有的国家规定库存现金也可算成法定存款准备金。

（3）规定存款准备金的计提基础。包括存款余额的确定及缴存基期的确定等。

（4）规定存款准备金比率的调整幅度。

存款准备金政策的作用过程是：当中央银行提高法定存款准备金比率时，一方面，增加了商业银行应上缴中央银行的法定存款准备金，减少了商业银行的超额存款准备金，降低了商业银行的贷款及创造信用的能力；另一方面，法定存款准备金比率的提高使货币乘数变小，从而降低了整个商业银行体系创造信用和扩大信用规模的能力，其结果是社会紧缩银根，货币供应量减少，利率提高，投资及社会支出相应缩减。反之，过程则相反。

存款准备金政策对于市场利率、货币供应量、公众预期等方面都会产生强烈的影响，这既是它的优点，也是它的缺点。因为存款准备金比率的微小调整（如1%或0.5%），都会使货币供应量和社会需求成倍地扩大或收缩，其效果太过猛烈，对经济震动太大，告示效应太强，不利于货币的稳定，也使中央银行很难确定调整时机和调整幅度，因而不宜随时使用，不能作为日常调控的工具，从而使它有了固定化倾向。目前，法定存款准备金制度的作用主要是“存在”而不是“变动”。

2.5.2 再贴现政策

再贴现政策是中央银行通过制定或调整再贴现利率，来干预和影响市场利率以及货币市场的供给和需求，从而调节市场货币供应量的一种金融政策。它是中央银行最早拥有的货币政策工具。

一般来说，再贴现政策的内容包括：

（1）再贴现率的调整。再贴现率作为一种官定利率，是和市场利率相对应的，常常用来表达中央银行对经济形势的看法和政策意向，具有短期性。在整个利率体系中，再贴现率往往是作为一种基准利率或最低利率，对整个市场利率水平起牵引作用。

（2）规定何种票据具有向中央银行申请再贴现的资格。

前者主要影响商业银行的融资成本及市场利率，后者主要影响商业银行及全社会的资金投向。

再贴现政策的作用过程是：当中央银行认为有必要紧缩银根减少市场货币供应量时，就提高再贴现率，使之高于市场利率，这样就会提高商业银行向中央银行借款的成本，于是商业银行就会减少向中央银行借款或贴现的数量，使其准备金缩减。商业银行就只能收缩对客户的贷款和投资，从而减少市场货币供应量，使银根紧缩，市场利率上升，社会对货币的需求也相应减少。反之，过程则相反。

再贴现政策的运用能达到以下三方面的效果：

（1）能影响商业银行的资金成本和超额准备，从而影响到商业银行的融资决策，使其改变贷款和投资行为。

（2）能产生告示性效果，从而影响到商业银行和社会大众的预期。

（3）能决定对谁开放贴现窗口，可以影响商业银行的资金运用方向，还能避免商业银行利用贴现窗口进行套利的行为。

当然，这些政策效果能否体现出来，还要看商业银行对中央银行资金融通的依赖程度和货币市场的弹性如何。

但是再贴现政策也存在明显的缺陷，表现在以下三个方面：

（1）中央银行在使用这一工具控制货币供应量时处于被动地位，商业银行是否来贴现、贴现数量的多少以及什么时候来贴现都取决于它自己，如果商业银行有更好的筹资渠道，它就完全可以不依赖中央银行。

（2）再贴现率的调整只能影响利率的总水平，而不能改变利率结构。

（3）贴现政策缺乏弹性，再贴现率经常调整，会使商业银行和社会公众无所适从，不能形成稳定的预期。

2.5.3 公开市场政策

公开市场政策（业务）就是中央银行在金融市场上公开买卖各种有价证券，以控制货币供应量，影响市场利率水平的政策措施。

其作用过程是：当金融市场上资金缺乏时，中央银行就通过公开市场业务买进有价证券，这实际上相当于投放了一笔基础货币。这些基础货币如果流入社会大众手中，则会直接地增加社会货币供应量；如果流入商业银行，会使商业银行的超额准备金增加，并通过货币乘数作用，使商业银行的信用规模扩大，社会的货币供应量倍数增加。反之，当金融市场上货币过多时，中央银行就可卖出有价证券，以减少基础货币，使货币供应量减少，信用紧缩。

与再贴现政策和存款准备金政策相比，公开市场政策的优越性十分明显，主要表现在以下四个方面：

（1）主动性强。中央银行的业务操作目标是调控货币供应量而不是营利，所以它可以不考虑证券交易的价格，从容实现操作目的。即可以用高于市场价格的价格买进，用低于市场价格的价格卖出，业务总能交易成功，不像再贴现政策那样较为被动。

（2）灵活性高。中央银行可以根据金融市场的变化，进行经常性、连续性的操作，并且买卖数量可多可少。如果发现之前操作方向有误，可以立即进行相反的操作；如果发现力度不够，可以随时加大买卖的数量。

（3）调控效果平缓，震动性小。由于这项业务以交易行为出现，不是强制性的，加之中央银行的操作灵活，所以对经济社会和金融机构的影响比较平缓，不像调整法定存款准备金比率那样震动很大。

（4）影响范围广。中央银行在金融市场上买卖证券，如果交易对方是商业银行等金融机构，可以直接改变它们的准备金数额；如果交易对方是公众，则直接改变公众的货币持有量并间接改变商业银行的超额准备金数额，这两种情况都会使市场货币供应量发生变化。

2.6 通货膨胀与通货紧缩

传统经济中的通货膨胀与通货紧缩所表现出来的特点和作用，在区块链的经济模型中也会有相同或者相似的作用。本节来学习和了解传统经济中的通货膨胀与通货紧缩，便于我们理解区块链系统中货币数量的管理行为。

2.6.1 通货膨胀

在经济学教科书中，通常将通货膨胀定义为商品和服务的货币价格总水平持续上涨的现象。这个定义包含以下几个要点：

（1）强调把商品和服务的价格作为考查对象，目的在于与股票、债券以及其他金融资产的价格相区别。

（2）强调“货币价格”，即每单位商品、服务用货币数量标出的价格，目的在于说明在通货膨胀的分析中关注的是商品、服务与货币的关系，而不是商品、服务与商品、服务相互之间的对比关系。

（3）强调“总水平”，说明这里关注的是普遍的物价水平波动，而不仅仅是地区性的或某类商品及服务的价格波动。

“持续上涨”强调通货膨胀并非是偶然的价格跳动，而是一个“过程”，并且这个过程具有上涨的趋势。

度量通货膨胀程度所采用的指数主要有三个：消费者物价指数（CPI）、批发物价指数（WPI）和国内生产总值或国内生产总值平减指数（GDP/deflator）。

经济学中的通货膨胀是指一般价格总水平的持续和显著的上涨。通货膨胀率是衡量通货膨胀程度的指标，它被定义为一般价格水平在单位时期内的变动率。这里的一般价格水平是衡量货币购买力或货币所能购买的产品和劳务数量的指标。

1. 通货膨胀的分类

（1）按价格上升的速度区分。按价格上涨速度，西方学者把年通货膨胀率在10%以内的通货膨胀称为温和的通货膨胀：把年通货膨胀率在10%～100%之间的通货膨胀称为奔腾的通货膨胀：而年通货膨胀率高于100%通货膨胀则称为超级通货膨胀。

（2）按相对价格变动的程度区分。按照价格变动的程度加以区分，通货膨胀被区分为平衡和非平衡的通货膨胀。在平衡的通货膨胀中，每种商品的价格都按相同比例上升：而在非平衡的通货膨胀中，每种商品价格上升的比例并不完全相同。

（3）按人们预料的程度区分。按照人们的预料程度加以区分，通货膨胀类型可被区分为未预期到的和预期到的通货膨胀，前者价格上升的速度超出人们的预料，后者则意味着通货膨胀在人们的预期之中。

此外，通货膨胀也可以按形成原因来划分。

2. 通货膨胀的效应

（1）收入和财富分配效应。通货膨胀对收入和财富的影响取决于通货膨胀的类型。平衡和预期到的通货膨胀不会对收入和财富分配产生影响。但纯粹平衡和预期到的通货膨胀在现实中是不存在的，因而通货膨胀通常会产生收入和财富分配效应。某个家庭是否受到通货膨胀的正向或负向影响，取决于家庭的收入来源和财富存量的形式。例如，放债者受到损失，借债者得到好处；领取固定工资者受到损失，雇主得到好处；持有现款的人受到损失，持有实物的人得到好处等。

（2）就业和产量效应。与通货膨胀的分配效应类似，通货膨胀的就业和产出效应也取决于通货膨胀的类型。一般来说，预料到的和温和的通货膨胀对就业和产量不产生影响。然而没有预料到的通货膨胀往往对产量、就业和产量的增加产生正向影响，至少在短期内如此。

2.6.2 通货紧缩

1. 通货紧缩的定义

对通货紧缩的界定通常有以下三种说法：

（1）物价水平持续下降。

（2）物价水平持续下降，并伴随有经济的负增长或再加上货币供给的缩减。

（3）物价水平持续下降，并伴随有经济的实际增长率低于潜在的可能增长率。

一提到通货紧缩，事实上所指的经济过程大多是伴随有经济负增长的物价水平持续下降。历史上也曾经有过通货紧缩的经济过程是物价水平持续下降却伴随着经济增长的情况。

2. 通货紧缩的社会经济效应

通货膨胀是不稳定的，通货紧缩也是如此。物价疲软趋势将从以下几个方面影响实体经济。

（1）对投资的影响。通货紧缩会使得实际利率有所提高，社会投资的实际成本随之增加，从而产生减少投资的影响。同时在价格趋降的情况下，投资项目预期的未来重置成本会趋于下降，就会推迟当期的投资。这对许多新开工的项目所产生的制约较大。

另外，通货紧缩使投资的预期收益下降。在通货紧缩的情况下，理性的投资者预期价格会进一步下降，公司的预期利润也将随之下降。这就使得投资倾向降低。

通货紧缩还经常伴随着证券市场的萎缩。公司利润的下降使股价趋于下探，而证券市场的萎缩又反过来加重了公司筹资的困难。

（2）对消费的影响。物价下跌对消费有两种效应：一是价格效应。物价的下跌使消费者可以用较低的价格得到同等数量和质量的商品和服务，而认为将来价格还会继续下跌的预期促使他们将推迟消费。二是收入效应。就业预期和工资收入因经济增幅下降而趋于下降，收入的减少将使消费者缩减消费支出。

（3）对收入再分配的影响。通货紧缩时期的财富分配效应与通货膨胀时期正好相反。在通货紧缩的情况下，虽然名义利率很低，但由于物价呈现负增长，实际利率会比通货膨胀时期高出许多。高的实际利率有利于债权人，但不利于债务人。

（4）对工人工资的影响。在通货紧缩情况下，如果工人名义工资收入的下调滞后于物价下跌，那么实际工资并不会下降；如果出现严重的经济衰退，往往会削弱企业的偿付能力，也会迫使企业下调工资。

（5）通货紧缩与经济成长。大多情况下，物价疲软、下跌与经济成长乏力或负增长是结合在一起的，但也非必然，如中国就存在着通货紧缩与经济增长并存的现象。

2.7 利率、汇率与国际货币体系

2.7.1 利率与利息理论

利息是货币在一定时期内的使用费，指货币持有者（债权人）因贷出货币或货币资本而从借款人（债务人）手中获得的报酬。

1. 利率

利率是利息与本金的比率，现代西方经济学把利息理解为投资人让渡资本使用权而索要的补偿。补偿由两部分组成：对机会成本的补偿和对风险的补偿。机会成本是指投资人由于将钱借给某一个人或组织，而失去借给其他个人或组织的机会以致损失的最起码的收入；风险则是指在让渡资本使用权的情况下所产生的将来收益不落实的可能性。

由于利息已转化为收益的一般形态，于是任何有收益的事物，即使它并不是一笔贷放出去的货币，甚至不是真正有一笔实实在在的资本存在，也可以通过收益与利率的对比而倒过来算出它相当于多大的资本金额。这被习惯称为收益“资本化”。

2. 利息理论

在长达几个世纪的利息率理论研究中，形成了利率理论的两大学派：实际利息理论和货币利息理论。

实际利息理论在17世纪由古典经济学家创立，是一种着眼于长期的实际经济因素分析的长期利息理论。它认为利息是实际节制的报酬和实际资本的收益。其学说包括节欲论、时间偏好论、边际效用论和生产力论等。费雪是对实际利息理论发展作出重大贡献的经济学家。他认为，通过资本借贷市场，由时间偏好率收益超过成本率的均衡点决定利率的水平。特别是他创立的数量研究方法成了现代利息率研究的主要手段，形成了以价格预期为纽带，将两大利息理论融为一体的现代利息理论的基础。

货币利息理论于17世纪末由英国哲学家约翰·洛克提出。该理论是一种短期利息理论，认为利息是借钱和出售证券的成本，同时也是贷款和购买证券的收益。货币利息率决定于货币的供求。凯恩斯认为：所谓利息，就是在一特定时期以内，放弃流动性的报酬。他认为，货币利率决定于货币的供求，流动性偏好和货币数量是利率决定的两大因素，其中，货币数量是政府可控的。因此，利率可以成为政府调控宏观经济的工具。

2.7.2 汇率

汇率作为一种特殊的价格，它有两重含义：

（1）汇率作为两国货币之间的交换比例，客观上是一国货币用另一种货币单位表示的价格。

（2）汇率作为一种价格指标，对经济社会中其他价格变量具有特殊的影响力。它是本国货币与外国货币之间价值联系的桥梁，在本国物价和外国物价之间起着纽带作用，对国际贸易以及本国的生产结构都会产生影响。此外，汇率也会在货币领域引起反应。在国际外汇市场上随着汇率变动，大量资金相应地从一种货币流向另一种货币，从而对国内货币供求产生影响。因此，汇率理论实际上是货币经济理论向国际领域的延伸。

汇率理论研究包含以下四个层次的内容。

第一层次是汇率决定问题。它是汇率理论最根本、最首要的问题，它研究在既定的时间点上，汇率根据什么来决定或汇率的决定基础是什么。西方学者从不同角度，以不同的理论提供了自己的答案。

第二层次是汇率变动。研究其变动对于经济增长、进出口贸易、货币供求、资本流动、资源分配、产业结构等可能造成的影响。

第三层次是汇率制度。其研究在固定汇率制度、浮动汇率制度以及管理浮动汇率制度下，汇率行为因受到不同的制度性约束所产生的立地差异，并通过比较分析，对汇率制度的选择提出判断的依据。

第四层次是汇率政策。其主要探讨汇率政策的目标及工具，考查在政策操作中应将汇率确定于何种水平，其依据何在，如何对汇率进行调整。

汇率制度是货币制度的重要组成部分，是指一个国家、一个经济体、一个经济区域或国际社会对于确定、维持、调整与管理汇率的原则、方法、方式和机构等所作出的系统规定。

汇率制度的内容主要包括：

（1）确定汇率的原则和依据。例如，一个国家的汇率由官方决定还是由市场决定，其货币本身的价值以什么作为依据等。

（2）维持和调整汇率的方法。例如，一个国家对本国货币升值或贬值采取什么样的调整方法，对汇率变动采取固定、自由浮动还是管理浮动的方法。

（3）管理汇率的法令、体制和政策。例如，一个国家对汇率管理采取严格、松动或不干预的办法，其法令政策的适用范围、管理对象等。

（4）制定、维持与管理汇率的机构。例如，一个国家把管理汇率的权责交给中央财政还是货币当局或专门机构等。

2.7.3 国际货币体系

1. 国际货币体系的内容

国际货币体系主要是指国际间的货币安排，具体而言，主要包括以下三个方面的内容。

（1）国际汇率体系。国际汇率体系即一国货币与其他货币之间的汇率应如何决定和维持，能否自由兑换成支付货币，是采取固定还是浮动汇率制度等。汇率的高低不仅体现了本国与外国货币购买力的强弱，而且涉及资源分配的多寡。因而如何按照较为合理的原则在世界范围内规范汇率的变动，从而形成一种较为稳定的、为各国共同遵守的国际汇率安排，成为国际货币体系要解决的核心问题。

（2）国际收支和国际储备资产。国际收支和国际储备资产即使用什么货币作为国际支付货币，一国政府应持有何种国际储备资产，以维持国际支付原则和满足调节国际收支的需要，以及在国际收支出现不平衡时应如何解决。国际收支的不平衡和官方储备的变动将直接导致汇率的波动，进而影响到整个国际货币体系的稳定。所以，每一种国际货币体系必然包括解决国际收支不平衡的原则、规章及途径。

（3）国别经济政策与国际经济政策的协调。在国际经济合作日益加强的过程中，一国的经济政策往往波及相关国家，造成国与国之间的利益摩擦，因而一国的经济政策以及各国经济政策之间的协调也成为国际货币体系的重要内容。

2. 国际货币体系的作用

理想的国际货币体系，应能够保障国际贸易的发展、世界经济的稳定与繁荣。国际货币体系的作用主要体现在以下几个方面：

（1）建立相对稳定合理的汇率机制，防止不必要的竞争性贬值。

（2）为国际经济的发展提供足够的清偿力，并为国际收支失衡的调整提供有效的手段，防止个别国家清偿能力不足而引发区域性或全球性金融危机。

（3）促进各国经济政策的协调。在国际货币体系的框架内，各国经济政策都要遵守一定的共同准则，任何损人利己的行为都会遭到国际压力和指责，因而各国经济政策在一定程度上得到了协调和相互谅解。

国际货币体系形成至今，先后经历了国际金本位体系、布雷顿森林体系和牙买加体系。在本书中研究国际货币体系，也包含一个推测：区块链技术的发展，以及数字货币的出现，为非主权货币的产生提供了条件和基础。预计在牙买加体系之后，新的国际货币体系将会是能够体现超主权货币的货币体系，并且这种体系的货币将会采用数字货币相关的技术。

2.7.4 国际金本位体系

金本位制是以一定成色及重量的黄金为本位货币的一种货币制度，黄金是货币体系的基础。在国际金本位制度下，黄金充分发挥世界货币的职能。一般认为，1880 年至 1914 年的 35 年间是国际金本位体系的黄金时代。

1. 国际金本位的特点

（1）黄金充当国际货币

在金本位体系下，金币可以自由铸造、自由兑换，黄金自由进出口。由于金币可以自由铸造，金币的面值与黄金含量就能保持一致，金币的数量就能自发地满足流通中的需要；由于金币可自由兑换，各种金属辅币和纸币就能够稳定地代表一定数量的黄金进行流通，从而保持币值的稳定；由于黄金可以自由进出口，因而本币汇率能够保持稳定。

国际金本位体系名义上要求黄金充当国际货币，但是由于黄金运输不方便：风险大，而且黄金不能生息，还需支付保管费用，再加上当时英国在国际金融、贸易中占据绝对的主导地位，因而人们通常以英镑代替黄金，由英镑充当国际货币的角色。

（2）严格的固定汇率制

在金本位体系下，各国货币之间的汇率由它们各自的含金量比例——金平价决定。当然，汇率并非正好等于铸币平价，而是受供求关系的影响，围绕铸币平价上下窄幅波动，其幅度不超过两国之间黄金输送点，否则，黄金将取代货币在两国间流动。实际上，英国、美国、法国和德国等主要国家的货币汇率平价在 1880 年至 1914 年间一直没有变动，从未升值或贬值。

（3）国际收支的自动调节机制

其机理是由美国经济学家休谟提出的“价格—铸币流动机制”：一国国际收支逆差→黄金输出→货币减少→物价和成本下降→出口竞争力增强→出口扩大，如果进口减少→国际收支转为顺差→黄金输入。相反，一国国际收支顺差→黄金输入→货币增加→物价和成本上升→出口竞争力减弱→进口增加，如果出口减少→国际收支转为逆差→黄金输出。

为了实现上述的自动调节机制，各国必须严格遵守以下三个原则：

① 本国货币和一定数量的黄金固定下来，并随时可以兑换黄金。

② 黄金可以自由输出输入，各国金融当局应随时按官方比价无限制买卖黄金和外汇。

③ 货币发行必须持有相应的黄金准备。

但是，在实际运行中，这三个条件并没有被各国丝毫不差地执行下来，因而金本位的自动调节机制并没有解决各国的国际收支不平衡问题。

2. 国际金本位体系的历史地位

在 1914 年爆发的第一次世界大战和 1929—1933 年的经济大危机的相继冲击下，英、美、法等主要国家先后放弃国际金本位体系，至 1936 年，金本位体系彻底崩溃，各国货币汇率开始自由浮动。

对国际金本位体系的评价应当采取一分为二的态度。首先应当肯定，在自由资本主义发展最为迅速的时代，严格的固定汇率制有利于生产、成本核算和国际支付，也有利于减少国际投资风险，从而推动了国际贸易与对外投资的极大发展。

但是，随着时代发展，金本位体系发挥作用的一系列有利条件，如稳定的政治经济局面、黄金供应的持续增加、英国雄厚的经济实力等相继失去后，金本位的缺点逐渐显露并最终导致自身的崩溃。

金本位体系与当时国际形势所冲突的地方在于：

第一，黄金增长远远落后于各国经济增长对国际支付手段和货币的需求，因而严重制约世界经济的发展。

第二，金本位体系所体现的自由放任原则与资本主义经济发展阶段所要求的干预职能相违背，从而从根本上动摇了金本位存在的基础。金本位的存在已经成为各国管理本国经济的障碍。因而，金本位的自动调节机制就显得有限与不完善。

2.7.5 布雷顿森林体系与特里芬悖论

第二次世界大战后期，美、英两国从各自利益出发，设计了新的国际货币体系。1944 年 7 月 1 日至 22 日，44 个同盟国家的 300 多名代表在美国新罕布什尔州的布雷顿森林召开了“联合和联盟国家国际货币金融会议”，通过了以“怀特计划”为基础的《国际货币基金协定》和《国际复兴开发银行协定》，总称布雷顿森林协定。布雷顿森林协定确立了第二次世界大战后以美元为中心的固定汇率体系的原则和运行机制，因此把第二次世界大战后以固定汇率制为基本特征的国际货币体系称为布雷顿森林体系。

1. 布雷顿森林体系的主要内容

（1）建立以美元为中心的汇率平价体系（双挂钩机制）。美元与黄金挂钩（每盎司黄金 =35 美元），其他货币与美元挂钩是布雷顿森林体系的两大支柱。各国中央银行或政府可以随时用美元向美国按官价兑换黄金。各国货币与美元的法定平价一经国际货币基金组织（以下简称 IMF）确认，便不可更改，其波动幅度不得超过平价的 ±1%。只有当成员国基本国际收支不平衡时，经 IMF 批准后才能改变汇兑平价，所以又叫作可调整的固定汇率制。

（2）美元充当国际货币。基于美国强大的占绝对主导地位的经济实力，在布雷顿森林体系下，美元实际上等同于黄金，可以自由兑换为任何一国的货币，充当价值尺度与流通手段的作用，成为最主要的国际货币。

（3）建立一个永久性的国际金融机构——IMF。IMF 的建立，旨在促进国际货币的合作。IMF 是第二次世界大战后国际货币制度的核心，它的各项规定构成了国际金融领域的基本秩序，对成员国融通资金并维持国际金融形势的稳定。

（4）多种渠道调节国际收支不平衡。

① 依靠 IMF 的融资。如普通提款权、特别提款权等。

② 依靠汇率变动。在成员国国际收支出现根本不平衡时，经 IMF 批准，该国货币汇率平价可做调整，以此纠正国际收支不平衡。

③ 运用国际经济政策，调节内外均衡。

2. 布雷顿森林体系的崩溃及其原因

自 20 世纪 50 年代末期美元逐渐开始过剩以来，美国的黄金储备大量外流，对外短期债务激增，美元的信用基础发生动摇。1960 年 10 月第二次世界大战后的第一次美元危机后，美国与其他国家相继采取了许多措施，以缓解美元的劣境，如 1961 年 10 月建立的黄金总库，1961 年 11 月达成的借款总安排，1962 年 3 月签订的“货币互换协定”等。但是，20 世纪 60 年代中期越战爆发后，美国的国际收支进一步恶化，黄金储备继续下降，各国纷纷预期美元将贬值。1971 年 5 月，再次爆发美元危机，美元贬值之势无可挽回。1971 年 8 月 15 日，美国总统尼克松被迫宣布实行“新经济政策”，停止美元兑换黄金，终止每盎司 35 美元的官方兑换关系。至此，布雷顿森林体系固定汇率制宣告崩溃。

布雷顿森林体系崩溃的原因可归纳为三点：“特里芬难题”、汇率体系僵化和 IMF 协调解决国际收支不平衡的能力有限。

3. 特里芬悖论

1960 年，美国经济学家特里芬在《黄金与美元危机》一书中指出，布雷顿森林体系以一国货币作为最主要的国际储备资产具有自身难以克服的矛盾。在布雷顿森林体系下，美元承担的两个责任，即保证美元按官价兑换黄金、维持各国对美元的信心和提供足够的国际清偿力（即美元）之间是相互矛盾的。要满足世界经济增长之需要，国际储备必须有相应的增长，而这必须由储备货币供应国——美国的国际收支赤字才能完成。但各国手中持有的美元数量越多，对美元与黄金之间的兑换关系就越缺乏信心，并且越要将美元兑换成黄金。这个被称为“特里芬难题”的矛盾最终促使布雷顿森林体系无法维持。

4. 对布雷顿森林体系的评价

布雷顿森林体系的建立，造成了一个相对稳定的国际金融环境，对世界经济的发展起到了一定的促进作用：

（1）促进了第二次世界大战后国际贸易的迅速发展和生产国际化。严格的固定汇率制，消除了国际贸易与金融活动中的汇率风险，为国际贸易与投资提供了极大的便利。

（2）缓解了各国国际收支困难，保障了各国经济稳定、高速发展。

布雷顿森林体系是国际货币合作的产物，它消除了第二次世界大战前各个货币集团的对立，稳定了第二次世界大战后国际金融混乱的动荡局势，开辟了国际金融政策协调的新时代。

2.7.6 牙买加体系

布雷顿森林体系崩溃后，国际金融形势动荡不安。1976 年，IMF“国际货币制度临时委员会”达成《牙买加协定》，同年 4 月 IMF 理事会通过《IMF 协定第二次修正案》，从而形成了新的国际货币制度。

1. 牙买加协定的主要内容

（1）浮动汇率合法化。成员国可自由选择汇率制度，IMF 继续对各国汇率政策实行严格监督，防止损人利己的货币贬值政策。在货币秩序稳定后，经 IMF85% 投票权同意，可恢复稳定但可调整的平价制度。

（2）黄金非货币化。废除黄金条款，取消黄金官价，各成员国中央银行可按市价自由进行黄金交易，取消成员国相互之间以及成员国与 IMF 之间须用黄金清算债权债务的义务。IMF 逐步处理其持有的黄金。

（3）增强 SDRs 的作用。提高 SDRs（指特别提款权）的国际储备地位，修订 SDRs 的有关条款，以使 SDRs 逐步取代美元成为主要的储备资产。

（4）提高 IMF 的清偿力。增加 IMF 成员国的份额，提高 IMF 的清偿力。

（5）扩大融资。扩大对发展中国家的资金融通，用出售黄金的收入建立信托基金，改善发展中国家的贷款条件。

2. 牙买加体系的运行

（1）储备多元化。与布雷顿森林体系下的国际储备结构单一，美元十分突出的情形相比，在牙买加体系下，国际储备呈现多元化局面。美元虽然仍是主导的国际货币，但美元地位明显削弱，由美元垄断外汇储备的情形不复存在。原西德马克（后德国马克）、日元随着德、日两国经济地位的提升脱颖而出，成为重要的国际货币，SDRs、ECU 的作用不断上升，已经面世的欧元也正在成为与美元抗衡的新的国际货币。各国为了尽量减少风险暴露，只能根据自身的具体情况，在多种货币中进行选择，构建自己的多元化的国际储备。

（2）汇率安排多样化。浮动汇率制与固定汇率制并存，一般而言，发达工业国家多数采取单独浮动或联合浮动，但有的也采取“钉住自选的货币篮子”。对发展中国家而言，多数是钉住某种国际货币或货币篮子，单独浮动的很少。不同汇率制度各有优劣，浮动汇率制度可以为国内经济政策提供更大的活动空间与独立性，而固定汇率制则减少了本国企业居民可能面临的汇率风险，方便了生产与核算。各国应根据自身的经济实力、开放程度、经济结构等一系列相关因素去权衡得失利弊。

（3）多种渠道调节国际收支。在牙买加体系下，调节国际收支的途径主要有以下五种：

① 运用国内经济政策。国际收支作为一国宏观经济的有机组成部分，必然受到其他因素的影响。运用国内经济政策，可以改变国内的需求与供给，从而消除国际收支不平衡。例如，在资本项目逆差的情况下，可提高利率，减少货币发行，以此吸引外资流入，弥补缺口。需要注意的是，运用财政或货币政策调节外部均衡时，往往受到“米德冲突”的限制，在实现国际收支平衡的同时，牺牲了其他的政策目标，如经济增长、财政平衡等，因而内部政策应与汇率政策相协调同时运用，才不至于顾此失彼。

② 运用汇率政策。在浮动汇率制或可调整的钉住汇率制下，汇率是调节国际收支的一项重要工具，其原理是：经常项目赤字→本币趋于下跌→增强外贸竞争力→出口增加，进口减少→经济项目赤字减少或消失；相反，在经常项目顺差时，本币币值上升会削弱进出口商品的竞争力，从而减少经常项目的顺差。实际上，汇率的调节作用受到马歇尔—勒纳条件以及J曲线效应的制约，其功能往往令人失望。

③ 通过国际融资平衡国际收支。在布雷顿森林体系下，这一功能主要由IMF完成。在牙买加体系下，IMF的贷款能力有所提高，更重要的是，伴随石油危机的爆发和欧洲货币市场的迅猛发展，各国逐渐转向欧洲货币市场，利用该市场的比较优惠的贷款条件融通资金，调节国际收支中的顺逆差。

④ 加强国际协调。这主要体现在：第一，IMF为桥梁。各国政府通过磋商，就国际金融问题达成共识与谅解，共同维护国际金融形势的稳定与繁荣。第二，新兴的七国首脑会议。西方七国通过多次会议达成共识，多次合力干预国际金融市场，主观上是为了各自的利益，但客观上也促进了国际金融与经济的稳定与发展。

⑤ 通过外汇储备的增减来调节。盈余国的外汇储备增加，赤字国的外汇储备减少。这一方式往往会影响到一国货币供应量及结构，从而引起其他问题，解决方法之一是同时采取中和政策，相应改变其他途径的货币供应量，从而从总体上保持货币供应量不变。

3. 对牙买加体系的评价

（1）牙买加体系的积极作用。应当肯定，牙买加体系对于维持国际经济运转和推动世界经济发展发挥了积极作用，主要表现在以下几个方面：

① 多元化的储备结构摆脱了布雷顿森林体系下各国货币间的僵硬关系，为国际经济提

供了多种清偿货币，从一定程度上解决了“特里芬难题”。

② 多样化的汇率安排适应了多样化的、不同发展程度的世界经济，为各国维持经济发展与稳定提供了灵活性与独立性，同时有助于保持国内经济政策的连续性与稳定性。

③ 多种渠道并行，使国际收支的调节更为有效与及时。

（2）牙买加体系的缺陷。牙买加体系远非一个完美的国际货币制度，它的缺陷也是很明显的：

① 多元化国际储备格局下，储备货币发行国仍享受到“铸币税”等多种好处，同时在多元化国际储备下，缺乏统一的、稳定的货币标准，这本身就可能造成国际金融市场的不稳定。

② 汇率大起大落，变动不定，汇率体系极不稳定，其消极影响之一是增大了外汇风险，从而在一定程度上抑制了国际贸易与国际投资活动，对发展中国家而言，这种负面影响尤为突出。国际收支调节机制并不健全，各种现有的渠道都有各自的局限性，牙买加体系并没有消除全球性的国际收支失衡问题。

第3章 数字货币与通证 Token

本章开始讲解数字货币相关的知识。在讲数字货币之前需要先了解一些通证 Token 的知识。

Token 早期是指“令牌”，在计算机领域中，有一种令牌环网络技术，这种令牌环网络技术在网络的彼此通信中，需要传递一种令牌即 Token，拿到令牌的人才可以进行通信，早期 Token 代表一个有发言权的标识。在开发应用中，Token 经常会是一种包含用户认证信息的标识，如 Web 应用中的 Access Token。

在区块链的领域中，Token 是一种数字化的价值载体，是权益证明。早期，Token 一直以来都被翻译为“代币”，泛指基于区块链技术发行的各类数字货币。这些数字货币由于其发行的目的和自身特性往往有不同的用途。

面对用途各异的众多数字货币，缺乏一个合适的命名不仅会引起各界的误读，也会影响和阻碍行业吸引新生力量的加入。2018 年年初，以元道、孟岩老师为首的学者们给 Token 这个词起了个全新的名字：通证。

通证这个词包含了三个含义：一是其在一定范围内的自由流通；二是其体现了某种共识并具备可信度；三是其具备一定的权益或使用属性，具有价值。

用通证这个词几乎可以毫无障碍且比较全面地涵盖和解释当今所有基于区块链的各类数字货币。Token 的概念范围比数字货币要大，数字货币是 Token 的一种，很多有权益表现但不具有明显货币特征的事物，用通证表示更为合适。因为这种表达方式更准确，范围更广泛，通证这个词在区块链的领域中开始迅速地传播并流行起来。本书对通证的定义范围如图 3-1 所示。

但当前我们所讲的通证，更多的是具有货币属性的 Token，是在经济方面有明显价值特征的代表物，本书中数字货币与通证这两种用法都会使用到。如果为了与传统的经济学中的货币进行对比，就使用数字货币；如果为了更广泛地说明区块链中的经济模型，也经常使用通证。例如，讲解融资的时候，我们就使用通证融资，而不是数字货币融资。

在数字货币领域还有一个Coin和Token的区分，应用比较狭窄，一般只在专业的领域中使用，了解即可。Coin是指具备货币属性的区块链项目的货币。这些区块链项目都是基础链，拥有自己独立的区块链平台，它们发行的基础链币为原生币，具有货币的性质——价值存储和传输媒介。Token是指具有权益属性的区块链应用项目的代币。这些区块链项目基于其他的基础链平台，即Token项目是搭建在Coin项目平台上的。它们发行的数字货币为代币Token，此时的Token翻译为代币能更准确地表达其含义，同样具有权益凭证的属性。权益凭证就是拥有该项目的代币，拥有权益凭证就拥有了该项目的权利和利益，就相当于是我们拥有一个上市公司的股票一样。

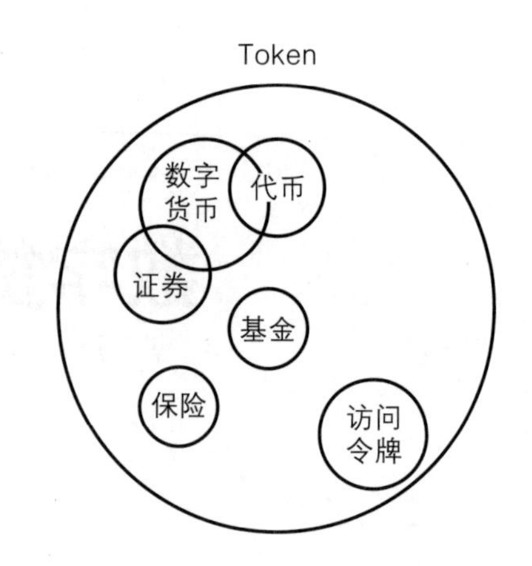

图 3-1 本书对通证的定义范围

所有开始在以太坊上发行ERC20的代币都叫作Token，当自己的项目公链上线后，完成从代币到主网币的映射，这时Token都开始成为Coin。当初的EOS、TRON，都是Token，当他们的主网上线后，都转换到CoinMarketCap的Coin分类中了。

CoinMarketCap中的Token（2018.5）如图3-2所示。

Top 100 Tokens by Market Capitalization

Cryptocurrencies ▾ Watchlist USD ▾ Next 100 →

#	Name	Platform	Market Cap	Price	Volume (24h)	Circulating Supply	Change (24h)	Price Graph (7d)
1	EOS	Ethereum	$10,843,961,232	$12.36	$2,130,240,000	877,257,971	10.35%	
2	TRON	Ethereum	$4,742,220,623	$0.072127	$562,778,000	65,748,111,645	0.27%	
3	Tether	Omni	$2,518,197,305	$1.00	$3,010,080,000	2,507,140,814	0.34%	
4	VeChain	Ethereum	$1,972,002,972	$3.75	$66,417,300	526,047,017	2.89%	
5	Binance Coin	Ethereum	$1,483,620,164	$13.01	$56,209,400	114,041,290	1.49%	
6	OmiseGO	Ethereum	$1,142,468,410	$11.20	$46,510,400	102,042,552	2.50%	
7	ICON	Ethereum	$1,087,233,329	$2.81	$31,919,500	387,231,348	1.35%	
8	Zilliqa	Ethereum	$904,843,926	$0.124173	$54,066,900	7,286,961,952	-0.24%	
9	Ontology	NEO	$821,202,604	$6.68	$74,283,400	122,972,076	1.80%	
10	Aeternity	Ethereum	$749,929,785	$3.22	$21,971,000	233,020,472	3.52%	

图 3-2 CoinMarketCap中的Token（2018.5）

CoinMarketCap Top 100 Coins（2019.2）为 2019 年 2 月查看的 2018 年 5 月份 CoinMarketCap 中的 Token 转变为 Coin 的项目，如图 3-3 所示。

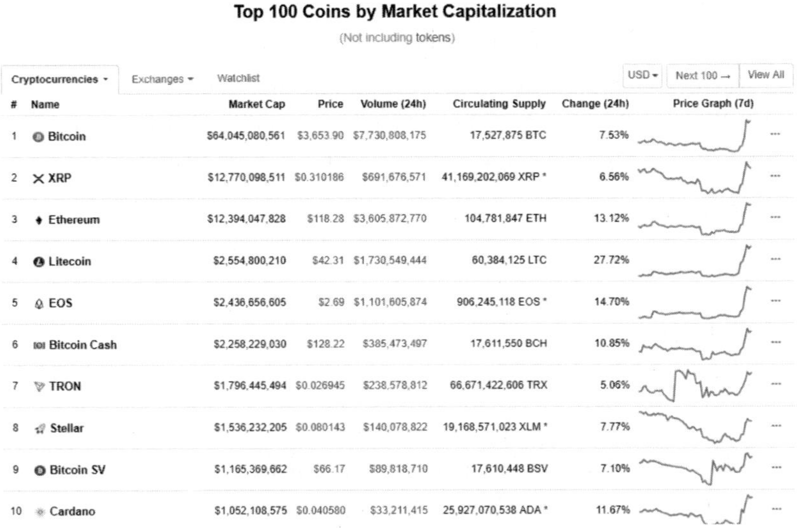

Top 100 Coins by Market Capitalization

(Not including tokens)

Cryptocurrencies ▾ Exchanges ▾ Watchlist USD ▾ Next 100 → View All

#	Name	Market Cap	Price	Volume (24h)	Circulating Supply	Change (24h)	Price Graph (7d)	
1	Bitcoin	$64,045,080,561	$3,653.90	$7,730,808,175	17,527,875 BTC	7.53%		···
2	XRP	$12,770,098,511	$0.310186	$691,676,571	41,169,202,069 XRP *	6.56%		···
3	Ethereum	$12,394,047,828	$118.28	$3,605,872,770	104,781,847 ETH	13.12%		···
4	Litecoin	$2,554,800,210	$42.31	$1,730,549,444	60,384,125 LTC	27.72%		···
5	EOS	$2,436,656,605	$2.69	$1,101,605,874	906,245,118 EOS *	14.70%		···
6	Bitcoin Cash	$2,258,229,030	$128.22	$385,473,497	17,611,550 BCH	10.85%		···
7	TRON	$1,796,445,494	$0.026945	$238,578,812	66,671,422,606 TRX	5.06%		···
8	Stellar	$1,536,232,205	$0.080143	$140,078,822	19,168,571,023 XLM *	7.77%		···
9	Bitcoin SV	$1,165,369,662	$66.17	$89,818,710	17,610,448 BSV	7.10%		···
10	Cardano	$1,052,108,575	$0.040580	$33,211,415	25,927,070,538 ADA *	11.67%		···

图 3-3 CoinMarketCap Top 100 Coins（2019.2）

3.1 数字货币、虚拟货币、电子货币和加密货币

中本聪创造比特币之后的十年间，数字货币、加密货币、密码代币等概念不断涌现。同时伴随着互联网、云计算、大数据等技术的发展，电子货币、虚拟货币等也开始走进人们的视野。为了更好地理解，有必要先将各个概念进行梳理区分。

（1）数字货币（Digital Currency）简称为 DIGICCY，是一个笼统的术语，国际货币基金组织将其称为“价值的数字表达”，用来描述所有形式的电子货币，包括虚拟货币和加密货币。它可以在区块链中运行，也可以在互联网中流通。

（2）电子货币：也就是通过电子化方式支付的货币。本质上是法定货币的电子化和网络化。按照发行主体和应用场景分为储值卡、银行卡和第三方支付等；通常是指电子交易的当事人包括消费者、企业、金融机构使用数字化的支付手段，通过网络向另一方进行货币支付或者资金流转的过程。一般的分类方法可以将电子支付系统划分为基于账户和基于数字货币的两大支付系统。基于账户的支付系统是用户在支付服务提供商处开设账户，并授权其进行支付，如借记卡、信用卡等结算卡系统，通过网络由卡号找到后台系统的账户，根据指令完成账户上资金的流转。基于数字货币的支付系统，用户从货币发行处购买电子数字代币，代币具有一定的价值，可以实现对商家的支付，也可以存储下来，在网络环境中起到现金的作用。

（3）虚拟货币：欧洲央行 2012 年 10 月发布的《虚拟货币体系报告》将虚拟货币定义为一种未加监管的数字货币，由其开发者发行并控制，被某一特定虚拟社区成员接受并使用。简单来说虚拟货币由特定主体发行，被特定成员接受和使用，货币价值、用处、管理和控制均由发行主体控制。据此定义，目前我国的腾讯 Q 币，新浪的 U 币，百度的百度币等都属于虚拟货币。2009 年 6 月以前腾讯的 Q 币等虚拟货币可以兑换人民币，2009 年之后国家文化和旅游部与商务部联合发布通知，上述虚拟货币仅能够在特定平台上流通，不可兑换人民币，不可赎回。

（4）加密货币：加密货币是一种使用密码学原理来确保交易安全及控制交易单位创造的交易媒介。加密货币使用加密算法和加密技术以确保整个网络的安全性。许多加密货币都是基于区块链的分布式系统，通过私钥和公钥来促进对等传输，实现点对点交易，公钥必须在区块链上公布，让所有人见证加密货币的归属和交易过程。发行方不对货币的价值、用处、存在方式有任何的限制，运行在区块链网络上，价值取决于使用者。典型的加密货币有比特币、以太币等。加密货币通常称为数字货币。

通证与几种形式的货币含义范围如图 3-4 所示。

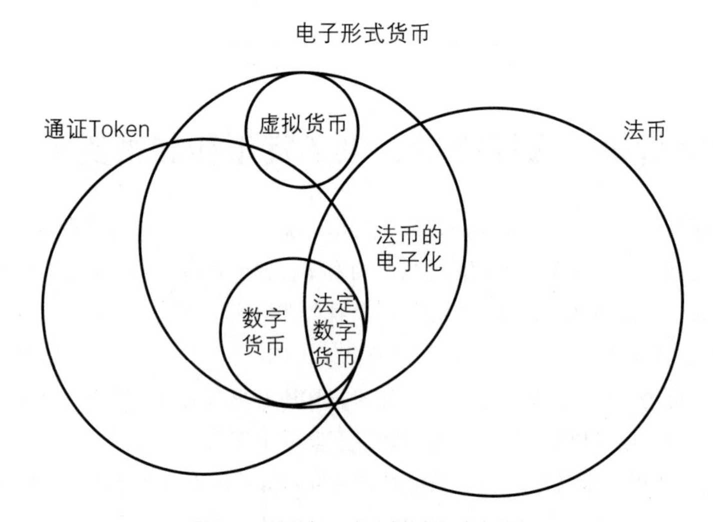

图 3-4　通证与几种形式的货币含义范围

通证是一个广泛的概念，包含了非货币的部分；电子货币主要是描述电子形式的货币，我们主要强调的法币的电子化，是法币与电子货币的相交领域；虚拟货币是电子货币的一种，因为法律上限制不能与法币产生兑换关系，所以和法币还不能有交集；法定数字货币如 DCEP，是法币、电子货币与数字货币的相交领域，这个领域会逐渐扩大。

区块链技术与各国的管理办法相继成熟后，货币的发展重心会向法定数字货币领域扩展，超主权货币也会在数字货币领域逐渐产生出来。通证、电子货币、数字货币会经历如下几个阶段。

（1）发展的第一阶段：法币和数字货币还没有交集，数字货币的范围还比较小，如图 3–5 所示。

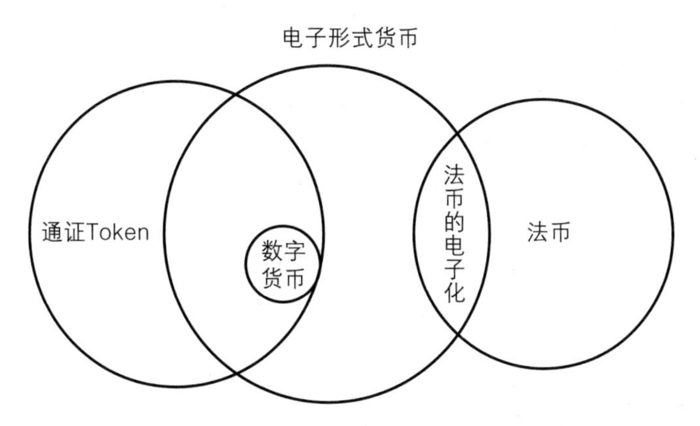

图 3–5 发展的第一阶段（法币和数字货币还没有交集）

（2）发展的第二阶段：法币和数字货币开始有交集，数字货币的范围逐渐扩大。之后的几年，各国央行的数字货币进入使用阶段后，就会进入这个阶段，如图 3–6 所示。

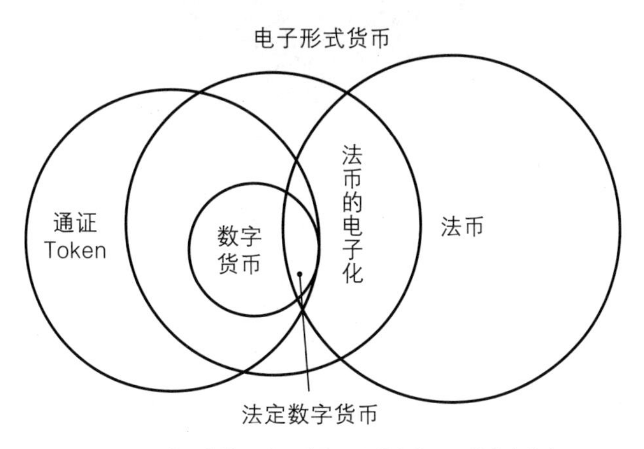

图 3–6 发展的第二阶段（法币和数字货币开始有交集）

（3）发展的第三阶段：法币开始大量使用数字货币的形式发行，数字货币的作用范围变得更广泛，如图 3–7 所示。

数字货币在不同语境下有着不同的内涵和外延，IMF 称之为“价值的数字表达”。2018 年，国际清算银行（BIS）下属支付及市场基础设施委员会（CPMI）提出了一个“货币之花”的概念模型，如图 3–8 所示。

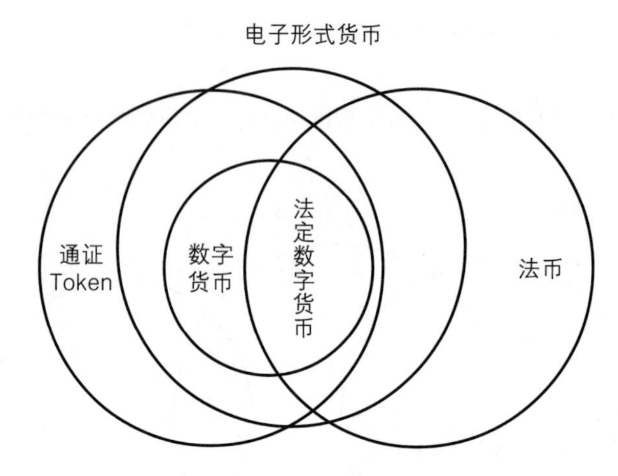

图 3-7　发展的第三阶段（法币开始大量地使用数字货币形式发行）

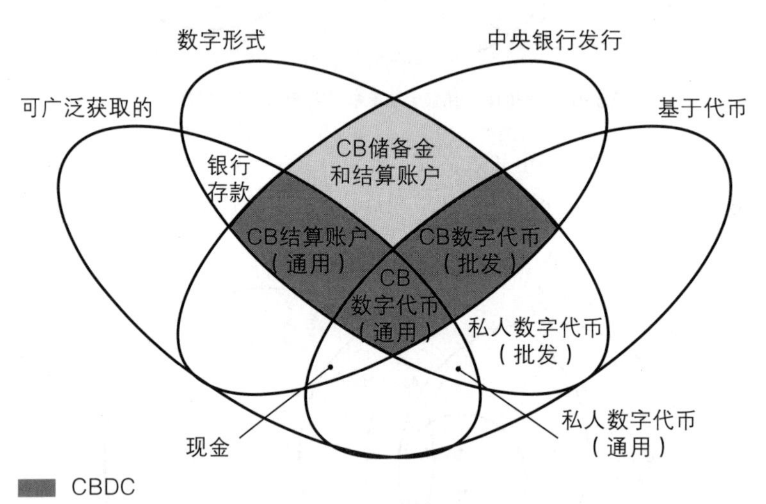

注：CB 代表中央银行；CBDC 代表中央银行数字货币。

图 3-8　“货币之花”概念模型

它从四个方面对数字货币进行分类与定义：发行人（中央银行或非中央银行）、货币形态（数字或实物）、可获取性（广泛或受限）及实现技术（基于账户或代币）。

在 BIS“货币之花”模型中，数字货币被分为私人数字货币与法定数字货币。中央银行数字货币堪称“花蕊”，它是一种数字化的货币形态，其发行人是中央银行，其实现形式可以是基于账户的中央银行数字货币，也可以不基于账户，是记于名下的一串由特定密码学与算法构成的数字，可称为基于价值（Value）或基于代币（Token）的中央银行数字货币。根据应用场景的不同，又可分为批发端和零售端中央银行数字货币。前者应用于银行间的支付清算、金融交易结算等；后者流通于社会公众。所以，中央银行数字货币可以分为三块区域：CB 结算账户（通用）、CB 数字代币（通用）与 CB 数字代币（批发）。当前，中国人民银行将正在研发的中央银行数字货币界定为 M0，因此可对应“货币之花”模型中的 CB 结算账户（通用）和 CB 数字代币（通用）两块区域。

“货币之花”模型是国际清算银行在金融领域对货币进行四个方面的分类与定义。本书中通证的表示范围最广，涵盖了非金融领域的概念。

3.2 数字货币（通证 Token）的主要分类

1. 根据不同发行的主体分类

数字货币按照发行主体的不同可以分为法定数字货币和非国家数字货币。

（1）法定数字货币：由主权货币当局统一发行、有国家信用支撑的法定货币，可以完全替代传统的纸质和电子货币，如我国央行发行的 DCEP。它的本质是一段加密数字，是纸币的替代。国际清算银行在关于中央银行数字货币（CBDC）的报告中，将法定数字货币定义为中央银行货币的数字形式。法定数字货币与区块链并没有直接的关系，法定数字货币的形式存在多种技术路线，区块链只是其中一种。法定数字货币可以基于区块链发行，也可以基于传统中央银行集中式账户体系发行。由于法定数字货币必须由央行来发行，所以它本身具备计价手段、交易媒介等货币属性，内在价值具有稳定性。

（2）非国家数字货币：一般也称作民间数字货币、私人数字货币、私营数字货币等，主要代表有比特币、以太币、瑞波币等。私人数字货币没有集中的发行方，任何人都可以参与制造，不具有法偿性和强制性等货币属性，可以看作是虚拟货币，本质上是数字资产。私人数字货币价值目前缺乏普遍认可，主要由于其未锚定任何资产，价格极易波动。目前私人数字货币的发行模式一般采用 ICO（首次发行代币），即通过发行加密代币来融资，以支撑项目的发展。由于私人数字货币缺乏相应的监管，存在较大的风险，我国明确将其定性为虚拟商品，不具备法定货币的法律地位，同时规定任何组织和个人不得从事代币发行融资活动。

2. 根据通证的不同经济功能分类（此处使用通证的名词，代表更广阔的范围）

2018 年，瑞士金融市场监督管理局根据通证潜在的不同经济功能对其进行了分类，该分类方法在国际上受到了较大的认可。参照这种比较官方和专业的分类定义，具体而言，通证可分为以下三种类型。

（1）支付型通证（payment token）：指为了在现在或将来取得某样物品或某种服务，而作为金钱或价值转移的一种支付手段。这种通证更像我们所说的货币。

（2）应用类通证（utility token）：该类通证以数字化的形式存在，主要用于基于区块链技术为基础架构开发的应用或服务。

（3）资产类通证（asset token）：这类通证以一定资产作为支撑，如通证持有者可向发行人索要的债务或股权、未来公司收益或者资产流动中一定的份额等。因此，就其经济功能而言，这类通证近似于股票、债券或衍生品。如果把法币当成一种资产，稳定币的一个观察角度就是这种类型的通证。

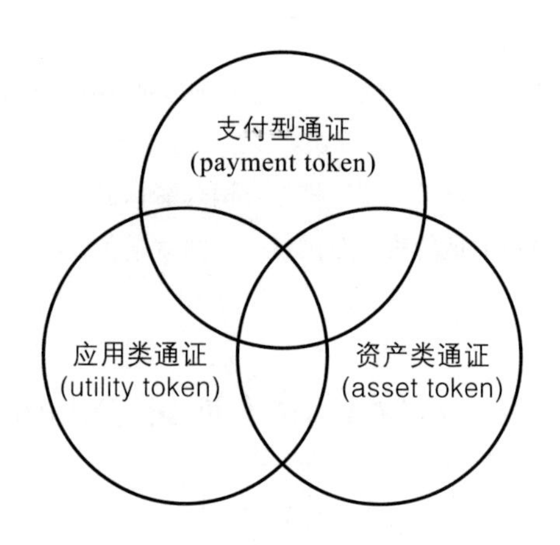

图 3-9　三种常见的通证类型

这种分类方式会产生交集，一些通证具有某两种或者三种分类属性，如图 3-9 所示。

通证本质上是价值的载体，利用区块链技术将价值、权益、实物资产通证化，其内涵可以是权益，如分红权、所有权、债权；可以是资产，如实物资产的映射上链，对应资产类通证；可以是货币，如 BTC、USDT，对应支付型通证；可以是应用或服务中的流通通证，此种通证主要是为了在应用内使用而发行的，很多 DAPP 都发行有自身的通证，对应应用类通证；还可以是一切有价值的东西，如创造力、注意力等。

但实际上有些通证是多种类型的混合体，如交易所发行的平台币，以交易所部分盈利作为支撑，具有很强的金融属性，但同时交易所也为其开辟了众多的使用场景，具有使用价值。

基于通证产生了通证经济这一概念，被称为潜力无限，主要特点是利用通证本身的特性，创造出更加优秀的生态体系、更好的价值模型、更多的用户群体，以及通过通证实现一种大规模的分布式的价值创造形式——这一点有开源协作的精髓。

通证体系内目前有单通证、双通证、三通证（或多通证）。单通证比较常见，大多数项目都是单通证，双通证以 MakerDAO 为主要代表，三通证以 Steemit 为代表。

3. 区块链行业内的一种分类模式

区块链行业还有一种通证分类模式，把通证分为两大类四小类，如图 3-10 所示。

第一大类：实用型通证（utility token）。

产品或服务通证（use of product），代表公司的产品或服务的使用权。

奖励通证（reward token），用户通过自己的行为获得奖励。

第二大类：证券型通证（security token）。

权益通证（equity token），类似公司的股权、债券等。

资产通证（asset token），对应实体世界中的资产，如不动产、黄金等。

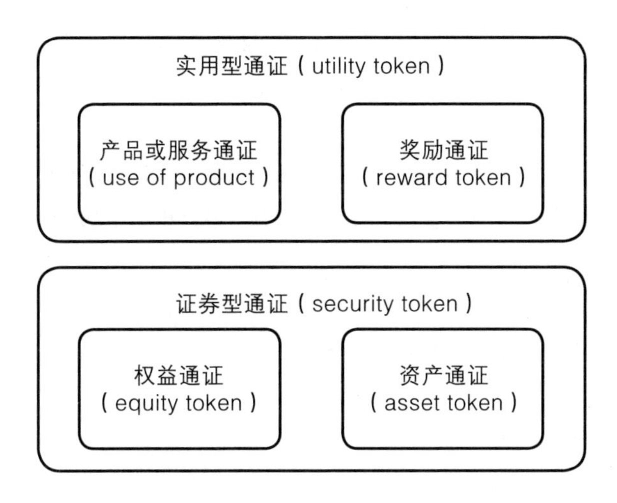

图 3-10　区块链行业内的一种通证分类模式：两大类四小类

3.3　非国家数字货币

本书中在大分类上将数字货币分为非国家的数字货币和法定数字货币。在非国家数字货币方面，本节按照瑞士金融市场监督管理局的分类方法，介绍支付型、应用型、资产型三大类，同时将有明显特点的稳定币、隐私货币也各作为一个小节进行说明，最后会介绍一下山寨币和空气币。后面的三节内容是对我们日常中常见概念的说明，不属于瑞士金融市场对货币的分类。

3.3.1　支付型数字货币（通证 Token）

支付型通证（payment token）具有的货币的主要职能有：

（1）赋予交易对象以价格形态。

（2）购买和支付手段。

（3）积累和保存价值的手段。

当前区块链领域的比特币、莱特币、比特现金等是这种类型的代表，它们的生态没有其他更明显的应用，主要是为了支付等货币的功能而设计的区块链系统。

此外因为其他应用型的通证发展很好，有很好的价值背书，很多应用型的通证也具有支付型通证的职能。如以太币，虽然是为以太坊的生态系统设计的应用型数字货币，但因为其具有很好的流通性和价值背书，常常也用来作为支付型的通证使用。

支付类型的通证长期存在和发展的根基是要保持其很好的价值支撑，足够多的使用用户和使用场景。否则会受到法定数字货币和有更好的应用价值的数字货币的冲击。这点和传统货币的发展史有很多相似之处，早期特定商品的货币和金属货币都有使用价值的支持，后期发展起来的信用货币都有很好的国家信用背书。数字货币的形式虽然不一样，但本质上都是一样的价值支撑原理。

支付型通证更适合经济学中的常见货币原理。例如，表示货币总量和流通速度的费雪方程式，表示存储价值的剑桥方程式。在稍后讲解的经济模型中都可以用这些常见的经济学公式进行分析和设计。

3.3.2 应用型数字货币（通证 Token）

应用类通证（utility token）：该类通证以数字化的形式存在，主要用于基于区块链技术为基础架构开发的应用或服务。这种类型的通证范围比较大，解决各个领域的问题的通证都可以归类为应用类通证。我们所谈到的以太币、瑞波币、Filecoin 都属于这种类型的货币。以太坊作为一个智能合约和去中心化应用平台，讲解其具体应用可能很多人还不容易理解，用 Filecoin 这种为分布式文件存储而设计的区块链说明会更容易理解。

Filecoin 是 ipfs 上的一个实现案例，通过贡献闲置的硬盘作为奖励矿工的一种方式。Filecoin 采用了一种全新的算法（工作量证明），简单来说，就是你拥有的硬盘容量越大，那么获取的 Filecoin 奖励就越多。

Filecoin 创始人 Juan Benet 希望创建一个分散的存储网络（DSN）和一个为存储服务的市场。与传统的 Amazon S3 或阿里云的服务不同之处在于，用户不必信任像亚马逊这样可以决定其服务定价的中央云供应商。相反，任何拥有可用存储空间的人都可以加入并成为 Filecoin 的存储提供商。在区块链术语中，这些就是 Filecoin 的"矿工"，他们通过向用户提供的存储量在网络中获得影响力。

Filecoin 最终用户的最大优势是他们的文件可能存储在附近的 Filecoin 提供商而不是中央云存储，这可能很远，特别是如果用户居住在发展中国家。Filecoin 希望根据用户的需要提供复制和加密数据的选项，从物理地址透明地存储和检索文件。

Filecoin 通证 Fil 用于创建存储市场：用户将使用 Fil 支付服务费用，存储提供商"矿工"将通过 Fil 获得付款。

这是应用类通证的典型代表，为了使用去中心化的方式解决传统存储需求和提供存储供应而设计的通证。这类通证长期存在和发展的基根是需要应用有足够多的用户使用，通证能够促进应用的发展。否则，这种应用型的通证就不会有价值支持。

3.3.3 资产型数字货币（通证 Token）

资产类通证（asset token）：这类通证以一定资产作为支撑，如通证持有者可向发行人索要的债务或股权、未来公司收益或者资产流动中一定的份额等。因此，就其经济功能而言，这类通证近似于股票、债券或衍生品。稳定币在作为美元资产的观察角度就是这种类型的通证。

资产类通证会对传统金融资产提供更先进的能力，这类应用在区块链系统成熟后会得到更广泛的应用。基于区块链提供的技术能力，将资产上链处理会比传统的资产流通有更好的服务。资产类通证会更好地满足传统货币的几个需求：携带、保管、分割、价值匹配。这种通证是资产在区块链上以数字形式保存的权益凭证。利用通证资产可以被拆分得更细。通证化的资产理论上可以无限、自由地分割。最直观的好处是进一步降低了投资者的资金要求，增加资产流动性。由于投资门槛降低，投资组合的方式也更加多样，个别资产的风险可以被进一步分散。从宏观上讲，拆分得更细的投资标的，可以进一步鼓励沉淀资金的有效利用。

这种类型的应用会促进金融创新，增加资产的流动性、智能型和可管理型。例如，如果房产很好地通证化之后，拥有者可以很方便地将10%抵押给A银行，50%抵押给B银行，余下通证份额可以在未来继续抵押。对应产权信息登记在区块链上，还可以有智能合约完成交易，过程快速透明。若是出现债务违约，A银行和B银行有权要求资产变现并以持有的“房产通证”进行求偿，不会出现对同一资产有多份求偿权的情况。在这一例子中通过通证化实现了部分抵押，在当前的金融市场中，由于技术上的限制和法律确权的问题，这种传统方式还难以实现。这种类型的应用需要更好的监管，传统金融领域有多少监管，在区块链的系统上对应职能的监管都不能缺少，可能是以一种发展变化的方式提供相似的监管职能。

3.3.4 稳定币

在数字货币市场中，最早是可以直接用法币买卖数字货币的，但由于比特币等数字货币的独特性（如全球化、匿名化等）对各国的金融体系，对各类犯罪的掌控（如洗钱等）造成了一定的威胁，很多国家纷纷出台了监管政策，对数字货币中心化交易所的银行账户进行了封锁和限制，导致部分国家的投资者无法使用法币直接交易数字货币。

在这种情况下，稳定币就出现了。人们可以先将手中的法币汇给相关的机构，兑换成“稳定币”，然后再进行其他数字货币的自由交易。稳定币的作用就是充当数字货币和法币之间的一个交换中介、一个桥梁。

1. 第一代是以USDT为代表的稳定币

按照USDT的发行公司Tether对外宣称的规定，他们每发行一枚USDT，都要在自己的官方账户上存入相同数量的美元。具体来讲，只有用户通过国际清算系统把美元汇至

Tether 公司提供的银行账户时，他们才会根据用户汇过来的美元数量，给用户发行对应的 USDT 代币。这样，Tether 公司大致确保了 USDT 和美元保持在 1:1 的兑换比例，理论上讲，无论是从资产的使用体验，还是其安全性上，似乎都给予了用户十足的保障。

USDT 的一个很大的风险是，Tether 是一家中心化的公司，财务状况、美元准备金的状况都没有对外公开。直到现在，Tether 公司仍没有拿出足够的证据表明他们有足够的美元保证金来实现 1:1 的比例兑换市场上的 USDT。

与之伴随着的是大量的证据表明 Tether 公司增发了大量的 USDT，由于绝大部分主流交易所都支持 USDT，导致整个市场存在一定的系统性风险。

第一代稳定币特征是无监管、不透明，但占据了非常大的市场份额。

2. 第二代是以TrueUSD（TUSD）为代表的稳定币

TUSD 是币安力推的稳定币。简单来说，你可以把 TUSD 视为更加公开透明化和合规性的 USDT。它们有着类似的特点：都是由中心化的机构来发行，都按 1:1 锚定美元，也都声称在银行中存有相应金额的 USDT 作为发行依据。但是它在透明度上要比 USDT 好很多，因为 TUSD 宣称使用托管账户作为基金管理中使用最广泛的合法工具，为持有人提供定期审计和强有力的法律保护，即多银行负责托管账户、第三方出具账户余额认证、团队绝不和存入的 USDT 直接打交道等，所以不会出现裁判员和运动员于一身的情况。

3. 第三代是以GUSD和PAX为代表的稳定币

更进一步，直接以美国国家信用为背书。

2018 年 9 月 10 日，纽约金融服务部（NYDFS）同时批准了两种基于以太坊 -ERC20 发行的稳定币，分别是 Gemini 公司发行的稳定币 Gemini Dollar（GUSD）与 Paxos 公司发行的稳定币 PAX。

Standard（PAX），每个稳定币都有 1 美元支撑。

对于此次发行的两个稳定币除了都是锚定美元外，还有两个非常突出的特点：一个是获得政府部门纽约金融服务部正式批准，成为第一个合规合法、接受监督的稳定币（也就意味着受到法律保护），信用背书大幅提升；另一个是基于以太坊的 ERC20 来发行的，这意味着财务相关数据完全公开透明、不可篡改，而且完全去中心化。那么从理论上来说，每一笔 GUSD 的增发都会有相应的资金入账。和完全中心化的稳定币对比，对于投资者来说无疑更加具有可信度。

稳定币的盈利模式一般分为以下两种。

（1）获得利息。当稳定币公司收取用户 1 个单位的法币时，相应地会把 1 个单位的稳定币给到用户，当用户交回 1 个单位的稳定币时，稳定币公司再把 1 个单位的法币还给用户。在用户持有1个单位的稳定币期间，1个单位的法币产生的利息则归稳定币公司所有。稳定币公司通过1:1锚定个单位的法币的发行规则，把用户持有个单位的法币时间变为自己的时间，从而获得个单位的法币存入银行的利息。这就意味着，稳定币公司发行的稳定币越多，所获得的利息就越多。

（2）用户提现需支付的手续费，即平台服务费。一般情况下，稳定币与法币之间的提现需要手续费，这也是稳定币收入的一种途径。如果稳定币中的设计模式包含转账手续费，也会是一种平台运行带来输入的来源方式。

3.3.5 隐私货币

隐私性是区块链领域的一项重要技术。熟悉常见数字货币的人们都知道，比特币、以太币等数字货币是不具有隐私性的，可以在区块链系统上查询所有的交易，以及所有账号持有的数字资产。很多人不期望这些信息被暴露，这些需求推动了隐私货币的发展。目前针对保护区块链上隐私的各种方法已经经过大量的试验和研究。密码学的学术研究推动了隐私领域的创新。隐私研究主要涉及的主题有混币技术，环签名、盲签名、零知识证明等技术。其代表实现有达世币（DASH，Digital Cash）、门罗币（Monero，代号XMR）、大零币（Zcash）。

达世币2014年发布白皮书，最初以XCoin之名在2014年1月18日面世。XCoin在同年1月25日更名为Darkcoin（暗黑币），2015年3月25日更名为DASH（达世币），核心开发者EVAN DUFFIELD。达世币是在比特币的基础上做了技术上的改良，具有良好的匿名性和去中心化特性，是第一个以保护隐私为要旨的数字货币。达世币除了拥有比特币的全部功能，还拥有更多先进的功能，如闪电交易、匿名交易、分布式自治系统和分布式预算基金。

达世币核心由独特的激励制P2P网络构成。矿工们维护区块链安全得到奖励；而主节点持有者为用户验证交易、存储数据以及提供多种服务而获得奖励。

主节点代表新一层级的网络。它们可组成高度安全的集群——仲裁链，提供多种类的去中心化服务，如即时交易、匿名性、去中心化管理等，同时它还可以防止低成本的网络攻击。得益于达世币的奖励机制，它的网络主节点自2014年发行以来已经增长到了4100个，这意味着达世币P2P网络已经成为全球最大的网络之一。更多的节点意味着更高的安全性能，达世币能为更多来自全球各地的终端用户提供全天候的数字货币服务。

门罗币是一个创建于2014年4月的开源加密货币，它着重于隐私、分权和可扩展性。与自比特币衍生的许多加密货币不同，门罗币基于CryptoNote协议，并在区块链模糊化方面有显著的算法差异。门罗币的模块化代码结构得到了比特币核心维护者之一的Wladimir J. van der Laan的赞赏。

在门罗币的系统中，你是你自己的银行，只有你自己能控制和负责你的资金，你的账户和交易不被窥视。有了它，你可能知道发生了一笔交易，但是不知道这笔交易在哪里发生、涉及多少钱及资金流向哪里。

门罗币不只是一种货币。它的官方口号是“安全、私人、无迹可寻”。相比于货币交易，其他交易从中获益更多。你也许不想任何人知道你签订了这个合同；你也许不想让身边以区块链为动力的物联网云被任何人访问，这需要一个不透明的区块链，门罗币就提供了一个这样的区块链。

门罗币不是基于比特币的，它基于 CryptoNote 协议。比特币是一个完全透明的系统，人们可以看到一个用户对另一个用户发送了多少比特币。门罗币隐藏这些信息来保护所有交易中的用户隐私，它还具有动态块大小和动态费用，抗 ASIC 的工作证明，以及尾部硬币排放等几项其他变化。

门罗币使用三种不同的隐私技术：环形签名、环形机密交易（RingCT）和隐形地址。这些分别隐藏了交易中的发送者、金额和接收者。网络上的所有交易都是私下授权的，没有办法无意中发送一个透明的交易。这个功能是门罗币专有的，你不需要相信任何人的隐私。

大零币是一个去中心化的开源的加密货币项目，可提供隐私和选择性的交易透明度。大零币是首个使用零知识证明机制的区块链系统，它可以提供完全的支付保密性，同时仍能够使用公有区块链来维护一个去中心化网络。与比特币相同的是，大零币代币（ZEC）的总量也是 2100 万。不同之处在于，大零币交易自动隐藏区块链上所有交易的发送者、接受者及数额。只有那些拥有查看密钥的人才能看到交易的内容，用户拥有完全的控制权，他们可自行选择向其他人提供查看密钥。

大零币基于同行评审的密码学研究，并由基于比特币核心代码开发者的、经过验证的、代码库的、开源平台上的、专注于安全的、专业工程技术团队开发的。大零币对于比特币的改进是增加了隐私性，大零币使用先进的密码学技术，即零知识证明，在不透露关于交易的其他信息的情况下，保证交易的有效性。

3.3.6 山寨币和空气币

山寨币（Altcoin）：随着比特币被爆炒，带火了其他虚拟货币，模仿比特币代码和系统的货币，它们在业内被统一称为“山寨币”。

空气币：主要通过包装一个区块链无所不能的好概念来忽悠外行众筹投资，没有任何的项目实现。发展到后期，一些空气币项目有实现，但没有任何的价值支撑。

传销币：传销币一般就是空气币或者某种山寨币，主要被传销组织用于作为传销产品。传销人员利用比特币的热潮，和大众都不懂的时间窗口期，通过虚拟货币进行传销。

2016年之前的区块链世界中只有比特币和山寨币之分。比特币作为区块链世界的基础货币，地位是毫无争议的。这种由先发优势和创世哲学带来的价值极高，而随着区块链的发展和更多基础链的推出（以太坊、BTS、量子链、AE和EOS），区块链世界的基础设施不断完善起来，这类平台早已不再是简简单单一个币的概念了。继续把它们称为山寨币是非常不妥的，甚至圈内很多人把它们称为“竞争币”，也是非常错误的理解。目前在这个虚拟世界中已经存在着无数种数字货币/代币，该怎么进行分类呢？一些通俗的分类方法有以下几种。

（1）主流币。主流币，顾名思义就是在市场上占主流地位的币种。这些币种的项目都得到了市场上广泛的共识，并且在实际应用上也颇有前景。这些币种都有足够扎实的技术支撑，并且严格依靠区块链技术，人们信任它们，也会放心地将自己的钱投资进去。

不过目前主流币都屈指可数，具有代表性的主流币币种有：比特币、以太坊等。

（2）山寨币。很多初入币圈的人听到山寨币，会觉得这些币种不靠谱，就像现在市面上一些山寨包、山寨鞋一样，认为这些币种似乎是靠不住的。其实，山寨币也是有真实的项目团队的，只是在模仿比特币的探索和创新。

由于比特币的价格呈现奇迹般的上涨，也就带动了国产的一些虚拟货币，它们被币圈的人称为山寨币。其中一些币种上了交易所后，交易的价格波动十分大，也就引来了不少投机者，想要通过炒短线来赚钱。当然，并不是说所有山寨币都很可靠，有些开发者发行了一个山寨币之后，会把一部分据为己有，等价格上涨之后再大量抛售，让投资者防不胜防。如果没有接盘者，山寨币就会快速崩盘。

目前市场上具有代表性的山寨币币种有BTM、LTC、狗狗币等。发展到2019年，大家已经不太使用山寨币的概念，山寨币是早期对模仿比特币的数字货币的统称。

（3）空气币。空气币典型的特点就是：金玉其外，败絮其中。团队成员似乎个个都是高学历的技术“大牛”，团队背景看起来也十分高大上，但若仔细去查就会发现，团队成员的过去都是一片空白。他们利用区块链的概念，将一个项目夸大其词地宣传，然后向人们众筹。而实际上，项目本身就是空壳，没有任何技术支撑，也没有任何实质性的操作，更别提将来产品的落地应用了。

这些项目方一般都是在筹集足够钱之后就销声匿迹拿钱跑路了，他们以圈钱为目的，专门骗那些欲望无限大的人。

（4）传销币。传销币是十足的无技术含量、以圈钱为目的的币种，如果被骗，就只会落得哭诉无门。

比特币是开放源代码的，而且只发放2100万枚，每一枚都是公开透明的，不受任何人或团队的操作。前期传销币不会开放源代码（或者根本没有代码），想以什么速度产出都靠平台操作，只要他们愿意，可以无限增发。传销币没有任何技术含量而言，类似于线下传销模式，也是以拉人头的方式来圈钱，若拉人进场，就会有丰厚的佣金作为回报。不解决任何行业内的困境，上不了任何正规的交易平台，甚至承诺只涨不跌。也正是因此，传销币不仅毫无价值，还会让投资人亏得血本无归。发展到2019年，传销币也有了更多的伪装，也有一些模仿的技术实现，也可以发行数字货币在钱包间转账，但这些都没有价值的基础，是为了模仿得更像，伪装得更好的传销币。

3.4 法定数字货币与Libra

前面介绍了非国家数字货币的主要内容。本书介绍几个代表性国家在数字货币方面的情况。因为Libra的特殊性，虽然它不是法定数字货币，但因其引起了美国和其他主要国家对数字货币的重视和管理，具有很好的对比参照性，并且它最初的设想涵盖了法币的一些职能，本节也作相关的说明。这也是超主权货币的一种早期探索。

2020年伊始，美、日、欧央行对数字货币的态度发生了更加明显的变化。美联储曾表示五年内无须发行数字货币，然而于2020年2月表示已经开始研究数字货币的可行性；欧央行此前持观望态度，1月份也与BIS及几国央行成立了数字货币研究小组；此前不考虑发行数字货币计划的日本，国内立法者也开始敦促数字货币的发行。按照已停止、已发行、研究中、计划推出和不支持的分类对部分国家数字货币的发行进度进行梳理，明显发现，进入2020年后其他国家对于数字货币的态度也变得更加积极。

世界银行2020年3月发布的报告中显示，在接受调研的66个国家央行中，有20%表示将在未来6年内发行央行数字货币。央行数字货币的竞争势必加速对现有的货币格局的重新洗牌。

3.4.1 中国央行的DCEP

DCEP（Digital Currency Electronic Payment）是中国人民银行基于区块链技术推出的全新加密电子货币，即央行数字货币。

DCEP将采用双层运营体系，即中国人民银行先把DCEP兑换给银行或其他金融机构，再由这些机构兑换给公众。DCEP的意义在于它不是现有货币的数字化，而是M0的替代。它使得交易环节对账户依赖程度大为降低，有利于人民币的流通和国际化。同时，DCEP可以实现货币创造、记账、流动等数据的实时采集，为货币的投放、货币政策的制定提供有益参考。

中国人民银行还将坚持数字货币的中心化管理，在研发工作上不预设技术路线，可以在市场上公平竞争选优，既考虑了区块链技术，也可以采取在现有电子支付基础上演变出来的新技术，充分调动市场积极性和创造性，官方还设立了和市场机构激励相容的机制。

DCEP 的特征主要体现在两大方面，一个是金融上的特征，另一个是技术上的特征。专利上主要阐述了技术上的特征；关于金融上的特征，主要源自穆长春先生在公开课中的报道。

1. 金融上的特征

（1）替代 M0：首先 DCEP 是对 M0 的替代，也就是对现金的替代，之所以只对 M0 替代，是因为 M1、M2 已经实现了数字化，如果把 M0 也数字化后，那么央行对资金的监管就比较完整了。另外，之所以从现金入手，一部分原因也是因为现金只是承担了货币的功能，所以对社会的影响并不会非常大。

（2）双层运营模式：上面一层是中国人民银行对商业银行，下面一层是商业银行或者商业机构对用户。也就是说，商业银行向中国人民银行交付 100% 的准备金，然后中国人民银行给予商业银行等额的 DCEP，接下来用户通过现金或者存款向商业银行兑换 DCEP。如果中国人民银行直接面向用户，理论上也是可以的，这样的话，中国人民银行就需要面对全中国所有的消费者，它就需要设计一个既满足用户体验，又满足高性能要求的系统，显然它并不擅长。所以最好的方式由市场经济来决定，也就是说将面向用户的那一端交给商业银行或者机构来做，充分发挥市场竞争。

2. 技术上的特征

（1）安全性：要求防止商务中任意一方更改或者非法使用数字货币，这个更多的是体现在对 DCEP 使用的监管上，甚至说可以终止某次非法的交易。

（2）不可重复花费性：这个是指数字货币只能使用一次，重复花费容易被检查出来。之所以提起这一点，是因为一旦现金被数字化后，数据的复制就是难以避免的了。例如，有个用户用面额为 100 的 DCEP 买了一张电影票，但是又复制了这么一份相同的 DCEP 去进行消费，那么就是对同一份数字货币进行重复花费，所以对于数字货币来说这个是基本特性。对于 BTC 来说，是通过 UTXO 来实现防止双花，而对于 Ethereum、libra 来说则是通过交易的 seq 来防止双花。对于 DCEP 来说，则是采用类似 UTXO 的方式，至于这里的 UTXO 与 BTC 的 UTXO 的区别，不在本书中详细介绍。而现金则由于难以伪造的特性，在物理上可以保证只此一份。

（3）可控匿名性：即使商业银行和用户相互勾结，也不能跟踪 DCEP 的使用。换句话说，就是除了 DCEP 的发行方（中国人民银行）外，其他的机构都无法追踪用户的购买行为，终于可以摆脱部分隐私泄露的问题了。

（4）不可伪造性：除了发行方以外，不能伪造假的数字货币。对于现金来说，是通过物理上的防伪手段来保证；对于 DCEP 来说，做法比较简单，就是只有经过央行的私钥签名的，才是真的 DCEP。说句题外话，之前 Google 爆出量子计算的新闻，很多人开始担心 BTC 会被破解，觉得如果量子计算真出来了，它的攻击目标就算不是核武器，怎么也得是央行这种级别。这一切其实不用担心，如果技术发展到量子计算的那一天，相应的加密技术也会随之升级。

（5）公平性：支付过程是公平的，保证交易双方的交易过程要么都成功，要么都失败。更贴切的应该是满足交易原子性。

（6）兼容性：表示 DCEP 的发行和流通环节，要尽可能地参照现金的发行与流通方式。

DCEP 与 Libra 的对比如表 3-1 所示。Libra 由 Libra 协会节点发行，并非由美联储发行，暂时尚未获得美国监管机构的许可。并且 Libra 价值由法币资产和高信用政府债券（即一篮子货币）储备支撑，但就目前披露的文件来看，其中 50% 会是美元。另外，用户在钱包中使用 Libra 需要 KYC（身份认证），而 DCEP 会依据实名程度进行分级管理。

在这个层面上，DCEP 更像是中国央行发行和结算的“数字人民币”，具有法偿性，在境内的个人和商户必须接受 DCEP 支付，也允许双离线支付，DCEP 借用了区块链架构但没有全部使用。Libra 则是一套需要在网络环境下进行交易的数字货币系统，由 Libra 节点发行和结算，但只能在 Libra 钱包及其生态内使用，不具备法偿性，Libra 本质上是一个联盟链框架下的稳定币。

表 3-1　DCEP 与 Libra 的对比

种类 / 比较	DCEP	Libra
发行部门	中国央行	21 家商业机构
法律效力	必须接受 DCEP 支付，等同于人民币纸钞	暂未获得美国监管机构许可
离线支付	可以	不可以
结算模式	央行结算	Libra 协会运行
安全性	纸钞水平	Libra 协会节点共识
破产保护	央行法偿性	可能存在微小币价波动
风险识别	大数据识别	KYC
隐私保护	一定程度匿名	一定程度匿名
额度	依实名程度分级	未知
手续费	未知	低

2019 年，Facebook 准备发布自己的加密货币 Libra，一时间引起了全世界的关注。Facebook 在全球拥有 27 亿用户，超过全球任意一个国家的人数。可以说，它是线上虚拟世界中最大的“国家”。如果它发行自己的数字货币，可以瞬间形成一个巨大的经济体，

对于传统的国家以及现行的经济体都会产生一定的冲击。

DCEP 与比特币的对比如表 3-2 所示。

表 3-2 DCEP 与比特币的对比

种类 比较	DCEP	比特币
法律效力	中国央行发行，具备法偿性	全球大部分地区不认可
价值稳定	1:1 人民币	市场价格波动
离线支付	可以	需闪电网络支持
结算模式	央行结算	全网共识机制
安全性	纸钞水平	全网算力维护
破产保护	央行法偿性	区块链分叉、币价下跌等
风险识别	大数据识别	无
隐私保护	一定程度匿名	一定程度匿名
额度	依实名程度分级	无限制
手续费	未知	低

DCEP 与支付宝和微信支付的对比如表 3-3 所示。简单来说，DCEP 是数字化的人民币现金，由央行结算且具有法偿性，DCEP 支付是第一层的直接支付手段。而支付宝、微信支付是一种第三方支付手段，由商业银行存储货币结算，存在极小概率的破产风险，没有法律上的法偿性，因此可以有商户不支持支付宝或微信支付。DCEP 也可以实现比支付宝、微信支付安全程度与额度更高的离线支付。

表 3-3 DCEP 与支付宝和微信支付的对比

种类 比较	DCEP	支付宝或微信支付
法律效力	必须接受 DCEP 支付，等同于人民币纸钞	部分商户不支持支付宝或微信支付
离线支付	可以	小额
结算模式	央行结算	商业银行存货币结算
安全性	纸钞水平	低于纸钞水平
破产保护	央行法偿性	商业银行存在破产风险
风险识别	大数据识别	大数据识别
隐私保护	一定程度匿名	一定程度匿名
额度	依实名程度分级	支付系统内部顶级
手续费	未知	提现手续费

央行数字货币对金融市场和货币政策的影响包括以下几个方面。

（1）数字货币的运用或帮助央行对货币供应量及其结构、流通速度、货币乘数、时空分布等方面的测算更为精确，从而提升货币政策操作的准确性。

（2）助推人民币国际化：由于央行数字货币采用账户松耦合形式，减少了交易环节对账户的依赖程度，由此带来和现金一样的流通性和可控匿名属性，有助于推动人民币在更广范围内的流通使用。

（3）打击金融犯罪：在可控匿名机制下，央行可以对掌握的交易数据进行分析以实现审慎管理和反洗钱、反逃税、反恐怖融资等监管目标，提升金融监管效率。

3.4.2 美、日、欧央行进度

全球各国央行一直在密切关注着数字货币的进程，而一旦各国政府开始发行央行数字货币，其竞争势必会加速对现有的货币格局的重新洗牌。1996年，十国集团（G10）的央行，专门在国际清算银行（BIS）中开会讨论电子货币对支付体系和货币政策的潜在影响以及央行的应对策略。之后，BIS定期发布对于电子货币发展情况的调研报告。2019年6月，Libra推出之后，各国央行对央行数字货币的关注度明显增加。

（1）美联储：美联储2017年曾对数字货币提出质疑，2019年已经有多名议员表态重启数字货币研究，提出重构更快、更实时的支付体系的行动计划。2019年12月在众议院金融服务委员会听证会上，美国财政部长姆努钦与美联储主席鲍威尔都同意，在未来五年中，美联储都无须发行数字货币。而就在2020年2月5日，美联储理事布雷纳德表示美联储正在就电子支付和数字货币的相关技术展开研究与实验，已经开始研究数字货币的可行性。美联储对数学货币的态度变化，如图3-11所示。

（2）欧央行：2015年，欧央行详细评估了虚拟货币产品对货币政策与价格水平稳定性的冲击。2020年1月，BIS与欧央行、加拿大央行、英国央行、日本央行、瑞士央行、瑞典央行成立了一个小组，共同研究中央银行数字货币。欧央行行长克里斯蒂娜·拉加德支持该机构在开发央行数字货币方面的努力，并表示迫切需要快速而低成本的支付，欧央行应该发挥领导作用，而不是在不断变化的世界中充当一个观察者。

（3）日央行：2019年10月，日本央行行长表示日本没有立即考虑发行数字货币的计划，目前没有数字货币计划，表示将会关注“加密资产作为支付、结算手段能否获得信任，对金融结算体系产生哪些影响”。但近日，日本立法者开始敦促数字货币的发行，并在即将进行的G7峰会上讨论这一计划。

总体来看，发达国家央行对于数字货币的态度出现了明显的变化。此前发达国家对数字货币没有太大热情，大多数持观望甚至反对的态度。而随着2019年6月Libra白皮书的发布，以及我国央行数字计划的提出，美、日、欧等央行开始变得积极。据Asian Review报道，美国、英国、瑞士、瑞典、加拿大、日本六国央行和国际清算银行的负责人将于 2020 年 4 月中旬举行首次会议，讨论如何开发自己的数字货币。央行数字化货币之争开始变得激烈。

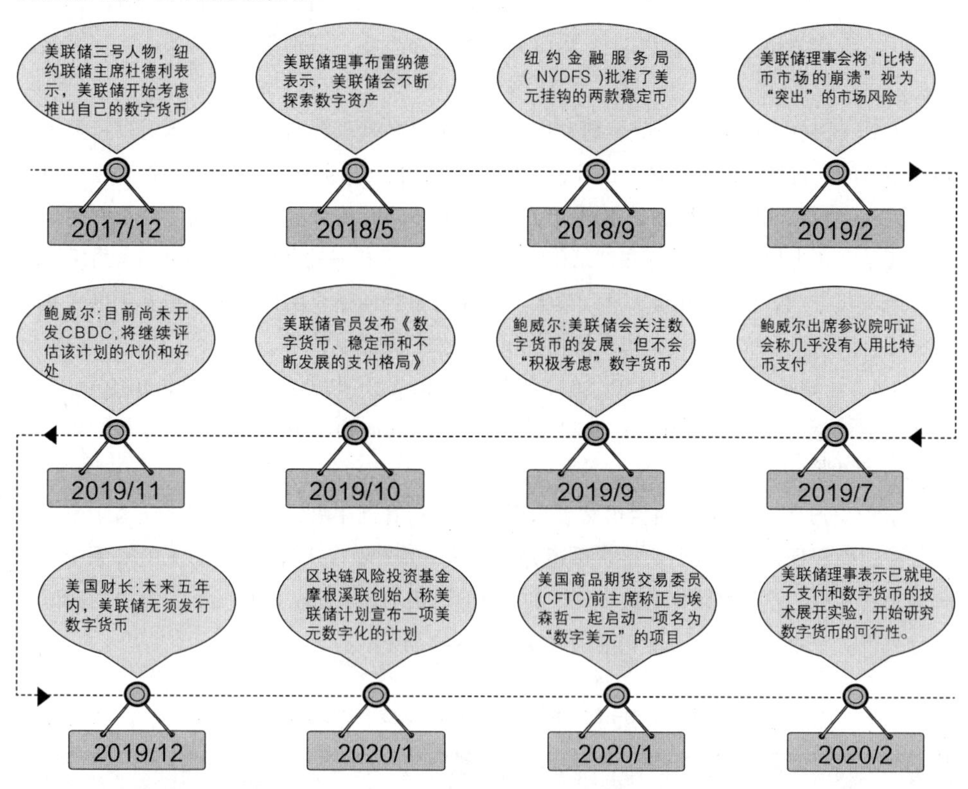

图 3-11　美联储对数字货币的态度变化

3.4.3　其他部分央行进度

除了美、日、欧央行近来加速推进央行数字货币的研究进度外，进入 2020 年，其他国家对于数字货币的态度也变得更加积极。根据 BIS 对全球 66 家央行的调查显示，已经有超过 80% 的央行正在研究数字货币，有 20% 表示将在未来 6 年内发行 CBDC，部分央行表示即将发行 CBDC。尤其是发展中国家，出于推动国内金融制度改革、缓解通货膨胀、去美元化等目的，对数字货币的研究起步更早。

根据部分央行对数字货币的态度和研发进度将其分为以下几类：

（1）已暂停。厄瓜多尔最早在 2015 年开始使用央行数字货币，但由于流通量较小，已经取消；乌拉圭央行试点推出全球首个法定数字货币项目 e-Peso，试行 6 个月后取消了所有的数字比索。

（2）已发行。突尼斯在 2015 年发行央行背书的基于区块链技术的数字货币；塞内加尔 2016 年 12 月推出央行数字货币 eCFA；马绍尔群岛 2018 年通过 ICO 的方式，发行新的国家数字货币 SOV；委内瑞拉 2018 年 2 月宣布发售“石油币”，希望一次促进经济转型。

（3）研究中。多数央行处于研究中阶段，主要是基于分布式账本技术对央行数字货币在银行间支付场景的应用进行试验，如加拿大央行的 Jasper 项目、新加坡金融管理（MAS）局的 Ubin 项目、欧洲央行和日本央行联合开展的 Stella 项目。澳大利亚此前曾明确反对数字货币，认为加密货币仍存在“结构性缺陷”，在可扩展性和治理方面远远落后于 Visa 等传统支付方式，但 2020 年 1 月，澳大利亚储备银行向参议院提交了一份基于以太坊网络的银行间结算系统的报告，该系统将使用央行发行的数字代币。

（4）计划推出。瑞典央行于 2017 年开始 e-Krona（电子克朗）项目，2019 年 12 月宣布将启动数字货币试点项目；立陶宛、巴哈马、东加勒比中央银行、土耳其均计划在 2020 年推出相应的数字货币。

（5）不支持。目前新西兰仍然表示现阶段尚未看到中央银行数字货币能够带来决定性收益，确定是否应该发行数字货币还为时尚早；韩国尽管认为无须建立 CBDC 系统，但韩国央行并没有停止继续探索数字资产和 CBDC 的潜力，最近成立了一个专门的研究部门。部分央行对于数字货币的态度和推出进度如表 3-4 所示。

表 3-4　部分央行对于数字货币的态度和推出进度（资料来源：招商证券）

国家	时间	状态
已停止		
厄瓜多尔	2015 年	2015 年 2 月开始使用，受央行直接监管，但由于流通量不到经济体货币量的万分之零点三，于 2018 年 4 月停止运行
乌拉圭	2017 年	2017 年 12 月，乌拉圭央行试点推出全球首个法定数字货币项目 e-Peso，试行 6 个月后取消了所有的数字比索
已发行		
突尼斯	2015 年	央行背书的基于区块链技术的数字货币
塞内加尔	2016 年	2016 年 12 月推出央行数字货币 eCFA，基于区块链技术，享有与塞内加尔币同等的法律地位
马绍尔群岛	2018 年	通过 ICO 的方式，发行新的国家数字货币 SOV
委内瑞拉	2018 年	2018 年 2 月宣布发售“石油币”，政府希望以此帮助国家完成经济转型，缓解通货膨胀

（续表）

国家	时间	状态
研究中		
英国	2016 年	2016 年开发了一个央行加密货币原型系统—— RSCoin 系统。对 Libra 表示支持与认同
新加坡	2016 年	启动了 Project Ubin 的国家级项目，在项目的最后阶段发行央行数字货币
加拿大	2016 年	2016 年启动了 Jasper 项目，该项目使用的是加拿大央行数字货币。2019 年已完成数字货币跨境支付试验，目前未表示要推出央行数字货币
泰国	2018 年	2018 年 8 月宣布了名为 Inthanon 的中央银行数字货币项目
德国	2019 年	德国财政部长表示将引入名为 e-euro 的央行数字货币，其认为这样的支付系统对于欧洲金融中心及其与世界金融体系的整合都是有益的，不应将这一领域留给中国、俄罗斯、美国或任何私人机构
乌克兰	2019 年	2019 年 2 月，乌克兰央行宣布已经完成了本国数字货币 e-hryvnia，目前尚未表示推出
加纳	2019 年	加纳银行行长 Ernest Addison 于年度银行业会议上宣布该央行将探索数字货币试点项目，并表示“有可能在不久的将来发行电子版的加纳法定货币塞地 E-Cedi”
日本	2020 年	2020 年 2 月，日本、欧洲等六家中央银行和国际清算银行宣布将于 4 月中旬举行首次会议，讨论如何开发自己的数字货币，以替代 Facebook 的 Libra 或数字人民币
澳大利亚	2020 年	2020 年 1 月向参议院提交了一份基于以太坊网络的银行间结算系统的报告，该系统将使用央行发行的数字代币
计划推出		
瑞典	2017 年	开始 e-Krona(电子克朗) 项目，2019 年 12 月宣布将启动数字货币试点项目
立陶宛	2019 年	立陶宛央行宣布将于 2020 年春季发行一款基于区块链的数字纪念币
巴哈马	2019 年	巴哈马央行于 2019 年 5 月就开发法定数字货币达成协议，计划将于 2020 年全面采用数字货币
东加勒比中央银行	2019 年	即将对基于区块链的央行数字货币进行试点，计划在 2020 年全面推出该货币
土耳其	2020 年	土耳其总统雷杰普・塔伊普・埃尔多安指示，政府应在 2020 年完成对 CBDC 的测试。土耳其央行计划发行基于区块链的国家数字里拉
不支持		
新西兰	2018 年	新西兰储备银行行长表示现阶段尚未看到中央银行数字货币能够带来决定性收益。目前，确定是否应该发行数字货币还为时尚早
韩国	2020 年	认为无须建立 CBDC 系统，但韩国央行并没有停止继续探索数字资产和 CBDC 的潜力，最近成立了一个专门的研究部门

3.4.4 Libra

2019 年 6 月 18 日，Facebook 发布 Libra 白皮书，称要建立一套去中心化区块链、低波动性、无国界的加密货币和为数十亿人服务的金融基础设施。同时，创立受监管的子公司 Calibra，开发数字钱包，并确保社交数据与金融数据相分离，代表 Facebook 在 Libra 网络中构建和运营服务。

1. Libra的要点

（1）以安全、可扩展和可靠的区块链作为基础。Libra 货币建立在“Libra 区块链”的基础上，其软件和代码是开源的。Libra 核心的技术主要包括：

① 使用自主研发的 Move 编程语言，安全、可靠、开发难度低，实现发行数字货币、代币、数字资产，处理交易与记录和验证器管理的功能。

② 使用拜占庭容错（BFT）共识机制，使用该机制情况下即使 1/3 的节点发生故障，Libra 区块链网络仍然可以正常运行。

③ 采用梅克尔树的数据存储结构确保交易数据的安全，并可以长期记录交易的历史信息。

（2）以真实资产储备作为担保，定位成为稳定币。根据 Facebook 披露 Libra 一篮子货币中，美元占比 50%，欧元占比 18%，日元占比 14%，英镑占比 11%，新加坡元占比 7%，如图 3-12 所示。其中，用新加坡元代替了人民币，对人民币极其不利。使用者可以用五种货币中的任意一种兑换 Libra，Libra 协会负责平衡一篮子货币。

（3）由独立的 Libra 协会治理，共同维护 Libra 生态环境的稳定。Libra 协会是 Libra 区块链和 Libra 储备的监管机构。其中，Libra 协会理事会是最高权力机构；Libra 协会董事会代表 Libra 理事会的监督机构，为 Libra 协会执行团队提供运营指导；Libra 协会社会影响力咨询委员会是咨询机构；Libra 协会执行团队负责网络的日常运作。

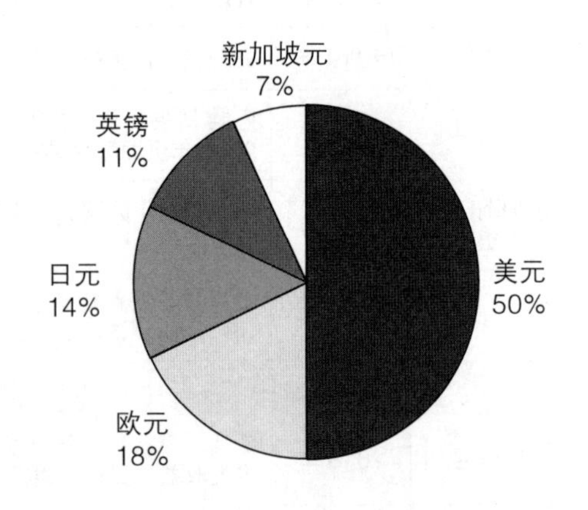

图 3-12　Libra 资产储备

根据 Libra 白皮书，Libra 协会目前有 28 个成员，包含支付、区块链、电信及风险投资多个行业的头部公司。协会计划在 2020 年针对性发布之前扩充至 100 名分布在各地各行业的多元化成员，担当 Libra 区块链的初始验证者节点，并在五年内，逐渐减少对创始成员的依赖，向“去中心化”的区块链思想发展。

2. Libra的主要影响

Libra的出现不得不说引起了市场广泛的关注，尤其美、日、欧等一些对数字货币持观望甚至反对意见的央行，近日态度也出现了明显的变化，加速对数字货币的研究。总体来看，Libra的出现产生的主要影响体现在以下几个方面。

（1）建立以Libra为中心的生态系统，形成新的跨境支付途径。Libra依托Facebook 27亿强大的客户基础，从社交平台切入，有利于打通各个行业的通道。Libra协会成员覆盖网上购物、酒店预订、打车、社交等各个领域。此外，Libra在跨境支付方面交易成本低、速度快，成为其最大的卖点。未来Libra一旦发行顺利，可能很快直接落地到各个支付场景，甚至出现Libra银行、Libra投资等，构建广阔的Libra生态体系。

（2）直接威胁美元在全球结算体系中的主导地位。一方面用户可以跳过美元直接使用Libra结算，直接威胁到美元在国际结算中的地位；另一方面从长远来看，尽管目前Libra与一篮子货币挂钩，但类似美元在布雷顿森林体系中的地位一样，发展到一定阶段就会有与主权货币脱钩的可能，从而全面取代美元的使用。这也是Libra遭到美国强烈反对的重要原因。

（3）主权国家的货币地位受到冲击。一方面对于发展中国家而言，Libra作为底层资产是世界上较为发达的几个经济体的货币，其信用背书强于发展中国家，购买力较为稳定，对于币值不够稳定，甚至恶性通货膨胀的国家的主权货币具有较大的替代威胁。另一方面对于其他较为发达的国家，Libra采用分布式记账，投资者账户保密性较好，而且携带使用方便，应用范围不断扩大也能更好地满足用户更多场景的需求，诸多的优势必然也会对发达国家的货币产生冲击。

3. Libra面临的问题

Libra尽管一出现就引起极大关注，但目前仍然面临诸多问题。

（1）Libra能否实现完全“去中心化”。Libra目前以少数的几家公司担任分布式记账的任务，这种小规模的“去中心化”并不是真正意义上的去中心化。未来如果如Facebook所说，五年之内过渡到公有链，其数据处理能力将会受到极大影响。根据Libra News表示，Libra协议上线时，将支持每秒1000次的交易，而以我国天猫平台为例，双十一期间，每秒成交量最高可以达到数十万次。未来如何实现真正的“去中心化”同时提高数据处理能力仍然是个大问题。

（2）Libra能否保证货币的独立性与币值的稳定。一方面，Libra白皮书要求用户通过法定货币以指定汇率兑换Libra，但Libra与一篮子货币挂钩，一篮子货币汇率的波动以及兑换进入篮子货币数量的增减都会使汇率出现波动。另一方面，Libra协会成员都是集中于欧美的大公司，虽然目前表示不滥发货币，但是在遇到全球经济危机时，就难以保证不会通过超发货币盈利。

（3）监管框架不统一，反洗钱、反恐融资责任不明确。Libra 试图建立无国界的具有强大市场包容性的基础体系，为全世界人民提供普惠金融服务，但由于各国市场制度差异巨大，对于消费者保护、隐私保护、产权保护等均有适合本国国情的不同监管框架，Libra 如何在此基础上形成统一的监管框架仍然是个问题。此外，Libra 提到五年之内过渡到公有链，就是完全公开的，相当于把反洗钱和反恐金融的责任全部撇开，一旦出现问题很难找到事故的第一责任人。

基于以上原因，目前 Libra 的推出受到诸多阻碍。美国央行对其表示强烈反对，欧盟对其实行反垄断调查，G7 集团一致反对，印度政府将其视为非法，我国央行也对其保持高度关注。

2020 年 6 月，Facebook 的 Libra2.0 版本白皮书发布，放弃了盯住一篮子货币的做法，而转为盯住单一货币稳定币，如 LibraUSD、LibraEUR、LibraGBP 和 LibraSGD 等，并以积极的态度拥抱监管，还承诺当央行数字货币发行后，会将 Libra 直接与该国央行数字货币挂钩，避免直接竞争，这使得 Libra 获准发行的可能性攀升。

3.5 数字货币中的传统经济问题

数字货币是传统货币的发展，它也会存在传统经济问题。本节我们会谈到以下几个方面：数字货币的铸币税问题；数字货币的供求与通货膨胀、通货紧缩问题；数字货币的利率与汇率的问题。

3.5.1 数字货币的铸币税

在介绍铸币税时也介绍了当代信用货币发行的两个问题。当代的货币发行，一方面要严格控制数量，另一方面要给新发行的货币配置等价的资产。这两方面任何一方出现问题，都会让其所发行的货币系统瘫痪，这种货币就会退出市场。

数字货币属于信用货币的一种，区块链领域的数字货币同样存在这两个问题，这两个问题如何处理，直接关系着这种数字货币的最终命运。

对于发行数量的控制，在区块链系统中，其特性可以很好地解决这个问题。可以增强在数量方面的透明度和监管特性。关于一个应用中的货币总量和增发总量如何设计、流动性如何控制将会在第 4 章详细讲解。

对于如何使通证具有价值背书，如何为新发行的通证配置资产这个问题。未来随着区块链技术的发展和融合，通证配置资产的途径和覆盖领域将非常广泛。在第 4 章我们会分析一些区块链项目的价值注入问题。

在当前区块链的发展情况下，第一个问题比较容易解决，即使是一些诈骗的项目也会说明发行总量。最容易出问题的是第二个问题，大部分的区块链项目没有价值支撑，一些模型内的自我激励在没有外部价值注入的情况下，是不会产生价值支撑的，或者这种生态内部的价值产生方式注入的价值很小。

当前所有的区块链欺骗项目，从一个角度看就是在收取铸币税。

3.5.2 数字货币的供求与通货膨胀

与传统货币一样，数字货币同样会存在总供给与总需求的问题。通证项目的通证总量一般需要考虑项目的整体发展，通过应用规模与发展预期计算出未来需要发行的通证总量。无论固定总量的通证，还是初始总量 + 定量增发的通证，都需要通过控制通证释放到应用中的速度，来保证每个阶段的通证需求与供给的平衡。并且在后期的运营中还需要借助经济手段，控制其流动性，来更好地匹配供给与需求。

通证总量是在设计之初就要考虑的问题，后期在出现重大变化的情况下，可以调整总量，但这种总量的调整要非常慎重，是应尽量少使用的方法，通常更多采用控制流动性的方法。通证的流通释放速度、流通总量，是在项目运营中非常需要关注的问题。通证的流通贯穿整个项目的运行周期，不仅在通证的设计阶段考虑，在运营阶段也使用多种经济手段来调节与控制。这些控制流动性的操作，与传统货币调控手段在本质上完全相同。在传统经济中，财政政策与货币政策是政府宏观调控的两大政策，由于通证经济的特殊性，当前不可能使用财政政策，但可以参考传统经济中的货币调控手段。传统货币调控手段在第2章中已经讲解，它们是存款准备金、再贴现政策和公开市场政策。在通证经济中控制流动性的办法，形式上看起来可能不同，本质上都是传统货币调控手段。

固定总量的通证模型，如果初始流通量为0，初始释放速度要快，不然会有很难满足应用的需求，有造成通货紧缩的可能性。初始流通量为0的通证模式是一种极端的例子，只有在区块链的早期，像比特币这样的项目才会出现。图3–13所示为比特币的总量与释放参考。

相当多的固定总量的通证模型，在开始阶段很多通过融资或者分配给团队等方式，提前释放一部分的通证，如图3–14所示。释放出去的通证的流动性，要通过一定的手段控制住，如给投资团队的阶段释放协议，给团队的通证也要设置释放规则，这些规则相对较固定，还需要一些更灵活的通证调控方式，如通过锁仓获得收益来冻结多余的通证，或者给基金会灵活控制流动性的工具，如可以在公开市场上直接买卖项目的通证。

不管通证的总量设计还是后期的流动性控制，都需要考虑这种通证是通胀型货币还是通缩性货币。在现实世界中，一般情况下，微通胀型货币利于经济的发展。在区块链的世界中，这点同样适用。很多项目设计成固定总量的货币，在实际运行过程中，会形成通缩性货币。这是因为在项目的通证总量中要考虑区块链的一个特殊特点，就是通证丢失造成的影响。因为区块链中的钱包是去中心化的，通证丢失后无法找回。长久来看，对于固定总量的通证来说是逐渐减少的，会形成一种通缩性货币。对于不固定总量，定期增发的通证，增发的比例也需要考虑这个因素。如果设置太低，也会形成通缩性货币；如果设置过高，会形成高通胀型货币，都不利于项目的发展。

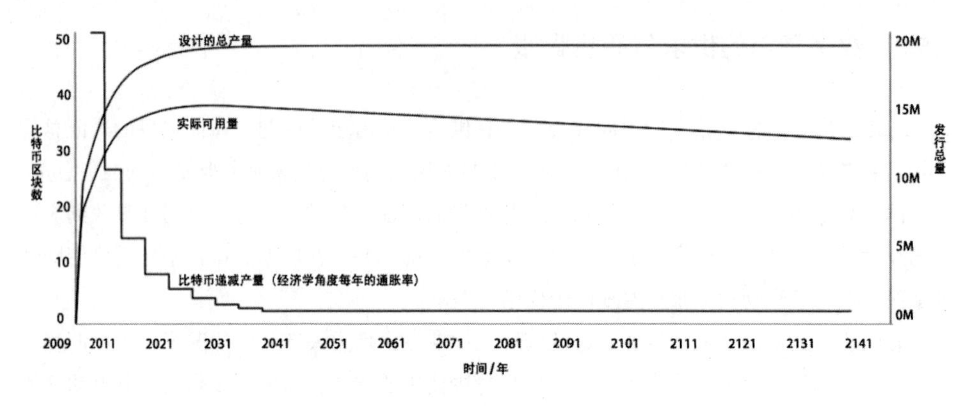

图 3-13　比特币的总量与释放参考

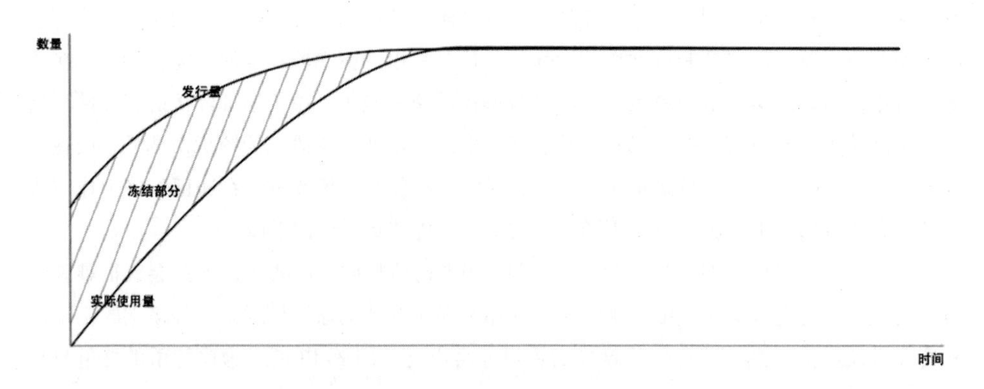

图 3-14　起始阶段不为 0 的通证发行模式

3.5.3　数字货币的利率与汇率

在 2.7 节介绍了传统的利息概念，本节讨论数字货币领域的利率与汇率概念。在数字货币领域中，应用还不成熟，产生利息的场景还不够多。目前主要的方式是一些项目通过质押 Staking 或其他锁仓的机制给予奖励，这种奖励通常就可以认为是传统的利息收入。通过这些利息手段可以调整通证的短期流动性。

与传统的汇率不同，各种数字货币之间的兑换比例可以认为是数字货币的汇率。通过这种对比关系，我们可以这样看待数字货币的汇率。

汇率作为一种特殊的价格，它有两重含义：

（1）汇率作为两种数字货币之间的交换比例，客观上是一个项目的货币用另一个项目的货币单位表示的价格。

（2）汇率作为一种价格指标，对区块链项目中其他价格变量具有特殊的影响力。它是本项目货币与外部项目货币之间的价值联系的桥梁，在本项目应用中的物价和外部项目应用中的物价之间起着纽带作用，对各个区块链项目以及本身项目的生产结构都会产生影响。

数字货币的汇率工具，可以很好地用于从外部调整本币的流动性和价格。这部分的职能在区块链的项目中更多赋予基金会来行使权力。

第 4 章 区块链经济模型理论

经济学中的经济模型，是指用来描述所研究的经济事物的有关经济变量之间相互关系的理论结构。通常是经济理论的数学表述，是一种分析方法。

区块链项目中的经济系统模型，是指在项目生态的核心业务流程上，设计的通证总量以及管理职责，各个参与方价值的分配方式与规则，包括生产、分配、交换、消费等环节。通证所存在的意义就是更好用经济手段促进并加强这种链内协作，激励各方为项目系统做出发展的贡献，限制或惩罚项目中的破坏行为，帮助各方获取利益。区块链中的经济模型的主要作用是激励各方参与者加入，共同提高整个生态的价值，并合理分配相关收益。这个系统的运行应该是公开、公平，并且由社区共同治理的。

区块链项目中的经济学模型，除了在设计阶段由项目方提供经济模型的设计方案外，在区块链运行阶段，一般符合经济学逻辑的规则由代码来执行，而不是人为干预。在特殊情况下，如以太坊的 TheDAO 安全事件，通过社区的决议，可以改变或修正不期望的经济行为。但这种异常情况的处理如果不妥当，经常会出现争议，引发分裂。TheDAO 事件后，产生了两条公链：以太坊 ETH 和以太经典 ETC，即分裂的结果。

区块链初期的经济模型都比较简单，后期随着发展，遇到的各种问题和场景更多、更复杂，经济模型也在逐渐完善。经济学模型在比特币产生时，仅仅包含基础的规则，如通证的总量、激励规则、发行规则、分配方式等内容。随着各种公链的发展，以及区块链 2.0 阶段的到来，区块链中的经济模型越来越完善，也被实践检验与修正了很多不合理的设计。

完善的经济学模型应该能够描述整个链内生态中的价值生产、分配、交换、消费，并抽象成通证的需求与供给关系。通证的属性应有明确的定义与使用场景、流转模式、参与角色等内容。在一种通证不能完成相关职能的情况下，可以由多个通证组合起来，完成经济模型与应用场景的匹配与运行。例如，Steemit 中的三种通证（SP、Steem、SBD）的设计，我们将在后面的章节中具体介绍。

4.1 私有链与联盟链的经济模型

私有链和联盟链是否有经济模型的设计？我们先了解一下私有链和联盟链的定义和特点。

1. 私有链（Private Blockchain）

私有的区块链，读写权限由某个节点控制。

私有链的读写权限掌握在某个组织或机构手里，由该组织根据自身需求决定区块链的公开程度。适用于数据管理、审计等金融场景。

私有链仅仅使用区块链的总账技术进行记账，可以是一个公司，也可以是个人，独享该区块链的写入权限。

私有链的优点：

（1）更快的交易速度、更低的交易成本。链上只有少量的节点也都具有很高的信任度，并不需要每个节点来验证一个交易。因此，相比需要通过大多数节点验证的公有链，私有链的交易速度更快，交易成本也更低。

（2）不容易被恶意攻击。相比中心化数据库，私有链能够防止内部某个节点篡改数据。故意隐瞒或篡改数据的情况很容易被发现，发生错误时也能追踪错误来源。

（3）更好地保护组织自身的隐私，交易数据不会对全网公开。

私有链的缺点：

区块链是构建社会信任的最佳解决方案，“去中心化”是区块链的核心价值。而由某个组织或机构控制的私有链与“去中心化”理念有所出入。如果过于中心化，那就跟其他中心化数据库没有太大区别。

2. 联盟链（Consortium Blockchain）

联盟区块链，读写权限对加入联盟的节点开放。

用联盟链中的一个具有代表性的超级账本来说明，超级账本基于透明和“去中心化”的分布式账本技术，联盟内成员（包括英特尔、埃森哲等）共同合作，通过创建分布式账本的公开标准实现价值交换，十分适合应用于金融行业，以及能源、保险、物联网等其他行业。

联盟链由联盟内节点成员共同维护，节点通过授权后才能加入联盟网络。

公链面对的是一个不可控的场景，需要在安全、性能和“去中心化”上找到一个平衡点。而在联盟链企业服务场景中，参与方数量相对来说更加可控，联盟链在性能和安全性上更容易有突破。

联盟链与公链的最大不同之处在于其治理方式的不同。对于公链来讲，由于其是开放的系统，所以需要一定的经济激励来协调不同角色之间的关系，而对于联盟链，由于节点是准入机制，所以其治理方式与公链有非常大的不同。对于联盟链来讲，其治理主要包含节点管理和账号权限。联盟链比较像私有链，只是私有程度不同，而且其权限的设计要求比私有链更复杂，但联盟链比纯粹的私有链更具可信度。

对于私有链和联盟链是否有经济模型的设计，可以从参与方和通证设计这两个方面进行分析。

我们看到区块链项目的经济模型的设计和作用是激励与治理。

（1）从参与方的分析角度。私有链没有众多的参与方，是由一个公司或组织控制的一条私有链写入权限。从这个角度看，私有链的参与方只有其组织自己，不需要经济模型的激励、限制、惩罚等行为。联盟链的参与方是需要通过授权才能加入联盟网络，联盟链的参与方是受限的，是通过授权的方式，而不是通过经济模型的方式来控制参与方。一般联盟链的参与方数量是比较有限的。

（2）从是否有通证设计的分析角度。一般私有链和联盟链都是无币区块链，没有通证的设计，所以经济模型的基本工具“通证”也不存在，不存在内部的经济模型。虽然一些私有链保持通证功能，但这些保持通证功能的私有链，通常是为了让人们学习公有链的一些操作与开发功能，熟悉使用公链中的通证操作。

通过以上两个方面的分析，私有链和联盟链没有内部的经济模型的设计。虽然私有链和联盟链中没有像公链那样的经济模型，在区块链内部设计经济模型的规则，但它们之间依然有经济方面的影响力，这些影响力是靠外部系统的利益分配来保证的。

目前提倡的无币区块链，基本上都是建立在私有链或联盟链的基础上的。提倡无币区块链的原因，一方面私有链和联盟链的技术特性就已经可以完成所需的全部功能设计，不需要通证的支持；另一方面也是因为当前情况下，没有更好的办法管理和控制区块链系统中产生的经济影响，于是就提倡使用无币区块链系统。在现实的使用中，无币区块链的应用场景会是一些特定的应用范围，因为缺少了通证的支持，经济模型通常不够完整，缺少激励的实体，带通证的公有链的应用场景会占据更大的范围。私有链的经济模型和联盟链的经济模型分别如图 4–1 和图 4–2 所示。

近些年混合链得到了很大的发展，即私有链 + 公有链的模式、联盟链 + 公有链的模式。这样既充分发挥私有链、联盟链在性能、隐私、监管等方面的优势，又通过技术手段，将公有链具有的信息不可篡改、公开的特性和部分经济模型的影响集成到了应用中。混合链充分利用公有链和私有链、联盟链之间的优缺点互补，发挥了它们各自的长处。这种互补是技术方面的互补，在经济模型方面并没有太多的关联。

在一些私有链和联盟链中，为了限制智能合约或其他代码执行而设计的“燃料代币”更多的是技术层面的设计，影响范围较小，不是本书中讨论的经济模型的范围。我们在本书中所讲的区块链经济模型，默认都是指公有链中的经济模型。

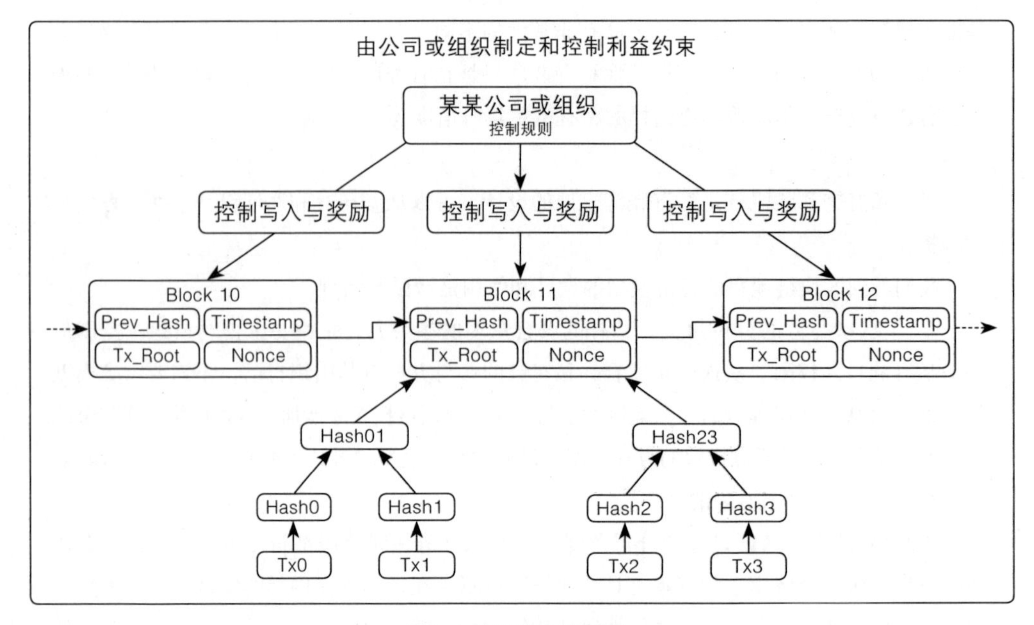

图 4-1　私有链的经济模型

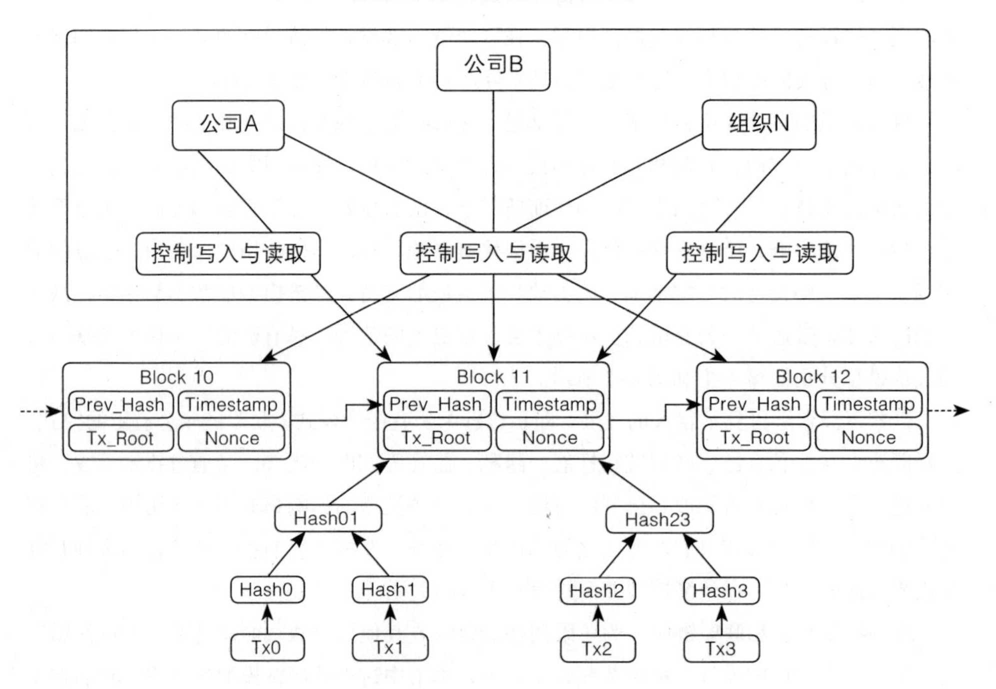

图 4-2　联盟链的经济模型

4.2 区块链经济模型中的主要内容

区块链相关领域已经有了十多年的发展，其中的经济模型也越来越完善。从最初比特币的比较简单模型，到以太坊提供发币技术支撑，各种经济模型已经在众多项目中得到了各种事件不断地检验与完善发展。

通常区块链经济模型中要包含以下主要内容：通证的名称、符号、通证的总量（或初始总量）、计量单位与精度、通证的释放与回笼规则、项目利益方的构成、各个利益方的分配比例、通证的激励规则、项目资金的募集、项目资金的后期管理、经济模型的调整等。

4.2.1 通证的名称与符号

通证的名称在经济模型中需要首先确认。一般通证的名称可以用任何语言表达，通常需要根据项目背景、用户群体等因素进行考虑。只要对于使用人员便于记忆，没有冲突，一般不会有其他的影响。

为了便于在各种环境和应用中使用，还需要为通证选择一个代表符号，通常用英文字母表示。符号通常是名称的简写，便于在各种不同的文化群体中传递，便于在文档、程序中表示。很多项目为了纪念某些人或事件，所起的名字或符号也经常具有一些特定的含义。通证的符号经常也是货币的主要单位。

以比特币举例说明。

通证名称：比特币（Bitcoin）

通证符号：BTC

常见的数字货币还有以太币（ETH）、瑞波币（XRP）等。目前在 Coinma ketcap 上面的数字货币的总量已经有 5000 多种，以后名字的资源会不会紧张是个值得考虑的问题。毕竟符合符号简短、有含义、人们容易记住的这些标准的名称和符号，总体的数量是不多的。

4.2.2 计量单位与数据精度

通证的计量单位和通证的使用环境、通证的应用场景有直接关系。一些通证的计量单位是根据需求变化的。

通证的数据精度与常见的货币有一些不同，经常会在小数点之后有很多位。ERC20 的代币允许小数点后 18 位，表示最小可以拥有 0.000 000 000 000 000 001 单位个通证。

计量单位和数据精度都可以在后期调整，因为当前的数据表示范围已经很大，前期尽量考虑好。太大或太小都会产生问题。

数据精度和应用场景有很大的关系，如果是在一些小金额数值使用频繁的场景中，或者为了将来的某个特定场景使用，设计范围要尽量符合预期。

接下来，选择几个有代表性的货币单位与数据设计精度的案例来了解相关的知识。

1. 比特币的货币单位与数值精度。

背景：比特币的设计场景是常见的货币应用，所以在数值和小数位上没有特别要说明的背景。只是因为是第一个数字货币，在设计精度上产生过一次调整。

比特币的货币单位与数值精度如表 4-1 所示。

表 4-1　比特币的货币单位与数值精度

单位	名称	基本单位：聪
Bitcoin,BTC	比特币	100 000 000
Bitcent,cBTC	比特分	1 000 000
Milli-Bitcoins,mBTC	毫比特	100 000
Micro-Bitcoins, μ BTC	微比特	100
Satoshi	聪（基本单位）	1

它们之间的换算比率是：

1BTC = 100cBTC= 1000mBTC = 1million μBTC= 100 million Satoshi

2011 年 4 月，比特币官方有正式记载的（https://bitcoin.org/en/version-history）第一个版本：0.3.21 发布，这个版本非常初级，然而意义重大。

首先，由于它支持 uPNP，实现了我们日常使用的 P2P 软件的能力，所以比特币才能真正登堂入室，进入寻常百姓家，让任何人都可以参与交易。

其次，在此之前比特币节点最小单位只支持 0.01 比特币，相当于“分”，而这个版本真正支持了“聪”。

2. 以太坊的货币单位与数值精度

背景：以太币的设计场景是常见的通证应用，在案例上已经有了比特币的参考，所以一次将数据精度设计到小数点后 18 位，基本上满足了所有的常见应用。

以太坊的货币单位与数值进度如表 4-2 所示。

1ETH = 10^{18} wei=1 000 000 000 000 000 000 wei

表 4-2 以太坊的货币单位与数值精度

单位	名称	基本单位：wei
Ether,ETH	Ether	1 000 000 000 000 000 000
milliether	finney	1 000 000 000 000 000
microether	szabo	1 000 000 000 000
Gwei	shannon	1 000 000 000
Mwe	lovelace	1 000 000
Kwei	babbage	1000
wei	1 wei	1

以太坊的货币单位名称是有纪念含义的。

（1）wei：戴伟（Wei Dai），密码学家，发表 B-money。

（2）lovelace：Ada Lovelace（洛夫莱斯），世界上第一位程序员，诗人拜伦之女。

（3）babbage：Charles Babbage （巴贝奇），英国数学家、发明家兼机械工程师，提出了差分机与分析机的设计概念，被视为计算机先驱。

（4）shannon：Claude Elwood Shannon（香农），美国数学家、电子工程师和密码学家，被誉为信息论的创始人。

（5）szabo：Nick Szabo（尼克萨博），密码学家、智能合约的提出者。

（6）finney：Hal Finney（芬尼），密码学家、工作量证明机制（PoW）的提出者。

（7）Ether：以太。

从以太坊开始，数字货币的精度基本控制在小数点后 18 位以内，有些用小数点后 8 位或 10 位来表示，这些精度已经满足当前常见的应用。

3. 埃欧塔的货币单位与数值精度（微支付与三进制的案例）

埃欧塔，即 IOTA，发行于 2015 年 11 月，其主要关注领域是物联网（Internet of Things, IOT），特别是智能城市、基础设施和智能电网、供应链、运输和移动等领域。除此之外，IOTA 能够成为任何 P2P 交易结算的支柱，如网络支付甚至是汇款。它目前的主要功能是无须手续费的微支付和安全的数据转移以及数据锚定，具有良好的扩展性和分区容错特性。

IOTA 的总发行量为 2 779 530 283 277 761，即 (3^33-1)/2。因为其供应量如此之大，单个的价格非常小，所以交易都是以百万 IOTA 为单位的，即 MIOTA。

在公开售卖时，原计划的发行量是 999 999 999 999 999。后来按照 IOTA 使用的三进制法将总发行量设置为 (3^33-1)/2。

4.2.3 通证的总量或初始总量

经济模型中一定要说明通证发行的总量或初始总量。通证的总量大小与项目的应用范围有很大的关系，要与通证的需求场景成比例，能够满足通证经济的供需要求。在通证的分类中，参照 2018 年瑞士金融市场监督管理局的分类方法可以分为支付型通证（payment token）、应用类通证（utility token）、资产类通证（asset token）。

对于资产类通证，计算总量的方式对比实际的资产就可以，总量比较明确；对于支付型通证和应用类通证，在通证总量的设计上需要参考一些经济学理论。在 2.4.3 小节中介绍的费雪方程式和剑桥方程式，可以作为一种计算依据或复合计算依据。然后再从货币的职能划分标准和基本职能角度，验证这样的总量是否处于合理区间。本书中介绍的总量设计主要是支付型通证和应用类通证。

货币职能的划分标准，按照价值尺度、流通手段、货币储藏、支付手段和世界货币等顺序排列。货币的主要职能有：赋予交易对象以价格形态、购买和支付手段、积累和保存价值的手段。

1. 总量的设计与计算

（1）固定发行总量

对于固定发行总量的通证有比较大的问题，这种发行总量针对具体应用的变化缺失了弹性，不利于应用的发展。很多区块链项目参考比特币设计通证总量，并且使用固定总量的模式，号称永不增发等特性，这其实是一种缺少经济学的综合考虑，或者只是考虑了解决单一问题，却引发一系列其他问题的设计。

如果采用固定发行总量的方式，应尽量选取与具体应用变化无关的应用场景，同时通证释放的速度也要与应用发展尽量做到匹配。但不管怎么样，固定发行总量的通证发展到一定阶段，一般都需要做经济模型的调整。即使不是项目方做出的主动调整，也会像比特币分叉那样用其他方式满足需求的发展与变化。与其被动失控地调整，不如做主动有计划的调整，经济模型的调整涉及很多外部利益，会有很大的挑战，可以在项目的初始文档中留下说明，并且在今后真正执行前做好相关的治理准备工作。

固定发行总量的参考计算公式之一是费雪方程式。$MV=PY$，变形后得到 $M=PY/V$。其中，M 为货币数量；V 为货币流通速度；P 为价格；Y 为产出。

在这里，货币的流通速度因为应用场景还不充分，可以参考设置为 1~2 之间。

在区块链项目的生态中，通证目标价格如果是 5 美元，总商品量预估是 10 亿，货币流通速为度 2.0，那么货币总量就是：

$M=PY/V=5\times10/2=25$ 亿

可以使用 2.3 节中描述的三种货币职能（价值尺度、流通手段、货币储藏）来验证设计的固定发行总量是否可以满足需求。

（2）初始发行总量 + 定期增发

有的经济模型并不是用设置发行总量的方式，而是使用设置初始量和定期增发的方式。这种方式在区块链发展起来后被很多的项目采用，如以太坊、EOS。在这种方式中，有两个关注点：初始发行总量与后期的增发比例。

初始发行总量一般也需要超发一定的货币量，而不是仅仅满足当前的应用需求。一方面是为了通证融资，另一方面是为了适应应用的弹性需求变化。对于超发的部分，或者说是超出实际需求的流通部分，需要使用一些货币手段控制其流动性。

初始发行总量的正确性验证（依靠货币职能）可以使用货币主要的三种职能（价值尺度、流通手段、货币储藏）：来验证设计的初始发行总量是否可以满足需求。一般在前期只需考虑满足应用场景需要消耗的通证数量，当应用属性逐渐表现较好时，这种同种的支付属性会逐渐增加；应用属性与支付属性都发展较好时，价值储藏的属性也会得到更好的发展，这样基于三种需求的通证总量通常会比较大。

定期增发的计算依据会在 4.2.4 小节中介绍。

2. 流通中总量的影响因素

在项目的通证总量中要考虑区块链的一个特殊特点就是，通证丢失造成的影响。在 3.5.2 小节中数字货币的供求与通货膨胀环节描述了货币丢失的影响，数字货币项目中要重视这个问题。在现实世界中，一般情况下，微通胀型货币利于经济的发展。在区块链的世界中，这点也适用。

通证中丢失的比例到底占多少，这是个很难确定的问题，有特别多的影响因素。如果今后区块链的技术发展使用户能够找回丢失的通证，可以忽略对这个因素的考虑。当前阶段找回丢失通证的技术已经有了不少的发展。

本书中用 TokenAmountbyLost 来表示这部分原因影响到的货币总量。

4.2.4 通证的释放规则、增发（或回笼）规则

本小节开始讨论通证的释放增发（或回笼）等操作，相关的规则，参考经济学领域央行发行法币的一些操作方式和计算规则。

1. 通证的释放规则

无论固定总量的通证，还是初始总量的通证，都需要控制通证释放到应用中的速度。并且在后期的运营中还需要借助经济手段控制其流动性。

流通总量和通证的释放速度，是在项目运营中非常需要关注的问题。通证的流通贯穿

整个项目的运行周期，不仅在通证的设计阶段考虑，更多的是在运营阶段使用多种经济手段来调节与控制。

对于固定总量的通证模型，如果初始流通量为 0，则初始释放速度要快，不然很难满足应用的需求。初始流通量为 0 的通证模式是一种极端的例子，只有在区块链的早期，像比特币这样的项目才能出现。如图 4-3 所示，可以看到这种初始流通量为 0 的通证，前期的释放速度还是很快的。

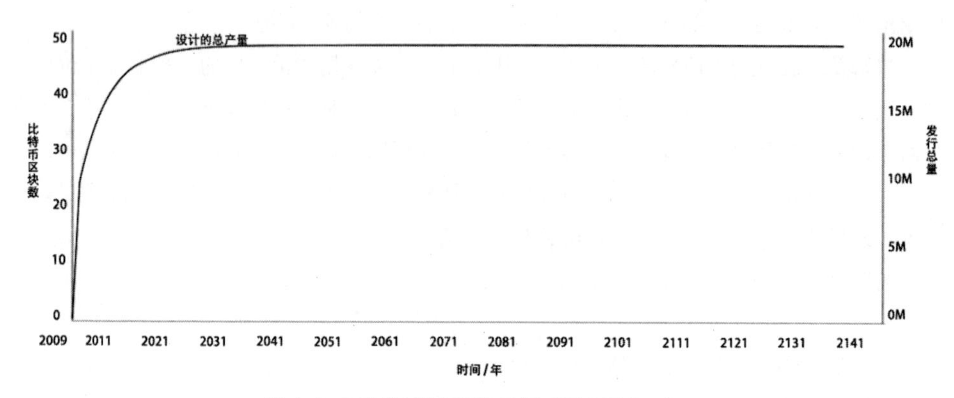

图 4-3　固定总量的通证模型（初始流通量为 0）

相当多的固定总量的通证模型会提前释放一部分的流动性。释放的方式我们在前面章节讲述了，针对释放出去的流动性，需要通过一定的手段控制住，否则这些释放出去的流动性会产生破坏作用。例如，给投资团队的阶段释放协议，给团队的通证也要设置释放规则。不仅需要这些固定规则的调控方式，还需要使用一些更灵活的通证调控方式。例如，锁仓获得收益来冻结多余的通证，或者给基金会灵活控制流动性的工具，也可以在公开市场上直接买卖项目的通证。图 4-4 所示为初始流通量不为 0 的固定总量的通证模型。

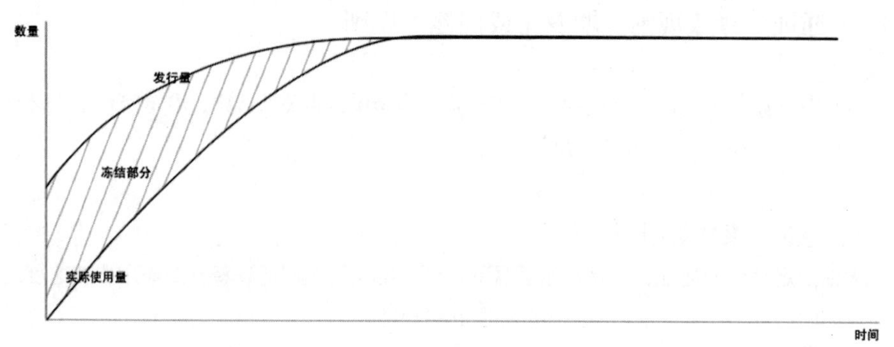

图 4-4　固定总量的通证模型（初始流通量不为 0）

这些控制流动性的操作与传统货币调控手段本质上完全相同。在传统经济中，财政政策与货币政策是政府宏观调控的两大政策，由于通证经济的特殊性，无国界属性，当前不可能使用财政政策，但可以参考传统经济中的货币调控手段。传统货币调控手段在第 2 章已经讲解，它们是：存款准备金、再贴现率和公开市场操作。在通证经济中控制流动性的办法形式上看起来可能不同，本质上都是传统货币的调控手段。

释放规则可以参照以下方法计算（货币三种职能）对于通证的消耗情况。

（1）赋予交易对象以价格形态（应用属性）。在发行初期，这种职能几乎没有，随着项目的发展，应用中使用量的增加，通证内在价值逐渐提高。在可以作为交易的中介时，会逐渐产生赋予交易对象的价格形态。

当通证项目设计的应用场景发展起来时，一定会包含供给和消费，这部分的职能（赋予交易对象以价格形态）也会产生。交易所的平台币就是应用场景发展起来的一种情况。这种形式产生的交易量可以作为计算货币的消耗的依据之一。

一些纯货币属性的通证，在区块链外部的应用使用中产生价值。例如，比特币可以在暗网、非法领域使用时就开始产生价格，产生赋予交易对象的价值形态。此外，在交易所内，所有提供可以进行币币交易的主币都具有这种功能。目前各个交易所基本都支持与 BTC 和 ETH 的交易。很多交易所产生自己的平台币，一方面也是使用了赋予交易对象以价格形态这种原因。

我们用 TokenMountbyPrice 表示赋予交易对象以价格形态这个职能对货币的消耗量。虽然在前面介绍货币的这个职能不需要实物货币，但日常交易形成的这个职能有一些类似于 M0 的计算方式。

（2）购买和支付手段（支付属性）。购买和支付手段包含两种情况：一种是在项目的应用内作为购买和支付的职能使用，这种情况需要看项目应用内的交易频繁程度；另一种是可以作为应用外的购买和支付职能使用，这种情况一般具有更大的使用量。同时在项目外的使用还会促进货币的第三个职能（积累和保存价值的手段）的发展。

我们用 TokenMountbyPayment 来表示这个职能（购买和支付手段），一般可以看作是 M1。

（3）积累和保存价值的手段（货币储藏属性）。如果项目的通证能够具有这个职能，会大大提高对通证的消耗。很多项目自己创造这种场景，如提供的质押获得收益、投票获得收益、持币获得空投等，基本是由于这个职能产生的通证消耗。如果在项目外具有这个职能，将大大加强对这种通证的消耗。一般通证有很好的应用场景，被众多用户接受后，这个属性会更明显。用户的投机需求和未来升值的需求也来源于这方面。

我们用 TokenMountbyAsset 来表示这个职能（积累和保存价值的手段）。这种情况就像是 M2 中的准货币的作用。准货币的范围：定期存款 + 储蓄存款 + 其他存款（含证券公司存放在金融机构的客户保证金）。

货币需求总量，在这里将几个职能的货币需求量作为一个总和，与传统货币中的M0、M1、M2的关系并不完全相同。这种计算方式可能会有误差和重叠的部分，但对于通证总量，是可以作为一个参考的。

TokenMount = TokenMountbyPrice + TokenMountbyPayment + TokenMountbyAsset

在项目的前期，TokenMountbyPrice 和 TokenMountbyPayment 的数值都很小，可以忽略不计，主要靠创造方式增加 TokenMountbyAsset 的消耗量，并用这种方式冻结住大部分通证的流通。

发展好的项目，在项目中期，TokenMountbyPrice 和 TokenMountbyPayment 的数据都会明显增加，而且项目越好，这种增加就越明显。此时适当减少一些项目内 TokenMountbyAsset 的操作手段和动作，让货币的其他两个职能发挥更多的作用，之后，项目外的 TokenMountbyAsset 会得到更快的发展，整个通证的价值组成更加健康。

对于成熟期的项目，TokenMountbyPrice、TokenMountbyPayment 和 TokenMountbyAsset 都会得到很好的发展，这时在保证好通证的供求平衡、做好应用的同时，金融管理的工作会增加。在第5.2节介绍到基金会的时候，会看到在通证管理方面，基金会的责任和工作更多一些，需要控制好通证的流动性。

我们参考比特币的释放规则：比特币的总量为2100万枚，每10分钟生成一个区块，每个区块的生成伴随着比特币奖励的生成。2009年比特币诞生时，这个奖励是50比特币，每满21万个区块，伴随区块生成的比特币奖励就减半一次，所有的比特币预计在2140年发行完毕，即每3.99年(≈4)减半一次。

比特币的准确数量是20 999 999.976 900 00个，比2100万少一点。比特币的释放规则如表4-3所示。

比特币的流通货币总量与通胀率如图4-5所示。

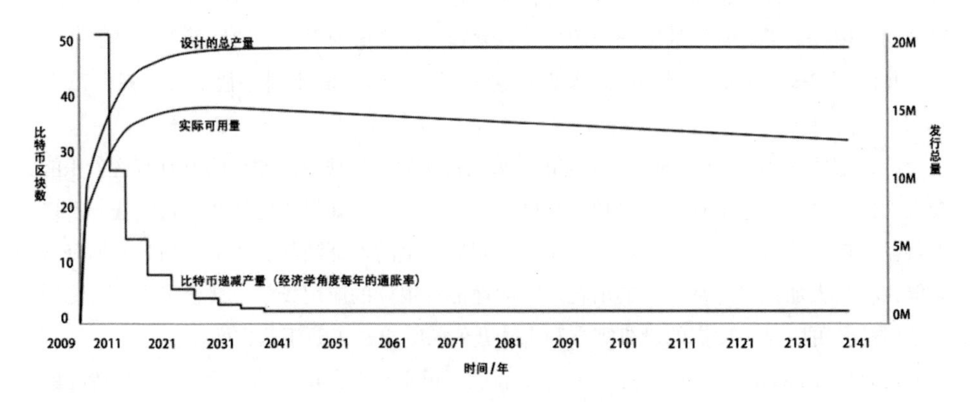

图4-5　比特币的流通货币总量与通胀率

表 4-3 比特币的释放规则

起始区块	阶段	比特币 / 区块	年	阶段产量	阶段结束总量	已产占比
0	1	50.000 000 00	2009.007	10 500 000.000 000 00	10 500 000.000 000 00	50.000 000 06%
210 000	2	25.000 000 00	2013.000	5 250 000.000 000 00	15 750 000.000 000 00	75.000 000 08%
420 000	3	12.500 000 00	2016.993	2 625 000.000 000 00	18 375 000.000 000 00	87.500 000 10%
630 000	4	6.250 000 00	2020.986	1 312 500.000 000 00	19 687 500.000 000 00	93.750 000 10%
840 000	5	3.125 000 00	2024.978	656 250.000 000 00	20 343 750.000 000 00	96.875 000 11%
1 050 000	6	1.562 500 00	2028.971	328 125.000 000 00	20 671 875.000 000 00	98.437 500 11%
1 260 000	7	0.781 250 00	2032.964	164 062.500 000 00	20 835 937.500 000 00	99.218 750 11%
1 470 000	8	0.390 625 00	2036.956	82 031.250 000 00	20 917 968.750 000 00	99.609 375 11%
1 680 000	9	0.195 312 50	2040.949	41 015.625 000 00	20 958 984.375 000 00	99.804 687 61%
1 890 000	10	0.097 656 25	2044.942	20 507.812 500 00	20 979 492.187 500 00	99.902 343 86%
2 100 000	11	0.048 828 12	2048.934	10 253.905 200 00	20 989 746.092 700 00	99.951 171 98%
2 310 000	12	0.024 414 06	2052.927	5126.952 600 00	20 994 873.045 300 00	99.975 586 04%
2 520 000	13	0.012 207 03	2056.920	2563.476 300 00	20 997 436.521 600 00	99.987 793 07%
2 730 000	14	0.006 103 51	2060.913	1281.737 100 00	20 998 718.258 700 00	99.993 896 58%
2 940 000	15	0.003 051 75	2064.905	640.867 500 00	20 999 359.126 200 00	99.996 948 33%
3 150 000	16	0.001 525 87	2068.898	320.432 700 00	20 999 679.558 900 00	99.998 474 20%
3 360 000	17	0.000 762 93	2072.891	160.215 300 00	20 999 839.774 200 00	99.999 237 13%

（续表）

起始区块	阶段	比特币 / 区块	年	阶段产量	阶段结束总量	已产占比
3 570 000	18	0.000 381 46	2076.883	80.106 600 00	20 999 919.880 800 01	99.999 618 59%
3 780 000	19	0.000 190 73	2080.876	40.053 300 00	20 999 959.934 100 01	99.999 809 32%
3 990 000	20	0.000 095 36	2084.869	20.025 600 00	20 999 979.959 700 01	99.999 904 68%
4 200 000	21	0.000 047 68	2088.861	10.012 800 00	20 999 989.972 500 01	99.999 952 36%
4 410 000	22	0.000 023 84	2092.854	5.006 400 00	20 999 994.978 900 01	99.999 976 20%
4 620 000	23	0.000 011 92	2096.847	2.503 200 00	20 999 997.482 100 01	99.999 988 12%
4 830 000	24	0.000 005 96	2100.840	1.251 600 00	20 999 998.733 700 01	99.999 994 08%
5 040 000	25	0.000 002 98	2104.832	0.625 800 00	20 999 999.359 500 01	99.999 997 06%
5 250 000	26	0.000 001 49	2108.825	0.312 900 00	20 999 999.672 400 01	99.999 998 55%
5 460 000	27	0.000 000 74	2112.818	0.155 400 00	20 999 999.827 800 01	99.999 999 29%
5 670 000	28	0.000 000 37	2120.810	0.077 700 00	20 999 999.905 500 01	99.999 999 66%
5 880 000	29	0.000 000 18	2120.803	0.037 800 00	20 999 999.943 300 01	99.999 999 84%
6 090 000	30	0.000 000 09	2124.796	0.018 900 00	20 999 999.962 200 00	99.999 999 93%
6 300 000	31	0.000 000 04	2128.788	0.008 400 00	20 999 999.970 600 01	99.999 999 97%
6 510 000	32	0.000 000 02	2132.781	0.004 200 00	20 999 999.974 800 01	99.999 999 99%
6 720 000	33	0.000 000 01	2136.774	0.002 100 00	20 999 999.976 900 00	100.000 000 00%
6 930 000	34	0.000 000 00	2140.767	0.000 000 00	20 999 999.976 900 00	100.000 000 00%

特币的货币总量：

TokenMount = TokenMountbyPrice + TokenMountbyPayment + TokenMountbyAsset − TokenAmountbyLost

比特币的三种货币职能产生的货币需求量都比较大，它的总量固定、供求的差异、比特币在数字货币中的地位以及当前法币扩大发行（人们的避险需求增加）等因素，是造成比特币价格高涨的一个主要原因。

2. 增发（或回笼）的规则

对于增发（或回笼）的规则，可以参考传统法币的计算办法和处理措施。以人民币为例：

（1）提出人民币的发行计划，确定年度货币供应量。每年由中国人民银行总行根据国家的经济和社会发展计划，提出货币发行和回笼计划，报国务院审批后，具体组织实施。包括负责票币设计、印制和储备。

（2）国务院批准中国人民银行报批的货币供应量计划。

（3）进行发行基金的调拨。发行基金是中央银行为国家保管的待发行的货币。它是货币发行的准备基金，不具备货币的性质，由设置发行库的各级中国人民银行保管，总行统一掌管，发行基金的动用权属于总库。

依据上面的案例，数字货币的增发是依据项目或应用的发展情况与计划，计算出应该发行或回笼的资金数量。因为区块链项目的治理结构不够完善和追求透明性的其他特点，像传统法币那样每年审批与执行会产生非常多的困难，有可能很难执行。一般可以采取对项目一段时期内的预估来确认一个每年的增发值。例如，可以采用年的总需求预估，然后求平均值，每年的增发数量以这个平均值为准，如果设计准确的话，再配合控制流动性的措施，可以在8～10年内不用调整增发量规则。

增发量用TokenAmountbyInceasePerYear表示，当计算出来的增发量为负值时，就是需要回笼的资金量。

可以参考的计算公式：

TokenMount = TokenMountbyPrice + TokenMountbyPayment + TokenMountbyAsset − TokenAmountbyLost + TokenAmountbyIncYeasePerYear × Years

4.2.5 经济模型中的主要利益方与利益分配

经济模型中利益的相关方一般包括项目团队、投资方、基金会、矿工或其他项目生态伙伴中的参与方。经济模型中一定要考虑对相关利益方以合适的利益分配，不然这部分职能就会缺失或者出问题。对于非直接利益方，或者不好计算的利益方的利益分配可以放到基金会或社区来完成这部分的职能。在经济模型中，一般包含分配给项目方的比例、项目方的释放规则等内容。具体的比例会根据各个项目的实际情况和各个利益方的贡献程度来决定，没有统一的数值可以参考。本节后面会介绍几种典型的项目分配情况，作为大家在实际项目中的参考和对比。

本节只讨论给各个利益方的通证分配原则和计算方式。每个利益方的结构和职能分析，会在第 5 章进行讲解。

1. 项目团队

项目团队是所有参与方之中最主要的角色，一般包括技术团队与运营团队。项目团队负责的职能是设计、开发、运营、维护项目的整个生命周期。尤其是在项目的初始阶段，需要将项目用技术手段实现，项目团队的作用更大一些。一些项目在后期社区运营团队的作用更大，技术团队的作用会相对减少。在利益分配方面，项目团队考虑的因素非常多，因为项目的所有进展都与项目团队直接相关。

对项目团队的限制也要在经济模型中体现出来，如团队比例的释放规则、使用规则等，这些考虑的出发点都是要保证项目的长期监控发展。

项目团队获得的收益，一般占比 5%～15%，需要根据具体的项目来计算。我们会在第 10 章讲到通证融资与股权融资，在发放直接费用时，尽量用募集的资金来发放团队的直接成本，保留部分通证在未来兑现，未来兑现的比例一般不要超过团队预留份额的 50%，并且严格阶段兑现，如果团队资金不够，可以通过基金会或其他融资方式获得资金。

团队的通证释放规则和职责等内容会在第 5 章经济模型的主要利益方中详细讲解。

初期的一些区块链项目，由于没有经验和参考案例，所以没有为团队预留通证分配，造成后期的项目发展因为没有资金的支持受到很大的限制。例如，比特币项目是首个区块链项目，所有的通证都是在后期靠挖矿来挖掘出来的。在后期需要技术支持时，完全需要依靠捐赠，靠热情或其他信念的支持，这些方式很难支持一个项目的长期发展。

比特币核心开发组成立 BlockStream 的很大一个原因也是出于商业化的考虑。他们看到以太坊项目团队获得了巨大的回报，而比特币团队却没有这个利益分配来保证项目的发展。2014 年 7 月，在以太坊众筹时，获得了价值大约 1.4 元的比特币，今后项目组还能获得以太坊挖矿中的 20% 的以太币，这也是以太坊得到很好发展的一个保障条件。BlockStream 通过建立侧链盈利的方式受到很多的质疑，这一现象的根本原因也是在经济模型的设计中没有利益分配，没有为团队留出合理的份额。

2. 投资方

投资方完成的职能，一般只在最开始对项目有贡献，贡献的方式一般是提供资金支持。

也有的投资方会在管理和资源方面给予一定的支持，但这不是投资方的主要职责。在经济模型的设计中，要考虑投资方关系的平衡，避免对项目造成伤害，要有条款约束投资方的行为。

在通证融资的方式中，投资方的通证比例也需要根据具体项目来决定，通常控制在20%～30%以下会更好。需要严格约束投资方的退出周期或释放规则。

对于早期参与类似ICO、IEO等方式的个人投资者，对设计的参与价格应设为未来预期价格的1/5～1/10之间较为合适。一方面是因为现在很难再出现几百倍、上万倍额回报的场景了；另一方面，如果早期价格过高，会让个人投资者没有收益，从设计上尽量为个人投资者和早期投资者留好空间。因为早期的个人参与者不但在经济上做出贡献，而且在应用中也发挥了作用，个人投资者一般是项目早期的天使客户。

3. 基金会

区块链项目的基金会基本按照团队成员方式分配利益，或者参考传统基金管理的分配方式，但需要把大部分的通证和筹集的资金都交由基金会来管理。主要是让基金会有资产和手段来控制项目的健康发展，有能力烫平经济波动。

通常区块链项目的基金会还会负责项目生态相关的发展与扶植活动。一些区块链的项目不是公司化运营的，项目相关的管理功能会由基金会来负责。

4. 项目的资源提供者与消费者

从经济学的角度，一个事物有市场价值，就会有供应者和消费者。在区块链项目中，一般资源的提供者是当前被广泛称为矿工的角色，使用资源的人员或团体一般称为消费者，是通过通证消费相关的资源，无论这种使用是用于生产或消费领域，还是用于投资领域。

需要在经济模型的设计中，为早期的参与者提供类似投资者的回报，从设计上考虑早期参与者的非资金贡献。在使用中，用市场规则来平衡资源提供者和消费者。真正好的应用本身就会有好的供需双方。

5. 生态利益方

项目利益方一般包括一些矿机生产商、矿池的运营方、媒体宣传渠道和交易所等参与者，这些参与者一般是在项目的启动期和后期才会参与到项目中。生态方面的利益相关方在项目的经济模型中一般没有明确的体现，他们通常间接从项目中获得收益，但需要从经济模型的设计中考虑激励模型对生态方的影响，或者判断是否需要相关的资源参与整个生态的建设，进入的阶段与参与的范围。

在生态的建设者中，要预防一些破坏想象的出现。例如，某些区块链存储项目，在项目还没有实质的进展、还不需要矿机的生产者进入的时候，矿机的生产者开始使用传销的模式运营矿机销售。国内的某个区块链项目，某种品牌的存储矿机卖3000美元（大约2.1万元），他们对外宣称这种矿机每天能够产生多少元的数字货币收入，在几个月或半年内就能回本。但实际上这种存储矿机就是一种简单的组装计算机，实际成本不足5000元，更重要的是根本不能做到在几个月内回本。矿机的生产商靠补贴矿机产生通证，用奖励奔驰汽车等传销模式来销售矿机。这种售卖方式完全是一种传销行为，最终卖出价值几个亿，甚至更多的矿机。这些生态参与者会对项目造成极大的破坏，当购买矿机的人群发现销售方并不能兑现当初购买的承诺后，在矿机销售方跑路的时候，参与者会把所有的愤怒指向项目方。如果造成群体性的影响，在公检法机构介入的情况下，会造成整个项目的瘫痪与失败。

生态的相关方在项目的运营阶段需要考虑管理的问题。实际上，只要是会参与到项目生态建设中的参与者，如果可以使用经济模型控制的话，都要考虑这种设计。其他方面需要依靠运营与法律监管层面的措施来控制。

4.2.6 通证的激励与消费规则

在项目的参与方部分，我们谈到了项目资源的提供者和消费者。无论项目中提供的是货币职能的替代物，还是某种应用中的通证，都会涉及通证所代表资源的生产与消费。

针对项目资源的提供者，经济模型要设计出合理的激励模式，保证这些参与者能够有动力推动项目的健康发展。例如，比特币中对发现区块的比特币奖励和打包的手续费奖励，都会使矿工为社区的安全与健康发展做出贡献。

针对项目资源的消费者，如区块链存储项目中的使用者，如果能够提供更安全、更大容量、更快访问速度的存储，就能够满足消费者的需求。项目中的消费者更在意要消费产品的技术性能指标与性价比。并且，当某个地区的资源存储数量少、应用不足时，可以做一些运营策略倾斜，促进这个地区的资源快速建立起来。

当然，针对消费者或破坏者，也可以使用经济手段增加他们的作恶成本，促使他们在项目正常提供的范围内使用项目的产出物。例如，基于权益的PoS共识机制，就比基于算力的PoW共识机制多一种惩罚能力，当质押节点作恶或者没有达到正常运行的要求时，就可以通过罚没质押物，达到更好的惩罚措施。

当前很多中心化应用的场景，在经过部分或全部的去中心化改造后，引入通证激励功能，很多应用都可以得到较大的改变，一些应用在今后的发展中也许会产生颠覆性的变革。

一个事物合乎逻辑，一定在理论层面有支撑。从第1章中讲解过的经济学十大原理中，我们看看哪些原理符合激励的适用范围。最直观的适用原理有以下几种。

原理一：人们面临权衡取舍

在区块链的世界中，这条原理有了很好的体现。例如，比特币的算力是用于挖矿，还是用于破坏，在经济范围内，人们经过权衡取舍会选择有收益的挖矿行为。

原理二：一种东西的机会成本是为了得到它而放弃的东西

针对这条原理，以比特币挖矿为例，比特币的算力是用来破坏的成本是放弃的挖矿收益，在这种情况下，破坏的成本非常高，大家不会做出违反经济学原理的事情。

原理四：人们会对激励做出反应

挖矿的奖励是一种激励方式，在比特币的设计中，挖矿收益与手续费收益都会激励参与者将比特币网络维护得更好。而且比特币的价值越高，参与者越多，就会促进比特币网络更加健康地发展。

原理六：市场通常是组织经济活动的一种好方式

在数字货币的中心化交易所和去中心化交易所，都体现了这条经济学原理。价格指引的激励作用是数字货币市场的发展，更好地促进了价值的提升，扩大了激励的范围。

4.2.7 通证的价值来源

通证的价值来源于也需要有它的价值支撑。在 2.2 节中曾介绍了当代信用货币发行的两个问题：①当代的货币发行一方面严格控制数量；②另一方面要给新发行的货币配置等价的资产。

在区块链的数字货币领域中同样存在这两个问题。这两个问题如何处理，直接关系着这种数字货币的最终命运。

对于问题①，发行数量通过上面总量计算，我们可以了解设计总量与增发总量的理论数据，并通过一些可以使用的经济手段严格控制其流动性，使其与应用发展相匹配。区块链的特性正好可以增加在数量方面的透明度和监管特性。

本小节重点要讨论问题②，如何使通证具有价值背书，如何为新发行的通证配置资产。早期很多区块链项目失败的很大一个原因是没有价值注入，当前有很多区块链项目一开始就为了欺骗，为了“割韭菜”，这样的项目也就根本没有考虑过价值注入的问题。

未来随着区块链技术的发展和融合，通证配置资产的途径和覆盖领域将非常广泛。这里我们主要从两个方面理解，并且使用有对应案例的领域进行分析，这两个方面分别是：应用领域的新价值创造和金融领域的模式创新。我们从一些案例简单分析价值注入的可能性，现实社会中会有更多的价值注入的方式。

1. 应用领域的新价值创造

在应用领域中，可以通过改变技术实现与商业模式创造新的价值。我们以存储领域的区块链改造为例来分析这种可能性。

网络存储目前的发展已经很成熟，不论平时使用的各种网盘，还是在企业服务中使用的云存储，都非常普遍。我们平时使用过的网盘包括 115 网盘、新浪微盘、360 云盘、金山快盘、百度网盘等众多耳熟能详的品牌，虽然后来因为付费、版权等原因关闭了不少，但这个领域还在不断地成长。企业云存储领域的发展更加显著，阿里云、腾讯云、AWS，都在提供这样的存储服务。

在存储领域中，区块链技术的发展也产生了不少案例，如国外的 Filecoin、storj、Sia，国内也存在四五家这样的区块链存储项目。虽然很多都处于发展的前期，成熟度还有待考验，但未来被区块链存储改变的可能性正在逐渐增大。

基于区块链的分布式存储的工作方式是通过点对点的网络共享一个文件。首先，上传者上传文件时，文件被分解成许多小块并加密，上传到区块链存储网络。然后，每个小份加密文件都被复制以确保冗余。最后，小份文件被分发到点对点网络上的各个计算机中（节点）。

那些存储文件的计算机（节点）只有一小块文件的内容，而且是加密的，这意味着主机无法从文件中获取信息，并且，对存储节点发起攻击是没有任何意义的。为了调用文件，原始上传者使用一个私有密钥和一张记录哈希的表来定位原始文件的所有碎片，并要求网络重建文件。一旦节点发送回各种碎片，文件就会重建。然后，上传者使用原始加密密钥来解密文件以供使用。

一般这种去中心化的区块链存储都具有一些明显的特点。例如：

（1）更安全。基于区块链的去中心化云存储平台，没有中央服务器，永不停机，用户的文件也不会因为服务器故障、被黑客攻击等原因而丢失，用户的隐私也能有很好的保障。

（2）存储和下载速度更快。多台计算机多个节点并行下载，速度会更快。

（3）成本低。就国内来说，360 网盘、微盘等云存储平台陆续关闭，免费的云存储限速严重，用户云存储的成本也越来越大。区块链存储系统数的每个用户都可以分享自己闲散的硬盘空间，从而获得通证奖励，因此使用费更加便宜，按存储和下载收费。根据国外的一个区块链存储项目 storj 的数据公布，存储 1GB/ 月需要 0.015 美元，下载 1GB 文件需要 0.05 美元。前期还可以获得很多的免费试用资源。

区块链存储项目的代码一般都是开源的，任何人都可以实现和检验这些公开的规则和算法。区块链存储体系结构遵循的标准模型是分片、加密和上面描述的分割和重新编译文件。那些中心化存储面临黑客攻击、数据不保密等风险，在区块链存储系统中都能够较好地解决。

区块链存储的商业模式和技术原理都不同于以往的存储。区块链存储本身并不提供资源，而是通过经济方面的奖励机制发动有存储资源的人们提供这些资源，同时使用者获得更低的价格和更快、更安全的服务。

这个领域中的数字通证就是由这些具体的应用功能提供价值支撑的，相应的价值规则，可以参考能够替代的传统存储，以及在这些区块链存储上面提供的新价值来计算。

2. 金融领域的模式创新

区块链技术本身就是为了解决金融领域的问题而产生的。在金融领域中，虽然还有很多限制，各国的监管也很严格，但区块链能够提供的创新模式已经出现很多。例如，在国际支付领域的瑞波网络（Ripple）。

Ripple 是世界上第一个开放的支付网络，通过这个支付网络可以转账任意一种货币，包括美元、欧元、人民币、日元或比特币，简便易行快捷，交易确认在几秒以内完成，交易费用几乎是零，没有所谓的跨行异地以及跨国支付费用。Ripple 是开放源码的点到点支付网络，它可以使你轻松、廉价并安全地把金钱转给互联网上的任何一个人，无论他在世界的哪个地方。因为 Ripple 是 P2P 软件，没有任何个人、公司或政府操控，所以任何人都可以创建一个 Ripple 账户。

Ripple 的出现让货币在全球范围内的流通变得更加简单方便了。但不同的是，比特币是一种虚拟货币，而 Ripple 是一种互联网交易协议，它允许人们用任意一种货币进行支付。例如，甲方可以利用 Ripple 以美元支付，而乙方则可以通过 Ripple 直接收取欧元。

支付技术比通信技术落后好几十年，如今的支付系统还和 20 世纪 80 年代的邮件系统一样——依然封闭而没有互联。如果你是富国银行的客户，那么只能够轻易、免费地向其他富国银行的客户转账；如果你有一张美国运通卡，那么也只能在接收运通卡的商家购买商品。为了把这些孤立的支付系统连接起来，就需要增设许多结算中心。平时使用过国际汇款的人一般只能使用 SWIFT（Society for Worldwide Interbank Financial Telecommunications，环球同业银行金融电讯协会）方式，即电汇，传统 SWIFT 的特点：价格高、速度慢、手续烦琐，而且这种方式需要第三方支持。当大部分的信息传输已经免费时，金钱的转账依然有不少阻碍。使用 SWIFT 的方式进行一次汇款的手续费通常要十几美元到几十美元，信用卡公司也对每一笔网上交易收取 2% 的费用，亚马逊每年都需要支付数十亿美元的交易费用。互联网已经有了 40 年的历史，而在互联网通信和互联网金融之间已经有了巨大的差距，互联网通信已经通过点对点的分布式网络被扁平化了，但是交易结算与交割在本质上需要集中化，这就使得金融交易仍然运行在 20 世纪 50 年代到 70 年代（前互联网时代）的基础之上。在电子时代，金钱实际上只是另一种信息：存储在电子总账中的借贷信息。那么为什么在计算机转账和传递信息的方式之间会有如此大的差距呢？

SWIFT 是一个国际银行间非营利性的国际合作组织，成立于 1973 年，目前全球大多数国家的大部分银行已使用 SWIFT 系统。SWIFT 的使用为银行的结算提供了安全、可靠、快捷、标准化、自动化的通信业务，从而大大提高了银行的结算速度。由于 SWIFT 的格式标准化，目前信用证的格式主要都使用 SWIFT 电文。

SWIFT 总部设在比利时的布鲁塞尔，同时在荷兰阿姆斯特丹和美国纽约分别设立交换中心（Swifting Center），并为各参加国开设集线中心（National Concentration），为国际金融业务提供快捷、准确、优良的服务。SWIFT 运营着世界级的金融电文网络，银行和其他金融机构通过它与同业交换电文（Message）来完成金融交易。除此之外，SWIFT 还向金融机构销售软件和服务，其中大部分的用户都在使用 SWIFT 网络。

Ripple 的终极目标就是取代 SWIFT。目前基本所有的银行和机构处理跨境转账用的都是SWIFT系统，它的处理量每天大概5万亿美元。在数字时代开始之前，SWIFT就已经存在。虽说它是目前最好的跨境通信及交易系统，但它的改进空间仍然很大。例如，交易不能实时完成，资金及信息的传递速度非常慢，并且价格不菲。

另外，SWIFT 网络被黑客入侵也时有所闻。例如，2016 年 2 月，孟加拉国中央银行在美国纽约联邦储备银行开设的账户被黑客攻击，失窃 8100 万美元。2015 年 1 月，黑客亦攻击了厄瓜多尔南方银行，利用 SWIFT 系统转移了 1200 万美元。2015 年年底，越南先锋商业股份银行也被曝出黑客攻击未遂案件。所以 SWIFT 系统的安全性也急需升级。

为了解决这些问题和应对新支付方式的竞争，2017 年 5 月，SWIFT 宣布推出新的跨境支付系统 Tracker。Tracker 是 SWIFT 于 2016 年初启动"全球付款创新项目"（GPII）的基石。GPII 旨在帮助银行提供更快速、透明、可追溯的跨境支付。表 4-4 所示为 Ripple 与 GPII 各方面的对比信息。

表 4-4　Ripple 与 GPII 各方面的对比信息

种类 比较项目	Ripple	GPII
速度	数秒	十几分钟
手续费	最低	将公布
外汇兑换率	最佳兑率	银行外汇兑率
数据	完整传送	计划于 2.0 版加入
追踪	无须	必须
技术	Ripple 网和 ILP	SWIFT+ 新信息

除此之外，越来越多商家已经开始接受 XRP 支付。快速低费用支付本来就是 XRP 的强项，随着它的渐渐普及，可以预见未来使用瑞波币支付结算的网络商家只会有增无减。这也许将是 XRP 无心插柳的用例之一，也是通证发展到一定阶段的必然结果。

使用 Ripple 进行金融交易有以下优势。

（1）支付费用更低。因为 Ripple 不属于任何人，所以进行支付的成本就更低。通过 Ripple 接收款项的商家就可以节省高达几十亿美元的费用。

（2）支付更迅速。因为 Ripple 交易是自动进行的，所以在几秒内就可以完成支付。Ripple 使得资金到账更迅速，因此也就加速了经济活动。

（3）外汇兑换更简单。Ripple 协议让外汇兑换无须支付额外费用，这也使得国际商贸活动更简单，利润更高。

（4）金融服务可用性更高。只要有互联网连接的地方就可以使用 Ripple，所以使用

Ripple 提供的金融服务可以覆盖银行数量不足地区的数十亿人口。

（5）金融服务互联性更强。Ripple 通过创造一个共享的货币协议让独立的公司之间的交易更加简单。这减少了金融系统中的阻力，也增强了系统的效率。

通过区块链技术创新的国际支付领域产生的通证，就是由这些实际的业务创造的价值来支撑的。只要是用区块链技术来改造成功的传统应用领域，这种项目的通证就能够很好地解决价值支撑的问题。

4.3 经济模型的主要问题

1. 激励机制设计不合理

激励机制是公链健康运行的基础，激励机制的设置产生问题，会导致公链不能安全长期地运行。目前国内很多项目在设计公链的时候，一方面因为没有经验，不清楚如何设计激励机制；另一方面，对一些应用场景的供求不明确，很难做出激励供给，同时需求不强烈，也很难激励需求者使用。

2. 利益分配的不合理与缺失

利益分配不合理是区块链经济模型设计的主要问题，甚至会出现缺少利益分配的情况。这种问题主要是出现在早期的区块链项目中，如前面所讲的比特币，没有为团队预留利益，造成后期的发展困难。

利益分配很难在一开始就分配得准确与合理，需要留有一定的分配弹性。例如，给基金会预留一定比例的通证，在后期需要调整利益格局的时候，可以动用基金会的这部分预留份额。在项目设计时，需要仔细考虑项目的各个利益方，并考虑各个利益方在项目中所起到的作用。主要的利益分配在开始时期不能有太大的歧义，预留的弹性部分可以做少量的调整使用。如果出现后期必须调整的情况，也可以发动社区与基金会共同商议调整方案，将要调整的理由表达清晰，推动社区的力量来决定调整。

3. 总量设计不合理

总量设计不合理也是一种比较常见的情况。因为通证的总量要与项目的发展大致相匹配。一个项目的总量设计为多少，常常与项目的团队对未来的规划相关，当项目的发展达不到预期时，总量会显得比较多；当项目发展良好时，会出现通证不足的现象。虽然当前的通证都可以支持到小数点后很多位，但是如果一个应用用 0.000 0××× 来表示常见交易，还是会与习惯不符。

公证通（Factom）利用比特币的区块链技术来革新商业社会和政府部门的数据管理和数

据记录方式。利用区块链技术帮助各种应用程序的开发，包括审计系统、医疗信息记录、供应链管理、投票系统、财产契据、法律应用和金融系统等。但公证通项目将通证总量设计为875万，这与公证通所有覆盖的业务领域有明显的不匹配，如果这个项目真正运行起来，就会出现大量的小数额交易，这种比较小的通证总量也不利于通证融资和为团队预留份额。还有很多的项目将通证总量设计为2100万的各种倍数，作为对标比特币，这种随意的总量设计与要符合应用发展的支撑理论是相冲突的。

4. 总量控制的不合理与流通控制的不合理

总量控制的不合理，很多时候是在项目初期，在不需要太多的通证流通时，过多的通证进入了流通市场。这种情况一般是缺少流动性控制工具，或者在主要的通证分配方没有设定合理的锁仓机制。总量控制的不合理会对项目的初期产生较大影响，如果项目应用发展顺利，后期这种不合理会逐渐减弱。总量控制的合理性要在项目设计的初期评估项目的发展节奏，计算出与之匹配的流通数量，并对应地设计好重要利益方的释放周期。

5. 长期目标与短期操作的冲突

长期目标是未来项目的长久发展所做的考虑。例如，项目的通证总量如果在短期出现不匹配的情况，要通过冻结流动性的方式来减少流通总量。但一些项目团队通过销毁通证数量的方式来控制短期的流动性，虽然短期内的效果与冻结流动性的作用基本相同，但长期来看，销毁通证的方式减少了通证的总量，这样影响了项目的总体设计。如果反复这样操作，在项目发展起来后，会出现需要调整总量的情况。调整短期的流动性优先采用冻结流动性的方法，在需要更多通证时可以再释放这部分流动性，非必要情况不做引起项目最终总量调整的操作。

4.4 经济模型的后期调整

经济模型在设计不合理时，需要做出相应的调整。当前区块链项目有两种情况对经济模型的调整有较大的影响。

第一种情况：早期项目对通证或数字货币总量不增发的示范效应。

在区块链的早期，因为比特币一直宣传通证总量不变，永不增发的优点，宣传说比特币是永远不会通货膨胀的数字货币（事实上，在2140年之前，比特币每年都有通胀率，到2140年之后这种通胀率才会完全降为0）。这样的示范效应就强迫或限制以后的区块链项目也不能做出经济模型的变动，尤其是总量的变动。这种总量不能发生变化的经济模型是否真的完美呢？在设计之初，这样的总量设计使人们在第一感觉上是欢迎与拥护的。因为在现实社会中，各国经常超量增发的货币使大家都深受货币通货膨胀的影响，尤其是那些用恶性通货膨胀的货币来掠夺人民财富的货币案例，更是让人深恶痛疾。所以一种防通货膨胀或者不通货膨胀的数字货币的出现在直觉上就受到人民的欢迎。

这种不修改经济模型（主要是总量）的数字货币是否有缺陷呢？首先看前面提到的一个技术问题产生的影响：数字货币由掌控私钥的人完全控制，一旦私钥丢失，被这个私钥控制的所有数字货币都不能使用。这与现实中的货币丢失不同，现实中的丢失还有可能被别人捡到，继续使用，不会影响总量的变化（另外现实中也有调节总量的操作）。如果用户私钥丢失造成的数量影响过大，这种货币就会变成通货紧缩性货币。通货膨胀不受欢迎，通货紧缩同样也不受欢迎。

如果每个人预期自己的货币会升值，如年初的 100 元，到年底会变成 110 元，大家就不会消耗这种货币，而是保留这样的货币，这种通货紧缩会造成这种货币的职能下降。再来看货币的主要职能：①赋予交易对象以价格形态；②购买和支付手段；③积累和保存价值的手段。通缩性货币，基本上在减少①和②的职能份额，增加③的职能份额。长期丧失某些主要功能的货币会有退出货币市场的风险。

即使丢失的原因很小或几乎没有，总量不变也会导致在经济的发展中出现严重的问题。当有一天经济总量发展到一定程度时，就会产生新的替代货币或相关政策。世界货币体系从金本位，到布雷顿森林体系，然后发展到牙买加体系，很大的一个原因是货币与经济发展的不匹配。布雷顿森林体系的美元与黄金挂钩，各国货币与美元挂钩的形式，都满足不了世界经济发展对货币的需求，所以才会发展到牙买加体系。产生这种变化的一个原因就是国际货币从单一储备发展到储备多元化，由固定汇率变化为浮动汇率，来适应全球经济发展的需要。

此外，总量较小还会导致参与人员的范围小，加上私钥丢失，这种货币的影响范围处于持续降低中。信用货币持有的人数越多，认可度和交换就会更频繁和方便。如果人数太少，会造成持有人群的人数较少，货币交换不足，信用度下降。在一个临界点来临时，或者其他竞争原因叠加的情况下，有可能会造成这种货币的信誉崩塌。图 4-6 所示为比特币在可能的节点被接受或被抛弃的示意图。

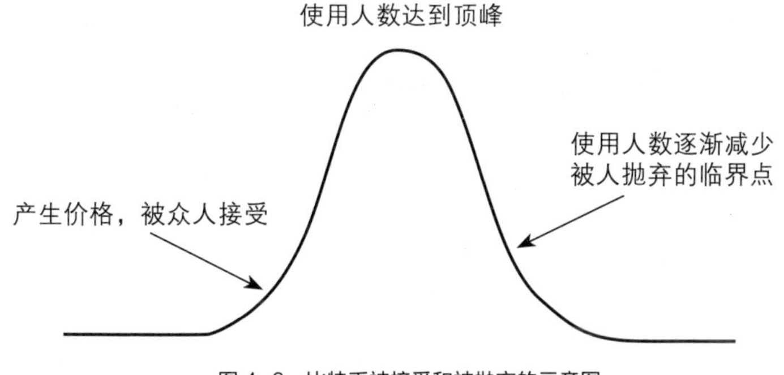

图 4-6　比特币被接受和被抛弃的示意图

2020年6月28日，比特币地址与数量的统计数据（https://bitinfocharts.com/）如表4–5所示。

表4–5 比特币地址与数量的统计数据（2020.6.28）

金额/BTC	钱包地址数量	占总地址的百分比（%）	总额	市值的百分比（%）
(0—0.001)	14 657 108	48.15	2 903BTC	0.02
[0.001—0.01)	7 338 112	24.11	29 704BTC	0.16
[0.01—0.1)	5 365 648	17.63	173 157BTC	0.94
[0.1—1)	2 259 801	7.42	715 429BTC	3.89
[1—10)	664 667	2.18	1 731 635BTC	9.4
[10—100)	138 885	0.46	4 474 482BTC	24.3
[100—1000)	13 919	0.05	3 501 774BTC	19.02
[1000—10 000)	2046	0.01	5 075 876BTC	27.57
[10 000—100 000)	105	0	2 453 606BTC	13.32
[100 000—1 000 000)	1	0	255 502BTC	1.39

从表4–5中可以忽略低于0.01个BTC的地址，也就是前两行，大约2200万个地址。因为金额过少的地址，基本没有交易能力和使用价值，并不会对重要的流通产生作用。剩下的840多万个账号地址，可以近似认为是比特币参与的人数，维持在这个数量或者更高的数量级，交易就会很容易达成，表示认可其价值的人群足够大。但当拥有地址小于某个数量时，如50万个有效地址，比特币的价值体系就会有崩溃的可能性，如果有更好的竞争货币产生，这种崩溃的可能性还会提前。

第二种情况：一些项目随意调整经济模型产生的严重危害。

在区块链的发展中，一些项目因为没有经济模型的设计经验，产生了很多的问题，后期迫不得已做出调整。但调整的过程还是没有解决长久发展问题，新设计的方案同样有不少问题，造成“拆东墙补西墙”的局面。或者因为最初的方案问题太多，没办法一次修复完，因为每次没有真正地解决问题，就会反复调整经济模型，反复伤害参与方的利益。这种情况持续几次，参与者就会对项目失去信心。

国内的一个项目因为没有约束好早期的投资方释放流动性，造成项目的通证在可以交易的时候，出现大量的抛售行为。为了约束这种行为，项目方产生一种新的通证，对于未发放的通证，强行和投资方按照一定的比例兑换后，才能出售。但发现即使降低了投资方的利益，新通证的抛售一样存在很大的问题。同时参与项目的矿工也出现了要抛售的行为。为了限制矿工的抛售，他们又设计出一种通证，和原有通证又有一定的兑换关系。这几次调整都是因为经济模型设计不合理，释放的流动性并没有控制好。反复几次，大家对项目就失去了信心，项目团队的人员因为花费更多的精力来处理这些事情，主要的研发也受到了影响。

当然，反复调整经济模型的项目，还有一类是骗子项目，反复地造概念、割韭菜。这种项目众多，也让人们对经济模型的调整产生很大的心理抗拒。

结论

经济模型可以调整，但要设计好方案，不应频繁。

任何经济模型在必要的时候都可以做出调整，但调整的方案和理由要阐述清晰，合情合理，同时需要得到现有经济模型中主要利益方的支持才能够实行。如果得不到支持，通常就会产生分叉的结果。一些项目在发展良好的情况下，经济模型的调整阻力也并不大。例如，以太坊的区块奖励从 5 个调整到 3 个，之后又调整到 2 个，以太坊的社区都没有出现太多的反对声音。区块链项目发展好，参与的各方都受益，并且为了长远发展的考虑，就可以对经济模型做出适当的调整。

对于经济模型我们只得出可以调整的结论，至于如何调整，需要针对具体案例给出分析，如何调整不在本书中介绍。

第5章 经济模型中的主要利益方

在第 4 章经济模型的理论中，讲到经济模型中利益的相关方一般包括项目团队、投资方、基金会、社区、矿工或其他项目生态伙伴中的参与方。本章我们详细讲解主要利益方的内容和职责。

本书第 8 章会介绍几种典型的项目分配情况，作为大家在实际项目中的参考和对比。

5.1 项目团队

本书中对区块链项目团队的分析与描述主要从对经济模型的影响的角度来撰写，不会描述团队管理、项目管理等内容。项目团队的组成多种多样，有些开源软件的开发与维护，团队成员是一种比较松散的合作方式，对报酬没有特殊的要求；有些完全像一种公司化的运营模式，项目方有很强的管理约束，利益方面的要求也更像公司模式；还有一些介于两者之间。

5.1.1 团队的组成

项目团队一般包括技术团队与运营团队。项目团队负责的职能是设计、开发、运营、维护项目的整个生命周期。项目团队成员的管理是一个重要问题，可以从短期和长期两种角度考虑各自的作用和管理方式。在项目的初始阶段，需要将项目用技术手段实现，技术团队的作用更大一些，其他角色的作用并不明显。发展到后期，一些项目后期社区运营的作用更大，技术团队的作用会相对减少，团队中各种角色的作用更加均衡，呈现出和传统公司类似的现象。在利益分配方面项目团队考虑的因素非常多，是因为项目的所有进展都与项目团队直接相关。

通常的区块链项目在白皮书中都会将项目团队作为一个章节来介绍，并且在早期的项目官方网站上面也会介绍项目的主要成员，如图 5–1 所示。

REN YUAN C
(区块链储存和优化)
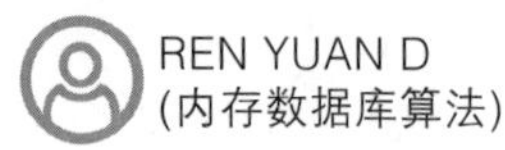

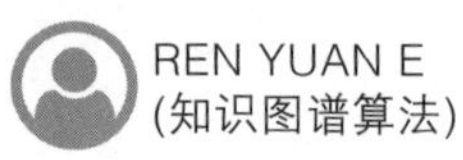

REN YUAN F
(分布式数据库与索引算法)

图 5–1　早期团队成员介绍示意图

国外的瑞波团队的官网介绍页具有区块链项目介绍的代表性，如图 5–2 所示。

图 5–2　瑞波团队的官网介绍页

项目的创始人在早期项目中是非常重要的角色，一般都是技术专家或者业内知名人士。

项目的技术负责人或者架构师，一般是来解决区块链项目中的主要技术问题，由具有共识算法、密码算法、存储或计算优化等技术背景的成员组成。

早期的区块链项目经常还要加上一位首席科学家，来证明该项目在解决某些高精尖领域中的问题。这种做法的宣传作用大于实际意义，从经验上，科学家做的事情离商业化一般都还有一定的距离，目前的项目越来越少地采用这种组合与介绍方式。很多时候，项目为了赢得大众的信任，还会将一些主要的技术人员写入白皮书的团队介绍中。

随着区块链项目的发展，除了技术实现之外，负责运营相关的角色也越来越重要，类似 CMO、COO 等也越来越多地称为项目团队的主要组成部分。

一些项目还会将具有经济学背景的人员吸引到团队中，作为顾问或者基金会的管理人员。一方面是因为在比特币之后的区块链项目中，经济模型的作用越来越强大，项目掌控的资金量也变得非常大，需要专门的设计与管理人员；另一方面也因为区块链项目从最初的简单技术工程逐渐发展成为一个系统性的工程，需要更多角色参与建设。

随着区块链技术的成熟，向应用领域的深入渗透，一些项目的团队还是会保持社区开发与维护的模式，就像当前的开源软件现状，只要解决了主要问题，这样的系统也能得到大范围的发展与应用。另外，一些区块链项目会越来越向商业化运行的方向发展，需要一个严格的商业组织结构和管理运行机制，需要各种角色的人员在一起协同工作。这样的项目团队会越来越像当前国际化的互联网公司团队。

5.1.2 团队的主要工作

早期区块链项目团队的主要工作比较单一，主要是技术方面的工作，包括开发运行的软件系统，修复里面出现的错误和漏洞，维护网络的运行。一些大的决策方面的事情一般靠社区投票来决定；歧义小的发展决策，团队成员之间协商就可以完成。

后期的区块链项目变动越来越复杂。在完成区块链网络运行的整个生命周期中，包含几个主要的阶段：设计阶段、实施阶段、运营阶段。

设计阶段的主要工作包括项目的技术设计、经济模型设计、团队的组建等。

实施阶段的主要工作包括项目的宣传、资金募集、软件开发、正式上线等，基本上是按照规划或项目白皮书中的规划路线来实施的工作内容。随着区块链项目的规模变大，实施阶段逐渐变得很长，项目基本功能的开发与测试网的开发调试会出现占用几年时间的情况，如 Filecoin 项目。

运营阶段的主要工作包括维护区块链系统的正常运行，修复系统的错误与漏洞，增加和扩展相关的网络功能。这个时候团队的工作还会扩展到项目生态链的上下游和相关方的合作领域。测试网络的维护与测试活动的发起也是运营阶段的主要任务，所有的新功能一般都在测试网通过后，才会在正式网发布。使用公链的外部项目方，一般也先在测试网上面测试系统，然后在正式网上面发布。

区块链项目的源代码一般都保存在 GitHub 等开发的版本控制平台上，代码可以供所有的人下载和安装。这样的方式也便于检查所有公链内部的 Bug 和安全性相关的问题。

例如，从以太坊的 GitHub 上面（https://github.com/ethereum/go-ethereum），我们可以看到项目的提交数量、分支数量、Fork 的数量等信息，如图 5-3 所示。

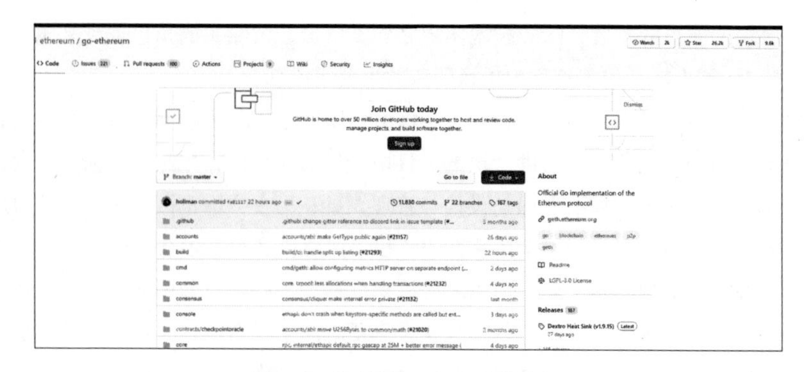

图 5-3　以太坊的 GitHub 中的信息

还可以查看项目的代码提交情况和主要的贡献者等信息，如图 5-4 所示。

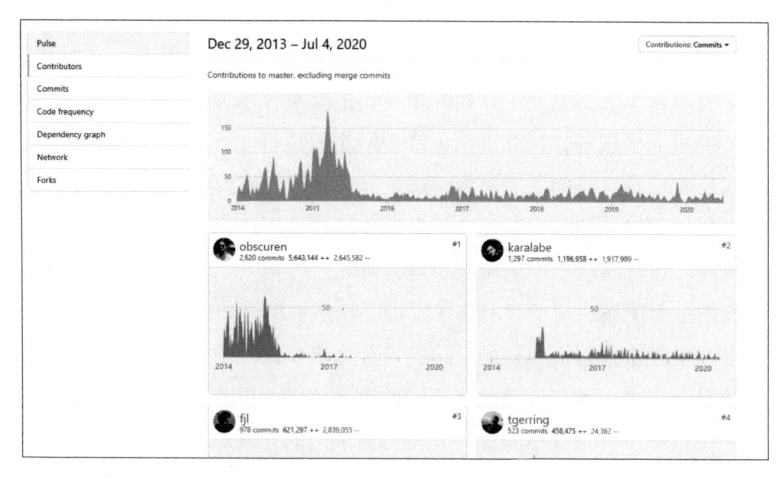

图 5-4　以太坊的 GitHub 中的贡献者信息

区块链团队还保持了一种公开周报的方式，每周或每两周将项目的进展发布到一些交互的信息平台上，便于大家监督和检查进展。

5.1.3　团队的利益与限制

区块链项目的早期，基本上没有明确涉及团队的权利与职责问题。中本聪创造了比特币网络，完善了初期的比特币程序之后，就将比特币的开发和维护任务全权交给了其他开发者，并指定 Gavin Andresen 为新的开发领袖。这个阶段的区块链项目团队的基本职责相对明确，维护区块链项目网络的稳定运行，权利比较模糊，是在用个人热情、职业道德和社会道德的规范标准来约束团队的权利。

区块链是个新事物，发展不完善的案例较多。由于没有经验和参考案例，有些项目没有为团队预留通证分配，没有为项目的长期发展分配利益，造成后期的项目发展因为没有资金的支持受到很大的限制。例如，比特币核心开发组成立 BlockStream 的很大原因也是因为商业化（或者说经济方面）的考虑。BlockStream 通过建立侧链盈利的方式受到很多的质疑，这一现象的根本原因也是比特币项目中经济模型设计的缺失，在利益分配中，没有为团队留出合理的份额。这种经济模型中的设计缺失，一定会在项目的后期，通过各种方式补偿回来。

1. 项目团队的利益

在项目的设计之初，需要考虑为团队预留资金和激励，这样才能保证项目的长久发展。区块链领域早期一些小的项目靠社区运营就能够发展，对资金和管理没有太特殊的要求。但对于区块链的后期项目，需要的人力资源和社会资源更多，系统的规模更大，项目经常发展成一个系统性的工程，只有持续的资源投入与组织管理，才能够保证项目健康发展。

在后面的章节我们会介绍股权融资和通证融资，项目团队可以考虑将这两种方式结合使用。对于项目的当期费用，尽量使用筹集的资金来解决，对团队的激励，尽量采用分配通证的方式来解决。并且分配的通证要设置一定的解锁期，在项目出现里程碑事件或比较明显的成果阶段，才允许解锁给团队的激励通证。

项目团队获得的收益，一般占比 5% ~ 15%，需要根据具体的项目来计算。此外尽量用募集的资金来发放团队的直接成本，保留部分通证在未来兑现，未来兑现的比例一般不要超过团队预留份额的 50%，并且严格阶段兑现，如果团队资金不够，可以通过基金会或其他融资方式获得资金。

2. 项目团队的限制

经济模型中需要考虑通证的释放规则、使用规则等，这些考虑的出发点都是要保证项目长期、健康地发展。如果有团队成员离开，及时收回未履约的通证分配，这样不会过早释放掉留给团队的激励。

5.2 基金会及其主要职能

区块链项目从最初倡导“去中心化”的运行方式没有资金筹集的过程，如比特币，到后面发展到需要 ICO 的资金筹集方式，就出现了需要管理资金或通证的职能，这种情况下，区块链项目的基金会就出现了。当然也有一些区块链项目为了规避所在国的监管风险，在其他法律允许的国家建立相关职能的机构。

传统的基金会一般是指利用自然人、法人或者其他组织捐赠的财产，以从事公益事业为目的成立的非营利性组织。传统基金会作为一种基本的社会组织和制度形态，不同于政府、企业，也有别于一般的非营利组织，公益性、非营利性、非政府性和基金信托性是基金会的基本特征。

区块链项目的基金会虽然延续了这个名称，但其实际的职责比传统基金会的职责更大。一方面类似传统开源软件基金会的作用；另外一方面完成与经济相关的管理职能。基金会应该与项目团队一起管理好通证与经济相关的工作。在当前项目中，因为项目的成熟度问题，很多还没有开始实际运行，项目就夭折了，基金会的很多作用还没有体现出来。到目前为止，区块链项目基金会运行较好的案例还不多。

虽然参考的案例不多，但我们可以通过理论分析来了解基金会的职责。通过本节的分析，我们也会看到基金会的作用，以及给予基金会更多资源支持的充分理由。

前面讲过，需要把大部分的通证和筹集的资金都由基金会来管理，主要是让基金会有资产和手段来控制项目的健康发展，有能力烫平经济波动。

总体来说区块链基金会有以下两个大方向的基本职能。

（1）管理项目存放到基金会的资金与通证。

（2）推动项目直接发展或者生态发展。

5.2.1 基金会的案例

区块链项目已经有了十多年的发展，在基金会方面也有了一些参考案例和参考的工作范围。当然这些职能和权利还在发展中不断变化和增减。我们以当前几个主要的区块链项目的基金会作为参考，来说明基金会的职责和权利，也将出现的严重问题、应该由基金会管理的案例进行分析，了解未来基金会需要解决的问题和完善的职能。

1. 比特币基金会（https://bitcoinfoundation.org/）

比特币出现后的很长一段时间内都没有成立基金会，直到 2012 年 7 月，为了促进和保护比特币“分布式数字货币和交易系统”的去中心化和隐私特性，以及使用此类系统的个人选择和财务隐私。当时在比特币社区内拥有重大影响力的 7 个人联合发起并成立了比特币基金会，他们也是比特币基金会的创始会员。这 7 个成员分别是：比特币创始人中本聪、比特币开发者 Gavin Andresen、CoinLab 首席执行官 Peter Vessenes、BitInstant 首席执行官 Charles Shrem、MemoryDealers 首席执行官 Roger Ver、

Engage Legal 负责人 Patrick Murck、Mt.Gox 交易所首席执行官 Mark Karpeles。

作为一个非营利性的组织，比特币基金会采用类似于 Linux 基金会的开源机构运作机制。具体而言，它的主要任务包括以下几个方面。

（1）标准化比特币：支持比特币基础设施的建设，包括赞助核心开发团队持续改进比特币软件来维持比特币的优异特性，使其得到更多的尊重、信任和接受度。

（2）保护比特币：维护、改善并从法律上保护比特币协议的完整性。

（3）推广比特币：作为比特币社区的意见表达渠道，宣讲比特币的技术与理念，澄清公众对于比特币的误解、曲解和误传，提高比特币的声誉。

同时，比特币基金会的原章程还规定：基金会应进一步要求，任何属于基金会宗旨范围内的分布式数字货币，应该是去中心化和私密的，并且其支持个人选择和财务隐私。

在最初的实践中，比特币基金会的主要工作包括以下三个方面。

（1）支付比特币开发者的工资。

（2）安排比特币会议。

（3）向监管机构推广比特币。

2. 比特币基金会的治理结构

比特币基金会的治理结构相当复杂和神秘。基金会成员分为三类：个人、企业和基金会创始人，并由董事会来管理。而基金会本身则由会员费来赞助。

董事会最初由 5 名成员组成，这 5 人的席位也相应地分为三类，其中 2 个席位来自个人会员，2 个来自企业会员，1 个则来自创始会员。按照基金会的章程，董事会每两年一届，期满后重新选举各个董事。

第一届董事会的组成如下。

（1）个人类董事：比特币开发者 Gavin Andresen 和电子货币专家 Jon Matonis。

（2）企业类董事：比特币支付公司 BitInstant 首席执行官 Charles Shrem 和 MT.Gox 交易所首席执行官 Mark Karpeles。

（3）创始人董事：比特币矿池服务 / 交易所 CoinLab 首席执行官 Peter Vessenes。

其中，除了 Jon Matonis 之外，其余的 4 名董事会成员都是基金会的创始会员，而 Jon Matonis 本身也是基金会的发起人之一。也就是说，在基金会的开始阶段，董事会成员基本上都是创始会员，这也为比特币基金会日后的衰落埋下了伏笔。

后来，就有批评人士指出：比特币基金会的治理结构赋予了最初的创始人太多的权力，而基金会的新成员本应能够以创始人的身份加入。

2013 年 9 月 24 日，比特币基金会又选举了两名董事会新成员，使得董事会的成员人数达到了 7 人。这两名新成员分别是：《比特币杂志》公关经理，有美国政治及国际政治经验的 Elizabeth Ploshay（个人类董事）和硅谷投资公司“Ribbit 资本”创始人 Meyer

Malka（企业类董事）。

2014 年 1 月 28 日，Charles Shrem 宣布从董事会辞职。而在辞职的两天前，他在纽约肯尼迪机场因洗钱和无证汇款相关犯罪被捕。2014 年 12 月，Charles Shrem 最终被判有罪，判处两年监禁。

根据后来的报道，Shrem 被判重罪的主要原因是，Shrem 明知道他的客户想要比特币是为了在“丝绸之路”上购买非法毒品（或者该客户是想把比特币提供给其他想购买非法毒品的人），但是 Shrem 仍然为他提供了支持。就在 Shrem 辞去董事会成员还不到一个月时，基金会的另一位董事会成员 Mark Karpeles 也宣布辞职。原因是他所执掌的 Mt.Gox 交易所破产了。之后，Brock Pierce 和 Bobby Lee 被选为新任的董事会成员（企业类董事）。但是，Brock Pierce 被任命为董事会成员也存在着很大的争议

后来 Mt.Gox 事件使比特币基金会声名狼藉。2014 年底，在重重压力之下，比特币基金会对其治理结构作出了以下改进。

（1）董事会成员任期由 3 年减为 2 年。

（2）创始人董事会席位被取消。

（3）删除分类为创始人的会员类型。

比特币基金会最主要的资金来源之一就是会员费（还有一小部分是靠捐赠），最初的会员费情况如表 5-1 所示。而随着后来比特币价格的上升，基金会在 2013 年对会员费做出了调整。由于会费，比特币基金会有相当多的财政资源可以用于其使用。但事实是，到 2015 年初，基金会就几乎耗尽了其财政储备。

表 5-1　比特币基金会最初的会员费情况

会员类别	会员费
founding Members	每年 10BTC
Industry Members(Silver)	每年 500BTC
Industry Members(Gold)	每年 2500BTC
Industry Members(Platinum)	每年 10 000BTC
Industry Members	每年 2.5BTC
Industry Members(Lifetime Membership)	25BTC（一次交足）

运营中的比特币基金会的财务信息缺乏透明度，加上基金会成员的不断变化，到 2019 年，比特币基金会虽然还存在，但其职能逐渐减弱，比特币基金会也逐渐失去了社区的支持，陷入发展的困境。

比特币基金会的目标似乎从来没有完全明确过，并且更多的使用开源软件的基金会的管理方式，在经济方面的措施相当少。所以在后期对于流动性的调控方面没有角色和资源来履行这部分的职责。在后期的发展中应该完善与经济相关的职能。

以太坊的基金会组织当前有两个：以太坊基金会 EF 和以太坊社区基金会 ECF。

1. 以太坊基金会

以太坊基金会（Ethereum Foundation，EF）是一个非营利性组织，致力于支持以太坊和相关技术。以太坊基金会不是一家公司，甚至不是传统意义上的非营利组织。他们的作用不是控制或领导以太坊，也不是唯一资助与以太坊技术相关的关键开发的组织。EF 是以太坊生态系统的一部分。

随着以太坊的发展，在相关的生态支持方面的工作逐渐完善，甚至可以用出色来描述生态发展的支持工作。这得益于基金会的支持和系统化的管理方式，详细内容可以查阅 ESP 的官网 https://esp.ethereum.foundation/。笔者认为这可能是非公司运营项目的一种很好的组织方式和可参照案例，任何人可以在官网的意愿清单中查找基金会支持的研究领域，并且在每个节点还会有更新详细的近期意愿工作清单。

2. 以太坊社区基金（https://ecf.network/）

以太坊社区基金（Ethereum Community Fund，ECF）也是一个非营利性组织，最初的想法是想要给社区的项目以奖金支持孵化早期项目、支持调研。以太坊生态中的明星项目 Cosmos、OmiseGO、 Golem、Maker、Global Brain Blockchain Labs 和 Raiden，于新加坡时间 2018 年 2 月 15 日宣布成立“以太坊社区基金”。ECF 是一个独特的、高度网络化的加速器，主要用于加速推动基础设施和去中心化应用程序的开发。ECF 的目标是创造一个良好的环境，在这里，团队能够组建与成长，创意与灵感能够萌发与落地，进而 ECF 也将成为以太坊生态系统的重要组成部分。

2019 年初，以太坊社区基金会升级到 2.0，支持商业项目，接收更多会员加入，其有两个最核心目标：

（1）通过各种相互融洽的方式，如奖金、战略和业务支持以及社区活动等来协调社区关系。

（2）ECF 要成为一个开放的资金网络，强调了 ECF 最初的愿景，以各类资金形成网络，共同实现对社区的支持。

ECF 2.0 的升级不仅支持非营利基础设施项目，如教育计划、产业社区活动等，还将支持应用和工具开发，甚至是商业项目。相关负责人称全面向风投基金、交易所、孵化器和项目开发。

3. Libra 协会（https://libra.org/en-US/association）

Libra 协会管理和组织架构也是一个可以参考的案例，如图 5-5 所示。Libra 协会总部位于瑞士日内瓦，是一个独立、非营利性成员制的组织。该协会旨在协调和提供网络与资产储备的管理框架，并牵头进行能够产生社会影响力的资助，为普惠金融提供支持。Libra 协会主要有三个角色：打造一个开源社区；增加更多验证者节点；保持 Libra 价值稳定。同时，Libra 协会是 Libra 区块链和 Libra 储备监管实体，所有决策都将通过理事会产生，重大政策或技术性决策需要 2/3 的成员投票表决同意。

Libra 协会初始有 28 个创始成员，分别是来自多行业的领导企业，以及一些学术机 构。从 Libra 宣布创立至今，部分成员受到巨大的政治和监管压力而退出，也有一些新加入者。

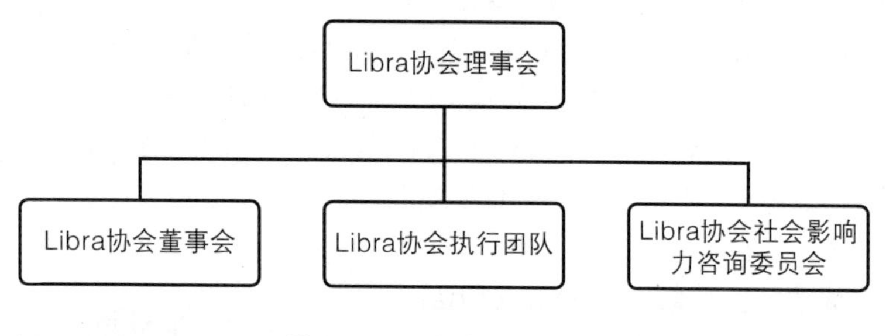

图 5-5　Libra 协会的组织架构

Libra 是去中心化的治理模式，由 Libra 协会进行管理，其中 Libra 协会理事会为拥有治理核心权利的机构。除了作为治理机构的协会理事会之外，还设有作为监督机构的协会董事会、作为咨询机构的社会影响力咨询委员会（SIAB），同时还有执行团队。理事会由各成员指派一名代表构成，对董事会、执行团队和社会影响力咨询委员会的成员进行选举。Libra 协会治理有不少的参考价值，此外 Libra 的法币配置在基金会的管理方面也有一定的参考价值。

Facebook 及其旗下的 WhatsApp 一共有 27 亿用户，这就意味着 Libra 项目潜在的 用户基础和社会动员能力十分巨大。这个项目在互联网上建立，意味着它针对的不仅仅是美国本土，而是全球各个国家。因此，Libra 受到全世界的关注，同时也受到监管机构的重点关注。美国监管机构针对 Libra 召开了三次听证会，重点关注 Libra 的监管、公民隐私和数据安全风险以及 Facebook 在这一项目中所扮演的角色等话题。

当前区块链基金会的职责与作用范围还在发展和演化中。针对区块链的通证的不同类型，以及对传统货币的影响大小，基金会还会承担更多金融和监管方面的职能。

从传统经济学的角度来看，基金会还需要完成一项经济学货币政策手段的职能。基金会可以控制区块链项目中的通证供给量和需求量，平衡项目中的经济供求总量，以便保证项目的稳定发展。在传统经济中，货币政策职能一般是各国央行通过三种措施完成的，区块链项目的基金会，可以用这些传统经济学领域中的措施做一些参考和探索。

5.2.2 基金会的通证流动性控制与数量调控

区块链项目在发展过程中对通证的需求是变化的，需要有经济手段来调整项目中流通的通证数量。例如，在项目的初期为了通证融资，一般都会发行较大数量的通证，但项目的发展还没有起步，应用中对通证的需求基本为零，都是一些外部的投资与投机交易需求。在这种情况下，一方面需要在项目的初期设定经济模型时，规定相应的锁定时间与释放周期；另一方面需要通过基金会来调整其流动性。在项目发展期和成熟期也需要基金会具备这种职能来调节市场中通证的供给与需求的匹配。

对于流动性的调控，可以参考一般性货币政策工具，如存款准备金政策、再贴现政策和公开市场政策。虽然数字货币不具备法币的条件，但一些操作会具有相似性。

参考存款准备金政策，对于基于 PoS 算法的超级节点和挖矿节点，可以提高质押的通证的数量，这点需要在参与超级节点的规则中提前声明，并提供相应的处理办法。例如，有些节点不增加质押数量的行为如何处理？也可以只针对增加质押数量的节点实行单方面的奖励。这种操作可以视为冻结长期的流动性，可以操作的前提是这些超级节点有支持的东西，或者项目方的收益规则鼓励这些超级节点冻结长期流动性。对于超级节点的质押与解质押产生的释放流动性有可能会比较剧烈，一旦一个超级节点退出，释放出来的所有质押通证数量也相对较多。

参考再贴现政策，基金会可以提供各种的质押或存币返息活动或本质上是返息的活动。这种活动一方面是可以由项目方，如项目的基金会来主持的操作，另一方面也可以是第三方，如交易所、矿池来完成的操作。虽然由项目方主持的活动风险性可控，但会增加管理成本或系统成本，外部第三方主持的活动需要注意风险的控制。例如，普通用户可以参与超级节点的 Staking，为用户手中的通证提供增值的渠道，这种是项目方提供的活动。可以允许第三方矿池提供基于项目通证的质押挖矿行为，或者存币空投，交易奖励的方式等等，这些操作需要项目方和第三方协商进行。尽量选择信用好的第三方，要防止第三方卷款逃跑的风险。这里面提供的各种形式可以冻结通证的中短期流动性。

参考公开市场政策，这种是基金会最直接的操作方法。与传统货币的购买有价证券或资产不同，项目方的公开市场操作是直接购买项目的通证或出售项目的通证。这种方式最有效，也最可控，前提是基金会要有大量可以动用的资金和通证用来公开市场操作。公开市场操作这点和我们要介绍的基金会货币稳定政策相似，但目的不同。流动性上的这种操作是提高或降低流动性，稳定货币的操作，是稳定项目通证的价值。

5.2.3 基金会的货币稳定与外汇储备

基金会的货币稳定职能和外汇储备可以参照国际经济学中的国际货币体系的一些操作方式。国际货币体系形成至今，先后经历了国际金本位体系、布雷顿森林体系和牙买加体系。因为区块链的无国界特点，可以借鉴这些国际货币体系的一些规则。

我们先对比金本位、布雷顿森林体系、牙买加体系的特点与局限性。

1．国际金本位体系：严格的固定汇率

在自由资本主义发展最为迅速的时代，严格的固定汇率制有利于生产、成本核算和国际支付，也有利于减少国际投资风险，从而推动了国际贸易与对外投资的极大发展。但是，随着时代发展，金本位制发挥作用的一系列有利条件，如稳定的政治经济局面、黄金供应的持续增加、英国雄厚的经济实力等相继失去后，金本位的缺点逐渐显露并最终导致自身的崩溃。

第一，黄金增长远远落后于各国经济增长对国际支付手段和货币的需求，因而严重制约了世界经济的发展。

第二，金本位制所体现的自由放任原则与资本主义经济发展阶段所要求的干预职能相违背，从而从根本上动摇了金本位存在的基础。金本位的存在已经成为各国管理本国经济的障碍。因而，金本位的自动调节机制就显得有限与不完善。

2．布雷顿森林体系：双挂钩机制的单一固定汇率体系

美元与黄金挂钩（每盎司黄金 =35 美元），其他货币与美元挂钩是布雷顿森林体系的两大支柱。

自 20 世纪 50 年代末期美元逐渐开始过剩以来，美国的黄金储备大量外流，对外短期债务激增，美元的信用基础发生动摇。1960 年 10 月，第二次世界大战后的第一次美元危机以后，美国与其他国家相继采取了许多措施，以缓解美元的劣境。如 1961 年 10 月建立的黄金总库，1961 年 11 月达成的借款总安排，1962 年 3 月签订的“货币互换协定”等。但是，20 世纪 60 年代中期越战爆发后，美国的国际收支进一步恶化，黄金储备继续下降，各国纷纷预期美元将贬值。1971 年 5 月，再次爆发美元危机，美元贬值之势无可挽回。1971 年 8 月 15 日，美国总统尼克松被迫宣布实行“新经济政策”，停止美元兑换黄金，终止每盎司 35 美元的官方兑换关系。至此，布雷顿森林体系固定汇率制宣告崩溃。

布雷顿森林体系崩溃的原因可归纳为三点：“特里芬难题”；汇率体系僵化；IMF 协调解决国际收支不平衡的能力有限。

3．牙买加体系：多元化的浮动汇率体系

（1）牙买加体系的积极作用。应当肯定，牙买加体系对于维持国际经济运转和推动

世界经济发展发挥了积极的作用：

① 多元化的储备结构摆脱了布雷顿森林体系下各国货币间的僵硬关系，为国际经济提供了多种清偿货币，从一定程度上解决了“特里芬难题”。

② 多样化的汇率安排适应了多样化的、不同发展程度的世界经济，为各国维持经济发展与稳定提供了灵活性与独立性，同时有助于保持国内经济政策的连续性与稳定性。

③ 多种渠道并行，使国际收支的调节更为有效与及时。

（2）牙买加体系的缺陷。牙买加体系远非一个完美的国际货币制度，它的缺陷也是很明显的：

① 多元化国际储备格局下，储备货币发行国仍享受到“铸币税”等多种好处，同时在多元化国际储备下，缺乏统一的、稳定的货币标准，这本身就可能造成国际金融的不稳定。

② 汇率大起大落，变动不定，汇率体系极不稳定，其消极影响之一是增大了外汇风险，从而在一定程度上抑制了国际贸易与国际投资活动，对发展中国家而言，这种负面影响尤为明显。国际收支调节机制并不健全，各种现有的渠道都有各自局限，牙买加体系并没有消除全球性的国际收支失衡问题。

参照上面关于金本位、布雷顿森林体系、牙买加体系的对比和各自的优缺点，多元化的浮动汇率货币体系更适合区块链领域。如果参照牙买加体系，我们需要考虑以下几个问题。

（1）储备货币的选择：基金会可以将目前具有稳定表现和价值基础的比特币、以太币作为外汇储备的重点，同时法币也是基金会的重点储备之一（基金会的合规性与适用范围需要符合所在国的法律）。法币的储备可以选择部分的稳定币作为灵活使用的准备，同时为了防止目前稳定币的风险，需要基金会可以保持现有国际货币体系中的主流法币，如美元、人民币、英镑等。

（2）储备的数量与分配：几种储备货币之间的比例根据每个基金会的特点和区块链项目的发展自行决定。如果选择法币、比特币、以太币三种货币作为储备，可以使用最简单的平分方法处理，每种货币储备 1/3。如果比特币、以太币两种货币波动过大，在历史价格的高点可以出售一定比例，转换为法币的储备；在历史价格的低点附近可以增加比特币、以太币的储备。这样不仅能够起到稳定币价的职能，也可以收获其他数字货币的涨跌收益。加上本项目委托到基金会管理的通证，大致是法币、比特币、以太币、本项目通证，各占四分之一的情况，如图 5-6 所示。在项目的初始时期，本项目通证的价格较低，整个价值占比也许会小一些，但数量较多。随着中间环节的不断调整，本项目通证的数据相对减少，价格在上升。

在法币的配置比例方面可以参照 Libra 的结构：Facebook 表示，美元将成为支持数字货币 Libra 的主要货币，占比 50%，其余部分由欧元（18%）、日元（14%）、英镑（11%）和新加坡元（7%）组成。这个比例有一定的外界因素影响，可以将人民币加入储备计划，并根据经济影响力调整相关的比例。可以参考的比例为：美元占比 42%，其余部分由欧元（27%）、人民币（15%）、日元（8%）、英镑（8%）组成，如图 5-7 所示。

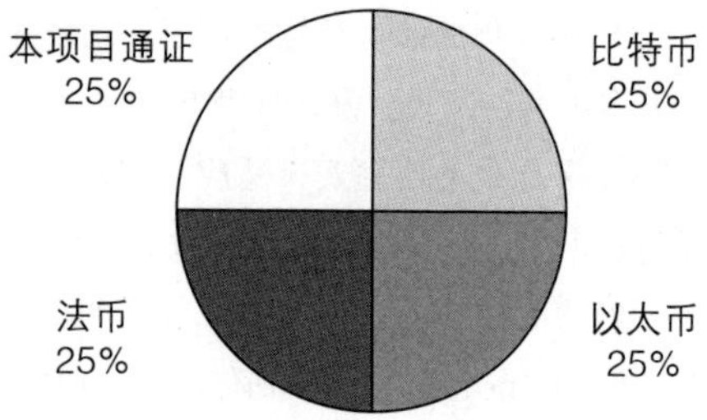

本项目通证 25%
比特币 25%
法币 25%
以太币 25%

图 5-6　参考样例中的各种货币储备的数量与分配

（3）使用规则：当项目通证价格低于一个设定尺度时，使用储备货币，启动购买本项目通证的操作，一直到本币的价格恢复正常；当本币的价格高于设定尺度时，启动卖出本项目通证的操作，一直到本币的价格降低到设定尺度。本币的最低、最高价格的设计需要考虑合理性，过于频繁的操作不利于发挥市场的作用，过少的操作不利于稳定本币价格。同时可以通过公布基金会的这种操作范围，来震慑市场中庄家对本项目通证操作的打算，这样不用进行买入卖出的操作就可以稳定通证价格。

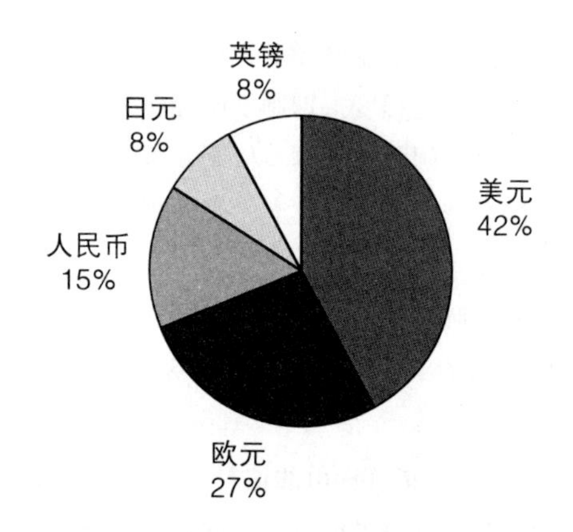

图 5-7　调整后 Libra 的货币储备参考与比例

5.2.4　基金会的其他金融职能设想

现实中的金融体系有很多的职能，在区块链的去中心化系统中，这些职能都没有办法来实现。尤其是宏观调控层面的措施，在区块链体系中都很难实现。但涉及金融体系，这些调控的策略和手段都是需要的，不然缺少这些手段的金融领域会存在更多的风险，会给“坏人”留下作恶的条件。一种设想是，可以将这部分的职能考虑放到基金的职责范围内来完成。从另外一个角度来说，我们可以将“看不见的手”的市场职能都交给区块链技术体系来完成，将“看得见的手”的政府职能尽量放在基金会来完成。

例如，央行的最终的贷款人职责。19 世纪中叶前后，连续不断的经济动荡和金融危机使人们认识到，金融恐慌或支付链条的中断往往是触发经济危机的导火线，因此提出应由中央银行承担“最终贷款人”的责任。最终贷款人的作用，一是支持陷入资金周转困难的商业银行及其他金融机构，以免银行挤兑风潮的扩大而最终导致整个银行业的崩溃；二是通过为商业银行办理短期资金融通，调节信用规模和货币供给量，传递和实施宏观调控的意图。

此外，对于项目生态中的漏洞事件、安全事件，都可以由社区与基金会共同完成相关的职能。社区与基金会的职责不会产生冲突，反而是一种互补关系。区块链社区更多的是完成决策的功能，基金会可以配合完成这些决策的执行。尤其是在基金会拥有很多储备的情况下，更容易完成决策的执行。

5.2.5 基金会对项目发展的直接支持

基金会对项目发展的直接支持，是基金会最直接的产生目的。通常是有对项目方的直接资金支持，对项目社区的资金支持，还有一些额外的直接支持。

对项目方的直接资金支持就是在项目方资金不够的情况下，从基金会的资金账户上提取一定数量的资金转给项目方，用于对项目的直接研发、运营支持。具体的数量，与项目的资金使用计划相关，一般保持半年至一年的费用周期比较合理。这部分的资金是否需要返回，还需要根据项目的管理结构和项目的融资与利益分配情况。如果项目方有股权融资渠道或未来收入来源，采用借款归还的方式会更合理，因为不必调整项目的利益分配。如果不需要归还，也可以认为是基金会的对外投资，接受投资的项目方可以将一定数量的股权回报给基金会。

对项目社区的支持有很多参考的方式，这种奖励方式需要与区块链内置的激励机制不冲突，是内在激励机制的补充或加强。

一些加强的案例，如应用中每月排名的前十名会获得基金会的“杰出贡献奖”，在应用中有促进作用的行为和活动，可以采取基金会额外奖励的办法。

补充的案例：常见的一种是内在机制不能覆盖的领域，如测试网的参与，对参与测试网应用的新用户给予奖励，并按照希望完成的测试内容，决定奖励的具体数额。此外对于发现正式系统中的 Bug，也需要给予奖励。

一些额外的直接支持范围比较广泛，是对项目发展做出直接贡献的非项目方、非社区人员或团体，如某个媒体举行了我喜欢的十大区块链项目评比，专业机构对本项目的分析与宣传等，这些行为都可以由基金会给予激励措施，在使用中尽量不要影响这些外部参与的公正性和客观性。

5.2.6 基金会对项目生态发展的支持

基金会对项目生态发展的支持，主要是促进不属于本项目，但属于和本项目相关的生态。例如，在区块链存储领域，使用存储的各种应用都是这个项目的生态。对生态项目的支持经常取得事半功倍的效果和多赢的局面。

对项目生态链的发展支持，区块链领域除了以太坊，还没有更好的参考案例。一个主要原因是区块链项目还处于早期，自身的功能和发展都比较弱，对生态的需要和互相作用都比较有限。

1. 以太坊基金会对项目生态的发展支持

随着以太坊的发展，在相关的生态支持方面的工作逐渐完善，甚至可以用出色来描述生态发展的支持工作。尤其是生态支持技术 ESP 的产生，相关的工作变得更加系统化和专业化。ESP 的官网为 https://esp.ethereum.foundation/。

（1）生态系统支持计划的任务。生态系统支持计划的存在是为了使整个以太坊生态系统的项目更容易获得各种资源。目标是将资源部署在影响力最大的地方，特别关注通用工具、基础设施、研究和公共物品。

ESP 是原始以太坊基金会资助计划扩展的结果，该计划主要侧重于资金。ESP 的开放式查询流程旨在在开发的任何阶段将个人和团队联系在一起，并提供广泛的支持，无论拨款、技术反馈、介绍、免费使用工具和平台，还是仅仅友好的沟通和正确方向上的一个微小的推动。

（2）以太坊基金会资助计划支持的类型。过去提供的一些最常见的支持形式包括：

- 反馈与指导。
- 促进与其他团队和个人的合作。
- 与导师、顾问或在同一主题领域工作的其他人的联系。
- 有关与社区见面，展示工作并获得反馈的事件（黑客马拉松，会议等）的信息。
- 对同一地理区域的社区成员的介绍。
- 平台积分。
- 活动赞助。
- 确定赠款、赏金、孵化器或其他资金来源的机会。

这些并不是全部的支持内容，ESP 始终对新想法持开放态度，并乐于在能力允许的情况下探索支持的可能性。

（3）以太坊基金会资助计划重点关注的领域。

- 研究（如密码学、MPC 安全多方计算、隐私、证明系统、ETH2 挑战）。
- 协议改进（如优化、分片、轻客户端）。
- L2 解决方案（如 Plasma、状态通道、汇总）。
- 社区资源（如文档、教程、论坛、小组、外展活动）。
- 开源工具（如 IDE、测试工具、静态分析工具、调试器）。
- 公共基础设施（如消息传递、存储、计算）。
- 互操作性（如与其他协议和服务）。

- 区块构建和库。

更笼统地说，ESP 寻求能够解决生态系统中明确需求的转换性概念、广泛影响和计划。ESP 希望大家不要被上面这些列表所束缚——鼓励跳出框框思考！

（4）2019 年的以太坊基金会资助计划情况。2019 年，有 70 多个项目获得了资金支持。下面列出了 2019 年向团队分配的新赠款的细节。其中不包括经常性支持、先前获得的新里程碑付款以及其他 EF 团队的资金。

2019 年，以太坊基金会向各团队新拨付的资金总计 652 万美元。根据 2019 年的春季报告，基金会将为整个以太坊生态系统上的关键项目投入 3000 万美元，无论 ETH 价格升降与否，这一预算都将不受影响。此外，预算中的 1900 万美元计划用于支持 ETH 2.0 的开发，800 万美元用于支持 ETH 1.0 的开发，300 万美元用于开发人才的引进及激励。

获得支持的项目与金额如下。

- Eth2 客户：1 695 000 美元。
- Eth2 工具及其他：1 459 000 美元。
- Eth 1.x：487 000 美元。
- 第 2 层：1 211 000 美元。
- 密码学和零知识证明：426 000 美元。
- 开发人员经验：1 322 000 美元。
- 用户体验：213 000 美元。
- 社区和教育：422 000 美元。
- 间接资助：484 000 美元。

2. 小米的生态链（传统企业）对项目生态支持的案例介绍

我们来分析一下小米生态链的一些做法，看看区块链领域的基金会有哪些可以学习和参考的地方。小米生态链示意图如图 5-8 所示。

小米创始人雷军在 2013 年底感觉到了智能硬件和 IoT（物联网）市场爆发的前景，而小米公司自身专注于手机平板等主业，无暇分身，因此专门拨出资金设立金米投资公司，安排合伙人刘德掌管。雷军的目标是投资 100 家生态企业，形成以小米公司为核心的“小米生态”。与之形成鲜明对比的是贾跃亭打造的“乐视生态”，由于采取了亲力亲为、多线作战的方式，乐视很快从飞速壮大跌落到资金链断裂、断臂求生的局面，可谓殊途异归。

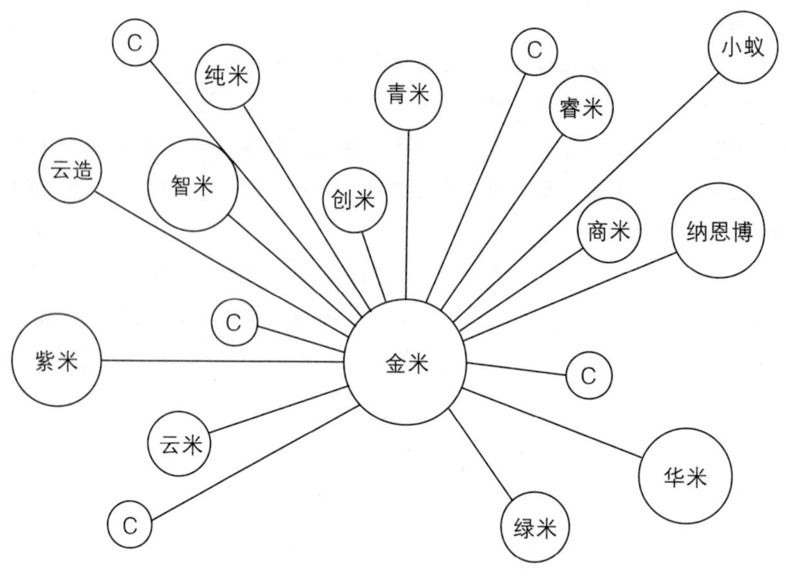

图 5-8　小米生态链示意图

生态链是小米价值观的有效输出和品牌势能的高效利用。小米手机为普及智能手机乃至移动互联网做出了巨大贡献，并形成了独特的企业价值观和品牌号召力。而生态链是一种快速复制、放大小米价值观的有效方式，比小米单打独斗一步一个脚印地扩张，如从小米手机到平板，到电视，再到路由器，要快速得多。这也是雷军“天下武功，唯快不破”的战斗哲学的体现。借助生态链，小米快速积累起来的品牌势能可以在多个领域得到利用和释放，实现品牌价值最大化。

生态链是小米的护城河，小米生态链的矩阵式孵化推出了不少成功的企业，这些生态链中的企业加强了对小米核心产品的保护和支持，生态链是小米分散风险的篮子。作为曾经非常成功的天使投资人，雷军比行业内的很多投资者更有分散风险、不把鸡蛋都放在一个篮子里的意识和思路。而围绕小米手机这个核心打造生态链，就是大范围分散风险、投资未来的极佳方式。

小米的生态链也是从效率角度出发的，用一种实业 + 金融的双轮驱动方式，提升小米生态相关产品的效率。利用小米的电商渠道、品质把控、品牌影响力，使生态链中的企业也获益匪浅，是核心企业与生态内的企业多赢的局面。

区块链项目随着成熟度的提高，影响力会越来越大，对于生态的实际影响力会变得越来越强。尤其是一些应用型的项目，会比基础公链有更强的生态需求。例如，区块链存储领域对使用存储的外部应用，以及提供存储的第三方服务商都有很强的需求，如果靠项目方自己完成这些工作，在资金和时间上都会有很大的问题。发挥好基金会在生态方面的影响力和作用，会对核心项目产生更多的积极作用。

5.3 应用参与者

生态参与者是项目的资源提供者与消费者。从经济学的角度来看，一个事物有市场价值，就会有生产者和消费者。生产者和消费者经常会形成一个生态，有直接的参与者和为参与者服务的间接参与者。

5.3.1 直接参与者

在早期区块链项目中，资源的直接提供者是被广泛称为矿工的角色，这种名称来源于比特币网络中的挖矿行为。随着应用范围的扩大，区块链从纯数字货币应用扩展到了游戏、存储、内容、交易、计算等领域，这些领域的资源直接提供者的范围变得更大、更多样。区块链网络的激励机制都设计成奖励贡献者、惩罚破坏者，并且根据矿工的资源贡献用通证进行奖励。资源的直接消费者，是使用区块链网络中资源的人员。无论这种使用是用于生产或消费领域，还是用于投资或投机。

在区块链经济模型的设计中，需要用激励规则鼓励更多的人参与到项目中，鼓励为项目提供更多的资源。例如，比特币网络期望更多的人参与，以保证去中心化的程度，于是用奖励通证的方式来激励参与者。在交易中设置手续费，也是激励矿工按照手续费的高低，打包交易。手续费的逐渐提高，除了可以促进交易数据的尽快打包，还会抑制部分不急于交易的需求者延迟交易，以缓解网络的拥挤。

在通证的激励与消费部分，经济模型的设计起到非常大的作用。但这种作用范围是有限制的，当经济模型不能完成这部分功能时，需要其他方式来补充，如社区治理中的投票机制。社区治理机制是对经济模型的职能补充。

5.3.2 生态参与者

通过经济模型的理论，我们知道项目利益方一般包括一些矿机生产商、矿池的运营方、媒体宣传渠道、交易所等参与者。生态方面的利益相关方在项目的经济模型中一般没有明确的体现，但需要从经济模型的设计中考虑激励模型对生态方的影响，或者判断是否需要相关的资源参与整个生态的建设，以及进入的阶段与参与的范围。

区块链生态建设的一个思想是，打造一个“共赢”的生态，让处在这个生态体系中的人都能得到可持续、可发展的利益。

参考基金会对生态的发展支持，我们可以了解到生态链的作用：生态链是一个项目的有效输出和综合势能的高效利用；生态链是一个项目的护城河，这些生态中的企业加强了项目核心产品的保护和支持，并且能够分散风险；提升效率，生态链也是从效率角度出发的，会提升项目生态相关产品的效率。

在生态的建设者中，要避免一些破坏想象的出现。如前面章节我们讲的区块链存储项目，被生态中的存储矿机传销事件的影响的案例。如果卖矿机造成群体性的影响，公检法机构介入的情况，会造成整个项目的失败。一些发展健康的矿机对生态会产生积极的作用，如比特币矿机的几大厂商：比特大陆、嘉楠耘智、亿邦国际。他们不仅起到支持生态的很好作用，而且自身盈利也非常可观。2019 年 11 月 21 日，嘉楠耘智今日在美国纳斯达克成功上市，股票代码为 CAN。

生态的相关方在项目的运营阶段需要考虑管理的问题。在项目没有发展起来的时候，谨慎对待要求进入生态的参与者，此时项目还很弱小，没有对生态的控制力，反而容易受到伤害。实际上只要是会参与到项目生态建设中的参与者，如果可以使用经济模型控制，都要考虑这种设计，其他方面靠运营与法律监管层面的措施来控制。

5.4 投资方

投资在本书中分为股权融资与通证融资两种方式，在第 10 章有对这两种方式的详细介绍与分析。本节主要介绍通证融资的投资方。

投资方一般只在最开始对项目有贡献，贡献的方式一般是提供资金支持。也有投资方在管理和资源方面给予一定的支持，但这不是投资方的主要职责。在经济模型的设计中，要考虑投资方关系的平衡，避免对项目造成伤害，要有条款约束投资方的行为。对于很多没有名气与背景的创始团队，这点执行起来有比较大的难度。

在当前的区块链项目中，很多投资方完全是以一种投机的方式参与项目。由于当前数字货币的不理性狂热，经常会出现某个项目的通证上交易所一段时间后，被炒作到一个较高的价位，或者被某些利益方操作到一定的高点。这个时候，一些控制不好的项目在大量抛售套利后，造成项目出现非常不好的反应，经常会因此将项目拖垮。

项目的投资方主要是考虑利益的分配比例和退出，或者是阶段释放的比例。在项目启动的前期，项目团队经常会因为对资金的紧迫需求，而放大投资方的贡献，做出比较大的让步，利益分配的比例和释放规则都比较宽松。但当项目发展到一定阶段，这种分配规则的危害就体现出来了，项目团队又出现单方面修改规则的违约行为，或者双方产生冲突，爆发舆论上的口水战。在国内的几个项目中，已经出现了这种情况，不修改规则，让项目死掉的做法是完全不可取的方案，双方爆发严重的冲突也不是一种好的解决办法。为了长远的利益，需要项目团队与投资方一起商讨出一个解决方案。商讨的规则最好让投资方能够与项目的利益保持一致，能够看中长期利益。

在第 10 章中，会讲解投资方在这两种投放方式中的作用与权利。通常在通证融资的方式中，投资方的通证比例通常控制在 20%～30% 以下会更好，并且需要严格约束投资方的退出周期释放规则。

在通证项目融资中，通过 ICO、IEO 等方式的个人投资者，在设计的参与价格是未来预期价格的 1/5～1/10 之间较为合适。随着区块链的发展，现在很难再出现几百倍、上万倍金额的回报场景了。如果早期价格过高，会让个人投资者没有收益，从设计上尽量为个人投资者、早期投资者留好空间。个人投资者除了资金的投入，还可以发挥的另外一个重要作用是作为早期的产品用户。通证融资在一定程度上与产品众筹很相似，这种情况下个人用户不仅是投资者，也是产品的天使客户，除去发挥通证融资融到的资金资源，还要考虑发挥融到的用户资源和应用资源的作用。从这个角度讲个人投资者的作用更大一些。

5.5 社区

区块链社区通常是一种网络社区，具有网络社区的各种特征。以开源模式运行的项目具有更多的开源社区的特点。通常区块链社区由开发者、运营者、矿工、矿池、项目基金会成员、投资者等成员组成，是一群围绕一个区块链项目聚集在一起的人群，进行项目运营中的交流。

在区块链项目中，最直接的控制是靠经济模型的设计来完成的。用经济模型中的通证来控制资源的供给和消费。经济模型的设计在区块链项目中起到非常大的作用，但这种作用范围是有限制的，当经济模型不能完成这部分功能时，在经济模型触达不到的地方，需要其他方式来补充。社区治理机制是对经济模型不擅长领域的职能补充。

区块链世界由于其去中心化的特点，以及靠编程运行规则的网络基础，产生了 DAO 与 DAC 的社区组织。与用现实世界中的中心化结构的传统公司与公司治理是一种对比。在区块链的世界中，去中心化是典型的代表，弱中心化、中心化也会产生更多的实例。现实社会中对于弱中心化和中心化的治理经验都可以在区块链的世界中参考使用。

区块链项目社区通常完成三个组成部分：资金管理、项目管理、项目运营。通常社区在区块链的项目中更多的是完成社区治理和项目运营的功能。

我们会在经济模型的治理机制中对社区进行详细介绍。在第 7 章，我们将从传统社区的形成与治理方式、网络社区的形成与治理方式和靠编程运行的 DAO 与 DAC 等几个主要方面来讨论区块链社区治理的相关内容。

第6章 经济模型中数字货币（通证）的管理

6.1 数字货币（通证）的发行

数字货币有多种发行方式。除了基于PoW方式的挖矿发行，还有ICO、STO、IBO等方式，也有像瑞波币那样各种方式的赠送。无论采用什么方式，发行数字货币的主要目的有以下两点：

（1）筹集资金。

（2）将数字货币发送到使用者的手中，让更多的人使用起来。

下面介绍一些典型的数字货币发行方式。

6.1.1 ICO

ICO（Initial Coin Offering，首次币发行）源自股票市场的首次公开发行（IPO）概念，是区块链项目首次发行代币，募集比特币、以太坊等通用数字货币的行为。当某公司以融资为目的发行加密货币时，通常会发行一定数量的加密代币，接着向参与项目的人出售这些代币。并且通常这些代币用于兑换比特币、以太币等数字货币，当然也可以兑换法币。

ICO是从数字货币及区块链行业衍生出的项目筹资方式。可查到的首个ICO来自Mastercoin项目（现已更名为Omni），2013年7月，该项目在Bitcointalk（最大的比特币和数字货币社区论坛）上宣布通过比特币进行ICO众筹，并生成对应的Mastercoin代币分发给众筹参与者。本质上来说这次ICO是一种以物换物的行为，即参与者用比特币换得Mastercoin项目里的代币。一开始ICO只是数字货币爱好者的一种社区行为，随着数字货币以及区块链的不断发展，开始被越来越多的人接受并参与。绝大部分ICO都是通过比特币或其他数字货币进行的。

在区块链领域中，ICO开始被广泛使用，是在以太坊支持基于以太坊系统发行ERC20代币之后，ICO 的现象出现了井喷现象。其中最大的融资项目是 EOS，采用每天竞价发行的方式，历时近一年的时间，筹集了大约 40 多亿美元。

1. ICO的优点

ICO 提供了一种在线的、基于数字货币的筹集资金方式。简单、方便，也便于新通证的发放。ICO 主要完成资金筹集与通证发行两个主要任务。

2. ICO存在的问题

（1）项目经营风险：参与 ICO 的项目，大多处于早期，抗风险能力差，容易发生经营风险。因此，大部分 ICO 和天使投资类似，面临项目早期的风险，容易出现投资损失。

（2）金融风险：投资者在投资 ICO 的过程中，可能会面临集资诈骗、投资损失的风险。目前 ICO 处于项目的初期，缺乏监管，有些创业公司可能借此市场火爆的机会，制造虚假项目信息，利用 ICO 集资诈骗。

（3）监管法律风险：当前 ICO 的募集大多以 BTC、ETH 为主，还处于监管空白的状态，缺乏相关的法律法规。监管法律的真空，一方面加大了犯罪分子利用 ICO 融资平台进行洗钱犯罪的可能性。另一方面，由于国内对比特币的流转也未做任何规定，且比特币等虚拟数字资产不需要进行登记，以比特币作为主要标的物的 ICO 很容易被利用来逃税、避税。

虽然目前 ICO 已经受到限制，但各种变相的 IXO 也起到和 ICO 相似的作用。

6.1.2 STO

证券是一种财产权的有价凭证，持有者可以依据此凭证证明其所有权或债权等私权。美国证券交易委员会（SEC）认为满足 Howey Test（a contract, transaction or scheme whereby a person invests his money in a common enterprise and is led to expect profits solely from the efforts of the promoter or a third party）的就是证券。笼统来说，在 SEC 看来，但凡是有“收益预期”的所有投资都应该被认为是证券。

STO（Security Token Offering）是现实中的某种金融资产或权益（如公司股权、债权、知识产权，信托份额，以及黄金珠宝等实物资产）转变为区块链上加密数字的权益凭证，是现实世界中各种资产、权益、服务的数字化。

STO 介于 IPO 与 ICO 之间，一方面，STO 因承认其具有证券性的特征，接受各国证券监管机构的监管。虽然 STO 依然基于底层区块链技术，但能通过技术层面上的更新，实现与监管口径的对接。另一方面，相对于复杂耗时的 IPO 进程，与 ICO 一样，STO 的底层区块链技术同样可以实现 STO 更高效、更便捷的发行。

ICO 持续破发，区块链技术的神话被打破，无资产、无信用、割韭菜、资金盘、跑路等事件持续不断发生。从根本上说，这些事件的发生是因为ICO没有资产和价值作为基础，仅靠宣传、描绘未来和没意义的共识。对ICO、交易所等重要环节缺乏直接监管也是重要原因。STO以实际资产为基础，主动拥抱政府监管，试图打破ICO的窘局。

SEC在看到Token这种区块链产生的新物种后，决定将其纳入证券监管。此举一度给数字货币和区块链行业造成了相当严重的打击，以为将遭遇灭顶之灾。

但随后的发展却是越来越多的国家和地区开始跟进，相继出炉自己的监管政策——尽管这些监管政策甚至连其所指的STO本身的定义都存在一定的分歧，却让市场逐步意识到监管并不是灭顶之灾，而是给予合法身份，可以正大光明地发展壮大。于是我们看到，从区块链项目到传统行业，从资本大佬到证券业人士，以及各种资产的拥有者，都在积极关注这个行业，甚至争相涌入这个行业。

从某种意义上讲，STO和它背后的区块链、Token、通证经济学等在身份未明、带有非议的当下，将监管这把达摩克利斯之剑举起来，更像是为它洗涤恶名并指引其前进的明灯。

从美国发起的STO监管已经逐步引发了全球多个国家和地区的跟进，全球监管体系在混沌中已经呈现出相对明朗的态势。

1. STO的优势

（1）内在价值：证券代币ST，有真实的资产或者收益作为价值支撑，如公司股份、利润、地产。

（2）自动合规和快速清算：ST获得监管机构的批准和许可，将KYC/AML机制自动化，并实现瞬时清结算。

（3）所有权分割更小单元：加速资产所有权的分割，降低高风险投资品的进入门槛，如房地产和高端艺术品。

（4）风险投资的民主化：拓展筹集资金的方式。

（5）资产互通性：资产的标准化协议将促使不同资产、不同法币间的互通更为便捷。

（6）增加流动性和市场深度：可以通过ST投资于流动性较差的资产，不用担心赎回问题。市场深度也会通过以下渠道增加：①数字资产价格的上涨创造了数十亿美元的增量财富，会被投向市场；②类似Bancor的程序化做市商提高了长尾ST的流动性；③资产互通协议将促进跨国资产流通。

（7）降低监管风险，加强尽职调查：适用于监管要约豁免，将各国针对KYC和AML的规定写入智能合约，有望实现自动可编程的合规。

（8）ST有望降低资产的流通成本。降低过程中的交易摩擦，如利用智能合约实现自动合规和资金归集、将合同和会计报告的数据上链、增加资产可分性、实现T+0的清结算等。

（9）受到证券法SEC监管，符合法律合规性，更安全。

（10）24小时交易。

2. STO存在的问题

（1）有严格的转让和出售规定。参考 Polymath ST-20 标准的描述，ERC-20 代币对于资产的流转交易没有限制，任何人可以转给任何人一堆 ERC-20 代币。但是对于证券代币来说，这是不可以的。ST-20 的目的就是要保证发行方能够确保 Token 只能在通过 KYC 的人里面流转，这样的效果是缩小了交易人群的范围。

（2）不能像 Utility Token 那种成为平台上的支付手段。

（3）跨平台的 Security Token 流通存在极大的监管障碍。

（4）资产流动性过高可能带来巨大的价格波动。STO 可能让一个初创企业直接成为公众上市公司，拥有许多 ST 持有者。由于初创公司面临的不确定因素和起伏很多，这些不确定信号都可能让 Token 价格造成剧烈波动。

（5）STO 创新可能只是把风险堆积到了尾部。

（6）与传统金融竞争。

- 与传统金融产品竞争。从投资者的角度来说，虽然信息公开度更高，不见得作为 ST 就“黄袍加身”，比 Utility Token 更安全，还是要看标的质量、发展前景和财务健康度等情况。
- 与传统金融资金竞争。目前来说优质资产在现有证券资本市场能接触到的资金体量、投资者数量远超 STO。
- 与传统金融机构竞争。只接受合格投资者的证券融资平台其实在美国已经存在多年，从股权众筹到地产投资众筹都有。例如，地产投资平台 Fundrise 能让合格投资者进行各种项目的部分收益权投资，而不通过 Token。又如，Sharepost 能让合格投资者购买各种创业公司 Pre IPO 股权，也是基于现有技术架构。
- 与传统金融环境竞争。传统金融监管和法律成熟度远超 STO。

（7）机构投资决策相对成熟和理性，没有散户投资者的二级市场，流动性是应该折价而不是溢价，估值一般来说难说会更高。

（8）证券代币依赖金融中介进行风险评估和定价，以更好地匹配资产和资金端。ST 需要把链下资产所有权和信息上链，通过代币的形式在监管框架下流通。目前 ST 的价值并不基于链上活动或去中心化网络，是在符合监管前提下映射股权或债权的 Token 凭证，与分布式网络和区块链底层技术关系不大。

6.1.3 IBO

了解 IBO（Initial Bancor Offering）之前，先了解 Bancor，这个单词来源于 1940—1942 年间由凯恩斯、舒马赫提出的一个超主权货币的概念。在凯恩斯提出的计划中，Bancor 可作为一种账户单位用于国际贸易中，以黄金计值。成员国可用黄金换取“班科”，但不可以用“班科”换取黄金。各国货币以“班科”标价。

然而，由于美国实力在二战后一枝独秀，凯恩斯代表的英国方案并没有在布雷顿森林会议上被采纳。回到 Bancor 协议，Bancor 协议由 Bancor Network 项目提出应用，旨在采用公式设定好数字资产之间的兑换价格。Bancor 协议使智能合约区块链上的自动价格发现和自主流动机制成为可能。这些智能代币拥有一个或多个连接器，连接到持有其他代币的网络，允许用户直接通过智能代币的合约，按照一个持续计算以保持买入卖出交易量平衡的价格，立即为已连接的代币购买或清算智能代币。

在一个标准的 IBO 发行中，项目方需要按照设定的比例，首先抵押一定价值的另一种 Token 作为"准备金"，而后就是完全通过智能合约去实现 Token 的发行和流通，项目的资金被锁定在了智能合约之中，随时接受着大家的监督。因此 IBO 模式也就衍生出了以下诸多的优点。

（1）遏制空气项目。避免了项目方与投资者之间的地位不对称问题，投资者投资金到 Bancor 系统内而不是直接给项目方，一定程度上避免"空气项目"。

（2）增加了通证的发行方式。IBO 交易功能提供流通手段，解决了项目方与交易所地位不对称问题，并且避免了上交易所的上币费。

IBO 的一个案例为 EOS 的侧链项目——FIBOS。因为 IBO 这个新概念，FIBOS 在其 2018 年 8 月底主网上线之后的短短一周时间，就募集到 85 万个 EOS。

6.1.4 各种 IXO

1. IEO（Initial Exchange Offerings）数字货币首次交易所发行

IEO 首次交易所发行比起以前的 ICO，有了更明显的好处。通证直接上了交易平台，促进了通证的流通。对于普通投资者，项目币上交易所，可以更快地参与交易。项目方也会受益，因为在交易所直接进行 IEO，相当于受众面扩大到整个交易所的用户，扩大了投资人的受众群。对于真正优质的项目和早期创业者来说，IEO 不但是一个好的融资途径，而且可以省去大量费用和精力上线交易平台，专注于项目研发和社区运营。对于交易所，IEO 最直观的好处就是扩大交易量和日活跃量。项目的粉丝会作为新用户及其资金会随着项目大量涌入，他们中的一些人最终可能会成为交易所的老用户。这样的活动，比传统的邀请返佣、交易大赛等运营手段更加诱人。

2. IFO（Initial Fork Offerings）数字货币首次分叉发行

数字货币首次分叉发行一般是基于比特币等主流币而进行的分叉，IFO 涉及的分叉币种就是在原有比特币区块链的基础上，按照不同规则分裂出另一条链，如比特币第一次进行分叉诞生了名为 BCH（比特币现金）的全新数字货币。"分叉"不仅保留了比特币大部分的代码，还继承了比特币分叉之前的数据。

分叉经常与空投一起使用。产生的新币对老用户进行空投，使老用户获得利益，加速新币种的被认可和流通。

3. Airdrop Offerings空投

空投是一种数字货币的派发方式，最初数字货币只有比特币挖矿一种方式。但是后来出现山寨币和分叉币的派发方式，除了挖矿，还可以空投派发。空投如字面意思凭空赠送，开发团队白送你数字货币，币直接送到你的地址里，而不需要你挖矿、购买，或者分叉之前持有原币，可以没有任何条件白送你币。当然更多的是依据一些条件来空投，如持有某些数字货币的账号。空投的规则由发行方来决定，可以是你注册了就送你一定数量的币，也有许多通过快照的方式派发。

空投的方式缺少了融资功能，单纯地完成货币的发行，将新的代币发放到期望的用户群中，便于新币的流通，促进了新币的应用。

4. IMO（Initial Miner Offerings）数字货币首次矿机发行

IMO，首次矿机发行，就是通过发行矿机的方式来发行代币。

公司或团队构造一种特定的区块链，使用特定的算法，只能采用该公司或团队自行发售的专用矿机，才能挖到这种区块链上的代币。通常这种矿机具有应用的功能，在矿机的持续使用中获得价值来源。

IMO 这种融资模式，简单地说就是通过发行一种专用矿机，通过挖矿来产生新的数字货币。国内有过一些 IMO 案例，如迅雷玩客云——链克（原玩客币 WKC），快播旗下流量矿石的流量宝盒——流量币（LLT），还有后来的暴风播酷云——BFC 积分等。

在区块链的领域中还有其他一些小众的方式，如 IHO、IAO、IDO，本书中不再介绍。感兴趣的读者可以查阅相关的资料进行了解。

对于本节提到的各种方式，最大的问题还是监管。一些劣质项目依靠上述发行方式进行诈骗、圈钱的现象非常普遍。

6.2 数字货币（通证）的流通管理

数字货币的发行，相对于区块链项目的早期，已经有了多种方式，使得有大量的数字货币进入流通领域。在数字货币的流通中，因为需求不足，以及管理数字货币流动性的手段有限，造成数字货币的流通领域产生较多的问题。

6.2.1 传统货币流通问题与管理

在传统货币的流通中，货币的三种职能（赋予交易对象以价格形态；购买和支付手段；积累和保存价值的手段）都有比较充分的使用。在传统货币领域，货币的调控手段比较完备。有两大政策可以使用，即财政政策与货币政策，它们是政府宏观调控的两大政策，都是需求管理的政策。

参考 1.1.3 小节，我们可以更好理解数字货币领域可能进行的管理政策。

由于市场需求的载体是货币，所以调节市场需求也就是调节货币供给。换言之，需求管理政策的运作离不开对货币供给的调节——或是使之增加，或是使之缩减。货币政策是这样，财政政策也是这样。这就是它们两者应该配合、也可能配合的基础。

一般性货币政策工具在 2.5 节中已经讲过，包括存款准备金政策、再贴现政策和公开市场政策。这种政策工具有各自的优缺点，可以结合使用。

除了一般性的货币政策工具，还有可选择性货币政策工具。

（1）消费信用控制。中央银行根据不同消费信用的对象，分别规定以分期付款方式购买时第一次付款的最低金额。规定提供消费信贷的最长期限等，以调控消费信用的规模，贯彻扩张或紧缩的意向。

（2）证券市场信用控制。中央银行对有关证券交易的各种贷款进行限制，规定一定比例的证券保证金率，并随时根据证券市场的状况加以调整，以抑制过度的投机等。

（3）不动产信用控制。中央银行对商业银行及其他金融机构的房地产贷款（包括购买新房、商品房、建筑业和经营房地产企业贷款）的管制。其主要内容包括：规定商业银行对不动产放款的最高限额，每笔放款的最长期限，以及第一次付款的最低限额等。其目的在于控制不动产市场的信贷规模，抑制过度投机，减轻经济波动。

（4）预缴进口保证金。预缴进口保证金是中央银行要求进口商预缴相当于进口商品总值一定比例的存款，以抑制进口的过快增长。一般在国际收支出现赤字的国家中采用。

（5）优惠利率。中央银行对国家产业政策要求重点发展的经济部门，如农业、出口工业等，制定较低的贴现率或放款利率，以鼓励其发展。一般在发展中国家运用较多。

这些政策与工具都能很好地控制传统货币的需求与流通。

6.2.2 数字货币中的流通问题

当前数字货币流通的主要问题是货币的应用场景过少，过于单一。到目前为止，区块链还没有任何应用达到千万或者上亿用户的显著应用。同时因为各国的监管与观望态度，对数字货币的需求不足。在货币的三种职能中，只有积累和保存价值的手段有较多的使用。对于凯恩斯所提出的货币需求的三个动机（交易动机、谨慎动机和投机动机），投机动机的需求最多。

尤其是在项目的初期，项目还没有起步，应用中对通证的需求基本为零，都是外部的投资与投机交易需求。针对项目初期的特点，在设计经济模型时，一定要规定相应的锁定时间与释放周期。在后期，还需要通过基金会来调整其流动性。对于数字货币的流通问题，在项目的发展中和成熟期都需要基金会具备这种职能，来调节市场中通证的供给与需求的匹配。

数字货币的发行主体不是法定机构，对于数字货币的管理工具十分有限。管理主体的执行力也较弱，一般依赖各个发行主体的项目方、社区、基金会来管理。这些管理主体处理数字货币流通中的问题大多不成熟，经常是“头疼医头、脚疼医脚”，出于解决短期问题的因素更多，对于长期的考虑较少或根本没有。

管理工具或管理手段的有限，造成数字货币的流通性问题严重，表现为暴涨暴跌。初期，流入市场中的数字货币有限，伴随投资狂热，数字货币价格猛涨；当有大量数字货币进入市场时，因为缺少应用场景，缺少冻结流动性的工具，大量抛售又会造成价格的猛跌。

我们在第 5 章谈到，数字货币的流动性控制更多是交给基金会来完成，基金会可以参照传统货币调控方法中的三种操作来调控通证的流动性。

（1）参考存款准备金政策，对于基于 PoS 算法的超级节点和挖矿节点，可以提高质押的通证的数量。质押的操作可以视为冻结长期的流动性，可以操作的前提是这些超级节点有支持的东西，或者项目方的收益规则鼓励这些超级节点冻结长期流动性。对于超级节点的质押与解质押产生的释放流动性有可能会比较剧烈。

（2）参考再贴现政策，项目方或基金会可以提供各种的质押或存币返息活动或本质上是返息的活动。这里面提供的各种形式可以冻结通证的中短期流动性。

（3）参考公开市场政策，这种是基金会最直接的操作方法。目方的公开市场操作是直接购买项目的通证或出售项目的通证。这种方式最有效、最可控，前提是基金会要有大量可以动用的资金和通证可以用来公开市场操作。

6.2.3 数字货币的增发与销毁

前面章节我们讲过，数字货币增发的依据是项目或应用的发展情况与计划，计算出应该发行或回笼的资金数量。因为区块链项目的治理结构不够完善和追求透明性的其他特点，像传统法币那样每年审批与执行会产生非常多的困难，有可能很难执行。一般可以采取对项目一段时期内的预估来确认一个每年的增发值。

数字货币的增发与销毁是当前区块链项目中用来控制流通总量的两个主要工具。增发过于随意，增发的目的通常也不是为了与经济发展匹配，经常是为了平衡各方利益。

数字货币的销毁同样存在随意性的问题。一些失控的项目为了挽回用户的信心，冻结部分的流动性，经常宣传销毁了多少货币。

数字货币的销毁是个值得探讨的方式，如果是为了减少流动性，有多种方法可以使用，可以参照 6.2.1 小节描述的流动性控制方法。销毁后带来的问题是，当需要更多的货币时，还需要做增发的操作。不如控制流动性的工具效果好，不需要的时候冻结住就可以，需要的时候释放出这部分流动性就能够满足需求。

数字货币的增发和销毁是比较重大的事情，应该严格控制使用，除非在证明发展的经济总量需要作出调整的时候，再进行增发的设计，同时增发也要考虑未来较长一段时间的影响。增发需要各个利益方协商后，没有严重分歧才能进行。销毁也同样，如果是为了控制流通总量，应尽量采用其他的方式。

在有些区块链项目中，使用销毁是为了提升通证的内在价值，鼓励更多的人持有，其本质上是扩大需求。在第 8 章的案例中，我们在稍后分析的平台型应用货币 BNB 中会看到这样的操作。币安币 BNB 用当季净利润的 20% 来回购 BNB，回购的 BNB 直接销毁。包含了两部分的作用：回购的资金是 BNB 的外部价值注入，回购的销毁行为是扩大了 BNB 的价值。如果没有外部价值的注入，单纯的销毁并不能提升内在价值。

6.3 数字货币（通证）前期的应用

6.3.1 交易功能

数字货币的交易功能是其最初级的使用场景。区块链技术就是为了解决电子货币的问题而直接产生的。

交易职能一方面是在支付领域的使用，一些国家对数字货币采取扶植的态度，允许如比特币等数字货币在商业中作为支付手段，这种行为促进了数字货币交易职能的发展。另一方面，在灰色或黑色领域的支付职能也扩大了数字货币的交易功能。因为这些不合法的领域，法币一般没办法作为支付手段，在这种场景下，因为数字货币在全球自由、通畅的使用，便自然而然就成了这个领域的交易货币。

2010 年 5 月 22 日，佛罗里达程序员 Laszlo Hanyecz 用 1 万比特币购买了两个价值 25 美元的比萨优惠券（共 50 美元），是比特币第一次产生交易的货币职能。

1. 灰色领域的交易

比特币开始产生与美元对标的价格后，因为其匿名性、难追踪的特点，开始在黑色与灰色领域大量使用。在著名的“丝绸之路”事件中，最初两年左右的时间里，网站促成了 120 万笔非法交易，总价值 950 万比特币，赚取的佣金高达 614 305 比特币。如果没有数字货币，这些黑色与灰色领域的交易会因为没有交易媒介很难完成。

2. 勒索病毒

勒索病毒是区块链时代的一种新型计算机病毒，主要以邮件、程序木马、网页挂马的形式进行传播。这种病毒利用各种加密算法对文件进行加密，被感染者一般无法解密，必须拿到解密的私钥才有可能破解。勒索病毒主要是通过加密这些重要数据，以勒索企业支付赎金。因为比特币的匿名性、变现快、难追踪的特点，勒索病毒赎金基本上采用比特币的形式。比特币的出现帮助勒索软件解决了赎金的问题，在一定程度上加速了勒索病毒的泛滥。

投资与投机的需求也将加强了数据货币的交易功能。目前数字货币交易所的蓬勃发展，巨量的交易额，都说明作为投资或投机的需求而产生的交易量巨大。在 CoinMarketCap 上面，排名前十的数字货币的交易量都比较大，如图 6-1 所示，2020 年 6 月，比特币 24 小时的交易额大约有 200 亿美元，图中的其他数字货币在 24 小时内的交易额也有几十亿美元。

Cryptocurrencies ▾ Rankings ▾ Watchlist Filters USD ▾ ← Back to Top 100

Rank	Name	Symbol	Market Cap	Price	Circulating Supply	Volume (24h)	% 1h	% 24h	% 7d
1	Bitcoin	BTC	$177,318,650,086	$9,630.34	18,412,500 BTC	$19,987,927,393	0.12%	1.86%	1.31%
2	Ethereum	ETH	$27,008,580,413	$242.30	111,468,676 ETH	$7,942,278,686	0.03%	1.97%	3.53%
3	Tether	USDT	$9,188,985,784	$1.00	9,187,991,663 USDT *	$24,580,353,999	0.08%	0.05%	-0.16%
4	XRP	XRP	$8,340,278,731	$0.188448	44,257,803,618 XRP *	$1,148,223,220	0.15%	0.28%	-1.51%
5	Bitcoin Cash	BCH	$4,416,707,516	$239.48	18,442,938 BCH	$1,573,897,004	-0.18%	1.12%	1.06%
6	Bitcoin SV	BSV	$3,273,026,245	$177.48	18,441,508 BSV	$1,178,777,518	0.01%	1.41%	1.43%
7	Litecoin	LTC	$2,858,540,085	$44.06	64,875,933 LTC	$1,563,921,992	0.16%	0.75%	0.78%
8	Binance Coin	BNB	$2,550,380,144	$16.40	155,536,713 BNB *	$171,341,129	0.16%	0.74%	0.07%
9	EOS	EOS	$2,405,072,382	$2.58	933,732,930 EOS *	$1,204,769,982	0.32%	1.01%	1.29%
10	Crypto.com Coin	CRO	$2,195,478,096	$0.124199	17,677,168,950 CRO *	$69,240,567	-0.51%	2.72%	10.12%

图 6-1 CoinMarketCap 上排名前十的数字货币的交易量（2020.6）

6.3.2 质押与进入门槛

质押与投票是发展到一定阶段时数字货币的主要用途。为了冻结大量的数字货币，也为了制造参与门槛，很多实用超级节点，或者验证节点模式的区块链项目要求质押一定数量的通证才有参与的资格。一般可以使用质押的区块链项目都会有 PoS 共识机制的特点，但一些项目也可以使用其他共识算法如 PoW，再加上质押要求，引入 PoS。

例如，达世币 Dash 采用类似于 PoW+PoS 的混合挖矿方式。Dash 首次引入暗重力波（DGW）难度调整算法保护区块网络，是一款支持即时交易、以保护用户隐私为目的数字货币。达世网络由三种节点组成：挖矿节点、全节点钱包和主节点（Master Nodes）。主节点需要抵押 1000 个达世币来获得为达世币用户提供服务的权力，并获得报酬（矿工奖励 45%，主节点 45%，自治社区 10%）。主节点执行 PrivateSend、InstantSend 和管理网络的功能，存放用户和商业账户的加密数据（DashDrive），支持分布式 API（DAPI）。

此外一些做具体应用功能的项目，虽然不是基于 PoS 算法，但为了设计一些资格的进入门槛，也可以采用质押一定数量的数字货币才可以获得资格的方式。例如，一些区块链存储项目，虽然共识算法是数据持有性证明（Provable Data Possession，PDP）、存储证明（Proof-of-Storage，PoS，这个 PoS 不是 Proof of stake）、时空证明（Proof-of-Spacetime，PoSt）等算法，但它们可以要求能够成为主节点、验证节点或检索节点的用户质押一定数量的通证。

如果可以采用纯 PoS 算法，则可以采用接下来要介绍的 PoS 与 Staking 方式。

6.3.3 各种 PoS 与 Staking

作为 PoS（Proof of stake）权益共识机制下主要的"挖矿"手段，Staking 相比 PoW 挖矿，无须消耗大量的计算力和电力资源，只要持币人将币质押投票给节点，就可以与节点一同分享出块或验证区块得到的奖励，这就是 Staking 的过程。Staking 是基于 PoS 共识机制的一种数字货币用途，在一定程度上提高了社区的参与度，用类似传统货币中储蓄给利息的方式，让数字货币有了一种用途。同时 Staking 的锁定期是一种冻结流动性的方法。

早在 2012 年，一个名为 Peercoin（点点币）的项目以 PoW+PoS 混合机制上线，作为向 PoS 的一个过渡，掀起了 Staking 发展的序幕。

2013 年，纯 PoS 项目 Nextcoin NXT 上线，Staking"挖矿"正式面世。但在早期，持币者只需用客户端运行节点出块便可得到奖励，且作恶成本极低，导致很多验证人会频繁尝试出块、签名，无休止、无成本地攻击网络，这也导致了 PoS 共识算法出现了著名的无利害攻击（Nothing at Stake）。

探索期后，Staking 真正蓬勃发展依托于 EOS、Tezos、Cosmos 等明星项目的上线，开发者们引用了拜占庭容错（BFT）机制并通过 Slash（罚没）机制惩罚作恶节点，在一定程度解决了无利害攻击的问题。

2018 年 6 月，EOS 主网上线，开启超级节点竞选，让 Staking 被更多人所知晓。DPoS 机制下的 EOS 网络分布着 21 个超级节点，节点负责高效地出块和验证区块，并以此获得 EOS 代币奖励，即通过 Staking 挖得通证奖励。

当然，节点之外的持币者也可以进行 Staking，即质押挖矿为节点投票，从而分红节点获得的 Staking 奖励。

节点与持币人是 Staking 经济中最重要的两个角色，在 PoS 时代，持币人与矿工角色重合，只要持币即可入场挖矿，而无须购买成本高昂的矿机，付出电费等。

Staking 带来的新型的"挖矿"方式，由于门槛极低，迅速得到了普及。根据 staking

rewards 的数据，2019 年 7 月 2 日，EOS 公链参与 Staking 的通证价值接近 26 亿美元，为所有公链最高；Cosmos 排在第二位，参与 Staking 的通证价值超过 9.3 亿美元。

目前各大主流 PoS 项目的 Staking 收益率（币本位）平均值在 10% 左右甚至更高，能够轻松超越像余额宝这样的传统低风险投资理财产品。

在 PoS 中发起 51% 攻击要比在 PoW 中的 51% 攻击更简单。在 PoS 中，因为没有了算力，所以 51% 代表的就是 51% 的币量，其成本也从电力、机器变成了币值。

用户选择 Staking 挖矿也面临安全风险，目前市面上有一些中心化矿池和钱包已经支持 Staking 挖矿，用户需要把通证质押给这些中心化机构，如果这些机构被盗或跑路，用户可能“本息”全无。

目前，Staking 生态的发展仍旧相对初级，很多用户不清楚 Staking 的概念，这仍需要一定的教育成本。

事实上，Staking 的发展与 PoS 的发展是一体的。对于 PoS 公链而言，Staking 的节点和持币人足够多才能保证公链的稳定，就像矿工数量对 PoW 公链的重要性一样。所以为了让更多人参与 Staking，大部分公链都采取增发代币的方式来发放 Staking 奖励，所以不参与 Staking 的持币人不仅无法获得收益，还会因通证通胀受损。

6.3.4 应用中的消费

应用中的消费是数字货币最大最有未来的应用场景。随着一些底层公链的成熟，基于公链的应用逐渐增多，吸引的用户群体增加，对通证的需求逐渐变大，流动性也变得更活跃。

我们通过分析以太坊，观察到发展较好的区块链项目的应用中的消费，根据 2019 年统计信息，有以下几种。

（1）2019 年以太坊新活跃地址：400 000+。

（2）2019 年以太坊区块奖励发行 Ether：4 728 152+。

（3）平均 gas limit 的增加：大约 2 000 000（从 8 000 000 gas 增加不到 10 000 000gas）。

（4）以太坊活跃节点数：8516。从国别分布看，美国超过 20%，中国超过 15%，然后是德国接近于 10%；从客户端看，超过 75% 为 geth，超过 23% 为 parity-ethereum。

1. DApp

（1）2019 年新增 DApp 数：520。

（2）2019 年将加密技术引入手机：MetaMask Mobile、Argent、Coinbase Wallet 等都在过去一年发布了手机钱包。

（3）ENS 以太坊域名服务：所有者平均购买 1 ~ 2 个域名，而部分用户拥有数百个域名。

（4）NFT 的交易市场：OpenSea，在过去两年，它的拍卖总额超过 7 00 000 美元，其中

10 月份的交易总额达到 1 700 000 美元。

（5）DAO：诞生了 Moloch、MetaCartel、Ethereum Marketing，以及至少 25 个其他 DAO。

（6）DeFi 的锁定资产量：在 2019 年，DeFi 上锁定的资产量急剧增长，超过 6.5 亿美元。Ether 已经成为 DeFi 平台和应用的首选抵押资产。

2. 开发者

（1）Truffle（以太坊智能合约开发框架）下载量：Truffle 在 2019 年每月新增下载量超过 25 000+。

（2）黑客松：2019 年有 8 个黑客松。其中 Gitcoin 在 2019 年支持的 Virtual Hackathons 发放了超过 200 000 美元资金。仅在 2019 年 11 月，Gitcoin 通过其平台促成 302 000 美元价值转移，其平台迄今为止已经转移超过 2 800 000 美元的总价值。Gitcoin Quests 被 700 多位社区成员参与了 12 157 多次。

（3）100 万开发者计划：ConsenSys 发起一项将 100 万开发者引入以太坊生态系统的计划。今年在分析开发者社区方面付出了更多努力。在 2019 年中期，Electric Capital 发布了一份报告，显示以太坊的开发者社区 4 倍于任何其他的加密生态系统。随着 DeFi 和 DAO 等领域的兴起，以太坊开发者社区还在扩展。

这些基于应用增加的通证需求和消费，是健康和长远的数字货币应用场景，随着区块链技术的逐渐成熟，在未来社会中的应用程度加深，消费的需求将会变得更大、更普遍。

6.4 数字货币（通证）初期的主要问题

对于数字货币早期的问题，我们主要从经济模型的角度来分析。在发行、流通、应用这些环节中，主要表现在以下三个方面。

1. 发行随意，劣质项目多

区块链技术的诞生时间只有十几年，相关项目因为发展时间短，存在各种不足与缺陷。尤其是 ICO 方式的流行，借助 ERC20 代币协议，使得区块链项目的通证发行变得非常简单，发行的门槛变得很低。这样就造成很多劣质项目和传销项目的产生。这些项目采用欺骗的形式，以比特币的暴富神话为案例，鼓吹自己的项目也能够产生几百倍的回报。2017 年，ICO 的疯狂行为达到了顶点，各国政府也开始意识到区块链项目随意发行数字货币带来的严重危害，各国先后出台各种法律法规限制相关的行为。

2017 年 9 月 4 日，中国人民银行、中央网信办、工业和信息化部、工商总局、银监会、证监会、保监会七部委联合发布了《关于防范代币发行融资风险的公告》。公告指出，比特币、以太币等所谓虚拟货币，本质上是一种未经批准非法公开融资的行为，代币发行融资与交易存在多重风险，包括虚假资产风险、经营失败风险、投资炒作风险等，投资者须自行承担投资风险。要求即日起停止各类代币的发行融资活动，已完成代币发行融资的组织和个人应当做出清退等安排。

区块链技术发展的十几年中，一些真正希望做事情的团队也常常因为经验不足，在技术实现与经济模型的设计方面存在比较大的问题。例如，一些项目经常调整经济模型的发行总量、增加发行的通证类型、随意修改激励规则、释放过大的流动性，也经常造成劣质项目的产生。还有一些通证融资较大的团队，没有掌握好资金的使用，使得项目的后期发展产生困难。

2. 技术不成熟，应用场景不足，管理工具少

区块链技术虽然发展了十多年，相关的技术与应用发展仍不够成熟，数字货币的应用场景很少。虽然在区块链的理论研究方面存在很多种的应用场景，但距离实现与真实应用还有不小的距离。目前区块链的应用主要集中在数字货币的生产（挖矿领域）和数字货币的交易领域。或者是基于区块链本身技术的需要，进行节点的质押、Staking 等应用，毕竟这种应用场景的群体比较有限。另外，对数字货币的需求主要来自投机需求和一些灰色领域的交易媒介需求，相对于日常经济活动中广大的市场需求，数字货币的应用场景还是比较小。

此外，相对于传统的货币管理工具（法定准备金、再贴现利率、公开市场操作），调整数字货币流动性的管理工具比较有限。而且很多区块链项目的团队也缺少设计与使用这些工具的思想与能力，经常听任市场对流动性的自发调节功能。

3. 监管不足，操纵明显

区块链技术作为一个新鲜事物，各国的监管还不能很好地同步发展。这样更容易造成监管不足，造成操纵数字货币的事件多，发行和流通管理都会更加困难。在洗钱、非法融资和非法交易等方面存在较大的风险。在发行方面，很多国家已经出台相关的法律，对 ICO、STO 等行为有了一定的管理，在发行环节的监管有了较好的成长。

在数字货币的交易环节，因为对数字货币交易所，很多国家只是简单地禁止，不承认其合法性。但在互联网可以全球操作的情况下，这种没有明确的法律监管的领域，市场的操控行为就会非常猖獗。数字货币市场中的内幕交易、操纵市场、虚假交易等行为存在一定的模糊性、特殊性和新颖性，一方面由于金融监管部门对于数字货币市场缺乏明确的指引和规范；另一方面，实施前述行为的行为主体具备较强的专业能力和技术手段，操纵市场手段也较难监测和判断。

第 7 章 经济模型中的治理机制

在区块链项目中，最直接的控制是靠经济模型的设计来完成的，但这种经济的控制范围是有限制的，当经济模型不能完成这部分功能时，需要使用社区治理来完成相关的控制。社区治理机制就是对经济模型不擅长领域的一种职能补充。

因为区块链世界去中心化的特点，一部分可采用编程运行规则的线上治理；另一部分可以采用线下治理。在区块链的世界中，去中心化是典型的代表，弱中心化、中心化也会产生更多的实例。现实社会中对于弱中心化和中心的治理经验都可以在区块链的世界中参考使用。

7.1 社区与社区治理

7.1.1 传统社区与治理

现实社会中社区的概念是 1887 年由法国的著名社会学家斐迪南・滕尼斯提出的。滕尼斯认为社区是由共同价值取向的同质人口组成的关系密切、守望相助、疾病相扶、富有同情味的社会团体。人们加入这种团体不是有目的的选择，而是自然形成的结果。是以共同利益和共同目的，以及亲戚、邻里、朋友等血缘或地缘为纽带，是家庭、经济、教育、文化、卫生、福利、娱乐及社会保障等主体构成的一个整体。

社区发展(community development)在西方国家已有 100 多年的历史，特别是在英、美等国，社区发展达到了相当高的水平，社区工作已成为城市行政管理工作中重要的一部分，在城市建设和管理中发挥重要作用。目前，社区主要形成了“自治模式”“行政模式”“混合模式”三种模式。

1. 自治模式

自治模式的主要特点是：政府行为与社区行为相对分离，社区内的具体事务完全实行自主自治，与政府部门并没有直接的联系。政府对社区的干预主要以间接的方式进行，其主要职能是通过制定各种法律法规，去规范社区内不同集团、组织、家庭和个人的行为，协调社区内各种利益关系，并为社区成员的民主参与提供制度保障。比较有代表性的是美国和北欧国家的社区。

2. 行政模式

行政模式的主要特点是：政府行为与社区行为的紧密结合，政府对社区的干预较为直接和具体，并在社区设有各种形式的派出机构，社区发展特别是管理方面的行政性较强。

比较有代表性的是新加坡的社区。新加坡全国不设市、区政府，社会管理的区域性基本单位是选区。每个选区都设有公民咨询委员会和居民联络管理委员会。选区中主要社区组织的领导成员都不是民选产生，而是由所在选区的国会议员委任或推荐。社区领导成员的政府委任制以及国会议员对社区事务的深度参与，使新加坡的社区管理受到执政党和政府强有力的影响和控制。新加坡在政府中设有国家住宅发展局，负责对社区工作的指导和管理，其主要职能包括社区规划，社区工作人员培训，协调政社关系，组织社区活动，对社区建设给予财、物支持。

3. 混合模式

混合模式的主要特点是：政府对社区发展的干预较为宽松，政府的主要职能是规划、指导并提供经费支持，官方色彩与民间自治特点在社区发展的许多方面交织在一起。比较有代表性的是日本和俄罗斯的社区。

7.1.2 开源软件社区与治理

网络社区是指包括 BBS/ 论坛、贴吧、公告栏、个人知识发布、群组讨论、个人空间、无线增值服务等形式在内的网上交流空间，同一主题的网络社区集中了具有共同兴趣的访问者。

网络社区就是社区网络化、信息化，简而言之就是一个以成熟社区为内容的大型规模性局域网，涉及金融经贸、大型会展、高档办公、企业管理、文体娱乐等综合信息服务功能需求，同时与所在地的信息平台在电子商务领域进行全面合作。“信息化”和“智能化”是提高物业管理水平和提供安全舒适的居住环境的技术手段。

网络社区中和区块链相关性最大的是开源社区，我们主要讨论开源软件社区与其治理。开源社区又称为开放源代码社区，一般由拥有共同兴趣爱好的人所组成，根据相应的开源软件许可证协议公布软件源代码的网络平台，同时也为网络成员提供一个自由学习交流的空间。

由于开放源代码软件主要被散布在全世界的编程者所开发，开源社区就成了他们沟通交流的必要途径，因此开源社区在推动开源软件发展的过程中起着巨大的作用。

开源社区是一个松散的组织结构，却开发了很多大型软件。从操作系统 Linux，到数据库软件 MySQL 应用、服务器 Tomcat 等等，数不胜数。

1. 开源社区的特点

（1）参与的人热情很高。编写代码是一种“艺术”工作，对开发者来说具有很强的吸引力，尤其是那些初入此行的“学者”，开源社区内有各种代码可以学习，无异于最好的“自修学堂”。在这种心情的推动下，边获取，边“奉献”，同时也是自己实践的检验、自己“艺术品”的展示，让更多的人愿意贡献自己的创意代码。

（2）“民主”的组织方式。开源社区一般以邮件列表或新闻组（聊天组）等方式组织，意见与建议都是公开发表，可以随意进入，也可以随意离开，只要你遵守社区“公约”（一般是 GPL，也有一些自己社区的要求），你就是社区公民，即使只有简单的测试贡献，也一样可以获得全部的代码使用权。

这种组织看起来很松散，但如同自然“进化”的组织，社区中的“权威”是靠对社区的贡献建立起来的，任何“项目”的组织，没有强制，只有吸引有兴趣就可以加入，即使是社区组织者，也无法让任何人做他们不喜欢的工作。

2. 开源软件社区的治理

（1）内部治理。当社区规模不断壮大时，为提高社区运行的效率和效能，社区将开展内部治理。根据模块化、角色分工、决策者、培训、流程与文档、制度化、领导力综合维度的高低，治理结构分为两种：独裁的治理结构和民主的治理结构。前者强调自上而下的管理，后者强调自下而上。

- “贤明君主”模式：项目开发人员一般都在百人以上，任何自由程序员都可以提交自己的修改工作，但只有项目主管才能将修的内容合并到正式的发布版。
- “民主”模式：核心开发小组一般都在百人以上，分成若干个小组，每个小组都有一两个领导者，主导开发者定期召开开发者讨论大会。
- “精英”模式：项目开发人员权限分明，开发人员通过对项目做出贡献获得认可来影响项目。

（2）外部治理。当外部参与主体增多时，社区进入外部治理阶段。第一类外部参与主体是基金会。基金会的参与可能会在一定程度改变开源项目的发展方向和进展。目前介入开源的基金会主要有两种：第一种，积极支持社区及其成员发展，且给予其充分的自由决策权，包括对软件的版权许可；第二种，如 GNOME 或 Apache 基金会，直接支持开源软件项目，公司或社区一旦使用其核心代码作为商业软件，需要注明该基金会的版权，基金会对于软件的更新、发布、商标等有直接责任。第二类外部参与主体是公司。公司参与开源，多从战略角度出发，利用商业模式不同程度地介入开源软件项目，或者以与开源社区合作开发的形式间接影响项目发展。

7.1.3 区块链社区与治理

区块链社区通常是一种网络社区，具有网络社区的各种特征。以开源模式运行的项目，具有更多的开源社区的特点。通常区块链社区由开发者、运营者、矿工、矿池、项目基金会成员、投资者组成，是围绕一个区块链项目聚集在一起的人群。

区块链社区治理分为链上治理和链下治理。链上治理与软件系统密切相关，最常见的就是线上投票委托，通过投票选择参与共识的节点，同时也有项目委员提交提案，并由全社区进行投票表决。链上治理受软件系统的限制，能做的工作比较有限。

链下治理是一个区块链项目更多采用的方式。链下治理的形式多样，一般介绍各种在线工具。常见的在链下社区治理中使用的工具有以下几种。

（1）国外：Medium、Reddit、Twitter、Facebook 等信息发布平台，电报群等。

（2）国内：微信公众号、微博等信息发布平台，微信群、QQ 群等。

（3）线下：Meetup、讲座、会议等方式。

区块链项目社区治理最重要的三个组成部分是资金管理、项目管理、项目运营。

1. 资金管理

社区治理中最重要的一个环节就是资金管理，资金管理就是指对资金来源和资金用途进行管理。尤其是一些缺少基金会或者基金会职能不完善的项目。

区块链项目的资金一般来源于项目通证融资。对于得到大量融资的项目，这些融资为区块链创业项目提供了充足的启动资金，成为项目最初的资金来源，项目方将这些资金用于组建基金会、项目社区等组织，以维持和发展自身项目。对于没有融资的项目如比特币、莱特币等项目，最初的支持者来自社区，他们凭借对项目的认可自发地完成项目需要的必要工作，支持项目发展，开发者自愿在项目上开发应用、扩展应用场景，促使项目取得进一步的发展。一些项目也可以通过捐赠的方式从社区得到资金支持。

2. 项目管理

采用开源组织方式的项目，开发需要资金的支持，协调众多开发者的工作，促使项目开发向着既定方向运行。采用公司运行机制的项目，则更多地用公司方式管理项目，同时也会借助社区的力量做一些外部的项目管理，这种社区管理经常是对内部管理的补充。

例如，在项目发展出现重大分歧时，项目方需要组织商议，共同寻找最大的共识，否则会导致分裂社区、分割共识，这对项目的发展是不利的。2017 年发生的比特币分叉事件，最终导致比特币社区产生分裂。

3. 项目运营

区块链项目都需要持续的运营，这部分职能很多都在社区完成。社区会协调成员之间的关系，包括协调成本及分配利益，其诉求就是让各个生态节点的人各尽其用，发挥各自的价值、获得相应的收益、承担相应的成本。同时，社区的成员经常会成为项目的早期客户或长期重要客户，他们可以一直伴随项目的成长。

区块链项目的链上治理与链下治理方式和现实社会的运行模式有相似之处。链上治理主要靠软件系统完成，靠经济模型的激励方式和DAO、DAC等方式，在链上治理不能满足的部分，依靠链下治理完成。在现实社会中，我们一般用市场机制来完成直接的生产与消费控制，用行政或财政措施来完善市场机制的不足，就是用我们在第 1 章描述的“看不见的手”与“看得见的手”一起完善治理机制。例如，市场机制在经济学中的效率方面起到非常好的作用，马太效应非常明显，强者愈强，弱者愈弱。但在公平方面的表现就非常差，所以在现实社会中我们用市场机制保证效率，用二次分配等措施来兼顾公平。

目前常见的社区治理事件都是靠投票的多少来决定的。

投票规则有两类：一是一致同意规则；二是多数票规则（是当前的区块链治理最常采用的规则）。前者是指一项政策或议案，须经全体投票人一致赞同才能通过的一种投票规则；后者是指一项政策或议案，须经半数以上投票人赞同才能通过的一种投票规则。一致同意规则是最符合共同利益要求的投票规则，但因其实质是一票否决制，故在现实生活中，一致同意规则很难实施。即使能实施，也是一个漫长的讨价还价过程，甚至出现威胁和敲诈等行为。常用的投票规则是多数票规则。多数票规则又分为简单多数票规则和比例多数票规则。简单多数票规则是指只要赞成票超过半数，议案就可以通过。比例多数票规则是指赞成票必须高于半数以上的一定比例，议案才能通过，如 2/3 多数票、3/5 多数票或 4/5 多数票等。

然而，多数票规则也不一定是一种有效的集体决策方法。首先，在政策提案超过两个以上时，会出现循环投票，投票不可能有最终结果。其次，为了消除投票循环现象，使集体决策有确定的结果，可以规定投票程序。但是，确定投票程序的权力常常就是决定投票结果的权力，谁能操纵投票程序，谁就可以控制投票结果。并且多数票规则不能反映个人的偏好强度，因为在政治市场上，无论一个人对某种议案的偏好有多么强烈，他只能投一票，没有机会表达其偏好强度。

7.1.4 DAO 与 DAC

DAO/DAC（Decentralized Autonomous Organization/Corporation，去中心化自治组织 / 企业），

DAO 的概念是 Daniel Larimer（EOS 创始人）在 2013 年提出的，他创造了术语 DAC——中心化自治公司。Daniel Larimer 把比特币比作一个公司，它的股东是比特币持有者，雇员是矿工。

同年，Vitalik Buterin（以太坊创始人）通过描述一家公司在没有经理的情况下如何运作而深入阐释了这一理念。以太坊白皮中阐述道：去中心化自治组织（DAO）就是符合逻辑的扩展合约，是一个长期包含组织的资产，并把组织规则编码的智能合约。DAO 最核心的一个原则是：**组织规则和资产代码化。**商业自动化通常被视为用机器人或电脑取代低技能人员，让更多合格的员工来控制的过程。然而，Vitalik 提出了相反的建议，即用一种软件技术取代管理，这种软件技术能够招募和支付人员来执行有助于公司使命的任务。

DAO 清晰地揭示了比“组织”的典型定义更广泛的东西：一个把人们聚集在一起，朝着一个共同目标工作的社会群体。因此，Vitalik 将 DAO 定义为“一个生活在网络且独立存在的实体，但也严重依赖于人来执行它本身无法完成的某些任务”。Richard Burton（Balance 创始人）甚至更明确地表示：“DAO 是一种奇特的方式，它是一种生活在以太坊之上的数字系统。”

Decentralized Autonomous Organization 其中每个词都可以用多种方式解释，从不同角度会产生 DAO 的不同定义。为了阐明这个概念，我们来分析每一项。

1. 自治

DAO 的基本特性是，它们的运行规则是经过编程的，这意味着当软件中指定的条件满足时，程序将自动强制执行。这一点与传统组织不同，传统组织的规则必须有解释和应用的指导原则。DAO 是自治的，因为它的规则是自动执行的，没有人能阻止它，也没有人能从外部改变它。

2. 去中心化

去中心化可以用两种不同的方式来理解：

（1）DAO 是去中心化的，因为它运行在去中心化的基础设施上，即一个公共的、无许可的区块链（公链），它不能被一个行政区或其他某个第三方掌控。

（2）DAO 是去中心化的，因为它不是围绕高管或股东按等级组织的，也没有将权力集中在他们周围。

3. 组织

第一个自称的 DAO 是 The DAO，创建于 2016 年，用于资助有助于以太坊发展的项目。使用 DAO 而不是基金会或风险资本的想法符合以太坊社区所看重的分享精神。事实上，DAO 是一个投资基金，它的决策是由投资者直接做出的，而不是委托给专门的经理。

去中心化自治组织和区块链技术是存在前景的，将来会获得更多的实用案例。

因为 DAO 还是没有更多的应用，前期也出现了一些问题。所以我们还不能更清晰地说明这种构架在智能合约之上的事物的巨大作用。

7.1.5 社区治理中的问题

1. 传统社区中的问题，在区块链社区和去中心化的社区治理中一样存在

一般表现为社区自治能力不足，在处理问题的时效和执行力方面缓慢，受舆论的影响比较大，网络舆论又会受到个别事件或团体的影响。这些传统网络社区中的问题，在区块链的社区同样存在。例如：

（1）网络谣言泛滥、易形成网络暴力。发帖的匿名性是造成网络社区繁荣的重要因素，而匿名发帖是把“双刃剑”，发帖者的畅所欲言，既能让网络社区成为“观点的自由市场”、社会的“公共领域”，又可能造成虚假信息的大量出现，形成网络暴力。网络谣言的出现，有些是因为发帖者没有足够的精力和渠道对所发布的信息进行甄别核实，有些则是因为发帖者的社会公德缺失，故意散播和转载谣言。虚假信息的涌现反映出网络信息监管体系和法律约束机制的不健全。

（2）“议程设置全民化”易夸大矛盾，负面引导舆论。互联网的发展让社会进入到“人人都有麦克风”的时代，任何人都可以通过网络社区发布信息，为大众设置议程。

（3）现实中的不平等现象容易在网上被夸大。当某位网友遭遇现实中的不平等时，他就可以在网络社区发帖来表达不满情绪，而其他网友看到帖子后，或跟帖、或转载、或重新发表类似帖子。此类帖子的跟风出现就会在大众心中产生“共鸣”，结果这类不平等现象在“议程设置全民化”的网络社区中被强化，从而影响其他网民对该现象的不客观的判断，造成大众对该现象的错误认知，最终对社会舆论产生负面影响。

在区块链的社区治理中，要考虑这些传统网络社区的问题，需要有针对性的处理办法。

2. DAO与DAC的不成熟与不完善

2016 年 5 月初，一些以太坊社区的成员宣布了 DAO 的诞生，DAO 也称为创世 DAO。它是作为以太坊区块链上的一个智能合约而建立的，编码框架是由 Slock.It 团队开发的开源代码，但以太坊社区的成员将它冠以 The DAO 的名称进行部署。

2016 年 6 月 17 日，Vitalik Buterin 通知了社区，DAO 受到黑客袭击。原因是 The DAO 编写的智能合约中有一个 splitDAO 函数，攻击者利用此函数的漏洞，不断从 the DAO 项目的资产池中分离出 The DAO 资产，并转到黑客自己建立的子 DAO。在攻击发起的三个小时内，导致 300 多万以太币资产被转出 The DAO 资产池，按照当时的以太币交易价格，市值近 6000 万美元的资产被转移到了黑客的子 DAO 里。The DAO 监护人提议社区发送垃圾交易阻塞以太坊网络，以减缓 The DAO 资产被分离出去的速度。随后 Vitalik

在以太坊官方博客发布题为“紧急状态更新：关于 The DAO 的漏洞”的文章。该文章解释了被攻击的细节以及解决方案提议。提议方案为进行一次软分叉，不会有回滚，不会有任何交易或者区块被撤销。软分叉将从块高度 1760 000 开始把任何与 The DAO 和 Child DAO 相关的交易认作无效交易，以此阻止攻击者在 27 天之后提现被盗的以太币。在此之后会有一次硬分叉将以太币找回。

DAO 安全事件的回顾：

（1）第一次在以太坊上以 ICO 的形势进行资金募集。

（2）共筹集 1150 万枚以太币。

（3）智能合约没有经过创建者进行有效的审核，因此造成了一个致命的资金转出漏洞。

（4）智能合约在发送完通证后才进行平账校验，造成了 DAO 组织失败。

（5）大量的以太坊通证都被黑客控制，造成的问题可能影响社区发展。

为了拯救投资者和惩罚黑客，以太坊基金会做了一次硬分叉，造成以太经典 ETC 诞生。

虽然距离第一个 DAO 实践到今天已经过了近 5 年的时间，DAO 的发展不成熟的判断会让人表示怀疑。如果我们从 DAO 的底层支持系统看，它依旧不具有成熟的基础。DAO 依靠智能合约和预先编制好的代码规则来支撑 DAO 的规则，与任何自组织（DAO）的规则、功能类似，它们依靠这些预先编程的规则来决定系统中可能发生的事情。这些智能合约可以进行编程，以执行各种任务，如在某个日期或某个比例的选票同意资助一个项目之后自动释放锁仓的资金用来注资该项目。当前区块链技术还有很多要解决的技术问题，智能合约还在发展阶段，所以构建在这个基础上的上层事物不具有可靠的基础，还不能更好地发展。从历史发展的观点看，也没有一个新事物不经历必要的发展过程和逐步完善就迅速成功的。

7.2 效率与公平的问题

为了更好理解经济模型的激励机制与治理机制的结合作用，我们先了解在现实社会中**经济效益的最大化**和**社会效益的最大化**两个目标。这两者之间的平衡，通常是采用首次分配与再分配的制度结合完成的。

在市场经济条件下，收入分配过程分为微观收入分配和宏观收入调节两个相对独立的过程。微观收入分配过程是通过市场机制的作用实现的。在市场经济条件下，微观收入分配过程是按照社会必要劳动时间来确定和分配价值。通过市场机制实现的资源配置过程与微观收入分配过程是联系在一起的，在这个过程中，任何人要参与收入分配都必须以提供生产过程需要的要素为前提，因此，通常情况下企业按社会必要劳动时间取得的收入要在要素所有者之间进行分配。

宏观收入分配过程是建立在微观收入分配过程的基础上，并独立于这一分配过程的在再分配过程。在微观收入分配基础上进行的宏观收入调节要考虑社会各个方面的利益平衡和社会整体、长远发展需要，对不同部门、不同领域、不同社会成员之间的收入分配关系进行调节，以促进社会公平和社会和谐。

微观收入分配是通过市场机制进行的，市场机制特有的功能有助于强化收入分配的激励作用，有助于调动各种要素所有者的积极性。但是，市场机制存在缺陷，靠市场机制不能有效地调节和平衡各方利益关系，不能维护社会公平。

宏观收入分配的调节一般从两个方面进行：一方面通过税收等形式把高收入的一部分转移到国家手里；另一方面通过国家预算支出保障非生产领域发展的需要，利用转移性支付和社会保障制度等为低收入者提供收入保障。

分配制度要体现的一个重要原则就是要**兼顾效率和公平**，既要反对平均主义，又要防止收入差别很大。国民收入分配分为初次分配和再分配两个过程。按效率标准进行的国民收入初次分配可能会导致贫富差距过大，而政府可以通过着眼于实现社会整体利益和长远利益的国民收入再分配把收入差距控制在合理的范围之内，维护社会公平。

在区块链的世界中也存在同样的问题，如果我们单纯依赖经济模型的激励机制，如同市场机制完成的职能一样，可能更容易解决经济效益最大化的问题。但单纯的激励机制存在缺陷。例如，在比特币的挖矿中，单个矿池的算力过大，就会发生 51% 攻击的问题，如果不加以干涉，就会破坏比特币网络的正常运行。此外，如以太坊的 DAO 事件，因为系统存在漏洞，导致 300 多万以太币资产被转出 The DAO 资产池。如果不在社区发出通告，并通过相关治理措施，这些问题就不能很好地解决。

通过经济模型的激励机制与相关的治理机制，来保证区块链项目的各个参与方和区块链生态的整体利益。经济模型的激励机制保证效率的最大化，社区治理，包括链上治理和链下治理，更多的在解决社会效益最大化的问题，在效率和公平之间做出权衡和取舍。

7.3 社区治理的未来发展

以传统企业为中心的治理模式与区块链社区的治理模式的对比如表 7–1 所示。

表 7–1 传统治理中心化与区块链社区治理模式

对比方面	传统中心化治理模式	区块链社区治理模式
关系	等级关系、以上制下	契约关系、弱关系、松散组织、更趋向于平等
决策机制	任命原则、等级服从	公示问题、代码或算法制定的规则、投票决策

（续表）

对比方面	传统中心化治理模式	区块链社区治理模式
执行机制	依靠组织推动，人为因素起更多作用	依靠代码执行，更自动化，外界影响因素小
监督机制	绝对权力、外部监督、制度与外部司法监督	社区委员会监督

我们用一张自上向下的等级结构与去中心化的社区结果对比示意图更容易理解，如图 7–1 所示。

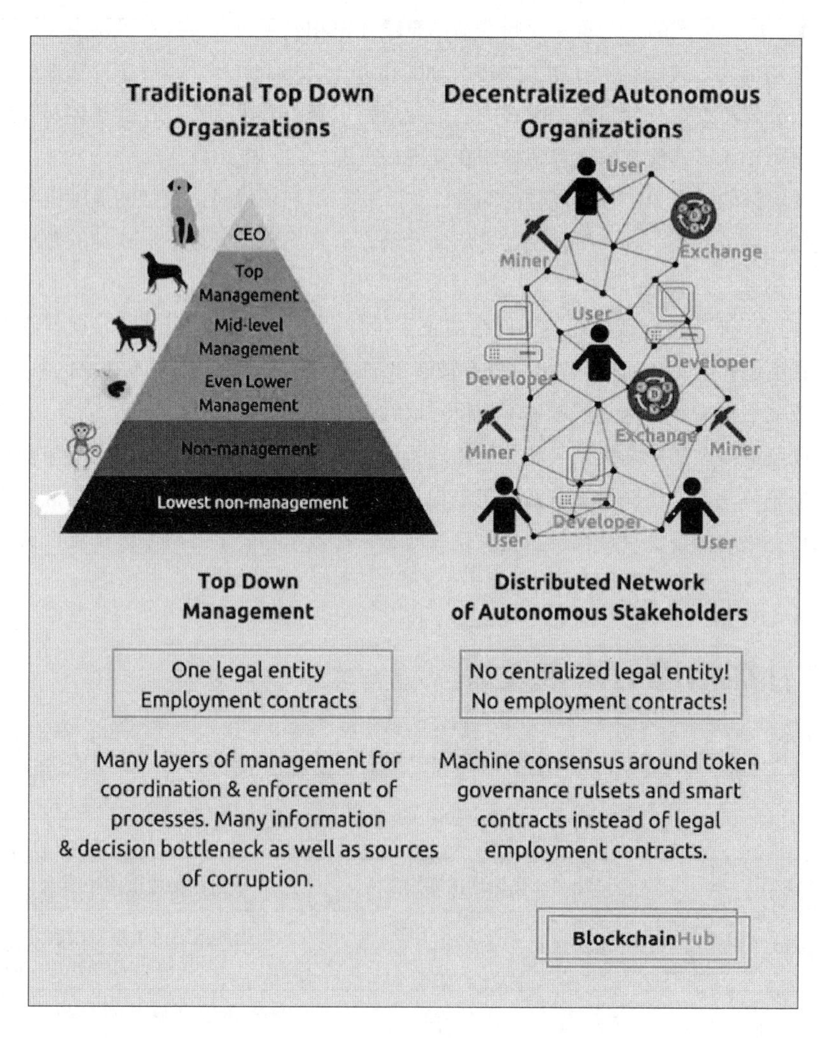

图 7–1　等级结构与去中心化自治对比示意图（摘自 BlockchainHub）

传统中心化是一种等级规则，这种规则是首先构建一个层层隶属的金字塔形的等级构架，再界定每一个行为人在这个等级构架中所处的位置，然后再进一步界定与这个等级位置相适应的资源配置权力。一个人所处的等级位置越高，资源配置的权力就越大。

去中心化的治理结构，有些类似市场经济中的产权规则。一个人拥有资源配置权力的大小与其所拥有的资产数量正相关，即拥有的资产越多，所拥有的资源配置权力就越大，PoS与DPoS就是这种规则的一种体现。PoW的算力其实也是另外一种产权规则（算力）的判断。

对于中心化治理模式与去中心化治理模式，可以借用我们在中心化应用与去中心化应用的观点和描述。

我们从来都是处于中心化和去中心化的交替与互补之中，在没有去中心化技术之前，所有的系统几乎都是用中心化应用来完成的。通过几十年的发展，中心化应用的技术与理论已经很成熟。有了去中心化技术后，中心化与去中心化开始结合，但因为去中心化技术发展时间太短，有很多的不完善，还不能发挥更大的作用。最终随着时间的推移，去中心化会逐渐成熟，最终大部分系统会是中心化与去中心化的结合，如图7-2所示。

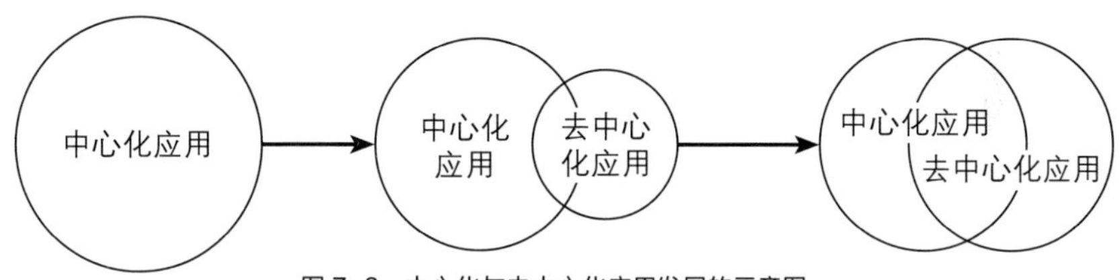

图7-2　中心化与去中心化应用发展的示意图

从应用的角度来看，一些应用只需要中心化的结构支持就能够满足其自身的发展了，一些应用也只需去中心化的结构就能满足其自身的发展。但是，更多的应用是需要中心化与去中心的结合才能够达到完美。在这种组合中，也许中心化部分占很大的比例，也许去中心部分占很大的比例，但无论比例大小，只有这两种结构的结合，才能造就一个完美的应用。

从治理的角度看，同样需要将中心化和去中心化相结合才能达到完美。我们现实世界的治理是由中心化的机制与去中心化的机制一起完成的，我们从来都是处于中心化和去中心化的交替与互补之中。同时DAO与DAC的Code is law思想为治理提供了更多的想象空间。尤其在机器的世界，这种依靠代码的治理会更加有效，会有更广的应用范围，如图7-3所示。

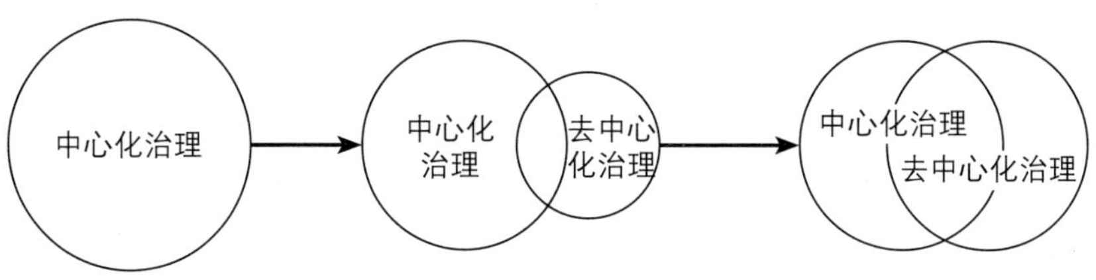

图7-3　中心化治理与去中心化治理发展的示意图

第8章 经济模型案例分析

8.1 比特币经济模型分析（创始案例+货币案例）

bitcoin

通证名称：Bitcoin，比特币

通证符号：BTC

货币单位与数值精度如表4-1所示。

比特币因为是第一个数字货币，设计精度上面产生过一次调整。2011年4月之前只支持2位小数，新版本后支持小数点后面8位。

通证的初始总量

比特币的总量是2100万个，准确数值是20 999 999.976 900 00个，这个数值是由算法保证的。比特币属于固定发行总量。

这个发行总量在第一个数字货币实现案例中有考虑不够全面的地方。总量太少会造成今后的使用者和持有者都不会太多。

此外，私钥丢失造成的数字货币总量的递减，是个需要考虑的问题。如果是尺寸的通货紧缩，数字货币的减少，会让比特币有消失的风险。需要在合适的时机有方案可以对总量做出调整，对于永不增发的承诺，需要有好的处理方案。目前主要的组织评估认为丢失的比特币大约在400万个。

通证的释放规则、增发（或回笼）规则

因为总量固定，比特币当前没有增发与回笼的问题。

比特币的释放规则，参见4.2.4节。

比特币的释放规则有其特殊性，今后的项目很难，如图4-5所示的释放图形。因为前

期项目参与者少，在第一个四年，也就是到了2013年释放了总量的一半，这种释放速度满足了前期的供求需要，这种满足是与区块链的首次出现这种背景相匹配的。

后期的项目在起始点，或者项目的主网运行必须有和需求相匹配的通证数量，并且是流动性满足需求的通证数量。如果项目的起始点发行量为零，就没办法做通证融资。在项目的起始点发行的通证数量通常远远超过当时的需要，需要依靠规则约束，或者其他冻结流动性的经济工具冻结住超出需求的流动性。

项目的利益方

包括比特币核心维护团队、矿工、矿机生产商、矿池建设者和使用者、数字货币交易所、购买比特币的人员等。

（1）项目团队：因为比特币项目是首个区块链项目，项目团队的经济模型设计有失误，没有为团队预留份额。所有的通证都是在后期靠挖矿来挖掘出来的，后期需要技术支持的时候，基本完全要靠热情或其他信念的支持，这种方式是很难支持一个项目的长期发展的。

比特币核心开发组后来成立BlockStream，通过建立侧链盈利的方式是对其经济模型设计不完善的一种后期补偿。对于这种没有预留份额的区块链项目，还有一种为团队保留利益的方法，如果项目团队能够把所有的早期挖矿结果保留着，也会是一大笔可以支配的资金。从目前来看，比特币早期地址内的比特币没有使用过的痕迹，说明团队没有刻意这样做过。而且从比特币比萨事件也应该证明没有过这种刻意行为。对于第一个区块链项目，我们确实不能要求多完美，它带给这个世界的新东西已经足够多了。

不过即使有项目使用团队首先挖矿的方式为团队保留份额，也存在不少的问题：一是预留的总量难以控制；二是这种方法在持续性方面也没有设计，长久发展后，就会暴露出问题来。

（2）投资方：比特币项目没有投资方，没有募集资金，这个问题不用考虑。

（3）基金会：比特币出现很长时间内都没有成立基金会，直到2012年7月，为了促进和保护比特币“分布式数字货币和交易系统”的去中心化和隐私特性，以及使用此类系统的个人选择和财务隐私。作为一个非营利性组织，比特币基金会采用类似于Linux基金会的开源机构运作机制。比特币基金会的目标似乎从来没有完全明确过，并且更多使用开源软件的基金会管理方式在经济方面的措施相当少。所以在后期对于流动性的调控方面没有角色和资源来履行这部分额职责。后期的发展中应该完善经济相关的职能，尤其是资金来源，丢失货币的影响，长期的经济管理职能等方面应该需要做更多的工作。

（4）项目的资源提供者与消费者：随着比特币价格的巨大升值，比特币网络加入了大量的挖矿人员。这些挖矿人员从最早的计算机挖矿，发展到了GPU挖矿、FPGA挖矿，再到专业的ASIC矿机挖矿，还包括后期的矿池挖矿。这些众多的参与者为比特币网络的发展和完善做出了很大的贡献。比特币的消费，也因为其匿名性，方便转账，被越来越多的人接受。首先在非法领域和灰色领域被大量使用，之后一小部分国家或商户也在小范围内开始使用。伴随着比特币的巨大升值空间，很多投机者和投资者也变成了比特币的消费者。

（5）生态利益方：项目利益方一般包括一些矿机生产商，矿池的运营方，媒体宣传渠道，交易所等参与者，这些参与者一般是在项目的启动期和后期才会参与到项目中。

比特币矿机的发展也经历了一个从百花齐放，到只剩下几个巨头的历程。当前矿机生产领域只剩下几个矿机的大型企业，如嘉楠耘智、比特大陆、亿邦国际。

比特币的矿池也得到了充分的发展，一些著名的比特币矿池有 AntPool、BTC.com、BTC.TOP、ViaBTC、F2Pool，目前全球约 70% 的算力在中国矿工手中。全球排名前 10 的矿池，有 7 家左右都是中国的矿池。

围绕比特币产生的媒体宣传渠道众多，数字货币交易所是比特币的重要受益者和传播推动者。在当前全世界所有的数字货币交易中，比特币占比一半以上。

通证的激励与消费规则

比特币基于 PoW 共识协议，平均每 10 分钟出一次块，矿工算出符合条件的哈希值就立即出块；每生成 1026 块时，根据平均出块时间调整一次难度值；历史上最快出块时间为几秒、最慢出块时间为 1 个多小时；难度值的调整保证了无论多少个人参与挖矿，都保证平均每 10 分钟出一次块的速度。初始产生每个区块奖励 50 个比特币，每生产 21 万个区块，一个区块产生的比特币数减半。产生新区块的奖励同时包括区块内所有交易的手续费。区块减半的规则在经济学上其实是通胀率，到 2140 年比特币的通胀率才降为 0。

通证的消费者主要是投资比特币或使用比特币完成转账或支付功能的使用者。对于使用者，有扣除手续费的限制，手续费不是根据转账金额的大小，而是根据交易内包含内容的大小和当前网络的拥挤程度来决定的。

通证的价值来源

比特币在 2009 年刚刚产生的时候并没有价值，直到 2010 年 5 月 22 日，一位名叫 Laszlo Hanyecz 的程序员用 1 万枚比特币购买了两个比萨的优惠券。这被广泛认为是用比特币进行的首笔交易，也是币圈经久不衰的笑话之一，很多币友将这一天称为“比特币比萨日”。从另一个角度来说，这次的行为将计算机中挖的那些虚拟货币与现实中的实物联系起来，这是具有里程碑意义的，因此是无价的。

随后参与的人数越来越多，比特币的价格在供需不平衡；以及比特币在一些非法或灰色领域逐渐广泛；还有在众人的投机与投资心理的作用下，比特币被赋予了巨大的价值。因此比特币价格在 2017 年呈现爆炸式增长，单个比特币价值接近 2 万美元。比特币的价格变化图如图 8-1 所示。

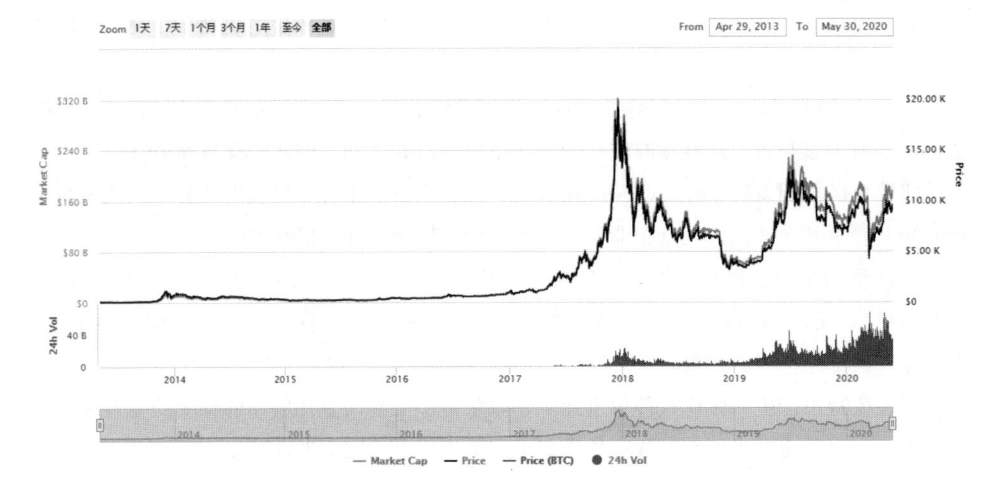

图 8-1 比特币的价格变化图（2020 年 5 月截取自 CoinMarketCap 网站）

经济模型的调整

目前比特币还没有调整经济模型，只调整了一些技术相关内容。与比特币相关的经济模型调整需求，在其他众多的从比特币衍生出来的山寨币、分叉币中得到了体现。

比特币项目需要在合适的时间进行一次经济模型调整，具体方案是什么样的？该如何调整？这是个很严肃和艰巨的事情。但如果不调整，比特币积累问题的增加，使用人群的减少，会使比特币的发展出现问题，如果在出现严重问题的再调整，大概率会为时已晚，难以改变最终的结局。

在调整之前，可以完善一些缺失的部分，如调整现在基金会的基本结构。虽然基金会的一些职能因为缺少资源，还不能很好地履行，但可以为经济模型的调整做些准备。

8.2 以太坊经济模型分析（典型公链案例）

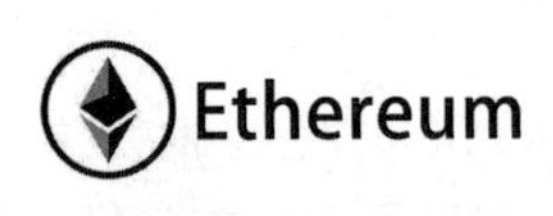

通证名称：Ethereum，以太坊

通证符号：ETH

货币单位与数值精度：小数点后 18 位

单位与数值精度如表 4-2 所示。

每种单位的含义见第 4 章中的描述。

通证的初始总量

初始7200万以太币。众筹发行的ETH数额的19.8%将由以太坊基金会拥有。也就是说，在初始发行的以太坊中，有1 / (1 + 19.8%) = 83.47%属于参与众筹的人，剩下的16.53%由以太坊基金会所有。

与比特币不同，以太坊中的以太币并不全是矿工挖掘出来的，有大约7200万以太币是在创世时就已经创造出来了。准确数据是，从创世那一刻起，以太坊中就有了72 009 990.499 48以太币。

项目资金的募集

为了筹措开发以太坊需要的资金，布特林发起了一次众筹。与一般的众筹不同，这次众筹只接受比特币支付，并会在以太坊正式发布后，使用以太坊中的通用货币以太币作为回报。这次众筹的简要情况如下。

- 时间：2014年7月22日至2014年9月2日，共42天。
- 兑换比例：前14天每1BTC兑换2000ETH，之后每天1BTC可以兑换的ETH数额减少30，直到1337ETH后不再减少。

众筹地址共收到8947个交易，来自8892个不重复的地址，有两个地址是在众筹时间段之外支付的，所以这两个地址不能获得以太币。通过此次众筹，以太坊项目组筹得31 529.356 395 51BTC，当时价值约1800万美元，0.894 5BTC被销毁，1.789 8BTC用于支付比特币交易的矿工手续费。

同时，以太坊发布后，需要支付给众筹参与者共计60 108 506.26以太币。这次众筹是极为成功的，正是这次成功的众筹，为以太坊项目组筹集了足够的启动经费。

发行模式（白皮书中公布的具体规则）如表8-1所示。

表8-1　以太坊发行量（摘自2020年以太坊白皮书）

分组	发行时	一年后	5年后
货币单位	1.198倍	1.458倍	2.498倍
购买者	83.5%	68.6%	40.0%
售前储备支出	8.26%	6.79%	3.96%
售后储备支出	8.26%	6.79%	3.96%
矿工	0%	17.8%	52.0%

• 以太币将以货币销售的形式发布，每个 BTC 以 1000~2000 以太的价格发售，一个旨在为以太坊组织筹资并且为开发者支付报酬的机制已经在其他一些密码学货币平台上成功使用。早期购买者会享受较大的折扣，发售所得的 BTC 将完全用来支付开发者和研究者的工资和悬赏，以及投入密码学货币生态系统的项目。

• 自上线时起每年都将有 0.26*x*（*x* 为发售总量）被矿工挖出。

• 0.099 倍的总销售额（601 022 16ETH）将分配给早期的贡献者，他们在创世区块产生之前已经支持使用 ETH 付费。

• 出售总金额的 0.099 倍将被保留为长期储备。

• 每年将总销售量的 0.26 倍分配给矿工。

长期供应增长率（百分比表示）如图 8-2 所示。

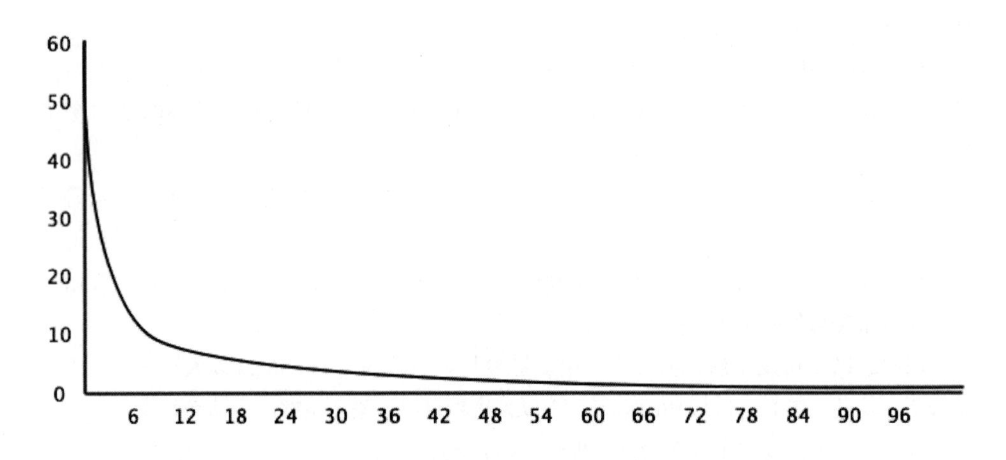

图 8-2　长期供应增长率（百分比表示）

通证的释放规则、增发（或回笼）规则

以后每年挖矿产生 1872 万个以太币。具体的规则是：每一个新区块就会产生 5 个新以太币。平均 10 多秒挖出一个区块，挖矿产生大约 1314 万个以太币，同时叔块也会获得一定的奖励，大致是每年 1872 万以太币产量。

区块奖励的调整如下。

（1）区块 0~区块 4 369 999：5ETH。

（2）区块 4 370 000~区块 7 280 000：3ETH（经由 EIP-649 改变）。

（3）区块 7 280 000~至今：2ETH（经由 EIP-1234 改变）。

之后的调整不影响本书对经济模型的分析。

项目的利益方

（1）以太币核心维护团队：以太坊的核心维护团队比较完整，由核心创始人与主力成员组成。

- 以太坊创始人，Vitalik Buterin，业内人称 V 神 。出生于 1994 年，加拿大滑铁卢大学肄业。
- Joseph Lubin：加拿大企业家。以太坊联合创始人，区块链公司 ConsenSys 首席执行官。
- Gavin Wood：联合创始人兼首席技术官，2014 年 8 月，他提出了 Solidity——用于编写智能合约的面向契约的编程语言。他也是 Parity Technologies 的创始人兼现任首席技术官兼主席，他发布了 Parity Bitcoin 技术堆栈还撰写了 Polkadot 论文。
- Jeffrey Wilck：联合创始人兼首席技术官，同时也是 Parity Technologies 的创始人兼首席技术官。此外，他始终是一名“黑客”，并且正在积极寻找方法，使 Ethereum 虚拟机随着时间的推移变得更高效。
- MIHAI ALISIE：以太坊联合创始人兼比特币杂志创作者。专注于使 AKASHA 项目的梦想成为现实。
- ANTHONY DI IORIO：Ethereum 创始人，Jaxx&Decentral 首席执行官兼创始人，他是一位连续创业者，VC、社区组织者，以及分散技术领域的思想领袖。

以太坊的核心团队从 ICO 的众筹中，获得了大约 1800 万美元的资金支持。并且在以后的挖矿收入中还可以获得发展资金的支持。以太坊的经济模型设计已经相对完善，核心团队的利益保障使得项目有较好的发展支持。

（2）投资方：以太币只使用了公募的 ICO 众筹，从公募的 8892 个地址大致判断为拥有 8000 多个投资人。这些投资人（不再区分这些投资中的机构投资者）从以太坊的发展中得到了丰厚的回报，也为以太坊的初期发展提供了丰富的资金支持。

（3）基金会：众筹发行的 ETH 数额的 19.8% 由以太坊基金会拥有，也就是说，在初始发行的以太坊中，有 1 / (1 + 19.8%) = 83.47% 属于参与众筹的人，剩下的 16.53% 由以太坊基金会所有。

以太坊的基金会组织当前有两个：以太坊基金会 EF 和以太坊社区基金会 ECF。

以太坊的基金会因为项目发展得比较好，基金会的发展比较充分。

（4）矿工：以太坊的发布分成了四个阶段，即 Frontier（前沿）、Homestead（家园）、Metropolis（大都会）和 Serenity（宁静），在前三个阶段以太坊共识算法采用 PoW，在第四阶段会切换到 PoS。

在以太坊由 PoW 方式转变为 PoS 方式后，挖矿方式也由矿机的挖矿，转变到了 PoS 的 Staking。

（5）应用使用者：以太坊因为对 ICO 的 ERC20 代币的支持，获得了大量的使用者；同时在以太坊上面运行的大量游戏也在消耗生态中的通证；后期随着智能合约的逐渐成熟，以太坊会获得更多的应用使用者。对于区块链项目，这是一种健康的发展途径。

（6）其他参与者：以太坊的良好发展，使得这个生态有众多的参与者，如矿池建设者和矿池参与者、数字货币交易所、购买以太币的人员（投机与投资两类人员）等。

通证的激励与消费规则

通证的产生，以太币的出块时间（比特币平均 10 分钟，以太坊平均 12s）。

共识算法，目前基于 PoW，和比特币算法不同，基于 Ethash，且白皮书中指明 1.1 版本后会改成 PoS。当前阶段以太坊 2.0 已经进入信标链的测试阶段，与以太坊 1.0 在并行运行。

通证的激励是基于 PoW 的挖矿和 PoS 的质押挖矿。详细内容见通证的释放规则、增发（或回笼）规则部分的数据。

通证的消费者，主要是投资以太币或者围绕以太坊生态开发的人员。对于使用者，会产生使用的手续费。ERC20 的流行，使得很多项目的初期通证都是在以太坊上发行与流通，这增加了以太币的使用用途，同时这些其他项目的通证使得以太坊上面的手续费是一项比较重要的收入。另外像加密猫之类的游戏，也增加了以太坊的使用，促进了以太币的消费与流通。2020 年 DeFi 的流行，以太坊再次获得了大量的使用者，这是以太坊应用更加普及的一个重要原因。

项目资金的后期管理：以太坊项目资金的后期管理是通过以太坊基金会进行的。以太坊社区基金会，不仅支持非营利基础设施项目、教育计划、产业社区活动、还将支持应用和工具开发、甚至商业项目。以太坊基金会对资金的管理和对生态发展的支持，是其他区块链基金会项目学习和参考的样例。

通证的价值来源：以太坊不仅具有第一代数字货币的一些增值因素，如在一些领域的支付使用。更重要的是，以太坊对区块链技术的发展，使得区块链的发展进入了 2.0 阶段，丰富了智能合约等功能。同时由于 ERC20 代币的出现，使得数字货币领域很容易发行自己的代币和作为筹集资金的工具，为当时众多的区块链项目提供了一个基础服务。这样就使得以太币有了重要的应用价值支撑。

图 8-3 所示是以太币的价格变化历史，去除投资狂热期的非理性价格，应用发展带来的价值支撑是一个非常重要的来源。

经济模型的调整：以太坊因为初始的经济模型设计比较完善，后期的发展又比较强劲，需要调整的外部压力并不大。在初始众筹资金的分配方面和后续每年的增发方面，资金的用途分配都比较合理，为以太坊的顺利发展打下基础。

在单个区块的奖励数量上，如前面所述，以太坊做过几次调整。此外，当以太坊的共识协议从 PoW 转变到 PoS 之后，因为对维护网络的激励消耗减少，以太坊的经济模型在 ETH2 中又做了进一步的调整。

Ethereum Charts

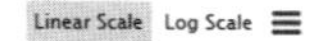

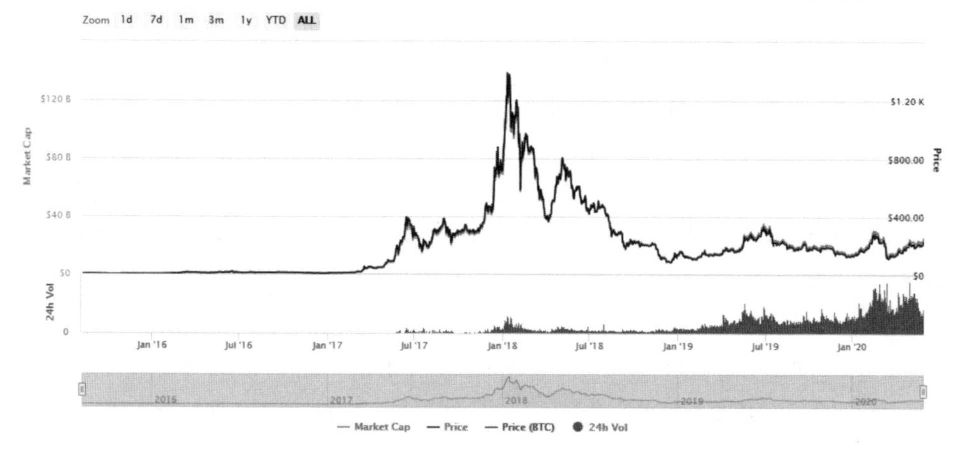

图 8-3　以太币的价格变化图（2020 年 6 月截取自 CoinMarketCap 网站）

8.3　Filecoin 经济模型分析（存储应用类案例）

通证名称：Filecoin

通证名称：FIL

货币单位与数值精度：主网未上线，当前期货交易

通证总量：20 亿

通证分配比例如图 8-4 所示

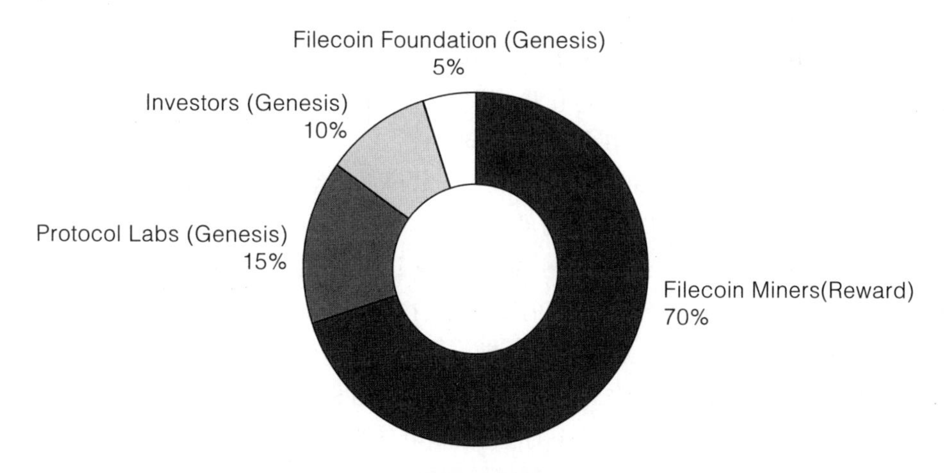

图 8-4　Filecoin 通证分配比例

- 矿工 70%：像比特币一样根据挖矿的进度逐步分发。
- Protocol Labs 15%：作为研发费用，6 年逐步解禁。
- ICO 投资者 10%（公募 + 私募）：根据挖矿进度 逐步解禁。
- Filecoin 基金会 5%：作为长期社区建设、 网络管理等费用，6 年逐步解禁。
- 通证的分发开始时间：从 Filecoin 网络上线开始算时间。例如，6 个月分发期 (vesting period) 表示在网络上线后 6 个月内发放完毕。

Filecoin 的分发是经过精密的思考和设计的，并不是一个随意的行为，Protocol Labs 为此做了很多分析，确保通证的发放过程平滑，不会出现突然间的大量通证解禁的情况对币价造成波动。

将 70% 的通证分配给矿工，这也是为什么现在如此多的矿工关注的原因。

矿工部分的 70% 通证设计为 6 年分发大约一半的币（比特币是 4 年），为什么是 6 年？ Protocol Labs 认为 6 年无论对 Filecoin 网络增长还是对投资者长期回报都是一个恰当的时间周期。

总的分发规划为大约 4 年分发总量一半的代币（10 亿枚），其中包括矿工挖矿、投资者解禁（ICO）、Protocol Labs 和 Filecoin 基金会的解禁额度。

Filecoin 的分发采用的是线性释放，即随着每个区块被矿工开采，逐步分发通证。例如，分发期 2 年的通证，在网络启动后的 6 个月内分发 20%，1 年内分发 50%，2 年内分发 100%。

项目的利益方

（1）Filecoin 核心维护团队：JuanBenet，胡安贝内特，创始人，毕业于斯坦福大学，成功地创立了 Protocol Labs，在 2015 年参与了大名鼎鼎的 YCombinator 计划。

Protocol Labs 成立于 2014 年 5 月。Protocol Labs 团队是一个专门研究、开发和部署下一代网络协议的实验室，开发和研究能力在业界均属一流。创始人 Juan Benet 想带领团队升级优化互联网技术，致力于从存储、定位、传递信息三个方面着手。2015 年 1 月协议实验室发布了 IPFS，目前正在开发 Filecoin 项目。

截至目前，Protocol Labs 已经拥有上百位代码贡献者和 14 位核心开发人员。协议实验室核心团队主要由理工科背景的成员组成，成员来自 13 个国家。创始人兼 CEO Juan Benet 毕业于斯坦福大学计算机科学系，拥有两年的 CTO 经验（就职于 LokiStudio），并创立了 Athena。团队中经历最资深的成员是其技术负责人 Matt Zumwalt，拥有 14 年的互联网创业经验。其他成员信息官网未披露。

Protocol Labs 当前拥有的 5 个项目为 Filecoin、IPFS、Libp2p、IPLD、Multiformats。

项目团队 Protocol Labs 在整个的经济模型中获得 15% 的通证作为研发费用， 6 年逐步解禁。

（2）基金会：经济模型的设计中基金会得到 5%。作为长期社区建设、网络管理等费用，6 年逐步解禁。

（3）矿工：经济模型的设计中矿工总共获得 70% 的通证。6 年分发一半，6 个月发放期从网络上线起，6 个月内随着挖矿的进展线性发放，到 6 个月发放完毕。1 年发放期（1 year vesting）：一年发放期是指从网络启动开始，1 年内发放完毕；以此类推。在主网正式使用时，依靠矿工存储和检索的数据获得报酬。

在写本书的时候（2020 年），Filecoin 的主网还没有上线，以上都为官方公布的信息。

（4）矿机生产商：从测试网看，Filecoin 对存储矿机的要求不低，矿机生产商的利益主要从矿工手里获得。

（5）数字货币交易所：当前 Filecoin 的通证没有上市流通，当前在流通的都是 Filecoin 的期货。图 8-5 所示为截至 2020 年 5 月 Filecoin 通证期货的价格图。

（6）存储消费方：因为 Filecoin 做的是存储项目，对于消费者而言，无论现在的中心化存储，还是区块链去中心化的存储，性价比都是一个重要的参考值。相信这种区块链存储的性价比与中心化存储的性价比基本相同，或者应该更优惠一些，否则用户缺少大规模使用的动力。

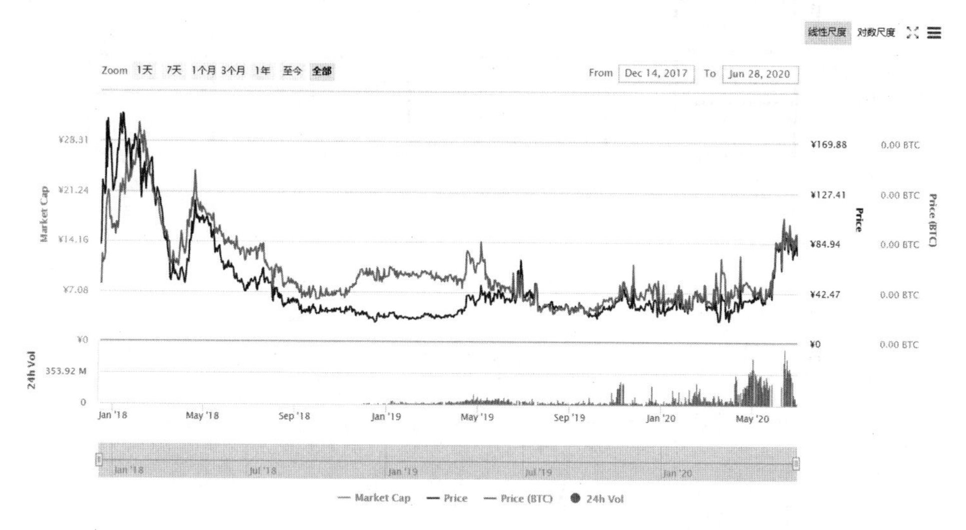

图 8-5　Filecoin 通证期货的价格图（2020 年 5 月截取自 CoinMarketCap 网站）

生态应用：目前 Filecoin 的主网还没有上线，还看不到生态方面的发展。相信基于存储的应用会有丰富的应用可以产生。

通证的激励与消费规则

消费规则需要主网上线后会更加清晰。怎样促进更多的人提供存储和使用存储将是

Filecoin 主要考虑的方面。我们通过白皮书中的交易模型，来简单了解一下通证的激励与消费规则。

Filecoin 运行原理示意图如图 8–6 所示。

图 8–6 中的上方是存储市场，下方是检索市场，中间是区块链。

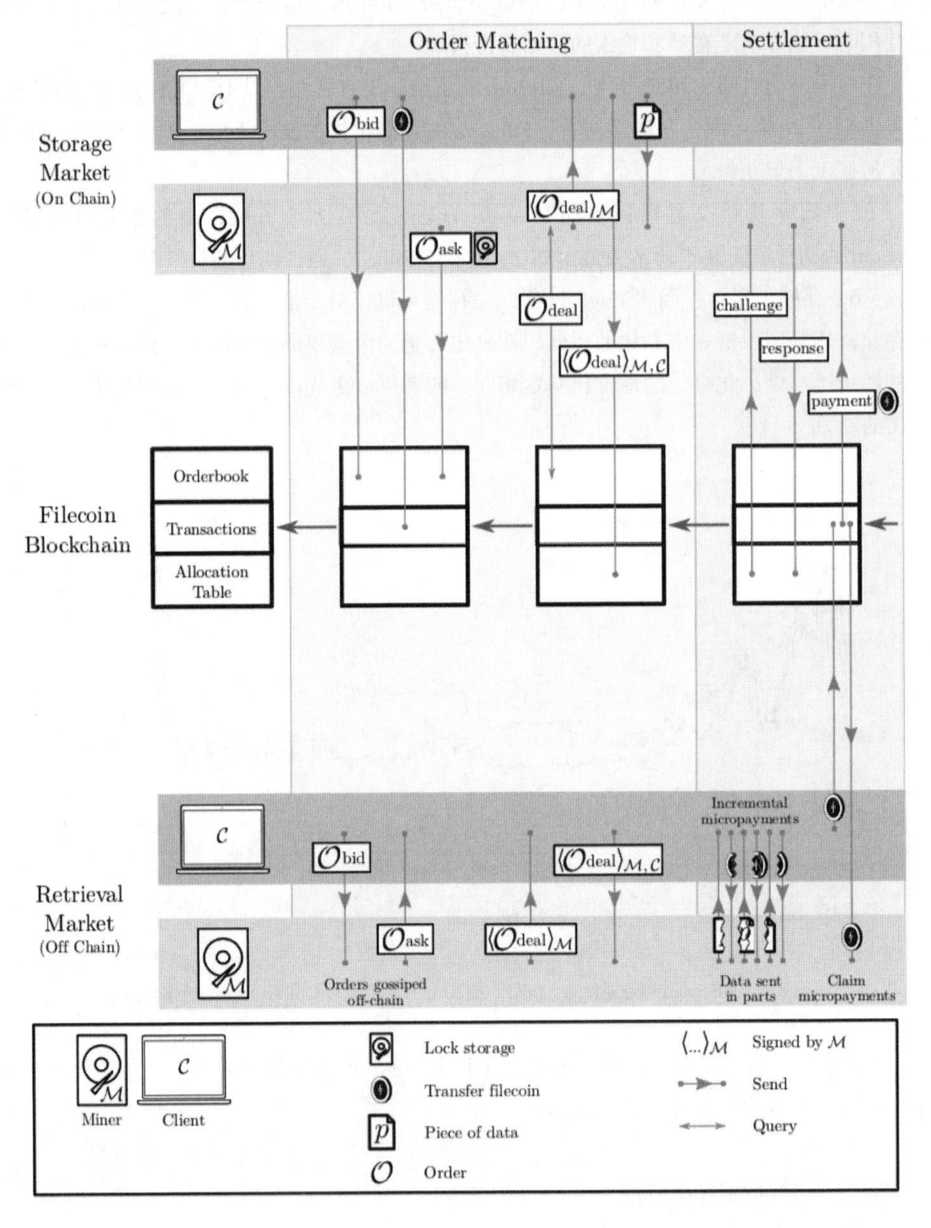

图 8–6 Filecoin 运行原理（摘自 Filecoin 白皮书）

（1）存储市场交易流程。用户将订单提交到区块链上，存储矿工也将订单提交到区块链上，由区块链撮合订单进行存储，这是链上交易。因为是链上交易，所以存储矿工无法预先在本地预存数据进行作弊。撮合交易由双方进行签名，签名后的订单存储到区块链上，然后数据再从客户端发送到存储端，形成最终的交易记录。

（2）检索市场交易流程。检索流程的订单是链下交易，因为，检索数据是高频交易，链上进行易造成拥堵。链下交易默认检索矿工是一个诚信的矿工，采用微支付手段以验证检索矿工的真实性。检索矿工会将数据分成碎片进行传输，用户和矿工一手交钱一手交货，用户可以随时验证数据的真实性，如果有问题，可随时中断。交易成功后，将交易记录提交到链上进行记录。

项目资金的募集

（1）限制参与。美国合格投资人（U.S.Accredited Investors）身份认证（采用与 IPO 相同的流程，以确保合法性），投资门槛较高。年收入 20 万美元或者家庭年收入 30 万美元或者家庭净资产（不算自住的房产）超过 100 万美元的人才能参与投资。Filecoin 更看中项目的长期发展。

（2）ICO 占比：10%（2 亿枚）。

（3）ICO 总金额：2.57 亿美元。

私募情况如下。

- 时间：2017.7.21 至 2017.7.24。
- 成本：0.75 美元 /FIL(全部私募价格都一样)。
- 分发期和折扣：1 ~ 3 年，折扣额 0% ~ 30%（分发期最低为一年）。
- 参与人数：150 人左右。
- 私募金额：大约 5200 万美元。

公募情况如下。

- 时间：2017.8.7 至 2017.9.7。
- 成本计算公式：price = max($1，amountRaised / $40 000 000) USD/FIL。
- 成本区间：1 ~ 5 美元。
- 分发期和折扣：6 个月（0%）、1 年（7.5%）、2 年（15%）、3 年（20%）。
- 公募金额：2.05 亿美元。
- 参与人数：2100+（另有很多参与者是通过代投拿到的）。

（4）项目资金的后期管理。暂时未找到准确资料。因为截止到 2019 年底，Filecoin 的测试网刚刚上线，项目发展到这个阶段，项目资金只用于当前的项目开发，还没有更多应用的场景与生态需求。

（5）通证的价值来源：因为 Filecoin 做的是存储项目，怎样增加用户使用存储的方便性与功能性，怎样增加更多的可使用应用，是其通证产生价值的重要来源。

（6）经济模型的调整：项目还未上线，当前未看到经济模型的调整。

8.4 Steemit 经济模型分析（多通证案例分析）

虽然在 2020 年初 Steem 被收购，但不妨碍我们作为一个多通证模型来了解它的经济模型。

Steem 是一个基于区块链技术的去中心化社交网络平台。在 Steem 中，参与者可以得到数字货币形式的奖励。所谓参与，指的就是在 Steem 上发帖、回帖、讨论、点赞等等。而你的帖子质量越高、得到的点赞越多，收到的奖励就越高。Steem 上的文章多种多样，来自各个国家各个领域的作者在这里分享，并从中获取奖励。

Steem 是一个可以作为学习案例的区块链项目，它的经济模型设计有很多教学意义。Steem 后期产生的收购行为以及分裂并不影响我们对于其经济模型的分析，这里分析的经济模型还是指收购前的经济模型情况。

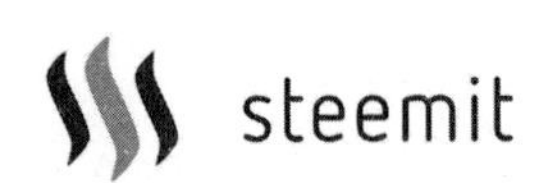

通证名称：三种通证 Steem、Steem Power 和 Steem Dollars（其关系如图 8-7 所示）

通证缩写：三种通证 Steem、SP、SBD（详细介绍如表 8-2 所示）

通证总量：Steem 网络初始货币供应量为 0，并且 Steem 的代币总量没有上限。截至 2019 年 11 月大约是 3.7 亿个通证

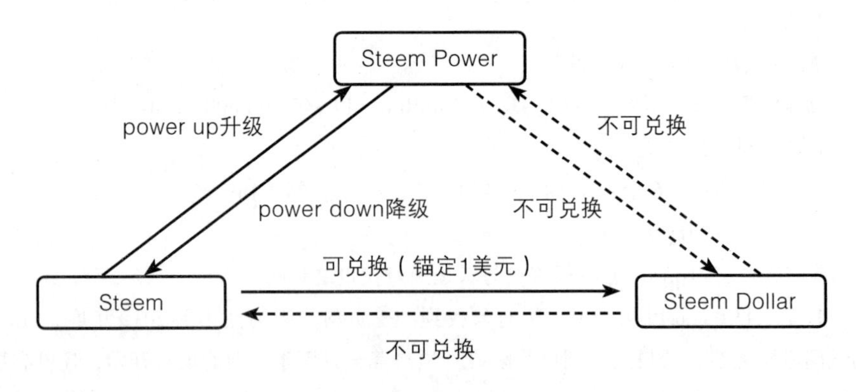

图 8-7　Steem 三种通证关系

表 8-2　Steem 三种通证

序列号	通证类别	主要用途
1	Steem	管理奖励包括策展奖励、内容奖励、区块奖励、权力奖励
		转化成 SP、SBD 的媒介
2	SP	内容投票
		见证人投票
		出租 SP 获取收益，解锁过程的 SP 不能出租，也不可以转让，这一设计使得 SP 无法交易
		按照每年通胀的 15% 参与分配 Steem
3	SBD	Steem 网络内交易 Steem
		稳定币，锚定美元
		获得见证人依据市场情况公布的 SBD 持有人的利息，公布利息网址
		购买文章在 Steemit 网页中的位置

Steem 白皮书中介绍， SBD 的市值与 Steem 的整体市值合理比例为 10%，但在实际运行过程中，该比例可能出现较大偏差，设计的解决方案如下。

（1）当 SBD 债务超过 Steem 市值的 10% 时。使用 SBD 大量兑换 Steem，导致市面上流通的 Steem 数量增加，从而价格大幅下降。为了应对此情况，系统将自动减少 Steem 代币奖励数量，但最多减少 10% 市值对应的 Steem 数量。

（2）当 SBD 债务低于 Steem 市值的 10% 时。说明 Steem 增长太快，不利于 Steem 的价格，因此会通过提高 SBD 利息鼓励持有 SBD。

（3）当 SBD 价格低于 1 美元时。并且债务和所有权比例超过 10% 时，价格反馈将会被调整成 1 SBD 可以获得更多的 STEEM，这将会增加对 SBD 的需求，从而减少将 SBD 换成 USD。

（4）当 SBD 价格高于 1 美元时。通过降低 SBD 利息最低为 0% 利率，不会降到负利率，鼓励大家将持有的 SBD 转换成 Steem，同时因为持有 Steem 有通胀损失，理性投资者会转而持有 SP 以避免损失。

Steemit 的通证机制虽然复杂，但是除 Steem 通证外，设置 SP 和 SBD 通证有其存在的独特意义，分析如下所示。

（1）设计 SP 通证的意义。在 Steem 通证之外，设置 SP 通证可以让用户把手中的 Steem 通证交给系统，等于变相锁仓，可以减少市面上的 Steem 的流通量，部分抵消 Steem 增发机制对币价的冲击。

（2）设计 SBD 代币的意义。SBD 的功能类似于稳定币，是 Steemit 系统发给用户的激励。设置 SBD 的原因是，如果用户激励全部使用 SP 的话，由于其长达 13 周的释放期可能会使得用户激励变现的流动性大大下降，故设置 SBD 通证可以让用户激励快速变现一部分；而如果发放 SP+Steem 的组合，可能会使得市面上流通的 Steem 通证数量增加。所以，设置 SBD 通证，除了可以更好地激励用户之外，还可以变相减少 Steem 通证的流通量，部分抵消 Steem 增发机制对币价的冲击。

综上所述，SP 通证像是 Steem 系统里的 Long Capita，即所有者权益，用户将自己手中的 Steem 投资给 Steemit 系统；SBD 通证像是 Steem 系统里的 Debt，即债券，用户激励收到 SBD，相当于收到了 Steem 通证的商业承兑汇票，用户可以拿手中的 SBD 向 Steemit 系统换算 Steem 通证。

但是后来 SBD 通证根据其价格来看，已经失去了“锚定 1 美元”的作用。

通证的释放规则、增发（或回笼）规则

Steem 网络初始货币供应量为 0，并且 Steem 的代币总量没有上限。自从 2016 年 12 月的第 16 次硬分叉开始，Steem 的通胀率设定为 9.5% 年，每 250 000 个区块产生，通胀率下降 0.5%/ 年。通胀率将以此速率下降直到 0.95% 年为止，大概需要花费 20.5 年。

通胀产生的 Steem，75% 会分配给奖励池，用于奖励内容创作者和评论者；15% 分配给 SP 持有者，作为 SP 持有者的股息收入；10% 分配给见证人。Steem 通证增发分配机制如图 8-8 所示。

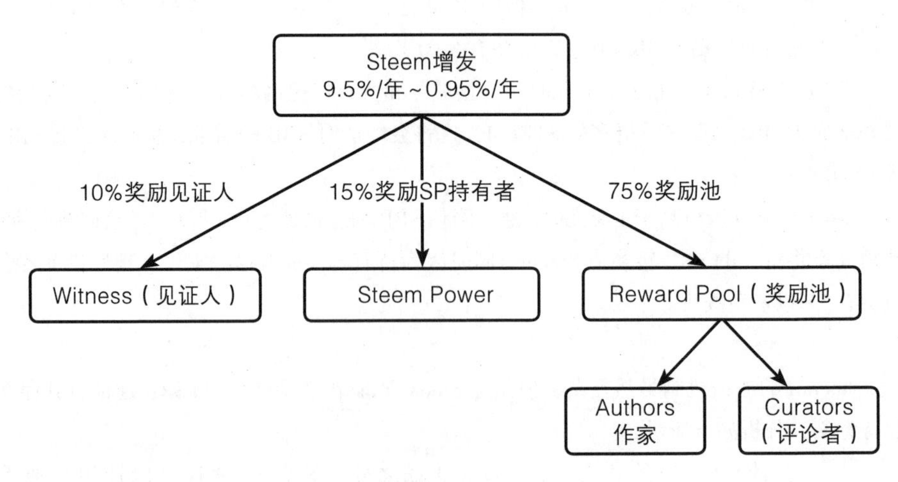

图 8-8　Steem 通证增发分配机制

项目的利益方

（1）Steem 核心维护团队：首席执行官 Ned Scott，根据 linkedin 上的介绍，他在 2013 年 5 月至 2016 年 2 月期间，在盖勒特环球集团（Gellert Global Group）担任业务运营及财务分析师，在 2016 年 1 月创立了 Steemit，而在此前，他从未在数字货币社区露过面。

Steem 官网并未披露团队信息，通过一封研究报告了解到初期团队核心成员为 Ned Scott、Harry Schmidt、Michael Vandeberg、sneak（Lead Developer LinkedIn 及 Steem 暂无介绍）、andrarchy（Community LinkedIn 及 Steem 暂无介绍）；早期核心成员之一的 zurmarvic（Marketing）现已离职。Steem 团队核心成员如表 8-3 所示。

表 8-3　Steem 团队核心成员

管理层	职位	背景介绍
Ned Scott	CEO 兼创始人	2013 年 5 月至 2016 年 2 月，在盖勒特环球集团担任业务运营及财务分析师，在 2016 年 1 月创立了 Steemit
Daniel Larimer（BM）	前 CTO 兼联合创始人	2017 年 3 月 14 日卸任 Steem CTO 一职，BTS 创始人、EOS 创始人
Harry Schmidt	CTO	Google Agile 项目经理，Casetext 副总裁工程师
Michael Vandeberg	Lead Developer	2014 年毕业于乔治福克斯大学，获得数学计算机科学学士学位。精通主流开发语言及系统架构开发

相对于核心团队都由技术人员组成的项目，Steem 的首席执行官 Ned Scott 具有的财务背景有利于 Steem 从经济学角度设计 Token 生态。

CTO 拥有技术项目管理经验。项目开发负责人拥有数学及计算机学位，精通主流编程语言，做过系统架构开发。

团队核心成员的构成多样，核心成员拥有跨国公司业务运营及财务背景、技术项目管理、技术开发经验，成员分工清晰重合度低，有利于适应 Steem 管理及长期发展需求；市场负责人目前 Steem 尚未披露，该职位负责人的经验能力对项目推广有重要作用。

（2）基金会：一家国内测评机构与 Steem 项目方沟通获悉，Steem 基金会目前处于构想阶段，并声称 Steem 是一家私有公司。

（3）激励规则与参与者：Steem 是一个基于区块链技术的去中心化社交网络平台。在 Steem 中，参与者可以得到数字货币形式的奖励。

以每分钟约 40 Steem 的速率将 Steem 分配至挖矿者（Sujective PoW），且每分钟还可创建额外的 40 Steem 计入内容奖励池（每分钟总共 80 Steem），将 Steem 转化为 SP 的用户可以开始获得网络奖励，这时 Steem 每分钟以约 800 Steem（80+80×9）的速度增长，具体增长比例如表 8-4 所示。

表 8-4　Steem 奖励的增长比例

奖励	比例
评论奖励	每区块 1 Steem 或每年 3.875%，以较高者为准
内容创造奖励	每区块 1 Steem 或每年 3.875%，以较高者为准
区块生产奖励	每区块 1 Steem 或每年 0.75%，以较高者为准
Sujective PoW 奖励（在区块 864 000 之前）	每区块 1 Steem（奖励每回合 21 Steem）或每年 0.75%，以较高者为准
Sujective PoW 奖励（在区块 864 000 之后）	每区块 1 Steem（奖励每回合 21 Steem）或每年 0.75%，以较高者为准
流动性奖励	每区块 1 Steem（奖励每小时 1200 Steem）或每年 0.75%，以较高者为准
SP 持有人奖励	每创建 1 Steem，将有 9 个 Steem 分配给 SP 持有人

项目资金的募集

未查到相关资料。

项目资金的后期管理：Steem 声称是一家私有公司。Steem 项目已经运行几年，至今未公布项目治理结构，不利于投资者判断项目长期发展情况。同时，项目没有治理结构，也没有机构监督项目进展并根据现有问题提出合理解决方案，将会限制项目的发展速度。例如，SBD 价格波动较大，通证生态系统应改进相应算法，稳定 SBD 价格。

8.5　跨链经济模型案例

跨链的项目在当前已经有了比较多的案例，每种案例的经济模型都有一些区别。很多跨链都是一种探索，跨链更大的意义在于解决技术问题，其经济模型初期经常比较粗略，后期还有不同的修正。本节只选取一个案例来简单分析跨链的经济模型。

通证名称：FIBOS

通证总量：100 亿

项目的利益方：项目核心维护团队、通证使用者、数字货币交易所、购买通证的人员、EOS 项目方等

通证的激励与消费规则

FIBOS 发行总量为 100 亿 FO，团队及基金保留份额为 50 亿，IBO 的方式用 55 万个 EOS，在官方准备金账户中锁定 50 亿 FO。团队保留的份额没有找到资料说明具体的用途。按照一般的管理，这种保留的份额都会用于项目的前期开发与后期项目中应用的推动和生态的发展。FIBOS 是一条和 EOS 相似的公链，运行也采用了超级节点的方式，其中的消费也与 EOS 相似。除了跨链对初始代币产生的 IBO 效应，在消费与激励方面并不具有代表性。

使用 EOS 的 IBO 方式会对 EOS 产生一定的促进作用，增加 EOS 的使用范围。但与 ERC20 的代币方式产生的影响力相比，影响范围还不够大。

项目资金的募集

FIBOS 是基于 EOS 的一条侧链，致力于为 EOS 提供可编程性，并允许使用 JavaScript 编写智能合约。而 FO 是 FIBOS 基于 Bancor 协议发行的代币。FIBOS 采用了“自融+Bancor”的发行模式进行募资，在几天内募集了 85 万个 EOS。

初始兑换比例为 1:1000，发行总量为 100 亿 FO，团队及基金保留份额为 50 亿，按照 1:1000 的比例兑换。也就是说，项目方首先向官方保证金账户中存入 55 万个 EOS，换取了 50 亿个 FO 在官方准备金账户中锁定。

在此之后 FO 开放兑换，其他用户兑换时投入的 EOS 将被汇入另一个保证金账户，而卖出 FO 时则从保证金账户中提取 EOS，但 FO 的兑换价格会随着 FO 流通量的增加而上升。

项目资金的后期管理

项目的后期资金管理没有详细的资料，与具有代表性的公链相比，跨链目前只带来初始阶段的资金募集影响，以及项目参与者退出时产生影响。项目后期的发展也还是要靠项目能够解决的问题和应用场景的发展来决定。

8.6 币安 BNB 经济模型分析（交易所案例分析）

币安是一家数字货币交易所，其所发行的币安币是用于其交易所中的交易。

BINANCE

通证名称：Binance Coin，币安币

通证符号：BNB

货币单位与数值精度：小数点后 8 位

通证总量：BNB 发行总量 2 亿枚，对外发售 1 亿枚（总量 50%），开始是基于以太坊的代币，自己的主网上线后转换为主网币。BNB 通证分配方案如表 8-5 所示。

表 8-5　BNB 通证分配方案

比例	数量	分配方案
50%	1 亿	ICO 公开发行
40%	8000 万	创始团队成员早期持有
10%	2000 万	知名业内人士天使轮融资

（1）ICO 共对外公开发行 1 亿 BNB，占总发行比例的 50%，同时在币安官网、RenRenICO、币久网三个平台进行。

（2）创始团队成员早期持有 8000 万个 BNB，占总发行比例的 40%。

（3）知名业内人士天使轮融资持有 2000 万个 BNB，占总发行比例的 10%。

币安代币的 ICO 是在 2017 年 6 月 24 日开始的，当时参与的价格成本为 1 元，后来陆续在各大众筹网站开始募集代币，接收的币种有以太坊（ETH）、比特币（BTC）、小蚁股（ANS）。

筹集资金使用分配如图 8-9 所示。

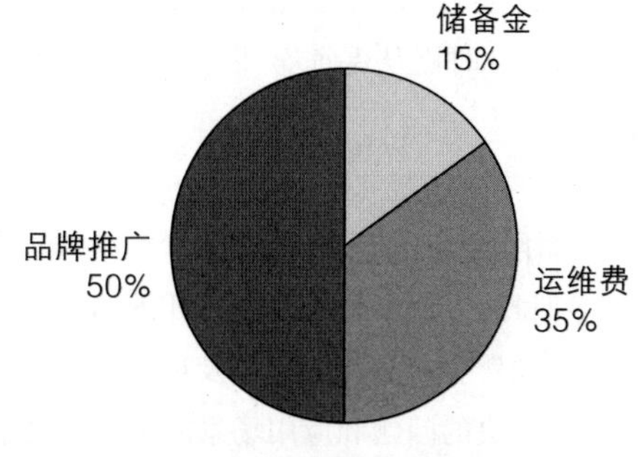

图 8-9　筹集资金使用分配

筹集的资金 35% 用于建设币安平台和相关的维护，包括招募团队成员、培训、发展的预算；50% 用于币安的品牌推广和市场运营；15% 作为储备金，以应付可能出现的紧急情况。

团队持有 BNB 代币解禁计划：

- 初始释放 20% (1600 万)
- 一年后解禁 20% (1600 万)
- 两年后解禁 20% (1600 万)
- 三年后解禁 20% (1600 万)
- 四年后解禁 20% (1600 万)

通证的释放规则、增发（或回笼）规则

从币安币白皮书上看，币安币不增发且有回购计划，是一种通缩型代币。根据它们的白皮书说明的回购机制：我们将会在币安平台上线后，每个季度将币安平台当季净利润的 20% 用于回购 BNB，回购的 BNB 直接销毁，回购记录将会第一时间公布，用户可通过区块链浏览器查询，确保公开透明，直至销毁到总量为 1 亿个 BNB 为止。

项目的利益方

币安币的核心维护团队、投资方、币安交易所交易的参与者等。

（1）核心维护团队：币安团队不仅可以从代币的募集与收入上获得资金的支持，而且可以在正常的业务运营中获得利润。通证的融资为团队带来更好的资金支持，团队的回购计划也在回报通证，为其提供价值来源。

（2）投资方：币安币在ICO阶段，投资人员持有10%。作为通证融资的部分，以及后期币安币的成长，投资团队获得的收益与ICO中的个人用户收益相同。

（3）币安交易所交易的参与者：币安币主要是为了其交易所的平台用户使用，作为交易的媒介和让利的工具。

通证的激励与消费规则

币安币前期用于激励平台内的交易，使用币安币有手续费的优惠。在币安发展成去中心化交易所时，成为币安的用户需要BNB作为燃料，不然就无法进行交易，按照这样的逻辑，未来BNB将会越来越值钱。通证的消费者，主要是币安平台上面的交易者。

通证的价值来源：币安币作为一种应用通证，主要有3种价值来源。

（1）优惠抵扣币安平台交易的手续费。在币安平台上参与交易的用户，无论交易何种代币，在需支付交易手续费时，如持有足额BNB，系统会对所需支付的手续费进行打折优惠，并按当时市值折算出等值BNB数量，使用BNB完成手续费的支付。手续费的折扣率如表8-6所示。

表8-6 使用通证的交易手续费折扣率

时间	第一年	第二年	第三年	第四年	第五年以后
折扣率	50%	25%	12.50%	6.75%	无折扣

（2）回购机制。我们将会在币安平台上线后，每个季度将币安平台当季净利润的20%用于回购BNB，回购的BNB直接销毁，回购记录将会第一时间公布，用户可以通过区块链浏览器查询，确保公开透明，直至销毁到总量为1亿个BNB为止。（这会成为一种通缩型货币，鼓励用户持有，会极大增强货币的第三种职能，价值积累和储藏）

（3）去中心化交易“燃料”。未来，BNB也将会是币安去中心化链上交易平台的燃料。使用币安去中心化交易平台时，需要使用BNB，包括抵扣手续费、打赏等各种多元化功能。

经济模型的调整：目前币安币的运行良好，需要调整的需求不大。从长久上来说，1亿的总量是否能够满足需求，还需要看项目的发展。

8.7 当前区块链经济模型中存在的主要问题

区块链技术发展了十多年，产生了数以万计的项目。这些项目大部分失败了，失败的原因各种各样，除了技术方面的因素，经济模型设计不合理的原因也是一个主要的方面。

我们不分析那些纯粹为了骗钱的项目，因为这些项目本身就是为了利用数字货币的热潮，赚一笔快钱，不具有合理性设计的动机。我们需要分析的是那些想使用好区块链技术，但没有设计好经济模型，导致失败的典型情况。

我们在 4.3 节中描述了经济模型中存在的经济学角度的几个问题。本节我们结合实例，再把当前区块链项目中的问题一起总结。

1. 没有分配好利益

由于大部分区块链项目由技术人员发起，对于经济模型中的主要利益方和利益的分配方式没有考虑清楚。从最早的比特币没有为开发团队预留资金，到后期的一些项目为了眼前的利益，对投资方过度分配通证，造成针对项目发展的长期贡献利益分配不合理。但因为通证的一次性分配特点，后期可以调整的余地很小。

如果想通过修改经济模型，重新分配通证的做法又会因为现有利益方的反对而很难进行。分配好利益是一件比较难的事情，可以在初期给基金会或其他预留的方式保持一部分弹性，在后面的发展中使用这部分弹性来调整项目各个参与方的利益。

2. 通证总量设计不合理

对于通证的总量，很多团队没有太好的计算依据。参照比特币的 2100 万枚，直接取其倍数，并宣传自己的项目对标比特币。但通证的总量设计还是一个比较严格的事情，需要一定的理论支撑，通证的总量要适合自己的项目生态发展需要。

通证总量设计得不合理可以在某个重要阶段做出调整，但涉及多方利益，重新调整的方案要有说服力。

3. 释放规则不合理

释放规则不合理是个突出的问题。不少的区块链项目因为没有经验，没有给各个利益方的通证设定释放周期，造成通证一开始流通就有大量的通证涌入、抛售或炒作的行为，这对项目方的正常发展都会比较不利。

此外，项目方释放规则设计不合理造成的影响，还来源于项目方缺少调整流动性的工具，或者不清楚怎么使用这些流动性的工具，造成任由市场力量对流动性的直接影响。

4. 项目团队的组织结构不完善

项目团队也经常因为准备的不足，造成组织结构的不完整，如缺少基金会的管理职能，社区运营的缺失。这些组织结构的不完成，造成在运营中相关的职能没有人来负责，最终导致项目团队的主要人员要承担全部的职能。这种分工的不完整和职责的不清晰容易产生混乱。

5. 反复调整经济模型

项目团队反复调整经济模型也是个严重的问题。一些项目因为没有经济模型的设计经验，产生了很多的问题，后期迫不得已做出调整。但调整的过程还是没有解决长久发展问题，新设计方案同样有不少问题，造成“拆东墙补西墙”的局面，或者因为最初的方案问题太多，没办法一次修复完。每次因为没有真正地解决问题，就会反复调整经济模型，反复伤害参与方的利益。

6. 没有合理使用通证融资与股权融资

最早的比特币项目既没有通证融资，又没有股权融资，后面的效仿者也经常忽略了对融资的重视。后期的项目受到以太坊的正面作用和对通证融资工具的支持，更多的项目开始使用通证融资。

通证融资与股权融资，各有特点，各有优缺点。当前的区块链项目比比特币时代需要消耗的资源更多，需要更多的人参与项目，也需要更长的时间周期，综合用好两种融资才能更好地发展。在第 10 章会详细讲解股权融资与通证融资。

第9章 区块链经济模型涉及的监管与法律

目前大部分国家对于私人数字货币的法律地位并没有给予明确的态度，但对于非法定数字货币可能带来的挑战一直非常关注。针对数字货币可能带来的洗钱、恐怖金融、偷税漏税、金融稳定等方面的特定风险出台了相关的政策。

1. 反洗钱

由于数字货币的匿名性、转移快捷等特征。数字货币存在被用于洗钱、恐怖金融等活动。例如，零知识证明、同态加密等技术实现交易的完全匿名化，混币服务可以将多笔交易混淆后输出，从而难以判断数字货币的来源，影响数字货币的可追踪性。目前，美国、德国、英国和加拿大等国都采取了相关的监管措施。

2. 反偷税漏税

数字货币具有资产和货币双重属性，以资产的形式还是货币的形式处理税收问题也是个难题。为了防止数字货币成为逃税的手段，许多国家要求计算和报告每次使用和处置比特币的收益和损失。加拿大、美国、英国、澳大利亚和德国等国出于所得税的目的，确认数字货币为资产形式。

3. 金融稳定

目前数字货币尚未大规模使用，去中心化的数字货币交易目前尚未到引起金融系统风险的地步。现阶段多数国家采取的是限制金融机构参与数字货币交易，禁止从事数字货币业务，如我国禁止金融机构使用或交易比特币；欧央行建议欧盟国家禁止信贷机构、支付机构购买、持有或出售数字货币。

4. 外汇管制、货币政策

私人数字货币由于去中心化的特征，容易被用来规避汇率和资本管制。目前由于私人数字货币仍然规模不太大，进行资本管制的国家尚未有明确外汇管理政策针对数字货币，同样由于目前私人数字货币对现有货币政策的影响有限，尚未有相关政策。

9.1 传统金融监管

传统金融的监管比较成熟与规范，并且经过无数金融事件的检验，在不断地改进与完善中。我们通过了解传统金融领域的监管办法，能够更好地理解数字货币领域的监管。

9.1.1 金融风险与金融监管

金融行业是一个高风险行业，具有极大的社会扩散性。金融风险的含义是指人们在从事金融活动中遭受损失的不确定性。

金融企业是信用组织，其经营特点是以货币为主体商品，以信用为营运基础，实行负债经营，90% 左右的资金来自居民储蓄和企业存款，是对广大社会公众的负债。它还保管着黄金等社会财富，承担着很大的风险。同时，金融机构与国民经济各个部门有着极为密切的联系，金融业的风险成为制约金融业经营活力并影响国民经济稳定增长的一个极为显著的问题。因此，无论从金融企业保持自身正当经营上讲，还是从国家宏观经济管理的要求上讲，都要求金融企业在经营中分散风险，加强自我保护。

按金融风险产生的原因分类，可以分为信用风险、利率风险、汇率风险和国家风险（指由于一国宏观经济政策或政治因素如战争、内乱的变动可能造成的金融损失）四种最基本的风险。此外，还有两种经常发生的风险：一种是操作风险，这是指金融企业内部直接从事金融业务操作的人员，由于违规违章操作而造成资金损失带来的风险；另一种是市场风险，这主要是指由于金融创新带来金融衍生工具增多，如果运用不当，反而成为新的金融风险黑洞。

由于金融行业是高风险的特殊行业，为了规避和分散金融风险，保护存款人利益，保障金融机构稳健经营，维护金融业的稳定，促进一国经济的持续协调发展，各国政府都很重视金融监管工作，一般都通过国家立法来保障金融监管当局行使职权。

1. 金融监管的原则

金融监管的原则有以下几个方面。

（1）依法管理原则。

（2）合理、适度竞争原则。监管重心应放在保护、维持、培育、创造一个公平、高效、适度、有序的竞争环境上。

（3）自我约束和外部强制相结合的原则。

（4）安全稳定与经济效率相结合的原则。

此外，金融监管应该注意顺应变化的市场环境，对过时的监管内容、方式、手段等及时进行调整。

2. 金融监管理论

（1）社会利益论

金融监管的基本出发点首先就是要维护社会公众的利益，而社会公众利益的高度分散化，决定了只能由国家授权的机构来履行这一职责。历史经验表明，在其他条件不变的情况下，一家银行可以通过其资产负债的扩大、资产对资本比例的扩大来增加盈利能力。这必然伴随着风险的增大。但由于全部的风险成本并不是完全由该银行自身承担，而是由整个金融体系乃至整个社会经济体系来承担，这就会使该银行具有足够的动力通过增加风险来提高其盈利水平。如果不对其实施必要的监管和限制，社会公众的利益就很可能受到损害。也可以这样概括：市场缺陷的存在，有必要让代表公众利益的政府在一定程度上介入经济活动，通过管制来纠正或消除市场缺陷，以达到提高社会资源配置效率、降低社会福利损失的目的。

（2）金融风险论

由于金融风险的特性，决定了必须对其实施监管，以确保整个金融体系的安全与稳定。

首先，银行业的资本只占很小的比例，大量的资产业务都要靠负债来支撑。在其经营过程中，利率、汇率、负债结构、借款人偿债能力等因素的变化，使得银行业时刻面临着种种风险，成为风险集聚的中心。而且，金融机构为获取更高收益而盲目扩张资产的冲动，更加剧了金融业的高风险和内在不稳定性。当社会公众对其失去信任而挤提存款时，银行就会发生支付危机甚至破产。

其次，金融业具有发生支付危机的连锁效应。在市场经济条件下，社会各阶层以及国民经济的各个部门，都通过债权债务关系紧密联系在一起。因而，金融体系任一环节出现问题，都极易造成连锁反应，进而引发普遍的金融危机。更进一步，一国的金融危机还会影响到其他国家，并可能引发区域性甚至世界性的金融动荡。

最后，金融体系的风险，将直接影响着货币制度和宏观经济的稳定。

（3）投资者利益保护论

在设定的完全竞争的市场中，价格可以反映所有的信息。但在现实中，大量存在着信息不对称的情况。在信息不对称或信息不完全的情况下，拥有信息优势的一方可能利用这一优势来损害信息劣势方的利益。于是就提出了这样的监管要求，即有必要对信息优势方

（主要是金融机构）的行为加以规范和约束，以为投资者创造公平、公正的投资环境。

9.1.2 金融监管组织与成本

金融监管组织以我国为例，确立了以中国银行业监督管理委员会、中国证券监督管理委员会、中国保险监督管理委员会为架构的对金融业实行分业监管的金融监管组织体系。

1. 中国银行业监督管理委员会

2003 年 3 月，第十届全国人民代表大会通过国务院机构改革方案，成立中国银行业监督管理委员会（以下简称“银监会”）以行使对银行业的监管职能。2003 年 4 月 26 日，第十届全国人民代表大会常务委员会第二次会议通过关于中国银行业监督管理委员会履行原由中国人民银行履行的监督管理职责的决定。

银监会的职责包括负责制定有关银行业监管的规章制度和办法；对银行业金融机构实施监管，维护银行业的合法、稳健运行；审批银行业金融机构及其分支机构的设立、变更、终止及其业务范围；对银行业金融机构实行现场和非现场监管，依法对违法违规行为进行查处；审查银行业金融机构高级管理人员的任职资格；负责编制全国银行数据、报表，并按照国家有关规定予以公布。同时，银行业金融机构风险内控监管，公司治理机制的建设和完善，金融类国有资产的管理，也将是银监会的职责。

货币政策职能和银行监管职能两种职能相对分离，可以防止货币政策与银行监管的同步振荡，有利于两者专业化水平的提高。一方面，货币政策应当更多地依靠公开市场操作等市场化的政策工具来实现，而不能依靠放松或加强银行监管力度来实现其政策目标；另一方面，银行监管如果出现失误，也不能依靠随意增加货币供给去填补窟窿、掩饰漏洞。

2. 中国证券监督管理委员会

中国证券监督管理委员会是证券市场的监管组织。由于股票市场最初是在上海、深圳两地开始试点，当时对市场的监管也基本上由两地政府来承担。随着市场规模的扩大，中央政府介入市场监管。1992 年国务院成立证券管理办公室，办事机构设在中国人民银行总行，但实质监管仍由两地政府承担。1992 年 10 月，国务院证券委员会（以下简称“证券委”）和中国证券监督管理委员会（以下简称“证监会”）宣告成立，确立了全国证券、期货市场统一的监管机构和监管体系的雏形。

证券委是国家对证券市场进行统一宏观管理的主管机关，委员由国务院 14 个部委和最高人民检察院、最高人民法院的领导同志组成。其职责包括负责组织拟订有关证券市场的法律、法规草案，研究制定有关证券市场的方针政策和规章；制定证券市场长期发展规划和年度计划；指导、协调、监督和检查各地区、各有关部门与证券市场有关的事项。

1998 年 4 月，根据国务院机构改革方案，决定将证券委与证监会合并组成国务院直属事业单位。经过这些改革，中国证监会职能明显加强，集中统一的全国证券监管体制基本形成。1998 年 9 月，国务院批准了《中国证券监督管理委员会职能配置、内设机构和人员编制规定》，进一步明确证监会为国务院直属事业单位，是全国证券、期货市场的主管部门，进一步强化和明确了证监会的职能。

3. 中国保险监督管理委员会

1998 年 11 月 8 日，中国保险监督管理委员会（以下简称“保监会”）在北京成立。保监会为国务院直属事业单位，是全国商业保险的主管机关，根据国务院授权履行行政管理职能，依照法律、法规统一监督管理保险市场。其职责包括拟定有关商业保险的政策法规和行业规划；依法对保险企业的经营活动进行监督管理和业务指导，依法查处保险企业违法违规行为，保护被保险人利益；维护保险市场秩序，培育和发展保险市场，完善保险市场体系，推进保险业改革，促进保险企业公平竞争；建立保险业风险的评价与预警系统，防范和化解保险业风险，促进保险企业稳健经营和业务的健康发展。

金融监管成本大致分为显性成本和隐性成本两个部分。一般来说，金融监管越严格，其成本也就越高。

（1）执法成本

这是指金融监管当局在具体实施监管的过程中产生的成本。它表现为监管机关的行政预算，也就是以上提到的显性成本或直接成本。

（2）守法成本

这是指金融机构为了满足监管要求而额外承担的成本损失，通常属于隐性成本。它主要表现为金融机构在遵守监管规定时造成的效率损失，如为了满足法定准备金要求而降低了资金的使用效率；由于监管对金融创新的抑制从而限制了新产品的开发和服务水平的提高等。

（3）道德风险

金融监管可能产生的道德风险大致包括以下三个方面：

第一，由于投资者相信监管当局会保证金融机构的安全和稳定，保护投资者利益，容易忽视对金融机构的监督、评价和选择。这就会导致经营不良的金融机构照样可以通过提供高收益等做法而获得投资者的青睐。

第二，保护存款人利益的监管目标，使得存款人通过挤兑的方式向金融机构经营者施加压力的渠道不再畅通。存款金融机构可以通过提供高利率吸收存款，并从事风险较大的投资活动。

第三，由于金融机构在受监管中承担一定的成本损失，因而会通过选择高风险、高收益资产的方式来弥补损失。

此外，监管过度还会导致保护无效率金融机构的后果，从而造成整个社会的福利损失。这些无法具体量化的成本，是构成金融监管隐性、间接成本的重要组成部分。

9.1.3 国际金融监管、《巴塞尔协议》与新资本协议

金融国际化对国际金融监管的协调提出了迫切的需要。目前，国际社会对金融监管的国际协调已经取得了广泛的认同，认为：①监管者之间的合作和信息交流不应该存在任何障碍，无论在国内还是在国际上；②要保证监管主体之间共享信息的保密性；③监管者对合作必须有一个前瞻性的态度。在国际金融监管组织中，巴塞尔委员会的影响更为突出。

1.《巴塞尔协议》

在银行国际监管标准的建立中，以《巴塞尔协议》所建立的银行资本标准最为成功。1987年12月，国际清算银行召开中央银行行长会议通过《巴塞尔提议》。在该提议的基础上，1988年7月，巴塞尔银行监管委员会通过了《关于统一国际银行的资本计算和资本标准的协议》，即著名的《巴塞尔协议》。

《巴塞尔协议》的目的在于：

（1）通过制定银行的资本与其资产间的比例，定出计算方法和标准，以加强国际银行体系的健康发展。

（2）制定统一的标准，以消除国际金融市场上各国银行之间的不平等竞争。

该协议的主要内容有：

第一，关于资本的组成。把银行资本划分为核心资本和附属资本两档：第一档核心资本包括股本和公开准备金，这部分至少占全部资本的50%；第二档附属资本包括未公开的准备金、资产重估准备金、普通准备金或呆账准备金。

第二，关于风险加权的计算。该协议制定出对资产负债表上各种资产和各项表外科目的风险度量标准，并将资本与加权计算出来的风险挂钩，以评估银行资本所应具有的适当规模。

第三，关于标准比率的目标。协议要求银行经过5年过渡期逐步建立和调整所需的资本基础。到1992年年底，银行的资本对风险加权化资产的标准比率为8%，其中核心资本至少为4%。

这个协议的影响广泛而深远，面世以来，不仅跨国银行的资本金监管需视协议规定的标准进行，就是各国国内，其货币当局也要求银行遵循这一准则，甚至以立法的形式明确下来。

2. 新资本协议

2001年1月16日，巴塞尔委员会公布了新资本协议草案第二稿，并再次在全球范围

内征求银行界和监管部门的意见。这年年中决定新资本协议草案于2002年定稿，2005年实施，并全面取代1988年的《巴塞尔协议》，成为新的国际金融环境下各国银行进行风险管理的最新法则。

（1）新资本协议出台的背景

自20世纪90年代以来，国际银行业的运行环境和监管环境发生了很大变化，主要表现在以下三个方面：

①《巴塞尔协议》中风险权重的确定方法遇到了新的挑战。这表现为在信用风险（credit risk）依然存在的情况下，市场风险（market risk）和操作风险（operational risk）等对银行业的破坏力日趋显现。在银行资本与风险资产比率基本正常的情况下，以金融衍生商品交易为主的市场风险频频发生，诱发了国际银行业中多起重大银行倒闭和巨额亏损事件。而《巴塞尔协议》主要考虑的是信用风险，对市场风险和操作风险的考虑不足。

② 危机的警示。亚洲金融危机的爆发和危机蔓延所引发的金融动荡，使得金融监管当局和国际银行迫切感到重新修订现行的国际金融监管标准已刻不容缓。一方面，要尽快改进以往对资本金充足的要求；另一方面，需要加强金融监管的国际合作，以维护国际金融体系的稳定。

③ 技术可行性。学术界以及银行业自身都在银行业风险的衡量和定价方面做了大量细致的探索性工作，建立了一些较为科学而可行的数学模型。现代风险量化模型的出现，在技术上为巴塞尔委员会重新制定新资本框架提供了可能性。

新协议草案较之1988年的《巴塞尔协议》复杂得多，但也较为全面。它把对资本充足率的评估和银行面临的风险进一步紧密结合在一起，使其能够更好地反映银行的真实风险状况。新协议不仅强调资本充足率标准的重要性，还通过互为补充的“三大支柱”以期有效地提高金融体系的安全性和稳定性。

（2）新资本协议的三大支柱

新资本协议包括互为补充的三大支柱：

① 第一大支柱——最低资本要求（minimum capital requirements）。最低资本要求由三个基本要素构成：受规章限制的资本的定义、风险加权资产以及资本对风险加权资产的最小比率。其中有关资本的定义和8%的最低资本比率没有发生变化。但对风险加权资产的计算问题，新协议在原来只考虑信用风险的基础上，进一步考虑了市场风险和操作风险。

② 第二大支柱——监管当局的监管（supervisory review process）。这是为了确保各银行建立起合理有效的内部评估程序，用于判断其面临的风险状况，并以此为基础对其资本是否充足作出评估。监管当局要对银行的风险管理和化解状况、不同风险间相互关系的处理情况、所处市场的性质、收益的有效性和可靠性等因素进行监督检查，以全面判断该银行的资本是否充足。

③ 第三大支柱——市场纪律（market discipline）。市场纪律的核心是信息披露。市场约束的有效性直接取决于信息披露制度的健全程度。只有建立健全的银行业信息披露制度，各市场参与者才可能估计银行的风险管理状况和清偿能力。为了提高市场纪律的有效性，巴塞尔委员会致力于推出标准统一的信息披露框架。

人们普遍支持新的资本协议框架，赞同采用风险敏感度较高的资本管理制度。但同时也普遍认为新协议太复杂，难以立即统一实施。实际上，各国实施时间各有差异。考虑到中国是发展中的国家，尤其是正处于由计划经济向市场经济转轨的过程中，中国银行业监督管理委员会定推迟到2010年实施这项新资本协议。

9.2 KYC与AML

KYC与AML一直都是全球监管机构关注的重要领域。目前基于区块链发行的数字货币，一般都会要求项目方提供KYC和AML的功能。

9.2.1 KYC（了解你的客户）

KYC全称（Know Your Customer），了解你的客户指的是交易平台获取客户相关识别信息的过程，它的目的主要是确保不符合标准的用户无法使用该平台所提供的服务，同时可以在未来的一些犯罪活动调查中为执法机构提供调查依据。

KYC最早来源于美国的反洗钱立法。1970年，美国通过了关于反洗钱的《银行保密法》（Bank Secrecy Act，BSA），该法案是美国惩治金融犯罪法律体系的核心立法。《银行保密法》的立法目的是遏制使用秘密的外国银行账户，并通过要求受监管机构用提交报告和保存记录的方式，来识别进出美国或存入金融机构的货币和金融工具的来源、数量及流通，从而为执法部门提供审计线索。此后，新增的11项法律条文给银行和货币转移服务商增加了更多要求。现在监管纲要一般被称为KYC和AML规则，逐步通行于金融行业。

1. 一般的KYC认证所需提供材料

KYC账户认证一般分为两种：个人账户认证和企业账户认证。

个人账户认证分为以下两种。

（1）身份认证材料：可以是身份证、驾照、居住证、护照等政府颁发的有效身份证件。

（2）地址认证材料：一般为不超过3个月内的水电、燃气账单或信用卡账单等。

企业账户认证分为以下5种。

（1）公司营业执照扫描件。

（2）公司主要联系人及受益人（受益人是指在公司中占有股份等于或超过 25% 的自然人或法人）的护照扫描件（如无护照，可用身份证正反面加户口本本人信息页替代）。

（3）公司账单：最近 90 天内的任意一张公司日常费用账单（包括水、电、燃气、网络、电话、社保、银行对账单等）；必须是正规机构（公用事业单位、银行等）出具；账单上需有公司名称和详细地址，公司名和地址应和营业执照上一致。

（4）个人费用账单：最近 90 天内的任意一张主要联系人和受益人个人日常费用账单（日常费用包括水、电、燃气、网络、电视、电话、手机等费用账单或信用卡对账单等）；必须是正规机构（公用事业单位、银行等）出具；账单上需有姓名和家庭详细居住地址。

（5）公司银行对账单：开立一张公司对公的银行对账单，任意银行皆可。

2. 金融机构的KYC要求

从全球现行监管规定看，KYC 法则要求金融机构实行账户实名制，了解账户的实际控制人和交易的实际收益人，同时要求对客户的身份、常住地址或企业所从事的业务进行充分的了解，并采取相应的措施，包括：

（1）建立和维持客户身份认证和核实。

（2）了解客户活动特征（主要目的是要满足客户资金来源的合法性）。

（3）为监察客户的活动而评估客户涉及洗钱和恐怖融资活动的风险。

在中国，相关的监管也已经建立，中国的银行须遵循的反洗钱和反恐怖融资的法律和监管规定包括《中华人民共和国反洗钱法》、《中华人民共和国反恐怖主义法》、中国人民银行《关于进一步加强反洗钱和反恐怖融资工作的通知》（以下简称《通知》）（银办发【2018】130 号），以及中国银行保险监督管理委员会令 （2019 年第 1 号）《银行业金融机构反洗钱和反恐怖融资管理办法》（以下简称《办法》）等。这些法律和监管要求均要求金融机构在开展各项业务前必须做到 KYC。以中国人民银行《通知》为例，《通知》明确要求金融机构要从：①客户身份核实要求；②依托第三方机构开展客户身份识别的要求加强客户身份识别管理。以及要从：①高风险领域的客户身份识别和交易监测要求；②高风险国家或地区的管控要求加强洗钱或恐怖融资高风险领域的管理。

以银保监会的《办法》为例，其中的第十二条规定：“银行业金融机构应当按照规定建立健全和执行客户身份识别制度，遵循‘了解你的客户’的原则，针对不同客户、业务关系或交易，采取有效措施识别和核实客户身份，了解客户及其建立、维持业务关系的目的和性质，了解非自然人客户受益所有人。在与客户的业务关系存续期间，银行业金融机构应当采取持续的客户身份识别措施。”第十三条规定：“银行业金融机构应当按照规定建立健全和执行客户身份资料和交易记录保存制度，妥善保存客户身份资料和交易记录，确保能重现该项交易，以提供监测分析交易情况、调查可疑交易活动和查处洗钱案件所需的信息。”

值得一提的是，作为金融创新和近期应对抗疫需要的一项重要举措，我国银行业界均在大力拓展“非接触银行”和“非接触贷款”等线上业务。毋庸置疑，KYC 政策和制度的严格执行与实施将会是这种“非接触”和“线上”的创新思路的一大挑战。鉴于 KYC 不单体现在与客户建立关系（如开户）的最初阶段，而且还要体现在逐笔业务交易层面上和后续持续往来过程中，有关银行在这方面的创新还需要做进一步的努力，其中包括向政府呼吁和争取相应的新的法律立法，并在客户认证和验证有效性和合法性等方面找到更有效的解决方法，以确保有关银行相关业务能够合法和合规开展，并能可持续发展。

9.2.2 AML（反洗钱）

“洗钱”一词的来源为 20 世纪初的犯罪者阿尔・卡彭（Al Capone），他因为经营投币式洗衣店用以合理化犯罪所得。事情发生在 20 世纪 20 年代，芝加哥一名黑手党金融专家买了一台投币洗衣机，开了一家洗衣店。每天晚上，他在结算当天的洗衣收入时，都会把违法所得金额加进去，然后交给税务局纳税。税后条款成为他所有的合法收入，所以后来这种行为便以历史上此种“用投币式洗衣机掩盖犯罪金钱”的行为简称“洗钱”。

反洗钱（Anti Money Laundering，AML），是指为了预防通过各种方式掩饰、隐瞒毒品犯罪、黑社会性质的组织犯罪、恐怖活动犯罪、走私犯罪、贪污贿赂犯罪、破坏金融管理秩序犯罪等犯罪所得及其收益的来源和性质的洗钱活动。常见的洗钱途径广泛涉及银行、保险、证券、房地产等各种领域。反洗钱是政府动用立法、司法力量，调动有关的组织和商业机构对可能的洗钱活动予以识别，对有关款项予以处置，对相关机构和人士予以惩罚，从而达到阻止犯罪活动目的的一项系统工程。

从反洗钱的法规历史来看，最明确提及洗钱者为 1970 年的美国银行保密法（Bank Secrecy Act，BSA），与其法案名称略有差异，BSA 旨在规范金融业针对不法资金流需有申报的义务。其后，相关的法案陆续出炉，较有代表性的有 1988 年联合国禁止非法贩运麻醉药品和精神药物公约、2001 年的联合国打击跨国有组织犯罪公约。虽然其主旨大致都是防制犯罪，但事实上都有规范针对犯罪背后的资金流的防堵原则。

目前国际反洗钱标准组织打击清洗黑钱财务行动特别组织为 FATF（Financial Action Task Force on Money Laundering，反洗钱金融行动特别工作组），BSN 的防堵原则是其在 1989 年成立后获得系统化的行动来源，其在 2012 年所发布的“40 项建议”和各国执行实体（亚太为 APG）即为国际反洗钱与反资恐作业标准，也几乎确立金融业在洗钱防制的第一线责任。

洗钱行为的历史在诸多层面都是难以记录的，主要原因即为洗钱行为本就不可能有官方统计资讯。故洗钱之历史或需从“反洗钱与反恐怖融资”（Anti-Money Laundering and

Counter Financing of Terrorism，AML/CFT）的资料作为反向的历史映射。目前防范洗钱的代表数据为占国内生产总值的数据，如联合国曾在不同场合估算洗钱规模占全球 GDP 的比例，全球每年在国际上流通的洗钱金额约达 8000 亿~ 20000 亿美元不等，占全球 GDP 的 2%~5%。

当前在常见的 20 多种洗钱手段中，比特币与数字货币已经被列入一种国际上的洗钱手段。

9.2.3 数字货币领域的 KYC 与 AML

针对数字货币的发展，各国也在学习和调整监管手段。KYC 与 AML 正在进入数字货币与相关领域。

2019 年 8 月 7 日上午 10 时许，一个昵称为 Guardian M 的用户在一个名为 FIND YOUR BINANCE KYC 的 Telegram 群内进行直播，直播发送疑似从币安泄露的用户 KYC 资料和图片。

据财经网链上的财经统计，直播一直持续到当天中午 12:39，在近三个小时的直播中，数百份 KYC 资料被泄露，其中大部分 KYC 资料上标注的时间为 2018 年 2 月 24 日，也有部分资料标注时间为 2018 年 2 月 18 日或 2018 年 1 月 20 日。

依照此次 Telegram 群内公布的疑似币安 KYC 信息可知，这些用户来源于中国、美国、日本、越南、巴基斯坦、韩国、俄罗斯、印度、英国等。但是查阅目前各国的法律法规可知，币安并不能在中国、日本以及美国合法开展交易活动。

欧盟于 2018 年 5 月 14 日批准了一项新的反洗钱法案，部分目标是针对数字货币的。之后，欧盟 28 个成员国正式批准了欧洲议会上的新法案，当局特别针对使用数字货币（如比特币）的匿名性，以及使用消费者银行产生交易。一旦生效后，像数字货币交易所这样的实体将不得不遵守 AML 准则，这可能包括完整的客户验证。

在此之前，欧盟也一直在推进针对虚拟货币交易的反洗钱法案。

2016 年 7 月 5 日，欧盟委员会针对比特币和预付卡推出了新的反洗钱规章提案，以期打击巴黎恐怖袭击事件和巴拿马文件泄露事件暴露的恐怖分子洗钱和偷税漏税等问题。

2015 年 11 月 13 日发生的巴黎恐怖袭击事件中，恐怖分子曾使用预付卡。为预防类似事件再次发生，欧盟委员会发布了新的反洗钱提案。该提案意图提高对国家银行账户的监督以及信托所有权的透明度，加强欧洲金融智库间的信息共享，从而实现对可疑交易的实时监督。

该提案规定不可充值预付卡的充值门槛将由原先的 250 欧元下调至 150 欧元，而以比特币为首的虚拟货币将列入反洗钱法范围，同时虚拟币平台将需要验证虚拟币使用者的身份并进行交易监控。

2017 年 6 月，欧盟立法机构将考虑修改现行的反洗钱法律，修改后的法律介绍了有关加密货币的具体定义和条款，促进了法币与比特币和其他虚拟货币之间的交易。欧盟委员会采用的现行立法将虚拟货币定义为：既不是由中央银行或公共机构发行的数字货币代表，也不附加在法律上用作交易方式的法定货币，其购买以电子方式转让、存储和交易。

2018 年 1 月，欧洲议会和欧盟理事会（European Parliament and the Council of the European Union）通过修改第四反洗钱指令（4AMLD 指令），该举措将虚拟货币交易所和钱包提供商纳入欧盟的反洗钱框架。这一指令要求交易所和托管钱包提供商添加客户尽职调查 KYC 和监控交易，并报告可疑交易，以阻止潜在的洗钱、逃税和为恐怖主义提供资金等行为。该修正案需要由欧盟成员国正式通过，并会在 18 个月内成为正式法。

欧盟批准新的 AML 反洗钱法，涵盖了数字货币领域。使得欧盟成员国将需要中央集中制的注册中心来涵盖所有银行和账户所有者的信息。当可疑事件发生时，国家机关将通过该注册中心获取相关信息。

传统银行与金融业的监管手段和方法在数字货币的领域还需要新的发展与适应。例如，一些新的法规规定了数字货币交易所或钱包托管商有相关的 KYC 与 AML 义务与责任。从技术原理上，这些规定在中心化的机构执行没有问题，但对于去中心化的交易所与钱包托管商，还没有更好的措施。此外，对于数字货币中的一些特殊用途的隐私货币，如果不进入中心化的交易所，也很难监管。

根据 PeckShield 公司《2019 全球数字资产反洗钱 (AML) 研究报告》分析，PeckShield 安全团队全面梳理了近几年使用数字资产进行的“非法或未受监管”的交易现状，并深入分析了以下三方面的数据。

（1）重大安全事件和损失情况：PeckShield 统计发现，2017 年共发生重大安全事件 11 起，共计损失 2.94 亿美元；2018 年共发生重大安全事件 46 起，共计损失 47.58 亿美元；2019 年共发生重大安全事件 63 起，总共损失达到了 76.79 亿美元。

（2）暗网市场交易规模：截至目前，运行 TOR 协议的暗网网站已有 6 万个左右，其中大约一半从事非法交易。暗网市场中的交易需求非常大，不断有大型黑市被关闭，但很快又会有新的黑市涌现出来，其总交易额还在不断增长。2018 年流入暗网的比特币总数为 33 万枚，2019 年为 54 万枚，按交易时价计算，总金额分别是 21 亿美元和 39 亿美元。

（3）国际未受监管资金流动情况：以数字资产作为载体的资金在国际的流动已经非常巨大，但不同国家对比特币等数字货币资产的法律界定还很模糊，意味着这些流动资金并未受到合理、合规的监管。

1. KYC当前存在的问题

尽管区块链赋能 KYC 并促使它完成了技术上的迭代，但是依然存在许多问题，引起业界的广泛讨论和争议，在笔者看来，起码有三点值得各方探讨。

（1）提升门槛导致的金融排斥与普惠金融理念相悖，是否公平

KYC 和 AML 审核必然会导致相当一部分用户被排斥在门槛之外。据相关媒体报道，2009 年以来，25% 的全球代理银行的关系被切断了，很多企业账户被关闭，无法接受银行服务，尤其是非洲和加勒比等地区遭到重挫，2015 年几乎 70% 的加勒比银行切断了代理行关系。门槛提升可能一次性将几百万人排除在金融体系之外。

即使合法化的美国 STO 项目，因为合格投资人的资格审核，也直接将为数众多的普通人群一刀切地排除在外。如此多的人排除在金融体系之外，导致此前各国政府和金融界所倡导的普惠金融成了美好愿望。

（2）规避风险的同时却侵害用户隐私，是否符合现代精神

由于大数据、云平台和区块链技术的介入，KYC 和 AML 的审核越来越严格，也越来越准确。特别是在区块链上，由于信息采用的是在分布式账户系统上共享的方式，所以记录存档上的所有信息都是安全、透明和不可变的，如客户的背景、财务记录、收入来源、财富和资产等信息全都一览无余。

区块链技术减轻了数据的模糊性，降低了欺诈的可能性，可以说如果所有机构都使用区块链，KYC 和 AML 数据就可以更加安全、透明和无缝。

但与此同时，区块链本身所具备的匿名性也在此消失殆尽，所有通过 KYC 和 AML 审核的合格投资者都暴露在机构甚至是全世界的用户面前，这种隐私权被展现的做法，是否符合现代精神呢？

（3）中心化机构是否会导致利益方以用户信息违法（规）获利

目前的 KYC 和 AML 体系基本上都是由交易机构进行审核，而这些交易机构大多数都是中心化的机构，这就意味着经过审核（不管审核通过与否）的用户，处在可能存在的风险之中。他们上传的个人信息，除了用在通过审核之外，并不知道会不会被机构挪作他用或者直接用来变现。

事实上，很多金融机构私下贩卖投资者信息的行为是非常普遍的，无论美国、欧洲还是亚洲。如何保护个人信息或数据资产的安全性，是 KYC 和 AML 本身衍生出的问题，也是未来的挑战。

2. 未来KYC的改进

任何事物在发展过程中都会遇到各种问题，KYC 当前存在的问题其实有很大的改进空间，而相关监管部门、机构和区块链公司等也都在试图改进，但这并不是一蹴而就的，需要一定时间，毕竟 STO 还处于探索阶段。

首先，取决于监管部门对普通投资人的限制是否可以适度放宽，包括对投资人的认定以及封闭期时间长短的规定，这一方面取决于监管部门的认知和权衡，另一方面则取决于

STO 发展和完善的进程，这两者是相辅相成的。

其次，区块链技术对信息识别和验证，如私钥签署智能合约，可以验证用户的私有信息，而不会使他们面临风险，这可以满足个人投资和政府监管双方的需求，并且可以在很大程度上限制项目方的作恶行为。

我们看到，这些改变已经在发生。例如欧盟，出台了 GDPR（General Data Protection Regulation）数据保护条例，并在 2018 年 5 月 25 日正式实施，明确将用户个人数据的使用授权归还给数据主体个人。相信随着监管措施的优化调整和区块链技术的日趋完善，困扰 KYC 和 AML 的这些问题都会逐步得到解决。

9.3　区块链经济模型涉及的监管

在传统金融领域的信用风险、利率风险、汇率风险和国家风险、操作风险、市场风险，在区块链的世界里一样存在，有些是变换了一些形式。例如，国家风险可能会变成项目风险。另外区块链项目中的信用风险、市场风险会更突出。

区块链领域与数字货币相关的风险，可以参考传统金融的一些管理方式与理论，如金融监管理论的三个考虑点：社会利益论、金融风险论、投资者利益保护论。一些类型的数字货币（或通证）是否可以归属到传统的银监会、证监会、保监会之类的机构来管理？这些从国内外的监管方式上看，都在探索尝试中。

9.3.1　通证经济的一些特点

当前通证经济表现出一些基本特点：高流动性、不稳定性、高风险、高投机性、市场操控。

（1）高流动性。实体经济活动从生产到实现需求均需要耗费一定的时间，但通证经济是一种虚拟经济，资本的持有和交易活动只是价值符号的转移。相对于实体经济，通证经济的流动性很大。其交易过程在公链上瞬间完成，而且不需要第三方的参与。这是区块链带来的好处，同时其具有高流动性和无中间机构的特点也会给监管带来挑战。

（2）不稳定性。通证经济当前还不成熟，在市场的买卖过程中，价格的高低更多取决于持有者和交易者对未来通证所代表的权益的主观预期，而这种主观预期与未来通证项目的成长有很大的关系，增加了通证经济的不稳定性。

（3）高风险。当前影响通证价格的因素众多，这些因素变化频繁、无常，并不遵循一定的规律。而且通证经济的快速发展，其交易规模、交易种类和通证的品种不断扩大，使得通证经济的发展和变化更加复杂和难以控制。再加上参与者一般是非专业人士，受专业知识、信息传播、分析能力、资金等方面的限制，使得通证经济成为一项风险较高的投资领域。

（4）高投机性。通证经济中的通证虽然可以作为投资目的，但因为这个领域的暴涨暴跌，更多的是充满了投机性。通证经济的高流动性，可以让巨额资金的划转、清算在瞬间完成，这就为通证经济的高投机性创造了技术条件和技术支持。

（5）市场操控。通证经济中的通证目前主要在数字货币的交易所中完成。因为在全球交易的合法化还是个比较大的问题，这些交易所利用在法律监管不到或监管宽松的国家和地区成立公司，通过网络在全球提供服务。一方面，目前数字货币市场缺乏明确的指引和规范；另一方面，实施监管行为的行为主体具备较强专业能力和技术手段，操纵市场手段也较难监测和判断。

9.3.2 数字货币（通证）的监管挑战

区块链技术融合了去中心化、分布式存储、点对点传输、共识机制、加密算法等多种计算机技术，为数字货币提供了难以篡改、不可重复支付、分布式记账、匿名性等特性，在信用层面实现了技术替代，并提升了交易效率、降低了交易成本，同时也对现有金融监管法律体系带来了新的挑战。

（1）法律定性多元化：底层技术与货币产品的融合导致数字货币法律定性的多元化。作为货币产品，数字货币既具有经济学意义上的货币属性，又具有股票、债券等金融工具的特征（可以参考前面章节对通证的定义范围）。由于其发行与流通均基于区块链这一底层技术，数字货币同时具有支付清算基础设施的特征。由此，数字货币给监管带来了两方面的挑战，即对传统货币法造成冲击与对数字货币监管的协同能力带来更大考验。

（2）去中心化造成监管困难：数字货币大多采用的是公有区块链，在不同共识算法的影响下，不同的数字货币表现出不同的去中心化程度，提升了金融监管的难度。在货币发行方面，数字货币实行的多种去中心化发行方式，使得监管者难以介入。在货币移转与维护方面，监管者难以完全掌握去中心化清算系统中的真实交易信息。在货币规则制定与执行方面，监管者亟待明确区块链治理的监管底线。

（3）匿名性造成监管困难：区块链中的加密算法让数字货币具有了强匿名性，尤其是我们前面提到的隐私货币，又加强了数字货币的匿名色彩，进一步满足了注重隐私的客户需求，同时也增加了监管的难度。这些特性为洗钱、非法交易、恐怖融资等违法犯罪活动提供了便捷渠道。数字货币被盗时，数字货币原持有者亦无法通过包括法律在内的任何途径追回自己的财产。

（4）智能合约的应用对法律功能的部分替代：数字货币的发行、交易以及内部治理，均与智能合约紧密相关。智能合约是区块链系统中基于预定事件触发、不可篡改、自动执行的计算机程序。区块链通过事先锁定双方资产的方式保证合约可执行，并且实现了财产移转信息的分布式记录和不可篡改，以及交易记录的可追踪功能。由于智能合约自身提供了即时交易功能，无须类似于中央对手方以及资产抵押等传统担保手段以及相应的法律制度保障，消除了以往当事人需要承担的第三方执行成本。但语言的多义性和代码语言的专业性可能带来新的交易风险和信任风险。

在监管方面，监管机构需要一定的时间和技术来适应区块链技术带来的数字货币的监管挑战。

9.3.3 主要国家的监管态度与监管方式

1. 中国：严厉监管发币行为，鼓励发展区块链技术

2013 年下半年，比特币的中国市场快速升温，价格快速上涨，掀起了第一轮密码货币投资热潮，中国的比特币中国、OKCoin 和火币网跻身世界比特币交易所前列。百度宣布在其第三方支付中支持比特币，苏宁也宣传考虑接受比特币支付。各大媒体争相报道，引起社会广泛关注。

2013 年 11 月，中国人民银行副行长易纲在某论坛上首谈比特币。他表示购买和出售比特币是公民的权利。11 月 19 日，《人民日报》又发文《比特币虽火，冲击力有限》，总体表现出审慎的宽容态度。2013 年 11 月底，比特币价格骤涨至 8000 元，引起金融监管高层的高度重视。

2013 年 12 月 5 日，中国人民银行、工业和信息化部、中国银行业监督管理委员会、中国证券监督管理委员会、中国保险监督委管理员会联合印发了《关于防范比特币风险的通知》。

2017 年 9 月，中国人民银行、中央网信办、工业和信息化部、工商总局、银监会、证监会、保监会七部联合发布了《关于防范代币发行融资风险的公告》。

（1）中国境内数字货币交易所全部关闭。七部委公告发布后，国内各大交易所紧急撤下各种代币交易对，只保留比特币、以太币等主要数字货币品种。2017 年 9 月 15 日各大交易所同时发布公告，宣布关闭交易所，并给出停止交易和清算的时间安排，至 2017 年 10 月 31 日各大交易所基本关闭。此后，部分交易所团队在日本、新加坡等地陆续注册并开展新的密码货币交易业务。

（2）加强密码货币矿场与场外交易监管。密码货币交易所关闭之后，矿场和场外交易成为国内密码货币的主要产业。2017 年底，央行联合多部委引导境内数字货币矿场“有序退出”。对于支付机构违反规定为虚拟货币场外交易提供支付服务的，也加大了严查和处罚力度。

（3）央视三问倡导“无币区块链”。2018 年 5 月，中央电视台经济频道连续播出三

期针对密码货币、ICO 和区块链的报道。质疑国内交易所外迁，开通场外交易，绕过监管吸引国内投资者交易；质疑代币市场乱象横生，交易所挣钱花样多，亟待监管；结合国内链克、微众银行等应用，提出无币区块链也能“火”。尽管央视报道并非正式文件，但具有很强的政策导向性。

虽然我国政府对于比特币持谨慎态度，但对区块链技术是支持的。2016—2019 年间，全国各地纷纷推出区块链相关政策，或是在规划中提到区块链发展，或是给出了资金、人才等具体的扶持细节。总体而言，区块链技术发展越来越引起各地重视。而在 2019 年 10 月底，中共中央政治局就区块链技术发展现状和趋势进行了第十八次集体学习，中央领导明确强调把区块链作为核心技术自主创新的重要突破口，加快推动区块链技术和产业创新发展。这充分表明了区块链技术已上升到了国家高度。

（1）《区块链信息服务管理规定》发布。2019 年 2 月，国家互联网信息办公室发布的《区块链信息服务管理规定》正式施行，规范了我国区块链行业发展所发布的备案依据。本次“管理规定”的出台也意味着我国对于区块链信息服务的“监管时代”正式来临。

（2）第一批区块链信息服务名称及备案编号公开。2019 年 3 月 30 日，国家网信办发布《关于第一批境内区块链信息服务备案编号的公告》，公开发布了第一批共 197 个区块链信息服务名称及备案编号。清单中的公司背后是互联网公司、金融机构、事业单位和上市公司等，其中，区块链技术平台、溯源、确权、防伪、供应链金融等是重点方向。

（3）中央支持深圳开展数字货币研究。2019 年 8 月，中共中央、国务院印发了《关于支持深圳建设中国特色社会主义先行示范区的意见》，提高金融服务实体经济能力，研究完善创业板发行上市、再融资和并购重组制度，创造条件推动注册制改革；支持在深圳开展数字货币研究与移动支付等创新应用；促进与港澳金融市场互联互通和金融（基金）产品互认；在推进人民币国际化上先行先试，探索创新跨境金融监管。

2019 年 10 月 24 日，习近平主席在中央政治局第十八次集体学习时强调，把区块链作为核心技术自主创新重要突破口，明确主攻方向，加大投入力度，着力攻克一批关键核心技术，加快推动区块链技术和产业创新发展。

2. 美国：拥抱技术拒绝封杀

在比特币及区块链技术诞生至今，美国政府一直秉行着谨慎监管，促进发展的准则。一方面，美国政府从不阻止创新或干扰区块链底层技术及建立在新兴技术上的 Token 发展。另一方面，坚决对那些企图在该领域实施诈骗和直接偷窃的行为采取必要行动。

虽然，美国政府至今没有在国家立场上出台过任何明确禁止或倡导数字货币的法案，但也从未任其随意发展，各机构之间协调监管的分工包括：

（1）证券交易委员会（SEC）对未经注册的证券产品采取监管行动，无论它们是数字货币还是初始代币（ICO）产品。

（2）国家银行监管机构主要通过国家汇款法律来监督数字货币即期交易。

（3）国税（IRS）将数字货币归为资本利得税的财产。

（4）财政部金融犯罪执法网络（FinCEN）监测比特币和其他数字货币转账是否以实现反洗钱为目的。

（5）SEC 和 CFTC 认定带有价值存储功能的数字货币可定义为商品，ICO 发行的 Token 性质就是证券。

此外，美国政府曾多次倡导立法者和行业利益相关者应就区块链技术的应用进行合作，特朗普政府也曾承诺将区块链作为可以改善美国政府运作的技术。

3. 英国：监督不监管

英国可以说是对于区块链技术和数字货币最为宽容的国家之一，始终抱着“监督不监管”的态度，并且还为全球区块链初创企业提供了非常优惠的政策。

2016 年 1 月 19 日，英国政府发布了长达 88 页的《分布式账本技术：超越区块链》白皮书，积极评估区块链技术的潜力，考虑将它用于减少金融欺诈和降低成本等技术中。

2018 年 4 月 6 日，英国金融市场行为监管局 (以下简称 FCA) 发布《对于公司发行加密代币衍生品要求经授权的声明》，表示为通过 ICO 发行的数字货币或其他代币的衍生品提供买卖、安排交易、推荐或其他服务达到相关的监管活动标准，就需要获得 FCA 授权。

值得一提的是，目前，英国宪法和法律委员会 (UK Commission) 正在将智能合约的使用编入英国法律，作为更新英国法律并使其适应现代技术挑战的一部分。

4. 日本：承认加密货币为合法支付手段

日本一直以来都大力支持区块链技术，但对数字货币的态度却很微妙。作为最早接受数字货币的国家之一，如今日本受境内多个数字货币交易所被盗的影响，对数字货币交易、交易所的监管日益严格。

2016 年 5 月 25 日，日本国会通过了《资金结算法》修正案（已于 2017 年 4 月 1 日正式实施），正式承认数字货币为合法支付手段并将其纳入法律规制体系之内，从而成为第一个为数字货币交易所提供法律保障的国家。该法在判断交易中的货币是否属于数字货币的过程中，较为重要的标准为是否满足交易对象的不特定性。

2017 年 3 月，日本通过了《关于数字货币交换业者的内阁府令》，宣布正式承认比特币作为法定支付方式的地位。

2017 年 4 月，日本经济产业省发布了日本区块链标准具体的评估方法。评估过程将由经济产业省信息政策局的信息经济司制定。日本区块链标准评估方法包括 32 个指标，这些指标与区块链技术特点紧密相关，评估指标包括可扩展性、可以执行、可靠性、生产能力、节点数量、性能效率和互用性等。

2017 年 7 月，在日本兑换比特币将不再征收 8% 的消费税。2017 年 11 月，日本政府发起 ICO，振兴地方经济。

2018 年 6 月，日本金融厅官网正式发布了对日本 6 家数字货币交易所的行政处罚通告。并且对其提出业务改整命令。此后更发布了 11 个审核步骤，进一步确定了日本交易所审核机制。

2018 年 7 月，日本国家税务总局宣布要在一年内实现对数字货币收入的纳税申报。当月，日本金融监管机构还考虑了是否实施《金融工具和外汇法案（FIEA）》为交易所提供更好的客户服务保障。此外，日本金融厅还进行了全面改革，旨在更好地处理数字货币相关领域问题。

2018 年 9 月，日本金融服务管理局加强了对数字货币交易所登记审查的程序，进一步提高了注册数字货币交易所的审批门槛。

第10章 股权融资与通证融资

因为有了数字货币和相关产品，项目的融资方式多了一种通证融资。在最初的通证经济中，因为通证经济的火热，简洁易于操作，一般项目很少采用股权融资。随着2018年之后通证市场逐步冷却，市场流动性降低，通证融资变得困难，为了在寒冬中生存下去，越来越多区块链项目走上了传统股权融资的道路。

本章我们讲解股权融资与通证融资的各自特点及其适用场景。通过分析一些典型的股权融资案例和通证融资案例，来理解如何设计好股权融资与通证融资，以及在区块链项目中如何运用好这两种融资方式。

10.1 传统融资工具

1. 融资的分类

一般而言，融资主要分成债务性融资和权益性融资两类方式，常简称为债权融资与股权融资。

（1）**债务性融资**具体包括民间借贷、银行（或其他准金融机构）贷款、发行债券、融资租赁、信托融资等，特点是企业不论经营状况如何，都需要按期还本付息，债权人不参与企业的管理。

（2）**权益性融资**主要指各类股权融资（如股权转让、增资扩股、IPO等），企业及其股东无须还本付息，由原来的股东向投资人让渡部分所有者权益，投资人取得与其持股比例相对应的股东权利（包括但不限于分红权、表决权、剩余财产分配权）并可能参与企业管理。

为了更深入地理解股权融资与债权融资，我们了解一些经济学的相关知识。债权市场与股权市场属于金融市场的范畴。金融市场与房地产市场、劳动力市场、技术市场等共同形成了生产要素市场。金融市场是所有金融交易关系的总和，交易各方可以借助这个市场实现资金融通，交换风险，从而提高整个社会资源配置的效率。

经过长期的发展，现代金融市场已经成为一个高度复杂的体系。金融交易的载体是金融工具或金融资产，它是对未来现金流的“请求权”。根据这些“请求权”的不同特征，可以从多种角度对金融市场进行划分。例如：

- 根据“请求权”是否固定，可以划分为债权市场与股权市场。
- 根据“请求权”的交割方式，可以划分为现货市场与期货市场。
- 根据发行顺序，可以划分为一级市场和二级市场等。
- 根据金融工具的交易期限，将金融市场划分为“货币市场”与“资本市场”。

货币市场是一年和一年以下短期资金融通的市场，包括同业拆借市场、银行间债券市场、大额定期存单市场、商业票据市场等子市场。这一市场的金融工具期限一般都很短，近似于货币，因此称为“货币”市场。货币市场是金融机构调节流动性的重要场所，是中央银行货币政策操作的基础。资本市场一般指交易期限在一年以上的市场，主要包括股票市场和债券市场，满足工商企业的中长期投资需求和政府财政赤字的需要。由于交易期限长，资金主要用于实际资本形成，所以称为“资本”市场。

2. 金融市场的功能

金融市场通过组织金融资产、金融产品的交易，可以发挥多方面功能。

（1）帮助实现资金在盈余部门和短缺部门之间的调剂。在良好的市场环境和价格信号引导下，有利于实现资源的最佳配置。

（2）实现风险分散和风险转移。通过金融资产的交易，对于某个局部来说，风险由于分散、转移到别处而在此处消失；至于对总体来说，并非消除了风险。

（3）确定价格。金融资产均有票面金额。在金融资产中可直接作为货币的金融资产，一般说来，其内在价值就是票面标注的金额。但相当多的金融资产，如股票，其票面标注的金额并不能代表其内在价值。每一股份上的内在价值是多少，只有通过金融市场交易中买卖双方相互作用的过程才能“发现”。

10.2 股权融资

为了与通证融资对比说明，我们主要分析风险投资领域的股权融资，并且主要与通证融资对比早期的融资阶段，其他方式的股权融资不在分析的范围之内。另外一个原因是通证融资一般只在初期进行一两次，在通证分配完成的情况下，一般也不会有后续的通证融资。

风险投资基金是一种以私下募集资金的方式组建的基金，它所运作的资本称风险资本。在风险投资中，是投资人主动冒风险投入资本，以期取得比谨慎投资更高的回报。按照风险投资的传统做法，只是对处于初创期、增长期的新项目、新企业投资，特别是以高科技企业为投资对象。投资金额通常不大，如在美国，通常在百万美元至千万美元之间。由于这类作为投资对象的公司一般还处于创业阶段，通常也称作创业投资基金。

风险资本的投资过程大致分为五个步骤。

第一步，交易发起，即风险资本家获知潜在的投资机会。

第二步，筛选投资机会，即在众多的潜在投资机会中初选出小部分做进一步分析。

第三步，评价，即对选定项目的潜在风险与收益进行评估。如果评价结果是可以接受的，风险资本家与企业家一起进入第四步。

第四步，交易设计，包括确定投资的数量、形式和价格等。一旦交易完成，则进入最后一步——投资后管理。

第五步，投资后管理的关键是将企业带入资本市场运作以顺利实现必要的兼并收购和发行上市。

由于互联网或高科技企业大多采取轻资产模式，缺少必要的抵押物和足够的资信，且通常具有较高的风险，在创业前期获得债务性融资的可能性，以及可获得的金额往往都比较小，所以采用股权融资已成为大多数互联网或高科技创业者首选且较为现实的融资方式。

根据不同的投资时点，股权融资大致分为种子轮、天使轮、A 轮、B 轮、C 轮、D 轮、Pre-IPO 等轮次，一般情况下，越往后的融资伦次往往伴随着更高的估值和融资额、更复杂的融资交易结构以及更完整的融资流程。

种子轮一般是只存在想法阶段，还没有实际产品；天使轮是指公司属于初创期，一般仅有一个发展规划，或者开始起步但尚未有完善的产品线；A 轮是公司已经形成了以产品和数据支撑的商业模式，在行业内有一定的地位及口碑；B 轮公司开始进入快速发展期，开始推出新业务、拓展新领域，需要足够的资金支持；C 轮是公司已经拥有相对成熟的商业模式，规模也相对较大，可能处在准备上市的阶段，因此也可能是上市前的最后一轮融资；D、E、F 等基本属于 C 轮的升级版，即在公司上市前进行多轮融资。对于 PreA，A+、A++ 等阶段都是前面主要阶段的补充，不再单独介绍。

10.2.1 投资方、投资额与出让比例

1. 投资方

传统股权融资的投资方一般是风险投资企业，或者其他投资基金，也有个人作为天使投资人的情况，总体上说以企业为主。此外，《中华人民共和国公司法》（以下简称《公司法》）第七十九条规定，设立股份有限公司，应当有二人以上二百人以下为发起人，其

中须有半数以上的发起人在中国境内有住所。人数太多的筹集资金行为，会有可能会被认为是非法集资。所以非上市公司的投资方一般都不会太多，并且是以机构为主。

2. 投资额

因为要与通证融资相比，我们从投资阶段和投资总额两个方面进行分析。投资阶段方面，通证融资一般在早期就全部完成，所以我们主要分析股权融资的早期阶段。股权投资早期阶段的投资额一般都不会太高，如在美国，通常在百万美元至千万美元之间。我们以毕马威发布的“2019 年第三季度风险投资报告”为参考，如图 10-1 所示。

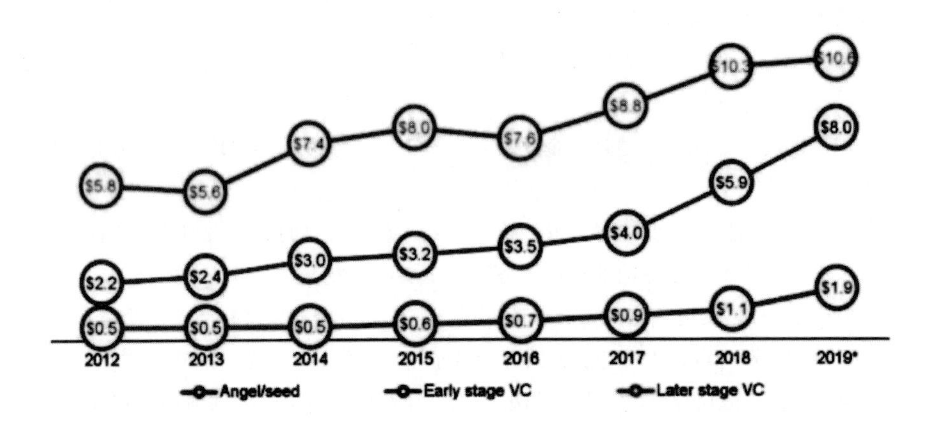

图 10-1　2012—2019 年股权融资额的平均值

图 10-1 所示是 2012—2019 年来的股权融资额的平均值。从图 10-1 中可以看出，虽然股权融资的融资额也在逐年增长，但种子轮和天使轮的增长幅度并没有太大的变化。当然，根据 Cruchbase，股权融资中也有一些超级大的种子轮项目，这些项目被称为“超级巨人”（Supergiant），这些超级巨人的融资额可以高达 1000 万 ~ 2000 万美元，但和首次通证发行融了 40 多亿美元的 EOS 相比，股权融资与通证融资的差别还是很大的。

在融资额方面，股权融资有很长的阶段，除了早期融资，还有 A 轮、B 轮、C 轮、D 轮、Pre-IPO 等轮次以及上市融资，所以一般走到上市阶段的企业全部融资额还是非常可观的。同时，股权融资每轮都有其一定的经营指标和投资额范围。这样做是为了保护投资人，同时也给项目方充足的压力与动力。以京东为例，IPO 前股权融资大致 6 轮有 26 亿美元，上市融资 17.8 亿美元，整体的金额还是比较庞大的。从全部的融资总额上，股权融资因为存在很长时间，更加成熟。类似京东、阿里巴巴等企业的总体融资总额都比较大。稍后我们会分析几家有代表性的股权融资企业，从他们的招股说明书上，我们也可以得到比较准确的数字。通证融资目前除了 EOS、Telegram 融资额较大，其他通证融资的金额总体来说并不大。只是通证融资在产品初期，集中的融资额和股权融资的种子轮和天使轮相比，显得比较大。

3. 出让比例

不同阶段的出让股份比例没有特别严格的数字，一般要根据不同的行业，不同的项目来决定。我们列出大致的参考比例如下：

（1）对于种子轮项目股权融资，一般市场估值在1000万~2000万美元左右，不同类型的项目，估值会有调整，一般建议股权出让比例10%~15%左右。

（2）对于天使轮项目，一般市场上的估值水平大概在5000万~1亿美元左右，不同类型的项目，估值会有调整，一般建议出让股权比例10%左右。

（3）对于A轮项目，一般市场上的估值水平大概在2亿美元左右，不同类型的项目，估值会有调整，一般建议出让股权比例10%左右。

此外还可以根据相似企业的以往案例，来决定企业的股权融资出让比例。在后面的案例分析中，会有几个典型的企业融资案例分析说明。

10.2.2 投前文件与交割文件

股权投资发展历史长，相对已经比较成熟。一般情况下，风险投资方通过筛选投资机会，选择要投资的企业后，有一系列比较固定的流程和相关文件。

在投资前要准备的相关文件有投前文件和交割文件。

1. 投前文件

投前文件指的是投资人在确定投资前，会向项目团队要求的文件。团队最好在有了融资计划后，就开始着手准备这些文件。对于股权项目而言，一般的投前文件有以下几种。

（1）项目简介：项目简介力求简明扼要，并且要把项目介绍清楚，重要亮点要描述到位。准备项目简介是为了方便项目团队和投资团队等在交流沟通中传递项目信息。

（2）项目总结：项目总结是把项目的几个重点板块（如市场、产品、技术、商业模式、运营、团队等），以突出亮点为目的地总结出来。

（3）商业计划书：相对项目总结，商业计划书需更全面地在各个板块（如市场、产品、技术、商业模式、运营、团队等）中展现项目。商业计划书一般用PPT来制作。这样的形式方便在投资人之间进行传阅，也可以用在项目团队向投资人介绍项目时的演示讲解。

（4）财务预测模型：不要求准确的财务预算模型，从一些成功的融资上市项目看，融资当初的财务模型和最终的企业财务模型经常会有很大的差别，所以投资团队一般也不会对这部分内容严格要求准确，但需要对一些关键数值要做到心中有数，且有足够的数据支持，如营业额、营业增长率、各项成本等。在做财务预测模型时，也可以帮助团队梳理融资额这个关键问题。

（5）项目产品：早期的投资可以只在概念阶段，没有可以演示的产品。如果有，一般会加分。后期的融资，投资团队都需要能够体验产品，并且需要与产品相关的运营数据。

（6）尽职调查材料：尽调材料是在投资人与团队接触后，并对团队有兴趣的情况下，向团队要的材料。一般来说，尽调材料相对上述材料要细致且丰富许多。具体的尽调材料清单会由投资人发出。一般来说，尽调材料会包含公司注册证明、股权结构表、关键合同、关键岗位的劳动合同等基本材料。投资人采用自行或委托第三方对目标公司进行详细的尽职调查（通常是财务和法律），尽调若发现重大问题，一般投资会终止。

尽职调查结束后，如果投资方决定继续投资，双方将就正式的投资文件进行谈判并在协商一致后完成签署，交割相关的投资文件。

2. 交割文件

股权投资有以下几种常见的股权交割文件。

（1）投资条款清单（Term Sheet，TS）。这里虽然把TS列为交割文件，但它其实并不具备法律效力，即便如此，TS也是非常重要的交割文件，因为投资人与创始人团队可以在TS阶段对关键条款进行谈判，TS里定下的条款最后会被写入正式的投资协议中，只有当双方正式在投资协议上签字后，投资协议才真正生效。一定程度上，TS的功能和很像是个君子协议，虽然没有法律效力，但一般情况下，已经签了TS的投资人即表示有投资意愿。

股权融资中，虽然最终目的都是保护退出，但由于股权从种子轮到IPO的过程很漫长，而且在IPO之前的流通性很差，所以保护退出的具体机制也不一样。一般来说，股权投资人会比较在意优先清算权（Liquidation Preference）和稀释保护等。股权投资人与项目的关系一般更紧密，陪跑时间也更长，因此一些股权投资人，特别是占比较大的股权投资人，他们也非常看重那些与公司运营有关的条款，如董事席位、保护性条款（Protective Provisions）和强卖权（Drag Along）等。

（2）正式的投资文件，即具备法律效力的投资协议。根据融资的工具不同（融资工具包括可转债、优先股、可转优先股、普通股等）和投资权益的不同，正式的投资协议也不同。全套的股权和优先股投资协议比较复杂，一般由专业的律师团队协助完成。

正式投资文件签署后，投资方将根据约定的时间节点支付投资款，融资方配合办理相应的交割手续（通常包括章程修改、工商变更、税务变更、股权质押等）。至此，该轮融资流程基本结束。

10.2.3 估值条款与估计调整条款

估值就是对公司价值的评估，直接关系到融资金额以及投资方所能获得的权益比例，投融双方均能认可的估值是所有股权融资活动顺利推进的前提。

在种子轮和天使轮融资阶段，由于公司的经营活动数据较少甚至尚未实际开展经营活动，此时对公司估值具有更多的“随意性”，这完全是项目方和投资方博弈、共同认可的结果。因双方的背景以及对项目，对团队未来的预期，包括项目方对未来发展的描述，都是影响估值的因素。

在种子轮、天使轮之后的融资阶段，投资人则经常会用到较为复杂和专业的估值方法进行估值。常见的估值方法包括绝对估值法和相对估值法（比值法），前者包括贴现现金流估值法（DCF）、股利贴现模型（DDM），后者包括市盈率（PE）估值法、市净率（PB）估值法、市盈增长比率（PEG）估值法、企业价值倍数（EV/EBITDA）估值法等。

此外，针对网络价值的评估方法也可以作为参考，网络价值定律总共有五个，这五个定律分别是萨诺夫定律、梅特卡夫定律、里德定律、曾氏定律和网络价值第五定律。

不同的估值方法适用于不同的项目场景，且各有利弊，就同一家公司，不同的估值方法给出的估值结果可能会有很大差距。一般而言，相对估值法较之绝对估值法更为简单，在高科技与互联网相关的企业中，这种估值更加常见。对多业务经营的互联网企业估值时，单一的估值方法可能不太合适，投资人有可能采用多种估值方法，以定性 + 定量等方式进行综合性的估值。

从融资方的角度而言，除了知道最终的估值结果之外，尽量弄明白投资人所采用的估值方法以及最终估值是如何得到的，以判断投资人对企业价值的理解方式与自己的理解方式是否契合（这可能关系到双方未来合作的默契），其给出的投资金额、需要出让的股权比例以及其他投资条件是否合适。

需要注意的是，估值分为投前估值和投后估值两种。在估值总价不变的情况下，投前估值对创业者更有利，投后估值对投资人更有利（一般情况下，投资人给出的估值是投后估值）。例如，某投资人给某公司的估值为 1 亿元，投资人拟投资 2000 万元，若该估值为投前估值，则投资人将取得的股权比例 =2000 万元 /（1 亿元 +2000 万元）$\times 100\% \approx 16.67\%$；若该估值为投后估值，则投资人将取得的股权比例 =2000 万元 /1 亿元 =20%。

公司估值和投资额与公司在工商登记的注册资本没有必然的联系，落实到具体的法律文本中时，律师将会根据具体的交易条件对投资额、注册资本等进行相应的折算和安排。

估值调整条款，又称为“对赌”条款，指投资方与融资方在达成股权性融资协议时，为解决交易双方对目标公司未来发展的不确定性、信息不对称以及代理成本而设计的包含了股权回购、金钱补偿、股权补偿等对未来目标公司的估值进行调整的条款。

从订立对赌条款的主体来看，有投资方与目标公司的原股东或者实际控制人对赌、投资方与目标公司对赌、投资方与目标公司的原股东、目标公司对赌等形式。从对赌条件上看，主要分为业绩类对赌（如营业收入、净利润、用户数量等）、事件类对赌（如取得特定资产、挂牌/上市、取得一定的行业排名等）和叠加类对赌（业绩+特定事件）。从对赌义务的履行形式来看，主要分为金钱补偿、股权回购或股权转让等，涉及股权回购或转让的，往往会事先约定价格或价格的确定方式。

在很长一段时期里，涉及对赌的协议或条款的效力一直存在争议。根据最新的司法实践，关于对赌条款的效力，人民法院已基本形成如下裁判思路：①投资人与原股东或者实际控制人签订的、由原股东或者实际控制人履行的对赌协议或条款原则上有效；②投资方与目标公司订立的对赌协议或条款，如无其他无效事由，投资人主张实际履行的，也不被认为理所当然的支持，具体要看人民法院对目标公司抗辩理由以及对《公司法》"股东不得抽逃出资"及股份回购的强制性规定，以及特定前提条件是否满足的审查。

对于创业者而言，不应寄希望于对赌条款存在效力瑕疵，从而在对赌失败后进行免责抗辩，而应更加关注具体对赌条件的设置，在明确理解相应条款的法律的前提下，结合自身实力和对未来发展的判断，谨慎、量力而行。

10.2.4 公司治理与控制权条款

根据我国《公司法》的规定，公司治理机构主要分为股东会、董事会、经理和监事会，其中：

（1）股东会为公司的最高权力机构，理论上有权决定与公司有关的所有重大事项（不过实践中一般仅涉及股东权益的重大事项才上升至股东会表决），各股东按所持股权比例进行表决。

（2）董事会（公司也可以不设董事会，仅设执行董事一名）则是受股东委托对公司进行管理的经营决策机构，负责重大经营事项的决策，董事会成员由股东会选举产生，按人数表决。

（3）经理是负责日常生产经营管理工作的执行机构，由董事会聘任，并有权提名副经理和财务负责人。

（4）监事会（公司也可以不设监事会，仅设监事一至两名）则是一种监督机构，依据法律和公司章程的规定对董事、经理及其他高级管理人员进行监督。实践中，股东、董事、经理三种身份可能兼任，但董事及其他高级管理人员不得兼任监事。

在具体的融资交易中，出于不同的投资风格，投资人有可能仅对某一层治理机构的职位或表决方式提出要求，也有可能对股东会、董事会、监事会、经理以及其他管理人员（如财务负责人）都提出要求，而这些要求的最终出发点，大多落脚于公司的控制权。对于创业者而言，如何在融资的过程中始终保持对公司的控制权，是一个需要好好研究和思考的问题。

1. 股东会

就股东会而言，拥有三分之二以上表决权的股东，一般可以认为其对公司享有绝对控制权，原因是在没有相反约定的情况下，持有三分之二以上表决权的股东可以就公司的所有重大事项做出有效决议。

拥有半数以上、三分之二以下表决权的股东，一般可以认为其对公司享有相对控制权，在没有相反约定的情况下，除了需要三分之二以上表决权同意才可通过的特别决议事项（修改公司章程，增加或减少注册资本，公司合并、分立、解散、变更公司形式以及变更公司经营期限）外，可以就其他的所有重大事项做出有效决议。

拥有三分之一以上、半数以下表决权的股东，一般可以认为其拥有消极控制权，主要表现在其虽然不能就重大事项进行决策，但其可以就股东会特别决议事项行使否决权，在一定程度上起到消极控制公司以及对大股东形成制约的效果。

在股东人数较多的情况下（如上市公司），由于股权的高度分散性，即便持股比例低于三分之一，持股比例最高的大股东也可能获得事实上的控制权。

不过，上述比例都仅适用于没有特别约定的情况。在具体的投资条件中，投资人虽然所占的股权比例不高，但其可以通过协议和章程的安排，获得一定程度上的控制权，常见的比如要求就特定事项（如对外担保、关联交易）进行表决时的一票否决权，提高公司法规定的特别决议事项的通过比例（目的是限制大股东的绝对控制权）等。就此，创业者在每一轮融资的具体融资条件中，都需要给予特别的重视。

2. 董事会

与股东会一样，《公司法》对董事会的职权进行了列举式的规定，同时，又规定公司章程可以另行约定。作为公司重大经营事项的决策机构，投资人通常会对董事会成员的委派提出要求。

与股东会不一样的是，董事会按人数表决，除非另有约定，董事长的表决票与普通董事的表决票没有太大的区别。在此情况下，控制董事会的多数席位，也就相当于控制董事会。除了部分控制欲特别强的投资人，多数投资人并不会要求获得大多数董事席位，仅要求委派一至两名董事，而在投资人较多的情况下，不委派董事或者仅委派无表决权的观察员董事也是很常见的。当然，即便是仅委派少数董事，出于投资安全考虑，投资人也可能会要求对某些事项（如超过一定金额的对外借款或合同的签署）必须经该投资人委派的董事同意方可通过。

3. 监事会

投资人通常会要求委派至少一名监事，以尽量保障其对公司管理层的监督权。根据《公司法》规定，监事享有检查公司财务、有权提议召开临时股东会以及向股东会提出议案、对有不当行为的董事和其他高管人员提起诉讼等权利。

4. 经理

《公司法》下的经理，大致相当于十几种经常称呼的“总经理”或 CEO。大多数情况下，投资人不会对经理一职提出要求。在企业的早期发展和融资过程中，经理及其他高级管理人员一般仍由创始人担任，而随着公司规模的扩大，则有可能会引入职业经理人担任。

5. 其他

除了上述法定的公司治理机构之外，实践中，还有若干其他的岗位或者工具与公司的控制权紧密有关，通过该等岗位或者工具，经常可以实现事实上的控制，常见的包括法定代表人、财务人员、印章管理等。

10.2.5 常见优先权条款

出于对创始人团队的信任，并为了确保经营的灵活性，投资人往往会在控制权和经营决策上让渡部分权利。但与此相应的是，为了保障其投资和收益，投资人往往会提出一系列优先权要求，常见的包括优先购买权、优先分红权、清算优先权等条款。

1. 优先购买权条款

优先购买权，指股东向外部投资人转让股权时，内部非转让股东享有在同等条件下优先购买的权利。

实际上，我国《公司法》第七十一条对优先购买权已进行了明确规定，但该规定相对比较原则，一方面，没有规定股东优先购买权行使的期限（如起算点、期限长短、期限性质等），不符合效率原则；另一方面，也没有对“同等条件”如何理解进行明确的定义，实践中容易产生纠纷。因此，一份完整的投资协议常常会将优先购买权进行适当细化，使其更具有操作性。

大多数情况下，与资产并购不同，投资人所进行的股权投资与创始股东及其团队紧密相关，细化优先购买权条款主要是为了防止创始股东在完成融资后，通过向第三方转让其股权的方式套现离场或者引入第三方无法与投资人建立信任的股东，导致投资目的落空，是相对公允的条款。

2. 优先分红权条款

优先分红权，指的是投资人在被投资公司分红时，相比其他股东（尤其是创始股东）有权优先取得一定比例股息的权利。

有的时候，优先分红权的功能主要是为了保障投资人优先取得固定的收益。而更多时候，对于投资人而言，分红其实并不太重要，优先分红权更重要的目的是限制被投公司分红，确保资金用于公司发展，进而实现公司股权价值以及投资人自身利益的最大化。

3. 清算优先权条款

清算优先权，是指公司在发生清算事件时，持有优先股的投资者拥有的优先于其他股东获得相当于其初始投入一定倍数的回报、并在此后公司仍有剩余财产的情况下继续按照持股比例参与分配剩余财产的权利。具体包括不参与分配清算优先权、完全参与分配清算优先权、附上限参与分配清算优先权等。从创始股东的角度，仅享有固定倍数的不参与分配清算优先权最为有利，完全参与分配清算优先权最为不利，而附上限参与分配清算优先权的相对比较中立。

作为投资退出的一种保障方式，清算优先权是投资人经常要求的一项重要权利。站在创始股东角度，务必仔细研究清算优先权的具体内容，明确到底哪些情况将触发优先清算权条款、投资人要求的是哪一种清算优先权、优先清算回报的具体倍数、有无上限等，并结合实际情况，尽量争取对自己有利的条款。

10.2.6 投资者保护条款与其他

在长期的投融资实践中，为了保证投资的安全性，投资人对于可能遭遇的一些特殊情况，有针对性的发展出一些保护性条款，比较常见且重要的一些条款如下。

1. 反稀释条款

反稀释条款，又称为反摊薄条款，是指在多轮融资过程中，前一轮投资者为防止其权益在后续融资过程中被摊薄而制定的投资者保护条款，通常情况下会是一个关于在后续降价融资时，前一轮投资人可以获得的补偿股权的计算公式。根据对投资者保护程度的不同，又分为完全棘轮条款和加权平均条款。对于融资方而言，加权平均条款一般更为公平合理。

2. 领售权条款

领售权，又称为拖售权、强制随售权，是指特定股东享有的、当该股东向第三方转让股权时，要求其他股东必须依照该股东与第三方达成的转让价格和条件，向第三方转让股权的权利。

通常情况下，领售权条款的主要目的是保障投资人的退出权或者公司整体出售的需要。

实践中，除了新引入的投资人之外，领售权的发起人也有可能是创始股东。领售权条款是相当具有威力的一个条款，值得融资方高度关注。在俏江南与鼎晖对赌事件中，后者就是使用了投资协议中的领售权条款，触发了后续一系列事件，并最终导致创始人失去了公司的控制权。

3. 共同出售权条款

共同出售权，指的是被投公司上市之前，若原股东向第三方转让股权，投资人有权按照拟出售股权的原股东与第三方达成的价格与条件加入该交易中，等比例出售股权的权利。该项权利的主要目的也是约束创始股东的转股权，保障投资人的退出权，是相对而言比较合理也容易达成一致的条款。

4. 知情权条款

知情权条款，是指关于被投公司和创始股东（通常情况下也是实际经营人员）有义务向投资人提供有关公司管理、财务、业务等方面信息的条款，是投资人为了及时、全面地了解公司信息，在除直接安排人员在公司任职之外进行的保护性安排。

我国《公司法》对所有的股东均赋予了一定程度的知情权，但实践当中，若没有大股东或实际控制人的配合，小股东要想真正行使其知情权并非易事。例如，《公司法》第九十七条规定，股东有权“查阅”财务会计报告，但并未规定股东可以“复制”财务会计报告，也未规定股东聘请的第三方专业机构可以查阅，更没有规定可以查阅原始会计凭证，由此引发的纠纷不胜枚举。

大多数情况下，知情权条款是投资人为保障其知情权的合理要求，但与此同时，融资方也要注意该等知情权条款不宜规定得过细，尤其是信息报送范围、频率不宜过大，否则，可能给公司日常经营造成较重的负担。

5. 其他条款

除了上述典型的融资条款之外，实践中有时也会遇到一些其他条款，有的对投资人有利（如保底条款、回售条款），也有的可能会对融资方有利（如继续参与条款），对于后者，融资方可以尽量争取。谈判地位较强的融资方，为了保障公司控制权的稳定性，还可以与投资人进行“同股不同权”的制度安排。

需要提醒广大创业者注意的是，所有融资条款的标题本身仅具有提示性或者引述性意义，在不同项目中，特定类型融资条款的详细内容经常会根据具体的交易结构和谈判情况而有所不同，各方最终的权利义务将主要取决于条款的具体内容，务必逐条逐句进行分析和理解，必要的时候建议聘请专业人士进行协助。

此外，创业者需要记住的是，不管投资人给出怎样的融资条款，都不要过度紧张，投融资是一个相互信任、相互理解和相互融合的过程，任何条款其实都是可以沟通的，不要为了图省事或者害怕得罪投资人而全盘接受自己根本不可能完成的内容，这既是对自己和团队不负责，也是对投资人不负责。

10.2.7 股权融资的退出方式

股权融资一般有四种退出方式：并购退出、上市退出、回购退出、清算退出。我们参照私募通关于 2018 年中国股权投资退出方式的一个分布图进行了解，如图 10-2 所示。

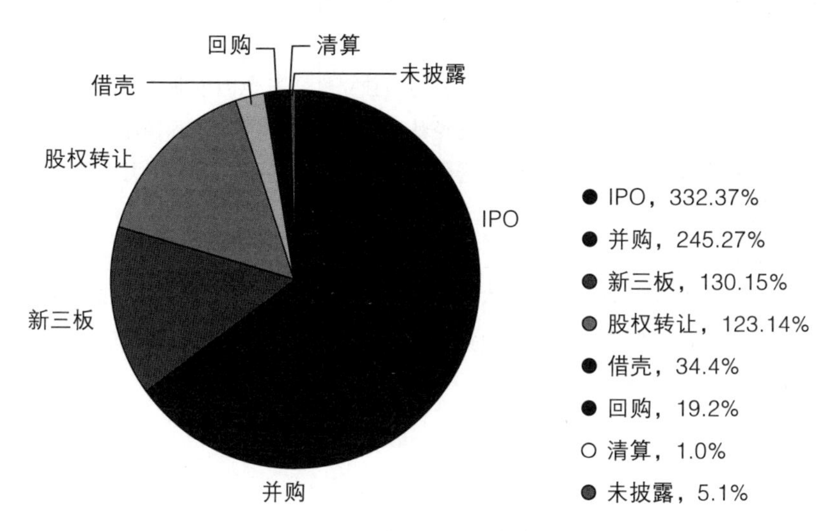

图 10-2 2018 年中国股权投资退出方式分布图

1. 并购退出

并购退出是未来最重要的退出方式。通过并购退出的优点在于不受首次公开募股（IPO）诸多条件的限制，具有复杂性较低、花费时间较少的特点，同时可选择灵活多样的并购方式，适合于创业企业业绩逐步上升，被兼并的企业之间还可以相互共享对方的资源与渠道，这也将大大提升企业运转效率。

2016 年，国内并购退出首超 IPO，这主要是因为新股发行依旧趋于谨慎状态，对于寻求快速套现的资本而言，并购能更快实现退出。同时，随着行业的逐渐成熟，并购也是整合行业资源最有效的方式。

2. 上市退出

上市退出一般是最受欢迎的退出方式。初创企业的 IPO 是指风险投资企业在证券市场上第一次向社会公众发行风险企业的股票，风险投资者通过被投资企业股份的上市，将拥有的私人权益转化成公共股权，在市场认同后获得投资收益，实现资本增值。各国针对上市企业有比较严格的审查条件和管理办法，能够走到上市阶段的企业一般也比较成熟，不会像风险投资初期的企业具有那么高的风险性。

通常，上市公司的股份是根据相应证券会出具的招股书或登记声明中约定的条款通过经纪商或做市商进行销售。一般来说，一旦首次公开上市完成后，这家公司就可以申请到证券交易所或报价系统挂牌交易。有限责任公司在申请IPO之前，应先变更为股份有限公司。

3. 回购退出

回购主要分为管理层收购（MBO）和股东回购，是指企业经营者或所有者从直投机构回购股份，称得上是一种收益稳定的退出方式。

回购退出，对于企业而言，可以保持公司的独立性，避免因创业资本的退出给企业运营造成大的震动，企业家可以由此获得已经壮大了的企业的所有权和控制权，同时交易复杂性较低，成本也较低。通常此种方式适用于那些经营日趋稳定但上市无望的企业。

4. 清算退出

这是风险投资者和广大投资者最不愿看到的退出方式，破产清算是不得已而为之的一种方式，优点是尚能收回部分投资。缺点是显而易见的，意味着本项目的投资亏损，资金收益率为负数。

10.3 股权融资的案例分析

案例一：阿里巴巴投资解析（见表 10-1）

表 10-1 阿里巴巴重大融资事件

时间	概要	融资轮次	融资金额	估值	投资方
1990 年 10 月	1999 年 3 月，投入运作半年，高盛、富达投资、AB 等投资 500 万美元	A 轮	500 万美元	—	高盛集团（中国）、银瑞达 Investor AB
2000 年 1 月	阿里巴巴获得软银、富达、汇亚、TDF 等 2500 万美元投资。（重点关注：号称“全球互联网投资皇帝”的软银投资主席兼行政总裁孙正义投资 2000 万美元）	B 轮	2500 万美元	—	软银中国、斯道资本（富达亚洲）、银瑞达 Investor AB、KPCB 凯鹏华盈中国、JAIC 日本亚洲投资

（续表）

时间	概要	融资轮次	融资金额	估值	投资方
2004 年 2 月	阿里巴巴获得软银、富达投资、GGV 的 8200 万美元投资	C 轮	8200 万美元	—	软银中国、斯道资本（富达亚洲）、KPCB 凯鹏华盈中国、纪源资本 GGV
2005 年 8 月	阿里巴巴收购雅虎中国，同时得到雅虎 10 亿美元投资	D 轮	10 亿美元 + 雅虎中国	—	雅虎
2007 年 11 月	香港 IPO，公众及基础投资人，投资近 17 亿美元	香港上市	15 亿美元	市值约 280 亿美元	
2011 年 9 月	美国银湖、俄罗斯 DST、新加坡淡马锡以及中国的云峰基金	E 轮	20 亿美元	—	DST、Temasek 淡马锡、云锋基金
2012 年 8 月	中投、中信资本、博裕资本、国开金融等机构成为新股东，银湖、DST、淡马锡分别进行了增持	F 轮	43 亿美元	估值约 320 亿美元	中投公司、中信资本、创业工场 VenturesLab、Temasek 淡马锡、国开国际投资
2014 年 9 月	阿里开盘价报 92.7 美元，较发行价上涨 36.3%，市值盘中最高达 2461 亿美元，而日本软银持股约 34.4%	美国上市	220 亿美元	市值约 2300 亿美元	

阿里巴巴各阶段融资金额示意图如图 10-3 所示。

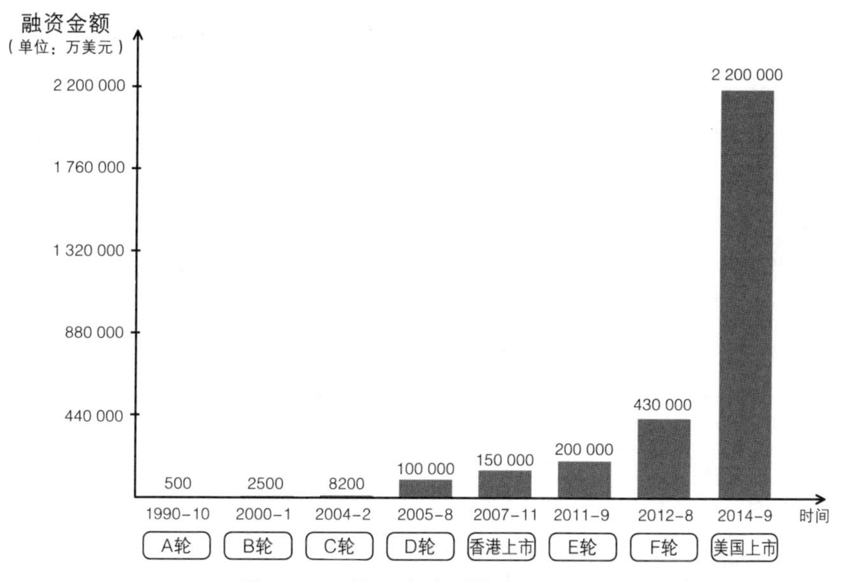

图 10-3　阿里巴巴各阶段融资金额示意图

从阿里巴巴以上的融资路径中不难看出，孙正义在2000年时出资2000万美元占有阿里30%的股份时，阿里巴巴市估值估价不到7000万美元。截至2017年8月8日，阿里巴巴市值达到4068亿美元，软银仍持有约25%的股份，价值1000亿美元。

从2000年的2000万美元到17年后的1000亿美元，孙正义作为阿里巴巴的早期投资人陪伴阿里巴巴从初创期到成熟期，从赴港IPO到私有化后的赴美再次IPO。一路走来，孙正义的软银股份也收获了难以想象的回报。

案例二：滴滴打车融资分析（见表10-2）

表10-2　滴滴打车融资事件

时间	融资轮次	融资金额	估值	投资方
2012年7月	天使轮	70万元		天使投资人王刚投资
2012年12月	A轮	300万美元		金沙江创投、经纬中国
2013年4月	B轮	1500万美元		腾讯产业共赢基金、华兴新经投资
2014年1月	C轮	1亿美元		腾讯产业共赢基金、Tenmasek
2014年12月	D轮	7亿美元		淡马锡、DST、H Capital、腾讯投资
2015年5月	E轮	1.42亿美元		新浪微博基金（微创投）投资
2015年7月	F轮－上市前	30亿美元		中投公司、平安创新投资基金、阿里巴巴、腾讯、淡马锡等投资
2016年2月	F轮－上市前	10亿美元		北汽产业投资基金、中投公司、中金甲子中信资本等投资
	战略投资	16亿美元		中国人寿投资6亿美元、苹果公司投资10亿美元
2016年6月	F轮－上市前	45亿美元		中国人寿、Apple苹果、蚂蚁金服（阿里巴巴）、腾讯、招商银行、软银中国投资
2016年8月	战略投资	2亿美元	超337亿美元	富士康投资2亿美元、中国邮政投资数千万美元
2016年12月	F轮－上市前			律格资本投资数千万美元
2017年4月	F轮－上市前	55亿美元	500亿美元	招商银行、软银中国、高达投资、银湖投资、中俄投资基金、交通银行投资
2017年12月	战略融资	40亿美元	560亿美元	软银集团和阿布扎比政府基金

滴滴打车融资金额示意图如图 10-4 所示。

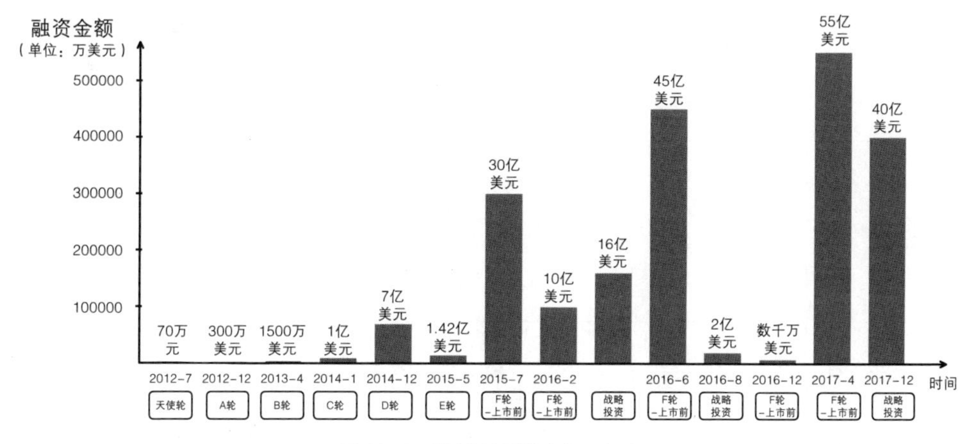

图 10-4　滴滴打车融资金额示意图

滴滴创始人程维和王刚在阿里巴巴 B2B、支付宝商户事业部一起共事多年，2012 年他们先后离开阿里巴巴，准备创业。在滴滴还是一个概念时，天使投资人王刚投资了 70 万元。

而近 5 年前的 70 万元，在 2016 年的回报就已经远超 35 亿元。到 2017 年的最新融资后，滴滴打车的投后估值约为 183 亿美元，王刚的回报超过了 40 亿元。

（注：因为滴滴并未上市，所以估值、回报都是账面的，退出的话，才能套利）

案例三：今日头条（字节跳动）融资分析（如表 10-3 和图 10-5 所示）

表 10-3　今日头条融资事件

时间	概要	融资轮次	融资金额	估值	投资方
2012 年 7 月	A 轮	100 万美元	—	SIG 海纳亚洲创投基金	中投公司、中信资本、创业工场 VenturesLab、Temasek 淡马锡、国开国际投资。
2013 年 9 月	B 轮	1000 万美元	—	DST Global、奇虎 360	DST、Temasek 淡马锡、云锋基金
2014 年 6 月	C 轮	1 亿美元	5 亿美元	红杉资本中国、新浪微博基金、顺为资本	
2016 年 12 月	D 轮	10 亿美元	110 亿美元	红杉资本中国、建银国际	雅虎

（续表）

时间	概要	融资轮次	融资金额	估值	投资方
2017 年 8 月	E 轮	20 亿美元	222.22 亿美元	General Atlantic 泛大西洋投资	软银中国、斯道资本（富达亚洲）、KPCB 凯鹏华盈中国、纪源资本 GGV
2018 年 10 月	Pre-IPO	40 亿美元	750 亿美元	软银愿景基金、KKR、春华资本、云峰基金、General Atlantic 泛大西洋投资	软银中国、斯道资本（富达亚洲）、银瑞达 Investor AB、KPCB 凯鹏华盈中国、JAIC 日本亚洲投资
2012 年 3 月	天使轮	数百万元	—	源码资本（曹毅）、天使投资人刘俊、周子敬	
2020 年 3 月	战略投资	未披露	1000 亿美元	老虎环球基金	高盛集团（中国）、银瑞达 Investor AB

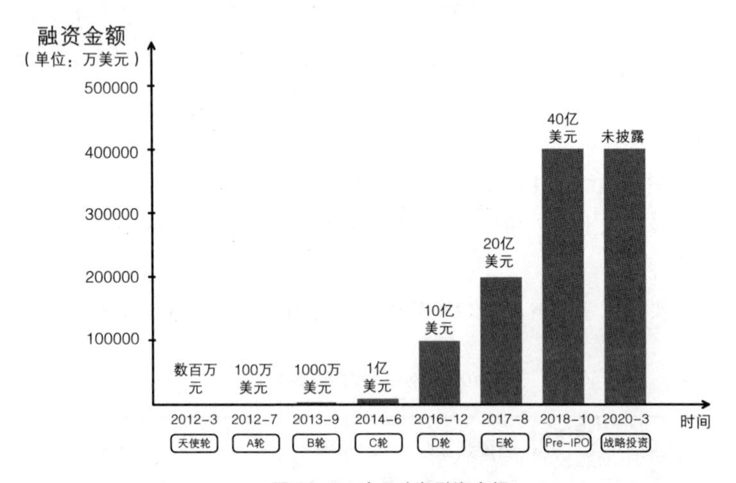

图 10-5　今日头条融资金额

从 2016 年起，字节跳动每年的融资金额都在迅速翻番：从 10 亿美元到 20 亿美元，再到 40 亿美元。市场估值也从 110 亿美元到 222 亿美元，再到 750 亿美元。根据老虎基金的透露，它如今的估值更是已经达到了 1000 亿美元。

10.4　通证融资

通证融资是伴随着比特币的产生而出现的一个新事物，发展的时间比较短。因为通证可以代表各种各样的资产，代表今天的或者未来的价值。所以将一部分代表未来价值的通证提前预售给投资人（或者投机者）就可以达到融资的目的。关于通证融资的方式可以参考6.1节的内容，通证的发行一般包含融资功能。当前大部分的通证融资更像是一种产品预售或者产品众筹，因为这些通证在将来的应用中会使用。

虽然很多国家的法律禁止通证直接代表证券，但证券只是通证可以代表的无数种资产的一小部分，所以预售“非证券类通证”的行为在全世界还是有很大的发展。尤其是数字货币的火热，一度让通证融资近乎疯狂。但随着各国的监管和通证经济在后期的管理和发展中表现出来的问题，通证融资在2019年之后失去了以往的热度，并且产生了很多的质疑之声。

接下来从几个方面来介绍通证融资，了解了通证融资的特点之后，才更有利于运用好这种融资方式。

10.4.1 投资方、投资额与出让比例

1. 投资方

通证融资因为其特殊的形式与产生场景，投资方早期都是以个人为主。尤其初期使用比特币和以太币为融资工具，以及以太坊支持ERC20代币形式的出现，为个人提供了便捷的参与方式。通证融资中机构投资者占据较小的比例，更多的是以ICO形式的个人参与方式。对于私募ICO，更多的是机构参与。随着后期的发展，通证融资也逐渐有更多的风险投资企业参与进来，并且随着各国对个人投资的限制，个人投资者的数量正在减少。

我们以以太坊的区块链项目的融资为例，机构投资者占据较小的比例，更多的是以ICO形式的个人参与方式，详见8.2节中“项目资金的募集”。

2. 投资额

通证融资的投资额，我们参考普华永道旗下战略咨询部门和瑞士加密谷协会（Crypto Valley Association）发布的一份联合报告（2018年6月份），如图10-6所示。2018年属于数字货币火热的时期，前5月数字货币销售137亿美元，2017年大约70亿美元，2016年之前总计不足3亿美元。如果除去EOS的42亿美元个例，通证融资的总额并不大。给我们更大的错觉的原因是通证融资一般都是一次，或者在较短的时间内几次融资到一笔费用，这样我们就很容易和股权融资的种子轮和天使轮去比较，感觉数量惊人。

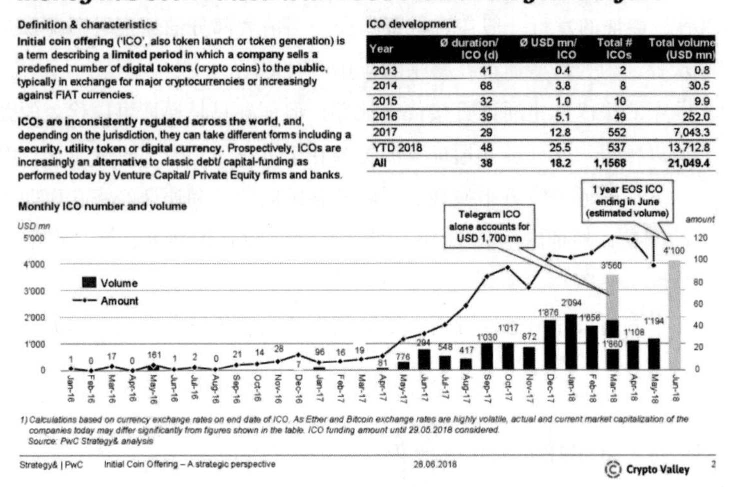

The show must go on: within the first 5 months of 2018, more money has been raised with ICOs than in all years before

Definition & characteristics

Initial coin offering ('ICO', also token launch or token generation) is a term describing a **limited period** in which a **company** sells a predefined number of **digital tokens** (crypto coins) to the **public**, typically in exchange for major cryptocurrencies or increasingly against FIAT currencies.

ICOs are inconsistently regulated across the world, and, depending on the jurisdiction, they can take different forms including a **security, utility token or digital currency**. Prospectively, ICOs are increasingly an **alternative** to classic debt/ capital-funding as performed today by Venture Capital/ Private Equity firms and banks.

ICO development

Year	Ø duration/ ICO (d)	Ø USD mn/ ICO	Total # ICOs	Total volume (USD mn)
2013	41	0.4	2	0.8
2014	68	3.8	8	30.5
2015	32	1.0	10	9.9
2016	39	5.1	49	252.0
2017	29	12.8	552	7,043.3
YTD 2018	48	25.5	537	13,712.8
All	**38**	**18.2**	**1,1568**	**21,049.4**

1) Calculations based on currency exchange rates on end date of ICO. As Ether and Bitcoin exchange rates are highly volatile, actual and current market capitalization of the companies today may differ significantly from figures shown in the table. ICO funding amount until 29.05.2018 considered.
Source: PwC Strategy& analysis

Strategy& | PwC Initial Coin Offering – A strategic perspective 28.06.2018 Crypto Valley 2

图 10-6　普华永道旗下和瑞士加密谷协会联合报告（2018 年 6 月）

3. 出让比例或分配比例

通证融资，根据项目的场景不同，用于融资的通证比例也各种各样。有完全不融资的项目，如比特币；也有完全售出的项目，如 EOS；还有部分售出的项目，如 Filecoin。

对于完全不融资和完全出售，是因为有其特殊的原因，我们暂不分析这两种情况。通证融资的出让比例是根据在融资和今后通证生态中的作用设计的出让比例。我们以部分售出融资的案例 Filecoin 为例。

- 矿工 70%：像比特币一样根据挖矿的进度逐步分发。
- Protocol Labs15%：作为研发费用，6 年逐步解禁。
- ICO 投资者 10%（公募 + 私募）：根据挖矿进度，逐步解禁。
- Filecoin 基金会 5%：作为长期社区建设，网络管理等费用，6 年逐步解禁。

通证融资不涉及公司的股权分割，只涉及通证的分配。通证是在区块链项目的生态中使用，更像是一种产品预售或产品众筹。如果按照投资的额度计算分配的通证比例的方式，也可以有股权融资做对比。

10.4.2　投前文件与交割物

通证融资的投前文件主要为白皮书，用于描述项目的主要内容。因为一个具体项目的方方面面都比较烦琐，后期很多通证项目会发布黄皮书、紫皮书、蓝皮书等内容。例如，以太坊项目用白皮书说明了以太坊项目的情况，用黄皮书说明了关于以太坊技术的实现规范，用紫皮书说明了特定的问题：以太坊的效率问题。一些项目还会单独发布描述通证项目的经济蓝皮书，这样说明经济模型在通证项目中的重要性，或者说随着通证项目的成熟，经济模型中需要处理的问题越来越具体化。

1. 通证项目白皮书

白皮书是一份文档，其中包括项目要解决的问题概述、该问题的解决方案以及产品，架构及其与用户交互的详细说明。图 10-7 所示为一些项目的白皮书示意图。

一般区块链白皮书的内容应包括以下几点。

- 项目介绍
- 项目目录
- 描述市场和问题
- 产品描述以及如何解决上述问题
- 代币：发行总量、发行规则、为什么发行、如何发行、何时发行等等
- 募集资金将如何使用
- 团队介绍
- 开发路线图

但也不仅仅是这些，有一些白皮书中也包含了专业术语解读、项目具体落地等信息。

图 10-7　白皮书示意图

2. 项目介绍

尽可能多地利用介绍内容深入讨论你的项目，并向潜在投资者解释其在当前市场中的确切位置。最重要的是，确保解释什么是项目以及它包含哪些部分。在区块链发展的前期，很多都是一些对项目未来的介绍和规划，可行性与真实执行的约束条件并不多。通证融资的早期，没有人真正需要理解包含在白皮书中的数字或可行性。随着区块链的发展，通证融资的项目也逐渐变得更符合实际，更经得起分析的支持。

项目现状，本节还应包含项目当前状态的详细说明：原型数据、第一个用户（如果有）、开发策略和总体目标。

大多数认真的投资者只会支持已经展示过的项目，因为拥有生态系统和用户群将增加项目通证在市场上生存的机会。在项目介绍中如果有任何这些元素，需要让读者知道。

3. 资金使用计划

这是很重要的一环，投资者需要准确了解他们的资金去向以及项目完成某些重要任务所需的资金。一般是按照资金花费的大项来描述使用计划。白皮书不应该提及诸如"网络活动""行业发展""杂项"等支出项目。白皮书中应该清楚地说明所收集的所有资金都将用于开发，而不是其他任何东西。

确保将大部分白皮书专门用于项目的财务状况。用户应该能够清楚地解释为什么你的项目需要自己的通证，如何以及何时分配它们，ICO 的方式，何时在市场上开始销售等。

4. 开发路线图

白皮书不仅应包括项目的详细技术说明，还应包括开发路线图。理想情况下，应提供未来 12~24 个月的深入工作计划，并至少包括测试版。

如果路线图中列出的某些任务已经完成，需要在白皮书中明确说明，因为它将被投资者视为主要优势。

5. 团队介绍

团队是项目中不可或缺的重要组成部分，应该如实呈现。除了极少数例外，如开发隐私货币的团队不公开介绍团队成员，除此以外，与匿名开发者合作的项目不容易取得成功。经验丰富的团队往往决定了项目的发展方向和速度。同时因为通证融资没有很好的价值评估方式，团队几乎是唯一的可评估内容。

在投资者眼中，开发团队的照片和简短的传记将是一个很大的优势。确保不仅要描述项目背后的个人是谁，还要解释为什么他们对这个特定项目如此重要，以及为什么这些人会使它工作。

介绍他们以前的工作经验和项目经验将会对此项目更有帮助。如果任何团队成员有区块链或加密货币相关项目的经验，或者相关应用领域的行业经验，也是很好的介绍材料。

此外，可以对该项目的顾问保留一定的介绍，很多项目顾问起到的作用也比较重要。但是,需要避免毫无意义的名称堆砌,因为所提到的顾问应该或多或少地专注于项目的目标。

6. 风格、语言和布局

在准备白皮书时，一般使用正式的、学术风格的写作。该文件需要非常具有描述性和专业性。它的重点应该聚焦，因此最好选择一个主题并专注于它。

很多时候，白皮书的作者倾向于讨论潜在的使用案例和未来可能的技术实施，表达出对一个领域的影响和创新，不应该用太小的格局看待问题。

白皮书中描述的应该始终是事实。避免使用假设、猜测和未经证实的声明。

此外，不言而喻，请务必检查你编写的白皮书中是否缺少语法和有拼写错误，以及事实检查你可能做的一切。整个文档的文本必须正确格式化，避免使其看起来不专业。

此外，如果你希望能够以多种语言呈现白皮书，最好选择专业翻译人员的帮助。

7. 交割物

通证项目的交割物一般为通证，也可以说是数字货币。开始的时候一般是通过 ICO 声明的筹款地址，利用区块链的公开透明的特点，根据转入的地址在后期分配项目中的通证，分配的通证一般发放到用户参与 ICO 的地址。随着以太坊 ERC20 的出现与成熟，通证项目很多先发行 ERC20 的代币，为参与通证项目的人员发放 ERC20 的代币，待正式项目的主网公链上线后，再映射为主网上面的通证。

对于通证融资的这种形式，后期发展成为 SAFT。SAFT 全称为 Simple Agreement for Future Tokens（简单未来代币协议），是区块链开发商为了开发区块链网络融资而发行的一种通证，类似于期货，赋予投资人在区块链网络开发完成后获得相应代币的权利。

SAFT 因其合规性强而被诸多知名项目采用，如 Telegram、Filecoin。SAFT 对于实用类代币尤其适用，该类代币在上线后不是一种证券，但是通过募资进行网络建设则是一种投资协议，采用 SAFT 可以使其合规程序更加清晰。

SAFT 是为了满足美国证券法规而提出的，因此可能并不满足其他国家证券法的要求。此外，SAFT 本身是一项合法的投资协议，但是开发出的代币是属于证券类代币还是实用类代币尚不明确。如果开发出的代币被认定为是证券类代币，又没有响应的申请豁免，可能会遭到 SEC 的追责，2018 年 3 月，SEC 就对此发布警告“SAFT 并不是代币合法化的保证”。

不过根据美国 SEC 在 2019 年 4 月发布的“代币是否是证券”的判断基准，在代币上线时，网络功能是否完善也是判断方面之一，SAFT 代币将在网络开发完成后上线，对于实用类代币来说，这将是一项有利因素。

10.4.3 项目估值与估值条款

在股权融资中，估值就是对公司价值的评估。那么通证融资是对什么价值的评估？作为项目中应用的通证，通证的融资是对区块链项目未来的生态价值评估，生态的价值越高，代表生态价值流通的通证的价值也越高。

基于区块链的通证项目是比较新鲜的事物，在估值方面很多都是在尝试中进行。随着区块链技术的成熟，应用的扩大，通证项目的估计也越来越采用经济学中的一些模型，如货币类通证一般采用经济学中的费雪公式或者剑桥公式。对于一些实用型或者付息型通证采用净现值模型（这种类型也可以采用剑桥公式）。还有一些相对估算法、场景估算法、自由定价法等。

其实通证融资和股权融资的早期估值很相似，由于项目的具体数据较少甚至尚未完全开始，此时对项目的估值具有更多的“随意性”，这完全是项目方对未来的描述和宣传，以及投资方对项目团队的以往经验判断。在通证融资时，团队的成员与背景，以及对项目的未来规划和要解决的问题，都是影响估值的因素。而且几乎没有后期调整的可能性，这样通证融资的风险性就显得更高。此外，相对于股权融资可以进行多轮融资，每轮都可以对公司的估值进行调整，通证在初期就分配完未来的通证，缺少了后期的观察与纠正的机会。这是通证融资比较特殊的方面，也可以说是通证融资的一个弊端。如果通证融资可以设计成股权融资类似的形式，可以分成多个阶段，每个阶段可以调整估值，将是对这种弊端的一个很好改进。

在股权融资中，常见的估值方法包括绝对估值法和相对估值法（比值法），前者包括贴现现金流估值法（DCF）、股利贴现模型（DDM），后者包括市盈率（PE）估值法、市净率（PB）估值法、市盈增长比率（PEG）估值法、企业价值倍数（EV/EBITDA）估值法等。

在通证融资中有相似的地方，也有自己的特点，更多的倾向于基于货币相关的方法和理论。目前网络中提到的一些可以选用的方法有：现金流贴现估值法、相对估值法、期权定价估值法、费雪方程式、自由定价。

每种估值算法有其对应的使用场景。

（1）现金流贴现估值法。所有应用型通证。现金流贴现估值法与股权融资中的贴现现金流估值法类似，但在项目的初期这种方法不适用。而且目前数字货币的波动经常很大，计算的误差较大，如果采用一段时间内的数据作为参考，会有片面性。

（2）相对估值法。传统项目代币化的应用型通证。相对估值法采用了股权融资中的相似方法，对于很多项目是一种简单的估值方法。这种估值方法也是运行中的项目适应的估值方法。

（3）期权定价估值法。所有应用型通证、底层公链。这种方法由中国人民银行数字货币研究所所长姚前提出，他认为由于某种通证的价值与其他通证之间具有共生性，并且回报形式往往不是法币，所以传统股票估值模型对通证来说适用性有限，因此，可以考虑使用期权定价的方式对通证进行定价。在这个过程中，可以把通证的价值看作以项目未来价值为标的资产的看涨期权。

（4）费雪方程式。底层公链。这种方法需要项目的通证可以参考现实世界中的某种货币，然后以这种货币的流通速度与市场容量来评估相关的项目估值。其实这样做是因为没有更好办法的一种选择。

（5）自由定价，相对估值 + 潜在需求评估。由链下资产或服务背书的通证。有一些通证既不对标股票，也不对标货币，它代表着链下资产上链后的份额化资产，类似文交所交易的份额化艺术品，只是通证可涵盖的资产范围远远大于文交所中的交易标的。这种通证的估值方式有多大意义呢？关键是取决于对标的资产是否可以在链上完全一致。

以上通证融资的所有估值方式，基本上都不能在项目启动时准确预估。都是用一种可以参照的方法，根据项目的愿景与团队的能力对通证项目做一个价值评估。因为通证融资的特殊性，目前没有更好的选择。

下面以费雪公式为例进行分析。

1. 公式

$MV=PY$

其中，M 表示货币数量；V 表示货币流通速度；P 表示价格；Y 表示产出；具有货币属性的通证更适用于此类模型，如比特币、达世币、门罗币等。实际上，以太坊、EOS 等公链的基础交易媒介代币，由于其在生态内的基础货币地位，也有近似的估价模式。

2. 一般估值步骤

（1）给出使用该通证适用的市场容量预测。如目前大家倾向于认为比特币对标黄金，因此以 8 万亿美元作为总容量。

（2）基于货币数量、流通速度，计算出货币价格。比特币总数量 2100 万枚，目前美元的流转速度大概在 5.5 左右，假设以此作为比特币的流转速度，则其每一枚的价格可以算出大概是 7 万美元。只是一种估算方法，是一种理论方式的度量，未必准确，可以再用其他方法衡量。本书中所有的分析都不用于投资建议。

3. 上述模型可能有误的地方

（1）模型认为所有比特币已经发行接近完成，且都加入流通。然而实际上可能有 300 万 ~ 400 万比特币可能已经永久丢失，因此实际可流通数量是原数量的 4/5 左右，导致币价可能还要提升 25%。

（2）比特币可能并不是完全替代实体经济里黄金的作用，虚拟经济有可能数倍于目前的实体经济。所以，8 万亿这个市场总容量也是不精准的。

（3）流通速度没有数据，只是参考了美元，因此很可能不准确。

（4）延伸探讨。从投资的角度而言，投资者自然是希望价格能不断攀升。

4. 一般项目方会考虑的几个方面

（1）降低整体流通的数量，如 BNB/HT，以不断通过回购 / 销毁流通代币的方式来提升单个币的价格预期（短期有效）。

（2）降低流通的速度，如 SteemitPower 转化为 Steemit 时，要分 13 周返回（短期有效）。

（3）提升整体市场容量，如各公链不断在培养 DAPP 生态、开发者社群（长期有效）。

10.4.4 项目治理与投资者保护

通证项目的治理是在探索中进行的。与公司治理不同，区块链的治理通常借助于网络社区，区块链社区治理分为链上治理和链下治理。区块链治理的相关内容参见本书的第 7 章内容。

在对于投资者保护方面，通证项目完全在靠野蛮成长中的教训来补足对投资者的保护，并限制项目团队或发起人。这也是通证项目前期充满了山寨币、空气币、传销币的现象的根本原因。在国家层面，各国政府加强对区块链项目的监管，针对项目中通证可能带来的洗钱、恐怖金融、偷税漏税、金融稳定等方面的特定风险出台了相关的政策，采取严厉打击的方式。在这种情况下，很多项目采取在一些监管较松的国家或地区进行。这样投资者参与的区块链项目如果出现问题，依靠国家法律解决的途径会受限，因为国家已经禁止这种会产生发币行为的项目。

另外，在通证项目的投资者保护中，因为通证融资的特点，股权融资管理中反稀释条款、领售权条款、共同出售条款、知情权条款也会受到相应使用场景的限制。股权融资中的这几种措施可以给我们一些借鉴作用。

（1）反稀释条款，不适合通证融资，因为大多数通证都会一次设立好发行规则，一次性发行完毕，不存在稀释的情况。

（2）对于领售权条款，可以借鉴的地方是，针对通证的锁定期可以协商，要求比较短的锁定期。同时可以限制项目方的通证释放规则。在股权融资中，领售权条款的主要目的是保障投资人的退出权或者公司整体出售的需要。在通证融资中，类似的领售权条款或者降低通证锁定期的做法，也能起到类似的作用。

（3）对于共同出售条款，起到的作用与领售权条款的作用基本相同，就是要求自己的通证锁定期最长不能超过项目方或主要利益方的锁定期。

（4）对于知情权条款，在通证项目中有比较好的措施，主要是由区块链项目的特点决定的。通证总量的设计、释放的通证总量、主要持有方的通证使用情况，可以通过区块链公开透明的特点都能查询到。项目的进展方面，区块链项目一般都保持着公开项目周报或月报的方式，可以作为一定的参考依据。区块链项目一般采用开源的方式，通过查看项目的源代码提交情况，提交质量也可以从这方面得到更好的信息。

10.4.5　通证融资的退出方式

相对于股权融资的四种退出方式：并购退出、上市退出、回购退出、清算退出。通证融资的退出方式很单一，在通证可以出售的时候出售掉所持有的通证。出售的方式主要是在数字货币交易所出售，也可以通过场外交易出售。

在区块链发展的早期，一些项目没有具体规定通证融资的锁定期，项目的通证一旦上市到交易所可以交易，会出现大量的抛售行为，此时因为通证唯一的投资用途投资希望破灭后，市场上的个人投资者对于项目通证也会跟随效仿，通证经常会跌到一个很低的价格。直到大家都不在意，不关注这个通证为止，甚至交易所下架这种通证的交易。

由于这种原因，更多的项目投资方在通证可以抛售的时候争先抛售，通常机构投资者比个人投资者有更好、更冷静的分析能力和判断能力，最后形成一种损害个人投资者的现象。这种情况产生的恐慌与责怪声常常会给项目的发展造成严重影响，团队的精力更多的会被分散到处理通证价格的方面上，团队成员看到通证的价值如此之低，对项目的未来也经常会怀疑与泄气。

对于一些需要一定时间才能看到效果的项目，更多的是建议设置锁定期。例如，Filecoin 的通证采用 6 年逐步解禁就是一种限制投资方过早退出、一次性退出的方法。

此外还有一种方式，参与通证的应用通过获得利息或其他有价值产物。但这种方式只是延缓退出的一个阶段，最终还是要靠出售通证退出。

所以在今后的区块链相关项目中，对机构投资者建议采用股权融资与通证融资并用的方式，并比较严格地限制机构投资者的通证退出时间，这样能够规避通证融资过早退出的影响，也不会对个人投资者产生示范效应。机构投资者更多地依靠股权投资获得回报和退出，详细的组合使用在后面的小节内会详细说明。

10.5　通证融资的案例分析

1. 案例一：以太坊的案例分析

详见 8.2 节中“项目资金的募集”。

在众筹成功一年后的2015年7月30日，以太坊正式发布。项目组兑现了承诺，创世区块中包含了8893个交易，分发给当时参与众筹的人员。

2. 案例二：EOS的通证融资分析

EOS代币的众筹时间是从2017年6月26日开始，持续355天，直到2018年6月1日结束。一共投放10亿个EOS。没有进行私募，直接用ICO的公募方式。

技术上基于以太坊的ERC20代币方式，主网上线后映射为主网通证。

EOS众筹有两个阶段。

第一阶段：在众筹启动五天之内，以2017年6月26日到2017年7月1日，投放2亿个EOS代币。

第二阶段：从2017年7月1日到2018年6月1日，7亿EOS代币会被分成350份，每天23小时销售200万个代币，每天200万EOS代币被出价最高的人获得。

剩余1亿EOS代币由Block.one保留，它们会在以太坊上交易。在此期间，Block.one承诺不购买EOS代币，不向股东分红，不执行任何股份回购。

Block.one在代币销售的前五天就筹集了1.85亿美元。经过长达一年的ICO，Block.one公司的EOS已然成为最受期待的区块链项目。据外媒报道，Block.one在ICO结束时，EOS融资规模达到42亿美元。

EOS的通证融资是到2020年6月为止通证融资金额最多的项目。相信今后也很难有通证项目可以获得这样大的融资金额。

3. 案例三：Filecoin的通证融资分析

Filecoin的通证融资限制参与：美国合格投资人（U.S.Accredited Investors）身份认证（采用与IPO相同的流程，以确保合法性），投资门槛较高。例如，年收入20万美元，或者家庭年收入30万美元，或者家庭净资产（不算自主的房产）超过100万美元。IPFS更看中项目的长期发展。

技术上基于以太坊的ERC20代币方式，主网上线后映射为主网通证。

ICO占比：10%（2亿枚）

ICO总金额：2.57亿美元

私募情况：

时间：2017.7.21至2017.7.24

成本：0.75美元/FIL（全部私募的价格都一样）

分发期和折扣：1~3年，折扣额0%~30%（分发期最低一年）

参与人数：150人左右

私募金额：大约5200万美元

公募情况：

时间：2017.8.7 至 2017.9.7

成本计算公式：price = max($1，amountRaised / $40 000 000) USD/FIL（计算公式有点复杂）

成本区间：1 美元～ 5 美元

分发期和折扣：6 个月（0%）、1 年（7.5%）、2 年（15%）、3 年（20%）

公募金额：2.05 亿美元

参与人数：2100+（另有很多参与者是通过代投拿到的）

Filecoin 由 Protocol Labs（协议实验室）驱动。他们将自己定义为网络协议的研究，开发和部署实验室。他们希望通过实验室建立的协议创建新的市场。Protocol Labs 非常关注开源软件，并得到 Y-Combinator 等知名投资者的支持。

Filecoin 的分配是经过精密的思考和设计的，协议实验室为此做了大量的分析，设置了不同的代币锁定期，希望能够确保代币的发放过程平滑，不会出现突然间的大量代币解禁的情况对币价造成的波动。

（1）Filecoin 团队把 70% 的通证给了矿工，这在爱西欧项目里是非常有诚意的表现，也是为什么现在如此多的矿工关注 Filecoin 项目的原因。

（2）矿工部分的通证设计每 6 年释放一半的代币（比特币数量的半衰期是 4 年），为什么是 6 年？协议实验室认为 6 年无论对 Filecoin 网络增长还是对投资者长期回报都是一个比较恰当的时间周期。

Filecoin 通证的分配策略和锁定期设计更合理，已经更完善地考虑了项目的相关利益方和通证的锁定问题，便于控制通证的流动性。

10.6 股权融资与通证融资的区别

从前面的股权融资与通证融资的内容上注意到，相对来说，通证投资人比较看重技术，而股权投资人则更多考量商业的可行性。股权融资相对非常成熟，有完整的模式、文档、规范、流程等内容可以参照，可以一轮轮地进行下去。通证融资发展时间相对较短，有很多不完善的地方，并且经常只能在发行的初期可以融资，后期并没有可以融资的份额。我们从融资额、融资对象、融资阶段、投后管理、项目发展与自身成长几个方面对两种融资方式做一下对比。

1. 融资额

对于早期的区块链项目而言（早期是指产品还未上线或市场未被验证，大部分区块链项目都属于此类），通过股权融资的融资额预计要少于通证融资的融资额。

根据 PWC 的报告显示，同年首次通证发行的平均融资额高达 2550 万美元，约为股权种子轮融资额的五倍，仅略低于传统股权 B 轮融资的融资额。

根据 Cruchbase，股权融资中也有一些超级大的种子轮项目，这些项目被称为“超级巨人”（Supergiant），这些超级巨人的融资额可以高达 1000 万 ~ 2000 万美元，但和通过首次通证发行融了 40 多亿美元的 EOS 比，这些“超级巨人”也顶多只能算是“小人国”中的超级巨人了。

总的来说，习惯了通证融资的项目团队，如果他们的产品和市场还处于初期，在寻求股权融资的时候，一般需要降低对融资额的预期。

然而，初始融资低不意味着通过股权融资的总融资额也是低的。其根本原因在于股权投资是一轮一轮进行的。一般项目需要经历种子轮、天使轮、A 轮、B 轮、C 轮……，每个轮次都会注入新的资金，同时每轮都有其大致的指标和投资额范围。通过前面的股权融资案例，可以看到很多的著名企业的全部股权融资金额也是非常大的，如图 10-8 所示。

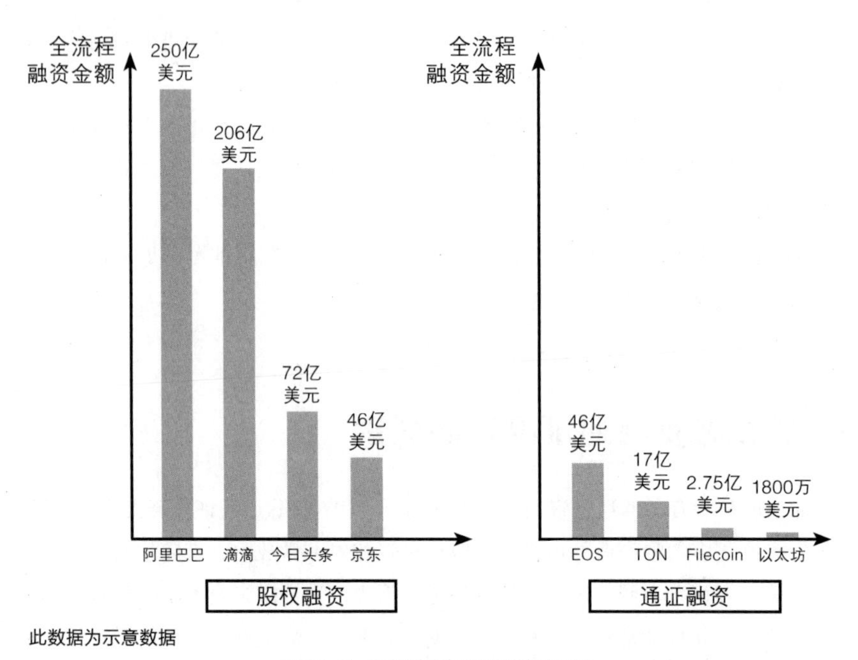

图 10-8　股权融资与通证融资的对比

同时多阶段的融资，多是为了保护投资人，同时也给项目方充足的压力与动力。如果项目发展良好，最终通过股权融资的金额不会低于通证融资的金额。

在寻求股权投资时，没有必要死守原有的融资额预期，以免因双方预期差异过大而错失珍贵的融资机会。一般来说，融资额要能够满足团队2年左右的运营和增长计划。所以团队在提出期望融资额时，可以再准备一下资金使用计划和预期达到的目标，以对预期融资额提供支撑。

2. 融资对象

传统股权融资的投资方一般是风险投资企业，或者其他投资基金。也有个人作为天使投资人的情况，总体上说还是以企业为主。通证融资因为其特殊的形式与产生场景，投资方早期都是以个人为主，采用ICO等公募方式，后期有机构参与，一般采用私募的方式，如图10-9所示。

股权融资当前有较好的管理制度，不容易产生纠纷。通证融资因为方式和合法性在各个国家的不同，后期产生争议与冲突的地方比较多。

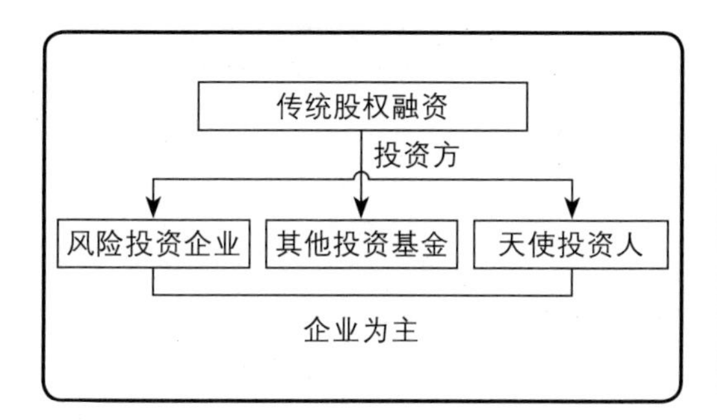

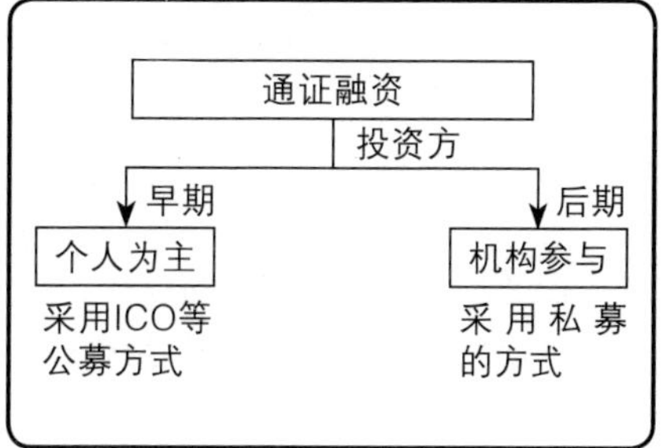

图10-9 股权融资与通证融资的融资对象

3. 融资阶段

股权融资一般经历种子轮、天使轮、A轮、B轮、C轮……每个轮次都会注入新的资金，同时每轮都有其大致的指标和投资额范围。在IPO之前，或者并购等情况之前，可以持续多轮，如图10-10所示。

通证融资很多项目只进行了1轮融资，或者进行1~2轮，因为通证分配完成，后期一般不会再进行融资，也没有可以融资的通证。有些多通证的项目后期通过采用发行新通证的融资方式，这和启动新项目有些类似，如果针对同一个项目发行多种通证，经常会严重损害项目方的信誉。

单纯地使用通证融资，因为没有继续融资的通证，在后续一般会出现资金问题。通证融资的项目后期一般依靠从增发的通证中获取份额，从而获得资金支持。

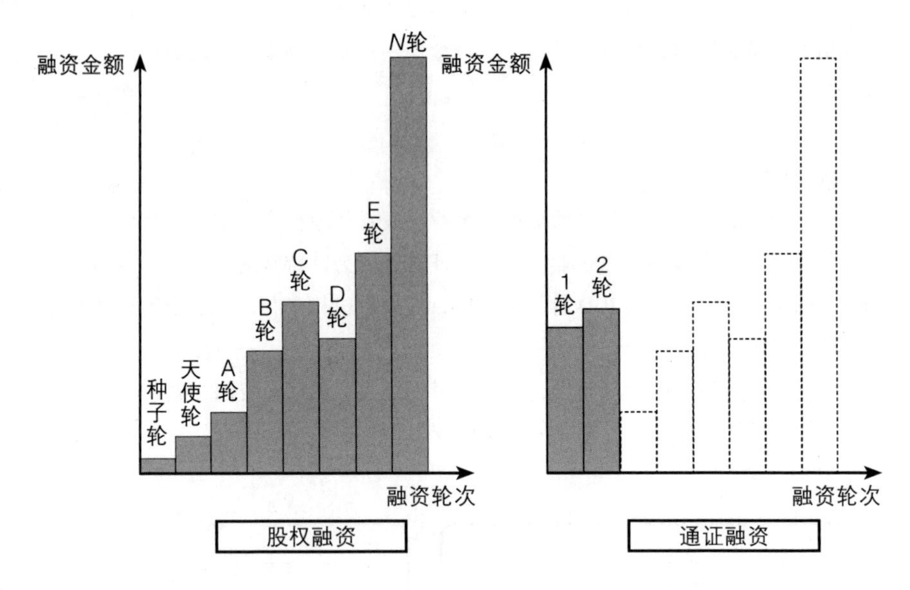

图 10-10　股权融资与通证融资示意图

4. 投后管理

股权融资一般有较好的投后管理，一方面是投资方的监督和成熟的公司管理机制，另一方面为了获得下一轮的融资，项目的团队一般也有很好的自我管理能力。这种多轮的融资方式也会使股权融资的资金使用会倾向于合理，如果出现问题，就不会有后面的融资。

通证融资的投后管理一般因为参与人员众多，很难形成有效的监督责任，社区的管理方式也有很多的局限性。基金会充当部分的管理职能，但这种内部的监督管理通常没有外部的监督管理更有效。通证融资后期经常出现争议的情况较多。

5. 项目发展与自身成长

股权融资因为分了多个阶段，不仅在资金管理上具有合理性，而且每个阶段还完成了项目中的其他职能分阶段发展的要求。这种逐渐成长的方式更适合一般事物的成长规律，不容易犯下严重错误，或者对于犯了严重错误的项目中途终止，一般不会造成严重的后果。这些项目的其他职能方面包括产品、销售、运营、团队与文化的建设，如图 10-11 所示。

（1）产品职能方面，在种子阶段完成产品创意，在天使阶段完成初期产品，在 A 轮阶段完成产品的进一步打磨和功能丰富，在 B 轮和之后的轮次，产品越来越完善，积累的数据会越来越多，数据分析等功能可以反哺产品，上市前产品逐渐形成一个综合平台或生态。

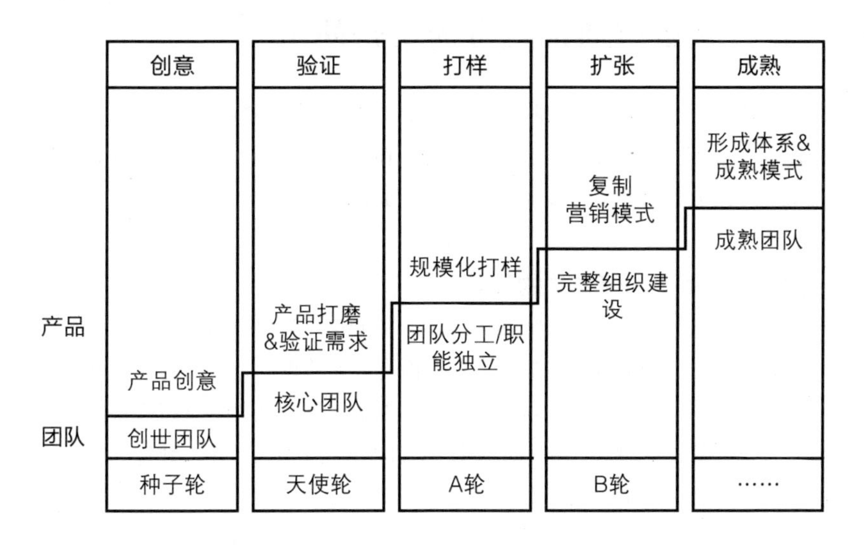

图 10-11 团队股权融资与对应阶段的职能图

（2）销售职能方面，从种子阶段没有销售，到天使阶段的寻找天使客户来完成小规模的验证，一般这两个阶段的销售都由创始团队来完成。A 轮阶段开始组建专门的销售团队负责，B 轮以及之后的销售工作与公司的品牌营销等工作会逐渐地成熟。

（3）团队与文化建设方面，在种子轮不需要刻意地强大，因为只有几个核心创始人；到了天使阶段经常会发展成几十人，内部的管理和文化建设需求增强；A 轮之后一般团队会发展到数百人，这个阶段对人事、行政的管理要求都会变得更多，团队的文化问题也会凸显，在消化这些内部问题、解决这些内部问题的过程中，团队会获得成长，不能成长的团队经常也就随着项目的失败而终结了；发展到 B 轮之后，到上市阶段的项目，团队建设基本完成，文化基本形成，慢慢地会形成比较稳定的局面，公司一般也开始逐渐形成竞争力。

通证融资没有明显的阶段划分，并且在项目的初期就获得了一大笔通证融资，如果项目发展顺利，问题不会爆发，一旦项目在某个节点爆发一个严重问题，单纯通证融资的项目很大可能性会产生崩溃。对于初始的大量资金，一些没有使用经验的团队，也会在初期不注重合理性与性价比，浪费太多的资源，当发现有问题的时候，一般已经没有挽回的余地。不能持续给项目团队注入资金，设置阶段使命，给予阶段任务压力的通证融资项目缺少了股权融资的非资金职能的成长环境。

股权融资和通证融资有各自的特点，没有绝对的好坏之分，很多项目可以将两种融资方式结合在一起使用，而且处理好两种融资的职能分工与利益分配，会取得更好的效果。

10.7 股权融资与通证融资的组合使用

通过上面的分析，可以看出股权融资和通证融资有各自的特点，发挥好各自的优势将会极大地促进一个项目的整体发展和长期发展。在发挥各自优势的同时，要处理好它们之间的利益边界，以免产生冲突，削弱两种方式的威力。

1. 充分发挥每种融资方式的优势

股权融资经过多年的发展相对成熟和完善，主要是一种以股份比例的融资方式，可以进行多轮融资。只要前期的股东能够同意，后面有人能够投资，甚至可以无限循环下去。

通证融资一般在一两次融资中就会分配完全部的通证，没办法进行多次融资。但通证融资的融资金额一般都比较大，相对于股权融资的种子轮、天使轮，数量差异比较显著。而且通证融资不稀释公司的股份，同时通证融资会促进产品生态的发展，在早期就产生第一批的天使用户，不但对项目有资金的支持，也会有用户和应用资源的支持。

一般项目可以考虑同时使用股权融资与通证融资并行的方式。股权融资的初期融资额一般不高，可以结合通证融资。通证融资的初期融资额高，没有后续融资的可分配物，后期会更依赖于股权融资。通证融资的资金不能一次释放，需要建立一种长期释放的规则，甚至在可能的情况下，在初期释放后，后期通过利润回收的方式回收更多的通证。整体的通证融资资金可以长期为项目所用，是项目生态中的经济调整工具。

在项目的初期，股权融资尽量用于直接的现金支付情况，如员工的直接工资、办公用品费用、办公室租金等费用。通证融资的资金尽量用于未来和生态中的激励行为，如员工的奖励（要像股权一样有成熟期，不能随意释放通证）、社区的激励、产品运营中的激励、对产品发展有帮助的外部合作方激励等。

2. 怎样避免两者之间的利益冲突与利益边界的划分

两种融资的并行使用，要规划好两种融资群体的利益边界与利益分配，否则，在后期会产生较大的冲突。相对来说，股权融资产生的是项目方的股东，通证融资产生的主要是项目中的用户。这两种用户之间的利益是不同的。当然，因为通证投入产出的巨大利益，使得通证融资中很多不是直接用户，而是投机者。

什么利益分配给股东？什么利益分配给用户（应用中的用户是通证的受益方）？需要一定的规则和边界。首先，股权融资的规则设计要利于项目的长期发展，尽量减少股权投资短期炒作的机会。有些项目给予股权投资者通证奖励，又没有设定锁定期，造成在这些投资者通证收益较高的时，这些投资者直接抛售通证，给项目带来很大的压力。通证融资中的投资者，也一定要建立合适的锁定期，冻结在应用不成熟时通证的流动性。同时赋予基金会更多的职能（参考第 5 章的内容），来控制通证的流动性和币值的稳定。

股权与通证冲突的案例：2020 年，Filecoin 开发公司 Protocol Labs 与股权投资者因代币分发问题产生冲突。此前 2017 年，Filecoin 进行了约 2.05 亿美元的代币销售。据称，并非全部的股权投资者都参与了这次代币销售。Protocol Labs 保留了一定比例的代币，理论上这将是股权投资者的价值累积。后来，Protocol Labs 似乎与大多数股权投资者达成和解。

3. 互相买入，形成交叉互持

股权融资与通证融资需要分清，默认情况下，并不是投资了股权就可以分配通证（可以这样约定，其实是把股权融资的金额同时获得了股权与通证），需要单独购买通证或参与通证的资金募集。拥有了通证也并不会分享股权收益。可以在它们之间建立联系。因为通证融资通常会筹集大量的资金，可以将通证筹集的一部分资金参与项目的股权融资，具体的比例参照风险投资的股权投资规则，将获得的股份权益交由基金会一起管理。这样通证生态可以获得公司的未来股权收益，打通了两者之间的联系。也可以在进行股权融资的同时，鼓励股权投资者同时进行通证投资（这种企业的通证融资通常不能带来产品的天使客户）。

4. 利益分配顺序

在通证融资和股权融资的利益先后顺序上，优先保证通证融资的利益方，因为通证发展的好坏直接关系到项目的成败，在项目失败的情况下，股权融资的利益也得不到保证。股权投资的利益分配可以在全部的利益空间内分配，通证投资的利益分类需要在应用内。通常因为通证的系统需要外部的价值注入，这一点会与股权产生冲突，可能会造成归属股东的利益被用于通证，这些方面需要做一些事前的约定规则，或者在产生冲突的时候协商解决办法。通证融资与股权融资的利益边界没有明显的划分，会根据项目的不同而有所不同。目前还没有丰富的实例可以参考，在今后的探索过程中还会产生一定的冲突，最终会形成可以参考的案例。

5. 总结

（1）习惯了通证融资的项目团队，因为从 2014—2018 年直接火爆的融资情况和大额的融资金额来看，对股权融资会有不适应的情况。在初期寻求股权融资时，一般需降低对融资额的预期，以免因双方预期差异过大而错失珍贵的融资机会。一般来说，股权融资额需能够满足团队 2 年左右的运营和增长计划。

（2）股权融资是一种分割比例的行为，可以多次进行，并且每个阶段有相关的约束；通证融资是数量的分割与出让，分配完就不会有未来的分割，仅可以使用有限次数，一般为一两次。所以通证融资的后期管理很重要，释放周期要考虑项目的长期增长和中间的风险。通证融资的融资物要设置比较严格的释放期，防止过早消耗完。

（3）相比通证投资人，股权投资人一般会要求更高的出让比例，因为股权会被稀释而通证不会。参照前面的内容，每轮融资都有其合理的比例。

（4）股权融资对于项目方而言，估值不是越高越好，合理最重要。通过需要的融资额和出让比例倒推出来的估值，是个重要的估值参考。通证融资可以在可能的情况下尽可能多地融资，因为融资周期不可持续，而且可以在后期的应用中重新为投资者分配超额融资的部分。

（5）股权融资更多用股权方式来解决问题。通证融资更多是应用中的问题，在规划中留出为未来通证的利益分配空间。优先保证通证融资的利益，让应用的生态发展起来。两者的利益边界在可能的情况下，需要尽早划分清楚，不能划分清楚的，要在发展中协商解决。

（6）出现问题的时候，基金会的资产会优先赔偿或清算通证融资的利益。公司资产优先清偿股东的利益，或者在股权融资时，制定好项目失败时对通证融资用户的优先赔偿比例。当股权融资出现中断或者失败时，可以动用基金会中的资产保证项目的发展。因为对于项目的失败而言，两种融资方式都会失败，在出现失败的可能性前，两种融资都可以用于解决项目发展的问题。

区块链还是个发展中的事物，在股权融资和通证融资的结合中，相信使用股权融资与通证融资的组合方式能够享受更多的优点，避免互相的弱点，这方面还有很长的路需要去探索。

第 11 章 从经济模型看区块链的影响力

从科技发展的角度来看，未来几十年人类社会将进入一个智能社会，其深度和广度我们应该还想象不到。未来的智能社会需要价值传输能力，这一能力将会由区块链技术来承担。虽然区块链技术在未来可能会具有巨大的影响力，但当前阶段区块链的发展还不够成熟，应用的范围还比较有限。阿里巴巴集团的曾鸣老师 2020 年 5 月在一次讲话中说过，凭他个人直觉判断，如今的区块链大概类似 1990 年左右的互联网。笔者正好经历了 1990 年后的互联网，加上自己对区块链的各种体验和参与，笔者的判断是比 1990 年靠右，但还远没有达到 1995 年的互联网普及程度。与互联网相比，区块链的应用还处在婴幼儿时期。但从区块链的一些技术特征、经济模型作用能力，我开始感受到区块链会对未来产生非常大的影响力。

区块链技术给人们带来的影响力会是巨大的，它主要会从技术能力和经济能力两个方面来影响我们的生活。技术能力表现在不可篡改性、去中心化、智能合约等方面；经济能力表现在利益再分配能力、经济手段治理能力、价值传输能力等方面。本章会介绍几个和经济能力结合的案例来理解区块链中与经济相关的影响力。

11.1 不能说谎的社会，三体人不能说谎是真的

区块链技术的一个特质是信息不能篡改，很多人将区块链比喻成信任的机器。很多人并不容易理解这个特征对社会的影响有多大，我们用一个日常现象“说谎”来说明会更具体。我们每个人从智力发育到一定阶段开始就具有说谎的能力，随着成年这种能力更加强大，不管善意的谎言，还是恶意的谎言。

著名的科幻小说《三体》中描述过三体人不能说谎，我们大多数人都会认为这是作者的一种想象，是描述科幻情节的需要。人类的说谎能力大致可以描述为，有意说不真实的

信息。这种行为一方面是适应生存的需要，另一方面是验证谎言的代价比较高，很多场景与其验证，不如相信或不去理会真假。区块链的世界，为不能说谎提供了技术支持。

我们先看看书中描述的三体人为什么不会说谎？三体人不用说谎，也不会说谎，因为他们之间的信息传递是直接通过脑电波实现的，也就是说思考即交流。这样的一种方式让三体人之间的所有交流都是完全可信的，不存在作假和欺瞒的情况。换言之，三体人之间的信任也是可以直接传递的，可以无条件信任他人说的话，即“思维透明”。三体人不用说谎。他们的知识是通过基因遗传，通过先天就可以获得对整个社会的认知。所以三体社会才会在三个太阳同时出现时的高温和强光的极其恶劣的环境下，在两百多次的毁灭与新生下，还能发展出超级科技。这种说法我们并不感觉有合理性，因为这种传输方式只是加快了信息的传递，并不能验证信息的真假。

我们看下面一个原因会更具有合理性，或者转变一下说法会便于我们理解。三体人是由数学主导的社会，三体人生存的意义就是解开三体世界中的数学问题：三体问题。因为他们种族的先天缺陷，导致三体人思维观念程度极低（思维透明、中央集权、高效的工作使广大三体人成了劳动的机器，他们没有时间产生自己的思维观念，可以说除去本性外没有得到长远的发展，所以三体文明才能在恶劣条件下，经过二百多次毁灭生存下来。三体人坚信：In Math we trust，faith built on Math，so that Trisolarans can go through disasters（我们的信任建立在数学之上，据此三体人可战胜任何灾难）。其次，三体其实是一个巨型计算机。刘慈欣老师在这里可能是借鉴了人类巨型机的概念。为什么这么说呢？三体的首领拥有最强的计算力，他能够依靠统筹三体人以极高的效率开始军阵排列，进行高效的二进制运算，在昼夜、温度和日照分布不均且没有规律的情况下，来计算出子民浸泡的时机。

三体生物巨型机由高效的三体人部件和最高计算力的三体首脑组成。所有指令、数据、结果、答案全部存储在三体人脑中，通过脑电波上传到信息链上，而且永不丢失，除非三体人灭绝。如果将这个地方修改成上传到区块链系统上，信息永不丢失，不能被篡改，就容易被熟悉区块链技术的人理解了。

当前在社会中的所有信息是没有真实性的校验的。信息在某个环节被修改后，没有特别容易的验证方式证明信息被修改过，这样就让谎言有了生存的空间，我们也适应了这种环境。没有验证的信息环境示意图如图 11-1 所示。

当发展到某一天，区块链技术变成一个基础设施后，所有的信息都可以非常容易被验证是否修改过和出处（更广义的溯源），如图 11-2 所示。我们使用的各种形式的信息都可以验证真伪，或者是否符合逻辑的合理性，不论这些信息是文字信息、语音信息、图形信息、还是视频信息，都有一个链上的验证指纹。这样我们个人的交流信息、出行信息、学习成绩、财务信息……以及企业的经营信息、财务信息、税务信息、合同信息……也都会被称为区块链的基础设施所证明，我们会非常容易地拥有识别谎言的能力，配合区块链中的经济模型的影响力，可以对说谎的行为作出惩罚，奖励诚实的行为，慢慢地我们的社会会变成一个不能说谎的社会，三体中的不能说谎的社会就会慢慢出现。用区块链系统的技术特点和经济作用力来说明三体人不能说谎的原因更具有合理性和逻辑性，而且这一合理性会在现实世界中得到验证。

图 11-1　没有验证的信息环境示意图

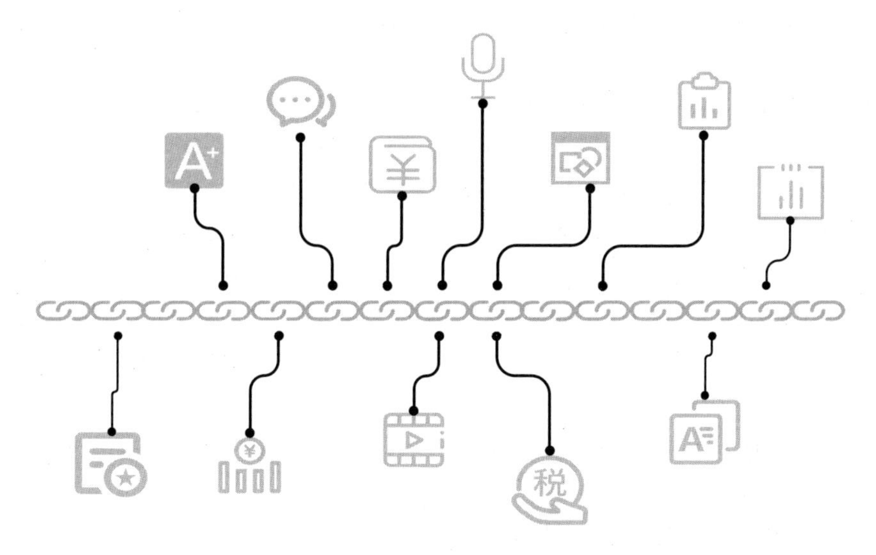

图 11-2　有区块链保存信息指纹的可信信息环境

11.2　有质押的 PoS 比纯算力的 PoW 更强大

在过去十多年中，基于 PoW 的共识算法区块链系统需要消耗大量的电力去运营；基于 PoW 机制的最大的工作区块链 Bitcoin，消耗了相当于整个爱尔兰的用电量。维护一个基于 PoW 共识算法的区块链系统成本巨大，已经广为诟病。

PoS 权益证明，与要求证明人执行一定量的计算工作不同，权益证明要求证明人提供一定数量加密货币的所有权即可。它将 PoW 中的算力改为系统权益，拥有权益越大则成为下一个记账人的概率越大。PoS 不仅解决了 PoW 的缺陷，甚至拥有 PoW 不曾有的属性。PoS 可以被想象成一种虚拟挖矿。在 PoS 模式下，用户花费金钱购买系统内的虚拟代币，然后用一个内部协议机制将虚拟代币转换成虚拟电脑，系统模拟随机产生的区块的成本与购买成本大致成比例，达到了 PoW 同样的出块效果，却不用消耗电力。结合分片等技术，基于 PoS 的区块链系统能够获得非常出色的性能，但基于 PoW 的系统却很难完全与分片技术结合。

权益证明 PoS 比工作证明 PoW 有什么好处?

- 无须消耗大量电力和硬件成本即可保护区块链。
- 经济方面，由于缺乏高耗电要求，因此不需要发行太多的通证来激励参与者继续参与网络。从理论上讲，甚至有可能出现负净发行，其中一部分交易费用被作为燃料消费掉，从而随着时间的流逝减少了货币供给。
- 权益证明为使用竞争理论机制设计的各种技术打开了大门，以便更有效地阻止集中巨头的形成，如果形成类似经济领域的卡特尔现象，就会出现放任网络有害的方式（如基于 PoW 的自私挖矿行为）。
- 减少集中化风险，因为不会出现规模经济的问题。1000 万美元的数字货币将为你带来 100 万美元，100 美元会带来 10 元的回报，都是 10% 的回报，而没有任何其他不成比例的收益。不会像工作量证明 PoW 那样，有更多的资金优势的参与者就可以购买或生产更好的设备，获得丰厚的回报，普通参与者因为弱势，基本不能获得回报。
- 可以使用经济惩罚来预防各种形式的 51%攻击，PoS 的这种能力比 PoW 的代价高得多。用 Vlad Zamfir 的解释："如果你参与 51%的攻击，就好像你的 ASIC 矿场被烧毁了。"而以往的 PoW 只会出现没有收益的情况，而不会有烧毁矿机与矿场的效果。PoS 可以做到负激励（罚款），但 PoW 最多只能做到无激励。从经济学的角度，PoS 比 PoW 有更大的力度。

11.3 科斯定理现象更显著，一切会更加自动化

区块链技术的发展，可以让一些经济学现象更加明显，我们来了解一下经济学中的"科斯定理"。罗纳德·科斯于 1960 年发表在《法学和经济学杂志》上的《社会成本问题》一文中提出了"科斯定理"。科斯提出的方案是：在交易费用为零（或者很小）时，只要产权初始界定清晰，并允许经济当事人进行谈判交易，那么无论初始产权赋予谁，市场均衡都是有效率的。

区块链技术在产权数字化方面会逐渐提供更好的技术支撑，因此会促进更多的交易在网络中进行。同时，区块链技术的发展会促成更多交易费用为零（或者很小）的场景出现。区块链技术将会在两个方面提供降低交易成本的能力：一方面是价值传输能力会让交易环

节减少；另一方面是智能合约的成熟和经济能力会促进很多交易的自动执行。

我们从产权数字化、交易流程减少和交易自动化这三个方面来分析区块链技术对于科斯定理产生的影响。

1. 区块链技术推动产权数字化的发展

在资产确权领域，有两种形式的资产转换方式：传统资产数字化和数字产品资产化。区块链技术为这两者之间的转换提供了技术手段。

生活中我们认识的资产包括土地、房屋、公路、铁路、机器、车辆、电脑、家具等有形资产，还包括专利、商标、债权、使用权、受益权等无形资产。网络世界还有一种无形资产——数字资产。一件游戏装备可能价值几百或几千元，一个电子宠物可能价值几万元，一枚比特币可能价值几十万元。区别于传统资产，数字资产是以数字化形式存在并被某个系统确权的资产，传统资产是有合同、证书等实物形态并被政府确权的。数字资产在区块链技术出现之前一般只能在一个有边界的系统范围内有价值，如一个游戏中或一个公司内部的若干产品中，而当前数字货币的价值实现范围突破了边界，使数字资产通用性成为可能。基于数字货币的成功，我们可以使用区块链技术为资产确权，将数字资产通过绑定技术建立数字资产和传统资产之间的对应关系。这样传统资产和数字资产都可以借助区块链提供的价值传输能力、自动执行能力、交易撮合能力，提高传统资产的数字化和数字产品的资产化。

当前，区块链技术在数据保全、产权登记、版权保护、知识产权溯源等信息化建设比较完善的领域中已经有了很多的使用。在传统商业领域中，对实物的产权确认方面进展还不够明显。一方面因为区块链技术的发展阶段，数字确权的基础设施需要完善的时间；另一方面传统资产的数字化确权需要社会多个部门的协作，产权数字化还需要一些时间的发展。

2. 价值流的传输能力将会减少很多交易环节

区块链技术中因为经济模型的存在，使得这项技术与以往的技术有很大的不同，它的影响力超越了单纯的技术影响力。区块链技术使得今后的互联网具有了价值传递的能力，这种价值传输能力不仅会覆盖传统的交易范围，而且还会覆盖很多微支付场景，基于区块链技术的价值传输范围能够满足更广泛的交易场景。

我们当前的互联网被称为信息互联网，信息互联网的主要群体是人与计算机系统，他们之间的交互主要在于传递信息或处理信息。信息互联网也可以进行价值的传递，在需要处理价值的场景，信息互联网一般也参与其他价值系统（如银行系统）的辅助处理。因为区块链技术的产生，使得我们可以在网络中直接产生和传递价值，这将改变当前信息互联网中使用价值的一些行为，最终推动我们进入价值互联网。同时，价值互联网的主要群体从人与计算机，扩大到物与物的交互。随着物联网和5G网络技术的发展，会有越来越多的智能设备加入网络中。5G网络有三大性能分别是：超高速率、超大连接和超低时延，这些关键能力能够促进更多的设备加入物联网。在物联网中会有很多微支付的交易场景，区块链的价值传输能够很好地满足这些微支付的交易场景。区块链技术的发展，为物联网的发展提供一个价值传递的重要方式。区块链中的经济模型能够更好地管理和运行在价值互联网中流通的价值载体。在万物互联的时代加上价值传递的能力，会给我们的世界带来很多新的变化，也会促进更多的交易产生。

很多人会疑惑，在当前的互联网中不是也可以进行支付、转账、工资发放、挣积分、挣现金等操作吗？但这些操作不是真正的价值传递。网上的支付与转账是我们传统支付方式的电子化，是我们线下金融系统的辅助。我们把当前的互联网还是称作信息互联网。在信息互联网上面也可以传递价值，但价值转移的方式、传递的方式通常是一个操作流程中的附加操作，价值的管理依靠外部系统。信息互联网中的信息流、价值流与业务流是分开进行的。因为很多流程需要外部信息确认，信息互联网中更多的是人和计算机之间的交互。

以区块链技术为支持的价值互联网会到来。在价值互联网阶段，每个事件的信息流和价值流将会合二为一，价值可以在网络中产生、分割、交换、转移……价值互联网不仅在人和计算机之间交互，也会让更多的物物之间开始交互。

接下来我们用图11-3来说明信息互联网中的购物流程与价值互联网中的购物流程的不同之处，来给大家一个初步的认识。

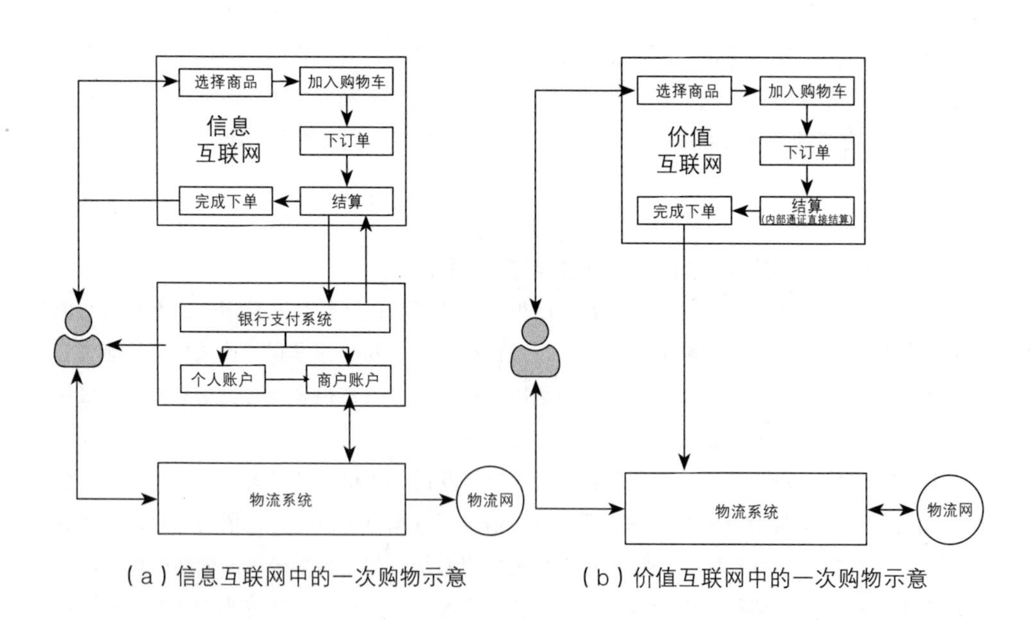

图11-3 信息互联网中的购物流程与价值互联网中的购物流程对比

在信息互联网中，购买商品有一系列的操作（选择商品、加入购物车、下订单），需要结算的时候，用户会被引导到银行支付系统中完成操作，中间环节需要人机交互参与，之后才会完成整个购物的线上流程，然后订单才会进入物流系统，最终完成整个交易，如图 11-3（a）所示。

在价值互联网中，信息流与价值流的传递合二为一，是一个统一的数据流。购买商品有一系列的操作（选择商品、加入购物车、下订单、内部通证直接结算、完成订单、直接通知物流系统），最终完成订单（物流系统内部的结算都可以自动进行，依赖我们后面讲到的智能合约能力）。如图 11-3（b）所示，整个交易过程减少了部分环节。

在物联网中，这种二流合一或多流合一的优势将会更加明显，这样就不需要人的参与，将人类完全排除在外，一切靠程序与区块链中经济模型的控制就可以良好地运行。这种多流合一的价值传输的综合环节更少，成本更低，包括时间成本、安全成本、交互成本、结算成本与交互环节等。同时区块链提供经济模型上的控制力，会增大网络的自治性。

3. 区块链的智能合约+经济能力会提供更多的自动化操作

区块链上的智能合约不仅仅是一个能自动执行的计算机程序，也是一个系统参与者，它能接收信息并回应，可以接收和存储价值，也能对外发送信息和价值。它的存在类似于一个值得信任的人，可以替我们保管资产，并且按照制定好的规则进行操作。

基于区块链技术的智能合约 + 经济能力不仅可以发挥智能合约在成本效率方面的优势，而且可以避免恶意行为对合约正常执行的干扰。将智能合约以数字化的形式写入区块链中，由区块链技术的特性保障存储、读取、执行整个过程透明可跟踪、不可篡改。同时，由区块链自带的共识算法构建出一套状态机系统，使智能合约能够高效地运行。

对于区块链技术中的“智能合约”，在很多人看来只是机器智能的进步，只是能编程，然后自动执行而已。在智能合约的初期，像以太坊上面的“智能合约”，其实也只是实现了一种非常简单的应用：众筹。这些只是在区块链发展的幼年时期，这些功能还不够强大。随着区块链技术的发展，会有越来越多的操作可以依靠智能合约自动执行。

智能合约的发展会进一步降低交易成本与促进市场活动。区块链系统中提供的去中心化交易所 DEX，通过智能合约匹配资产的买家和卖家进行点对点交易。这种去中心化的交易所不仅降低交易成本，并且能够提供数字化的自动交易市场，促进交易。同时，去中心化金融 DeFi 也能够提供借贷、支付、保险等功能，为交易提供更多的便利性。

4. 总结

区块链技术提供的资产数字化确权能力，能够在传统资产与数字资产之间建立联系，为传统资产在数字化交易所中进行交易提供必要的准备，资产的数字化也有助于产权初始界定清晰。

区块链技术能够从以下两个方面降低交易成本：

（1）价值传输能力能够明显减少交易环节，从而降低交易成本。

（2）使用区块链技术将交易自动化处理，从而降低交易成本。

交易成本指达成一笔交易要花费的成本，也指买卖过程中所花费的全部时间和货币成本。包括传播信息、广告、与市场有关的运输以及谈判、协商、签约、合约执行的监督等活动所花费的成本。这个概念最先由新制度经济学在传统生产成本之外引入经济分析中。根据 Williamson 对于交易成本的划分，一个交易成本有以下几个环节的成本组成。

- 搜寻成本：商品信息与交易对象信息的搜集。
- 信息成本：取得交易对象信息与和交易对象进行信息交换所需的成本。
- 议价成本：针对契约、价格、品质讨价还价的成本。
- 决策成本：进行相关决策与签订契约所需的内部成本。
- 监督交易进行的成本：监督交易对象是否依照契约内容进行交易的成本，如追踪产品、监督、验货等。
- 违约成本：违约时所需付出的事后成本。

智能合约的自动执行能力、数字化交易所的匹配能力（中心化和去中心化的交易所都能提供更好的匹配能力），能够显著地降低交易中多个环节中的成本。例如，数字化交易所的交易平台能够降低搜寻成本、信息成本；交易所的信誉系统能够降低议价成本和决策成本；交易所的保障机制能够降低交易双方的违约成本。

区块链系统提供的与外界交互能力，能够很好地监督交易过程，如跟踪产品的运输、验收货、产品使用、售后保证等环节，这些能够降低监督交易进行的成本。

综上所述，区块链技术会推动科斯定理中所述条件的产生，会促进更多交易的进行，从而更容易达到市场均衡。

11.4 价值互联网的来临与物联网的发展

出现了区块链技术后，很多人都在谈论价值互联网，我们如何定义未来的价值互联网？从我们日常的生活和工作中观察涉及了哪些网络？

1. 物质传输网络

我们每天收到的快递、购买的物品，都是从一个地方搬运到另外一个地方。我们的出行，从短距离的上班，到长距离的出差、旅游，是将我们从一个地方“传递”到另外一个地方。这种物质的传递主要由传统的运送货物的物流网络和运送人员的交通网络组成。这个物质网络的基础设施是公路、铁路、航空线路、桥梁等，传输能力是靠车辆、飞机、船舶等构成的，如图 11-4 所示。

图 11-4　物质传输网的构成示意图

2. 能源网络

能源网络可理解是综合运用先进的电力电子技术、信息技术和智能管理技术，将大量由分布式能量采集装置、分布式能量储存装置和各种类型负载构成的新型电力网络、石油网络、天然气网络等能源节点互联起来，以实现能量双向流动的能量对等交换与共享网络。

美国学者杰里米·里夫金（Jeremy Rifkin）于 2011 年在其著作《第三次工业革命》中预言：以新能源技术和信息技术的深入结合为特征，一种新的能源利用体系即将出现。他将他所设想的这一新的能源体系命名为能源互联网（Energy Internet）。杰里米·里夫金认为，“基于可再生能源的、分布式、开放共享的网络，即能源互联网”。随后，随着中国政府的重视，杰里米·里夫金及其能源互联网概念在中国得到了广泛传播。2014 年，中国提出了能源生产与消费革命的长期战略，并以电力系统为核心试图主导全球能源互联网的布局。2016 年 3 月，全球能源互联网发展合作组织成立，由国家电网独家发起成立，是中国在能源领域发起成立的首个国际组织，也是全球能源互联网的首个合作、协调组织。

物联是基础：“能源互联网”用先进的传感器控制和软件应用程序，将能源生产端、能源传输端、能源消费端的数以亿计的设备、机器、系统连接起来，形成了能源互联网的“物联基础”。大数据分析、机器学习和预测是能源互联网实现生命体特征的重要技术支撑，能源互联网通过整合运行数据、天气数据、气象数据、电网数据、电力市场数据等，进行大数据分析、负荷预测、发电预测、机器学习，打通并优化能源生产和能源消费端的运作效率，需求和供应将可以进行随时的动态调整。

伴随着美国未来学家里夫金《第三次工业革命》一书的出版，能源互联网领域的概念在国内逐渐被炒热。多次往返于中美之间的里夫金在他的新书中阐述了这样一种观点：在经历第一次工业革命和第二次工业革命之后，“第三次工业革命”将是互联网对能源行业带来的冲击。即把互联网技术与可再生能源相结合，在能源开采、配送和利用上从传统的集中式转变为智能化的分散式，从而将全球的电网变为能源共享网络。

能源互联网将有助于形成一个巨大的“能源资产市场”(Market place)，实现能源资产的全生命周期管理，通过这个“市场”可以有效整合产业链上下游各方，以形成供需互动和交易，也可以让更多的低风险资本进入能源投资开发领域，并有效控制新能源投资的风险。

能源互联网还将实时匹配供需信息、整合分散需求，形成能源交易和需求响应。当每一个家庭都变成能源的消费者和供应者时，无时无刻不在交易电力，如屋顶分布式光伏电站发电、为电动汽车充放电。

能源互联网中最可能的主要能量传递方式是电力，各种石油、天然气、煤炭等资源都转换为电能，通过电站、光伏、特高压线路传输到各地。特高压的传输距离是5000公里的传输半径，如果能源互联网发展成熟的话，全球的洲际能量传输就可以实现，世界各地的能源将会在全球范围内流动。能源互联网的硬件建设是一方面，软件建设也是很重要的一方面。区块链技术在能源互联网中，不仅可以起到控制作用，也可以方便地进行结算，进行价值的传递。能源互联网的硬件构成示意图如图11-5所示。

图11-5 能源互联网的硬件构成示意图

3. 互联网（信息互联网）

互联网（Internet）是指20世纪末兴起的电脑网络与电脑网络之间所串连成的庞大网

络系统。这些网络以一些标准的网络协议相连，它是由从地方到全球范围内几百万个私人、学术界、企业和政府的网络所构成，通过电子、无线和光纤网络等一系列广泛的技术联系在一起。互联网承载范围广泛的信息资源和服务，如相互关系的超文本文件，还有万维网（WWW）的应用、电子邮件、通话，以及文件共享服务。

信息互联网由 PC 网络和移动网络组成。当前网络的功能也从最早的浏览信息，发展到了生活服务业的方方面面，是我们最熟悉的网络。信息互联网的构成示意图如图 11-6 所示。

图 11-6 信息互联网的构成示意图

4. 支付网络

支付网络是指个人、企业、其他组织和金融机构进行的货币支付或资金流转。这种货币或资金的流动包括人们在银行网点或结算前台进行的线下支付，也包括通过网络完成的线上支付。网络支付是采用当前信息传递的方式完成资金传输。网络支付的各种支付方式都是采用数字化的方式进行款项支付的；传统的支付方式则是通过现金的流转、票据的转让及银行的汇兑等物理实体流转来完成款项支付的。

5. 物联网

广义的物联网包括个人应用、工业物联网、智能交通、车联网、智能家居等多个方面。

- 个人应用：可穿戴设备、运动健身、健康、娱乐应用、体育、玩具、亲子、关爱老人。
- 智能家居：家庭自动化、智能路由、安全监控、智能厨房、家庭机器人、传感检测、智能宠物、智能花园、跟踪设备。
- 智能交通：无人机、无人驾驶、车联网、智能自行车 / 摩托车 (头盔设备)、航海、太空探索。
- 智慧城市：从民生服务（智慧医疗、智慧教育）、城市治理（智慧政务、智慧交通、公共安全）、产业经济（智慧物联网、智慧工业）、生态宜居（智慧能源、智慧新零售）四个维度对区块链技术在智慧城市中的重点应用场景进行讨论。

- 企业应用：医疗保健、零售、现代农业、建筑施工、立体农场、安防、餐饮、智能办公室。

- 产业互联网：现代制造、能源工业、供应链、工业机器人、工业可穿戴设备（智能安全帽等）。

物联网（Internet of Things，IoT）是互联网、传统电信网等信息承载体，让所有能行使独立功能的普通物体实现互联互通的网络。物联网一般为无线网，由于预计每个人周围的设备可以达到1000~5000个，以当前全球大约76亿人口，上网人数大约38亿，去除个体之间的重复计算，物联网的规模可能要包含千亿以上的物体。根据2018年的IoT分析报告，全世界的联网设备数量已经超过170亿，扣除智能手机、平板电脑、笔记本电脑或固定电话等连接之外，物联网设备的数量达到70亿。

在物联网上，每个人都可以应用电子标签将真实的物体上网联结，在物联网上都可以查出它们的具体位置。通过物联网可以用中心计算机对机器、设备、人员进行集中管理和控制，也可以对家庭设备、汽车进行遥控，以及搜索位置、防止物品被盗等，类似自动化操控系统，同时透过收集这些小事的数据，最后可以聚集成大数据，包含重新设计道路以减少车祸、都市更新、灾害预测与犯罪防治、流行病控制等社会的重大改变，实现物物相联。

物联网将现实世界数字化，应用范围十分广泛。物联网拉近分散的信息，将物与物连接在一起，并促进它们之间的信息传递，最终还会形成价值传递。物联网的应用领域主要包括交通运输和物流领域、工业制造、健康医疗领域范围、智能环境（家庭、办公、工厂）领域、个人和社会领域等方面，具有十分广阔的市场和应用前景。物联网的组成示意图如图11-7所示。

图11-7 物联网的组成示意图

6. 车联网

车联网的概念源于物联网，即车辆物联网，是以行驶中的车辆为信息感知对象，借助新一代信息通信技术，实现“车与 X”（车与车、人、路、服务平台）之间的网络连接，提升车辆整体的智能驾驶水平，为用户提供安全、舒适、智能、高效的驾驶感受与交通服务，同时提高交通运行效率，提升社会交通服务的智能化水平。

7. 智能家居

智能家居通过物联网技术将家中的各种设备（如音视频设备、照明系统、窗帘控制、空调控制、安防系统、数字影院系统、影音服务器、影柜系统、网络家电等）连接到一起，提供家电控制、照明控制、电话远程控制、室内外遥控、防盗报警、环境监测、暖通控制、红外转发以及可编程定时控制等多种功能和手段。与普通家居相比，智能家居不仅具有传统的居住功能，兼备建筑、网络通信、信息家电、设备自动化，提供全方位的信息交互功能。

8. 价值互联网

随着技术的发展，全球基础设施的全幅图景中有超过 6400 万千米的高速公路、200 万千米的油气管道、120 万千米的铁路，75 万千米的海底电缆和 41.5 万千米的 220kV 以上的高压线。这样由物质传输网络、能源网络、信息互联网、支付网等多个网络融合的终极状态，承载着物质、能量、信息、资金的网络，即为“价值互联网”，如图 11–8 所示。其核心特征是实现信息与价值的互联互通。价值互联网将有效承载农业经济和工业经济之后的数字经济。而数字经济的重要驱动力，也将从数字化、网络化逐渐行至价值化。

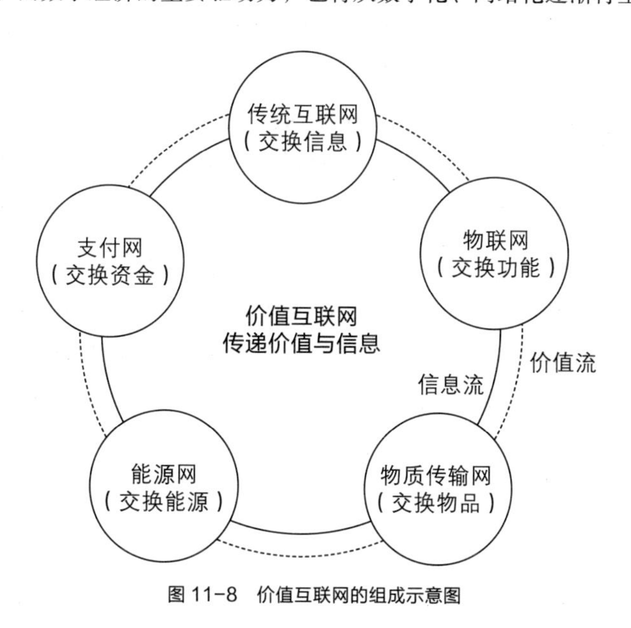

图 11–8　价值互联网的组成示意图

参考文献

[1] 弗里德里希·冯·哈耶克．货币的非国家化 [M]. 姚中秋，译．海南：海南出版社，2019.

[2] 胡钧，张宇．资本论导读 [M]. 北京：中国人民大学出版社，2013.

[3] 高鸿业．西方经济学（微观 + 宏观）第 7 版 [M]. 北京：中国人民大学出版社，2018.

[4] 黄达，张杰．金融学（第 4 版）[货币银行学（第 6 版）] [M]. 北京：中国人民大学出版社，2017.

[5] 黄卫平，彭刚．国际经济学教程（第 2 版）[M]. 北京：中国人民大学出版社，2012.

[6] 杨瑞龙．社会主义经济理论（第 3 版）[M]. 北京：中国人民大学出版社，2018.

[7] 乔希·勒纳，安·利蒙，费尔达·哈迪蒙．风险投资、私募股权与创业融资 [M]. 路跃兵，刘晋泽，译．北京：清华大学出版社，2015.

[8] 曼昆．经济学原理（微观经济学分册 + 宏观经济学分册）（第 7 版）[M]. 梁小民，梁砾，译．北京：北京大学出版社，2015.

[9] 杭州派盾 .2019 全球数字资产反洗钱 (AML) 研究报告 [R].2020.

[10] 中国信息通信研究院．开源治理白皮书 [R].2018.

[11] 戴习为．过河卒 [M]. 北京：电子工业出版社，2003.

[12] Satoshi Nakamoto.Bitcoin: A Peer-to-Peer Electronic Cash System[D].2008.

[13] Vitalik Buterin.Ethereum 2.0 Mauve Paper[D].2016.

[14] Protocol Labs.Filecoin: A Decentralized Storage Network[D].2017.

[15] Steemit, Inc.Steem：An incentivized, blockchain-based, public content platform[D]. 2017.

[16] Steemit, Inc.Smart Media Tokens (SMTs)：A Token Protocol for Content Websites, Applications, Online Communities and Guilds Seeking Funding, Monetization and User Growth[D]. 2017.